〔中国古代茶书集成〕

朱自振 沈冬梅 增勤 编著

本书获国家古籍整理出版专项经费资助

上海文化出版社

图书在版编目（CIP）数据

中国古代茶书集成/朱自振,沈冬梅编著. – 上海：
上海文化出版社，2010.1（2022.9 重印）
ISBN 978 – 7 – 80740 – 577 – 1
Ⅰ.①中… Ⅱ.①朱…②沈… Ⅲ.①茶 – 文化 –
中国 – 古代 Ⅳ.①TS971
中国版本图书馆 CIP 数据核字(2010)第 057462 号

出 版 人：姜逸青
责任编辑：王存礼

书　　名：中国古代茶书集成
编　　著：朱自振　沈冬梅　增　勤
出　　版：上海世纪出版集团　上海文化出版社
地　　址：上海市闵行区号景路159弄A座3楼　201101
发　　行：上海文艺出版社发行中心
　　　　　上海市闵行区号景路159弄A座2楼206室　201101　www.ewen.co
印　　刷：上海书刊印刷有限公司
开　　本：787×1092　1/16
印　　张：61.25
字　　数：1098千
印　　次：2010 年 8 月第 1 版　2022 年 9 月第 7 次印刷
书　　号：ISBN 978-7-80740-577-1 / S·67
定　　价：198.00 元
告 读 者：如发现本书有质量问题请与印刷厂质量科联系
　　　　　T：021-36161455

1. 本书所收包括自唐代陆羽《茶经》至清代王复礼《茶说》的古代茶书计一百一十四种。收录的时间下限至 1911 年。其中清代胡秉枢的《茶务佥载》是编者根据日译本翻译而来（原文已佚），附于日刻本之后；《种茶良法》虽为英人所撰，但对研究中国茶业具有参考价值，故亦收入。

2. 本书所收仅限于与茶叶、茶饮有关的茶书，如下三种情况不收：一、内容与茶叶、茶饮无关，如主要记述茶马制度的茶马志等；二、虽被其他书籍如《中国农业古籍目录》作为茶书收入，像清代李鸣韶的《咏岭南茶》，但亦与茶叶、茶饮没有直接关系；三、内容与本书所收茶书重复，如明代的《茶书十三种》，是前代茶书的合集。

3. 本书所收茶书，按刊刻年代编排：从最早的唐五代，到宋元及明、清。同一年代中，以成书先后为序；成书年代不详的，参照作者的生卒、登第或仕履之年；缺少上述参照的，根据相关情况推算；如全无依据可考的，参照前人书中的排序；对于佚名作者的茶书，则排于该朝代部分的最后。

4. 每种茶书，在原文前有"作者及传世版本"，介绍作者生平、成书过程、该书在茶文化史上的地位及版本的传世情况等；原文后有"注释"及"校勘"，以方便读者。注释本着如下原则：一、重点放在与茶有关的词条；二、人名和地名；三、古代官职、名物、典故、史事等；四、难字、冷僻字。所有注释均在第一次出现时加。校勘中的版本一律用简称，并在首次出现时说明。

5. 古代茶书抄袭现象严重，内容多有重复，本书对这些重复处，作了适当删节，并在删节处加注；删节处原有注解的，保留注解文字。茶书中不少引用前人的茶诗、茶词、茶歌、茶赋，凡重复的亦一律删节，仅保留作者、题目及首句。

6. 所收茶书以公认的善本或年代最早的足本为底本，并参照其他版本比对校勘。对孤本茶书，只作理校，重新标点，文中引用他人著作而经证实的，使用引号。

7. 茶书中的异体字、非通用字，均改为规范用字和通用字；古代因某种原因而使用的避讳字，则恢复原字。书中的缺漏字、词和句，一律补入，并用方括号[ ]标示。文中的模糊不清处，以方格标示。

8. 古代茶书原使用繁体字，现均转换为简体字。因有的简体字对应一个以上的繁体字，如"干"就是"幹""乾"不同繁体字的简写，在需要时会将其对应的繁体字加括号附在其后；另在校勘中，为说明某两个字（指繁体）因字形相近，以致出现差错，也会把这一简体字对应的繁体字加括号附在其后，与另一易混淆的繁体字对照。

9. 古代茶书原使用的繁体字中，有部分已弃置不用，也无法改为对应的简体字，为尊重原著，这部分字均予以保留，读者可根据上下文理解其义。

10. 书中各处出现的地名，未按当今行政区域标明省、市、县等，不过可以判断大致方位。

朱自振、沈冬梅同志主编的《中国古代茶书集成》，不日即将由上海文化出版社出版。本书把历代问世的茶书按唐五代、宋元、明、清四个阶段，给予全文登录，并作了详细的校对和注释。《集成》共收录历代茶书近120种（包括辑佚），是迄今为止对中国茶书遗产所作的最完备的清查、鉴别、收录和校注。极大地方便了今后研究茶史、茶文化者的检阅使用，可谓功德无量。朱自振同志嘱序于我，我的本行是稻作史，却要我为本书作序，颇有问道于盲之感。只是我曾了解本书诞生的艰难经历。许多茶书只知书名，坊间早已绝迹，自振同志为此奔走于京、沪、宁乃至港、澳和日本各大图书馆古籍部，进行搜罗、借阅、复录，极费周折。像浙江省图书馆古籍部也藏有京、沪、宁各大图书馆所没有的几部孤本茶书，因当时浙江省图书馆古籍部正值部署迁移地址，书籍装箱，暂停对外开放，由我向省馆馆长联系，说明汇编校注工作的重要性，获得省馆的首肯，给予借阅翻录。佚书都一一搜集完毕，接着的校对和注释工作又极费精力。更重要的是，自振同志知道我虽然从事稻作史研究，但从植物生态学的大环境看，我一直主张稻和茶的起源实系同地同时，难分轩轾，所以我不揣浅陋，乐意作序。

我把本书的目录浏览一过，并对各书作者的籍贯也整理一下，发觉一些很值得玩味和研究的地方，不妨简要陈述如次。

茶和稻可谓"本是同根生，相得益彰显"。追溯两者的起源，很难截然分离，直至今天，哪里有稻，哪里就必然也有茶。故稻文化也好，茶文化也好，它们都是从最初的照叶树林文化中孕育发展起来的。

西汉《僮约》武阳买茶的记载是四川茶叶向汉中传播的一个小小的信息，距离《僮约》千来年后的陆羽《茶经》的诞生，则是长江下游茶随同稻文化同步发展的辉煌里程碑。

唐宋以还，茶文化在南方之灿烂耀眼，其推动力体现在四个方面：一是唐宋王朝统治者对茶饮的不断提倡和高标准的追求享受；唐宋王朝出乎对茶叶享受精益求精的追求和索取不已，加上各级官吏的层层监督，成为一种自上而下的权威性的推动力和稳定的制度，把茶叶从采摘到加工为成品的每个环节都尽量地做到十全十美，对于提高茶叶品质品位，自然有很大的作用；另一方面，皇家对与品茶密切相关的茶具器皿，也追求尽善尽美，推动了民间对茶具的不断改进创新，为茶文化的表现添加了魅力。法门寺地宫出土的金碧辉煌的茶具，便是很好的证明。

二是佛道两家的种茶、制茶和饮茶的实践、体会和宣扬，影响所及，在民间进一步扩大了饮茶的风气；在知识界引领了儒、佛、道的茶道和茶禅的精神境界追求和哲学探讨。唐朝恰好是日本派遣留唐僧的高峰期，日本僧人从而把茶道也带回日本，演绎出日本特色的茶道。

三是士人（知识阶层）通过诗词、文章、著作等，宣扬制茶、饮茶的技术、体会，历唐宋元明持续不断地扩大影响，对茶文化的传播起着主导的作用。

四是民间茶农,他们是茶的种植、采摘、加工的实践者兼改进者;民间手工艺者是各种各样茶具的制作者、改良者和创新者,他们都是茶文化的精神土壤,离开他们,茶文化将成无源之水,无本之木。

城市乡镇到处开张的各式各样的茶坊、茶肆、茶摊、茶店,是基层庞大的茶叶消费群,没有他们,也便没有老百姓日常生活中不可缺少的物质而兼精神享受的饮料,流传至今的"开门七件事:柴米油盐酱醋茶"的谚语,是杰出的归纳。柴是能源,在今天相当于电和煤气等能源,米是维持人体生活的基本物质,柴和米是绝对不能缺少的;油盐酱醋是配料,只有这茶最特别,它可以完全不供应,也不影响人们的生活,但中国人却把它与柴米并立,这有力地证明茶不是简单的饮料,而是超越于物质的精神食粮。

茶文化的发展及其对周围地区的影响,大体上表现为三个层次,第一是茶消费的中心圈,即长江流域稻文化的核心;二是茶波及的外围,即稻文化圈周边的西藏、新疆、蒙古等畜牧、游牧生活区,茶叶一旦传入,便成了牧民生活里不可一日或缺的保健饮料和文化生活的伴侣,同时也加强促进了内地与周边民族的茶马经济贸易,且长盛不衰;第三是茶放射式地向国外传播,这是纯粹的商品外销,最早是土耳其商人在公元5世纪时从华北、蒙古边境以物易物把茶带往阿拉伯和俄罗斯,他们直接采用汉语"茶叶"的译音,如土耳其语的"chay",阿拉伯语的"chai",俄罗斯语的"чай"等。海路传入欧洲则是迟至16世纪,人们使用闽南话茶叶的译音,如英语 tea,意大利语 te,德语 the,拉丁语 thea 等。

中心区里茶文化的歌颂者和推进者是历代的文人雅士,他们创作的咏茶诗句,传承吟诵不衰,数量甚多,至今还没有人加以汇集,这是除茶书汇编以外另一项值得做的工作。

我试对《中国古代茶书集成》中114种茶书的作者的出生籍贯,进行分类统计,列如下表:

省 别	唐、五代	宋、元	明	清	合 计	%
四川	0	2	1	0	3	2.56
湖北	3	0	7	0	10	11.70
湖南	0		1	0	1	0.85
江西	0	3	4	1	8	6.83
安徽	0	1	7	2	10	11.70
江苏	0	4	17	9	30	25.64
浙江	0	3	12	7	22	18.80
福建	0	7	0	3	10	11.70
广东	0	0	0	2	2	1.70
河北	2	0	0	0	2	1.70

省　别	唐、五代	宋、元	明	清	合　计	％
陕西	0	1	0	0	1	0.85
山东	0	0	1	0	1	0.85
山西	1	0	0	0	1	0.85
不明	3	3	7	3	16	13.67
合计	9	24	57	27	117	100.00
％	7.69	20.5	48.71	23.00	100.00	

　　表中茶书的作者共得 117 位，与书数 114 本不合，是因一本茶书的作者有时是两人合写的，统计时便按两人计；还有一人先后写了三本茶书的，以书为单位，则按三人计算；反之，茶书的作者若是佚名的，则作者的人数只好缺如，117 位是按这一标准统计的结果。

　　上表统计数字分布中还有需要说明的地方，即籍贯是河北、陕西、山东、山西四省的茶书作者，不是讲述他们家乡的茶事，他们是长期出仕南方茶产地为官，了解当地的茶事，所写，均为南方的茶事茶情，这类茶书数量不多，在 114 部茶书中只占 5 部。又，唐、五代下的湖北三人，实际只陆羽一人，他除了著名的《茶经》以外，还写了《顾渚山记》和《水品》，按书有三本，作者也作三人计。

　　从这些分布数字中我们可以看出一些带有规律性的现象：

　　一、按茶书作者分布的全局看，江苏、浙江、安徽、福建四省在全部 114 本中占有 72 部，即占 61.53％，表明它们是茶书产生的中心区；其次是四川、湖南、湖北、江西四省，占 22 部，即占 18.80％，可说是茶书产生的外围区；中心区和外围区共 8 省的作者，占全部 13 省作者的 61.53％，但茶书占全部的 80.33％。

　　二、按茶书分历史阶段看，不同历史朝代产生茶书的演变也很有规律，唐、五代的茶书没有江苏、浙江东南一带的作者，都是北方籍人士迁居东南或出仕东南所写。如陆羽从湖北迁居浙江著《茶经》、《顾渚山记》和《水品》；张又新（河北深州）的《煎茶水记》，温庭筠（山西祁县）的《采茶录》等，这表明唐、五代时的江南尚未充分开发。

　　到宋元时期，东南沿海的茶书大量出现，作者多是江、浙、闽、皖人士，原因即在于全国的政治、经济、文化重心南移，南方水稻大发展，人口激增，超过北方。宋元茶书共 24 种，福建、江苏、浙江、江西四省占 16 种（66.66％）。福建在宋元茶书中独占鳌头，是因宋代的全国气候转冷，平均气温较唐时约降低摄氏 1 至 2 度，相当于唐时浙北杭州的气温到南宋时南退到闽北的建溪。茶树是不耐寒的，尤其春茶最为敏感。而水稻则是夏秋季作物，冬春低温不受影响。所以南宋王朝首都在临安（杭州），却不喝杭州茶，而最受宠的是福建岁岁纳贡的建溪茶："本朝之兴，岁修建溪之贡，龙团凤饼，名冠天下。"（《大观茶论》）还要特别指

出的是,到了宋元时期,茶书的作者群中再也没有北方籍的作者了。

在明朝两百七十余年里,茶书共产生 57 种,几乎占历代茶书总数的一半(48.61%)达到历史最高峰,其实这个数字里面潜藏着很多名不副实的内容。客观上的原因有,经过元末的战乱,宋以前的书籍流失的很多,明朝安定下来以后,自然首先注意重刊前人名著,加以明朝商业发达,书籍需求量增加,所以重刊古籍不光是文化的需求,更是商业有利可图的好事。查阅这 57 种茶书,可以看出,属于辑录前人茶书的比重最多,通常都是重刊《茶经》之后,再辑录明朝茶诗茶文,成为附在《茶经》后的诗文集,如《茶经外集》。有些是从作者自己的文集中抽出有关茶事的,作为单行本问世,如《论茶品泉水》是从《遵生八笺》一书中辑录茶的部分。短小的如陈继儒《茶话》只有七百来字。也有专门谈茶水,谈茶具的,补充了新的内容。总的看来,明朝的茶书尽管种类增加,其实内容没有大的突破,难以与前人的权威著作如陆羽的《茶经》、蔡襄的《茶录》、赵佶的《大观茶论》等并驾齐驱,这也正意味着明朝是茶书从盛转衰的转折期。

清代统治时间(268 年)和明朝(277 年)相近,但茶书的问世急速下降为 27 种(占23%)。茶书作者的籍贯仍旧集中于东南苏、浙、闽、皖四省,它们的内容没有超越前人的重要茶书。值得指出的是,到清代茶叶因出口欧洲,引起西方人饮茶成风,并开始在殖民地种茶,反映到茶书上出现《印(度)锡(竺)种茶考察报告》,及从英文茶书中翻译成中文的《种茶良法》,书中首次出现西方的化学名词如钙、镁、磷酸、绿(氯)气、铝等;还出现整顿茶叶贸易市场的《整饬皖茶文牍》等。广东有史以来首次出现第一本茶书《茶务佥载》,该书是记述清末咸丰、同治年间的洋庄茶务的。

到清末,中国历史上自从陆羽《茶经》问世以来的一个漫长的茶文化阶段从此结束,起而代之的是进入 20 世纪以后的现代茶叶科学的萌兴,茶叶进入国际贸易市场的大发展,导致欧美饮茶成风,同时也迎来西方饮料咖啡、立顿茶等占领国内茶叶市场的半壁江山,茶文化以新兴的茶馆、茶吧出现和同茶道表演艺术的探索,以及茶书出版的方兴未艾为标志。清以前两千余年间的士人因爱好茶饮而被称作"茶仙"和"茶圣"的"竹下忘言对紫茶","一碗喉吻润,二碗破孤闷,三碗搜枯肠,四碗发轻汗,五碗肌骨轻,六碗通仙灵,七碗吃不得也!"(卢同诗)等等,都远离人们而去。现代的知识分子业已分化为按学科分类的文、理、工、农、医、商、贸、法等的专业知识分子,历史上茶饮与稻文化的密切关系日益疏离,茶道与旧知识分子的紧密结合已经解体,让位给新一轮的茶叶科学研究专家,茶饮爱好者,茶文化成为部分人的关注领域。以上就是我翻阅本书之后,交给作者嘱写序言的东拉西扯的答卷。

游修龄

于浙江大学华家池校区之华池精舍

2010.3.10

目录

中国古代茶书集成

唐及五代茶书

茶经 | 唐 陆羽 撰

作者及传世版本

陆羽(733—804)，字鸿渐，一名疾，字季疵，自号桑苎翁，又号东冈子、竟陵子等，复州竟陵(今湖北天门县)人。幼时是个弃婴，由僧积公在水边拾回收养。据说他的姓名是他长大后，自己用《易》占卜，得"蹇之渐"卦："鸿渐于陆，其羽可用为仪"，因此以陆为姓，名羽，字鸿渐。天宝(742—755)中，离开积公去当伶人。遇见河南尹李齐物，很为赏识，亲授诗集。至德初(756)，因安史之乱，随北方难民过江。上元初(760)游抵今浙江湖州，与皎然、张志和等名僧高士为友，不久迁居苕溪(在今浙江吴兴)，结庐著《茶经》等书。并于764年之后，重新修订《茶经》[1]。建中(780—783)年间，唐政府诏拜太子文学，后又迁太常寺太祝，均未就。贞元(785—804)末卒。《新唐书·隐逸传》中有传，又有《陆羽自传》，见《全唐文》及《文苑英华》，《唐才子传》中亦有传。

《茶经》是中国古代茶叶文化史上一部划时代的巨著，也是世界上第一部关于茶的专门著作，在茶文化史上占有很重要的地位。

《茶经》在《新唐书》艺文志小说类、《通志》艺文略食货类、《郡斋读书志》农家类、《直斋书录解题》杂艺类、《宋史》艺文志农家类等书中，都有记载。

《茶经》版本甚多，从陈师道《茶经序》中可知，北宋时即有毕氏、王氏、张氏及其家传本等多种版本，据不完全统计，历来相传的《茶经》刊本约有以下五十余种：

（1）宋左圭编咸淳九年(1273)刊百川学海壬集本；

（2）明弘治十四年(1501)华理刊百川学海壬集本；

（3）明嘉靖十五年(1536)郑氏文宗堂刻百川学海本；

（4）明嘉靖壬寅(二十一年，1542)柯双华竟陵刻本；

（5）明万历十六年(1588)孙大绶秋水斋刊本；

（6）明万历十六年程福生刻本；

（7）明万历癸巳(二十一年，1593)胡文焕百家名书本；

（8）明万历癸卯(三十一年，1603)胡文焕格致丛书本；

（9）明万历中汪士贤山居杂志本；

（10）明郑熜校刻本；

---

〔1〕 参见傅树勤、欧阳勋《〈茶经〉浅说》，载氏著《陆羽茶经译注》(湖北人民出版社1983年版)第91页。

（11）明万历四十一年（1613）喻政《茶书》本；

（12）明重订欣赏编本；

（13）明宜和堂刊本；

（14）明乐元声刻本（在欣赏编本之后）；

（15）明朱祐宾《茶谱》本；

（16）明汤显祖（1550—1617）玉茗堂主人别本茶经本；

（17）明钟人杰张逐辰辑明刊唐宋丛书本；

（18）明人重编明末刊百川学海辛集本；

（19）明人重编明末叶坊刊百川学海辛集本；

（20）明冯梦龙（1574—1646）辑五朝小说本；

（21）宛委山堂说郛本，元陶宗仪辑，明陶珽重校，清顺治丁亥（三年，1646）两浙督学李际期刊行；

（22）清陈梦雷、蒋廷锡等奉敕编雍正四年（1726）铜活字排印古今图书集成本；

（23）清雍正十三年（1735）寿椿堂刊陆廷灿《续茶经》本；

（24）文渊阁四库全书本（清乾隆四十七年（1782）修成）；

（25）清乾隆四十七年（1782）陈世熙辑挹秀轩刊唐人说荟本；

（26）清张海鹏辑嘉庆十年（1805）虞山张氏照旷阁刊学津讨原本〔1〕；

（27）清王文浩辑嘉庆十一年（1806）唐代丛书本；

（28）清王谟辑《汉唐地理书钞》本〔2〕；

（29）清吴其濬（1789—1847）植物名实图考长编本；

（30）道光三十二年（1843）刊唐人说荟本；

（31）清光绪十年（1884）上海图书集成局印扁木字古今图书集成本；

（32）清光绪十六年（1890）总理各国事务衙门委托同文书局影印古今图书集成原书本；

（33）清宣统三年（1911）上海天宝书局石印唐人说荟本；

（34）国学基本丛书本—民国八年（1919）上海商务印书馆印清吴其濬植物名实图考长编本；

（35）吕氏十种本；

（36）小史雅集本；

（37）文房奇书本；

（38）张应文藏书七种本；

（39）民国西塔寺刻本；

（40）常州先哲遗书本；

（41）民国十年（1921）上海博古斋据明弘治华氏本景印百川学海（壬集）本；

（42）民国十一年（1922）上海扫叶山房石印唐人说荟本；

（43）民国十一年（1922）上海商务印书馆据清张氏刊本景印学津讨原本（第十五集）；

（44）民国十二年（1923）卢靖辑沔阳卢氏刊湖北先正遗书本；

（45）民国十六年（1927）陶氏涉园景刊宋咸淳百川学海乙集本；

（46）民国十六年（1927）张宗祥校明钞说郛涵芬楼刊本；

（47）民国二十三年（1934）中华书局影印殿

---

〔1〕 是书据明崇祯间毛晋津逮秘书本重行编订而成，然则亦该有津逮本欤？

〔2〕 万国鼎《茶书总目提要》等茶书书目中有列，但笔者在中国国家图书馆藏清嘉庆版《汉唐地理书钞》中遍寻未见。仍存寻，有待进一步搜寻。

本古今图书集成本;

(48) 万有文库本,民国二十三年(1934)上海商务印书馆印清吴其濬植物名实图考长编本;

(49) 五朝小说大观本,民国十五年(1926)上海扫叶山房石印本;

(50) 丛书集成初编本等多种刊本。

此外还有明代多种说郛钞本。还有其他国家的刊本:

(51) 日本宫内厅书陵部藏百川学海本;

(52) 明郑熜校日本翻刻本;

(53) 日本大典禅师茶经详说本;

(54) 日本京都书肆翻刻明郑熜校本。

历来为《茶经》作序跋者也很多,传今可考的有:(1) 唐皮日休序;(2) 宋陈师道序;(3) 明嘉靖壬寅鲁彭叙;(4) 明嘉靖壬寅汪可立后序;(5) 明嘉靖壬寅吴旦后序;(6) 明嘉靖童承叙跋;(7) 明万历戊子陈文烛序;(8) 明万历戊子王寅序;(9) 明李维桢序;(10) 明张睿卿跋;(11) 清徐同气引;(12) 清徐篁跋。

本书采用宋咸淳刊百川学海本作底本,参校明嘉靖柯双华竟陵本、明万历孙大绶秋水斋本、明郑熜校本、明喻政《茶书》本、明汤显祖玉茗堂主人别本茶经本、清四库全书本、清学津讨原本、清吴其濬植物名实图考长编本、民国张宗祥校明钞说郛涵芬楼本等版本。

原　文

卷上

一之源

茶者[1],南方之嘉木也[2]。一尺、二尺乃至数十尺[3]。其巴山峡川[4],有两人合抱者,伐而掇之[5]。其树如瓜芦[6],叶如栀子[7],花如白蔷薇[8],实如栟榈[9],蒂①如丁香[10],根如胡桃[11]。瓜芦木出广州[12],似茶②,至苦涩。栟榈,蒲③葵[13]之属,其子似茶。胡桃与茶,根皆下孕,兆至瓦砾,苗木上抽[14]。

其字,或从草,或从木,或草木并。从草,当作"茶",其字出《开元文字音义》④[15];从木,当作"搽",其字出《本草》[16];草木并,作"茶"⑤,其字出《尔雅》[17]。

其名,一曰茶,二曰槚[18],三曰蔎[19],四曰茗[20],五曰荈[21]。周公云[22]:"槚⑥,苦茶⑦。"扬执戟⑧云[23]:"蜀西南人谓茶⑨曰蔎。"郭弘农云[24]:

"早取为茶⑩,晚取为茗,或一曰荈耳。"

其地,上者生烂石[25],中者生砾⑪壤[26],下者生黄土[27]。凡艺而不实,植而罕茂[28],法如种瓜[29],三岁可采。野者上,园者次。阳崖阴林,紫者上,绿者次[30];笋者上,牙者次[31];叶卷上,叶舒次[32]。阴山坡谷者,不堪采掇,性凝滞,结瘕疾⑫[33]。

茶之为用,味至寒[34],为饮,最宜精行俭德之人[35]。若热渴、凝闷、脑疼⑬、目涩、四支烦⑭、百节不舒,聊四五啜,与醍醐、甘露[36]抗衡也。

采不时,造不精,杂以卉⑮莽,饮之成疾。茶为累也,亦犹人参。上者生上党[37],中者生百济、新罗[38],下者生高丽[39]。有生泽州、易州、幽州、檀州者[40],为药无效,况非此者?设服荠苨⑯[41],使六疾不瘳⑰[42],知人参为累,则茶累尽矣。

二之具

籝加追反⑱43,一曰篮,一曰笼,一曰筥44,以竹织之,受⑲五升45,或一斗46、二斗、三斗者,茶人负以采茶也。籝,《汉书》音⑳盈,所谓21"黄金满籝,不如一经47。"颜师古云:"籝,竹器也,受22四升耳。"

灶,无用突㉓48者。釜,用唇口49者。

甑50,或木或瓦,匪腰而泥51,篮以箅之52,篾以系之53。始其蒸也,入乎箅;既其熟㉔也,出乎箅。釜涸,注于甑中。甑,不带而泥。又以榖木枝三桠㉕者制之54,散所蒸牙笋并叶,畏流其膏55。

杵臼,一曰碓,惟恒用者佳。

规,一曰模,一曰棬56,以铁制之,或圆,或方,或花。

承,一曰台,一曰砧,以石为之。不然,以槐桑木半埋地中,遣无所摇动。

檐57,一曰衣,以油绢58或雨衫、单服败者为之。以檐置承上,又以规置檐上,以造茶也。茶成,举而易之。

芘莉59音杷㉖离,一曰籝㉗子,一曰筹筤60。以二㉘小竹,长三赤㉙,躯二赤五寸㉚,柄五寸。以篾㉛织方眼,如圃人土罗㉜,阔二赤以列茶也。

棨61,一曰锥刀。柄以坚木为之,用穿茶也。

扑㉝62,一曰鞭。以竹为之,穿茶以解63茶也。

焙64,凿地深二尺,阔二尺五寸,长一丈。上作短墙,高二尺,泥之。

贯,削竹为之,长二尺五寸,以贯茶焙之㉞。

棚,一曰栈。以木构于焙上,编木两层,高一尺㉟,以焙茶也。茶之半干,升下棚,全干,升上棚。

穿65音钏,江东、淮南66剖竹为之。巴川㊱峡山67纫榖皮为之。江东以一斤为上穿,半斤为中穿,四两五两为小㊲穿。峡中68以一百二十斤为上穿㊳,八十斤为中穿,五十斤为小㊴穿。字㊵旧作钗钏之"钏"字,或作贯串。今则不然,如磨、扇、弹、钻、缝五字,文以平声书之,义以去声呼之,其字以穿名之。

育,以木制之,以竹编之,以纸糊之。中有隔,上有覆,下有床,傍有门,掩一扇。中置一器,贮煻煨69火,令煴煴70然。江南梅雨时71,焚之以火。育者,以其藏养为名。

三之造

凡采茶在二月、三月、四月之间72。

茶之笋者,生烂石沃土,长四五寸,若薇蕨73始抽,凌露采焉74。茶之牙者,发于藂薄75之上,有三枝、四枝、五枝者,选其中枝颖拔者采焉。其日有雨不采,晴有云不采。晴,采之,蒸之,捣之,拍之,焙之,穿之,封之,茶之干矣76。

茶有千万状,卤莽而言77,如胡人靴(鞾)78者,蹙缩然京锥㊶文也79;犎牛臆80者,廉襜然81;浮云出山者,轮囷㊷82然;轻飚83拂水者,涵澹84然。有如陶家之子,罗膏土以水澄泚85之谓澄泥也。又如新治地者,遇暴雨流潦之所经。此皆茶之精腴。有如竹箨86者,枝干坚实,艰于蒸捣,故其形籭簁87然上离下师㊸。有如霜荷者,茎㊹叶凋沮88,易其状貌,故厥状委悴㊺89然。此皆茶之瘠老者也。

自采至于封七经目,自胡靴至于霜荷

八等。或以光黑平正言嘉⑯者,斯鉴之下也;以皱黄坳垤⑨⁰言佳⑰者,鉴之次也;若皆言嘉⑱及皆言不嘉者,鉴之上也。何者?出膏者光,含膏者皱;宿制者则黑,日成者则黄,蒸压则平正⑲,纵之⁹¹则坳垤。此茶与草木叶一也。茶之否臧⑳⁹²,存㉑于口诀。

卷中
四之器

风炉灰承	筥	炭挝	火筴㉒	鍑
交床	夹	纸囊	碾拂末	罗合
则	水方	漉水囊	瓢	竹筴
鹾簋揭㉓	熟盂	碗	畚纸帊㉔	札
涤方	滓方㉕	巾	具列	都篮⁹³

风炉灰承

风炉以铜铁铸之,如古鼎形,厚三分,缘阔九分,令六分虚中,致其朽墁⁹⁴。凡三足,古文⁹⁵书二十一字。一足云:"坎上巽下离于中⁹⁶";一足云:"体均五行去百疾";一足云:"圣唐灭胡明年铸⁹⁷"。其三足之间,设三窗。底一窗以为通飚漏烬之所。上并古文书六字,一窗之上书"伊公⁹⁸"二字,一窗之上书"羹陆"二字,一窗之上书"氏茶"二字。所谓"伊公羹,陆氏茶"也。置墆㘈㉖⁹⁹于其内,设三格:其一格有翟¹⁰⁰焉,翟者,火禽也,画一卦曰离;其一格有彪¹⁰¹焉,彪者,风兽也,画一卦曰巽;其一格有鱼焉,鱼者,水虫¹⁰²也,画一卦曰坎。巽主风,离主火,坎主水,风能兴火,火能熟㉗水,故备其三卦焉。其饰,以连葩、垂蔓、曲水、方文¹⁰³之类。其炉,或锻㉘铁¹⁰⁴为之,或运泥为之。其灰承,作三足铁柈台(檯)㉙之¹⁰⁵。

筥

筥,以竹织之,高一尺二寸,径阔七寸。

或用藤,作木楦¹⁰⁶如筥形织之,六出圆㉚眼¹⁰⁷。其底盖若利箧¹⁰⁸口,铄¹⁰⁹之。

炭挝¹¹⁰

炭挝,以铁六棱制之,长一尺,锐上㉛丰中¹¹¹,执细头系一小锯㉜¹¹²以饰挝也,若今之河陇军人木吾¹¹³也。或作锤㉝,或作斧,随其便也。

火筴㉞

火筴,一名箸¹¹⁴,若常用者,圆直一尺三寸,顶平截,无葱台勾锁之属¹¹⁵,以铁或熟铜制之。

鍑音辅,或作釜,或作鬴

鍑,以生铁为之。今人有业冶者,所谓急铁¹¹⁶,其铁以耕刀之趄㉟¹¹⁷,炼而铸之。内摸土而外摸沙¹¹⁸。土滑于内,易其摩㊱涤;沙涩于外,吸其炎焰。方其耳,以正令也¹¹⁹。广其缘,以务远也¹²⁰。长其脐,以守中也¹²¹。脐长,则沸中¹²²;沸中,则末易扬;末易扬,则其味淳也。洪州以瓷为之¹²³,莱州以石为之¹²⁴。瓷与石皆雅器也,性非坚实,难可持久。用银为之,至洁,但涉于侈丽。雅则雅矣,洁亦㊲洁矣,若用之恒,而卒归于银㊳也¹²⁵。

交床¹²⁶

交床,以十字交之,剜中令虚,以支鍑也。

夹

夹,以小青竹为之,长一尺二寸。令一寸有节,节已上剖之,以炙茶也。彼竹之篠¹²⁷,津润于火,假其香洁以益茶味¹²⁸,恐非林谷间莫之致。或用精铁熟铜之类,取其久也。

纸囊

纸囊,以剡藤纸¹²⁹白厚者夹缝之。以贮所炙茶,使不泄其香也。

碾拂末¹³⁰

碾,以橘木为之,次以梨、桑、桐、柘为之[⑥]。内圆而外方。内圆备于运行也,外方制其倾危也。内容堕[131]而外无余木。堕,形如车轮,不辐而轴焉。长九寸,阔一寸七分。堕径三寸八分,中厚一寸,边厚半寸,轴中方而执[⑦]圆。其拂末以鸟羽制之。

罗合

罗末,以合盖贮之,以则置合中。用巨竹剖而屈之,以纱绢衣之。其合以竹节为之,或屈杉以漆之,高三寸,盖一寸,底二寸,口径四寸。

则

则,以海贝、蛎蛤之属,或以铜、铁、竹匕策[132]之类。则者,量也,准也,度也。凡煮水一升,用末方寸匕[133]。若好薄者,减之,嗜浓者,增之,故云则也。

水方

水方,以椆木、槐、楸、梓[134]等合之,其里并外缝漆之,受一斗。

漉[135]水囊

漉水囊,若常用者,其格以生铜铸之,以备水湿,无有苔秽腥涩[136]意。以熟铜苔秽,铁腥涩也。林栖谷隐者,或用之竹木。木与竹非持久涉远之具,故用之生铜。其[⑦]囊,织青竹以卷之,裁碧缣[137]以缝之,纽翠钿[138]以缀之[⑦]。又作绿油囊[139]以贮之,圆径五寸,柄一寸五分。

瓢

瓢,一曰牺杓[140]。剖瓠[141]为之,或刊木为之。晋舍人杜育[⑦]《荈赋》[142]云:"酌之以匏[143]。"匏,瓢也。口阔,胫薄,柄短。永嘉[144]中,余姚人虞洪入瀑布山采茗[145],遇一道士,云:"吾,丹丘子[146],祈子他日瓯牺[147]之余,乞[⑦]相遗也。"牺,木杓也。今常用以梨木为之。

竹筴[⑦]

竹筴,或以桃、柳、蒲葵木为之,或以柿心木为之。长一尺,银裹两头。

鹾簋揭[148]

鹾簋,以瓷为之。圆径四寸,若合形,或瓶、或罍[149],贮盐花也。其揭,竹制,长四寸一分,阔九分。揭,策也。

熟盂

熟盂,以贮熟水,或瓷,或沙,受二升。

碗

碗,越州上[150],鼎州[151]次,婺州[152]次,岳州[153]次[⑦],寿州[154]、洪州次。或者以邢州[155]处越州上,殊为不然。若邢瓷类银,越瓷类玉,邢不如越一也;若邢瓷类雪,则越瓷类冰,邢不如越二也;邢瓷白而茶色丹,越瓷青而茶色绿,邢不如越三也。晋杜育《荈赋》所谓:"器泽陶简[⑦],出自东瓯。"瓯,越也。瓯,越州上,口唇不卷,底卷而浅,受半升[⑦]已下。越州瓷、岳瓷皆青,青则益茶。茶作白红[⑦]之色。邢州瓷白,茶色红;寿州瓷黄,茶色紫;洪州瓷褐,茶色黑;悉[⑦]不宜茶。

畚纸帊[⑧][156]

畚,以白蒲[157]卷而编之,可贮碗十枚。或用筥。其纸帊[⑧]以剡纸夹缝,令方,亦十之也。

札

札,缉栟榈皮以茱萸[158]木夹而缚之,或截竹束而管之,若巨笔形。

涤方

涤方,以贮涤洗之余,用楸木合之,制如水方,受八升。

滓方

滓方,以集诸滓,制如涤方,处[⑧]五升。

巾

巾，以绝159布为之，长二尺，作二枚，互用之，以洁诸器。

具列

具列，或作床160，或作架。或纯木、纯竹而制之，或木，或⑧竹，黄黑可扃161而漆者。长三尺，阔二尺，高六寸。具列⑧者，悉敛诸器物，悉以陈列也。

都篮

都篮，以悉设⑧诸器而名之。以竹篾内作三角方眼，外以双篾阔者经之，以单篾纤者缚之，递压双经，作方眼，使玲珑。高一尺五寸，底阔一尺、高二寸，长二尺四寸，阔二尺。

卷下

五之煮

凡炙茶，慎勿于风烬间炙，嫖162焰如钻，使炎凉不均。持以逼火，屡其翻正，候炮163普教⑧反出培塿164，状虾蟆背，然后去火五寸。卷而舒，则本其始又炙之。若火干者，以气熟止；日干者，以柔止。

其始，若茶之至嫩者，蒸⑧罢热捣，叶烂而牙笋存焉。假以力者，持千钧杵亦不之烂。如漆科珠165，壮士接之，不能驻其指。及就，则似无穰166骨也⑧。炙之，则其节若倪倪167，如婴儿之臂耳。既而承热用纸囊贮之，精华之气无所散越，候寒末之。末之上者，其屑如细米。末之下者，其屑如菱角。

其火用炭，次用劲薪。谓桑、槐、桐、枥之类也。其炭，曾经燔168炙，为膻腻所及，及膏木169、败器不用之。膏木为柏、桂、桧也⑨，败器谓朽废器也⑨。古人有劳薪之味170，信哉。

其水，用山水上⑨，江水次⑨，井水下。《荈赋》所谓："水则岷方⑨之注171，挹⑤彼清流"。其山水，拣乳泉172、石池慢流者上⑯；其瀑涌湍漱173，勿食之，久食令人有颈疾。又多别⑰流于山谷者，澄浸不泄，自火天至霜郊以前⑧174，或⑲潜龙175蓄毒于其间，饮者可决之，以流其恶，使新泉涓涓然，酌之。其江水取去人远者，井⑩取汲多者。

其沸如鱼目176，微有声，为一沸。缘边如涌泉连珠，为二沸。腾波鼓浪，为三沸。已上水老，不可食也。初沸，则水合量调之以盐味177，谓弃其啜余178。啜，尝也，市税反，又市悦反。无乃䶩䶢而钟其一味乎179？上⑩古暂反，下吐滥反⑩。无味也。第二沸出水一⑩瓢，以竹筴⑩环激汤心，则量⑩末当中心而下。有顷，势若奔涛溅沫，以所出水止之，而育其华180也。

凡酌，置诸碗，令沫饽181均⑯。字书182并《本草》：饽⑩，茗沫也。蒲笏反。沫饽，汤之华也。华之薄者曰沫，厚者曰饽。细轻者曰花，如枣花漂漂然于环池之上；又如回潭曲渚183青萍之始生；又如晴天爽朗有浮云鳞然。其沫者，若绿钱184浮于水渭⑰，又如菊英堕于鐏⑩俎185之中。饽者，以滓煮之，及沸，则重华累沫，皤皤186然若积雪耳。《荈赋》所谓"焕如积雪，烨若春蕧⑪187"，有之。

第一煮水沸，而弃⑫其沫，之上有水膜，如黑云母188，饮之则其味不正。其第一者为隽永，徐县、全县二反。至美者曰⑬隽永。隽，味也；永，长也。味⑭长曰隽永。《汉书》：蒯通著《隽永》二十篇也189。或留熟盂⑮以贮之190，以备育华救沸之用。诸第一与第二、第三碗次之⑯。第四、第五碗外，非渴甚莫之饮。凡煮水一升，酌分五碗191。碗数少至三，多至五。若人多至十，加两炉。乘热连饮之，以重浊凝其下，精英浮其上。如冷，则精英随气而竭，饮啜不消亦然矣。

茶性俭，不宜广，广则其味黯澹⑩。且如一满碗，啜半而味寡，况其广乎！其色缃也[192]。其馨㰻⑱也。香至美曰㰻，㰻音使。其味甘，槚也；不甘而苦，荈也；啜苦咽甘，茶也。《本草》⑩云：其味苦而不甘，槚也；甘而不苦，荈也。

六之饮

翼而飞[193]，毛而走[194]，呿⑳而言[195]。此三者俱生于天地间，饮啄[196]以活，饮之时义远矣哉！至若救渴，饮之以浆；蠲忧忿，饮之以酒；荡昏寐，饮之以茶。

茶之为饮，发乎神农氏[197]，闻㉑于鲁周公。齐有晏婴[198]，汉有扬雄、司马相如[199]，吴有韦曜[200]，晋有刘琨、张载、远祖纳、谢安、左思之徒[201]，皆饮焉。滂时浸俗[202]，盛于国朝[203]，两都并荆渝㉒间[204]，以为比屋之饮[205]。

饮有觕茶、散茶、末茶、饼㉓茶者，乃斫、乃熬、乃炀、乃舂[206]，贮于瓶缶之中，以汤沃焉，谓之痷茶[207]。或用㉔葱、姜、枣、橘皮、茱萸[208]、薄荷㉕之等，煮之百沸，或扬令滑，或煮去沫。斯沟渠间弃水耳，而习俗不已。

于戏！天育万物，皆有至妙。人之所工，但猎浅易。所庇者屋，屋精极；所著者衣，衣精极；所饱者饮食，食与酒皆精极之㉖。茶㉗有九难：一曰造，二曰别，三曰器，四曰火，五曰水，六曰炙，七曰末，八曰煮，九曰饮。阴采夜㉘焙，非造也；嚼味嗅香，非别也；膻鼎腥瓯，非器也；膏薪庖炭，非火也；飞湍壅潦，非水也；外熟内生，非炙也；碧粉缥尘，非末也；操艰搅遽，非煮也；夏兴冬废，非饮也。

夫珍鲜馥烈者[209]，其碗数三；次之者，碗数五[210]。若坐客数至五，行三碗；至七，行五碗[211]；若六人已下[212]，不约碗数，但阙一人而已，其隽永补所阙人。

七之事

三㉙皇　炎帝神农氏

周　鲁周公旦，齐相晏婴

汉　仙人丹丘子，黄山君[213]，司马文园令相如，扬执戟雄

吴　归命侯[214]，韦太傅弘嗣

晋　惠帝[215]，刘司空琨，琨兄子兖州刺史演[216]，张黄门孟阳[217]，傅司隶咸[218]，江洗马统㉚[219]，孙参军楚[220]，左记室太冲，陆吴兴纳，纳兄子会稽内史俶，谢冠军安石，郭弘农璞，桓扬州温[221]，杜舍人育㉛，武康小山寺释法瑶[222]，沛国夏侯恺[223]，余姚虞洪[224]，北地傅巽[225]，丹阳弘君举[226]，乐安任育长㉜[227]，宣城秦精[228]，燉煌单道开[229]，剡县陈务妻[230]，广陵老姥[231]，河内山谦之[232]

后魏[233]　琅琊王肃[234]

宋[235]　新安王子鸾[236]，鸾兄豫章王子尚㉝，鲍昭㉞妹令晖[237]，八公山沙门昙㉟济[238]

齐[239]　世祖武帝[240]

梁[241]　刘廷尉[242]，陶先生弘景[243]

皇朝　徐英公勣[244]

《神农食经》[245]："茶茗久服，令人有力、悦志。"

周公《尔雅》："槚，苦荼㊱。"《广雅》[246]云："荆、巴间采叶㊲作饼，叶老者，饼成㊳，以米膏出之。欲煮茗饮，先炙令赤色㊴，捣末置瓷器中，以汤浇复之，用葱、姜、橘子芼[247]之。其饮醒酒，令人不眠。"

《晏子春秋》[248]："婴相齐景公时，食脱

粟之饭，炙三弋⑭、五卵249，茗菜⑭250而已。"

司马相如《凡将篇》251："乌喙、桔梗、芫华、款冬⑭、贝母、木蘗、蒌⑭、芩草、芍药、桂、漏芦、蜚廉、雚菌⑭、荈诧、白敛⑭、白芷、菖蒲、芒消⑭、莞椒、茱萸。"252

《方言》⑭253："蜀西南人谓茶曰蔎⑭。"

《吴志·韦曜传》："孙皓每飨宴，坐席无不率以七胜254为限⑮，虽不尽入口，皆浇灌取尽。曜饮酒不过二升。皓初礼异，密赐茶荈以代酒。"⑮

《晋中兴书》255："陆纳为吴兴太守时，卫将军谢安常欲诣纳。《晋书》云：纳为吏部尚书256。纳兄子俶⑮怪纳无所备，不敢问之，乃私蓄十数人⑮馔。安既至，所设唯茶果而已。俶遂陈盛馔，珍羞必⑮具。及安去⑯，纳杖俶四十，云：'汝既不能光益叔父，奈何秽吾素业？'"

《晋书》："桓温为扬州牧，性俭，每宴饮，唯下七奠拌⑯茶果而已。"257

《搜神记》258："夏侯恺因疾死。宗人字苟奴察见鬼神⑯。见恺来收⑯马，并病其妻。著⑯平上帻259，单衣，入坐生时西壁大床，就人觅茶饮。"

刘琨《与兄子南兖州260刺史演书》云："前得安州261干姜一斤，桂一斤，黄芩⑯一斤，皆所须也。吾体中愦闷⑯，常仰真⑯茶，汝可置⑯之。"⑯

傅咸《司隶教》262曰："闻南市有蜀妪作茶粥263卖⑯，为廉事⑯264打破其器具，后⑯又卖饼于市。而禁茶粥以困⑯蜀姥，何哉？"⑰

《神异记》265："余姚人虞洪入山采茗，遇一道士，牵三青牛，引洪至瀑布山曰：'吾⑰，丹丘子也。闻子善具饮，常思见惠。

山中有大茗，可以相给。祈子他日有瓯牺之余，乞⑰相遗也。'因立⑰奠祀，后常令家人入山，获大茗焉。"

左思《娇女诗》266："吾家有娇女，皎皎颇白皙⑰。小字267为纨素，口齿自清历。有姊字惠芳，眉目粲⑰如画。驰骛翔园林，果下皆生摘。贪华风雨中，倏忽数百适。心为茶荈剧，吹嘘对鼎𬭚268。"

张孟阳《登成都楼》269诗云："借问扬子舍⑰，想见长卿庐270。程卓⑱累千金271，骄侈拟五侯⑱272。门有连骑客，翠带腰吴钩⑱273。鼎食随时进，百和妙且殊274。披林采秋橘，临江钓春鱼，黑子过⑱龙醢275，果馔逾蟹蝑276。芳茶冠六清⑱277，溢味播九区278。人生苟安乐，兹土聊可娱。"

傅巽《七诲》："蒲⑱桃宛柰279，齐柿燕栗，峘⑱阳280黄梨，巫山朱橘，南中281茶子，西极石蜜282。"

弘君举《食檄》："寒温283既毕，应下霜华之茗284；三爵285而终，应下诸蔗、木瓜、元李、杨梅、五味、橄榄、悬豹、葵羹各一杯286。"

孙楚《歌》⑱："茱萸出芳树颠，鲤鱼出洛水泉。白盐出河东287，美豉出鲁渊⑱288。姜、桂、茶荈出巴蜀，椒、橘、木兰出高山。蓼苏289出沟渠，精⑱稗出中田290。"

华佗⑱《食论》291："苦茶久食，益意思。"

壶居士《食忌》292："苦茶久食，羽化293；与韭同食，令人体重。"

郭璞《尔雅注》云："树小似栀子，冬生294，叶可煮羹饮。今呼早取为茶⑲，晚取为茗，或一曰荈，蜀人名之苦茶。"

《世说》295："任瞻，字育长，少时有令名296，自过江失志297。既下饮⑲，问人云：'此为茶？为茗？'觉人有怪色，乃自申⑲明云：'向问饮为热为冷。'"

《续搜神记》[298]："晋武帝[299]世[199]，宣城人秦精，常入武昌山[300]采茗。遇一毛人，长丈余，引精至山下，示以藂[199]茗而去。俄而复还，乃探怀中橘以遗精。精怖，负茗而归。"

《晋四王起事》[301]："惠帝蒙尘还洛阳[302]，黄门以瓦盂盛茶上至尊[303]。"

《异苑》[304]："剡县陈务[199]妻，少与二子寡居，好饮茶茗。以宅中有古冢，每饮辄先祀之。二子患之曰：'古冢何知？徒以劳意。'欲掘去之。母苦禁[199]而止。其夜，梦一人云：'吾止此冢三百余年，卿二子恒欲见毁，赖相保护，又享吾佳茗，虽潜[199]壤朽骨，岂忘翳桑之报[305]。'及晓，于庭中获钱十万，似久埋者，但贯新耳。母告二子，惭之，从是祷馈[199]愈甚。"

《广陵耆老传》[306]："晋元帝[307]时有老姥[199]，每旦独提[199]一器茗，往市鬻之，市人竞买。自旦至夕[199]，其器不减[199]。所得钱散路傍孤贫乞人，人或异之。州法曹縶之狱中[199]。至夜，老姥执所鬻茗器[199]，从狱牖中飞出[199]。"

《艺术传》[308]："燉煌人单道开，不畏寒暑，常服小石子。所服药有松、桂、蜜之气，所饮[199]茶苏[309]而已。"[199]

释道说[199]《续名僧传》[310]："宋释法瑶，姓杨[199]氏，河东人。元嘉[199][311]中过江，遇沈台真[312]，请真君[199]武康小山寺，年垂悬车[313]，饭所饮茶。大[199]明[314]中，敕吴兴礼致上京，年七十九。"

宋《江氏家传》[315]："江统，字应元[199]，迁愍怀太子[316]洗马，常上疏，谏云：'今西园卖醯、面、蓝子、菜、茶之属，亏败国体。'"

《宋录》[317]："新安王子鸾、豫章王子尚诣昙济道人于八公山，道人设茶[199]茗。子

尚味之曰：'此甘露也，何言茶茗。'"

王微《杂诗》[318]："寂寂掩高[199]阁，寥寥空[199]广厦。待君竟不归，收领今就槚。"[319]

鲍昭妹令晖著《香茗赋》。

南齐世祖武皇帝遗诏："我灵座[199]上慎勿以牲为祭，但设饼果、茶饮、干饭、酒脯而已。"[320]

梁刘孝绰《谢晋安王饷米等启[321]》："传诏[322]李孟孙宣教旨，垂赐米、酒、瓜、笋（筍）[199]、菹[323]、脯、酢[324]、茗八种。气苾新城，味芳云松[325]。江潭抽节，迈昌荇之珍[326]；坛场擢翘，越葺精之美[327]。羞[199]非纯束野麏，裹似雪之驴[199][328]；鲊[199]异陶瓶河鲤[329]，操如琼之粲[330]。茗同食粲[331]，酢类望柑[332][199]。免千里宿舂，省三月粮[199]聚[333]。小人怀惠，大懿[334]难忘。"

陶弘景《杂录》[335]："苦茶轻身换骨[199]，昔丹丘子、黄[199]山君服之。"

《后魏录》："琅琊王肃仕南朝，好茗饮、莼羹[336]。及还北地，又好羊肉、酪浆。人或问之：'茗何如酪？'肃曰：'茗不堪与酪为奴。'"[337]

《桐君录》[338]："西[199]阳、武昌、庐江、晋[199]陵好茗[339]，皆东人作清茗[340]。茗有饽，饮之宜人。凡可饮之物，皆多取其叶。天门冬、拔葜[199]取根[341]，皆益人。又巴东[342]别有真茗茶，煎饮令人不眠。俗中多煮檀叶并大皂李[343]作茶，并冷[344]。又南方有瓜芦木，亦似茗，至苦涩，取为屑茶饮，亦可通夜不眠。煮盐人但资此饮，而交、广[345]最重，客来先设，乃加以香芼辈[346]。"

《坤元录》[347]："辰州[348]溆浦县西北三百五十里无射山，云蛮俗当吉庆之时，亲族集会歌舞于山上。山多茶树。"

《括[199]地图》[349]："临蒸县[350]东一百四十

里有茶溪㉓。”

　　山谦之《吴兴记》：“乌程县[351]西二十里，有温山，出御荈。”

　　《夷陵图经》[352]：“黄牛、荆门、女观、望州等山[353]，茶茗出焉。”

　　《永嘉图经》：“永嘉县东三百里有白茶山。”[354]

　　《淮阴[355]图经》：“山阳县南二十里有茶坡。”

　　《茶陵图经》云：“茶陵者，所谓陵谷生茶茗焉。”[356]

　　《本草·木部》[357]：“茗，苦茶㉔。味甘苦，微寒，无毒。主瘘疮[358]，利小便，去痰渴热，令人少睡。秋采之苦，主下气消食。”注云：“春采之。”

　　《本草·菜部》：“苦菜㉕，一名茶㉖[359]，一名选，一名游冬[360]，生益州[361]川㉗谷，山陵道傍，凌冬不死。三月三日采，干。”注云[362]：“疑此即是今茶㉘，一名茶㉙，令人不眠。”《本草》注[363]：“按《诗》云‘谁谓茶㉚苦[364]’，又云‘堇荼㉓如饴[365]’，皆苦菜㉓也。陶谓之苦茶，木类，非菜流。茗春采㉓，谓之苦㯡㉓途遐反。”

　　《枕中方》[366]：“疗积年瘘，苦茶、蜈蚣并炙，令香熟，等分，捣筛，煮甘草汤洗，以末傅㉖之。”

　　《孺子方》[367]：“疗小儿无故惊蹶[368]，以苦茶㉗、葱须煮服之。”

八之出

　　山南[369]，以峡州上[370]，峡州生远安、宜都、夷陵三县山谷[371]。襄州[372]、荆州[373]次，襄州生南漳㉔[374]县山谷，荆州生江陵县[375]山谷。衡州[376]下，生衡山、茶陵二县山谷[377]。金州[378]、梁州[379]又下。金州生西城、安康二县山谷[380]，梁州生褒㉔城、金牛二县山谷[381]。

　　淮南[382]，以光州[383]上，生光山县黄头港者[284]，与峡州同。义阳郡[385]、舒州[386]次，生义阳县钟山者与襄州同[387]，舒州生太湖县潜山者与荆州同[388]。寿州[389]下，盛唐县生㉔霍山者与衡山同也[390]。蕲州[391]、黄州[392]又下。蕲州生黄梅县[393]山谷，黄州生麻城县[394]山谷，并与金州、梁州同也。

　　浙西㉓[395]，以湖州[396]上，湖州，生长城县顾渚山谷㉓[397]，与峡州、光州同；生山桑、儒师二坞㉔[398]，白茅山悬脚岭[399]，与襄州、荆州㉓义阳郡同；生凤亭山伏翼阁㉕飞云、曲水二寺，啄木岭[400]，与寿州、衡州㉓同；生安吉、武康二县山谷[401]，与金州、梁州同。常州[402]次，常州义兴㉘县生君山悬脚岭北峰下[403]，与荆州、义阳郡同；生圈岭善权寺、石亭山[404]，与舒州同。宣州[405]、杭州[406]、睦州[407]、歙州[408]下，宣州生宣城县雅山[409]，与蕲州同；太平县生㉙上睦、临睦[410]，与黄州同；杭州，临安、于潜二县生天目山[411]，与舒州同；钱塘生天竺、灵隐二寺[412]，睦州生桐庐县[413]山谷，歙州生婺源[414]山谷，与衡州同。润州[415]、苏州[416]又下。润州江宁县生傲山[417]，苏州长洲县[418]生洞庭山，与金州、蕲州、梁州同。

　　剑南[419]，以彭州[420]上，生九陇县马鞍山至德寺、棚口[421]，与襄州同。绵州[422]、蜀州[423]次，绵州龙安县生松岭关[424]，与荆州同；其西昌、昌明、神泉县西山者并佳[425]，有过松岭者不堪采。蜀州青㉚城县生丈人山[426]，与绵州同。青城县有散茶、木茶。邛州[427]次，雅州[428]、泸州[429]下，雅州百丈山、名山[430]，泸州泸川㉓[431]者，与金㉓州同也。眉州[432]、汉州[433]又下。眉州丹棱㉔县生铁山者[434]，汉州绵竹县生竹山者[435]，与润州同。

　　浙东[436]，以越州[437]上，余姚县生瀑布泉岭曰仙茗[438]，大者殊异，小者与襄州㉕同。明州[439]、婺州[440]次，明州贸县[441]生榆荚村㉖，婺州东阳县东白山㉗与荆州同[442]。台州[443]下。台州始丰县㉘生赤城者[444]，与歙州同。

　　黔中[445]，生思州㉙[446]、播州[447]、费

州[448]、夷州[449]。

江南[450]，生鄂州[451]、袁州[452]、吉州[453]。

岭南[454]，生福州[455]、建州[456]、韶州[457]、象州[458]。福州生闽县方山之阴也㉗[459]。

其思、播、费、夷、鄂、袁、吉、福、建㉘、韶、象十一州未详，往往得之，其味极佳。

九之略

其造具，若方春禁火[460]之时，于野寺山园，丛手而掇㉒[461]，乃蒸，乃舂，乃拍㉓，以火干之，则又棨、扑㉔、焙、贯、棚㉕、穿、育等七事皆废[462]。

其煮器，若松间石上可坐，则具列废。用槁薪、鼎䥶㉖[463]之属，则风炉、灰承、炭村、火䇲㉗、交床等废。若瞰泉临涧㉘，则水方、涤方、漉水囊废。若五人已下，茶可末㉙而精者[464]，则罗合废。若援藟[465]跻岩，引絙[466]入洞，于山口炙而末之，或纸包合贮，则碾、拂末等废。既瓢、碗、竹䇲㉚、札、熟盂、鹾簋㉛悉以一筥盛之，则都篮废。

但城邑之中，王公之门，二十四器[467]阙一，则茶废矣。

十之图[468]

以绢素或四幅或六幅[469]，分布写之，陈诸座隅，则茶之源、之具、之造、之器、之煮、之饮、之事、之出、之略目击而存，于是《茶经》之始终备焉。

注　释

1　茶：植物名，山茶科，多年生深根常绿植物。有乔木型、半乔木型和灌木型之分。叶子长椭圆形，边缘有锯齿。秋末开花。种子棕褐色，有硬壳。嫩叶加工后即为可以饮用的茶叶。

2　南方：唐贞观时分天下为十道，南方泛指山南道、淮南道、江南道、剑南道、岭南道所辖地区，基本与现今中国一般以秦岭山脉—淮河以南地区为南方相一致，包括四川、重庆、湖北、湖南、江西、安徽、江苏（含上海）、浙江、福建、广东、广西、贵州、云南（唐时为南诏国）诸省区，以及陕西、河南两省的南部，皆为唐代时的产茶区，亦是今日中国之产茶区。嘉木：优良树木。《楚辞·九章·橘颂》："后皇嘉树。"嘉，同"佳"，美好。陆羽称茶为嘉木，北宋苏轼称茶为嘉叶，都是夸赞茶的美好。

3　尺：古尺与今尺量度标准不同，唐尺有大尺和小尺之分，一般用大尺，传世或出土的唐代大尺一般都在30厘米左右，比今尺略短一些。数十尺：高数米乃至十多米的大茶树。在中国西南地区（云南、四川、贵州）发现了众多的野生大茶树，它们一般树高几米到十几米不等，最高的达三十多米。树龄多在一两千年以上。云南思茅地区澜沧拉祜自治县"千年古茶树"树高11.8米；云南孟海县南糯山乡"南糯山茶树王"（当地称"千年茶树王"，现已枯死）树高5.45米。

4　巴山：又称大巴山，广义的大巴山指绵延四川、甘肃、陕西、湖北边境山地的总称，狭义的大巴山，在汉江支流任何谷地以东，四川、陕西、湖北三省边境；峡，一指巫峡山，即四川、湖北两省交界处的三峡，二指峡州，在三峡口，治所在今宜昌。故此处巴山峡川指四川东部、湖北西部地区。

5　伐而掇之：高大茶树要将其枝条芟伐

后才能采茶。伐：艾除树木的枝条为伐。《诗·周南·汝坟》："伐其条枚。"掇（duō 多）：拾取。

6 瓜芦：又名皋芦，是分布于我国南方的一种叶似茶叶而味苦的树木。《太平御览》卷八六七引晋裴渊《广州记》："酉阳县出皋芦，茗之别名，叶大而涩，南人以为饮。"明李时珍《本草纲目》云："皋芦，叶状如茗，而大如手掌，捼碎泡饮，最苦而色浊，风味比茶不及远矣。"宋唐慎微《证类本草》卷十四："瓜芦，苦菜。"注："陶云：又有瓜芦木，似茗，取叶煎饮，通夜不寐。按：此木一名皋芦，而叶大似茗，味苦涩，南人煮为饮，止渴，明目，除烦，不睡，消痰，和水当茗用之。《广州记》曰：新平县出皋芦，叶大而涩。《南越志》云：龙川县有皋芦，叶似茗，土人谓之过罗。"唐人有煎饮皋芦者，皮日休《吴中苦雨因书一百韵寄鲁望》诗云："十分煎皋卢，半榻挽醽醁。"（《全唐诗》卷六〇九）

7 栀子：属茜草科，常绿灌木或小乔木，夏季开白花，有清香，叶对生，长椭圆形，近似茶叶。

8 白蔷薇：属蔷薇科，落叶灌木，枝茂多刺，高四五尺，夏初开花，花五瓣而大，花冠近似茶花。

9 栟榈（bīng lú 兵驴）：即棕榈，属棕榈科。汉许慎《说文》："栟榈，棕也。"与蒲葵同属棕榈科。核果近球形，淡蓝黑色，有白粉，近似茶籽内实而稍小。

10 丁香：属桃金娘科，一种香料植物，原产于热带，我国南方有栽培，有很多品种。

11 胡桃：属核桃科，深根植物，与茶树一样主根向土壤深处生长，根深常达两三米以上。

12 广州：今属广东。三国吴黄武五年（226）分交州置，治广信（今广西梧州）。不久废。永安七年（264）复置，

治番禺（今属广东）。统辖十郡，南朝后辖境渐缩小。隋大业三年（607）改为南海郡。唐武德四年（621）复为广州，后为岭南道治所，天宝元年（742）改为南海郡，乾元元年（758）复为广州，乾宁二年（895）改为清海军。

13 蒲葵：属棕榈科，常绿乔木，叶大，多掌状分裂，可做扇子。晋嵇含《南方草木状·蒲葵》："蒲葵如栟榈而柔薄，可为葵笠，出龙川。"

14 下孕：植物根系在土壤中往地下深处发育滋生。兆：《说文》："灼龟坼也"，本意龟裂，此作裂开解。瓦砾：碎瓦片，引申为硬土层。周靖民校注《茶经》对这四句小注的解释是：茶和胡桃的主根，生长时把土壤裂开，直至伸长到硬壳层为止，芽苗则向土壤上萌发（《中国茶酒辞典》第565页）。

15 《开元文字音义》：唐玄宗开元二十三年（735）编成的一部字书，共有三十卷，已佚，清代黄奭《汉学堂丛书经解·小学类》辑存一卷，汪黎庆《学术丛编·小学丛残》中亦有收录。此书中已收"茶"字，在陆羽《茶经》写成之前25年，南宋魏了翁在《邛州先茶记》中说："惟自陆羽《茶经》、卢仝《茶歌》、赵赞茶禁之后，则遂易荼为茶。"显然有误。周靖民校注《茶经》认为"槚"当是"榢"（《中国茶酒辞典》第565页），首见于魏张揖的《埤仓》，隋法言《切韵》中曾经收入，并非出于唐《新修本草》。但论中唐时还没有更改"荼"字为"茶"则未见得，只能说是"茶"字尚未入字书，而在实际当中已有使用。陆羽写《茶经》，将荼字减一画为茶，亦将"榢"字减一画为"槚"。

16 《本草》：指唐代高宗显庆四年（659）李（徐）绩、苏虞等人所撰的《新修本草》（今称《唐本草》），已佚，今存宋唐慎微《重修政和经史证类备用本草》中有引

用。敦煌、日本有《新修本草》钞写本残卷，清傅云龙《纂喜庐丛书》之二中收有日本写本残卷，有上海群联出版社1955年影印本；敦煌文献分类录校丛刊《敦煌医药文献辑校》中也录有敦煌写本残卷，有江苏古籍出版社1999年版。

17　《尔雅》：中国最早的字书，共十九篇，为考证词义和古代名物的重要资料。古来相传为周公所撰，或谓乃孔子门徒解释六艺之作。按：此书盖系秦汉间经师缀辑周汉诸书旧文，递相增益而成，非出于一时一手。

18　槚（jiǎ 贾）：本意是楸树，与梓同类，椅、梓、楸、槚，一物而四名。此作茶之别名。

19　莈（shè 设）：一种香草。南朝梁顾野王《玉篇》卷一三："莈，香草也。"此作茶之别名。

20　茗：北宋徐铉注《说文》作为新附字补入，注为"茶芽也"。三国吴陆玑《毛诗草木鸟兽虫鱼疏》卷上："椒树似茱萸……蜀人作茶，吴人作茗，皆合煮其叶以为香。"据此，则茗字作为茶名来自长江中下游，后代成为主要的茶名。

21　荈（chuǎn 喘）：西汉司马相如《凡将篇》以"荈诧"叠用代表茶名。三国时"茶荈"二字连用，《三国志·吴书·韦曜传》："曜素饮酒不过三升，初见礼异时，常为裁减，或密赐茶荈以当酒。"西晋杜育《荈赋》以后，"荈"字历代成为主要的茶名，但现代已经很少用。

22　周公：姓姬名旦，周文王姬昌之子，周武王姬发之弟，武王死后，扶佐其子成王，改定官制，制作礼乐，完备了周朝的典章文物。因其采邑在成周，故称为周公。事见《史记·鲁周公世家》。"周公云"指《尔雅》。《尔雅·释木》："槚，苦荼。"

23　扬执戟：即扬雄（前53—18），西汉文学家、哲学家、语言学家，字子云，蜀郡成都（今属四川）人，曾任黄门郎。汉代郎官都要执戟护卫宫廷，故称扬执戟。著有《法言》、《方言》、《太玄经》等著作。擅长辞赋，与司马相如齐名。《汉书》卷八七有传。"扬执戟云"指《方言》，但今本《方言笺疏》失收。

24　郭弘农：即郭璞（276—324），字景纯，河东闻喜（今属山西）人，东晋文学家，训诂学家，曾仕东晋元帝为著作佐郎，明帝时因直言而为王敦所杀，后赠弘农太守，故称郭弘农。博洽多闻，曾为《尔雅》、《楚辞》、《山海经》、《方言》等书作注。《晋书》卷七二有传。"郭弘农云"指郭璞《尔雅注》，郭璞注"槚，苦荼"云："树小如栀子，冬生叶，可煮作羹饮。今呼早采者为荼，晚取者为茗，一名荈。蜀人名之苦荼。"

25　烂石：山石经过长期风化以及自然的冲刷作用，山谷石隙间积聚着含有大量腐殖质和矿物质的土壤，土层较厚，排水性能好，土壤肥沃。

26　砾壤：指砂质土壤或砂壤，土壤中含有未风化或半风化的碎石、砂粒，排水透气性能较好，含腐殖质不多，肥力中等。

27　黄土：指黄壤和红壤，土层深厚，长期被淋洗，黏性重，含腐殖质和茶树需要的矿物元素少，肥力低。

28　凡艺而不实，植而罕茂：种茶如果用种子播植却不踩踏结实，或是用移栽的方法栽种，很少能生长得茂盛。旧时因而称茶为"不迁"。明陈耀文《天中记》："凡种茶必下子，移植则不生。"艺，种植；植，移栽。

29　法如种瓜：北魏贾思勰《齐民要术》卷二《种瓜》第十四："凡种法，先以水净淘瓜子，以盐和之。先卧锄，楼却燥土，然后掊坑，大如斗口。纳瓜子四枚、大豆三个于堆旁向阳中。瓜生数叶,掘去豆,多锄则饶子,不锄则无实。"唐末至五代时人韩鄂《四时纂要》卷二载种茶法:"种茶,二月中于树下或北阴之地开坎,圆三尺,深一尺,熟斸著粪和土,每坑种六七十颗子,盖土厚一寸强,任生草,不得耘。相去二尺种一方,旱即以米泔浇。此物畏日,桑下竹阴地种之皆可,二年外方可耘治,以小便、稀粪、蚕沙浇拥之,又不可太多,恐根嫩故也。大概宜山中带坡峻,若于平地,即须于两畔深开沟垄泄水,水浸根必死……熟时收取子,和湿土沙拌,筐笼盛之,穰草盖,不尔即乃冻不生,至二月出种之。"其要点是精细整地,挖坑深、广各尺许,施粪作基肥,播子若干粒。这与当前茶子直播法并无多大区别。

30 阳崖阴林,紫者上,绿者次:原料茶叶以紫色者为上品,绿色者次之。这样的评判标准与现今的不同。陈椽《茶经论稿序》是这样解释的:"茶树种在树林阴影的向阳悬崖上,日照多,茶中的化学成分儿茶多酚类物质也多,相对地叶绿素就少;阴崖上生长的茶叶却相反。阳崖上多生紫牙叶,又因光线强,牙收缩紧张如笋,阴崖上生长的牙叶则相反。所以古时茶叶品质多以紫笋为上。"

31 笋者上,牙者次:笋者,指茶的嫩芽,芽头肥硕长大,状如竹笋的,成茶品质好;牙者,指新梢叶片已经开展,或茶树生机衰退,对夹叶多,表现为芽头短促瘦小,成茶品质低。

32 叶卷上,叶舒次:新叶初展,叶缘自两侧反卷,到现在仍是识别良种的特征之一。而嫩叶初展时即摊开,一般质量较差。

33 瘕(jiǎ贾):腹中结块之病。南宋戴侗《六书故》卷三三:"腹中积块也,坚者曰症,有物形曰瘕。"

34 茶之为用,味至寒:中医认为药物有五性,即寒、凉、温、热、平,有五味,即酸、苦、甘、辛、咸。古代各医家都认为茶是寒性,但寒的程度则说法不一,有认为寒、微寒的。陆羽认为茶作为饮用之物,其味,即滋味为"至寒"。

35 为饮,最宜精行俭德之人:茶作为清凉饮料,最适宜修身养性、清静澹泊、生活简朴的人。

36 醍醐(tí hú提胡):经过多次制炼的乳酪,味极甘美。佛教典籍以醍醐譬喻佛性,《涅槃经》十四《圣行品》:"譬如从牛出乳,从乳出酪,从酪出酥,从生酥出熟酥,熟酥出醍醐,醍醐最上……佛以如是。"醍醐亦指美酒。甘露,即露水。《老子》第三十二章:"天地相合以降甘露。"所以古人常常用甘露来表示理想中最美好的饮料。《太平御览》卷一二引《瑞应图》载:"甘露者,美露也,神灵之精,仁瑞之泽,其凝如旨,其甘如饴,一名膏露,一名天酒。"(此为孙柔之《瑞应图》文,《艺文类聚》卷九八引《孙氏瑞应图》:"甘露者,神露之精也。其味甘,王者和气茂,则甘露降于草木。")

37 上党:今山西省南部地区,战国时为韩地,秦设上党郡,因其地势甚高,与天为党,因名上党。唐代改河东道潞州为上党郡,在今山西长治一带。

38 百济:朝鲜古国,在今朝鲜半岛西南部汉江流域一带,公元1世纪兴起,7世纪中叶统一于新罗。新罗:朝鲜半岛东部之古国,在今朝鲜半岛南部,公元前57年建国,后为王氏高丽取代,与中国唐朝有密切关系。

39 高丽:即古高句丽国,在今朝鲜半岛北部,7世纪中叶为新罗所并。

40 泽州:唐时属河东道高平郡,即今山西晋城。易州:唐时属河北道上谷郡,在今河北易县一带。幽州:唐属河北道范阳郡，即今北京及周围一带地区。檀州：唐属河北道密云郡，在今北京市密云县一带。

41 荠苨(jì ní 寄泥)：草本植物，属桔梗科，根茎与人参相似。北齐刘昼《刘子新论》卷四《心隐第二十二》云："愚与直相像，若荠苨之乱人参，蛇床之似蘼芜也。"

42 六疾：六种疾病，《左传》昭公元年："天有六气……淫生六疾，六气曰阴、阳、风、雨、晦、明也。分为四时，序为五节，过则为灾。阴淫寒疾，阳淫热疾，风淫末疾，雨淫腹疾，晦淫惑疾，明淫心疾。"后以"六疾"泛指各种疾病。瘳(chōu 抽)：病愈。

43 籝(yíng 营)：筐笼一类的盛物竹器。字也作"籯"。原注音加追反，误。

44 筥(jǔ 举)：圆形的盛物竹器。《诗·召南·采苹》："维筐及筥。"毛传曰："方曰筐，圆曰筥。"

45 升：唐代一升约合今 0.6 升。

46 斞：与"斗"字同，一斗合 10 升。

47 黄金满籝，不如一经：此句出《汉书》卷七三《韦贤传》"遗子黄金满籯，不如一经"，《文选·左太冲蜀都赋》刘逵注引《韦贤传》，"籯"作"籝"，陆羽《茶经》沿用此"籝"。颜师古(581—645)：唐训诂学家，名籀，字师古，以字行，曾仕唐太宗朝，官至中书郎中。曾为班固《汉书》等书作注。《旧唐书》卷七三、《新唐书》卷一九八有传。

48 突：同堗，烟囱。陆羽提出茶灶不要有烟囱，是为了使火力集中锅底，这样可以充分利用锅灶内的热能。唐陆龟蒙《茶灶》诗曰："无突抱轻岚，有烟映初旭"(《全唐诗》卷六二〇)，描绘了当时茶灶不用烟囱的情形。

49 唇口：敞口，锅口边沿向外反出。

50 甑(zèng 赠)：古代用于蒸食物的炊器，类似于现代的蒸锅。

51 匪腰而泥：甑不要用腰部突出的，而将甑与釜连接的部位用泥封住。这样可以最大限度地利用锅釜中的热力效能。下文"甑，不带而泥之"实是注这一句的。

52 篮以箅之：本句意指以篮状竹编物放在甑中作隔水器，便于箅中所盛茶叶出入于甑。箅(bēi 卑)，小笼，覆盖甑底的竹席。扬雄《方言》卷十三："箅，籚(古箅字)……籚小者……自关而西秦晋之间谓之箅。"郭璞注云："今江南亦名笼为箅。"

53 篾以系之：用篾条系着篮状竹编隔水器箅，以方便其进出甑。

54 以穀木枝三桠者制之：用有三条枝桠的穀木制成叉状器物翻动所蒸茶叶。穀(gǔ 谷)木：指构树或楮树，桑科，在中国分布很广，它的树皮韧性大，可用来作绳索，故下文有"以穀皮为之"语，其木质韧性也大，且无异味。

55 膏：膏汁，指茶叶中的精华。

56 棬(quān 圈)：像升或盂一样的器物，曲木制成。

57 檐(yán 沿)：簷的本字。凡物下覆，四旁冒出的边沿都叫檐。这里指铺在砧上的布，用以隔离砧与茶饼，使制成的茶饼易于拿起。

58 油绢：涂过桐油或其他干性油的绢布，有防水性能。雨衫，防雨的衣衫。单服，单薄的衣服。布目潮沨认为油绢之"油"可能是"绁"，误。油衣在唐代是地方贡物的一种，可防水遮雨。

59 芘莉(bì lì 避利)：芘、莉为两种草名，此处指一种用草编织成的列茶工具，《茶经》中注其音为杷离，与今音不同。按：可能当为笓筣(pí lí 皮离)，笓泛指篓、筐之类的竹器，用竹或荆柳编织的障碍物；筣，竹名，蔓生，似藤，织竹为笓筣，障也，筣与篱同。

60 篣筤(páng láng 旁郎)：篣、筤为两种竹名,此处义同芘莉,指一种用竹编成笼、盘、箕一类的列茶工具。扬雄《方言》卷十三:"笼,南楚江沔之间谓之篣。"

61　棨(qǐ起):指用来在茶饼上钻孔的锥刀。

62　扑:穿茶饼的绳索、竹条。

63　解(jiè界):搬运,运送。

64　焙(bèi倍):微火烘烤,这里指烘焙茶饼用的焙炉,又泛指烘焙用的装置或场所。

65　穿(chuàn串):贯串制好茶饼的索状工具。

66　江东:唐开元十五道之一江南东道的简称;淮南,唐淮南道,贞观十道、开元十五道之一。

67　巴川峡山:指川东、鄂西地区,今湖北宜昌至四川奉节的三峡两岸。唐人称三峡以下的长江为巴川,又称蜀江。

68　峡中:指四川、湖北境内的三峡地带。

69　塘煨(táng wěi唐伟):热灰,可以煨物。

70　煴煴(yūn yūn晕晕):火势微弱没有火焰的样子。《汉书·苏武传》:"凿地为坎,置煴火。"颜师古注:"煴谓聚火无焱者也。""焱",同"焰",火苗。

71　江南梅雨时:农历四、五月梅子黄熟时,江南正是阴雨连绵、潮湿大的季节,为梅雨时节。江南:长江以南地区。一般指今江苏、安徽两省的南部和浙江省一带。

72　凡采茶在二月、三月、四月之间:唐历与现今的农历基本相同,其二、三、四月相当于现在公历的三月中下旬至五月中下旬,也是现今中国大部分产茶区采摘春茶的时期。

73　薇蕨:薇,薇科,蕨,蕨类植物,根状茎很长,蔓生土中,多回羽状复叶,此处用来比喻新抽芽的茶叶。

74　凌露采焉:趁着露水还挂在茶叶上没干时就采茶。

75　藂薄:丛生的草木。"藂"同"丛"。

76　茶之干矣:本句颇难索解。诸家注释《茶经》有三解:茶饼完全干燥;茶就做完成了;将茶饼挂在高处。

77　卤莽而言:粗略地说,大致而言。

78　胡人靴(鞾):胡,我国古代北部和西部非汉民族的通称,他们通常穿着长筒的靴子。鞾,靴的本字。

79　蹙(chù促):皱缩。文:纹理。京锥:不知何解。吴觉农解释为箭矢上所刻的纹理,周靖民解为大钻子刻划的线纹,布目潮沨则沿大典禅师的解说,认为是一种当时著名的纹样。

80　犎(fēng风)牛:即封牛,一种野牛。竟陵本注曰:"犎,音朋,野牛也。"注音与今音不同。臆(yì意):胸部。《汉书·西域传》:"罽宾出犎牛。"颜师古注:"犎牛,项上隆起者也。"积土为封,因为犎牛颈后肩胛上肉块隆起,故以名之。

81　廉襜然:像帷幕一样有起伏。廉,边侧;襜(chān掺),围裙,车帷。

82　轮囷(qūn逡):曲折回旋状。《史记·邹阳传》:"轮囷离诡",裴骃集解曰:"委曲盘戾也。"

83　飚(biāo彪):本义暴风,又泛指风。

84　涵澹:水因微风而摇荡的样子。

85　澄(dèng邓):沉淀,使液体中的杂质沉淀分离。沘(chǐ尺):清,鲜明。澄泥,陶工淘洗陶土。

86　箨(tuò拓):竹皮,俗称笋壳,竹类主秆所生的叶。

87　簏:同筛,丽声,竹器,可以去粗取细,即民间所用的竹筛子。筛(shāi筛):竹筛子。《说文·竹部》:"簏,竹器也,可以去粗取细,从竹,丽声。"段玉裁注:"簏,筛,古今字也,《(汉)书·贾山传》作筛"。

88 凋沮:凋谢,枯萎,败坏。

89 委悴:枯萎,憔悴,枯槁。

90 坳垤:指茶饼表面凹凸不平整。坳(āo嗷),土地低凹;垤(dié叠),小土堆。

91 纵之:放任草率,不认真制作。

92 否臧:成败,好坏。《易·师卦》:"师出以律,否臧凶。"孔颖达疏:"否谓破败,臧谓有功,然否为破败即是凶也,何须更云否臧凶者,本义所明,虽臧亦凶,臧文既单,故以否配之。"

93 以上是茶器的目录,注文是该茶器的附属器物。按:此处底本所列茶器共二十一种(加上附属器二种共有二十三种),以下正文所列二十五种(加上附属器四种共有二十九种),皆与《九之略》中"但城邑之中,王公之门,二十四器阙一,则茶废矣"之数目"二十四"不符。文中有"以则置合中",或许是陆羽自己将罗合与则计为一器,则是正文为为二十四器了。又按:《茶经》中所列茶器的实际器物数当为三十种,即罗合实为罗与合二种器物。

94 杇墁:涂抹墙壁,此处指涂抹风炉内壁的泥粉。

95 古文:上古之文字,如金文、古籀文和篆文等。

96 坎上巽下离于中:坎、巽、离均为《周易》的卦名。坎的卦形为"☵",像水,巽的卦形为"☴",像风像木,离的卦形为"☲",像火像电。煮茶时,坎水在上部的锅中,巽风从炉底之下进入助火之燃,离火在炉中燃烧。

97 圣唐灭胡明年铸:灭胡,一般指唐朝彻底平定了安禄山、史思明等人的八年叛乱的广德元年(763),陆羽的风炉造在此年的第二年即764年。据此可知,《茶经》于764年之后曾经修改。

98 伊公:即伊挚,相传他在公元前17世纪初,辅佐汤武王灭夏桀,建立殷商王朝,担任大尹(宰相),所以又称之为伊尹。据说他很会烹调煮羹,藉之以为相。《史记·殷本纪》:"伊尹名阿衡。阿衡欲干汤而无由,乃为有莘氏媵臣,负鼎俎,以滋味说汤,致于王道。"

99 墆(dì帝):底。堨(niè聂),小山也。原作"堨","堨"的讹字。"墆堨"现有二解,(一)指风炉内置口缘上有一般为三处突起用以放锅的支撑物,其突起之间的空隙可以使燃烧产生的废气从中排出。三处突起之间的圆面自然分成三格,分别绘有坎巽离三卦。(二)为置于风炉之内炉膛式的部分,顶端有三处突起以支撑锅,而其底部为有多处镂空的隔篦,隔篦分成三格,每一格内的镂空为坎巽离三卦之形状。顶端突起可以排废气,而底部的镂孔则又可以"通飙漏烬"。笔者以为墆堨当是置于炉膛内靠底部位置的炉算子,详见拙著《风炉考》(《第九届中国国际茶文化研讨会暨第三届崂山国际茶文化节论文集》150—156页)。

100 翟(zhái宅):长尾的山鸡,又称雉。我国古代认为野鸡属于火禽。

101 彪:小虎,我国古代认为虎从风,属于风兽。

102 水虫:我国古代称虫、鱼、鸟、兽、人为五虫,水虫指水族,水产动物。

103 连葩(pā趴):连缀的花朵图案,葩通花。垂蔓(màn慢):小草藤蔓缀成的图案。曲水:曲折回荡的水波形图案。方文:方块或几何形花纹。

104 锻:同"锻",小冶。汉许慎《说文》:"熔铸金为冶,以金入火焠而椎之为小冶。"

105 柈(pán蟠):同"盘",盘子。台:有光滑平面、由腿或其他支撑物固定起来的像台的物件。

106 楦(xuàn 眩)：制鞋帽所用的模型，这里指筒形的木架子。

107 六出：花开六瓣及雪花晶成六角形都叫六出，这里指用竹条织出六角形的洞眼。

108 利箧：竹箱子。吴觉农、傅树勤、周靖民都认为"利"当为"莉"，一种小竹。箧，长而扁的箱笼。

109 铄：《尔雅·释诂》注曰"美也"，北宋徐铉《说文解字》注曰"销也"，则铄意为摩削平整以美化之意。

110 炭树(zhuā 抓)：碎炭用的锤式器具。汉史游《急就篇》卷三"铁锤"颜师古注曰："粗者曰树，细者曰杖椳。"

111 锐上丰中：指铁树上端细小，中间粗大。

112 锞(zhǎn 展)：炭树上的饰物。

113 河陇：河指唐陇右道河州，在今甘肃临夏附近，陇指唐关内道陇州，在今陕西宝鸡陇县。木吾(yù 玉)：防御用的木棒。吾，通"御"，防御。晋崔豹《古今注》卷上："汉朝执金吾。金吾，亦棒也。以铜为之，黄金涂两末，谓为金吾。御史大夫、司隶、校尉亦得执焉。御史、校尉、郡中都尉、县长之类，皆以木为吾焉。"

114 筯(zhù 住)：同"箸"，筷子，用来夹物的食具，火筯：火筷子、火钳。

115 无葱台勾锁之属：指火筯头无修饰。

116 急铁：即前文所言的生铁。

117 耕刀之趄：用坏了不能再使用的犁头。耕刀：犁头；趄(qiè 切)，本意倾侧、歪斜，这里引申为残破、缺损。

118 内摸土而外摸沙：制镬的内模用土制作，外模用沙制作。"摸"为"模"的通假字。

119 正令：使之端正。

120 "广其缘"二句：镬顶部的口沿要宽一些，可以将火的热力向全镬引申，使烧水沸腾时有足够的空间。

121 "长其脐"二句：镬底脐部要略突出一些，以使火力能够集中。

122 "脐长"二句：镬底脐部略突出，则煮开水时就可以集中在锅中心位置沸腾。

123 洪州：唐江南道、江南西道属州，即今江西南昌，历来出产褐色名瓷。天宝二年(743)，韦坚凿广运潭，献南方诸物产，豫章郡(洪州改称)船所载即"名瓷，酒器，茶釜、茶铛、茶碗"等(《旧唐书》卷一〇五)，在长安望春楼下供玄宗及百官观赏。

124 莱州：汉代东莱郡，隋改莱州，唐沿之，治所在今山东掖县，唐时的辖境相当于今山东掖县、即墨、莱阳、平度、莱西、海阳等地。《新唐书·地理志》载莱州贡石器。

125 而卒归于银也：最终还是用银制作镬好。

126 交床：即胡床，一种可折叠的轻便坐具，也叫交椅、绳床。唐杜宝《大业杂记》："(炀帝)自幕北还，改胡床为交床。"

127 篠(xiǎo 小)：小竹。

128 "津润于火"二句：小青竹在火上烤炙，表面就会渗出津液和香气，陆羽认为以竹夹夹茶烤炙时烤出的竹液清香纯洁，有助益于茶香。

129 剡(shàn 善)藤纸：剡溪所产以藤为原料制作的纸，唐代为贡品。唐李肇《唐国史补》卷下："纸则有越之剡藤。"按：剡溪在今浙江嵊州。

130 拂末：拂扫归拢茶末的用具。

131 堕：碾轮。

132 匕：食器，曲柄浅斗，状如今之羹匙、汤勺。古代也用作量药的器具。策：竹片、木片。

133 方寸匕：唐孙思邈《备急千金要方》卷一"方寸匕者，作匕正方一寸，抄散取不落为度。"

134 椆（chóu 愁）木：属山毛榉科，木质坚重。楸、梓，均为紫葳科。

135 漉（lù 虑）：过滤，渗。

136 苔秽腥涩：周靖民的解释是，铜与氧化合的氧化物呈绿色，像苔藓，显得很脏，实际有毒，对人体有害；铁与氧化合的氧化物呈紫红色，闻之有腥气，口尝有涩味，实际对人体也有害（见《中国茶酒词典》第591页）。

137 缣（jiān 尖）：细绢。

138 纽翠钿：纽缀上翠钿以为装饰。翠钿，用翠玉制成的首饰或装饰物。

139 绿油囊：绿油绢做的袋子。油绢是有防水功能的绢绸。

140 牺（xī 西）杓：古代一种有雕饰的酒尊。《诗·鲁颂·闷宫》朱熹《集传》："牺尊，画牛于尊腹也。或曰，尊作牛形，凿其背以受酒也。"汉淮南王刘安《淮南子》卷二："百围之木斩而为牺尊，镂之以剞劂，杂之以青黄华藻，铸鲜龙蛇虎豹曲成文章。"

141 瓠（hù 户）：蔬类植物，也叫扁浦、葫芦。

142 杜育（265—316）：字方叔，河南襄城人，西晋时人，官至中书舍人。事迹散见于《晋书》傅祇、荀晞、刘琨等传。《荈赋》，原文有散佚，现可从《北堂书钞》、《艺文类聚》、《太平御览》等书中辑出二十余句："灵山惟岳，奇产所钟，瞻彼卷阿，实曰夕阳，厥生荈草，弥谷被冈。承丰壤之滋润，受甘灵之霄降。月惟初秋，农功少休，结偶同旅，是采是求。水则岷方之注，挹彼清流，器泽陶简，出自东隅。酌之以匏，取式公刘。惟兹初成，沫沈华浮。焕如积雪，晔若春敷。""若乃淳染真辰，色殨青霜。□□□□，白黄若虚。调神和内，倦解慵除。"

143 匏（páo 袍）：葫芦之属。

144 永嘉：晋怀帝年号，公元307—313年。

145 余姚：即今浙江余姚。秦置，隋废，唐武德四年（621）复置，为姚州治，武德七年之后属越州。瀑布山：北宋乐史《太平寰宇记》卷九十八将此条内容系于台州天台县（唐时先后称名始丰县、唐兴县）"瀑布山"下，则此处瀑布山是台州的瀑布山，与下文《八之出》余姚县的瀑布泉岭不是同一山。《明一统志》卷四十七："在天台县西四十里，一名紫凝山，有瀑布水，陆羽记天下第十七水，盖与福圣、国清二瀑为三。其山产大叶茶。"

146 丹丘：神话中的神仙之地，昼夜长明。《楚辞·远游》："仍羽人于丹丘兮，留不死之旧乡。"后来道家以丹丘子指来自丹丘仙乡的仙人。

147 瓯牺：杯杓。此处指喝茶用的杯杓。北宋乐史《太平寰宇记》卷九八引为"瓯蚁"，《太平御览》卷八六七引为"鸥蚁"，而"瓯蚁"指的是酒不是茶。

148 醝簋：盛盐的容器。醝（cuó 嵯）：味浓的盐；簋（guǐ 轨）：古代椭圆形盛物用的器具。揭：与"撤"同，竹片作的取盐用具。

149 罍（léi 雷）：酒尊，其上饰以云雷纹，形似大壶。

150 越州：治所在会稽（今浙江绍兴），辖境相当于今浦阳江、曹娥江流域及余姚县地。越州在唐、五代、宋时以产秘色瓷器著名，瓷体透明，是青瓷中的绝品。此处越州即指所在的越州窑，以下各州也均是指位于各州的瓷窑。

151 鼎州：唐曾经有二鼎州，一在湖南，辖境相当于今湖南常德、汉寿、沅江、桃源等县一带；二在今陕西泾阳、醴泉、三原、云阳一带。

152 婺州：唐天宝间称为东阳郡，州治今金华，辖境相当于今浙江金华江、武义江流域各县。

153 岳州：唐天宝间称巴陵郡，州治今岳阳，辖境相当于今湖南洞庭湖东、南、北沿岸各县，岳窑在湘阴县，生产青瓷。

154 寿州：唐天宝间称寿春郡，在今安徽省寿县一带。寿州窑主要在霍丘，生产黄褐色瓷。

155 邢州：唐天宝间称巨鹿郡，相当于今河北巨鹿、广宗以西，泜河以南，沙河以北地区。唐宋时期邢窑烧制瓷器，白瓷尤为佳品。邢窑主要在内丘县，唐李肇《唐国史补》卷下称："凡货贿之物，侈于用者，不可胜纪……内邱白瓷瓯，端溪紫石砚，天下无贵贱，通用之。"其器天下通用，是唐代北方诸窑的代表窑，定为贡品。按：陆羽对邢瓷等与越瓷的比较性评议曾遭非议，范文澜在《中国通史》第三编第258页评论道：陆羽按照瓷色与茶色是否相配来定各窑优劣，说邢瓷白盛茶呈红色，越瓷青盛茶呈绿色，因而断定邢不如越，甚至取消邢窑，不入诸州品内。又因洪州瓷褐色盛茶呈黑色，定为最次品。瓷器应凭质量定优劣，陆羽以瓷色为主要标准，只能算是饮茶人的一种偏见。对此，周靖民在其《茶经》校注中已有辩论："因为唐代主要是饮用蒸青饼茶，除要求香气高、滋味浓厚外，还要求汤色绿，在陆羽前后的诗人所作诗歌中都赞美绿色茶汤，如李泌、白居易、秦韬玉、陆龟蒙、郑谷等。陆羽是从审评的观点喜爱青瓷，其他瓷色衬托的茶汤容易产生错觉，这是茶人的需要，不是'茶人的偏见'。"（《中国茶酒辞典》第592页）

156 畚：用蒲草或竹篾编织的盛物器具。帊(pà 怕)：帛二幅或三幅为帊，亦作衣服解。纸帊，指茶碗的纸套子。

157 白蒲：莎草科。

158 茱萸：属芸香科。

159 绝(shī 施)：粗绸，似布。

160 床：搁放器物的支架、几案等。

161 扄：同"扃"。扃(jiōng 冋)：从外关闭门箱窗柜上的插关。

162 熛(biāo 彪)：迸飞的火焰。

163 炮(páo 咆)：用火烘烤。

164 培塿：小山或小土堆。

165 漆科珠：张芳赐、蔡嘉德解释为漆树子，圆滑如珠。

166 穰(ráng 瓤)：禾的茎秆。

167 倪倪：弱小的样子。

168 燔(fán 凡)：火烧，烤炙。

169 膏木：有油脂的树木。

170 劳薪之味：指用陈旧或其他不适宜的木柴烧煮而使味道受影响的食物，典出《世说新语·术解》："荀勖尝在晋武帝坐上食笋进饭，谓在坐人曰：'此是劳薪炊也。'坐者未之信，密遣问之，实用故车脚。"

171 岷方之注：岷江流淌的清水。

172 乳泉：从石钟乳滴下的水，富含矿物质。

173 瀑涌湍漱：山泉淘涌翻腾冲击。

174 火天：热天，夏天。霜郊：疑为霜降之误。霜降：节气名，公历10月23日或24日。火天至霜郊，指公历6月至10月霜降以前的这段时间。

175 潜龙：潜居于水中的龙蛇，蓄毒于水内。周靖民《茶经》校注认为：实际是停滞不泄的积水（死水），孳生了细菌和微生物，并且积存有大量动植物腐败物，经微生物的分解，产生一些有害人身的可溶性物质。

176 鱼目：水初沸时水面出现的像鱼眼睛的小水泡。唐宋时代也有称为虾目、蟹眼。

177 则水合量：估算水的多少调放适量的食盐。则，估算。

178　弃其啜余：将尝过剩下的水倒掉。

179　无乃餡薝而钟其一味乎：蔡嘉德、吕维新《茶经语释》作如下解：不能因为水中无味而过分加盐，否则岂不是成了只喜欢盐这一种味道了吗？餡薝(gǎn dǎn 赶胆)，无味。

180　华：精华，汤花，茶汤水表面的浮沫。

181　饽(bō 玻)：茶汤表面上的浮沫。

182　字书：当指其时已有的字典，如《说文》、《广韵》、《开元文字音义》等。布目潮沨以为隋陆法言《切韵》所言"饽，茗饽也"庶几近之。

183　回潭：回旋流动的潭水；曲渚：曲曲折折的洲渚。渚，水中陆地。

184　绿钱：苔藓的别称。

185　菊英：菊花，不结果的花叫英，英是花的别名。《楚辞·离骚》："夕餐秋菊之落英。"镈：盛酒的器皿，尊、樽、罇、罎诸字同。俎：盛肉的器皿。

186　皤皤(pó pó 婆婆)：白色。

187　烨(yè 业)：明亮，火盛，光辉灿烂。薂(fū 夫)：花的通名。

188　黑云母：云母为一种矿物结晶体，片状，薄而脆，有光泽。因所含矿物元素不同而有多种颜色，黑云母是其中的一种。

189　"《汉书》：蒯通著《隽永》二十篇也"：语出《汉书》卷四五《蒯通传》，文曰："(蒯)通论战国时说士权变，亦自序其说，凡八十一首，号曰《隽永》。"此处所引"二十篇"当有误。

190　或留熟盂以贮之：将第一沸撇掉黑云母的水留一份在熟盂中待用。

191　酌分五碗：唐代一升约为今 600 毫升，则一碗茶之量约为 120 毫升。

192　缃(xiāng 湘)：浅黄色。汉刘熙《释名》卷四《释彩帛》："缃，桑也，如桑叶初生之色也。"

193　翼而飞：有翅膀能飞的禽类。

194　毛而走：身被皮毛善于奔走的兽类。

195　呿而言：指张口会说话的人类。呿(qū 区)，张口状，《集韵》卷三："启口谓之呿。"

196　啄(zhuó 浊)：鸟用嘴取食。饮啄：饮水啄食。

197　神农氏：又称炎帝。传说中的三皇之一，姜姓。因以火德王，故称炎帝；相传以火名官，作末耜，教人耕种，故又号神农氏。

198　晏婴(？—前 500)：春秋时齐国大夫，字平仲，春秋时齐国夷维(今山东高密)人，继承父(桓子)职为齐卿，后相齐景公，以节俭力行，善于辞令，名显诸侯。《史记》卷六二有传。

199　司马相如(？—前 118)：字长卿，成都(今属四川)人。官至孝文园令，作有《凡将篇》等。《史记》卷一一七、《汉书》卷五七皆有传。

200　韦曜(220—280)：本名韦昭，字弘嗣，晋陈寿著《三国志》时避司马昭名讳改其名。三国吴人，官至太傅，后为孙皓所杀。《三国志》卷六五有传。

201　刘琨(271—318)：字越石，中山魏昌(今河北无极)人。西晋时任并州刺史，拜平北大将军，都督并、幽、冀三州诸军事，死后追封为司空。今传《刘中山集》辑本一卷，《晋书》卷六二有传。张载：字孟阳，安平(今河北深县)人，官至中书侍郎，与弟协、亢俱以文学名，时称"三张"。《晋书》卷五五有传。远祖纳：即陆纳(320?—395)，字祖言，吴郡吴(今江苏苏州)人。官至尚书令，拜卫将军。《晋书》卷七七有传。中唐以前，门阀观念与谱牒制度仍较强烈，陆羽因与陆纳同姓，故称之为远祖。高祖、曾祖以上的祖先称为远祖。谢安(320—385)：字安石，陈郡阳夏(今河南太康)人。官至太保、大都督，因领导淝水之战有功，死后追封为庐陵郡公。《晋书》

卷七七有传。左思（约 250—305）：字太冲，齐国临淄（今山东淄博）人。西晋文学家，著有《三都赋》《娇女诗》等。晋武帝时始任秘书郎，齐王冏命为记室督，辞疾不就。《晋书》卷九二有传。

202　滂时浸俗：影响渗透成为社会风气。滂，水势盛大浸涌，引申为浸润的意思。浸，渐渍、浸淫的意思，《汉书·成帝纪》："浸以成俗。"

203　国朝：指陆羽自己所处的唐朝。

204　两都：指唐朝的西京长安（今陕西西安），东都洛阳（今属河南）。荆：荆州，江陵府，天宝间一度为江陵郡，是唐代的大都市之一，也是最大的茶市之一。渝：渝州，天宝间称南平郡，治巴县（今四川重庆）。唐代荆渝间诸州县多产茶。

205　比屋之饮：家家户户都饮茶。比，通"毗"，毗连。

206　乃斫、乃熬、乃炀、乃舂：斫，伐枝取叶；熬，蒸茶；炀，焙茶使干，《说文》："炀，炙燥也"；舂，碾磨茶粉。

207　"贮于瓶缶"三句：将磨好的茶粉放在瓶罐之类的容器里，用开水浇下去，称之为泡茶。淹（ān 安）：《茶经》所用泡茶术语，指以水浸泡茶叶之意。《集韵》卷四："淹，泛意。"缶（fǒu 否），一种大腹紧口的瓦器。

208　茱萸：落叶乔木或半乔木，有山茱萸、吴茱萸、食茱萸三种，果实红色，有香气，入药，古人常取它的果实或叶子作烹调作料。

209　珍鲜馥烈者：香高味美的好茶。

210　"其碗数三"三句：这里与前文《五之煮》的相关文字相呼应："诸第一与第二、第三碗次之。第四、第五碗外，非渴甚莫之饮。""碗数少至三，多至五。"

211　"若坐客"五句：若有五位客人喝茶，煮三碗的量，酌分五碗；若有七位客人喝茶，煮五碗的量，酌分七碗。

212　若六人以下：此处"六"疑可能为"十"之误，因前文《五之煮》有小注曰"碗数少至三，多至五。若人多至十，加两炉"，则此处所言之数当为七人以上十人以下。按：《茶经》所言行茶碗数不甚明了，研究者或疑此处有脱文。

213　黄山君：汉代仙人。

214　吴归命侯：孙皓（242—283），三国时吴国的末代皇帝，字元仲，公元 264—280 年在位，于 280 年降晋，被封为归命侯。《三国志》卷四八有传。

215　晋惠帝：司马衷，是西晋的第二代皇帝，公元 290—306 年在位，性痴呆，其皇后贾后专权，在位时有八王之乱。《晋书》卷四有传。

216　刘演：字始仁，刘琨侄。西晋末，北方大乱，刘琨表奏其任兖州刺史，东晋时官至都督、后将军。《晋书》卷六二有传。

217　张载：字孟阳，《晋书》卷五五有传。按：载曾任中书侍郎，非黄门侍郎（其弟张协任过此职），《茶经》此处当有误记。

218　傅咸（239—294）：字长虞，北地泥阳（今陕西耀县）人，西晋哲学家、文学家傅玄之子，仕于晋武帝、惠帝，历官尚书左、右丞，以议郎长兼司隶校尉等。《晋书》卷四七有传。

219　江统（？—310）：字应元，陈留围县（今河南杞县南）人。晋武帝时，为山阳令，迁中郎，转太子洗马，在东宫多年，后迁任黄门侍郎、散骑常侍、国子博士。《晋书》卷五六有传。

220　孙楚（约 218—293）：字子荆，太原中都（今山西平遥）人。晋惠帝初，为冯翊太守。《晋书》卷五六有传。

221　桓温（312—373）：谯国龙亢（今安徽

怀远）人，字元子，明帝婿。官至大司马，曾任荆州刺史、扬州牧等。《晋书》卷九八有传。

222　武康：今浙江湖州德清。释法瑶：东晋至南朝宋齐间著名涅槃师，慧净弟子。初住吴兴武康小山寺，后应请入建康，著有《涅槃》、《法华》、《大品》、《胜鬘》等经及《百论》的疏释。

223　沛国夏侯恺：沛国，在今江苏省沛县、丰县一带。夏侯恺，字万仁，事见《搜神记》卷一六。

224　余姚：今属浙江余姚。虞洪：《神异记》中人物。

225　北地：在今陕西省耀县一带。傅巽：傅咸的从祖父。

226　丹阳：今属江苏。弘君举：清严可均辑《全上古三代秦汉三国六朝文》之《全晋文》卷一三八录存其文，并言"《隋志》注：梁有骁骑将军弘戎集十六卷，疑即此。"

227　乐安：今山东邹平。任育长：任瞻，晋人。余嘉锡《世说新语笺疏》下卷下《纰漏第三十四》引《晋百官名》曰："任瞻字育长，乐安人。父琨，少府卿。瞻历谒者仆射、都尉、天门太守。"

228　宣城：今属安徽。秦精：《续搜神记》中人物。

229　燉煌：今甘肃敦煌，唐时写作燉煌。单道开：东晋穆帝时人，著名道人，西晋末入内地，后在赵都城（今河北魏县）居住甚久，后南游，经东晋建业（今江苏南京），又至广东罗浮山（今惠州北）隐居卒。《晋书》卷九五有传。

230　剡县：今浙江嵊州。陈务妻：《异苑》中的人物。

231　广陵：在今江苏扬州。老姥：《广陵耆老传》中的人物。

232　河内山谦之（420—470）：南朝宋时河

内郡（治所在今河南沁阳）人，著有《吴兴记》等。

233　后魏：指北朝的北魏（386—534），鲜卑拓拔珪所建，原建都平城（今山西大同），孝文帝拓拔宏迁都洛阳，并改姓"元"。

234　瑯琊王肃（464—501）：字恭懿，初仕南齐，后因父兄为齐武帝所杀，乃奔北魏，受到魏孝文帝器重礼遇，为魏制定朝仪礼乐，《魏书》卷六三有传。"瑯"为"琅"的异体字，琅琊在今山东临沂一带。

235　宋：即南朝宋（420—479），刘裕推翻东晋建，都建康（今江苏南京）。

236　宋新安王子鸾：南朝宋孝武帝第八子，子尚是第二子，当子尚为兄，《茶经》此处所记有误。事见《宋书》卷八〇。

237　鲍昭妹令晖：鲍昭即鲍照，南朝宋著名诗人，其妹令晖亦是一位优秀诗人，钟嵘在其《诗品》中对她有很高的评价，《玉台新咏》载其"著《香茗赋集》行于世"，该集已佚。鲍照一说东海（今山东苍山）人，一说上党人，据曹道衡《关于鲍照的家世和籍贯》（载《文史》第七辑）考证，当为东晋侨置于江苏镇江一带的东海郡人，曾为临海王前军参军，世称鲍参军。

238　八公山沙门昙济：昙济，南朝宋著名成实论师，著有《六家七宗论》，事见《高僧传》卷七，《名僧传抄》中有传。八公山在今安徽淮南。沙门，佛家指出家修行的人。道人，当时称和尚为道人。

239　齐：萧道成推翻南朝刘宋政权所建的南朝齐（479—502），都建康（今江苏南京）。

240　世祖武帝：南朝齐国第二代皇帝萧赜，482—493年在位，崇信佛教，提倡节俭，事见《南齐书》卷三《武帝纪》。

241　梁：萧衍推翻南朝齐所建立的南朝梁（502—557），都建康（今江苏南京）。

242　刘廷尉：即刘孝绰（481—539），原名冉，小字阿士，彭城（今江苏徐州）人，廷尉是其官名。《梁书》卷三三有传。

243　陶弘景（456—536）：南朝齐梁时期道教思想家、医学家，字通明，丹阳秣陵（今江苏江宁县南）人，仕于齐，入梁后隐居于句容句曲山，自号"华阳隐居"。梁武帝每逢大事就入山就教于他，人称山中宰相。死后谥贞白先生。著有《神农本草经集注》、《肘后百一方》等。《南史》卷七六、《梁书》卷五一有传。

244　徐勣：即李勣（594—669），唐初名将，本姓徐，名世勣，字懋功，曾任兵部尚书，拜司空、上柱国，封英国公。唐太宗李世民赐姓李，避李世民讳改为单名勣。《新唐书》卷六七、《旧唐书》卷九三有传。

245　《神农食经》：传说为炎帝神农所撰，实为西汉儒生托名神农氏所作，早已失传，历代史书《艺文志》均未见记载。樊志民《中国古代北方饮食文化特色研究》（载《农业考古》2004 年第 1 期）称《汉书·艺文志》录有《神农食经》七卷，不知何据。按：《汉书》卷三十《艺文志》载有《神农黄帝食禁》七卷一种，著者称其为"经方"，非食经。

246　《广雅》：三国魏张揖所撰，原三卷，隋代曹宪作音释，始分为十卷，体例根据《尔雅》而内容博采汉代经书笺注及《方言》、《说文》等字书增广补充而成。隋代为避炀帝杨广名讳，改名为《博雅》，后二名并用。

247　芼（mào 帽）：拌和。

248　《晏子春秋》：旧题春秋晏婴撰，所述皆婴遗事，宋王尧臣等《崇文总目》卷五认为当为后人撮集而成。今凡八卷。《茶经》所引内容见其卷六内篇杂下第六，文稍异。

249　三弋、五卵：弋，禽类，卵，禽蛋。三、五为虚数词，几样。

250　茗菜：一般认为晏婴当时所食为苔菜而非茗饮。苔菜又称紫堇、蜀芹、楚葵，古时常吃的蔬菜。

251　《凡将篇》：汉司马相如撰，约成书于公元前 130 年，缀辑古字为词语而没有音义训释，取开头"凡将"二字为篇名，《说文》常引其说，已佚，现有清任大椿《小学钩沉》、马国翰《玉函山房辑佚书》本。《四库全书总目》说："（《茶经》）七之事所引多古书，如司马相如《凡将篇》一条三十八字，为他书所无，亦旁资考辨之一端矣。"

252　乌啄：又名乌头，毛茛科附子属。味辛，甘，温，大热，有大毒。主中风恶风等。桔梗：桔梗科桔梗属。味辛、苦，微温，有小毒。主胸胁痛如刀刺……惊恐悸气，利五脏肠胃，补血气，除寒热风痹，温中消谷等。芫华：又作芫花，瑞香科瑞香属。味辛、苦，温、大热，有小毒。主逆咳上气。款冬：菊科款冬属。味辛、甘、温，无毒。主逆咳上气善喘。贝母：百合科贝母属。味辛、苦，平、微寒，无毒。主伤寒烦热、淋沥邪气、疝瘕、喉痹乳难、金疮风痉。木蘗（niè 涅）：即黄蘗，芸香科黄蘗属。落叶乔木，茎可制黄色染料，树皮入药。一般用于清下焦湿热，泻火解毒，黄疸肠痔，漏下赤白，杀虫虫，为降火与治痿要药。蒌：即蒌菜，胡椒科土蒌藤属。蔓生有节，味辛而香。芩草：禾本科芦苇属。吴陆玑《陆氏诗疏广要》卷上之上："芩草，茎如钗股，叶如竹，蔓生，泽中下地咸处，为草真实，牛马皆喜食之。"芍药：毛茛科。味苦，辛，平，微寒，有小毒。主邪气腹痛、除血痹。桂：唐《新修本草》木部上品卷第十二言其

"味甘、辛，大热，有毒。主温中，利肝肺气，心腹寒热冷疾，霍乱转筋，头痛，腰痛，出汗，止烦，止唾，咳嗽，鼻□。能堕胎，坚骨节，通血脉，理疏不足，宣导百药，无所畏。久服神仙不老。生桂杨，二月、七八月、十月采皮，阴干。"漏芦：菊科漏芦属。味苦，寒，无毒。主皮肤热，下乳汁等。蜚廉：菊科飞廉属。味苦，平，无毒。主骨节热。藋菌：味咸，甘，平，微温。有小毒。主治心痛，温中，去长虫……去蛔虫、寸白、恶疮。一名藋芦。生东海池泽及渤海章武。八月采，阴干。荈诧：双音叠词，分别代表茶名。"荈"字详《一之源》注。"诧"字在古代有多种音义，《说文》："诧，莫爵酒也。从宀，托声。"作为用酒杯盛酒敬奉神灵解。诧，与茶音近。《集韵》《韵会》等："诧，丑亚切，茶去声。"白敛：亦作白蔹，葡萄科葡萄属。有解热、解毒、镇痛功能。白芷：伞形科咸草属。《神农本草经》卷八草中品之下言其"味辛温。主治女人漏下赤白，血闭，阴肿，寒热，风头，侵目泪出，长肌肤润泽，可作面脂。一名芳香。生川谷。"菖蒲：天南星科白菖属。有特种香气，根茎入药，可以健胃。芒消：即芒硝，朴硝加水熬煮后结成的白色结晶体即芒硝。消是"硝"的通假字。芒消（今作硭硝）成分是硫酸钠，白色结晶，医药上用作泻剂。唐《新修本草》玉石等部上品卷第三言其："味辛、苦，大寒。主五脏积聚，久热胃闭，除邪气，破留血，腹中痰实结搏，通经脉，利大小便及月水，破五淋，推陈致新。生于朴消。"莞椒，吴觉农认为恐为华椒之误，华椒即秦椒，芸香科秦椒属，可供药用。

253 《方言》：《辀轩使者绝代语释别国方言》的简称，汉扬雄撰。按，此处所引并不见于今本《方言》。

254 胜："升"的通假字，容量单位。

255 《晋中兴书》：原为八十卷，今存清黄奭辑本一卷。旧题为何法盛撰。据李延寿《南史·徐广传》附郄绍传所载，本是郄绍所著，写成后原稿被何法盛窃去，就以何的名义行于世。

256 《晋书》云纳为吏部尚书：唐以前有十余种私人撰写的晋代史书，唐太宗命房玄龄等重修，是为官修本《晋书》。据卷七十七《陆纳传》载："纳字祖言，少有清操，贞厉绝俗……（简文帝时）出为吴兴太守……（孝武帝时）迁太常，徙吏部尚书，加奉车都尉、卫将军。谢安尝诣纳，而纳殊无供办。"按，陆纳任吴兴太守是 372 年，迁吏部尚书在 375 年或稍后，此时谢安才去拜访，地点在京城建业，不是吴兴。谢安当时是后将军军衔（比陆纳卫将军军衔低），到 383 年才拜卫将军。这些都与《晋中兴书》不同。

257 下：摆出。奠（dìng 定）：同"饤"，用指盛贮食物盘碗数目的量词。拌：通"盘"。按，此事见《晋书》卷九八《桓温传》，文略异。

258 《搜神记》：晋干宝撰，计二十卷，本条见其书卷十六，文稍异。宝字令升，新蔡（在今河南）人。生卒年未详。少勤学，以才器为佐著作郎，求补山阴令，迁始安太守。王导请为司徒右长史，迁散骑常侍。按，王导是在太宁三年（325）成帝即位时任司徒、录尚书事，则干宝是东晋初期人。《搜神记》至南宋时已失传，今本为后人缀辑而成，多有附益，已非原貌。鲁迅《中国小说史略》说："该书于神祇灵异人物变化之外，颇言神仙五行，亦偶有释氏说。"

259 平上帻：古时规定武官戴的平顶巾

帽,有一定的款式。

260 南兖州:据《晋书·地理志下》载:"东晋元帝侨置兖州,寄居京口。明帝以郗鉴为刺史,寄居广陵。置濮阳、济阴、高平、泰山等郡。后改为南兖州,或还江南,或居盱眙,或居山阳。"因在山东、河南的原兖州已被石勒占领,东晋于是在南方侨置南兖州(同时侨置的有多处),安插北方南逃的官员和百姓。《晋书》所载刘演事迹较简略,只记载任兖州刺史,驻廪丘。刘琨在东晋建立的第二年(318)于幽州被段匹磾所害,这两年刘演尚在北方;"南"字似为后人所加,前面目录也无此字,存疑。

261 安州:晋代的州,是第一级大行政区,统辖许多郡、国(第二级行政区),没有安州。晋至隋时只有安陆郡,到唐代才改称安州,在今湖北安陆县一带。这一段文字,恐非刘琨原文,后人有所更动。

262 《司隶教》:司隶校尉的指令。司隶校尉,职掌律令、举察京师百官。教,古时上级对下级的一种文书名称,犹如近代的指令。

263 茶粥:又称茗粥、茗糜。把茶叶与米粟、高粱、麦子、豆类、芝麻、红枣等合煮的羹汤。如唐王维《赠吴官》诗:"长安客舍热如煮,无个茗糜难御暑。"(《全唐诗》卷一二五)储光羲《吃茗粥作》诗:"淹留膳茶粥,共我饭蕨薇。"(《全唐诗》卷一七)

264 廉事:不详,当为某级官吏。

265 《神异记》:《太平御览》卷八六七引作王浮《神异记》。按,王浮,西晋惠帝时人。

266 左思《娇女诗》:是诗描写两个小女儿天真顽皮的形象。据《玉台新咏》所载,原诗共五十六句,本书所引仅十二句,且陆羽不是摘录某一段落,而

是将前后诗句进行拼合,个别字与前引书不同。

267 小字:一般作乳名解,但这里是指小的那个女儿名字叫纨素,与下面"其姊字蕙芳"是对称的。

268 "心为茶荈"二句:因为急于要烹好茶茗来喝,于是对着锅鼎吹火。

269 张孟阳《登成都楼》:《艺文类聚》卷二八引作张载《登成都白菟楼》。《晋书·张载传》:张载父张收任蜀郡(治成都)太守,载于太康初(280)至蜀探亲,一般认为诗作于此时。原诗三十二句,陆羽仅摘录后面的一半。白菟楼又名张仪楼,即成都城西南门城楼,楼很高大。唐李吉甫《元和郡县图志》卷三二载:"城西南,楼百有余尺,名张仪楼,临山瞰江,蜀中近望之佳处也。"

270 "借问"二句:扬子,对扬雄的敬称。长卿,司马相如表字。扬雄和司马相如都是成都人。扬雄的草玄堂,相如晚年因病不做官时住的庐舍,都在白菟楼外不远处(《大清一统志》卷二九二)。两人都是西汉著名的辞赋家,诗文点出成都地方历代人物辈出。

271 程卓:程卓指汉代程郑和卓王孙两大富豪之家。累千金:形容积累的财富多。汉代程郑和卓王孙两家迁徙蜀郡临邛以后,因为开矿铸造,非常富有。《史记·货殖列传》说卓氏之富"倾动滇蜀",程氏则"富埒卓氏"。

272 骄侈拟五侯:说程、卓两家的富丽奢侈,比得上王侯。五侯:指五侯九伯之五侯,即公、侯、伯、子、男五等爵,亦指同时封侯五人。东汉梁冀因为是顺帝的内戚,他的儿子和叔父五人都封为侯爵,专权骄横达二十年,都过着穷奢极侈的生活。一说指东汉桓帝封宦官单超、徐璜等五人为侯,"五人同日封,世谓之五侯。自是权

归宦官,朝政日乱矣。"(见《后汉书·宦者传》)。后以泛称权贵之家为五侯家。韩翃《寒食日即事》诗曰:"日暮汉宫传蜡烛,青烟散入五侯家。"(宋蒲积中《古今岁时杂咏》卷一一)。

273 "门有"二句:宾客们接连地骑着马来到,有如车水马龙。连骑,古时主仆都骑马称为连骑,表明这个人高贵。翠带,镶嵌翠玉的皮革腰带。吴钩,即吴越之地出产的刀剑,刃稍弯,极锋利,驰誉全国。鲍照《代结客少年行》有"骢马金络头,锦带佩吴钩"语(《鲍明远集》卷三)。

274 "鼎食"二句:鼎食,古时贵族进餐,以鼎盛菜肴,鸣钟击鼓奏乐,所谓"钟鸣鼎食"。时,时节,时新。和,烹调。百和,形容烹调的佳肴多种多样。殊,不同。

275 黑子过龙醢:黑子,未详出典,有解作鱼子者。醢(hǎi 海),肉酱。龙醢,龙肉酱,古人以为味极美,则张载是将鱼子同龙肉酱比美。

276 蝑(xū 虚):《广韵》:"盐藏蟹也。"

277 芳茶冠六清:芳香的茶茗超过六种饮料。六清:六种饮料,《周礼·天官·膳夫》:"饮用六清",即水、浆、醴(甜酒)、醷(以水和酒)、医(酒的一种)、酏(去渣的粥清)。底本及诸校本皆作"六情"。六情,是人类"不学而能"的天生的六种感情,东汉班固《白虎通》卷下云:"喜、怒、哀、乐、爱、恶,谓六情。"佛经则以眼、耳、鼻、舌、身、意为六情。以这与芳香的茶茗相比拟都是不妥的。

278 九区:即九州,古时分中国为九州,九州意指全中国。

279 蒲桃、宛奈:这一段都是在食品前冠以产地。蒲,古代有几个地点,西晋的蒲阪县,属河东郡,今山西永济西。后代简称蒲,多指此处。宛,宛县,为荆州南阳国首府,今河南南阳。奈(nài 奈):俗名花红,亦名沙果。据明李时珍《本草纲目》卷三〇《果部·林檎》集解:奈与林檎一类二种也,树实皆似林檎而大。按,花红、林檎、沙果实一物而异名,果味似苹果,供生食,从古代大宛国传来。

280 岠阳:岠字通恒,恒阳有二解,一是指恒山山阳地区,一是指恒阳县,今河北曲阳县。

281 南中:现今云南省。三国蜀诸葛亮南征后,置南中四郡,政治中心在云南曲靖县,范围包括今四川宜宾市以南、贵州西部和云南全省。

282 西极:指西域或天竺。一说是今甘肃张掖一带,一说泛指今我国新疆及中亚一带。石蜜,一说是用甘蔗炼糖,成块者即为石蜜。一说是蜂蜜的一种,采于石壁或石洞的叫做石蜜。

283 寒温:寒暄,问寒问暖。多泛指宾主见面时谈天气冷暖之类的应酬话。

284 霜华之茗:茶沫白如霜的茶饮。

285 三爵:喝了多杯酒。三,非实数,泛指其多。爵,古代盛酒器,三足两柱,此处作为饮酒计量单位。曹植有诗曰:"乐饮过三爵,缓带倾庶羞。"(《曹子建集》卷六《箜篌引》)

286 诸蔗:甘蔗。元李:大李子。悬豹:吴觉农以为或为"悬瓠"形似之误。瓠,葫芦科植物。周靖民以为似为"悬钩"形近之误。悬钩,又称山莓、木莓,蔷薇科,茎有刺,子酸美,人多采食。葵羹:绵葵科冬葵,茎叶可煮羹饮。

287 白盐出河东:河东,晋代郡名,在今山西省西南。境内解州(今山西运城西南)、安邑(今山西运城东北)均产池盐,解盐在我国古代既著名又重要。

288 鲁渊:鲁,今山东省西南部。渊,湖泽,鲁地多湖泽。

289 蓼苏：蓼，《说文》："辛菜"，一年生或多年生草本植物，生长在水边，味辛辣，古时常作烹饪佐料。苏：宋罗愿《尔雅翼》卷七："叶下紫色而气甚香，今俗呼为紫苏。煮饮尤胜。取子研汁煮粥良。长服令人肥白、身香。亦可生食，与鱼肉作羹。"

290 粺：《正韵》："精米也"。中田：倒装词，即田中。

291 华佗《食论》：华佗(约141—208)：字元化，沛国谯(今安徽亳县)人。医术高明，是东汉末年著名的医家。《后汉书》卷八二、《三国志》卷二九有传。《食论》：不详。

292 壶居士《食忌》：壶居士，又称壶公，道家人物，说他在空室内悬挂一壶，晚间即跳入壶中，别有天地。《食忌》已佚，具体情况不详。本条宋叶廷珪《海录碎事》卷六所引有所不同："茶久食羽化。不可与韭同食，令耳聋。"

293 羽化：羽化登仙。道家所言修炼成正果后的一种状态。

294 冬生：茶为常绿植物，在适当的地理、气候条件下，冬天仍可萌发芽叶。《旧唐书·文宗本纪》："吴、蜀贡新茶，皆于冬中作法为之。"

295 《世说》：南朝宋临川王刘义庆撰，计八卷，梁刘孝标作注，增为十卷，见《隋书·经籍志》。后不知何人增加"新语"二字，唐后期王方庆有《续世说新书》。现存三卷是北宋晏殊所删并。内容主要是抬掇汉末至东晋的士族阶层人物的遗闻轶事，尤详于东晋。这一段载于卷六《纰漏第三十四》，陆羽有删节。

296 令名：美好的名声。《世说》原文前面说任瞻"一时之秀彦"，"童少时，神明可爱"。

297 自过江失志：西晋被刘聪灭亡后，司马睿在南京建立东晋王朝，西晋旧臣多由北方渡过长江投靠东晋，任瞻也随着过江，丞相王敦在石头城(今江苏南京市西北)迎接，并摆设茶点欢迎。失志，没有做官。

298 《续搜神记》：又名《搜神后记》，据《四库全书总目》说："旧本题晋陶潜撰。明沈士龙《跋》谓：'潜卒于元嘉四年，而此有十四、十六两年事。《陶集》多不称年号，以干支代之，而此书题永初、元嘉，其为伪托。固不待辩。'"鲁迅在《中国小说史略》中也说，陶潜性情豁达，不致著这种书。《隋书·经籍志》已载有此书，当是陶潜以后的南朝人伪托。这一段陆羽有较大的删节。

299 晋武帝：晋开国君主司马炎(236—290)，司马昭之子。昭死，继位为晋王，后魏帝让位，乃登上帝位，建都洛阳，灭吴，统一中国，在位26年。

300 武昌山：宋王象之《舆地纪胜》卷八一："武昌山，在本(武昌)县南百九十里。高百丈，周八十里。旧云，孙权都鄂，易名武昌，取以武而昌，故因名山。《土俗编》以为今县名疑因山以得之。"

301 《晋四王起事》：南朝卢琳撰，计四卷。又撰有《晋八王故事》十二卷。《隋书》卷三十三《经籍志》著录。后散佚，清黄奭《黄氏逸书考》辑存一卷，题为《晋四王遗事》。

302 惠帝蒙尘还洛阳：蒙尘，蒙受风尘，皇帝被迫离开宫廷或遭受险恶境况，称蒙尘。房玄龄《晋书·惠帝本纪》载，永宁元年(301)，赵王伦篡位，将惠帝幽禁于金镛城。齐王冏、成都王颖、河间王颙、常山王乂四王同其他官员起兵声讨赵王伦。经三个月的战争，击垮赵王伦，齐王等用辇舆接惠帝回洛阳宫中。

303 黄门以瓦盂盛茶上至尊：现已无从查

知《晋四王起事》中惠帝用瓦盂喝茶的记载。但在赵王伦之乱三年后(304)的八王之乱时,《晋书》有惠帝用瓦器饮食的记载。惠帝单车奔洛阳,途中到获嘉县,"市籴米饭,盛以瓦盆,帝啖两盂。"黄门,有官员和宦官,这里当指宦官。

304 《异苑》:志怪小说及人物异闻集,南朝刘敬叔(390—470)撰。敬叔在东晋末为南平国(今湖北江陵一带)郎中令,刘宋时任给事黄门郎。此书现存十卷,已非原本。

305 翳桑之报:春秋时晋国大臣赵盾在翳桑打猎时,遇见了一个名叫灵辄的饥饿垂死之人,赵盾很可怜他,亲自给他吃饱食物。后来晋灵公埋伏了很多甲士要杀赵盾,突然有一个甲士倒戈救了赵盾。赵盾问及原因,甲士回答他说:"我是翳桑的那个饿人,来报答你的一饭之恩。"事见《左传》宣公二年。

306 《广陵耆老传》:作者及年代不详。

307 晋元帝:东晋第一代皇帝司马睿(317—323年在位),317年为晋王,318年晋湣帝在北方被匈奴所杀,司马睿在王氏世家支援下在建业称帝,改建业为建康。

308 《艺术传》:指房玄龄《晋书》卷九五《艺术列传》,此处引文不是照录原文,文字也略有出入。

309 茶苏:亦作"茶苏",用茶和紫苏做成的饮料。

310 释道说《续名僧传》:《新唐书·艺文志》记录自晋至唐代有《名僧传》、《高僧传》、《续高僧传》数种,此处名称略异,不知《续名僧传》是否其中一种。《续高僧传》卷二十五有释道悦传,道悦652年仍在世。释道说原本作"释道该说","该"当为衍字。说、悦二字通。

311 元嘉:南朝宋文帝年号,共30年,公元424—453年。

312 沈台真:沈演之(397—449),字台真,南朝宋吴兴郡武康人。《宋书》卷六三、《南史》卷三六有传。

313 年垂悬车:典出西汉刘安《淮南子·天文训》:"爰止羲和,爰息六螭,是谓悬车。"悬车原指黄昏前的一段时间。又指人年70岁退休致仕。元嘉二十六年(449),沈演之卒时方五十余岁,则悬车是指当时法瑶的年龄接近70岁。据此,后文言法瑶79岁时的"永明中"时间疑有误,布目潮沨据《梁高僧传》卷七言此事当发生在大明六年(462)。

314 大明:南朝宋孝武帝年号,共8年,公元457—464年。原作"永明",为南朝齐武帝年号,共11年,公元483—493年。

315 宋《江氏家传》:江祚等撰(此据《隋书》卷三三,而《新唐书》卷六四言为江饶撰),共七卷,今已散佚。此事《太平御览》卷八六七所载略同。但唐房玄龄《晋书》卷五六《江统传》所载江统谏疏第四项末段:"今西园卖葵菜、蓝子、鸡、面之属,亏败国体",没有"茶",与本书所引不同。

316 愍怀太子:晋惠帝庶长子司马遹,惠帝即位后,立为皇太子。年长后不好学,不尊敬保傅,屡缺朝觐,与左右在后园嬉戏。常于东宫、西园使人杀猪、沽酒或做其他买卖,坐收其利。元康元年(300),被惠帝贾后害死,年二十一。事见《晋书》卷五三。

317 《宋录》:周靖民言为南朝齐王智深撰,不知何据。检《南齐书》、《南史》等书,皆言王智深所撰为《宋纪》。又《茶经述评》称《隋书·经籍志》著录《宋录》,亦遍检不见。布目潮沨疑为南朝梁裴子野《宋略》之误。按《旧唐书》卷四六著录"《宋拾遗录》十卷，谢绰撰"，未知《宋录》是否为其略称。

318　王微（415—443）：南朝宋琅玡临沂（今山东临沂）人，字景玄，"少好学，无不通览，善属文，能书画，兼解音律、医方、阴阳、术数。"南朝宋文帝（424—453年在位）时，曾为人荐任中书侍郎、吏部郎等，皆不愿就。死后追赠秘书监。《宋书》卷六二有传。王微有《杂诗》二首，《茶经》所引为第一首。按：本篇最初所列人名总目中漏列王微名。

319　《玉台新咏》卷三载该诗共计二十八句，陆羽节录最后四句。文字略有不同，如"高阁"作"高门"，"收领"作"收颜"。全诗是描写一个采桑妇女，怀念从征多年的丈夫久久不归，最后只好寂静地掩着高门，孤苦伶仃地守着广厦。如果征夫再不回来，她将容颜苍老地就槚了。"就槚"有二解：一是说喝茶，一是行将就木之就槚。

320　《南齐书》卷三载南朝齐武帝萧赜于永明十一年（493）七月临死前所写遗书："祭敬之典，本在因心……我灵上慎勿以牲为祭，惟设饼、茶饮、干饭、酒脯而已。天下贵贱，咸同此制。"文字略有不同。

321　晋安王：即南朝梁武帝第二子萧纲（503—551），初封为晋安王，长兄昭明太子萧统于中大通三年（531）卒后，继立为皇太子，后登位，称简文帝，在位仅二年。启：古时下级对上级的呈文、报告。这里是刘孝绰感谢晋安王萧纲颁赐米、酒等物品的回呈，事在531年以前。

322　传诏：官衔名，有时专设，有时临事派遣。

323　菹（zū 租）：同"葅"、"蒩"，酢菜。

324　酢：古"醋"字，酸醋。

325　"气苾"二句：新城的米非常芳香，香

高入云。苾，芳香。新城，历史上有多处，布目潮沨解为浙江新城县（在今浙江杭州富阳），这里所产米质很好，且《艺文类聚》卷八五载有梁庾肩吾《谢湘东王赍米启》"味重新城，香逾涝水"，可见当时新城米颇有名。周靖民解这两句是颂扬酒的美好。新城为新丰城的简称，在今陕西临潼东北新丰镇，城为汉高祖所建，专酿美酒养其父，历代仍产名酒。梁武帝诗："试酌新丰酒，遥劝阳台人。"云松，形容松树高耸入云。

326　江潭抽节，迈昌荇之珍：前句指竹笋，后句说菹的美好。迈，越过。昌，通"菖"，香菖蒲，古时有做成干菜吃的。《仪礼·公食大夫礼》注："菖蒲，本菹也。"荇，多年生水草，龙胆科荇属，古时常用的蔬菜。《诗·周南·关雎》："参差荇菜，左右采之。"

327　"壃场"二句：田园摘来的最好的瓜，特别的好。《诗·小雅·信南山》："中田有庐，疆场有瓜。""壃"同"疆"。疆场（yì 易）：田地的边界，大界叫疆，小界叫场。擢：拔，这里作摘取解。翘：翘首，超群出众。葺，本意是用茅草加盖房屋，周靖民解作积聚、重叠。葺精：加倍的好。

328　"羞非"二句：送来的肉脯，虽然不是白茅包扎的獐鹿肉，却是包裹精美的雪白干肉脯。典出《诗·召南·野有死麕》："野有死麕，白茅纯束。"羞：珍羞，美味的食品。纯（tún 屯）：包束。麕（jūn 君）：同"麇"，獐子。裹（yì 义）：缠裹。

329　鲊异陶瓶河鲤：鲊，腌制的鱼或其他食物。河鲤，《诗·陈风·衡门》："岂食其鱼，必河之鲤。"黄河出产的鲤鱼，味鲜美。

330　操如琼之粲：馈赠的大米像琼玉一样晶莹。操，拿着。琼，美玉。粲，上等

白米，精米。

331 茗同食粲：茶和精米一样的好。

332 酢类望柑：橘，柑橘。馈赠的醋像看着柑橘就感到酸味一样的好。

333 "免千里"二句：这是刘孝绰总括地说颁赐的八种食品可以用好几个月，不必自己去筹措收集了。千里、三月是虚数词，未必恰如其数。《庄子·逍遥游》："适百里者宿舂粮，适千里者三月聚粮。"

334 懿：美、善。

335 《杂录》：是书不详。惟《太平御览》卷八六七所引称陶氏此书为《新录》。

336 莼：水莲科莼属植物，春夏之际，其叶可食用。

337 后魏杨衒之《洛阳伽蓝记》和《北史·王肃传》对此事有更详细的记载："肃初入国，不食羊肉及酪浆等物，常饭鲫鱼羹，渴饮茗汁，京师士子道肃一饮一斗，号为漏卮。经数年以后，肃与高祖（孝文帝）殿会，食羊肉、酪粥甚多。高祖怪之，谓肃曰：'卿中国之味也，羊肉何如鱼羹？茗饮何如酪浆？'肃对曰：'羊者陆产之最，鱼者乃水族之长，所好不同，并各称珍。以味言之，甚是优劣，羊比齐鲁大邦，鱼比邾莒小国，唯茗不中与酪作奴耳。'高祖大笑。"茗不堪与酪为奴，夸奖北方的乳酪美好，贬低南方茶茗。同时也暗含着饮酪的北方人"尊贵"，饮茶的南方人"低贱"的意思。

338 《桐君录》：全名为《桐君采药录》，或简称《桐君药录》，药物学著作，南朝梁陶弘景《本草序》曰："又有《桐君采药录》，说其花叶形色，《药对》四卷，论其佐使相须。"（《政和经史证类本草》卷一《梁陶隐居序》）当成书于东晋（4世纪）以后，5世纪以前。陆羽将其列在南北朝各书之间。

339 西阳：西阳国，西晋元康（291—299）初分弋阳郡置，属豫州，治所在西阳县（今河南光山西南）。永嘉（307—312）后与县同移治今湖北黄州东，东晋改为西阳郡。武昌：郡名，三国吴分江夏郡六县置，属荆州，治所武昌县（今湖北鄂州），旋改江夏郡。西晋太康（280—289）初又改为武昌郡。东晋属江州南朝宋属郢州。庐江：庐江郡，楚汉之际分九江郡置，汉武帝后治舒（今安徽庐江西南城池乡），东汉末废。三国魏置庐江郡属扬州，治六安县（在今安徽六安北城北乡）。三国吴所置庐江郡治皖县（今潜山）。西晋时将魏、吴所置二郡合并，移治舒县（今安徽舒城）。南朝宋属南豫州，移治灊（今安徽霍山东北）。南朝齐建元二年（480）移治舒县。南朝梁移治庐江县（今安徽庐江），属湘州。晋陵：郡名。西晋永嘉五年（311）因避讳改毗陵郡置，属扬州，治丹徒（今江苏丹徒市南丹徒镇）。东晋太兴初（318）移治京口（今江苏镇江），义熙九年（413）移治晋陵县（今江苏常州）。辖境相当今江苏镇江、常州、无锡、丹阳、武进、江阴、金坛等市县。南朝宋元嘉八年（431）改属南徐州。

340 清茗：不加葱、姜等佐料的清茶。

341 天门冬：多年生草本，可药用，去风湿寒热，杀虫，利小便。拔葜：别名金刚骨、铁菱角，属百合科，多年生草本植物，根状茎可药用，能止渴，治痢。清乾隆元年（1736）嵇曾筠《浙江通志》卷一〇六引陆羽《茶经》中《桐君录》文为："西阳、武昌、庐江、晋陵好茗，而不及桐庐……凡可饮之物，茗取其叶，天门冬取子、拔葜取根。"与《茶经》原文不尽相同。

342 巴东：郡名，东汉建安六年（201）改永宁郡置，属益州，治鱼腹（今四川奉节东白帝城），辖境相当今开县、云阳、万县、巫溪等县。

343 大阜李：即皂荚，其果、刺、子皆入药。

344 并冷：《本草纲目》引作"并冷利"，清凉爽口的意思。

345 交、广：交州和广州。据《晋书·地理志下》，交州东汉建安八年（203）始置，吴黄武五年（226）割南海、苍梧、郁林三郡立广州，交趾、日南、九真、合浦四郡为交州。及孙皓，又立新昌、武平、九德三郡，交州统郡七，治龙编县（今越南河内东）。辖境相当今广西钦州地区、广东雷州半岛，越南北部、中部地区。

346 香茞辈：各种芳香佐料。

347 《坤元录》：《宋史·艺文志》记其为唐魏王李泰撰，共十卷。宋王应麟《玉海》卷十五认为此书"即《括地志》也，其书残缺，《通典》引之"。

348 辰州：唐时属江南道，唐武德四年（611）置，五年分辰溪置溆浦（今属湖南）。无射山：无射，东周景王时的钟名，可能此山像钟而名。

349 《括地图》：当为《括地志》，宋王应麟《玉海》卷十五在《括地志》条目下言："《文选·东都赋注》引《括地图》"，认为是同一书。按：本条内容《太平御览》卷八六七引作《括地图》，南宋王象之《舆地纪胜》卷五十五引作《括地志》。《括地志》，唐魏王李泰命萧德言、顾胤等四人撰，贞观十五年（641）撰毕，表上唐太宗。计五百五十卷，《序略》五卷。

350 临蒸县：《旧唐书》卷二十《地理志三》记载：吴分蒸阳立临蒸县，隋改为衡阳县，唐初武德四年（621）复为临蒸，开元二十年（732）再改称衡阳县，为衡州州治所在。按：贺次君《括地志辑校》卷四《衡州—临蒸县》注《太平御览》卷八六七引为"临蒸县"，实际影宋本《太平御览》引作"临城县"。

351 乌程县：吴兴郡治所在，即今浙江湖州市，温山在市北郊区白雀乡与龙溪交界处。

352 《夷陵图经》：夷陵，郡名，隋大业三年（607）改峡州置，治夷陵县（今湖北宜昌西北）。辖境相当今湖北宜昌、枝城、远安等市县。唐初改为峡州，天宝间改夷陵郡，乾元初（758）复改峡州。

353 黄牛：黄牛山，南朝宋盛弘之《荆州记》云："南岸重岭叠起，最大高岸间，有石色如人负刀牵牛，人黑牛黄，成就分明。"故名。《大清一统志》谓"在东湖县（今宜昌）西北八十里"，即西陵峡上段空岭滩南岸。荆门：荆门山，北魏郦道元《水经注》卷三四："江水束楚荆门、虎牙之间，荆门山在南，上合下开，若门。"《大清一统志》卷二七三载："在东湖县（今宜昌）东南三十里。"女观：女观山，北魏郦道元《水经注》卷三四："（宜都）县北有女观山，厥处高显，回眺极目。古老传言，昔有思妇，夫官于蜀，屡愆秋期，登此山绝望，忧感而死，山木枯悴，鞠为童枯，乡人哀之，因名此山为女观焉。"望州：望州山，《大清一统志》卷二七三《宜昌府·山川》载：在东湖县（今宜昌）西，宋范成大有《大望州诗》云："望州山头天四低，东瞰夷陵西秭归。"按，大望州山即今西陵山，在宜昌市南津关附近，西陵峡出口处北岸。登山顶可以望见归、峡两州，故名。

354 永嘉：永嘉郡，东晋太宁元年（323）分临海郡置，治永宁县（今浙江温州），隋开皇九年（589）废，唐天宝初改温州复置，乾元元年（758）又废。永嘉县，隋开皇九年改永宁县置，唐高宗上元二年为温州治。《光绪永嘉县志》卷二《舆地志·山川》："茶山，在城东南二十五里，大罗山之支。（谨按，《通志》载"白茶山"，《茶经》："《永嘉图经》：县东三百里有白茶山"，而里数不合，旧府县亦未载，附识俟考。）"

355　淮阴：楚州淮阴郡，治山阳县（今江苏淮安）。

356　茶陵：西汉武帝封长沙王子刘䜣为侯国，后改为县，属长沙国，治所在今湖南茶陵东古营城。东汉属长沙郡。三国属湘东郡。隋废。唐圣历元年（698）复置，属衡州，移治今湖南茶陵。唐李吉甫《元和郡县图志》卷三十："茶陵县，以南临茶山，故名。"《茶陵图经》：南宋罗泌《路史》引为《衡[州]图经》，文字基本相同。

357　《本草·木部》：《茶经》中所引《本草》为徐勣、苏敬（宋代避讳改其名为"恭"）等修订的《新修本草》。唐高宗显庆二年，采纳苏敬的建议，诏命长孙无忌、苏敬、吕才等23人在《神农本草经》及其《集注》的基础上进行修订，以英国公徐勣为总监，显庆四年（659）编成，颁行全国，是我国第一部由国家颁行的药典，全书共五十四卷。后世又称《唐本草》，或《唐英公本草》。下文所引"菜部"亦为同书。

358　瘘（lòu 漏）疮：瘘，瘘管，人体内因发生病变而生成的管子，"瘘病之生……久则成脓而溃漏也"（隋巢元方等《巢氏诸病源候总论》卷三四）。疮，疮疖，多发生溃疡。

359　一名茶：苦菜在古代本来叫"茶"，《尔雅·释草》："荼，苦菜。"唐陆德明、宋邢昺《尔雅注疏》卷八所引《唐本草》之文与之略异，且对陶弘景认菜为茗的说法有辩证："《本草》云：苦菜，一名荼草，一名选，生益州川谷。《名医别录》云：一名游冬，生山陵道旁，冬不死。《月令》：孟夏之月，苦菜秀。

《易纬通卦验玄图》云：苦菜，生于寒秋，经冬历春，得夏乃成。今苦菜正如此，处处皆有，叶似苦苣，亦堪食，但苦耳。今在《释草》篇，本草为菜上品，陶弘景乃疑是茗，失之矣。《释木》篇有'槚，苦茶'，乃是茗耳。"

360　游冬：苦菜，因为在秋冬季低温时萌发，经过春季至夏初成熟，所以别名"游冬"。魏张揖《广雅》卷十《释草》云："游冬，苦菜也。"北宋陆佃《埤雅》卷一七《释草》云："茶，苦菜也。苦菜，生于寒秋，经冬历春，至夏乃秀。《月令》：'孟夏苦菜秀'，即此是也。此草凌冬不凋，故一名游冬。凡此则以四时制名也。《颜氏家训》曰：'茶叶似苦苣而细，断之有白汁，花黄似菊。'"

361　益州：隋蜀郡，唐武德元年（618）改为益州，天宝初又改为蜀郡，至德二年（757）改为成都府。即今四川成都。

362　"注云"以上是《唐本草》照录《神农本草经》的原文，"注云"以下是陶弘景《神农本草经集注》文字。

363　《本草》注：是《唐本草》所作的注。

364　谁谓荼苦：出自《诗·邶风·谷风》："谁谓荼苦，其甘如荠。"清郝懿行《尔雅义疏》："陶注《本草·苦菜》云：'疑此即是今茗……'此说非是。苏轼诗云：'周诗记苦荼，茗饮出近世。'又似因陶注而误也。"

365　堇荼如饴：出自《诗·大雅·绵》："周原朊朊，堇荼如饴。"描述周族祖先在周原地方采集堇菜和苦菜吃。

366　《枕中方》：南宋《秘书省续编到四库书目》著录有"孙思邈《枕中方》一卷，阙。"有医书引录《枕中方》中的单方。而《新唐书·艺文志》、《宋史·艺文志》、《通志》、《崇文总目》皆著录为孙思邈《神枕方》一卷，叶德辉考证认为二书即是一书二名。

367 《孺子方》：小儿医书，具体不详。《新唐书·艺文志》有"孙会《婴孺方》十卷"，《宋史·艺文志》有"王彦《婴孩方》十卷"，当是类似医书。

368 惊蹶：一种有痉挛症状的小儿病。发病时，小儿神志不清，手足痉挛，常易跌倒。

369 山南：唐贞观十道之一，因在终南、太华二山之南，故名。其辖境相当今四川嘉陵江流域以东，陕西秦岭、甘肃嶓冢山以南，河南伏牛山西南，湖北涢水以西，自四川重庆至湖南岳阳之间的长江以北地区。开元间分为东、西两道。按：唐贞观元年(627)，分全国为十道，关内、河南、河东、河北、山南、陇右、淮南、江南、剑南、岭南，政区为道、州、县三级。开元二十一年(733)，增为十五道，京畿、关内、都畿、河南、河东、河北、山南东道、山南西道、陇右、淮南、江南西道、江南东道、黔中、剑南、岭南。天宝初，州改称郡，前后又将一些道划分为几个节度使(或观察使、经略使)管辖，今称为方镇。乾元元年(758)，又改郡为州。

370 峡州上：峡州，一名硖州，因在三峡之口得名，郡名夷陵郡，治所在夷陵县(今湖北宜昌)。辖今湖北宜昌、宜都、长阳、远安。《新唐书·地理志》载土贡茶。唐杜佑《通典》载："土贡茶芽二百五十斤。"唐李肇《唐国史补》卷下记载出产的名茶有碧涧、明月、芳蕊、茱萸簝、小江园茶。"上"，与下文的"次，下，又下"，是陆羽所评各州茶叶品质的四个等级，唐裴汶《茶述》把碧涧茶列为全国第二类贡品。

371 远安、宜都、夷陵三县：皆是唐峡州属县。远安，今属湖北。宜都，今属湖北。夷陵，唐朝峡州州治之所在，在今湖北宜昌东南。

372 襄州：隋襄阳郡，唐武德四年(621)改为襄州，领襄阳、安养、汉南、义清、南漳、常平六县，治襄阳县(今湖北襄樊汉水南襄阳城)。天宝初改为襄阳郡，十四年置防御使。乾元初复为襄州。上元二年(761)置襄州节度使，领襄、邓、均、房、金、商等州。此后为山南东道节度使治所。

373 荆州：又称江陵郡，后升为江陵府。详《六之饮》荆州注。唐乾元间(758—759)，置荆南节度使，统辖许多州郡。除江陵县产茶外，所属当阳县清溪玉泉山产仙人掌茶，松滋县也产碧涧茶，北宋列为贡品。

374 南漳：约在今湖北省西北部的南漳县。

375 江陵县：唐时荆州州治之所在，今属湖北。

376 衡州：隋衡山郡，唐武德四年(621)，置衡州，领临蒸、湘潭、耒阳、新宁、重安、新城六县，治衡阳县(武德四年至开元二十年名为临蒸县)，即今湖南衡阳。天宝初改为衡阳郡。乾元初复为衡州。按，衡州在唐代前期由江陵都督府统管，江陵属山南道，故陆羽把衡州列于此道。至德二年(757)，江陵尹卫伯玉以湖南阔远，请于衡州置防御使，自此八州(岳、潭、衡、郴、邵、永、道、连)置使，改属江南西道。(《旧唐书》卷三十九)

377 衡山县：约在今湖南衡山。原属潭州，后划入衡州。唐时县治在今朱亭镇对岸。唐李肇《唐国史补》卷下载名茶"有湖南之衡山"，唐杨晔《膳夫经手录》载衡山茶运销两广及越南，唐裴汶《茶述》把衡山茶列为全国第二类贡品。

378 金州：唐武德年间改西城郡为金州，治西城县(今陕西安康)。辖境相当今陕西石泉以东、旬阳以西的汉水流域。天宝初改为安康郡，至德二年(757)改为汉南郡，乾元元年(758)复为金州。《新唐书·地理志》载金州土贡茶芽。唐杜佑《通典》卷六载金州土贡"茶芽一斤"。

379 梁州：唐属山南道，治南郑县(在今陕西汉中东)。辖境相当今陕西汉中、南郑、城固、勉县以及宁强县北部地区。开元十三年(725)改梁州为襄州，天宝初改为汉中郡，乾元初复为梁州，兴元元年(784)升为兴元府。《新唐书·地理志》载土贡茶。

380 西城县：汉置县，到唐代地名未变，唐代金州治所，即今陕西安康县。安康县：唐代金州属县，在今陕西汉阴县。汉安阳县，西晋改名安康县，到唐前期未变更。至德二年(757)，改称汉阴县。

381 襄城县：唐贞观三年(629)改襄中为襄城县，在今陕西汉中县西北。底本及诸校本所作"襄城"，隶河南道许州，即今河南襄城县，不属山南道梁州，而且不产茶。显系"襄"、"襄"形近之误。金牛县：唐武德三年(620)以县置襄州，析利州之绵谷置金牛县，八年州废，改隶梁州。宝历元年(825)，并入西县(今勉县)为镇。

382 淮南：唐代贞观十道、开元十五道之一，以在淮河以南为名，其辖境在今淮河以南、长江以北、东至湖北应山、汉阳一带地区，相当于今江苏省北部，安徽省河南省的南部、湖北省东部，治所在扬州(今属江苏)。

383 光州：唐属淮南道，武德三年(620)改弋阳郡为光州，治光山县(今属河南)，太极元年(712)移治定城县(今河南潢川)。天宝初复改为弋阳郡，乾元初又改光州。境相当今河南潢川、光山、固始、商城、新县一带。

384 光山县：隋开皇十八年(598)置县为光州治，即今河南光山县。黄头港：周靖民《茶经》校注称潢河(原称黄水)自新县经光山、潢川入淮河，黄头港在浉湾至晏家河一带。

385 义阳郡：唐初改隋义阳郡为申州，辖区大大缩小，相当今河南信阳市、县及罗山县。天宝初又改称义阳郡。乾元初复称申州。《新唐书·地理志》载土贡茶。

386 舒州：唐武德四年(621)改同安郡置，治所在怀宁县(今安徽潜山)，辖今安徽太湖、宿松、望江、桐城、枞阳、安庆市、岳西县和今怀宁县。天宝初复为同安郡，至德年间改为盛唐郡，乾元初复为舒州。据唐李肇《唐国史补》卷下记载，舒州茶已于780年以前运销吐蕃(今西藏、青海地区)。

387 义阳县：唐申州义阳县，在今河南信阳南。钟山：山名。《大清一统志》卷一百六十八谓在信阳东十八里。

388 太湖县：唐舒州太湖县，即今安徽太湖县。潜山：山名，北宋乐史《太平寰宇记》卷一二五："潜山在县西北二十里，其山有三峰，一天柱山，一潜山，一皖山。"南宋祝穆《方舆胜览》卷四九："一名潜岳，在怀宁西北二十里。"

389 寿州：唐武德三年改隋寿春郡为寿州，治寿春(今安徽寿县)。天宝初又改寿春郡。乾元初复称寿州。辖今安徽寿县、六安、霍丘、霍山县一带。《新唐书·地理志》载土贡茶。唐裴汶《茶述》把寿阳茶列为全国第二类贡品。唐李肇《唐国史补》卷下载寿州茶已于780年以前运销西藏。

390 盛唐县霍山：盛唐县，原为霍山县，唐开元二十七年(739)改名盛唐县，并移县治于驺虞城(今安徽六安)。天宝元年(742)，又另设霍山县。霍山，山名，《大清一统志》卷九三载："在霍山县西北五里，又名天柱山。《尔雅》：'霍山为南岳'，注：即天柱山。"霍山在唐代产茶量多而著名，称为"霍山小团"、"黄芽"。

391 蕲州：唐武德四年（621）改隋蕲春郡为蕲州，治蕲春（今属湖北蕲春），天宝初改为蕲春郡，乾元初复为蕲州。辖今湖北蕲春、浠水、黄梅、广济、英山、罗田县地。《新唐书·地理志》载土贡茶。唐裴汶《茶述》把蕲阳茶列为全国第一类贡品。唐李肇《唐国史补》卷下载名茶有"蕲门团黄"，曾运销西藏。

392 黄州：唐初改隋永安郡为黄州，治黄冈县（今湖北新洲）。天宝初改为齐安郡，乾元初复为黄州。辖今湖北黄冈、麻城、黄陂、红安、大悟、新洲县地。

393 黄梅县：今属湖北。隋开皇十八年（598）改新蔡县置，唐沿之，唐李吉甫《元和郡县图志》卷二八称其"因县北黄梅山为名"。

394 麻城县：今属湖北。隋开皇十八年（598）改信安县置，唐沿之。

395 浙西：唐贞观、开元间分属江南道、江南东道。至德二年（757），置浙江西道、浙江东道两节度使方镇，并将江南西道的宣、饶、池州划入浙西节度。浙江西道简称浙西。大致辖今安徽、江苏两省长江以南、浙江富春江以北以西、江西鄱阳湖东北角地区。节度使驻润州（今江苏镇江）。

396 湖州：隋仁寿二年（602）置，大业初废。唐武德四年（621）复置，治乌程县（今浙江湖州）。辖境相当今浙江湖州、长兴、安吉、德清县东部。天宝初改为吴兴郡，乾元初复为湖州。《新唐书·地理志》载土贡紫笋茶。唐杨晔《膳夫经手录》："湖州紫笋茶，自蒙顶之外，无出其右者。"

397 长城县：即今浙江长兴。隋大业末置长州，唐武德四年更置绥州，又更名雉州，七年州废，以长城属湖州。五代梁改名长兴县，与今名同。顾渚山：唐代又称顾山。唐李吉甫《元和郡县图志》载："长城县顾山，县西北四十二里。贞元以后，每岁以进奉顾渚紫笋茶，役工三万人，累月方毕。"《新唐书·地理志》："顾山有茶，以供贡。"唐裴汶《茶述》把它与蒙顶、蕲阳茶同列为全国上等贡品。唐李肇《唐国史补》列为全国名茶，并载其运销西藏。

398 山桑、儒师二坞：长兴县的两个小地名，唐皮日休《茶籯》诗有曰："筤筹晓携去，蓦个山桑坞。"《茶人》诗有曰："果任獳师房。"（《全唐诗》卷六一一）

399 白茅山：即白茆山，《同治湖州府志》卷一九记其在长兴县西北七十里。悬脚岭：在今浙江长兴西北。悬脚岭是长兴与宜兴分界处，境会亭即在此。

400 凤亭山：《明一统志》卷四〇载其"在长兴县西北五十里，相传昔有凤栖于此"。伏翼阁：《明一统志》卷四〇载长兴县有伏翼洞，"在长兴县西三十九里，洞中多产伏翼"。按：洞、阁字形相近，伏翼阁或为伏翼洞之误。飞云寺：在长兴县飞云山，北宋乐史《太平寰宇记》卷九四载："飞云山在县西二十里，高三百五十尺，张元之《山墟名》云：'飞云山南有风穴，故云雾不得□郁其间'。其上多产枫栎等树。宋元徽五年（477）置飞云寺。"曲水寺：不详。唐人刘商有《曲水寺枳实》诗："枳实绕僧房，攀枝置药囊。洞庭山上橘，霜落也应黄。"（《万首唐人绝句》卷一五）啄木岭：明徐献忠《吴兴掌故集》言其在长兴"县西北六十里，山多啄木鸟。"（《浙江通志》卷

一二引)

401　安吉县:唐初属桃州,旋废。麟德元
年(664)再置,属湖州(今浙江湖州安
吉县)。武康县:"(三国)吴分乌程、
余杭二县立永安县。晋改为永康,又
改为武康。武德四年(621)置武州,
七年州废,县属湖州。"(《旧唐书》卷
四〇)

402　常州:唐武德三年(620)改毗陵郡为
常州,治晋陵县(今江苏常州)。垂拱
二年(686)又分晋陵县西界置武进
县,同为州治。天宝初改为晋陵郡,
乾元初复为常州。辖境相当今江苏
常州、武进、无锡、宜兴、江阴等地。
《新唐书·地理志》载土贡紫笋茶。

403　义兴县:汉阳羡县,唐属常州,即今江
苏宜兴市。常州所贡茶即宜兴紫笋
茶,又称阳羡紫笋茶。《唐义兴县重
修茶舍记》载,御史大夫李栖筠为常
州刺史时,"山僧有献佳茗者,会客尝
之,野人陆羽以为芬香甘辣,冠于他
境,可荐于上。栖筠从之,始进万两,
此其滥觞也"(宋赵明诚《金石录》卷
二九)。大历间,遂置茶舍于罨画溪。
唐裴汶《茶述》把义兴茶列为全国第
二类贡品。君山:北宋乐史《太平寰
宇记》卷九二记常州宜兴"君山,在县
南二十里,旧名荆南山,在荆溪
之南"。

404　善权寺:唐羊士谔《息舟荆溪入阳羡
南山游善权寺呈李功曹巨》诗:"结缆
兰香渚,挈侣上层冈。"(《全唐诗》卷
三三二)宜兴丁蜀镇有兰渚,位于县
东南。善权,相传是尧舜时的隐士。
石亭山:宜兴城南一小山,明王世贞
《弇州四部稿》续稿卷六〇《石亭山居
记》曰:"环阳羡而四郭之外无非山
水……城南之五里得一故墅……傍
有一小山曰石亭,其高与延袤皆不能
里计。"

405　宣州:唐武德三年(620)改宣城郡为
宣州,治宣城县(今安徽宣州)辖境相
当今安徽长江以南,郎溪、广德以西、
旌德以北、东至以东地。

406　杭州:隋开皇九年(589)置,唐因之,
治钱塘(今浙江杭州)。隋大业及唐
天宝、至德间尝改余杭郡。辖境相当
今浙江杭州、余杭、临安、海宁、富阳、
临安等地。

407　睦州:唐武德四年(621)改隋遂安郡
为睦州,万岁通天二年(697)移治建
德县(今浙江建德东北梅城镇),辖境
相当今浙江淳安、建德、桐庐等地。
天宝元年(742)改称新定郡。乾元元
年(758)复为睦州。《新唐书·地理
志》载土贡细茶。唐李肇《唐国史补》
卷下载名茶"睦州有鸠坑"。鸠坑在
淳安县西新安江畔。

408　歙州:唐武德四年(621)改隋新安郡
为歙州,治歙县(今属安徽)。天宝初
改称新安郡。乾元初复为歙州。辖
境相当今安徽新安江流域、祁门和江
西婺源等地。唐杨晔《膳夫经手录》
载有"新安含膏"、"先春含膏",并说:
"歙州、祁门、婺源方茶,制置精好,不
杂木叶,自梁、宋、幽、并间,人皆尚
之。赋税所入,商贾所赍,数千里不
绝于道路。"

409　雅山:又写作"鸦山"、"鸭山"、"丫
山",唐杨晔《膳夫经手录》:"宣州鸭
山茶,亦天柱之亚也。"五代毛文锡
《茶谱》:"宣城有丫山小方饼"。北宋
乐史《太平寰宇记》卷一〇三宁国县:
"鸦山出茶尤为时贡,《茶经》云味与
蕲州同。"清尹继善、黄之隽等《江南
通志》卷十六:"鸦山在宁国县西北三
十里。"

410　太平县:今属安徽。唐天宝十一年
(752)分泾县西南十四乡置,属宣城
郡。乾元初属宣州,大历中废,永泰

中复置。上睦、临睦：周靖民《茶经》校注称其系太平县二乡名。舒溪（青弋江上游）的东源出自黄山主峰南麓，绕至东面北流，入太平县境，称为睦溪，经谭家桥、太平旧城，再北流，然后，与舒溪西源合。上睦乡在黄山北麓，临睦乡在其北。

411　临安县：西晋始置，隋省，唐垂拱四年（688）复置，属杭州，即今杭州临安。
于潜县：今浙江临安西于潜镇，汉始置，唐属杭州。天目山：唐李吉甫《元和郡县图志》卷二十六："天目山在县西北六十里，有两峰，峰顶各一池，左右相对，名曰天目"。《大清一统志》卷二百十六："天目山，在临安县西北五十里，与于潜县接界。山有两目。在临安者为东天目，在于潜者曰西天目。即古浮玉山也。"按，天目山脉横亘于浙西北、皖东南边境。有两高峰，即东天目山和西天目山，海拔都在1 500米左右，东天目山在临安县西北五十余里，西天目山在旧于潜县北四十余里。

412　钱塘：钱塘县，南朝时改钱唐县置，隋开皇十年（590）为杭州治，大业初为余杭郡治，唐初复为杭州治，即今浙江杭州。灵隐寺：在市西十五里灵隐山下（西湖西）。南面有天竺山，其北麓有天竺寺，后世分建上、中、下三寺，下天竺寺在灵隐飞来峰。陆羽曾到过杭州，撰写有《天竺、灵隐二寺记》。

413　桐庐县：即今浙江桐庐。三国吴始置为富春县。唐武德四年（621）为严州治，七年州废，仍属睦州，开元二十六年（738）徙今桐庐县治。

414　婺源：唐开元二十八年（740）置，属歙州，治所即今江西婺源西北清华镇。

415　润州：隋开皇十五年（595）置，大业三年（607）废。唐武德三年（620）复置，治丹徒县（今江苏镇江）。天宝元年（742）改为丹阳郡。乾元元年（758）复为润州。建中三年（782）置镇海军。辖境相当今江苏南京、句容、镇江、丹徒、丹阳、金坛等地。

416　苏州：隋开皇九年（589）改吴州置，治吴县（今江苏苏州西南横山东）。以姑苏山得名。大业初复为吴州，寻又改为吴郡。唐武德四年（621）复为苏州，七年徙治今苏州市。开元二十一年（733）后，为江南东道治所。天宝元年（742）复为吴郡。乾元后仍为苏州。辖境相当今江苏苏州、吴县、常熟、昆山、吴江、太仓、浙江嘉兴、海盐、嘉善、平湖、桐乡及上海市大陆部分。

417　江宁县：今属江苏。西晋太康二年（281）改临江县置，唐武德三年（620）改名归化县，贞观九年（635）复改白下县为江宁县，属润州。至德二年（757）为江宁郡治，乾元元年（758）为升州治，上元二年（761）改为上元县。傲山：不详，周靖民《茶经》校注称在今南京市郊。

418　长洲县：唐武则天万岁通天元年（696）分吴县置，与吴县并为苏州治。1912年并入吴县。相当于今苏州吴县。洞庭山：周靖民《茶经》校注称唐代仅指今所称的西洞庭山，又称包山，系太湖中的小岛。

419　剑南：唐贞观十道、开元十五道之一，以在剑门山以南为名。辖境包括现在四川的大部和云南、贵州、甘肃的部分地区。采访使驻益州（今四川成都）。乾元以后，曾分为剑南西川、剑南东川两节度使方镇，但不久又合并。

420　彭州：唐垂拱二年（686）置，治九陇县（今四川彭州）。天宝初改为蒙阳郡。乾元初（758）复为彭州。辖境相当今四川彭县、都江堰市地。

421　九陇县：唐彭州州治，即今四川彭州。
马鞍山：南宋祝穆《方舆胜览》卷五十
四载彭州西有九陇山，其五曰走马
陇，或即《茶经》所言马鞍山。布目潮
沨与周靖民皆以为马鞍山似即至德
山。至德寺：《方舆胜览》卷五十四载
彭州有至德山，寺在山中。《大清一
统志》卷二百九十二引《方舆胜览》：
"至德山在彭州西三十里……一名茶
陇山。"按："一名茶陇山"数字不见今
本《方舆胜览》。棚口，一作"堋口"，
《大清一统志》卷二百九十二载："有
堋口茶场，旧志在彭县西北二十五
里。"堋口茶，唐代已著名，五代毛文
锡《茶谱》云："彭州有蒲村、堋口、灌
口，其园名仙崖、石花等，其茶饼小而
布嫩芽如六出花者尤妙。"

422　绵州：隋开皇五年(585)改潼州置，治
巴西县(今四川绵阳涪江东岸)。大
业三年(607)改为金山郡。唐武德元
年(618)改为绵州，天宝元年(742)改
为巴西郡。乾元元年(758)复为绵
州。辖境相当今四川罗江上游以东、
潼河以西江油、绵阳间的涪江流域。

423　蜀州：唐垂拱二年(686)析益州置，治
晋原县(今四川崇州)。天宝初改为
唐安郡。乾元初复为蜀州。辖境相
当今四川崇州、新津等市县地。蜀州
名茶有雀舌、鸟嘴、麦颗、片甲、蝉翼，
都是散茶中的上品(五代毛文锡
《茶谱》)。

424　龙安县：今四川安县。唐武德三年
(620)置，属绵州。天宝初属巴西郡，
乾元以后属绵州。以县北有龙安山
为名。五代毛文锡《茶谱》："龙安有
骑火茶，最上，言不在火前、不在火后
作也。清明改火。故曰骑火。"松岭
关：唐杜佑《通典》卷一七六记其在龙
安县"西北七十里"。唐初设关，开元

十八年废。周靖民《茶经》校注称，松
岭关在绵、茂、龙三州边界，是川中入
茂汶、松潘的要道。唐时有茶川水，
是因产茶为名，源出松岭南，至安县
与龙安水合。

425　西昌县：今四川安县东南花荄镇。唐
永淳元年(682)改益昌县置，属绵州。
天宝初属巴西郡，乾元以后属绵州。
北宋熙宁五年(1072)并入龙安县。
昌明县：在今四川江油南彰明镇。唐
先天元年(712)因避讳改昌隆县置，
属绵州。天宝初属巴西郡，乾元以后
复属绵州。地产茶，唐白居易《春尽
日》诗曰："渴尝一碗绿昌明"(《全唐
诗》卷四五九)。唐李肇《唐国史补》
卷下载名茶有昌明兽目，并说昌明茶
已于780年以前运往西藏。神泉县：
隋开皇六年改西充国县置，以县西有
泉14穴，平地涌出，治病神效，称为
神泉，并以名县。唐因之，属绵州，治
所在今四川安县南50里塔水镇。天
宝初属巴西郡，乾元以后复属绵州。
元代并入安州。地产茶，唐李肇《唐
国史补》卷下："东川有神泉小团、昌
明兽目。"宋赵德麟《侯鲭录》卷四言：
"唐茶东川有神泉、昌明。"西山：周靖
民《茶经》校注称，岷山山脉在甘、川
边境折而由北至南走向，在岷江与涪
江之间，位于四川北川、安县、绵竹、
彭县、灌县以西、唐代称汶山。这里
指安县以西的这一山脉。

426　青城县：今四川都江堰(旧灌县)东南
徐渡乡杜家墩子。青城县，唐开元十
八年改清城县置，属蜀州。因境内有
著名的青城山为名。丈人山：青城山
有三十六峰，丈人峰是主峰。

427　邛州：南朝梁始置，隋废，唐武德元年
(618)复置，初治依政县，显庆二年
(657)移治临邛县(今四川邛崃)。天
宝初改为临邛郡，乾元初复为邛州。

辖境相当今四川邛崃、大邑、蒲江等市县地。地产茶，五代毛文锡《茶谱》载："邛州之临邛、临溪、思安、火井，有早春、火前、火后、嫩绿等上、中、下茶。"临邛，今邛崃县。临溪县，在邛崃县西南。火井县，今邛崃县西火井镇。思安：茶场，《大清一统志》卷三一〇"思安茶场"注曰："在大邑县西，《九域志》：大邑县有大邑、思安二茶场。"周靖民《茶经》校注认为"思安"可能是五代蜀国县名。

428 雅州：隋仁寿四年(604)始置，大业三年(607)改为临邛郡。唐武德元年(618)复改雅州，治严道县(今四川雅安西)，辖境相当今四川雅安、芦山、名山、荥经、天全、宝兴等地。天宝初改为卢山郡，乾元初复为雅州。开元中置都督府。地产茶，《新唐书·地理志》载土贡茶。唐李吉甫《元和郡县志》卷三三："蒙山在(严道)县南十里，今每岁贡茶，为蜀之最。"所产蒙顶茶与顾渚紫笋茶是唐代最著名的名茶。唐杨晔《膳夫经手录》说："元和以前，束帛不能易一斤先春蒙顶。"唐裴汶《茶述》把蒙顶茶列为全国第一流贡茶之一。蒙山是邛崃山脉的尾脊，有五峰，在名山县西。

429 泸州：南朝梁大同中置，隋改为泸川郡。唐武德元年(618)复为泸州，治泸川县(今四川泸州)。天宝初改泸川郡，乾元初复为泸州。辖境相当今四川沱江下游及长宁河、永宁河、赤水河流域。

430 百丈山：在名山县东北六十里。唐武德元年(618)置百丈镇，贞观八年(634)升为县。名山：一名蒙山，鸡栋山，唐李吉甫《元和郡县图志》卷三十三：名山在名山县西北十里，县以此名。百丈山、名山皆产茶，五代毛文锡《茶谱》言"雅州百丈、名山二者

尤佳。"

431 泸川：泸川县(今四川泸州)，隋大业元年(605)改江阳县置，为泸州州治所在，三年为泸川郡治。唐武德元年(618)为泸州治。

432 眉州：西魏始置，隋废。唐武德二年(619)复置，治通义县(今四川眉山)。天宝初改为通义郡，乾元初复为眉州。辖境相当今四川眉山、彭山、丹棱、青神、洪雅等地。地产茶，五代毛文锡《茶谱》言其饼茶如蒙顶制法，而散茶叶大而黄，味颇甘苦。

433 汉州：唐垂拱二年(686)分益州置，治雒县(今四川广汉)。辖境相当今四川广汉、德阳、什邡、绵竹、金堂等地。天宝初改德阳郡，乾元初复为汉州。

434 丹棱县生铁山者：丹棱县，隋开皇十三年(593)改洪雅县置，属嘉州，唐武德二年(619)属眉州，治所即在今四川丹棱县。铁山：周靖民《茶经》校注以为即是《大清一统志》卷三百九所称铁桶山，在丹棱县东南四十里。

435 绵竹县：隋大业二年(606)改孝水县为绵竹县(今属四川绵竹)。唐武德三年属蒙州，蒙州废，改属汉州。竹山：应为绵竹山，又名紫岩山、武都山。明曹学佺《蜀中广记》卷九："(绵竹)县北三十里紫岩山，极高大，亦谓之绵竹山，亦谓之武都山。"

436 浙东：唐代浙江东道节度使方镇的简称。乾元元年(758)置，治所在越州(今浙江绍兴)，长期领有越、衢、婺、温、台、明、处七州，辖境相当今浙江省衢江流域、浦阳江流域以东地区。

437 越州：隋大业元年(605)改吴州置，大业间改为会稽郡，唐武德四年(621)复为越州，天宝、至德间曾改为会稽郡，乾元元年(758)复改越州。辖境相当今浙江浦阳江(浦江县除外)、曹娥江、甬江流域，包括绍兴、余姚、上

虞、嵊县、诸暨、萧山等地。唐剡溪茶甚著名,产于所属嵊县。

438　余姚县:秦置,隋废,唐武德四年(621)复置,为姚州治,武德七年之后属越州。瀑布泉岭:此在余姚,《茶经》四之器"瓢"条下台州瀑布山非一。北宋乐史《太平寰宇记》卷九六引本条称"瀑布岭"。

439　明州:唐开元二十六年(738)分越州置,治鄮县(今浙江宁波西南鄞江镇),唐李吉甫《元和郡县图志》卷二十六:"以境内四明山为名。"辖境相当今浙江宁波、鄞县、慈溪、奉化等地和舟山群岛。天宝初改为余姚郡,乾元初复为明州。长庆元年(821)迁治今宁波。

440　婺州:隋开皇九年(589)分吴州置,大业时改为东阳郡。唐武德四年(621)复置婺州,治金华(今属浙江)。辖境相当今浙江金华江流域及兰溪、浦江等地。天宝元年(742)改为东阳郡,乾元元年(758)复为婺州。地产茶,唐杨晔《膳夫经手录》记婺州茶与歙州等茶远销河南、河北、山西,数千里不绝于道路。

441　贸县:为宁波之古称。秦置县。《大清一统志》卷二百二十四:"昔海人贸易于此,后加邑从鄮,因以名县。"隋废省,唐武德八年(625)复置,属越州,治今浙江鄞县西南四十二里鄞江镇。开元二十六年(738)为明州治。大历六年(771)迁治今浙江宁波。五代钱镠避梁讳,改名鄞县。

442　东阳县:今属浙江。唐垂拱二年(686)析义乌县置,属婺州。东白山:《明一统志》卷四十二:"东白山,在东阳县东北八十里……西有西白山对焉。"东白山产茶,唐李肇《唐国史补》卷下载"婺州有东白"名茶,清嵇曾筠《浙江通志》卷一〇六引《茶经》云:

"婺州次,东阳县东白山,与荆州同。"

443　台州:唐武德五年(622)改海州置,治临海县(今属浙江)。以境内天台山为名。辖境相当今浙江临海、台州及天台、仙居、宁海、象山、三门、温岭六县地。天宝初改临海郡,乾元初复为台州。

444　始丰县:今浙江天台。西晋始置,隋废。唐武德四年(621)复置,八年又废。贞观八年(634)再置,属台州。以临始丰水为名。直至肃宗上元二年(761)始改称唐兴县。赤城:赤城山,在今浙江天台县西北。《太平御览》卷四一引孔灵符《会稽记》曰:"赤城山,土色皆赤,岩岫连沓,状似云霞。"

445　黔中:唐开元十五道之一,开元二十一年(733)分江南道西部置。采访使驻黔州(治四川彭水)。大致辖今湖北清江中上游、湖南沅江上游,贵州毕节、桐梓、金沙、晴隆等市县以东,四川綦江、彭水、黔江,及广西东兰、凌云、西林、南丹等地。

446　思州:黔中道属州,唐贞观四年(630)改务州置,天宝初改宁夷郡,乾元初复为思州。治务川(今贵州沿河县东)。辖境相当今贵州沿河、务川、印江和四川酉阳等地。

447　播州:黔中道属州,唐贞观十三年(639)置,治恭水县(在今贵州遵义)。北宋乐史《太平寰宇记》卷一二一:"以其地有播川为名。"辖境相当今贵州遵义、桐梓等地。

448　费州:黔中道属州,北周始置,唐贞观十一年(637)时治涪川县(今贵州思南)。天宝初改为涪川郡,乾元初复为费州。辖境相当今贵州德江、思南县地。

449　夷州:黔中道属州,唐武德四年(621)置,治绥阳(今贵州凤冈)。贞观元年

(627)废，四年复置。境相当今贵州凤冈、绥阳、湄潭等地。

450 江南：江南道，唐贞观十道之一，因在长江之南而名。其辖境相当于今浙江、福建、江西、湖南等省，江苏、安徽的长江以南地区，以及湖北、四川长江以南一部分和贵州东北部地区。

451 鄂州：隋始置，后改江夏郡。唐武德四年(621)复为鄂州，治江夏县(今湖北武汉武昌城区)。天宝初改为江夏郡，乾元初复为鄂州。辖境相当今湖北蒲圻以东，阳新以西，武汉长江以南，幕阜山以北地。地产茶，唐杨晔《膳夫经手录》说，鄂州茶与蕲州茶、至德茶产量很大，销往河南、河北、山西等地，茶税倍于浮梁。

452 袁州：隋始置，后改宜春郡。唐武德四年(621)复改袁州，唐李吉甫《元和郡县图志》卷二八："因袁山为名。"治宜春(今属江西)。天宝初改为宜春郡，乾元初复为袁州。辖境相当今江西萍乡、新余以西的袁水流域。地产茶，五代毛文锡《茶谱》："袁州之界桥(茶)，其名甚著。"

453 吉州：唐武德五年(622)改隋庐陵郡置，治庐陵(在今江西吉安)。天宝初改为陵郡郡，乾元初复为吉州。辖境相当今江西新干、泰和间的赣江流域及安福、永新等县地。

454 岭南：岭南道，唐贞观十道、开元十五道之一，因在五岭之南得名，采访使驻南海郡番禺(今广东广州)。辖境相当今广东、广西、海南三省区、云南南盘江以南及越南的北部地区。

455 福州：唐开元十三年(725)改闽州置，唐李吉甫《元和郡县图志》卷三十："因州西北福山为名"，治闽县(即今福建福州)。天宝元年(742)改称长乐郡，乾元元年(758)复称福州。为福建节度使治。辖境相当今福建尤溪县北尤溪口以东的闽江流域和古田、屏南、福安、福鼎等市县以东地区。《新唐书·地理志》载其土贡茶。

456 建州：唐武德四年(621)置，治建安县(今福建建瓯)。天宝初改建安郡。乾元初复为建州。辖境相当今福建南平以上的闽江流域(沙溪中上游除外)。地产茶，北宋张舜民《画墁录》言："贞元中，常衮为建州刺史，始蒸焙而碾之，谓研膏茶。"延至唐末，建州北苑茶为最著，成为五代南唐和北宋的主要贡茶。

457 韶州：隋始置又废，唐贞观元年(627)复改东衡州，"取州北韶石为名"(唐李吉甫《元和郡县图志》卷三四)，治曲江县(今广东韶关南武水之西)。天宝初改称始兴郡。乾元初复为韶州。辖境相当今广东曲江、翁源、乳源以北地区。

458 象州：隋始置又废，唐武德四年(621)复置，治今广西象州县。天宝初改象山郡。乾元初复为象州。辖境相当今广西象州、武宣等县地。

459 生闽县方山之阴：闽县，隋开皇十二年(592)改原丰县置，初为泉州、闽州治，开元十三年(725)改为福州治。天宝初为长乐郡治，乾元初复为福州治。方山：在福州闽县，北宋乐史《太平寰宇记》卷一〇〇记方山"在州南七十里，周回一百里，山顶方平，因号方山。"方山产茶，唐李肇《唐国史补》卷下载"福州有方山之露芽"。

460 禁火：即寒食节，清明节前一日或二日，旧俗以寒食节禁火冷食。

461 丛手而掇：聚众手一起采摘茶叶。《说文》："丛，聚也。"

462 废：弃置不用。

463 錡：同"鬲"，《集韵·锡韵》："鬲，《说文》：'鼎属。'或作錡。"錡形状同鼎，有三足，可直接在其下生火，而不需炉灶。

464 茶可末而精者：茶可以研磨得比较精细。

465 虆(lěi 磊)：藤。《广雅》："虆，藤也。"

466 綆(gēng 跟)：粗绳，与"绠"通。

467 二十四器：此处言二十四器，但在《四之器》中包括附属器共列出了二十九种。（罗与合应计为二种，实为三十种。）详见本书注 93。

468 十之图：图写张挂，不是专门有图。《四库全书总目》："其曰图者，乃谓统上九类写绢素张之，非别有图，其类十，其文实九也。"

469 绢素：素色丝绢。幅：按唐令规定，绸织物一幅是一尺八寸。

校　勘

① 蒂：原作"叶"，今据秋水斋本改。按：《太平御览》卷八六七、《事类赋注》卷十七引《茶经》并作"蒂"。明屠本畯《茗笈》引《茶经》作"蕊"，涵芬楼本作"茎"。因前文已述过"叶如栀子"，则此处再用"叶"就重复了，不当；丁香只有二雄蕊，而茶有雌蕊和雄蕊，二者的蕊并不相同，故"蕊"字也不妥。有研究认为茶树的蕾蒂即未成熟的果柄与丁香的花蒂近似，且"树"指树形，"茎"指树干，前已用"树"字，后再用"茎"字也是重复，所以"茎"字也不妥。

② 茶：长编本作"茗"。

③ 蒲：原作"藏"，今据竟陵本改。蒲葵与栟榈确为同类植物。

④ 音：原作"者"，今据长编本改。

⑤ 茶：原作"荼"，今据长编本改。按：前文已经有从草作"茶"之说，此处不可能再说草木兼从仍作"荼"，《尔雅》本文亦作"茶"。

⑥ 槚：原作"价"，今据竟陵本改。按：今本《尔雅》作"槚"。

⑦ 茶：原作"荼"，今据长编本改。按：今本《尔雅》作"荼"。

⑧ 扬：原作"杨"，今据喻政茶书本改。下同。"戟"，原作"战"，今据竟陵本改。按："扬执戟"指扬雄。

⑨ 茶：说荟本作"荼"。

⑩ 茶：原作"荼"，据今本郭璞《尔雅注》改。

⑪ 砾：原作"栎"，竟陵本于本句后有注云："栎当从石为砾"，今据改。

⑫ 结瘕疾：涵芬楼本作"令人结瘕疾"。

⑬ 疼：西塔寺本作"痛"。

⑭ 烦：涵芬楼本作"烦懑"。

⑮ 卉：喻政茶书本作"草"。

⑯ 荈茗：涵芬楼本作"荈茗茎"。

⑰ 瘳：涵芬楼本作"疗"。

⑱ 籝加追反：仪鸿堂本作"籝余轻切，音盈"。按：《茶经》所注与今音不同。

⑲ 受：仪鸿堂本作"容"。

⑳ 音：原作"者"，今据竟陵本改。

㉑ 《汉书》音盈，所谓：仪鸿堂本作"《汉书·韦贤传》"。

㉒ 受：竟陵本作"容"。

㉓ 突：竟陵本作"窔"。仪鸿堂本注曰："灶突，囱也。《汉书》：曲突徙薪。《集韵》作埃，一作灶窔。突音森，未知孰是。"

㉔ 熟：西塔寺本作"蒸"。

㉕ 桠：原作"亚"，今据照旷阁本改。按：竟陵本注云："亚当作桠，木桠枝也。"

㉖ 杷：唐代丛书本作"把"。按：《茶经》所注"芘"音与今音不同。

㉗ 籝：原作"赢"，今据陆氏本改。按：华氏本作"嬴"，通"籝"。

㉘ 二：大观本作"一"。布目潮沨《茶经详解》以为原本作"一"，误。

㉙ 赤：竟陵本作"尺"。涵芬楼本注云："赤与尺同"。

㉚ 躯：集成本作"阔"，涵芬楼本作"躯亦"。二：集成本作"一"。

㉛ 篚：原作"薐"，今据五朝小说本改。

㉜ 罗：西塔寺本作"箩"。

㉝ 扑：五朝小说本作"朴"。

㉞ 茶焙之：涵芬楼本作"焙茶也"。

㉟ 尺：说荟本作"丈"。

㊱ 川：五朝小说本作"州"。

㊲ 小：喻政茶书本作"下"。

㊳ 穿：原脱，今据华氏本补。

㊴ 小：说荟本作"下"。

㊵ 字：喻政茶书本作"穿字"。

㊶ 锥：原作"虽"，今据竟陵本改。"京锥"：四库本作"谓"。

㊷ 困：原作"菌"，今据四库本改。

㊸ 上离下师：仪鸿堂本作"音诗洗"。

㊹ 茎：陶氏本作"至"。

㊺ 悴：原作"萃"，今据照旷阁本改。喻政茶书本作"瘁"，义同。

㊻ 嘉：照旷阁本作"佳"。

㊼ 佳：仪鸿堂本作"嘉"。

㊽ 嘉：涵芬楼本作"嘉者"。

㊾ 正：仪鸿堂本作"直"。

㊿ 否臧：四库本作"臧否"。

(51) 存：大观本作"要"。

(52) 火筴：原脱，今据四库本补。

(53) 揭：原作"楬"，据下文及文义改。参看注148。

(54) 纸帕：二字原脱，据下文畚条，纸帕为畚的附属器，据补。

(55) 滓方：二字原脱，据四库本补。

(56) 埠：原作"堁"，今据陶氏本改。

(57) 熟：涵芬楼本作"热"。

(58) 锻：涵芬楼本作"鍊"。

(59) 台(檯)：竟陵本作"攆"，西塔寺本作"台"。

(60) 圆：原作"园"，今据竟陵本改。

(61) 上：原作"一"，今据长编本改。按：本句意指炭树头上尖，中间粗大，故当以"上"为较妥。

(62) 锒：仪鸿堂本注曰："当为环"。

(63) 锤(鎚)：仪鸿堂本作"槌"。

(64) 筴：西塔寺本作"夹"。下同。

(65) 刀：说荟本作"削"。趄：仪鸿堂本注曰："当作钼，钼音徂，农人去秽除苗之器。"

(66) 摩：说荟本作"洗"。

(67) 亦：涵芬楼本作"则"。

(68) 银：喻政茶书本作"铁"。仪鸿堂本注曰："当作铁。"

(69) 柘：照旷阁本作"柳"。之：原作"曰"，今据竟陵本改。

(70) 执：说荟本作"且"，涵芬楼本作"外"。

(71) 其：涵芬楼本作"为"。

(72) 纽：华氏本作"细"，涵芬楼本作"纫"。钿：涵芬楼本作"细"。

㊼ 育：原作"毓"，今据《艺文类聚》卷八二改。下同。

㊷ 乞：西塔寺本作"迄"。

㊶ 筴：竟陵本作"夹"。下同。

㊶ 次：唐宋丛书本作"上"。吴觉农《茶经述评》称"据下文看，应为'上'字"。

㊷ 泽：原作"择"；简：原作"拣"，今据《艺文类聚》卷八二改。

㊸ 升：竟陵本作"斤"，陆氏本作"觔"。按：《茶经》中并无以"斤"作为容量量度者。

㊹ 白红：涵芬楼本作"红白"。

㊺ 悉：四库本作"皆"。

㊶ 纸帊：原脱，按《茶经》行文款式，附属器皆以小字列于主器之后，据补。

㊷ 帊：涵芬楼本作"幅"。

㊶ 处：仪鸿堂本作"受"。

㊴ 或：原作"法"，今据竟陵本改。

㊵ 具列：原作"其到"，今据竟陵本改。

㊶ 设：涵芬楼本作"没"。

㊷ 教：仪鸿堂本作"救"。

㊸ 蒸：原本漫漶，后人描为"茶"，陶氏本即作"茶"，今据日本本作"蒸"。

㊹ 穰：原本漫漶不清，后人描为"襀"，华氏本作"襀"，今据日本本作"穰"。骨：原本漫漶，后人描为"滑"，今据日本本作"骨"。

㊿ 膏木为柏、桂、桧也：原本漫漶，后人描为"膏本为柏、杜、桧如"，今据华氏本。"为"，日本本作"谓"。"桂"，日本本作"柽"。"桧"，仪鸿堂本作"槐"。

�91 谓：欣赏本作"为"。朽：秋水斋本作"朽"。器：原作"噐"，今据竟陵本改。

�92 用山水上：说荟本作"用山水，山水上"。

�93 次：原本漫漶，后人描为"中"，今据日本本作"次"。按：北宋欧阳修《大明水记》、南宋宁时潘自牧《记纂渊海》引录《茶经》皆作"江水次"。

�94 方：仪鸿堂本作"山"。

�95 挹：原作"揖"，今据《艺文类聚》卷八二改。

�96 池：原本漫漶，后人描为"地"，陶氏本亦作"地"，今据日本本作"池"。慢流：涵芬楼本作"出"。

�97 多别：涵芬楼本作"水"。

�98 火天：涵芬楼本作"大火"。郊：涵芬楼本作"降"。

99 或：原本漫漶，后人描为"惑"，今据日本本作"或"。

100 井：四库本作"井水"。

101 上：秋水斋本作"醅"。

102 下：秋水斋本作"醆"。吐：益王涵素本作"味"。

103 一：说荟本为"二"。

104 筴：西塔寺本为"夹"。

105 量：涵芬楼本为"煎"。

106 沫：仪鸿堂本作"末"。饽：涵芬楼本作"醇"，下同。

107 饽：原作"饽均"，今据长编本改。按："均"字当为衍文。益王涵素本"均"字作"训"。

108 蒲笏反：长编本作"饽，蒲笏反"。

109 渭：说荟本作"湄"，涵芬楼本作"滨"。

110 鐏：秋水斋本作"镈"，宜和堂本作"鐏"，欣赏本作"樽"，照旷阁本作"尊"。

111 烨：《艺文类聚》作"晔"。薁，同上书作"敷"。

112 而弃：涵芬楼本作"突"。

113 曰：原作"西"，今据竟陵本改。

114 味：原作"史"，诸本悉同，于义欠通。此为上二句结语，依其句式当作"味"字，"史"乃"味"之残，因径改。

115 盂：原脱，诸本悉同，"熟盂"为贮热水之专门器具，据补。

116 次之：涵芬楼本作"次第之"。

117 广：原脱，今据王圻《稗史汇编》本补。

118 致：陶氏本作"敠"。下同。

119 《本草》：原作"一本"，今据竹素园本改。

120 咙：原作"去"，今据竟陵本改。

121 闻：原作"间"，今据竟陵本改。

122 渝：原作"俞"，今据照旷阁本改。按竟陵本以下诸本皆有注曰："俞当作渝，巴渝也。"

123 饼：喻政茶书本作"饮"。

124 或用：涵芬楼本作"或有用"。

125 荷：原作"菏"，今据四库本改。

126 之：仪鸿堂本作"凡"字接下句。

127 茶：西塔寺本作"凡茶"。

128 夜：仪鸿堂本作"阳"。

129 三：原作"王"，今据竟陵本改。

130 统：原作"充"，今据《晋书》卷五六《江统传》改。

131 育：原作"毓"，今据《晋书》所记名"杜育"改。

132 乐安任育长："乐安"，原脱"乐"字，今据竹素园本补。"育长"，原脱"长"字，今据竟陵本补。竟陵本注曰"育长，任瞻字，元本遗长字，今增之"。仪鸿堂本、西塔寺本作"瞻"，仪鸿堂本注曰："瞻字育长。诸旧刻有作育者，有作育长者，然经文悉注名，周公尚然。考古本是瞻，今从之。"

133 鸾兄豫章王子尚："兄"，原作"弟"，按：刘子鸾是南朝刘宋孝武帝第八子，刘子尚是第二子。子鸾在孝武帝诸子中最受宠，《茶经》此处先言弟后言兄，当是所言以贵。

134 鲍昭：即鲍照，《茶经》避唐讳改。下同。

135 県：原作"谭"，据下文"诣县济道人于八公山"句改。

136 茶：原作"荼"，今据长编本改。

137 叶：《太平御览》卷八六七作"茶"。

138 叶老者，饼成：《太平御览》卷八六七作"成"。

139 欲煮茗饮，先炙令赤色：《太平御览》卷八六七作"若饮先炙，令色赤"。

140 弋：原作"戈"，今据《太平御览》卷八六七改。

141 茗：《晏子春秋》作"苔"。菜：原作"莱"，今据喻政茶书本改。

142 冬：欣赏本作"东"。

143 萋：大观本作"姜"。

144 菌：仪鸿堂本作"茵"。

145 敛：喻政茶书本作"蔹"。

146 消：竟陵本作"硝"。

147 《方言》：喻政茶书本作"扬雄《方言》"，秋水斋本作"杨雄"。

148 葰：原作"葭"，今据竟陵本改。

149 孙皓每飨宴：说荟本于此句后多"无不竟日"四字。

150 无不：说荟本作"无能否"。胜：照旷阁本作"升"。

151 《吴志·韦曜传》引文见《三国志》卷六十五。陆羽所引，与今本有多字不同，今录如下："皓每飨宴，无不竟日，坐席无能否，率以七升为限，虽不悉入口，皆浇灌取尽。曜素饮酒不过二升，初见礼异时，常为裁减，或密赐茶荈以当酒。"

152 云：秋水斋本作"以"。

153 纳兄子俶：仪鸿堂本于此注曰："会稽内史。"

154 十数人：竟陵本作"数十人"，说荟本作"十人"，西塔寺本作"数十"。

155 必：仪鸿堂本作"毕"。

⑯ 及安去：西塔寺本作"安既去"。

⑰ 拌：喻政茶书本作"桦"。

⑱ 苟：涵芬楼本作"狗"；察：涵芬楼本作"密"。

⑲ 收：西塔寺本作"取"。

⑳ 著：涵芬楼本作"见着"。

㉑ 芩：喻政茶书本作"花"。

㉒ 吾：唐代丛书本作"曰"；愦：原作"溃"，今据长编本改。竟陵本有注云："溃当作愦。"

㉓ 真：竟陵本作"其"。

㉔ 置：唐代丛书本作"信致"，涵芬楼本作"致"。

㉕ 本条《北堂书钞》卷一四四引作："前得安州干茶二斤，姜一斤，桂一斤，吾体中烦闷，恒假真茶，汝可致之。"《太平御览》卷八六七引作"前得安州干茶二斤，姜一斤，桂一斤，皆所须也。吾体中烦闷，恒假□茶，汝可信信致之。"

㉖ 南市：原作"南方"，今据《北堂书钞》卷一四四、《太平御览》卷八六七改。按：南市指洛阳的南市。有蜀妪：原作"有以困蜀妪"，今据《北堂书钞》卷一四四、《太平御览》卷八六七改。

㉗ 廉事：四库本作"群吏"。廉：原作"帘"，今据《北堂书钞》卷一四四、《太平御览》卷八六七改。

㉘ 后：原本空一格，今据秋水斋本补。四库本作"嗣"，西塔寺本作"其"。

㉙ 困：原脱，今据长编本补。

㉚ 清严可均《全上古三代秦汉三国六朝文》收录有傅咸《司隶校尉教》，文字与本处稍有不同："闻南市有蜀妪作茶粥卖之，廉事毁其器物，使无为。卖饼于市。而禁茶粥以困老姥，独何哉？"

㉛ 吾：原本残存上半"工"字，今据日本本改。按：华氏本描为"工"，而竟陵本则写作"予"。

㉜ 乞：西塔寺本作"迄"。

㉝ 立：欣赏本作"其"，说荟本作"具"。

㉞ 颇：喻政茶书本作"可"。白：原本漫漶，后人描为"曰"，今据日本本作"白"。

㉟ 姊：涵芬楼本作"妹"。字：仪鸿堂本作"自"。惠：西塔寺本作"蕙"。

㊱ 粲：名书本作"灿"。

㊲ 扬子舍："扬"，原作"杨"，今据长编本改。说荟本作"阳"。按：扬子指扬雄。

㊳ 卓：欣赏本作"十"。

㊴ 侯：欣赏本作"都"。

⑱⑩ 钩：欣赏本作"驱"。

⑱① 橘：西塔寺本作"菊"。

⑱② 过：西塔寺本作"遇"。

⑱③ 六清：原作"六情"，今据《太平御览》卷八六七改。

⑱④ 蒲：唐代丛书本作"薄"。

⑱⑤ 岠：涵芬楼本作"恒"。

⑱⑥《歌》：《太平御览》卷八六七引作"《出歌》"。

⑱⑦ 渊：《太平御览》卷八六七引作"川"。

⑱⑧ 精：《太平御览》卷八六七引作"秕"。

⑱⑨ 佗：欣赏本作"陀"。

⑲⑩ 荼：原作"茶"，今据《尔雅》郭注改。下文"蜀人名之苦荼"之"荼"同。

⑲① 下饮：《太平御览》卷八六七引作"不饮茗"。

⑲② 申：原作"分"，今据《世说新语·纰漏篇》改。

⑲③ 世：原脱，今据《太平御览》卷八六七引补。

⑲④ 蕖：原作"蕤"，今据《太平御览》卷八六七引改。

⑲⑤ 务：《太平御览》卷八六七引作"矜"。

⑲⑥ 苦荼：涵芬楼本作"苦荼之"。

⑲⑦ 潜：照旷阁本作"泉"。

⑲⑧ 馈：原作"馔"，竟陵本作"钦"，今据华氏本改。

⑲⑨ 姥：涵芬楼本作"妪"。下同。

⑳⑩ 独提：《太平御览》卷八六七引作"擎"。

⑳① 夕：《太平御览》卷八六七引作"暮"。

⑳② 不减：《太平御览》卷八六七引作"不减茗"。

⑳③ 州法曹縶之狱中：《太平御览》卷八六七引作"执而縶之于狱"。

⑳④ 至夜，老姥执所鬻茗器：《太平御览》卷八六七引作"夜擎所卖茗器"。执：竟陵本作"携"。

⑳⑤ 从狱牖中飞出：《太平御览》卷八六七引作"自牖飞去"。牖：华氏本作"牖"。

⑳⑥ 所饮：原作"所余"，《太平御览》卷八六七引作"兼服"，今据《晋书》卷九五改。

⑳⑦ 本条引文与所引《晋书》原文有不同，今录如下："单道开，敦煌人也……不畏寒暑……恒服细石子……日服镇守药数丸，大如梧子，药有松、蜜、姜、桂、伏苓之气，时复饮茶苏一二升而已。"

⑳⑧ 释道说：原作"释道该说"，多家研究认为"该"字当为衍字。按唐释道宣《续高僧传》卷二十五有《释道悦传》，道悦是主要活动在唐太宗时期的僧人，"说"通"悦"，今据改。

⑳⑨ 杨：竟陵本作"扬"，名书本作"阳"。

⑩ 元嘉：原作"永嘉"，按永嘉为晋怀帝年号（307—312），与前文所说南朝"宋"不合，且与后文所说大明年号相去一百五十多年，与所言人物79岁年纪亦不合，当为南朝宋元帝元嘉时，今据改。

⑪ 请真君：竹素园本作"君"，益王涵素本作"请君"，四库本作"真君在"，西塔寺本作"真君"。

⑫ 大：原作"永"，据《梁高僧传》卷七改。参看注313。

⑬ 元：原脱，据《晋书》卷五六《江统传》补。

⑭ 茶：仪鸿堂本作"香"。

⑮ 高：名书本作"空"。

⑯ 空：宜和堂本作"坐"。

⑰ 座：涵芬楼本作"坐"，仪鸿堂本作"床"。

⑱ 笋(筍)：原作"荀"，今据集成本改。

⑲ 蒩：秋水斋本作"菹"，大观本作"蒩"，通。

⑳ 差：涵芬楼本作"茅"。

㉑ 襄：西塔寺本作"裹"。驴：益王涵素本作"包"，仪鸿堂本作"鲈"。

㉒ 鲊：仪鸿堂本作"酢"。

㉓ 类：原作"颜"，今据秋水斋本改。柑：原作"楫"，益王涵素本作"梅"，今据秋水斋本改。

㉔ 粮：原作"种"，今据竹素园本改。

㉕ 身：原脱，今据长编本补。骨：原作"膏"，今据仪鸿堂本改。

㉖ 黄：原作"责"，今据《太平御览》卷八六七引改。

㉗ 西：大观本作"酉"。

㉘ 晋：原作"昔"，今据《太平御览》卷八六七引改。

㉙ 好茗：《太平御览》卷八六七引作"皆出好茗"。

㉚ 蓂：仪鸿堂本作"楔"。

㉛ 茗茶：《太平御览》卷八六七引作"香茗"。

㉜ 括：原作"栝"，今据竟陵本改。

㉝ 临蒸县：原作"临遂县"，《太平御览》卷八六七引作"临城县"，今据南宋王象之《舆地纪胜》卷五十五引《括地志》"临蒸县百余里有茶溪"改。茶溪：《太平御览》卷八六七引作"茶山茶溪"。

㉞ 茶：西塔寺本作"荼"。

㉟ 菜：原作"荼"，秋水斋本作"茶"，今据长编本改。

㊱ 茶：原作"荼"，今据陶氏本改。

㊲ 川：仪鸿堂本作"山"。

㊳ 茶：照旷阁本作"荼"。

㊴ 茶：原作"荼"，今据陶氏本改。

㊵ 茶：原作"荼"，今据竟陵本改。

㊶ 茶：原作"荼"，今据秋水斋本改。

㊷ 菜：仪鸿堂本作"茶"。

㊸ 茶：大观本作"荼"。

㊹ 采：涵芬楼本作"采之"。

㊺ 槗：欣赏本作"茶"。

㊻ 傅：仪鸿堂本作"敷"。

㊼ 苦茶：原作小注字，今据竟陵本改。

㊽ 漳：原作"郑"，竟陵本作"鄣"，名书本作"部"，仪鸿堂本作"彰"，今据《新唐书》卷三九《地理志》襄州南漳县条改。

㊾ 襃：原本字迹模糊不清，似为"褒"之异体字，今据《新唐书》卷三九《地理志》梁州褒城县条。

㊿ 生：汪氏本此字置于句首。

㉕① 金州：原本作"荆州"，按此处是淮南第四等茶叶与山南第四等茶叶相比，荆州所产茶为山南第二等，不当与其第四等梁州并列，而应当是同为第四等的金州，因据改。

㉕② 西：长编本作"江"。

㉕③ 城：宜和堂本作"兴"。顾渚：仪鸿堂本作"顾注"。山谷：原作"上中"，今据竟陵本改。

㉕④ 生山桑、儒师二坞：四库本作"生乌瞻山、天目山"。秋水斋本于句首多一"若"字。桑：大观本作"柔"。坞：原本版面为墨丁，今据北宋乐史《太平寰宇记》卷九四"江南东道·湖州"长兴县条改。

㉕⑤ 荆州：原作"荆南"，按荆南为荆州节度使号，上文山南道言以"荆州"，据改。

㉕⑥ 阁：大观本作"关"。

㉕⑦ 衡州：原作"常州"，按：常州之茶尚未出现不能提前以之相比，且寿州之茶为三等而常州之茶为二等，非是同一等级的茶，不能并提，而上文衡州与寿州乃是同一等级之茶，因据改。

㉕⑧ 义：仪鸿堂本作"宜"。兴：原作"与"，今据竟陵本改。

㉕⑨ 太平县生：名书本作"生太平县"。

㉖⓪ 塘：名书本作"唐"。

㉖① 青：原作"责"，今据竟陵本改。

㉖② 川：竹素园本作"山"，秋水斋本作"州"。

㉖③ 金：仪鸿堂本作"荆"。

㉖④ 棱：原作"校"，今据《旧唐书》卷四一眉州丹棱条改。按，《新唐书》卷四二及今县名作"丹棱"。

㉕ 州：唐宋丛书本作“县”。

㉖ 贄：欣赏本作“鄞”，四库本作“鄞”。荚：喻政茶书本作“荚”。

㉗ 白：原作“自”，竟陵本作“日”，秋水斋本作“目”。按，清嵇曾筠《浙江通志》卷一〇六引《茶经》作“东阳县东白山与荆州同”，今据改。

㉘ 台州：原作“始山”，今据竟陵本改。始丰县：原作“丰县”，竟陵本作“鄞县”，欣赏本作“曹县”，今据《新唐书》卷四一台州唐兴县条及《唐会要》卷七一台州始丰县条改。

㉙ 思州：原作“恩州”，按恩州在岭南道，今据《新唐书》卷四一《地理志》黔中郡思州条改。下同。

㉚ 福州生闽县方山之阴也：原作“福州生闽方山之阴县也”，今据喻政茶书本改。之：竟陵本

作“山”。

㉛ 建：原本于此字下衍一“泉”字，据汪氏本删。

㉜ 掇：原作“椵”，今据竟陵本改。

㉝ 拍：原本为墨丁，秋水斋本作“煬”，益王涵素本作“规”，欣赏本作“复”，仪鸿堂本作“炙”，今据竹素园本改。

㉞ 扑：原作“朴”，今据竟陵本改。

㉟ 棚：原作“相”，今据竟陵本改。

㊱ 铏：原作“枥”，以义改。

㊲ 荚：仪鸿堂本作“夹”。

㊳ 涧：仪鸿堂本作“渊”。

㊴ 末：竟陵本作“味”。

㊵ 合：原脱，今据涵芬楼本补。

㊶ 竹：原脱，据上文《四之器》竹荚条补。荚：仪鸿堂本作“夹”。

㊷ 醮：原作“醒”，今据秋水斋本改。

附录一：陆羽传记

一、宋李昉等编《文苑英华》卷七九三《陆文学自传》

陆子，名羽，字鸿渐，不知何许人也。或云字羽名鸿渐，未知孰是。有仲宣、孟阳之貌陋，相如、子云之口吃，而为人才辩，为性褊躁，多自用意，朋友规谏，豁然不惑。凡与人宴处，意有所适一作择，不言而去，人或疑之，谓生多瞋。又与人为信，纵冰雪千里，虎狼当道，而不愆也。

上元初，结庐于苕[1]溪之湄，闭关读书，不杂非类，名僧高士，谈宴永日。常扁舟往来山寺，随身唯纱巾、藤鞋、短褐、犊鼻。往往独行野中，诵佛经，吟古诗，杖击林木，手弄流水，夷犹徘徊，自曙达暮，至日黑兴尽，号泣而归。故楚人相谓，陆子盖今

之接舆也。

始三岁一作载惸露，育于竟陵大师积公之禅院[2]。自九岁学属文，积公示以佛书出世之业。子答曰：“终鲜兄弟，无复后嗣，染衣削发，号为释氏，使儒者闻之，得称为孝乎？羽将授孔圣之文。”公曰：“善哉！子为孝，殊不知西方染削之道，其名大矣。”公执释典不屈，子执儒典不屈。公因矫怜抚爱，历试贱务，扫寺地，洁僧厕，践泥圬墙，负瓦施屋，牧牛一百二十蹄。

竟陵西湖无纸，学书以竹画牛背为字。他日于学者得张衡《南都赋》，不识其字，但于牧所做青衿小儿，危坐展卷，口动而已。公知之，恐渐渍外典，去道日旷，又束于寺中，令芟剪卉莽，以门人之伯主焉。或时心记文字，惆然若有所遗，灰心木立，过日不作，主者以为慵堕，鞭之。因叹云：“恐岁月

[1] 苕：原作“茗”，今据《全唐文》卷四三三改。
[2] 院：原脱，今据《全唐文》补。

往矣,不知其书",呜呼不自胜。主者以为蓄怒,又鞭其背,折其楚乃释。因倦所役,舍主者而去。卷衣诣伶党,著《谑谈》三篇,以身为伶正,弄木人、假吏、藏珠之戏。公追之曰:"念尔道丧,惜哉!吾本师有言:我弟子十二时中,许一时外学,令降伏外道也。以吾门人众多,今从尔所欲,可捐乐工书。"

天宝中,郢人酺于沧浪,邑吏召子为伶正之师。时河南尹李公齐物黜守,见异,提手抚背,亲授诗集,于是汉沔〔1〕之俗亦异焉。后负书于火门山邹夫子别墅,属礼部郎中崔公国辅出守〔2〕竟陵,因与之游处,凡三年。赠白驴乌犎一作犁,下同。牛一头,文槐书函一枚。"白驴犎牛,襄阳太守李憕一云澄,一云帐。见遗,文槐函,故卢黄门侍郎所与。此物皆已之所惜也。宜野人乘蓄,故特以相赠。"

洎至德初,秦〔3〕人过江,子亦过江,与吴兴释皎然为缁素忘年之交。少好属文,多所讽谕。见人为善,若己有之;见人不善,若己羞之。忠言逆耳,无所回避,繇是俗人多忌之。

自禄山乱中原,为《四悲诗》,刘展窥江淮,作《天之未明赋》,皆见感激,当时行哭涕泗。著《君臣契》三卷,《源解》三十卷,《江表四姓谱》八卷,《南北人物志》十卷,《吴兴历官记》三卷,《湖州刺史记》一卷,《茶经》三卷,《占梦》上、中、下三卷,并贮于褐布囊。

---

〔1〕 沔:原作"汗",今据《全唐文》改。
〔2〕 守:原脱,今据《全唐文》补。
〔3〕 秦:原作"泰",并有注曰:"一作秦"。今据小注及《全唐文》改。
〔4〕 上元年辛丑岁子阳秋二十有九日:《全唐文》作"上元辛丑岁,子阳秋二十有九"。

上元年辛丑岁子阳秋二十有九日〔4〕

二、宋欧阳修、宋祁撰《新唐书》卷一九六《陆羽传》

陆羽,字鸿渐,一名疾,字季疵,复州竟陵人,不知所生,或言有僧得诸水滨,畜之。既长,以《易》自筮,得"蹇"之"渐",曰:"鸿渐于陆,其羽可用为仪",乃以陆为氏,名而字之。

幼时,其师教以旁行书,答曰:"终鲜兄弟,而绝后嗣,得为孝乎?"师怒,使执粪除污塓以苦之,又使牧牛三十,羽潜以竹画牛背为字。得张衡《南都赋》不能读,危坐效群儿嗫嚅,若成诵状,师拘之,令薙草莽。当其记文字,懵懵若有所遗,过日不作,主者鞭苦,因叹曰:"岁月往矣,奈何不知书!"呜咽不自胜,因亡去,匿为优人,作诙谐数千言。

天宝中,州人酺,吏署羽伶师,太守李齐物见,异之,授以书,遂庐火门山。

貌侻陋,口吃而辩。闻人善,若在己,见有过者,规切至忤人,朋友燕处,意有所行辄去,人疑其多嗔。与人期,雨雪虎狼不避也。

上元初,更隐苕溪,自称桑苎翁,阖门著书。或独行野中,诵诗击木,裴回不得意,或恸哭而归,故时谓今接舆也。久之,诏拜羽太子文学,徙太常寺太祝,不就职。贞元末,卒。

羽嗜茶,著经三篇,言茶之原、之法、之具尤备,天下益知饮茶矣。时鬻茶者,至陶羽形置炀突间,祀为茶神。有常伯熊者,因羽论复广著茶之功。御史大夫李季卿宣慰江南,次临淮,知伯熊善煮茶,召之,伯熊执器前,季卿为再举杯。至江南,又有荐羽者,召之,羽衣野服,挈具而入,季卿不为礼,羽愧之,更著《毁茶论》)。

其后,尚茶成风,时回纥入朝,始驱马市茶。

三、元辛文房撰《唐才子传》卷三《陆羽》

羽,字鸿渐,不知所生。初,竟陵禅师智积得婴儿于水滨,育为弟子。及长,耻从削发,以《易》自筮,得"蹇"之"渐"曰:"鸿渐于陆,其羽可用为仪。"始为姓名。有学,愧一事不尽其妙。性诙谐。少年匿优人中,撰《谈笑》万言。天宝间,署羽伶师,后遁去。古人谓洁其行而秽其跡者也。上元初,结庐苕溪上,闭门读书。名僧高士,谈宴终日。貌寝,口吃而辩,闻人善若在己,与人期,虽阻虎狼不避也。自称桑苎翁,又号东岗子。工古调歌诗,兴极闲雅,著书甚多。扁舟往来山寺,唯纱巾、藤鞋、短褐、犊鼻,击林木,弄流水。或行旷野中,诵古诗,裴回至月黑,兴尽恸哭而返。当时以比接舆也。与皎然上人为忘言之交。有诏拜太子文学。羽嗜茶,造妙理,著《茶经》三卷,言茶之原、之法、之具,时号"茶仙",天下益知饮茶矣。鬻茶家以瓷陶羽形,祀为神,买十茶器,得一"鸿渐"。初,御使大夫李季卿宣慰江南,喜茶,知羽,召之,羽野服挈具而入。李曰:"陆君善茶,天下所知。扬子中泠,水又殊绝。今二妙千载一遇,山人不可轻失也。"茶毕,命奴子

与钱,羽愧之,更著《毁茶论》。与皇甫补阙善,时鲍尚书防在越,羽往依焉。冉送以序曰:"君子究孔、释之名理,穷歌诗之丽则。远墅孤岛,通舟必行;鱼梁钓矶,随意而往。夫越地称山水之乡,辕门当节钺之重。鲍侯知子爱子者,将解衣推食,岂徒尝镜水之鱼,宿耶溪之月而已!"集并《茶经》今传。

四、唐李肇撰《唐国史补》卷中《陆羽得姓氏》

竟陵有僧于水滨得婴儿者,育为弟子,稍长,自筮得蹇之渐,繇曰:"鸿渐于陆,其羽可用为仪",乃今姓陆名羽,字鸿渐。羽有文学,多意思,耻一物不尽其妙,茶术尤著。巩县陶者多为瓷偶人,号陆鸿渐,买数十茶器得一鸿渐,市人沽茗不利,辄灌注之。羽于江湖称竟陵子,于南越称桑苎翁。与颜鲁公厚善,及玄真子张志和为友。羽少事竟陵禅师智积,异日他处闻禅师去世,哭之甚哀,乃作诗寄情,其略曰:"不羡白玉盏,不羡黄金罍。亦不羡朝入省,亦不羡暮入台。千羡万羡西江水,曾向竟陵城下来。"贞元末卒。

五、唐赵璘撰《因话录》卷三商部下

太子陆文学鸿渐,名羽。其先不知何许人,竟陵龙盖寺僧姓陆,于堤上得一初生儿,收育之。遂以陆为氏。及长,聪俊多能,学赡辞逸,诙谐纵辩,盖东方曼倩之俦。与余外祖户曹府君外族柳氏,外祖洪府户曹,讳淡,字中庸,别有传。交契深至,外祖有殡事状,陆君所撰。性嗜茶,始创煎茶法。至今鬻茶之家陶为其像,置于炀器之间,云宜茶足利。余幼年尚记识一复州老僧,是陆僧弟子,

常讽其歌云："不羡黄金罍，不羡白玉杯。不羡朝入省，不羡暮入台。千羡万羡西江水，曾向竟陵城下来。"又有追感陆僧诗至多。

六、宋李昉等编《太平广记》卷二〇一《陆鸿渐》

太子文学陆鸿渐，名羽。其生不知何许人。竟陵龙盖寺僧姓陆，于堤上得一初生儿，收育之，遂以陆为氏。及长，聪俊多闻，学赡辞逸，恢谐谈辩，若东方曼倩之俦。鸿渐性嗜茶，始创煎茶法。至今鬻茶之家，陶为其像，置于锡器之间，云宜茶足利。至太和，复州有一老僧，云是陆生弟子，常讽歌云："不羡黄金罍，不羡白玉杯，不羡朝入省，不羡暮入台，唯羡西江水，曾向竟陵城下来。"鸿渐又撰《茶经》二卷，行于代。今为鸿渐形者，因目为茶神，有交易则茶祭之，无以釜汤沃之。出传载（按，即《大唐传载》）。

七、宋计有功撰《唐诗纪事》卷四〇《陆鸿渐》

太子文学陆鸿渐，名羽，其先不知何许人。景陵龙盖寺僧姓陆，于堤上得初生儿，收育之，遂以陆为氏。及长，聪俊多闻，学赡辞逸，恢谐辨捷。性嗜茶，始创煎茶法，至今鬻茶之家，陶为其像，置于炀器之间，云宜茶足利。至大和中，复州有一老僧，云是陆僧弟子，常讽其歌云："不羡黄金罍，不羡白玉杯，不羡朝入省，不羡暮入台。

唯羡西江水，长向竟陵城下来。"鸿渐又撰《茶经》三卷，行于代。今为鸿渐形，因目为茶神。有售则祭之，无则以釜汤沃之。

附录二：历代《茶经》序跋赞论（计十七种）[1]

一、唐皮日休《茶中杂咏序》（《松陵集》卷四）

案《周礼》酒正之职辨四饮之物，其三曰浆，又浆人之职，供王之六饮，水、浆、醴、凉、医、酏，入于酒府。郑司农云：以水和酒也。盖当时人率以酒醴为饮，谓乎六浆，酒之醨者也，何得姬公制？《尔雅》云：槚，苦茶。即不撷而饮之，岂圣人之纯于用乎？草木之济人，取舍有时也。

自周以降及于国朝茶事，竟陵子陆季疵言之详矣。然季疵以前，称茗饮者，必浑以烹之，与夫瀹蔬而啜者无异也。季疵之始为《经》三卷，繇是分其源，制其具，教其造，设其器，命其煮，俾饮之者，除痟而去疠，虽疾医之，不若也。其为利也，于人岂小哉！

余始得季疵书，以为备矣。后又获其《顾渚山记》二篇，其中多茶事；后又太原温从云、武威段碣之各补茶事十数节，并存于方册。茶之事，繇周至于今，竟无纤遗矣。

昔晋杜育有《荈赋》，季疵有《茶歌》，余

---

〔1〕程光裕著录八种：1. 皮日休序；2. 陈师道序；3. 陈文烛序；4. 王寅序；5. 李维桢序；6. 张睿卿跋；7. 童承叙跋；8. 鲁彭序。张宏庸著录十四种而文阙最后二种：1. 皮日休序；2. 陈师道序；3. 鲁彭序；4. 李维桢序；5. 徐同气序；6. 王寅序；7. 陈文烛序；8. 曾元迈序；9. 常乐序；10. 童承叙跋；11. 童内方与廖野论茶经书；12. 吴旦书茶经后；13. 张睿卿跋；14. 新明跋。

缺然于怀者,谓有其具而不形于诗,亦季疵之余恨也。遂为十咏,寄天随子。

二、宋陈师道《茶经序》(《后山集》卷一一。按:库本文有脱误,参校竟陵本《茶经》附录,不备注。)

陆羽《茶经》,家传一卷,毕氏、王氏书三卷,张氏书四卷,内外书十有一卷。其文繁简不同,王、毕氏书繁杂,意其旧文;张氏书简明与家书合,而多脱误;家书近古,可考正,自七之事,其下亡。乃合三书以成之,录为二篇,藏于家。

夫茶之著书自羽始,其用于世亦自羽始,羽诚有功于茶者也。上自宫省,下迨邑里,外及戎夷蛮狄,宾祝燕享,预陈于前,山泽以成市,商贾以起家,又有功于人者也,可谓智矣。

《经》曰:"茶之否臧,存之口诀。"则书之所载,犹其粗也。夫茶之为艺下矣,至其精微,书有不尽,况天下之至理,而欲求之文字纸墨之间,其有得乎?

昔先王因人而教,同欲而治,凡有益于人者,皆不废也。世人之说,曰先王诗书道德而已,此乃世外执方之论,枯槁自守之行,不可群天下而居也。史称羽持具饮李季卿,季卿不为宾主,又著论以毁之。夫艺者,君子有之,德成而后及,乃所以同于民也。不务本而趋末,故业成而下也。学者谨之!

三、明鲁彭《刻茶经叙》(明嘉靖二十一年柯双华竟陵本《茶经》卷首)

粤昔己亥,上南狩郢,置荆西道。无何,上以监察御史青阳柯公来涖厥职。越明年,百废修举,乃观风竟陵,访唐处士陆羽故处龙盖寺。公喟然曰:"昔桑苎翁名于唐,足迹遍天下,谁谓其产兹土耶!"因慨茶

井失所在,乃即今井亭而存其故,已复构亭其北,曰茶亭焉。他日,公再徙索羽所著《茶经》三篇,僧真清者,业录而谋梓也,献焉。公曰:"嗟,井亭矣!而《经》可无刻乎?"遂命刻诸寺。夫茶之为经,要矣,行于世,脍炙千古。乃今见之《百川学海》集中,兹复刻者,便览尔,刻于竟陵者,表羽之为竟陵人也。

按羽生甚异,类令尹子文,人谓子文贤而仕,羽虽贤,卒以不仕。又谓楚之生贤大类后稷云。今观《茶经》三篇,其大都曰源、曰具、曰造、曰饮之类,则固具体用之学者。其曰"伊公羹,陆氏茶",取而比之,寔以自况,所谓易地皆然者,非欤?向使羽就文学、太祝之召,谁谓其事不伊且稷也!而卒以不仕,何哉?昔人有自谓不堪流俗,非薄汤武者,羽之意,岂亦以是乎?厥后茗饮之风行于中外,而回纥亦以马易茶,由宋迄今,大为边助,则羽之功固在万世,仕不仕奚足论也!

或曰酒之用视茶为要,故北山亦有《酒经》三篇,曰酒始诸祀,然而妹也已有酒祸,惟茶不为败,故其既也《酒经》不传焉。

羽器业颠末,具见于传。其水味品鉴优劣之辨,又互见于张、欧浮槎等记,则并附之《经》,故不赘。僧真清,新安之歙人,尝新其寺,以嗜茶,故业《茶经》云。

皇明嘉靖二十一年,岁在壬寅秋重九日,景陵后学鲁彭叙

四、明陈文烛《茶经序》(明程福生竹素园本《茶经》刻序)

先通奉公论吾沔人物,首陆鸿渐,盖有味乎《茶经》也。夫茗久服,令人有力悦志,见《神农食经》,而昙济道人与子尚

设茗八公山中，以为甘露，是茶用于古，羽神而明之耳。人莫不饮食也，鲜能知味也。稷树艺五谷而天下知食，羽辨水煮茶而天下知饮，羽之功不在稷下，虽与稷并祠可也。及读《自传》，清风隐隐起四座，所著《君臣契》等书，不行于世，岂自悲遇不禹稷若哉！窃谓禹稷、陆羽，易地则皆然。昔之刻《茶经》、作郡志者，岂未见兹篇耶？今刻于《经》首，次《六羡歌》，则羽之品流概见矣。玉山程孟孺善书法，书《茶经》刻焉，王孙贞吉绘茶具，校之者，余与郭次甫。结夏金山寺，饮中泠第一泉。

明万历戊子夏日，郡后学陈文烛玉叔撰

五、明王寅《茶经序》（明孙大绶秋水斋本《茶经》刻序）

茶未得载于《禹贡》、《周礼》而得载于《本草》，载非神农，至唐始得附入之。陆羽著《茶经》三篇，故人多知饮茶，而茶之名为益显。

噫！人之嗜各有所好也，而好由于性若之。好茶者难以悉数，必其人之泊淡玄素者而茶乃好，不啻于金茎玉露羹之，以其性与茶类也。好肥甘而溺腥膻者，不知茶之为何物，以其性与茶异也。

《茶经》失而不传久矣，幸而羽之龙盖寺尚有遗经焉，乃寺僧真清所手录也。吾郡偶傥生孙伯符者，博雅士也，每有茶癖，以为作圣乃始于羽，而使遗经不传，亦大雅之罪人也。乃捡斋头藏本，仍附《茶具图赞》全梓以传，用视海内好事君子。噫！若伯符者，可谓有功于茶而能振羽之流风矣。又以经不□于茶之所产、水之所品而已，至于时用，或有未备

而多不合，再采《茶谱》兼集唐宋篇什切于今人日用者，合为一编，付诸梓。人毋论其诣，即意致足嘉也。由是古今制作之法，悉得考见于千载之下，其为幸于后来，不亦大哉！

予性好茶为独甚，每咲卢仝七碗不能任，而以大卢君自号，以贬仝。今已买山南原而种茶以终老。伯符当弱冠亦好茶而同于予，又能表而出之，其嗜好亦可谓精博矣。伯符于予有交道也，故以其序请之于予。偶傥生乃予知伯符而赠者，予故乐闻不辞而序诸首简。

万历戊子年七夕，十岳山人王寅撰并书

六、明徐同气《茶经序》（清葛振元、杨钜纂修《光绪沔阳州志》卷一一《艺文·序》）

余曾以屈、陆二子之书付诸梓，而毁于燹，计再有事。而屈，郡人。陆，里人也，故先镌《茶经》。

客曰："子之于《茶经》奚取？"曰："取其文而已。陆子之文，奥质奇离，有似《货殖传》者，有似《考工记》者，有似《周王传》者，有似《山海》、《方舆》诸记者。其简而赅，则《檀弓》也。其辨而纤，则《尔雅》也。亦似之而已，如是以为文，而能无取乎？"

客曰："其文遂可为经乎？"曰："经者，以言乎其常也，水以源之盈竭而变，泉以土脉之甘涩而变，瓷以壤之脆坚、焰之浮烬而变，器以时代之刓削、事工之巧利而变，其鹭之为经者，亦以其文而已。"

客曰："陆子之文，如《君臣契》、《源解》、《南北人物志》及《四悲歌》、《天之未明赋》诸书，而蔽之以《茶经》，何哉？"曰："诸书或多感愤，列之经者，犹有猘冠、伧父

气。《茶经》则杂于方技，迫于物理，肆而不厌，傲而不忤，陆子终古以此显，足矣。"

客曰："引经以绳茶，可乎？"曰："凡经者，可例百世，而不可绳一时者也。孔子作《春秋》，七十子惟口授传其旨，故《经》曰：'茶之臧否，存之口诀'，则书之所载，犹其粗者也。抑取其文而已。"

客曰："文则美矣，何取于茶乎？"曰："茶何所不取乎？神农取其悦志，周公取其解酲，华佗取其益意，壶居士取其羽化，巴东人取其不眠，而不可概于经也。陆子之经，陆子之文也。"

七、明乐元声《茶引》(明乐元元声倚云阁本《茶经》刻序)

余漫昧不辨淄渑，浮慕竟陵氏之为人。已而得苕溪编有欣赏备茶事图记，致足观也。余惟作圣乃始季疵，独其遗经不多行于世，博雅君子踪迹之无斁也。斋头藏本，每置席间，津津有味不能去。窃不自揣，新之梓，人敢曰附臭味于达者，用以传诸好事云尔。

檇李长水县乐元声书

八、明李维桢《茶经序》(民国西塔寺本《茶经》卷首附刻旧序。按：明万历喻政《茶书》卷首亦附刻有此序，清徐国相、宫梦仁纂修《康熙湖广通志》卷六二《艺文·序》亦收录此序，然皆有简脱，故据西塔寺本。并参校其他二种，不备注。)

温陵林明甫，治邑之三年，政通人和。讨求邑故实而表章之，于唐得处士陆鸿渐，井泉无恙，而《茶经》漶灭不可读，取善本复校，锲诸梓，而不佞桢为之序。

盖茶名见于《尔雅》，而《神农食经》、华佗《食论》、壶居士《食忌》、桐君及陶弘景录、《魏王花木志》胥载之，然不专茶也。晋杜育《荈赋》、唐顾况《茶论》，然不称经也。韩翃《谢茶启》云：吴主礼贤置茗，晋人爱客分茶，其时赐已千五百串。常鲁使西番，番人以诸方产示之，茶之用已广，然不居功也。其笔诸书，尊为经而人又以功归之，实自鸿渐始。

夫扬子云、王文中一代大儒，《法言》中说，自可鼓吹六经，而以拟经之故，为世诟病。鸿渐品茶小技，与六经相提而论，安得人无异议？故溺其好者，谓"穷《春秋》，演河图，不如载茗一车"。称引并于禹稷。而鄙其事者，使与佣保杂作，不具宾主礼。《氾论训》曰："伯成子高辞诸侯而耕，天下高之。"今之时辞官，而隐处为乡邑下，于古为义，于今为笑矣，岂可同哉。鸿渐混迹牧竖优伶，不就文学、太祝之拜，自以为高者，难为俗人言也。

所著《君臣契》三卷，《源解》三十卷，《江表四姓谱》十卷，《南北人物志》十卷，《占梦》三卷，不尽传，而独传《茶经》，岂以他书人所时有，此为翘长，易于取名，如承蜩、养鸡、解牛、飞鸢、弄丸、削镰之属，惊世骇俗耶？李季卿直技视之，能无辱乎哉！无论季卿，曾明仲《隐逸传》且不收矣。费衮云：巩县有瓷偶人，号陆鸿渐，市沽茗不利，辄灌注之，以为偏好者戒。李石云：鸿渐为《茶论》并煎炙法，常伯熊广之，饮茶过度，遂患风气，北人饮者，多腰疾偏死。是无论儒流，即小人且多求矣。后鸿渐而同姓鲁望嗜茶，置园顾渚山下，岁收租，自判品第，不闻以技取辱。

鸿渐问张子同："孰为往来？"子同曰："大虚为室，明月为烛，与四海诸公共处，未尝稍别，何有往来？"两人皆以隐名，曾无尤悔。僧昼对鸿渐，使有宣尼博识，胥臣多闻，终日目前，矜道侈义，适足以伐其性。岂若松岩云月，禅坐相偶，无言而道合，志静而性同。吾将入杼山矣，遂束所著毁之。度鸿渐不胜伎俩磊块，沾沾自喜，意奋气扬，体大节疏，彼夫外饰边幅，内设城府，宁见客耶？圣人无名，得时则泽及天下，不知谁氏。非时则自埋于名，自藏于畔，生无爵，死无谥。有名则爱憎、是非、雌雄片合纷起。鸿渐殆以名诲诟耶？虽然牧竖优伶，可与浮沈，复何嫌于佣保？古人玩世不恭，不失为圣，鸿渐有执以成名，亦寄傲耳！宋子京言，放利之徒，假隐自名，以诡禄仕，肩摩于道，终南嵩山，仕途捷径。如鸿渐辈各保其素，可贵慕也。

太史公曰：富贵而名磨灭，不可胜数，惟俶傥非常之人称焉。鸿渐穷厄终身，而遗书遗迹，百世之下宝爱之，以为山川邑里重，其风足以廉顽立懦，胡可少哉！夫酒食禽鱼，博塞樗蒲，诸名经者夥矣，茶之有经也，奚怪焉！

九、清曾元迈《茶经序》（清仪鸿堂本《茶经》刻序）

人生最切于日用者有二：曰饮，曰食。自炎帝制耒耜，后稷教稼穑，烝民乃粒，万世永赖，无俟缕缕矣。惟饮之为道，酒正著于《周礼》，茶事详于季疵。然禹恶旨酒，先王避酒祸，我皇上万言谕曰：酒之为物，能乱人心志，求其所以除痟去疠，风生两腋者，莫韵于茶。茶之事其来已旧，而茶之著书始于吾竟陵陆子，其利用于世亦始于陆子。由唐迄今，无论宾祀燕飨、宫省邑里、荒陬穷谷，脍炙千古。逮茗饮之风行于中外，而回纥亦以马易茶，大为边助。不有陆子品鉴水味，为之分其源、制其具、教其造与饮之类，神而明之，笔之于书而尊为经，

后之人乌从而饮其和哉！

余性嗜茶，喜吾友王子闲园宅枕西湖，其所筑仪鸿堂竹木阴森，与桑苎旧趾相望。月夕花晨，余每过从，赏析之余，常以西塔为遣怀之地，或把袂偕往，或放舟同济，汲泉煎茶，与之共酌。于茶醉亭之上，凭吊季疵当年，披阅所著《茶经》，穆然想见其为人。昔人谓其功不稷下，其信然与！迩时余即忻然相订有重刻《茶经》之约，而赀斧难办。厥后予以一官匏系金台，今秋奉命典试江南，复蒙恩旨归籍省觐，得与王子焚香煮茗，共话十余载离绪。王子出平昔考订音韵、正其差讹、亲手楷书茶经一帙示余，欲重刻以广其传，而问序于余。余肃然曰：《茶经》之刻，向来每多脱误，且漶灭不可读，余甚憾之。非吾子好学深思，留心风雅韵事，何能周悉详核至此。亟宜授之梓人，公诸天下，后世岂不使茗饮远胜于酒，而与食并重之，为最切于日用者哉！同人闻之，应无不乐勤盛事，以志不朽者。是为序。

雍正四年岁次丙午仲冬月之既望日

十、民国常乐《重刻陆子茶经序》（民国西塔寺本《茶经》刻序）

邑之胜在西湖，西湖之胜在西塔寺，寺藏菇芦、杨柳、芙蓉中，境邃且幽焉。寺东桑苎庐，陆子旧宅，野竹萧森，莓苔蚀地，幽为尤最也，游者无不憩，憩者无不问《茶经》。经续刻自道光元年附邑志，志无存，经岂得见乎？

予虽缁流，性好书。每载酒从西江逮叟七十七岁源老游，语及《茶经》，叟曰："读书须识字，《尔雅》：'檟，苦荼。'檟即茗，荼音戈奢反，古正字，其作茶者俗也，释文可证也。字改于唐开元时，卫包圣经犹误，况陆子书。'草木并'一语，疑后人窜入，议者

归狱,季疵冤矣。"予心慨然,遂欲有《茶经》之刻。叟曰:"刻必校,经无善本,校奚从?注复不佳,仪鸿堂更謭陋。"予曰:"予校其知者,然窃有说也。佛法广大,予不能无界限;佛空诸相,予不能无鉴别。王刻附诸茶事与诗,松陵唱和,朱存理十二先生题词,与陆子何干?予心必乙之。予传陆子,不传无干于陆子者。予生长西湖,将老于西湖,知陆子而已。"叟曰:"是也。"校成,徧质诸宿老名士,皆以为可。遂石印而传之。

时去道光辛巳已九十九年,岁在己未,仲秋吉日,竟陵西塔寺住持僧常乐序。

十一、明童承叙《陆羽赞》(明嘉靖二十一年柯双华竟陵本《茶经》附《茶经本传》)

余尝过竟陵,憩羽故寺,访雁桥,观茶井,慨然想见其为人。少厌髡缁,笃嗜坟索,本非忘世者。卒乃寄号桑苎,遁踪苕溪,啸歌独行,继以恸哭,其意必有所在,乃比之接舆,岂知羽者哉!至其惟甘茗荈,味辨淄渑,清风雅趣,脍炙古今。张颠之于酒也,昌黎以为有所托而逃,羽亦以为夫!

十二、明童承叙《童内方与廖野论茶经书》(明嘉靖二十一年柯双华竟陵本《茶经》之《茶经外集》附)

十二日承叙再拜言,比归,两柱道从,既多简略,日苦尘务,又缺趋候,愧罪如何。叙潦倒蹇拙,自分与林泽相宜,顷修旧庐、买新畬,日事农圃,已遣人持疏入告矣。天下且多事,惟望公等蚤出,共济时艰耳!不尽,不尽。《茶经》刻良佳,尊序尤典核,叙所校本大都相同,惟唐皮公日休、宋陈公师道俱有序,兹令儿子抄奉,若再刻之于前,亦足重此书也。天下之善政不必己出,叙可以无梓矣。暇日令人持纸来印百余部如何?匆匆不多具。

十三、明汪可立《茶经后序》(明嘉靖二十一年柯双华竟陵本《茶经》)

侍御青阳柯公双华,莅荆西道之三年,化行政洽,乃访先贤遗逸而追崇之。巡行所至郡邑,至景陵之西禅寺,问陆羽《茶经》,时僧真清类写成册以进,属校雠于余。将完,柯公又来命修茶亭。噫!千载嘉会也。按陆羽之生也,其事类后稷之于稼穑,羽之于茶,是皆有相之道存乎我者也。后稷教民稼穑,至周武王有天下,万世赖粒食者,春之祈,秋之报,至今祀不衰矣。夫饮犹食也,陆之烈犹稷也。不千余年遗迹堙灭,其《茶经》仅存诸残编断简中,是不可慨哉!及考诸经,为目凡十,其要则品水土之宜,利器用之备,严采造之法,酌煮饮之节,务聚其精腴致美,以致其隽永焉。其味于茶也,不既深乎?矧乃文字类古拙而实细腻,类质壳而实华腴,盖得之性成者不诬,是可以弗传耶?余闻昔之鬻茶者陶陆羽形,祀之为茶神,是亦祀稷之遗意耳。何今之不尔也?虽然道有显晦,待人而彰,斯理之在人心不死有如此者。柯公《茶经》之问、茶亭之树,岂偶然之故哉?今经既寿诸梓,又得儒先之论,名史之赞,群哲之声诗,汇集而彰厥美焉。要皆好德之彝有不容默默焉者也,予敢自附同志之末云。

嘉靖壬寅冬十月朔,祁邑芝山汪可立书

十四、明吴旦《茶经跋》(明嘉靖二十一年柯双华竟陵本《茶经》)

予闻陆羽著《茶经》旧矣,惜未之见。客景陵,于龙盖寺僧真清处见之,三复披阅,大有益于人。欲刻之而力未逮。乃率同志程子伯容,共寿诸梓,以公于天下,使冀之者无遗憾焉。刻完敬叙数语,纪岁节于末简。

嘉靖壬寅岁一阳节望日，新安县令后学吴旦识。

十五、明张睿卿《茶经跋》（明万历喻政《茶书》著录《茶经跋》）

余尝读东坡《汲江煎茶》诗，爱其得鸿渐风味，再读孙山人太初《夜起煮茶》诗，又爱其得东坡风味。试于二诗三咏之，两腋风生，云霞泉石，磊块胸次矣。要之不越鸿渐《茶经》中。《经》旧刻入《百川学海》。竟陵龙盖寺有茶井在焉，寺僧真清嗜茶，复掇张、欧浮槎等记并唐宋题咏附刻于《经》。但《学海》刻非全本，而竟陵本更烦秽，余故删次雕于埒参轩。时于松风竹月，宴坐行吟，眠云吸花，清谭展卷，兴自不减东坡、太初，奚止"六腑睡神去，数朝诗思清"哉！以茶侣者，当以余言解颐。

西吴张睿卿书

十六、清徐篁《茶经跋》（康熙七年《景陵县志》卷十二《杂录》）

茶何以经乎？曰：闻诸余先子矣。先子于楚产得屈子之骚、陆子之茶、杜陵之诗、周元公之太极。骚也、茶也而经矣，杜诗则史也，太极则图也。古人视图、史犹刺经也。河洛奥府，图也，《尚书》、《春秋》，史也。《太玄》中说："何经之有？"则僭矣。虽然，禽也、宅相也、水也、山海也、六博也，皆经矣。经者，常也，即物命则为后起之不能易耳。夫茶也，茶也，槚也，古无以别，则神农不识其名矣。衣之有木绵也，谷之有占粒也，皆季世耳。茶之减价，自君谟始。抑

茶为南方之嘉木，古中国北地将浆医之饮，无挈瓶专官者耶？陆子，竟陵人，故邑人如鲁孝廉、陈太理、李宗伯皆为之立说。近人锺学使、谭征君曾无所发明，岂亦如皮日休怪其不形于诗乎？陆子岂不能诗？以技掩耳。两先生吾乡笃行君子，而以诗掩其行。诗亦技耳！余因先子有未就读陆子《四悲诗》而谨志焉。

十七、民国新明《茶经跋》（民国西塔寺本《茶经》跋）

《茶经》之刻，今传陆子也，而陆子不待今始传其校字也。人疑师借陆子传也，而师不欲传，亦不知陆子可假借也。其饮使成事也，遣叟也，而遣叟老益落落，亦无所用其传。四大皆空，彩云忽见。因念陆子当日，非僧非俗，亦僧亦俗，无僧相，亦无无僧相，无俗相，亦无无俗相。师于陆子，无处士相，亦无无处士相。遣叟于师，无和尚相，亦无无和尚相。僧于遣叟，无佚老相，亦无无佚老相。如诸菩萨天，镜亦无镜，花亦无花，水亦无水，月亦无月，无一毫思议，无一毫挂碍，何等通明，何等自在。一切僧众，师叔常福，莫不合掌诵曰：善哉！善哉！如是！如是！即茶之经亦当粉碎，虚空杳杳冥冥，而不尽然也。茶之有经，无翼无胫，不飞不走而亦飞亦走，充塞布满阎浮世界。空仍是色，则又不得不染之楷墨以为跋也。

弟子新明沐浴敬跋

中华民国二十二年岁次癸酉，阴历小阳月中浣之吉日

煎茶水记 | 唐 张又新 撰

作者及传世版本

张又新,字孔昭,唐工部侍郎张荐之子,深州陆泽(河北深县)人。元和九年(814)进士第一,官左右补阙等职,先后党附李逢吉、李训,终于左司郎中。《新唐书》卷一七五有本传,《旧唐书》附见卷一四九《张荐传》。

关于书名:叶清臣《述煮茶泉品》篇末称"泉品二十,见张又新《水经》",又《太平广记》卷三九九引此书亦称《水经》,再有北宋刘弇《龙云集》卷二八《策问》中"茶"条有云:"温庭筠、张又新、裴汶之徒,或纂《茶录》,或著《水经》,或述顾渚",则可知张又新《煎茶水记》原来曾经名为《水经》,后来改称今名,大概是为了和郦道元所注的《水经》区别。

关于本书写作时间:书中有"又新刺九江"语,则当在他任九江刺史之后所作(《新唐书》、《旧唐书》中的张又新传皆作"汀州",四库馆臣认为根据《煎茶水记》中自称"刺九江"之语,可以断定为江州,汀州只是形似之误),而其任此职又因坐田伾事,田伾事件发生在宝历三年(827),故此书最早也当写于827年之后。

关于《煎茶水记》的内容:晁公武《郡斋读书志》称:"其所尝水凡二十种,因第其味之优劣。"陈振孙《直斋书录解题》记此书:"本刑部侍郎刘伯刍称水之与茶宜者凡七等。又新复言得李季卿所笔录陆鸿渐《水品》,凡二十。欧公《大明水记》尝辨之,今亦载卷末。"则可知于南宋末年时《煎茶水记》附入的只有欧阳修的《大明水记》。而南宋咸淳(1265—1274)刊百川学海本《煎茶水记》,所附入的则有北宋叶清臣的《述煮茶泉品》及欧阳修《大明水记》、《浮槎山水》共三篇。明人刻《茶经》,多将张又新此文及欧阳修二文附刻其后,称作"水辨"或"茶经水辨"。到清代四库馆臣编修四库全书时,同样附入欧阳修与叶清臣三篇文章。莫有兰《邵亭知见传本书目》说《说郛》本《煎茶水记》不全,其实不是不全,只是把所附叶氏一篇分出当作另一种书。本书宋代部分将叶清臣《述煮茶泉品》、欧阳修《大明水记》、《浮槎山水记》单独作为一书录入,不再将它们附录在本篇之后。

《煎茶水记》在《新唐书》艺文志小说类、《崇文总目》小说类、《郡斋读志》农家类、《直斋书录解题》杂艺类、《通志》艺文略食货类、《宋史》艺文志农家类都有记载,四库全书著录。刊本有:(1)宋咸淳刊百川学海壬集本;(2)明无锡华氏刊百川学海递修壬集本;(3)喻政《茶书》本;(4)宛委山堂说郛本;(5)文房奇书本(作《茶经水辨》

一卷);(6)唐人说荟本;(7)续百川学海本;(8)五朝小说本;(9)涵芬楼说郛本;(10)古今图书集成本;(11)四库全书本;(12)民国陶氏涉园景刊宋百川学海本等多种刊本。此外还有附载在别书中的,不备录。

本书以宋咸淳刊百川学海壬集本为底本。

原 文

故刑部侍郎刘公讳伯刍[1],于又新丈人行[2]也。为学精博,颇有风鉴,称较水之与茶宜者,凡七等:

扬子江南零[3]水第一;

无锡惠山寺石①水[4]第二;

苏州虎丘寺[5]石②水第三;

丹阳县[6]观音寺水第四;

扬州大明寺[7]水第五;

吴松江[8]水第六;

淮水[9]最下,第七。

斯七水,余尝俱瓶于舟中,亲揖而比之,诚如其说也。客有熟于两浙[10]者,言搜访未尽,余尝志之。及刺永嘉[11],过桐庐江[12],至严子濑[13],溪色至清,水味甚冷。家人辈用陈黑坏茶泼之,皆至芳香。又以煎佳茶,不可名其鲜馥也,又愈于扬子南零殊远。及至永嘉,取仙岩瀑布用之,亦不下南零,以是知客之说诚哉信矣。夫显理鉴物,今之人信不迨于古人,盖亦有古人所未知,而今人能知之者。

元和九年春,予初成名[14],与同年[15]生期于荐福寺[16]。余与李德垂先至,憩西厢玄鉴室,会适有楚僧至,置囊有数编书。余偶抽一通览焉,文细密,皆杂记。卷末又一题云《煮茶记》,云代宗朝李季卿刺湖州[17],至维扬[18],逢陆处士鸿渐。李素熟陆名,有倾盖之欢[19],因之赴郡。抵扬子驿,将食,李曰:"陆君善于茶,盖天下闻名矣。况扬子南零水又殊绝。今日③二妙千载一遇,何旷之乎!"命军士谨信者,挈瓶操舟,深④诣南零,陆利器以俟之。俄水至,陆以杓扬其水曰:"江则江矣,非南零者,似临岸之水。"使曰:"某棹(櫂)⑤舟深入,见者累百,敢虚给乎?"陆不言,既而倾诸盆,至半,陆遽止之,又以杓扬之曰:"自此南零者矣。"使蹶然大骇,驰下⑥曰:"某自南零赍至岸,舟荡覆半,惧其鲜,挹岸水增之。处士之鉴,神鉴也,其敢隐焉!"李与宾从数十人皆大骇愕。李因问陆:"既如是,所经历处之水,优劣精可判矣。"陆曰:"楚水第一,晋水最下。"李因命笔,口授而次第之:

庐山康王谷[20]水帘水第一;

无锡县惠山寺石泉水第二;

蕲州兰溪[21]石下水第三;

峡州[22]扇子山下有石突然,泄水独清冷,状如龟形,俗云虾蟆口水,第四;

苏州虎丘寺石泉水第五;

庐山招贤寺下方桥潭水第六;

扬子江南零水第七;

洪州[23]西山西东瀑布水第八;

唐州柏岩县[24]淮水源第九淮水亦佳;

庐州[25]龙池山岭水第十;

丹阳县观音寺水第十一;

扬州大明寺水第十二;

汉江金州[26]上游中零水第十三水苦；

归州玉虚洞下香溪[27]水第十四；

商州武关西洛水[28]第十五未尝泥；

吴松江水第十六；

天台[29]山西南峰千丈瀑布水第十七；

郴州圆泉[30]水第十八；

桐庐严陵滩水第十九；

雪水第二十用雪不可太冷。

"此二十水，余尝试之，非系茶之精粗，过此不之知也。夫茶烹于所产处，无不佳也，盖水土之宜。离其处，水功其半，然善烹洁器，全其功也。"李置诸笥焉，遇有言茶者，即示之。

又新刺九江[31]，有客李滂、门生刘鲁封[32]⑦，言尝见说茶，余醒然思往岁僧室获是书，因尽箧，书在焉。古人云："泻水置瓶中，焉能辨淄渑[33]"，此言必不可判也，万古以为信然，盖不疑矣。岂知天下之理，未可言至。古人研精，固有未尽，强学君子，孜孜不懈，岂止思齐而已哉。此言亦有裨于劝勉，故记之。

注　释

1　刘伯刍(755—816)：字素芝，唐宪宗元和九年(814)任刑部侍郎。

2　丈人行(háng)：对长辈的尊称。

3　南零：或作南泠。江苏镇江西北有金山，其南面有南零泉。又说南零、北零为流入长江镇江北扬子江部分的两股水流。南宋罗泌《路史》卷四七称："今扬子江心有南零、北零之异，则知其入而不合，正不疑也。"

4　无锡：即今江苏无锡。惠山寺：在无锡西五里惠山第一峰白石坞。石泉水：在惠山寺南庑，源出若冰洞。

5　虎丘寺：即今苏州虎丘寺。

6　丹阳县：即今江苏丹阳，县东北三里处有观音山，山上有玉乳泉，观音寺当即在此处。

7　扬州大明寺：即今江苏扬州大明寺。

8　吴松江：即苏州河，出太湖，往东北流经苏州、嘉兴，在上海入黄浦江。

9　淮水：即淮河，发源于河南南部的桐柏山，经安徽、江苏北部入海。

10　两浙：即唐代的浙东、浙西两道。浙江东道辖境在今浙江衢江流域、浦阳江流域以东地区；浙江西道辖境相当于今江苏南部、浙江西部地区。

11　永嘉：郡治，在今浙江温州。据《唐才子传校笺》卷六，张又新为永嘉刺史，在唐文宗开成(836—840)年间，其作《永嘉百咏》，《全唐诗》卷四七九尚存十七首。

12　桐庐江：浙江(钱塘江)的桐庐段。

13　严子濑：在钱塘江桐庐段严子陵钓台下，传为东汉严光(严子陵)垂钓处。

14　成名：获得令名，旧称科举中第为"成名"。《唐才子传校笺》卷六记唐又新元和九年(814)状元及第。

15　同年：此指科举时代同榜考中者。

16　荐福寺：在唐首都长安(今陕西西安)开化坊之南，寺有小雁塔。

17　李季卿：唐玄宗时宰相李适(《旧唐书》称其名为李适之(? —747)之子，《旧唐书》卷九九称代宗(李豫，762—779在位)时，拜吏部侍郎，"兼御史大夫，奉使河南、江淮宣慰"，大历二年(767)卒。湖州：即今浙江湖州。

18　维扬：即今江苏扬州，唐属淮南道。

19　倾盖之欢：指初交相得，一见如故。《史记》卷八三《邹阳传》："谚曰：'有白头如新，倾盖如故。'何则？ 知与不知也。"

20　康王谷：在今江西庐山之中，又称楚
　　王谷。

21　蕲州：在今湖北黄冈市蕲春县，唐时属
　　淮南道。兰溪：在县西四十里，水源出
　　苦竹山，其侧多兰，唐因以此名县。

22　峡州：即今湖北宜昌，唐时属山南（东）
　　道，扇子峡在其西面五十里处，又称明
　　月峡。

23　洪州：即今江西南昌，唐时属江南（西）
　　道，西山即南昌山。

24　唐州：在今河南南阳地区，唐时属山南
　　（东）道。另，唐无柏岩县，且水源在桐
　　柏县，则"柏岩"疑为"桐柏"之误。

25　庐州：即今安徽合肥。

26　汉江：源于陕西，流经湖北，在武汉入
　　长江。金州：旧州名。西魏置，唐代辖
　　境在今陕西石泉以东、旬阳以西的汉
　　水流域一带。今为陕西主要茶叶产
　　地，出产名茶"紫阳毛尖"。

27　归州：即今湖北秭归。香溪：出于湖
　　北兴山，注入长江。

28　商州：即今陕西商州，唐属关内道。

29　天台：即今浙江天台，山在县内，瀑布
　　在县西四十里。

30　郴州：即今湖南郴州。圆泉：在郴州
　　之南十五里处，又叫"除泉"。

31　九江：即今江西九江，唐属江南（西）道
　　之江州。张又新出任刺史，新、旧《唐
　　书》言使汀州，陈振孙《直斋书录解题》
　　言使涪州，四库馆臣则据此书认为是
　　使江州。

32　李滂：据《福建通志》，有福建闽县人李
　　滂，开成三年（838）进士，官大理评事，
　　疑是。刘鲁封：封又作风，《唐诗纪事》
　　卷五八记"又新水记曰，予刺九江，有
　　客李滂、门士刘鲁风"。《唐摭言》卷十
　　曰："刘鲁风江西投谒所知，颇为典谒
　　所阻。因赋一绝曰：万卷书生刘鲁风，
　　烟波千里谒文翁。无钱乞与韩知客，
　　名纸毛生不为通。"

33　淄渑：即淄水、渑水，皆在山东，在淄博
　　汇合。

武关：在商州之东。洛水：出于洛南，
往东南流经河南，在洛阳注入黄河。

校　　勘

① 石：涵芬楼本为"泉"。
② 石：涵芬楼本为"泉"。
③ 曰：底本为"者"，误，据四库本改。
④ 深：喻政茶书本为"亲"。
⑤ 棹（櫂）：底本为"擢"。
⑥ 下：底本作"不"，误，据四库本改。
⑦ 封：喻政茶书本为"风"。

十六汤品 | 唐 苏廙① 撰

作者及传世版本

苏廙，一作苏虞，喻政《茶书》本作者题名言其字元明，事迹无考。

《郑堂读书记》说《十六汤品》"似宋元间人所伪托，断不出于唐人"。但此书已为陶穀的《清异录》所引，而陶穀是五代至宋初人，则此书当写在唐至五代间。万国鼎《茶书总目提要》称此书约撰于公元900年左右。

关于书名，明周履靖夷门广牍本、明喻政《茶书》本题中称"汤品"，正文中行始以"十六汤品"，宛委山堂说郛本、古今图书集成本等则称之为"十六汤品"，涵芬楼说郛《清异录》本称之为"十六汤"，今取"十六汤品"为名。

据陶穀《清异录》中的抄录，《十六汤品》当是苏廙所作《仙芽传》中的第九卷，但《仙芽传》今已不传，《十六汤品》只在陶穀的《清异录·茗荈门》中保存了下来，明人亦有单独以其为一书刻入丛书中者。

刊本：传今有明周履靖夷门广牍本(1597)、明喻政《茶书》本(1612)、宛委山堂说郛本、古今图书集成本、宝颜堂秘笈(《清异录》)本、惜阴轩丛书(《清异录》)本、唐人说荟本、五朝小说本、涵芬楼说郛(《清异录》)本等版本。

本书以夷门广牍本为底本，参校他本。

原　　文

汤品目录

十六汤品

汤者②，茶之司命¹。若名茶而滥汤，则与凡末同调矣③。煎以老嫩言者凡三品，注以缓急言者凡三品，以器④标者共五品，以薪⑤论者共五品。

第一品　得一汤

火绩已储⑥，水性乃尽，如斗中米，如

称上鱼,高低适平,无过不及为度,盖一而不偏杂者也。天得一以清,地得一以宁[2],汤得一可建汤勋。

第二品　婴[7]汤

薪火方交,水釜才炽,急取[8]旋倾,若婴儿之未孩[3],欲责以壮夫之事,难矣哉!

第三品　百寿汤一名白发汤

人过百息,水逾十沸,或以话阻,或以事废,始取用之,汤已失性矣。敢问皤鬓苍颜之大老,还可执弓摇[9]矢以取中乎?还可雄登阔步以迈远乎?

第四品　中汤

亦见乎[10]鼓琴者也,声合中则意妙[11];亦见乎[12]磨墨者也,力合中则矢浓[13]。声有缓急则琴亡,力有缓急则墨丧[14],注汤有缓急则茶败。欲汤之中,臂任其责。

第五品　断脉汤

茶已就膏[4],宜以造化成其形。若手颤臂𦙾[5],惟恐其深,瓶嘴之端,若存若亡[15],汤不顺通,故茶不匀粹。是犹人之百脉[16]气血断续,欲寿奚获?苟[17]恶毙宜逃。

第六品　大壮[6]汤

力士之把针,耕夫之握管,所以不能成功者,伤于粗也。且一瓯之茗,多不二钱,茗[18]盏量合宜,下汤不过六分。万一快泻而深积之,茶安在哉!

第七品　富贵汤

以金银为汤器,惟富贵者具焉。所以策功建汤业,贫贱者有不能遂也。汤器之不可舍金银,犹琴之不可舍桐,墨之不可舍胶。

第八品　秀碧汤

石,凝结天地秀气而赋形者也,琢以为

器,秀犹在焉。其汤不良,未之有也。

第九品　压一[7]汤[19]

贵厌[20]金银,贱恶铜铁,则瓷瓶有足取焉。幽士逸夫,品色尤宜。岂不为瓶中之压一乎?然勿与夸珍衒豪臭公子道。

第十品　缠口汤

猥人俗辈,炼水之器,岂暇深择铜铁铅锡,取热而已。夫是汤也,腥苦且涩,饮之逾时,恶气缠口而不得去。

第十一品　减价汤

无油之瓦[8],渗水而有土气。虽御胯宸缄[9],且将败德销声。谚曰:"茶瓶用瓦,如乘折脚骏登高。"好事者幸志之。

第十二品　法律汤

凡木可以煮汤,不独炭也。惟沃茶之汤,非炭不可。在茶家亦有法律:水忌停,薪忌薰。犯律逾法,汤乖[10],则茶殆矣。

第十三品　一面汤

或柴中之麸[11]火,或焚余之虚炭,本体虽尽而性且浮,性浮则有终嫩之嫌。炭则不然,实汤之友。

第十四品　宵人汤

茶本灵草,触之则败。粪火虽热,恶性未尽。作汤泛茶,减耗[21]香味。

第十五品　贼汤一名贱汤

竹筱[12]树梢,风日干之,燃鼎附瓶,颇甚快意。然体性虚薄,无中和之气,为汤之残贼也。

第十六品　魔汤[22]

调茶在汤之淑慝[13],而汤最恶烟。燃柴一枝,浓烟蔽室,又安有汤耶?苟用此汤[23],又安有茶耶?所以为大魔。

注　释

1　司命：掌握命运之神。

2　天得一以清，地得一以宁：语出《老子》第三十九章。《老子》又说"万物得一以生"，这个"一"是关键、适当的意思。

3　若婴儿之未孩：语出《老子》第二十章。"孩"通"咳"，指婴儿笑。

4　茶已就膏：指已将茶调好成茶膏。

5　鬈（duǒ）：下垂貌。

6　大壮：易卦名，卦象为☰☳，乾下震上，阳刚盛长之象。

7　压一：压倒一切或超过一切，第一。

8　无油之瓦：无油之瓦指未曾上釉的陶器。"油"同"釉"；瓦，指用泥土烧制的器物。

9　御胯宸缄：指帝王的御用之茶。胯是古代茶叶数量单位。茶胯，指饼茶。宸：北极星所在，后借用为帝王所居，又引申为王位、帝王的代称。

10　乖：背离，抵触，不一致。

11　麸：指小麦磨面后剩下的麦皮和碎屑，亦称麸子或麸皮，以之烧火，易燃却不耐燃。

12　篠（xiǎo）：小竹。

13　慝（tè）：坏。

校　勘

① 廙：涵芬楼本作"虞"。

② 底本原作"苏廙《仙芽传》载作汤十六品，以为汤者"。涵芬楼本作"苏虞《仙芽传》第9卷载作汤十六法，以谓汤者"。

③ 末：说荟本为"水"。

④ 器：涵芬楼本作"器类"。

⑤ 薪：涵芬楼本为"薪火"。

⑥ 储：涵芬楼本为"谙"。

⑦ 婴：涵芬楼本为"婴儿"。

⑧ 涵芬楼本作"取茗"。

⑨ 摇：宛委山堂说郛本（简称宛委本）、古今图书集成本（简称集成本）为"抹"，涵芬楼本、唐人说荟本（简称说荟本）为"挟"。

⑩ 乎：宛委本、集成本、说荟本、涵芬楼本为"夫"。

⑪ "声合中则意妙"句，说荟本为"声失中则失妙"。

⑫ 乎：涵芬楼本为"夫"。

⑬ "力合中则矢浓"句，说荟本为"力失中则失浓"。

⑭ "则墨丧，注汤有缓急"数字，今据宛委本等补之。

⑮ 亡：底本、宛委本、说荟本为"忘"，当误，今据茶书本等改。

⑯ 涵芬楼本作"百脉起伏"。

⑰ 苟：集成本为"可"。

⑱ 茗：涵芬楼本为"若"。

⑲ 喻政茶书本于此衍"贵欠金银"四字。

⑳ 厌：底本原作"欠"，误，今据涵芬楼本改。

㉑ 耗：原作"好"，误，今据喻政茶书本等改。

㉒ 魔汤：涵芬楼本为"大魔汤"。

㉓ "苟用此汤"句，今据喻政茶书本等补。

茶酒论^① | 唐 王敷^② 撰

作者及传世版本

《茶酒论》，是发现于敦煌的一篇变文，是用拟人手法表述茶酒争功的俗赋，抄写年代为开宝三年(970)¹。这种茶酒争功的内容，在后世小说和寓言中反复出现，如邓志谟《茶酒争奇》、布郎族的《茶与酒》、藏族的《茶酒仙女》等著述，影响深远。

本文作者王敷，生平事迹不详，仅从文中题名得知是"乡贡进士"²。根据本文内容考析，作者当为中晚唐人，不会早于天宝(742—756)年间³。《茶酒论》现存六件写本：一种前后有撰、抄者题名，称"原卷"，编号为 P2718。其余甲、乙、丙、丁和戊卷，分别为 P3910、P2972、P2875、S5774 和 S406。

本书《茶酒论》转录自王重民(1903—1975)、王庆菽等编《敦煌变文集》，依其校勘体例(如：校字以( )括之，补字以〔 〕括之)，参考黄征、张涌泉《敦煌变文校注》，并略作订正。

原 文

窃见神农曾尝百草，五谷从此得分；轩辕制其衣服，流传教示后人。仓颉致(制)其文字，孔丘阐化儒因。不可从头细说，撮其枢要之陈。暂问茶之与酒，两个谁有功勋？阿谁即合卑小，阿谁即合称尊？今日各须立理，强者光③饰一门。

茶乃出来言曰："诸人莫闹，听说些些。百草之首，万木之花。贵之取蕊，重之摘④芽。呼之茗草，号之作茶。贡五侯宅，奉帝王家。时新献入，一世荣华。自然尊贵，何用论夸！"

酒乃出来："可笑词说！自古至今，茶贱酒贵单(箪)醪投河，三军告醉。君王饮之，叫呼万岁。群臣饮之，赐卿无畏。和死定生，神明歆气。酒食向人，终无恶意。有酒有令，人(仁)义礼智。自合称尊，何劳比类！"

茶为(谓)酒曰："阿你不闻道：浮梁歙州，万国来求；蜀山蒙顶⁴⑤，其(骑)山葛岭；舒城太胡(湖)，买婢买奴；越郡余杭，金帛为囊。素紫天子⁵，人间亦少。商客来求，船车塞绍。据此踪由，阿谁合小⑥？"

酒为(谓)茶曰："阿你不闻⑦道：剂酒

干和⁶，博锦博罗⁷。蒲桃九酝⁸，于身有润。玉酒琼浆〔四二〕，仙人〔四三〕杯觞。菊花竹叶⁹，〔君王交接〕。中山赵母¹⁰，甘甜⑧美苦。一醉三年¹¹，流传今古。礼让乡闾，调和军府¹²。阿你头恼（脑），不须干努¹³。"

茶为（谓）酒曰："我之茗草，万木之心。或白如玉，或似黄金。名⑨僧大德，幽隐禅林。饮之语话，能去昏沉。供养弥勒，奉献观音。千劫万劫，诸佛相钦。酒能破家散宅，广作邪淫。打¹⁴却三盏已后，令人只是罪深。"

酒为（谓）茶曰："三文一瓶¹⁵⑩，何年得富？酒通贵人，公卿所慕。曾遣⑪赵主弹琴，秦王击缶¹⁶。不可把茶请歌，不可为茶交（教）舞。茶吃只是腰疼，多吃令人患肚。一日打却十杯，腹⑫胀又同衙鼓。若也服之三年，养虾蟆得水病报¹⁷。"

茶为（谓）酒曰："我三十成名，束带巾栉¹⁸。蓦海骑⑬江，来朝今室。将到市廛，安排未毕。人来买之，钱财盈溢。言下便得富饶，不在明朝后日。阿你酒能昏乱，吃了多饶啾唧¹⁹。街中罗织平人，脊上少须十七²⁰！"

酒为（谓）茶曰："岂不见古人才子，吟诗尽道：'渴来一盏，能生养命。'又道：'酒是消愁药。'又道：'酒能养贤。'古人糟粕²¹，今乃流传。茶贱三文五碗，酒贱中（盅）半七文。致酒谢坐，礼让周旋，国家

音乐，本为酒泉²²。终朝吃你茶水，敢动些些管弦！"

茶为（谓）酒曰："阿你不见道：男儿十四五，莫与酒家亲。君不见猩猩⑭鸟，为酒丧其身²³。阿你即道：茶吃发病，酒吃养贤。即见道有酒黄酒病，不见道有茶疯茶颠。阿阇世王为酒杀父害母⑮，刘零（伶）为酒一死三年。吃了张眉竖眼，怒斗宣拳²⁴。状上只言粗豪酒醉，不曾有茶醉相言。不免求首（守）杖子·²⁵，本典索钱。大枷搕⑯项，背上抛椽²⁶⑰。便即烧香断酒，念佛求天。终身不吃，望免迍遭²⁷"两个政（正）争人我²⁸，不知水在傍边。

水为（谓）茶、酒曰："阿你两个，何用匆匆！阿谁许你，各拟论功？言词相毁，道西说东。人生四大，地水火风。茶不得水，作何相貌？酒不得水，作甚形容？米曲干吃，损人肠胃；茶片干吃，只粝（粊）破喉咙。万物须水，五谷之宗。上应乾象，下顺吉凶。江河淮济，有我即通。亦能漂荡天地，亦能涸杀鱼龙。尧时九年灾迹，只缘我在其中。感得天下钦奉，万姓依从。由自不说能圣，两个〔何〕⑱用争功？从今已后，切须和同。酒店发富，茶坊不穷。长为兄弟，须得始终。若人读之一本²⁹，永世不害酒颠茶风。"

开宝三年　壬申（庚午）岁正月十四日
知术院弟子阎海真自手书记

注　释

1　文后题记全句为："开宝三年壬申岁正月十四日知术院弟子阎海真自手书记。"年份和干支纪年矛盾，开宝三年干支为"庚午"，"壬申"为开宝五年

(972)。

2 乡贡：唐代取士制度之一。唐代取士，初袭隋制，选仕途径有三：一是出自学馆者，曰生徒；二是由州县选拔者，称乡贡；皆升于有司而进退之；三是由皇帝直接诏用者，名制举。

3 唐初，北方饮茶者还不多。开元年间，泰山灵岩寺大兴禅教，"学禅务于不寐"，但允许喝茶，由是北方城乡饮茶遂风盛起来。至于王敷活动和《茶酒论》的创作年代，最早不会超过天宝年间。因为其文中提到"浮梁、歙州"二地，"浮梁"是天宝元年(742)始从"新昌县"改名而来，前此无"浮梁"之名。

4 蜀山蒙顶：与前后提及的"浮梁歙县"、"舒城太湖"和"越郡余杭"同为唐代著名的茶叶产地。蜀境名山县的蒙山，有五峰，中峰顶上所产的蒙顶茶，被推崇为唐代第一茶。白居易诗曰："琴里知闻唯绿水，茶中故旧是蒙山"。"蜀山"蒋礼鸿《敦煌变文字义通释》释作"霍山县之大蜀山"。徐震堮《敦煌变文集校记补正》，认为是指"宜兴之蜀山"，或"泛指蜀中之山"。从文中上刊四处茶叶产地的音韵和内容对应关系来看，此处"蜀山"，为"泛指蜀中之山"。第一句"浮梁、歙县"和第三句的"舒城、太湖"相对应，分别讲两个邻近的产茶县。第四句"越郡余杭"，历史上无"越郡"之名，余杭旧属杭州和"余杭郡"，前面的"越郡"，和余杭不是并列的两个相邻的茶叶产地，而也和第二句"蜀山"一样，是一种包括余杭郡在内的古代越地的泛指。

5 素紫天子："素紫"，指浅紫色。"素紫天子"，《敦煌变文校注》释作一种"茶叶名"。然而，这只是一种推测，无文献根据。

6 干和：酒名。此处"干"为"干湿"的"干"；"和"乃"调和"之"和"。《敦煌变文校注》引《齐民要术》"作和酒法"，认为"和酒"当即"干和"之类。

7 博锦博罗："博"指交易，此指剂酒、干和二种名酒，可换取锦帛绫罗。

8 蒲桃九酝：酒名。"蒲桃"即葡萄酒；"九酝"，为八月"酎酒"。《西京杂记志》卷一云"汉制，宗庙八月饮酎，用九酝太牢，皇帝侍祠，以正月旦作酒，八月成，名曰酎，一曰九酝，一名醇酎。"所以，古时所谓"宗庙八月饮酎"，此酎酒即"九酝"。

9 菊花竹叶：即菊花酒、竹叶酒。

10 中山赵母：酒名。中山，即古中山国或中山郡地，位于今河北定州一带。中山产酒，晋时起便名闻天下。如晋干宝《搜神记》记述的狄希所造的"千日酒"，一杯饮归，能醉千日。至唐孟郊的诗中，还有"欲慰一时心，莫如千日酒"的赞说。赵母是历史上中山的著名酒师之一。

11 一醉三年：晋张华《博物志》载："时刘玄石于中山酒家酤酒，酒家与千日酒，忘言其节度。归至家当醉，而家人不知，以为死也，权葬之。酒家计千日满，乃忆玄石前来酤酒，醉向醒耳。往视之，云：'玄石亡来三年，已葬'。于是开棺，醉始醒。俗云'玄石饮酒，一醉千日'。"

12 军府：此泛指军队。有人往往将"军府"误作宋地方行政区划府、县和军的名字，进而怀疑《茶酒论》非唐代，可能是五代和宋初的作品。非，此"军府"系指"将帅府署"，即指军队。"礼让乡间，调和军府"，即礼让民众和团结军队之意。

13 干努："努"，指朝某一方向用劲。《敦煌变文校注》释作"白费劲"之意。

14 打：这里作喝、饮、吃之意。"打却三盏"和后面的"打却十杯"，与"吃了多饶啾唧"联起来看，"打"、"吃"混用，显然义也相同。

15 瓨(hóng)：又作"瓨"。《说文》"瓨，似罂，长颈，受十升。读若洪，从瓦工声。"又《集韵·东韵》："胡公切，瓨，陶器"。古代主要用以饮酒。如《齐民要术·种榆白杨》："十五年后，中为车毂及蒲桃瓨。"蒲桃瓨，即盛葡萄酒的"瓨"。又如《敦煌变文集·太子道经》："拨棹乘船过大江，神前倾酒三五瓨。"唐人饮酒主要用"瓯"，即碗。用酒瓨代喻茶碗，乃贬茶贱之意。

16 赵主弹琴，秦王击缶：是中国史籍中记述较多的一则有关蔺相如的故事，"弹琴"一作"鼓瑟"。称秦王与赵王会于渑池，酒酣，秦王请赵王鼓瑟，赵王鼓之；蔺相如请秦王击缶，秦王不肯。相如曰："五步之内臣请得以颈血溅大王。"左右欲刃相如，相如叱之，左右皆靡，秦王不怿，为一击缶。旧一般将"缶"释作日常所用的陶器或瓦罐。缶，《旧唐书·音乐志》称是"古西戎之乐，秦俗应而用之，其形似覆盆"，是秦人普遍喜好的一种乐器。

17 养虾蟆得水病报：俗话。如《金瓶梅》十八回就提到："我想起来为甚么，养虾蟆得水蛊儿病，如今倒教人恼我。""水蛊儿病"即水病；此喻长年喝茶，肚子里会长怪虫。即过去怪异志小说所载的"斛茗瘕"或"斛二瘕"的传说。参见本书《茗史》和《品茶要录补》等记述。

18 束带巾栉：意为穿带仕宦的服饰，指入仕。

19 啾唧：大声吵闹貌。《敦煌变文校注》引敦煌变文王梵志诗句："丑妇来恶骂，啾唧搦头灰。"

20 十七：当和《庄子·达生》"累丸二而不坠，则失者锱铢，累三而不坠，则失者十一"；《淮南子·人间》胡人入塞，"丁壮者引弦而战，近塞之人死者十九"所说的"十一"、"十九"一样，系指数字十分之七。但酒醉后所说"脊上少须十七"，不知何解。

21 糟粕：此意为法则、传统。如变文《儿郎伟》句："驱傩古人糟粕，递代相传。"

22 酒泉：本为地名，此指作酒。《汉书·地理志》"酒泉郡"下，颜注："旧俗传云，城下有金泉，泉味如酒。"

23 猩猩"为酒丧其身"：故事出之《蜀志》。《太平御览》卷九〇八引《蜀志》云："封溪县(后汉置，梁陈省，在今越南)，有兽曰猩猩……人知以酒取之。猩猩觉，初暂尝之，得其味，甘而饮之，终见羁缨也。"

24 宣拳："宣"同"揎"，这里作显露义。"宣拳"，即亮出拳头。

25 杖子："杖"为古代五刑(死、流、徒、杖、笞)行杖的刑具。《隋书·刑法志》："杖皆用生荆，长六尺。有大杖、法杖、小杖三等。"杖子，指行刑的衙役或狱卒。

26 橡：此处作搕在颈子上的长枷的枷梢，以其形长如橡而名。"抛橡"，即"拖橡"，后魏时大的枷，长达一丈三尺，"喉下长一丈，通颊木各方五寸"。

27 迍邅：处境艰难。韩愈《与汝州卢郎中论荐侯喜状》："适遇其人自有家事，迍邅坎坷。"

28 人我：蒋礼鸿《敦煌变文字义通释》释作"同彼我，是己非人，较量争胜的意思"。

29 一本：同一根源。《孟子·滕文公》上："且天之生物也，使之一本"；这里引申为原故、道理。

校　勘

① 《敦煌变文集》依原卷作"《茶酒论》一卷并序"。
② 《敦煌变文集》依原卷作"乡贡进士王敷撰"，变

文校注已改"敦"为"敷"。

③ 光：《敦煌变文集》据原卷录作"先"，今从《敦

煌变文校注》。

④ 摘:《敦煌变文集》原录作"摘",据《敦煌变文校注》改。

⑤ 蜀山蒙顶:《敦煌变文集》原录作"蜀川流顶",据《敦煌变文校注》改。

⑥ 小:《敦煌变文集》原录作"少",据《敦煌变文校注》改。

⑦ 闻:《敦煌变文集》录作"问",据其校记改。

⑧ 甘甜:"甜",《敦煌变文集》依原卷作"甜",据《敦煌变文校注》改。

⑨ 名:《敦煌变文集》录原卷作"明",校作"名",从其校。

⑩ 寇:《敦煌变文集》录原卷作"冗",校作"寇",今从其校。

⑪ 道:《敦煌变文集》据原卷录作"道",据《敦煌变文校注》改。

⑫ 腹:《敦煌变文集》原录作"肠",据《敦煌变文校注》改。

⑬ 骑:《敦煌变文集》作"其",据《敦煌变文校注》改。

⑭ 猩猩:《敦煌变文集》原录作"生生",据《敦煌变文校注》改。

⑮ 杀父害母:"杀",《敦煌变文集》原录作"煞",据《敦煌变文校注》改。

⑯ 搕:《敦煌变文集》原录作"槛",据《敦煌变文校注》改。

⑰ 橡:据《敦煌变文集》校改。

⑱ 何:据《敦煌变文集》校补。

辑佚

顾渚山记 | 唐 陆羽 撰

作者及传世版本

陆羽生平,见本书《茶经》。《顾渚山记》的记载,初见于皮日休《茶中杂咏·序》:"余始得季疵书(指《茶经》),以为备矣。后又获其《顾渚山记》二篇,其中多茶事。"由此可知,本文是陆羽隐居苕溪时,继《茶经》之后,撰写的另一本书,内容应为顾渚山风土志,其中多言茶事。

最早引录《顾渚山记》的,是南宋绍兴六年(1136)曾慥所辑的《茶录》。最早记载的书目和题记,是南宋晁公武《郡斋读书志》和陈振孙《直斋书录解题》。《顾渚山记》在曾慥《茶录》中,书作《顾渚山茶记》;明黄履道《茶苑》,更误作《顾渚山茶谱》)。

这种同书异名的情况,造成了许多混淆,纠缠不清。有人以为陆羽的著作,除了《茶经》、《顾渚山记》之外,还有一本《茶记》。其实,《湖州府志·艺文略》记陆羽著作《顾渚山记》,便清楚列明:"一卷,佚。《宋史·艺文志》,一作《茶记》。"

本书辑存的《顾渚山记》,内容和《茶经·七之事》相类,记载的多为茶事、茶史,许多都是陆羽从他书抄录而来。

原　文

报春鸟

《顾渚山茶记》：山中有鸟，每至正月二月，鸣云："春起也"。至三四月，云："春去也"。采茶者呼为报春鸟①。《类说》卷十三

获神茗②

《神异记》曰："余姚人虞茫③，入山采茗，遇一道士，牵三百青羊④，饮瀑布水。曰：'吾丹邱子也。闻子善茗饮，常思惠。山中有大茗，可以相给。祈子他日有瓯牺⑤之余，必相遗也⑥。'因立茶祠⑦。后常与人往山，获大茗焉。"《太平广记》卷四一二引《顾渚山记》

飨茗获报

刘敬叔《异苑》曰："剡县陈婺⑧妻……从是祷酹⑨愈至。"《太平广记》卷四一二引《顾渚山记》[1]

绿蛇

顾渚山赪石洞，有绿色蛇。长三尺余，大类小指，好栖树杪，视之若鞶带，缠于柯叶间，无螫毒，见人则空中飞。《太平广记》卷四五六引《顾渚山记》

《顾渚山记》："豫章王子尚⑩，访昙济道人于八公山[2]。道人设茗，子尚味之云：'此甘露也'，何言茶茗。"⑪嘉庆《全唐文》附《唐文拾遗》卷二三

注　释

1　此处删节，见唐代陆羽《茶经·七之事》。

2　八公山：在今安徽寿县西北。

校　勘

① 辑佚资料，有的作录时有错漏，有的辑者有删改，故不同书籍、同一书籍不同版本，往往文字不仅有详略差异，甚至有的内容也有所差别。如本条内容，明嘉靖谈恺刻《太平广记》，就作："顾渚山中有鸟，如鸲鹆而小，苍黄色。每至正月二月，作声云：'春起也'；至三月四月，作声云：'春去也'。采茶人呼为报春鸟。"因现无原书可对，本书在不损原意前提下，不作个别字的衍增脱阙逐一细校，仅就错字、异体字略加订注。

② "获神茗"及下辑"飨茗获报"以及"绿蛇"三条，均辑自谈刻《太平广记》。前两条陆羽《茶经·七之事》均引之，《茶经》和《顾渚山记》是陆羽在差不多时间所撰写的二本书，这两条内容何

以作重，殊有可疑。如此录不是《茶经》之误，确实辑自《顾渚山记》，可推断《顾渚山记》在北宋太平兴国年间还有存本。

③ 虞茫："茫"字，陆羽《茶经》、《太平御览》等作"洪"字。

④ 三百：陆羽《茶经》、《太平御览》等"三百"作"三"。青羊：陆羽《茶经》作"青牛"；《太平御览》两引是句，一作"青羊"，一作"青牛"。

⑤ 瓯牺："牺"字，瓢勺之义。《太平御览》、《太平寰宇记》形讹作"蚁"。

⑥ 必相遗："必"字，陆羽《茶经》作"乞"；《太平御览》等作"不"，疑误。

⑦ 茶祀："茶"字，陆羽《茶经》、《太平寰宇记》等作"奠"。

⑧ 陈娶:"娶"字,陆羽《茶经》作"务(務)",《太平
御览》作"矜",疑是"务(務)"之形误。

⑨ 祷酹:"酹"字,陆羽《茶经》作"馈"。

⑩ 豫章王子尚:陆羽《茶经》在"豫章王"之前,还
多"新安王子鸾"五字。

⑪ 《太平御览》作"何言茶茗"。

辑佚
水品 | 唐 陆羽 撰

作者及传世版本

陆羽生平,详见《茶经》。

陆羽有《水品》一书,见同治《湖州府志》卷五十六《艺文略》,有注:"佚。《云麓漫钞》:陆羽别天下水味,各立名品,有石刻行世。"《云麓漫钞》卷十说陆羽能辨天下水味,并未标明有《水品》一书。因此,有学者以为,所谓"各立名品,有石刻行于世",其实是张又新《煎茶水记》中所列陆羽品评的二十种水。

然而,《湖州府志》卷十九《舆地略山(上)》有这样一段文字:"金盖山,在府城南十五里,何山南峰,势盘旋宛同华盖,故名。谚云:'金盖戴帽,要雨就到。'农家以此为验。唐陆羽《水品》:'金盖故多云气。'"可证在湖州地方流传过陆羽《水品》一书,可惜现仅存佚文一句。

原 文

唐陆羽《水品》:金盖故多云气。同治《湖州府志》卷十九舆地略山上:金盖山,在府城南十五里,何山南峰,势盘旋宛同华盖故名。谚云:"金盖戴帽,要雨就到。"农家以此为验。

辑佚

茶述 | 唐 裴汶 撰

作者及传世版本

裴汶,或作斐汶,误。

裴汶,唐宪宗时代人,据《册府元龟》元和元年(806)四月时任礼部员外郎。郁贤皓《唐刺史考》卷一四〇《江南东道一湖州》:"《新表一上》南来吴裴氏:'汶,湖州刺史。'《吴兴志》:'裴汶,元和六年自澧州刺史授;八年十一月除常州刺史。'〔1〕"

古时茶坊间奉陆羽为茶神,常将卢仝、裴汶配享两侧。

《茶述》:据北宋刘弇《龙云集》卷二八《策问》中第十八条"茶":"然犹陆羽著经,毛文锡缀谱,温庭筠、张又新、裴汶之徒,或纂茶录、或制水经、或述顾渚,至相踵于世",则知《茶述》是有关顾渚茶的。所以本书当写于裴汶湖州刺史任上,在元和六年至八年(811—813)之间。

原书已佚,本书据南宋谢维新《古今合璧事类备要》外集卷四二、清代陆廷灿《续茶经》卷上所引辑存。从内容看,仅是此书的引言部分。

原 文

茶,起于东晋,盛于今朝。其性精清,其味浩洁,其用涤烦,其功致和。参百品而不混,越众饮而独高。烹之鼎水,和以虎形,过此皆不得①。千②人服之,永永不厌。与粗食争衡③,得之则安,不得则病。彼芝尤、黄精,徒云上药,至④效在数十年后,且多禁忌,非此伦也。或曰,多饮令人体虚病风。余曰,不然。夫物能祛邪,必能辅正,安有蠲逐丛病,而靡保太和哉。今宇内为土贡实众,而顾渚¹、蕲阳²、蒙山³为上,其次则寿阳⁴、义兴⁵、碧涧⁶、滬湖⁷、衡山⁸,最下有鄱阳⁹、浮梁¹⁰。今其精者无以尚焉,得其粗者,则下里兆庶,瓶盎⑤纷揉。苟未得⑥,则胃府病生矣。人嗜之如此者,两⑦晋已前无闻焉。至精之味或遗也。作茶述。

---

〔1〕 此见《嘉泰吴兴志》卷一四《郡守题名》。

注　释

1　顾渚：即今浙江长兴水口乡顾渚村，《唐国史补·叙诸茶品目》："湖州有顾渚之紫笋。"

2　蕲阳：在今湖北蕲春，《唐国史补》："蕲州有蕲门团黄。"

3　蒙山：在今四川名山，《唐国史补》："剑南有蒙顶石花……号为第一。"

4　寿阳：在今安徽寿县，《唐国史补》："寿州有霍山之黄牙。"

5　义兴：即今江苏宜兴，《唐国史补》："常州有义兴之紫笋。"

6　碧涧：在硖州，一名峡州（今湖北宜昌），所产碧涧明月等茶为唐时贡茶之一，《唐国史补》："峡州有碧涧明月。"

7　漍湖：在今湖南岳州，又名翁湖或瀚湖。《唐国史补》："岳州有漍湖之含膏。"

8　衡山：在今湖南衡山。《唐国史补》："湖南有衡山。"

9　鄱阳：即今江西波阳。

10　浮梁：即今江西景德镇浮梁，为唐代重要的茶叶贸易集散地，白居易《琵琶行》有"前日浮梁买茶去"诗句。

校　勘

① 过此皆不得：《续茶经》引无此句。
② 千：《续茶经》引作"人"。
③ 《续茶经》引无此句。
④ 与粗食争衡至：《续茶经》引作"致"。
⑤ 瓶盏：《续茶经》引作"瓯碗"。
⑥ 苟：《续茶经》引作"顷刻"。
⑦ 两：《续茶经》引作"西"。

采茶录 | 唐 温庭筠 撰

作者及传世版本

温庭筠(约812—870),本名歧,字飞卿,太原人[1]。长于诗赋,和李商隐齐名,号称"温李"[2]。史称其"著述颇多,而诗赋韵格清拔,文士称之"。但却因"士行尘杂,不修边幅"而致累年不第。依徐商为巡官,后贬至隋城尉。事迹见《旧唐书》卷一九〇下《文苑传》中本传,《新唐书》卷九一附见《温大雅传》。

万国鼎先生称此书约撰成于公元860年前后。

《新唐书》艺文志小说类,《崇文总目》小说类,《宋史》艺文志农家类,《玉海》都著录此书,称其一卷;而《通志》艺文略食货类、《通雅》、《说略》、《续茶经》等书则称其三卷。万国鼎先生称"嗣后即不见记载,大抵佚失于北宋时"。宛委山堂说郛和古今图集成虽录有,但仅存辨、嗜、易、苦、致五类六则,另清陆廷灿《续茶经》所引亦与此大致相同。本书据宋程大昌《演繁露》所引又辑出一条佚文。

本书以宛委山堂说郛为底本,参校古今图书集成本及《续茶经》引文。另文渊阁四库全书本《说郛》本《采茶录》文字也有不同,亦参校之。

原　　文

辨[1]

代宗朝李季卿刺湖州,至维扬,逢陆鸿渐。抵扬子驿,将食,李曰:"陆君别茶闻,扬子南濡水又殊绝,今者二妙千载一遇。"命军士谨慎者深入南濡,陆利器以俟。俄而水至,陆以杓扬水曰:"江则江矣,非南

---

〔1〕 此据《旧唐书》,《新唐书》说他的先世彦博是祁人。《山西通志》题庭筠是太谷人,未知孰是。按太原、太谷及祁三县都属旧太原府。

〔2〕《东观奏记》卷下:"敕乡贡进士温庭筠:早随计吏,夙著雄名。徒负不羁之才,罕有适时之用。放骚人于湘浦,移贾谊于长沙,尚有前席之期,未爽抽毫之思。可隋州隋县尉。舍人裴坦之词也。廷筠字飞卿,彦博之裔孙也。词赋诗篇冠绝一时,与李商隐齐名,时号'温李'。连举进士竟不中第,至是谪为九品吏。进士纪唐天叹廷筠之冤,赠之诗曰:'凤凰诏下虽求命,鹦鹉才高却累身',人多讽诵上明主也,而廷筠反以才废。"

濡,似临岸者。"使者曰:"某棹舟深入,见者累百,敢有绐乎?"陆不言,既而倾诸盆,至半,陆遽止之,又以杓扬之曰:"自此南濡者矣。"使者蹶然驰^①白:"某自南濡赍至岸,舟荡,覆过半,惧其鲜,挹岸水增之。处士之鉴,神鉴也,某其敢隐焉!"

李约²,〔字存博〕^②,汧公子也。一生不近粉黛,〔雅度简远,有山林之致〕^③。性辨茶,〔能自煎〕^④,尝〔谓人〕^⑤曰:"茶须缓火炙,活火煎,活火谓炭之有焰者。当使汤无妄沸,庶可养茶。始则鱼目散布,微微有声;中则四边泉涌,累累连珠;终则腾波鼓浪,水气全消,谓之老汤。三沸之法,非活火不能成也。"〔客至不限瓯数,竟日爇³火,执持茶器弗倦。曾奉使行至陕州硖石县⁴东,爱其渠水清流,旬日忘发〕^⑥。

嗜⁵

甫里先生陆龟蒙⁶,嗜茶荈。置小园于顾渚⁷山下,岁入茶租,薄为瓯蚁(蟻)^{8⑦}之费。自为《品第书》一篇,继《茶经》、《茶诀》⁹之后。

易

白乐天¹⁰方斋,禹锡¹¹正病酒,禹锡乃馈菊苗、虀、芦菔、鮓¹²,换取乐天六班茶¹³二囊,以自醒酒。

苦

王蒙¹⁴好茶,人至辄饮之,士大夫甚以为苦,每欲候蒙,必云:"今日有水厄。"

致

刘琨与弟群书:"吾体中愦闷,常仰真茶,汝可信致之。"

附:新辑之文

《天台记》:"丹丘出大茶,服之生羽翼"。《演繁露》续集卷四"案温庭筠《采茶录》"之语

注　释

1　辨:以下二则,分别参见张又新《煎茶水记》、陆廷灿《续茶经》卷下"七之事"。

2　李约:字存博。初佐浙西幕,唐宪宗元和中任兵部员外郎。父李勉,封汧国公。《唐才子传》卷六称其"嗜茶,与陆羽、张又新论水品特详"。

3　爇(ruò):点燃,用火烧。

4　陕州:治所在陕县(今河南三门峡市西旧陕县)。硖石县:治所为硖石坞,即今河南陕县东南硖石镇。

5　嗜:此条内容又可参见陆龟蒙之《甫里先生传》(《全唐文》卷八〇一)。

6　陆龟蒙:字鲁望(?—约881),长洲(今江苏吴县)人,曾任苏州、湖州二郡从事,后隐居松江甫里,自号甫里先生

等,唐僖宗(李儇,873—888在位)中和初年病逝。

7　顾渚:在今浙江长兴县西。

8　瓯蚁:附着在瓯盏中的茶沫,即以指茶。

9　《茶诀》:唐代释皎然所作,约成书于760年,今已佚。

10　白乐天:白居易(772—846),字乐天,郑州新郑(今河南新郑)人。唐代贞元中进士,官至刑部尚书。

11　刘禹锡(772—842):字梦得,洛阳人,唐贞元中进士,官至检校礼部尚书兼太子宾客。

12　芦菔:即萝卜,又称"莱菔"。

13　六班茶:唐代茶名。

14 王蒙：字仲祖，太原晋阳(今太原西南) 人。东晋时王专辟为掾，出补长山令， 徙中书郎，简文帝(司马昱，371—372 在位)时为司徒左长史。

校　　勘

① 驰：四库本为"骇"。
② 字存博：据《续茶经》补。
③ 雅度简远，有山林之致：据《续茶经》补。
④ 能自煎：据《续茶经》补。

⑤ 谓人：据《续茶经》补。
⑥ 客至不限瓯数……旬日忘发：据《续茶经》本补。
⑦ 蚁(蟻)：底本、四库本为"牺(犧)"，今据《古今事文类聚》续集卷十二改。

辑佚

茶谱 | 五代蜀　毛文锡　撰

作者及传世版本

毛文锡，字平圭，高阳(今河北高阳县)人，唐进士，在蜀做翰林学士，官至司徒。蜀亡，降后唐。后又事后蜀，以小诗为蜀主所赏，尤工艳语。《十国春秋》卷四一有传。有些版本将"毛"写作"王"，误。明朱祐宾《茶谱》误将顾元庆《茶谱》系名于"伪蜀无文锡"名下，且有注云："按文锡姓'无'，见《姓谱》，俗作'毛'。"

《茶谱》在《崇文总目》小说类、《直斋书录解题》杂艺类、《郡斋读书志》农家类、《通志》艺文略食货类、《文献通考》、《宋史》艺文志等都有记载。熊蕃《宣和北苑贡茶录》也说"伪蜀词臣毛文锡作《茶谱》"。晁公武说其内容为"记茶故事，其后附以唐人诗文"。

关于本书的成书时间，今人陈尚君考

证推测当不早于唐僖宗末年，以成于唐昭宗时的可能性为最大。

原书今已佚。万国鼎《茶书总目提要》等书目都言及清王谟《汉唐地理书钞》中有辑存。但笔者在中国国家图书馆等所藏清版《汉唐地理书钞》中并未检索到《茶谱》一书，未详究竟，有待进一步搜寻。

本书系从北宋乐史《太平寰宇记》、北宋吴淑《事类赋注》、北宋熊蕃《宣和北苑贡茶录》以及南宋陈景沂《全芳备祖后集》等书中辑出。现存唐虞世南《北堂书钞》中虽有引用，但毛文锡《茶谱》显然远在虞书之后成书，现存《北堂书钞》引录《茶谱》部分为明人所续补，且其所引内容前述书中皆有，故不引录。

陈祖槼、朱自振《中国茶叶历史资料选

辑》及陈尚君《毛文锡〈茶谱〉辑考》分别辑存《茶谱》三十二则和四十一则。本书在辑录文献典籍的同时，并参考、综合考证陈、朱选辑及陈文。此外，因为古人引用书目，常不引全原文，故而有同一内容在不同书中引录时出现文字不同的情况，本书一般皆予存录，而在后出现之条目下出校勘予以说明。

原　文

〔荆州〕当阳县有溪山①仙人掌茶，李白有诗。《事类赋注》卷一七按：《太平寰宇记》卷八三引《茶谱》云："绵州龙安县生松岭关者，与荆州同。"

峡州¹：碧涧、明月。《全芳备祖后集》卷二八

有小江园、明月簝、碧涧簝、茱萸簝²之名②。《事类赋注》卷一七按：后条不云产地。与前条互参，应为峡州事。

涪州出三般茶³，宾化最上⁴，制于早春；其次白马⁵；最下涪陵。《事类赋注》卷一七按：以上山南东道三州。

〔渠州〕渠江薄片，一斤八十枚。《事类赋注》卷一七按：以上山南西道一州。

扬州禅智寺⁶，隋之故宫，寺枕蜀冈⁷，有茶园，其味甘香，如蒙顶也。《事类赋注》卷一七、《苕溪渔隐丛语后集》卷一一后三句作"其茶甘香，味如蒙顶焉"。按：《太平寰宇记》卷一二三扬州江都县蜀冈条下引《图经》云："今枕禅智寺，即隋之故宫。冈有茶园，其茶甘香，味如蒙顶。"（《图经》殆即据《茶谱》）

寿州：霍山黄芽。《全芳备祖后集》卷二八

舒州。按：《太平寰宇记》卷九三引《茶谱》云："杭州临安、于潜二县生天目山者，与舒州同。"知《茶谱》叙及舒州。同书卷一二五云舒州贡开火茶，又云多智山，"其山有茶及蜡，每年民得采掇为贡"。或即据《茶谱》。以上淮南道三州。

常州：义兴紫笋、阳羡春。《全芳备祖后集》卷二八

义兴有湒湖之含膏⁸。《事类赋注》卷一七

〔苏州〕长洲县生洞庭山者，与金州、蕲州、梁州味同。《太平寰宇记》卷九一引《茶说》按：宋初以前未闻有《茶说》其书，疑即《茶谱》之误。姑附存之。

湖州长兴县啄木岭金沙泉⁹，即每岁造茶之所也。湖、常二郡接界于此。厥土有境会亭。每茶节，二牧皆至焉。斯泉也，处沙之中，居常无水。将造茶，太守具仪注拜敕祭泉，顷之，发源，其夕清溢。造供御者毕，水即微减，供堂者毕，水已半之。太守造毕，即涸矣。太守或还旆稽期，则示风雷之变，或见鸳兽、毒蛇、木魅焉。《事类赋注》卷一七

顾渚紫笋《全芳备祖后集》卷二八按：《嘉泰吴兴志》卷二○引毛文锡《记》，述金沙泉事，较前条稍简，殆即据《茶谱》。"顷之"句，作"顷之，泉源发渚溢"。

杭州临安、于潜二县生天目山者，与舒州同。《太平寰宇记》卷九三

睦州之鸠坑极妙¹⁰。《事类赋注》卷一七，"睦"原作"穆"，据《全芳备祖后集》卷二八改按：《太平寰宇记》卷九五称睦州贡鸠坑团茶。

婺州¹¹有举岩茶③，斤片方细，所出虽少，味极甘芳，煎如碧乳也。《事类赋注》卷一七。《续茶经》卷下之四引《潜确类书》引《茶谱》，"斤片"作"片片"，"煎如碧乳也"作"煎之如碧玉之乳也"。

福州[12]柏岩极佳。《事类赋注》卷一七

〔福州〕腊面。《宣和北苑贡茶录》

福州：方山露芽。《全芳备祖后集》卷二八按：《太平寰宇记》卷一〇一引《茶经》云："建州方山[13]之芽及紫笋，片大极硬，须汤浸之，方可碾。极治头疾，江东[14]人多味之。"按方山在闽侯县，不属建州。又《茶经》中无此段，疑出自《茶谱》。

建州北苑先春龙焙。洪州[15]西山白露。双井白芽、鹤岭。安吉州[16]顾渚紫笋。常州义兴紫笋、阳羡春。池阳[17]凤岭。睦州鸠坑。宣州阳坡。南剑④蒙顶石花、露铵芽、铵芽。南康[18]云居。峡州碧涧明月。东川兽目[19]。福州方山露芽。寿州霍山黄芽。《全芳备祖后集》卷二八

建有紫笋。《宣和北苑贡茶录》

蒙顶石花、露铵芽、铵芽。《全芳备祖后集》卷二八云此为南剑州所产。南剑州为五代闽时析建、福两州所设，姑存此。按：《太平寰宇记》卷一〇〇云，南剑州"茶有六般：白乳、金字、腊面、骨子、山梃、银子"。以上江南东道八州。

宣州宣城县有茶山，其东为朝日所烛，号曰阳坡，其茶最胜，形如小方饼，横铺茗芽其上。太守常荐之京洛，题曰阳坡茶。杜牧[20]《茶山诗》云："山实东吴秀，茶称瑞草魁。"《全芳备祖后集》卷二八

宣城县有丫山[21]小方饼，横铺茗牙装面，其山东为朝日所烛，号曰阳坡，其茶最胜。太守尝荐于京洛人士，题曰：丫山阳坡横纹茶。《事类赋注》卷一七按：以上二则引录不同，故并录之。

歙州[22]牛栎岭者尤好。《事类赋注》卷一七

〔池州〕池阳：凤岭。《全芳备祖后集》卷二八

洪州西山白露及鹤岭茶极妙⑤。《事类赋注》卷一七

洪州：西山白露、双井白芽、鹤岭。《全芳备祖后集》卷二七按：以上二则引录不同，故并录之。

鄂州之东山、蒲圻、唐年县[23]，皆产茶，黑色如韭叶⑥，极软，治头疼。《太平寰宇记》卷一一二

〔虔州〕南康：云居。《全芳备祖后集》卷二八

袁州[24]之界桥，其名甚著，不若湖州之研膏、紫笋[25]，烹之有绿脚垂下。《事类赋注》卷一七、《全芳备祖后集》卷二八、《续茶经》卷下之四引《潜确类书》。

〔潭州〕长沙[26]之石楠[27]⑦，其树如棠棣，采其芽谓之茶。湘人以四月摘杨桐草⑧，捣其汁拌米而蒸，犹蒸糜之类，必啜此茶，乃其风也。尤宜暑月饮之。潭、邵[28]之间有渠江，中有茶，而多毒蛇猛兽。乡人每年采撷不过十六、七斤。其色如铁，而芳香异常，烹之无滓也。《太平寰宇记》卷一一四

〔潭州〕长沙之石楠，采芽为茶，湘人以四月四日摘杨桐草，捣其汁拌米而蒸，犹糕糜之类，必啜此茶，乃去风也。尤宜暑月饮之。《事类赋注》卷一七

衡州之衡山[29]，封州之西乡，茶研膏为之，皆片团如月。《事类赋注》卷一七、《增广笺注简齐诗集》卷八《陪诸公登南楼啜新茶家弟出建除体诗诗公既和余因次韵》注、《续茶经》卷上之一按：以上江南西道九州。

彭州有蒲村、堋口、灌口[30]，其园名仙崖、石花等，其茶饼小而市⑨，嫩芽如六出花者，尤妙。《太平寰宇记》卷七三、《事类赋注》卷一七、《续茶经》卷上之一所引稍简。

玉垒关外宝唐山[31]，有茶树产于悬崖，笋长三寸、五寸，方有⑩一叶两叶。《事类赋

注》卷一七按：玉垒关在彭州导江县。

蜀州晋原、洞口、横源、味江、青城[32]，其横源雀舌、鸟嘴、麦颗[33]，盖取其嫩芽所造，以其芽似之也。又有片甲者，即是早春黄芽，其叶相抱如片甲也。蝉翼者，其叶嫩薄如蝉翼也。皆散茶之最上也。《太平寰宇记》卷七五。"晋原"原作"晋源"，据《新唐书·地理志六》改。《事类赋注》卷一七所引稍简，"芽"皆作"芽"，"相抱"作"相把"。

眉州洪雅、丹棱、昌阖，亦制饼茶，法如蒙顶。《事类赋注》卷一七，"棱"原作"陵"，据《新唐书·地理志六》改。

眉州洪雅、昌阖、丹棱[34]，其茶如蒙顶制饼茶法[35]。其散者叶大而黄，味颇甘苦，亦片甲、蝉翼[36]之次也。《太平寰宇记》卷七四引《茶经》，然《茶经》无此条，参上条及前蜀州条，断其必出《茶谱》。

邛州之临邛、临溪、思安、火井[37]，有早春、火前、火后、嫩绿等上中下茶[⑪]。《事类赋注》卷一七

临、邛数邑[38]，茶有火前、火后、嫩叶、黄芽号。又有火番饼，每饼重四十两，入西番[39]，党项[40]重之。如中国名山者[41]，其味甘苦。《太平寰宇记》卷七五引《茶经》，《茶经》无此条，参上条，知必出《茶谱》。

蜀之雅州有蒙山，山有五顶，顶有茶园，其中顶曰上清峰。昔有僧病冷且久。尝遇一老父，谓曰："蒙之中顶茶，尝以春分之先后，多构人力，俟雷之发声，并手采摘，三日而止。若获一两，以本处水煎服，即能祛宿疾；二两，当眼前[⑫]无疾；三两，固以换骨；四两，即为地仙矣。"是僧因之中顶筑室以候，及期获一两余，服未竟而病瘥。时到城市，人见其容貌，常若年三十余，眉发绿

色，其后入青城访道，不知所终。今四顶茶园，采摘不废。惟中顶草木繁密，云雾蔽亏，鸷兽时出，人迹稀到矣。今蒙顶有露铙芽、铙芽[42]，皆云火前，言造于禁火之前也。《事类赋注》卷一七，又见《本草纲目》卷三二，末多"近岁稍贵此品，制作亦精于他处"数句，疑非《茶谱》语。蒙山有压膏露芽、不压膏露芽、并冬芽[43]，言隆冬甲坼也。《事类赋注》卷一七

蒙顶有研膏茶，作片进之。亦作紫笋。《事类赋注》卷一七、《增广笺注简齐诗集》卷八《陪诸公登南楼啜新茶家弟出建除体诗诸公既和余因次韵》注所引较简。

雅州百丈、名山[44]二者[⑬]尤佳。《太平寰宇记》卷七七

山有五岭，有茶园，中岭曰上清峰，所谓蒙岭茶也。《太平寰宇记》卷七十七

〔梓州〕东川：兽目。《全芳备后集》卷二八

〔绵州〕龙安有骑火茶[45]，最上，言不在火前、不在火后作也。清明改火，故曰火。《事类赋注》卷一七、《续茶经》卷上之三引《茶谱续补》，"最上"作"最为上品"，下多"骑火者"三字。

绵州龙安县生松岭关者，与荆州同。其西昌、昌明、神泉等县，连西山生者，并佳。独岭上者不堪采撷。《太平寰宇记》卷八三

〔渝州〕南平县狼猱山茶，黄黑色[46]，渝人重之，十月采贡。《太平寰宇记》卷一三六

泸州[47]之茶树，〔夷〕獠[48]常携瓢具寘侧[⑭]，每登树采摘芽茶，必含于口。待其展，然后置于瓢中，旋塞其窍。归必置于暖处。其味极佳。又有粗者，其味辛而性热。彼人云：饮之疗风[49]，〔通呼为泸茶〕[⑮]《太平寰宇记》卷八八引《茶经》，然《茶经》无此则，当出《茶谱》。

容州[50]黄家洞有竹茶，叶如嫩竹，土人

作饮，其甘美。《太平寰宇记》卷一六七引《茶经》。然《茶经》无此则，当出《茶谱》。按：以上岭南道一州。

团黄有一旗二枪之号[51]，言一叶二芽也[⑯]。《事类赋注》卷一七

茶之别者，枳壳牙、枸杞牙、枇杷牙[52]，皆治风疾。又有皂荚牙、槐牙、柳牙[53]，乃上春摘其牙和茶作之。五花茶者，其片作五出花也。《事类赋注》卷一七

唐陆羽著《茶经》三卷。《事类赋注》卷一七

唐肃宗尝赐高士张志和[54]奴婢各一人，志和配为夫妻，名之曰渔童、樵青。人问其故，答曰："渔童使捧钓收纶，芦中鼓枻；樵青使苏兰薪桂，竹里煎茶。"《事类赋注》卷一七按：《茶谱》此则据颜真卿《浪迹先生玄真子张志和碑铭》。颜文见《全唐文》卷三四〇。

胡生者，以钉铰为业，居近白苹洲，傍有古坟，每因茶饮，必奠酹之。忽梦一人谓之曰："吾姓柳，平生善为诗而嗜茗，感子茶茗之惠，无以为报，欲教子为诗。"胡生辞以不能，柳强之曰："但率子意言之，当有致矣。"生后遂工诗焉。时人谓之胡钉铰诗。

柳当是柳恽[55]也。[⑰]《事类赋注》卷一七按：《南部新书》卷壬记胡生事，与此多同。

觉林僧志崇收茶三等，待客以惊雷荚，自奉以萱草带，供佛以紫茸香。赴茶者，以油囊盛余沥归[⑱]。《全芳备祖后集》卷二八按：《云仙杂记》卷六引《蛮瓯志》，与此大致同，中多"盖最上以供佛，而最下以自奉也"二句。

甫里先生陆龟蒙，嗜茶荈。置小园于顾渚山下，岁入茶租，薄为瓯蚁之费。自为《品第书》一篇，继《茶经》、《茶诀》之后。《全芳备祖后集》卷二八按：此则据陆龟蒙《甫里先生传》。陆文见《全唐文》卷八〇一。

抚州有茶衫子纸，盖裹茶为名也。其纸长连，自有唐已来，礼部每年给明经帖书。《文房四谱》卷四

傅巽《七诲》云：蒲桃宛柰，齐柿燕栗，常阳黄梨，巫山朱桔，南中茶子，西极石蜜。寒温既毕，应下霜华之茗。《事类赋注》卷一七按：《茶经·七之事》引《七诲》同此数句，而以末二句为弘君举《食檄》首二句。此节当出《茶经》。《事类赋注》既误记书名，复以《食檄》中句窜入《七诲》。

茶树如瓜芦，叶如栀子，花如白蔷薇，实如栟榈，叶如丁香，根如胡桃。《谭苑醍醐》卷八，又见《全唐文纪事》卷四六引按：此则见《茶经·一之源》。杨慎误作《茶谱》。

注　释

1　峡州：州、路名。一作硖路。北周武帝（宇文邕，560—578在位）改拓州置。因在三峡之口得名。治夷陵（今宜昌西北。唐移今市，宋末移江南，元仍移江北），唐以后略大。元至元十七年（1280）升为峡州路，辖境相当今湖北宜昌、长阳、枝城等地。元至正二十四年（1364）复降为州，后改名夷陵州。

2　小江园、明月簝、碧涧簝、茱萸簝，皆茶名。簝，古代宗庙中用的盛肉竹器，不知为何用以名茶。后三种茶皆出峡州，《唐国史补》："峡州有碧涧明月，芳蕊、茱萸簝等"，峡州唐时治所在今湖北宜昌。

3　涪州：唐武德元年（618）置，治所涪陵县，即今重庆涪陵，曾一度改名为涪陵郡。三般茶：茶名。

4　宾化：唐先天二年（713）以隆化改名，

即今四川南川。

5 白马：县名，在今四川松潘北岷江源附近。

6 禅智寺：在今江苏扬州东北，五代时吴徐知训曾赏花于此。

7 蜀冈：在扬州城西北，一名昆冈。鲍照(450—466)《芜城赋》：轴以昆冈，谓此上有井，其脉通蜀，曰蜀井。《方舆胜览》云：旧传地脉通蜀，故曰蜀冈。《太平寰宇记》云："蜀冈有茶园，其茶甘香如蒙顶，蒙顶在蜀，故以名冈。"

8 义兴：即今江苏宜兴。滆湖：在今湖南岳阳，含膏茶是当地名产。

9 长兴：即今浙江长兴。啄木岭金沙泉：两地俱在长兴顾渚山中。

10 睦州：唐武德四年(621)置，治所在今浙江建德市东北梅城镇。鸠坑：指产于浙江淳安县(古时属睦州)鸠坑源的茶。据《雉山邑志》记："淳安茶旧产鸠坑者佳，唐时称贡物"，《唐国史补》卷下："睦州有鸠坑。"

11 婺州：即今浙江金华。

12 福州：即今福建福州。

13 建州：唐武德四年(621)置，治所在今福建建瓯。方山：在今福建闽侯南。

14 江东：一般自汉至隋唐称安徽芜湖以下的长江下游南岸地区为江东。《茶谱》在举及某处茶后，一般都是言及本地人对所举茶的认识和评价，这里是在说福建茶，若此江东是指长江中下游地区省份，似乎大不妥。抑或是指建溪之东的地区，亦未可知。

15 洪州：即今江西南昌。

16 安吉州：县名。在浙江湖州西南部，西苕溪流域，邻接安徽。

17 池阳：古县名，汉惠帝四年(前191)置，因在池水之北得名。治今陕西泾阳西北。

18 南康：今市名。在江西南部、赣江西源章水流域。三国吴置南安县，晋改南

19 东川：唐方镇名，即剑南东川。至德二年(757)分剑南节度使东部地置。治梓州(今三台)。辖境屡有变动。长期领有梓、遂、绵、普、陵、泸、荣、剑、龙、昌、渝、合十二州。约当四川盆地中部涪江流域以西，沱江下游流域以东和剑阁、青川等县。

20 杜牧(803—852)：唐京兆万年(今陕西西安)人，字牧之，唐名相杜佑(735—812)之孙。太和二年(828)擢进士，复举贤良方正。曾任监察御史，官至中书舍人。其诗文辑为《樊川集》。事见新、旧《唐书》《杜佑传》附传。

21 宣城：即今安徽宣城。丫山：光绪《宣城县志》卷四山川云：在宣城县"东水之东为……双峰山……二峰对峙，古名丫山，产横纹茶。"

22 歙州：隋置，治所在歙县(即今安徽歙县)，隋唐间都曾一度改名为新安郡，唐乾元(758—760)初仍复为歙州。

23 鄂州：隋开皇九年(589)改郢州置，治所在江夏，即今湖北武汉之武昌。

东山：在今湖北荆门东。蒲圻：县名，即今湖北蒲圻县。唐年县：唐天宝二年(743)置，治所在今湖北崇阳西南。

24 袁州：在今江西宜春。

25 湖州：即今浙江湖州。研膏：表明宋朝北苑之前即有研膏茶。紫笋：茶名。

26 长沙：即今湖南长沙。唐代至宋代，长沙间或为长沙府、潭州、长沙郡。

27 石楠：《光绪湖南通志》注云："石栴一名风药，能治头风。"亦称千年红，蔷薇科，常绿灌木或小乔木，花白果红，叶可入药，益肾气，治风痹。

28 邵：邵州，唐置南梁州，后改曰邵州；治所在今湖南邵阳。

29 衡州：即今湖南衡阳，唐时曾一度为郡。衡山：县名，唐天宝八年(749)置，

治所即今湖南衡阳。

30 彭州：唐垂拱二年(686)置,治所在今四川彭县,天宝(742—756)初改为蒙阳郡,乾元(758—760)初复为彭州。蒲村、堋口、灌口：皆为彭州属县导江的属镇。

31 宝唐山：光绪《灌县乡土志》引《茶谱》认为宝唐山即是四川灌县之沙坪山。

32 蜀州：唐垂拱二年(686)置,治所在今四川崇庆。晋原：镇名,今四川大邑县驻地。洞口：不详。横源：不详。味江：不详。青城：蜀州属县,在今四川东南。

33 雀舌、鸟嘴、麦颗：皆茶名。

34 眉州：唐武德二年(619)置,治所在今四川眉山。洪雅：眉州属县名,隋开皇十一年(591)置,治所在今四川洪雅西。昌阖：不详。丹稜：眉州属县,在今四川丹稜。

35 蒙顶：蒙山山顶,在今四川名山,有"扬子江心水,蒙山顶上茶","旧谱最称蒙顶味,露芽云味胜醍醐"的诗句。

36 片甲、蝉翼：皆茶名。

37 邛州：在今四川邛崃。临溪：县名,治所在今四川蒲江西。思安：不详。火井：县名,治所在今四川邛崃西南之火井。

38 临邛：唐州名,天宝初置,治所在今四川邛崃。

39 西番：又称西蕃,泛称古代中国西部地区的各少数民族。

40 党项：中国古代羌人的一支,南北朝时分布在今青海东南部河曲和四川松藩以西山谷地带。唐代前期,吐蕃征服青藏高原诸部族,大部分党项羌人被迫迁徙到甘肃、宁夏、陕北一带。北宋时,党项人建立了西夏政权。

41 此处指四川名山一地所产之茶。

42 露钱芽、钱芽：皆茶名。

43 压膏露芽、不压膏露芽、并冬芽,皆为茶名。

44 雅州：隋仁寿四年(604)置,治所在蒙山(今四川雅安西,北宋移治今雅安),后改为临邛郡。唐武德元年(618)复改为雅州,天宝初改为卢山郡,乾元初复改为雅州。百丈：县名,唐贞观四年(630)置,治所在今四川名山县东北之百丈。名山：在今四川名山。

45 龙安：古龙安有两处,一在今四川安县东北,一在今江西安义县东北,不知孰是。

46 南平：州名,唐贞观四年(630)置,治所南平县,在今重庆巴县东北。

47 泸州：在今四川泸州。南朝梁大同(535—546)中置,隋炀帝时州废置泸川郡,唐武德元年复为泸州。

48 獠：古代对南方少数民族的蔑称。

49 疗风：能治疗风疾。

50 容州：唐置铜州,后改曰容州,治北流,治所在今广西北流。

51 团黄：唐代茶名,《唐国史补》卷下："蕲州有蕲门团黄。"产于蕲州之蕲门(今湖北蕲春境内)。

52 枳壳：中药,芸香科植物酸橙、香圆和枳等干燥的成熟果实,性微寒,味酸苦,功能破气消积,主治食积、胸腹气滞、胀痛、便秘等症。枸杞：茄科,落叶小木,果实、根皮入药,性平味甘,能补肾益精、养肝明目、清虚热、凉血。枇杷：蔷薇科,常绿小乔木,中医以叶入药,性平味苦,功能主清肺下气、和胃降逆,主治肺热咳嗽、呕吐逆呃等。

53 皂荚：豆科,落叶乔木,中医以皂荚果入药,性温味辛有小毒,能祛痰开窍,皂荚刺亦入药,能托毒排脓。槐：豆科,落叶乔木,花和实为凉血、止血药。柳：杨柳科,落叶乔木或灌木。

54 张志和：唐婺州金华人,字子同,初名龟龄。年十六擢明经,肃宗时待诏翰林,授左金吾卫录事参军。曾被贬为南浦尉,赦还后不复仕,隐居江湖,自称烟波钓徒。著《玄真子》,也以"玄真子"自号。善歌词,能书画、击鼓、吹笛。与颜真卿、陆羽等友善。事见《新唐书》本传。

55 柳恽(465—517):南朝梁河东解人,字文畅。柳世隆子。少好学,工诗,善尺牍。又从嵇元荣、羊盖学琴,穷其妙。初任齐竟陵王法曹行参军。梁武帝时累官左民尚书、广州刺史、吴兴太守。为政清静,民吏怀之。又精医术、善弈棋。奉命定棋谱,评其优劣。有《清调论》、《十杖龟经》。

校　勘

① 有溪山:陈尚君《毛文锡〈茶谱〉辑考》(简称陈尚君本)作"青溪山",据《四库全书·事类赋》改。

② 陈祖槼、朱自振《中国茶叶历史资料选辑》(简称陈、朱本)注曰:"编者按,此系峡川之几种茶。"

③ 本句《敕修浙江通志》卷一〇六引《品茶要录补》所引《茶谱》为"婺州之举岩碧乳"。

④ 南剑:原文作"南剑",疑作剑南。

⑤ 本句《雍正江西通志》引《茶谱》作"洪州白露岭茶,号为绝品"。

⑥ 黑色如韭叶:民国《湖北通志》引《茶谱》作"大茶黑色如韭叶"。

⑦ 石楠:嘉庆《湖南通志》引《茶谱》作"石柟",光绪《湖南通志》并有注云:"按石柟一名风药,能治头风。"

⑧ 四月摘杨桐草:《事类赋》卷十七引作"四月四日摘杨桐草"。嘉庆《湖南通志》引《茶谱》亦作"四月四日",并注云:"杨桐即南天烛……"。

⑨ 市:陈尚君本作"布"。

⑩ 方有:光绪《灌县乡土志》引《茶谱》为"始得"。

⑪ 本条当与前文从《太平寰宇记》所辑"临邛"条合为一条,文为"邛州之临邛、临溪、思安、火井四邑,有早春、火前、火后、嫩绿等上中下茶。"

⑫ 眼前:陈尚君本作"限前",形误,径改。

⑬ 二者:《嘉庆四川通志》引《茶谱》作"二处茶"。

⑭ 夷獠常携瓢具置侧:陈尚君本缺"夷",据陈、朱本补。陈尚君本作"穴其",形误,据陈、朱本改。

⑮ 通呼为泸茶:陈尚君本缺,据陈、朱本补。

⑯ 陈、朱本注曰:"一旗二枪言一叶二芽,疑一枪二旗,一芽二叶之误。"

⑰ 《池北偶谈》亦录有此条。

⑱ 《云仙杂记》引《蛮瓯志》之文与本条大致相同,而多"盖最上以供佛,而最下以自奉也"二句。

宋、元代茶书

茗荈录 | 宋　陶穀　撰

作者及传世版本

陶穀(903—971)字秀实,邠州新平(今陕西邠县)人。本姓唐,避后晋高祖石敬唐讳改姓陶。历仕后晋、后汉、后周至宋,入宋后累官兵部、吏部侍郎。宋太祖建隆二年(961),转礼部尚书,翰林承旨,乾德二年(964)判吏部铨兼知贡举,累加刑部、户部尚书。开宝三年十二月庚午卒,年六十八。《宋史》卷二六九有传,说他"强记嗜学,博通经史,诸子佛老,咸所总览,多蓄法书名画,善隶书。为人隽辨宏博,然奔竞务进。"

《茗荈录》此篇原是陶穀所写《清异录》一书中的"茗荈"部分。《清异录》六卷,内分三十七门。明代喻政采取其中"茗荈"一门,除第一条(即唐人苏廙《十六汤品》,本书唐代部分单列为一种茶书)外其余各条,作为一种茶书,题曰《荈茗录》,印入他的《茶书》中。此后有关茶书书目即以《荈茗录》为其名。但因《清异录》中皆以"茗荈"为题,故本书仍以《茗荈录》为书名。

《四库全书总目》称:陈振孙《直斋书录解题》以为《清异录》不类宋初人语,明胡应麟《笔丛》曾经辨之,又此书在宋代已为人引为词藻之用,如楼钥《攻愧集》有《白醉轩》诗,自序云引用此书,故此书当是陶穀于五代宋初之际所撰。

关于《茗荈录》的具体成书时间,《茗荈录》第一条《龙坡山子茶》说:"开宝中,窦仪以新茶饮予",所记年号开宝是此书中最后的时间记录,但此条文中肯定有误。因若言以窦仪,当是乾德(963—967)中,因为窦仪卒于乾德四年冬(966),而开宝元年即已经是968年,则"开宝中"误;而若言以开宝,则窦仪误。开宝共九年(968—976),而陶穀卒于开宝三年,一般元年不能称"中",至少应当开宝二年,更可能是三年。而且《清异录》原是一种笔记,逐年积累,很可能写至临死的最后一年。因此推定《荈茗录》写定于乾德元年至开宝三年中,即963—970年之间。

传今刊本有:(1)明周履靖夷门广牍本,(2)明喻政《茶书》本,(3)明陈眉公订正宝颜堂秘笈本,(4)宛委山堂说郛本,(5)清道光年间李锡龄校刊惜阴轩丛书本,(6)涵芬楼说郛本等版本。除喻政《茶书》本单列为一书外,其余各版本皆为《清异录》中一门。

《茗荈录》共有十八条,而宛委山堂说郛本只有十二条(以宝颜堂秘笈本序语,当为编者删除了"疑误难正"的六条);夷门广牍本与涵芬楼说郛本虽有十八条,但文中一些看似与茶不直接相关的文字均被删略。

诸本中陈眉公订正的宝颜堂秘笈本最善,本书取以为底本,参校周履靖夷门广牍

本、喻政《茶书》本、涵芬楼说郛本等其他

版本。

原　文

龙坡山子茶

开宝中，窦仪[1]以新茶饮予，味极美。匲[2]面标云："龙坡山子茶"。龙坡是顾渚[3]之别境。

圣杨①花

吴[4]僧梵川，誓愿燃顶供养双林傅大士[5]。自往蒙顶[6]结庵种茶②。凡三年，味方全美。得绝佳者圣杨③花、吉祥蕊，共不逾五斤④，持归供献。

汤社[7]

和凝[8]在朝，率同列递日以茶相饮，味劣者有罚，号为"汤社"。

缕金耐重儿

有得建州茶膏[9]，取作耐重儿[10]八枚，胶以金缕[11]，献于闽王曦[12]。遇通文之祸，为内侍所盗，转遗贵臣。

乳妖

吴僧文了善烹茶。游⑤荆南[13]，高保勉白于⑥季兴[14]，延置紫云庵，日试其艺。保勉父子呼为汤神，奏授华定水大师上人[15]，目曰"乳妖"[16]。

清人树

伪闽甘露堂前两株茶，郁茂婆娑，宫人呼为"清人树"。每春初，嫔嫱戏摘⑦新芽，堂中设"倾筐会"。

玉蝉膏

显德初，大理徐恪见贻卿⑧信铤子茶[17]，茶面印文曰："玉蝉膏"，一种曰"清风使"。恪，建人也[18]。

森伯

汤悦有《森伯颂》[19]，盖茶也。方饮而森然严乎齿牙，既久，四肢森然。二义一名，非熟夫汤瓯境界者，谁能目之。

水豹囊

豹革为囊[20]，风神呼吸之具也。煮茶啜之，可以涤滞思而起清风。每引此义，称茶为"水豹囊"。

不夜侯

胡峤[21]《飞龙涧饮茶诗》曰："沾牙旧姓余甘[22]氏，破睡当封⑨不夜侯。"新奇哉！峤宿学雄材未达，为耶律德光所虏北去，后间道复归。

鸡苏佛

犹子彝[23]⑩，年十二岁。予读胡峤茶诗，爱其新奇，因令效法之，近晚成篇。有云："生凉好唤鸡苏[24]佛，回味宜称橄榄仙。"然彝⑪亦文词之有基址者也。

冷面草

符昭远不喜茶⑫，尝为御史同列会茶，叹曰："此物面目严冷，了无和美之态，可谓冷面草也。饭余嚼佛眼芎以甘菊汤送之，亦可爽神。"

晚甘侯

孙樵[25]《送茶与崔⑬刑部书》云："晚甘侯十五人遣侍斋阁。此徒皆请雷而摘[26]，拜水而和[27]。盖建阳丹山[28]碧水之乡，月涧云龛之品⑭，慎勿贱用之。"

生成盏

馔茶[29]而幻出物象于汤面者,茶匠通神之艺也。沙门福全生于金乡[30],长于茶海[31],能注汤幻茶[32],成一句诗,并点四瓯,共一绝句,泛乎汤表。小小物类,唾手办耳。檀越[33]日[⑮]造门求观汤戏,全自咏曰:"生成盏里水丹青,巧画[⑯]工夫学不成。却笑当时陆鸿渐,煎茶赢得好名声。"

茶百戏

茶至唐始盛。近世有下汤运匕[34][⑰],别施妙诀,使汤纹水脉成物象者,禽兽虫鱼花草之属,纤巧如画。但须臾即就散灭。此茶之变也,时人谓之"茶百戏"[35]。

漏影春

漏影春法,用镂纸贴盏,糁茶[36]而去纸,伪为花身;别以荔肉为叶,松实、鸭脚[37]之类珍物为蕊,沸汤点搅。

甘草癖

宣城[38]何子华邀客于剖金堂,庆新橙。酒半,出嘉阳严峻画陆鸿渐像。子华因言:"前世惑骏逸者为马癖,泥贯索者为钱癖,耽于子息者为誉儿癖,耽于褒贬者为《左传》癖。若此叟[⑱]者,溺于茗事,将何以名其癖?"杨粹仲曰,"茶至[⑲]珍,盖未离乎草也。草中之甘,无出茶上者。宜追目[⑳]陆氏为甘草癖。"坐客曰:"允矣哉!"[㉑]

苦口师

皮光业[39]最耽茗事。一日,中表请尝新柑,筵具殊丰,簪绂丛集。才至,未顾尊罍[㉒]而呼茶甚急,径进一巨瓯。题诗曰:"未见甘[㉓]心氏,先迎苦口师。"众哂曰:"此师固清高,而难以疗饥也。"

注　释

1　窦仪(914—966):字可象,蓟州渔阳(今天津蓟县)人。后晋天福中进士,历仕后汉、后周,后周显德年间拜端明殿学士,入宋历任工部尚书、翰林学士、礼部尚书,《宋史》卷二六三有传。案:陶穀此条所记有误,详见本书关于《茗荈录》具体成书时间的考订。

2　盍:茶盒。

3　顾渚:即顾渚山,在今浙江长兴,所产紫笋茶久负盛名,唐时曾为贡品。

4　吴:指五代十国时的吴国。

5　燃顶:佛教修真法之一。双林:佛寺名。大士:佛教称佛和菩萨为大士。

6　蒙顶:参见本书《茶酒论》……蒙山与佛教及茶文化有着较深的渊源关系,中国最早的有关植茶的传说,便是汉代的甘露大师在蒙山之顶上清峰亲手植茶五株。

7　汤社:即茶社。

8　和凝(898—955):字成绩,五代时郓州须昌(今山东东平)人。梁时举进士,历仕后晋、后汉、后周各朝,官至左仆射,太子太傅,封鲁国公。

9　建州:治所在建安(今福建建瓯)。茶膏:指将茶研膏制成的团饼茶。

10　耐重儿:茶名。《十国春秋·闽康宗本纪》:"通文二年……国人贡建州茶膏,制以异味,胶以金缕,名曰'耐重儿',凡八枚。"

11　胶以金缕:指在茶饼表面贴上金丝,以作纹饰。此习沿至宋代,欧阳修《龙茶录后序》就记有"官人剪金为龙凤花草"贴在小龙团茶的茶饼表面。

12　闽:五代时十国之一。王曦:为闽国第五任君主,939至942年在位。唯此条所记有误。《十国春秋》记此事在通文二年(937)，时闽国第四任君主王昶在位，而非王曦。王曦是在通文之祸以后才上台的。

13 荆南：五代时十国之一。据有今湖北江陵、公安一带。

14 季兴：高季兴(858—928)，亦名高季昌，五代时荆南的建立者。924至928年在位。高保勉：高季兴子。

15 上人：僧人之尊称。

16 乳妖：指有烹茶特技者。《荆南列传》关于此事的记录为："文了，吴僧也，雅善烹茗，擅绝一时。武信王时来游荆南，延住紫云禅院，日试其艺，王大加欣赏，呼为汤神，奏授华亭水大师，人皆目为'乳妖'。"

17 大理：官名，本秦汉之廷尉，掌刑狱，为九卿之一，北齐后改称大理寺卿。
铤子茶：铤指块状金银，此处指块状茶饼。

18 建：指建州。唐武德四年置，治所在今福建建瓯，宋沿之。

19 汤悦：即殷崇义，陈州西华(今属河南)人，南唐保大十三年(955)举进士，李璟时任右仆射。博学能文，所撰诏书大受周世宗赞赏，代表南唐入贡时，"世宗为之加礼"。国亡入宋，为避宋宣祖赵弘殷名讳易姓名为汤悦，开宝年间以司空知左右内史事。《南唐书》卷二三、《十国春秋》卷二八有传。森伯：此处用来比喻品性严冷的茶。

20 豹革为囊：用豹皮作风囊。

21 胡峤：五代时人。《五代史》卷七三说胡峤为萧翰掌书记随入契丹，居七年，周广顺三年(953)返回。

22 余甘：即余甘子，亦称油柑、庵摩敕，熟时红色，可供食用，初食酸涩，后转甘，故名。宋人亦有以余甘作汤为饮者，黄庭坚《更漏子·余甘汤》词曰："庵摩勒，西土果。霜后明珠颗颗。凭玉兔，捣香尘。移为席上珍。号余甘，争奈苦。临上马时分

付。管回味，却思量。忠言君试尝。"
案：胡峤此二句诗，前句写茶入口先苦后甘的特性，后句写茶可以令人不眠的功用。

23 犹子：指侄子。彝：陶榖侄子名。

24 鸡苏：草名，即水苏，一名龙脑香苏。

25 孙樵：字可之，关东人，唐懿宗大中年间举进士，历官中书舍人、职方郎中等。

26 请雷而摘：即趁着雷声采摘。可参看本书五代蜀毛文锡《茶谱》第29条辑文。

27 拜水而和：用拜敕祭泉得来的水和膏研造而成。可参看本书五代蜀毛文锡《茶谱》第10条辑文。

28 建阳：县名，在福建西北部。丹山：赤山，袁山松《宜都记》："寻西北陆行四十里，有丹山。山间时有赤气笼盖，林岭如丹色，因以名山。"

29 馔茶：指注汤点茶。

30 沙门：梵文沙门那的简称，后专指依照戒律出家修道的佛教僧侣。金乡：县名，即今山东西南部金乡。

31 茶海：此处指盛产茶叶之地。

32 幻茶：在茶汤表面变幻出图案或文字。

33 檀越：即施主。寺院僧人对施舍财物给僧团、寺院者的尊称，是梵文省略转换的音译。

34 匕：是长柄浅斗的取食用具，唐宋两代都用类似的器具作搅拌点击茶汤的用具，如陆羽《茶经·四之器》中的"竹荚"，蔡襄《茶录》下篇《茶器》中的"茶匙"。

35 茶百戏：就是指以茶汤变幻物象的表演。

36 糁茶：散撒茶末。

37 鸭脚：银杏的别名。《本草纲目·果部二》："银杏原生江南，叶似鸭掌，因名鸭脚。"

38 宣城：县名，在安徽东南部。

39 皮光业：五代吴越人，皮日休之子，字文通，曾任吴越丞相。吴任臣《十国春秋·

吴越·皮光业传》转:"天福二年,国建,拜光业丞相。……光业美仪容,善谈论, 见者或以为神仙中人。性嗜茗,常作诗,以茗为苦口师,国中多传其癖。"

校　　勘

① 杨:涵芬楼本为"赐"字。

② 结庵种茶:夷门本为"山茶",喻政茶书本为"采莱"。

③ 杨:涵芬楼本为"赐"。

④ 斤:夷门广牍本(简称夷门本)、喻政茶书本为"勯"。

⑤ 夷门本于"游"字前多一"子"字。

⑥ 白于:底本为"白子"。今从夷门本、涵芬楼本改。

⑦ 夷门本、喻政茶书本于此多一"采"字。

⑧ 卿:夷门本、喻政茶书本、惜阴轩丛书本(简称惜阴轩本)为"乡"。

⑨ 封:底本误为"风",今从夷门本、喻政茶书本等改正。

⑩ 彝:涵芬楼本为"彝之"。

⑪ 彝:夷门本、涵芬楼本为"彝之"。

⑫ 《续茶经》卷上之七《茶之事》"符"作"苻"。

⑬ 崔:夷门本、喻政茶书本、惜阴轩本、涵芬楼本为"焦"。

⑭ 品:涵芬楼本为"侣"。

⑮ 夷门本于此多一"自"字。

⑯ 画:喻政茶书本为"尽"。

⑰ 匕:底本为"允",今据喻政茶书本等改。

⑱ 叟:夷门本为"客"。

⑲ 至:《续茶经》卷下之三《茶之事》引录作"虽"。

⑳ 宜追目:涵芬楼本为"迫宜目"。

㉑ 坐客曰:"允矣哉!":《续茶经》卷下之三《茶之事》引录作"一座称佳"。

㉒ 曡:底本为"垒(壘)",今据喻政茶书本等版本改。

㉓ 甘:夷门本为"柑"。

述煮茶泉品 | 宋　叶清臣　撰

作者及传世版本

叶清臣(1000—1049),字道卿,长洲(今江苏苏州)人。宋仁宗天圣二年(1024)进士,签书苏州观察判官事,天圣六年(1028)召试,授光禄寺丞,充集贤校理,又通判太平州、知秀州。累擢右正言、知制诰,龙图阁学士、权三司使公事。皇祐元年(1049),知河阳,未几卒,年五十,赠左谏议大大。清臣敢言直谏,好学,善属文,有文集一百六十卷,已佚。《隆平集》卷一四、《宋史》卷二九五有传。

《述煮茶泉品》只是一篇五百余字的短文,原被附在张又新《煎茶水记》文后,清陶珽重新编印宛委山堂说郛时当作一书收入,古今图书集成收入食货典茶部艺文中。宋咸淳刊百川学海、四库全书、涵芬楼说郛皆在《煎茶水记》后附录,清陆廷灿《续茶经》中有引用。

传今刊本有:(1)宋咸淳刊百川学海本,(2)明华氏刊百川学海本,(3)明喻政《茶书》本,(4)宛委山堂说郛本,(5)古今图书集成本,(6)文渊阁四库全书本,(7)涵芬楼说郛本等版本。

本书以宋咸淳刊百川学海本为底本,参校喻政茶书本、宛委山堂说郛本等其他版本。

原　文

夫渭黍汾麻[1],泉源之异禀,江橘淮枳,土地之或迁,诚物类之有宜,亦臭味之相感也。若乃撷华掇秀,多识草木之名,激浊扬清,能辨淄渑之品,斯固好事之嘉尚,博识之精鉴,自非啸傲尘表,逍遥林下,乐追王蒙之约[2],不败①陆纳[3]之风,其孰能与于此乎?

吴楚[4]山谷间,气清地灵,草木②颖挺,多孕茶荈,为人采拾。大率右于武夷者[5],为白乳[6],甲于吴兴[7]者,为紫笋[8],产禹穴[9]者,以天章[10]显,茂钱塘者,以径山[11]稀。至于续庐之岩,云衡之麓,鸦山[12]著于无歙,蒙顶传于岷蜀[13],角立差胜,毛举实繁。然而天赋尤异、性靡受和③,苟制非其妙,烹失于术,虽先雷而赢[14],未雨而檎[15],蒸焙以图[16],造作以经,而泉不香、水不甘,蘖之、扬之,若淤若滓。

予少得温氏所著《茶说》[17],尝识其水泉之目,有二十焉。会西走巴峡[18],经虾蟆

窟④,北憩芜城[19],汲蜀岗井[20],东游故都[21]⑤,绝扬子江,留丹阳酌观音泉[22],过无锡觏惠山水[23],粉枪末旗[24],苏兰薪桂,且鼎⑥且缶,以饮以歠,莫不瀹气涤虑,蠲病析酲[25],祛鄙吝之生心,招神明而还观⑦。信乎物类之得宜,臭味之所感,幽人之佳尚,前贤之精鉴,不可及已。噫!紫华绿英,均一草也,清澜素波,均一水也,皆忘情于庶汇,或求伸于知己,不然者,丛薄[26]之莽、沟渎之流[27],亦奚以异哉!游鹿故宫,依莲盛府,一命受职,再期服劳,而虎丘之骈沸[28],淞江之清沚[29],复在封畛[30]。居然挹注是尝,所得于鸿渐之目,二十而七也[31]。

昔郦元⑧善于《水经》[32],而未尝知茶;王肃[33]癖于茗饮,而言不及水表,是二美吾无愧焉。凡泉品二十,列于右幅⑨,且使尽神,方之四两,遂成奇⑩功[34],代酒限于七升[35],无忘真赏云尔。南阳[36]叶清臣述。泉品二十,见张又新《水经》⑪。

注　释

1　渭:渭水,即今黄河中游支流渭河,在陕西中部。汾:汾河,黄河第二大支流,在山西中部。

2　王蒙:晋司徒长史,事见《世说新语》:

"晋司徒长史王蒙好饮茶,人至辄命饮之,士大夫皆患之,每欲往候,必云今日有水厄。"

3　陆纳:可参看本书唐代陆羽《茶经》"陆

纳为吴兴太守时……奈何秽吾
素业?"。

4 吴：古吴国建都今江苏苏州，拥有今江
苏、上海大部，安徽、浙江部分地区。
楚：古楚国先后都今湖北秭归、江陵，
势力主要在长江中游地区。

5 武夷：武夷山脉跨今江西、福建两省，
主峰在今福建崇安，特产"武夷岩茶"。

6 白乳：茶名，宋代名茶，产于福建之
北苑。

7 吴兴：即今浙江湖州。

8 紫笋：茶名，唐代以来即为名茶，长期
为贡茶，产于今浙江长兴和江苏宜兴
的顾渚山区。

9 禹穴：传说大禹葬于会稽，因指会稽为
禹穴，即今浙江绍兴。

10 天章：茶名。

11 径山：此处指径山香茗茶，是浙江的传
统名茶，唐宋时始有名，产于今浙江余
杭西北径山山区。

12 鸦山：茶名。历来为安徽名茶，出广德
州建平鸦山(《江南通志》卷八六《食货
志·物产·茶·广德州》)。

13 蒙顶：茶名，产于四川名山蒙山地区，
唐代始为贡茶，至清代历千余年经久
不衰。岷蜀，指四川地区。

14 先雷而蒌：早于惊蛰就采茶。蒌通籝，
竹笼，茶人负以采茶。

15 未雨而檐：造茶非常及时。陆羽《茶
经》二之具中有"檐"一种，是放在砧上
捲模下制茶的用具，有用油绢或雨衫
制造者，因而檐指造茶。

16 蒸焙以图：按照茶图蒸焙茶叶。

17 温氏：即温庭筠。其著《采茶录》，未知
是否即此所云《茶说》。

18 巴峡：指峡州，北宋治夷陵(今湖北宜
昌西北)，唐时属山南(东)道，扇子峡
在其西面五十里处，又称明月峡。"峡
州扇子山下有石突然，泄水独清冷，状
如龟形，俗云虾蟆口水，第四；"张又新

19 芜城：在今江苏扬州西北。

20 蜀岗：今江苏扬州西北有蜀岗山。此
处指张又新《煎茶水记》中所列第十二
水"扬州大明寺水"。

21 故都：指金陵。即今江苏南京。

22 丹阳：即今江苏镇江。丹阳观音泉水
为张又新《煎茶水记》中所列第十
一水。

23 惠山寺石泉水为张又新《煎茶水记》中
所列天下第二水。无锡：即今江苏
无锡。

24 粉枪末旗：将茶叶碾磨成粉末。枪、
旗，指嫩茶叶。

25 蠲病：除去疾病。析酲：解除醉酒之
病；酲：酒醒后所感觉的困惫如病状
态，《诗·小雅·节南山》："忧心如
酲。"毛传："病酒曰酲。"

26 丛薄：草木丛生的地方。陆羽《茶经·
三之造》："茶之芽者，发于丛薄之上"，
指生在草木丛中的茶叶。

27 沟渎之流：沟渠间的流水。陆羽《茶
经·六之饮》"斯沟渠间弃水耳"。

28 虎丘：即今江苏苏州虎丘。虎丘寺石
泉水为张又新《煎茶水记》所列第五
水。觱(bì)沸：泉水涌出貌。

29 淞江：吴松江水为张又新《煎茶水记》
中所列第十六水。

30 案：叶清臣此处说虎丘和松江水都在
他管辖的地界内，表明此文当写于他
任职常州毗陵之后。

31 张又新《煎茶水记》中所记陆羽品第天
下之水列为二十等，另有刘伯刍列天
下之水为七等，叶清臣此处行文泛泛
而言"所得于鸿渐之目，二十而七也。"

32 郦元：即郦道元(466或472—527)，北
魏地理学家、散文家，字善长，范阳涿
县(今河北涿县)人，撰有《水经注》
一书。

33 王肃：字恭懿(464—501)，初仕南齐，

后奔北魏,《魏书》卷六三有传。可参看本书唐代陆羽《茶经》"茗不堪与酪为奴"。

34　见本书五代蜀毛文锡《茶谱》第10条辑文。

35　典出《三国志·韦曜传》:"孙皓每飨宴,坐席无不率以七升为限,虽不尽入口,皆浇灌取尽。曜饮酒不过二升。皓初礼异,密赐茶荈以代酒。"

36　南阳:在今河南。叶清臣死前知河阳(今河南孟县),以南阳自称,是否以地相近缘故。又,南阳亦或是河阳之误。

校　勘

①　败:宛委本、集成本、涵芬楼本为"让"。

②　草木:底本为"若后",意不可解,今据宛委本改。

③　受和:宛委本、集成本为"俗谐"。

④　窟:四库本为"口"。此处指张又新《煎茶水记》中所列第四水"虾蟆口水"。

⑤　"故都"之"都"字,宛委本、集成本为"郡"。

⑥　鼎:四库本为"汲"。

⑦　还观:宛委本、集成本为"达观"。

⑧　郦元:集成本为"郦道元"。

⑨　案:清臣自述"列于右幅",当于其文前列有张又新所记二十水品,但收录叶氏此文的诸书中,都未见列,只有四库本将叶氏小文列于张文之后,并于叶文末有小注云"泉品二十,见张又新水经"。

⑩　奇:宛委本、集成本为"其"。

⑪　注从四库本。

大明水记 | 宋　欧阳修　撰

作者及传世版本

　　欧阳修(1007—1072),字永叔,北宋吉州庐陵(今江西吉安县,一云永丰县)人。自号醉翁、六一居士。举天圣八年(1030)进士甲科,庚历初,召知谏院,改右正言,知制诰。时杜衍、韩琦、范仲淹、富弼等相继罢去,修上疏极谏,贬知滁州,在滁自号醉翁。徙知扬州、颍州,还为翰林学士,奉敕重修唐书。嘉祐五年,拜枢密副使。六年,参知政事。神宗初,出知亳州,转青州、蔡州,以太子少师致仕,归隐于颍州。卒谥文忠。为北宋古文之宗师,唐宋八大家之一。后人辑有《欧阳文忠集》一五三卷,附录五卷,其中《居士集》为欧阳修晚年自编。另著有《新五代史》、与宋祁合著之《新唐书》等历史著作。传载《宋史》卷三一九。

　　《大明水记》是欧阳修在扬州作于庆历八年(1048)的一篇文字,据《直斋书录解题》,本文至少自南宋时起就被附在唐张又新《煎茶水记》之后,作为辨析张文的文字。今本书将其抽出，作为一篇独立的茶书(文)。而《浮槎山水记》原亦被附在《煎茶水记》之后，今则附于本文之后。

传今刊本有：(1)宋咸淳刊百川学海壬集本；(2)明无锡华氏刊百川学海递修壬集本；(3)喻政《茶书》本；(4)宛委山堂说郛本；(5)文房奇书本(作《茶经水辨》一卷)；(6)唐人说荟本；(7)五朝小说本；(8)四库全书本；(9)民国陶氏涉园景刊宋百川学海本(以上刊本皆附于张又新《煎茶水记》之后)；(10)《欧阳文忠集》本等多种刊本。其他还有以节录形式附在《茶经》之后的多种刊本，不备录。

本书以宋咸淳刊百川学海本为底本，参校喻政《茶书》本、《欧阳文忠全集》本等版本。

原　　文

世传陆羽《茶经》，其论水云："山水上，江水次，井水下。"又云："山水，乳泉、石池漫流者上，瀑涌湍漱勿食，食久，令人有颈疾。江水取去人远者，井取汲多者。"[1]其说止于此，而未尝品第天下之水味也。

至张又新为《煎茶水记》，始云刘伯刍谓水之宜茶者有七等，又载羽为李季卿论水，次第有二十种。今考二说，与羽《茶经》皆不合。

羽谓山水上，乳泉、石池又上，江水次，而井水下。伯刍以扬子江为第一，惠山石泉为第二，虎丘石井第三，丹阳寺井第四，扬州大明寺井第五，而松江第六，淮水第七，与羽说皆相反。季卿所说二十水：庐山康王谷水第一，无锡惠山石泉第二，蕲州兰溪石下水第三，扇子峡虾蟆口水第四，虎丘寺井水第五，庐山招贤寺下方桥潭水第六，扬子江南零水第七，洪州西山瀑布第八，桐柏淮源第九，庐州[1]龙池山顶水第十，丹阳寺井第十一，扬州大明寺井第十二，汉江中零水第十三，玉虚洞香溪水第十四，武关西洛水第十五，松江水第十六，天台千丈瀑布水第十七，郴州圆泉第十八，严陵滩水第十九，雪水第二十。如虾蟆口水、西山瀑布、天台千丈瀑布，皆羽戒人勿食，食而生疾。其余江水居山水上，井水居江水上，皆与羽经相反，疑羽不当二说以自异。使诚羽说，何足信也？得非又新妄附益之耶？其述羽辨南零岸水[2]，特怪其妄也[3]。水味有美恶而已，欲举[4]天下之水，一二而次第之者，妄说也。故其为说，前后不同如此。

然此井，为水之美者也。羽之论水，恶淳浸而喜泉源，故井取汲多者。江虽长流[5]，然众水杂聚，故次山水。惟此说近物理云。

附：浮槎山水记

浮槎山，在慎县[2]南三十五里，或曰浮阖山，或曰浮巢山，其事出于浮图、老子之徒荒怪诞幻之说。其上有泉，自前世论水者皆弗道。

余尝读《茶经》，爱陆羽善言水。后得张又新《水记》，载刘伯刍、李季卿所列水次第,以为得之于羽,然以《茶经》考之,皆不合。又新,妄狂险谲之士,其言难信,颇疑非羽之说。及得浮槎山水,然后益知羽为知水者。

浮槎与龙池山皆在庐州界中,较其水味,不及浮槎远甚。而又新所记,以龙池为第十,浮槎之水,弃而不录,以此知其所失多矣。羽则不然,其论曰:"山水上,江次之,井为下","山水,乳泉、石池漫流者上"。其言虽简,而于论水尽矣。

浮槎之水,发自李侯。³嘉祐二⑥年,李侯以镇东军⁴留后⁵出守庐州。因游金陵,登蒋山⁶,饮其水。既又登浮槎,至其山,上有石池,涓涓可爱,盖羽所谓乳泉漫流者也。饮之而甘,乃考图记,问于故老,得其事迹。因以其水遗余于京师。余报之曰:李侯可谓贤矣!

夫穷天下之物,无不得其欲者,富贵者之乐也。至于荫长松,藉丰草,听山溜之潺湲,饮石泉之滴沥,此山林者之乐也。而山林之士视天下之乐,不一动其心。或有欲于心,顾力不可得而止者,乃能退而获乐于斯。彼富贵者之能致物矣,而其不可兼者,惟山林之乐尔。惟富贵者而不得兼,然后贫贱之士有以自足而高世,其不能两得,亦其理与势之然欤? 今李侯生长富贵,厌于耳目,又知山林之为乐。至于攀缘上下,幽隐穷绝,人不及者,皆能得之,其兼取于物者可谓多矣。

李侯折节好学,善交贤士,敏于为政,所至有能名。凡物不能自见而待人以彰者,有矣,其物未必可贵而因人以重者亦有矣。故予为志其事,俾世知斯泉发自李侯始也。

〔三年二月二十有四日庐陵欧阳修记〕⑦

注　释

1　语出陆羽《茶经》卷下《五之煮》。
2　慎县:东晋侨置,治所即今安徽肥东东北梁园。
3　李侯:李端愿(? —1091),宋潞州上党人,字公谨。北宋嘉祐二年(1057)知庐州。《欧阳修全集》卷一四七有嘉祐三年欧阳修《与李留后公谨书》,其曰:"前承惠浮槎山水,俾

之作记。"云云。
4　镇东军:宋代越州节度使军名。
5　留后:官名,唐朝节度使因出征、入朝或死亡而未有代者,皆置知留后事。其后遂以留后为称,亦名节度留后。宋朝沿用至宋徽宗政和(1111—1117)年间,才改称承宣使。
6　蒋山:即今南京东北的钟山。

校　勘

①　州:《欧阳修全集》(简称全集本)误为"山"。
②　水:底本为"时",今据喻政茶书本改。
③　特怪其妄也:底本无"特",今据喻政茶书本改。
④　举:底本为"求",今据喻政茶书本改。
⑤　流:底本脱漏此字,据喻政茶书本改。
⑥　二:喻政茶书本为"三"。
⑦　三年二月二十有四日庐陵欧阳修记:底本无,今据全集本补。案:中国书店本《欧阳修全集》在目录本文下有小注云"嘉祐二年",与文后所记时间不合,当误。

茶录 | 宋 蔡襄 撰

作者及传世版本

蔡襄（1012—1067），字君谟，兴化仙游（今福建省仙游县）人，一作莆田人。生于宋真宗大中祥符五年壬子，仁宗天圣八年（1030）举进士，为西京留守推官、馆阁校勘。庆历三年（1043）知谏院，四年，进直史馆、同修起居注，以母老求知福州，七年，改福建路转运使。皇祐三年（1051），以右正言、同修起居注召返京城，九月抵京。四年，迁起居舍人，知制诰，兼判流内铨。至和元年（1054），迁龙图阁直学士，知开封府。三年，以枢密直学士知泉州，后改知福州，嘉祐三年（1058）再改知泉州。五年，召为翰林学士、三司使。英宗即位后，于治平二年（1065）以端明殿学士知杭州，治平四年卒，年五十六。深得仁宗宠爱，"君谟"二字便是皇祐五年仁宗亲书所赐，至南宗孝宗乾道中赐谥曰"忠惠"。工书法，长于小楷，有"羲献以下一人"之说，为"宋四大家"之一。后人辑其著作为《蔡忠惠集》。事迹见《欧阳文忠公集》卷三五《端明殿学士蔡公墓志铭》，《宋史》卷三二〇有传。

蔡襄本是福建人，嗜茶，习知茶事。庆历中任福建转运使时，在建州北苑官焙监造小龙团茶十斤以进，次年被旨"号为上品龙茶"，以为岁贡。襄作《北苑十咏》诗记录了他于第二年"自采撷时入山，至贡举毕"

勤于贡举职事的情况。皇祐三年（1051）被诏返京任职同事修起居注，在与仁宗皇帝陛对时，仁宗再次夸赞蔡襄任福建转运使日，"所进上品龙茶最为精好"，蔡襄退朝后想到"陆羽《茶经》不第建安之品，丁谓《茶图》独论采造之本，至于烹试，曾未有闻"，遂将建茶烹试诸事写成《茶录》二篇，上篇论茶，下篇论茶器，进呈仁宗御览。《茶录》写于皇祐三年（1051）十一月，因蔡襄于本年十一月十一日《与彦献学士书》有曰："近登陛，首问圆小茗造作之因，殊称珍好"，与《茶录》序中所言事同，则撰进《茶录》当在此月。

《郡斋读书志》、《文献通考》和陈第世善堂藏书目录、陆廷灿《续茶经》等都作《试茶录》二卷，《宋史》艺文志作《茶录》一卷，其他书籍中著录亦有作一卷、二卷、三卷之异。按襄自序称"《茶录》二篇"，可见"试"字是后来误增，而卷数当为二卷。因为蔡襄自撰《茶录》前序又是其《进〈茶录〉表》，宋谢维新《古今事类合璧备要》、明方以智《通雅》、明顾元起《说略》等书则有以《进录》称呼此书者，而陆廷灿《续茶经》又误以为蔡襄另有《进茶录》一书。

至和三年（1056）蔡襄再知福州时，《茶录》手稿被手下的掌书记偷去，知怀安县樊纪购得之，刊勒行于好事者，但错讹较多。至治平元年(1064)，蔡襄重新用小楷抄录全书和新撰后序，刻石存传。《茶录》是蔡襄的代表性书法作品之一，为《宣和书谱》卷六著录："襄游戏茗事间，有前后《茶录》，复有《荔枝谱》，世人摹之石，自珍其书，以谓有翔龙舞凤之势，识者不以为过，而复推为本朝第一也。"

《茶录》是宋代现存的最早的茶书之一，为宋代艺术化的茶饮奠定了理论基础。此书在写成后于当时就流传甚广，影响很大，就像他首造小龙小凤茶开了建安北苑贡茶日益精细的先河一样，蔡襄的《茶录》也成为此后众多茶书描摹的范本。

而关于宋及以后人对蔡襄贡小龙团茶及撰书《茶录》的批评，清四库全书馆臣在《茶录》的提要中有很好的辩驳：

> 费衮《梁溪漫志》载有陈东此书跋曰："余闻之先生长者，君谟初为闽漕，出意造密云小团为贡物，富郑公闻之叹曰：此仆妾爱其主之事耳，不意君谟亦复为此。余时为儿，闻此语亦知感慕。及见《茶录》石本，惜君谟不移此笔书《旅獒》一篇以进。"云云。案《北苑贡茶录》称："太平兴国中特置龙凤模造团茶"，则团茶乃正供之土贡。《茗溪渔隐丛话》称："北苑官焙，漕司岁贡为上"，则造茶乃转运使之职掌，襄特精其制，是亦修举官政之一端。东所述富弼之言，未免操之已蹙。《群芳谱》亦载是语，而以为出欧阳修。观修所作《龙茶录后序》即述襄造小团茶事，无一贬词，知其语出于依托，安知富弼之言不出依托耶？此殆皆因苏轼

诗中有"前丁后蔡"、"致养口体"之语，而附会其说，非事实也。况造茶自庆历中事，进录自皇祐中事，襄本闽人，不过文人好事，夸饰土产之结习。必欲加以深文，则钱惟演之贡姚黄花，亦为轼诗所讥，欧阳修作《牡丹谱》将并责以"惜不移此笔注《大学》、《中庸》乎？"东所云云，所谓言之有故、执之成理，而实非通方之论者也。

蔡襄自己不止一次书写过《茶录》，在宋代时便有自书墨本、石刻本、绢写本流行，传今刊本有：(1) 宋治平元年自书墨本石刻拓本；(2) 宋咸淳刊百川学海本；(3) 明朱祐宾《茶谱》本；(4) 明万历乙卯(四十三年，1615)南州朱谋㙔等重刊《宋端明殿学士蔡忠惠公文集》四十卷本；(5) 汪阆源藏旧钞本《蔡端明文集》三十六卷本；(6) 明无锡华埕刊景弘治《百川学海》壬集本；(7) 明喻政《茶书》本；(8) 明胡文焕百家名书本；(9) 明末叶坊刻景刊咸淳《百川学海》辛集本；(10) 明宋珏《古香斋宝藏蔡帖》卷二蔡襄手书绢本刻印拓本；(11) 宛委山堂说郛本；(12) 冯梦龙明刊《五朝小说》本；(13) 五朝小说大观宋人百家小说琐记家本；(14) 文房奇书本(误作《茶谱》一卷)；(15) 涵芬楼说郛本；(16) 格致丛书本；(17) 明佚名辑，清康熙刻本；(18)《饮膳六种》传钞钱氏述古堂旧藏本；(19) 后四十家小说本；(20) 明末《茶书》十四种刻本；(21) 清《茶书》七种钞本；(22) 清古今图书集成本；(23) 四库全书(子部)本；(24) 清佚名编《郛剩》光绪刻本；(25) 民国丛书集成本(据百川学海本排印)；(26) 民国陶氏涉园景刊宋咸淳百川学海辛集本。此外，宋祝穆《古今事文类聚》、

清卜永誉《式古堂书画汇考》、清倪涛《六艺之一录》、四库全书(集部)《端明集》中均有著录,清陆廷灿《续茶经》中多有引录。另有元方时所书伪真迹本(今藏故宫博物院),曹宝麟《中国书法全集·蔡襄卷》考之为伪作证据确切。

序跋有自序(又称《进〈茶录〉表》),治平元年后序,治平元年欧阳修后序、跋,宋杨时、李光、刘克庄,元倪瓒跋等。

本书采用治平元年自书墨本石刻拓本作底本,参校其他诸本并陆廷灿《续茶经》引文。

原　文

序①

朝奉郎、右正言、同修起居注¹臣蔡襄上进:

臣前因奏事,伏蒙陛下谕,臣先任福建转运使日²所进上品龙茶³最为精好。臣退念草木之微,首辱陛下知②鉴,若处之得地,则能尽其材。昔陆羽《茶经》,不第建安之品;丁谓《茶图》⁴,独论采造之本。至于烹试,曾未有闻。臣辄条数事,简而易明,勒成二篇,名曰《茶录》。伏惟清闲之宴,或赐观采,臣不胜惶惧荣幸之至。谨叙。

上篇论茶③

色

茶色贵白,而饼茶多以珍膏油去声④其面,故有青黄紫黑之异。善别茶者,正如相工之视人气色也,隐然察之于内,以肉理实润者为上。既已末之,黄白者受水昏重,青白者受水鲜明,故建安人斗试⁵,以青白胜黄白。

香

茶有真香,而入贡者微以龙脑和膏⁶,欲助其香。建安民间试茶,皆不入香,恐夺其真。若烹点之际,又杂珍果香草,其夺益甚,正当不用。

味

茶味主于甘滑,唯北苑凤凰山连属诸焙所产者味佳。隔溪诸山,虽及时加意制作,色、味皆重,莫能及也。又有水泉不甘,能损茶味,前世之论水品者以此。

藏茶

茶宜箬叶⁷而畏香药,喜温燥而忌湿冷。故收藏之家,以箬叶封裹入焙中,两三日一次,用火常如人体温温,以御湿润。若火多,则茶焦不可食。

炙茶

茶或经年,则香、色、味皆陈。于净器中以沸汤渍之,刮去膏油一两重乃止,以钤钳之⁸,微火炙干,然后碎碾。若当年新茶,则不用此说。

碾茶

碾茶,先以净纸密裹椎碎,然后熟碾。其大要,旋碾则色白,或经宿,则色已昏矣。

罗茶

罗细则茶浮,粗则水⑤浮。

候汤

候汤最难,未熟则沫浮,过熟则茶沉。前世谓之"蟹眼"者,过熟汤也。况瓶中煮之,不可辨,故曰候汤最难。

熁⁹盏

凡欲点茶，先须熁盏令热，冷则茶不浮。

点茶

茶少汤多，则云脚散[10]；汤少茶多，则粥面聚[11]。建人谓之云脚粥面⑥。

钞茶一钱匕[12]，先注汤，调令极匀，又添注之，环回击拂。汤上盏，可四分则止，视其面色鲜白⑦、著盏无水痕为绝佳。建安斗试以水痕先者为负，耐久者为胜；故较胜负之说，曰相去一水、两水。

下篇论茶器⑧

茶焙

茶焙，编竹为之，裹⑨以蒻叶。盖其上，以收火也；隔其中，以有容也。纳火其下，去茶⑩尺许，常温温然⑪，所以养茶色香味也。

茶笼

茶不入焙者，宜密封，裹以蒻，笼盛之，置高处，不近湿气。

砧椎

砧椎，盖以碎茶。砧以木为之，椎或金或铁，取于便用。

茶钤

茶钤，屈金铁为之，用以炙茶。

茶碾

茶碾，以银或铁为之。黄金性柔，铜及鍮⑫石皆能生铏[13]，不入用。

茶罗

茶罗以绝细为佳，罗底用蜀东川鹅溪[14]画绢之密者，投汤中揉洗以幂[15]之。

茶盏

茶色白，宜黑盏，建安所⑬造者，绀[16]黑，纹如兔毫，其坯⑭微厚，熁之久热难冷，最为要用。出他处者，或薄，或色紫，皆不及也。其青白盏，斗试家自不用。

茶匙

茶匙要重，击拂有力，黄金为上，人间以银、铁为之。竹者轻，建茶不取。

汤瓶

瓶要小者，易候汤，又点茶、注汤有准。黄金为上，人间以银、铁或瓷、石为之。

后序⑮

臣皇祐中修起居注，奏事仁宗皇帝，屡承天问以建安贡茶并所以试茶之状。臣谓论茶虽禁中语，无事于密，造《茶录》二篇上进。后知福州[17]，为掌书记[18]窃去藏稿，不复能记⑯。知怀安县樊纪购得之，遂以刊勒，行于好事者。然多舛谬。臣追念先帝顾遇之恩，揽本流涕，辄加正定，书之〔于石，以永其传〕⑰。治平元年五月二十六日，三司使、给事中臣蔡襄谨记。[19]

附录：《茶录》题跋

一、〔宋〕欧阳修 龙茶录后序

茶为物之至精，而小团又其精者，录叙所谓上品龙茶者是也。盖自君谟始造而岁贡焉。仁宗尤所珍惜，虽辅相之臣未尝辄赐。惟南郊大礼致斋之夕，中书、枢密院各四人共赐一饼，宫人剪金为龙凤花草贴其上。两府八家分割以归，不敢碾试，但家藏以为宝，时有佳客，出而传玩尔。至嘉祐七年，亲享明堂，斋夕，始人赐一饼。余亦忝预，至今藏之。余自以谏官供奉仗内，至登二府，二十余年，才一获赐。而丹成龙驾，舐鼎莫及，每一捧玩，清血交零而已。因君谟著录，辄附于后，庶知小团自君谟始，而

可贵如此。治平甲辰七月丁丑,庐陵欧阳修书还公期书室。(见欧阳修《欧阳修全集》卷六五)

二、〔宋〕欧阳修　跋《茶录》

善为书者,以真楷为难,而真楷又以小字为难。羲、献以来,遗迹见于今者多矣,小楷惟《乐毅论》一篇而已,今世俗所传出故高绅学士家最为真本,而断裂之余,仅存百余字尔。此外吾家率更所书《温彦博墓铭》亦为绝笔,率更书,世固不少,而小字亦止此而已,以此见前人于小楷难工,而传于世者少而难得也。

君谟小字新出而传者二,《集古录目序》横逸飘发,而《茶录》劲实端严,为体虽殊,而各极其妙。盖学之至者,意之所到,必造其精。予非知书者,以接君谟之论久,故亦粗识其一二焉。治平甲辰。(见《欧阳修全集》卷七三)

三、〔宋〕陈东　跋蔡君谟《茶录》

余闻之先生长者,君谟初为闽漕时,出意造密云小团为贡物,富郑公闻之,叹曰:"此仆妾爱其主之事耳,不意君谟亦复为此!"余时为儿,闻此语,亦知感慕。及见《茶录》石本,惜君谟不移此笔书《旅獒》一篇以进。(费衮《梁溪漫志》卷八〈陈少阳遗文〉)

四、〔宋〕李光　跋蔡君谟《茶录》

蔡公自本朝第一等人,非独字画也。然玩意草木,开贡献之门,使远民被患,议者不能无遗恨于斯。(见李光《庄简集》卷一七)

五、〔宋〕杨时跋

端明蔡公《茶录》一篇,欧阳文忠公所题也。二公齐名一时,皆足垂世传后。端明又以翰墨擅天下,片言寸简,落笔人争藏之,以为宝玩。况盈轴之多而兼有二公之手泽乎?览之弥日不能释手,用书于其后。政和丙申夏四月延平杨时书。

六、〔宋〕刘克庄题跋

余所见《茶录》凡数本,暮年乃得见绢本,见非自喜作此,亦如右军之于禊帖,屡书不一书乎?公吏事尤高,发奸摘伏如神,而掌书吏辄窃公藏稿,不加罪亦不穷治,意此吏有萧翼之癖[20],与其他作奸犯科者不同耶?可发千古一笑。淳祐壬子十月望日,后村刘克庄书,时年六十有二。

七、〔元〕倪瓒题跋

蔡公书法真有六朝唐人风,粹然如琢玉。米老虽追踪晋人绝轨,其气象怒张,如子路未见夫子时,难与比伦也。辛亥三月九日,倪瓒题。(见明张丑《真迹日录》卷二)

注　释

1　朝奉郎:官名,北宋前期为正六品以上文散官。右正言:官名,北宋太宗端拱元年(988),改左、右拾遗为左、右正言,八品。其后多居外任,或兼领别司,不专任谏诤之职。仁宗明道元年(1032)置谏院后,非特旨供职者不预规谏之事。蔡襄庆历四年以右正言直史馆出知福州。修起居注:官名,宋初,置起居院,以三馆、秘阁校理以上官充任,掌记录皇帝言行,称修起居注。蔡襄于庆历三年以秘书丞集贤校理兼修起居注,皇祐三年复修起居注。

2　指蔡襄庆历七年(1047)自首次知福州改福建路转运使事。

3　上品龙茶：指蔡襄刻意精细加工制作
　　的小龙团茶。

4　丁谓：于宋太宗至道（995—997）年间
　　任福建路转运使，摄北苑茶事。《茶
　　图》：《郡斋读书志》载其曾作《建安茶
　　录》，"图绘器具，及叙采制入贡方式"，
　　不知与《茶图》是否为一书。参见本书
　　丁谓撰《北苑茶录》。

5　斗试：斗茶。唐冯贽《记事珠》："建人
　　谓斗茶为茗战。"

6　龙脑和膏：龙脑，从龙脑树树液中提取
　　出来的香料；膏，此处指经过蒸压研茶
　　后留下的茶体。

7　蒻（ruò）：嫩的香蒲叶。

8　以钤钳之：宋代用金属制的"钤子"炙茶，
　　唐代则还有用竹制夹子炙茶者，以其能益
　　茶味。见陆羽《茶经·四之器·夹》。

9　燲（xié）：熏烤，熏蒸。

10　云脚散：点好之后的茶汤就会像云的
　　末端一样散漫。

11　粥面聚：点好之后的茶汤就会像粥的
　　表面一样黏稠、凝结。

12　匕：勺、匙类取食用具。这里指量取茶
　　末的用具。

13　铏（shēng）：铁锈。

14　鹅溪：地名，在四川盐亭西北，以产绢
　　著名，唐时即为贡品。

15　幂（mì）：覆也，盖食巾。

16　绀（gàn）：天青色，深青透红之色。

17　后知福州：指蔡襄至和三年（1056）再
　　知福州事。

18　掌书记：宋代节度州属官，与节度推官
　　共掌本州节度使印，有关本州军事文
　　书，与节度推官共签署、用印，协助长
　　吏治本州事。

19　有关《茶录》的刻石及绢本情况，《福建
　　通志》卷四五《古迹·建宁府瓯宁县石
　　刻》"宋《茶录》"下注曰："蔡襄注，上下
　　篇论，并书嵌县学壁间。"《福州府志》
　　作皇祐三年蔡襄书，怀安县令樊纪刊
　　行。《刘后村集》："余所见《茶录》凡数
　　本，暮年乃见绢本，岂非自喜。此作亦
　　如右军之褉帖，屡书不一书乎？"周亮
　　工《闽小纪》上卷："蔡忠惠《茶录》石
　　刻，在瓯宁邑庠壁间，予五年前拓数纸
　　寄所知，今漶漫不如前矣。"

20　萧翼之癖：萧翼为唐人，本名世翼。南
　　朝梁元帝萧绎曾孙。太宗时为监察御
　　史，充使取王羲之《兰亭序》真迹于越
　　僧辨才，用计辛取其帖以归。

校　　勘

① 序：底本于题下作"并序"。

② 知：涵芬楼本为"之"。

③ 上篇论茶：宛委、集成、小说大观本为"茶论"。

④ 《忠惠集》无"去声"二字小注。查明版忠惠集。

⑤ 水：宛委本、集成及五朝小说大观本为"沫"。

⑥ 涵芬楼本无此小注。

⑦ 白：忠惠集本为"明"。

⑧ 下篇论茶器：宛委本、集成本及五朝小说大观
　　本为"器论"。

⑨ 襄：底本及绢本写为"衷"，或为书家任意书写
　　致误，按文意径改。

⑩ 茶：端明集本、忠惠集本为"叶"字。

⑪ 常温温然：底本及绢本皆无，而其他诸本皆

有，今录存之。

⑫ 锎：忠惠集本外诸本皆作"碙"。按当为锎。
　　锎石：黄铜。碙，音俞，一种次于玉的石头。
　　这里说的是用金属所制的茶碾，所以当
　　为"锎"。

⑬ 所：涵芬楼本为"新"字。

⑭ 坯：底本当为"坏"。

⑮ 后序：底本、绢本、四库本无此二字，喻政茶书
　　本、百家名书为"茶录后序"。

⑯ 涵芬楼本于"记"后多一"之"字。

⑰ 于石，以永其传：底本无，据绢写本及流传诸
　　本补。于：端明集本为"以"。以：端明集本
　　为"得"。

东溪试茶录 | 宋 宋子安 撰

作者及传世版本

宋子安，北宋人，明喻政万历刻《茶书》本称其为建安人，余不详。

关于作者名及书名，均有不同说法。本书为之考订如下。

作者名，宋刊百川学海本、《宋史·艺文志》作"宋子安"，而《郡斋读书志》衢本作"朱子安"，袁本作"宋子安"。明末刻佚名明人重辑一二〇种一五〇卷《百川学海》本、明喻政《茶书》本、明末刻佚名《茶书》十三种本、清抄本《茶书》七种十四卷本作者名亦皆作"朱子安"。按《四库全书总目》称："百川学海为旧刻，且《宋史·艺文志》亦作'宋子安'，则读书志为传写之讹也。"故作者名当为宋子安。书名《东溪试茶录》在《宋史·艺文志》中作《东溪茶录》，在明陶宗仪编清刊宛山堂本《说郛》及明末刻佚名《茶书》十三种中，均作《试茶录》。且后世茶书引录及其他书文中引用宋子安此书时，亦多有称《试茶录》者。按宋子安在书中自称"故曰《东溪试茶录》"，所以书名当为《东溪试茶录》。

书中说："近蔡公作《茶录》"，按蔡襄《茶录》作于皇祐(1049—1053)中，但未刊行；后稿被窃；知怀安县樊纪再得刊行，然多舛谬；襄遂校定书写，于治平元年(1064)刻石；治平四年襄卒，所以宋子安大概要在治平元年前后一二年间才能看到蔡襄《茶录》，则子安此书也必然是作于离治平元年不远。《文献通考》说："其序谓：七闽至国朝，草木之异则产腊茶、荔子，人物之秀则产状头、宰相，皆前代所未有，以时而显，可谓美矣。然其草厚味，不宜多食，其人物多智，难于独任。亦地气之异云。"按传今诸本《东溪试茶录》都没有这一段序文，可见马端临著《文献通考》时所知的宋刊本已不存。

主要刊本有：(1) 宋咸淳(1265—1274)刊百川学海戊集本；(2) 明翻宋百川本；(3) 明弘治十四年(1501)华氏刊百川学海壬集本；(4) 明嘉靖十五年(1536)郑氏宗文堂刻百川学海二十卷本；(5) 明朱祐宾(？—1539)《茶谱》本；(6)明万历(1573—1620)胡氏文会堂刻《百家名书》本；(7) 明万历四十一年(1613)喻政《茶书》本；(8) 明陈仁锡重订明末刊百川学海本；(9) 重编坊刊末明末刊百川学海一百四十四卷本；(10) 明末刻明人佚名重辑百川学海一百五十卷本；(11) 明末刻《茶书》十三种本；(12) 清姚振宗辑《师石山房丛书》本(稿本)；(13) 格致丛书本；(14) 清顺治三年(1646)李际期刻宛委山堂说郛本；

(15) 清古今图书集成本;(16) 清四库全书本;(17) 清抄本《茶书》七种本;(18) 民国丛书集成本(言据百川学海本排印,但与景宋咸淳刊百川学海本不同);(19) 民国(1927)陶氏涉园刊影宋百川学海本;(20) 百部丛书集成本(台北艺文印书馆据陶氏涉园影宋咸淳左圭原刻百川学海本影印)。

本书以陶氏涉园版影宋百川学海本为底本,参校他本。

原　文

序

建首七闽[1],山川特异,峻极回环,势绝如瓯。其阳多银铜,其阴孕铅铁,厥土赤坟[2],厥植惟茶。会建而上,群峰益秀,迎抱相向,草木丛条,水多黄金,茶生其间,气味殊美。岂非山川重复,土地秀粹之气钟于是,而物得以宜欤?

北苑西距建安[3]之洄溪二十里而近,东至东宫百里而遥。焙[①]名有三十六[②],东宫其一也。过洄溪,逾东宫,则仅能成饼耳。独北苑连属诸山者最胜。北苑前枕溪流,北[③]涉数里,茶皆气弈然,色浊,味尤薄恶,况其远者乎? 亦犹橘过淮为枳也。近蔡公[4]作《茶录》亦云:"隔溪诸山,虽及时加意制造,色味皆重矣。"

今北苑焙,风气亦殊。先春朝隮[5]常雨,霁则雾露昏蒸[6],昼午犹寒,故茶宜之。茶宜高山之阴,而喜日阳之早。自北苑凤山南,直苦竹园头东南,属张坑头,皆高远先阳处,岁发常早,芽极肥乳[7],非民间所比。次出壑源岭,高土沃[④]地,茶味甲于诸焙。丁谓亦云:"凤山高不百丈,无危峰绝崦,而岗阜环抱,气势柔秀,宜乎嘉植灵卉之所发也。"又以:"建安茶品,甲于天下,疑山川至灵之卉,天地[⑤]始和之气,尽此茶矣。"又论:"石乳出壑岭断崖缺石之间,盖草木之仙骨。"丁谓之记,录建溪茶事详备矣。至于品载,止云"北苑壑源岭",及总记"官私诸焙千三百三十六"耳。近蔡公亦云:"唯北苑凤凰山连属诸焙所产者味佳。"故四方以建茶为目[⑥],皆曰北苑。建人以近山所得,故谓之壑源。好者亦取壑源口南诸叶,皆云弥珍绝。传致之间,识者以色味品第,反以壑源为疑。

今书所异者,从二公纪土地胜绝之目,具疏园陇百名之异,香味精粗之别,庶知茶于草木,为灵最矣。去亩步之间,别移其性。又以佛岭、叶源、沙溪附见,以质二焙[8]之美,故曰《东溪试茶录》。自东宫、西溪、南焙、北苑皆不足品第,今略而不论。

总叙焙名北苑诸焙,或还民间,或隶北苑,前书未尽,今始终其事。

旧记建安郡官焙三十有八,自南唐岁率六县民采造,大为民间所苦。我宋建隆已来,环北苑近焙,岁取上供,外焙俱还民间而裁税之。至道年中,始分游坑、临江、汾常、西蒙洲、西小丰、大熟六焙,隶南剑[9]。又免五县茶民,专以建安一县民力裁足之,而除其口率泉。

庆历中,取苏口、曾坑、石坑、重院,还属北苑焉。又丁氏旧录云:"官私之焙,千三百三十有六",而独记官焙三十二。东山之焙十有四：北苑龙焙一，乳橘内焙二，乳橘外焙三，重院四，壑岭五，谓⑦源六，范源七，苏口八，东宫九，石坑十，建溪10十一，香口十二，火梨十三，开山十四。南溪之焙十有二：下瞿一，蒙洲东二，汾东三，南溪四，斯源五，小香六，际会七，谢坑八，沙龙九，南乡十，中瞿十一，黄熟十二。西溪之焙四：慈善西一，慈善东二，慈惠三，船坑四。北山之焙二：慈善东⑧一，丰乐二。

北苑 曾坑、石坑附

建溪之焙三十有二，北苑首其一，而园别为二十五，苦竹园头甲之，鼯鼠窠次之，张坑头又次之。

苦竹园头连属窠坑，在大山之北，园植北山之阳，大山多修木丛林，郁荫(廕)⑨相及。自焙口达源头五里，地远而益高。以园多苦竹，故名曰苦竹，以高远居众山之首，故曰园头。直西定山之隈，土石回向如窠然，南挟泉流积阴之处而多飞鼠，故曰鼯鼠窠。其下曰小苦竹园。又西至于大园，绝山尾，疏竹蓊翳，昔多飞雉，故曰鸡薮窠。又南出壤园、麦园，言其土壤沃，宜辨麦11也。自青山曲折而北，岭势属如贯鱼，凡十有二，又隈曲如窠巢者九，其地利为九窠十二垄。隈深绝数里，曰庙坑，坑有山神祠焉。又焙南直东，岭极高峻，曰教练垄，东入张坑，南距苦竹带北，冈势横直，故曰坑。坑又北出凤凰山，其势中跱，如凤之首，两山相向，如凤之翼，因取象焉。凤凰山东南至于袁云垄，又南至于张坑，又南最高处曰张坑头，言昔有袁氏、张氏居于此，因名其地焉。出袁云之北，平下，故曰平园。绝岭之表，曰西际。其东为东际。焙东之山，萦纡如带，故曰带园。其中曰中历坑，东又曰马鞍山，又东黄淡12窠，谓山多黄淡也。绝

东为林园，又南曰柢⑩园。

又有苏口焙，与北苑不相属，昔有苏氏居之，其园别为四：其最高处曰曾坑，际上又曰尼园，又北曰官坑上园、下坑园⑪。庆历中，始入北苑。岁贡有曾坑上品一斤，丛出于此。曾坑山浅土薄，苗发多紫，复不肥乳，气味殊薄。今岁贡以苦竹园茶充之，而蔡公《茶录》亦不云曾坑者佳。又石坑者，涉溪东北，距焙仅一舍13，诸焙绝下。庆历中，分属北苑。园之别有十：一曰大番⑫，二曰石鸡望，三曰黄园，四曰石坑古焙，五曰重院，六曰彭坑，七曰莲湖，八曰严历，九曰乌石高，十曰高尾。山多古木修林，今为本焙取材之所。园焙岁久，今废不开。二焙非产茶之所，今附见之。

壑源 叶源附

建安郡东望北苑之南山，丛然而秀，高峙数百丈，如郛郭焉。民间所谓捍火山也。其绝顶13西南下，视建之地邑。民间谓之望州山。山起壑源口而西，周抱北苑之群山，迤逦南绝，其尾岿然，山阜高者为壑源头，言壑源岭山自此首也。大山南北，以限沙溪。其东曰壑水之所出。水出山之南，东北合为建溪。壑源口者，在北苑之东北。南径数里，有僧居曰承天，有园陇北，税官山。其茶甘香，特胜近焙，受水则浑然色重，粥面无泽。道山之南，又西至于章历。章历西曰后坑，西曰连焙，南曰焙上⑭，又南曰新宅，又西曰岭根，言北山之根也。茶多植山之阳，其土赤埴，其茶香少而黄白。岭根有流泉，清浅可涉。涉泉而南，山势回曲，东去如钩，故其地谓之壑岭坑头，茶为胜。绝处又东，别为大窠坑头，至大窠为正壑岭，实为南山。土皆黑埴，茶生山阴，厥味甘香，厥色青白，及受水，则淳淳14光泽。民间

谓之冷粥面视其面,涣散如粟。虽去社,芽[15]叶过老,色益青明[16],气益郁然,其止[15],则苦去而甘至。民间谓之草木大而味大是也。他焙芽叶过[17]老,色益青浊,气益勃然,甘至[18],则味去而苦留,为异矣。大窠之东,山势平尽,曰壑岭尾,茶生其间,色黄[19]而味多土气。绝大窠南山,其阳曰林坑,又西南曰壑岭根,其西曰壑岭头。道南山而东,曰穿栏焙,又东曰黄际。其北曰李坑,山渐平下,茶色黄而味短。自壑岭尾之东南,溪流缭绕,冈阜不相连附。极南坞中曰长坑,逾岭[20]为叶源。又东为梁坑,而尽于下湖。叶源者,土赤多石,茶生其中,色多黄青,无粥面粟纹而颇明爽,复性重喜沉,为次也。

佛岭

佛岭连接叶源、下湖之东,而在北苑之东南,隔壑源溪水。道自章阪[21]东际为丘坑,坑口西对壑源,亦曰壑口。其茶黄白而味短。东南曰曾坑,今属北苑其正东曰后历。曾坑之阳曰佛岭,又东至于张坑,又东曰李坑,又有硬头、后洋、苏池、苏源、郭源、南源、毕源、苦竹坑、歧头、槎头,皆周环佛岭之东南。茶少甘而多苦,色亦重浊。又有箦[16]源、箦,音胆[22],未详此字。石门、江源、白沙,皆在佛岭之东北。茶泛然缥尘色而不鲜明,味短而香少,为劣耳。

沙溪

沙溪去北苑西十里,山浅土薄,茶生则叶细,芽不肥乳。自溪口诸焙,色黄而土气。自龚漈南曰挺头,又西曰章坑,又南曰永安,西南曰南坑漈,其西曰砰溪。又有周坑、范源、温汤漈、厄源、黄坑、石龟、李坑、章坑、章村[23]、小梨,皆属沙溪。茶大率气味全薄,其轻而浮,涉涉如土色,制造亦殊壑源者不多留膏[17],盖以去膏尽,则味少而无

泽也,茶之面无光泽也故多苦而少甘。

茶名 茶之名类殊别,故录之。

茶之名有七:

一曰白叶茶,民间大重,出于近岁,园焙时有之。地不以山川远近,发不以社之先后[18],芽叶如纸,民间以为茶瑞,取其第一者为斗茶。而气味殊薄,非食茶之比。今出壑源之大窠者六叶仲元、叶世万、叶世荣、叶勇[24]、叶世积、叶相,壑源岩下一叶务滋,源头二叶团、叶肱,壑源后坑〔一〕叶久,壑源岭根三叶公、叶品、叶居,[19]林坑黄漈一游容,丘坑一游用章,毕源一王大照[20],佛岭尾一游道生,沙溪之大梨漈上[25]一谢汀[26],高石岩一云擦院,大梨一吕演,砰溪岭根一任道者。

次有柑叶茶,树高丈余,径头七八寸,叶厚而圆,状类柑橘之叶。其芽发即肥乳,长二寸许,为食茶之上品。

三曰早茶,亦类柑叶,发常先春,民间采制为试焙者。

四曰细叶茶,叶比柑叶细薄,树高者五六尺,芽短而不乳,今生沙溪山中,盖土薄而不茂也。

五曰稽茶,叶细而厚密,芽晚而青黄。

六曰晚茶,盖稽[27]茶之类,发比诸茶晚,生于社后。

七曰丛茶,亦曰蘖茶,丛生,高不数尺,一岁之间,发者数四,贫民取以为利。

采茶 辨茶须知制造之始,故次。

建溪茶,比他郡最先,北苑、壑源者尤早。岁多暖,则先惊蛰十日即芽;岁多寒,则后惊蛰五日始发。先芽者,气味俱不佳,唯过惊蛰者最为第一。民间常以惊蛰为候。诸焙后北苑者半月,去远则益晚。凡采茶必以晨兴,不以日出。日出露晞,为阳所薄,则使芽之膏腴立[28]耗于内,茶及受水而不鲜

明,故常以早为最。凡断芽必以甲,不以指。以甲则速断不柔,以指则多温易损。择之必精,濯之必洁,蒸之必香,火之必良,一失其度,俱为茶病。民间常以春阴为采茶得时。日出而采,则芽㉙叶易损,建人谓之采摘不鲜,是也。

茶病试茶辨味,必须知茶之病,故又次之。

芽择肥乳,则甘香而粥面着盏而不散。土瘠而芽短,则云脚㉑涣乱,去盏而易散。叶梗半,则受水鲜白。叶梗短,则色黄而泛。梗,谓芽之身除去白合处,茶民以茶之色味俱在梗中。乌蒂㉒、白合㉓,茶之大病。不去乌蒂,则色黄黑而恶。不去白合,则味苦涩。丁谓之论备矣蒸芽必熟,去膏必尽。蒸芽未熟,则草木气存,适口则知去膏未尽,则色浊而味重。受烟则香夺,压黄㉔则味失,此皆茶之病也。受烟,谓过黄时火中有烟,使茶香尽而烟臭不去也。压〔黄,谓〕去膏之时㉚,久留茶黄未造,使黄经宿,香味俱失,夐然气如假鸡卵臭也㉛。

注　释

1　七闽:原指古代居住在今福建和浙江南部的闽人,因分为七族,故称为七闽。后称福建为闽,也叫七闽。建首七闽:建州是福建的首府。按:《宋史·地理志》中福建路的首列州府为福州,但是路一级的地方政府机构福建路转运司却设置在位列第二的建州,从这个意义上可以说建州是福建的首府。

2　坟:土质肥沃。

3　建安:今福建建瓯。

4　蔡公:即蔡襄。

5　隮(jī):由山谷涌升上来的云气。

6　霁(jì):雨雪停止,晴朗的天气;蒸,热气上升。霁则雾露昏蒸:雨后的晴天也是水雾蒙蒙的。

7　芽极肥乳:茶芽汁液丰富,养分充足。

8　质:评断,评量。二焙:指北苑、壑源二园焙。

9　南剑:即南剑州,治所今福建南平。

10　建溪:水名。在福建,为闽江北源。其地产名茶,号建茶。

11　䴴(móu):䴴麦,大麦。

12　黄淡:一种果品,南宋张世南《游宦纪闻》卷5:“果中又有黄淡子……大如小橘,色褐,味微酸而甜。”而陈藏器《补本草》则径云黄淡子为橘之一种。

13　一舍:三十里,古时行军三十里为一舍。

14　淳淳:流动貌。

15　止:留住,不动。其止:当指喝了茶之后,茶留在口中的滋味与感觉。

16　篢(gōng):笠名。按,原文中小注“篢”音“胆”有误。

17　制造亦殊壑源者不多留膏:造茶也和壑源不多留膏的方法不一样。

18　发:指茶发芽。社:社有春社、秋社,采茶论时间言“社”一般都是指春社。

19　壑源叶姓茶园的白茶在宋代殊为有名,苏轼《寄周安孺茶》诗有曰:“自云叶家白,颇胜中山酿。”

20　王家白茶在宋代亦久驰名,刘弇《龙云集》卷28:“其品制之殊,则有……叶家白、王家白……”。蔡襄治平二年正月的《茶记》则专门记录了王家白茶的事情:“王家白茶闻于天下,其人名王大诏。白茶唯一株,岁可作五七饼,如五铢钱大。方其盛时,高视茶山,莫敢与之角。一饼直钱一千,非其亲故不可得也。终以园家以计枯其株。予过建安,大诏垂涕为余言其事。今年枯枿辄生一枝,造成一饼,小于五铢。大诏越四千里特携以来京师见予,喜发颜面。予之好茶固深矣,而大诏不远数千里之役,其勤如此,意谓非予莫之省也,可怜哉!乙巳初月朔日书。"

21　云脚:义同粥面,也是指末茶调膏注汤击拂点茶后,在茶汤表面形成的沫饽状的汤面。

22　乌蒂:赵汝砺《北苑别录·拣茶》云:"乌蒂,茶之蒂头是也。"徽宗《大观茶论》:"既撷则有乌蒂……乌蒂不去,害茶色。"是茶叶摘离茶树时的蒂头部分。

23　白合:黄儒《品茶要录》之二《白合盗叶》云:"一鹰爪之芽,有两小叶抱而生者,白合也。"是茶树梢上萌发的对生两叶抱一小芽的茶叶,常在早春采第一批茶时出现。

24　压黄:茶已蒸者为黄,茶黄久压不研、造茶而致茶色味有损,谓之压黄。

校　勘

① 焙:底本作"姬",朱祐槟茶谱本作"焙",当以此字为是,否则殊难读通。

② 三十六:底本"三十六"后有"东"字,朱祐槟茶谱本、喻政茶书本、集成本无。按此"东"字当无,为衍文,径删。

③ 北:丛书集成本为"比"。

④ 沃:宛委本、集成本、四库本作"决"。

⑤ 地:喻政茶书本作"下"。

⑥ 目:朱祐槟茶谱本、喻政茶书本作"首"。

⑦ 谓:集成本为"渭"。

⑧ 西溪四焙之一为"慈善东",北山二焙之一亦曰"慈善东",此处诸书所记当有误。

⑨ 荫(廕):朱祐槟茶谱本、喻政茶书本、集成本为"荫(蔭)"。

⑩ 柢:朱祐槟茶谱本为"秖"。

⑪ 官坑上园、下坑园:《北苑别录》作"上下官坑"。下坑园中之"园"字或为衍字。

⑫ 番:朱祐槟茶谱本、喻政茶书本、集成本为"畲"。

⑬ 顶:百家名书本为"项"。

⑭ 上:朱祐槟茶谱本、喻政茶书本、百家名书本、宛委本、集成本、四库本为"山"。

⑮ 芽:底本、朱祐槟茶谱本、百家名书本、宛委本、集成本、丛书集成本为"茅",误。

⑯ 明:百家名书本、喻政茶书本为"清"。

⑰ 过:底本、宛委本、四库本、丛书集成本为"遇",误。

⑱ 甘至:喻政茶书本为"其止"。

⑲ 黄:喻政茶书本为"黑"。

⑳ 岭:集成本为"流"。

㉑ 阪:百家名书本、喻政茶书本为"版"。

㉒ 胆(膽):朱祐槟茶谱本为"赡"。

㉓ 村:朱祐槟茶谱本为"材"。

㉔ 勇:喻政茶书本为"涌(湧)"。

㉕ 漈上:朱祐槟茶谱本为"澄上"。

㉖ 汀:朱祐槟茶谱本为"江"。

㉗ 稽:底本、朱祐槟茶谱本、百家名书本、喻政茶书本、宛委本、集成本、丛书集成本皆为"鸡",当误。

㉘ 立:朱祐槟茶谱本、百家名书本、宛委本、集成本为"泣",喻政茶书本为"消",丛书集成本为"出"。

㉙ 芽:底本、百家名书本、宛委本、集成本、丛书集成本为"茅",当误。

㉚ 压黄,谓去膏之时:诸本皆为"压去膏之时",按其行文,此处当有脱漏,故增补之。

㉛ 喻政茶书本于篇末有云:"右《东溪试茶录》一卷,皇朝朱子安集,拾丁蔡之遗。东溪,亦建安地名。其序谓:七闽至国朝,草木之异则产腊茶、荔子,人物之秀则产状头、宰相,皆前代所未有。以时而显,可谓美食。然其草木味厚,不宜多食,其人物虽多智,难独任。亦地气之异云。澶渊晁公武题。"

品茶要录 | 宋 黄儒 撰

作者及传世版本

黄儒,字道辅[1],北宋建安(今福建建瓯县)人,熙宁六年(1073)进士。余不详。

万国鼎先生称此书约撰于1075年左右。

四库全书总目提要说《品茶要录》"以茶之采制烹试,各有其法,低昂得失,所辨甚微。……与他家茶录惟论地产品目及烹试器具者,用意稍别。"卷末有苏东坡书后一篇,提要言其在真伪之间,但陈振孙《直斋书目解题》(按:今本书录解题上并没有著录此书,只是《文献通考》转引)称"元祐中东坡尝跋其后",故照录。

关于本书的书名,只夷门广牍本称为"茶品"或"茶品要录",实是周履靖以己意任意而改所致,因黄儒书中实有自称书名为《品茶要录》者。

关于本书的刊本:四库馆臣称"明新安程百二始刊之",万国鼎《茶书总目提要》沿录,笔者也曾沿用此说。近勘明周履靖夷门本(万历二十五年,1597)实为此书的最早刊本。今传刊本有:(1)明周履靖夷门本,(2)明程百二程氏丛刻本,(3)明喻政茶书本,(4)宛委山堂说郛本,(5)古今图书集成本,(6)文渊阁四库全书本,(7)五朝小说本,(8)宋人说粹本,(9)涵芬楼说郛本,(10)丛书集成初编本(据夷门本影印)等版本。

夷门本虽为现存最早的刊本,但错讹太多,故本书不取以为底本,而以稍后一点的程氏丛刻本为底本,参校喻政茶书本及其他版本。

原　　文

品茶要录目录①

总论

说者常怪陆羽②《茶经》不第建安[2]之品,盖前此茶事未甚兴,灵芽真笋,往往委翳消腐,而人不知惜。自国初以来,士大夫沐浴膏泽,咏歌升平之日久矣。夫体势洒落,神观冲淡,惟兹茗饮为可喜。园林亦相与摘英夸异,制卷鬻新而趋③时之好,故殊绝④之品始得自出于蓁莽之间,而其名遂冠天下。借使陆羽复起,阅其金饼,味其云腴[3]⑤,当爽然[4]自失矣。

因念草木之材，一有负瑰伟绝特者，未⑥尝不遇时而后兴，况于人乎！然士大夫间为珍藏精试之具，非会⑦雅好真⑧，未尝辄出。其好事者，又尝⑨论其采制之出入，器用之宜否⑩，较试之汤火，图于缣素，传玩于时，独未有⑪补于赏鉴之明尔。盖园民射利，膏油其面，色品味易辨而难评⑫。予因收阅⑬之暇，为原采造之得失，较试之低昂，次为十说，以中其病，题曰《品茶要录》云。

一、采造过时

茶事起于惊蛰前，其采芽如鹰爪，初造曰试焙，又曰一火，其次曰二火。二⑭火之茶，已次一火矣。故市茶芽者，惟同出于三火前者为最佳⑮。尤喜⑯薄寒气候，阴不至于⑰冻，芽茶⑱尤畏霜，有造于一火二火皆遇⑳霜，而三火霜霁，则三火之茶㉑胜矣。㉒晴不至于暄，则谷芽含㉓养约勒而滋长有渐，采工亦优㉔为矣。凡试时泛色鲜白，隐于薄雾者，得于佳时而然也；有造于积雨者，其㉕色昏黄㉖；或气候暴暄，茶芽蒸发，采工汗㉗手薰渍，拣摘不给5㉘，则制造虽㉙多，皆为常品矣。试时色非鲜白、水脚6微红者，过时之病也。

二、白合盗叶7

茶之精绝者曰斗，曰亚斗，其次拣芽8。茶芽㉚，斗品虽最上，园户㉛或止一株，盖天材间有特异，非能皆然也。且物之变势无穷㉜，而人之耳目有尽，故造斗品之家，有昔优而今劣、前负而后胜者。虽〔人工〕㉝有至有不至，亦造化推移，不可得而擅也。其造，一火曰斗，二火曰亚斗，不过十数铐而已。拣芽则不然，遍园陇中择㉞其精英者尔。其或贪多务得，又滋色泽，往往以白合盗叶间之。试时色虽鲜白，其味涩淡者，间

白合盗叶之病也。一鹰爪之芽，有两小叶抱而生者，白合也。新条叶之抱生㉟而色㊱白者，盗叶也。造拣芽常剔取鹰爪，而白合不用，况盗叶乎。

三、入杂

物固不可以容伪，况饮食之物，尤不可也。故茶有入他叶者，建㊲人号为"入杂"。铐列入柿叶，常品入桴、槛叶9。二叶易致，又滋色泽，园民欺售直而为之㊳。试时无粟纹甘香，盏面浮散，隐如微毛，或星星如纤絮者，入杂之病也。善茶品者，侧盏视之，所入之多寡，从可知矣。向上下品有之，近虽铐列，亦或勾使。

四、蒸不熟

谷芽10初采，不过盈箱㊴而已，趣时争新之势然也。既采而蒸。既蒸而研。蒸有不熟之病，有过熟之病。蒸不熟㊵，则㊶虽精芽，所损已多。试时色青易沉，味㊷为桃仁㊸之气者，不蒸熟之病也。唯正熟者，味甘香。

五、过熟

茶芽方蒸，以气为候，视之不可以不谨也。试时色㊹黄而粟纹大者，过熟之病也。然虽过熟，愈于不熟，甘香之味胜㊺也。故君谟论色，则以青白胜黄白；余论味，则以黄白胜青白。

六、焦釜

茶，蒸不可以逾久，久而过熟，又久则汤干，而焦釜之气上㊻。茶工有泛㊼新汤以益之，是致熏㊽损茶黄。试时色多昏红㊾，气焦味恶者，焦釜之病也。建人号为㊿热[51]锅气[52]。

七、压黄11

茶已蒸者为黄，黄细12，则已入卷模制之矣。盖清洁鲜明，则香色如之[53]。故采佳[54]品者，常于半晓间冲蒙云雾，或以罐汲新泉悬胸间，得必投其中，盖欲鲜也。其或

日气烘烁，茶芽暴长，工力不给⑤，其〔采〕⑤芽已陈而不及蒸，蒸而不及研，研或出宿而后制，试时色不鲜明，薄如坏卵气者，压黄之病⑤也。

八、渍膏[13]⑧

茶饼光黄，又如荫润者，榨不干也。榨欲尽去其膏，膏尽则有⑤如干竹叶之色⑥。惟⑥饰首面者，故榨不欲干，以利易售。试时色虽鲜白，其味带苦者，渍膏之病也。

九、伤焙[14]

夫茶本以芽叶之物就之卷模，既出卷，上笪[15]⑥焙之，用火务令通彻⑥。即以灰⑥覆之⑥，虚其中，以热⑥火气。然茶民不喜用实炭，号为冷火，以茶饼新湿⑥，欲速干以见售，故用火常带烟焰。烟焰既多，稍失看候，以故薰损茶饼。试时其色昏红，气味带焦者，伤焙之病也。

十、辨壑源、沙溪[16]

壑源、沙溪，其地相背，而中隔一岭，其势⑥无数里之远，然茶产顿殊。有能出力⑥移栽植之，亦为土气所化。窃尝怪茶之为草，一物尔，其势必由得地而后异。岂水络地脉，偏钟⑥粹[17]于壑源？抑⑦御焙占此大冈巍陇，神物伏护，得其余荫耶？何其甘芳精至而独⑦擅天下也。观夫⑦春雷一惊，筐笼才起，售者已担簦挈囊于其门，或先期而散留金钱，或茶才入笪而争酬所直，故壑源之茶常不足客所求。其有桀猾之园民，阴取沙溪茶黄，杂就家卷而制之，人徒趣其名，睨其规模之相若，不能原其实者，盖有之矣。凡壑源之茶售以十，则沙溪之茶售以五，其直大率仿⑦此。然沙溪之园民，亦勇于⑦为⑦利，或杂以松黄，饰其首面。凡⑦肉理怯薄，体轻而色

黄，试时虽鲜白，不能久泛⑦，香⑦薄而味短者，沙溪之品也。凡肉理实厚，体坚而色紫，试时泛盏⑧凝久，香滑而味长者，壑源之品也。

后论

余尝论茶之精绝者，白合未开⑧，其细如麦，盖得青阳[18]之轻清者也。又其山多带砂石而号嘉品者，皆在山南，盖得朝阳之和者也。余尝事闲，乘暑景[19]之明净，适轩亭之潇洒，一取佳品尝试⑧，既而神⑧水生于华池，愈甘而清⑧，其有助乎！然建安之茶，散天⑧下者不为少⑧，而得建安之精品不为多⑧，盖有得之者，亦⑧不能辨，能辨矣⑧，或不善于烹试，善烹试矣，或非其时，犹不善也，况非其宾乎？然未有主贤而宾愚者也。夫惟知此，然后尽茶之事。昔者陆羽号为知茶，然羽之所知者，皆今所谓草茶[20]。何哉？如鸿渐所论"蒸笋⑩并叶，畏流其膏"[21]，盖草茶味短而淡，故常恐去膏；建茶力厚而甘，故惟欲去膏。又论福建⑩为"未详，往往⑫得之，其味极佳"[22]，由是观之，鸿渐未尝到建安欤？

附录：

（一）书黄道辅《品茶要录》后⑬　眉山苏轼书

物有畛而理无方，穷天下之辩，不足以尽一物之理。达者寓物以发其辩，则一物之变，可以尽南山之竹。学者观物之极，而游于物之表，则何求而不得？故轮扁行年七十而老于斫轮，庖丁自技而进乎道，由此其选也。

黄君道辅，讳儒，建安人，博学能文，淡

然精深，有道之士也。作《品茶要录》十篇，委曲微妙，皆陆鸿渐以来论茶者所未及。非至静无求，虚中不留，乌能察物之情如其详哉！昔张机有精理而韵不能高，故卒为名医；今道辅无所发其辩而寓之于茶，为世外淡泊之好，以此高韵辅精理者。予悲其不幸早亡，独此书传于世，故发其篇末云。

天都程百二录于忻赏斋

（二）程氏丛刻本序言

尝于残楮中得《品茶要录》，爱其议论。后借阁本《东坡外集》读之，有此书题跋，乃知尝为高流所赏识，幸余见之偶同也。传写失真，伪舛过半，合五本校之，乃稍审谛如此。回书一过，并附东坡语于后，世必有赏音如吾两人者。

万历戊申春分日澹翁书，时年六十有九

（三）吴逵《题〈品茶要录〉》

茶，宜松，宜竹，宜僧，宜销夏。比者余结夏于天界最深处，松万株，竹万杆，手程幼舆所集《茶品》一编，与僧相对，觉腋下生风，口中露滴，恍然身在清凉国也。今人事事不及古人，独茶政差胜。余每听高流谈茶，其妙旨参入禅玄，不可思议。幼舆从斯搜补之，令茶社与莲邦共证净果也。属乡人江文炳纪之。

南罗居士吴逵题于小万松庵

（四）徐㶿跋

黄儒事迹无考。按《文献通考》："陈振孙曰：《品茶要录》一卷，元祐中东坡尝跋其后。"今苏集不载此跋，而陈氏之言必有所据，岂苏文尚有遗耶？然则儒与苏公同时人也。徐㶿识。

注　释

1 《文献通考》引陈振孙《直斋书录解题》言其字道父，《四库全书总目提要》以为非。但喻政茶书本亦题作道父。

2 建安：旧县名，治今福建建瓯。三国吴至隋为建安郡治，唐以后为建州、建宁府、建宁路治。1913 年改名建瓯。宋以产北苑茶著名，北苑茶是当时贡茶。

3 云腴：谓云之脂膏，道家以为仙药。《云笈七签·方药》："又云腴之味，香甘异美，强骨补精，镇生五脏，守气凝液，长魂养魄，真上药也。"宋代即有以云腴指茶者，宋庠《谢答吴侍郎惠茶二绝句》诗之一："衰翁剧饮虽无分，且喜云腴伴独醒。"

4 爽然：默然。

5 不给：不及时。

6 水脚：茶汤表面沫饽消退时在茶碗壁上留下的水痕。

7 白合盗叶：亦称白合、抱娘茶，即茶树梢上萌发的对生两叶抱一小芽的芽叶。常在早春采第一批茶时发生。制优质茶须剔除之。

8 拣芽：一枪一旗为拣芽，即一芽一叶，芽未展尖细如枪，叶已展有如旗帜。又称"中芽"。

9 桴、槛：桴为木头外层的粗皮，槛是栏杆。此处当为二种植物。

10 谷芽：茶名。唐李咸用《同友生春夜闻雨》："此时童叟浑无梦，为喜流膏润谷芽"。

11 压黄：唐宋团、饼茶制造中，因鲜叶采回不及时蒸，蒸后不及时研，研而不及时烘焙而导致茶色不鲜明，茶味呈淡薄的坏鸡蛋味，统称为压黄。

12 黄细：茶黄研细之后。

13 渍膏：渍，即浸、沤；膏，即茶汁。团、饼茶制作中，蒸过的茶需榨尽茶汁，因茶汁未榨尽而色浊味重为渍膏。

14　伤焙：指唐宋团、饼茶制作中烘焙火候失度。

15　筥（dá）：一种用粗竹篾编成的形状像席子的制茶器具。

16　辨壑源、沙溪：分辨壑源、沙溪的茶叶是宋代鉴别茶叶的一项重要工作，苏轼有诗曰"壑源沙溪强分辨"。壑源即壑源山，位于福建建瓯。为宋北苑外焙产茶最好之地。沙溪为闽江南源，在福建中部。

17　钟粹：集注精华。

18　青阳：指春天。《尔雅·释天》："春为青阳。"注："气清而温阳。"

19　暑景：影，日影。

20　草茶：宋代称蒸研后不经压榨去膏汁的茶为草茶。

21　语出陆羽《茶经·二之具·甑》，原文略有不同："散所蒸牙笋并叶，畏流其膏"。

22　语出陆羽《茶经·八之出·岭南》。

校　　勘

①　目录据喻政茶书本补。
②　羽：夷门本、喻政茶书本为"公"。
③　趋：夷门本、喻政茶书本为"移"。
④　绝：集成本、宋人说粹本（简称说粹本）为"异（異）"，宛委本为"异"。
⑤　夷门本于此多一"者"字。
⑥　夷门本于"未"字前多一"来"字。
⑦　会：宛委本、集成本、说粹本为"尚"。
⑧　夷门本于此多一"真"字。
⑨　尝：宛委本、集成本、说粹本为"常"。
⑩　之宜否：夷门本为"宜之否"。
⑪　有：喻政茶书本无此字。
⑫　评：夷门本、喻政茶书本、宛委本、集成本、说粹本为"详"。
⑬　收阅：夷门本、喻政茶书本、宛委本、集成本、说粹本为"阅收"。
⑭　二：夷门本为"三"。
⑮　佳：夷门本无此字。
⑯　喜：集成本为"善"。
⑰　于：夷门本、喻政茶书本、宛委本、集成本、说粹本无。
⑱　芽茶：宛委、涵芬楼及集成本为"芽发时"。
⑲　喻政茶书本于此多一"寒"字。
⑳　夷门本于此多一"之"字。
㉑　涵芬楼本于此多一"已"字。
㉒　此小注夷门本刊为正文，以下诸小注皆同，不复出校。
㉓　含：夷门本为"舍"。
㉔　优：夷门本为"复"。
㉕　其：夷门本为"真"。

㉖　黄：宛委本、集成本、说粹本无。
㉗　汗：夷门本、说粹本为"污（汗）"。
㉘　夷门本于此多一"矣"字。
㉙　虽：夷门本为"须"。
㉚　芽：夷门本、喻政茶书本无。
㉛　园户：夷门本刻为"菌尸"。
㉜　穷：宛委本、集成本、说粹本为"常"。
㉝　人工：底本无"人"字，今据喻政茶书等版本补。
㉞　涵芬楼本于此多一"去"字。
㉟　之抱生，喻政茶书本为"细"；抱，宛委本、集成本、说粹本为"初"。
㊱　色：宛委本、集成本无。
㊲　建：夷门本无此字。
㊳　之：涵芬楼本于"之"字后多一"也"字。
㊴　箱：喻政茶书本为"掬"，宛委本、集成本、说粹本为"筐"。
㊵　蒸不熟：喻政茶书本为"蒸而不熟者"。
㊶　则：夷门本、宛委本、集成本、说粹本为"自"；喻政茶书本无此字。
㊷　味：夷门本为"易"。
㊸　桃仁：底本为"挑入"，今据喻政茶书本等版本改。
㊹　色：夷门本、喻政茶书本为"叶"。
㊺　胜：夷门本、喻政茶书本为"盛"。
㊻　上：宛委本、集成本、说粹本为"出"，喻政茶书本为"上升"。
㊼　泛：原作"乏"，今据涵芬楼本改。
㊽　熏：宛委本、集成本、说粹本为"蒸"，夷门本无此字。
㊾　红：宛委本、集成本、说粹本为"黯"。

(50) 为：宛委本、集成本、说粹本无。
(51) 热：夷门本为“熟”。
(52) 本小注喻政茶书本亦刻为正文。
(53) 之：夷门本为“人”。
(54) 佳：夷门本为“著”。
(55) 给：喻政茶书本为“及”。
(56) 采：底本无，今据喻政茶书本等版本补之。
(57) 之病：底本脱，涵芬楼本为“之谓”，夷门本为“人”，喻政《茶书》本为“久”，今据宛委本等版本改。
(58) 渍膏：“渍”字，底本误写为“清”。
(59) 有：夷门本为“大”。
(60) 色：夷门本为“思”，喻政茶书本为“状”，宛委本、集成本、说粹本为“意”。
(61) 惟：喻政茶书作“惟夫”。
(62) 笪：夷门本为“豆”。
(63) 务令通彻：夷门本作“务通令彻”。令，喻政茶书本作“合”；彻，夷门本、喻政茶书本、宛委本、集成本、说粹本又作“熟”。
(64) 灰：喻政茶书本为“火”。
(65) 即以灰覆之：夷门本为“即以芽叶之物就之”。
(66) 热：宛委本、集成本、说粹本为“熟”。
(67) 湿：底本为“温”，据喻政茶书本等改。
(68) 势：宛委本、集成本、说粹本为“去”。
(69) 力：底本为“火”，误，据喻政茶书本等改。
(70) 钟：底本为“种”，当误，据喻政茶书本等改。
(71) 抑：夷门本、喻政茶书本、宛委本、集成本、说粹本为“岂”。
(72) 独：宛委本、集成本、说粹本为“美”。
(73) 夫：涵芬楼本为“乎”。
(74) 仿：底本为“放”，误，据喻政茶书本等改。
(75) 于：夷门本、涵芬楼本为“以”。
(76) 为：喻政茶书本为“射”，宛委本、集成本、说粹本为“觅”。
(77) 凡：夷门本、喻政茶书本为“或”。
(78) 泛：夷门本为“香”，喻政茶书本无。
(79) 香：夷门本为“泛”。
(80) 盏：夷门本、喻政茶书本为“杯”。
(81) 夷门本于“百合未开”句前多“美其色”三字。
(82) 一取佳品尝试：宛委本、集成本、说粹本为“一一皆取品试”。
(83) 神：底本为“求”，据喻政茶书本等改。
(84) 清：夷门本、喻政茶书本为“亲”，说粹本为“新”。
(85) 天：夷门本、喻政茶书本为“人”。
(86) 少：喻政茶书本、宛委本、集成本、说粹本为“也”。
(87) 不为多：宛委本、集成本、说粹本为“不善炙”；夷门本为“不为灸”。
(88) 亦：底本、夷门本、喻政茶书本、四库本、涵芬楼本无，按行文当有。
(89) 亦不能辨，能辨矣：“亦”，原本无，据文意补。夷门本为“不能辨矣”。
(90) 笋：涵芬楼本为“芽”。
(91) 涵芬楼本于此多一“而”字。
(92) 往往：夷门本于此二字后多一“而”字。
(93) 夷门本、喻政茶书本、宛委本、集成本、涵芬楼本、说粹本诸本皆未附苏轼此“书后”之文。

本朝茶法 | 宋　沈括　撰

作者及传世版本

沈括（1031—1095），字存中，钱塘（今浙江杭州）人，寄籍苏州。至和元年（1054）以父荫初仕为海州沭阳县主簿，嘉祐八年（1063）举进士。累官翰林学士、龙图阁待制、光禄寺少卿。英宗治平三年(1066)为馆阁校勘,神宗熙宁五年(1072),提举司天监,六年,奉使察访两浙,七年,为河北路察访使,八年,为翰林学士、权三司使,次年罢知宣州。元丰三年(1080)知延州,加鄜延路经略安抚使。两年后因徐禧失陷永乐城,谪均州团练副使。哲宗元祐初徙秀州(今浙江嘉兴),后移居润州(今江苏镇江),绍圣二年(1095)卒,年六十五。博学善文,于天文、方志、律历、音乐、医药、卜算,无所不通。撰有《长兴集》、《梦溪笔谈》、《苏沈良方》等,事迹附见《宋史》卷三三一《沈遘传》。

沈括是中国古代杰出的科学家、博洽学者和著名政治家,他于晚年居住润州时所撰《梦溪笔谈》被国内外学者推许为"中国科学史上之里程碑"。

《本朝茶法》是沈括《梦溪笔谈》卷十二中的第八、第九两条,记述北宋茶叶专卖法和茶利等事。宋江少虞《事实类苑》卷二十一并引二条作一条为其《茶利》条目之第二。明陶宗仪《说郛》将其录出作为一书,取第八条首四字题名为《本朝茶法》。清陶珽重辑的宛委山堂本说郛、宋人说粹都将其作为单独一书收录,万国鼎《茶书总目提要》仍之。本书亦将其作为一种茶书收录。

刊本:除(1)宛委山堂说郛及(2)五朝小说大观·宋人小说本两种独立成篇的刊本外,便是明清以来刻行的诸种《梦溪笔谈》版本,计有:(3)明弘治乙卯(1495)徐珤刊本,(4)明商濬稗海本,(5)明毛晋津逮秘书本,(6)明崇祯四年(1631)嘉定马元调刊本,(7)清嘉庆十年(1805)海虞张海鹏学津讨原本,(8)清光绪三十二年(1906)番禺陶氏爱庐刊本,(9)1916年贵池刘世珩玉海堂覆刻宋乾道二年(1166)扬州州学刊本,(10)1934年涵芬楼景印明覆宋本,(11)四部丛刊续编本(为涵芬楼景印明覆宋本)等。

本书以宛委山堂说郛本《本朝茶法》为底本,参校宋人说粹本、诸种相关《梦溪笔谈》刊本,及江少虞《事实类苑》的引录。校勘及注释部分皆参考了胡道静先生《梦溪笔谈校证》中的相关内容。

原　　文

本朝茶法:乾德二年,始诏在京、建州、汉、蕲口各置榷货务。五年,始禁私卖茶,从不应为情理重[1]。太平兴国二年,删定禁法条贯,始立等科罪[2]。

淳化二年,令商贾就园户买茶,公于官场贴射,始行贴射法[3]。淳化四年,初行交引[4],罢贴射法;西北入粟给交引,自通利军始[5];是岁罢诸处榷货务,寻复依旧。

至咸平元年,茶利钱以一百三十九万二千一百一十九贯三百一十九为额。至嘉祐三年,凡六十一年用此额,官本杂费皆在内,中间时有增亏,岁入不常。咸平五年,三司使王嗣宗[6]始立三分法[7],以十分茶价,四分给香药,三分犀象,三分茶引。六年,又改支六分香药、犀象,四分茶引。景德二年,许人入中钱帛金银,谓之三说[8]。

至祥符九年,茶引益轻,用知秦州曹玮议[9],就永兴、凤翔[10]以官钱收买客引,以救引价,前此累增加饶钱[11]。

至天禧二年,镇戎军[12]纳大麦一斗,本价通加饶共支钱一贯二百五十四。

乾兴元年,改三分法,支茶引三分,东南见钱二分半,香药四分半。天圣元年,复行贴射法,行之三年,茶利尽归大商,官场但得黄晚恶茶,乃诏孙奭[13]重议,罢贴射法。明年,推治元议省吏计覆官、旬献等[14]①皆决配沙门岛,元详定枢密副使张邓公[15],参知政事吕许公、鲁肃简各罚俸一月[16],御使中丞刘筠[17]、入内内侍省副都知周文质[18]、西上阁门使薛昭②廓[19]、三部副使[20]各罚铜二十斤,前三司使李咨落枢密直学士[21],依旧知洪州[22]。

皇祐三年,算茶[23]依旧只用见钱。至嘉祐四年二月五日,降敕罢茶禁③。

国朝六榷货务、十三山场[24],都卖茶岁一千五十三万三千七百四十七斤半,祖④额钱[25]二百二十五万四千四十七贯一十。

其六榷货务,取最中,嘉祐六年,抛占[26]茶五百七十三万六千七百八十六斤半,祖额钱一百九十六万四千六百四十七贯二百七十八。荆南府祖额钱三十一万五千一百四十八贯三百七十五,受纳潭、鼎、澧、岳、归、峡州、荆南府[27]片散茶共八十七万五千三百五十七斤⑤。汉阳军[28]祖额钱二十一万八千三百二十一贯⑥五十一,受纳鄂州[29]片茶二十三万八千三百斤半。蕲州蕲口祖额钱三十五万九千八百三十九贯八百一十四⑦,受纳潭、建州、兴国军[30]片茶五十万斤。无为军[31]祖额钱三十四万八千六百二十贯四百三十,受纳潭、筠、袁、池、饶、建、歙、江、洪州、南康[32]、兴国军片散茶共八十四万二千三百三十

三斤。真州[33]祖额钱五十一万四千二十二贯九百三十二,受纳潭、袁、池、饶、歙、建、抚、筠、宣、江、吉、洪州、兴国、临江[34]、南康军片散茶共二百八十五万六千二百六斤。海州[35]祖额钱三十万八千七百三贯六百七十六,受纳睦、湖、杭、越、衢、温、婺、台、常、明[36]、饶、歙州片散茶共四十二万四千五百九十斤。

十三山场祖额钱共二十八万九千三百九十九贯七百三十二⑧,共买茶四百七十九万六千九百六十一斤。光州[37]光山场买茶三十万七千二百一十六斤,卖钱一万二千四百五十六贯;子安场买茶二十二万八千三十斤⑨,卖钱一万三千六百八十九贯三百四十八⑩;商城场买茶四十万五百五十三斤,卖钱二万七千七十九贯四百四十六。寿州[38]麻步场买茶三十三万一千八百三十三斤,卖钱三万⑪四千八百一十一贯三百五十;霍山场买茶五十三万二千三百九斤,卖钱三万五千五百九十五贯四百八十九;开顺场买茶二十六万九千七十七斤,卖钱一万七千一百三十贯。庐州[39]王同场买茶二十九万七千三百二十八斤,卖钱一万四千三百五十七贯六百四十二。黄州[40]麻城场买茶二十八万四千二百七十四斤,卖钱一万二千五百四十贯。舒州[41]罗源场买茶一十八万五千八十二斤,卖钱一万四百六十九贯七百八十五;太湖场买茶八十二万九千三十二斤,卖钱三万六千九百九十六贯六百八十。蕲州[42]洗马场买茶四十万斤,卖钱二万⑫六千三百六十贯;王祺场买茶一十八万二千二百二十七斤⑬,卖钱一万一千九百五十三贯九百三十二⑭;石桥场买茶五十五万斤,卖钱三万六千八十贯⑮。

注　释

1　《续资治通鉴长编》卷五将此事系于 "乾德二年八月辛酉,初令京师、建安、〔汉阳〕、蕲口并置场榷茶〔令商人入帛京师,执引诣沿江给茶〕(陈均《皇朝编年备要》卷1)"条下,曰:"自唐武宗始禁民私卖茶,自十斤至三百斤,定纳钱决杖之法。于是令民茶折税外,悉官买,民敢藏匿而不送官及敢私贩鬻者,没入之。计其直百钱以上者,杖七十,八贯加役流。主吏以官茶贸易者,计其直五百钱,流二千里,一贯五百及持仗贩易私茶为官司擒捕者,皆死。"并自注云:"自'唐武宗'以下至'皆死'并据本志,当在此年,今附见榷茶后。"李焘可知所记并不确然。录此备考。

2　事见《续资治通鉴长编》卷十八载太平兴国二年二月,有司言:"江南诸州榷茶,准敕于缘江置榷货诸务。百姓有藏茶于私家者,差定其法,著于甲令,匿而不闻者,许邻里告之,赏以金帛,咸有差品。仍于要害处县法以示之。诏从其请。凡出茶州县,民辄留及卖鬻计直千贯以上,黥面送阙下,妇人配为铁(针)工。民间私茶减本犯人罪之半。榷务主吏盗官茶贩鬻,钱五百以下,徒三年;三贯以上,黥面送阙下。茶园户辄毁败其丛株者,计所出茶论如法。"

3　贴射法:令商人贴纳给官户的买茶叶应得净利息钱后,直接向园户买茶的专卖办法。

4　交引:官府准许商人在京师或边郡缴纳金银、钱帛、粮草,按值至指定场所领取现金或某些商货运销的凭证。

5　通利军:北宋河北西路下属军,今河南浚县。

6　王嗣宗:字希阮,汾州(今山西汾阳)人,时以右谏议大夫充三司户部使改盐铁使。《宋史》卷二八七有传。

7　三分法:北宋宿兵西北,募商人于沿边入纳粮草,按地域远近折价,偿以东南茶叶,后将全部支付茶叶的方法改为支付一部分香药、一部分犀象和一部分茶叶的办法,称为三分法。

8　三说:与三分法差同,即将全部支付茶叶的方法改为一部分现钱、一部分香药犀象和一部分茶叶的方法。

9　秦州:晋泰始五年(269)始分雍、凉、梁三州置,唐宋沿之,只辖境缩小,宋治今甘肃天水市。曹玮:字宝臣(973—1030),北宋真定灵寿(今属河北)人,曹彬子。以荫为西头供奉官,后以父荐知渭州,累迁知秦州兼泾、原、仪、渭、镇戎缘边安抚使,签书枢密院事。统兵四十年,未尝失利。事见《宋史》卷258《曹彬传》附传。

10　永兴:北宋陕西路永兴军。北宋元丰五年(1082)析天下为二十三路,永兴军路为其一,治京兆府(今陕西西安)。凤翔:凤翔府,唐至德二年(757)升凤翔郡置,北宋属秦凤路,治天兴县(即今陕西天兴)。

11　加饶:补贴定额的钱或物。

12　镇戎军:北宋至道三年(997)置,治今固原,初属陕西路,后属秦凤路。

13　孙奭(962—1033):字宗古,北宋博平(今属山东)人,家于须城。九经及第,累官龙图阁待制。奭以经术进,守道自处,有所言未尝阿附,曾力谏真宗迎天书、祀汾阴。仁宗时择名儒为讲读,召为翰林侍讲学士,三迁兵部侍郎,龙图阁学士。以太子少傅致仕,卒谥宣。

《宋史》卷四三一有传。

14 计覆官、旬献：皆为官吏名。

15 张邓公：张士逊(964—1049)，字顺之，北宋光化军乾德(今湖北光化西北)人。淳化(990—994)进士，调郧乡县主簿，累官同中书门下平章事，后拜太傅，封邓国公致仕。《宋史》卷三一一有传。

16 吕许公：吕夷简(979—1044)，字坦夫，北宋寿州(治今安徽凤台)人。咸平(998—1003)进士，真宗朝历任地方官，以治绩为真宗所赏识。仁宗即位，拜参知政事，天圣六年(1028)拜相，后几度罢相复拜相，康定元年(1040)封许国公，后以太尉致仕。传载《宋史》卷三一一。鲁肃简：鲁宗道(966—1029)，字贯之，北宋谯人。登进士，天禧(1017—1021)中为右正言，多所论列，真宗书殿壁曰"鲁直"。仁宗时拜参知政事，为权贵所严惮，目为"鱼头参政"，卒谥肃简。传载《宋史》卷286。

17 御史中丞：官名。宋御史大夫无正员，仅为加官，以御史中丞为御史台长官。刘筠：字子仪，北宋大名人。举进士，诏试选人，校太清楼书，擢筠第一，为秘阁校理，预修《册府元龟》，累进翰林学士。后以知庐州卒。传载《宋史》卷三〇五。

18 入内内侍省副都知：宋宦官机构入内内侍省官员之一。入内内侍省，简称后省，景德三年(1006)由内省侍入内内班侍院与入内都知司、内东门都知司并为入内内侍省，掌宫廷内部生活事务。

19 西上阁门使：宋代官名，属横班诸司使，无职掌，仅为武臣迁转之阶。政和二年(1112)改右武大夫。

20 三部副使：官名。北宋太平兴国元年(976)始置三司副使，为三司副长官。

21 李咨(？—1036)：字仲询，北宋新喻人。真宗朝举进士，累官翰林学士等职。卒谥宪成。《宋史》卷292有传。枢密直学士：官名，简称枢直，宋承五代后唐置，与观文殿学士并充皇帝侍从，备顾问应对。政和四年(1114)改称述古殿直学士。

22 洪州：即今江西南昌。

23 算茶：征收茶税。算，征税，古时税收的一种，对商人、手工业者等征收，课税物件为商品或资产。

24 六榷货务：《宋史·食货志·茶上》："宋榷茶之制，择要会之地，曰江陵府、曰真州、曰海州、曰汉阳军、曰无为军、曰蕲州之蕲口，为榷货务六。" 十三山场：《宋会要·食货》三〇之三一至三二"崇宁元年十二月八日，尚书右仆射蔡京等言"条注引《三朝国史·食货志》："十三场，蕲州王祺一也，石桥二也，洗马三也，黄梅场四也，黄州麻城五也，庐州王同六也，舒城太湖七也，罗源八也，寿州霍山九也，麻步十也，开顺口十一也，商城十二也，子安十三也。"

25 祖额钱：定额钱。又称作租额钱。

26 抛占：受纳，占有。

27 潭：潭州，治所在今湖南长沙市。鼎：鼎州，治今湖南常德。澧：澧州，治澧阳(今湖南澧县)。岳：岳州，治巴陵(今湖南岳阳)。归：归州，治秭归(今湖北秭归)。峡州：治夷陵(今湖北宜昌西北)。荆南府：即江陵府，治江陵(今湖北江陵)。

28 汉阳军：治汉阳县(今湖北武汉汉阳)。

29 鄂州：故地在今湖北武昌。

30 兴国军：治永兴县(今湖北阳新)，属江南西路。

31 无为军：治今安徽无为。

32 筠：筠州，治高安(今属江西)。袁：袁州，治宜春(今属江西)。池：池州，治秋浦(今安徽贵池)。饶：饶州，治鄱阳（今江西波阳）。歙：歙州，初治休宁，后移治歙县（今属安徽）。江：江州，今江西九江。南康：南康军，治今星子。

33 真州：治扬子（今江苏仪征市），宋时当东南水运冲要，为江、淮、两浙、荆湖等路发运使驻所，繁盛过于扬州。

34 抚：抚州，治临川（今江西临川西）。宣：宣州，治宣城（今安徽宣州）。吉：吉州，唐治庐陵（今江西吉安），宋仍之。临江：临江军，今江西清江。

35 海州：今江苏连云港西南海州镇。

36 睦：睦州，今浙江建德。湖：湖州，治乌程（今浙江省湖州）。杭：杭州，治

钱塘（今浙江省杭州）。越：越州，治会稽（今浙江绍兴）。衢：衢州，治信安（今浙江衢州）。温：温州，治永嘉（今浙江温州）。婺：婺州，治金华（今浙江金华）。台：台州，治临海（今浙江临海）。常：常州，治晋陵（今江苏常州）。明：明州，治鄞县（今浙江宁波南）。

37 光：今河南潢川。光州濒淮河上游，自古为南北兵争重地，南宋在此置榷场，与金贸易。

38 寿州：治寿春（今安徽寿县）。

39 庐：治合肥（今安徽合肥）。

40 黄州：治今湖北黄冈。

41 舒州：治怀宁县（今安徽潜山）。

42 蕲州：今湖北蕲春蕲州镇西北。

校　　勘

① 计覆：《事实类苑》卷21引作"勾覆"，五朝小说大观·宋人小说本（简称宋人小说本）作"计复"。句献：《事实类苑》卷21引作"句献"。　等：商濬稗海本（简称稗海本）、学津秘书本（简称学津本）、宛委本、宋人小说本作"官"。

② 薛昭廓之"昭"，宛委本、宋人小说本为"招"。

③ 以上为《梦溪笔谈》卷十二《官政》第八条。

④ 宛委本、宋人小说本、稗海本及《事实类苑》卷21引"祖"字皆作"租"，以下八"祖"字均如此。

⑤ 峡：底本作"陕"，乃沿明崇祯四年嘉定马元调刊本（简称崇祯本）之误，其余诸本皆作"峡"。盖此处诸州府均属湖南、湖北两路，不涉陕西路也。

⑥ 二十一贯之"二"明弘治乙卯徐珫刊本（简称弘

治本）作"三"。

⑦ 蕲州蕲口：弘治本两"蕲"字作"靳"，"一十四"作"四十一"。

⑧ 三十二：宛委本、宋人小说本作"三十三"。

⑨ 三十斤：宛委本、稗海本、学津本作"二十斤"。

⑩ 三千：底本、明毛晋津逮秘书本、崇祯本、玉海堂本覆刻宋乾道二年扬州州学刊本、涵芬楼本并误作"三十"。

⑪ 三万：宛委本、宋人小说本、稗海本、学津本皆作"二万"。

⑫ 弘治本"二万"作"一万"。

⑬ 弘治本无"一"字。

⑭ 三十二：宛委本、宋人小说本作"九十二"。

⑮ 《事实类苑》卷21引"六千"作"二千"。以上为《梦溪笔谈》卷十二《官政》第九条。

斗茶记 | 宋 唐庚 撰

作者及传世版本

　　唐庚(1071—1121)字子西,眉州丹棱(今四川丹陵县)人。哲宗绍圣元年(1094)举进士,调利州司法参军,历知阆中县、绵州。徽宗大观中,官宗子博士。张商英荐其才,四年(1110),除京畿路提举常平。商英罢相,坐贬惠州。政和七年(1117),复官承议郎,还京。宣和三年归蜀,道卒,年五十一。为文精密,通世务。与苏轼大致同时,钱钟书先生认为"在当时不属'苏门'而也不入江西诗派的诗人里",唐庚和贺铸"算得艺术造诣最高的两位"。有文集二十卷(不同版本的唐庚文集有作二十二卷者、有作二十四卷者)。事迹见《宋史》卷四四三本传。

　　《斗茶记》是一篇四百余字的短文。政和二年(1112),唐庚和二三友人烹茶评比,因而写成这篇《斗茶记》。清陶珽重新编印的宛委山堂说郛时收录,古今图书集成食货典收入茶部艺文中。各种版本的唐庚文集中均有存录。

　　本书以宋刻《唐先生文集》卷五中的《斗茶记》为底本,参校宛委山堂说郛本、古今图书集成本等版本。

原　　文

　　政和二年三月壬戌,二三君子相与斗茶于寄傲斋[1],予为取龙塘水[2]烹之而第其品,以某为上,某次之。某闽人,其所赍宜尤高,而又次之。然大较皆精绝。

　　盖尝以为天下之物有宜得而不得,不宜得而得之者。富贵有力之人,或有所不能致,而贫贱穷厄,流离迁徙之中,或偶然获焉。所谓"尺有所短,寸有所长",良不虚也。唐相李卫公好饮惠山泉[3],置驿传送,不远数千里。而近世欧阳少师作《龙茶录序》[4],称嘉祐七年亲享[1]明堂[5],致斋之夕[6],始以小团分赐二府[7],人给一饼,不敢碾试,至今藏之。时熙宁元年也。吾闻茶不问团铐[8][2],要之贵新,水不问江井,要之贵活。千里致水,真伪固不可知,就令识真,已非活水。自嘉祐七年壬寅至熙宁元年戊申,首尾七年,更阅三朝而赐茶犹在,此岂复有茶也哉!

　　今吾提瓶走龙塘,无数十步,此水宜茶,昔人以为不减清远峡[9]。而海道趋建安,不数日可至,故每岁新茶不过三月至矣。罪戾之余,上宽不诛,得与诸公从容谈笑于此,汲泉煮茗,取一时之适,虽在田野,孰与烹数千里之泉,浇七年之赐茗也哉? 此非吾君之力欤? 夫耕凿食息,终日蒙福而不知为之者,直愚民尔,岂我辈谓耶! 是宜有所纪述,以无忘在上者之泽云。

注　释

1. 寄傲斋:唐庚有《寄傲斋记》曰:"吾谪居惠州,扫一室于所居之南,号寄傲斋。"
2. 龙塘水:唐庚有《秋水行》诗曰:"仆夫取水古龙塘,水中木佛三肘长"。
3. 唐相李卫公:唐代宰相李德裕。
4. 欧阳少师:即欧阳修,曾官太子少师。《龙茶录序》:见今本《欧阳修全集》卷65,题为"龙茶录后序",亦见于本书宋代蔡襄《茶录》。
5. 明堂:明堂礼,季秋大享明堂,是宋代最大的吉礼之一。《宋史》卷一○一《礼志》第五四载行此礼后,一般都要"御宣德门肆赦,文武内外官递进官有差。宣制毕,宰臣百僚贺于楼下,赐百官福胙,及内外致仕文武升朝官以上粟帛羊酒。"
6. 致斋:举行祭祀或典礼以前清整身心的礼式,后来帝王在大祀,如祭天地等礼时,行致斋礼。
7. 二府:宋代以枢密院专掌军政,称西府;中书门下(政事堂)掌管政务,称东府。合称二府。为最高国务机关。
8. 团铃:团为圆形的饼茶,铃为方形的饼茶。
9. 清远峡:又名飞来峡,为广东北江自南而北的三峡之一,全长九公里,位于清远城北二十三公里处。

校　勘

① 享:四库本为"飨"。

② 铃:四库本为"铤"。

大观茶论｜宋　赵佶　撰

作者及传世版本

赵佶(1082—1135),宋徽宗,北宋第八任皇帝,神宗第十一子。多才多艺,却治国无方。擅长书画,喜爱诗文,留下来不少优秀的作品,但立国180多年的北宋王朝,也毁在了他的手里。详见《宋史》徽宗本纪。徽宗精于茶艺,曾多次为

---

〔1〕 涵芬楼说郛与说郛各旧钞本卷目同,当是据旧钞本。

臣下点茶，蔡京《太清楼侍宴记》记其"遂御西阁，亲手调茶，分赐左右"。徽宗政和至宣和年间，还下诏北苑官焙制造、上供了大量名称优雅的贡茶，如玉清庆云、瑞云翔龙、浴雪呈祥等，详见熊蕃《宣和北苑贡茶录》。

关于书名，此书绪言中说："叙本末列于二十篇，号曰《茶论》"，熊蕃《宣和北苑贡茶录》说："至大观初今上亲制《茶论》二十篇"，南宋晁公武《郡斋读书志》中有著录："《圣宋茶论》一卷，右徽宗御制"，《文献通考》沿录，可见此书原名《茶论》。晁公武是宋人，所以称宋帝所撰茶论为《圣宋茶论》；明初陶宗仪《说郛》收录了全文，因其所作年代为宋大观年间（1107—1110），遂改称《大观茶论》，清古今图书集成收录此书时沿用此书名，今仍之。由于《宋史·艺文志》及其他的目录书及丛书、类书等都没有收录该书，因而也有学者怀疑此书并非徽宗亲作，或者是茶官代笔，但也仅限于怀疑而已。因为《大观茶论》北宋末年就为熊蕃所著茶书引录，可以视为徽宗所作。

全书首绪言，次分地产、天时、采择、蒸压、制造、鉴别、白茶、罗碾、盏、筅、瓶、杓、水、点、味、香、色、藏焙、品名，共二十目。对于地宜、采制、烹试、品质等，讨论相当切实。其中关于点茶的一篇详细记录了宋代这种代表性的茶艺。

《大观茶论》传世刊本有：（1）宛委山堂说郛本；（2）古今图书集成本；（3）说郛蓝格旧钞本；（4）涵芬楼说郛本〔1〕。程光裕《宋代茶书考略》称据台北《中央图书馆善本书目》还有明弘治刊本，但据笔者检索未见。本书以涵芬楼说郛本为底本，参校以宛委山堂说郛本及古今图书集成本。

原　　文

序①

尝谓首地而倒生¹，所以供人之求者，其类不一。谷粟之于饥，丝枲²之于寒，虽庸人孺子皆知，常须而日用，不以岁时之舒迫②而可以兴废也。至若茶之为物，擅瓯闽³之秀气，钟山川之灵禀，祛襟涤滞，致清导和，则非庸人孺子可得而知矣；冲淡简洁，韵高致静，则非遑遽之时可得而好尚矣。

本朝之兴，岁修建溪⁴之贡，龙团凤饼，名冠天下；壑③源之品，亦自此盛。延及于今，百废俱举，海内晏然，垂拱密勿⁵，幸致无为。荐绅之士，韦布⁶之流，沐浴膏泽，薰陶德化，咸以雅尚相推④，从事茗饮。故近岁以来，采择之精，制作之工，品第之胜，烹点之妙，莫不咸造其极。且物之兴废，固自有然，亦系乎时之污隆⁷。时或遑遽，人怀劳悴，则向所谓常须而日用，犹且汲汲营求，惟恐不获，饮茶何暇议哉？世既累洽⁸，人恬物熙⁹，则常须而日用者，因而⑤厌饫狼藉¹⁰。而天下之士，厉志清白，竞为闲暇修索之玩，莫不碎玉锵金¹¹，啜英咀华，较箧笥⑥之精，争鉴裁之妙；虽否⑦士¹²于此时，不以蓄茶为羞。可谓盛世之清尚也。

呜呼，至治之世，岂惟人得以尽其材，而草木之灵者，亦〔得〕⑧以尽其用矣。偶因暇日，研究精微，所得之妙，人⑨有不自知为利害者，叙本末列⑩于二十篇，号曰《茶论》。

地产

植产之地，崖必阳，圃必阴。盖石⑪之性寒，其叶抑以⑫瘠，其味疏以薄，必资阳和以发之。土之性敷，其叶疏以暴，其味强以肆，必资阴⑬以节之。今圃⑭家皆植木，以资茶之阴。阴阳相济，则茶之滋长得其宜。

天时

茶工作于惊蛰，尤以得天时为急。轻寒，英华渐长，条达而不迫，茶工从容致力，故其色味两全。若或时旸郁燠¹³，芽奋甲暴¹⁴⑮，促工暴力，随槁⑯晷刻所迫，有蒸而未及压，压而未及研，研而未及制，茶黄留渍，其色味所失已半。故焙人得茶天为庆。

采择

撷茶以黎明，见日则止。用爪断芽，不以指揉，虑气汗薰渍⑰，茶不鲜洁。故茶工多以新汲水自随，得芽则投诸水。凡芽如雀舌谷粒者为斗品，一枪一旗为拣芽，一枪二旗为次之，余斯为下茶⑱。茶始芽萌，则有白合；既撷，则有乌蒂⑲。白合不去，害茶味；乌蒂不去，害茶色。

蒸压

茶之美恶，尤系于蒸芽压黄¹⁵之得失。蒸太生则芽滑，故色清而味烈；过熟则芽烂，故茶色赤而不胶。压久则气竭味漓¹⁶，不及则色暗味涩。蒸芽欲及熟而香，压黄欲膏¹⁷尽亟止，如此，则制造之功十已得七八矣。

制造

涤芽惟洁，濯器惟净，蒸压惟其宜，研膏惟热，焙火惟良。饮而有〔少〕⑳砂者，涤濯之不精也。文理¹⁸燥赤者，焙火之过熟也。夫造茶，先度日晷之短长，均工力之众寡，会采择之多少，使一日造成。恐茶㉑过宿，则害色味。

鉴辨

茶之范度不同，如人之有面首也。膏稀者，其肤蹙以文¹⁹；膏稠者，其理敛以实。即日成者，其色则青紫；越宿制造者，其色则惨黑。有肥凝如赤蜡者，末虽白，受汤则黄；有缜密如苍玉者，末虽灰，受汤愈白。有光华外暴而中暗者，有明白内备而表质者，其首面之异同，难以㉒概论。要之色莹彻而不驳，质缜绎而不浮，举之则凝然㉓，碾之则铿㉔然，可验其为精品也。有得于言意之表者，可以心解。

比又有贪利之民，购求外焙已采之芽，假以制造，研碎已成之饼，易以范模，虽名氏采制似之，其肤理色泽，何所逃于鉴赏㉕哉。

白茶

白茶自为一种，与常茶不同。其条敷阐²⁰，其叶莹薄。崖林之间偶然生出，盖㉖非人力所可致，正焙²¹之有者不过四五家，〔生者〕㉗不过一二株，所造止于二三胯²²而已。芽英不多，尤难蒸焙。汤火一失，则已变而为常品。须制造精微，运㉘度得宜，则表里昭澈，如玉之在璞，他无与㉙伦也。浅焙²³亦有之，但品格不及。

罗碾

碾以银为上，熟铁次之。生铁者，非淘炼槌磨所成，间有黑屑藏于隙穴，害茶之色尤甚。凡碾为制，槽欲深而峻，轮欲锐而薄。槽深而峻，则底有准而茶常聚；轮锐而薄,则运边中而槽不戾[24]。罗欲细而面紧,则绢不泥而常透。碾必力而速[30],不欲久,恐铁之害色。罗必轻而平[31],不厌数[25],庶已细者不耗。惟再罗,则入汤轻泛,粥面光凝,尽茶[32]色。

盏

盏色贵青黑,玉毫[26]条达者为上,取其焕发茶采色也。底必差深而微宽,底深则茶直[33]立,易以取乳;宽则运筅[27]旋彻,不碍击拂。然须度茶之多少,用盏之小大。盏高茶少,则掩蔽茶色;茶多盏小,则受汤不尽。盏惟热,则茶发立耐久。

筅

茶筅以箸竹老者为之,身欲厚重,筅欲疏劲,本欲壮而末必眇,当如剑脊〔之状〕[34]。〔盖身厚重,则操之有力而易于运用。筅疏劲如剑脊〕[35],则击拂虽过而浮沫不生。

瓶

瓶宜金银,大小之制[36],惟所裁给[37]。注汤利害,独瓶之口嘴而已。嘴之口欲[38]大而宛直,则注汤力紧而不散。嘴之末欲圆小而峻削,则用汤有节而不滴沥。盖汤力紧则发速有节,不滴沥,则茶面不破。

杓

杓之大小,当以可受一盏茶为量。过一盏则必归其余,不及则必取其不足。倾杓烦数,茶必冰矣。

水

水以清轻甘洁为美,轻甘乃水之自然,独为难得。古人第[39]水虽曰中泠[40]、惠山为上[28],然人相去之远近,似不常得。但当取山泉之清洁者,其次,则井水之常汲者为可用。若江河之水,则鱼鳖之腥,泥泞之污,虽轻甘无取。

凡用汤以鱼目、蟹眼连绎迸跃为度[29],过老则以少新水投之,就火顷刻而后用。

点

点茶不一,而调膏继刻。以汤注之,手重筅轻,无粟文蟹眼者[30],谓之静面点。盖击拂无力,茶不发立,水乳未浃,又复增[41]汤,色泽不尽,英华沦散,茶无立作矣。有随汤击拂,手筅俱重,立文泛泛,谓之一发点。盖用汤已故[31],指腕不圆,粥面未凝,茶力已尽,雾云虽泛,水脚[32]易生。妙于此者,量茶受汤,调如融胶。环注盏畔,勿使侵[42]茶。势不欲猛,先须搅动茶膏,渐加击拂,手轻筅重,指绕腕旋[43],上下透彻,如酵蘖之起面,疏星皎月,灿然而生,则茶面[44]根本立矣。

第二汤自茶面注之,周回一线,急注急止,茶面不动,击拂既力,色泽渐开,珠玑磊落。

三汤多寡[45]如前,击拂渐贵轻匀,周环〔旋复〕[46],表里洞彻,粟文蟹眼,泛结杂起,茶之色十已得其六七。

四汤尚啬,筅欲转稍[47]宽而勿速,其真精[48]华彩,既已焕然[49],轻云[50]渐生。

五汤乃可稍纵,筅欲轻盈[51]而透达,如发立未尽,则击以作之。发立[52]过,则拂以敛之,结浚霭[33],结凝雪,茶色尽矣[53]。

六汤以观立作,乳点勃然[54],则以筅著居,缓绕拂动而已。

七汤以分轻清重浊,相稀稠得中,可欲则止。乳雾汹涌,溢盏而起,周回凝而不动,谓之咬盏,宜均其轻清浮合者饮之。《桐君录》曰:"茗有饽,饮之宜人"[34],虽多不为过也。

味

夫茶以味为上,甘香重滑,为味之全,惟北苑、壑源之品兼之。其味醇而乏风骨[55]者,蒸压太过也。茶枪乃条之始萌者,木③性酸,枪过长,则初甘重而终微③涩。茶旗乃叶之方敷者,叶味苦,旗过老,则初虽留舌而饮彻反甘矣。此则芽胯有之,若夫卓绝之品,真香灵味,自然不同。

香

茶有真香,非龙麝³⁵可拟。要须蒸及熟而压之,及干而研,研细而造,则和③美具足,入盏则馨香四达,秋爽洒然。或蒸气如桃仁夹杂,则其气酸烈而恶。

色

点茶之色,以纯白为上真,青白为次,灰白次之,黄白又次之。天时得于上,人力尽于下,茶必纯白。天时暴暄,芽萌狂长,采造留积,虽白而黄矣。青白者,蒸压微生;灰白者,蒸压过熟。压膏不尽则色青暗,焙火太烈则色昏赤。

藏焙

数焙则首面干而香减,失焙则杂色剥而味散。要当新芽初生即焙,以去水陆风湿之气。焙用熟火置炉中,以静灰拥合七分,露火三分,亦以轻灰糁覆,良久即置焙篓上⑤,以逼散焙中润气。然后列茶于其中,尽展角焙之⑥,未可蒙蔽,候火通彻覆之。火之多少,以焙之大小增减。探手炉中,火气虽热而不至逼人手者为良,时以手接⑥茶体,虽甚热而无害,欲其火力通彻茶体耳。或曰,焙火如人体温,但能燥茶皮肤而已,内之余⑥润未尽,则复蒸暍矣。焙毕,即以用久漆竹器中缄藏之,阴润勿开,如此终年再焙,色常如新。

品名

名茶各以所产之地,如叶耕之平园台星岩,叶刚之高峰青凤髓,叶思纯之大岚,叶屿之眉山,叶五崇林之罗汉山水,叶芽、叶坚之碎石窠、石臼窠一作突窠,叶琼、叶辉之秀皮林,叶师复、师贶之虎岩,叶椿之无双岩芽,叶懋之老窠园,名擅其门⑥,未尝混淆,不可概举。前后争鬻⑥,互为剥窃,参错无据。曾不思⑥茶之美恶,在于制造之工拙而已,岂冈地之虚名所能增减哉。焙人之茶,固有前优而后劣者,昔负而今胜者,是亦园地之不常也。

外焙

世称外焙之茶,脔³⁶小而色驳,体好而味澹,方之正焙,昭然可别。近之好事者,筐筐之中,往往半之蓄外焙之品。盖外焙之家,久而益工制造之妙,咸取则⑥于壑源,效像规模,摹外⑥为正。殊不知其⑥脔虽等而蔑风骨,色泽虽润而无藏蓄,体虽实而膏理乏缜密之文,味虽重而涩滞乏馨香之美,何所逃乎外焙哉?虽然,有外焙者,有浅焙者。盖浅焙之茶,去壑源为未远,制之能工,则色亦莹白,击拂有度,则体亦立汤,〔惟〕⑥甘重香滑之味稍⑦远于正焙耳。至于外焙,则迥然可辨。其有甚者,又至于采柿叶桴榄之萌,相杂而造,味虽与茶相类,点时隐隐有⑦轻絮泛然,茶面粟文不生,乃其验也。桑苎翁³⁷曰:"杂以卉莽,饮之成病。"可不细鉴而熟辨之?

注　　释

1　倒生:草木的根株由下而上长枝叶,故　　　称草木为倒生。

2 枲(xǐ)：指麻。

3 瓯：指浙江东部地区。闽：指福建。

4 建溪：闽江北源，在福建省北部。其主要流域为宋代建州辖境，故此处建溪指称建州。

5 密勿：勤勉努力。《汉书·楚元王传》："故其诗曰：'密勿从事，不敢告劳。'"注："密勿犹黾勉从事。"

6 韦布：韦带布衣，贫贱者所服，用以指称贫贱者。

7 污隆：高下，指时世风俗的盛衰。《文选·广绝交论》："龙骧蠖屈，从道污隆。"

8 累洽：谓太平相承。《文选·两都赋》："至于永平之际，重熙而累洽。"

9 人恬物熙：与上文"人怀劳悴"相对当是"人物恬熙"的互文，意为人人安乐。

10 厌饫：饮食饱足，杜牧《杜秋娘诗》："归来煮豹胎，厌饫不能饴。"

11 碎玉锵金：用金属制的茶碾碾圆玉状的饼茶。

12 否：通"鄙"，质朴。

13 旸(yáng)：日出。郁燠：郁与燠二字相通，温暖。《文选·广绝交论》："叙温郁则寒谷成暄，论严苦则春丛零叶。"注："郁与燠，古字通也。"

14 芽奋甲暴：与宛委及集成本的"芽甲奋暴"，意皆为茶芽迅猛生长。

15 压黄：指对已经过蒸造的茶芽进行压榨，挤出其中的膏汁。

16 味滴：味薄。

17 膏：这里的"膏"指茶的汁液。

18 文理：茶饼表面的纹路。

19 其肤蹙以文：茶饼表面蹙绉成纹。

20 敷阐：舒展显明。

21 正焙：指专门生产贡茶的官茶园，一般指北苑龙焙。

22 胯：古人腰带上的饰物，宋代用来指称片茶、饼茶。又称"铐"。

23 浅焙：据本书后面的文字，意为最接近北苑正焙的外焙茶园。

24 戛：状声词。形容金石之类相叩击的响声。

25 不厌数：不怕多罗筛几次。数：屡次，多次。

26 玉毫：宋人茶盏以兔毫盏为上，深色的盏面有浅色的兔毫状的细纹。玉毫是对兔毫的美称。

27 筅：茶筅，点茶用具，一般用竹子制作。

28 中泠：江苏镇江金山南面的中泠泉。惠山：江苏无锡惠山第一峰白石坞中的泉水。此二泉水在张又新《煎茶水记》中由刘伯刍评为天下第一、第二水。

29 鱼目、蟹眼：水煮开时表面翻滚起像鱼目、蟹眼一般大小的气泡。陆羽《茶经》以"其沸如鱼目"者为一沸之水。

30 粟文：粟粒状花纹。蟹眼：此处指茶汤表面像蟹眼般大小的颗粒状花纹。

31 故：久。

32 水脚：指点茶激发起的沫饽消失后在茶盏壁上留下的水痕。

33 浚：深。霭：云气。

34 《桐君录》：陆羽《茶经·七之事》曾引录。

35 龙麝：即龙涎脑和麝香，是宋代最常用的两种香料。

36 脔：原指切成小片的肉，这里借指制成饼茶的团胯。

37 桑苎翁：即陆羽，此出陆羽《茶经·一之源》。

校　　勘

① "序"题，底本、宛委本均无，今据集成本增之。

② 舒迫：底本为"遑遽"。按，舒迫与下文"兴废"对称而言，遑遽意为匆忙不安，单义，无法与兴废对举，所以当用"舒迫"为妥。

③ 本句前宛委本、集成本多一"而"字。

④ 雅尚相推：底本为"高雅相"，今据宛委本改。

⑤ 因而：宛委本、集成本为"固久"。

⑥ 篚笥：宛委本、集成本为"筐篚"。

⑦ 否：宛委本、集成本为"下"。

⑧ 得：底本无，今据宛委本及集成本补。

⑨ 人：宛委本、集成本为"后人"。

⑩ 列：集成本为"别"。

⑪ 石：底本为"茶"。相对后文"土之性敷"，当是对举用法，以"石"为是。今据宛委本改。

⑫ 以：底本为"而"。按此节以下行文皆以"以"字连接，因据宛委本、集成本改。

⑬ 阴：底本为"木"，集成本为"阴荫"。按，此处当和前文"阳"对举，当以"阴"为是。

⑭ 圃：底本似为"国"，因复印本模糊不清，今据宛委本改。

⑮ 芽奋甲暴：宛委本、集成本为"芽甲奋暴"。

⑯ 稿：宛委本、集成本为"稿"。

⑰ 渍：集成本为"积"。

⑱ 茶：宛委本、集成本无。

⑲ 蒂：底本、宛委本、集成本皆误为"带"。按当为传抄之误，径改。以下一"蒂"字同，不复出校。

⑳ 少：底本无，据宛委本、集成本补。

㉑ 底本于"茶"字后多一"暮"字，当为衍文。

㉒ 难以：底本为"虽"，当误，今据宛委本改。

㉓ 然：宛委本、集成本为"结"。

㉔ 铿：底本为"鉴"，当误。

㉕ 鉴赏：底本为"伪"。

㉖ 盖：底本、宛委本、集成本皆为"虽"，于行文不通，当为"盖"。

㉗ 生者：底本无此二字，据宛委本、集成本补。

㉘ 运：底本为"过"，当误，据宛委本、集成本改。

㉙ 与：底本作"为"，据宛委本、集成本改。

㉚ 速：底本误为"远"，据宛委本、集成本改。

㉛ 平：底本误为"手"，据宛委本、集成本改。

㉜ 宛委本、集成本于"茶"字后多一"之"字。

㉝ 直：宛委本、集成本为"宜"。

㉞ 之状：底本脱漏此二字，今据宛委本补。

㉟ 盖身厚重……笔疏劲如剑脊：底本脱漏此三句二十字，据宛委本、集成本补。

㊱ 制：底本为"制"，据宛委本、集成本改。

㊲ 给：底本为"制"，据宛委本、集成本改。

㊳ 欲：宛委本、集成本为"差"。

㊴ 第：宛委本、集成本为"品"。

㊵ 泠：底本为"濡"，显误，今据宛委本、集成本改。

㊶ 增：底本误为"伤"，今据宛委本改。

㊷ 侵：底本为"浸"，据宛委本、集成本改。

㊸ 旋：底本为"簇"，当误，据宛委本、集成本改。

㊹ 面：宛委本、集成本为"之"。

㊺ 寡：宛委本、集成本为"实"。

㊻ 旋复：底本无此二字，据宛委本、集成本补。

㊼ 稍：底本为"梢"，当误，据宛委本、集成本改。

㊽ 真精：宛委本、集成本为"清真"。

㊾ 然：宛委本、集成本为"发"。

㊿ 轻云：宛委本、集成本为"云雾"。

(51) 盈：宛委本、集成本为"匀"。

(52) 已：底本误为"各"，据宛委本、集成本改。

(53) "结浚霭，结凝雪，茶色尽矣"句，底本误为"然后结霭凝雪，香气尽矣"。按前有句言"茶之色十已得之六七"，且此句言霭言雪皆论茶色，故据宛委本、集成本改。

(54) 然：宛委本、集成本为"结"。

(55) 骨：底本为"膏"，当误，据宛委本、集成本改。

(56) 木：底本为"本"，当误，因此处与下文"叶"字对言，所以据宛委本、集成本改。

(57) 底本于此多一"锁"字，含义殊不可解，今据宛委本、集成本删除。

(58) 和：底本为"知"，当误，据宛委本、集成本改。

(59) "良久即置焙篓上"据宛委本、集成本；底本为"良久却置焙土上"，不甚可解。

(60) 之：宛委本、集成本无。

(61) 授：底本为"援"，不妥，今据宛委本、集成本改。

(62) 余：宛委本、集成本为"湿"。

(63) 名擅其门：宛委本、集成本为"各擅其美"。

(64) 前后争鬻：宛委本、集成本为"后相争相鬻"。

(65) 曾不思：宛委本、集成本为"不知"。

(66) 则：底本误为"之"，据宛委本、集成本改。

(67) 外：底本误为"主"，据宛委本、集成本改。

(68) 其：底本误为"至"，据宛委本、集成本改。

(69) 惟：底本无，据宛委本、集成本补。

(70) 稍：底本为"不"，当误，据宛委本、集成本改。

(71) 有：宛委本、集成本为"如"。

茶录 | 宋 曾慥 辑

作者及传世版本

曾慥(1091—1155),字端伯,号至游居士。福建晋江人,北宋名臣曾公亮(999—1078)五世孙。靖康(1126—1127)世变之际,曾慥妻父投靠金人,因此受到牵连,在南宋朝廷遭到免官,遂杜门著书。他博览汉晋以来百家小说,于绍兴六年(1136)编成《类说》五十卷。

本篇由《类说》中辑出。原题《茶录》,未署作者,当为曾慥就所见资料编辑而成。后来《记纂渊海》引录,将出处注为"蔡君谟《茶录》",实误。近来出版的《类说校注》(福州:福建人民出版社,1996年)亦以讹传讹,将《类说》中的《茶录》误为蔡襄《茶录》。其实,蔡襄《茶录》有治平元年(1064)手书刻石传本,首尾俱全,与《类说》中的《茶录》不同。

本书以明天启六年(1626)山阴岳钟秀《类说》重刊本(改为六十卷)作底本,参校文渊阁四库全书本,并参考辑文原书。

原　文

云脚乳面　候汤　茗战　火前火后[1]报春鸟　蟾背虾目　文火　苦茶　秘水　茶诗

云脚乳面

凡茶少汤多,则云脚散[2];汤少茶多,则乳面聚[3]。

候汤

《茶经》:"一曰茶,二曰槚,三曰蔎,四曰茗,五曰荈。"郭璞云:"早取为茶,晚取为荈。"又候汤有三:沸如鱼目,微有声为一沸;四边如涌泉连珠,为二沸;腾波鼓浪,为三沸;汤老矣①。

茗战

建人[4]谓②斗茶为茗战。

火前火后

蜀雅州[5]蒙顶上,有火前茶,谓禁火以前采者。后者曰火后茶。又有石花茶。

报春鸟

《顾渚山茶记》:"山中有鸟,每至正月二月,鸣云'春起也';至三四月云'春去也'。"采茶者呼为报春鸟。

蟾背虾目

谢宗《论茶》云:"岂可为酪苍头[6],便应代酒从事[7]。"又云:"候蟹背之芳香,观虾目之沸涌。细沤花泛,浮浡云腾。昏俗尘劳,一啜而散。"

文火

顾况《论茶》云:"煎以文火细烟,小鼎长泉。"

苦茶

陶隐居[8]云:"苦茶换骨轻身,丹丘子、黄山③君服之仙去。"

秘水

唐秘书省中水最佳,名秘水。

茶诗

古人茶诗:"欲知花乳清冷味,须是眠云卧石人。"[9]杜牧《茶诗》云:"山实东吴秀,茶称瑞草魁。"刘禹锡《试茶》诗云:"何况蒙山顾渚春,白泥赤印走香尘。"

注　释

1　火前火后:"火"此指"禁火",即旧时"寒食"节,有些地方"火前火后",也即指"明前明后"之意。

2　云脚散:古代点茶不当出现的现象。唐宋以前饮用的饼茶或团茶,先炙并碾磨成粉后,对于点茶,尤其宋代上层社会中,十分讲究。如宋徽宗赵佶所写的《大观茶论》中,对于点茶如何调膏、用筅击拂轻重、怎样注汤、应有怎样的茶面,都讲述很细。综合宋人点茶和茶面的一般看法,是要求瓯底无沉淀,汤色白丽,茶面凝完膜,即由无数细泡组成的所谓"粥面"或"乳面",以看不见"水痕"为佳。古人认为这是茶之"精华"。《大观茶论》称:"《桐君录》曰:'茗有饽,饮之宜人',虽多不为过也。"如本文所说,如果"茶少汤多,则云脚散",便达不到上述的效果,不会形成茶面。

3　乳面聚:一作"粥面聚"。宋人饮用名贵饼茶,点后汤面要求形成一层膜状的饽沫。但茶粉和开水的比例一定要恰当。水多茶少不行,同样茶多汤少击拂不宜,茶粉、茶饽扩散不开积聚一起,也不行。参见上注。

4　建人:"建"即建州。故治在今福建建

瓯。"建人",此指宋建州建安郡或建宁府人。

5　雅州:古治在今四川雅安。

6　酪苍头:"苍头"即以"青巾缠头以异于众",战国时有些国家的军队即头裹青巾。此指"奴隶"。颜师古在注文中即称:"汉名奴为苍头"。"酪苍头"即"酪奴"。事出后魏杨衒之《洛阳伽蓝记》:称南齐朝臣王肃北投拓跋魏,"初不食羊肉及酪浆,常食鲫鱼羹,渴饮茗汁"。后来肃渐渐习惯吃羊肉喝羊奶。一天,魏主问肃羊肉与鱼、奶酪与茗相比如何?肃曰:"羊陆产之最,鱼水族之长,羊比齐鲁大国,鱼比邾莒小国;惟茗饮不中与酪浆作奴。"

7　酒从事:此处"从事"和前文"苍头"相对应,即"随从仆役"抑或"酒保"、"酒家保"之意。

8　陶隐居:指陶弘景(456—536),字通明,丹阳秣陵(今南京江宁)人,自号"华阳隐居"。

9　此所谓"古人茶诗"的诗句,疑曾慥从刘禹锡《西山兰若试茶歌》"欲知药乳清冷味,须是眠云跋石人",及《白孔六帖》"欲知花乳清凉味,须是眠云卧石人"二句各取数字改组而成。

① 汤老矣：《茶经》"三沸"以后，为"已上水老，不可食也"，此系愦据义缩改。

② 谓：底本作"为"，据《记事珠》及四库本改。
③ 丘子：原误作"岳"。　山：误作"石"。

宣和北苑贡茶录 | 宋　熊蕃　撰　熊克　增补
　　　　　　　　　　　清　汪继壕　按校

作者及传世版本

　　熊蕃，字叔茂，建阳(福建建阳县)人。宗王安石之学，工于诗歌。宋太宗太平兴国初，遣使就建安北苑造团茶，到宋徽宗宣和年间时，北苑贡茶极盛，熊蕃亲见当时情况，遂写此书。熊蕃子熊克，字子复。孝宗时官至起居郎，兼直学士院，出知台州。博闻强记，喜欢著述，尤其熟悉宋朝典故。著有《中兴小记》四十卷，事迹见《宋史》卷四四五文苑传。于绍兴戊寅(二十八年，1158)摄事北苑，因为他的父亲所作贡茶录中，只列各种贡茶的名称，没有形制，乃绘图附入，共有三十八图，此外又把他父亲所作御苑采茶歌十首，也附在篇末。

　　关于成书的时间。书中有言曰"……凡十色，皆宣和二年所制，越五年省去"，越五年即宣和七年(1125)，所以书当写成本年或本年以后。又因书称徽宗为"今上"，而徽宗于本年末禅位钦宗，本年以后即不当称徽宗为今上，所以此书当写于宣和七年。而熊克的增补则明确地是在绍兴二十

八年(1158)。

　　《宣和北苑贡茶录》在《直斋书录解题》、《宋史》、《文献通考》中都有著录，宋尤袤《遂初堂书目》作《宣和贡茶经》。此书最早由熊克刊刻于南宋淳熙九年(1182—1183)，但早已不见。传今刊本有：(1)明喻政《茶书》本，(2)宛委山堂说郛本，(3)古今图书集成本，(4)五朝小说本，(5)四库全书本，(6)读画斋丛书辛集(清人汪继壕按校)本，(7)涵芬楼说郛本，(8)宋人说粹本，(9)丛书集成初编本(据读画斋丛书本影印)等版本。

　　案：喻政《茶书》本、宛委山堂说郛本、涵芬楼说郛本、古今图书集成本及宋人说粹本诸本中的《宣和北苑贡茶录》很少有小注，且均无图，及熊蕃诗，不过茶名下有圈模质地与尺寸。四库全书本(据永乐大典本)中通篇有很多注及按语，有图有诗，但图中只有圈模质地而无尺寸。清人汪继壕根据四库全书本及说郛本按校是书及《北

苑别录》二书，并在其后跋中云：是二书"陶宗仪说郛曾载之"，"其家君……得四库写本贡茶录，则有图有注，别录则有赵汝砺后序，远胜陶本。其字句异同，多可是正。因取二本互勘，更取他书之征引二录，及记北苑可与二录相发明者，并注于下。四库书旧有案语，续注皆称名以别之。"读画斋丛书辛集刊刻汪继壕按校本，最为全轶，有图有尺寸有诗。

本书以读画斋丛书本为底本，参校其他诸版本，汪继壕的按语冠以"[继壕按]"字样录入校记中，四库全书旧有按语，则冠以"[四库旧按]"字样录入校记中，其他未加"按"字的小注则作为原注留在正文中。

原　文

陆羽《茶经》、裴汶《茶述》，皆不第建品。说者但谓二子未尝至闽①，〔继壕按〕《说郛》"闽"作"建"。曹学佺《与地名胜志》："瓯宁县云际山在铁狮山左，上有永庆寺，后有陆羽泉，相传唐陆羽所凿。宋杨亿诗云'陆羽不到此，标名慕昔贤'是也。"而不知物之发也，固自有时。盖昔者山川尚闷1，灵芽未露。至于唐末，然后北苑出为之最。〔继壕按〕张舜民《画墁录》云："有唐茶品，以阳羡为上供，建溪北苑未著。贞元中，常衮为建州刺史，始蒸焙而研之，谓研膏茶。"顾祖禹《方舆纪要》云："凤凰山之麓名北苑，广二十里，旧经云，伪闽龙启中，里人张廷晖以所居北苑地宜茶，献之官，其地始著。"沈括《梦溪笔谈》云："建溪胜处曰郝源、曾坑，其间又岔根山顶二品尤胜，李氏时号为北苑，置使领之。"姚宽《西溪丛语》云："建州龙焙面北，谓之北苑。"《宋史·地理志》："建安有北苑茶焙、龙焙。"宋子安《试茶录》云："北苑西距建安之洄溪二十里，东至东宫百里。过洄溪，逾东宫，则仅能成饼耳。独北苑连属诸山者最胜。"蔡绦《铁围山丛谈》云："北苑龙焙者，在一山之中间，其周遭则诸叶叶地也，居是山号正焙。一出是山之外，则曰外焙。正焙、外焙，色香迥殊。此亦山秀地灵所钟之有异色已。龙焙又号官焙。"是时，伪蜀词臣毛文锡作《茶谱》，〔继壕按〕吴任臣《十国春秋》："毛文锡，字平珪，高阳人，唐进士，从蜀高祖，官文思殿大学士。拜司徒。眨茂州司马。有《茶谱》一卷。"《说郛》作"王文锡"，《文献通考》作"燕文锡"，《合璧事类》《山堂肆考》作"毛文胜"；《天中记》"茶谱"作"茶品"，并误。亦第言建有紫笋，〔继壕按〕乐史《太平寰宇记》云："建州土贡茶，引《茶经》：'建州方山之芽及紫笋，片大极硬，须汤浸之，方可碾，极治头痛，江东老人多味之。'"②而腊面2乃产于福。五代之季，建属南唐。南唐保大三年，俘王延政3，而得其地。岁率诸县民，采茶北苑，初造研膏4，继造腊面。丁晋公《茶录》5载：泉南老僧清锡，年八十四，尝示以所得李国主6书寄研膏茶，隔两岁方得腊面，此其实也。至景祐中，监察御史丘荷7撰《御泉亭记》，乃云，"唐季敕福建罢贡橄榄，但赀8腊面茶，即腊面产于建安明矣"。荷不知腊面之号始于福，其后建安始为之。〔按〕唐《地理志》：福州贡茶及橄榄，建州惟贡练练，未尝贡茶。前所谓"罢贡橄榄，惟赀腊面茶"，皆为福也。庆历初，林世程作《闽中记》，言福茶所产在闽县十里。且言往时建茶未盛，本土有之，今则土人皆食建茶。世程之说，盖得其实。而晋公所记，腊面起于南唐，乃建茶也。既又〔继壕按〕原本"又"作"有"，据《说郛》、《天中记》、《广群芳谱》改。制其佳者，号曰京铤。其状如贡神金、白金之铤。圣朝开宝末，下南唐。太平兴国初，特置龙凤模，遣使即北苑造团茶，以别庶饮，龙凤茶盖始于此。〔按〕《宋史·食货志》载："建宁腊茶，北苑为第一，其最佳者曰社前，次曰火前，又曰雨前，所以供玉食，备赐予，太平兴国始置。大观以后，制愈精，数愈多，胯式屡变，而品不一。岁贡片茶二十一万六千斤。"又《建安志》："太平兴国二年，始置龙焙，造龙凤茶，漕臣柯适为之记云。"又一种茶，丛生石崖，枝叶尤茂。至道初，有诏造之，别号石乳。〔继壕按〕彭乘《墨客挥犀》云："建安能仁院有茶生石缝间，寺僧采造，得茶八饼，号石岩白，当即此品。"《事文类聚续集》云："至道间，仍添造石乳、腊面。"而此无腊面，稍异。又一种号的乳，〔按〕马令《南唐书》：嗣主李璟"命建州茶制的乳茶，号曰京铤。腊茶之贡自此始，罢贡阳羡茶。"〔继壕按〕《南唐书》事在保大四年。又一种号白乳。盖自龙凤与京、〔继壕按〕原本脱"京"字，据《说郛》补。石、的、白四种继出，而腊面降为下矣。杨文公亿9《谈苑》所记，龙茶以供乘舆及赐执政、亲王、长主，其余皇族、学士、将帅皆得凤茶，舍人、近臣赐金铤、的乳，而白乳赐馆阁10，惟腊面不在赐品。〔按〕《建安志》载《谈苑》：京铤、的乳赐舍人、近臣，白乳、的乳赐馆阁。疑京铤误金铤，白乳下遗的乳。〔继壕按〕《广群芳谱》引《谈苑》与原注同。惟原注内"白茶赐馆阁，惟腊面不在赐品"二句，作"馆阁白乳"。龙凤、石乳茶，皆太宗令罢。金铤正作京铤。王巩《甲申杂记》云："初贡团茶及白羊酒，惟见任两府方赐之。仁宗朝及前宰臣，岁赐茶一斤、酒二壶，后以为例。"《文献通考》榷茶条云："凡茶有二类，曰片曰散，其名有龙、凤、石乳、的乳、白乳、头金、腊面、头骨、次骨、末骨、粗骨、山挺十二等，以充岁贡及邦国之用。"注云："龙、凤皆团片，石乳、头乳皆狭片，名曰京的。乳亦有阔片者。乳以下皆阔片。"

盖龙凤等茶，皆太宗朝所制。至咸平初，丁晋公漕闽11，始载之于《茶录》。人多言龙凤团起于晋公，故张氏《画墁录》云，晋公漕闽，始创为龙凤团。此说得大传闻，非其实也。庆历中，蔡君谟将漕12，创造小龙团以进，被旨仍③岁贡之。君谟《北苑造茶诗》自序云："其年改造上品龙茶二十八片，才一斤，尤极精妙，被旨仍岁贡之。"欧阳文忠公13《归田录》云："茶之品莫贵于龙凤，谓之小团，凡二十八片，重一斤，其价直金二两。然金可有，而茶不可得，尝南郊致斋14，两府共赐一饼，四人分之。宫人往往镂金花其上，盖贵重如此。"〔继壕按〕石刻蔡君谟《北苑十咏·采茶诗》自序云："其年改作新茶十斤，尤甚精好，被旨号为上品龙茶，仍岁贡之。"又诗句注云："龙凤茶八片为一斤，上品龙茶每斤二十八

片。"《渑水燕谈》作"上品龙茶一斤二十饼。"叶梦得《石林燕语》云："故事，建州岁贡大龙凤团茶各二斤，以八饼为斤。仁宗时，蔡君谟知建州，始别择茶之精者，为小龙团十斤以献，斤为十饼。仁宗以非故事，命劾之，大臣为请，因留免劾，然自是遂为岁额。"王从谨《清虚杂著补阙》云：蔡君谟始作小团茶入贡，意以仁宗嗣未立，而悦上心也。又作曾坑小团，岁贡一斤，欧文忠所谓两府共赐一饼者是也。吴曾《能改斋漫录》云："小龙小凤，初因君谟为建漕造十斤献之，朝廷以其额外，免勘。明年诏第一纲尽为之。"自小团出，而龙凤遂为次矣。元丰间，有旨造密云龙，其品又加于小团之上。昔人诗云："小璧云龙不入香，元丰龙焙乘诏作"，盖谓此也。〔按〕此乃山谷和杨王休点云龙诗。〔继壕按〕《山谷集·博士王扬休碾密云龙同十三人饮之戏作》云："矞15苍璧小般龙，贡包新样出元丰。王郎坦腹饭床东，太官分赐来妇翁。"又山谷《谢送碾赐壑源拣芽诗》云："矞云从龙小苍璧，元丰至今人未识。"俱与本注异。《石林燕语》云："熙宁中，贾青为转连使，又取小团之精者为密云龙，以二十饼为斤而双袋，谓之双角团茶，大小团袋皆用绯，通以为赐也。密云独用黄，盖专以奉玉食。其后又有为瑞云翔龙者。"周辉《清波杂志》云："自熙宁后，始贵密云龙，每岁头纲修贡，奉宗庙及供玉食外，赍及臣下无几。戚里贵近，丐赐尤繁。宣仁一日慨叹曰：令建州今后不得造密云龙，受他人煎炒。不得，也出来道，我要密云龙，不要团茶，拣好茶吃了，生得甚意智？此语既传播于缙绅间，由是密云龙之名益著。"是密云龙实始于熙宁也。《画墁录》亦云："熙宁末，神宗有旨，建州制密云龙，其品又加于小团矣。然密云龙之出，则二团少粗，以不能两好也。"惟《清虚杂著补阙》云："元丰中，取拣芽不入香，作密云龙茶，小于小团，而厚实过之。终元丰时，外臣未始识之。宣仁垂帘。始赐二府两指许一小黄袋，其白如玉，上题曰拣芽，亦神宗所藏。"《铁围山丛谈》云："神祖时，即龙焙又进密云龙。密云龙者，其云纹细密，更精绝于小龙团也。"绍圣间，改为瑞云翔龙。〔继壕按〕《清虚杂著补阙》："元祐末，福建转运司又取北苑枪旗，建人所作斗茶者也，以为瑞云龙。请进，不纳。绍圣初，方入贡，岁不过八团。其制与密云龙等而差小也。"《铁

围山丛谈》云："哲宗朝，益复进瑞云翔龙者，御府岁止得十二饼焉。"至大观初，今上亲制《茶论》二十篇，以白茶与常茶不同④，偶然生出，非人力可致，于是白茶遂为第一。庆历初，吴兴16刘异为《北苑拾遗》云：官园中有白茶五六株，而壅焙不甚至。茶户唯有王免者，家一巨株，向春常造浮屋以障风日。其后有宋子安者，作《东溪试茶录》，亦言"白茶民间大重，出于近岁。芽叶如纸，建人以为茶瑞。"则知白茶可贵，自庆历始，至大观而盛也。〔继壕按〕《蔡忠惠文集·茶记》云："王家白茶，闻于天下。其人名大诏。白茶惟一株，岁可作五七饼，如五株钱大。方其盛时，高视茶山，莫敢与之角。一饼直钱一千，非其亲故，不可得也。终为园家以计枯其株。予遇建安，大诏垂涕为予言其事。今年枯蘖辄生一枝，造成一饼，小于五铢。大诏越四千里，特携以来京师见予，喜发颜面。予之好茶固深矣，而大诏不远数千里之役，其勤如此，意谓非予莫之省也。可怜哉！己巳初月朔日书。"本注作"王免"，与此异。宋子安《试茶录》、晁公武《郡斋读书志》作"朱子安"。既又制三色细芽⑤，〔继壕按〕《说郛》、《广群芳谱》俱作"细茶"。及试新铸、大观二年，造御苑玉芽、万寿龙芽。四年，又造无比寿芽及试新铸。〔按〕《宋史·食货志》"铸"作"胯"。〔继壕按〕《石林燕语》作"銙"，《清波杂志》作"夸"。贡新铸。政和三年造贡新铸式，新贡皆创于此，献在岁额之外。自三色细芽出，而瑞云翔龙顾居下矣。〔继壕按〕《石林燕语》："宣和后，团茶不复贵，皆以为赐，亦不复向如日之精。后取其精者为銙茶，岁赐者不同，不可胜纪矣。"《铁围山丛谈》云："祐陵雅好尚，故大观初，龙焙于岁贡色目外，乃进御苑玉芽、万寿龙芽。政和间，且增以长寿玉圭。玉圭丸仅盈寸，大抵北苑绝品，曾不过是。岁但可十百饼。然名益新、品益出，而旧格递降于凡劣尔。"

凡茶芽数品，最上曰小芽，如雀舌、鹰爪，以其劲直纤锐⑥，故号芽茶。次曰拣芽⑦，〔继壕按〕《说郛》、《广群芳谱》俱作"拣芽"。乃一芽带一叶者，号一枪一旗。次曰中芽⑧，〔继壕按〕《说郛》、《广群芳谱》俱作"中芽"。乃一芽

带两叶者，号一枪两旗。其带三叶四叶，皆渐老矣。芽茶早春极少。景德中，建守周绛〔继壕按〕《文献通考》云："绛，祥符初，知建州。"《福建通志》作"天圣间任"。为《补茶经》，言："芽茶只作早茶，驰奉万乘尝之可矣。如一枪一旗，可谓奇茶也。"故一枪一旗，号拣芽⑨，最为挺⑩特光正。舒王17《送人官闽中诗》云："新茗斋中试一旗"，谓拣芽也。或者乃谓茶芽未展为枪，已展为旗，指舒王此诗为误，盖不知有所谓⑪拣芽也。今上圣制《茶论》曰："一旗一枪为拣芽。"又见王岐公珪18诗："北苑和香品最精，绿芽未雨带旗新。"故相韩康公绛19诗云："一枪已笑将成叶，百草皆羞未敢花。"此皆咏拣芽，与舒王之意同。〔继壕按〕王荆公追封舒王，此乃荆公送福建张比部诗中句也。《事文类聚续集》作"送元厚之诗"，误。夫拣芽犹贵重⑫如此，而况芽茶以供天子之新尝者乎！

芽茶绝矣，至于水芽，则旷古未之闻也。宣和庚子岁20，漕臣郑公可简21〔按〕《潜确类书》作"郑可闻"。〔继壕按〕《福建通志》作"郑可简"，宣和间，任福建路转运司(使)。《说郛》作"郑可问"。始创为银线水芽。盖将已拣熟芽再剔去，只取其心一缕，用珍器贮清泉渍之，光明莹洁，若银线然。其⑬制方寸新铸，有小龙蜿蜒其上，号龙园⑭胜雪。〔按〕《建安志》云："此茶盖于白合中，取一嫩条如丝发大者，用御泉水研造成。分试其色如乳，其味腴而美。"又"园"字，《潜确类书》作"团"。今仍从原本，而附识于此。〔继壕按〕《说郛》、《广群芳谱》"园"俱作"团"，下同。唯姚宽《西溪丛语》作"园"。又废白、的、石三⑮乳，鼎造花铸二十余色。初，贡茶皆入龙脑，蔡君谟《茶录》云：茶有真香，而入贡者微以龙脑和膏，欲助其香。至是虑夺真味，始不用焉。

盖茶之妙，至胜雪极矣，故合为首冠。然犹在白茶之次者，以白茶上之所好也。异时，郡人黄儒撰《品茶要录》，极称当时灵芽之富，

谓使陆羽数子见之，必爽然自失。蕃亦谓使黄君而阅今日，则前乎此者，未足诧焉。

然龙焙初兴，贡数殊少，太平兴国初才贡五十片。〔继壕按〕《能改斋漫录》云："建茶务，仁宗初，岁造小龙、小凤各三十斤，大龙、大凤各三百斤，不入香京铤共二百斤，腊茶一万五千斤。"王存《元丰九域志》云："建州土贡龙凤茶八百二十斤。"累增至元符，以片〔继壕按〕《说郛》作"斤"。⑯计者一万八千，视初⑰已加数倍，而犹未盛。今则为四万七千一百片⑱〔继壕按〕《说郛》作"斤"。有奇矣。此数皆见范逵所著《龙焙美成茶录》。逵，茶官也。〔继壕按〕《说郛》作"范达"。

自白茶、胜雪以次，厥名实繁，今列于左，使好事者得以观焉。

贡新銙大观二年造

试新銙政和二年造

白茶政和三年造⑲〔继壕按〕《说郛》作"二年"。

龙园胜雪宣和二年造

御苑玉芽大观二年造⑳

万寿龙芽大观二年造

上林第一宣和二年造

乙夜清供宣和二年造

承平㉑雅玩宣和二年造

龙凤英华宣和二年造

玉除清赏宣和二年造

启沃承恩宣和二年造

雪英宣和三年造㉒〔继壕按〕《说郛》作"二年"，《天中记》"雪"作"云"。

云叶宣和三年造㉓〔继壕按〕《说郛》作"二年"。

蜀葵宣和三年造㉔〔继壕按〕《说郛》作"二年"。

金钱宣和三年造

玉华宣和三年造㉕〔继壕按〕《说郛》作"二年"。

寸金宣和三年造〔继壕按〕《西溪丛语》作"千金"，误。

无比寿芽大观四年造

万春银叶宣和二年造

玉叶长春㉖宣和四年造〔继壕按〕《说郛》、《广群芳谱》此条俱在无疆寿龙下。

宜年宝玉宣和二年造㉗〔继壕按〕《说郛》作"三年"。

玉清庆云宣和二年造

无疆寿龙宣和二年造

瑞云翔龙绍圣二年造〔继壕按〕《西溪丛语》及下图目并作"瑞雪翔龙"，当误。

长寿玉圭政和二年造

兴国岩銙

香口焙銙

上品拣芽绍圣二年造〔继壕按〕《说郛》"绍圣"误"绍兴"。

新收拣芽

太平嘉瑞政和二年造

龙苑报春宣和四年造

南山应瑞宣和四年造〔继壕按〕《天中记》"宣和"作"绍圣"。

兴国岩拣芽

兴国岩小龙

兴国岩小凤已上号细色

拣芽

小龙

小凤

大龙

大凤已上号粗色

又有琼林毓粹㉘、浴雪呈祥、壑源拱㉙秀㉚、贡㉛筐推先、价倍南金、旸谷先春、寿岩都㉜〔继壕按〕《说郛》、《广群芳谱》作"却"。胜、延平石乳㉝、清白可鉴、风韵甚高，凡十色，皆宣和二年所制，越五岁省去。

右岁分㉞十余纲²²。惟白茶与胜雪自惊蛰前兴役，浃日²³乃成。飞骑疾驰，不出中春²⁴，已至京师，号为头纲。玉芽以下，即先后以次发。逮贡足时，夏过半矣。欧阳文忠〔公〕㉟诗曰："建安三千五百里，京师三月尝新茶"，盖异时如此。〔继壕按〕《铁围山丛谈》云："茶茁其芽，贵在社前，则已进御。自是迤逦宣和间，皆占冬至而尝新茗，是率人力为之，反不近自然矣。"以今较昔，又为最早。

〔因〕㊱念草木之微，有坏奇卓异㊲，亦必逢时而后出，而况为士者哉？昔昌黎[25]先生感二鸟之蒙采擢，而自悼其不如，今蕃于是茶也，焉敢效昌黎之感赋，姑㊳务自警，而㊴坚其守，以待时而已。

龙园胜雪
　　竹㊵圈　银模
　　方㊶一寸二㊷分

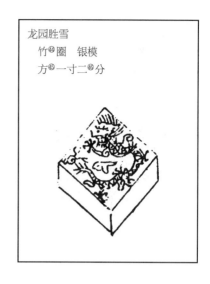

贡新铸㊸
　　竹圈　银模㊹
　　方一寸二㊺分

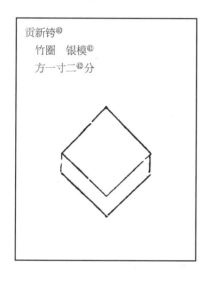

白茶㊼
　　银㊻圈　银模
　　径一寸五分

试新铸
　　竹圈　银模㊽
　　方一寸二分

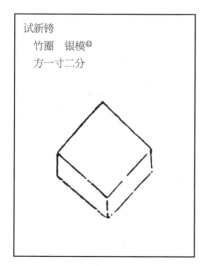

御苑玉芽
　　银圈　银模
　　径一寸五分

万寿龙芽

银圈　银模

径一寸五分

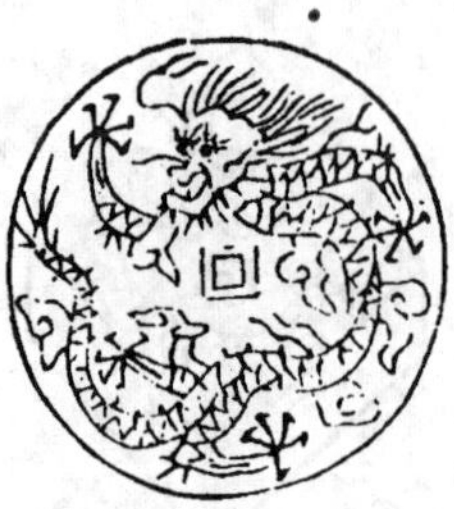

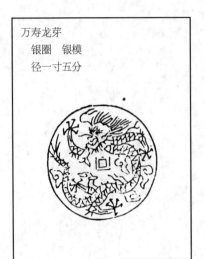

上林第一

〔竹〕圈(49)　模

方一寸二(50)分

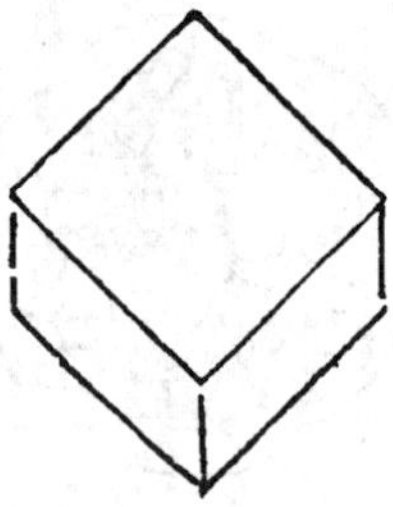

乙夜清供

竹圈　模

方一寸二(51)分

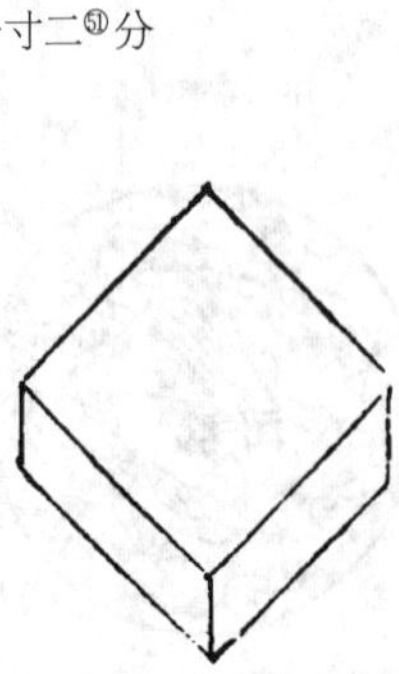

承平雅玩

竹圈　模

方一寸二(52)分

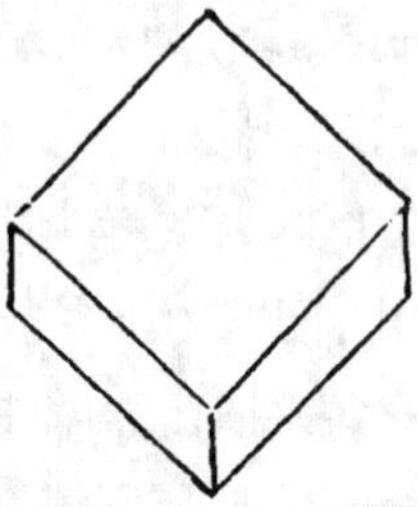

龙凤英华

〔竹〕圈(53)　模

方一寸二分(54)

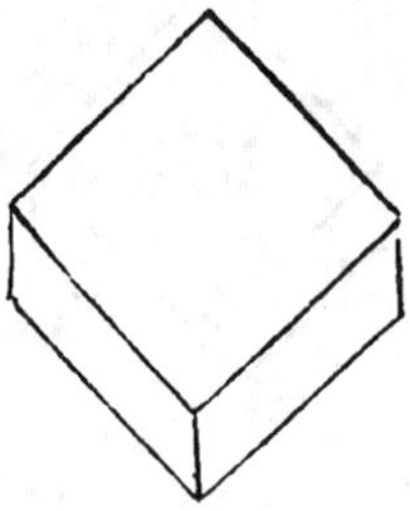

玉除清赏

〔竹〕圈(55)　模

〔方一寸二分〕(56)

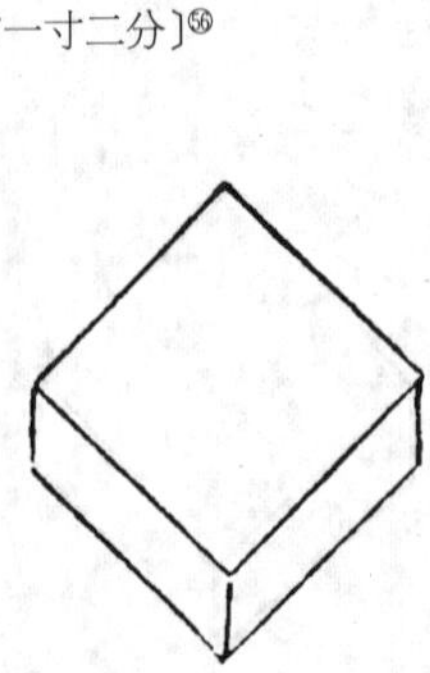

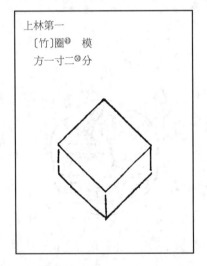

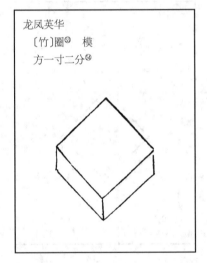

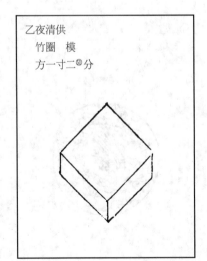

启沃承恩㉗
竹圈 模
方一寸二㉘分

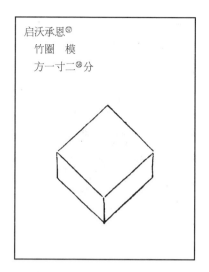

蜀葵
银模 银圈㉛
径一寸五分

雪英
银圈 银模㉙
横长一寸五分

金钱
银模 银圈㉜
径一寸五分

云叶
银模 银圈㉚
横长一寸五分

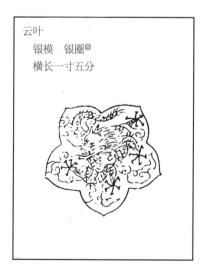

玉华
银模 银圈㉝
横长一寸五分

寸金
　银模⑭　竹圈
　方一寸二分

宜年宝玉
　银模　银圈⑰
　直长三寸

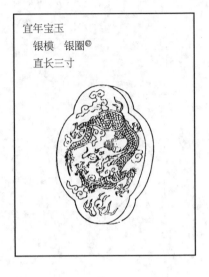

无比寿芽
　银模　竹圈
　方一寸二分⑮

玉庆清云
　银模　银圈
　方一寸八分

万春银叶
　银模　银圈⑯
　两尖径二寸二分

无疆寿龙
　竹圈　银模⑱
　直长三寸六分⑲

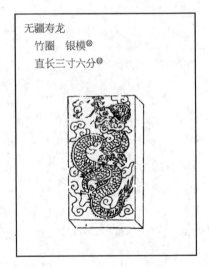

玉叶长春⑦
　银模　竹圈⑦
　直长一寸⑦

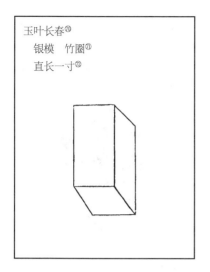

兴国岩銙
　竹圈　模
　方一寸二分

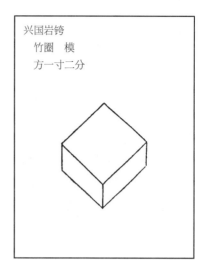

瑞雪⑦翔龙
　银模　铜⑦圈
　径二⑦寸五分

香口焙銙
　竹圈　模
　方一寸二分

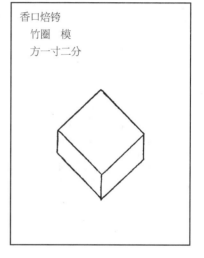

长寿玉圭⑦
　银模　铜圈
　直长三寸

上品拣芽
　银模　铜⑦圈
　〔径二寸五分〕⑦〔继壕按〕《说郛》此条
脱分寸。

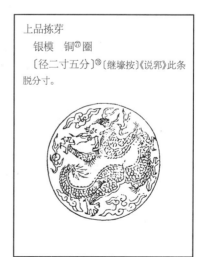

新收拣芽⑦⑨

　银模⑧⑩ 铜⑧⑪圈

　〔径二寸五分〕⑧⑫〔继壕按〕《说郛》此条
　脱分寸。

南山应瑞

　银模　银圈⑧⑬

　方一寸八分

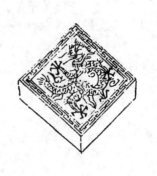

太平嘉瑞

　银模⑧⑭ 铜⑧⑮圈

　径一寸五分

兴国岩拣芽

　银圈　银模⑧⑯

　径三寸

龙苑报春

　银模　铜圈⑧⑰

　径一寸七分

小龙

　银圈　银模⑧⑱

　〔径四寸五分〕⑧⑲〔继壕按〕《说郛》此条
　脱分寸,以下即接小龙,注云上
　同,当同兴国岩拣芽分寸也。此
　本下接大龙,与《说郛》次第异。

小凤⑨

银模 铜⑩圈

〔径四寸五分〕⑫

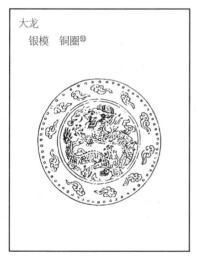

大龙

银模 铜圈⑬

大凤

银模 铜圈⑭

御苑采茶歌十首(并序)⑮

先朝漕司²⁶封修睦,自号退士,尝作《御苑采茶歌》十首,传在人口。今龙园所制,视昔尤盛,惜乎退士不见也。蕃谨抚⑯故事,亦赋十首,献之漕使。仍用退士元²⁷韵,以见仰慕前修之意。

雪腴贡使手亲调,旋放春天采玉条。伐鼓危亭惊晓梦,啸呼齐上苑东桥。

采采东方尚未明,玉芽同护见心诚。时歌一曲青山里,便是春风陌上声。

共抽灵草报天恩,贡令分明龙焙造茶依御厨法使指尊。逻卒日循云堑绕,山灵亦守御园门。

纷纶争径蹂新苔,回首龙园晓色开。一尉鸣钲三令趋,急持烟笼下山来。采茶不许见日出

红日新升气转和,翠篮相逐下层坡。茶官正要龙⑰芽润,不管新来带露多。采新芽不折水

翠虬新范绛纱笼,看罢人⑱生玉节风。叶气云蒸千嶂绿,欢声雷震万山红。

凤山日日滃非烟,剩得三春雨露天。棠坼浅红酣一笑,柳垂淡绿困三眠。红云岛上多海棠,两堤宫⑲柳最盛。

龙焙夕薰凝紫雾,凤池晓濯带苍烟。水芽只是⑩宣和有,一洗枪旗二百年。

修贡年年采万株,只今胜雪与初殊。宣和殿里春风好,喜动天颜是玉腴。

外台庆历有仙官,龙凤才闻制小团。〔按〕《建安志》:"庆历间,蔡公端明为漕使,始改造小团龙茶。"此诗盖指此。争得似金模寸璧,春风第一荐宸餐。

〔后序〕⑩

先人作茶录,当贡品极盛之时,凡有

四十余色。绍兴戊寅岁[28]，克摄事北苑，阅近所贡[⑩]皆仍旧，其先后之序亦同，惟跻龙园胜雪于白茶之上，及无兴国岩小龙、小凤。盖建炎南渡，有旨罢贡三之一而省去也。〔按〕《建安志》载，靖康初，诏减岁贡三分之一。绍兴间，复减大龙及京铤之半。十六年，又去京铤，改造大龙团。至三十二年，凡工用之费，筐篚之式，皆令漕臣嵩之，且减其数。虽府贡龙凤茶，亦附漕纲以进，与此小异。〔继壕按〕《宋史·食货志》："岁贡片茶二十一万六千斤。建炎以来。叶浓、杨勋等相因为乱，圆丁散亡，遂罢之。绍兴二年，蠲未起大龙凤茶一千七百二十八斤。五年，复减大龙凤及京铤之半。"李心传《建炎以来朝野杂记甲集》云："建茶岁产九十五万斤，其为团胯者，号腊茶，久为人所贵。旧制，岁贡片茶二十一万六千斤。建炎二年，叶浓之乱，圆丁亡散，遂罢之。绍兴四年，明堂，始命市五万斤为大礼赏。五年，都督府请如旧额发赴建康，召商人持往淮北。检察福建财用章杰以片茶难市，请市末茶，许之。转运司言其不经久，乃止。既而官给长引，许商贩渡淮。十二年六月，兴榷场，遂取腊茶为场本。九月，禁私贩，官尽榷之。上京之余，许通商，官收息三倍。又诏，私载建茶入海者斩，此五年正月辛未诏旨，议者因请鬻建茶于临安。十月，移茶事司于建州，专一买发。十三年闰月，以失陷引钱，复令通商。今上供龙凤及京铤茶，岁额视承平才半。盖高宗以赐赍既少，俱伤民力，故裁损其数云。"先人但著其名号，克今更写其形制，庶览之者无遗恨焉。先是，壬子[29]春，漕司再葺[⑩]茶政，越十三载，仍[⑭]复旧额。且用政和故事，补种茶二万株。次[⑯]年益虔贡职，遂有创增之目。仍改京铤为大龙团，由是大龙多于大凤之数。凡此皆近事，或者犹未之知也。先人又尝作贡茶歌十首，读之可想见异时之事，故并取以附于末。[⑯]三月初吉[30]，男克北苑寓舍书。

北苑贡茶最盛，然前辈所录，止于庆历以上。自元丰之密云龙、绍圣之瑞云龙相继挺出[⑩]，制精于旧，而未有好事者记焉，但见于诗人句中。及大观以来，增创新锌，亦犹用拣芽。盖水芽至宣和始有[⑱]，故龙园胜雪与白茶角立，岁充首贡。复自御苑玉芽以下，厥名实繁。先子[31]亲见时事，悉能记之，成编具存。今闽中漕台[32]新刊《茶录》，未备此书。庶几补其阙云。

淳熙九年冬十二月四日[33]，朝散郎、行秘书郎、兼国史编修官、学士院权直熊克谨记。

附录一：〔明〕徐𤊻跋

熊蕃，字叔茂，建阳人，唐建州刺史怗九世孙。善属文，长于吟咏，不复应举。筑堂名独善，号独善先生。尝著茶录，厘别品第高下，最为精当。又有制茶十咏及文稿三卷行世。

徐𤊻书

附录二：汪继壕后记

熊蕃《北苑贡茶录》、赵汝砺《北苑别录》，陶宗仪《说郛》曾载之，而于别录题曰"宋无名氏"。前家君从闽渔仲太史处得四库写本《贡茶录》，则有图有注，《别录》则有汝砺后序，远胜陶本。然《说郛》于《贡茶录》虽仅存图目，而诸目之下皆注分寸，又写本所无。《别录》粗色第六纲内之大凤茶小凤茶二条，写本亦失去。其余字句异同，多可是正。因取二本互勘，更取他书之征引二录，及记北苑可与二录相发明者，并注于下。

四库旧有案语，续注皆称名以别之。庶览是书者得以正其讹谬云尔。

嘉庆庚申仲冬萧山汪继壕识于环碧山房

注　释

1　闶(bì)：意为关闭，封闭。

2　腊面：指蜡面茶，因为点试时茶汤白如镕蜡，故名。初创于五代末的福州地区，后专指建州地区的饼茶。宋时人又称之为腊茶。南宋程大昌(1123—1195)《演繁露续集》卷五有考辨曰："建茶名腊茶，为其乳泛汤面，与镕蜡相似，故名蜡面茶也。杨文公《谈苑》曰：'江左方有蜡面之号'是也。今人多书蜡为腊，云取先春为义，失其本矣。"

3　王延政：五代十国时期闽国人，闽王王曦弟。王曦为政淫虐，延政为建州刺史，数贻书谏之，曦怒，攻延政，为所败，延政乃以建州建国，称殷，改元天德(943—945)，立三年，为南唐所攻，出降，国亡。迁金陵，封光山王，卒谥恭懿。传载《新五代史》卷六八。

4　研膏：研膏茶，指在蒸茶之后、造茶之前经过研膏工序的饼茶。即在茶芽蒸后入盆缶，加入清水，以木杵将之研细成膏，以便于入圈模造茶成形。

5　丁晋公《茶录》：丁晋公即丁谓，关于其所作茶书，诸书各有不同的记载，本书作《茶录》。

6　李国主：指南唐中宗(又称中主)李璟(916—961)，字伯玉，在位十九年。

7　丘荷：《福建通志—选举》记天圣八年(1030)王拱辰榜有建安县邱荷(清代避孔子讳，改丘为邱)，官至侍郎，不详是否即是。

8　贽(zhì)：不动貌，此处指留下。

9　杨文公亿：即杨亿(974—1020)，字大年，北宋浦城人。太宗时赐进士第，真宗时两为翰林学士，官终工部侍郎。兼史馆修撰。卒谥文。《宋史》卷三〇五有传。

10　馆阁：宋初置昭文馆、史馆、集贤院，号称三馆，太宗太平兴国二年(977)总为崇文院。端拱元年(988)于崇文院中堂建秘阁，与三馆合称馆阁。此处指任职馆阁的官员。

11　漕闽：福建路转运使。

12　蔡君谟将漕：指蔡襄任福建路转运使。

13　欧阳文忠公：即欧阳修，文忠是其谥号。

14　南郊：南郊大礼，宋代的吉礼之一。在每年的冬至日，皇帝在位于南郊的圜丘祭天。致斋：举行祭祀或典礼以前清整身心的礼式，后来帝王在大祀如祭天地等礼时行致斋礼仪。

15　矞云：彩云，古代以为瑞征。

16　吴兴：县名，宋属湖州(今浙江湖州)。

17　舒王：即王安石(1021—1086)，字介甫，号半山，北宋临川人。徽宗崇宁间追封舒王。

18　王歧公珪：王珪(1019—1085)，字禹玉，北宋华阳人。封岐国公。

19　韩绛(1012—1088)：字子华，韩亿子，北宋开封雍丘人。

20　宣和庚子岁：即宣和二年(1120)。

21　郑可简：浙江衢州人，政和间任福建路判官，以新茶进献蔡京，得官转运副使，宣和间任转运使，宣和七年五月知越州。史称其"以贡茶进用"。

22　纲：成批运送货物的组织。

23　浃日：古代以干支计日，称自甲至癸一周十日为"浃日"。《国语·楚语下》："远不过三月，近不过浃日。"韦昭注："浃日，十日也。"

24　中春：意同仲春，即春季之中，农历二月，为春季的第二个月。

25　昌黎：即韩愈(768—824)，字退之，河南河阳(今河南孟县南)人。自谓郡望昌黎,世称韩昌黎。此言其所撰《感二鸟赋》。

26 漕司:转运使司的省称。

27 元:通"原"。

28 绍兴戊寅岁:即绍兴二十八年(1158)。

29 熊克增补写于绍兴二十八年,此前的壬子年为绍兴二年(1132)。

30 三月初吉:指三月初一日。初吉,朔日,即农历初一日。

31 先子:或称先君子,祖先,也指已亡故的父亲。

32 漕台:指称转运使,或转运使司。

33 淳熙:南宋孝宗年号,共十六年(1174—1189)。九年为1182年,但十二月四日在公元纪年中已跨年度,所以熊克增补此书时当1183年。

校　　勘

① 闽:宛委本、集成本为"建"。

② 按:此乃毛文锡《茶谱》中语。

③ 仍:喻政茶书本为"乃"。

④ 与常茶不同:喻政茶书本为"为不可得"。

⑤ 芽:宛委本、集成本、说粹本为"茶"。

⑥ 锐:宛委本、说粹本为"铤",集成本为"挺"。

⑦ 拣芽:底本、喻政茶书本、四库本、涵芬楼本皆作"中芽",后文有解释何者为拣芽:"故一枪一旗,号拣芽",故据宛委本、集成本改。

⑧ 中芽:底本、四库本为"紫芽"。这里茶芽大小品质,不当言以色,故据他本改为。

⑨ 芽:只底本作"茶",今据他本改。

⑩ 挺:喻政茶书本为"奇"。

⑪ 谓:只底本为"为",今据他本改。

⑫ 贵重:涵芬楼本为"奇",喻政茶书本、四库本为"贵"。

⑬ 其:喻政茶书本、宛委本、集成本、涵芬楼本、说粹本为"以"。

⑭ 园:喻政茶书本、宛委本、集成本、涵芬楼本、说粹本皆为"团",以下诸龙园胜雪之"园"字皆同,不复赘述。

⑮ 三:宛委本、集成本、说粹本无此字。

⑯ 片:宛委本、集成本、说粹本为"斤"。

⑰ 初:喻政茶书本为"昔"。

⑱ 片:宛委本、集成本为"斤"。

⑲ 三年:喻政茶书本、宛委本、涵芬楼本皆为"二年"。自此条开始,涵芬楼本于年份数后皆无"造"字,以下皆同,不复赘述。

⑳ 自此条开始,宛委本、说粹本于年份数后皆无"造"字,以下皆同,不复赘述。

㉑ 平:喻政茶书本为"芳"。

㉒ 三年:喻政茶书本、宛委本、集成本为"二年"。

㉓ 三年:宛委本、集成本为"二年"。

㉔ 三年:宛委本、集成本为"二年"。

㉕ 三年:宛委本、集成本为"二年"。

㉖ 喻政茶书本、宛委本、集成本、涵芬楼本此条皆在"无疆寿龙"条之后。

㉗ 二年:宛委本、集成本为"三年"。

㉘ 按:自琼林毓粹至风韵甚高十种均为茶名。

㉙ 拱:宛委本、集成本为"供"。

㉚ 秀:喻政茶书本、宛委本、集成本、说粹本为"季"。

㉛ 贡:宛委本、集成本、说粹本无,喻政茶书本为"贵"。

㉜ 都:喻政茶书本、宛委本、集成本为"却"。

㉝ 石乳:涵芬楼本作"乳石"。

㉞ 分:喻政茶书本为"贡"。

㉟ 公:底本无,今据他本补。

㊱ 因:底本、四库本无,今据他本增之。

㊲ 涵芬楼本于此多"之名"二字。

㊳ 姑:宛委本、集成本、说粹本为"始"。

㊴ 而:喻政茶书本为"惟"。

㊵ 喻政茶书本、宛委本、集成本、涵芬楼本、说粹本俱无图,但有圈模质地及尺寸,四库本有图有圈模质但无尺寸,底本有图有圈模质地有尺寸。今以诸本参互校正。宛委山堂说郛、集成本、涵芬楼本、说粹本圈模尺寸相同者即标为"同上",今俱径用其"同上"之具体文字及尺寸,则每条详注时不再赘述。

㊶ 银模:喻政茶书本、四库本无。

㊷ 二:涵芬楼本为"三"。

㊸ 银模:喻政茶书本、宛委本、集成本、四库本、说粹本无。

㊹ 竹:喻政茶书本为"银"。

㊺ 方：喻政茶书本为“径”。
㊻ 二：喻政茶书本为“五”。
㊼ 喻政茶书本“白茶”的位次与“万寿龙芽”互为颠倒。
㊽ 银：四库本为“竹”。
㊾ 竹圈：底本只有“圈”字，今据喻政茶书本补。
㊿ 二：涵芬楼本为“五”。
(51) 二：涵芬楼本为“五”。
(52) 二：涵芬楼本为“五”。
(53) 竹圈：底本只有“圈”字，据喻政茶书本补。
(54) 底本无尺寸，据喻政茶书本补。“二分”涵芬楼本为“五分”。
(55) 竹圈：底本只有“圈”字，今据喻政茶书本补。
(56) 底本无尺寸，据喻政茶书本补。“二分”涵芬楼本为“五分”。
(57) 四库本无“银模”。
(58) 二：涵芬楼本为“五”。
(59) 喻政茶书本无“银圈”。宛委本、集成本、说粹本无圈、模。
(60) 涵芬楼本圈、模前后位置颠倒，喻政茶书本无“银圈”。宛委本、集成本、说粹本无圈模。
(61) 喻政茶书本无“银圈”。宛委本、集成本、说粹本无圈、模。
(62) 涵芬楼本圈、模前后位置颠倒，喻政茶书本、宛委本、集成本、说粹本无“银圈”。
(63) 银圈：喻政茶书本、宛委本、集成本、涵芬楼本、说粹本无。
(64) 银模：喻政茶书本无。
(65) 喻政茶书本于此衍“横长一寸五分”诸字。
(66) 银圈：喻政茶书本无。
(67) 宛委本、集成本、涵芬楼本、说粹本圈、模位次互为颠倒。
(68) 除底本外其他刊本圈模位次皆前后颠倒。涵芬楼本“竹圈”为“银圈”。
(69) 尺寸：喻政茶书本为“三寸”；宛委本、涵芬楼本、集成本为“一寸”；此外，涵芬楼本还衍“径二寸五分”诸字样。
(70) 涵芬楼本本条位次与下文长寿玉圭互为颠倒。
(71) 银模：喻政茶书本、宛委山堂说郛、集成本、四库本、涵芬楼本、说粹本无。
(72) 一寸：喻政茶书本、涵芬楼本为“一寸六分”，宛委山堂说郛、集成本为“三寸六分”。
(73) 云：四库本为“雪”。
(74) 铜：涵芬楼本为“银”。
(75) 二：喻政茶书本、涵芬楼本为“一”。
(76) 铜圈：喻政茶书本、宛委本、集成本、四库本、涵芬楼本、说粹本无。
(77) 铜：涵芬楼本为“银”。
(78) 底本无尺寸，宛委本、集成本亦无尺寸。本条尺寸据喻政茶书本、涵芬楼本补。
(79) 喻政茶书本本条位次与下文龙苑报春互为颠倒。银模：喻政茶书本无。铜：宛委本、集成本、涵芬楼本为“银”。底本无尺寸，宛委本、集成本言尺寸“同上”，但上条并无尺寸。本条尺寸据喻政茶书本、涵芬楼本补。
(80) 银模：喻政茶书本、宛委本、集成本、涵芬楼本、说粹本无。
(81) 铜：宛委本、集成本、涵芬楼本为“银”。
(82) 底本无尺寸，宛委本、集成本言尺寸“同上”，但上条并无尺寸。本条尺寸据喻政茶书本、涵芬楼本补。
(83) 银模：喻政茶书本、宛委本、集成本、涵芬楼本、说粹本无。
(84) 铜：宛委本、集成本、涵芬楼本为“银”。
(85) 喻政茶书本无“银模”，“铜圈”喻政茶书本为“银圈”。宛委本、集成本、说粹本本条无圈、模。
(86) 喻政茶书本本条圈、模位次互为颠倒。
(87) 四库本本条圈、模位次互为颠倒。喻政茶书本、宛委本、集成本、涵芬楼本、说粹本无“银圈”。
(88) 四库本本条圈、模位次互为颠倒。银圈：喻政茶书本、宛委本、集成本为“铜圈”。
(89) 底本无尺寸，其他刊本除喻政茶书本外亦皆无尺寸。今据喻政茶书本补。
(90) 底本、四库本此条为“大龙”，而本文前叙制造年份时次序为“小龙小凤大龙大凤”，故据以改之。
(91) 铜：涵芬楼本为“银”。
(92) 底本无尺寸，今据喻政茶书本补。宛委本、集成本亦无尺寸。涵芬楼本于圈模下写“同上”，但上条涵芬楼本并无尺寸。
(93) 底本、涵芬楼本无“银模”，四库本圈、模位次互为颠倒。
(94) 涵芬楼本于圈模下写“同上”，但上条涵芬楼本并无尺寸。
(95) 喻政茶书本、宛委山堂说郛、集成本、涵芬楼本、说粹本俱无“御苑采茶歌十首”目录及序并以下十首诗。

⑨ 抚：四库本为"摭"。

⑨ 龙：四库本为"灵"。

⑨ 人：四库本为"春"。

⑨ 宫：四库本为"官"。

⑩ 是：四库本为"自"。

⑩ "后序"二字，底本及四库本等诸本皆无，喻政茶书本于此称以下熊克两段文字为"《宣和北苑贡茶录》后序"，据此以补。

⑩ 贡：宛委本、集成本、说粹本为"贵"。

⑩ 葺：喻政茶书本为"缉"，宛委本、集成本、说粹本为"摄"。

⑩ 仍：喻政茶书本、宛委本、集成本、四库本、涵芬楼本、说粹本为"乃"。

⑩ 次：涵芬楼本为"比"，宛委本、集成本、说粹本为"此"。

⑩ "先人又尝作贡茶歌十首，……故并取以附于末"句，喻政茶书本、宛委本、集成本、涵芬楼本、说粹本无，因这些刊本前面都未录存熊蕃诗。

⑩ "自元丰……相继挺出"诸字句，宛委本、集成本、说粹本为"自元丰后瑞龙相继挺出"。

⑩ 有：宛委本、集成本、说粹本为"名"。

北苑别录 | 宋　赵汝砺① 撰
　　　　　　　 清　汪继壕　按校

作者及传世版本

　　赵汝砺，从本文后序所署时间中可知他是南宋孝宗时代的人，其他情况不详。《四库全书》提要说"《宋史》宗室世系表汉王房下有汉东侯宗楷曾孙汝砺"，并认为可能就是此赵汝砺，也未可知。因商王房下左领卫将军士曾孙也有汝砺，未知孰是。

　　《北苑别录》是赵汝砺为补熊蕃《宣和北苑贡茶录》而作的，写于南宋孝宗淳熙十三年（1186）。在南宋末陈振孙的《直斋书录解题》中尚是一本独立的书，但至明喻政《茶书》、陶宗仪《说郛》以后，诸书都将《北苑别录》附收在《宣和北苑贡茶录》后，现在我们仍将它作为一本独立的书来看待。

　　关于本文的作者，历来有三种说法，一是四库全书本、读画斋丛书本所称的宋赵汝砺，二是宛委山堂等版本所称的宋无名氏，三是喻政《茶书》本所称的宋熊克。有趣的是，在陆廷灿《续茶经》卷下之五分别记载有以上三种署名的同一种《北苑别录》。显然坊间存在不同题名的刊本，四库全书本等刊本有赵汝砺本人后序，所以未曾误题作者，而喻政等人所见茶书因未有后序，而致作者不明，甚至误题在熊克名下。

　　《北苑别录》传今刊本有：（1）明喻政《茶书》本，（2）宛委山堂说郛本，（3）古今图书集成本，（4）五朝小说本，（5）文渊阁四库全书本（据永乐大典本），（6）读画斋丛书辛集本（清人汪继壕按校），（7）宋人说粹本,(8)涵芬楼说郛本,(9)从书集成初编本(据读画斋丛书本排印)等版本。

本书以读画斋丛书本为底本,参校喻政《茶书》本、四库全书本等其他版本。

原　　文

建安之东三十里,有山曰凤凰,其下直②北苑,旁联诸焙,厥土赤壤,厥茶惟上上。太平兴国中,初为御焙,岁模龙凤,以羞贡篚¹,益③表珍异。庆曆④中,漕台²益重其事,品数日增,制度日精。厥今茶自北苑上者,独冠天下,非人间所得也。方其春虫震蛰³,千夫⑤雷动,一时之盛,诚为伟观。故建人谓至建安而不诣北苑,与不至者同。仆因摄事,遂得研究其始末。姑摭其大概,条为十余类,目曰《北苑别录》云。

御园

九窠十二陇按《建安志·茶陇注》云:"九窠十二陇即十(山)之凹凸处,凹为窠,凸为陇。"〔继壕按〕宋子安《试茶录》:"自青山曲折而北,岭势属贯鱼凡十有二,又隈曲如窠巢者九,其地利为九窠十二陇。"

麦窠〔按〕宋子安《试茶录》作"麦园,言其土壤沃,并宜莳麦也。"与此作麦窠异。

壤园〔继壕按〕《试茶录》"鸡窠又南曰壤园、麦园。"

龙游窠

小苦竹〔继壕按〕《试茶录》作"小苦竹园,园在鼫鼠窠下。"

苦竹里

鸡薮窠〔按〕宋子安《试茶录》:"小苦竹园又西至大园绝尾,疏竹蓊翳,多飞雉,故曰鸡薮窠。"〔继壕按〕《太平御览》引《建安记》:"鸡岩隔涧西与武彝相对,半岩有鸡窠四枚,石峭上,不可登履,时有峰鸡百飞翔,雄者类鹧鸪。"《福建通志》云:"崇安县武彝山大

小二藏峰,峰临澄潭,其半为鸡窠岩,一名金鸡洞。鸡薮窠未知即在此否。"

苦竹〔继壕按〕《试茶录》:"自焙口达源头五里,地远而益高,以园多苦竹,故名曰苦竹,以远居众山之首,故曰园头。"下苦竹源当即苦竹园头。

苦竹源

鼫鼠窠〔按〕宋子安《试茶录》:"直西定山之隈,土石迥向如窠,然泉流积阴之处多飞鼠,故曰鼫鼠窠。"

教炼垄〔继壕按〕《试茶录》作教练垄:"焙南直东,岭极高峻,曰教练垄,东入张坑,南距苦竹。《说郛》"炼"亦作"练"。

凤凰山〔继壕按〕《试茶录》:"横坑又北出凤皇(凰)山,其势中跱,如凤之首,两山相向,如凤之翼,因取象焉。"曹学佺《舆地名胜志》:"瓯宁县凤皇(凰)山,其上有凤皇(凰)泉,一名龙焙泉,又名御泉。宋以来,上供茶取此水濯之。其麓即北苑,苏东坡序略云:北苑龙焙,山如翔凤下饮之状,山最高处有乘风堂,堂侧竖石碣,字大尺许。"宋庆历中,柯适记御茶泉深仅二尺许,下有暗渠,与山下溪合,泉从渠出,日夜不竭。又龙山与凤皇(凰)山对峙,宋咸平间,丁谓于茶堂之前,引二泉为龙凤池,其中为红云岛,四面植海棠,池旁植柳。旭日始升时,晴光掩映,如红云浮于其上。《方舆纪要》:"凤皇(凰)山一名茶山,又壑源山在凤皇(凰)山南,山之茶为外焙纲,俗名捍火山,又名望州山。"《福建通志》:"凤皇(凰)山今在建安县吉苑里。"

大小焊〔继壕按〕《说郛》"焊"作"焊",《试茶录》"壑源"条云:"建安郡东望北苑之南山,丛然而秀,高峙数百丈,如郭郭焉。"注云:"民间所谓捍火山也。""焊",疑当作"捍"。

横坑〔继壕按〕《试茶录》:"教练垄带北冈势横直,故曰坑。"

猿游陇〔按〕宋子安《试茶录》:"凤皇(凰)山东

南至于袁云陇,又南至于张坑,言昔有袁氏、张氏居于此,因名其地焉。"与此作猿游陇异。

张坑〔继壕按〕《试茶录》:"张坑又南,最高处曰张坑头。"

带园〔继壕按〕《试茶录》:"焙东之山,萦纡如带,故曰带园,其中曰中历坑。"

焙东

中歷⑥〔按〕宋子安《试茶录》作"中歷坑"。

东际〔继壕按〕《试茶录》:"袁云垄之北,绝岭之表曰西际,其东为东际。"

西际

官平〔继壕按〕《试茶录》:"袁云陇之北,平下,故曰平园。"当即官平。

上下官坑〔继壕按〕《试茶录》:"曾坑又北曰官坑,上园下坑,庆历中始入北苑。"《说郛》在"石碎窠"下。

石碎窠〔继壕按〕徽宗《大观茶论》作"碎石窠"。

虎膝⑦窠

楼陇

蕉窠

新园

夫⑧楼基〔按〕《建安志》作"大楼基"。〔继壕按〕《说郛》作"天楼基"。

阮⑨坑

曾坑〔继壕按〕《试茶录》云:"又有苏口焙,与北苑不相属,昔有苏氏居之,其园别为四,其最高处曰曾坑,岁贡有曾坑上品一斤。曾坑山土浅薄,苗发多紫,复不肥乳。气味殊薄,今岁贡以苦竹园充之。"叶梦得《避暑茶话》云:"北苑茶,正所产为曾坑,谓之正焙,非曾坑,为沙溪,谓之外焙。二地相去不远,而茶种悬绝。沙溪色白过于曾坑,但味短而微涩,识茶者一啜,如别泾渭也。"

黄际〔继壕按〕《试茶录》"壑源"条:"道南山而东曰穿栏焙,又东曰黄际。"

马鞍山〔继壕按〕《试茶录》:"带园东又曰马鞍山。"《福建通志》:"建宁府建安县有马鞍山,在郡东北三里许,一名瑞峰,左为鸡笼山。"当即此山。

林园〔继壕按〕《试茶录》:"北苑焙绝东曰林园。"

和尚园

黄淡窠〔继壕按〕《试茶录》:"马鞍山又东曰黄淡窠,谓山多黄淡也。"

吴彦山

罗汉山

水⑩桑窠

师姑⑪园〔继壕按〕《说郛》:"在铜场下。"

铜场〔继壕按〕《福建通志》:"凤皇(凰)山在东者曰铜场峰。"

灵滋

范⑫马园

高畬

大窠头〔继壕按〕《试茶录》"壑源"条:"坑头至大窠为正壑岭。"

小山

右四十六所,广⑬袤三十余里,自官平而上为内园,官坑而下为外园。方春灵芽荠坼⁴⑭,〔继壕按〕《说郛》作"萌坼"。常⑮先民焙十余日,如九窠十二陇、龙游窠、小苦竹、张坑、西际,又为禁园之先也。

开焙

惊蛰节,万物始萌,每岁常以前三日开焙,遇闰则反⑯之,〔继壕按〕《说郛》"反"作"后"以其气候少⑰迟故也。〔按〕《建安志》:"候当惊蛰,万物始萌,漕司常前三日开焙,令春夫喊山以助和气,遇闰则后二日。"〔继壕按〕《试茶录》:"建溪茶比他郡最先,北苑壑源者尤早。岁多暖,则先惊蛰十日即芽;岁多寒,则后惊蛰五日始发。先芽者,气味俱不佳,唯过惊蛰者最为第一,民间常以惊蛰为候。"

采茶

采茶之法,须是侵晨,不可见日。侵晨则夜露未晞,茶芽肥润,见日则为阳气所薄，使芽之膏腴内耗，至受水而不鲜明。故每日常以五更挝鼓，集群夫⑱于⑲凤凰(凰)山，山有打鼓亭监采官人给一牌入山，至辰刻⁵则复鸣锣以聚之，恐其逾时贪多务得也。

大抵采茶亦须习熟，募夫之际，必择土著及谙晓之人，非特识茶〔发〕⑳早晚所在，而于采摘亦㉑知其指要。盖以指而不以甲，则多温而易损；以甲而不以指，则速断而不柔。从旧说也故采夫欲其习熟，政为是耳。采夫日役二百二十五人。㉒〔继壕按〕《说郛》作"二百二十二人"。徽宗《大观茶论》："撷茶以黎明，见日则止。用爪断芽，不以指揉，虑气汗熏渍，茶不鲜洁。故茶工多以新汲水自随，得芽则投诸水。"《试茶录》："民间常以春阴为采茶得时，日出而采，则芽叶易损，建人谓之采摘不鲜是也。"

拣茶

茶有小芽，有中芽，有紫芽，有白合，有乌蒂，此不可不辨。小芽者，其小如鹰爪，初造龙园㉓胜雪、白茶，以其芽先次蒸熟，置之水㉔盆中，剔取其精英，仅如针小，谓之水芽，是芽㉕中之最精者也。中芽，古谓〔继壕按〕《说郛》有"之"字。一枪一旗是也。紫芽，叶之〔继壕按〕原本作"以"，据《说郛》改。紫者是也。白合，乃小芽有两叶抱而生者是也。乌蒂，茶之蒂头是也。凡茶以水芽为上，小芽次之，中芽又次之，紫芽、白合、乌蒂，皆在所不取。〔继壕按〕《大观茶论》："茶之始芽萌则有白合，既撷则有乌蒂。白合不去害茶味，乌蒂不去害茶色。"原本脱"不"字，据《说郛》补。使其择焉而精㉖，则茶之色味无不佳。万一杂之以所不取，则首面不匀⁶，色浊而味重也。〔继壕按〕《西溪丛语》："建州龙焙，有一泉极清澹，谓之御泉。用其池水造茶，即坏茶味。惟龙园胜雪、白茶二种，谓之水芽，先蒸后拣，每一芽先去外两小叶，谓之

乌蒂，又次去两嫩叶，谓之白合，留小心芽置于水中，呼为水芽，聚之稍多即研焙为二品，即龙园胜雪、白茶也。茶之极精好者，无出于此，每胯计工价近三十千。其他茶虽好，皆先拣而后蒸研，其味次第减也。"

蒸茶

茶芽再四洗涤，取令洁净，然后入甑，俟汤沸蒸之。然蒸有过熟之患，有不熟之患。过熟则色黄而味淡，不熟则色青易沈，而有草木之气，唯在得中之为当也。

榨茶

茶既熟⁷谓茶黄，须淋洗数过，欲其冷也方入㉗小榨，以去其水，又入大榨出其膏。水芽以马榨压之，以其芽嫩故也。〔继壕按〕《说郛》"马"作"高"。先是包以布帛，束以竹皮，然后入大榨压之，至中夜取出揉匀，复如前入榨，谓之翻榨。彻晓奋击，必至于干净而后已。盖建茶味远而力厚，非江茶⁸之比。江茶畏流其膏，建茶惟恐其膏之不尽，膏不尽，则色味重浊矣。

研茶

研茶之具，以柯为杵，以瓦为盆。分团酌水，亦皆有数，上而胜雪、白茶，以十六水⁹，下而拣芽之水六，小龙、凤四、大龙、凤二，其余皆以十二㉘焉。自十二水以上，日研一团，自六水而下，日研三团至七团。每水研之，必至于水干茶熟而后已。水不干则茶不熟，茶不熟则首面不匀，煎试易沈，故研夫犹贵于强而有力㉙者也。

尝谓天下之理，未有不相㉚须而成者。有北苑之芽，而后有龙井之水。〔龙井之水〕㉛，其深不㉜以丈尺㉝，〔继壕按〕文有脱误，《说郛》无此六字亦误。柯适《记御茶泉》云："深仅二

尺许。"清而且甘,昼夜酌之而不竭,凡茶自北苑上者皆资焉。亦犹锦之于蜀江[10],胶之于阿井[11],讵不信然?

造茶

造茶旧分四局,匠者起好胜之心,彼此相夸,不能无弊,遂并而㉞为二焉。故茶堂[12]有东局、西局之名,茶铸有东作、西作之号。

凡茶之初出研盆,荡之欲其匀,揉㉟之欲其腻,然后入圈制铸,随笪过黄。有方㊱铸,有花铸,有大龙,有小龙,品色不同,其名亦异,故随纲系之于贡茶云。

过黄

茶之过黄,初入烈火焙之,次过沸汤爁[13]㊲之,凡如是者三,而后宿一火,至翌日,遂过烟焙焉。然烟焙之火㊳不欲烈,烈则面炮而色黑,又不欲烟,烟则香尽而味焦,但取其温温而已。凡火数之多寡,皆视其铸之厚薄。铸之厚者,有十火至于十五火,铸之薄者,亦〔继壕按〕《说郛》无"亦"字。八火至于六火㊴。火数既足,然后过汤上出色。出色之后,当置之密室,急以扇扇之,则色〔泽〕㊵自然光莹矣。

纲次㊶〔继壕按〕《西溪丛语》云:"茶有十纲,第一第二纲太嫩,第三纲最妙,自六纲至十纲,小团至大团而止。第一名曰试新,第二名曰贡新,第三名有十六色,第四名有十二色,第五次有十二色,已下五纲皆大小团也。"云云。其所记品目与录同,唯录载细色粗色共十二纲,而宽云十纲,又云第一名试新,第二名贡新,又细色第五纲十二色内,有先春一色,而无兴国岩拣芽,并与录异,疑宽所据者宣和时修贡录,而此则本于淳熙间修贡录也。《清波杂志》云:"淳熙间,亲党许仲启官麻沙,得北苑修贡录,序以刊行,其间载岁贡十有二纲,凡三等四十一名。第一纲曰龙焙贡新,止五

十余夸(铸),贵重如此。"正与录合。曾敏行《独醒杂志》云:"北苑产茶,今岁贡三等十有二纲,四万八千余铸。"《事文类聚续集》云:"宣政间郑可简以贡茶进用,久领漕计,创添续入,其数浸广,今犹因之。"

细色第一纲

龙焙贡新。水芽,十二水,十宿火。正贡三十铸,创添二十铸。〔按〕《建安志》:"云头纲用社前三日进发,或稍迟亦不过社后三日。第二纲以后,只火候数足发,多不过十日。粗色虽于五旬内制毕,却候细纲贡绝,以次进发。第一纲拜,其余不拜,谓非享上之物也。"

细色第二纲

龙焙试新水芽十二水十宿火正贡一百铸创添五十铸〔按〕《建安志》云:"数有正贡,有添贡,有续添,正贡之外,皆起于郑可简为漕日增。"

细色第三纲

龙园㊷胜雪。〔按〕《建安志》云:"龙园胜雪用十六水,十二宿火。白茶用十六水,七宿火。胜雪系惊蛰后采造,茶叶稍壮,故耐火。白茶无培壅之力,茶叶如纸,故火候止七宿,水取其多,则研夫力胜而色白,至火力则但取其适,然后不损真味。"水芽,十六水,十二㊸宿火。正贡三十铸,续添三十㊹铸,创添六十㊺铸。〔继壕按〕《说郛》作"续添二十铸,创添二十铸。"

白茶。水芽,十六水,七宿火。正贡三十铸,续添十五㊻铸,〔继壕按〕《说郛》作"五十铸"。创添八十铸。

御苑玉芽。〔按〕《建安志》云:"自御苑玉芽下凡十四品,系细色第三纲,其制之也,皆以十二水。唯玉芽、龙芽二色火候止八宿,盖二色茶日数比诸茶差早,不取(敢)多用火力。"小芽〔继壕按〕据《建安志》"小芽"当作"水芽"。详细色五纲条注。十二水,八宿火。正贡一百片。

万寿龙芽。小芽,十二水,八宿火。正贡一百片。

上林第一。〔按〕《建安志》云:"雪英以下六品,火用七宿,则是茶力既强,不必火候太多。自上林

第一至启沃承恩凡六品,日子之製(制)同,故量日力以用火力,大抵欲其适当。不论采摘日子之浅深,而水皆十二,研工多则茶色白故耳。"小芽,十二水,十宿火。正贡一百铐。

乙夜清供。小芽,十二水,十宿火。正贡一百铐。

承平雅玩。小芽,十二水,十宿火。正贡一百铐。

龙凤英华。小芽,十二水,十宿火。正贡一百铐。

玉除清赏。小芽,十二水,十宿火。正贡一百铐。

启沃承恩。小芽,十二水,十宿火。正贡一百铐。

雪英。小芽,十二水,七宿火。正贡一百片。

云叶。小芽,十二水,七宿火。正贡一百片。

蜀葵。小芽,十二水,七宿火。正贡一百片。

金钱。小芽,十二水,七宿火,正贡一百片。

玉叶。小芽,十二水,七宿火。正贡一百片。

寸金。小芽,十二水,九宿火。正贡一百铐⑰。

细色第四纲

龙园⑱胜雪。已见前正贡一百五十铐

无比寿芽。小芽,十二水,十五宿火。正贡五十铐,创添五十铐。

万春⑲银叶⑳。〔继壕按〕《说郛》"芽"作"叶",《西溪丛语》作"万春银叶"。小芽,十二水,十宿火。正贡四十片,创添六十片。

宜年宝玉。小芽,十二水,十二宿火㉑。〔继壕按〕《说郛》作"十宿火"正贡四十片,创添六

十片。

玉清庆云。小芽,十二水,九宿火㉒。〔继壕按〕《说郛》作"十五宿火"。正贡四十片,创添六十片。

无疆寿龙。小芽,十二水,十五宿火。正贡四十片,创添六十片。

玉叶长春。小芽,十二水,七宿火。正贡一百片。

瑞云翔龙。小芽,十二水,九宿火。正贡一百八片。

长寿玉圭。小芽,十二水,九宿火。正贡二百片。

兴国岩铐。岩属南州,顷遭兵火废,今以北苑芽代之。中芽,十二水,十宿火。正贡二百㉓七十铐。

香口焙铐。中芽,十二水,十宿火。正贡五百铐㉔。〔继壕按〕《说郛》作"五十铐"。

上品拣芽。小芽,十二水,十宿火。正贡一百片。

新收拣芽。中芽,十二水,十宿火。正贡六百片。

细色第五纲

太平嘉瑞。小芽,十二水,九宿火。正贡三百片。

龙苑报春。小芽,十二水,九宿火。正贡六百片㉕。〔继壕按〕《说郛》作"六十片",盖误。创添六十片。

南山应瑞。小芽,十二水,十五宿火。正贡六十铐㉖。创添六十铐。

兴国岩拣芽㉗。中芽,十二水,十宿火。正贡五百一十㉘片。

兴国岩小龙。中芽,十二水,十五宿火。正贡七百五十㉙片。〔继壕按〕《说郛》作"七百五片",盖误。

兴国岩小凤。中芽,十二水,十五宿

火。正贡五十^⑩片。

先春两色

太平嘉瑞。已见前正贡二百^㉛片。

长春玉圭。已见前正贡一百^㉜片。

续入额四色

御苑玉芽。已见前正贡一百片。

万寿龙芽。已见前正贡一百片。

无比寿芽。已见前正贡一百片。

瑞云翔龙。已见前正贡一百片。

粗色第一纲

正贡：不入脑子¹⁴上品拣芽小龙，一千二百片。〔按〕《建安志》云："入脑茶，水须差多，研工胜则香味与茶相入。不入脑茶，水须差省，以其色不必白，但欲火候深，则茶味出耳。"六水，十宿火^㉝。

入脑子小龙，七百片。四水，十五宿火。

增添：不入脑子上品拣芽小龙，一千二百片。

入脑子小龙，七百片。

建宁府附发：小龙茶，八百四十片

粗色第二纲

正贡：不入脑子上品拣芽小龙，六百四十片。

入脑子小龙，六百四十二片。〔继壕按〕《说郛》"二"作"七"。^㉞入脑子小凤，一千三百四十四^㉟片。〔继壕按〕《说郛》无下"四"字。四水，十五宿火。

入脑于大龙，七百二十片。二水，十五宿火。

入脑子大凤，七百二十片。二水，十五宿火。

增添：不入脑子上品拣芽小龙，一千二百片。

入脑子小龙，七百片。

建宁府附发：小凤茶，一千二百^㊱片^㊲。〔继壕按〕《说郛》二作三。

粗色第三纲

正贡：不入脑子上品拣芽小龙，六百四十片。

入脑子小龙，六百四十四^㊳片〔继壕按〕《说郛》无下"四"字。入脑子小凤，六百七十二^㊴片。

入脑子大龙，一千八片^㊵。〔继壕按〕《说郛》作"一千八百片"。

入脑子大凤，一千八片^㊶。

增添：不入脑子上品拣芽小龙，一千二百片。

入脑子小龙，七百片。

建宁府附发：大龙茶，四百^㊷片。大凤茶，四百片。

粗色第四纲

正贡：不入脑子上品拣芽小龙，六百片。

入脑子小龙，三百三十六片。

入脑子小凤，三百三十六片。

入脑子大龙，一千二百四十片。

入脑子大凤，一千二百四十片。

建宁府附发：大龙茶，四百片。大凤茶，四百^㊸片。〔继壕按〕《说郛》作"四十片"，疑误。

粗色第五纲

正贡：入脑子大龙，一千三百^㊹六十八片。

入脑子大凤，一千三百六十八片。

京铤改造大龙，一千六片^㊺。〔继壕按〕《说郛》作"一千六百片"。

建宁府附发：大龙茶，八百片。大凤茶，八百片。

粗色第六纲

正贡：入脑子大龙，一千三百六十片。

入脑子大凤，一千三百六十片。

京铤改造大龙，一千六百片。

建宁府附发：大龙茶，八百片⑦。大凤茶，八百片⑦。

京铤改造大龙，一千三百片⑦。〔继壕按〕《说郛》"三"作"二"。

粗色第七纲

正贡：入脑子大龙，一千二百四十片。

入脑子大凤，一千二百四十片。

京铤改造大龙，二千三百五十二⑦片。

〔继壕按〕《说郛》作"二千三百二十片"。

建宁府附发：大龙茶，二百四十片。大凤茶，二百四十片。

京铤改造大龙，四百八十片。

细色五纲〔按〕《建安志》云："细色五纲，凡四十三品，形式各异。其间贡新、试新、龙园胜雪、白茶、御苑玉芽，此五品中，水拣第一，生拣次之。"

贡新为最上，后开焙十日入贡。龙园胜雪⑧为最精，而建人有直四万钱之语。夫茶之入贡，圈以箬叶，内以黄斗15⑧，盛以花箱，护以重⑧筐，扃以银钥⑧。花箱内外又有黄罗幕之，可谓什袭之珍矣。〔继壕按〕周密《乾淳岁时记》："仲春上旬，福建漕司进第一纲茶，名北苑试新，方寸小夸（铐），进御止百夸（铐）。护以黄罗软篆，藉以青蒻，裹以黄罗夹复，臣封朱印外，用朱漆小匣、镀金锁。又以细竹丝织笈贮之，凡数重。此乃雀舌水芽所造，一夸（铐）之直四十万，仅可供数瓯之啜尔。或以一二赐外邸，则以生线分解，转遗好事，以为奇玩。"

粗色七纲〔按〕《建安志》云："粗色七纲，凡五品，大小龙凤并拣芽，悉入脑和膏为团，其四万饼，即雨前茶。闽中地暖，谷雨前茶已老而味重。"

拣芽以四十饼为角16，小龙、凤以二十饼为角，大龙、凤以八饼为角。圈以箬叶，束以红缕，包以红楮，〔继壕按〕《说郛》"楮"作"纸"。缄以蒨⑧绫⑧，惟拣芽俱以黄焉。

开畲

草木至夏益盛，故欲导⑧生长之气，以渗雨露之泽。每岁六月兴工，虚其本，培其土⑧，滋蔓之草、遏郁之木，悉用除之，政所以导生长之气而渗雨露之泽也。此之谓开畲。〔按〕《建安志》云："开畲，茶园恶草，每遇夏日最烈时，用众锄治，杀去草根，以粪茶根，名曰开畲。若私家开畲，即夏半、初秋各用工一次，故私园最茂，但地不及焙之胜耳。"惟桐木则⑧留焉。桐木之性与茶相宜，而又茶至冬则畏寒⑧，桐木望秋而先落；茶至夏而畏日，桐木至春而渐茂，理亦然也。

外焙

石门、乳吉、〔继壕按〕《试茶录》载丁氏旧录东山之焙十四，有乳橘内焙、乳橘外焙。此作乳吉，疑误。香口右三焙，常后北苑五七日兴工，每日采茶蒸榨以过黄⑧，悉送北苑并造⑨。

〔后序〕⑨

舍人熊公17，博古洽闻，尝于经史之暇，缉其先君所著《北苑贡茶录》，锓诸木以垂后。漕使侍讲王公，得其书而悦之，将命摹勒，以广其传。汝砺白之公曰："是书纪贡事之源委，与制作之更沿，固要且备矣。惟水数有赢缩、火候有淹亟、纲次有后先、品色有多寡，亦不可以或阙。"公曰："然。"遂摭书肆所刊修贡录曰几水、曰火几宿、曰某纲、曰某品若干云者条列之。又以所采择制造诸说，并丽于编末，目曰《北苑别录》。俾开卷之顷，尽知其详，亦不为无补。

淳熙丙午孟夏望日门生
从政郎福建路转运司主管帐司
赵汝砺敬书

附录：汪继壕后记18

注　释

1　羞：进献。贡筥：采制贡茶或盛放贡茶用的竹器，用以指贡茶。筥：圆形竹器。

2　漕台：指福建路转运使。庆历中任福建路转运使者为蔡襄。

3　春虫震蛰：指惊蛰。

4　灵芽莩坼：指茶开始发芽。

5　辰刻：指上午七点。

6　首面不匀：指制成的茶表面纹理不规整。

7　茶既熟：指茶经过蒸茶的工序之后。

8　江茶：江南茶的统称或省称。

9　以十六水：加十六次水研茶。北苑加水研茶，以每注水研茶至水干为一水。

10　蜀江：又名锦江，著名的蜀锦便是在蜀江中洗濯的，相传若是在他水中洗濯，颜色就要逊色得多。

11　阿井：山东东阿城北门内的一口大水井，著名的阿胶便是用这口井中的水煮熬出的。

12　茶堂：此处指造茶之所，而非一般所称的饮茶之所。

13　爁(lǎn)：焚烧，烤炙。

14　入脑子：亦称"入香"、"龙脑和膏"，是唐、宋团、饼片贡茶的制作工序。制团、饼片贡茶时，茶鲜叶经蒸压，入瓦盆兑水研成茶膏，在茶膏中加入微量龙脑香料，以增茶香。

15　内以黄斗：装在黄色的斗状器内。

16　角：古代量器。《管子·七法》："尺寸也，绳墨也……角量也。"注："角亦器量之名。"

17　舍人熊公：指的是熊克。

18　此后记已见于前文熊蕃《宣和北苑贡茶录》附录二汪继壕后记，今删。

校　勘

①　喻政茶书本称作者为"宋建阳熊克子复"，宛委本、集成本、说粹本称作者为"宋无名氏"。

②　喻政茶书本于此处多一"通"字。

③　益：喻政茶书本、集成本、涵芬楼本为"盖"。

④　曆：底本为"歷"，误，今据喻政茶书本等改。下文误者，径改，不出校。

⑤　千夫：喻政茶书本为"千山"。

⑥　歷：喻政茶书本、宛委本、集成本、说粹本为"曆"。

⑦　縢：喻政茶书本为"滕"。

⑧　夫：宛委本、集成本、说粹本为"天"，涵芬楼本为"大"。

⑨　阮：喻政茶书本、宛委本、集成本、说粹本为"院"。

⑩　水：喻政茶书本为"小"。

⑪　姑：宛委本、集成本、说粹本为"如"。

⑫　范：喻政茶书本、宛委本、集成本、说粹本、涵芬楼本为"苑"。

⑬　底本于此句前衍一"方"字，今据喻政茶书本等删。

⑭　莩坼：喻政茶书本为"莩折"，宛委本、集成本、说粹本为"萌拆"。

⑮　常：宛委本、集成本、说粹本无。

⑯　反：宛委本、集成本、说粹本为"后"。

⑰　少：喻政茶书本无。

⑱　集群夫：喻政茶书本为"群集采夫"。

⑲　于：底本误为"子"，今据喻政茶书本等版本改。

⑳　发：底本无，今据喻政茶书本等版本补。

㉑　亦：涵芬楼本为"各"。

㉒　二十五：宛委本、集成本、说粹本为"二十二"。

㉓　园：喻政茶书本、宛委本、集成本、说粹本、涵芬楼本皆作"团"。

㉔　水：喻政茶书本为"小"。

㉕　芽：喻政茶书本、宛委本、集成本、说粹本、涵芬楼本为"小芽"。

㉖ 精：喻政茶书本为“摘”。
㉗ 入：涵芬楼本为“上”。
㉘ 以十二：涵芬楼本为“十一二”。
㉙ 力：涵芬楼本为“手力”。
㉚ 相：喻政茶书本、宛委本、集成本、说粹本、涵芬楼本无。
㉛ “龙井之水”句，底本、涵芬楼本无，今据喻政茶书本等补。
㉜ 喻政茶书本于此多一“能”字。
㉝ “其深不以丈尺”句，宛委本、集成本、说粹本无。
㉞ 并而：喻政茶书本为“分”。
㉟ 揉：宛委本、集成本、说粹本为“操”。
㊱ 喻政茶书本、宛委本、集成本、说粹本于此衍一“故”字。
㊲ 熆：喻政茶书本为“焙”。
㊳ 然烟焙之：宛委本、集成本、说粹本无。
㊴ 八火至于六火：涵芬楼本为“七八九火至于十火”。
㊵ 色泽：底本无“泽”字，今据喻政茶书本等版本补。
㊶ 四库本无“纲次”标题。
㊷ 园：喻政茶书本、宛委本、集成本、说粹本、涵芬楼本为“团”。
㊸ 十二：喻政茶书本为“十六”。
㊹ 三十：喻政茶书本、宛委本、集成本、说粹本、涵芬楼本为“二十”。
㊺ 六十：宛委本、集成本、说粹本为“二十”。
㊻ 十五：喻政茶书本、宛委本、集成本、说粹本、涵芬楼本为“五十”。
㊼ 镑：喻政茶书本为“片”。
㊽ 园：喻政茶书本、宛委本、集成本、说粹本、涵芬楼本为“团”。
㊾ 春：底本误为“寿”字，今据喻政茶书本等其他版本改。
㊿ 叶：底本、涵芬楼本误为“芽”。
(51) 十二宿火：宛委本、集成本、说粹本为“十宿火”。
(52) 九宿火：宛委本、集成本、说粹本为“十五宿火”。
(53) 二百：宛委本、集成本、说粹本为“一百”。
(54) 五百：宛委本、集成本、说粹本为“五十”。
(55) 六百：喻政茶书本、宛委本、集成本、说粹本为“六十”。
(56) 镑：喻政茶书本为“片”。
(57) 芽：宛委本、集成本、说粹本、涵芬楼本为“茶”。
(58) 五百一十：喻政茶书本为“三百十”。
(59) 七百五十：喻政茶书本为“七十五”，宛委本、集成本、说粹本为“七百五”。
(60) 五十：涵芬楼本为“七百五十”。
(61) 二百：涵芬楼本为“三百”。
(62) 一百：涵芬楼本为“二百”。
(63) 十宿火：底本、涵芬楼本为“十六火”，按前文焙茶火数最高是十五宿火，十六火定误，故据喻政茶书本等其他版本改为“十宿火”。
(64) 按继壕按语有误，实际《说郛》是“四”作“七”。
(65) 四十四：宛委本、集成本、说粹本为“四十”。
(66) 二百：喻政茶书本、宛委本、集成本、说粹本为“三百”。
(67) “建宁府附发”茶色及数目，涵芬楼本作“大龙茶，四百片。大凤茶，四百片。”
(68) 四十四：喻政茶书本、宛委本、集成本、说粹本为“四十”，涵芬楼本为“七十二”。
(69) 二：喻政茶书本为“三”。
(70) 一千八片：喻政茶书本、宛委本、集成本、说粹本、涵芬楼本为“一千八百片”。
(71) 一千八片：疑为“一千八百片”。
(72) 四百：涵芬楼木作“八百”。下条亦同，不复赘述。
(73) 四百：宛委本、涵芬楼本、说粹本及集成本俱作“四十”。
(74) 三百：喻政茶书本为“二百”。
(75) 一千六片：喻政茶书本、宛委本、集成本、说粹本、涵芬楼本为“一千六百片”。
(76) 四库本无“大龙茶，八百片”句。
(77) 喻政茶书本、四库本无“大凤茶，八百片”句。
(78) 三百：喻政茶书本、宛委本、集成本、说粹本、涵芬楼本为“二百”。
(79) 五十二：宛委本、集成本、说粹本为“二十”。
(80) 龙园胜雪：涵芬楼本为“龙团胜雪”，喻政茶书本、宛委本、集成本、说粹本为“龙团”。
(81) 内以黄斗：喻政茶书本为“束以黄缕”。
(82) 重：喻政茶书本为“金”。
(83) 扃以银钥：喻政茶书本、宛委本、集成本、四库本、说粹本无。另：四库本于此处有按语曰：“《建安志》载‘护以重篚’下有‘扃以银钥’，疑此脱去。”
(84) 蒨：四库本为“旧”，涵芬楼本为“白”。

(85) 缄以蒨绫：喻政茶书本为“护以红绫”。
(86) 导：喻政茶书本为“遵”，宛委本、集成本、说粹本为“尊”。下一“导”字同，不复出校记。
(87) 培其土：喻政茶书本为“培云其”；“土”：宛委本、集成本、说粹本为“末”。
(88) 则：涵芬楼本为“得”。
(89) 寒：喻政茶书本为“翳”。
(90) 过黄：喻政茶书本为“其黄心”，宛委本、集成本、说粹本“其黄”，则这些版本这二句当句断为“每日采茶蒸造，以其黄(心)悉送北苑并造。”
(91) 喻政茶书本于此有徐渤的后跋，内容为熊克的简介，因喻政茶书本误本文作者为熊克。本书并不将此后跋录入本文之后。
(92) “后序”字样，底本及四库本皆无，为本书编者所加。另：喻政茶书本、宛委本、集成本、说粹本、涵芬楼皆无此后序的内容。

邛州先茶[1]记 | 宋 魏了翁 撰

作者及传世版本

魏了翁(1178—1237)，字华父，号鹤山，邛州蒲江(今四川浦江)人。南宋宁宗(赵扩，1168—1224，1194—1224在位)庆元五年(1199)进士，后知嘉定府，因父丧返回故里，筑室白鹤山下，开门讲学，士争从之。学者称鹤山先生。官至资政殿大学士、同签书枢密院事。卒谥文靖。南宋之衰，学派变为门户，诗派变为江湖，了翁独穷经学古，自为一家。著有《九经要义》、《鹤山集》等。事见《宋史》卷四三七《儒林传》。

南宋理宗(赵昀，1225—1264在位)初年(1225年左右)，魏了翁先以集英殿修撰知常德府，未几诏降三官，靖州居住，至绍定四年(1231)。其间“湖湘江浙之士，不远千里负书从学”。本文当即写于此际。

本文内容为考索“茶”之源流，并揭示宋代茶政之失。诸茶书目录皆未曾收入，但在明清时期常为人作为茶书引用，今本书将其作为一篇茶书(文)收录。

版本有：(1)四部丛刊初编本《鹤山先生大全文集》(上海涵芬楼借乌程刘氏嘉业堂藏宋开庆刊本景印)，(2)文渊阁四库全书本《鹤山集》(明嘉靖三十年邛州吴凤刊本)。今以四部丛刊初编为底本，参校四库本。

原　　文

昔先王敬共[2]明神，教民报本反始。虽农啬坊庸之蜡[3]、门行户灶[4]之享、伯侯

祖鬷之灵[5]，有开厥先，无不宗也。至始为饮食，所以为祭祀、宾客之奉者，虽一饭一饮必祭，必见其所祭然，况其大者乎！

眉山[6]李君铿，为临邛茶官[7]，史以故事三日谒先茶告君。诘其故，则曰："是韩氏而王，号相传为然。实未尝请命于朝也。"君曰："饮食皆有先，而况茶之为利，不惟民生日用之所资，亦马政[8]边防之攸赖。是之弗图，非忘本乎？"于是撤旧祠而增广焉。其费则以例所当得而不欲受者为之。园户[9]、商人，亦协力以相其成。且请于郡，上神之功状于朝，宣锡号荣，以侈神赐。而驰书于靖[10]，命记成役。

予于事物之变，必迹其所自来，独于茶未知所始。盖自后世典礼讹缺，风气浇漓，嗜好日新，非复先王之旧，若此者盖非一端，而茶尤其不可考者。

古者宾客相敬①之礼，自飨燕食饮之外，有间食，有稍事[11]，有啜湆[12]，有设粱[13]，有濡酱[14]、有食已侑而酳[15]，有坐久而莝[16]，有六清以致饮[17]，有瓠叶以尝酒[18]，有旨蓄以御冬[19]，有流荇以为豆菹[20]，有湘苹以为铏芼[21]，见于《礼》。见于《诗》，则有挟菜，副瓜[22]、烹葵[23]、叔苴[24]之等。虽葱芥、韭蓼、堇枌、滫瀡、深蒲、苔笋[25]，无不备也，而独无所谓茶者，徒以时异事殊，字亦差误。

且今所谓韵书，自二汉以前，上泝六经，凡有韵之语，如平声鱼模，上声麌姥，以至去声御暮之同是音者，本无它训，乃自音韵分于孙、沈[26]，反切盛于羌胡[27]，然后别为麻马等音，于是鱼歌二音并入于麻，而鱼麻二韵一字二音，以至上去二声

亦莫不然。其不可通〔者〕，则更易字文以成其说。

且茶之始，其字为荼，如《春秋》书"齐荼"，《汉志》[28]书"荼陵"之类，陆、颜[29]诸人虽已转入茶音，而未敢辄易字文也。若《尔雅》，若《本草》，犹从"艹"、从"余"，而徐鼎臣[30]训荼，犹曰："即今之茶也"。惟自陆羽《茶经》、卢仝《茶歌》[31]、赵赞茶禁[32]以后，则遂易"荼"为"茶"。其字为"艹"、为"人"②、为"木"。陆玑[33]谓"椒似茱萸"，"吴人作茗，蜀人作茶"，皆煮为香椒，与茶既不相入。且据此文，又若茶与茗异，此已为可疑。而《山有樗》之疏则又引玑说[34]，以樗叶为茗，益使读者贸乱，莫知所据，至苏文忠[35]始谓："周诗记苦荼③，茗饮出近世"，其义亦既著明，然而终无有命"荼"为"茶"者④。盖传注例谓荼为茅秀、为苦菜，予虽言之，谁实信之？虽然，此特书名之误耳，而予于是重有感于世变焉。

先王之时，山泽之利与民共之，饮食之物无征也。自齐人赋盐[36]，汉武榷酒[37]，唐德宗税茶[38]，民之日用饮食而皆无遗算，则几于阴复口赋[39]，潜夺民产者矣。其端既启，其祸无穷。盐酒之入，遂坿田赋。而茶之为利，始也，岁不过得钱四十万缗，自王涯置使勾榷[40]，由是岁增月益，塌地剩茶[41]之名、三说贴射[42]之法、招商收税之令，纷纷见于史册，极于蔡京之引法[43]，假托元丰，以尽更仁祖之旧[44]，王黼[45]又附益之。嘉祐以岁课均赋茶户，岁输不过三十八万有奇，谓之茶租钱。至崇宁以后，岁入之息骤至二百万缗，视嘉祐益五倍矣。中兴[46]以后，尽鉴政宣[47]之误，而茶法尚仍京黼⑤之旧，国虽赖是以济，民亦因是而穷，冒禁抵罪，剽吏⑤御人，无时无之，甚则阻

兵怙强，伺⑥时为乱，是安得不思所以变通之乎？

李君，字叔立，文简公[48]之孙。文简尝为《茗赋》，谓："秦汉以还，名未曾有，勃然而兴，晋魏之后。"益明于世道之升降者。其守武陵[49]，尝请减引价[50]以蠲民害，叔立生长见闻，故善于其职。予为申述始末而告之。

注　　释

1　先茶：茶之先，茶神。
2　共：通"供"、"恭"，供奉，恭敬。
3　啬：通"穑"，啬夫，农啬，指农夫。庸：通"佣"，坊庸，工场的雇佣工人。蜡：岁终祭祀众神。
4　门行户灶：古代祭法有五祀：门、行、中霤、户、灶，为诸侯之祀。汉王充《论衡·祭意》："门、户，人所出入，井、灶，人所欲食；中霤，人所托处，五者功钧，故俱祀之。"
5　伯侯祖蘖之灵：对开国君主的祭祀。伯，诸侯之长；侯，诸侯国之统称；祖，开国君主。《穀梁传·僖公十五年》："始封必为祖"。
6　眉山：今四川眉山。
7　临邛：今四川邛崃。茶官：宋代管理茶事的官员都可泛称茶官，包括官焙茶园的官员和经营管理茶专卖事宜的官员，此处指后者。
8　马政：养马及采办马匹之政事，统称马政。
9　园户：又称"茶户"，种植茶叶的农户。
10　靖：靖州，治所在永平县（今湖南靖县）。理宗初年（1225年左右）魏了翁降官，居靖州。李镕建茶神祠庙后致书在靖州的魏了翁，请其为庙作记。
11　间食、稍事：都指正餐之外的饮食活动，《周礼·天官·膳夫》郑玄注郑司农云："稍事，为非日中大举时而间食，谓之稍事。"
12　湆(qì)：肉汁。
13　设粱：用精细之粮招待宾客。设，具馔，粱，精细之粮。
14　擩(rǔ)酱：咸酱。擩，咸也。
15　食已侑而酳(yìn)：食毕在劝说下用酒漱口。酳：食毕用酒漱口。
16　坐久而荤：坐久了可以吃一些辛辣味的菜以防止困卧。荤：姜、葱、蒜等辛辣味的菜，食之可以止卧。
17　六清以致饮：有六种饮料可以用来饮用。六清：六种饮料，水、浆、醴、醇、醫、酏。又称六饮。或渴时饮用，或饭后漱口。
18　瓠叶以尝酒：就着瓠叶喝酒。典出《诗经·小雅·瓠叶》："幡幡瓠叶，采之亨之。君子有酒，酌言尝之。"
19　旨蓄以御冬：蓄谷米乌荌蔬菜以为备岁。典出《诗经·邶风·谷风》："我有旨蓄，亦以御冬"。
20　流荇以为豆菹：捞拾荇菜做成腌菜放在豆中祭祀用。流荇：典出《诗经·周南·关雎》："参差荇菜，左右流之"，毛亨传云："后妃供荇菜以事宗庙"。
21　湘苹以为铏芼：烹煮浮萍以作煮肉所加之菜。典出《诗经·召南·采苹》："于以采苹……于以湘之"，朱熹云："苹，水上浮萍也"，毛亨云："湘，烹也"；《仪礼·特牲馈食礼》："铏芼设于豆南"，郑玄注："芼，菜也"。
22　副(pì)瓜：剖瓜。副，析也。
23　烹葵：烹食葵菜。典出《诗经·豳风·七月》："七月烹葵"。
24　叔苴：拾取大麻的子实。典出《诗经·豳风·七月》："九月叔苴"，毛亨云：

"叔,拾也。苴,麻子也"。

25　葱芥、韭蓼:味辛香的植物,可用以调味,也可直接作蔬菜。董粉:两种植物。滫瀡:用淀粉等拌和食物,使柔软滑爽,《礼记·内则》"董苴粉榆,滫瀡以滑之"。深蒲:生在水中的蒲草。蒲,香蒲,草名,供食用等。苦笋:两种腌菜。

26　孙:孙炎,字叔然,乐安(今山东博兴)人,三国时期经学家,著《尔雅音义》,用反切注音,反切法由是盛行,后人于是以为反切法由孙炎首创。沈:沈约(441—513),字休文,吴兴武康(今浙江吴兴)人,历仕宋、齐、梁三朝,是永明声律的创始人。

27　反切:汉语的一种传统注音方法,以二字相切合,"上字取声母,下字取韵母;上字辨阴阳,下字辨平仄",拼合成一个字的音,称为××反或××切。
羌胡:指西域的民族。佛教自西域传入中国,梵文随佛典输入,因取汉字为三十六字母,用于反切,反切法因之日益精密。羌,指羌族,中国古代西部民族之一。胡,中国古代对北方边地与西域民族的泛称。

28　《汉志》:指《汉书·地理志》。

29　陆:陆法言,以字行,临漳(今河北临漳)人,曾与刘臻、萧该、颜之推等人讨论音韵,据以编著成著名韵书《切韵》。到宋代,《切韵》的增订本《广韵》成为国家规定考试的标准。颜:颜之推(531—591),字介,琅邪临沂(今山东临沂)人。

30　徐鼎臣(917—992):即徐铉,字鼎臣,广陵(今江苏广陵)人。初仕吴,又仕南唐,归宋官至直学士、院给事中、散骑常侍。事迹具《宋史》本传。精小学,重校《说文解字》,下文所引句为其重校《说文解字》中语。

31　卢仝:自号玉川子(?—835),郡望河

北范阳(今河北涿州),长居洛阳,贫困不能自给,朝廷征为谏议大夫,不就,大和九年十月于"甘露之变"中被害。《新唐书·韩愈传》有附传。《茶歌》,指芦仝所作《走笔谢孟谏议寄新茶》诗。

32　赵赞茶禁:《旧唐书》卷四九《食货志下》记唐德宗(李适,779—804在位)建中四年(乃三年之误):"度支侍郎赵赞议常平事,竹木茶漆尽税之,茶之有税肇于此矣"。

33　陆玑:又名陆机,三国吴吴郡人,字元恪,吴太子中庶人,乌程令,著有《毛诗草木鸟兽虫鱼疏》二卷。以下引文出自该书卷上《椒聊之实》。

34　见《陆氏诗疏广要》卷上之下《山有栲》条:《唐风》云:"山有樗",陆玑疏语云:"山樗与下田樗略无异,叶似差狭耳,吴人以其叶为茗"。

35　苏文忠:即苏轼,谥文忠。以下所引为苏轼《问大冶长老乞桃花茶栽东坡》中句。

36　齐人赋盐:齐人征收盐税。事见《管子》卷22《海王》第七十二管子建议齐桓公"官山海",即税盐铁以为国用。

37　汉武榷酒:汉武帝(刘彻,前140—前87在位)天汉三年(前98)"初榷酒酤",官府专利卖酒。(《汉书》卷六《武帝纪》)

38　唐德宗税茶:《旧唐书》卷四九《食货志下》记唐德宗建中四年(乃三年之误):"竹木茶漆尽税之,茶之有税肇于此矣"。

39　口赋:古代的人口税。

40　王涯置使勾榷:唐文宗(李昂,826—840在位)太和九年(835)十月,王涯以宰相判盐铁转运二使,献榷茶之利,又兼任榷茶使,把茶农茶株移植于官场,焚其陈茶,强行榷茶。是为榷茶之始。

41　塌地:塌地钱,又称拓地钱,是唐代地

方加征的茶税。唐武宗(李炎,840—846在位)会昌年间(841—846),诸道方镇非法拦截茶商,额外横征的存栈费。至大中六年(852)裴休制定税茶法十二条后才停止征收。剩茶:剩茶钱,唐代茶税之一。唐懿宗(李漼,859—873在位)咸通六年(865)始开征的一种茶叶附加税,是将税茶斤两恢复正常,而每斤增加税钱五文,谓之剩茶钱。

42 三说:又称三分法,宋代茶法之一。北宋宿兵西北,募商人于沿边入纳粮草,按地域远近折价,偿以东南茶叶。后因茶叶不足支用,于至道元年(995)改为支给现钱、香药象齿和茶叶,谓之三说法,又称三税法。贴射:北宋令商人贴纳官买茶叶应得净利息钱后,直接向园户买茶的专卖茶法。淳化中及天圣初行于东南及淮南地区。园户运茶入场,由茶商选购,给券为验,以防私售。

43 蔡京:字元长(1047—1126),兴化仙游(今福建兴化)人,北宋熙宁三年(1070)进士。一生中四度为相,徽宗时官拜太师。死于钦宗时被贬岭南途中。徽宗崇宁四年(1105),蔡京为左

仆射,推行引茶之法。茶引是宋代茶商缴纳茶税后,政府发给的准许行销茶叶的凭照。商人于京师都茶场购买茶引,自买茶于园户,至设在产茶州军的合同场秤发、验视、封印,装入龙箬,官给券为验,然后再运往指定地点销售。

44 仁祖之旧:指北宋仁宗嘉祐(1056—1063)时期的通商茶法。

45 王黼:字将明(1079—1126),初名甫,开封祥符(今河南开封)人,崇宁进士。由宰相何执中、蔡京等汲进引用。宣和二年(1120)代蔡京执政,伪顺民心,一反蔡京所为,号称"贤相"。不久即大事搜括,以饱私囊。为六贼之一。事见《宋史》卷四七〇《佞幸传》。

46 中兴:指高宗赵构建立南宋。

47 政宣:指宋徽宗晚年的政和(1111—1117)、宣和(1119—1125)年间。

48 文简公:当是李焘(1115—1184),谥文简,眉州丹棱(今属四川)人,绍兴八年(1138)进士,累迁州县官,实录院检讨官、修撰等,撰有《续资治通鉴长编》。

49 武陵:今湖南常德。

50 引价:茶引的价格。

校　勘

① 宾:底本为"实",误,今据四库本改。　敬:底本为"于",今据四库本改。

② 卝人:底本分别为"什"、"人",因今"茶"字上为"卝"、中为"人",故据四库本改。

③ "荼":四库本为"茶"。

④ 命茶为荼者:底本为"命茶为荼者",以其行文逻辑,底本误,今四库本改。

⑤ 吏:底本为"史",今据四库本改。

⑥ 伺:四库本为"候"。

茶具图赞 | 宋 审安老人 撰

作者及传世版本

审安老人姓名、生平无可考。

《茶具图赞》成书于1269年，现存最早刊本明正德欣赏编本前有明人茅一相[1]所作《茶具引》，后有明人朱存理[2]所题后记。

《铁琴铜剑楼藏书目录》说："《茶具图赞》一卷，旧钞本。不著撰人。目录后一行题咸淳己巳五月夏至后五日审安老人书。以茶具十二，各为图赞，假以职官名氏。明胡文焕刻入《格致丛书》者，乃明茅一相作，别一书也。"《八千卷楼书目》说："《茶具图赞》一卷，明茅一相撰，茶书本。"依照瞿、丁两家书目的说法，似乎《茶具图赞》有两种，一种是宋人写的，另一种是明茅一相写的。然此实属误会，实际是二而一的。只有一种，题作茅一相撰是错误的。因为虽然茅序所说："乃书此以博十二先生一鼓掌云"，似乎有一些像是写书后所作自序，但书中十二先生姓名之录后仍然明明写着"咸淳己巳五月夏至后五日审安老人书"，足证此书原是宋人写的，茅氏不过为此书写了一篇序文。

关于本文为宋人审安老人所撰，万国鼎已有详细考证，此处不赘。惟大陆、台湾相关出版物中[3]，皆有所谓明正德本《欣赏编》全帙，其中戊集为《茶具图赞》，误矣。因此本中已附有茅一相于万历年间的《茶具引》，所以不可能为正德本。按：茅一相自称喜爱欣赏编，并于万历年间编《欣赏续编》，同时为欣赏编中的一些书文写了序文。而现存所谓全帙的正德本欣赏编，当是后人以万历本欣赏编补充者。学者谨之。中国科学院图书馆藏正德本欣赏编五种，已无戊集《茶具图赞》，当为原帙。

传今刊本有：（1）明《欣赏编》戊集本，（2）明汪士贤山居杂志本（附在陆羽茶经后），（3）明孙大绶秋水斋刊本（附在陆羽茶经后），（4）明喻政《茶书》本，（5）明胡文焕百家名书本，（6）明胡文焕《格致丛书》本，（7）文房奇书本（作《茶具》一卷，未见，谅即《茶具图赞》），（8）明宜和堂茶经附刻本，（9）明郑熜茶经校刻本[4]，（10）《丛书集成初编》本等版本。

本书以明《欣赏编》戊集本为底本，参校喻政茶书本、明郑熜茶经校刻本等其他版本。

原　　文

茶具十二先生姓名字号：（以表格示之）

韦鸿胪[5]	文鼎	景阳	四窗闲叟
木待制[6]	利济	忘机	隔竹居人
金法曹[7]	研古 轹古	元锴 仲铿①	雍之旧民 和琴先生
石转运[8]	凿齿	遄行	香屋隐君②
胡员外[9]	惟一	宗许	贮月仙翁
罗枢密[10]	若药	传③师	思隐寮长
宗从事[11]	子弗	不遗	扫云溪友
漆雕秘阁[12]	承之	易持	古台老人
陶宝文[13] 汤提点[14]	去越 发新	自厚 一鸣	兔园上客 温谷遗老
竺副帅[15]	善调	希点④	雪涛公子
司职方[16]	成式	如素	洁斋居士

咸淳己巳[17]五月夏至后五日　审安老人书

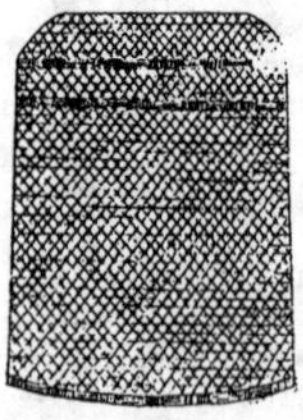

韦鸿胪

赞曰：祝融司夏，万物焦烁，火炎昆冈，玉石俱焚，尔无与焉。乃若不使山谷之英堕于涂炭，子与有力矣。上卿[18]之号，颇著微称。

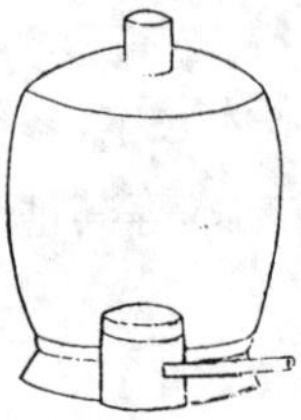

木待制

上应列宿，万民以济，禀性刚直，摧折强梗，使随方逐圆之徒，不能保其身，善则善矣，然非佐⑤以法曹、资之枢密，亦莫能成厥功。

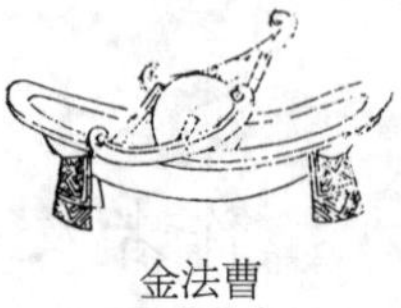

金法曹

柔亦不茹，刚亦不吐，圆机运用，一皆有法，使强梗者不得殊轨乱辙，岂不韪与。

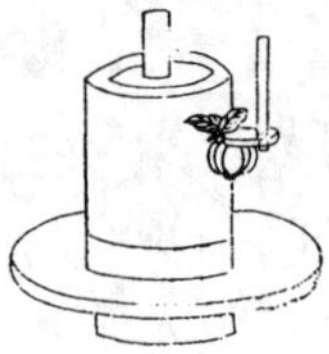

石转运

抱坚质，怀直心，啖嚅英华，周行不怠，斡摘山之利，操漕权[19]之重，循环自常，不舍正而适他，虽没齿无怨言。

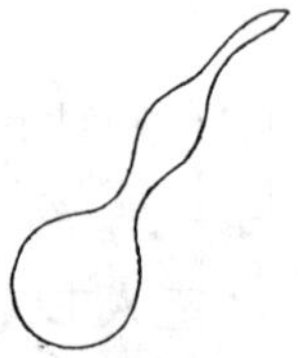

胡员外

周旋中规而不逾其间，动静有常而性苦其卓，郁结之患悉能破之，虽中无所有而外能研究，其精微不足以望圆机之士。

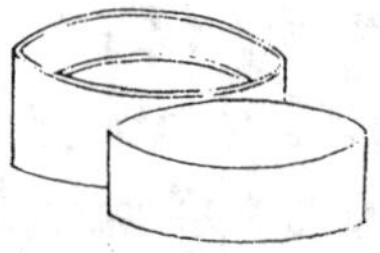

罗枢密

几⑥事不密则害成，今高者抑之，下者扬之，使精粗不至于混淆，人其难诸，奈何矜细行而事喧哗，惜之。

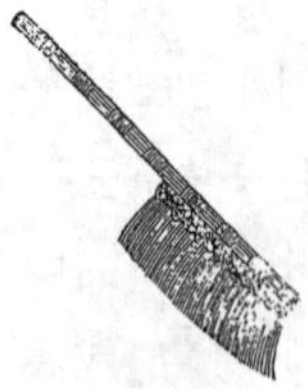

宗从事

孔门高弟，当洒扫应对事之末者，亦所不弃，又况能萃其既散、拾其已遗，运寸毫而使边尘不飞，功亦善哉。

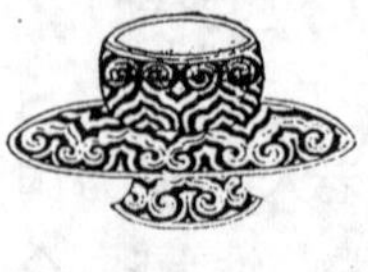

漆雕秘阁

危而不持，颠而不扶，则吾斯之未能信。以其弭执热之患，无坳堂之覆，故宜辅以宝文，而亲近君子⑦。

陶宝文

出河滨而无苦窳,经纬之象,刚柔之理,炳其缋⑱中,虚己待物,不饰外貌,位高秘阁[20],宜无愧焉。

汤提点

养浩然之气,发沸腾之声,以执中之能,辅成汤之德,斟酌宾主间,功迈仲叔圉[21]。然未免外烁之忧,复有内热之患,奈何?

竺副帅

首阳饿夫[22],毅谏于兵沸之时,方金⑨鼎扬汤,能探其沸者,几稀!子之清节,独以身试,非临难不顾者畴见尔。

司职方

互乡童子[23],圣人犹且与其进,况瑞方质素,经纬有理,终身涅而不缁[24],此孔子之所以与洁也[25]。

附录一：明茅一相《茶具引》

余性不能饮酒,间与客对春苑之葩,泛秋湖之月,则客未尝不饮,饮未尝不醉,予顾而乐之。一染指,颜且酡矣,两眸子憹憹

然矣。而独耽味于茗,清泉白石,可以濯五脏之污,可以澄心气之哲,服之不已,觉两腋习习清风自生,视客之沈酣酪酊,久而忘倦,庶亦可以相当之。

嗟呼,吾读《醉乡记》[26],未尝不神游焉,而间与陆鸿渐、蔡君谟上下其议,则又爽然自释矣。乃书此以博十二先生一鼓掌云。

庚辰[27]秋七月既望,花溪里芝园主人茅一相撰并书

附录二：朱存理后序

饮之用,必先茶,而茶不见于《禹贡》,盖全民用而不为利,后世榷茶[28]立为制,非古圣意也。

陆鸿渐著《茶经》,蔡君谟著《茶录》,孟谏议寄卢玉川三百月团[29],后侈至龙凤之饰,责当备于君谟。

制茶必有其具,锡具姓而系名,宠以爵,加以号,季宋之弥文。然清逸高远,上通王公,下逮林野,亦雅道也。赞法[30]迁固[31],经世康国,斯焉攸寓,乃所愿与十二先生周旋,尝山泉极品以终身,此间富贵也,天岂靳乎哉?

野航道人长洲朱存理题

注　释

1　茅一相：字康伯,明代归安(今浙江吴兴)人,号芝园外史、东海生、吴兴逸人等,与王世贞(1526—1590)、顾元庆(1487—1565)等人同时,是万历时期的人。

2　朱存理：字性甫(1444—1513),明代长洲(今江苏吴县)人,号野航道人。博学工文,正德间以布衣终。著有《铁网珊瑚》十四卷,《珊瑚木难》八卷,《画品》六卷,

《书品》十卷,《野航书稿》一卷附录一卷,《野航诗稿》一卷、《野航漫录》、《吴郡献默征录》、《鹤岑随笔》等。

3　分见北京《北京图书馆古籍珍本丛刊》第78辑《欣赏编》、台湾百部丛书集成之九一《欣赏编》,皆言为明正德沈津所辑《欣赏编》。

4　万国鼎《茶书总目提要》称还有一种

"日本京都书肆刊本（附在陆羽茶经后）"，即郑燠茶经的日本翻刻本。

5　韦鸿胪：竹茶笼、竹茶焙。韦，去毛熟治的皮革，这里转指竹。鸿胪，官名，掌朝庆贺吊之赞导相礼。

6　木待制：木制的砧椎。待制，唐太宗时，命京官五品以上轮值中书、门下两省，以备访问。至宋，于各殿阁皆置待制之官。砧椎用以碎茶以备碾茶，"待制"一表其义。

7　金法曹：金属制的茶碾。法曹，司法官属名。也称法官为法曹。

-8　石转运：石制的茶磨。转运，指转运使。

9　胡员外：葫芦做的水杓。员外，指正官以外的官员，可用钱捐买。六朝以来始有员外郎，以别于郎中。

10　罗枢密：茶罗。枢密，宋以枢密院为最高军事机关，掌军国机务、兵防、边备、军马等政令，出纳机密命令，与中书分掌军政大权。

11　宗从事：棕绳做的茶帚。从事，汉制，州刺史之佐吏如别驾、治中、主簿、功曹等，均称为从事史。

12　漆雕秘阁：木制茶盏托。漆雕，喻木制。秘阁，指尚书省，长官称尚书令，乃宰相职务，其副职为左右仆射；下统六部，分管国政。

13　陶宝文：陶制茶碗。宝文，宝文阁，宋代宝文阁藏宋仁宗御书、御制文集，置学士、直学士、待制等职。

14　汤提点：汤瓶。提点，宋时各路设置提点刑狱官，又设提点开封府界诸县镇公事，掌司法、刑狱及河渠等事。

15　竺副帅：竹制茶筅。副帅，宋代指小武官。

16　司职方：茶巾。司职方，宋代尚书省所属四司之一，初期掌受诸州所贡闰年图及图经，又令画工汇总诸州图、绘制全国总地图，以周知天下山川险要。元丰改制后掌州县废复、四夷归附分属诸州，及全国地图与分州、分路地图。

17　咸淳己巳：公历 1269 年。咸淳（1265—1274）为南宋度宗的年号。

18　上卿：周官制，周王室和各诸侯国最尊贵的臣属称上卿。

19　漕权：宋诸路转运使（南宋称漕司），掌管催征税赋、出纳钱粮、办理上贡及漕运等事权。

20　位高秘阁：指宝文阁在宋代禁中藏书秘阁中的地位较高。

21　仲叔圉：即孔文子，春秋时卫国灵公时的大夫，助理灵公治理宾客。

22　首阳饿夫：指伯夷、叔齐。

23　互乡：地名，孔子在互乡见童子，《论语·述而》："互乡难与言。"

24　涅而不缁：为黑色所染而不变黑。《论语·阳货》："不曰白乎？涅而不缁。"涅，以黑色染物，以墨涂物；缁，黑色。

25　与洁：《程氏经说》解孔子在互乡见童子："人洁己而来，当与其洁也"。

26　《醉乡记》：隋末唐初诗人王绩（585—644）撰。

27　庚辰：茅一相主要活动在明万历时期（1573—1619），此当为万历八年，即1580 年。

28　榷茶：茶叶专卖。也泛指征茶税或管制茶叶取得专利的措施。

29　孟谏议寄卢玉川三百月团：见卢仝《走笔谢孟谏议寄新茶》诗"开缄宛见谏议面，手阅月团三百片"。

30　赞：文体的一种。

31　迁固：司马迁、班固。

校　勘

① 铿：喻政茶书本为"鉴"。

② 君：喻政茶书本为"居"。

③ 传：喻政茶书本为"傅"。
④ 点：喻政茶书本为"默"。
⑤ 佐：郑熜本为"佑"。
⑥ 几：喻政茶书本为"机"。

⑦ 喻政茶书本本条的赞文与下条陶宝文的赞文相互倒错。
⑧ 绷：喻政茶书本为"踊"。
⑨ 金：喻政茶书本、郑熜本为"今"。

煮茶梦记 | 元 杨维桢① 撰

作者及传世版本

杨维桢,字廉夫,浙江会稽(今浙江绍兴)人,元末明初的著名文人。别号铁崖道人,人称铁崖先生。元李黼榜二甲进士。元末署天台尹,由于秉性耿直得罪上司,十年不调任,后来才升江西儒学提举,而江南兵已乱,乃避居富春山。张士诚累以厚币招之,均为拒绝。明初朱元璋时累诏亦不就,以布衣终老。

《煮茶梦记》乃杨维桢所著一篇小茶文,万国鼎并未将此文作为茶书(文)收入录。不过清陶珽编《续说郛》中收录,古今图书集成历代食货典茶部艺文中亦收录。民国北京大学妻子匡教授编《民俗丛书专号①饮食篇》时将其作为茶书(文)收入录。本书亦将其收录。

本书以古今图书集成本为底本,参校《续说郛》本等其他版本。

原　　文

铁崖②道人卧石床,移二更,月微明及纸帐,梅影亦及半窗,鹤孤立不鸣。命小芸童汲白莲泉,燃槁湘竹,授以凌霄芽,为饮供道人。

乃游心太虚,雍雍凉凉,若鸿濛,若皇芒,会天地之未生,适阴阳之若亡。恍兮不知入梦,遂坐清真银晖之堂。堂上香云帘拂地,中著紫桂榻、绿璃几。看太初《易》一集,集内悉星斗文¹,焕煜③爚熠,金流玉错,莫别爻画,若烟云日月交丽乎中天。欻玉露凉,月冷如冰,入齿者易刻。因作《太虚吟》,吟曰:"道无形兮兆无声,妙无心兮一以贞,百象斯融兮太虚以清。"歌已,光飙起林,末激华氛,郁郁霏霏,绚烂淫艳。乃有扈绿衣若仙子者,从容来谒。云名淡香,小字绿花,乃捧太玄④杯,酌太清神明之醴以寿予,侑以词曰:"心不行,神不行,无而为,万化清。"寿毕,纾徐而退。复令小玉环侍笔牍,遂书

歌遗之曰："道可受兮不可传,天无形兮四时以言,妙乎天兮天天之先,天天⑤之先复何仙?"移间,白云微消,绿衣化烟。月反明予

内间,予亦悟矣。遂冥神合玄⑥。

月光尚隐隐于梅花间,小芸呼曰:凌霄芽熟矣。

注　释

1　星斗文：像星斗一样的文字。或即讲　　星象的书文。

校　勘

①　娄子匡《民俗丛书专号》本署名为"祯"。

②　崖：底本误为"龙",今据《续茶经》卷下之三引改。

③　煜：说郛续本为"烨"。

④　玄：底本避康熙讳为"元",今据说郛续本改。

⑤　天天：说郛续本为"天太"。

⑥　玄：底本避康熙讳为"元",今据说郛续本改。

辑佚

北苑茶录 | 宋　丁谓　撰

作者及传世版本

丁谓(966—1037),字谓之,后改字公言,苏州长洲(今江苏苏州)人。善为文,尤喜作诗,图画、博弈、音律无不洞晓。淳化三年(992)进士,至道(995—997)间任福建路转运使[1],在此任上对建安北苑贡茶事多有用力,"贡额骤益,筋至数万"[2],促使宋代北苑贡茶日益发展[3]。景德四年(1007)召为三司使,加枢密直学士,累官同中书门下平章事、昭文馆大学士,封晋国公,是以又称丁晋公。宋仁宗即位后遭贬,明道(1032—1033)中,授秘书监致仕。事迹见《宋史》卷二八三本传。

关于书名：晁公武《郡斋读书志》和马端临《文献通考·经籍考》作《建安茶录》；杨亿《杨文公谈苑·建州蜡茶》则称"丁谓为《北苑茶录》三卷,备载造茶之法,今行于世。"北宋寇宗奭《本草衍义》卷十四、北宋高承《事物纪原》亦称为"丁谓《北苑茶录》"。虽然今存丁谓《北苑焙新茶》诗序云："皆载于所撰《建阳茶绿》"[4],但建阳非宋代福建官焙贡茶之所,而北苑与建安皆是指宋代建安北苑官焙贡茶之事；丁谓诗序自言建阳,可能是传写有误,当以丁谓前后时人杨亿与高承、寇宗奭所言《北苑茶

录》为是。宋尤袤《遂初堂书目》谱录类有《北苑茶经》，谅亦即此书，"经"或是"录"字的误写[5]。

《宋史》艺文志、《通志》艺文略、《崇文总目》皆著录为《北苑茶录》三卷。《世善堂藏书目录》作《建安茶录》一卷，所载卷数不一。

《郡斋读书志》卷一二说丁谓为闽漕时，"监督州吏，创造规模，精致严谨。录其团焙之数，图绘器具，及叙采制入贡方式。"又蔡襄《茶录》说："丁谓茶图，独论采造之本，至于烹试，曾未有闻。"据此可知丁谓此书的内容是有关建州北苑官焙贡茶采制入贡的方式。

丁谓原书已佚，现从《杨文公谈苑》、《梦溪笔谈》、《东溪试茶录》、《宣和北苑贡茶录》、《事物纪原》诸书中辑存十一条佚文。

原　　文

【蜡茶】创造之始，莫有知者。质之三馆检讨杜镐，亦曰，在江左日，始记有研膏茶。（此条见《杨文公谈苑》）

北苑，里名也，今日龙焙。

苑者，天子园囿之名，此在列郡之东隅，缘何却名北苑？（以上二条见《梦溪补笔谈》卷上）

凤山高不百丈，无危峰绝巘，而岗阜环抱，气势柔秀，宜乎嘉植灵卉之所发也。

建安茶品，甲于天下，疑山川至灵之卉，天地始和之气，尽此茶矣。

石乳出壑岭断崖缺石之间，盖草木之仙骨。

【品载】北苑壑源岭。

官私之焙，千三百三十有六。（以上见《东溪试茶录》）

【龙茶】太宗太平兴国二年，遣使造之，规取像类，以别庶饮也。

【石乳】石乳，太宗皇帝至道二年诏造也。（以上见北宋高承《事物纪原》卷九）

泉南老僧清锡，年八十四，尝示以所得李国主[6]书寄研膏茶，隔两岁方得腊面。（此条见《宣和北苑贡茶录》）

注　　释

1　诸书目及熊蕃所引都作丁谓咸平（998—1003）初漕闽。然雍正《福建通志》卷二一《职官》载：转运使"丁谓，至道间任。"徐规先生《王禹偁事迹著作编年》考证，至道二年王禹偁在知滁州任内，"有答太子中允、直使馆、福建路转运使丁谓书"；至道三年王禹偁离扬州归阙，"时丁谓奉使闽中回朝，路过扬州，与禹偁同行。"（中国社会科学

出版社 1982 年版第 131、144 页）足见丁谓漕闽确在"至道间"。

2　出元熊禾《勿斋集北苑茶焙记》。

3　苏轼诗《荔支叹》云："武夷溪边粟粒芽，前丁后蔡相笼加。"当时苏氏误认为北苑龙凤茶之制造上贡始于丁谓，实误。龙凤茶之贡始于太宗太平兴国初年，丁谓漕闽时只是更加著意于此事而已。

4　胡仔《苕溪渔隐丛话》卷十一。

5　此为万国鼎《茶书总目提要》中语。文
　　渊阁四库全书本《遂初堂书目》即作
　　《北苑茶录》，不误。

6　李国主：指五代南唐国主李璟(943—
　　961)。南唐烈祖长子，二十八岁继位，
　　在位十九年，庙号元宗，世称中主。

辑佚
补茶经 | 宋 周绛 撰

作者及传世版本

　　周绛，字干臣，常州溧阳(今江苏)人。少为道士，名智进，后还俗发愤读书，宋太宗太平兴国八年(983)举进士。真宗景德元年(1004)，官太常博士，后以尚书都官员外郎知毗陵(今江苏常州)。清嘉庆《溧阳县志》卷一三有传。

　　《郡斋读书志》说："《补茶经》，皇朝周绛撰。绛，祥符初知建州，以陆羽茶经不载建安，故补之。又一本有陈龟注。丁谓以为茶佳，不假水之助，绛则载诸名水云。"《直斋书录解题》说："知建州周绛撰。当大中祥符间。"此书亦见《宋秘书省续编到四库阙书目》、《文献通考·经籍考》、《福建通志》，徐一经《康熙溧阳县

志》卷之三"古迹附书目"中云："《补茶经》，邑人周绛著。"宋熊蕃《宣和北苑供茶录》、清陆廷灿《续茶经》卷上等书中都曾引用《补茶经》。

　　《郡斋读书志》与《直斋书录解题》二书目都说周绛是在大中祥符年中知建州时作此书，熊蕃《宣和北苑贡茶录》记其是在景德中任建守时作。《福建通志》称其"天圣间任"建守。按熊蕃为建人，又熟知建州茶史茶事，当以其说为较可靠。

　　《补茶经》原书已佚，今据《舆地纪胜》及熊蕃《宣和北苑贡茶录》、陆廷灿《续茶经》之一《茶之源》引录辑存二条。

原　　文

　　芽茶只作早茶，驰奉万乘，尝之可矣①。如一枪一旗，可谓奇茶也。(此条见北宋熊蕃《宣和北苑贡茶录》及清陆廷灿

《续茶经·一茶之源》引录)

　　天下之茶，建为最；建之北苑，又为最。(此条见王象之《舆地纪胜》卷一二九引录②)

① 矣:《续茶经》引录作"也"。
② 惟《舆地纪胜》引曰"周绛《茶苑总录》云"。按:《茶苑总录》乃曾伉所作,是其录《茶经》诸书而益以诗歌二卷而成书,本条内容与之不合。而周绛《补茶经》乃是记建茶之事,本条内容与之正相吻合。所以《舆地纪胜》此条引录当作者是而书名误,实为周绛《补茶经》的内容。

北苑拾遗 | 宋　刘异　撰

作者及传世版本

刘异,字成伯,福建福州人。宋仁宗天圣八年(1030)进士,以文学名。皇祐元年(1049)权御史台推直官,累官大理评事,终官尚书屯田员外郎。

《文献通考》说:"异,庆历初在吴兴,采新闻,附于丁谓《茶录》之末。其书言涤磨调品之器甚备,以补谓之遗也。"①《直斋书录解题》言其"庆历元年(1041)序"。所以是书当撰成于庆历元年,内容是关于北苑茶的点试方法及器具。

绍兴《秘书省续编到四库阙书目》、《郡斋读书志》、《直斋书录解题》、《通志》、《通考》、《宋史》等书中都有著录。但《通志》误题作者为丁谓。今考《郡斋读书志》言刘异此书"附丁晋公《茶经》之末",郑樵或由此而误。

原书已佚,现从宋代熊克增补《宣和北苑贡茶录》及王十朋《集注分类东坡先生诗》②引录中辑存二条。

原　　文

官园中有白茶五六株,而壅培不甚至。茶户唯有王免者,家一巨株,向春常造浮屋以障风日。(《宣和北苑贡茶录》作"庆历初,吴兴刘异为《北苑拾遗》云"云云。)

北苑之地,以溪东叶布为首称,叶应言次之,叶国又次之,凡隶籍者,三千余户。(此条见四部丛刊《集注分类东坡先生诗》卷十六《岐亭》五首王十朋注)

校　勘

① 万国鼎《茶书总目提要》言此语出《郡斋读书志》，误。

② 唯王注苏轼诗引录时称书名为《北苑拾遗录》，"录"字或为衍文。

辑佚

茶论｜宋 沈括 撰

作者及传世版本

沈括，参见前《本朝茶法》。

关于书名，沈括在《梦溪笔谈》中有言曰"予山居有《茶论》"，《续茶经》所列茶书书目亦有此一篇，万国鼎《茶书总目提要》列入未收书目中。而王观国《学林》引用时称"沈存中《论茶》"。

原书已佚，今据《梦溪笔谈》、《学林》辑存二条。

原　文

《尝茶诗》云："谁把嫩香名雀舌，定来北客未曾尝。不知灵草天然异，一夜风吹一寸长。"（《梦溪笔谈》卷二四）

"黄金碾畔绿尘飞，碧玉瓯中翠涛起"，宜改"绿"为"玉"，改"翠"为"素"。（王观国《学林》卷八）

辑佚

龙焙美成茶录 | 宋 范逵 撰

作者及传世版本

范逵,北宋时人。曾为建州北苑官焙茶官,其余事迹不详。

《龙焙美成茶录》已佚,陆廷灿《续茶经·茶事著述名目》仅列其目。本篇辑自《宣和北苑贡茶录》,作:"然龙焙初兴,贡数殊少。累增至元符以片计者一万八千,视初已加数倍,而犹未盛。今则为四万七千一百片有奇矣。"并注:"此数见范逵所著《龙焙美成茶录》。逵,茶官也。"

由此辑得三条。

原　　文

太平兴国初才贡五十片。

元符以片计者一万八千。

〔宣和〕为四万七千一百片有奇。

辑佚

论茶 | 宋 谢宗 撰

作者及传世版本

谢宗,宋时人,余不详。

谢宗所撰《论茶》在宋代即为多种著述引录,今据宋曾慥(1091—1155)《类说》、宋朱胜非(1082—1144)《绀珠集》、明陈耀文《天中记》等所引可辑存三条。

原　　文

茶古不闻,晋宋以降,吴人采叶煮之,谓之茶茗粥。(《格致镜原》卷二十一)

比丹丘之仙茶,胜乌程之御荈。不止味同露液,白况霜华。岂可为酪苍头,便应代酒从事。(《天中记》卷四四、《艺林汇考》卷七、《续茶经》卷下之五)

候蟾背之芳香,观虾目之沸涌,故细沤花泛,浮饽云腾,昏俗尘劳,一啜而散。(《绀珠集》卷十、《类说》卷十三、《续茶经》卷下之二)

辑佚

茶苑总录 | 宋　曾伉　撰

作者及传世版本

曾伉,宋兴化军判官,余不详。

《文献通考》称此书为"曾伉录茶经诸书,而益以诗歌二卷"而成此书。

原书已佚,今从《佩文韵府》、《施注苏诗》中辑存一条。

原　　文

段成式[1]《谢因禅师茶》云:"忽惠荆州紫笋茶一角,寒茸擢笋,本贵含膏,嫩叶抽芽,方珍捣草。"(《佩文韵府》卷二十一之四、卷四十九之五,《施注苏诗》卷十九《问大冶长老乞桃花茶栽东坡》注)

注　　释

1　段成式:字柯古,临淄人,唐宰相文昌之子,官至太常卿。事迹见新、旧《唐书》本传。

茹芝续茶谱 | 宋 桑庄 撰

作者及传世版本

《嘉定赤城志》卷三六《风土门》"土产·茶"有曰："桑庄《茹芝续谱》云：天台茶有三品……"，同书《嘉定赤城志》卷三四《人物门》"侨寓"云："桑庄：高邮人，字公肃，官至知柳州，绍兴初，寓天台，曾文清公几志其墓，有《茹芝广览》三百卷藏于家。"则可知作者名为桑庄，北宋与南宋之际人。桑庄有三百卷之巨的《茹芝广览》，《茹芝续谱》当是其继书，《茹芝续茶谱》是《茹芝续谱》的一个组成部分，成书于南宋初年。

关于作者与书名：《嘉定赤城志》与明清诸志引用时皆作"桑庄《茹芝续谱》"，《续茶经》卷下之五《茶事著述名目》及万国鼎《茶书总目提要》都作"桑庄茹芝《续茶谱》"。作者名作"桑庄茹芝"者，误。而书名作《茹芝续谱》、《续谱》皆有些语焉不详，今取《茹芝续茶谱》为名。

全书今已佚，今据《嘉定赤城志》、《续茶经》引用可辑存一条。此外，《万历天台山方外志》、《康熙天台全志》、《乾隆天台山方外志要》等书也有引用。因明清诸志与《赤城志》所引基本相同，但于《续茶经》稍别，故本书并引用《赤城志》与《续茶经》。

原 文

天台[1]茶有三品，紫凝为上，魏岭次之，小溪[2]又次之。紫凝，今普门也；魏岭，天封也；小溪，中清也[3]。而宋祁公[4]《答如吉茶诗》有"佛天雨露，帝苑仙浆"之语，盖盛称茶美，而不言其所出之处。今紫凝之外，临海言延峰山，仙居言白马山，黄岩言紫高山，宁海言茶山[5]，皆号最珍。而紫高、茶山，昔以为在日铸[6]之上者也。（《嘉定赤城志》卷三十六）

天台茶有三品：紫凝、魏岭、小溪是也。今诸处并无出产，而土人所需，多来自西坑、东阳、黄坑[7]等处。石桥[8]诸山，近亦种茶，味甚清甘，不让他郡。盖出名山雾中，宜多液而全味厚也。但山中多寒，萌发较迟，兼之做法不佳，以此不得取胜。又所产不多，仅足供山居而已[9]。（《续茶经》卷下之四）

注 释

1 天台：即今浙江天台。

2 紫凝、魏岭、小溪：皆茶名。

3 普门、天封、中清：皆天台地名。

4 宋祁公：即宋祁（998—1061），《答如吉茶诗》见其《景文集》卷18，题作《答天台梵才吉公寄茶并长句》，其中有"佛天甘露流珍远，帝辇仙浆待波迟"。

5 临海、仙居、黄岩、宁海：即今浙江临海、仙居、黄岩、宁海。延峰山、白马山、紫高山、茶山：皆以地名指所言之茶名。

6 日铸：山名，在浙江绍兴，宋时以产茶著名，所产之茶即以日铸为名。亦作"日注"。

7 西坑、东阳、黄坑：皆为天台当地地名。

8 石桥：天台当地山名。

9 《续茶经》引录，将此一段小注文字排为大字正文，似为桑庄原文者，其实是方志修撰者所写之文，今仍录为注文。

辑佚

建茶论 | 宋 罗大经 撰

作者及传世版本

罗大经，字景纶，南宋庐陵（今江西吉水县）人，大约生于南宋宁宗庆元（1195—1200）初年，卒于宋理宗淳祐（1241—1252）末年以后。少年时曾就读于太学，嘉定十五年（1222）乡试中举，宝庆二年（1226）登进士第，此后做过容州（今广西容县）法曹掾、抚州（今江西抚州市）军事推官等几任小官。

本书见于陆廷灿《续茶经》卷下《茶之略》著录，万国鼎亦将其列为古代茶书之一种，今不见。今存《鹤林玉露》甲编卷三之《建茶》一条。

原　　文

陆羽《茶经》、裴汶《茶述》，皆不载建品，唐末然后北苑出焉。本朝开宝间，始命造龙团，以别庶品。厥后丁晋公漕闽，乃载之《茶录》，蔡忠惠又造小龙团以进。东坡诗云："武夷溪边粟粒芽，前丁后蔡相笼加。吾君所乏岂此物，致养口体何陋耶。"茶之为物，涤昏雪滞，于务学勤政，未必无助，其与进荔枝、桃花者不同，然充类至义，则亦宦官、宫妾之爱君也。忠惠直道高名，与范、欧[1]相亚，而进茶一事，乃侪晋公，君子之举措，可不谨哉？

1　范、欧：范仲淹，欧阳修。

辑佚

北苑杂述 | 宋　佚名　撰

作者及传世版本

是书历来茶书目录中未见著录。《宋史·艺文志》农家类著录有《茶苑杂录》，注曰"不知作者"，未知是否即此书。

下面两条，是从《佩文韵府》、查慎行《苏诗补注》中辑佚的。

原　文

第四纲曰兴国岩铐，曰香口焙铐。（《佩文韵府》卷五十一之三）

北苑细色第五纲有兴国岩小龙、小凤之名。（《苏诗补注》卷二十七《用前韵答西掖诸公见和》"小凤"注）

明代茶书

茶谱 | 明 朱权 撰

作者及传世版本

朱权(1378—1448),明太祖朱元璋第十七子。洪武二十四年(1391)封宁王,建封邑大宁[1]。建文元年(1399),燕王朱棣起兵前,用计先谋取大宁,夺权下属三卫精骑,并迫其加入燕军。永乐元年(1403),朱棣夺位,改封权藩南昌。权知朱棣对己提防,乃行韬晦计,构精庐一区,琴读其间,终安成祖之世。及宣宗时,权提出宗室不应定品级等议论,遭帝诰责,权被迫上书谢过。从此他日与文士往还,托志翀举,自号臞仙、涵虚子、丹丘先生。权好学博古,读书无所不窥,深于史,旁及释老,尤精曲律,著作宏富。卒谥献,故后人亦称其为宁献王。

朱权的《茶谱》,在明清众多的茶书中,是一本自撰性的茶书,它继承了唐宋茶书的一些传统内容,同时开启了明清茶书的若干风气,具有承前启后意义。按照朱权自己的说法,就是"崇新改易,自成一家"。这本《茶谱》,也是现存明代最早的一本茶书。其成书年代,万国鼎在《茶书总目提要》中,据其前序自署"涵虚子臞仙",推定"作于晚年,约在1440年前后",今推断其成书于宣德五年(1430)至正统十三年(1448)。

朱权《茶谱》,最早见于清初黄虞稷(1629—1691)《千顷堂书目》,记作"宁献王《臞仙茶谱》一卷",但未说明刊本还是抄本。《中国古籍善本书目》著录仅有南京图书馆收藏的清杭大宗《艺海汇函》蓝格钞本一种,而在明清茶书尤其辑集类茶书中,也很少见到引录,说明本谱可能流传不广。万国鼎在上世纪30年代所写《茶书二十九种题记》未提及是书,1957年调任中国农业科学院农业遗产研究室主任后,才发现并命辑出收入《中国茶叶历史资料选辑》。本书仍以《艺海汇函》本为底本,并略为改正选辑本的错误。

原 文

茶谱序

挺然而秀,郁然而茂,森然而列者,北园[1]之茶也。泠然而清,锵然而声,涓然而流者,南涧之水也。块然而立,晬然而温,铿然而鸣者,东山之石也。瘤然而酸,兀然而傲,扩然而狂者,渠也[2]。渠以东山之石[3],击灼然之火,以南涧之水,烹北园之茶,自非吃茶汉,则当握拳布袖,莫敢伸也。本是林下一家生活，傲物玩世之事，岂白丁可共语哉？予尝举白眼而望青天，汲清泉而烹活火，自谓与天语以扩心志之大，符水火以副内炼之功，得非游心于茶灶，又将有裨于修养之道矣。其惟清哉。涵虚子臞仙书。

茶谱

茶之为物，可以助诗兴，而云山顿色，可以伏睡魔，而天地忘形，可以倍清谈，而万象惊寒，茶之功大矣。其名有五：曰茶、曰槚、曰蔎、曰茗、曰荈。一云早取为茶，晚取为茗。食之能利大肠，去积热，化痰下气，醒睡、解酒、消食，除烦去腻，助兴爽神。得春阳之首，占万木之魁。始于晋，兴于宋。惟陆羽得品茶之妙，著《茶经》三篇，蔡襄著《茶录》二篇。盖羽多尚奇古，制之为末，以膏为饼。至仁宗时，而立龙团、凤团、月团之名，杂以诸香，饰以金彩，不无夺其真味。然天地生物，各遂其性，若莫叶茶；烹而啜之，以遂其自然之性也。予故取亨茶之法，末茶之具，崇新改易，自成一家。为云海餐霞服日之士，共乐斯事也。虽然会茶而立器具，不过延客款话而已，大抵亦有其说焉。凡鸾俦鹤侣，骚人羽客，皆能志绝尘境，栖神物外，不伍于世流，不污于时俗。或会于泉石之间，或处于松竹之下，或对皓月清风，或坐明窗静牖，乃与客清谈款话，探虚玄而参造化，清心神而出尘表。命一童子设香案，携茶炉于前，一童子出茶具，以瓢汲清泉注于瓶而炊之。然后碾茶为末，置于磨令细，以罗罗之，候汤将如蟹眼，量客众寡，投数匕入于巨瓯。候茶出相宜，以茶筅摔令沫不浮，乃成云头雨脚，分于啜瓯，置之竹架，童子捧献于前。主起，举瓯奉客曰："为君以泻清臆。"客起接。举瓯曰："非此不足以破孤闷。"乃复坐。饮毕，童子接瓯而退。话久情长，礼陈再三，遂出琴棋，陈笔研。或庚歌，或鼓琴，

或弈棋，寄形物外，与世相忘，斯则知茶之为物，可谓神矣。然而啜茶大忌白丁，故山谷曰："著茶须是吃茶人。"更不宜花下啜，故山谷曰："金谷看花莫谩煎"是也。卢仝吃七碗，老苏不禁三碗[2]，予以一瓯，足可通仙灵矣。使二老有知，亦为之大笑，其他闻之，莫不谓之迂阔。

品茶

于谷雨前，采一枪一叶者制之为末，无得膏为饼[3]，杂以诸香，失其自然之性，夺其真味；大抵味清甘而香，久而回味，能爽神者为上。独山东蒙山石藓茶[4]，味入仙品，不入凡卉[④]。虽世固不可无茶，然茶性凉，有疾者不宜多食。

收茶

茶宜蒻叶而收，喜温燥而忌湿冷。入于焙中。焙用木为之，上隔盛茶，下隔置火，仍用蒻叶盖其上，以收火气。两三日一次，常如人体温温，则御湿润以养茶，若火多则茶焦。不入焙者，宜以蒻笼密封，盛置高处。或经年，则香味皆陈，宜以沸汤渍之，而香味愈佳。凡收天香茶，于桂花盛开时，天色晴明，日午取收，不夺茶味。然收有法，非法则不宜。

点茶

凡欲点茶，先须熁盏[5]，盏冷则茶沉，茶少则云脚散，汤多则粥面聚。以一匕投盏内，先注汤少许，调匀，旋添入，环回击拂。汤上盏可七分则止，著盏无水痕为妙。今人以果品为换茶，莫若梅、桂、茉莉三花最佳。可将蓓蕾数枚投于瓯内罨之，少顷，其花自开，瓯未至唇，香气盈鼻矣。

熏香茶法

百花有香者皆可。当花盛开时，以纸

糊竹笼两隔,上层置茶,下层置花。宜密封固,经宿开换旧花;如此数日,其茶自有香味可爱。有不用花,用龙脑熏者亦可。

茶炉

与炼丹神鼎同制,通高七寸,径四寸,脚高三寸,风穴高一寸,上用铁隔,腹深三寸五分,泻铜为之。近世罕得。予以泻银坩埚瓷为之,尤妙。襻高一尺七寸半,把手用藤扎,两傍用钩,挂以茶帚、茶筅、炊筒、水滤于上。

茶灶

古无此制,予于林下置之。烧成瓦器如灶样,下层高尺五,为灶台,上层高九寸,长尺五,宽一尺,傍刊以诗词咏茶之语。前开二火门,灶面开二穴以置瓶。顽石置前,便炊者之坐。予得一翁,年八十犹童,痴憨奇古,不知其姓名,亦不知何许人也。衣以鹤氅,系以麻绦,履以草屦,背驼而颈踅[6],有双髻于顶,其形类一菊字,遂以菊翁名之。每令炊灶以供茶,其清致倍宜。

茶磨

磨以青礞石为之,取其化痰去热故也。其他石则无益于茶。

茶碾

茶碾,古以金、银、铜、铁为之,皆能生铁[7]。今以青礞石最佳。

茶罗

茶罗,径五寸,以纱为之。细则茶浮,粗则水浮。

茶架

茶架,今人多用木,雕镂藻饰,尚于华丽。予制以斑竹、紫竹,最清。

茶匙

茶匙要用击拂有力,古人以黄金为上,今人以银、铜为之,竹者轻。予尝以椰壳为之,最佳。后得一瞽者,无双目,善能以竹为匙,凡数百枚,其大小则一,可以为奇。特取异于凡匙,虽黄金亦不为贵也。

茶筅

茶筅,截竹为之。广、赣制作最佳。长五寸许,匙茶入瓯,注汤筅之,候浪花浮成云头雨脚乃止。

茶瓯

茶瓯,古人多用建安所出者,取其松纹兔毫为奇。今淦窑[8]所出者,与建盏同,但注茶,色不清亮,莫若饶瓷为上,注茶则清白可爱。

茶瓶

瓶要小者,易候汤,又点茶注汤有准。古人多用铁,谓之罌。罌,宋人恶其生铁[5],以黄金为上,以银次之。今予以瓷石为之,通高五寸,腹高三寸,项长二寸,嘴长七寸。凡候汤不可太过,未熟则沫浮,过熟则茶沉。

煎汤法

用炭之有焰者,谓之活火,当使汤无妄沸。初如鱼眼散布,中如泉涌连珠,终则腾波鼓浪,水气全消。此三沸之法,非活火不能成也。

品水

臞仙曰,青城山老人村杞泉水第一,钟山八功德水第二,洪崖丹潭水[9]第三,竹根泉水第四。

或云:"山水上,江水次,井水下。"伯刍[10]以扬子江心水第一,惠山石泉第二,虎丘石泉第三,丹阳井第四,大明井第五,松江第六,淮水第七。

又曰:庐山康王洞帘水第一,常州无锡惠山石泉第二,蕲州兰溪石下水第三,硖州扇子硖下石窟泄水第四，苏州虎丘山下水第五，庐山石桥潭水第六，扬子江中泠水第七，洪州西山瀑布第八，唐州桐柏山淮水源第九，庐山顶天池之水第十，润州丹阳井第十一，扬州大明井第十二，汉江金州上流中泠水第十三，归州玉虚洞香溪第十四，商州武关西谷水第十五，苏州吴松江第十六，天台西南峰瀑布水第十七，彬州圆泉第十八，严州桐卢江严陵滩水第十九，雪水第二十。

注　释

1　大宁：明洪武二十四年建，大宁都指挥使司并朱权王封邑新城。其卫居守今辽宁朝阳和内蒙赤峰、喀喇沁旗、宁城一带。燕王起兵前掳宁王全家至燕，使之成一座空城；永乐改封宁王于南昌后，大宁新城全废。

2　老苏不禁三碗：语出苏轼《汲江煎茶》"枯肠未易禁三碗，坐听荒城长短更"之句。

3　无得膏为饼：唐宋时团茶、饼茶，以其制法，亦称"研膏茶"。即将茶蒸焙后先研磨成末，然后以米浆（建茶旧杂以米粉或薯蓣）等以助膏之成形。此指朱权用茶，一般至研末为止，不再膏之为饼。

4　蒙山石藓茶：蒙山位于山东蒙阴县，其地不产茶，但石上生一种苔藓，煮饮味极佳，故亦称"蒙茶"。

5　熻（xié）盏："熻"，用火薰烤。熻盏，即用火薰茶盏。

6　颈踆："踆"，蜷伏，此指歪颈缩项貌。

7　铿（xīng）：亦作"锃"，指"铁衣"，即铁锈。

8　淦窑：窑址位于今江西樟树。

9　洪崖丹潭水：在江西新建西山，一名伏龙山，相传为洪崖修炼得道之处。丹潭水疑即洪崖炼丹所用的井或"洪井"水。

10　伯刍：即刘伯刍，下录其评茶七等，载张又新《煎茶水记》。

校　勘

①　北园：疑即建之"北苑"；"园"当"苑"之音讹，下同。

②　渠也：据上文"……北园之茶也……东山之石也"的文例，此前疑脱三字。

③　渠以东山之石：据文义，"渠"字疑衍文。

④　不入凡卉：底本原作"不凡入卉"，此据选辑本改。

⑤　谓之罂：底本作"谓之婴"，"婴"通"罂"。

茶谱

明　顾元庆　删校
明　钱椿年　原辑

作者及传世版本

钱椿年，明苏州常熟人，字宾桂，人或称"友兰翁"，大概号友兰。由赵之履《茶谱续编》跋中得知，其"好古博雅，性嗜茶。年逾大耋，犹精茶事，家居若藏若煎，咸悟三昧"。万国鼎《茶书总目提要》称其"嘉靖间续修《钱氏族谱》"，本谱"大概也是作于嘉靖中"，反映其主要活动年代，也是在嘉靖前后。

顾元庆（1487—1565），苏州长洲人，字大有。家阳山[1]大石下，号大石山人，人称大石先生。家中藏书万卷，有堂名"夷白"。多所纂述，曾择其善本刻印，署曰"阳山顾氏山房"。行世之作有《明朝四十家小说》十册，《文房小说四十二种》，并有《瘗鹤铭考》、《云林遗事》、《山房清事》、《夷白斋诗录》、《大石山房十友谱》、《茗曝偶谈》等。茶叶专著除本谱外，据《吴县志·长洲志》记载，还有《茶话》一卷。

关于本文的情况，据赵之履跋《茶谱续后》说：友兰钱翁汇成《谱》之后，"属伯子溪川先生梓行之。之履阅而叹曰：夫人珍是物与味，必重其籍而饰之，若夫兰翁是编，亦一时好事之传，为当世之所共赏者……之履家藏有王舍人孟端《竹炉新咏》故事及昭代名公诸作，凡品类若干。会悉翁谱意，翁见而珍之，属附辑卷后为

《续编》。"顾元庆在《茶谱》前序中也说："顷见友兰翁所集《茶谱》，阅后但感收采古今篇什太繁，甚失谱意，余暇日删校，仍附王友石竹炉并分封六事于后。"说明，本文最初为钱椿年编印，赵之履提供的竹炉诗后来附刻于其《茶谱》之后为"续编"，而顾元庆的删校本出，自万历之后，钱椿年《茶谱》及其所附《续编》，就没有再被重刻，世所流行的，都是顾元庆的《茶谱》。以明刻本为例，除去顾元庆自己编刊的《明朝四十家小说》本不说，其他如汪士贤《山居杂志》、喻政《茶书》、陶珽《说郛续》、茅一相《欣赏续编》、胡文焕《百名家书》、明末佚名刻《居家必备》等，所收《茶谱》就均不载钱椿年更不提赵之履，一律只署顾元庆之名。因为这样，嘉靖年间刻印的钱椿年《茶谱》和后附《续编》，也慢慢失传而只存名于个别古代书目。据万国鼎先生查考，钱椿年《茶谱》，至清朝初年，就仅见于钱谦益《绛云楼书目》，而"不见其他书目"，以致有将顾元庆删校钱《谱》，误作为溪谷子另《谱》[2]。清末民初，有些书商将早已失传的钱椿年《茶谱》"复活"，把胡文焕《百名家书》中的顾元庆《新刻茶谱》，改名为钱椿年《新刻茶谱》。《文艺丛书》甚至将《新刻茶谱》，更改为钱椿年《制茶新谱》。

这些情况,集中反映在各种书目上,其实现在各书目中所谈到的钱椿年《茶谱》、《茶谱续编》、《新谱》及溪谷子《茶谱》等等,无不是顾元庆删校钱椿年《茶谱》本。这里附带说明一点,编者过去在编《中国茶叶历史资料选集》时,将万国鼎《茶书总目提要》上的钱椿年《茶谱》、赵之履《茶谱续编》和顾元庆《茶谱》合而为一,署作"钱椿年编,顾元庆删校"。这次我们对本文作更全面的查考后,鉴于顾元庆删校本一出,钱椿年《茶谱》和《茶谱续编》即被淘汰、含纳和各书就均不提钱氏只署顾元庆之名的实际,经一再推敲,决定将原来署名的先后次序,倒改为"顾元庆删校,钱椿年原辑"。

本文钱椿年原编和赵之履《续编》编定的时间,万国鼎在《茶书总目提要》中,分别写作为嘉靖九年(1530)前后和嘉靖十四年(1535)前后,不知所据。顾元庆序署"嘉靖二十年(1541)春",则钱《谱》和《续编》的辑梓,距元庆删校当有五年(即皆为嘉靖十五年)左右。

本文以顾元庆自编《明朝四十家小说》本为底本,以溪谷子《茶谱》本、喻政《茶书》本、《续修四库全书》本和《说郛续》本等作校。正文后所附《茶谱后序》,系归安(今浙江湖州)茅一相撰写,当为其编辑《欣赏续编》收录《茶辑》时所加,见于喻政《茶书》本、《续修四库全书》本。

原　文

序

余性嗜茗,弱冠时,识吴心远于阳羡,识过养拙于琴川[3]。二公极于茗事者也。授余收、焙、烹、点法,颇为简易。及阅唐宋《茶谱》、《茶录》诸书,法用熟碾细罗为末、为饼,所谓小龙团,尤为珍重。故当时有"金易得而龙饼不易得"之语。呜呼! 岂士人而能为此哉!

顷见友兰翁所集《茶谱》,其法于二公颇合,但收采古今篇什太繁,甚失谱意。余暇日删校,仍附王友石[4]竹炉即苦节君像并分封六事于后,重梓于大石山房,当与有玉川之癖者共之也。

嘉靖二十年春吴郡顾元庆序

茶略

茶者,南方佳木,自一尺、二尺至数十尺。其巴峡有两人抱者,伐而掇之。树如瓜芦,叶如栀子,花如白蔷薇,实如栟榈,蒂如丁香,根如胡桃。

茶品

茶之产于天下多矣,若剑南有蒙顶石花,湖州有顾渚紫笋,峡州有碧涧明月,邛州有火井思安,渠江有薄片,巴东有真香,福州有柏岩,洪州有白露。常之阳羡,婺之举岩,丫山之阳坡,龙安之骑火,黔阳之都濡高株,泸川之纳溪梅岭之数者,其名皆著。品第之,则石花最上,紫笋次之,又次则碧涧明月之类是也。惜皆不可致耳。

艺茶

艺茶欲茂,法如种瓜,三岁可采。阳崖阴林,紫者为上,绿者次之。

采茶

团黄有一旗二枪之号,言一叶二芽也。凡早取为茶,晚取为荈。谷雨前后收者为佳,粗细皆可用。惟在采摘之时,天色晴明,炒焙适中,盛贮如法。

藏茶

茶宜蒻叶,而畏香药;喜温燥,而忌冷湿。故收藏之家,以蒻叶封裹入焙中,两三日一次,用火当如人体温温,则御湿润。若火多,则茶焦不可食。

制茶诸法

橙茶:将橙皮切作细丝一筋,以好茶五筋焙干,入橙丝间和,用密麻布衬垫火箱,置茶于上,烘热;净绵被罨之三两时,随用建连纸袋封裹,仍以被罨焙干收用。

莲花茶:于日未出时,将半含莲花拨开,放细茶一撮纳满蕊中,以麻皮略絷,令其经宿。次早摘花,倾出茶叶,用建纸包茶焙干。再如前法,又将茶叶入别蕊中,如此数次,取其焙干收用,不胜香美。

木樨、茉莉、玫瑰、蔷薇、兰蕙、菊花、栀子、木香、梅花皆可作茶。诸花开时,摘其半含半放、蕊之香气全者,量其茶叶多少,摘花为茶。花多则太香而脱茶韵;花少则不香而不尽美。三停茶叶一停花始称。假如木樨花,须去其枝蒂及尘垢、虫蚁,用磁罐一层茶、一层花投入至满,纸箸絷固,入锅重汤煮之。取出待冷,用纸封裹,置火上焙干收用。诸花仿此。

煎茶四要

一择水

凡水泉,不甘能损茶味之严,故古人择水,最为切要。山水上,江水次,井水下。山水、乳泉漫流者为上,瀑涌湍激勿食,食久令人有颈疾。江水取去人远者,井水取汲多者,如蟹黄混浊、咸苦者,皆勿用。

二洗茶

凡烹茶,先以热汤洗茶叶,去其尘垢、冷气,烹之则美。

三候汤

凡茶,须缓火炙,活火煎。活火,谓炭火之有焰者,当使汤无妄沸,庶可养茶。始则鱼目散布,微微有声;中则四边泉涌,累累连珠;终则腾波鼓浪,水气全消,谓之老。汤三沸之法,非活火不能成也。

凡茶少汤多则云脚散,汤少茶多则乳面聚①。

四择品

凡瓶,要小者,易候汤,又点茶、注汤有应②。若瓶大,啜存停久,味过则不佳矣。茶铫、茶瓶,银锡为上,瓷石次之。

茶色白,宜黑盏。建安所造者,绀黑纹如兔毫,其坯微厚,熁之火热久难冷,最为要用。他处者,或薄或色异,皆不及也。

点茶三要

(一)涤器

茶瓶、茶盏、茶匙生铗音星致损茶味,必须先时洗洁则美。

(二)熁盏

凡点茶,先须熁盏令热,则茶面聚乳,冷则茶色不浮。

(三)择果

茶有真香,有佳味,有正色。烹点之际,不宜以珍果、香草杂之。夺其香者,松子、柑橙、杏仁、莲心、木香、梅花、茉莉、蔷薇、木樨之类是也。夺其味者,牛乳、番桃、荔枝、圆眼、水梨、枇杷之类是也。夺其色者,柿饼、胶枣、火桃、杨梅、橙橘之类是也。凡饮佳茶,去果方觉清绝,杂之则无辩矣。若必曰所宜,核桃、榛子、瓜仁、枣仁、菱米、榄仁、栗子、鸡头、银杏、山药、笋干、芝麻、莒荬、荬巨、芹菜之类精制,或可用也。

茶效

　　人饮真茶,能止渴、消食、除痰、少睡、利水道、明目、益思出《本草拾遗》、除烦去腻。人固不可一日无茶,然或有忌而不饮,每食已,辄以浓茶漱口,烦腻既去而脾胃清适。凡肉之在齿间者,得茶漱涤之,乃尽消缩,不觉脱去,不烦刺挑也。而齿性便苦,缘此渐坚密,蠹毒自已矣。然率用中下茶。出苏文[5]

附竹炉并分封六事③

　　苦节君铭

　　肖形天地,匪冶匪陶。心存活火,声带湘涛。一滴甘露,涤我诗肠。清风两腋,洞然八荒。

　　　　　戊戌秋八月望日[6]锡山[7]盛颙[8]著

　　茶具六事,分封悉贮于此,侍从苦节君于泉石山斋亭馆间。执事者故以行省名之。按:《茶经》有一源、二具、三造、四器、五煮、六饮、七事、八出、九略、十图之说,夫器虽居四,不可以不备,阙之则九者皆荒而茶废矣,得是,以管摄众。器固无一阙,况兼以惠麓之泉,阳羡之茶,乌乎废哉。陆鸿渐所谓都篮者,此其是与款识。以湘筼编制,因见图谱,故不暇论。

　　　　庚申春三月[9]谷雨日,惠麓茶仙盛虞识。六事分封见后。

苦节君像

苦节君行者

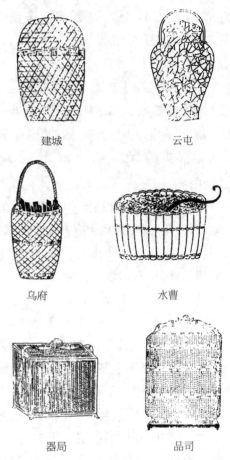

建城　　　　　云屯

乌府　　　　　水曹

器局　　　　　品司

　　茶宜密裹,故以蒻笼盛之,宜于高阁,不宜湿气,恐失真味。古人因以用火,依时焙之。常如人体温温,则御湿润。今称建城。按《茶录》云:建安民间以茶为尚,故据地以城封之。

　　泉汲于云根,取其洁也。欲全香液之腴,故以石子同贮瓶缶中,用供烹煮。水泉不甘者,能损茶味,前世之论,必以惠山泉宜之。今名云屯,盖云即泉也,得贮其所,虽与列职诸君同事,而独屯于斯,岂不清高绝俗而自贵哉。

　　炭之为物,貌玄性刚,过火则威灵气焰,赫然可畏。触之者腐,犯之者焦,殆犹宪司行部,而奸宄无状者,望风自靡。苦节君得此,甚利于用也,况其别号乌银,故特表章。其所藏之具,曰乌府,不亦宜哉。

茶之真味,蕴诸枪旗之中,必浣之以水而后发也。既复加之以火,投之以泉,则阳嘘阴翕,自然交姤而馨香之气溢于鼎矣。故凡苦节君器物用事之余,未免有残沥微垢,皆赖水沃盥,名其器曰水曹,如人之濯于盘水,则垢除体洁,而有日新之功,岂不有关于世教也耶。

商象古石鼎也归洁竹筅(扫)也分盈杓也,即《茶经》水则。每二升,计茶一两。递火铜火斗也降红铜火箸也执权准茶秤也。每茶一两,计水二升。团风湘竹扇也漉尘洗茶篮也静沸竹架,即《茶经》支腹也。注春磁壶也运锋劁果刀也甘钝木碪墩也啜香建盏也撩云竹茶匙也纳敬竹茶橐也受污拭抹布也。

右茶具十六事,收贮于器局,供役苦节君者,故立名管之,盖欲统归于一,以其素有贞心雅操而自能守之也。

古者,茶有品香而入贡者,微以龙脑和膏,欲助其香,反失其真。煮而檀鼎腥瓯,点杂枣、橘、葱、姜,夺其真味者尤甚。今茶产于阳羡山中,珍重一时,煎法又得赵州之传[10],虽欲啜时,入以笋、榄、瓜仁、芹蒿之属,则清而且佳。因命湘君设司检束,而前之所忌乱真味者,不敢窥其门矣。

附录

《茶谱》后序

大石山人顾元庆,不知何许人也。久

之知为吾郡王天雨社中友。王固博雅好古士也,其所交尽当世贤豪,非其人虽轩冕黼黻,不欲挂眉睫间。天雨至晚岁,益厌弃市俗,乃筑室于阳山之阴,日惟与顾、岳二山人结泉石之盟。顾即元庆,岳名岱,别号漳余,尤善绘事,而书法颇出入米南宫[11],吴之隐君子也。三人者,吾知其二,可以卜其一矣。今观所述《茶谱》,苟非泥淖一世者,必不能勉强措一词。吾读其书,亦可以想见其为人矣。用置案头,以备嘉赏。

归安茅一相撰

赵之履《茶谱续编》跋

友兰钱翁,好古博雅,性嗜茶。年逾大耋,犹精茶事。家居若藏若煎,咸悟三昧,列以品类,汇次成谱,属伯子奚川先生梓行之。之履阅而叹曰:夫人珍是物与味,必重其籍而饰之,若夫兰翁是编,亦一时好事之传,为当世之所共赏者。其籍而饰之之功,固可取也。古有斗美林豪,著经传世,翁其兴起而入室者哉。之履家藏有王舍人孟端《竹炉新咏》故事及昭代名公诸作,凡品类若干。会悉翁谱意,翁见而珍之,属附辑卷后为《续编》。之履性犹癖茶,是举也,不亦为翁一时好事之少助乎也。

注 释

1 阳山:在苏州城西北三十里,一名秦余杭山,越兵擒吴王夫差处。顾元庆《阳山新录序》云:"阳山为吴之镇,以其背阴而阳,故曰阳山。山高八百余丈,有大小十五峰。元庆居名'顾家青山',

在大石山左麓。"

2 参见北京大学图书馆善本书目。

3 琴川:水名,在今江苏常熟境。《琴川志》载:"县治前后横港凡七,若琴弦然。"

4 王友石:即王绂,明常州无锡人。字孟

端,号友石生;因隐居九龙山,又号九龙山人。永乐中以荐入翰林为中书舍人。善书法,尤工画山水竹石。有《王舍人诗集》。

5 出苏文:苏文,指苏轼《仇池笔记》。但本段"每食已"以后,始为"苏文"。《东坡杂记》和《仇池笔记》中,均收有此内容。

6 戊戌秋八月望日:此"戊戌"年,据盛颙生年,当为能是成化十四年(1478)。

7 锡山:位今无锡西,属慧山支麓,相传周秦间盛产铅锡,故名。及汉,矿殚,故建县名无锡。因是,旧时亦有以"锡山"作为"无锡"的代名或俗称。

8 盛颙(1418—1492):字时房,无锡人。景泰二年(1451)进士,授御史,成化间累迁陕西左布政使,有政绩,后以左副都御史巡抚山东,推行荒政,民赖以生。

9 庚申春三月:此处落款称"惠麓茶仙盛虞",有人称此"虞"字,和前载"盛颙"为同一人。如是,此"庚申"年,就只能是正统五年(1440),前后二"庚申",盛

颙不是未出世,就是已过世。但如属是同一人,为什么竹茶炉和分封六茶事,要前后相隔38年才写,而且庚申年首先提六茶事时,三十刚出头,署名即用号自称"茶仙",38年后六十岁为竹茶炉题辞时,却不用号只用名?是否真是同一人?疑点很多。

10 煎法又得赵州之传:此"赵州",似指唐高僧从谂(778—897),青州临淄(一称曹州郝乡)人。俗姓郝,投本州龙蓝从师剪落。寻往嵩山纳戒。后居赵州观音院,精心玄悟,受法南泉印可,开物化迷,大行禅道,号赵州法道。卒谥真际大师。在唐后期对茶在北方的风兴,起有较大影响。

11 米南宫:即米芾(1051—1107),一名黻,字元章,号鹿门居士,祖籍太原,后徙襄阳,又徙丹阳,史称米襄阳。以恩补洽光尉,徽宗时召为书画学博士,擢礼部员外郎,出知淮阴军。善书画、精鉴别。有《宝英光集》、《书史》、《画史》等。

校　　勘

① 汤少茶多,则乳面聚:此条内容,摘自蔡襄《茶录》。"乳"字,《茶录》原文作"粥"字,为"粥面聚"。

② 点茶、注汤有应:"应"字,溪谷子本、喻政茶书本、说郛续本等,同底本,均作"应",但此以上

内容,引自蔡襄《茶录》,《茶录》"应"字作"准"。

③ 附竹炉并分封六事:底本和其他各本,下附图文,但和正文相接,无标无题不分隔,此目为本书编时加。

水辨 | 明 真清 辑

作者及传世版本

《水辨》,一称《茶经水辨》,选录张又新《煎茶水记》、欧阳修《大明水记》及《浮槎山水记》部分内容而成。现存最早的《水辨》,刊于嘉靖壬寅(1542)竟陵柯姓知府所刻陆羽《茶经》之后。由此可知,《茶经》柯刻本的校录者,当即是《水辨》的辑者。

《水辨》辑者,过去有误署作孙大绶者。实因孙大绶为万历时刻书家,曾重刊《茶经》柯刻本,后世遂以孙大绶为书后所附《水辨》的辑者。近人或以为辑者为吴旦(见1999年版《中国古代茶叶全书》),亦误。

按壬寅柯刻本有鲁彭的《刻茶经序》,明确指出,竟陵龙盖寺僧真清为柯刻本的

辑录者,不仅辑录了《茶经》,还附有张又新与欧阳修的辨水文章。同书汪可立后序亦说:"时僧真清类写成册以进,属校雠于予。"可见,柯刻本的辑录者,就是真清。

明嘉靖万历年间,有两名僧人曰真清。一是《大明高僧传》所记的长沙湘潭罗象先,出生于嘉靖丁酉年(1537),据壬寅辑写成书只有五年,不符。二是鲁彭序中所说"僧真清,新安之歙人,尝新其寺,以嗜茶,故业此《茶经》",即是本书的辑者。

本书所录三篇文字,俱见前文,故仅存目。鲁彭《刻茶经叙》与吴旦有关《茶经》的跋文中都有关于真清的资料,因而作为附录。

原　文

唐江州刺史张又新煎茶水记[1]
宋欧阳修大明水记[2]
浮槎山水记[3]

附录
鲁彭　刻茶经叙

粤昔己亥,上南狩郢置荆西道无何,上以监察御史、青阳柯公来莅厥职。越明年,百废修举,乃观风竟陵,访唐处士陆羽

故处龙盖寺。公喟然曰:"昔桑苎翁名于唐,足迹遍天下,谁谓其产兹土耶?"因慨茶井失所在,乃即今井亭而存其故已。复构亭其北,曰茶亭焉。他日公再往,索羽所著《茶经》三篇,僧真清者,业录而谋梓也,献焉。公曰:"嗟,井亭矣,而经可无刻乎?"遂命刻诸寺。夫茶之为经,要矣,行于世,脍炙千古,乃今见之。《百川学海》集中兹复刻者,便览尔,刻之竟陵者,表羽

之为竟陵人也。按羽生甚异，类令尹子文。人谓子文贤而仕，羽虽贤，卒以不仕。又谓楚之生贤，大类后稷云。今观《茶经》三篇，其大都曰源、曰具、曰造、曰饮之类，则固具体用之学者。其曰伊公羹陆氏茶，取而比之，实以自况，所谓易地皆然者，非欤？向使羽就文学太祝之召，谁谓其更不伊且稷也，而卒以不仕，何哉？昔人有自谓不堪流俗、非薄汤武者，羽之意，岂亦以是乎？厥后茗饮之风行于中外，而回纥亦以马易茶，由宋迄今，大为边助，则羽之功，固在万世，仕不仕，奚足论也！或曰酒之用，视茶为要，故《北山》亦有《酒经》三篇，曰酒始诸祀。然而妹也已有酒祸，惟茶不为败，故其既也，《酒经》不传焉。羽

器业颠末，具见于传。其水味品鉴优劣之辨，又互见于张、欧、《浮槎》等记，则并附之《经》，故不赘。僧真清，新安之歙人，尝新其寺，以嗜茶故，业《茶经》云。

皇明嘉靖二十一年岁在壬寅
秋重九日景陵后学鲁彭叙

吴旦 茶经跋

予闻陆羽著茶经，旧其□末之见，客京陵于龙盖寺，僧真清处见之之后，披阅知有益于人，欲刻之而力未逮，返求同志程子伯，容共集诸释以公于天下□苍之者，无遗憾焉。刻完敬叙数语，纪岁月于末蕑。

嘉靖壬寅岁一阳月望日新安后学吴旦识

注　　释

1 此处删节，见唐代张又新《煎茶水记》。
2 此处删节，见宋代欧阳修《大明水记》。

3 此处删节，见宋代欧阳修《大明水记》。

茶经外集｜明 真清 辑

作者及传世版本

真清，生平事迹，见真清《水辨》。
《茶经外集》，此名从中国现存的古代茶书来说，最早见于嘉靖壬寅（1542）陆羽《茶经》柯刻本附本。所谓"附文"或

"附录"，是后人整理、引用时所说，本文原书并没有这样表示。嘉靖壬寅本《茶经》，全书共分两册，第一册鱼尾分《茶经》上、中、下三卷，即一般所说《茶经》正

文。第二册鱼尾分《茶经本传》、《茶经外集》、《茶经序》和《后序》，也即有的书目所说的《茶经附集》、《附录》和《茶经外集》。第二册《茶经本传》包括《传》[1]和童承叙《陆羽赞》二文及《水辨》两部分。《茶经序》和《后序》，收录陈师道《茶经序》附皮日休《茶中杂咏序》、附童内方与梦野《论茶经书》及新安吴旦《后识》和校者汪可立《茶经后序》等文。传、序、加《外集》，即构成《茶经》"壬寅本"、"柯刻本"和"竟陵本"的另册。《茶经》之后附刊其他茶叶诗文等内容，此前，至少从现存的古代茶书说，很少见；但自嘉靖壬寅本开例之后，成为明代后期重刻《茶经》各本的一种风气，从而也淡化产生出诸如《茶经水辨》、《茶经外集》、《茶谱外集》等茶书。

本集和壬寅柯刻本《水辨》一样，由于不署辑者，至万历以后，随万历十六年（1588）孙大绶秋水斋陆羽《茶经》本出，本集也慢慢为孙大绶《茶经外集》之名所掩，甚至于为有些刊本和书目，误作为即孙大绶《茶经外集》[2]。直至万国鼎《茶书总目提要》，才翻出在大绶《茶经外集》之前，还有一种嘉靖壬寅本《茶经外集》的线索；《中国古代茶叶全书》根据万国鼎提及的线索，经查证终于将嘉靖壬寅本《茶经》所附的《茶经外集》，第一次收录进中国古代茶书之列。可是因疏于细读，将辑者由"真清"误定为"吴旦"[3]。

本集辑录时间，当和《水辨》一样，也应是至迟不会晚于嘉靖己亥（1539）年。本书以嘉靖壬寅《茶经》柯双华竟陵刻本为底本，以所引各诗原文作校。但需要指出，由于本集所辑明代诸诗，均为竟陵本地官吏士人所撰，限于香港收藏竟陵史志艺文条件，未能一一查见原诗。

原　　文

唐

六羡歌　陆羽

不羡黄金罍，不羡白玉杯。不羡朝入省，不羡暮入台。千羡万羡西江水，曾向竟陵城下来。

送羽采茶　皇甫曾

千峰待逋客，香茗复丛生。采摘知深处，烟霞羡独行。幽期山寺远，野饭石泉清。寂寂燃灯夜，相思一磬声。

送羽赴越　皇甫冉

行随新树深，梦隔重江远。迢递风日间，苍茫洲渚晚。

寻陆羽不过　僧皎然

移家虽带郭，野径入桑麻。近种篱边菊，秋来未著花。扣门无犬吠，欲去问西家。报道山中出，归来每日斜。

西塔院[4]　裴拾遗[5]

竟陵文学泉，踪迹尚虚无。不独支公住，曾经陆羽居。草堂荒产蛤，茶井冷生鱼。一汲清泠饮，高风味有余。

宋

观陆羽茶井[6]　王禹偁

甃石封苔百尺深，试茶滋味少知音。

惟余半夜泉中月，留得先生一片心。

秋日读书西禅湖涨弥月小舟夜泛偶成　莲北鲁铎[8]

寺门湖水漾秋痕，懒性相因省出门。却被天心此明月，野航招去弄黄昏。

过西塔怀莲北先生[9]　一山张岗[10]

茶井西偏结此亭，湖光明处众山青。夜深神物应呵护，尚有东冈太史铭。

游西禅寺漫兴　东滨徐咸海盐人[11]

湖波万顷一桥通，西入禅房路莫穷。白鹤避烟茶灶在，青松留影法堂空。闲心未似沾泥絮，宦迹真成踏雪鸿。乘兴忽来还忽去，此情浑与剡溪同。

闻清公从新安来大新龙盖寺春日同梦野过访　陆泉张本洁[12]

古刹西湖上，经年到未能。一尊携偶过，千载喜重兴。茶井频添碗，松坛续见灯。徘徊飞锡处，因迓远来僧。

寻清上人因怀可公次韵　梦野鲁彭[13]

春湖入古寺，昼雨对卢能。徒倚论今昔，长歌感废兴。清风随挂锡，白日好博灯。茶共西偏路，提壶忆老僧。

过西禅次陆泉韵　蒋山程键休宁人

佛法归三昧，神通说七能。煮茶松鹤避，洗钵水龙兴。白昼花飞雨，青莲夜焕灯。何当谢尘故，接迹伴山僧。

访西禅有作　瑞坡杨应和[14]长乐人

寻访禅林怀好音，通幽花竹揔无心。看花说偈龙偏听，烧竹烹茶鹤不禁。作客十年真幻妄，浮生半日此登临。振衣趺坐待明月，犹恐长云起暮阴。

游西塔院逢清禅师次韵　观复鲁嘉[15]

我闻西塔院，佛子亦多能。万古还虚寂，千年说废兴。禅枝玉作树，雪殿石为灯。寂寞风湖夜，相逢云水僧。

西塔院访古　芝山汪可立

西禅湖面寺，风致异嚣寰。煮茗分新汲，沉檀爇博山。百年乘兴至，半日共僧闲。幽讨成心癖[16]，天云互往还。

游龙盖寺　雪江程塪

十载江山访赤松，半湖烟浪隐仙踪。法门星月留丹□，水国鱼龙傍晓钟。花底寻幽残露湿，竹间下榻□云封。雪江咫尺乾坤回，聊倚寒筇对晚峰。

宿龙盖寺　心泉程太忠

西面湖光一径通，白云深处是禅宫。藤萝袅袅烟霞古，水月澄澄色相空。仙茗浮春香满座，胡床向晚腋生风。恍疑身世乾坤外，便欲凌翰访赤松。

过龙盖寺　比(涯)程璐

江城抱古寺，咫尺断浮埃。老鹤依僧卧，白云逐客来。湖心悬日月，树底响风雷。茶井神龙起，流光遍九垓。

茶亭怀古　陆洲张一中

茶井何年鹙，林亭此日新。间过容假息，小筑况为邻。龙凤名空在，烟霞迹已湮。高人不可见，临眺独伤神。

过龙盖寺清禅师　少岳何晓

天开龙盖寺，地插鉴湖中。白昼云光满，清宵月色空。谈经翻贝叶，把酒面芳丛。社白应惭我，何由识远公。

西泉真清

十载传衣钵，沙门寄此身。种莲开白杜，屏迹谢红尘。定起云生衲，经残月满津。却怜桑苎老，千古揖风神。

春日游西禅茶亭憩息　前川邹谷

散步招提上，年来未一经。井泉仍旧迹，桑苎忽新亭。绕槛湖争碧，开轩山送青。鸥驯如对语，鹤倦每梳翎。脱病身初健，偷闲心自宁。烹茶同老衲，得句慰山灵。日暮归从晚，尘氛梦欲醒。幽期意无尽，相送更禅扄。

怀陆篇　梦野〔鲁彭〕①

君不见，雁叫门上有陆公亭，寒泉古木何冥冥，青天白日来风霆。又不见，陆公一去已千载，陆公之名至今在。亭中过客雪片消，西湖漫漫长不改。我来访古一引泉，茶炉况在落花前。平生浪说《煮茶记》，此日却咏《怀陆篇》。嗟公磊呵不喜名，眼空尘世窥蓬瀛。几回天子呼不去，但见两腋清风生。清风飘飘湖海中，云笼月杓随飞蓬。自从维扬品鉴后，千山万水为一空。孤踪落落杳难迹，断碑遗址令人惜。覆釜洲前柳复青，火门山头月犹白。柳青月白无穷已，春去秋来共流水。西江宛转南零开，苕溪指点依稀是。吁嗟古今不相见，个中如睹春风面。日夕犹闻渚雁悲，山川不逐桑海变。洗马台边物色新，正值人间浩荡春。放歌曳履且归去，回首沧波生白苹。

登西禅访陆羽故居　定溪方新[17]侍御②

竟陵南下雍湖阴，千载高踪尚可寻。古井泉分烟月冷，幽亭风入芰荷深。谈经早悟安禅旨，煮茗深知玩世心。我欲从君君莫哂，洞庭秋水拟投簪。

过景陵宿西禅寺　少泉王格[18]

积水回峦草色幽，平芜一望暮烟浮。居人落落多茅屋，征客潇潇傍荻洲。酒幌昼闲停马问，钓舟夜放□鱼游。行行遥指孤城宿，落日西风古寺秋。

游西禅寺　梧崖萧录[19]

十载西禅入梦多，重来岂谓隔烟波。通人小艇穿鱼鸟，候客幽僧出薜萝。白石埒颓犹护址，紫微花老半无柯。水亭徒倚从游侣，芳醑清琴笑语和。

又次方定溪韵

水亭幽带薜萝阴，一径遥通不费寻。钟鼓迎宾当昼未，凫鹥听讲入檐深。人矜绝寂堪逃俗，我爱清冷好洗心。佳兆偏知荣转客，天香浮瑞点朝簪。

秋日过西禅寺　星野方梁[20]

万峰秋尽映湖光，乘兴寻幽觅钓航。茶井处无仙□逝，山亭寥寂客心伤。云深水殿钟声静，霜落江城木叶黄。慷慨登临怀往事，清泉明月照禅房。

过西禅寺访陆羽　盖吾张惟翰[21]

香径通禅榻，缘心质异人。钟鸣僧出定，斋熟鸟来驯。树老藤阴合，波澄竹影清。井余茶灶冷，云水意相亲。

游西禅寺　生员萧选

上房佳气郁苕蒉，殿阁飞翚影动摇。云净好山皆入座，雨余新水欲平桥。山僧扫叶烹清茗，野客吹箫醉碧桃。却忆当年桑苎客，小山丛桂竟谁招。

又登观音阁

缥渺凭虚阁，三年此又登。炉烟飞细雾，灯火夹轻云。举目天低树，回头日近人。东园何处是，感慨欲伤神。

冬起过访西禅　芝南江楚浮梁人

霜晨霜满服，随喜塔西房。气爽疑天别，僧闲竟话长。驯人鹤不避，入座茗犹香。但自遗名得，还来憩上方。

槐凫任高[22]　吊陆羽先生有感而题

谩觅遗踪近渺茫，遹观维见水洋洋。可怜一段经纶手，空付寒烟戴鹤傍。

过西禅寺　程彬

西塔知名寺，垂杨夹径深。昙花明佛蜡，茶井漱禅心。风度钟声远，波摇竹影沉。此身江海寄，乘兴且登临。

书西禅寺陆羽亭　新安余一龙[23]

西禅迤北构高亭，故老相传陆羽名。羡有万千惟此水，书无今古亦为经。不居方丈围蒲坐，独向深山带雨行。料得先生还意别，嗜茶未必是先生。

游西禅寺　分巡荆西道苏讳雨[24]

竟陵秋色在双湖，湖上招提入画图。清镜影悬分巨浸，碧天光湛见真吾。地凭鳌背疑三岛，胜据沧洲小二姑。乘暇偶来波若界，西湖重过旧时苏。

西禅寺饮陆羽泉　又

闻道金山寺，金山似此山。开泉名陆羽，煮茗驻朱颜。味澄清凉果，人超烦恼关。阿谁同汲引，分得老僧闲。

题西禅茶井　新安程子谏

逃禅重陆羽，岂为浮名牵。采茗南山下，凿泉古刹前。非消司马渴，那慕接舆贤。谁觉幽求士，茶经为寓言。

庠生江有元

始学怀桑苎，今来异雁门。亭从何日圮，井独旧风存。读易知鸿渐，烹茶避鹤蹲。如何修洁羽，不赴九天阁。

庠生延鹤

陆羽传灯处，清虚一洞天。珠林仍殿阁，竹屿自山川。水羡西江好，书从唐史传。龙团风味在，何著季卿篇。

注　释

1　即《新唐书·陆羽传》。

2　参见孙大绶《茶经外集》。

3　参见《水辨》。

4　西塔院：一称西塔寺，在古城西二里覆金洲。原名龙盖寺，因陆羽师积公化形甃塔因名。

5　裴拾遗：即唐裴迪，开中人，天宝时与王维同隐蓝田。各作五言绝句二十首，合编为《辋川集》。曾应进士试。天宝末入川任蜀州刺史，与杜甫友。《统签》云，是《西塔院》诗，非出此裴迪作。

6　陆羽井：一名文学泉，在右县署西北。二名均以陆羽取此泉试茶故。

7　国朝指明：下录明人咏哦陆羽遗迹和茶事诗，查有关诗文集和明清沔阳、天门、竟陵等方志俱未见，因是也无校。

8　莲北：天门县地名，即莲北庄，一名东庄。在东湖之东，鲁铎别业于此。鲁

铎（1461—1527），湖广晋陵人，字振之。弘治十五年进士，授编修，正德时使颁诏安南，却其馈而还，擢南京国子监祭酒，寻改北京。卒谥文恪。有《莲北稿》、《使交集》、《已有园集》、《东厢西厢稿》等。

9　莲北先生：即指鲁铎，莲北是其别业和书室名。

10　一山张岗：一山晋陵地名，张岗生平事迹无考，与鲁铎同时代人。

11　东滨：即指浙江海盐。徐咸：字子正。正德六年进士，历任湖广沔阳知州，襄阳知府，居官宽简持大体，好文学。有《近代名臣言行录》、《四朝闻见录》等。

12　陆泉：天门地名。张本洁：字叔与，湖广晋陵人。正德丙子（1516）科举人，历官海宁知州。

13　梦野：晋陵县古地名。指梦野亭，在

县治东南隅台地上。宋景祐中州守王祺建。取义"一目可尽云梦之野"。鲁彭,字寿卿,铎长子。正德丙子(1516)举人,尹乐会、和平、恺悌,有政绩,去之日,民祠以祀之。此或指鲁彭书室名,有《离骚赋》、《雁门小桥稿》。

14 杨应和:福建长乐人,嘉靖二十一年(1542)任沔阳知州。

15 鲁嘉:字亨卿,铎子。正德己卯(1519)科举人,以三场失落弃考,主司惋惜再三,京师噪声飞誉。

16 凼讨成心癖:"凼"字,底本原文不清,也似"凼"字。如是"凼",同"幽",若作"凼",同"凼"(chàng),见《龙龛》,义不详。

17 定溪方新:定溪是方新的号。方新,南直隶青阳人,字德新。嘉靖三十五年进士,官监察御史。上疏论边政弊端,

乞帝随事自责,被斥为民。

18 王格(1502—1595):字汝化,湖广京山人,少泉大概是其号。嘉靖五年进士,大礼议起,持论忤张德,贬为永兴知县。累迁河南佥事,不肯贿中官,被杖谪。隆庆时授太仆寺少卿致仕。有《少泉集》。

19 萧录:湖广晋陵人,嘉靖丙午(1546)贡生,曾任内江教谕。

20 星野方梁:星野为方梁的字或号,江西弋阳人,嘉靖后期举人,隆庆三年任晋陵知县。

21 张惟翰:嘉靖间景陵县训导。

22 任高:四川温江人,贡生,隆庆三年(1569)晋陵县训导。

23 余一龙:南直隶徽州人,隆庆六年(1572)任分巡荆西道。

24 苏雨:事迹不详,仅知万历十三年(1640)任分巡荆西道。

校　　勘

① 〔梦野〕鲁彭:底本只有"梦野"二字,今按文义加"鲁彭"。

② 定溪方新侍御:"侍御",底本模糊不清,有的书擅删,本书考加。

煮泉小品 | 明　田艺蘅　撰[1]

作者及传世版本

田艺蘅,字子艺,号品嵒子,钱塘(今浙江杭州)人。其父田汝成,嘉靖五年(1526)进士,授南京刑部主事,历官西南,罢归故里后,盘桓湖山,撰《西湖游览志》及《游览志余》等。田汝成的家教和上述经历,对后来艺蘅才学的发展和为人影响很大。如他

十岁时随其父过采石矶(在安徽当涂长江边,相传李白醉酒堕江处)时,即作《采石赋》云:"白玉楼成招太白,长山相对忆青莲。寥寥采石江头月,曾招仙人宫锦船。"显示其自幼在他父亲指授下诗才的早发。不过他长大后,"七举不遇",《明史·田汝成传》称他"性放诞不羁,嗜酒任侠。以岁贡为徽州训导,罢归"。艺蘅博学多闻,世人以成都杨慎与之相比,有《大明同文集》、《留青日札》和杂著数十种。

《煮泉小品》,据赵观和田艺蘅的前序,成书于明嘉靖三十三年(1554)。主要版本有《宝颜堂续秘笈》本、喻政《茶书》本、《锦囊小史》本、华淑(1589—1643)编《闲情小品》本、陶珽编《说郛续》本和朱祐槟《茶谱》本、王文濡辑《说库》本等。对《煮泉小品》的评价,古今众说不一。赵观赞其"考据该洽,评品允当,实泉茗之信史"。《四库全书总目提要》则称"大抵原本旧文,未能标异于《水品》、《茶经》之外"。近人万国鼎的评语是:"议论夹杂考据,有说得合理处,但主要是文人的游戏笔墨。"明代嘉、万年间,是中国茶书的撰著,也是抄袭、书贾伪托造假最盛的年代。田艺蘅在这种风气之下,虽也引用旧文,但如万国鼎说,或议或考,发表了不少自己的看法,《煮泉小品》因而可以说是一本较有价值的茶书。

本文以喻政《茶书》所录为底本,以《宝颜堂续秘笈》本、《锦囊小史》本、《闲情小品》本、说郛续本作校。

原　　文

叙

田子艺夙厌①尘嚣,历览名胜,窃慕司马子长²之为人,穷搜遐讨。固尝饮泉觉爽,啜茶忘喧,谓非膏粱纨绮可语。爰著《煮泉小品》,与漱流枕石者商焉。考据该洽②,评品允当,寔泉茗之信史也③。予惟赞皇公之鉴水,竟陵子之品茶,耽以成癖,罕有俪者。洎丁公言茶图,颛论采造而未备;蔡君谟《荣录》,详于烹试而弗精;刘伯刍、李季卿论水之宜茶者,则又互有同异,与陆鸿渐相背驰,甚可疑笑。近云间徐伯臣³氏作《水品》,茶复略矣。粤若子艺所品,盖兼昔人之所长,得川原之隽味;其器宏以深,其思冲以淡,其才清以越,具可想世。殆与泉茗相浑化者矣,不足以洗尘嚣而谢膏绮乎!重违嘉恳,勉缀首简。嘉靖甲寅冬十月既望,仁和赵观撰④。

引⑤

昔我田隐翁尝自委曰:"泉石膏肓。"噫!夫以膏肓之病,固神医之所不治者也,而在于泉石,则其病亦甚奇矣。余少患此病,心已忘之,而人皆咎余之不治,然遍检方书,苦无对病之药。偶居山中,遇淡若叟,向余曰:"此病固无恙也。子欲治之,即当煮清泉白石,加以苦茗,服之久久,虽辟谷可也,又何患于膏肓之病邪!"余敬顿首受之,遂依法调饮,自觉其效日著,因广其意,条辑成编,以付司鼎山童。俾遇有同病之客来,便以此荐之,若有如煎金玉汤者来,慎弗出之,以取彼之鄙笑。

时嘉靖甲寅秋孟中元日,钱塘田艺蘅序⑥。

源泉

积阴之气为水。水本曰源,源曰泉。水,本作灥,像众水并流,中有微阳之气也,省作水。源,本作原,亦作厵;从泉,出厂下。厂,山岩之可居者,省作原,今作源⑧。泉,本作𤽎,像水流出成川形也。知三字之义,而泉之品思过半矣。

山下出泉曰蒙。蒙,稚也。物稚则天全;水稚则味全。故鸿渐曰:"山水上。"其曰乳泉石池漫流者,蒙之谓也,其曰瀑涌湍激者,则非蒙矣,故戒人勿食。

混混不舍,皆有神以主之,故天神引出万物。而《漠书》三神,山岳其一也。

源泉必重,而泉之佳者尤重。余杭徐隐翁尝为余言,以凤凰山泉较阿姥墩百花泉,便不及五钱,可见仙源之胜矣。

山厚者泉厚,山奇者泉奇,山清者泉清,山幽者泉幽,皆佳品也。不厚则薄,不奇则蠢,不清则浊,不幽则喧,必无佳泉。

山不亭处,水必不亭。若亭,即无源者矣,旱必易涸。

石流

石,山骨也;流,水行也。山宣气以产万物,气宣则脉长,故曰"山水上"。《博物志》:"石者,金之根甲。石流精以生水。"又曰:"山泉者,引地气也。"

泉非石出者,必不佳。故《楚词》云:"饮石泉兮荫松柏。"皇甫曾《送陆羽》诗:"幽期山寺远,野饭石泉清。"梅尧臣《碧霄峰茗》诗:"烹处石泉嘉。"又云:"小石冷泉留早味",诚可谓赏鉴者⑨矣。

咸,感也。山无泽,则必崩;泽感而山不应,则将怒而为洪。

泉,往往有伏流沙土中者,挹之不竭⑩,即可食。不然,则渗漪之潦耳,虽清勿食。

流远则味淡,须深潭渟畜,以复其味,乃可食。

泉不流者,食之有害。《博物志》:山居之民,多瘿肿疾,由于饮泉之不流者。

泉涌出曰溃,在在所称"珍珠泉"者,皆气盛而脉涌耳,切不可食,取以酿酒或有力。

泉有或涌而忽涸者,气之鬼神也,刘禹锡诗⑪"沸井今无涌"是也。否则徙泉喝水,果有幻术邪?

泉悬出曰沃⑫,暴溜曰瀑,皆不可食。而庐山水帘,洪州天台瀑布,皆入水品,与陆经背矣。故张曲江4《庐山瀑布》诗:"吾闻山下蒙,今乃林峦表。物性有诡激,坤元曷纷矫。默然置此去,变化谁能了。"则识者固不食也。然瀑布实山居之珠箔锦幕也,以供耳目,谁曰不宜。

清寒

清,朗也,静也,澄水之貌。寒,冽也,冻也,覆水之貌。泉,不难于清而难于寒。其濑峻流驶而清,岩奥阴积而寒者,亦非佳品。

石少土多、沙腻泥凝者,必不清寒。

蒙之象曰果行,井之象曰寒泉。不果,则气滞而光;不澄,不寒,则性燥而味必啬。

冰，坚水也。穷谷阴气所聚，不泄则结而为伏阴也。在地英明者惟水，而冰则精而且冷，是固清寒之极也。谢康乐[5]诗："凿冰煮朝飧。"《拾遗记》[6]："蓬莱山冰水，饮者千岁。"

下有石硫黄者，发为温泉，在在有之。又有共出一壑半温半冷者，亦在在有之，皆非食品。特新安[7]黄山朱砂汤泉可食。《图经》云："黄山旧名黟山，东峰下有朱砂汤泉可点茗，春色微红，此则自然之丹液也。"《拾遗记》："蓬莱山沸水，饮者千岁。"此又仙饮。

有黄金处，水必清；有明珠处，水必媚；有子鲋处，水必腥腐；有蛟龙处，水必洞黑。美恶不可不辨也。

甘香

甘，美也；香，芳也。《尚书》"稼穑作甘黍"。甘为香黍，惟甘香，故能养人。泉惟甘香[13]，故亦能养人[14]。然甘易而香难，未有香而不甘者也。

味美者曰甘泉，气芳者曰香泉，所在间有之。泉上有恶木，则叶滋根润，皆能损其甘香，甚者能酿毒液，尤宜去之。

甜水，以甘称也。《拾遗记》："员峤山北，甜水绕之，味甜如蜜。"《十洲记》[8]："元洲玄涧，水如蜜浆，饮之与天地相毕。"又曰："生洲之水，味如饴酪。"

水中有丹者，不惟其味异常，而能延年却疾[15]；须名山大川诸仙翁修炼之所有之。葛玄[9]少时，为临沅[10]令。此县廖氏家世寿，疑其井水殊赤，乃试掘井左右，得古人埋丹砂数十斛。西湖葛井，乃稚川[11]炼所。在马家园后淘井，出石匣，中有丹数枚，如芡实，啖之无味，弃之。有施渔翁者，拾一粒食之，寿一百六岁。此丹水尤不易得，凡不净

之器，切不可汲。

宜茶

茶，南方嘉木[16]，日用之不可少者。品固有美恶，若不得其水，且煮之不得其宜，虽佳弗佳也。

茶如佳人，此论虽妙，但恐不宜山林间耳。昔苏子瞻诗"从来佳茗似佳人"，曾茶山诗"移人尤物众谈夸"，是也。若欲称之山林，当如毛女、麻姑[12]，自然仙风道骨，不浇烟霞可也。必若桃脸柳腰，宜亟屏之销金帐[13]中，无俗我泉石。

鸿渐有云："烹茶于所产处无不佳，盖水土之宜也。"此诚妙论，况旋摘旋瀹[17]，两及其新邪。故《茶谱》亦云："蒙之中顶茶，若获一两，以本处水煎服，即能祛宿疾。"是也。今武林诸泉，惟龙泓入品，而茶亦惟龙泓山为最。盖兹山深厚高大，佳丽秀越，为两山之主，故其泉清寒甘香，雅宜煮茶。虞伯生[14]诗："但见瓢中清，翠影落群岫。烹煎黄金芽，不取谷雨后。"姚公绶[15]诗："品尝顾渚风斯下，零落茶经奈尔何。"则风味可知矣，又况为葛仙翁炼丹之所哉？又其上为老龙泓，寒碧倍之，其地产茶，为南北山绝品。鸿渐第钱唐天竺、灵隐者为下品，当未识此耳。而郡志亦只称宝云、香林、白云诸茶，皆未若龙泓之清馥隽永也。余尝一一试之，求其茶泉双绝，两浙罕伍云。

龙泓今称龙井，因其深也。郡志称有龙居之，非也。盖武林之山，皆发源天目，以龙飞凤舞之谶，故西湖之山，多以龙名，非真有龙居之也。有龙，则泉不可食矣。泓上之阁，亟宜去之；浣花诸池，尤所当浚。

鸿渐品茶，又云杭州下，而临安、于潜生于天目山，与舒州同，固次品也。叶清臣则云：茂钱唐者，以径山稀，今天目远胜径

山，而泉亦天渊也。洞霄次径山。

严子濑，一名七里滩。盖沙石上，曰濑、曰滩也，总谓之渐江[16]，但潮汐不及而且深澄，故入陆品耳。余尝清秋泊钓台下，取囊中武夷、金华二茶试之，固一水也，武夷则黄而燥冽，金华则碧而清香，乃知择水当择茶也。鸿渐以婺州为次，而清臣以白乳为武夷之右，今优劣顿反矣。意者所谓离其处，水功其半者邪。

茶自浙以北皆较胜，惟闽、广以南，不惟水不可轻饮，而茶亦当慎之。昔鸿渐未详岭南诸茶，仍云"往往得之，其味极佳。"余见其地多瘴疠之气，染著草木，北人食之，多致成疾，故谓人当慎之。要须采摘得宜，待其日出，山霁露收岚净[18]可也。茶之团者、片者，皆出于碾硙之末，既损真味，复加油垢，即非佳品，总不若今之芽茶也，盖天然者自胜耳。曾茶山《日铸茶》诗："宝铐自不乏，山芽安可无。"苏子瞻《壑源试焙新茶》诗："要知玉雪心肠好，不是膏油首面新。"是也。且末茶瀹之有屑，滞而不爽，知味者当自辨之。

芽茶以火作者为次，生晒者为上，亦更近自然，且断烟火气耳。况作人手器不洁，火候失宜，皆能损其香色也。生晒茶，瀹之瓯中，则旗枪舒畅，清翠鲜明，尤为可爱。

唐人煎茶多用姜盐，故鸿渐云："初沸水，合量调之以盐味薛能诗：盐损添常戒，姜宜著更夸。"苏子瞻以为茶之中等，用姜煎信佳，盐则不可。余则以为二物皆水厄也。若山居饮水，少下二物以减岚气或可耳。而有茶，则此固无须也。

今人荐茶，类下茶果，此尤近俗。纵是佳[19]者，能损真味，亦宜去之。且下果则必用匙，若金银，大非山居之器，而铜又生腥，皆不可也。若旧称北人和以酥酪，蜀人入

以白盐[20]，此皆蛮饮，固不足责耳[21]。

人有以梅花、菊花、茉莉花荐茶者，虽风韵可赏，亦损茶味，如有佳茶，亦无事此。

有水有茶，不可无火。非无火也，有所宜也。李约[17]云："茶须缓火炙，活火煎"，活火，谓炭火之有焰者。苏轼诗："活火仍须活水烹"是也。余则以为山中不常得炭，且死火耳，不若枯松枝为妙。若寒月，多拾松实，畜为煮茶之具，更雅。

人但知汤候，而不知火候。火然则水干，是试火先于试水也。《吕氏春秋》[18]：伊尹[19]说汤。"五味九沸"；九变火为之纪。

汤嫩则茶味不出，过沸则水老而茶乏，惟有花而无衣，乃得点瀹之候耳。

唐人以对花啜茶为杀风景，故王介甫[20]诗："金谷千花莫漫煎"；其意在花，非在茶也。余则以为金谷花前，信不宜矣。若把一瓯，对山花啜之，当更助风景，又何必羔儿酒也。

煮茶得宜，而饮非其人，犹汲乳泉以灌蒿莸，罪莫大焉。饮之者一吸而尽，不暇辨味，俗莫甚焉。

灵水

灵，神也。天一生水，而精明不淆，故上天自降之泽，实灵水也。古称"上池之水者非与"。要之皆仙饮也。

露者，阳气胜而所散也。色浓为甘露，凝如脂，美如饴，一名膏露，一名天酒。《十洲记》"黄帝宝露"，《洞冥记》[21]"五色露"，皆灵露也。庄子曰："姑射山神人[22]，不食五谷，吸风饮露。"《山海经》"仙丘绛露，仙人常饮之。"《博物志》："沃渚之野，民饮甘露。"《拾遗记》："含明之国，承露而饮。"《神异经》[23]："西北海外人，长二千里，日饮天酒五斗。"《楚词》："朝饮木兰之坠露。"是露可饮也。

雪者，天地之积寒也。《氾胜书》[24]："雪为五谷之精。"《拾遗记》"穆王东至大墲[25]之谷，西王母来进嵊州[26]甜雪，是灵雪也。"陶谷取雪水烹团茶，而丁谓《煎茶》诗："痛惜藏书箧，坚留待雪天。"李虚己[27]《建茶呈学士》诗："试将梁苑雪，煎动建溪春。"是雪尤宜茶饮也。处士列诸末品，何邪？意者以其味之燥乎？若言太冷，则不然矣。

雨者，阴阳之和，天地之施，水从云下，辅时生养者也。和风顺雨，明云甘雨，《拾遗记》："香云遍润，则成香雨"，皆灵雨也，固可食。若夫龙所行者，暴而霆者，旱而冻者，腥而墨者及檐溜者，皆不可食。

《文子》[28]曰：水之道，上天为雨露，下地为江河，均一水也。故特表灵品。

异泉

异，奇也。水出地中，与常不同，皆异泉也，亦仙饮也。

醴泉：醴，一宿酒也；泉，味甜如酒也。圣王在上，德普天地，刑赏得宜，则醴泉出，食之令人寿考。

玉泉：玉石之精液也。《山海经》："密山出丹水，中多玉膏；其源沸汤，黄帝是食。"《十洲记》：瀛洲玉石，高千丈，出泉如酒。味甘，名玉醴泉，食之长生。又，方丈洲有玉石泉；崑苍山有玉水。尹子曰："凡水方折者有玉"。

乳泉：石钟乳，山骨之膏髓也。其泉色白而体重，极甘而香，若甘露也。

朱砂泉：下产朱砂，其色红，其性温，食之延年却疾。

云母泉：下产云母，明而泽，可炼为膏，泉滑而甘。

茯苓泉：山有古松者，多产茯苓。《神仙传》："松脂沦入地中，千岁为茯苓也"。

其泉或赤或白，而甘香倍常。又术泉，亦如之。非若杞菊之产于泉上者也。

金石之精，草木之英，不可殚述，与琼浆并美，非凡泉比也，故为异品。

江水

江，公也，众水共入其中也。水共则味杂，故鸿渐曰江水中，其曰："取去人远者。"盖去人远，则澄清而无荡漾之漓耳。

泉自谷而溪、而江、而海，力以渐而弱，气以渐而薄，味以渐而咸[②]，故曰"水曰润下"。润下作咸旨哉！又《十洲记》："扶桑[29]碧海，水既不咸苦，正作碧色，甘香味美，此固神仙之所食也。"

潮汐近地，必无佳泉，盖斥卤诱之也。天下潮汐，惟武林最盛，故无佳泉。西湖山中则有之。

杨子，固江也，其南泠；则夹石渟渊，特入首品。余尝试之，诚与山泉无异。若吴淞江，则水之最下者也，亦复入品，甚不可解。

井水

井，清也，泉之清洁者也；通也，物所通用者也；法也、节也，法制居人，令节饮食无穷竭也。其清出于阴，其通入于淆，其法节由于不得已，脉暗而味滞。故鸿渐曰："井水下"。其曰"井取汲多者"，盖汲多，气通而流活耳。终非佳品，勿食可也。

市廛民居之井，烟爨稠密，污秽渗漏，特潢潦耳，在郊原者庶几。

深井多有毒气。葛洪方五月五日，以鸡毛试投井中，毛直下，无毒；若回四边，不可食。淘法，以竹筛下水，方可下浚。

若山居无泉，凿井得水者，亦可食。

井味咸色绿者，其源通海。旧云"东风时凿井，则通海脉"，理或然也。

井有异常者，若火井、粉井、云井、风

井、盐井、胶井,不可枚举。而水井㉓则又纯阴之寒㉔也,皆宜知之。

绪谈

凡临佳泉,不可容易漱濯,犯者每为山灵所憎。

泉坎须越月淘之,革故鼎新,妙运当然也。

山木固欲其秀而荫,若丛恶,则伤泉。今虽未能使瑶草琼花披拂其上,而修竹幽兰自不可少也㉕。

作屋覆泉,不惟杀尽风景,亦且阳气不入,能致阴损,戒之戒之。若其小者,作竹罩以笼之,防其不洁之侵,胜屋多矣。

泉中有虾蟹、子虫,极能腥味,亟宜淘净之。僧家以罗滤水而饮,虽恐伤生,亦取其洁。包幼嗣[30]《净律院》诗:"滤水浇新长"。马戴[31]《禅院》诗:"滤泉侵月起"。僧简长[32]诗:"花壶滤水添"是也。于鹄[33]《过张老园林》诗:"滤水夜浇花";则不惟僧家戒律为然,而修道者,亦所当尔也。

泉稍远而欲其自入于山厨,可接竹引之、承之,以奇石贮之以净缸㉖,其声尤琤㶁可爱㉗。骆宾王诗:"刳木取泉遥"[34],亦接竹之意。

去泉再远者,不能自汲,须遣诚实山童取之,以免石头城下之伪[35]。苏子瞻爱玉女河水,付僧调水符取之,亦惜其不得枕流焉耳。故曾茶山[36]《谢送惠山泉》诗:"旧时水递费经营"。

移水而以石洗之,亦可以去其摇荡之浊滓,若其味,则愈扬愈减矣。

移水取石子置瓶中,虽养其味,亦可澄水,令之不淆。黄鲁直《惠山泉》诗:"锡谷寒泉撷石俱"[37]㉘是也。择水中洁净白石,带泉煮之,尤妙尤妙。

汲泉道远,必失原味。唐子西[38]云:"茶不问团铐,要之贵新;水不问江井,要之贵活。"又云:"提瓶走龙塘,无数千步,此水宜茶,不减清远峡。"而海道趋建安,不数日可至,故新茶不过三月至矣。今据所称,已非嘉赏。盖建安皆碾硙茶,且必三月而始得,不若今之芽茶,于清明、谷雨之前陟采而降煮也。数千步取塘水,较之石泉新汲,左杓右铛,又何如哉?余尝谓二难具享,诚山居之福者也㉙。

山居之人,固当惜水,况佳泉更不易得,尤当惜之,亦作福事也。章孝标《松泉》[39]诗:"注瓶云母滑,漱齿茯苓香。野客偷煎茗,山僧惜净床。"夫言偷,则诚贵矣;言惜,则不贱用矣。安得斯客斯僧也,而与之为邻㉚?

山居有泉数处,若冷泉、午月泉、一勺泉,皆可入品。其视虎丘石水,殆主仆矣,惜未为名流所赏也。泉亦有幸有不幸邪,要之隐于小山僻野,故不彰耳。竟陵子可作,便当煮一杯水,相与荫青松、坐白石,而仰视浮云之飞也。

跋㉛

子艺作泉品,品天下之泉也。予问之曰:尽乎?子艺曰:"未也"。夫泉之名有甘、有醴、有冷、有温、有廉、有让、有君子焉,皆荣也。在广有贪[40],在柳有愚[41],在狂国有狂[42],在安丰军有咄[43],在日南有淫[44],虽孔子亦不饮者有盗[45],皆辱也。子闻之曰:"有是哉,亦存乎其人尔。天下之泉一也,惟和士饮之,则为甘;祥士饮之,则为醴;清士饮之,则为冷;厚士饮之,则为温;饮之于伯夷[46],则为廉;饮之于虞舜[47],则为让;饮之于孔门诸贤,则为君子。使泉虽恶,亦不得而污之也,恶乎辱。泉遇伯封[48],可名为贪;遇宋人,可名为愚[49];遇谢奕[50],

可名为狂;遇楚项羽,可名为咄;遇郑卫之俗,可名为淫;其遇蹠[51]也,又不得不名为盗。使泉虽美,亦不得而自濯也,恶乎荣?

子艺曰:"噫! 予品泉矣,子将兼品其人乎。"予山中泉数种,请附其语于集,且以贻同志者,毋混饮以辱吾泉。余杭蒋灼题。

注　释

1　底本和现存多数版本,署名大多作"明钱塘田艺蘅撰";宝颜堂续本除"武林子艺田艺蘅撰"外,还接署有"华亭仲醇陈继儒阅,携李寓公高函埏校"等字样。

2　司马子长:即司马迁,子长是他的字。

3　云间徐伯臣:"伯臣"即徐献忠的字。"云间"为今上海"松江县"古称。

4　张曲江:张九龄(678—740),韶州曲江(今属广东)人,擢进士,开元二十一年(733)官至中书侍郎,同中书门下平章事,时称贤相。

5　谢康乐:谢灵运(385—433),晋时袭封康乐公,又称谢康乐。有《谢康乐集》。

6　《拾遗记》:旧题晋王嘉撰,今本大概经过南朝梁萧绮的整理。

7　新安:此指隋唐时的新安郡。隋大业三年改歙州置,治所位于今安徽休宁县。唐武德初改为歙州,天宝元年又复为新安郡,领今皖南徽歙一带。

8　《十洲记》:全名《海内十洲记》,旧题汉代·东方溯撰,据考应是汉末魏晋间人假托之作。

9　葛玄:三国吴句容人,字孝先,葛洪从祖父。尝入天台赤城山学道、隐马迹山(今无锡太湖中)修炼,目称葛仙翁。

10　临沅:县名,治所在今湖南常德市。

11　稚川:即葛洪(284—364),字稚川,自号抱扑子。

12　毛女、麻姑:毛女,《列仙传》载:字玉姜,自言秦始皇官女,秦亡,隐华阴山,遇道士谷春,教其服食松叶,于是从不饥寒,身轻如飞,已百七十余年。麻姑,典出葛洪《神仙传》,讲汉孝桓帝时,降蔡经家,能撒米"成真珠"。传说甚多,唐宋时李白、元稹、苏轼、陆游等诗作中均有提及。

13　销金帐:"销金",熔化金属。销金帐指用金丝或金饰制作的帐幕。

14　虞伯生:即虞集(1272—1348),字伯生,号邵庵。世居蜀,宋亡,父率家侨居临川崇仁。少受家学,尝从吴澄游。大德初,以荐授大都路儒学教授。文宗即位,累除奎章阁侍书学士,领修《经世大典》。卒谥文静,弘才博识,工诗文,有《道园学古录》等。

15　姚公绶:即姚绶(1422—1495),浙江嘉善人,字公绶,号谷庵,自号仙痴,晚号云东逸史。擢进士,授监察御史,成化初由永宁知州解官归,筑室名丹丘,人称丹丘先生。工诗画,撰有《云东集》。

16　浙江:亦称渐水、浙江、制河、澜江,即今浙江钱塘江、富春江及其浙西、皖南上游的新安江水系。

17　李约:唐汧国公李勉(71 7—788)子,字存博,自称萧萧,官至兵部员外郎。

18　《吕氏春秋》:古籍名,一称《吕览》,战国末秦相吕不韦集门客共同编写,是杂家代表作。全书二十六卷,内容以儒道思想为主,兼及名、法、墨、农及阴阳家言,共一百六十篇。是先秦的重要文献,其《上农》、《任地》等四篇,保存了先秦农学片段。

19　伊尹:商代大臣,名伊,一名挚;"尹"是官名。

20　王介甫:即王安石,介甫是其字。

21　《洞冥记》:又名《汉武洞冥记》,旧题东汉郭宪撰。

22 姑射(yè)山神人：典出《庄子·逍遥游》。

23 《神异经》：旧题西汉东方朔撰。

24 《氾胜书》：即《氾胜之书》。氾胜之，名抑或作胜，山东曹县人。汉成帝时，任议郎，曾在三辅教民种麦，谨事者，获丰收，后徙为御史。此书是西汉黄河流域农业生产经验的总结。惜原书早佚，仅存清以后辑本。

25 大撆："撆"，疑为"戯"的俗写。系"戯"的异体字。"大撆"即"大戯"，古地名。《国语·鲁语》："幽(周幽王)灭于戯"；戯当然不等"大戯"，但由"戯"、"戯水"、"戯亭"等名，可证"大戯"当也在今陕西境内。

26 嵰(qiǎn)州：传说中的地名。晋《拾遗记·周穆王》有"嵰州甜雪"句。齐治平校注，嵰州"去玉门三十万里"，地多寒雪，霜露著木石上，皆融而甘，可以为菓。

27 李虚己：字公受，宋建安人，太平兴国二年(977)进士，累官知遂州(今四川遂宁)，终工部侍郎。有《雅正集》。

28 《文子》：二卷，《汉志》道家《文子》九篇；《隋志》载《文子》十二篇，并称文子为老子弟子；有人考称，"似依托者也"。是书杂糅儒、墨等众家之言以释道家之学《道德经》。今所行者，仍十二篇本。别本为《通玄真经》；唐天宝元年，诏由《文子》改。

29 扶桑：此指东海中神木和国名。按其方位，约指日本。故中国唐以后文献中，常用以作日本的代称。

30 包幼嗣：幼嗣，为包何字，唐润州延陵(一称湖州)人。玄宗天宝进士，代宗时为起居舍人。工诗，与其父包融、弟包佶齐名，时称"三包"。

31 马戴：唐曲阳(一说华州)人，字虞臣，武宗会昌时擢进士第，宣宗大中年间曾任太原幕府掌书记，官终太学博士，是贾岛、姚合诗友。

32 简长：约五代诗僧，下引"花壶滤水添"句，出自《赠浩律诗》。

33 于鹄：唐诗人，初隐居汉阳，年三十犹未成名，代宗大历时尝为诸府从事。有集。

34 骆宾王诗"刳木取泉遥"：此句出自《灵隐寺》诗；但是诗一作"宋之问"撰。

35 石头城下之伪：李赞皇(即栖筠，以治行，诏封"赞皇县子"。一称为其孙李德裕为相时故事)知有使至润州(今江苏镇江)"命置中泠水一壶，其人举棹忘之，至石头城(今南京)乃汲一瓶归献。"李饮之曰："此何似建业(亦南京旧名)城下水也？"其人只好坦白认错。

36 曾茶山：即曾几(1084—1166)，字志甫(一作吉甫)，自号"茶山居士"。宋高宗时，历任江西、浙江提刑和知合州(今重庆合川，宋为合州巴川郡)。工诗，有《茶山集》三十卷等行世。

37 撱(tuó)石：指圆而长之石。

38 唐子西：即唐庚(1071—1121)。哲宗绍圣时进士，徽宗时为"宗子博士"，擢提举京几常平。为文精密，文采风流，有《唐子西文录》、《唐子西集》等著作。

39 章孝标：睦州桐庐(一称杭州钱塘)人。宪宗元和十四年进士，文宗大和中试大理评事。工诗，此《松泉》诗，为其吟咏茶事诗中的代表作。

40 在广有贪："贪"即"贪泉"。《中国古代茶叶全书》："在今广东南海县西北，又名石门水、沈香浦、投香浦。世传饮之者其心无厌。"

41 在柳有愚："柳"指今广西柳州。"愚"即愚泉，在古代零陵县(治位今广西全州)愚溪东北。柳宗元贬柳州时，尝游柳岩、柳山、柳江等山水胜景并有题点。柳宗元名此泉作"愚泉"，有人称意即"己之愚及于溪泉"之谓也。

42 狂国有狂：《宋书·袁粲传》引："昔有一国，国中一水，号曰狂泉。国人饮此水，无不狂，唯国君穿井而汲，独得无恶。国人既并狂,反谓国主之不狂为狂,于是聚谋,共执国主,疗其狂疾,火艾针药,莫不毕具。国主不任其苦,于是到泉所酌水饮之,饮毕便狂。君臣大小,其狂若一,众乃欢然。"

43　安丰军有咄:安丰军,南宋绍兴时置,治所在安丰县(今安徽寿县西南),乾道三年移治寿春县(今寿县),元改为路。咄泉,"咄"即咄嗟、咄咄,段玉裁释作"猝乍相惊之意"。

44　日南有淫:"日南",古郡县名。日南郡,西汉置,治所在西卷县(今越南甘露河与广治河合流处),东晋时废,唐天宝元年复名,乾元时改驩州。日南县,随开皇三年置,治所位于今越南清化东北,唐末废。"淫泉",典出《拾遗记》,云"日南之南,有淫泉之浦"。文中"淫"作二释:一言其水浸淫,出地成渊;一称其泉激石之声,"似人之歌笑,闻者令人淫动。"

45　虽孔子亦不饮者有盗:此处的"盗",指"盗泉",位山东泗水县。典出《尸子》:"(孔子)过于盗泉,渴矣而不饮,恶其名也。"言孔子过盗泉恶其名,虽渴不饮其水。晋代陆机、唐代李白、宋代黄庭坚均有诗句咏及。

46　伯夷:商诸侯孤竹园君长子。典详《史记·伯夷列传》,他和其弟叔齐因相让君位,双双出逃,拟投奔西伯(周文王)。路上遇到周武王奉著已死西伯的牌位率兵伐纣,伯夷兄弟拦谏称:"父死不葬,爰及干戈。可谓孝乎?以臣弑君,可谓仁乎?"及武王灭纣,伯

夷、叔齐耻之,义不食周粟,隐于首阳山,采薇而食,最后饿死于首阳山。

47　虞舜:传说中的远古部落首领。"虞",指"有虞氏",部落名,居蒲阪(今山西永济西蒲州镇)。"舜",是有虞氏部落的首领,也是上古禅让制度的传说者。相传"尧"为部落联盟首领时,各部落的头领推举"舜"为继承人。尧把舜叫到身边和他一起工作,经过三年考察,尧死舜便继为首领。后来,舜又用同样的方法,让位于"禹"。

48　伯封:传说为舜的典乐之君"夔"的儿子。《春秋左传注疏》中提到:"伯封,实有豕心,贪惏无厌,忿纇无期,谓之封豕"。"惏",也是贪的意思,《方言》称:"楚人谓贪为惏"。"纇",指戾,暴戾;即古所谓"暴贪为戾"。简言之,伯封其人,心大如猪,贪而无耻。"财利饮食,贪而无厌;忿怒暴戾,无有期度"。

49　遇宋人,可名为愚:此疑指宋人"守株待兔"的故事。晚唐诗人杜牧诗句:"宋株聊自守,鲁酒怕旁围";把守株待兔的痴呆,简称为"宋株",就直接和宋国之人联结了起来。

50　谢奕:东晋陈郡阳夏人,字无奕,谢安兄。曾官安西将军、豫州刺史,与桓温友。嗜酒,每因酒无复朝廷礼。此或田艺蘅称奕为狂之据。

51　蹠:"跖"的异体字,在古籍中,"跖"两字并用。跖,春秋、战国间人,在《孟子》、《商君书》、《荀子》等上古文献中,都将其贬为"盗",称"盗跖"。如《荀子·不苟》:"盗跖吟口,名声若日月"即是。

校　勘

① 子艺夙厌:在"子艺"与"夙厌"间,《宝颜堂续秘笈》本(简称宝颜堂续本)多"抱辖轹江山之气,吐吞葩藻之才"十三字。

② 考据该治:"考"字前,宝颜堂续本多"顷于子谦

所出以示予"九字。

③ 寔泉茗之信史也:在"也"字下,宝颜堂续本多"命叙之,刻烛以诗(侍)"七字。

④ 嘉靖甲寅冬十月既望,仁和赵观撰:宝颜堂续

本无"嘉靖甲寅冬十月既望"九字,改增"第即席摛辞愧不工耳"九字。

⑤ 引:小史本无此"引";说郛续本,既无此"引",也无上面赵观"叙"和下面的"目录"。另:底本"引"前和引毕同前叙,均加书名作"煮泉小品引"和"煮泉小品引毕";本书编时删。

⑥ 甲寅秋孟中元日钱塘田艺蘅序:宝颜堂续本作"甲寅秋孟中元日也,小小洞天居士。"

⑦ 目录:底本等在"目录"前和毕,同前叙也加书名作"煮泉小品目录"、"煮泉小品目录终",本书编时删。另有的版本"目录"改作"品目"。

⑧ 省作原,今作源:《锦囊小史》本(简称小史本)、说郛续本无"今作源"三字。

⑨ 赏鉴者:宝颜堂续本、小史本无"者"字。

⑩ 挹之不竭:宝颜堂续本"竭"作"绝"。

⑪ 刘禹锡诗:"刘"字前,小史本、说郛续本,多一"如"字。

⑫ 泉悬出曰沃:小史本、说郛续本,自这句另起一段;从改。

⑬ 泉惟甘香:"香"字,宝颜堂续本、小史本、说郛续本,皆作"泉"字。

⑭ 故亦能养人:宝颜堂续本无"亦"字。

⑮ 延年却疾:"却"字,小史本作"御"字。

⑯ 南方嘉木:"方"字,底本作"山",小史本、说郛续本作"方",据改。

⑰ 旋摘旋瀹:宝颜堂续本刊为"旋摘施瀹"。

⑱ 露收岚净:底本"净"误作"静",此据小史本、

说郛续本改。

⑲ 纵是:宝颜堂续本、小史本,倒作"是纵。"

⑳ 白盐:"盐"字,宝颜堂续本、小史本、说郛续本,作"土"。

㉑ 不足责耳:小史本、说郛续本,责下无"耳"字。

㉒ 咸:此处和本文以下所有"咸"字,小史本、说郛续本,均刊作"盐"。下不出校。

㉓ 水井:宝颜堂续本、小史本"水"字作"冰"。

㉔ 纯阴之寒也:"寒"字下,宝颜堂续本、小史本、说郛续本,皆多一"冱"字。冱(hù),冻结;"寒冱",指严寒冰冻不化。据多本之说,上注"水井",似应作"冰井";"寒也",似也应作"寒冱也"。

㉕ 不可少也:小史本、说郛续本,"少"之下,无"也"字。

㉖ 净缸:"净"字,底本作"玚",当误,据小史本、说郛续本改。

㉗ 玚淙可爱:小史本、说郛续本改上面"净缸"作"净缸"的同时,连着将下面"玚淙"之"玚",也改作"净"。误。此"玚"为玉声,"玚淙"犹王履《水帘洞》诗"飞溅随风远,琤玚上谷迟"。形容水石相击之声也。

㉘ 擑石:"擑",底本作"擂",误,据《山谷集》卷2改。

㉙ 诚山居之福者也:小史本"福"下无"者"字。

㉚ 与之为邻邪:"邪"字,说郛续本作"耶"。

㉛ 跋:底本原题作"煮泉小品跋",宝颜堂续本作"后跋",现统编省作"跋"。小史本、说郛续本无此跋。

水品 | 明 徐献忠 撰

作者及传世版本

徐献忠(1493—1569)[1],字伯臣,号长谷、长谷翁,华亭(今上海松江)人。嘉靖四年(1525)举人,官奉化知县,节用平税、减

役防水,颇尽职守。嘉靖六年(1527),谢官后游于吴兴,乐其土风晏然,驻足而居。工诗善书,与何良俊、董宜阳、张之象俱以文

章气节名,时称四贤。著作甚丰,撰有《吴兴掌故集》十七集,《水品》二卷,《长谷集》十五卷,《乐府原》十五卷,《金石文》七卷,《六朝声偶》七卷,与朱警合编《唐百家诗》一百八十四卷附《唐诗品》一卷等。卒年七十七岁。

《四库全书总目提要》云:"是编皆品煎茶之水",上卷为总论,下卷详记诸水。"其上卷第六篇中,驳陆羽所品虎邱石水及二瀑水、吴松江水,张又新所品淮水;第七篇中,驳羽著中初沸调以盐味之说,亦自有见。然时有自相矛盾者,如上卷论瀑水不可饮,下卷乃列喷雾崖瀑,引张商英之说,以为偏宜著茗;下卷济南诸泉条中,论珍珠泉涌出珠泡,为山气太盛,不可饮,天台桐柏宫水条,又谓涌起如珠,甘列入品。恐亦一时兴到之言,不必尽为典要也。"《提要》另外还订正了有些古书将《水品》误作《水品全秩》的混乱。

本文据田艺蘅题序,定为撰于嘉靖三十三年(1554)。现存刊本,有明金陵荆山书林刻《夷门广牍》本,收入《四库全书存目丛书》;又有明喻政《茶书》刻本,以及清陶珽编《说郛续》本。《说郛续》本没有全收,仅只刊录了《水品》卷上。本书以喻政《茶书》本作底本,另二本作校。

原　文

序①

余尝著《煮泉小品》,其取裁于鸿渐《茶经》者,十有三。每阅一过,则尘吻生津,自谓可以忘渴也。近游吴兴,会徐伯臣示《水品》,其旨契余者,十有三。缅视又新、永叔诸篇,更入神矣。盖水之美恶,固不待易牙之口而自可辨。若必欲一一第其甲乙,则非尽聚天下之水而品之,亦不能无爽也。况斯地也,茶泉双绝;且桑苎翁作之于前,长谷翁述之于后,岂偶然耶? 携归并梓之,以完泉史。

嘉靖甲寅秋七月七日钱唐田艺蘅题

目录

济南诸泉

庐山康王谷水

杨子中泠水

无锡惠山寺水⑤

洪州喷雾崖瀑

万县西山泡泉

潼川⁹

雁荡龙鼻泉

天目山潭水

吴兴白云泉

顾渚金沙泉

碧林池

四明〔山〕雪窦上岩水⑥

天台桐栢宫水

黄岩〔灵谷寺〕香泉⑦

黄岩铁筛泉

麻姑山神功泉

乐清〔县〕沐箫泉⑧

福州〔闽越王〕南台〔山〕泉⑨

桐庐严濑水⑩

姑苏七宝泉

宜兴三洞水

华亭¹⁰五色泉

金山寒穴泉

卷上

一源

或问山下出泉曰艮¹¹，一阳在上，二阴在下，阳腾为云气，阴注液为泉，此理也。二阴本空洞处，空洞出泉，亦理也。山中本自有水脉，洞壑通贯而无水脉，则通气为风。

山深厚者若大者⑪，气盛丽者，必出佳泉水。山虽⑫雄大而气不清越，山观不秀，虽有流泉，不佳也。

源泉实关气候之盈缩，故其发有时而不常、常而不涸者，必雄长于群峚而深源之发也。

泉可食者，不但山观清华，而草木亦秀美，仙灵之都薄也。

瀑布，水虽盛，至不可食。汛激撼荡，水味已大变，失真性矣。瀑字，从水、从暴，盖有深义也。予尝揽瀑水上源，皆派流会合处，出口有峻壁，始垂挂为瀑，未有单源只流如此者。源多则流杂，非佳品可知。

瀑水垂洞口者，其名曰帘，指其状也。如康王谷水是也。

瀑水虽不可食，流至下潭渟汇久者，复与瀑处不类。

深山穷谷，类有蛟蛇毒沫，凡流来远者，须察之。

春夏之交，蛟蛇相感，其精沫多在流中，食其清源或可尔，不食更稳。

泉出沙土中者，其气盛涌，或其下空洞通海脉，此非佳水。

山东诸泉，类多出沙土中，有涌激吼怒，如趵突泉是也。趵突水，久食生颈瘿，其气大浊。

汝州¹²水泉，食之多生瘿。验其水底，凝浊如胶，气不清越乃至此。闻兰州亦然。

济南王府有名珍珠泉者，不待拊掌振足，自浮为珠。然气太盛，恐亦不可食。

山东诸泉，海气太盛，漕河之利，取给于此。然可食者少，故有闻名甘露，淘米茶泉者，指其可食也。若洗钵，不过贱用尔。其臭泉、皂泥泉、浊河等泉太甚，不可食矣。

传记论泉源有杞菊，能寿人。今山中松苓、云母、流脂、伏液，与流泉同宫，岂下杞菊。浮世以厚味夺真气，日用之不自觉尔。昔之饮杞水而寿，蜀道渐通，外取醯盐食之，其寿渐减，此可证。

水泉初发处，甚澹；发于山之外麓者，以渐而甘；流至海，则自甘而作咸矣。故汲者持久，水味亦变。

闽广山岚有热毒，多发于花草水石之间。如南靖沄水坑，多断肠草，落英在溪，十里内无鱼虾之类。黄岩人顾永主簿，立石水次，戒人勿饮[13]。天台蔡霞山为省参时有语云："大雨勿饮溪，道傍休嗅草。"此皆仁人用心也。

水以乳液为上，乳液必甘，称之，独重于他水。凡称之重厚者，必乳泉也。丙穴[13]鱼以食乳液，特佳。煮茶稍久，上生衣，而酿酒大益。水流千里者，其性亦重。其能炼云母为膏，灵长[14]下注之流也。

水源有龙处，水中时有赤脉，盖其涎也，不可犯。晋温峤燃犀照水[15]，为神所怒，可证。

二清

泉有滞流积垢，或雾翳云翁，有不见底者，大恶。

若泠谷澄华，性气清润，必涵内光澄物影，斯上品尔。

山气幽寂，不近人村落，泉源必清润可食。

骨石巉巉而外观青葱，此泉之土母也。若土[14]多而石少者，无泉，或有泉而不清，无不然者。

春夏之交，其水盛至，不但蛟蛇毒沫可虑，山墟积腐经冬月者，多流出其间，不能无毒。雨后澄寂久，斯可言水也。

泉上不宜有木，吐叶落英，悉为腐积，其幻为滚水虫[15]，旋转吐纳，亦能败泉。

泉有滓浊，须涤去之。但为覆屋作人巧者，非丘壑本意。

《湘中记》曰：湘水至清，虽深五六丈，见底了了。石子如樗蒲矢，五色鲜明。白沙如霜雪，赤岸如朝霞。此异境，又别有说。

三流

水泉虽清映甘寒[16]可爱，不出流者，非源泉也。雨泽渗积，久而澄寂尔。

《易》谓"山泽通气"。山之气，待泽而通；泽之气，待流而通。

《老子》"谷神不死"，殊有深义。源泉发处，亦有谷神，而混混不舍昼夜，所谓不死者也。

源气盛大，则注液不穷。陆处士品："山水上，江水中，井水下"，其谓中理。然井水淳泓，地中阴脉，非若山泉天然出也，服之中聚易满，煮药物不能发散流通，忌之可也。《异苑》[16]载句容县季子庙前井，水常沸涌。此当是泉源，止深凿为井尔。

《水记》第虎丘石水居三。石水虽泓淳，皆雨泽之积，渗窦之潢也。虎丘为阖闾墓隧，当时石工多闷死，山僧众多，家常不能无秽浊渗入，虽名陆羽泉，与此粉通[17]，非天然水脉也。道家服食，忌与尸气近，若暑月凭临其上，解涤烦襟可也。

四甘

泉品以甘为上，幽谷绀寒清越者，类出甘泉，又必山林深厚盛丽，外流虽近而内源远者。

泉甘者，试称之必重厚。其所由来者，远大使然也。江中南零水，自岷江发流，数千里始澄于两石间，其性亦重厚，故甘也。

古称醴泉，非常出者，一时和气所发，与甘露、芝草同为瑞应。《礼纬》[17]云："王者刑杀当罪，赏锡当功，得礼之宜，则醴泉出于阙庭。"《鹖冠子》[18]曰："圣王子德，上薄太清,下及太宁,中及万灵,则醴泉出。"光武中元元年,醴泉出京师。唐文皇贞观初,出西域之阴[18]。醴泉食之令人寿考,和气畅达,宜有所然。

泉上不宜有恶木,木受雨露,传气下注,善变泉味。况根株近泉,传气尤速,虽有甘泉不能自美。犹童蒙之性,系于所习养也。

五寒

泉水不甘寒[19],俱下品。《易》谓"并列寒泉[20]食",可见并泉以寒为上。金山在华亭海上,有寒穴,诸咏其胜者,见郡志。广中新城县,冷泉如冰,此皆其尤也。然凡称泉者,未有舍寒列而著者。

温汤在处有之。《博物志》:"水源有石硫黄,其泉温,可疗疮痍。"此非食品也。《黄庭内景》[19]汤谷神王,乃内景自然之阳神,与地道温汤相耀列尔。

予尝有《水颂》云:"景丹霄之浩露,眷幽谷[21]之浮华。琼醴庶以消忧,玄津抱而终老"。盖指甘寒也。

泉水甘寒者多香,其气类相从尔。凡草木败泉味者,不可求其香也。

六品

陆处士品水,据其所尝试者,二十水尔,非谓天下佳泉水尽于此也,然其论故有失得。自予所至者,如虎丘石水及二瀑水,皆非至品;其论雪水,亦自至地者,不知长桑君上池品,故在凡水上。其取吴松江水,故惘惘非可信。吴松潮汐上下,故无潴泓若南泠在二石间也。潮海性滓浊,岂待试哉。或谓是吴江第四桥水,兹又震泽[20]东注,非吴松江水也。予尝就长桥试之,虽清激处亦腐梗作土气,全不入品,皆过言也。

张又新记淮水,亦在品列。淮故湍悍

滓浊,通海气,自昔不可食,今与河合派[21],又水之大幻也。李记以唐州栢岩县[22],淮水源庶矣。

陆处士能辨近岸水非南泠,非无旨也。南泠洄洑渊渟,清激重厚;临岸故常流水尔,且混浊迥异,尝以二器贮之自见。昔人且能辨建业城下水,况泠岸故清浊易辨,此非诞也。欧阳修《大明水记》直病之,不甚详悟尔。

处士云:"山水上,江水中,井水下。其山水,拣乳泉、石池慢流者上,其瀑涌湍漱勿食之。久食令人颈疾。又多别流,于山谷者,澄浸不泄,自火天至霜郊以前,或潜龙蓄毒其间,饮者可决之,以流其恶;使新泉涓涓酌之。"此论至确,但瀑水不但颈疾,故多毒沫可虑。其云:"澄寂不泄,是龙潭水";此虽出其恶,亦不可食。

论"江水取去人远者",亦确。"井取汲多者",止自乏泉处可尔。并故非品。

处士所品可据及不能尽试者,并列:蕲州兰溪石下水;峡州扇子山下,有石突,然泄水独清冷,状如龟形,俗云虾蟆口水;庐山招贤寺下方桥潭水;洪州西山东瀑布水;庐州龙池山水;汉江金州[23]上游中零水;归州玉虚洞下香溪水;商州武关[24]西洛水;郴州[22]圆泉水。

七杂说

移泉水远去,信宿之后,便非佳液。法取泉中子石养之,味可无变。

移泉须用常汲旧器、无火气变味者,更须有容量,外气不干。

东坡洗水法,直戏论尔,岂有汲泉持久,可以子石淋数过还味者?

暑中取净子石垒盆盂,以清泉养之;此斋阁中天然妙相也,能清暑、长目力。东坡有怪石供此,殆泉石供也。

处士《茶经》,不但择水,其火用炭或劲薪,其炭曾经燔,为腥气所及,及膏木败器不用之。古人辨劳薪之味,殆有旨也。

处士论煮茶法,初沸水合量,调之以盐味。是又厄水也。

卷下

上池水

湖守李季卿与陆处士论水精劣,得二十种,以雪水品在末后,是非知水者。昔者秦越人[25]遇长桑君[26],饮以上池之水,三十日当见物。上池水者,水未至地,承取露华水也。《汉武志》[27]慕神仙,以露盘取金茎饮之。此上池真水也,《丹经》[28]以方诸取太阴真水,亦此义。予谓露雪雨冰,皆上池品,而露为上。朝露未晞时,取之栢叶及百花上佳,服之可长年不饥。《续齐谐记》[29]:司农邓沼,八月朝,入华山,见一童子以五色囊承取承叶下露。露皆如珠,云:"赤松先生取以明目"。《吕氏春秋》云:"水之美者,有三危之露"[30],为水即味重于水也。《本草》载:六天气,令人不饥,长年美颜色,人有急难阻绝之处,用之如龟蛇服气不死,陵阳子明[22]《经》言:春食朝露,秋食飞泉,冬食沆瀣,夏食正阳,并天玄地黄,是为六气[24]。亦言"平明为朝露,日中为正阳,日入为飞泉[25]夜半为沆瀣",此又服气之精者。

玉井水

玉井者,诸产有玉处,其泉流泽润,久服令人仙。《异类》云:"崑峇山有一石柱,柱上露盘,盘上有玉水溜下,土人得一合服之,与天地同年。又太华山有玉水,人得服之长生。"今人山居者多寿考[26],岂非玉石之津乎。

《十洲记》:瀛洲,有玉膏泉如酒,令人长生。

南阳郦县北潭水

郦县北潭水,其源悉芳菊生被岸,水为菊味。盛弘之[27]《荆州记》:太尉胡广久患风羸,常汲饮此水,遂疗。《抱朴子》云:"郦县山中有甘谷水",其居民悉食之,无不寿考[28]。"故司空王畅、太尉刘宽、太傅袁隗,皆为南阳太守,常使郦县,月送甘谷水四十斛,以为饮食,诸公多患风痹及眩[冒][29],皆得愈"。

按:寇宗奭《衍义》[31]菊水之说甚怪,水自有甘澹,焉知无有菊味者?尝官于永耀间[30],沿干至洪门北山下古石渠中,泉水清澈,其味与惠山泉水等。亦微香,烹茶尤相宜。由是知泉脉如此。

金陵八功德水

八功德水,在钟山灵谷寺。八功德者:一清、二冷、三香、四柔、五甘、六净、七不噎、八除痾。昔山僧法喜,以所居乏泉,精心求西域阿耨池[32]水,七日掘地得之。梁以前,常以供御池。故在峭壁。国初迁宝志塔,水自从之,而旧池遂涸,人以为异。谓之灵谷者,自琵琶街鼓掌,相应若弹丝声,且志其徙水之灵也。陆处士足迹未至此水,尚遗品录。予以次上池玉水及菊水者,盖不但谐诸草木之英而已。

钟阴[33]有梅花水,手掬弄之,滴下皆成梅花。此石乳重厚之故,又一异景也。钟山故有灵气,而泉液之佳,无过此二水。

句曲山喜客泉

大茅峰东北,有喜客泉,人鼓掌即涌沸,津津散珠。昭明读书台下拊掌泉,亦同此类。茅峰故有丹金,所产多灵木,其泉液宜胜。按：陶隐居《真诰》㉞云：茅山"左右有泉水，皆金玉之津气"。又云："水味是清源洞远沾尔㉟，水色白，都不学道，居其土、饮其水，亦令人寿考。是金津润液之所溉耶"。今之好游者，多纪岩壑之胜，鲜及此也。

王屋山玉泉圣水

王屋山，道家小有洞天。盖济水之源，源于天坛之巅，伏流至济渎祠，复见合流，至温县虢公台，入于河，其流汛疾。在医家去痾，如东阿之胶，青州之白药，皆其伏流所制也。其半山有紫微宫，宫之西，至望仙坡北折一里，有玉泉，名玉泉圣水。《真诰》云："王屋山，仙之别天，所谓阳台是也。诸始得道者，皆诣阳台。阳台是清虚之宫"。"下生鲍济之水，水中有石精，得而服之可长生"。

泰山诸泉

玉女泉，在岳顶之上，水甘美，四时不竭，一名圣水池。白鹤泉，在升元观后，水列而美。王母池，一名瑶池，在泰山之下，水极清，味甘美。崇宁间，道士刘崇鳌石。

此外有白龙池，在岳西南，其出为漈河。仙台岭南一池，出为汶河。桃花峪，出为泮河。天神泉悬流如练，皆非三水比也。

天书观傍，有醴泉。

华山凉水泉

华山第二开即不可登越，凿石窍，插木攀援若猿猱，始得上。其凉水泉，出窦间，芳列甘美，稍以憩息，固天设神水也。自此至青牛，平入通仙观，可五里尔。

终南山澂源池

终南山之阴太乙宫者，汉武因山有灵气，立太乙元君㉟祠于澂源池之侧。宫南三里，入山谷中，有泉出奔，声如击筑、如轰雷，即澂源泒也。池在石镜之上，一名太乙湫，环以群山，雄伟秀特，势逼霄汉。神灵降游之所，止可饮勺取甘，不可秽亵，盖灵山之脉络也。杜陵、韦曲㊱列居其北，降生名世有自尔。

京师西山玉泉

玉泉山在西山大功德寺西数百步，山之北麓，凿石为螭头，泉自口出，潴而为池。莹彻照暎，其水甘洁，上品也。东流入大内，注都城出大通河，为京师八景之一。京师所艰得惟佳水，且北地暑毒，得少憩泉上，便可忘世味尔。

又西香山寺有甘露泉，更佳。道险远，人鲜至，非内人建功德院，几不闻人间矣。

偃师甘露泉

甘泉在偃师东南，莹彻如练，饮之若饴。又缑山浮丘塚，建祠于庭下，出一泉，澄澈甘美，病者饮之即愈，名浮丘灵泉。

林虑山水帘

大行㉜之奇秀，至林虑之水帘为最。水声出乱石中，悬而为练，湍而为漱，飞花旋碧，喧豗飘洒。其潴而为泓者，清澈如空，纤芥可见。坐数十人，盖天下之奇观也。

苏门山百泉

苏门山㊲百泉者，卫源也。"毖彼泉水"㊳诗，今尚可诵。其地山冈胜丽，林樾幽好，自古幽寂之士，卜筑啸咏，可以洗心漱齿。晋孙登㊴、嵇康㊵，宋邵雍㊶皆有陈迹可寻。讨其光寒泂穆之象，闻之且可醒心，况下上其间耶？

济南诸泉

济南名泉七十有二，论者以瀑流㊳为

上，金线次之，珍珠又次之；若玉环、金虎、柳絮、皇华、无忧及水晶簟，皆出其下。所谓瀑流者，又名趵突，在城之西南泺水源也。其水涌瀑而起，久食多生颈疾。金线泉，有纹如金线；珍珠泉，今王府中，不待振足拊掌，自然涌出珠泡，恐皆山气太盛，故作此异状也。然昔人以三泉品，居上者，以山川景象秀朗而言尔；未必果在七十二泉之上也。有杜康泉者，在舜祠西庑，云杜康取此酿酒。昔人称杨子中泠水，每升重二十四铢，此泉止减中泠一铢。今为覆屋而堙，或去庑屋受雨露，则灵气宣发也。又大明湖，发源于舜泉，为城府特秀处。绣江发源长白山下，二处皆有芰荷洲渚之胜，其流皆与济水合。恐济水隐伏其间，故泉池之多如此。

庐山康王谷水

陆处士云：瀑涌湍漱，勿食之，康王谷水帘上下，故瀑水也，至下潭澄寂处，始复其真性。李季卿序次有瀑水，恐托之处士。

杨子中泠水

往时江中惟称南零水，陆处士辨其异于岸水，以其清澈而味厚也，今称中泠。往时金山属之南岸，江中惟二泠，盖指石簰山南北流也。今金山沦入江中，则有三流水，故昔之南泠，乃列为中泠尔。中泠有石骨，能渟水不流，澄凝而味厚。今山僧惮汲险，凿西麓一井代之，辄指为中泠，非也。

无锡惠山寺水

何子叔皮[42]一日汲惠水遗予，时九月就凉，水无变味，对其使烹食之，大佳也。明年，予走惠山，汲煮阳羡斗品，乃知是石乳。就寺僧再宿而归。

洪州喷雾崖瀑

在蟠龙山，飞瀑倾注，喷薄如雾，宋张商英[43]游此题云："水味甘腴，偏宜煮茗"。范成大亦以为天下瀑布第一。

万县西山包(泡)泉

宋元符间，太守方泽[44]为铭，以其品与惠山泉相上下。转运张缤诗："更挹岩泉分茗碗，旧游仿佛记孤山"。

云阳县有天师泉，止自五月江涨时溢出，九月即止。虽甘洁清冽，不贵也；多喜山雌雄泉，分阴阳盈竭，斯异源尔。

潼川

盐亭县西，自剑门南来四百里为负戴山。山有飞龙泉，极甘美。

遂宁县东十里，数峰壁立，有泉自岩滴下成穴，深尺余。绀碧甘美，流注不竭，因名灵泉。宋杨大渊[45]等守灵泉山即此。

雁荡龙鼻泉

浙东名山，自古称天台，而雁荡不著，今东南胜地辄称之。其上有二龙湫：大湫数百顷，小湫亦不下百顷。胜处有石屏、龙鼻水。屏有五色异景，石乳自龙鼻渗出，下有石涡承之，作金石声。皆自然景象，非人巧也。小湫今为游僧开泻成田，郡内养荫龙气，在术家为笼楼真气，今泄之，山川之秀顿减矣。

天目山潭水

浙西名胜必推天目。天目者，东南各一湫如目也。高巅与层霄北近，灵景超绝，下发清泠，与瑶池同胜。山多云母、金沙，所产吴术、附子、灵寿藤，皆异颖，何下子杞菊水。南北皆有六潭，道险不可尽历，且多异兽，虽好游者不能遍。山深气早寒，九月即闭关，春三月方可出入。其迹灵异，晴空稍起云一缕，雨辄大至，盖神龙之窟宅也。山居谷汲，予有夙慕云。

吴兴白云泉

吴兴金盖山,故多云气。乙未三月,与沈生子内晓入山。观望四山,缭绕如垣,中间田段平衍,环视如在甑中受蒸润也。少焉日出,云气渐散,惟金盖独迟,越不易解。予谓气盛必有佳泉水,乃南陟坡陁,见大杨梅树下,汩汩有声,清泠可爱,急移茶具就之,茶不能变其色。主人言,十里内蚕丝俱汲此煮之,辄光白大售。㉞下注田段,可百亩,因名白云泉云。

吴兴更有杼山珍珠泉,如钱塘玉泉,可拊掌出珠泡。玉泉多饵五色鱼,秽垢山灵尔。杼山因僧皎然夙著。

顾渚金沙泉

顾渚每岁采贡茶时,金沙泉即涌出。茶事毕,泉亦随涸,人以为异。元末时,乃常流不竭矣。

碧林池　在吴兴弁山太阳坞

《避暑录》㊱云:"吾居东西两泉","汇而为沼"㉟,才盈丈,溢其余于外不竭。东泉决为涧,经碧林池,然后汇大涧而出。两泉皆极甘,不减惠山,而东泉尤冽。"

四明山雪窦上岩水

四明山巅出泉甘冽,名四明泉上矣。南有雪窦,在四明山南极处,千丈岩瀑水殊不佳,至上岩约十许里,名隐潭,其瀑在险壁中,甚奇怪。心弱者,不能一置足其下,此天下奇洞房也。至第三潭水,清泚芳洁,视天台千丈瀑殊绝尔。天台康王谷,人迹易至,雪窦甚閟,潭又雪窦之閟者。世间高人自晦于蓬蒿间,若此水者,岂堪算计耶。

天台桐柏宫水

宫前千仞石壁,下发一源,方丈许,其水自下涌起如珠,溉灌甚多,水甘冽入品。

黄岩灵谷寺香泉

寺在黄岩、太平之间,寺后石罅中,出泉甘冽而香,人有名为圣泉者。

麻姑山神功泉㊲

其水清冽甘美,石中乳液也。土人取以酿酒,称麻姑者,非酿法,乃水味佳也。

黄岩铁筛泉

方山下出泉甚甘,古人欲避其泛沙,置铁筛其内,因名。士大夫煎茶㊳,必买此水,境内无异者。有宋人潘愚谷诗黄岩八景之意也。

乐清县沐箫泉

沐箫是王子晋[47]遗迹,山上有箫台,其水阔境,用之,佳品也。

福州闽越王南台山泉

泉上有白石壁,中有二鲤形,阴雨鳞目粲然。贫者汲卖泉水,水清泠可爱。土人以南山有白石,又有鲤鱼,似宁戚[48]歌中语,因传会戚饭牛于此。

桐庐严濑水

张君过桐庐江,见严子濑溪水清泠,取煎佳茶,以为愈于南泠水。予尝过濑,其清湛芳鲜,诚在南泠上。而南泠性味俱重,非濑水及也。濑流泻处,亦殊不佳。台下湾窈回洑澄渟,始是佳品。必缘陟上下方得之,若舟行捷取,亦常然波尔。

姑苏七宝泉

光禄寺左邓尉山东三里有七宝泉,发石间,环甃以石,形如满月。庵僧接竹引之,甚甘。吴门故乏泉,虽虎丘名陆羽泉,予尚以非源水下之。顾此水不录,以地僻隐,人迹罕至故也。

宜兴三洞水㊴

善权寺前有涌金泉,发于寺后小水洞,

有窦形如偃月，深不可测。李司空[49]碑谓，微时亲见白龙腾出洞中，盖龙穴也，恐不可食。今人有饮者，云无害。西南至大水洞，其前涌泉奔赴石上，溅沫如银，注入洞中。出小水洞，盖一源也。

张公洞东南至会仙岩，其下空洞，有泉出焉。自右而趋，有声潺潺可听。

南岳铜官山麓有寺，寺有卓锡泉，其地即古之阳羡，产茶独佳。每季春，县官祀神泉上，然后入贡。

寺左三百步，有飞瀑千尺，如白龙下饮，汇而为池。相传稠锡禅师卓锡[50]出泉于寺，而剖腹洗肠于此，今名洗肠池。此或巢由洗耳之意，或饮此水可以洗涤肠中秽迹，因而得名尔。其侧有善行洞，庵后有泉出石间，涓涓不息。僧引竹入厨煎茶，甚佳。天下山川，奇怪幽寂，莫逾此三洞。近溧阳史君恭甫，更于玉女潭搜剔水石，构结精庐，其名胜殆冠绝，虽降仙真可也，况好游人士耶？

华亭五色泉

松治西南数百步，相传五色泉，士子见之，辄得高第。今其地无泉，止有八角井，云是海眼。祷雨时，以鱼负铁符下其中，后渔人得之。白龙潭井水，甘而冽，不下泉水。所谓五色泉，当是此，非别有泉也。丹阳观音寺、扬州大明寺水，俱入处士品，予尝之与八角无异。

金山寒穴泉

松江治南海中金山上有寒穴泉。按：宋毛滂《寒穴泉铭序》云："寒穴泉甚甘，取惠山泉并尝，至三四反复，略不觉异。"王荆公《和唐令寒穴泉》诗有云："山风吹更寒，山月相与清"。今金山沦入海中，汲者不至，他日桑海变迁，或仍为岸谷，未可知也。

后跋[38]

徐子伯臣，往时曾作唐诗品，今又品水，岂水之与诗，其泠然之声、冲然之味有同流邪？予尝语田子曰：吾三人者，何时登崑崚、探河源，听奏钧天之洋洋，还涉三湘；过燕秦诸川，相与饮水赋诗，以尽品咸池[51]、韵濩[52]之乐，徐子能复有以许之乎！余杭蒋灼跋。

注　释

1　关于徐献忠的生卒年份，现在各论著特别是辞书中，众说纷纭，十分混乱。如《中国历代人名大辞典》，定为"1483—1559"；《中国历史人物辞典》称是"1469—1545"；《历代人名室名别号辞典》作"1459—1545"，等等。异说还多，不一一列举。本书据王世贞所撰徐献忠墓志，择定"1493—1569"说。

2　郿县：本楚郿邑，汉置郿县，后魏析为南北二县，此为南郿，一称下郿，在今河南内乡县东北。北周复为一县，隋改名菊潭，五代周省。

3　句曲：古山名。即今江苏句容和金坛二市之间的茅山。相传汉时咸阳茅盈兄弟修炼得道于此；世号三茅君，故亦称三茅山。《元和郡县图志》载，本名句曲者，"以形似'巳'字，句曲有所容，故邑号句容。"

4　王屋山：在今山西阳城县与河南济源县之间，山有三重，其状如屋，故名。

5　终南山：又名中南山、周南山、南山、秦山,即今陕西秦岭山脉,在长安县西,东至蓝田,西到郿县,绵亘八百余里。《诗·秦风》:"终南何有?有条有梅"即此。

6 偃师:西汉时置县,位于今河南偃师县东。相传周武王伐纣在此筑城休整,故名。西晋废,隋开皇时复置。1961年移治槐庙镇今址。

7 林虑山:一名隆虑山,东汉殇帝时改名林虑,位于今河南林县西。隋末王德仁起义以之为根据地。

8 苏门山:一名苏岭,位于今河南辉县西北。本名柏门山,山上有百门泉,亦称百泉,故又名百门山。

9 潼川:即潼川府或潼川州。潼川府北宋重和元年升梓州置;明洪武九年降府为州,位于今四川三台。清雍正时,复为府,1913年废。

10 华亭:唐天宝时割嘉兴、海盐和昆山三县地置,治所位于今上海松江。1914年改名松江县。

11 艮:八卦卦名之一,其卦图形为☶,象征山。《易经》由八卦两两组成的六十四卦中,亦有"艮"字,象曰"止"。此作八卦之义释。

12 汝州:隋大业二年(606)改伊州置,治所在承休县(今河南临汝县东)。次年改置襄城郡。唐贞观八年(634)复改伊州为汝州,治所在梁县(今临汝)。1913年改为临汝县。

13 丙穴:在今四川广元县北,与陕西宁强县交界。

14 灵长(zhǎng):此指冠甲众水之灵液。犹郭璞《江赋》"实水德之灵长"。

15 燃犀照水:传说晋温峤回武昌经牛渚矶,水深不可测,世云其下多怪物,峤毁犀角而照之,须臾见水族覆火,奇形异状。峤于是夜梦,人谓曰:"与君幽明道别,何意相照也?"后峤以齿疾终。

16 《异苑》:南朝宋刘敬叔撰,共十卷。

17 《礼纬》:纬书。《隋书·经籍志》载:"《礼纬》三卷,郑玄注。原书佚,《古微书》及《玉函山房辑佚书》有《含文嘉》、《稽命征》、《斗威仪》三篇。"

18 《鹖冠子》:春秋时楚人鹖冠子所著书名。道家书。《汉书·艺文志》载:《鹖冠子》一篇,今存宋陆佃注本,已增为十九篇。

19 《黄庭内景》:也称《黄庭内景经》一卷。"黄者中央之色,庭者四方之中";内者,指"肺心脾中",此书名之由。是书皆七言韵语,是道家养生修炼之书。

20 震泽:一名具区,即今太湖古名。《书·禹贡》:"三江既入,震泽底定"即此。

21 沠(pài):也书作"泒"。水的支流。一同"汯",即"流"。

22 唐州:唐贞观九年改显州置,治所在比阳(今河南沁阳),天祐时移治今河南唐河,改名泌州,入明后废州改名唐县。

23 金州:西魏废帝(元钦,551—554)三年(554),由东梁州改名,治所在西城县(今陕西安康县西北)。隋废,唐武德元年(618)复置。明万历十一年(1583)改名兴安州,治所也在今安康县。

24 武关:战国秦置,在今陕西商州市南部。唐移今陕西丹凤县东南武关镇(邻近今商南县的丹江北岸)。

25 秦越人:即战国时名医扁鹊。《史记·扁鹊列传》称:"扁鹊者,勃海郡郑人也。姓秦氏,名越人。少时为人舍长。""秦越人",有的地方也借指医术高明者。

26 长桑君:扁鹊业师。《史记·扁鹊列传》:传说扁鹊少时,为人舍长。舍客长桑君过,扁鹊谨遇之,长桑君乃以怀中药与扁鹊,并以禁方尽与之。扁鹊饮药三十日,洞见垣一方人,以此视病,尽见五脏症结,扁鹊以其为师。

27 《汉武志》:即《汉武洞冥记》,四卷。旧题东汉郭宪撰,考之系六朝时人伪讬。

28 《丹经》:道教经典或炼丹之书,我国古籍中,称丹经的书有多种,如《黄帝丹经》等。但也有的道教经典,用其他名字。如宋神宗时天台张伯端所写的《悟真篇》,集吕岩、刘操金丹学说之大成,是《参同契》以后最主要的一部丹经,在修炼法门上,开南宗一派。

29 《续齐谐记》:志怪小说。南朝梁吴均(469—520)撰,一卷。

30 三危之露:"三危",上古传说的仙山之名。《山海经·西山经》载:"又西二百二十里,曰三危之山,三青鸟居之。"青鸟相传是专为西王母取食的鸟。"三危之露",即三危山所出的甘露。

31 寇宗奭《衍义》:即北宋寇宗奭撰《本草衍义》。《直斋书录解题》作十三卷,《文献通考》录作《本草广义》二十卷。陈振孙评其书"引援辩证,颇可观采"。

32 阿耨池:即《佛经》所说"阿耨达池"。"阿耨达"为清凉无热闹之意。《西域记》传说"池在香山之南,大雪山之北。"

33 钟阴:即钟山(今南京中山陵所在的紫金山)脚下旧称产梅花水之地名。

34 陶隐居《真诰》:陶隐居即陶弘景,南朝梁丹阳秣陵人,字通明,善琴棋,工草隶,博通历算、地理、医药。齐武帝(萧颐,482—493在位)永明十年(492),隐居句曲山(今江苏茅山),梁武帝(萧衍,502—549在位)礼聘不出,然朝中大事,每以谘询,时有"山中宰相"之称。《真诰》为道家书,共七篇;另有《本草经集注》、《肘后百一方》等。

35 太乙元君:汉武帝所尊天神名。汉武帝初从谬忌之奏,以为太乙(亦作一)乃天神之贵者,置太一坛、太一宫以祠,后世帝王亦多效以祠太一神者。

36 杜陵、韦曲:杜陵,在今陕西长安县东北,西汉宣帝筑陵于此。唐杜甫旧宅在其西,称杜陵布衣。韦曲,即今陕西长安县治韦曲镇,潏水绕其前,唐时诸韦居于此,因以名之。

37 苏门山:在今河南辉县境,百泉距城关镇不远。

38 毖彼泉水:句出《诗·邶风·泉水》,抒嫁于诸侯的魏女,思归探视父母之情。近出有的茶书,将"毖"形误作"瑟"。

39 孙登:字公和,汲郡共(今河南辉县)人。无家属,隐于郡北山。好读《易》,司马昭使阮籍往访,与语不应。嵇康从游三年、默然无语。将别,诫康曰:"才多识寡,难乎免于今之世。"后康果遭非命,登竟不知所终。

40 嵇康(223—262?):字叔度。妻魏长乐亭主,为曹操曾孙女。齐王芳正始间,拜中散大夫,世称嵇中散。后隐居不仕,与阮籍等交游,为竹林七贤之一。友人吕安被诬,康为之辩遭陷杀。善文工诗,有《嵇康集》。

41 邵雍(1011—1077):字尧夫,自号安乐先生,伊川翁。少有志,读书苏门山百源上。仁宗、神宗时先后被召授官,皆不就。创"先天学",以为万物皆由"太极"演化而成,而社会时在退化。有《观物篇》、《先天图》等书。

42 何叔皮:即何良傅,叔皮是其字。《万姓统谱》载,良傅华亭(今上海松江)人,嘉靖二十年(1541)进士,授行人,历南京礼部祠祭司郎中。学早成,与其兄良俊(字元朗)皆负俊才,时称"二何"。

43 张商英(1043—1122):字天觉,号无尽居士,蜀州新津人。哲宗亲政召为右政言,左司谏;徽宗崇宁初,为吏部、刑部侍郎,翰林学士。蔡京为相时,任尚书右丞、左丞。有《宗禅辩》。

44 方泽:明嘉善人。字云望,号冬溪,秀水(治位今浙江嘉兴)精岩寺高僧,有《华严要略》《冬溪集》等。

45 杨大渊(? —1265):天水人。仕宋为将,守阆州。元兵来攻,以城降,率部招降蓬、广安诸郡,授侍郎、都行省,后又以击退宋军反攻,拜东川都元帅。

46 《避暑录》:即《避暑录话》,一作《石林避暑录话》。二卷。叶梦德撰,成书于南宋高宗绍兴五年(1135)。

47 王子晋:一作王子乔或王乔。传说为春秋周灵王太子,名晋,以直谏被废。相传好吹笙作凤凰鸣。有浮丘生接晋至嵩高山。三十余年后,预言于七月七日见于缑氏山巅。至期,晋乘白鹤至山头,举手以谢时人,数日而去。

48 宁戚:春秋时卫国人,贫穷无钱,为商旅挽车至齐,宿于城门外,待齐桓公夜出迎客时击牛角、发悲歌。桓公闻而异之,与见。陈述桓公治理天下之道。桓公大悦,任为大夫。

49 李司空:此疑指唐代曾做过司空的李绅。

50 稠锡禅师卓锡:稠锡禅师,名清晏,桐庐人,唐开元间筑庵南岳(在宜兴)。锡指僧人外出所拄锡杖,传说一日外出,当众将锡杖在岩上一立,岩下即有泉涌出,因名。泉下积一池,稠锡剖腹洗肠于池。

51 咸池:一名"大咸";乐曲名。相传为尧,一说为黄帝所作。《周礼·春官·大司乐》:"舞咸池,以祭地示。"

52 韵濩:乐曲名,如《元氏长庆集》有"沽卧闻幕中诸公征乐会饮,因有戏呈三十韵濩"记载。

校　　勘

① "序":底本冠书名原作"水品序",本书编时删。夷门本此"序"不是排在《目录》之前而是之后,且无书"水品序"或"序"等字。另在本序文之后,夷门本还将底本蒋灼后跋,接排于此;也未书"水品后跋"数字,把后跋或后序改成了前序。说郛续本文前无题序、目录,将田艺蘅此"序"文删存"余尝著《煮泉小品》……缅视又新、永叔诸篇,更入神矣;钱唐田艺蘅题"七十多字,置于本文《七杂说》也是说郛续本所录《水品》之最后。

② 玉井水:底本原目无"水"字,据文中标题加。

③ 南阳郦县北潭水:底本原目无"南阳"二字,据文中标题加。

④ 王屋山玉泉圣水:底本原作"王屋王泉",据文中标题增补。

⑤ 无锡惠山寺水:底本原作"无锡惠山泉",据文中标题改。

⑥ 四明山雪窦上岩水:底本原目无"山"字,据文中标题加。

⑦ 黄岩灵谷寺香泉:底本原目无"灵谷寺"三字,据文中标题加。

⑧ 乐清县沐萧泉:底本原作"县"字,据文中标题补。

⑨ 福州闽越王南台山泉:底本原作"福州南台泉",据文中标题增补。

⑩ 桐庐严濑水:底本原作"桐庐子濑",据文中标题改。

⑪ 山深厚者若大者:"若"字,说郛续本作"雄"字。

⑫ 山虽雄大:"虽"字,底本、夷门本作"睢",据说郛续本校改作"虽",据改。

⑬ 戒人勿饮:"饮"字下,夷门本、说郛续本,多"闽中如此类非一"七字。

⑭ 土母、土多:"土"字,底本作"上"字,说郛续本校改作"土"字,据改。

⑮ 其幻为滚水虫:说郛续本作"其下产滚水虫"。

⑯ 甘寒:"甘"字,说郛续本作"绀"。

⑰ 与此粉通:"粉"字,说郛续本作"脉"。

⑱ 西域之阴:"域"字,夷门本、说郛续本作"城"。

⑲ 泉水不甘寒:"甘",底本和说郛续本皆作"绀","绀"字,应作"甘"。绀指天青色。查有关辞书,未见"绀"与"甘"可通假例子;"绀"或是"甘"字的音误。

⑳ 并列寒泉:"列"字,说郛续本作"冽"。

㉑ 幽谷:"谷"字,说郛续本作"介"字。

㉒ 郴州：夷门和说郛续本，同底本，"郴"字形误作"彬"，据《煎茶水记》原文改。

㉓ 陵阳子明：《水品》误刻作"阳陵子明"。

㉔ "陵阳子明经言"至"是为六气"：徐献忠辑录时有删简，据《证类本草》引《明经》本段文字为："春食朝露，日欲出时向东气也。秋食飞泉，日没时向西气也。冬食沆瀣，北方夜半气也。夏食正阳，南方日中气也。并天玄地黄之气，是为六气。"

㉕ 日入为飞泉："飞泉"，夷门同，《证类本草》等引作"泉飞"。

㉖ 今人山居者多寿考：此句徐献忠也是辑引《异类》，但文字稍有变动。《异类》原文为："今人近山多寿者"。

㉗ 盛弘之："弘"字，夷门本作"洪"。

㉘ 其居民悉食之，无不寿考：此句是徐献忠辑引《抱朴子》"郦县山中有甘谷水"与"故司空王畅"之间，"所以甘者，谷上左右皆生甘菊，菊花堕其中，历世弥久，故水味为变；其临此谷中居民，皆不穿井，悉食甘谷水，食者无不老寿；高者百四十五岁，下者不失八九十无夭年人，得此菊力也"这段文字的缩写和介语。通过这句十字，将"南阳郦县山中有甘谷水"与"故司空王畅"以下所引的《抱朴子》内容，即有机联系了起来。

㉙ 眩冒："冒"字，底本和夷门本皆无，此据《抱朴子内外篇》原文补。

㉚ 尝官于永耀间："尝"字，底本作"常"，据夷门本改。

㉛ 清源洞远沾尔：夷门本同如上，但《真诰》原文"清源洞"为"清源幽澜洞泉"；"远沾尔"，"沾"字为"沾"，"尔"字作"耳"。

㉜ 大行：即太行山，古"大"、"太"通。

㉝ 瀑流："瀑"字，夷门本此条均书作"爆"字。

㉞ 辄光白大售：喻政辑录或《水品》梓刊时"白"字和"大"字错位，作"辄光大白售"，据《湖录》原文改。

㉟ "东西两泉"和"汇而为沼"之间，《避暑录话》原文还有"西泉发于山足，蓊然澹而不流，其来若不甚壮"十八字。

㊱ 本条内容，与文前目录序次不符。按目录排列或与上条"黄岩灵谷寺香泉"内容的地域关系，本条全部应移至下条"黄岩铁筛泉"之后。

㊲ 士大夫煎茶：在"夫"字与"煎"字间，夷门本多一"家"字。

㊳ 宜兴三洞水：夷门本同底本，作"宜兴洞水"；"三"字，系据文前"目录"改。

㊴ 后跋：底本在"后跋"前，还冠有《水品》书名，今删。

茶寮记 | 明 陆树声 撰

作者及传世版本

陆树声（1502—1605），字与吉，号平泉，华亭（今上海松江）人。嘉靖二十年（1541）进士第一，选庶吉士，授编修。后为太常卿，掌南京国子监祭酒事，万历初官拜礼部尚书。《明史》本传说"树声屡辞朝命，中外高其风节，遇要职必首举树声，唯恐其不至"，而他"端介恬雅，翛然物表，难进易退，通籍六十余年，居官未肯一纪"，年九十七卒，赠太子太保，谥文定。著作有《汲古丛语》、《长水日抄》、《陆文定公集》等。

《茶寮记》最初见于周履靖编《夷门广牍》，内容包括"适园无诤居士"陆树声著《谩记》一篇、《煎茶七类》一篇，后来喻政《茶书》与陆树声去世十多年后编印的《陆文定公集》里的《茶寮记》，也都由这两部分构成，但是陈继儒的《宝颜堂秘笈》与《说郛续》所收《茶寮记》里，却都只有《谩记》而没有《煎茶七类》。这样就出现了一个问题，即《煎茶七类》究竟是不是《茶寮记》的一部分？换句话说，它是否为陆树声撰写？

过去如《四库总目提要》、万国鼎《茶书二十九种题记》、布目潮沨《中国茶书全集·解说》等似乎都未能注意到《茶寮记》里的《煎茶七类》是有问题的。首先，《煎茶七类》并不出现在《夷门广牍》的《茶寮记》中，而是《夷门广牍》刊印前数年、即万历二十年(1592)徐渭(1521—1593)于石帆山手书的《煎茶七类》刻石上(参见《煎茶七类》)，徐渭署其作者为卢仝。说《煎茶七类》的作者是卢仝，似无根据，因其中述"烹点"有"古茶用团饼"、"茶叶"等词句，在在显示这是宋以后或明人才有的说法。徐渭和陆树声基本上生活在同一时代，一个出生在山阴(今浙江绍兴)，一个住在松江，相

去不远，如果《煎茶七类》确为陆树声撰写，大概不会有徐渭勒石在先并且署名卢仝的现象。其次，编印《宝颜堂秘笈》的陈继儒(1558—1639)既与陆树声同时，又与他是华亭同乡，因此，《宝颜堂秘笈》所绿《茶寮记》当比其他明本更加可靠，而这个《茶寮记》也是不含《煎茶七类》的。从这两条线索来看，陆树声撰写的《茶寮记》原来恐怕并不包括《煎茶七类》，世所流传包含《煎茶七类》在内的《茶寮记》，很有可能是周履靖在编刻《夷门广牍》时，擅自撮合陆树声的《茶寮谩记》和失名的《煎茶七类》而成的。而以上推论如能成立，则署名陆树声的《茶寮记》应该仅有《谩记》这一部分。

《茶寮记》的写作时间，《四库全书总目提要》说是当"树声初入翰林，与严嵩不合罢归后，张居正柄国，欲招致之，亦不肯就，此编其家居之时，与终南山僧明亮同试天池茶而作"，万国鼎进一步推定约在隆庆四年(1570)前后。

上述版本之外，《茶寮记》尚有陈继儒《亦政堂陈眉公普秘》本、程百二《程氏丛刻》本及明末所刻《枕中秘》本，这里选用的底本是明《夷门广牍》本。

原　文

茶寮记

适园无诤居士陆树声著
嘉禾梅癫道人周履靖校

园居敞小寮于啸轩埤垣之西。中设茶灶，凡瓢汲罂注、濯拂之具咸庀。择一人稍通茗事者主之，一人佐炊汲。客至，则茶烟隐隐起竹外。其禅客过从予者，每与余相对

结跏趺坐，啜茗汁，举无生话。终南僧明亮者，近从天池来，饷余天池苦茶，授余烹点法甚细。余尝受其法于阳羡，士人大率先火候，其次候汤所谓蟹眼鱼目，参沸沫沉浮以验生熟者，法皆同。而僧所烹点，绝味清，乳面不黟，是具入清净味中三昧者。要之，此一味非眠云跂石人，未易领略。余方远俗，

雅意禅栖,安知不因是遂悟入赵洲耶。时杪秋既望,适园无诤居士与五台僧演镇终南僧明亮,同试天池茶于茶寮中。谩记。

煎茶七类[1]

一人品

煎茶非漫浪,要须其人与茶品相得。故其法每传于高流隐逸,有云霞泉石磊块胸次间者。

二品泉

泉品以山水为上,次江水,井水次之。井取汲多者,汲多则水活。然须旋汲旋烹,汲久宿贮者,味减鲜冽。

三烹点

煎用活火,候汤眼鳞鳞起,沫饽鼓泛,投茗器中。初入汤少许,俟汤茗相投,即满注。云脚渐开,乳花浮面,则味全。盖古茶用团饼碾屑,味易出。叶茶骤则乏味,过熟则味昏底滞。

四尝茶

茶入口,先灌漱,须徐啜。俟甘津潮舌,则得真味,杂他果,则香味俱夺。

五茶候

凉台静室,明窗曲几,僧寮道院,松风竹月,晏坐行吟,清谭①把卷。

六茶侣

翰卿墨客,缁流羽士,逸老散人,或轩冕之徒,超轶世味②。

七茶勋

除烦雪滞,涤醒破睡,谭渴书倦,是时茗椀策勋,不减凌烟。

注　释

1　以下恐非陆树声撰写,参见徐渭《煎茶七类》和本篇提要,录此以存版本原貌。

校　勘

① 清谭把卷:"谭",通作"谈"。
② 超轶世味:"味"字下,喻政茶书、集成本等,多一"者"字。

茶经外集 | 明 孙大绶 辑①

作者及传世版本

孙大绶,字伯符,明嘉万时新都(约今浙皖赣接壤的淳安、歙县、婺源及其周围的古新安郡地)人。以秋水斋为书室名,刻印过陆羽《茶经》及附籍六种共八卷、陆西星《南华真经副墨》八卷、《读南华真经杂说》一卷等。

和嘉靖壬寅本真清《茶经外集》一样,所谓《茶经外集》,指的是附《茶经》后的茶叶诗文集。从现存的《茶经》刻本来看,宋以前的刻本,如左圭《百川学海》本,还没有在《茶经》文后另附其他文献的情况。但至明代嘉万以后,各种《茶经》刻本,包括喻政《茶书》一类的丛书、类书,在《茶经》正文之后,每每增刻若干附录。这些附录,或相互援引,或各自增删,情况不一。如万历郑熜《茶经》刻本,其正文及附录就基本参照孙大绶《茶经》校刊本。但大绶的万历秋水斋《茶经》刻本和嘉靖壬寅本的附录却不同,孙本仅保留了壬寅本《水辨》一篇未变,余则几乎全新。如《茶经外集》,孙本和壬寅本虽名字一样,而且孙本特别是唐代部分的茶诗,保留壬寅本

的内容也较多,但所增唐卢仝《茶歌》、宋范仲淹《斗茶歌》二首长歌,全部删去明代竟陵地方史志的艺文内容,便显出与壬寅本的不同。又自孙大绶《茶经外集》出,真清《茶经外集》逐渐为人淡忘,一部分人甚至将二者混同为一。直到万国鼎《茶书总目提要》介绍孙大绶《茶经外集》,谈到在嘉业堂藏书楼书目中看到"嘉靖壬寅本《茶经》三卷附《外集》一卷",并说不知是否和大绶刊本相同,"如果相同,那么大绶也还是抄来的",才使人意识到孙大绶《茶经外集》之前,还有另一本《茶经外集》的存在。后来《中国古代茶叶全书》,也才将嘉靖壬寅本真清《茶经外集》恢复为独立一书。

可惜大概受万国鼎所谓"大绶也还是抄来的"影响,《中国古代茶叶全书》倒过来又将孙大绶《茶经外集》,附于嘉靖壬寅本《茶经外集》之后,不再当作独立一书。这样处理,似乎也失当。所以,本书以万历郑熜校刻孙大绶秋水斋本《茶经》作收。

原　　文

唐

　　六羡歌　陆羽(不羡黄金罍)

茶歌②　卢仝

日高丈五睡正浓,将军扣门惊周公。

口传谏议送书信,白绢斜封三道印。开缄宛见谏议面,手阅月团三百片。闻道新年入山里,蛰虫惊动春风起。天子须尝阳羡茶,百草不敢先开花。仁风暗结珠蓓蕾,先春抽出黄金芽。摘鲜焙芳旋封裹,至精至好且不奢。至尊之余合王公,何事便到山人家。柴门反关无俗客,纱帽笼头自煎吃。碧云引风吹不断,白花浮光凝碗面。一碗喉吻润;二碗破孤闷;三碗搜枯肠,惟有文字五千卷;四碗发轻汗,平生不平事,尽向毛孔散;五碗肌骨清;六碗通仙灵;七碗吃不得也,唯觉两腋习习清风生。蓬莱山,在何处?玉川子,乘此清风欲归去。山上群仙司下土,地位清高隔风雨。安得知百万亿苍生,命堕颠崖受辛苦③。便从谏议问苍生,到头不得苏息否。

　　送羽采茶　皇甫曾(千峰待逋客)
　　送羽赴越　皇甫冉(行随新树深)
　　陆羽不遇　僧皎然(移家虽带郭)
　　西塔院　裴拾遗(竟陵文学泉)

宋

斗茶歌④　范希文

年年春自东南来,建溪先暖冰微开。溪边奇茗冠天下⑤,武夷仙人从古栽。新雷昨夜发何处,家家嬉笑穿云去。露芽错落一番荣,缀玉含珠散嘉树。终朝采掇未盈襜⑥,惟求精粹不敢贪。研膏焙乳有雅制,方中圭兮圆中蟾。北苑将期献天子,林下雄豪先斗美。鼎磨云外首山铜,瓶携江上中濡水。黄金碾畔绿尘(塵)飞⑦,碧玉瓯中翠涛起⑧。斗茶味兮轻醍醐,斗茶香兮薄兰芷。其间品第胡能欺,十目视而十手指。胜若登仙不可攀,输同降将无穷耻。吁嗟天产石上英,论功不愧阶前蓂。众人之浊我独清,千人之醉我独醒⑨。屈原试与招魂魄,刘伶却得闻雷霆。卢仝敢不歌,陆羽须作经。森然万象中,焉知无茶星。商山丈人休茹芝,首阳先生休采薇。长安酒价减千万,成都药市无光辉。不如仙山一啜好,泠然便欲乘风飞。君莫羡,花间女郎只斗草,赢得珠玑满斗归。

　　观陆羽茶井　王禹偁(甃石对苔百尺深)

校　勘

① 明孙大绶辑:为本书按体例所署。底本在《茶经外集》篇名下,次行题有"明　新都孙大绶编次";再行书作"明晋安郑熜校梓"二行十五字。本书编校时删。
② 茶歌:《全唐诗》题作《走笔谢孟谏议寄新茶》。
③ 命堕颠崖受辛苦:《全唐诗》"堕"字作"坠";且在"坠"字下,还多一"在"字。
④ 《斗茶歌》:《全宋诗》题为《和章岷从事斗茶歌》。
⑤ 溪边奇茗冠天下:"茗"字,底本刊作"花"字,据《全宋诗》改。
⑥ 终朝采掇未盈襜:"襜"字,底本形误作"檐",径改。《全宋诗》作"衫"。
⑦ 黄金碾畔绿尘(塵)飞:"塵"字,底本作"雲"字,据《全宋诗》改。
⑧ 碧玉瓯中翠涛起:"碧"字、"中"字、"翠"字,《全宋诗》作"紫"字、"心"字和"雪"字。
⑨ 千人之醉我独醒:"人"字、"独"字,《全宋诗》作"日"字和"可"字。

茶谱外集|明 孙大绶 辑①

作者及传世版本

孙大绶,字伯符,生平事迹,见孙大绶《茶经外集》。

《茶谱外集》,是万历十六年(1588)孙大绶刻陆羽《茶经》所附《茶经水辨》、《茶经外集》、《茶具图赞》和钱椿年、顾元庆《茶谱》之后的又一卷茶叶诗赋集。可能因附于《茶谱》之后,加之已有《茶经外集》,故名之为《茶谱外集》。《茶谱外集》从孙大绶所梓《茶经》附录中析出,独立成一书,是万历汪士贤所刻《山居杂志》的事情。也即是说,孙大绶辑刊的《茶谱外集》,不久即应当时社会商品经济发展的需要,被人从《茶经》附录中辑出,作为明朝较早的不多几种茶书之一,独立传示于世了。

孙大绶所梓《茶经》,刊印于万历戊子(十六)年;则《茶谱外集》辑编的时间,当也是在这年或稍前。关于这点和是书为孙大绶所辑,除万国鼎在其《茶书总目提要》提出有怀疑外,学术界的看法基本一致。万国鼎在《提要》中指出,此集《山居杂志》本和《文房奇书》本都说是孙大绶所编的,但又不见于南京图书馆所藏孙大绶校刊的陆羽《茶经》后,因此是否大绶所编,也有问题。本书在编校本文时,对万国鼎所提出的问题作了查证,发现万国鼎所据的南京图书馆收藏的陆羽《茶经》万历孙大绶校刊本,本身就有问题。陆羽《茶经》孙大绶万历秋水斋原刻本,正附二册,附本如上所说,收录《水辨》、《茶经外集》、《茶具图赞》、《茶谱》和《茶谱外集》,如湖南社会科学院图书馆所藏,一种不缺,是完整的。但南京图书馆所藏的孙大绶万历秋水斋《茶经》刻本,是乾隆丁丙重刻本,其所附仅《茶经外集》、《茶具图赞》和《水辨》三种,未收《茶谱》和《茶谱外集》。万国鼎误以乾隆丙丁重刻本作孙大绶万历秋水斋原刻本,当然就"不见"也不可能见到收有《茶谱外集》了。

本文版本除上述提及的四种外,还有万历郑熜校刻秋水斋本《茶经》等等。今以郑熜刻本作底本,以其所引原诗各有关刻本作校。

原　　文

茶赋　〔吴淑〕②

夫其涤烦疗渴,《唐书》曰:常鲁使西蕃,烹茶帐中,谓蕃人曰:涤烦疗渴,所谓茶也。蕃人曰:"我此亦有",命取以出。指曰:此寿州者,此顾渚者,此靳门者。**换骨轻身。**陶弘景《杂录》曰:苦茶,轻身换骨,昔丹丘子、黄山君服之。**茶荈之利,其功若神。**《说文》曰:茶,苦茶也,即今之茶荈。**则有渠江薄片,**《茶谱》曰:渠江薄片,一斤八十枚。**西山白露,**《茶谱》曰:洪州西山之白露。**云垂绿脚,**《茶谱》曰:袁州之界桥,其名甚著,不若湖州之研膏紫笋,烹之有绿脚垂。**香浮碧乳,**《茶谱》曰:婺州有举岩茶,斤片方细③,所出虽少,味极甘芳,煎如碧乳也。**挹此霜华,**《茶谱》④曰:傅巽《七诲》云:蒲桃、宛奈、齐柿、燕栗、常阳黄梨⑤、巫山朱橘、南中茶子、西极石蜜,寒温既毕,应下霜华之茗⑥。**却兹烦暑。**《茶谱》曰:长沙之石橘,采芽为茶,湘人以四月四日摘杨桐草,捣其汁,拌米而蒸⑦,犹糕糜之类,必啜此茶,乃去风也。暑月饮尤好。**清文既传于杜育,**育《荈赋》曰:调神和内,倦懈康除。**精思亦闻于陆羽。**唐陆羽著《茶经》三卷。**若夫撷此皋卢,**《广州记》曰:皋卢,茗之别名。叶大而涩,南人以为饮。**烹兹苦茶。**《尔雅》曰:槚,苦茶。树小似栀子,早采者为茶,晚采者为茗。荈,蜀人名为苦茶。**桐君之录尤重,**《桐君录》曰:巴东有真香茗,煎饮令人不眠。**仙人之掌难逾。**当阳县有溪山仙人掌茶,李白有诗。**豫章之嘉甘露,**《宋录》曰:豫章王子尚,诣昙济道人于八公山,济设茶茗。尚味之曰:此甘露也,何言茶茗。**王肃之贪酪奴。**《伽蓝记》曰:王肃好鱼,彭城王勰尝戏谓肃曰:卿不重齐鲁大邦,而爱邾莒小国。肃对曰:乡曲所美,不得不好。勰复谓曰,卿明日顾我,为卿设邾莒之飧,亦酪奴。故号茗饮为酪奴。**待枪旗而采摘⑧,**《茶谱》曰:团黄有一旗二枪之号,言一叶二芽⑨也。**对鼎䥥以吹嘘。**左思《娇女》诗曰:吾家有好女,皎皎常自皙。小字为纨素,口齿自清历。贪走风雨中,倏忽数百适。心为茶荈剧,吹嘘对鼎䥥。**则有疗彼斛瘕,**《续搜神记》曰:桓宣武有一督将,因时行病,后虚热便能饮复茗,必一斛二斗乃饱。裁减升合,便以为大不足。后有客造之,更进五升,乃大吐。有一物出,如升大,有口。

形质缩绉,状如牛肚。客乃令置之于盆中,以斛二斗复茗浇之,此物吸之都尽而止,觉小胀,又增五升,便悉混然从口中涌出。既吐此物,病遂瘥。或问之此何病? 答曰:此病名为斛茗瘕也。**困兹水厄。**《世说》曰:晋王蒙好饮茶,人至辄命饮之。士大夫皆患之,每欲往候,必云"今日有水厄"。**擢彼阴林,见前得于烂石。**《茶经》曰:上者生烂石,中者生栎壤,下者生黄土。**先火而造,乘雷以摘。**《茶谱》曰:蜀之雅州有蒙山,山有五顶,顶有茶园。其中顶曰上清峰,昔有僧病冷且久,尝遇一老父,谓曰:蒙之中顶茶,常以春分之先后,多构人力,俟雷之发声,并手采摘,三日而止。若获一两,以本处水煎服,即能祛宿疾。二两,当限前无疾;三两,固以换骨;四两,即为地仙矣。是僧因之中顶筑室以俟。及期,获一两余,服未竟而病瘥。时到城市,人见容貌常若年三十余,眉发绿色,其后入青城访道,不知所终。今四顶采摘不废,惟中顶草太繁密,云雾蔽障,惊兽时出,人迹稀到矣。今蒙顶茶有雾馀牙、篯牙,皆云火前;言造于禁火之前也。**吴主之忧韦曜,初沐殊恩。**《吴志》⑩曰:孙皓每宴席,饮后必服茗,每以七升为限⑪,虽不悉入口,浇灌取尽。韦曜饮酒不过二升,初见礼异,密赐茶茗以当酒。至于宠衰,更见逼强,辄以为罪。**陆纳之待谢安,诚彰俭德。**《晋书》曰:陆纳为吴兴太守时,谢安欲诣纳。纳兄子俶,怪纳无所备,不敢请,乃私为具。安既至,讷所设唯茶果而已,俶遂陈盛馔,珍羞毕具。安去,纳杖俶四十。云:"汝既不能光益叔父,奈何秽吾素业。"**别有产于玉垒,造彼金沙。**《茶谱》曰:玉垒关外宝唐山,有茶树,产于悬崖。笋长三寸、五寸,方有一叶、两叶、湖州长兴县啄木岭金沙泉,即每岁造茶之所,湖常二郡接界于此。厥土有境会亭,每茶节,二牧皆至焉。斯泉也,处沙之中,居常无水。待造茶,太守具仪仗往拜敕祭泉,顷之发源,其夕清溢。造供御者毕,水微减;供堂者毕,水已半之;太守造毕,即涸矣。太守或还斾稽期,则示风雷之变,或见惊兽、毒蛇、木魅焉。**三等为号,**《茶谱》曰:邛州之临邛、临溪、思安、火井,有早春、火前、火后、嫩绿等上、中、下茶。**五出成花。**茶之别者,枳壳牙、枸杞牙、枇杷牙,皆治风疾。又有皂荚牙、槐牙、柳牙,乃上春摘其牙和茶作之。五花茶者，其片作五出花也。早春之来宾化，《茶谱》曰：涪州出三般茶，宾化最上，制于早春；其次白马，最下涪陵。横纹之出阳坡。《茶谱》曰：宣城县有丫山小方饼，横铺茗牙装面。其山东为朝日所烛，号曰阳坡；其茶最胜者也。复闻渵湖含膏之作，《茶谱》曰：义兴有渵湖之含膏。龙安骑火之名。《茶谱》曰：龙安有骑火茶，最上。言不在火前，不在火后作也。柏岩兮鹤岭，《茶谱》曰：福州柏岩极佳，又洪州西山白露及鹤岭茶尤佳[12]。鸠阬兮凤亭。鸠阬在穆州，出佳茶。《茶经》曰：生凤亭山飞云、曲水二寺，青岘、啄木二岭者，与寿州同。嘉雀舌之纤嫩，翫蝉翼之轻盈。《茶谱》曰：蜀州省舌、鸟嘴、麦颗，盖取其嫩牙所造，以其牙似之也。又有片甲者，牙叶相抱如片甲也；蝉翼者，其叶嫩薄如蝉翼也。冬牙早秀，冬牙，言隆冬甲折也。麦颗先成。见上或重西园之价，《汪氏传》曰：统迁愍怀太子洗马，上疏谏曰：今西园卖醯、面、茶、菜、蓝子之属，亏败国体。或侔团月之形。《茶谱》曰：衡州之衡山，封州之西乡茶，研膏为之。皆片团如月。并明目而益思，见前岂瘠气而侵精。唐《新语》曰：右补阙梅景，博学有著述才。性不饮茶，著《茶饮序》曰：释滞消壅，一日之利暂佳，瘠气侵精，终身之累斯大。获益则功归茶力，贻患则不谓茶灾；岂非福近易知，祸远难见者乎？又有蜀冈、牛岭，《茶谱》曰：扬州禅智寺，隋之故宫。寺枕蜀冈，有茶园，其味甘香如蒙顶也。又歙州牛枊岭者，尤好。洪雅乌程《茶谱》曰：眉州洪雅、丹陵、昌合，亦制饼茶，法如蒙顶。《吴兴记》曰：乌程县西二十里，有温山，出御荈。碧涧纪号，《茶谱》曰：有水江园[13]、明月寮、碧涧寮、茱萸寮之名。紫笋为称。《茶谱》曰：蒙顶有研膏茶，作片进之，亦作紫笋。陟仙（涯）而花坠，《茶谱》曰：彭州蒲村堋口，其园有仙（涯）、石花等号。服丹丘而翼生。《天台记》曰：丹丘出大茗，服之生羽翼。至于飞自狱中，《广陵耆老传》曰：晋元帝时，有老姥每旦擎一器茗往市鬻之。市人竞买，自旦至暮，其器不减。所得钱与道旁孤贫乞人。或执患系之于狱，

夜擎所卖茗器，飞出狱去。煎于竹里。唐肃宗尝赐高士张志和奴婢各一人，志和配为夫妻，名之曰渔童、樵青。人间其故，答曰：渔童使捧钓牧纶，芦中鼓枻。樵青使苏兰薪桂，竹里煎茶。效在不眠，《博物志》曰：饮真茶，令人少眠睡。功存悦志。《神农》曰：茶茗宜久服，令人有力悦志。或言诗为报，《茶谱》曰：胡生以钉铰为业，居近白苹洲，旁有古坟。每因茶饮，必奠酹之。忽梦一人谓之曰：吾姓柳，平生善为诗而嗜茗。感子茶茗之惠，无以为报，欲教子为诗。胡生辞以不能。柳强之，曰：但率子意言之，当有致矣。生后遂工诗焉，时人谓之胡钉铰诗。柳当是柳悍也。或以钱见遗。《异苑》曰：剡县陈务妻，少寡，与二子同居。好饮茶，家有古塚，每饮辄先祠之。二子欲掘之，母止之。夜梦人致感云：吾虽潜朽壤，岂忘翳桑之报。及晓，于庭中获钱十万，似久埋者，惟贯新耳。复云叶如栀子，花若蔷薇。见前。轻飙浮云之美，霜笋竹箨之差。《茶经》曰：茶千类万状，略而言之，有如胡人靴者，蹙缩然；犎牛臆者，廉襜然；浮云出山者，轮囷然；轻飙拂水者，涵澹然；此茶之精好者也。有竹箨者，枝干坚实，坚于蒸捣，故其形粗箊；然如霜笋者，茎叶凋沮，易其状貌，故其形萎萃然；此茶之瘠老者也。自采至于封七经目；胡靴至霜笋凡六等[14]。唯芳茗之为用，盖饮食之所资。

煎茶赋　黄鲁直

汹汹乎如涧松之发清吹，皓皓乎如春空之行白云。宾主欲眠而同味，水茗相投而不浑。苦口利病，解胶涤昏[15]，未尝一日不放箸，而策茗碗之勋者也。余尝为嗣直瀹茗，因录其涤烦破睡之功，为之甲乙。建溪如割，双井如霆，日铸如勞[1]。其余苦则卒螫，甘则底滞，呕酸寒胃，令人失睡，亦未足与议。或曰无甚高论，敢问其次。涪翁曰：味江之罗山，严道之蒙顶，黔阳之都濡高株，泸川之纳溪梅岭，夷陵之压砖，〔临〕邛之火井[16]，不得已而去于三，则六者

亦可酌兔褐之瓯，瀹鱼眼之鼎者也。或者又曰，寒中瘠气，莫甚于茶。或济之盐，勾贼破家[17]，滑窍走水，又况鸡苏之与胡麻。涪翁于是酌岐雷[2]之醪醴，参伊圣[3]之汤液；斲附子如博投，以熬葛仙[4]之垩。去蔗而用盐，去橘而用姜，不夺茗味而佐以草石之良。所以固太仓而坚作疆，于是有胡桃、松实、庵摩[5]、鸭脚、敦贺、摩芜、水苏[6]、甘菊，既加臭味，亦厚宾客。前四后四，各用其一；少则美，多则恶，发挥其精神，又益于咀嚼。盖大匠无可弃之才，太平非一士之略。厥初贪味隽永，速化汤饼，乃至中夜不眠，耿耿既作，温齐殊可屡歃。如以《六经》，济三尺法[7]，虽有除治与人安乐，宾至则煎，去则就榻，不游轩后之华胥，则化庄周之蝴蝶。

煎茶歌　苏子瞻

蟹眼已过鱼眼生，飕飕欲作松风鸣。蒙茸出磨细珠落，眩转绕瓯飞雪轻。银瓶泻汤夸第一[18]，未识古人煎冰意。君不见，昔时李生好客手自煎，贵从活火发新泉；又不见，今时潞公煎茶学西蜀，定州花瓷琢红玉。我今贫病苦渴饥，分无玉碗奉蛾眉。且学公家作茗饮，垮炉石铫行相随。不用撑肠拄腹文字五千卷，但愿一瓯常及睡足日高时。

试茶歌　刘禹锡

山僧后檐茶数丛，春来映竹抽新茸。宛然为客振衣起，自傍芳丛摘鹰嘴。斯须炒成满室香，便酌砌下金沙水。骤雨松声入鼎来，白云满碗花徘徊。悠扬喷鼻宿酲散[19]，清峭彻骨烦襟开。阳崖阴岭各殊气，未若竹下莓苔地。炎帝虽尝不解煎，桐君有录那知味。新芽连拳半未舒，自摘至煎俄顷余。木兰坠露香微似，

瑶草临波色不如。僧言灵味宜幽寂，采采翘英为嘉客。不辞缄封寄郡斋，砖井铜炉损标格。何况蒙山顾渚春，白泥赤印走风尘。欲知花乳清冷味，须是眠云岐石人[20]。

茶垄　蔡君谟

造化曾无私，亦有意所嘉。夜雨作春力，朝云护日华[21]。千万碧玉枝[22]，戢戢抽灵芽。

采茶

春衫逐红旗，散入青林下。阴崖喜先至，新苗渐盈把[23]。竞携筼笼归[24]，更带山云泻[25]。

造茶

屑玉寸阴间[26]，抟金新范里。规呈月正圆[27]，蛰动龙初起。出焙色香全[28]，争夸火候是。

试茶

兔毫紫瓯新，蟹眼清泉煮。雪冻作成花，云间未垂缕[29]。愿尔池中波，去作人间雨。

惠山泉　黄鲁直

锡谷寒泉瀺石俱，并得新诗蚕尾书。急呼烹鼎供茶事，澄江急雨看跳珠。是功与世涤膻腴，今我一空常宴如。安得左蟠篸颖尾，风炉煮茗卧西湖。

茶碾烹煎

风炉小鼎不须催，鱼眼长随蟹眼来。深注寒泉收第一，亦防桴腹爆乾雷。

双井茶[30]

人间风日不到处，太上玉堂森宝书。想见东坡旧居士，挥毫百斛泻明珠。我家江南摘云腴，落硙纷纷雪不如[31]，为君唤起黄州梦，归载扁舟向五湖。

注　释

1　劂(jué)：同绝。字见《集韵》。
2　岐雷：上古传说发明酿造醪醴一类浊酒的人。
3　伊圣：疑即指商汤时名臣伊尹。
4　葛仙：葛洪，东晋道士和名医。
5　庵摩：于良子《茶谱外集》注称，即"庵摩罗"，亦作庵罗、庵摩勒，果名油柑，叶如小枣，果如胡桃。
6　敦贺、蘼芜、水苏：即"薄荷"、"蘼芜（香草名），亦名蕲茝"、"鸡苏，一名龙脑香苏"（俱见于良子《茶谱外集·注》）。
7　三尺法：简称三尺，古"法律"之谓。上古，将法律条文，书在三尺长的竹木简上，故名。如《史记·酷吏列传》："若为天子决平，不循三尺法。"

校　勘

①　明孙大绶辑：此为本书统一署名。本文底本，原题作"明新都孙大绶编次"；另行署"明　晋安郑　熄校梓。"
②　吴淑：本文原未署作者，为与下文一致，编校时补。
③　斤片细："片"字，底本作"半"字据《事类赋注》改。
④　《茶谱》：下引内容，非出毛文锡《茶谱》，系吴淑将《茶经》的"经"字，误作"谱"字之讹。
⑤　常阳黄梨："常阳"，陆羽《茶经》作"垣阳"。
⑥　寒温既毕，应下霜华之茗：《茶经》引《七诲》内容，至"西极石蜜"止。"寒温既毕，应下霜华之茗"，是此下《茶经》引弘景《举食檄》的头两句，系吴淑转录《茶经》之《七诲》时，有意或无意的串文。
⑦　拌米而蒸："拌"字，底本原误作"伴"字，据《事类赋注》改。
⑧　待枪旗而采摘："枪"字，底本皆形误作"抢"，径改。下同，不出校。
⑨　一旗二枪之号，言一叶二芽："一旗二枪"、"一叶二芽"，毛文锡《茶谱》原误，应作"一枪二旗"、"一芽二叶"。
⑩　《吴志》：底本"志"字误刊作"主"字，据《事类赋注》改。
⑪　每宴席，饮后必服茗，每以七升为限："饮后必服茗"，系吴淑妄加的衍文。此句《事类赋注》作"每宴席，饮无不能，每率以七升为限"。《三国志·吴书》：作"坐席无能否，率以七升为限"。
⑫　西山白露及鹤岭茶尤佳："及"字，底本形误刊作"尺"字，据《事类赋注》改。
⑬　水江园："水"字，《事类赋注》作"小"字。"水"字疑误。毛文锡《茶谱》亦作"小"。
⑭　自采至于封七经目；胡靴至霜筍凡六等："采"字、"日"字，底本形误作"来"字和"日"字，据陆羽《茶经》改。"胡靴至霜筍凡六等"，陆羽《茶经》作"自胡靴至于霜荷八等"。
⑮　解胶涤昏："胶"字，据同赋后文"醪醴"，此"胶"字，似亦应作"醪"。
⑯　临邛之火井："临"字，底本原脱，据《山谷全书》补。
⑰　勾贼破家："贼"字，底本误刊作"践"字，据《山谷全书》改。
⑱　银瓶泻汤夸第一："第一"，《苏轼诗集》作"第二"。
⑲　悠扬喷鼻宿醒散："醒"字，底本作"醒"字，据《全唐诗》改。
⑳　须是眠云跂石人："跂"字，底本作"岐"字，据《全唐诗》改。
㉑　朝霞护日华："华"字，底本作"车"，据《端明集》改。
㉒　千万碧玉枝："玉"字，底本作"天"字，据《端明集》改。
㉓　新苗渐盈把："苗"字，底本形讹作"笛"字，据《端明集》改。
㉔　竞携筠笼归："归"字，底本误作"锦"字，据《端

㉕ 更带山云泻："泻"字,底本作"写",据《端明集》改。

㉖ 屑玉寸阴间："屑"字,底本作"糜"字,据《端明集》改。

㉗ 规呈月正圆："圆"字,底本作"员",据《端明集》改。

㉘ 出焙色香全：底本作"出焙香花全",据《端明集》改。

㉙ 云间未垂缕："间"字底本误作"闲"字,据《端明集》改。

㉚ 《双井茶》："井茶",底本倒作"茶井",径改。

㉛ 落落砲纷纷雪不如："落落"衍一字；"砲"字,底本作"礮",据《全宋诗》改。

煎茶七类 | 明 徐渭 改定

作者及传世版本

徐渭(1521—1593),字文清,更字文长,号天池山人,又号青藤道士,书画或亦署田水月。山阴(今浙江绍兴)人。生员,屡应乡试不中。曾在浙闽总胡宗宪处作幕客多年。擒徐海、诱王宜皆预其谋。宗宪下狱,渭惧祸发狂,几次自杀不死,后因杀妻入狱七年,得张元忭救获免。晚年甚贫,有书千卷,斥卖殆尽。自称"南腔北调人"以终其生。自称"吾书第一,诗次之,文次之,画又次之。"《明史·文苑传》有传。著作见近年辑校本《徐渭集》(北京：中华书局,1983年,4册)。《浙江采集遗书总录》又称其撰有《茶经》一卷、《酒史》六卷。

《煎茶七类》,由文末题记可知,是万历二十年(1592),由徐渭改定手书勒石石帆山朱氏宜园,原撰者唐代卢仝,显是假托。万历二十五年,周履靖编《夷门广牍》,将它和陆树声的茶寮"谩记"、宋陶穀《清异录》"荈茗门"的

部分文字合在一起,题名为陆树声的《茶寮记》。这是《煎茶七类》首见于书籍文献。后来《说郛续》收录此文,又将它从《茶寮记》中抽出,署徐渭撰,与《茶寮记》并列。而如明刻《锦囊小史》、《八公游献丛谈》和《枕中秘》,则改称高淑嗣撰。及至万历四十五年,无锡人华淑编刻《闲情小品》,另在"烹点"和"尝茶"之间塞进20字的"茶器"一条,更其名为《品茶八要》一卷。后来的《锡山华氏丛书》和其他刻本或书目,将《品茶八要》的作者变成了"华淑"(参见《茶寮记·题记》)。这种错乱,明清以来,一直未得到澄清。

徐渭的《煎茶七类》,已收录在抗战前北京大学中国民俗学会编印的《民俗丛书·茶专号》中,本书以徐渭石帆山朱氏宜园《煎茶七类》石刻(《天香楼藏帖》)作录,以《说郛续》本、喻政茶书本、《徐渭集》(北京：中华书局,1983年)作校。

原　文

一、人品　煎茶虽凝清小雅①,然要须其人与茶品相得。故其法每传于高流大隐、云霞泉石之辈,鱼虾麋鹿之俦②。

二、品泉　山水为上③,江水次之,井水又次之。井贵汲多,又贵旋汲。汲多水活,味倍清新④;汲久贮陈⑤,味减鲜冽。

三、烹⑥点　烹⑦用活火,候汤眼鳞鳞起,沫渤鼓泛,投茗器中。初入汤少数,候汤茗相浃⑧,却复满注。顷间云脚渐开⑨,浮花浮面,味奏全□矣⑩。盖古茶用碾屑团饼,味则易出之。叶茶是尚,骤则味亏⑪;过熟则味昏底滞。

四、尝茶　先涤漱⑫,既乃⑬徐啜,甘津潮舌,孤清自赏⑭,设杂以他果,香味俱夺。

五、茶宜⑮　凉台静室,明窗曲几,僧寮道院,松风竹月,晏坐行吟,清谭把卷。

六、茶侣　翰卿墨客,缁流羽士,逸老散人,或轩冕之徒,超然⑯世味者。

七、茶勋　除烦雪滞,涤醒⑰破睡,谭渴书倦,此际策勋⑱,不减凌烟。

是七类乃卢仝作也,中夥甚疵,余临书稍定之。时壬辰仲秋青藤道士徐渭书于石帆山下朱氏之宜园。

校　勘

① 虽凝清小雅:说郛续本、喻政茶书本作"非漫浪"。

② 云霞泉石之辈,鱼虾麋鹿之俦:说郛续本、喻政茶书本"云"字前多一"有"字。"泉石",喻政茶书本作"石泉"。"之辈"和"鱼虾麋鹿之俦",说郛续本、喻政茶书本,改缩成"磊块胸次间者"。

③ 山水为上:说郛续本、喻政茶书本作"泉品以山水为上"。

④ 井贵汲多,又贵旋汲,汲多水活,味倍清新:说郛续本、喻政茶书本作"井取汲多者,汲多则水活,然须旋汲旋烹"。

⑤ 贮陈:说郛续本、喻政茶书本等作"宿贮者"。

⑥ 烹:说郛续本作"煎"。

⑦ 烹:说郛续本、喻政茶书本作"煎"。

⑧ 浃:说郛续本、喻政茶书本作"投"。

⑨ 却复满注,顷间云脚渐开:说郛续本、喻政茶书本作"即满注,云脚渐开"。

⑩ 浮花浮面,味奏全□矣:说郛续本、喻政茶书本作"乳花浮面则味全"。

⑪ 叶茶是尚,骤则味亏:说郛续本、喻政茶书本作"叶,骤则乏味"。说郛续本"乏"字作"泛"。

⑫ 先涤漱:说郛续本、喻政茶书本作"茶入口,先灌漱"。

⑬ 既乃:说郛续本、喻政茶书本作"须"字。

⑭ 甘津潮舌,孤清自赏:说郛续本、喻政茶书本作"俟甘津潮舌,则得真味"。

⑮ 茶宜:说郛续本、喻政茶书本作"茶候"。

⑯ 然:说郛续本、喻政茶书本作"轶"。

⑰ 醒:喻政茶书本作"酲"字。

⑱ 此际策勋:说郛续本、喻政茶书本作"是时茗碗策勋"。

茶笺[1] | 明 屠隆 撰

作者及传世版本

屠隆(1542—1605),字长卿,一字纬真,号赤水,晚号鸿苞居士。鄞县(今浙江宁波)人。少时聪慧,有文名。万历五年(1577)进士,先后出任颍上和青浦知县。后迁礼部主事,因事遭罢归。赋闲以后,纵情诗酒,并卖文为生。他著述甚丰,并参与搜集刊刻。曾刻印过《唐诗品汇》九十卷,《天中记》六十卷,《董解元西厢记》二卷等各类著作十多种二百余卷。自撰有《考槃余事》、《鸿苞集》、《栖真馆集》、《由拳集》、《白榆集》、《采真集》、《南游集》等。他亦工于戏曲,著有《昙花记》、《修文记》、《彩毫记》等作品。

《茶笺》,一作《茶说》,原为屠隆《考槃余事》中的部分内容。喻政编《茶书》,从《考槃余事》中抽选相关内容,别择成书曰《茶说》。后来《考槃余事》几经整理,内容编排已非原貌,因此,与喻政所选辑的《茶说》内容亦有参差。今查阅了明万历绣水沈氏刻《宝颜堂秘笈》本、万历《尚白齐陈眉公订正秘笈》本、冯可宾《广百川学海》等明末诸刻《考槃余事》本,以《宝颜堂秘笈》本为底本,校以其他刻本,并参考喻政《茶书》本、《锦囊小史》本等版本。

至于屠隆撰写本篇的时间,万国鼎推定为万历十八年(1590)前后,大抵不差。

原　文

茶寮①

构一斗室,相傍书斋。内设茶具,教一童子专主茶役,以供长日清谈。寒宵兀坐,幽人首务,不可少废者。

茶品②

与《茶经》稍异,今烹制之法③,亦与蔡、陆诸前人不同矣。

虎丘

最号精绝,为天下冠。惜不多产,皆为豪右所据。寂寞山家,无缘获购矣。

天池

青翠芳馨,啜之赏心,嗅亦消渴,诚可称仙品。诸山之茶,尤当退舍。

阳羡

俗名罗岕,浙之长兴者佳,荆溪稍下[2]。细者其价两倍天池,惜乎难得,须亲自采收方妙。

六安

品亦精,入药最效。但不善炒,不能发香而味苦。茶之本性实佳。

龙井

不过十数亩,外此有茶,似皆不及。大抵天开龙泓美泉,山灵特生佳茗以副之耳。山中仅有一二家炒法甚精;近有山僧焙者亦妙。真者,天池不能及也。

天目

为天池龙井之次,亦佳品也。地志云:山中寒气早严,山僧至九月即不敢出。冬来多雪,三月后方通行。茶之萌芽较晚。

采茶

不必太细,细则芽初萌而味欠足;不必太青,青则茶以老④而味欠嫩。须在谷雨前后,觅成梗带叶,微绿色而团且厚者为上。更须天色晴明,采之方妙。若闽广岭南,多瘴疠之气,必待日出山霁,雾障岚气收净,采之可也。谷雨日晴明采者,能治痰嗽、疗百疾。

日晒茶

茶有宜以日晒者,青翠香洁,胜以火炒。

焙茶

茶采时,先自带锅灶入山,别租一室;择茶工之尤良者,倍其雇值。戒其搓摩,勿使生硬,勿令过焦,细细炒燥,扇冷方贮罂中。

藏茶

茶宜箬叶而畏香药,喜温燥而忌冷湿。故收藏之家,先于清明时收买箬叶,拣其最青者,预焙极燥,以竹丝编之。每四片编为一块听用。又买宜兴新坚大罂,可容茶十斤以上者,洗净焙干听用。山中焙茶回,复焙一番。去其茶子、老叶、枯焦者及梗屑⑤,以大盆埋伏生炭,覆以灶中,敲细赤火,既不生烟⑥,又不易过,置茶焙下焙之。约以二斤作一焙,别用炭火入大炉内,将罂悬其架上,至燥极而止。以编箬衬于罂底,茶燥者,扇冷方先入罂。茶之燥,以拈起即成末为验。随焙随入。既满,又以箬叶覆于罂上。每茶一斤,约用箬二两。口用尺八纸焙燥封固,约六七层,捆以寸厚白木板⑦一块,亦取焙燥者。然后于向明净室高阁之。用时以新燥宜兴小瓶取出,约可受四五两,随即包整。夏至后三日,再焙一次;秋分后三日,又焙一次。一阳后³ 三日,又焙之。连山中共五焙⑧,直至交新,色味如一。罂中用浅,更以燥箬叶贮满之⑨,则久而不泡。

又法

以中坛盛茶,十斤一瓶,每瓶烧稻草灰入于大桶,将茶瓶座桶中。以灰四面填桶,瓶上覆灰筑实。每用,拨开瓶,取茶些少,仍复覆灰,再无蒸坏。次年换灰。

又法

空楼中悬架,将茶瓶口朝下放不蒸。缘蒸气自天而下也。

诸花茶⑩

莲花茶……不胜香美⑪。

橙茶……烘干收用⑫。

木樨、玫瑰、蔷薇、兰蕙、橘花、栀子、木香、梅花,皆可作茶⑬……置火上焙干收用,则花香满颊,茶味不减。诸花仿此,已上俱平等细茶⑭拌之可也。茗花入茶,本色香味尤嘉⁴⑮。

茉莉花,以熟水⑯半杯放冷,铺竹纸一层,上穿数孔。晚时采初开茉莉花,缀于孔内,上用纸封,不令泄气。明晨取花簪之水,香可点茶⑰。

择水⑱

天泉 秋水为上,梅水次之。秋水白而洌,梅水白而甘。甘则茶味稍夺,洌则茶味独全,故秋水较差胜之。春冬二水,春胜于冬,皆以和风甘雨,得天地之正施者为妙。惟夏月暴雨不宜,或因风雷所致,实天之流怒也。龙行之水,暴而霆者,旱而冻者,腥而墨者,皆不可食。雪为五谷之精⑲,取以煎茶,幽人清赆⑳。

地泉 取乳泉漫流者,如梁溪⁵之惠山泉为最胜。取清寒者,泉不难于清,而难于寒。石少土多,沙腻泥凝者,必不清寒;且濑峻流驶而清,岩粤阴积而寒者,亦非佳品。取香甘者,泉惟香甘,故能养人。然甘易而香难,未有香而不甘者。取石流者,泉非石出者,必不佳。取山脉逶迤者,山不停处,水必不停。若停,即无源者矣。旱必易涸,往往有伏流沙土中者,挹之不竭,即可食。不然,则渗潴之潦耳,虽清勿食㉑。有瀑涌湍急者勿食,食久令人有头(頭)疾㉒。如庐山水帘、洪州天台瀑布,诚山居之珠箔锦幕。以供耳目则可,入水品则不宜矣。有温泉,下生硫黄故然。有同出一壑,半温半冷者,皆非食品。有流远者,远则味薄;取深潭停蓄,其味乃复。有不流者,食之有害。《博物志》曰:山居之民,多瘿肿;由于饮泉之不流者。泉上有恶木,则叶滋根润,能损甘香,甚者能酿毒液,尤宜去之。如南阳菊潭,损益可验㉓。

江水㉔

取去人远者,杨子南泠㉕夹石淳渊,特入首品。

长流㉖

亦有通泉窦者,必须汲贮,候其澄澈,可食。

井水㉗

脉暗而性滞,味咸而色浊,有妨茗气。试煎茶一瓯,隔宿视之,则结浮腻一层,他水则无,此其明验矣。虽然汲多者可食,终非佳品。或平地偶穿一井,适通泉穴,味甘而澹,大旱不涸,与山泉无异,非可以井水例观也。若海滨之井,必无佳泉,盖潮汐近,地斥卤故也。

灵水㉘

上天自降之泽,如上池天酒⁶、甜雪香雨之类,世或希觏,人亦罕识,乃仙饮也。

丹泉㉙

名山大川,仙翁修炼之处,水中有丹,其味异常,能延年却病,尤不易得。凡不净之器,切不可汲㉚。如新安黄山东峰下,有朱砂泉,可点茗,春色微红,此自然之丹液也。临沅廖氏家世寿,后掘井左右,得丹砂数十斛㉛。西湖葛洪井,中有石瓮,陶出丹数枚,如芡实,啖之无味,弃之;有施渔翁者,拾一粒食之,寿一百六岁㉜。

养水

取白石子瓮中㉝,能养其味,亦可澄水不淆㉞。

洗茶

凡烹茶,先以熟汤㉟,洗茶去其尘垢冷气㊱,烹之则美。

候汤

凡茶,须缓火炙,活火煎。活火,谓炭火之有焰者。以其去余薪之烟,杂秽之气,且使汤无妄沸,庶可养茶。始如鱼目微有声㊲,为一沸;缘边涌泉连珠㊳,为二沸;奔涛溅沫,为三沸。三沸之法,非活火不成。如坡翁云:"蟹眼已过鱼眼生,飕飕欲作松风声㊱"尽之矣。若薪火方交,水釜才炽,急取旋倾,水气未消,谓之嫩。若人过百息㊵,水逾十沸,或以话阻事废,始取用之,汤已失性,谓之老。老与嫩,皆非也。

注汤

茶已就膏,宜以造化成其形。若手颤臂弹,惟恐其深。瓶嘴之端,若存若亡,汤不顺通,则茶不匀粹,是谓缓注。一瓯之茗,不过二钱。茗盏量合宜,下汤不过六分。万一快泻而深积之,则茶少汤多,是谓急注。缓与急,皆非中汤。欲汤之中,臂任其责㊶。

择器

凡瓶,要小者,易候汤;又点茶、注汤有应。若瓶大,啜存停久,味过则不佳矣。所以策功建汤业者,金银为优;贫贱者不能具,则瓷石有足取焉。瓷瓶不夺茶气㊷,幽人逸士,品色尤宜。石凝结天地秀气而赋形,琢以为器,秀犹在焉。其汤不良,未之有也。然勿与夸珍衒豪臭公子道。铜、铁、铅、锡,腥苦且涩;无油瓦瓶,渗水而有土气,用以炼水,饮之逾时,恶气缠口而不得去。亦不必与猥人俗辈言也。

宜庙时有茶盏,料精式雅,质厚难冷,莹白如玉,可试茶色,最为要用。蔡君谟取建盏,其色绀黑,似不宜用㊸。

涤器㊹

茶瓶、茶盏、茶匙生鉎,致损茶味,必须先时洗洁则美。

熁盏㊺

凡点茶,必须熁盏,令热则茶面聚乳;冷则茶色不浮。

择薪

凡木可以煮汤,不独炭也;惟调茶在汤之淑慝。而汤最恶烟,非炭不可。若暴炭膏薪,浓烟蔽室,实为茶魔。或柴中之麸火,焚余之虚炭,风干之竹篠树梢,燃鼎附瓶,颇甚快意,然体性浮薄,无中和之气,亦非汤友。

择果

茶有真香,有佳味,有正色,烹点之际,不宜以珍果、香草夺之。夺其香者,松子、柑、橙、木香、梅花、茉莉、蔷薇、木樨之类是也。夺其味者,番桃、杨梅之类是也。凡饮佳茶,去果方觉清绝,杂之则无辨矣。若必曰所宜,核桃、榛子、杏仁、榄仁、菱米、栗子、鸡豆、银杏、新笋、莲肉之类精制或可用也㊻。

茶效[7]㊼

人品

茶之为饮,最宜精行修德之人,兼以白石清泉,烹煮如法,不时废而或兴,能熟习而深味,神融心醉,觉与醍醐、甘露抗衡,斯善赏鉴者矣。使佳茗而饮非其人,犹汲泉以灌蒿莱㊽,罪莫大焉。有其人而未识其趣,一吸而尽,不暇辨味,俗莫甚焉。司马温公与苏子瞻嗜茶墨,公云:茶与墨正相友,茶欲白,墨欲黑;茶欲重,墨欲轻;茶欲新,墨欲陈。苏曰:奇茶妙墨俱香,公以为然。

唐武曌㊾,博学,有著述才,性恶茶,因以诋之。其略曰:"释滞销壅,一日之利暂佳,瘠气侵精,终身之害斯大。获益则收功茶力,贻患则不为茶灾,岂非福近易知,祸远难见。"《世说新语》

李德裕奢侈过求,在中书时,不饮京城水,悉用惠山泉,时谓之水递。清致可嘉,有损盛德。《芝田录》㊿传称陆鸿渐阖门著书，诵诗击木，性甘茗荈，味辨淄绳，清风雅趣，脍炙古今，鬻茶者至陶其形置炀突间，祀为茶神，可谓尊崇之极矣。尝考《蛮瓯志》云：陆羽采越江茶，使小奴子看焙，奴失睡，茶燋烁不可食，羽怒，以铁索缚奴而投火中，残忍若此，其余不足观也已矣(51)。

茶具(52)

苦节君湘竹风鲈建城藏茶箬笼湘筠焙焙茶箱，盖其上以收火气也；隔其中，以有容也；纳火其下，去茶尺许，所以养茶色香味也。云屯泉缶乌府盛炭篮水曹涤器桶鸣泉煮茶罐品司编竹为撞(53)，收贮各品叶茶(54)沉垢古茶洗分盈水杓，即《茶经》水则。每两升用茶一两执权准茶秤，每茶一两，用水二斤合香藏日支茶，瓶以贮司品者归洁竹筅帚，用以涤壶漉尘洗茶篮商象古石鼎递火铜火斗降红铜火箸，不用联索团风湘竹扇注春茶壶静沸竹架，即《茶经》支腹运锋鑱果刀啜香茶瓯撩云竹茶匙甘钝木砧墩纳敬湘竹茶橐易持纳茶漆雕秘阁受污拭抹布

注　释

1　乾隆五十年(1785)，屠隆嗣孙继序等重刻《考槃余事》，有钱大昕题言："屠长卿先生，以诗文雄隆万间，在弇洲四十子之列。虽宦途不达，而名重海内。晚年优游林泉，文酒自娱，萧然无世俗之思。今读先生《考槃余事》，评书论画，涤砚修琴，相鹤观鱼，焚香试茗，几案之珍，山舄之制，靡不曲尽其妙。具此胜情，宜其视轩冕如浮云矣。兹先生之嗣孙继序等重付剞劂，属予校正，并题数言归之。乾隆乙巳季夏晦日钱大昕书。"

2　长兴者佳，荆溪稍下：本文清代民国重刊时，有部分非原作内容掺入，本书编校时凡能考查确定的，都从正文剔出置于校记中供参考。本条有可能也是后来掺附进来的。这里的"长兴"和"荆溪"，无疑是指县名。荆溪县由宜兴析置的时间为清雍正二年(1724)，1912年撤归宜兴。

3　一阳：阳指"阳月"，《尔雅·释天》：阴历"十月为阳"。《中国古代茶叶全书》释"一阳"为"冬至"。疑指阳月以后的第一个节气，十一月中旬，即冬至节。

4　此处删节，见明代顾元庆、钱椿年《茶谱·制茶诸法》。

5　梁溪：旧江苏无锡别称。"梁溪"，发源无锡城西惠山脚下，两岸居民饮斯水、用斯水，以致用该溪传为是城的代名。

6　上池天酒："上池"，指上池水。古籍中"谓水未至地，盖承取露及竹木上水"，取之以和药。天酒，西晋张华注《神异经》称指"甘露"。

7　此处删节，见明代顾元庆、钱椿年《茶谱·茶效》。

校　勘

① 《茶寮》之前，南京图书馆藏喻政《茶书》手抄本，多一《茶说目录》：茶寮　茶品　虎丘　天池　阳羡　六安　龙井　天目　采茶　日晒茶　焙茶　藏茶　又法　又法　花茶　择水　江水　长流　井水　灵水　丹泉　养水　洗茶　候汤　注汤　择器　择薪　人品。

② 茶品：本文凡《考槃余事》和《茶说》本，在"茶品"条前，还多收"茶寮"一条。但是，反之凡称《茶笺》者，包括《广百川学海》本(简称广百川本)、小史本乃至丛书集成本，则均自本条"茶

品"收起，"茶寮"一般划为《山斋笺》之内容。

③ 今烹制之法："制"字，《尚白斋陈眉公订正秘笺》本（简称尚白斋本）、喻政茶书本、广百川本、小史本以至丛书集成本，同底本均作"制"。但乾隆乙巳本、丛书集成本作"煮"字。

④ 青则茶以老："茶"字，尚白斋本与底本同，作"茶"，但其他各本均作"茶"，径改。

⑤ 及梗屑："及"字，喻政茶书作"更"字。

⑥ 既不生烟："生"字，底本作"坐"字，喻政茶书本、乾隆乙巳本、丛书集成本作"生"，据改。

⑦ 以寸厚白木板："寸"字，底本作"方"字，小史本作"寸"字，据改。

⑧ 共五焙：喻政茶书本作"共约五焙"。

⑨ 贮满之：喻政茶书本作"贮之"。

⑩ 诸花茶：喻政茶书本作"花茶"。广百川本无此目。

⑪ 莲花茶……不胜香美：喻政茶书本、广百川本不收。

⑫ 橙花……烘干收用：喻政茶书本、广百川本不收。

⑬ 作茶：小史本作"伴茶"，丛书集成本作"伴花"。

⑭ 俱平等细茶：丛书集成本"俱"字作"诸"。

⑮ 茗花入茶，本色香味尤嘉：尚白斋本、丛书集成本等与底本同，此句为木樨、玫瑰等诸花窨茶条的最后一句。喻政茶书本"花茶"，此前内容均未录，以此句为开头，下接茉莉花内容，组成其《茶说》花茶的全部内容。小史本和喻政茶书相反，以上诸花茶内容全收，此句以下包括茉莉花内容全删。

⑯ 熟水：喻政茶书本、丛书集成本作"热水"。

⑰ 茉莉花……香可点茶：小史本、广百川本不收。

⑱ 择水：广百川本无此目，其下各条内容也未加收录。

⑲ 五谷之精："精"字，底本形误作"情"，据喻政茶书本和小史本改。

⑳ 幽人清赆："赆"字，各本同底本作"赆"，唯喻政茶书本作"况"。

㉑ 虽清勿食："食"字，丛书集成本改作"饮（飲）"。

㉒ 头（頭）疾："头（頭）"字，丛书集成本作"颈（頸）"字。

㉓ 损益可验："益"字，底本误作"盆"字，据喻政茶书本和小史本改。

㉔ 江水：广百川本、小史本无此条。

㉕ 杨子南泠："泠"字，底本作"冷"，据喻政茶书本改。

㉖ 长流：广百川本、小史本无此条。

㉗ 井水：广百川本、小史本无此条。

㉘ 灵水：广百川本、小史本无此条。

㉙ 丹泉：广百川本、小史本无此条。

㉚ 凡不净之器，切不可汲："切"字，底本、尚白斋本、喻政茶书本作"甚"字，丛书集成本据乾隆乙巳本，作"切"字，据改。

㉛ 得丹砂数十斛："斛"字，底本作"淘"，乾隆乙巳本作"斛"，据改。

㉜ 在本条下，丛书集成本，还增多《煮茶小品》如下引文一条："味美曰甘泉，气芳曰香泉，惟甘故能养人，然甘易而香难，未有香而不甘者。山（田）子艺《煮茶小品》。"底本、尚白斋本、喻政茶书本、广百川本等明刻《考槃余事》和《茶说》、《茶笺》均无此条，显为清以后重刻时附入，本书不作正文，姑置校记中备查。

㉝ 取白石子瓮中：丛书集成本作"取白石子置瓮中"。

㉞ 在此条下，丛书集成本还增多《茗笺》如下引文一条："《茶记》言，养水置石子于瓮，不惟益水，而白石清泉，会心不远。夫石子须取其水中表里莹彻者佳。白如截肪，赤如鸡冠，蓝如螺黛，黄如蒸栗，黑如元漆，锦纹五色，辉映瓮中，徙倚其侧，应接不暇，非但益水，亦且娱神。屠幽叟《茗笺》"本文底本、尚白斋本、广百川本、小史本等明刻《考槃余事》和《茶说》、《茶笺》均无此条，显为清以后重刻时附入，本书不作正文，姑置校记中备查。

㉟ 熟汤：喻政茶书本、小史本为"热汤"。

㊱ 洗茶去其尘垢冷气：喻政茶书本作"洗去尘垢冷气"；小史本作"洗其尘垢冷气"；丛书集成本作"洗茶去其尘垢，俟冷气烹之则美"。

㊲ 如鱼目微有声：丛书集成本作"如鱼目微微有声"。

㊳ 涌泉：丛书集成本倒作"泉涌"。

㊴ 松风声：喻政茶书本作"鸣"。

㊵ 若人过百息："人"字，喻政茶书作"火"字。

㊶ 在本条之下，丛书集成本还增多《茗笺》如下引文一条："凡事俱可委人，第责成效而已；惟瀹茗须躬自执劳。瀹茗而不躬执，欲汤之良，无有是处。屠幽叟《茗笺》。"底本、尚白斋本、广百川本、

喻政茶书本等各明刻本，无此内容，疑为清以后重刊时附入。本书正文不收，姑置校记中备查。

㊷ 瓷瓶不夺茶气：丛书集成本作“瓷不夺茶气”。

㊸ 宣庙时……不宜用：广百川本未收。

㊹ 涤器：“涤”字，丛书集成本改作“洗”字；喻政茶书本删未收。

㊺ 熁盏：此条喻政茶书本删未收。

㊻ 本段喻政茶书本、小史本删未收。

㊼ 茶效：此条唯喻政茶书本删未收。

㊽ 犹汲泉以灌蒿莱：丛书集成本作“犹汲乳泉以灌蒿莱。”

㊾ 武曌：广百川本、小史本此条删无收。喻政茶书本文后未录《世说新语》出处。

㊿ 《芝田录》：底本、尚白斋本有注；喻政茶书本无录。广百川本、小史本，未收此条。

(51) 本条广百川本、小史本均删未收。在本条下，丛书集成本在本条之下，还多增这样一条引文：“饮茶以客少为贵，客众则喧。喧则雅趣乏矣。独啜曰幽，二客曰胜，三四曰趣，五六曰泛，七八曰施。”《东原试茶录》（编者按：此书名疑有误）这条引文，不见本文底本，也不见上述各明刻《考槃余事》和《茶说》、《茶笺》诸本，显为清以后重刻时附增，故本书不收作正文，暂置校记中备查。

(52) 茶具：尚白斋本、广百川本、小史本和底本收录，但喻政茶书本未收。

(53) 编竹为撞：“撞”字，广百川本、小史本作“状”。

(54) 叶茶：丛书集成本改作“茶叶”。

茶笺｜明　高濂　辑

作者及传世版本

高濂，钱塘（今浙江杭州）人，字深甫，号端南道人、湖上桃花渔等。生平事迹不详，活跃于明神宗万历年间。以芳芷楼、妙赏楼、弦雪居为寓居和书室名。著述很多，且以强身防病、饮食玩赏的内容居多；主要作品有：《四时摄生消息论》、《按摩导引诀》、《仙灵卫生歌》、《治万病坐功诀》、《服气诀》、《解万毒方》、《酝造谱》、《法制谱》、《甜食谱》、《粉面品》、《脯鲊品》、《粥糜品》、《汤品》、《相宝要说》、《鉴赏小品》、《座右箴言》、《雅尚斋诗》、《遵生宝训》和《遵生八笺》等等。

《论茶品泉水》是由高濂《遵生八笺》中辑出，该书成于万历十九年（1591）。高濂《茶笺》是本书编者收录时给加的名字，在《遵生八笺》中，作“茶泉类”另行次标题《论茶品》，后面再题《论泉水》，实际是有关茶水资料的选辑。近见有的茶叶书籍中，将之辑出后或称《茶品水录》，或称《茶辑》，或称《茶泉论》，定名不一，易生混淆，本书才决定收录，并予以新名。本篇的内容大都抄袭，没有多少价值，但往往被误以为是《遵生八笺》的茶事论著，在明清茶书和其他文献中引录，本末颠倒。本书收录高濂的《论茶品泉水》，为的是正本清源，指出哪些是高濂自己所写，哪些是辑集别人的内容。

本书以赵立勋等《遵生八笺校注》（北

京：人民卫生出版社,1994 年）为底本,此
书所据为初刊雅尚斋《遵生八笺》本。

原　　文

论茶品

茶之产于天下多矣……惜皆不可致耳[1]。

若近时虎丘山茶,亦可称奇,惜不多得。若天池茶,在谷雨前收细芽炒得法者,青翠芳馨,嗅亦消渴。若真岕茶,其价甚重,两倍天池,惜乎难得。须用自己令人采收方妙。又如浙之六安[①],茶品亦精,但不善炒,不能发香而色苦,茶之本性实佳。如杭之龙泓,即龙井也茶真者,天池不能及也。山中仅有一二家炒法甚精,近有山僧焙者亦妙,但出龙井者方妙。而龙井之山不过十数亩,外此有茶,似皆不及。附近假充犹之可也,至于北山西溪,俱充龙井,即杭人识龙井茶味者亦少,以乱真多耳。意者,天开龙井美泉,山灵特生佳茗以副之耳。不得其远者,当以天池龙井为最,外此天竺、灵隐为龙井之次,临安、于潜生于天目山者,与舒州同,亦次品也。

茶自浙以北皆较胜……雾障山岚收净,采之可也。茶团、茶片,皆出碾硙,大失真味。茶以日晒者佳甚,青翠香洁,更胜火炒多矣[2]。

采茶

团黄有一旗一枪之号,言一叶一芽也。凡早取为茶,晚取为荈,谷雨前后收者为佳。粗细皆可用,惟在采摘之时,天色晴明,炒焙适中,盛贮如法。

藏茶

茶宜箬叶而畏香药,喜温燥而忌冷湿,故收藏之家,以箬叶封裹入焙中,两三日一次,用火当如人体温,温则去湿润。若火多,则茶焦不可食矣。

又云：以中坛盛茶,十斤一瓶,每年烧稻草灰入大桶,茶瓶座桶中,以灰四面填桶,瓶上覆灰筑实。每用,拨灰开瓶,取茶些少,仍复覆灰,再无蒸坏。次年换灰为之。

又云：空楼中悬架,将茶瓶口朝下放,不蒸。缘蒸气自天而下,故宜倒放。

若上二种芽茶,除以清泉烹外,花香杂果,俱不容入。人有好以花拌茶者,此用平等细茶拌之,庶茶味不减,花香盈颊,终不脱俗,如橙茶、莲花茶。于日未出时……诸花效此[3]。

煎茶四要

一择水

二洗茶

三候汤[4]

四择品

凡瓶,要小者,易候汤,又点茶注汤相应。若瓶大,啜存停久,味过则不佳矣。茶铫、茶瓶,磁砂为上,铜锡次之[②]。磁壶注茶,砂铫煮水为上。《清异录》云：富贵汤,当以银铫煮汤佳甚,铜铫煮水、锡壶注茶,次之。

茶盏惟宣窑坛盏为最,质厚白莹,样式古雅有等。宣窑印花白瓯,式样得中,而莹然如玉;次则嘉窑心内茶字小盏为美。欲试茶色黄白,岂容青花乱之。注酒亦然,惟纯白色器皿为最上乘品,余皆不取[5]。

试茶三要

一涤器

茶瓶、茶盏、茶匙生铔音星，致损茶味，必须先时洗洁则美。

二熁盏

凡点茶，先须熁盏令热，则茶面聚乳，冷则茶色不浮。

三择果

茶有真香，有佳味，有正色，烹点之际，不宜以珍果香草杂之。夺其香者，松子、柑橙、莲心、木瓜、梅花、茉莉、蔷薇、木樨之类是也。夺其味者，牛乳、番桃、荔枝、圆眼、枇杷之类是也。夺其色者，柿饼、胶枣、火桃、杨梅、橙橘之类是也。凡饮佳茶，去果方觉清绝，杂之则无辩矣。若欲用之所宜，核桃、榛子、瓜仁、杏仁、榄仁、栗子、鸡头、银杏之类，或可用也。

茶效

人饮真茶……然率用中下茶。出苏文6

茶具十六器

茶具十六器，收贮于器局，供役苦节君者，故立名管之。盖欲归统于一，以其素有贞心雅操而自能守之也。

商象古石鼎也，用以煎茶。

归洁竹筅(扫)也，用以涤壶。

分盈杓也，用以量水斤两。

递火铜火斗也，用以搬火。

降红铜火箸也，用以簇火。

执权准茶秤也，每杓水二升，用茶一两。

团风素竹扇也，用以发火。

漉尘茶洗也，用以洗茶。

静沸竹架，即《茶经》支腹也。

注春磁瓦壶也，用以注茶。

运锋劖果刀也，用以切果。

甘钝木砧墩也。

啜香磁瓦瓯也，用以啜茶。

撩云竹茶匙也，用以取果。

纳敬竹茶橐也，用以放盏。

受污拭抹布也，用以洁瓯。

总贮茶器七具

苦节君煮茶作炉也③，用以煎茶，更有行者收藏。

建城以箬为笼，封茶以贮高阁。

云屯瓷瓶，用以杓泉，以供煮也。

乌府以竹为篮，用以盛炭，为煎茶之资。

水曹即瓷缸瓦缶，用以贮泉，以供火鼎。

器局竹编为方箱，用以收茶具者。

外有品司竹编圆橦提合，用以收贮各品茶叶，以待烹品者也。

论泉水

田子艺曰……旱必易涸7。

石流

石……谁曰不宜8。

清寒

清……嫩恶不可不辨也9。

甘香

甘……味俗莫甚焉10。

灵水

灵……皆不可食11。

潮汐近地……甚不可解12。

井水

井……终非佳品13。

养水取白石子入瓮中，虽养其味，亦可澄水不淆14。

高子曰：井水美者，天下知钟泠泉矣。然而焦山一泉，余曾味过数四，不减钟泠。惠山之水，味淡而清，允为上品。吾杭之水，山泉以虎跑为最，老龙井、真珠寺二泉亦甘。

北山葛仙翁井水，食之味厚。城中之水，以吴山第一泉首称，予品不若施公井、郭婆井二水清冽可茶。若湖南近二桥中　水,清晨取之,烹茶妙甚,无伺他求。

注　　释

1　此处删节,见明代顾元庆、钱椿年《茶谱·茶品》。

2　此处删节,见明代田艺蘅《煮泉小品·宜茶》。后段文字亦照《煮泉小品·宜茶》改写,存不删。

3　此处删节,见明代钱椿年、顾元庆《茶谱·制茶诸法》。

4　此处删节,见明代钱椿年、顾元庆《茶谱·煎茶四要》首三条。

5　本条内容,由茶盏讲及酒盏,与钱椿年、顾元庆《茶谱》有别,为高濂据自他书所改。

6　此处删节,见明代钱椿年、顾元庆《茶谱·茶效》。

7　此处删节,见明代田艺蘅《煮泉小品·源泉》各条。

8　此处删节,见明代田艺蘅《煮泉小品·石流》各条。

9　此处删节,见明代田艺蘅《煮泉小品·清寒》各条。

10　此处删节,见明代田艺蘅《煮泉小品·甘香》各条及《宜茶》末条。

11　此处删节,见明代田艺蘅《煮泉小品·灵水》各条。

12　此处删节,见明代田艺蘅《煮泉小品·江水》。

13　此处删节,见明代田艺蘅《煮泉小品·井水》首条。

14　本条录自《煮泉小品·绪谈》。"高子曰"以后,为高濂自己所撰。

校　　勘

①　浙之六安茶:六安不属浙,"浙"字误。

②　磁砂为上,铜锡次之:钱椿年、顾元庆《茶谱》为"银锡为上,瓷石次之"。

③　煮茶作炉:"作"字,疑为"竹"字。

茶考 | 明　陈师　撰

作者及传世版本

陈师,字思贞,钱塘(今浙江杭州)人。嘉靖三十一年(1552)举人。康熙《杭州府志·循吏传》中有传,说他中举后,在擢云　南永昌府(治位今云南保山)知府前,在杭属府县担任过职务,而且是卓有成绩的"循吏"。康熙《永昌府志·名宦传》对他的记载不详,哪年到任、离任的资料也未提及,只称其"严禁通彝,并治材官悍戾,以靖军民,操守嚼然不淬",说明在其任上,没有发生严重的官吏侵吞和民族纠纷事件,政治也比较安定。

陈师一生著作甚丰,卫承芳称其"口诵耳闻,目睹足履,有会心慨志处,胪列手存,久而成卷,凡数十种。"现在我们能查见存目的,有《禅寄笔谈》十卷,《续笔谈》五卷和《复生子稿》三种,署名均作"钱塘陈师思贞撰",这大概是其履任永昌前的著作。《览古评语》五卷,署作"永昌知府钱塘陈师思贞撰",这明显是其任在永昌知府后的作品了。

《茶考》的写作时间,据卫承芳跋署"万历癸巳玄月",当在万历二十一年(1593)或稍前。喻政《茶书》列为茶书一种,但可能因为新义不多,此后再无别书引录。本文以喻政《茶书》作底本,参校其他有关内容。

原　文

陆龟蒙自云嗜茶,作《品茶》一书,继《茶经》、《茶诀》之后。自注云:《茶经》陆季疵撰,即陆羽也。羽字鸿渐,季疵或其别字也。《茶诀》今不传,及览《事类赋》,多引《茶诀》。此书间有之,未广也。

世以山东蒙阴县山[1]所生石藓,谓之蒙茶,士夫亦珍重之,味亦颇佳。殊不知形已非茶,不可煮,又乏香气,《茶经》所不载也。蒙顶茶,出四川雅州,即古蒙山郡。其《图经》云:蒙顶有茶,受阳气之全,故茶芳香。《方舆》、《一统志》[2]:"土产"俱载之。《晁氏客话》[3]亦言"出自雅州"。李德裕丞相入蜀,得蒙饼沃于汤瓶之上,移时尽化,以验其真。文彦博[4]《谢人惠蒙茶》云:"旧谱最称蒙顶味,露芽云液胜醍醐。"蔡襄有歌曰[5]:"露芽错落一番新。"吴中复[6]亦有诗云:"我闻蒙顶之巅多秀岭,恶草不生生淑茗"①。今少有者,盖地既远,而蒙山有五峰,其最高曰上清,方产此茶。且时有瑞云影见,虎豹龙蛇居之,人迹罕到,不易取。《茶经》品之于次者,盖东蒙出,非此也[7]。

世传烹茶有一横一竖,而细嫩于汤中者,谓之旗枪茶。《麈史》[8]谓之始生而嫩者为一枪,浸大而展为一旗,过此则不堪矣。叶清臣著《茶述》[9]曰"粉枪末旗",盖以初生如针而有白毫,故曰粉枪,后大则如旗矣。此与世传之说不同。亦如《麈史》之意,皆在取列也,不知欧阳公《新茶》[10]诗曰"鄙哉谷雨枪与旗",王荆公又曰[11]"新茗斋中试一旗",则似不取也。或者二公以雀舌为旗枪耳,不知雀舌乃茶之下品,今人认作旗枪,非是。故沈存中诗云[12]:"谁把嫩香名雀舌,定应北客未曾尝。不知灵草天然异,一夜春风一寸长。"或二公又有别论。又观东坡诗云:"拣芽分雀舌,赐茗出龙团。"终未若前诗评品之当也[13]。

予性喜饮酒,而不能多,不过五七行,性终便嗜茶,随地咀其味。且有知予而见贻者,大较天池为上,性香软而色青可爱,与龙井亦不相下。雅州蒙茶不可易致矣。

若东瓯之雁山¹⁴次之，赤城之大磐次之。毗陵^②之罗岕^③又次之，味虽可而叶粗，非萌芽伦也。宣城阳坡茶，杜牧称为佳品，恐不能出天池、龙井^④之右。古睦茶¹⁵叶粗而味苦，闽茶香细而性硬。盖茶随处有之，擅名即魁也。

烹茶之法，唯苏吴得之。以佳茗入磁瓶火煎，酌量火候，以数沸蟹眼为节，如淡金黄色，香味清馥，过此而色赤，不佳矣。故前人诗云："采时须是雨前品，煎处当来肘后方。"古人重煎法如此。若贮茶之法，收时用净布铺薰笼内，置茗于布上，覆笼盖，以微火焙之，火烈则燥。俟极干，晾冷，以新磁罐，又以新箬叶剪寸半许，杂茶叶实其中，封固。五月、八月湿润时，仍如前法烘焙一次，则香色永不变。然此须清斋自料理，非不解事苍头婢子可塞责也。

杭俗，烹茶用细茗置茶瓯，以沸汤点之，名为"撮泡"。北客多晒之，予亦不满。一则味不尽出，一则泡一次而不用，亦费而可惜，殊失古人蟹眼鹧鸪斑之意。况杂以他果，亦有不相入者，味平淡者差可，如熏梅、咸笋、腌桂、樱桃之类，尤不相宜。盖咸能入肾，引茶入肾经，消肾，此本草所载，又岂独失茶真味哉？予每至山寺，有解事僧烹茶如吴中，置磁壶二小瓯于案，全不用果奉客，随意啜之，可谓知味而雅致者矣。

永昌太守钱唐陈思贞，少有书淫，老而弥笃。蹔脱郡组，市隐通都，门无杂宾，家无长物，时乎悬磬，亦复晏如。口诵耳闻，目睹足履，有会心嘅志处，胪列手存，久而成卷，凡数十种，率脍炙人间。晚有兹编，愈出愈奇，岂中郎帐中所能秘也。万历癸巳玄月¹⁶，蜀卫承芳¹⁷题。

注　　释

1　蒙阴县山：此指蒙山，一作东蒙山，在今山东蒙阴县东南。山上产一种"石藓"，土人用以作代用茶，也称"蒙顶茶"，与雅州蒙顶茶混。明万历间士人还"珍重之"，但入清以后，如康熙二十四年《蒙阴县志·物产》载："茗之属曰云芝茶，产蒙山，性寒，能消积滞，今已绝无佳者。"名气便渐渐衰落，以致消失了。

2　《方舆》、《一统志》：此《方舆》疑是《方舆胜览》的简称；《一统志》当指成书于天顺五年（1461）的《大明一统志》。

3　《晁氏客话》：晁氏，指晁说之（1059—1129）。元丰五年进士，善画工诗，其所撰《客话》，被称为《晁氏客话》，与其所写《儒言》，流传较广。

4　文彦博（1006—1097）：字宽夫，宋汾州介休人。仁宗天圣五年进士，累迁殿中侍御史，后又拜同中书门下平章事。嘉祐三年，出判河南等地，封潞国公，历仕四朝，任将相五十年。

5　蔡襄有歌曰："歌"指《斗茶歌》。

6　吴中复：字仲庶，永兴人。景祐进士，累官殿中侍御史、右司谏，历成德军、成都府、永兴军，后知荆南、坐事免官。下引诗题作《谢惠蒙顶茶》。

7　此段除末句外与《七修类稿》有关文字几近全同，按写作年代算，《七修类稿》应为原作，文字详见清代黄履道《茶苑·山东茶品七》。《七修类稿》，五十一卷，明郎瑛著。郎瑛（1487—1566），浙江仁和（今杭州余杭县）人，字仁宝，号藻泉，世称草桥先生。好藏书，博综艺文，著有《七修类稿》、《萃忠录》、《青史衮钺》。

8　《麈史》：北宋王得臣撰。得臣字彦辅，自号凤台子，仁宗嘉祐进士。下引内容见于《麈史》卷中诗话："闽人谓茶芽未展为枪，展则为旗。"

9　叶清臣著《茶述》：当指叶清臣《述煮茶泉品》。

10　欧阳公《新茶》诗：《宋诗钞》作《尝新茶呈圣俞》。

11　王荆公又曰：诗名为《送元厚之》诗。

12　诗云：此诗名《尝茶》。

13　此段除末句外与《七修类稿》有关文字几近全同，按写作年代算，《七修类稿》应为原作，文字详见清代佚名《茶史》。

14　东瓯之雁山："瓯"指瓯江。"东瓯"旧时浙南温州的代称。雁山，即雁荡山。

《雁山志》载：浙东多茶品，而雁山者称最，每春清明日采摘茶芽进贡。

15　古睦茶：即古代睦州茶。睦州，隋仁寿三年（603）置，治位今浙江淳安县西南，宋宣和三年（1121）改为严州。陆羽《茶经》浙西以湖州上，常州次，宣州、杭州、睦州、歙州下。睦州生桐庐县山谷，与衡州同。润州、苏州又下。万历《严州府志》载：《唐志》"睦州贡鸠坑茶，属今淳安县，宋朝罢贡。"

16　万历癸巳玄月：即万历二十一年九月。玄月为"九"。

17　卫承芳：明代四川达州人，字君大，隆庆二年（1568）进士。万历中，累官温州知府，善抚民。官至南京户部尚书，以清廉称，卒谥清敏。有《曼衍集》。

校　　勘

①　我闻蒙顶之巅多秀岭，恶草不生生淑茗：字、句和有些版本均有舛错。如《锦绣万花谷》此句作"我闻蒙山之巅多秀岭，烟岩抱合五炵顶。岷峨气象压西垂，恶草不生生莽茗。"

②　毗陵：底本误倒作"陵毗"，径改。

③　罗岕：底本误作"楷"，径改，见《罗岕茶记》。

④　龙井：底本误作"舌"，误，径改。

茶录　| 明　张源　撰①

作者及传世版本

张源，字伯渊，号樵海山人，苏州吴县包山（位于西洞庭山，今属苏州吴中区）人。事迹无考，由顾大典作《茶录引》，说他"志甘恬淡，性合幽栖，号称隐君子"来看，当是长期隐居吴中西山的一名白丁布衣。

《茶录》，仅见于喻政《茶书》，题作《张

伯渊茶录》。《茶书》本同时刊有顾大典作《引》。据顾《引》,《茶录》可能是它的本名,"张伯渊"是喻政和徐𤊹编刻《茶书》时所加。由此也可知,在《茶书》之前,本文当有别本传世。因在喻政《茶书》作录之前,《茶录》的内容,也已见于屠本峻的《茗笈》。

万国鼎《茶书总目提要》考订《茶录》一卷,"成于万历中,大约在 1595 年前后"。其后,布目潮沨《中国茶书全集·解说》提出疑义,最早引用《茶录》的屠本峻《茗笈》既刊行于万历三十九年(1611),那么,只能说"本书必为此时以前之作品"。不过,万国鼎的说法还是有所依据的,这就是顾大典在《引》中所说,他见到张源的《茶录》,是他"乞归十载"之际。据《列朝诗集小传》介绍,顾大典隆庆二年(1568)举进士后,"授会稽教谕,迁处州推官。后以副使提学福建,因力拒请托,为忌者所中,谪知禹州,自免归"。即他是由福建提学副使被贬知禹州时,愤而弃官回乡的。不难想见,顾大典提学福建最多二三年,时间不会很长,关键是隆庆二年由会稽教谕升到提学副使,经历了多少年?万国鼎定为十五六年,即在万历十三年(1585)左右,加上弃官十年,距他隆庆二年考中进士,已经二十五六年,约五十多岁。而如果按布目之说推测,顾大典要四十多岁才考取进士,由会稽教谕升到福建提学,经历有三十年,至其为《茶录》写前引时,已差不多八十岁左右的高龄。这不但与一般正常科举和升迁情况不合,且其如此高寿时,也不可能在其题《引》中一点不反映。因此,关于本文的成书年代,我们认为万国鼎的推测更贴近事实。

另外,我们也同意万国鼎对本书的评价,在所言"二十三则"的茶事内容中,"颇为简要",也"反映出作者对于此道颇有心得和体会",在明代茶书多半只辑不撰和相抄互袭的风气下,本书"不是抄袭而成",应该称其还不失为一本难得的较有价值的好书。

本文以万历喻政《茶书》本作录,参照有关资料作校。布目潮沨《中国茶书全集·张伯渊茶录》,还附有欧阳修《茶录后序》一篇。这明显是编者之误。欧阳修岂能为明代张源《茶录》写后序?自然是为蔡襄《茶录》所写的后序。对于喻政原书的疏误,于此予以更正说明,并删其后序不录。

原　文

引②

洞庭张樵海山人,志甘恬澹,性合幽栖,号称隐君子。其隐于山谷间,无所事事,日习诵诸子百家言。每博览之暇,汲泉煮茗,以自愉快。无间寒暑,历三十年,疲精殚思,不究茶之指归不已,故所著《茶录》,得茶中三昧。余乞归十载,凤有茶癖,得君百千言,可谓纤悉具备。其知者以为茶,不知者亦以为茶。山人盍付之剞劂氏,即王蒙、卢仝复起不能易也。

吴江顾大典[1] 题

采茶

采茶之候,贵及其时。太早则味不全,

迟则神散,以谷雨前五日为上,后五日次之,再五日又次之。茶芽紫者为上,面皱者次之,团叶又次之,光面如篆叶者最下。彻(徹)夜无云③,浥露采者为上,日中采者次之,阴雨中不宜采。产谷中者为上,竹下者次之,烂石中者又次之,黄砂中者又次之。

造茶

新采,拣去老叶及枝梗碎屑。锅广二尺四寸,将茶一斤半焙之,候锅极热始下茶。急炒,火不可缓。待熟方退火,彻入筛中,轻团那数遍,复下锅中,渐渐减火,焙干为度。中有玄微,难以言显。火候均停,色香全美,玄微未究,神味俱疲。

辨茶

茶之妙,在乎始造之精,藏之得法,泡之得宜。优劣定乎始锅,清浊系乎末火。火烈香清,锅寒神倦。火猛生焦,柴疏失翠。久延则过熟,早起却还生④。熟则犯黄,生则著黑。顺那则甘,逆那则涩。带白点²者无妨,绝焦点者最胜。

藏茶

造茶始干,先盛旧盒中,外以纸封口。过三日,俟其性复,复以微火焙极干,待冷,贮坛中。轻轻筑实,以箬衬紧。将花笋箬及纸数重扎坛口,上以火煨砖冷定压之,置茶育中。切勿临风近火,临风易冷,近火先黄。

火候

烹茶旨要,火候为先。炉火通红,茶瓢始上。扇起要轻疾,待有声,稍稍重疾,斯文武之候也。过于文,则水性柔;柔则水为茶降;过于武,则火性烈,烈则茶为水制。皆不足于中和,非茶家要旨也。

汤辨

汤有三大辨、十五小辨:一曰形辨,二曰声辨,三曰气辨。形为内辨,声为外辨,气为捷辨⑤。如虾眼、蟹眼、鱼眼连珠,皆为萌汤,直至涌沸如腾波鼓浪,水气全消,方是纯熟。如初声、转声、振声、骤声⑥,皆为萌汤,直至无声,方是纯熟。如气浮一缕、二缕、三四缕及缕乱不分,氤氲乱绕⑦,皆为萌汤,直至气直冲贯,方是纯熟。

汤用老嫩

蔡君谟汤用嫩而不用老,盖因古人制茶,造则必碾,碾则必磨,磨则必罗,则茶为飘尘飞粉矣。于是和剂,印作龙凤团,则见汤而茶神便浮,此用嫩而不用老也。今时制茶,不假罗磨,全具元体,此汤须纯熟,元神始发也。故曰汤须五沸,茶奏三奇。

泡法

探汤纯熟便取起,先注少许壶中,祛荡冷气,倾出,然后投茶。茶多寡宜酌,不可过中失正。茶重则味苦香沉,水胜则色清气寡。两壶后,又用冷水荡涤,使壶凉洁。不则减茶香矣。确熟,则茶神不健,壶清,则水性常灵。稍俟茶水冲和,然后分酾布饮。酾不宜早,饮不宜迟。早则茶神未发,迟则妙馥先消。

投茶

投茶有序,毋失其宜。先茶后汤,曰下投;汤半下茶,复以汤满,曰中投;先汤后茶,曰上投。春、秋中投,夏上投,冬下投。

饮茶

饮茶以客少为贵,客众则喧,喧则雅趣乏矣。独啜曰神⑧,二客曰胜,三四曰趣,五六曰泛,七八曰施。

香

茶有真香,有兰香,有清香,有纯香。表里如一曰纯香,不生不熟曰清香,火候均停曰兰香，雨前神具曰真香。更有含香、漏香、浮香、问香，此皆不正之气。

色

茶以青翠为胜，涛以蓝白为佳，黄黑红昏俱不入品。雪涛为上，翠涛为中，黄涛为下。新泉活火，煮茗玄工，玉茗冰涛，当杯绝技。

味

味以甘润为上，苦涩为下。

点染失真

茶自有真香，有真色，有真味。一经点染，便失其真。如水中著咸，茶中著料，碗中著果，皆失真也。

茶变不可用

茶始造则青翠，收藏不法，一变至绿，再变至黄，三变至黑，四变至白。食之则寒胃，甚至瘠气成积。

品泉

茶者水之神，水者茶之体。非真水莫显其神，非精茶曷窥其体。山顶泉清而轻，山下泉清而重，石中泉清而甘，砂中泉清而冽，土中泉淡而白⑨。流于黄石为佳，泻出青石无用。流动者愈于安静，负阴者胜于向阳。真源无味，真水无香。

井水不宜茶

《茶经》云：山水上，江水次，井水最下矣。第一方不近江，山卒无泉水。惟当多积梅雨，其味甘和，乃长养万物之水。雪水虽清，性感重阴，寒人脾胃，不宜多积。

贮水

贮水瓮，须置阴庭中，覆以纱帛，使承星露之气，则英灵不散，神气常存。假令压以木石，封以纸箬，曝于日下，则外耗其神，内闭其气，水神敝矣。饮茶，惟贵乎茶鲜水灵。茶失其鲜，水失其灵，则与沟渠水何异。

茶具

桑苎翁煮茶用银瓢，谓过于奢侈。后用磁器，又不能持久，卒归于银。愚意银者宜贮朱楼华屋，若山斋茅舍，惟用锡瓢，亦无损于香、色、味也。但铜铁忌之。

茶盏

盏以雪白者为上，蓝白者不损茶色，次之⑩。

拭盏布

饮茶前后，俱用细麻布拭盏，其他易秽，不宜用。

分茶盒

以锡为之。从大坛中分用，用尽再取。

茶道

造时精，藏时燥，泡时洁；精、燥、洁，茶道尽矣。

<h1 style="text-align:center">注　　释</h1>

1 顾大典：字道行，号衡寓，苏州吴江人。隆庆二年进士，授会稽教谕，迁处州推官，后升福建提学副使。因力拒请托，为忌者所中，谪知禹州，辞归。家有谐赏园、清音阁等亭池佳胜。工书画，知音律，好为传奇。书法清真，画山水可入逸品。有《清音阁集》、《海岱吟》、《闽游草》、《园居稿》、《青衫记传奇》等。

2 白点：《中国古代茶叶全书》于良子注称，茶叶杀青时，"因高温灼烫而产生的白色痕迹，如过度则成焦斑"。

① 明张源撰：喻政茶书本署作"明包山张源伯渊著"。
② 引：喻政茶书本原作"茶录引"。
③ 彻(徹)：喻政茶书本原作"撤"，本文从现在用字改。
④ 早起："早"字，以及上面的"锅"字、"猛"字，《茗笈·揆制章》及陆廷灿《续茶经》引文作"速"字、"铛"字、"烈"字。
⑤ 气为捷辨：《续茶经·茶之煮》引作"捷为气辨"。
⑥ 骤声：《续茶经·茶之煮》引作"骇声"。
⑦ 乱绕：《续茶经·茶之煮》引作"缭绕"。
⑧ 神：《茗笈·防滥章》、《续茶经·茶之饮》作"幽"。
⑨ 淡：《茗笈·品泉章》、《续茶经》引作"清"。
⑩ 盏以雪白者为上，蓝白者不损茶色，次之：《茗笈·辨器章》、《续茶经·茶之器》引作"茶瓯以白瓷为上，蓝者次之"。

茶集 | 明　胡文焕　辑

作者及传世版本

胡文焕，字德甫，号全庵或全庵道人，一号抱琴居士。钱塘人。他是万历期间知名的文士兼书贾，以嗜茶、善琴、爱书闻名于时。他编撰出版的书籍很多，专门构筑了"文会堂"来藏书、刻书、还开设书肆，经营图书生意。他校梓过《百家名书》、《格致丛书》、《专养丛书》和《胡氏丛编》等丛书，还刊刻了自己编撰的《文会堂琴谱》、《古器总论》、《名物洁言》等数十种书刊。

胡文焕《茶集》，可能是面向市场的射利之作，原收入《百家名书》之中，但目前国内所存《百家名书》已散佚此帙。北京大学图书馆善本藏书，却有单本列目，极可能是《百家名书》中散佚的卷帙。胡文焕在序中指出："余既梓《茶经》、《茶谱》、《茶具图赞》诸书，兹复于啜茶之余，凡古今名士之记、赋、歌、诗有涉于茶者，拔其尤而集之，印命曰《茶集》。"表明他先已辑印部分茶书，此为续辑。此辑所收，多自明嘉靖和万历前期《茶经水辨》、《茶经外集》、《茶谱外集》转抄，并非精审的辑本。

本集抄录成稿的时间，据胡文焕自序，为"万历癸巳(二十一年，1593)初伏日(夏至后第三个庚日)"。本书据北京大学图书馆藏本录校，其重复于前收茶书者，仅列其目。

原　文

《茶集》序

　　茶，至清至美物也，世不皆味之，而食烟火者，又不足以语此。此茶视为泛常，不幸固矣。若玉川其人，能几何哉？余愧未能绝烟火，且愧非玉川伦，然而味茶成癖，殆有过于七碗焉。以故，虎丘、龙井、天池、罗岕、六安、武夷，靡不采而收之，以供焚香挥麈时用也。医家论茶性寒，能伤人脾，独予有诸疾，则必藉茶为药石，每深得其功效。噫！非缘之有自，而何契之若是耶。

　　余既梓《茶经》、《茶谱》、《茶具图赞》诸书，兹复于啜茶之余，凡古今名士之记、赋、歌、诗有涉于茶者，拔其尤而集之，印命名曰《茶集》。固将表茶之清美，而酬其功效于万一，亦将神清高之士，置一册于案头，聊足为解渴祛尘之一助云耳。倘必欲以是书化之食烟火者，是盖鼓瑟于齐王之门，奚取哉？付之覆瓿障牖可也。

万历癸巳初伏日钱塘全庵道人胡文焕序

新刻《茶集》目录

茶中杂咏序　皮日休[2]

煎茶水记　张又新[3]

大明水记　欧阳修[4]

浮槎山水记[5]

六安州茶居士传　徐岩泉

　　居士茶姓，族氏众多，枝叶繁衍遍天下。其在六安一枝最著，为大宗，阳羡、罗岕、武夷、匡庐之类，皆小宗。若蒙山，又其别枝也。岩泉徐子炉者，味古今士也。嘉靖中，以使事至六安，欲过居士访之。偶读书，宵分倦隐几，梦神人告曰："先生含英咀华，余侍有年矣。昔者陆先生不鄙世族，为作谱及杂引为经。每枉士大夫，余辄出其文章表见之。陆先生名愈长，余亦与有扬之之力焉。先生其肯传我乎？余当以扬陆先生者扬先生。"徐子忽寤，睁目视之，无所见。适童子盥双手，捧茶至，乃知所梦者，即茶居士之先也，遂作传。

　　按：茶氏苗裔最远。洪蒙初，上帝悯庶类非所，开形、性二局，各有司存焉。茶氏列木品，凡木材，大者千寻，其最小，须十尺。又与之性，为清、为香、为甘。茶氏喜曰：庶矣，庶矣！未也，吾性叩当益我。乃伏阙诉曰："臣荷恩重，愿世授首报，然为子若孙计，请乞藩封。"上帝怒曰："小臣多欲，罪当诛。"时帝方好生，不即诛，下二局议。司形者曰："罪当贬其处深岩幽谷，其材二尺许。"性者曰："与之苦。"疏请上裁，诏可之。茶氏伏罪而出，于是其处、其材，世守之，历数百年，皆山泽叟也，无显者。

三代以下，国制渐备，间有识者，然遇山人，辄仇仇不适，类戕贼焉。其少者最苦之，长者曰："吾以旗枪卫若。"山人闻之怒，深春率女士噪呼菁莽中，大掳之，俘斩无算，并旗枪骞夺焉。有死者相枕籍者，偃者，仆者，有孑立者，有倾且倚者，有髡者，茶氏愈出首愈败。然侦之，则间谍挑衅多吴中人，乃谋诸老者曰："吾闻吴，强国也。昔齐景公泣涕泆女女矣。吾如景公何？春秋求成之义盍修？"诸众皆曰："然。"于是长者自衔缚，就山人俯伏曰："吾不敌矣，君特为吴人献我耳。勿信，君卫吾，吾当令吴人岁岁贡金币。"山人曰："有是哉，有是哉。"于是徙其众，咸就山人，山人始为通好。然亦无甚显者。

嗣后，有楚狂裔孙陆羽先生者，博物洽闻。闻茶氏名，就山中访之。登其堂，直入其室，寂无纤尘，踌躇四顾，北窗间仅石榻一，设山水画一幅，蒲团数枚，香一炉，棋一枰，古琴一张。案上有《周易》、《羲皇》、《坟典》、古诗书若干卷。茶氏不出，戒诸子曰："先生识者，若等次第往见之，以月日为序，少者最尾。"先生击筑而歌乃出迎。披蒙茸裘，衣朴古之衣，或苍藓迹尚存。盖茶氏山中习云。乃延先生坐，先生问弟子，弟子以次第见之。独少女，诞谷雨前，故名雨前，最娇不出。先生不知，每一见者，咸啧啧叹赏为品题，深有味乎其言也。时茶氏以独

居不成味，无以款先生，出而呼其相狎友数十辈，共聚一室焉，愿各献其能，共成大美悦先生。有第一泉氏、第二泉氏、第三泉氏，有筐氏、笼氏、瓦壶氏、炉氏、火氏、盂氏、箸氏、其果氏、匙氏，列阶下，听先生召始往，不召，不敢往。于时，先生张口舌，倾肠腹，缔交茶氏，咸庆知己。即命雨前出行酒。先生一见，大异之，谓曰："此子标格气味不凡，仙品也，他日当近王者，大贵，第宝藏之，勿轻以许人。然造物忌盈，汝子姓当世世显荣，发在少年，汝长老宜让之。当淡泊随时，高下不同类，可保长贵。若雨前，勿轻许人。"茶氏曰："诺。"命雨前入，遂入。乃呼端溪氏、玄圭氏、楮氏、中山氏咸就见。中山氏免冠，曰："愿乞先生言，用旌主人。"先生命盂氏来，连啜之，一挥而就，《谱》成《经》亦成。茶氏再拜曰："吾得此，后世当有显者，先生赐远矣。"遂别去。今茶氏之《谱》与其《经》，大散见文章家，茶氏名益重。

茶氏世好修洁，与文人骚客、高僧隐逸辈最亲昵。有毒侮于酒正者，辄入底里劝之，酒正尽退舍，不敢角立。又能破人闷，好吟咏。吟咏者援之共席，神气洒洒，肠不枯，惊人句迭出焉。故茶氏风韵绝俗，不与凡品等，特颇远市井。或召之，老者亦往，士人由此益重茶氏，凡延上宾，修婚礼，必邀茶氏与焉。山人者流，知士人重咸重。由是益广其资生，为之去湿就燥，护侵伐，防触抵，千百为计，虽烈日积雪，大风雨，山人视之益笃。然所居率无垣墙之制，上帝不赐藩封也。吴中人知之，更为饵山人，山人不从，果贡金帛，岁岁如初言。山人遂德之，与茶氏通，世世好不绝。

一日，有乘高轩者过其门，咏老杜炙背

采芹之句,茶氏闻之惊曰:"得无知我雨前哉?"不数日,果有疏雨前名上者。上走中使,持玺书,命有司赍黄金色币聘往。金色币者,上御赭袍,示亲宠也。有司如命捧帛聘。茶氏不得已,命雨前拜赐。有司促上马,雨前上马,盛陈仙乐,设旗帜,择良使从之,计偕以上。雨前马上歌曰:"妾本山中质、山中身,蚤辞母兮多苦辛。黄金为币兮色鳞鳞;今日清林,明朝紫宸⑤,何以报君王恩。"又歌曰:"金币缠头兮百花带,鼓耽耽,旟旐旐,苦居中,香在外。红尘百骑荔枝来,太真太真兮今安在。"一时闻者,皆泣下。至京师,直排帝阁,入时上御便殿。雨前叩首曰:"臣所谓苦尽甘来者,蒙恩及草茅,愿赴汤火。"上怜之,以手援之至就口焉。上厚赏赐使者。遂封为龙团夫人,命纳诸后宫。宫中一后、三嫔、六妃、九贵人、十二夫人,一时见者,皆大悦,即延上座,宠冠掖庭。雨前性恬淡不骄,虽群娥,亦狎且就之。自后妃以下,无少长,少顷不见辄索。其隆眷若此,然雨前不能自行,往必藉相托,乞恩于上。上命玉容贵人与之俱。玉容者,其量有容,故以容名。玉容谢曰:"臣今得所矣!昔上命黄封力士入宫禁,力士性傲而气雄,且粗豪,惯恃上恩,至有挤臣倾仆。时者臣尝苦之不自禁,惧无以完晚节。臣今得所矣。"雨前亦以玉容同出身山家,甚宜之。上谓雨前曰:"吾欲汝世世受国恩,汝有家法否?"雨前曰:"臣微贱,无家法。臣侍奉中国,不通外夷,然族有善医者,西番人多重赂之,君王幸为保全,使世守清苦之节,以免赤族。当关须铁面。"上曰"然。"以雨前请,著为令,至今西羌之域,尚有巡茶宪使云。茶氏由此,世通藉王家,益显且远矣。

赞曰:草木之生,皆得天地之精之先也,五谷尚矣。然华者多不足于目,实者多不足于口,类皆可得于见闻,而下通于樵夫、牧竖,不为贵。神仙家以松柏、芝苓,服之可长生,吾又未闻见其术,借有之,其功用亦弗广,皆不足贵也。若茶氏者,樵夫、牧竖所共知,而知之者,鲜能达其精。其精通于神仙家,而功用之广则过之,且世宠于王者,而器之不少衰焉。吁,最贵哉,最贵哉!

茶赋　吴淑　（夫其涤烦疗渴）

煎茶赋　黄鲁直　（泛泛乎如涧松之发清吹）

六羡歌　陆羽　（不羡白玉罍）

茶歌　卢仝　（日高丈五睡正浓）

茶歌　胡文焕

醉翁朝起不成立,东风无情吹鬓急。小舟撑向锡山来,野鹭闲鸥相对集。呼童旋把二泉汲,瓦瓶津津雪气湿。自从分得虎丘芽,到此燃松自煎吃。莫言七碗吃不得,长鲸犹将百川吸。我今安知非卢仝,只恐卢仝未相及。岂但自解宿酒醒,要使苍生尽苏息。君莫学前丁后蔡相斗贡,忘却苍生无米粒。

煎茶歌　苏子瞻　（蟹眼已过鱼眼生）

试茶歌　刘禹锡　（山僧后檐茶数丛）

斗茶歌　范希文　（年年春自东南来）

送羽赴越　皇甫冉　（行随新树深）

茶垅　（造化曾无私）

采茶　（春衫逐红旗）

造茶　蔡君谟　（屑玉寸阴间）

试茶　蔡君谟　（兔毫紫瓯新）

送羽采茶　（千峰待逋客）

寻陆羽不遇　僧皎然　（移家虽带郭）

西塔院　裴拾遗　（竟陵文学泉）

茶瓶汤候

砌虫唧唧万蝉催，忽有千车捆载来。
听得松风并涧水，急呼缥色绿瓷杯。

又 罗大经

松风桧雨到来初，急引铜瓶离竹炉。
待得声闻俱寂后，一瓯春雪胜醍醐。

煎茶

分得春茶谷雨前，白云裹里且鲜妍。
瓦瓶旋汲三泉水，纱帽笼头手自煎。

观陆羽茶井 王禹偁 （甃石封苔百
尺深）

茶碾烹煎 黄鲁直 （风炉小鼎不须催）

杂咏 徐岩泉

闻寂空堂坐此身，山家初献满筐春。
炉边细细吹烟火，莫使翩跹鹤避人。

采采新芽开细工，筐头朝露尚蒙戎。
问渠何处山泉活，花底残枝日正中。

高枕残书小石宝，偶来新味竞芬芳。
盈盈七碗浑闲事，直入穷搜最苦肠。

梅花落尽野花攒，怪底春工尽放宽。
嫩舌茸茸起香处，逼人风味又成团。

新炉活火谩烹煎，更是江心第一泉。
鹤梦未醒香未烬，黄庭才罢问先天。

茶经 徐岩泉

仙人已去遗言在，千古风流一卷收。
静凡有香谁是伴，人人争说六安州。

惠山泉 黄鲁直 （锡谷寒泉瀡石俱）

双井茶 黄鲁直

人间风日不到处……落硙纷纷雪
〔不如。为公唤起黄州梦，独载扁舟向
五湖〕6

□□□ 黄鲁直⑥

唐毋景茶饮序

叶清臣述煮茶泉品

注 释

1 毋景：或作"毋炯"、"毋煚"，《大唐新
　语》作"綦毋旻"。
2 此处删节，见唐代陆羽《茶经》。
3 此处删节，见唐代张又新《煎茶水记》。
4 此处删节，见宋代欧阳修《大明水记》。
5 此处删节，见宋代欧阳修《大明水记》。

6 此处删节，见明代孙大绶《茶谱外集·
　双井茶》。此诗录至"落硙纷纷雪"即
　止，缺"不如。为公唤起黄州梦，独载
　扁舟向五湖"等文字。后面"唐毋景茶
　饮序"及"叶清臣述煮茶泉品"，底本未
　完有缺，目次依目录补。

校 勘

① 双井茶：底本原误刊作"双茶井"，径改。下
　同，不出校。
② 本文本版本不到尾。本目以下，不仅目录不
　全，文亦全阙，本文实际仅残存至上诗黄庭坚
　《双井茶》止。
③ 此仅署作者名，阙诗文题。因为本目以下至
　"唐毋景茶饮序"、"叶清臣述煮茶泉"最后二目

录间，另有三行空行。此三行所缺题目，据《中
国古籍善本书目》(丛书)胡文焕《百家名书》所
载《茶集》介绍，胡文焕《茶集》除正文一卷外，
还有"附说四篇一卷"；所空三行，正是"附记"
和"唐毋景茶饮序"之前另两篇所失茶记的题
名。我们上说该条黄庭坚失名之诗，亦为本文
正文最后一则内容，即这样所推定的。

④ 述煮茶泉品："品"字，原稿无，据叶清臣原文补。

⑤ 今日清林，明朝紫宸：喻政《茶集》等引作"今日清明兮朝紫宸"。

⑥ 此黄鲁直佚名诗，系底本正文最后一首诗，但缺内文，无从校正。

茶经 | 明 张谦德 撰

作者及传世版本

张谦德(1577—1643)，明苏州府嘉定(一说昆山)人，字叔益。后改名"丑"，字青甫，一作青父，号米庵，又号籫觉生，并随家徙居苏州长洲县。少习举子业，不第，遂潜心古文，二十年杜门不出，博览子史，考订《史记》诸家之注。谦德一生，不仅爱读书，也好收藏古籍书法名画，是当时一位颇有名声的藏书家、收藏家，自号"米庵"，就是收藏有米芾墨迹的缘故。作《清河书画舫》十二卷表一卷、《名山藏》二百卷、《真迹日录》、《山房四友谱》、《书法名画闻见录》等。

本书是明代的一部重要茶书，虽以辑集前人著述为主，但如张谦德在前言所说，因他感到古今茶书，其中有些内容如烹试方法，与近世已不能尽合，所以"乃于暇日，折衷诸书，附益新意，勒成三篇。"所谓"折衷诸书"，就是对过去的各种茶书，作一次全面系统的梳理，断取其内核，然后"附益新意"，也即阐述自己的体会和看法。

本文撰刊时间，张谦德前言题作"万历丙申"，也即万历三十四年(1596)。至其作者，有版本作"张谦德"，也有作"张丑"。《四库全书总目提要》杂家类存目十一有《张氏藏书》四卷，说是"明张应文撰，凡十种：曰《箪瓢乐》、曰《老圃一得》……曰《茶经》、曰《瓶花谱》。"以为《茶经》也是张谦德的父亲张应文撰。万国鼎《茶书总目提要》根据自序所题名及诸书目所署，认为《茶经》的作者"应当是张谦德"。

经查南京和湖南现存二部万历《张氏藏书》刻本，以及苏州、吴县、长洲、昆山和嘉定各方志，可以确定，本文为张谦德撰著。其父张应文，字茂实，号彝甫，又号被褐先生。博综古今，与王世贞友善，自嘉定迁居苏州后，搜讨古今法书名画，晚年在张谦德的具体操作下，刻有《清秘藏张氏藏书》一部。其中的《茶经》，万历刻本署有"被褐先生授第三男张谦德述"的字样，恐未为《四库提要》撰者所留意。而《张氏藏书》所收十余种，张应文和张丑的著作差不多也是各占一半。以南京图书馆所藏的现存十一种的《张氏藏书》为例，属于张应文所撰的共《箪瓢乐》、《老圃一得》、《罗钟斋兰谱》、《彝斋艺菊》和《清供品》五种，属于张谦德所写的，有《山房四友谱》、《茶经》、《瓶花谱》、《朱砂鱼谱》四种。此外二种，《焚香略》为张应文口授、张丑笔录，《清闵藏》为张应文授、张丑述。

本文主要版本有明张丑编万历丙申刻本，清丁丙跋明钞本，以及民国《美术丛书》本、国立北京大学中国民俗学会《民俗丛书·茶专号》本等。本书以明张丑编万历丙申刻本为底本，以其他各本作校。

原 文

古今论茶事者，无虑数十家，要皆大暗小明，近厗远泥。若鸿渐之《经》，君谟之《录》，可谓尽善尽美矣。第其时，法用熟碾细罗，为丸为挺。今世不尔，故烹试之法，不能尽与时合。乃于暇日，折衷诸书，附益新意，勒成三篇，僣名《茶经》，授诸枣而就正博雅之士。

万历丙申春孟哉生魄日[1]，蓬觉生张谦德言。

上篇论茶

茶产

茶之产于天下多矣，若姑胥之虎丘、天池，常之阳羡，湖州之顾渚紫笋，峡州之碧涧明月，南剑之蒙顶石花①，建州之北苑②先春龙焙，洪州之西山白露、鹤岭，穆州之鸠坑，东川之兽目，绵州之松岭，福州之柏岩，雅州之露芽，南康之云居，婺州之举岩碧乳，宣城之阳坡横纹，饶池之仙芝、福合、禄合、莲合③、庆合，寿州之霍山黄芽，邛州之火井④思安，安渠江之薄片，巴东之真香，蜀州之雀舌、鸟嘴、片甲、蝉翼，潭州之独行灵草⑤，彭州之仙崖石仓⑥，临江之玉津，袁州之金片、绿英，龙安之骑火，涪州之宾化，黔阳之都濡高枝，泸州之纳溪梅岭，建安之青凤髓、石岩白⑦，岳州之黄翎毛、金膏冷之数者，其名皆著。品第之，则虎丘最上，阳羡真岕、蒙顶石花次之，又其次，则姑胥天池、顾渚紫笋、碧涧明月之类是也。余惜不可考耳。

采茶

凡茶，须在谷雨前采者为佳。其日有雨不采，晴有云不采，晴采矣。又必晨起承日未出时摘之。若日高露晞，为阳所薄，则芽之膏腴立耗于内，后日受水亦不鲜明，故以早为贵。又采芽，必以甲不以指，以甲则速断不柔，以指则多温易损。须择之必精，濯之必洁，蒸之必香，火之必皂，方气味俱佳。一失其度，便为茶病。茶贵早，尤贵味全。故品茶者，有一枪二旗之号，言一芽二叶也。采摘者，亦须识得。

造茶

唐宋时，茶皆碾罗为丸为锭。南唐有研膏，有蜡面，又其佳者曰京铤。宋初有龙凤模，号石乳、的乳、白乳，而蜡面始下矣。丁晋公进龙凤团，蔡君谟进小龙团，而石乳等下矣。神宗时复造密云龙，哲宗改为瑞云翔龙，则益精，而小龙团下矣。徽宗品茶以白茶第一，又制三色细芽，而瑞云翔龙下矣。已上茶虽碾罗愈精巧，其天趣皆不全。至宣和庚子，漕臣郑可闻⑧，始创为银丝冰芽，盖将已熟茶芽再剔去，只取心一缕，用清泉渍之，光莹如银丝，方寸新胯，小龙腕脡(蜿蜒)其上,号龙团胜雪。去龙脑诸香,极称简便,而天趣悉备,永为不更之法矣。

茶色

茶色贵白,青白为上,黄白次之。青白者,受水鲜明;黄白者,受水昏重故耳。徐眩[2] 其面色鲜白,著盏无水痕者为嘉绝。缘斗试家以水痕先者为负,耐久者为胜。故较胜负之说,曰相去一水两水。

茶香

茶有真香,好事者入以龙脑诸香,欲助其香,反夺其真,正当不用。

茶味

茶味主于甘滑,然欲发其味,必资乎水。盖水泉不甘,损茶真味,前世之论水品者,以此。甘滑,谓轻而不滞也。

别茶

善别茶者,正如相工之视人气色,隐然察之于内焉。若嚼味嗅香,非别也。

茶效

人饮真茶,能止渴消食,除痰少睡,利水道,明目益思,除烦去腻。夫人不可一日无者,所以收焙烹点之法,详载于后。

中篇论烹

择水

烹茶择水,最为切要。唐陆鸿渐品水云:山水上,江水中,井水下。山水乳泉石池慢流者上,瀑涌湍漱勿食之,久食令人有颈疾。江水取去人远者,井水取汲多者[3]。其言虽简,而于论水尽矣。吾家又新著《煎茶水记》,专一品水,其论比鸿渐精,而加详第。余不得一一试之,以验其说。据已尝者言之,定以惠山寺石泉为第一,梅天雨水次之。南零水难真者,真者可与惠山等。

吴淞江水、虎丘寺石泉,凡水耳,虽然,或可用。不可用者,井水也。

候汤

蔡君谟云:烹试之法,候汤最难,故茶须缓火炙,活火煎,活火谓炭火之有焰者。当使汤无妄沸,庶可养茶。始则鱼目散布,微微有声;既则四边泉涌,累累连珠;终则腾波鼓浪,水气全消,谓之老汤。三沸之法,非活火不能成也。

点茶

茶少汤多则云脚散;汤少茶多则乳面聚。

用炭

茶宜炭火,茶寮中当别贮净炭听用。其曾经燔炙为膻腻所及者,不用之。唐陆羽《茶经》曰:膏薪庖炭,非火也。

洗茶

凡烹蒸熟茶,先以热汤洗一两次,去其尘垢冷气,而烹之则美。

熁盏

凡欲点茶,先须熁盏令热,则云脚方聚。冷则茶色不浮。

涤器

一切茶器,每日必时时洗涤始善,若膻鼎腥瓯,非器也。

藏茶

茶宜箬叶而畏香药,喜温燥而忌湿冷,故收藏之家,以箬叶封裹入焙中,两三日一次用火,常如人体温,温则御湿润。若火多,则茶焦不可食。

炙茶

茶或经年,则香、味、色俱陈,宜以武火炙一次,须时时看之,勿令其焦,以透为度。又当年新茶,过霉天阴雨,亦可用此法。

茶助

茶之真而粗者,价廉易办,只乏甘香耳。每壶加甘菊花三五朵,便甘香悉备。更能以缸器蓄天雨水,则惠山即在目前矣。

茶忌

茶有真香,有佳味,有正色。烹点之际,不宜以珍果、香草杂之。

下篇论器

茶焙

茶焙,编竹为之,裹以箬叶。盖其上,以收火也;隔其中,以有容也;纳火其下,去茶尺许,常温温然,所以养茶色、香、味也。

茶笼

茶不入焙者,宜密封裹以箬笼盛之,置高处,不近湿气。

汤瓶

瓶要小者,易候汤,又点茶注汤有准。瓷器为上,好事家以金银为之。铜锡生铦,不入用。

茶壶

茶性狭,壶过大,则香不聚,容一两升足矣。官、哥、宣、定为上,黄金、白银次,铜锡者,斗试家自不用。

茶盏

蔡君谟《茶录》云:茶色白⑨,宜建安所造者,绀黑纹如兔毫,其坯微厚,燺之久热难冷,最为要用。出他处者,或薄,或色紫,皆不及也。其青白盏,斗试家自不用。此语就彼时言耳,今烹点之法,与君谟不同。取色莫如宣定,取久热难冷,莫如官哥,向之建安黑盏,收一两枚以备一种略可。

纸囊

纸囊,用剡溪藤纸白厚者夹缝之,以贮所炙茶,使不泄其香也。

茶洗

茶洗,以银为之,制如碗式,而底穿数孔,用洗茶叶,凡沙垢皆从孔中流出,亦烹试家不可缺者。

茶瓶

瓶或杭州或宜兴所出,宽大而厚实者,贮芽茶,乃久久如新而不减香气。

茶炉

茶炉用铜铸,如古鼎形,四周饰以兽面饕餮纹,置茶寮中,乃不俗。

注　释

1　哉生魄日:"哉生魄"指阴历每月十六日,所谓"月魄始生"。《书经·康诰》"惟三月,哉生魄"。孔安国:"月十六日,明消而魄生。"
2　眂:视。
3　此说陆羽"品水",录自《茶经·五之煮》。

校　勘

① 南剑之蒙顶石花:"南剑",当为"剑南"之误。蒙顶旧属剑南道。
② 北苑:"苑"字,各本均误刊作"院",径改。
③ 莲合:《民俗丛书·茶专号》(简称民俗丛书本)、民国《美术丛书》(简称美术丛书本)作"连"。
④ 火井:"火"字,民俗丛书本、美术丛书本形讹作"大"字。
⑤ 灵草:"草"字底本、清丁丙跋明钞本作"箅"字,

疑"草"之讹，民俗丛书本、美术丛书本作"草"，据改。

⑥ 石仓："仓"字底本作"苍"，从清丁丙跋明钞本和民国诸本改作"仓"。

⑦ 石岩白："白"字，底本、清丁丙跋钞本均形讹作"曰"，径改。

⑧ 漕臣郑可闻："闻"字，底本、清丁丙跋明钞本、民俗丛书本，均刻作俗写"眷"字，《敦煌俗字谱》："同闻"。郑可闻，有的书如《福建通志》作"简"；但有的书如《潜确类书》作闻，《说郛》还书作"问"，未及进一步细考确定。

⑨ 茶色白：蔡襄《茶录》于文还有"宜黑盏"三字。

茶疏 ｜ 明　许次纾　撰

作者及传世版本

许次纾（约1549—1604），浙江钱塘（今杭州）人。字然明，号南华。厉鹗《东城杂记》说次纾"跛而能文，好蓄奇石，好品泉，又好客，性不善饮"，唯独没有提到次纾嗜茶。对于茶，恰如吴兴姚绍宪在《茶疏序》中所说，许次纾嗜之成癖。姚氏在长兴顾渚明月峡辟一小茶园，每年茶期，他都要从杭州前去"探讨品骘"。杭州和吴兴相隔数百里，由此可知他对茶的爱好之深。其著作除《茶疏》外，据说还有《小品室》、《荡栉斋》二集。

许次纾"存日著述甚富"，但如《东城杂记》记载，至厉鹗时（康熙后期至乾隆初年），大部分"失传"，唯"得其所著《茶疏》一卷"。这一点，很像欧阳修在《集古录跋尾》谈到陆羽的情况："考其传，著书颇多……岂止《茶经》而已哉，然其他书皆不传。"后人有说陆羽他书所以不传，"盖为茶所掩耳"。放在许次纾身上，或也不无道理。在明代后期辑集类茶书风行的时候，许次纾弃易就难，以总结整理茶事实践经验、茶理和秘诀为要旨，自然受到社会的更加重视和关爱，何况《茶疏》反映的实践经验，还吸收了当时江浙一带特别是姚绍宪等一批精于茶事者的宝贵经验在内。

《茶疏》又名《许然明茶疏》、《然明茶疏》。本文的写作年代，据许世奇引言，"丙甲（申）年，余与然明游龙泓……嗣此经年，然明以所著《茶疏》视余"，万国鼎定在万历二十五年（1597，丙申年是万历二十五年）。现在流传的版本较多，除万历丁未许世奇刻本外，还有明刻陈继儒亦政堂普秘笈一集[1]、喻政《茶书》本、徐中行重订《欣赏编》本、屠本畯《山林经济籍》本、王道焜《雪堂韵史》竹屿本、冯可宾《广百川学海》本、《锦囊小史》本以及《说郛续》本等明本，清以后的版本更多，不再列举。此次整理，以喻政《茶书》本为底本，以明《锦囊小史》刻本、王道焜《雪堂韵史》竹屿本、冯可宾《广百川学海》本、《说郛续》[2]本等作校。

原　文

序

陆羽品茶，以吾乡顾渚所产为冠，而明月峡尤其所最佳者也。余辟小园其中，岁取茶租自判，童而白首，始得臻其玄诣。武林许然明，余石交也，亦有嗜茶之癖，每茶期，必命驾造余斋头，汲金沙、玉窦二泉，细啜而探讨品骘之。余罄生平习试自秘之诀，悉以相授，故然明得茶理最精，归而著《茶疏》一帙，余未之知也。然明化三年所矣，余每持茗碗，不能无期牙之感[3]。丁未春，许才甫携然明《茶疏》见示，且征于梦。然明存日著述甚富，独以清事托之故人，岂其神情所注，亦欲自附于《茶经》不朽与？昔巩民陶瓷肖鸿渐像，沽茗者必祀而沃之，余亦欲貌然明于篇端，俾读其书者，并挹其丰神可也。

万历丁未春日吴兴友弟姚绍宪识于明月峡中

〔小引〕①

吾邑许然明，擅声词场旧矣。丙申之岁②，余与然明游龙泓，假宿僧舍者浃旬。日品茶尝水，抵掌道古。僧人以春茗相佐，竹炉沸声，时与空山松涛响答，致足乐也。然明嘳然曰，阮嗣宗[4]以步兵厨贮酒三百斛，求为步兵校尉，余当削发为龙泓僧人矣。嗣此经年，然明以所著《茶疏》视余，余读一过，香生齿颊，宛然龙泓品茶尝水之致也。余谓然明曰："鸿渐《茶经》，寥寥千古，此流堪为鸿渐益友。吾文词则在汉魏间，鸿渐当北面矣。"然明曰："聊以志吾嗜痂之癖，宁欲为鸿渐功匠也。"越十年，而然明修文地下，余慨其著述零落，不胜人琴亡俱[5]之感。一夕梦然明谓余曰："欲以《茶疏》灾木[6]，业以累子。"余遂然觉而思龙泓品茶尝水时，遂绝千古，山阳在念，泪浪浪湿枕席也。夫然明著述富矣，《茶疏》其九鼎一脔耳，何独以此见梦，岂然明生平所癖，精爽成厉，又以余为臭味也，遂从九京相托耶？因授剞劂以谢然明。其所撰有《小品室》、《荡栉斋》集，友人若贞父诸君方谋锓之。

丁未夏日社弟许世奇才甫撰。

目录

产茶

天下名山，必产灵草。江南地暖，故独宜茶，大江以北，则称六安。然六安乃其郡名，其实产霍山县之大蜀山也。茶生最多，名品亦振，河南、山、陕人皆用之。南方谓其能消垢腻、去积滞，亦共宝爱。顾彼山中不善制造，就于食铛[7]大薪炒焙，未及出釜，业已焦枯，讵堪用哉？兼以竹造巨笥，乘热便贮，虽有绿枝紫笋，辄就萎黄，仅供下食，奚堪品斗。

江南之茶，唐人首称阳羡，宋人最重建州，于今贡茶，两地独多。阳羡仅有其名，建茶亦非最上，惟有武夷雨前最胜。近日所尚者，为长兴之罗岕，疑即古人顾渚紫笋也。介于山中，谓之岕，罗氏隐焉，故名罗。然岕故有数处，今惟洞山最佳。姚伯道云：明月之峡[8]，厥有佳茗，是名上乘。要之，采之以时，制之尽法，无不佳者。其韵致清远，滋味甘香，清肺除烦，足称仙品，此自一种也。若在顾渚，亦有佳者，人但以水口茶[9]名之，全与岕别矣。若歙之松萝、吴之虎丘、钱塘之龙井，香气秾郁，并可雁行，与岕颉颃④。往郭次甫[10]亟称黄山，黄山亦在歙中，然去松萝远甚。往时士人皆贵天池，天池产者，饮之略多，令人胀满，自余始下其品，向多非之，近来赏音者始信余言矣。浙之产，又曰天台之雁宕⑤，括苍⑥之大盘、东阳之金华、绍兴之日铸，皆与武夷相为伯仲。然虽有名茶，当晓藏制。制造不精，收藏无法，一行出山，香味色俱减。钱塘诸山，产茶甚多，南山尽佳，北山稍劣。北山勤于用粪，茶虽易茁，气韵反薄。往时颇称睦之鸠坑、四明之朱溪，今皆不得入品。武夷之外，有泉州之清源，倘以好手制之，亦是武夷亚匹，惜多焦枯，令人意尽。楚之产

曰宝庆，滇之产曰五华，此皆表表有名犹在雁茶之上。其他名山所产，当不止此，或余未知，或名未著，故不及论。

今古制法

古人制茶，尚龙团凤饼，杂以香药。蔡君谟诸公，皆精于茶理，居恒斗茶，亦仅取上方珍品碾之，未闻新制。若漕司所进第一纲名北苑试新者，乃雀舌、冰芽。所造一夸之直至四十万钱，仅供数盂之啜，何其贵也。然冰芽先以水浸，已失真味，又和以名香，益夺其气，不知何以能佳。不若近时制法，旋摘旋焙，香色俱全，尤蕴真味。

采摘

清明、谷雨，摘茶之候也。清明太早，立夏太迟，谷雨前后，其时适中。若肯再迟一二日，期待其气力完足，香烈尤倍，易于收藏。梅时不蒸，虽稍长大，故是嫩枝柔叶也。杭俗喜于盂中百点，故贵极细；理烦散郁，未可遽非。吴淞人极贵吾乡龙井，肯以重价购雨前细者，狃于故常，未解妙理。岕中之人，非夏前不摘。初试摘者，谓之开园，采自正夏，谓之春茶。其地稍寒，故须待夏，此又不当以太迟病之。往日无有于秋日摘茶者，近乃有之，秋七八月重摘一番，谓之早春。其品甚佳，不嫌少薄。他山射利，多摘梅茶。梅茶涩苦[11]，止堪作下食，且伤秋摘，佳产戒之。

炒茶

生茶[12]初摘，香气未透，必借火力，以发其香。然性不耐劳，炒不宜久。多取入铛，则手力不匀，久于铛中，过熟而香散矣。甚且枯焦，尚堪烹点⑦。炒茶之器，最嫌新铁，铁腥一入，不复有香。尤忌脂腻，害甚于铁，须豫取一铛，专用炊饭，无得别作他

用。炒茶之薪，仅可树枝，不用干叶，干则火力猛炽，叶则易焰易灭。铛必磨莹，旋摘旋炒。一铛之内，仅容四两，先用文火焙软，次加武火催之，手加木指[13]，急急钞转，以半熟为度。微俟香发，是其候矣，急用小扇钞置被笼，纯绵大纸衬底，燥焙积多，候冷入瓶收藏。人力若多，数铛数笼，人力即少，仅一铛二铛，亦须四五竹笼。盖炒速而焙迟，燥湿不可相混。混则大减香力，一叶稍焦，全铛无用。然火虽忌猛，尤嫌铛冷，则枝叶不柔，以意消息，最难最难。

岕中制法

岕之茶不炒，甑中蒸熟，然后烘焙。缘其摘迟，枝叶微老，炒亦不能使软，徒枯碎耳。亦有一种极细炒岕，乃采之他山，炒焙以欺好奇者。彼中甚爱惜茶，决不忍乘嫩摘采，以伤树本。余意他山所产，亦稍迟采之，待其长大，如岕中之法蒸之，似无不可，但未试尝，不敢漫作。

收藏

收藏宜用瓷瓮，大容一二十斤，四围厚箬，中则贮茶。须极燥极新，专供此事。久乃愈佳，不必岁易。茶须筑实，仍用厚箬填紧，瓮口再加以箬，以真皮纸包之，以苎麻紧扎，压以大新砖，勿令微风得入，可以接新。

置顿

茶恶湿而喜燥，畏寒而喜温，忌蒸郁而喜清凉，置顿之所，须在时时坐卧之处，逼近人气，则常温不寒。必在板房，不宜土室，板房则燥，土室则蒸。又要透风，勿置幽隐，幽隐之处，尤易蒸湿，兼恐有失点检。其阁庋之方，宜砖底数层，四围砖砌，形若火炉，愈大愈善，勿近土墙，顿瓮其上，随时取灶下火灰，候冷，簇于瓮傍半尺以外；仍

随时取灰火簇之，令里灰常燥。一以避风，一以避湿；却忌火气，入瓮则能黄茶。世人多用竹器贮茶，虽复多用箬护，然箬性峭劲，不甚伏帖，最难紧实，能无渗罅？风湿易侵多，故无益也。且不堪地炉中顿，万万不可。人有以竹器盛茶，置被笼中，用火即黄，除火即润，忌之，忌之。

取用

茶之所忌，上条备矣。然则阴雨之日，岂宜擅开⑧。如欲取用，必候天气晴明、融和高朗，然后开缶，庶无风侵。先用热水濯手，麻帨拭燥。缶口内箬，别置燥处。另取小罂贮所取茶，量日几何，以十日为限。去茶盈寸，则以寸箬补之。仍须碎剪。茶日渐少，箬日渐多，此其节也。焙燥筑实，包扎如前。

包裹

茶性畏纸，纸于水中成，受水气多也。纸裹一夕，随纸作气尽矣。虽火中焙出，少顷即润。雁宕诸山，首坐此病。每以纸帖寄远，安得复佳。

日用顿置

日用所需，贮小罂中，箬包苎扎，亦勿见风。宜即置之案头，勿顿巾箱书簏，尤忌与食器同处；并香药则染香药，并海味则染海味，其他以类而推。不过一夕，黄矣变矣。

择水

精茗蕴香，借水而发，无水不可与论茶也。古人品水，以金山中泠为第一泉第二⑨，或曰庐山康王谷第一。庐山余未之到，金山顶上井亦恐非中泠古泉。陵谷变迁，已当湮没，不然，何其漓薄不堪酌也？今时品水，必首惠泉，甘鲜膏腴，致足贵

也⑩。往三渡黄河⑪，始忧其浊，舟人以法澄过，饮而甘之，尤宜煮茶，不下惠泉。黄河之水，来自天上，浊者，土色也。澄之既净，香味自发。余尝言有名山则有佳茶，兹又言有名山必有佳泉，相提而论，恐非臆说。余所经行，吾两浙两都、齐鲁楚粤、豫章滇黔，皆尝稍涉其山川，味其水泉，发源长远，而潭沚澄澈者，水必甘美。即江河溪涧之水，遇澄潭大泽，味咸甘洌。唯波涛湍急，瀑布飞泉，或舟楫多处，则若浊不堪。盖云伤劳，岂其恒性。凡春夏水长则减⑫，秋冬水落则美。

贮水

甘泉旋汲用之斯良，丙舍在城，夫岂易得，理宜多汲，贮大瓮中。但忌新器，为其火气未退，易于败水，亦易生虫。久用则善，最嫌他用。水性忌木，松杉为甚。木桶贮水，其害滋甚，挈瓶为佳耳。贮水，瓮口厚箬泥固，用时旋开。泉水不易，以梅雨水代之。

舀水

舀水必用瓷瓯，轻轻出瓮，缓倾铫中，勿令淋漓瓮内，致败水味，切须记之。

煮水器

金乃水母，锡备柔刚，味不咸涩，作铫最良。铫中必穿其心，令透火气。沸速则鲜嫩风逸，沸迟则老熟昏钝，兼有汤气，慎之慎之。茶滋于水，水借乎器；汤成于火，四者相须，缺一则废。

火候

火必以坚木炭为上，然木性未尽，尚有余烟，烟气入汤，汤必无用。故先烧令红，去其烟焰，兼取性力猛炽，水乃易沸。既红之后，乃授水器，仍急扇之，愈速愈妙，毋令

停手。停过之汤，宁弃而再烹。

烹点

未曾汲水，先备茶具，必洁必燥，开口以待。盖或仰放，或置瓷盂，勿竟覆之。案上漆气、食气，皆能败茶。先握茶手中，俟汤既入壶，随手投茶汤，以盖覆定。三呼吸时，次满倾盂内，重投壶内，用以动荡香韵，兼色不沉滞。更三呼吸，顷以定其浮薄，然后泻以供客，则乳嫩清滑，馥郁鼻端。病可令起，疲可令爽，吟坛发其逸思，谈席涤其玄襟。

秤量

茶注，宜小不宜甚大。小则香气氤氲，大则易于散漫。大约及半升，是为适可。独自斟酌，愈小愈佳。容水半升者，量茶五分，其余以是增减。

汤候

水一入铫，便须急煮。候有松声，即去盖，以消息其老嫩。蟹眼之后，水有微涛，是为当时。大涛鼎沸，旋至无声，是为过时。过则汤老而香散，决不堪用。

瓯注

茶瓯，古取建窑兔毛花者⑭，亦斗碾茶用之宜耳。其在今日，纯白为佳，叶贵于小。定窑最贵，不易得矣。宣、成、嘉靖⑮，俱有名窑。近日仿造，间亦可用。次用真正回青⑯，必拣圆整，勿用咶窳⑰。茶注以不受他气者为良，故首银次锡。上品真锡，力大不减，慎勿杂以黑铅。虽可清水，却能夺味。其次内外有油瓷壶亦可，必如柴、汝、宣、成⑱之类，然后为佳。然滚水骤浇，旧瓷易裂，可惜也。近日饶州所造，极不堪用。往时龚春茶壶，近日时彬所制，大为时人宝惜。盖皆以粗砂制之，正取砂无土气耳。随手造作，颇极精工，顾烧时必须火力

极足,方可出窑。然火候少过,壶又多碎坏者,以是益加贵重。火力不到者,如以生砂注水,土气满鼻,不中用也。较之锡器,尚减三分。砂性微渗,又不用油,香不窜发,易冷易馊,仅堪供玩耳。其余细砂及造自他匠手者,质恶制劣,尤有土气,绝能败味,勿用勿用。

荡涤

汤铫瓯注,最宜燥洁。每日晨兴,必以沸汤荡涤,用极熟黄麻巾帨⑬向内拭干,以竹编架覆而求之燥处,烹时随意取用。修事既毕,汤铫拭去余沥,仍覆原处。每注茶甫尽,随以竹筋尽去残叶,以需次用。瓯中残沈,必倾去之,以俟再斟。如或存之,夺香败味。人必一杯,毋劳传递,再巡之后,清水涤之为佳。

饮啜

一壶之茶,只堪再巡。初巡鲜美,再则甘醇,三巡意欲尽矣。余尝与冯开之¹⁹戏论茶候,以初巡为停停袅袅十三余,再巡为碧玉破瓜年,三巡以来绿叶成阴矣。开之大以为然。所以茶注欲小,小则再巡已终。宁使余芬剩馥尚留叶中,犹堪饭后供啜嗽之用,未遂叶之可也。若巨器屡巡,满中泻饮,待停少温,或求浓苦,何异农匠作劳,但需涓滴,何论品赏,何知风味乎。

论客

宾朋杂沓,止堪交错觥筹,乍会泛交,仅须常品酬酢,惟素心同调,彼此畅适,清言雄辩,脱略形骸,始可呼童篝火⑭,酌水点汤⑮,量客多少为役之烦简。三人以下,止爇一炉;如五六人,便当两鼎炉用一童⑯,汤方调适。若还兼作,恐有参差。客若众多⑰,姑且罢火,不妨中茶投果,出自

内局。

茶所

小斋之外,别置茶寮。高燥明爽,勿令闭塞。壁边列置两炉⑱,炉以小雪洞覆之,止开一面,用省灰尘腾散。寮前置一几,以顿茶注、茶盂,为临时供具,别置一几,以顿他器。傍列一架,巾帨悬之,见用之时,即置房中。斟酌之后,旋加以盖,毋受尘污,使损水力。炭宜远置,勿令近炉,尤宜多办宿干易炽。炉少去壁,灰宜频扫。总之,以慎火防爇,此为最急。

洗茶

岕茶摘自山麓,山多浮沙,随雨辄下,即著于叶中。烹时不洗去沙土,最能败茶。必先盥手令洁,次用半沸水扇扬稍和洗之。水不沸,则水气不尽,反能败茶,毋得过劳以损其力。沙土既去,急于手中挤令极干,另以深口瓷合贮之⑲,抖散待用。洗必躬亲,非可摄代。凡汤之冷热,茶之燥湿,缓急之节,顿置之宜,以意消息,他人未必解事。

童子

煎茶烧香,总是清事,不妨躬自执劳。然对客谈谐,岂能亲莅,宜教两童司之。器必晨涤,手令时盥,爪可净剔,火宜常宿,量宜饮之时,为举火之候。又当先白主人,然后修事。酌过数行,亦宜少辍。果饵间供,别进浓沈,不妨中品充之。盖食饮相须,不可偏废。甘酸杂陈,又谁能鉴赏也。举酒命觞,理宜停罢,或鼻中出火,耳后生风,亦宜以甘露浇之,各取大盂,撮点雨前细玉,正自不俗。

饮时

| 心手闲适 | 披咏疲倦 | 意绪棼乱 |
| 听歌闻曲⑳ | 歌罢曲终 | 杜门避事 |

鼓琴看画	夜深共语	明窗净几
洞房阿阁	宾主款狎	佳客小姬
访友初归	风日晴和	轻阴微雨
小桥画舫	茂林修竹	课花责鸟
荷亭避暑	小院焚香	酒阑人散
儿辈斋馆	清幽寺观	名泉怪石

宜辍

作字㉑	观剧	发书柬
大雨雪	长筵大席	翻阅卷帙
人事忙迫	及与上宜饮时相反事	

不宜用

恶水	敝器	铜匙
铜铫	木桶	柴薪
麸炭	粗童	恶婢
不洁巾帨	各色果实香药	

不宜近

阴室	厨房	市喧
小儿啼	野性人	童奴相哄
酷热斋舍		

良友

清风明月	纸帐楮衾	竹宝石枕
名花琪树		

出游

士人登山临水，必命壶觞。乃茗碗薰炉，置而不问，是徒游于豪举，未托素交也。余欲特制游装，备诸器具，精茗名香，同行异室。茶罂一，注二，铫一，小瓯四，洗一，瓷合一，铜炉一，小面洗一，巾副之，附以香奁、小炉、香囊、匕箸，此为半肩㉒。薄瓮贮水三十斤，为半肩足矣。

权宜

出游远地，茶不可少，恐地产不佳，而人鲜好事，不得不随身自将。瓦器重难，又不得不寄贮竹篘。茶甫出瓮，焙之。竹器晒干，以

篘厚贴，实茶其中。所到之处，即先焙新好瓦瓶，出茶焙燥，贮之瓶中。虽风味不无少减，而气力味尚存㉓。若舟航出入，及非车马修途，仍用瓦缶，毋得但利轻赍，致损灵质。

虎林水

杭两山之水，以虎跑泉为上。芳洌甘腴，极可贵重。佳者乃在香积厨中上泉，故有土气㉔，人不能辨其次。若龙井、珍珠、锡杖、韬光、幽淙、灵峰，皆有佳泉，堪供汲煮。及诸山溪涧澄流，并可斟酌，独水乐一洞，跌荡过劳，味遂漓薄。玉泉往时颇佳，近以纸局坏之矣。

宜节

茶宜常饮，不宜多饮。常饮则心肺清凉，烦郁顿释；多饮则微伤脾肾，或泄或寒。盖脾土原润，肾又水乡，宜燥宜温，多或非利也。古人饮水饮汤，后人始易以茶，即饮汤之意。但令色香味备，意已独至，何必过多，反失清洌乎。且茶叶过多，亦损脾肾，与过饮同病。俗人知戒多饮，而不知慎多费，余故备论之。

辩讹

古今论茶，必首蒙顶。蒙顶山，蜀雅州山也，往常产，今不复有，即有之，彼中夷人专之㉕，不复出山。蜀中尚不得，何能至中原、江南也。今人囊盛如石耳，来自山东者，乃蒙阴山石苔，全无茶气，但微甜耳，妄谓蒙山茶。茶必木生，石衣得为茶乎？

考本

茶不移本，植必子生。古人结婚，必以茶为礼，取其不移植子之意㉖也。今人犹名其礼曰下茶。南中夷人定亲，必不可无，但有多寡。礼失而求诸野，今求之夷矣。

余斋居无事，颇有鸿渐之癖㉗。又桑苎翁所至，必以笔床、茶灶自随，而友人有

同好者,数谓余宜有论著,以备一家,贻之好事,故次而论之。倘有同心,尚箴余之阙,葺而补之,用告成书,甚所望也。次纾再识。

<h1 style="text-align:center">注　释</h1>

1　近代论著中有关《茶疏》版本的介绍,每每相从提及陈继儒《宝颜堂秘笈》本,但我们查阅了几部尚白斋、宝颜堂正续秘笈本,都无收《茶疏》。可是在大家未提及的陈继儒《亦政堂普秘笈》本中,却发现收有《茶疏》。前称《宝颜堂秘笈》,是否是"亦政堂"之误?

2　说郭续本所收《茶疏》,仅只录前十部分,不全。

3　期牙之感:期,指钟子期;牙,指俞伯牙。指许次纾死后,姚绍宪再捧起茶碗,有不思再饮的感觉。

4　阮嗣宗:即阮籍,嗣宗是其字。

5　人琴亡俱:也作人琴俱逝、人琴俱绝等。晋王羲之子徽之(字子猷)、献之(字子敬),都患重病。献之先卒,徽之久不闻献之消息,谅已死,即驱车奔丧,直入灵堂,取献之生前琴弹,但屡调不好,于是掷琴于地说:"子敬、子敬,人琴俱亡。"恸哭良久,归家月余亦卒。见《世说新语·伤逝》。

6　灾木:犹灾梨,通常用作刻印的谦辞。谓刻印无用的书,灾及作版的梨木。

7　食铛:铛指铁锅,"食铛"指日常烧饭炒菜用的锅子。

8　明月之峡:即"明月峡",《天中记》称,在顾渚附近"二山相对,石壁峭立大涧中流,茶生其间尤为绝品。"唐张文规诗句"明月峡中茶始生"即指此。

9　水口:即今浙江湖州长兴水口镇,位于长兴东北太湖滨,是顾渚等山溪会注太湖之口,故名。早在唐代,即因顾渚贡焙和紫笋茶等社会经济因素,水口擅舟楫之便,即发展成顾渚一带的一个重要草市。

10　郭次甫:元末明初道士,金陵(今南京)人,居大劳山。郭次甫在山中拜赵宝山为师。

11　梅茶:黄梅季节生长、采制的茶叶。这时生长的茶叶,确如前面所说,由于气温较适,长势旺盛,芽叶"虽然长大",但仍"是嫩枝柔叶",较春茶甚至和后期秋茶相比,品质确实略逊,但也不是作者所说的只堪作"下食"。

12　生茶:指茶树鲜叶。

13　木指:用竹木制作的指套。

14　兔毛花者:即建窑烧制的兔毫盏。色黑,釉下有放射状的细纹,形似兔毛。

15　宣、成、嘉靖:明年号名。"宣"指明宣宗宣德(1426—1435)年间;"成"指明宪宗成化(1465—1487)年间。

16　回青:一称"回回青","青"指青色颜料,回回原指西域,一般旧时所说的回回青,主要来自印尼、南洋,这里泛指为"进口钴青料"。

17　呰窳(yǔ):"呰"同訾、訿,通疵。窳,指粗劣器物。呰窳,辞书一般作懒惰、精神不振释,此指粗劣或有毛病的瓯注。

18　柴、汝、宣、成:古代著名瓷窑。柴窑,传称为周世宗柴荣时的瓷窑,窑址大概在今河南郑州一带,据说其所制瓷器,"青如天,明如镜,薄如纸,声如磬。"汝窑,即汝州(今河南临汝)之窑。宋元祐初年,继定窑后被指为专造宫廷瓷器。宣窑,为明代宣德年间在江西景德镇所设的官窑。成窑，指明成化年间的官窑。

19 冯开之：即冯梦桢（1546—1605），浙江秀水（今浙江嘉兴）人，开之是其字。万历五年进士，官编修，忤张居正，免官。后复官南京国子监祭酒，又被劾归。家藏有《快雪时晴帖》，因名其堂为"快雪堂"。有《历代贡举志》、《快集堂集》和《快雪堂漫录》。

校　勘

① 小引：底本无，此据丛书集成本补。

② 丙申之岁："申"字，原文形误作"甲"字，径改。

③ 包裹：底本目录原排在"日用置顿"之后，与文中内容排列倒错，现按文中实际序次，提置"日用置顿"之前。

④ 颉颃："颃"字，底本作"顽"，丛书集成本作"颃"，据改。

⑤ 雁宕："宕"字，明版各本均作"宕"字，丛书集成本等从近代俗写，改书作"荡"。下同。

⑥ 括苍：底本原作"栝"字。"括苍"此指"括苍县"，隋置，丛书集成本校改作"括"字，据改。

⑦ 尚堪烹点："尚"字，明刊各本，均作"尚"，丛书集成本，校改作"不"字。

⑧ 岂宜擅开："宜"字，丛书集成本改作"能"字。

⑨ 中泠为第一泉第二：此处明显有错衍。疑应是"中泠泉为第一"；"第二"二字衍。

⑩ 致足贵也："致"字，小史本、《雪堂韵史》（简称雪堂本）、广百川本等同底本，作"致"，丛书集成本作"至"。

⑪ 往三渡黄河："三"字，小史本、雪堂本、广百川本等同底本，作"三"；丛书集成本校改作"日"字。

⑫ 春夏水长则减："长"字，丛书集成本从俗改作"涨"。

⑬ 用极熟黄麻巾帨："熟"字，雪堂本、广百川本，校改作"热"字，似较妥帖。

⑭ 呼童篝火："呼"字，小史本、雪堂本、广百川本等，作"乎"。"童"字，广百川本形误作"重"字。

⑮ 酌水点汤："酌"字，小史本、雪堂本、广百川本等无。丛书集成本改作"汲"。

⑯ 两鼎炉用一童：广百川学海本、丛书集成本无"用"字。

⑰ 客若众多：小史本、雪堂本、广百川本等，均无"若众"二字。

⑱ 列置两炉："两"字，有少数版本作"鼎"字。

⑲ 瓷合贮之："合"字，小史本、雪堂本、广百川本均同底本。丛书集成本按俗校改为"盒"。其实旧"合"通"盒"。如唐王建宫词"黄金合里盛红雪"的"合"字，即指"盒"。

⑳ 听歌闻曲："闻"字，小史本、广百川本等作"品"，丛书集成本改作"拍"。

㉑ 作字："字"字，小史本、广百川本等刻作"事"字。

㉒ 此为半肩："此"字，小史本、雪堂本、广百川本，作"以"字。

㉓ 气力味尚存："力"字，丛书集成本改作"与"字。

㉔ 故有土气："有"字，丛书集成本改作"其"字。

㉕ 彼中夷人专之："彼"字前，丛书集成本还一"亦"字。

㉖ 植子之意："植"字，丛书集成本擅改作"置"字。

㉗ 癖：小史本、雪堂本、广百川本，皆作"僻"字。

茶话 | 明 陈继儒 撰

作者及传世版本

陈继儒(1558—1639),字仲醇,号眉公,又号麋公。松江华亭(今上海松江)人。诸生。少与同郡董其昌、王衡齐名。二十九岁时,焚弃儒生衣冠,隐居小昆山,后又筑室东佘山,杜门著述。《明史·隐逸传》有其传。工诗善文,短翰小词,皆极风致。书法苏、米,兼精绘事。董其昌久居词馆,推眉公不去口。陈继儒著述宏富,也喜欢收藏和刻印书籍。家有宝颜堂、晚香堂等藏书处。其著作为《四库全书》收录的,即有《读书镜》、《眉公十集》、《书蕉》、《佘山诗话》等三十种。其编注、评校、刻印过的书籍有宋马令《南唐书》三十卷,蔡正孙《精选诗林广记》四卷,李攀龙辑《唐诗选》七卷,王衡《诸子类语》四卷,自撰《陈眉公先生全集》六十卷附《年谱》一卷;自辑《宝颜堂秘笈》二百二十九种四百六十九卷,陈邦俊《广谐史》十卷等等。屡屡奉诏征用,但皆以疾辞,八十二岁卒于家。

《茶话》,本是辑集有关茶事经验、习俗和茶叶风情韵事的七百多字短文,自喻政将其编入《茶书》,即成茶书一种。《茶书》署为"云间(松江古称)陈继儒著",但万国鼎在《茶书总目提要》中指出,此文"似乎不是他自己编写,而是别人从他所撰的其他几种书中摘出编成的"。万国鼎并且查对出《茶话》全书十九条,十一条出自陈继儒的《太平清话》,七条[1]见于《岩栖幽事》。有人据此提出本文为喻政摘辑,但这不过是一种猜测。万国鼎又据《太平清话》成书于万历二十三年(1595)的线索,提出《茶话》写于"1595年前后"。但这未必可以代表《岩栖幽事》或陈继儒其他著作的写作时间。而《茶话》的摘编,更当在此之后。喻政《茶书》编刊于万历四十一年(1613),我们认为《茶话》编刊的时间,应该也只会是在1595年至1613年间。

本书以喻政《茶书》作底本,以《茶话》所辑资料原书和相同引文作校。

原　文

采茶欲精,藏茶欲燥,烹茶欲洁①。

茶见日而味夺,墨见日而色灰②。

品茶:一人得神,二人得趣,三人得味,七八人是名施茶②③。

山谷《煎茶赋》④云:"泛泛乎如涧松之发清吹,浩浩乎如春空之行白云"。可谓得煎茶三昧⑤。

山谷云：相茶瓢，与相邛竹³同法，不欲肥而欲瘦，但须饱风霜耳⑥。

箕踞斑竹林中⑦，徙倚青石几上⑧，所有道笈、梵书，或校雠四五字，或参讽一两章。茶不甚精，壶亦不燥，香不甚良，灰亦不死。短琴无曲而有弦，长歌⑨无腔而有音。激气发于林樾，好风送之水涯，若非羲皇以上，定亦嵇、阮⁴兄弟之间⑩。

三月茶笋初肥，梅风⁵未困⑪；九月莼鲈正美，秫酒新香。胜客晴窗，出古人法书名画，焚香评赏，无过此时⑫。

昔人以陆羽饮茶，比于后稷树谷。及观韩翃书云："吴王礼贤，方闻置茗，晋人爱客，才有分茶。"则知开创之功，非关桑苎老翁也⑬。

太祖高皇帝⁶极喜顾渚茶，定额贡三十二斤，岁以为常⑭。

洞庭中西尽处，有仙人茶，乃树上之苔藓也，四皓采以为茶⑮。

吴人于十月采小春茶⁷，此时不独⑯逗漏花枝⁸，而尤喜月光⑰晴暖，从此蹉过，霜凄雁冻，不复可堪⑱。宋徽宗有《大观茶论》二十篇，皆为碾余烹点而设，不若陶穀《十六汤》，韵美之极⑲。

徐长谷⁹《品惠泉赋序》云：叔皮何子远游来归，汲惠山泉一罂，遗予东皋之上。予方静掩竹门，消详鹤梦，奇事忽来，逸兴横发。乃乞新火煮而品之，使童子归谢叔皮焉⑳。

琅琊山出茶，类桑叶而小，山僧焙而藏之，其味甚清㉑。

杜鸿渐¹⁰与杨祭酒¹¹书云：顾渚山中紫笋茶两片，此茶但恨㉒帝未得尝，实所叹息。一片上太夫人，一片充昆弟同啜。余乡佘山¹²茶，实与虎丘伯仲。深山名品，合献至尊，惜收置不能五十斤也㉓。

蔡君谟汤取嫩而不取老，盖为团茶㉔发耳。今旗芽枪甲，汤不足则茶神不透、茶色不明。故茗战之捷，尤在五沸㉕。

琉球亦晓烹茶，设古鼎于几上，水将沸时，投茶末一匙，以汤沃之。少顷捧饮㉖，味甚清㉗。

山顶泉㉘轻而清；山下泉清而重；石中泉清而甘；沙中泉清而冽；土中泉清而厚。流动者良于安静；负阴者胜于向阳。山峭者泉寡，山秀者有神。真源无味，真水无香㉙。

陶学士¹³谓："汤者，茶之司命。"此言最得三昧。冯祭酒¹⁴精于茶政，手自料涤，然后饮客。客有笑者。余戏解之云：此正如美人，又如古法书名画，度可著俗汉手否㉚？

注　释

1　经查证，《茶话》与《太平清话》相同的实为十三则；与《岩栖幽事》相同的实为九则。这二书有五条内容相重，扣除重复，故有二条未见出处。

2　施茶：煮茶以供众饮。（一）寺院法事的内容和形式之一；（二）旧时民间在路边成歇脚处置茶以惠行人的善举。一些地方还成立专门的"施茶会"。此指不论茶趣茶味只为解渴的众人之饮。

3　相邛竹："邛"，亦作"筇"，汉代西南少数民族名，也引作地名或山名，如"邛山"和西汉以前严道县内邛崃山(在今四川荣经西南),产竹,以邛竹杖为著名特产。《汉书·张骞传》等载:"臣在大夏时,见邛竹杖、蜀布。"此相邛竹即指"相邛竹杖"。

4　嵇、阮:即晋时所谓竹林七贤的嵇康、阮籍。

5　梅风:梅,一指腊梅一指黄梅。故梅风亦一指早春的风,如唐杜审言《守岁侍宴应制》诗:"弹弦奏节梅风入"即是。也作黄梅季节的风,如王琦汇解《岭南录》:"梅雨后风,曰梅风。"此指黄梅时风。

6　太祖高皇帝:即明太祖朱元璋。

7　十月采小春茶:中国采制秋茶的历史甚早,如宋陆游《幽居》"园丁刈霜稻,村女卖秋茶"诗句所反映即一例。江南有些地方把"十月",俗称"小阳春";故将这时采制的茶,亦有称"小春茶"之说。

8　逗漏花枝:"逗漏"即"逗遛",停顿、持续之意。"花枝"指开有花的树枝。这里指农历十月,茶树的盛花期虽过,但茶枝上还有很多茶花。

9　徐长谷:即徐献忠,字长谷,参见《水品》题记。

10　杜鸿渐(709—769):字之巽,濮州濮阳(治位今山东范县西南旧濮县)人。开元二十二年进士,授朔方判官。肃宗立,累迁河西节度使,入为尚书丞、太常卿。代宗广德二年,任兵部侍郎同中书门下平章事。卒谥文宪。

11　杨祭酒:祭酒,学官名,即隋以后主管国子监所设的国子监祭酒。唐时姓杨的祭酒很多,如唐文宗时的杨敬之,即是著名的"杨祭酒"之一,但和杜鸿渐同时代的杨祭酒查未果。

12　佘山:位于今上海青浦东南,相传因古有佘姓者隐此而得名。陈继儒由小昆山后亦移隐于此。山产笋香如兰,康熙赐名"兰笋山";产茶,又因山名"兰笋茶"。

13　陶学士:即指宋陶谷,参见《荈茗录》题记。

14　冯祭酒:具体指谁,由于只有一个姓,且时间也不明,无法确定。但我们查考最后相比而言,认为明万历五年进士,浙江秀水人冯梦桢的可能性很大。因其任过南京国子监祭酒,古籍中称其"冯祭酒"的记载也多。

校　勘

①　《太平清话》卷三、《岩栖幽事》均收。

②　《太平清话》卷三、《岩栖幽事》均收。

③　见《岩栖幽事》。

④　山谷《煎茶赋》:见陈继儒《岩栖幽事》,原作"山谷赋苦笋云:苦而有味,可谓得譬笋三昧。汹汹乎如涧松之发清吹……可谓得煎茶三昧。"

⑤　见《岩栖幽事》。

⑥　据《岩栖幽事》。

⑦　箕踞斑竹林中:"踞"和"斑"字之间,《太平清话》和《岩栖幽事》原文,均多一"于"字。

⑧　徙倚青石几上:《太平清话》和《岩栖幽事》原文在"倚"和"青"字间,皆多一"于"字。喻政茶

书本删或脱。

⑨　长歌:"歌"字,《太平清话》、《岩栖幽事》原作"讴"字。

⑩　本条《太平清话》卷三、《岩栖幽事》均存。

⑪　梅风未因:"风"字,《太平清话》、《岩栖幽事》原作"花"。

⑫　《岩栖幽事》、《太平清话》均存。

⑬　此条《太平清话》、《岩栖幽事》未见。但极类《茗笈·第一溯源章》评。

⑭　载《太平清话》卷一。

⑮　辑自《太平清话》卷一。

⑯　不独:"独"字,《太平清话》原文作"特"。

⑰　尤喜月光:"喜"字,《太平清话》原文作"尚"。

"月"似为"日"字之误。

⑱ 不复可堪:《太平清话》原文作"不可复堪"。

⑲ 《太平清话》卷二、《岩栖幽事》皆存。

⑳ 辑自《太平清话》卷二。

㉑ 辑自《太平清话》卷三。

㉒ 此茶但恨:"茶"字,《太平清话》明万历绣水沈氏刻宝颜堂秘笈本,误刻为"恨"字,作"此恨但恨",今据喻政茶书本校正。

㉓ 辑自《太平清话》卷三。

㉔ 团茶:《太平清话》原文,在"团"和"茶"字之间,还有一"饼"字。

㉕ 辑自《太平清话》卷三。

㉖ 捧饮:"捧"字,《太平清话》原文作"奉"。奉,《说文》"承也",通"俸"、通"捧"。

㉗ 辑自《太平清话》卷三。

㉘ 山顶泉:在这三字前,《岩栖幽事》原文,还有"洞庭张山人云"一句。喻政茶书本辑时省或脱,似不妥。

㉙ 辑自《岩栖幽事》。此条内容,与张源《茶录·品泉》基本相同,未辨二书孰者为先。

㉚ 此条内容,不见《太平清话》和《岩栖幽事》,无查。

茶乘 | 明 高元濬 辑

作者及传世版本

高元濬,字君鼎,号黄如居士,福建龙溪(今漳州)人。与当地名士、著作刻书家黄以升、陈正学和万历二十二年(1594)举人张燮等相交游。余不详。有《茶乘》六卷、《拾遗》两篇传世。

《茶乘》是明代嘉、万年间撰刊茶书热的产物。明代的福建尤其建阳,是我国刻书业最为发达的地区之一。以茶书为例,闽县人郑熜早在嘉靖时,就首先刻印了陆羽《茶经》和《茶具图赞》两书。在这之后,喻政知福州,在徐㶿的帮助下,汇编刻印了我国第一部茶书汇编庄《茶书》(或《茶书全集》)。喻政《茶书》第一编也即壬子本,收有十七种茶书,第二编也就是万历癸丑本,增加到了二十七种。所以,如果说郑熜《茶经》是明代后期茶书撰刊热的率先之作,那末喻政《茶书》则是其中最有价值的代表作。至于高元濬的《茶乘》,是被黄以升称为"皋卢之大成,吾闽之赤帜"的《茶书》以后的又一巨作,其编辑和刊印可以说是郑熜《茶经》、喻政《茶书》的承续和补充。它同《茶书》、《茶经》都是明代后期的福建,也可以说是整个中国最值得推重的几部茶书。

《茶乘》虽然如张燮所说,是"复合诸家删纂"而成的辑集类茶书,但由于其辑集内容和卷数、字数都较一般同类茶书为多,也包含有高元濬本人对茶事、茶史的某些独到看法,因而不失较高的价值。

是书的撰刊年代,万国鼎《茶书总目提要》推定为崇祯三年即"1630年左右之前",

南京大学图书馆和《中国古籍善本书目》，根据高元濬自序残存的落款日期"癸亥菊月"，定为"天启三年(1623)"。我们在编校时查考，发现本文在明代《徐氏家藏书目》、《千顷堂书目》中都曾收录。《徐氏家藏书目》一称《红雨楼书目》，编刊于"万历三十年(1602)"，这说明《茶乘》的成书，至迟不会晚于万历三十年。如是这样，高元濬《茶乘·序》所署"癸亥菊月"，就不应该是"天启三年"而至少当是前一个"癸亥"，即嘉靖四十二年(1563)的癸亥年。但据文献记载，高元濬生活的年代，大抵又在万历中期

以后，嘉靖癸亥时，他可能还没有出世或出道，所以，此"癸亥"，只能是"天启癸亥"无疑。那末，我们怎样解释上述矛盾呢？我们分析，如果现在所定《徐氏家藏书目》刊印的年代不错，就只有一种可能，即《茶乘》编定在前，刻印较晚。换言之，本稿早在万历三十年之前即已编成并有少量钞本传世，而刻印则一直耽搁到高元濬作序也即天启三年之时。

本书传世仅有南京大学明天启刻本，近出《续修四库全书》亦据此影印。这次整理，因此就用这个本子。

原　文

图按经庶竟陵之汤勋不泯，北苑之绪芬具在云尔。癸亥菊月[1] 露中[2] 高元濬君鼎撰①。

茶乘品藻

品一　张燮[3]

嗜茶，非自茶博士始也，王仲祖[4] 不先登乎？彼日与宾朋穷吸啜之致，但无复撰述以行。故陆氏之甘草癖独显，当是以《经》得名耳。宋以茶著者，无如吾闽蔡君谟。今龙凤团法且未废，而《茶录》尚播传诵。信乎，文之行远也。余向见友人屠田叔作《茗笈》而乐之，高君鼎复合诸家，删纂而作《茶乘》，古来茗灶间之点缀，可谓备尝矣。每读一过，使人涤尽尘土肠胃。后世有嗜茶者，尊《经》为茶素王，《录》为素臣。君鼎是编，尚未甘向郑康成车后也。

品二　王志道[5]

茗之初兴，曾比于酪，邾莒之盟，犹有异议。其后乃隐然与醉乡敌国。云："精于唐，侈于宋"，然其制莫不辗之、范之、膏之、蜡之。单焙之法，起自明时，可谓竟陵、建安后无作者哉！君鼎见之矣。今之好事汤社、麹部，事事中分艺苑，抑有一焉。（叙）记之，可以伯伦无功作对者，近体之，可与葡萄美酒饮中八仙作对者，尚觉寥寥。

有明以来，鼓吹唐风，得无有颇可采者乎？君鼎暇日将广搜之。

品三　陈正学[6]

予园居，以茶为谏友，君鼎道岸先登，其竟陵之法，胤苕溪之石交乎志。公惧法乘销毁，刻石而峪之，君鼎为《乘》之意良然。

品四　章载道

余尝谓:嗜茶而不穷其致,仅与玉川角,胜于碗杓间,此陆、蔡诸君所窃笑也。君鼎嗜茶,直肩随陆、蔡,故所著《茶乘》,虽述倍于创,要于疏原引类,各极其致,不翅三昧入矣。因戏谓君鼎:"相与定交于茶臼间,如何?"君鼎笑曰:"子能出龙凤团相饷不?"余曰:《乘》中唯不详此,差胜耳。"君鼎曰:"味长舆此言,嗜乃更进。"

品五　黄以升[7]

春雨中烹新芽,读君鼎《茶乘》,肺腑皆香,恍如惠山对啜时也。《茶经》、《茶述》至矣,昔人犹病其略,建安迨蔡《录》始备。今得君鼎撰述,而嘉木名泉,点缀无憾,是亦皋卢之大成,吾闽之赤帜也。予好麴部,恐污汤神,然知己过从,频馨惊雷之笑[8],以为麈尾,借其玄液鼠须干焉。膏润种种幽韵,惟可与君鼎道耳。若品与法进事与词,该尤《经》、《录》所鲜。渴以当饮,不知世间有仙掌、醍醐也。

目次

〔附:茶乘拾遗②上篇　下篇〕

卷一

茶原

茶者……不堪采掇。《茶经》[9]

茶产

茶之产于天下多矣……惜皆不可致耳。顾元庆《茶谱》[10]

近时所尚者,为长兴之罗岕,疑即古顾渚紫笋。然岕故有数处,今惟洞山最佳。若歙之松罗,吴之虎丘,杭之龙井,并可与岕颉颃。又有极称黄山者,黄山亦在歙,去松罗远甚。虎丘山窄,岁采不能十斤,极为难得。龙井之山,不过十数亩,外此有茶,皆不及也;即杭人识龙井味者,亦少,以乱真多耳。往时士人皆重天池,然饮之略多,令人胀满。浙之产曰雁宕、大盘、金华、日铸,皆与武夷相伯仲。武夷之外,有泉州之清源,潼州之龙山,倘以好手制之,亦是武夷亚匹。蜀之产曰蒙山,楚之产曰宝庆,滇之产曰五华,庐之产曰六安[11],及灵山、高霞、泰宁[12]③、鸠坑、朱溪、青鸾、鹤岭、石门、龙泉[13]之类,但有都佳。其他山灵所钟,在处有之,直以未经品题,终不入品,遂使草木有炎凉之感,良可惜也④。

艺法

秋社后,摘茶子,水浮取沉者,略晒去

湿润,沙拌藏竹篓子,勿令冻损,俟春旺时种之。茶喜丛生,先治地平正,行间疏密,纵横各二尺许,每一坑下子一掬,覆以焦土。次年分植,三年便可摘取。凡种茶,地宜高燥,沃土斜坡,得早阳者,产茶自佳;聚水向阴之处遂劣。故一山之中,美恶相悬。茶根土实,草木杂生则不茂。春时薙草,秋夏间锄掘三四遍。茶地觉力薄,每根傍掘小坑,培焦上升许,用米泔浇之。次年别培,最忌与菜畦相逼,秽污渗漉,滓厥清真。

采法

岁多暖,则先惊蛰十日即芽;岁多寒,则后惊蛰始发。故《茶经》云:采茶在二月、三月、四月之间。今闽人以清明前后,吴越乃以谷雨前后,时以地异也。凡茶不必太细,细则芽初萌而味欠足;不必太青,青则叶已老而味欠嫩。须择其中枝颖拔,叶微梗、色微绿而团且厚曰中芽,乃一芽带一叶者,号一枪一旗。次曰紫芽,乃一芽带两叶者,号一枪二旗。其带三叶、四叶者,不堪矣[14]。

凡采茶,以晨兴不以日出。日出露晞,为阳所薄,则使茶之膏腴泣耗于内,茶至受水而不鲜明,故以早为最。若闽广岭南,多瘴疠之气,必待日出,山霁雾散,岚气收净,采之可也[15]。

凌露无云,采候之上;霁日融和,采候之次;积雨重阴,不知其可。邢士襄《茶说》

断茶以甲不以指,以甲,则速断不柔;以指,则多湿易损。宋子安⑤《东溪试茶录》

往时无秋日摘者,近乃有之,七八月重摘一番,谓之早春,其品甚佳,不嫌少薄。许次纾⑥《茶疏》

制法

茶新采时,膏液具足。初用武火急炒,以发其香,候铛微炙手,置茶铛中,札札有声,急手炒匀。炒时须一人从旁扇之,以祛热气。凡炒只可一握,多取入铛,则手力不匀。又以半热为度,微候香发,即出之,箕上薄摊,用扇搧冷,以手揉捼,入文火铛焙干,扇冷,收藏,色如翡翠。铛最宜炊饭,无取他用者。薪仅可树枝,不用干叶[16]。

火烈香清,铛寒神倦,火猛生焦,柴疏失翠。久延则过熟犯黄,速起却还生著黑。带白点者无妨,绝焦点者最胜。张源《茶录》

欲全香、味与色,妙在扇之与炒,此不易之准绳⑦。惟罗岕宜焙,虽古有此法,未可概施他茗。田子艺以茶生晒不炒、不揉者为佳,亦未之试耳[17]。

藏法

藏茶宜箬叶而畏香药……或秋分后一焙。熊明遇《岕茶记》又法,以新瓶盛茶,不拘大小,烧稻草灰入于大桶,将茶瓶座桶中,以灰四面筑实,用时拨灰取瓶,余瓶再无蒸坏,次年换灰[18]。

藏茶莫美于沙瓶,若用饶器,恐易生润。

凡贮茶之器,始终贮茶,不得移为他用。罗廪《茶解》

茶性淫,易于染著,无论腥秽及有气息之物,不宜近。即名香亦不宜近。《茶解》

煮法

茶有三美:色欲其白,种愈佳则愈皙;香欲其烈,制愈工则愈歊[19];味欲其隽,水愈高则愈发,而捴其成于煮。煮须活火,最忌烟薰,非炭不可。凡经燔炙,为膻腻所及,及膏水败器,俱不用之。火绩已成,水性乃定。始则鱼目散布,微微有声,为一沸;中则四边泉涌,累累连珠,为二沸;终则腾波鼓浪,水气全消,为三沸。然后引瓶启盖，离火投茶。如水石相抟、暄豗震掉者，以所出水止之，而育其华也。少则如空潭度溜、竹篆鸣风者，叶以舒而汤犹旋也。又顷如澄潭之下，水波不惊，行藻交横、色香味俱足，而茶成矣。若薪火方交，水釜才炽，急取旋倾，水气未尽，谓之嫩汤，品中谓之婴汤。若人过百息，水逾十沸，或以话阻事废，始取用之，汤已失性，谓之老汤，品中谓之百寿汤。老与嫩皆非也[20]。

茶少汤多，则云脚散，汤少茶多，则乳面聚。蔡《录》酾不宜早，早则茶神未发；饮不宜迟，迟则妙馥先消。张《录》

投茶有序，无失其宜，先茶后汤，曰下投；汤半下茶，伏以汤满，曰中投；无汤后茶，曰上投。春秋中投，夏上投，冬下投。《茶录》[8]

凡酌茶置诸碗，令沫饽均。沫饽，汤之华也。华之薄者曰沫；厚者曰饽；轻细者曰花。《茶经》

凡烹茶，先以热汤洗茶叶，去其尘垢冷气，烹之则美。《茶谱》[21]

品水

雨者，阴阳之和，天地之施。水从云下，辅时生养者也。秋水为上，梅水次之。秋水白而洌，梅水白而甘。甘则茶味稍夺，洌则茶味独全，故秋水较胜春、冬二水。春胜于冬，皆以和风明云，得天地之正施者为妙。惟夏月暴雨，或因风雷所致，实天之流怒也，食之令人霍乱。其龙行之水，暴而霆者，旱而冻者，腥而墨者，及檐溜者，皆不可食[22]。

山下出泉为蒙，稚也。物稚则天全，水稚则味全，故鸿渐曰"山水上"。其曰：乳泉，石池慢流者，蒙之谓也。一取清寒，泉不难于清而难于寒。石少土多，沙腻泥凝者，必不清寒。或濑峻流驶而清，岩奥阴积而寒者，亦非佳品。一取香甘：味美者曰甘泉；气芳者曰香泉。泉惟甘香，故能养人。然甘易而香难，未有香而不甘者也。一取石流：石，山骨也；流，水行也。《博物志》曰："石者，金之精甲。石流精，以生水"。又曰："山泉者，引地气也。"泉非石出者，必不佳。一取山脉逶迤，山不停处，水必不停；若停，则无源者矣，旱必易涸。大率山顶泉，清而轻；山下泉，清而重；石中泉，清而甘；沙中泉，清而洌；土中泉，清而厚。有下生硫黄，发为温泉者；有同出一壑，半温半冷者，皆非食品。有流远者，远则味薄；取深潭停蓄，其味乃复。有不流者，食之有害。《博物志》曰："山居之民多瘿肿，由于饮泉之不流者。"若泉上有恶木，则叶滋根润，能损甘香，甚者能酿毒液，尤宜去之[23]。

江，公也，众水共入其中也。水共则味杂，故曰"江水次之"。其取去人远者，盖去人远，则澄深而无荡漾之漓耳。田崇衡《煮泉小品》

溪水，春夏泛漫不宜用，秋最上，冬次之，必须汲贮俟其澄彻，可食。

井水，脉暗而性滞，味咸而色浊，有妨茗气，故鸿渐曰："井水下"。其曰："汲多者，可食"，盖汲多，则气通而流活耳。终非佳品。或平地偶穿一井，适通泉穴，味甘而澹，大旱不涸，与山泉无异，非可以井水例观也。若海滨之井，必无佳泉；盖潮汐近，地斥卤故耳[24]。

贮水瓮，须置阴庭，覆以纱帛，使承星露，则英华不散，灵气常存。假令压以木石，封以纸箬，暴于日中，则外耗其神，内闭其气，水神敝矣。张源《茶录》[9]

刘伯刍品扬子江南零水第一……淮水

最下[25]。

陆鸿渐品庐山康王谷水第一……雪水二十[26]。

择器

烹煮之瓶宜小,入火水气易尽,投茶香味不散。若瓶大,啜存停久味过,则不佳矣。茶瓶,金银为上,瓷瓶次之。瓷不夺茶气,幽人逸士,品色尤宜。近义兴茶罐,制雅料佳,大为人所重。盖是粗砂,正取砂无土气耳。茶瓯,亦取料精式雅、质厚,难冷、莹白如玉者,可试茶色。越州为上;杜毓《荈赋》所谓"器择陶拣,出自东瓯"是也。蔡君谟取建盏,其色绀黑,似不宜用[27]。

金乃水母,锡备刚柔,味不咸涩,作铫最良。制必穿心,令火气易透。《茶疏》[10]

涤器

汤瓶茶瓯,每日晨兴,必须洗洁,以竹编架覆而庋之燥处,俟烹时取用。两壶后,又用冷水荡涤,使壶凉洁。饮毕,汤瓶尽去其余沥残叶,以需次用。瓯中残沈,必倾去之,以俟再斟。如或存之,夺香败味[28]。

茶具涤毕,覆于竹架,俟其自干为佳。其拭巾只宜拭外,切忌拭内。盖布巾虽洁,一经人手,极易作气。纵器不干,亦无大害。闻龙《茶笺》

茶宜

茶候宜凉台静室,明窗曲几,僧寮道院,松风竹月,花时雪夜,晏坐行吟,清谭把卷。茶侣宜翰卿墨客,缁流羽士,逸老散人,或轩冕之徒;超轶世味,俱有云霞泉石、磊块胸次间者。饮茶宜客少为贵,客众则喧,喧则雅趣乏矣。独啜曰幽,二客曰胜,三四曰趣,五六曰泛,七八曰施[29]。

茶饮防滥,厥戒惟严,其或客乍倾盖,朋偶消烦,宾待解醒,则玄赏之外,别有攸施矣。屠本畯《茗笈》

茶禁

茶有九难……非饮也。《茶经》[30]

茶有真香,有佳味,有正色,烹点之际,不宜以珍果香草杂之。《茶谱》[31]

夫茶中著料,碗中著果,譬如玉貌加脂,蛾眉著黛,翻累本色。《茶说》[11]

茶效

人饮真茶……然率用中下茶。《苏文》[32]

茶具

审安老人载十二先生姓名字号……洁斋居士[33]。

顾元庆茶谱分封七具[34]:

苦节君煮茶竹炉也。用以煎茶,更有行省收藏。

建城以箬为笼,封茶以贮高阁。

云屯瓷瓶,用以杓泉,以供煮水。

乌府以竹为篮,用以盛炭,为煎茶之资。

水曹即瓷缸瓦缶,用以贮泉,以供大鼎。

器局竹编为方箱,用以收茶具者[12]。

品司竹编圆撞提合,用以收贮各品茶叶,以待烹品者也。

又十六具:收贮于器局,以供役苦节君

商象古石鼎也,用以煎茶。

归洁竹筅(扫)也,用以涤壶。

分盈杓也,用以量水斤两。

递火铜火斗也,用以搬火。

降红铜火筋也,用以簇火。

执权准:茶秤也,每杓水二斤,用茶一两。

团风素竹扇也,用以发火。

漉尘茶洗也,用以洗茶。

静沸竹架,即《茶经》支腹也[13]。

注春瓷瓦壶也,用以注茶。

运锋劙果刀也,用以切果。

甘钝木砧撇(墩)也。

啜香瓷瓦瓯也，用以啜茶。

撩云竹茶匙也，用以取果。

纳敬竹茶囊也，用以放盏。

受污拭抹布也，用以洁瓯。

卷二

志林（凡八十则）

《神农食经》："茶茗久服，人有力、悦志[14]。"

周公《尔雅》："槚，苦茶。"《广雅》云："荆巴间采叶作饼[15]，叶老者，饼成以米膏出之。欲煮茗饮，先炙令赤色[16]，捣末置瓷器中，以汤浇覆之，用葱、姜、橘子芼之。其饮醒酒，令人不眠。"

《晏子春秋》："婴相齐景公时，食脱粟之饭，炙三弋、五卵、茗菜而已。"

洞庭中西尽处，有仙人茶，乃树上之苔藓也，四皓采以为茶。

有客过茅君[35]，时当大暑。茅君于手巾内解茶，人与一叶，客食之，五内清凉。诘所从来？茅君曰：此蓬莱山穆陀树叶，众仙食之以当饮。

扬雄《方言》："蜀西南人谓茶曰蔎。"

华佗《食论》："苦茶久食，益意思。"

孙皓每飨宴，坐席无能否，每率以七升为限。虽不悉入口，皆浇灌取尽。韦曜饮酒不过二升，初见礼异时，常为裁减，或密赐茶茗以当酒。《吴志》

刘琨，字子仪。尝与刘筠饮茶，问左右："汤滚也未？"众曰："已滚。"筠曰："佥曰鲧哉。"琨应声曰："吾与点也。"

晋武帝时，宣城人秦精，常入武昌山采茗。遇一毛人，长丈余，引精至山下，示以丛茗而去。俄而复还，乃探怀中橘以遗精。

精怖，负茗而归。《续搜神记》

惠帝蒙尘还洛阳，黄门以瓦盆盛茶上至尊。《晋四王起事》

晋元帝时，有老姥每旦擎一器茗入市鬻之。市人竞买，自旦至夕，其器不减。所得钱，散给路旁孤寡乞人。人或异之，州法曹絷之狱中。夜，执所鬻茗器，从狱牖中飞出。《广陵耆老传》

傅巽《七诲》：蒲桃、宛柰、齐柿、燕栗，峘阳黄梨，巫山朱橘，南中茶子，西极石蜜。

弘君举《食檄》："寒温既毕，应下霜华之茗。三爵而终，应下诸蔗、木瓜、元李、杨梅、五味、橄榄、悬豹、葵羹各一杯。"

郭璞《尔雅注》云：茶，树小似栀子，冬生叶，可煮羹饮。今呼早取为茶，晚取为茗，或一曰荈，蜀人名之苦茶。

任瞻，字育长。少时有令名，自过江失志。既下饮，问人云："此为荈为茗？"觉人有怪色，乃自申明云："向问饮为热为冷耳。"《世说》[36]

温峤表遣取供御之调，条列真上茶千片，茗三百大薄。《晋书》

桓温为扬州牧，性俭。每宴饮，唯下七奠，拌茶果而已。《晋书》

桓宣武[37]有一督将，喜饮茶至一斛二斗。一日过量，吐如牛肺一物，以茗浇之，容一斛二斗。客云："此名斛二瘕。"《续搜神记》

陆纳为吴兴太守时，谢安欲诣纳。纳兄子俶，怪纳无所备，不敢请，乃私为具。既至，纳所设惟茶果而已，俶遂陈盛馔，珍羞毕具。安去，纳杖俶四十。云："汝不能光益叔父，奈何秽吾素业。"《晋中兴书》

夏侯恺因疾死，宗人字苟奴，察见鬼神，见恺来牧马，并病其妻。著平上帻单衣

入,坐生时西壁大床,就人觅茶饮。《搜神记》

余姚人虞洪,入山采茗。遇一道士,牵三青牛,引洪至瀑布山。曰:"予丹丘子也,闻子善具饮,常思见惠。山中有大茗,可以相给,祈子他日有瓯牺之余,乞相遗也。"因立奠祀。后常令家人入山,获大茗焉。《神异记》

剡县陈务妻,少与二子寡居。好饮茶茗,以宅中有古冢,每饮,辄先祀之。二子患之,曰:"古冢何知? 徒以劳意。"欲掘去,母苦禁而止。其夜梦一人云:"吾止此冢三百余年,卿二子恒欲见毁,赖相保护,又享吾佳茗,虽潜壤朽骨,岂忘翳桑之报。"及晓,于庭中获钱十万,似久埋者,但贯新耳。母告二子,惭之。从是,祷馈愈甚。《异苑》

燉煌人单道开,不畏寒暑,常服小石子。所服药有松、蜜、姜、松、桂、茯苓之气⑰,所余茶苏而已。《艺术传》

晋司徒长史王蒙,好饮茶,客至辄饮之。士大夫甚以为苦,每欲候蒙,必云:今日有水厄。《世说》

王肃初入魏,不食羊肉、酪浆,尝饭鲫鱼羹,渴饮茗汁。京师士子见肃一饭一斗,号为漏卮。后与孝文会,食羊肉酪粥。文帝怪问之,对曰:"羊是陆产之最,鱼是水族之长,所好不同,并各称珍。羊比齐鲁大邦,鱼比邾莒小国,惟茗不中与酪作奴。"彭城王勰顾谓曰:明日为卿设邾莒之会,亦有酪奴。《后魏录》

刘缟慕王肃之风,专习茗饮。彭城王谓缟曰:"卿不慕王侯八珍,好苍头水厄。海上有逐臭之夫,里内有学颦之妇,卿即是也。"《伽蓝记》[38]

宋新安王子鸾,豫章王子尚,诣昙济道人于八公山。道人设茗,子尚味之曰:"此甘露也,何言茶茗。"《宋录》

萧衍子西丰侯萧正德,归降时,元义欲为设茗。先问:"卿于水厄多少?"正德不晓义意,答曰:"下官生于水乡,立身以来,未遭阳侯之难。"坐客大笑。《伽蓝记》

陶弘景《杂录》:苦茶轻身换骨,昔丹丘子黄山君尝服之。

山谦之《吴兴记》:乌程县西二十里有温山,出御荈。

隋文帝微时,梦神人易其脑骨。自尔脑痛。忽遇一僧云:"山中有茗草,服之当愈。"

肃宗尝赐张志和奴、婢各一人,志和配为夫妇,名曰渔童、樵青。人问其故,答曰:"渔童使捧钓收纶,芦中鼓枻;樵青使苏兰薪桂,竹里煎茶。"

竟陵龙盖寺僧于水滨得婴儿,育为弟子。稍长,自筮,遇蹇之渐。繇曰:"鸿渐于陆,其羽可用为仪。"乃姓陆氏,字鸿渐,名羽。博学多能,性嗜茶,著《茶经》三篇,言茶之源、之法。造茶具二十四事,以都统笼贮之。远近倾慕,好事者家藏一副,至今鬻茶之家,陶其像,置于炀器之间,祀为茶神。《因话录》

有积禅师者,嗜茶久,非羽供事不乡口。会羽出游江湖四五载,师绝于茶味。代宗召入内供奉,命宫人善茶者烹以饷师。师一啜而罢。上疑其诈,私访羽召入。翌日,赐师斋,俾羽煎茗。师捧瓯,喜动颜色,且啜且赏曰:"此茶有若渐儿所为也。"帝由是叹师知茶,出羽见之。《纪异录》

御史大夫李栖筠按义兴,山僧有献佳茗者。会客尝之。陆羽以为芬香甘辣,冠于他境,可荐于上。栖筠从之[39]。

李季卿宣慰江南,至临淮,知常伯熊善

茶,乃诣伯熊。伯熊著黄帔衫、乌纱帻,手执茶器,口通茶名,区分指点,左右刮目。茶熟,李为啜两杯。《语林》

钱起,字文仲,与赵莒茶宴。又尝过长孙宅,与郎上人作茶会。

李约[40],雅度简远,有山林之致,一生不近粉黛,性嗜茶。谓人曰:"茶须缓火炙,活火煎。"客至,不限碗数,竟日执持茶具不倦。曾奉使至陕州硖石县东,爱渠水清流,旬日忘发。《因话录》

陆宣公贽,张镒饷钱百万,止受茶一串。曰:"敢不承公之赐。"[41]

金銮故例,翰林当直学士,春晚困,则日赐成象殿茶果。《金銮密记》[42]

元和时,馆阁汤饮待学士者,煎麒麟草。《凤翔退耕传》

韩晋公滉,闻奉天之难,以夹练囊缄茶末,遣使健步以进。《国史补》

同昌公主,上每赐馔。其茶有"绿叶紫茎"之号。《杜阳杂编》

吴僧梵川,誓愿然顶,供养双林傅大士。自往蒙山顶结庵种茶,凡三年,味方全美,得绝佳者,名为圣扬花、吉祥蕊,共不逾五斤,持归供献。

白乐天方斋,刘禹锡正病酒,乃馈菊苗虀、芦菔鲊,换取乐天六班茶二囊以醒酒[43]。

有人授舒州牧,以茶数十斤献李德裕,李悉不受。开年罢郡,用意精求天柱峰数角投李;李闵而受之。曰:"此茶可以消酒肉",因命烹一瓯沃于肉食内,以银合闭之。诘旦视其肉,已化为水矣。众服其广识。《中朝故事》

太和七年正月,吴蜀贡新茶,皆于冬中作法为之上。务恭俭,不欲逆其物性,诏所贡新茶,宜于立春后作。《唐史》

湖州长洲县啄木岭金沙泉,每岁造茶之所也。湖、常二县[18],接界于此。厥土有境会亭,每茶时,二牧毕至。斯泉也,处沙之中,居常无水。将造茶,太守具仪注,拜敕祭泉,顷之发源,其夕清溢。供御者毕,水即微减;供堂者毕,水已半之;太守造毕,水即涸矣。太守或还旆稽留,则示风雷之变,或见鸷兽毒蛇木魅之类。商旅即以顾渚造之,无沾金沙者。《茶谱》

会昌初,监察御史郑路[44],有兵察厅事茶。茶必市蜀之佳者,贮于陶器,以防暑湿。御史躬亲监启,谓之御史茶瓶[45]。

大中三年,东都进一僧,年一百三十岁。宣宗问服何药致然?对曰:"臣少也贱,不知药,性本好茶,至处惟茶是求,或饮百碗不厌[19]。"因赐五十斤,令居保寿寺。《南部新书》

柳恽坟在吴兴白苹洲,有胡生以钉铰为业,所居与坟近,每饮必奠以茶。忽梦恽告之曰:"吾姓柳,生平善为诗而嗜茗,感子茶茗之惠,无以为报,愿教子为诗。"胡生辞以不能。柳强之曰:"但率子意言之,当有致矣。"生后遂工诗焉。《南部新书》

陆龟蒙嗜茶,置园顾渚山中,岁取租茶,自判品第;书继《茶经》、《茶诀》之后[46]。

皮光业,最耽茗饮,一日中表请尝新柑,筵具甚丰,簪绂丛集。才至,未顾尊罍而呼茶甚急。径进一巨觥,题诗曰:"未见甘心氏,先迎苦口师。"众哗曰:"此师固清高,而难以疗饥也。"

赵州禅师问新到:"曾到此间么?"曰:"曾到。"师曰:"吃茶去。"又问僧,僧曰:"不曾到。"师曰:"吃茶去。"后院主问曰:"为甚么曾到也云吃茶去,不曾到也云吃茶去。"师召院主,主应诺。师曰:"吃茶去。"

蜀雅州蒙山中顶，有茶园。一僧病冷且久，尝遇老父询其病，僧具告之。父曰："何不饮茶。"僧曰："本以茶冷，岂能止此？"父曰："仙家有雷鸣茶，亦闻乎？蒙之中顶，以春分先后，俟雷发声，多携人力采摘，三日乃止。若获一两，以本处水煎服，能祛宿疾；二两眼前无疾；三两换骨；四两成地仙。"僧因之中顶筑室以俟。及期，获一两，服未竟而病瘥。至八十余时到城市，貌若年三十余，眉发绀绿。后入青城山，不知所终。《茶谱》⑳

义兴南岳寺，有真珠泉。稠锡禅师尝饮之，清甘可口。曰："得此泉，烹桐庐茶，不亦称乎？"未几，有白蛇衔茶子堕寺前，由此滋蔓，茶倍佳。《义典旧志》

唐党鲁使西番，烹茶帐中。鲁曰："涤烦疗渴，所谓茶也。"番人曰："我亦有之，"乃出数品，曰："此寿春者，此顾渚者，此蕲门者。"《唐书》[47]

觉林院僧志崇，收茶为三等：待客以惊雷笑，自奉以萱草带㉑，供佛以紫茸香，盖最工以供佛，而最下以自奉也。客赴茶者，皆以油囊盛余沥而归㉒。

僧文了善烹茶，游荆南，高保勉子季兴[48]，延置紫云庵，日试其艺，呼为汤神㉓。奏授华亭水大师。目曰乳妖。

馔茶而幻出物象于汤面者，茶匠通神之艺也。沙门福全，长于茶法，能注汤幻茶成将诗一句㉔，并点四瓯，共一绝句，泛乎汤表。檀越日造其门，求观汤戏，全自咏诗曰："生成盏里水丹青，巧画工夫学不成，却笑当年陆鸿渐，煎茶赢得好名声。"[49]

岳阳濒湖旧出茶，李肇所谓濒湖之含膏也。今惟白鹤僧园有千余本，一岁不过一二十两；土人谓之白鹤茶，味极甘香。《岳阳风土记》

西域僧金地藏所植，名金地茶，出烟霞云雾之中，与地上产者，其味逈绝。《九华山志》

五代时鲁公和凝在朝，率同列递日以茶相饮，味劣者有罚，号为汤社。

陶谷买得党太尉故妓，命取雪水烹团茶，谓妓曰："党家应不识此。"妓曰："彼粗人安得有此？但能销金帐中浅斟低唱，饮羊羔美酒耳。"陶愧其言。《类苑》

开宝初，窦仪以新茶饷客，奁面标曰："龙陂山子茶。"[50]

建安能仁院，有茶生石缝间，僧采造得八饼，号石岩白，以四饼遗蔡襄，以四饼遗王内翰禹玉。岁余，襄被召还阙，过禹玉。禹玉命子弟于茶笥中选精品碾饷蔡。蔡捧茶未尝，即曰："此极似能仁石岩白，公何以得之？"禹玉未信，索帖验之，果然[51]。

卢廷璧见僧讵可庭茶具十事，具衣冠拜之。

苏廙作《仙芽传》，载作汤十六法：以老嫩言者，凡三品；以缓急言者，凡三品；以器标者，共五品；以薪论者，共五品。陶谷谓：汤者，茶之司命。此言最得三昧[52]。

宣城何子华[53]，邀客于剖金堂，酒半，出嘉阳严峻画陆羽像。子华因言："前代惑骏逸者为马癖；泥贯索者为钱癖；爱子者有誉儿癖；耽书者有《左传》癖。若此叟溺于茗事，何以名其癖？"杨粹仲曰："茶虽珍，未离草也，宜追目陆氏为甘草癖。"一坐称佳[54]。

宋大小龙团，始于丁晋公，成于蔡君谟。欧阳公闻而叹曰："君谟士人也，何至做此事。"《苕溪诗话》

熙宁中，贾青[55]为福建转运使，取小龙团之精者为密云龙。自玉食外,戚里贵近丐赐尤繁。宣仁一日慨叹曰:"建州今后不得造密云龙,受他人煎炒不得也。"此语颇传播缙绅间。

苏才翁尝与蔡君谟斗茶,蔡茶用惠山泉,苏茶少劣,改用竹沥水煎,遂能取胜。《江邻几杂志》[56]

杭州营籍周韶[57],常蓄奇茗与君谟斗胜,题品风味君谟屈焉[58]。

蔡君谟老病不能啜,但烹而玩之。

黄实为发运使[59],大暑泊清淮楼,见米元章[60]衣袂鼻自涤、研于淮口,索箧中无所有,独得小龙团二饼,亟遣人送入。

司马温公偕范蜀公游嵩山,各携茶往。温公以纸为贴,蜀公盛以小黑合。温公见之,惊曰:"景仁乃有茶器?"蜀公闻其言,遂留合与寺僧[61]。

苏长公爱玉女河水烹茶,破竹为券,使寺僧藏其一,以为往来之信,谓之调水符[62]。

廖明略[63]晚登苏门,子瞻大奇之。时黄、秦、晁、张[64],号苏门四学士,子瞻待之厚;每来,必令朝云取密云龙。一日又命取,家人谓是四学士。窥之,乃明略也。

李易安[65],赵明诚妻也。与赵每饭罢,坐归来堂烹茶,指堆积书史,言某事在某书卷第几叶第几行,以中否胜负,饮茶先后。中则举杯大笑,或至茶覆怀中不得饮而起[66]。

王休居太白山下,每至冬时,取溪冰,敲其晶莹者,煮建茗待客。

卷三

文苑

赋

荈赋 杜育[67]

灵山惟岳,奇产所钟。厥生荈草,弥谷被冈。承丰壤之滋润,受甘灵之霄降。月维初秋,农功少休。结偶同旅,是采是求。水则岷方之注,挹彼清流。器择陶拣,出自东瓯。酌之以匏,取式公刘。惟兹初成,沫沈华浮。焕如积雪,烨若春蔌。

此赋载《艺文类聚》,仅作如是观。存他书者,有调神和内,倦懈康除二句,惜不获睹其全篇。然断珪残璧,犹堪赏玩;惟鲍令晖《香茗赋》㉕,有遗珠之恨云。

茶赋 顾况[68]

稽天地之不平兮,兰何为乎早秀,菊何为乎迟荣? 皇天既孕此灵物兮,厚地复糅之而萌。惜下国之偏多,嗟上林之不至。如罗玳筵㉖,展瑶席,凝藻思,开灵液,赐名臣,留上客,谷莺啭,宫女颦,泛浓华,漱芳津,出恒品,先众珍。君门九重,圣寿万春,此茶上达于天子也。滋饭蔬之精素,攻肉食之膻腻,发当暑之清吟,涤通宵之昏寐。杏树桃花之深洞,竹林草堂之古寺。乘槎海上来,飞锡云中至,此茶下被于幽人也。《雅》曰:"不知我者,谓我何求。"可怜翠涧阴,中有泉流;舒铁如金之鼎,越泥如玉之瓯。轻烟细珠,霭然浮爽气。淡烟风雨,秋梦里还钱。怀中赠橘,虽神秘而焉求。

茶赋 吴淑[69](夫其涤烦疗渴)

南有嘉茗赋 梅尧臣

南有山原兮不凿不营,乃产嘉茗兮嚣此众氓。土膏脉动兮雷始发声,万木之气未通兮,此已吐乎纤萌。一之曰雀舌露,掇而制之,以奉乎王庭;二之曰鸟喙长,撷而焙之以备乎公卿;三之曰枪旗耸,摹而炕之,将求乎利赢;四之曰嫩茎茂,团而范之,来充乎赋征。当此时也,女废蚕织,男废农耕,夜不得息,昼不得停。取之由一叶而至一掬,输之若百谷之赴巨溟。华夷蛮貊,固日饮而无厌;富贵贫贱,匪时啜而不宁。所以小民冒险而竞鬻,孰谓峻法之与严刑?呜呼!古者圣人为之丝枲绨纻,而民始衣;播之禾黍菽粟,而民不饥;畜之牛羊犬豕,而甘脆不遗;调之辛酸咸苦,而五味适宜;造之酒醴而宴飨之,树之果蔬而荐羞之,于兹可谓备矣。何彼茗无一胜焉,而竞进于今之时,抑非近世之人体惰不勤,饱食粱肉,坐以生疾,借以灵荈而消腑胃之宿陈?若然,则斯茗也,不得不谓之无益于尔身,无功于尔民也哉!

煎茶赋　黄庭坚　(汹汹乎如涧松之发清吹)

五言古诗

娇女诗　左思　(吾家有娇女)

登成都楼诗　张载
借问杨子舍,想见长卿庐。程卓累千金,骄侈拟五侯。门有连骑客,翠带腰吴钩。鼎食随时进,百味和且殊。披林摘秋橘,临江钓春鱼。黑子过龙醢,果馔逾蟹蝑。芳茶冠六情,溢味播九区。人生苟安乐,兹土聊可娱。

杂诗　王微[70]
寂寂掩空阁,寥寥空广厦。待君竟不归,收领今就槚。

答族侄赠玉泉仙人掌茶　李白
常闻玉泉山,山洞多乳窟。仙鼠如白鸦,倒悬深溪月。茗生此中石,玉泉流不歇。根柯洒芳津,采服润肌骨。丛老卷绿叶,枝枝相接连。曝成仙人掌,似拍洪崖肩。举世未见之,其名定谁传。宗英乃禅伯,投赠有佳篇。清镜烛无盐,顾惭西子妍。朝坐有余兴,长吟播诸天。

洛阳尉刘晏与府掾诸公茶集天宫寺岸道上人房　王昌龄[71]
良友呼我宿,月明悬天宫。道安风尘外,洒扫青林中。削去府县理,豁然神机空。自从三湘还,始得今夕同。旧居太行北,远宦沧溟东。各有四方事,白云处处通。

六羡歌　陆羽　(不羡黄金罍)

吃茗粥作　储光羲
当昼暑气盛,鸟雀静不飞。念君高梧阴,复解山中衣。数片远云度,曾不蔽炎晖。淹留膳茶粥,共我饭蕨薇。敝庐既不远,日暮徐徐归。

茶山　袁高
禹贡通远俗,所图在安人。后王失其本,职吏不敢陈。亦有奸佞者,因兹欲求伸。动生千金费,日使万姓贫。我来顾渚源,得与茶事亲。氓辍农桑业,采采实苦辛。一夫但当役,尽室皆同臻。扪葛上敧壁,蓬头入荒榛。终朝不盈掬,手足皆鳞皴。悲嗟遍空山,草木为不春。阴岭芽未吐,使者牒已频。心争造化力,先走银台均。选纳无昼夜,捣声昏继晨。众工何枯槁,俯视弥伤神。皇帝尚巡狩,东郊路多堙。周回绕天涯,所献愈艰勤。未知供御余㉗,谁合分此珍㉘。

澄秀上座院　韦应物
缭绕西南隅,鸟声转幽静。秀公今不

在,独礼高僧影。林下器未收,何人适煮茗。

酬巽上人竹间新茶诗　柳宗元

芳丛翳湘竹,零露凝清华。复此雪山客,晨朝掇灵芽。蒸烟俯石濑,咫尺凌丹崖。圆芳丽奇色,圭璧无纤瑕。呼童爨金鼎,余馥延幽遐。涤虑发真照,还源荡昏邪。犹同甘露饮,佛事薰毗耶。咄此蓬瀛客,无为贵流霞㉔。

与孟郊洛北野泉上煎茶　刘言史[72]

粉细越笋芽,野煎寒溪滨。恐乖灵草性,触事皆手亲。敲石取鲜火,撇泉避腥鳞。荧荧爨风铛,拾得堕巢薪。洁色既爽别,浮气亦殷勤。以兹委曲静,求得正味真。宛如摘山时,自啜指下春。湘瓷泛轻花,涤尽昏渴神。此游惬醒趣,可以话高人。

北苑　蔡襄

苍山走千里,斗落分两臂。灵泉出池清,嘉卉得天味。入门脱世氛,官曹真傲吏。

茶垄　(造化曾无私)
采茶　(春衫逐红旗)
造茶　(磨玉寸阴间)
试茶　(兔毫紫瓯新)

种茶　苏轼

松间旅生茶,已与松俱瘦。茨棘尚未容,蒙翳争交构。天公所遗弃,百岁仍稚幼。紫笋虽不长,孤根乃独寿。移栽白鹤岭,土软春雨后。弥旬得连阴,似许晚遂茂。能忘流转苦,戢戢出鸟咮。未任供春磨㉚,且可资摘嗅。千团输大官㉛,百饼衔私斗。何如此一啜,有味出吾圃。

问大冶长老乞桃花茶栽东坡

周诗记苦荼,茗饮出近世。初缘厌粱肉,假此雪昏滞。嗟我五亩园,桑麦苦蒙翳。不令寸地闲,更乞茶子埶。饥寒未知免,已作大饱计。庶将通有无,农末不相戾。春来冻地裂,紫笋森已锐。牛羊烦呵叱,筐筥未敢睨。江南老道人,齿发日夜逝。他年雪堂品,尚记桃花裔。

寄周安孺茶

大哉天宇内,植物知几族。灵品独标奇,迥超凡草木。名从姬旦始,渐播桐君录。赋咏谁最先,厥传惟杜育。唐人未知好,论著始于陆。常李亦清流[73],当年慕高躅。遂使天下士,嗜此偶于俗。岂但中土珍,兼之异邦鬻。鹿门有佳士,博览无不瞩。邂逅天随翁[74],篇章互赓续。开园颐山下,屏迹松江曲。有兴即挥毫,灿然存简牍。伊予素寡爱,嗜好本不笃。粤自少年时,低回客京毂。虽非曳裾者,庇荫或华屋。颇见绮纨中,齿牙厌粱肉。小龙得屡试,粪土视珠玉。团凤与葵花,碔砆杂鱼目。贵人自矜惜,捧玩且缄椟。未数日注卑,定知双井辱。于兹自研讨,至味识五六。自尔入江湖,寻僧访幽独。高人固多暇,探究亦颇熟。闻道早春时,携籯赴初旭。惊雷未破蕾,采采不盈掬。旋洗玉泉蒸,芳馨岂停宿。须臾布轻缕,火候谨盈缩。不惮顷间劳,经时废藏蓄。髹筒净无染,箬笼匀且复。苦畏梅润侵,暖须人气燠。有如刚耿性,不受纤芥触。又若廉夫心,难将微秒渎。晴天敞虚府,石碾破轻绿。永日遇闲宾,乳泉发新馥。香浓夺兰露,色嫩欺秋菊。闽俗竞传夸,丰腴面如粥。自云叶家白,颇胜中山醁。好是一杯深,午窗春睡足。清风击两腋,去欲凌鸿鹄。嗟我乐何深,水经亦屡读。子诧中泠泉,次乃康王谷。蟆培顷曾尝,瓶罂走僮仆。如今老且懒,细事百不欲。美恶两俱忘,谁能强追逐。姜盐拌白土,稍稍从吾蜀。尚欲外形体,安能徇心腹。由来薄滋味,日饭止脱粟。外慕既已矣,胡为此羁束。昨日散幽步,偶上天峰麓。山圃正春风,蒙茸万旗簇。呼儿为佳客,采制聊亦复。地僻谁我从,包藏置厨簏。何尝较优劣,但喜破睡速。况此夏日长,人间正炎毒。

求惠山泉[75]

故人怜我病,箬笼寄新馥。欠伸北窗下,昼睡美方熟。精品厌凡泉,愿子致一斛。

和尚和卿尝茶　陈渊[76]

俗子醉红裙,膻荤败人意。花瓷烹月团,此乐天不畀。诸公各英姿,淡薄得真味。聊为下季隐,不替江湖思。轻云落杯盏,飞雪洒肠胃。笑谈出冰玉,毫末视鼎贵。我作月旦评,全胜家置喙。传闻茶后诗,便得古人配。谁能三百饼,一洗玉川睡。御风归蓬莱,高论惊儿辈。

茗饮　谢逸[77]

汲涧供煮茗,浣我鸡黍肠。萧然绿阴下,复此甘露尝。忾彼俗中士,噂沓声利场。高情属吾党,茗饮安可忘。

春夜汲同乐泉烹黄蘗新茶　谢逸[②]

寻山拟三餐,放箸欣一饱。汲泉泣铜瓶,落硙碎鹰爪。长为山中游,颇与世路拗。矧此好古胸,茗碗得搜搅。风生觉泠泠,祛滞亦稍稍[③]。夜深可无睡,澄潭数参昴。

卷四
文苑

七言古诗

饮茶歌诮崔石使君[④]　僧皎然

越人遗我剡溪茗,采得金芽爨金鼎。素瓷雪色飘沫香,何似诸仙琼蕊浆。一饮涤昏寐,情思爽朗满天地。再饮清我神,忽如飞雨洒轻尘。三饮便得道,何须苦心破烦恼。此物清高世莫知,世人饮酒徒自欺。好看毕卓瓮间夜,笑向陶潜篱下时。崔侯啜之意不已,狂歌一曲惊人耳。孰知茶道全尔真[⑤],惟有丹丘得如此。

饮茶歌送郑容[⑥]

丹丘羽人轻玉食,采茶饮之生羽翼。名藏仙府世莫知,骨化云宫人不识。雪山童子调金铛,楚人《茶经》虚得名。霜天半夜芳草折,烂熳缃花啜又生。常说此茶祛我疾,使人胸中荡忧栗。日上香炉情未毕,乱踏虎溪云,高歌送君出。

西山兰若试茶歌　刘禹锡　(山僧后檐茶数丛)
谢孟谏议寄新茶歌　卢仝　(日高丈五睡正浓)
谢僧寄茶　李咸用[78]

空门少年初行坚,摘芳为药除睡眠。匡山茗树朝阳偏,暖萌如爪拏飞鸢。枝枝膏露凝滴圆,参差失向兜罗绵。倾筐短甑蒸新鲜,白纻眼细匀于研。砖排古砌春苔干,殷勤寄我清明前。金槽无声飞碧烟,赤兽呵冰急铁喧。林风夕和真珠泉,半匙青粉搅濆澈。绿云轻绾湘蛾鬟,尝来纵使重支枕,蝴蝶寂寥空掩关。

采茶歌　秦韬玉[79]

天柱香芽露香发,烂研瑟瑟穿荻篾。太守怜才寄野人,山童碾破团圆月。倚云便酌泉声煮,兽炭潜然蚌珠吐。看着晴天早日明,鼎中飒飒筛风雨。老翠香尘下才熟,搅时绕箸天云绿㊲。躭书病酒两多情,坐对闽瓯睡先足。洗我胸中幽思清,鬼神应愁歌欲成。

美人尝茶行　崔珏[80]

云鬟枕落困泥春,玉郎为碾瑟瑟尘。闲教鹦鹉啄窗响㊳,和娇扶起浓睡人。银瓶贮泉水一掬,松雨声来乳花熟。朱唇啜破绿云时,咽入香喉爽红玉。明眸渐开横秋水,手拨丝篁醉心起。移时却坐推金筝㊴,不语思量梦中事。

西岭道士茶歌　温庭筠[81]

乳泉溅溅通石脉,绿尘秋草春江色。涧花入井水味香,山月当人松影直。仙翁白扇霜乌翎㊵,拂坛夜读黄庭经。疏香皓齿有余味,更觉鹤心通杳冥。

和章岷从事斗茶歌　范仲淹 （年年春自东南来）

古灵山试茶歌　陈襄[82]

乳源浅浅交寒石,松花堕粉愁无色。明星玉女跨神云,斗剪轻罗缕残碧。我闻峃山二月春方归,苦雾迷天新雪飞。仙鼠潭边兰草齐,露牙吸尽香龙脂。辘轳绳细井花暖,

香尘散碧琉璃碗。玉川冰骨照人寒,瑟瑟祥风满眼前。紫屏冷落沉水烟,山月当轩金鸭眠。麻姑痴煮丹峃泉,不识人间有地仙。

送茶与许道人　欧阳修

颍阳道士青霞客,来似浮云去无迹。夜朝北斗太清坛,不道姓名人不识。我有龙团古苍璧,九龙泉深一百尺。凭君汲井试烹之,不是人间香味色。

尝新茶歌呈圣俞

建安三千五百里㊶,京师三月尝新茶。人情好先务取胜,百物贵早相矜夸。年穷腊尽春欲动,蛰雷未起惊龙蛇。夜间击鼓满山谷,千人助叫声喊呀。万木寒痴睡不醒,惟有此树先萌芽。乃知此为最灵物,宜其独得天地之英华。终朝采摘不盈掬,通犀铐小圆复窊。鄙哉谷雨枪与旗,多不足贵如刈麻。建安太守急寄我,香箬包裹封题斜。泉甘器洁天色好㊷,坐中拣择客亦嘉。新香润色如始造,不似来远从天涯。停匙侧盏试水路,拭目向空看乳花。可笑俗夫把金锭,猛火炙背如虾蟆。由来真物有真赏,坐逢诗老频咨嗟。须臾共起索酒饮,何异奏乐终淫哇。

龙凤茶寄照觉禅师　黄裳[83]

有物吞食月轮尽,凤翥龙骧紫光隐。雨前已见纤云从,雪意犹在浑沦中。忽带天香堕吾篋,自有同干欣相逢。寄向仙庐引飞瀑,一蔟蝇声急须腹。禅翁初起宴坐间,接见陶公方解颜。颐指长须运金碾,未白眉毛且须转,为我对啜延高谈。亦使色味超尘凡㊸,破闷通灵此何取,两腋风生岂须御。昔云木马能嘶风,今看茶龙堪

行雨[44]。

　　和蒋夔寄茶　苏轼

　　我生百事常随缘，四方水陆无不便。扁舟渡江适吴越，三年饮食穷芳鲜。金齑玉鲙饭炊雪，海螯江柱初脱泉。临风饱食甘寝罢，一瓯花乳浮轻圆。自从舍舟入东武，沃野便到桑麻川。弱毛胡羊大如马，谁记鹿角腥盘筵。厨中蒸粟堆饭瓮[45]，太杓更取酸生涎。拓罗铜碾弃不用，脂麻白土须盆研。故人犹作旧眼看，谓我好尚如当年。沙溪北苑强分别，水脚一线争谁先。清诗两幅寄千里，紫金百饼费万钱。吟哦烹噍两奇绝，只恐偷乞烦封缠。老妻稚子不知爱，一半已入姜盐煎。人生所遇无不可，南北嗜好知谁贤。死生祸福久不择，更论甘苦争蚩妍。知君穷旅不自释，因诗寄谢聊相镌。

　　黄鲁直以诗馈双井茶次韵为谢[84]

　　江夏无双种奇茗，汝阴六一夸新书。磨成不敢付僮仆，自看雪汤生珠玑。列仙之儒瘠不腴，只有病渴同相如。明年我欲东南去，画（畫）舫何妨宿太湖[46]。

　　答钱颛茶诗[85]

　　我官于南今几时，尝尽溪茶与山茗。胸中似记古人面，口不能言心自省。雪花雨脚何足道[47]，啜过始知真味永。纵复苦硬终可录，汲黯少戆宽饶猛。草茶无赖空有名，高者妖邪次颠犷。体轻虽复强浮沉[48]，性滞偏工呕酸冷。其间绝品岂不佳，张禹纵贤非骨鲠。葵花玉锌不易致，道路幽险隔云岭。谁知使者来自西，间缄磊落收百饼。嗅香嚼味本非别，透纸自觉光烱

烱[49]。秕糠团凤及小龙，奴隶日注臣双井。收藏爱惜待佳客，不敢包裹钻权幸。此诗有味君勿传，空使其人怃生瘿。

　　试院煎茶　（蟹眼已过鱼眼生）
　　和子瞻煎茶　苏辙

　　年来病懒百不堪[50]，未废饮食求芳甘。煎茶旧法出西蜀，水声火候犹能谱。相传煎茶只煎水，茶性仍存偏有味。君不见，闽中茶品天下高，倾身事茶不知劳。又不见，北方俚人茗饮无不有，盐酪椒姜夸满口。我今倦游思故乡，不学南方与北方。铜铛得火蚯蚓叫，匙脚旋转秋萤光。何时茅檐归去炙背读文字，遣儿折取枯竹女煎汤。

　　龙涎半挺赠无咎　黄庭坚

　　我持玄圭与苍璧，以暗投人渠不识。城南穷巷有佳人，不索宾郎常晏食。赤铜茗碗雨斑斑，银粟翻花解破颜。上有龙文下棋局，探囊赠君诺已宿。此物已是元丰春，先皇圣功调玉烛。晁子胸中开（開）典礼[51]，平生自期莘与渭。故用浇君磊隗胸，莫令鬓毛雪相似。曲几蒲团听煮汤，煎成车声绕羊肠。鸡苏胡麻留渴羗，不应乱我官焙香。肥如瓠壶鼻雷吼[52]，幸君饮此莫饮酒。

　　双井茶寄东坡　（人间风日不到处）
　　咏茶[86]

　　春深养芽针锋芒，沉澄养膏冰雪香。玉斧运风宝月满，密云候再苍龙翔。惠山寒泉第二品，武定乌瓷红锦囊。浮花元属三昧手，竹斋自试鱼眼汤。

　　乞钱穆父[87]新赐龙团　张耒[88]

　　闽侯贡璧琢苍玉，中有掉尾寒潭龙。

惊雷作春山不觉,走马献入明光宫。瑶池侍臣最先赐,惠山乳香新破封。可得作诗酬孟简,不须载酒过扬雄。

谢道原[89]惠茗　邓肃[90]

太丘官清百物无,青衫半作蕉叶枯。尚念故人家四壁,郝原春雪随双鱼。榴火雨余烘满院,宿酒攻人剧刀箭。李白起观仙人掌,卢仝欣睹谏议面。瓶笙已作鱼眼从,杨花傍碾轻随风。击拂共看三昧手,白云洞中腾玉龙。堆胸磊块一浇散⑤,乘风便欲款天汉。却怜世士不偕来,为借千将诛赵赞。

谢木舍人锡之送讲筵茶　杨万里

吴绫缝囊染菊水,蛮砂涂印题进字。淳熙锡贡新水芽,天珍误落黄茅地。故人鸳渚紫薇郎,金华讲彻花草香。宣赐龙焙第一纲,殿上走趋明月珰。御前啜罢三危露,满袖香烟怀璧去。归来拈出两蜿蜒,雷霆晦冥惊破树。北苑龙芽内样新,铜围银范铸琼尘。九天宝月霏五云,玉龙双舞黄金鳞。老夫平生爱煮茗,十年烧穿新脚鼎。下山汲泉得甘冷,上山摘芽得苦梗。何曾梦到龙游窠,何曾梦吃龙芽茶。故人分送玉川子,春风来自玉皇家。锻圭炙璧调冰水,烹龙炮凤搜肝髓。石花紫笋可衙官,赤印白泥走牛耳。故人气味茶样清⑤,故人风骨茶样明。开缄不但似见面,叩之咳唾金玉声。麹生劝人坠巾帻⑤,睡魔遣我抛书册。老夫七碗病未能,一啜犹堪坐秋夕。

茶歌　白玉蟾[91]

柳眼偷看梅花飞,百花头上春风吹。壑源春到不知时,霹雳一声惊晓枝。枝头

未敢展枪旗,吐玉缀金先献奇。雀舌含春不解语,只有晓露晨烟知。带露和烟摘归去,蒸来细捣几千杵。捏作月团三百片,火候调匀文与武。碾边飞絮卷玉尘,磨下细珠散金缕。首山红铜铸小铛,活火新泉自烹煮。蟹眼已没鱼眼浮,飕飕松声送风雨。定州红石琢花瓷,瑞雪满瓯浮白乳。绿云入口生香风,满口兰芷香无穷。两腋飕飕毛窍通,洗尽枯肠万事空。君不见,孟谏议送茶惊起卢仝睡,又不见,白居易馈茶唤醒禹锡醉。陆羽作《茶经》,曹晖作《茶铭》。文正范公对客笑,纱帽笼头煎石铫。素虚见雨如丹砂,点作满盏菖蒲花。东坡深得煎水法,酒阑往往觅一呷。赵州梦里见南泉,爱结焚香瀹茶缘。吾侪烹茶有滋味,华池神水先调试。丹田一亩自栽培,金翁姹女采归来。天炉地鼎依时节,炼作黄芽烹白雪。味如甘露胜醍醐,服之顿觉沉疴苏。身轻便欲登天衢⑤,不知天上有茶无。

夏日陪杨邦基[92]彭思禹访德庄烹茶分韵得嘉字　释德洪[93]

炎炎三伏过中伏,秋光先到幽人家。闭门积雨藓封径,寒塘白藕晴开花。吾侪酷爱真乐妙,笑谭相对兴无涯。山童解烹蟹眼汤,先生自试鹰爪芽。清香玉乳沃诗脾,抨纸落笔惊龙蛇。源长浩与春涨谢,力健清将秋凫嘉。须臾踏幅乱书几,环观朗诵交惊夸。一声渔笛意不尽,夕阳归去还西斜。

卷五
文苑

五言律诗
送陆鸿渐栖霞寺采茶　皇甫冉

采茶非采绿,远远上层崖。布叶春风暖,盈筐白日斜。旧知山寺路,时宿野人家。借问王孙草,何时泛碗花。

送陆鸿渐采茶相过　皇甫曾(千峰待逋客)

莫秋会严京兆后厅竹斋　岑参[94]

京尹小斋宽,公庭半药栏。瓯香茶色嫩,窗冷竹声干。盛德中朝贵,清风画省寒。能将吏部镜,照取寸心看。

晦夜李侍御萼宅集招潘述汤衡海上人饮茶赋　僧皎然

晦夜不生月,琴轩犹为开。墙东隐者在,淇上逸僧来。茗爱传花饮,诗看卷素裁。风流高此会,晓景屡徘徊。

喜园中茶生　韦应物

性洁不可污,为饮涤尘烦。此物信灵味,本自出山原。聊因理郡余,率尔植荒园。喜随众草长,得与幽人言。

过长孙宅与郎上人茶会　钱起

偶与息心侣,忘归才子家。玄谈兼藻思,绿茗代榴花。岸帻看云卷,含毫任景斜。松乔若逢此,不复醉流霞。

茶坞　皮日休

闲寻尧氏山,遂入深深坞。种莼已成园,栽葭宁记亩。石洼泉似掬,岩罅云如缕。好是夏初时,白花满烟雨。

茶人

生于顾渚山,老在漫石坞。语气为茶荈,衣香是烟雾。庭从颗子遮,果任獳师

房。日晚相笑归,腰间佩轻篓。

茶笋

褎[37]然三五寸,生必依岩洞。寒恐结红铅,暖疑销紫汞。圆如玉轴光,脆似琼英冻。每为遇之疏,南山挂幽梦。

茶籝

筤篣晓携去,蓦个山桑坞。开时送紫茗,负处沾清露。歇把傍云泉,归将挂烟树。满此是生涯,黄金何足数。

茶舍

阳崖枕白屋,几口嬉嬉活。棚上汲红泉,焙前蒸紫蕨。乃翁研茗后,中妇拍茶歇。相向掩柴扉,清香满山月。

茶灶

南山茶事动,灶起傍岩根。水煮石发气,薪然松脂香。青琼蒸后凝,绿髓炊来光。如何重辛苦,一一输膏粱[38]。

茶焙

凿彼碧岩下,却应深二尺。泥易带云根,烧难碍石脉。初能燥金饼,渐见干琼液。九里共杉林,相望在山侧。

茶鼎

龙舒有良匠,铸此佳样成。立见菌蠢势,煎为潺湲声。草堂暮云阴,松窗残雪明。此时勺复茗,野语知逾清。

茶瓯

邢客与越人,皆能造瓷器。圆似月魂堕,轻如云魄起。枣花势旋眼,蘋沫香沾

齿。松下时一看，支公亦如此。

煮茶

香泉一合乳，煎作连珠沸。时看蟹目溅，乍见鱼鳞起。声疑带松雨，饽恐生烟翠。倘把沥中山，必无千日醉。

茶坞　陆龟蒙

茗地曲隈回，野行多缭绕。向阳就中密，背涧差还少。遥盘云髻漫，乱簇香篝小。何处好幽期，满岩春露晓。

茶人

天赋识灵草，自然钟野姿。闲来北窗下，似与东风期。雨后探芳去，云间幽路危。唯应报春鸟，得共斯人知。

茶笋鹅

所孕和气深，时抽玉苕短。轻烟渐结华，嫩蕊初成管。寻来青霭曙，欲去红云暖。秀色自难逢，倾筐不曾满。

茶籝

金刀劈翠筠，织似罗文斜。制作自野老，携持伴山娃。昨日斗烟粒，今朝贮绿华。争歌调笑曲，日暮方还家。

茶舍

旋取山上材，架为山下屋。门因水势斜，壁任岩隈曲。朝随鸟俱散，暮与云同宿。不惮采掇劳，只忧官未足。

茶灶

无突抱轻岚，有烟应初旭。盈锅玉泉沸，满甑云芽熟。奇香袭春桂⑤，嫩色凌秋

菊。炀者若吾徒，年年看不足。

茶焙

左右捣凝膏，朝昏布烟缕。方圆随样拍，次第依层取。山谣纵高下，火候还文武。见说焙前人，时时炙花晡[95]。

茶鼎

新泉气味良，古铁形状丑。那堪风雪夜，更值烟霞友。曾过赪石下，又住清溪口。且供荐皋卢，何劳倾斗酒。

茶瓯

昔人谢抠埏[96]，徒为妍词饰。岂如圭璧姿，又有烟岚色。光参筠席上，韵雅金罍侧。直使于阗君，从来未尝识。

煮茶

闲来松间坐，看煮松上雪。时于浪花里，并下蓝英末。倾余精爽健，忽似氛埃灭。不合别观书，但宜窥玉札。

茶咏　郑愚[97]

嫩芽香且灵，吾谓草中英。夜臼和烟捣，寒垆对雪烹。维（维）忧碧粉散，煎觉绿花生⑥。最是堪怜处，能令睡思清。

建溪尝茶　丁谓

建水正寒清，茶民已夙兴。萌芽先社雨⑥，采掇带春冰。碾细香尘起，烹鲜玉乳凝。烦襟时一啜，宁羡酒如渑。

答建州沈屯田寄新茶　梅尧臣

春芽研白膏，夜火焙紫饼。价与黄金齐，包开青箬整。碾为玉色尘，远汲芦底

井。一啜同醉翁,思君聊引领。

怡然以垂云新茶见饷报以大龙团仍戏
作小诗　苏轼
妙供来香积,珍烹具大官。拣芽分雀
舌,赐茗出龙团。晓日云庵暖,春风浴殿
寒。聊将试道眼,莫作两般看。

茶灶　袁枢[98]
摘茗蜕仙岩,汲水潜虬穴。旋然石上
灶,轻泛瓯中雪。清风已生腋,芳味犹在
舌。何时掉孤舟,来此分余啜。

七言律诗
峡中尝茶　郑谷
簇簇新英带露光,小江园里火前尝。
吴僧谩说雅山好,蜀叟休夸鸟嘴香。入座
半瓯轻泛绿,开缄数片浅含黄。鹿门病客
不归去,酒渴更知春味长。

许少卿寄卧龙山茶　赵抃[99]
越芽远寄入都时,酬倡珍夸互见诗。
紫玉丛中观雨脚,翠峰顶上摘云旗。啜多
思爽都忘寐,吟苦更长了不知[62]。想到明
年公进用,卧龙春色自迟迟。

尝茶　梅尧臣
都篮携具向都堂,碾破云团北焙香。
汤嫩水轻花不散,口甘神爽味偏长。莫夸
李白仙人掌,且作卢仝走笔章。亦欲清风
生两腋,从教吹去月轮傍。

汲江煮茶　苏轼
自临钓石取深清,活水仍须活火烹。
大瓢贮月归春瓮,小杓分江入夜瓶。雪乳

已翻煎处脚,松风忽作泻时声。枯肠未易
禁三碗,卧听山城长短更。

谢曹子方惠新茶
陈植文华斗石高,景公诗句复称豪。
数奇不得封龙额,禄仕何妨有马曹。囊简
久藏科斗字,剑锋新莹鹡鸰膏。南州山水
能为助,更有英辞胜广骚。

建守送小春茶　王十朋
建安分送建溪春,惊起松堂午梦人。
卢老书中才见面,范公碾畔忽飞尘。十篇
北苑诗无敌,两腋清风思有神。日铸卧龙
非不美,贤如张禹想非真。

谢吴帅惠乃弟所寄庐山茶　林希逸[100]
五老峰前草自灵,若为封裹入南闽。
锦囊有句知难弟,玉帐多情寄野人。云脚
似浮庐瀑雪,水痕堪斗建溪春。龙团拜赐
前身梦,得此烹尝胜食珍。

谢性之惠茶　释德洪
午窗石碾哀怨语,活火银瓶暗浪翻。
射眼色随云脚乱,上眉甘作乳花繁。味香
已觉臣双井,声价从来友壑源。却忆高人
不同试,暮山空翠共无言[63]。

五言排律
对陆迅饮天目山茶因寄元居士晟　僧
皎然
喜见幽人会,初开野客茶。日成东井
叶,露采北山芽。文火香偏胜,寒泉味转
嘉。投铛涌作沫,著碗聚生花。稍与禅经
近,聊将睡网赊。知君在天目,此意日
无涯。

睡后煎茶㊾　白居易

婆娑绿阴树,斑驳青苔地。此处置绳床,旁边洗茶器。白瓷瓯甚洁,红垆炭方炽。末下曲尘香,花浮鱼眼沸。盛来有佳色,咽罢余芳气。不见杨慕巢,谁人知此味。

茶山　杜牧

山实东吴秀,茶称瑞草魁。剖符虽俗吏,修贡亦仙才。溪尽停蛮棹,旗张卓翠苔。柳村穿窈窕,松径度喧豗。等级云峰峻,宽平洞府开。拂天闻笑语,特地见楼台。泉嫩黄金涌,芽香紫璧栽。拜章期沃日,轻骑若奔雷。舞袖岚侵涧,歌声谷答回。磐音藏叶鸟,雪艳照潭梅。好是全家到,兼为奉诏来。树阴香作帐,花径落成堆。景物残三月,登临怆一杯。重游难自克,俯首入尘埃。

谢故人寄新茶101　曹邺102

剑外九华英,缄题上玉京。开时微月上,碾处乱泉声。半夜招僧至,孤吟对月烹。碧沉云脚碎,香泛乳花轻。六腑睡神去,数朝诗思清。月余不敢费,留伴肘书行。

茶园　王禹偁103

勤王修岁贡,晚驾过郊原。蔽芾余千本,青葱共一园。芽新撑老叶,土软进深根。舌小侔黄雀,毛狞摘绿猿。出蒸香更别,入焙火微温。采近桐华节,生无谷雨痕。缄縢防远道,进献趁头番。待破华胥梦,先经阊阖门。汲泉鸣玉甃,开宴压瑶罇。茂育知天意,甄收荷主恩。沃心同直谏,苦口类嘉言。未复金銮召,年年奉

至尊。

谢人寄蒙顶新茶　〔文同〕65

蜀土茶称盛,蒙山味独珍。灵根托高顶,胜地发先春。几树初惊暖,群篮竞摘新。苍条寻暗粒,紫萼落轻鳞。的皪香琼碎,髼鬙绿茧匀。慢烘防炽炭,重碾敌轻尘。无锡泉来蜀,干崤盏自秦。十分调雪粉,一啜咽云津。沃睡迷无鬼,清吟健有神。冰霜疑入骨,羽翼要腾身。磊磊真贤宰,堂堂做主人。玉川喉吻涩,莫惜寄来频。

五言绝句

九日与陆处士饮茶　僧皎然

九日山僧院,东篱菊也黄。俗人唯泛酒,谁解助茶香。

茶岭　张籍104

紫芽连白蕊,初白岭头生。自看家人摘,寻常触露行。

又　韦处厚105

顾渚吴商绝,蒙山蜀信稀。千丛因此始,含露紫茸肥。

山泉煎茶有感　白居易

坐酌泠泠水,看煎瑟瑟尘。无由持一碗,寄与爱茶人。

斫茶磨　梅尧臣

吐雪夸新茗,堆云忆旧溪。北归惟此急,药臼不须赍。

茶咏　张舜民

玉尺锋棱取,银槽样度窊。月中忘桂

茶乘　289

实,云外得天葩。

山居　龙牙[106]和尚
觉倦烧炉火,安铛便煮茶。就中无一事,唯有野僧家。

武夷茶　赵若楗[107]
石乳沾余润,云根石髓流。玉瓯浮动处,神入洞天游。

茶灶　朱熹
仙翁遗石灶,宛在水中央。饮罢方舟去,茶烟袅细香。

云谷茶坂
携籯北岭西,采撷供茗饮。一啜夜窗寒,跏趺谢衾枕。

七言绝句
与赵莒茶宴　钱起
竹下忘言对紫茶,全胜羽客对流霞。尘心洗尽兴难尽,一树蝉声片影斜。

新茶咏　卢纶[108]
三献蓬莱始一尝,日调金鼎阅芳香[66]。贮之玉合才半饼,寄与惠连题数行。

尝茶　刘禹锡
生拍芳丛鹰嘴芽[67],老郎封寄谪仙家。今宵更有湘江月,照出霏霏满碗花。

萧员外寄蜀新茶　白居易
蜀茶寄到但惊新,渭水煎来始觉珍。满瓯似乳堪持玩,况是春深酒渴人。

寄茶
红纸一封书后信[68],绿芽十片火前春。汤添勺水煎鱼眼,末下刀圭搅曲尘[69]。

冬景回文　薛涛[109]
天冻雨寒朝闭户,雪飞风冷夜关城。鲜红炭火炉围暖,浅碧茶瓯注茗清。

蜀茗　施肩吾[110]
越碗初盛蜀茗新,薄烟轻处搅来匀。山僧问我将何比,欲道琼浆却畏嗔。

答友〔人〕寄新茶[70]　李群玉
满火芳香碾曲尘,吴瓯湘水绿花新。愧君千里分滋味,寄与春风酒渴人。

谢朱常侍寄贶蜀茶[111]　崔道融[112]
瑟瑟香尘瑟瑟泉,惊风骤雨起炉烟。一瓯解却山中醉,便觉身轻欲上天。

煎茶　成文幹[113]
岳寺春深睡起时,虎跑泉畔思迟迟。蜀茶倩个云僧碾,自拾枯松三四枝。

谢寄新茶　杨嗣复[114]
石上生芽二月中,蒙山顾渚莫争雄。封题寄与杨司马,应为前衔是相公。

即事　陆龟蒙
泱泱春泉出洞霞,石坛封寄野人家。草堂尽日留僧坐,自向前溪摘茗芽。

过陆羽茶井　王禹偁（甃石苔封百尺深）

对茶有怀　林逋[115]
石碾轻飞瑟瑟尘,乳花烹出建茶新。
人间绝品应难识,闲对茶经忆故人。

寒夜　杜小山[116]
寒夜客来茶当酒,竹炉汤沸火初红。
寻常一样窗前月,才有梅花便不同。

即事
坐来石榻水云清,何事空山有独醒。
满地落花人迹少,闭门终日注茶经[117]。

锦屏山下　邵雍[118]
山似抹蓝波似染,游心一向难拘检。
仍携二友所分茶,每到烟岚深处点。

双井茶寄景仁　司马光
春睡无端巧逐人,驱诃不去苦相亲。
欲凭洪井真茶力,试遣刀圭报谷神。

尝茶诗　沈括
谁把嫩香名雀舌,定来北客未曾尝。
不知灵草天然异,一夜风吹一寸长。

寄茶与王平甫　王安石
彩绛缝囊海上舟,月团苍润紫烟浮。
集英殿里春风晚,分到并门想麦秋。

送茶与东坡　僧了元[119]
穿云摘尽社前春,一两平分半与君⑦。
遇客不须求异品,点茶还是吃茶人。

饮酽茶七碗　苏轼
示病维摩元不病,在家灵运已忘家。
何须魏帝一丸药,且尽卢仝七碗茶。

同六舅尚书咏茶碾烹煎　黄庭坚
(风炉小鼎不须催)

茶岩　罗愿[120]
岩下才经昨夜雷,风炉瓦鼎一时来。
便将槐火煎岩溜,听作松风万壑回。

禁直　周必大[121]
绿阴夹道集昏鸦,敕赐传宣坐赐茶。
归到玉堂清不寐,月钩初上紫薇花。

武夷六曲　白玉蟾
仙掌峰前仙子家,客来活水煮新茶。
主人遥指青烟里,瀑布悬崖剪雪花。

茶瓶候汤　李南金[122](砌虫唧唧万蝉催)
又　罗大经[123](松风桧雨到来初)

词
问大冶长老乞桃花茶水调歌头　苏轼
已过几番雨,前夜一声雷。枪旗争战建
溪,春色占先魁。采取枝头雀舌,带露和烟捣
碎,结就紫云堆。轻动黄金碾,飞起绿尘埃。
老龙团,真凤髓,点将来。兔毫盏里,霎时滋
味舌头回。唤醒青州从事,战退睡魔百万,梦
不到阳台。两腋清风起,我欲上蓬莱。

咏茶阮郎归　黄庭坚
歌停檀板舞停鸾,高阳饮兴阑。兽烟
喷尽玉壶干,香分小凤团。云浪浅,露珠
圆,捧瓯春笋寒。绛纱笼下跃金鞍,归时人
倚栏。

咏煎茶同前
烹茶留客驻金鞍,月斜窗外山。见郎

容易别郎难,有人愁远山。归去后,忆前欢,画屏金转山。一杯春露莫留残,与郎扶玉山。

〔词〕⑫

咏茶好事近　蔡松年[124]

天上赐金荃,不减壑源三月。午碗春风纤手,看一时如雪。幽人只惯茂林前,松风听清绝。无奈十年黄卷,向枯肠搜彻。

和蔡伯坚咏茶同前　高士谈[125]

谁扣玉川门,白绢斜封团月。晴日小窗活火,响一壶春雪。可怜桑苎一生颠,文字更清绝。真拟驾风归去,把三山登彻。

咏茶青玉案　党怀英[126]

红莎绿箬春风饼,趁梅驿,来云岭。紫柱崖空琼窦冷。佳人却恨,等闲分破,缥缈双鸾影。一瓯月露心魂醒,更送清歌助幽兴。痛饮休辞今夕永,与君洗尽、满襟烦暑,别作高寒境。

卷六

〔文苑〕⑬

铭

茶夹铭　程宣子[127]

石筋山脉,钟异于茶。馨含雪尺,秀启雷车。采之撷之,收英敛华。苏兰薪桂,云液露芽。清风两腋,玄圃盈涯。

颂

森伯颂　汤说[128]

方饮而森然,粘乎齿牙,馥郁既久,四肢森然耸异。

赞

茗赞略　权纾[129]

穷春秋,演河图,不如载茗一车。

论

茶论　谢宗

此丹丘之仙茶,胜乌程之御荈。不止味同露液,白比霜华,岂可为酪苍头,便应代酒从事。

书

与兄子演书　刘琨

前得安丰干姜一斤,桂一斤,黄芩一斤⑭,皆所须也。吾体中愦闷,常仰真茶,汝可置之。

与杨祭酒书　杜鸿渐

顾渚山中紫笋茶两片,一片上太夫人,一片充昆弟同歠,此物但恨帝未得尝,实所叹息。

遗舒州牧书　李德裕

到郡日,天柱峰茶可惠三数角。

送茶与焦刑部书　孙樵[130]

晚甘侯十五人遣侍斋阁,此徒皆乘雷而摘,拜水而和,盖建阳丹山碧水之乡,月涧云龛之品,慎勿贱用之。

馈茶书　蔡襄

襄启:暑热,不及通谒,所苦想已平复,日夕风日酷烦无处可避。人生缰锁如此,可叹可叹!精茶数片不一,襄上公谨左右。

与友人书　黄廷坚[131]

双井虽品在建溪之亚,煮新汤尝之,味极佳,乃草木之英也,当求名士同烹耳。

与客书　苏轼

已取天庆观乳泉,泼建茶之精者,念非君莫与共之。

谢传尚书茶　杨万里

远饷新茗,当自携大瓢⑦,走汲溪泉,束涧底之散薪,然折足之石鼎,烹玉尘,啜香乳,以享天上。故人之意,愧无胸中之书传,但一味搅破菜园耳。

表

代武中丞谢赐茶表　刘禹锡

伏以方隅入贡,采撷至珍,自远贡来,以新为贵,捧而观妙,饮以涤烦。顾兰露而惭芳,岂柘浆而齐味,既荣凡口,倍切丹心。

谢赐新茶表　柳宗元

臣以无能,谬司邦宪。大明首出,得亲仰于云霄。渥泽遂先,忽沾恩于草木。况兹灵味,成自遐方,照临而甲折。惟新煦妪而芬芳可袭,调六味而成美,扶万寿以效珍,岂臣微贱膺此殊锡。衔恩敢同于尝(嘗)酒⑩,涤虑方切于饮冰。

进新茶表　丁谓

右件物,产异金沙,名非紫笋。江边地暖,方呈彼苗之形。阙下春寒,已发其甘之味;有以少为贵者,焉敢韫而藏诸,见谓新茶,盖遵旧例。

序

茶中杂咏序　皮日休[132]

煮茶泉品序　叶清臣[133]

进茶录序　蔡襄[134]

后序　欧阳修[135]

《品茶要录》序　黄儒[136]

《大观茶论》序　宋徽宗[137]

记

煎茶水记　张又新[138]

传

叶嘉传　苏轼

叶嘉,闽人也。其先处上谷。曾祖茂先,养高不仕,好游名山;至武夷,悦之,遂家焉。尝曰:吾植功种德,不为时采,然遗香后世,吾子孙必盛于中土,当饮其惠矣。烟先葬郝源,子孙遂为郝源民。至嘉,少植节操,或性之业武。曰:"吾当为天下英武之精,一枪一旗,岂吾事哉。"因而游见陆先生。先生奇之,为著其行录,传于时。

方汉帝嗜阅经史,时建安人为谒者侍上。上读其行录,而善之。曰:"吾独不得与此人同时哉!"曰:"臣邑人叶嘉,风味恬淡,清白可爱,颇负其名性有济世之才,虽羽知犹未详也。"上惊,敕建安太守,召嘉给传遣诣京师。郡守始令采访嘉所在,命赍书示之。嘉未就。遣使臣督促,郡守曰:"叶先生方闭门制作,研味经史,志图挺立,必不屑进,未可促之。"亲至山中,为之劝驾,始行登车。遇相者揖之曰:"先生容质异常,矫然有龙凤之姿,后当大贵。"嘉以皂囊上封事。天子见之曰:"吾久饫卿名,但未知其实尔,我其试哉。"因顾谓侍臣曰:"视嘉容貌如铁,资质刚劲,难以邊用,必槌提顿挫之乃可。"遂以言恐嘉曰:"砧斧在前,鼎镬在后,将以烹子,子视之如何?"嘉勃然吐气曰："臣山薮猥士,幸为陛下采择至此,可以利生,虽粉身碎骨,臣不辞也。"上笑,命以名曹处之,又加枢要之务焉。因诚小黄门监之。有顷报曰："嘉之所为,犹若粗疏然。"上曰："吾知其才,第以独学,未经师耳。"嘉为之屑屑就师,顷刻就事,已精熟矣。上乃敕御史欧阳高,金紫光禄大夫郑当时,甘泉侯陈平三人与之同事。欧阳疾嘉初进有宠,曰："吾属且为之下矣。"计欲倾之。会天子御延英,促召四人。欧但热中而已,当时以足击嘉;而平亦以口侵陵之。嘉虽见侮,为之起立,颜色不变。欧阳悔曰："陛下以叶嘉见托,吾辈亦不可忽之也。"因同见帝,阳称嘉美,而阴以轻浮訾之。嘉亦诉于上,上为责欧阳,怜嘉;视其颜色久之,曰："叶嘉真清白之士也,其气飘然若浮云矣。"遂引而宴之。少间,上鼓舌欣然曰："始吾见嘉,未甚好也,久味其言,令人爱之,朕之精魄,不觉洒然而醒。"书曰："启乃心,沃朕心",嘉之谓也。于是封嘉巨合侯,位尚书。曰："尚书,朕喉舌之任也"。由是宠爱日加,朝廷宾客遇会宴,未始不推嘉于上。日引对至于再三。后因侍宴苑中,上饮逾度,嘉辄苦谏,上不悦。曰:"卿司朕喉舌,而以苦辞逆我,余岂堪哉。"遂唾之,命左右仆于地。嘉正色曰:"陛下必欲甘辞利口然后爱耶?臣虽言苦,久则有效,陛下亦尝试之,岂不知乎。"上顾左右曰:"始吾言嘉刚劲难用,今果见矣。"因含容之,然亦以是疏嘉。

嘉既不得志,退去闽中。既而曰:吾未如之何也已矣。上以不见嘉月余,劳于万机,神苶思困,颇思嘉。因命召至,喜甚,以手抚嘉曰:"吾渴欲见卿久矣,"遂恩遇如故。上方欲南诛两越,东击朝鲜,北逐匈奴,西伐大宛,以兵革为事,而大司农奏计国用不足,上深患之,以问嘉。嘉为进三策:其一曰榷天下之利,山海之资,一切籍于县官。行之一年,财用丰赡,上大悦。兵兴有功而还。上利其财,故榷法不罢。管山海之利,自嘉始也。居一年,嘉告老,上曰:"巨合侯其忠可谓尽矣,"遂得爵其子。又令郡守,择其宗支之良者,每岁贡焉。嘉子二人,长曰抟,有父风,故以袭爵。次子挺,抱黄白之术,比于抟,其志尤淡泊也,尝散其资,拯乡闾之困,人皆德之。故乡人以春伐鼓,大会山中,求之以为常。

赞曰:今叶氏散居天下,皆不喜城邑,惟乐山居。氏于闽中者,盖嘉之苗裔也。天下叶氏虽夥,然风味德馨,为世所贵,皆不及闽。闽之居者又多,而郝源之族为甲。嘉以布衣遇天子,爵彻侯位八座,可谓荣矣。然其正色苦谏,竭力许国,不为身计,盖有以取之。夫先王,用于国有节,取于民有制,至于山林川泽之利,一切与民。嘉为策以榷之,虽救一时之急,非先王之举也。君子讥之,或云管山海之利,始于盐铁丞孔仅、桑弘羊之谋也。嘉之策,未行于时;至唐,赵赞始举而用之。

清苦先生传　杨维祯

先生名橬,字舜之,姓贾氏,别号茗仙。其先阳羡人也,世系绵远,散处之中州者不一。先生幼而颖异,于诸眷族中,最其风致。卜居隐于姑苏之虎丘,与陆羽、卢仝辈相友善,号勾吴三隽。每二人游,必挟先生随之,以故情谊日殷,众咸目之为死生交。然先生之为人,芬馥而爽朗,磊落而疏豁,不媚于世,不阿于俗。凡有请求,则必摄缄縢固扃鐍,假人提携而往。四方之士多亲炙之,虽穷檐蔀屋,足迹未尝少绝。偶乘月大江泛舟,取金山中泠之水而瀹之,因品为第一泉,遂邀游不辍。尤喜僧室道院,贪爱其花竹繁茂,水石清奇,徜徉容与,迨然不忍去。构小轩一所,扁曰:"松风深处",中设鼎彝玩好之物,垆烧榾柮,煨芋栗而啜之。因赋诗有"松风乍响匙翻雪,梅影初横月到窗"之句。或琴弈之间,樽俎之上,先生无不价焉。又性恶旨酒,每对醉客,必攘袂而剖析之。客醉,亦因之而少解。少嗜诗书百家之学,诵至夜分,终不告倦。所至高其风味,乐其真率,而无诋评之者。而里之枯吻者,仰之如甘露;昏暝者,饫之若醍醐。或誉之以嘉名,而先生亦不以为华;或咈之非义,而先生亦不与之较。其清苦狷介之操类如此,或者比伦之,以为伯夷之亚。其标格,具于黄太史鲁直之赋;其颠末,详诸蔡司谏君谟之性,兹故弗及赘也。

太史公曰:贾氏有二出,其一,晋文公子犯之子狐射姑食采于贾,后世因以为姓。至汉文时,洛阳少年谊,挟经济之才,上治安之策。帝以其深达国体,欲位之以卿相。洚灌之徒扼之,遂疏出之为梁王太傅,弗伸厥志,虽其子孙蕃衍,终亦不振。有僭拟龙凤团为号者,又其疏逸之属,各以骄贵夸侈,日思竞以旗枪。宗人咸相戒曰:彼稔恶不悛,惧就烹于鼎镬,盖逃之。或隐于蒙山,或遁于建溪,居无何而祸作,后竟泯泯无闻,惟先生以清风苦节高之。故没齿而无怨言,其亦庶几乎笃志君子矣。

述

茶述　李白

余闻荆州玉泉寺,近清溪诸山,山洞往往有乳窟,窟中多玉泉交流,其水边处处有茗草罗生,枝叶如碧玉,惟玉泉真公常采而饮之,年八十余岁,颜色如桃花。而此茗清香滑热,异于他所,所以能还童振枯,人人寿也。余游金陵,见宗僧中孚示余茶数十片,拳然重叠,其状如手掌,号仙人掌茶。兼赠以诗,要余答之。后之高僧大隐,知仙人掌茶,发于中孚衲子及青莲居士李白也。

说

斗茶说⑦　唐庚

茶不问团铐,要之贵新;水不问江井,要之贵活。唐相李卫公,好饮惠山泉,置驿传送,不远数千里。近世欧阳少师得内赐小龙团,更阅三朝,赐茶尚在,此岂复有茶也哉? 今吾提汲走龙塘,无数千步。此水宜茶,昔人以为不减清远峡,而海道趋建安,茶数日可至,故每岁新茶,不过三月,颇得其胜。

茶乘拾遗

龙溪高元濬君鼎辑

上篇

茶,初巡为停停袅袅十三余,再巡为碧玉破瓜年,三巡以来绿阴成矣[139]。

或柴中之焚火,或焚余之虚炭,本体尽而性且浮。浮则有终嫩之嫌。炭则不然,实汤之友。

北方多石炭,南方多木炭,而蜀又有竹炭,烧巨竹为之,易燃、无烟、耐久,亦奇物。

探汤纯熟,便取起,先注少许壶中,祛荡冷气倾出,然后投茶,亦烹法之一也。

空中悬架,将茶瓶口朝下⑱,以绝蒸气。其说近是,但觉多事耳。

人但知箬叶可以藏茶,而不知多用能夺茶香气,且箬性峭劲,不甚帖伏,能无渗罅? 一经渗罅,便中风湿,从前诸事废矣。

陆处士论煮茶法，初沸水合量，调之以盐味，是又厄水也。

用水洗茶，以却尘垢，亦为藏久设耳。如新制则不然，人但知汤候，而不知火候。火然则水干，是试火先于试水也。《吕氏春秋》：伊尹说汤五味、九沸、九变；火为之纪。

乌蒂白合，茶之大病。不去乌蒂，则色黄黑；不去白合，则味苦涩。

茶始造则青翠，收藏不法，一变至绿，再变至黄，三变至黑，四变至白；食之则寒胃，甚至瘠气成积。

多置器以藏梅水，投伏龙肝两许，月余取用至益人。龙肝，灶心干土也，或云乘热投之。

种茶易，采茶难；采茶易，焙茶难；焙茶易，藏茶难；藏茶易，烹茶难，稍失法律，便减茶勋。

蔡君谟谓范文正曰：公采茶歌云："黄金碾畔绿尘飞，碧玉瓯中翠涛起"，"今茶绝品，其色甚白，翠绿乃其下者耳。欲改玉尘飞、素涛起，如何？"希文曰善。

东坡云：茶欲其白，常患其黑；墨则反是。然墨磨隔宿，则色暗；茶碾过日，则香减，颇相似也。茶以新为贵，墨以古为佳，又相反也。茶可于口，墨可于目，蔡君谟老病不能饮，则烹而玩之。吕行甫好藏墨而不能书，则时磨而小啜之，此又可发来者一笑也[140]。

茶色贵白，古今同然。白而味觉甘鲜，香气扑鼻，乃为精品。盖茶之精者，淡固白，浓亦白；初泼白，久贮亦白。味足而色白，其香自溢；三者得，则俱得也。

茶味以甘润上，苦涩下。罗景纶《山静日长》一篇，脍炙人口，至两用烹苦茗，不能无累。

茶有真香，有兰香，有清香，有纯香。表里如一曰纯香；不生不熟曰清香；火候均停曰兰香；雨前神具曰真香。

色味香俱全而饮非其人，犹汲泉以灌蒿莱，罪莫大焉。有其人而未识其趣，一吸而尽，不暇择味，俗莫甚焉。

鸿渐有云：烹茶于所产处，无不佳，盖水土之宜也。此诚妙论，况旋摘旋瀹，两及其新耶。《茶谱》云："蒙之中顶茶，若获一两以本处水烹服，即能祛宿疾"是耶。

北苑连属诸山，茶最胜。北苑前枕溪流，北涉数里，茶皆气弇，然色浊，味尤薄恶，况其远者乎？亦犹橘逾淮为枳也。

每岁六月兴工，虚其本，焙去其滋蔓之草⑦，遏郁之木，令本树畅茂，一以遵生长之气，一以糁雨露之泽，名曰开畬。唯桐木留焉，桐木之性，与茶相宜。

松萝山以松多得名，无种茶者。《休志》云：远麓有地名榔源，产茶，山僧偶得制法，托松萝之名，大噪，一时茶因涌贵。僧既还俗，客索茗于松萝，司牧无以应，往往赝售。然世之所传松萝，岂皆榔源产欤？

世所称蒙茶，是山东蒙阴县山所生石藓，亦为世珍。但形非茶，不可烹。蒙顶茶，乃蜀雅州⑧即古蒙山郡。《图经》云：蒙顶有茶，受阳气之全，故茶芳香。《方舆》、《一统志·土产》俱载之。

茶至今日称精备哉。唐宋研膏蜡面，京挺龙团，把握纤微，直钱数万，珍重极矣。而碾造愈工，茶性愈失，矧杂以香物乎？曾不如今人止精于炒焙，不损本真。故桑苎翁第可想其风致，奉为开山。其春碾罗则诸法，存而不论可也。

读《蛮瓯志》，陆羽采越江茶，使小奴子

看焙。奴失睡，茶燋燥不可食，怒以铁索缚奴而投火中。盖其专致此道，故残忍有不恤耳。

李德裕奢侈过求，在中书时，不饮京城水，悉用惠山泉，时谓之水递。清致可嘉，有损盛德。

贡茶一事，当时颇以为病，苏长公有前丁后蔡之语。殊不知理欲同，行异情，蔡主敬君，丁主媚上，不可一概论也。[141]

下篇

小斋之外，别搆一寮，两椽萧疏，取明爽高燥而已。中置茶炉，傍列茶器。兴到时，活火新泉，随意烹啜，幽人首务，不可少废。

品茶最是清事，若无好香在炉，遂乏一段幽趣；焚香雅有逸韵。若无名茶浮碗，终少一番胜缘。是故茶、香两相为用，缺一不可。

山堂夜坐，手烹香茗，至水火相战，俨听松涛，倾泻入瓯，云光缥缈，一段幽趣，故难与俗人言[142]。

山谷云：相茶瓢与相邛竹同法，不欲肥而欲瘦，但须饱风霜耳。

箕踞斑竹林中，徙倚青石几上，所有道笈梵书，或校雠四五字，或参讽一两章。茶不甚精，壶亦不燥；香不甚良，灰亦不死；短琴无曲而有弦；长歌无腔而有音。激气发于林樾，好风送之水崖，若非羲皇以上，定亦嵇阮兄弟之间。

三月茶笋初肥，梅风未困；九月莼鲈正美，秫酒新香；胜客晴窗，出古人法书名画，焚香评赏，无过此时。吴人于十月采小春茶，此时不独逗漏花枝，而尤喜月光，晴暖从此蹉过，霜凄雁冻，不复可堪。

茶如佳人，此论虽妙，但恐不宜山林间耳。昔苏子瞻诗："从来佳茗似佳人"。会茶山诗："移人尤物众谈夸"是也。若欲称之山林，当如毛女、磨姑，自然仙风道骨，不浼烟霞可也。必若桃脸柳腰，宜亟屏之销金帐中，无俗我泉石。

构一室，中祀桑苎翁，左右以卢玉川、蔡君谟配飨。春秋祭用奇茗。是日，约通茗事数人，为斗茗会，畏水厄者不与焉。

取诸花和茶藏之，夺味殊甚，或以茉莉之属浸水瀹茶，虽一时香气浮碗，然于茶理终舛。但斟酌时，移建兰、素馨、蔷薇、越橘诸花于几案前，茶香与花香相杂，差助清况。唐人以对花啜茶为杀风致，未为佳论。《茶记》言：养水置石子于瓮，不惟益水，而白石清泉，会心不远。夫石子须取其水中表里莹彻者佳，白如截肪、赤如鸡冠、蓝如螺黛、黄如蒸栗、黑如玄漆，锦纹五色辉映瓮中，徙倚其侧，应接不暇，非但益水，亦且娱神[143]。

陆处士品水，据其所尝试者，二十水耳，非谓天下佳泉水尽于此也。

陆处士能辨近崖水非南零，非无旨也。南零洄洑渊停，清激重厚。临崖故常流水耳，且混浊迥异。尝以二器贮之自见。昔人能辨建业城下水，况临崖？故清浊易辨，此非妄也[144]。

昔时之南零，即今之中泠㉚，往时金山属之南崖，江中惟二泠，盖指石簿山南流、北流也。自金山沦入江中，则有三流水。故昔之南泠，乃列为中泠尔。中泠有石骨，能停水不流，澄凝而味厚。今山僧惮汲险，凿西麓一井代之，辄指为中泠水，非也[145]。

山厚者泉厚，山奇者泉奇，山清者泉

清，山幽者泉幽，皆佳品也。不厚则薄，不奇则蠢，不清则浊，不幽则喧，必无佳泉。

八功德水，在钟山灵谷寺。八功德者：一清、二冷、三香、四柔、五甘、六净、七不噎、八除疴。昔山僧法喜，以所居乏水，精心求西域阿耨池水。七日掘地得之[146]。后有西僧至云：本域八池，已失其一。

国初迁宝志塔，水自从之，而旧池遂涸。人以为灵异。谓之灵谷者。自琵琶街鼓掌相应若弹丝声，且志其徙水之灵也。陆处士足迹未至，此水尚遗品录。

钟山故有灵气。钟阴有梅花水，手掬弄之，滴下皆成梅花。此石乳重厚之故，又一异景也[147]。

《括地图》曰负丘之山，上有赤泉，饮之不老。神宫有英泉，饮之眠三百岁乃觉，不知死。

梁景泰禅师居惠州宝积寺，无水，师卓锡于地，泉涌数尺，名卓锡泉。东坡至罗浮，入寺饮之，品其味，出江水远甚。

柳州融县灵岩上有白石巍然如列仙，灵寿溪贯岩下，清响作环佩声。

武夷御茶园中，有喊山泉。仲春，县官诣茶场，致祭，水渐满。造茶毕，水遂涸。此与金沙泉事相类。名泉有难殚述，上数条偶举灵异耳。

山木固欲其秀，而荫若丛恶则伤泉。今虽未能使瑶草琼花披拂其上，而修竹幽兰自不可少也。

山居接竹引水，承之以奇石，贮之以净缸，其声尤琮琮可爱，真清课事也。骆宾王诗："刳木取泉遥"，亦接竹之意。

雪为五谷之精，故宜茗饮。陶谷尝取雪水烹团茶。又丁谓诗："痛惜藏书箧，坚留待雪天"。李虚己诗："试将梁苑雪，煎动建溪云。"是古人煮茶多用雪也。但其色不甚白，故处士置诸末品。

泉中有虾蟹、子虫，极能腥味，亟宜淘净之。僧家以罗滤水而饮，虽恐伤生，亦取其洁也。包幼嗣诗："滤水浇新长"。马戴诗："滤泉侵月起"。僧简长诗："花壶滤水添"是也[148]。

山居之人，水不难致，但佳泉尤当爱惜，亦作福事。章孝标《松泉诗》："注瓶云母滑，漱齿茯苓香。野客偷煎茗，山僧惜净床。"夫言"偷"言"惜"，皆为泉重也，安得斯客、斯僧而与之为邻耶。

徐献忠《水品》一书，穷究天下源泉，载福州南台山泉，清冷可爱，而不知东山圣泉、鼓山喝水岩泉、北龙腰泉尤佳。龙腰泉，在北郊城隅，无沙石气。端明为郡日，试茶必汲此泉。侧有苔泉二字，为公手书[149]。

吾郡四陲，惟东南稍通朝汐，余皆依山，无斥卤之患。天宝以来，诸峰苍蔚，林木与石溜交加，在处清越。郡内泉佳者，曰东井，其源深厚而绀洌，在紫芝峰麓，其下禅宇奠焉，出丛林，稍拆而西，又有泉曰岩坛，郡人多汲取。甘鲜温美，似胜东井。余谓得此以佐龙山新茗，足称双绝。

夫达人朗士，其襟期恒寄诸诗酒。而时或阑入，焚香煮茗，场中诗近愤，酒近豪，香近幽，而总于茶事有合。余性懒，不能效苏子美之豪，举读《汉书》以斗酒为率。间置一小斋，粗足容香炉、茶铛二事而口为市烟夺去，惟是七碗成癖，在处足舒其逸□。《茶乘》以行，复搜其绪义，以完此一段公案。时在残菊花际，霏霜雁候，夜静闲吟，视鼎铛中雪涛浪翻，乳花正熟，且觉香风馥馥起四座间矣。黄如居士高元濬识。

注　释

1　癸亥菊月:"癸亥",中国干支纪时,六十花甲子的最后一个组配。此"癸亥"年,指明天启三年(1623)。"菊月",指阴历九月。

2　露中:指白露或寒露中,九月上半月为寒露,此"露中",约指九月上旬。

3　张燮:字绍和,别号海滨逸史,明福建龙溪人。万历二十二年(1594)举人。性聪敏,博学多能。结社芝山之麓,与蒋孟育、高克正、林茂桂、王志远、郑怀魁、陈翼飞并称为七才子。著有《东西洋考》、《霏云居集》、《群玉楼集》、《初唐四子集》。天启间刻印过徐日久《五边典则》二十四卷,自辑《七十二家集》三百四十六卷、《附录》七十二卷。

4　王仲祖:即王濛。

5　王志道:福建漳浦人,志远弟,癸丑进士。

6　陈正学:福建漳州府龙溪人,著有《灌园草木识》六卷。

7　黄以升:字孝义,《千顷堂书目》作孝翼,福建龙溪人。著有《游名山记》六卷、《蝉巢集》二十卷及《史说萱苏》一卷。

8　惊雷之笑:南宋寺院采制茶名。《蛮瓯志》:"收茶三等。觉林院志崇收茶三等:待客以惊雷笑,自奉以萱草带,供佛以紫茸香。盖最上以供佛,而最下以自奉也。"

9　此处删节,见唐代陆羽《茶经·一之源》。

10　此处删节,见明代顾元庆、钱椿年《茶谱·茶品》。

11　庐之产曰六安:"庐",此指元时的庐州路和明初改路而置的庐州府,治所在今安徽合肥。

12　广东钦州灵山、高霞、泰宁:此三茶名,俱录自《徐文长先生秘集》。

13　鸠坑、朱溪、青鸾、鹤岭、石门、龙泉:鸠坑,产睦州(今浙江淳安);朱溪,产浙江余姚四明;青鸾,疑即指"青凤髓",产建安;鹤岭,产江西洪州西山;石门,亦出自《徐文长先生秘集》;龙泉产今湖北崇阳县龙泉山。

14　本段内容,摘自《东溪试茶录》、《茶经》、《宣和北苑贡茶录》及其他有关多种茶书。实际是高元濬将上述各书内容综合而成,也可说是高元濬自己所重新组写的内容。

15　本段采法,主要选摘张谦德《茶经》、屠隆《茶笺》二书采茶内容组成。

16　本段制法,主要据《茶解》、《茶疏》和闻龙《茶笺》等有关内容辑缀而成。

17　本段内容,摘自屠本畯《茗笈》"揆制章·评",熊明遇《罗岕茶记》和田艺蘅《煮泉小品》。

18　此处删节,见明代熊明遇《罗岕茶记》。后二句据屠隆《茶笺·藏茶》内容改写。

19　歒(sǐ):香美。《广群芳谱》卷21:"其色缩也,其馨歒也。"

20　本段主要选摘《茗笈》"候火"、"定汤"和苏廙的《十六汤品》等有关内容串联而成。

21　《茶谱》:此指明钱椿年原撰,顾元庆删校本。

22　本段品水,主要选摘田艺蘅《煮泉小品》"灵水",屠隆《茶笺》"择水"二条内容组成。

23　本段内容,高元濬主要选摘《煮泉小品》"源泉"、"清寒"、"甘香"、"石流"等各节有关内容组成。

24　本段内容，摘抄《煮泉小品》和屠隆《茶笺》二段"井水"记述连接而成。

25　此处删节，见唐代张又新《煎茶水记》。

26　此处删节，见唐代张又新《煎茶水记》。除个别字眼外基本相同。

27　本段内容，选摘屠隆《茶笺》、屠本畯《茗笈·辨器章》和陆羽《茶经·碗》等内容组成。

28　本段内容，除"两壶后，又用冷水荡涤，使壶凉洁"录自他书外，基本按许次纾《茶疏·荡涤》摘抄。

29　本段内容，基本上据屠本畯《茗笈》"相宜章"、"玄赏章"和"防滥章"这三部分辑录资料选抄而成。

30　此处删节，见唐代陆羽《茶经·六之饮》。

31　《茶谱》：此指钱椿年撰，顾元庆删校本。

32　此处删节，见明代顾元庆、钱椿年《茶谱·茶效》。

33　此处删节，见宋代审安老人《茶具图赞》。

34　顾元庆《茶谱》：应作"钱椿年撰、顾元庆删校《茶谱》"。本文所录"顾元庆《茶谱》分封七具"，与上述钱撰顾校《茶谱》，仅封号相同。本文仅对七茶具实物和用途略作注释，因此本文也特存而不删。

35　有客过茅君："茅君"，葛洪《神仙传》称其为"幽州人，学道于齐，二十年道成归家。茅君在帐中与人言语，其出入，或发人马，或化为白鹤。"后以茅君指仙人或隐士。

36　《世说》：即南朝宋刘义庆所撰《世说新语》，下同。

37　桓宣武：即桓温(312—373)，字元子，东晋谯国龙亢人。明帝婿，拜驸马都尉。穆帝永和初，任荆州刺史，都督荆、司等四州诸军事。晚年更以大司马镇姑孰(今安徽当涂)，专擅朝政；图

谋代晋未成疾卒。后其子桓玄，安帝元兴初率兵攻入建康，次年称帝建国号楚，但不久即为刘裕、刘毅所败，西逃时被部下所杀。宣武，即由桓玄称帝时谥其父为"竟武皇帝"而来。

38　《伽蓝记》：即《洛阳伽蓝记》，北魏杨衒之撰。

39　本段内容，无注出处，当是据《唐义兴县重修茶舍记》摘录。

40　李约：唐诗人。字存博，号萧斋，陇西成纪(今甘肃秦安)人。汧国公李勉之子。贞元十五年(799)至元和二年(807)间为浙西观察从事，后官至兵部员外郎。虽为贵公子，然不慕荣华，后弃官隐居。工诗文，善音乐、精楷隶，好黄老。其诗风格豪健疏野，原集已佚。《全唐诗》存其诗十首，《全唐文》有其文二篇。

41　事见《新唐书·陆贽传》。陆贽任郑尉时罢归。"寿州刺史张镒有重名，贽往见语三日。奇之，请为忘年交。既行，饷钱百万，曰：'请为母夫人一日费。'贽不纳，止受茶一串。"

42　《金銮密记》：晚唐韩偓撰，约撰于唐末天复(901—904)年间，其时韩偓为翰林学士，从昭宗西幸，梁祖以兵围凤翔，偓每与谋议而密记所闻见事，后回京师遭贬。

43　此无注出处，经查对，与夏树芳《茶董》内容全同，《茶董》也无出处，疑高元濬自《茶董》转录。

44　郑路：会昌(841—859)年间任监察御史、太常博士。唐制御史有三院，一曰台院，其僚曰侍御史；二曰殿院，其僚为殿中侍御史；三曰察院，其僚称监察御史；察院厅居南，即监察御史郑路所葺。

45　本条资料无注出处，查其内容，当为摘自韩琬《御史台记》。

46　本条内容，最早出自毛文锡《茶谱》，但

是书早佚。经核对，本文所录，与《升庵文集》基本相同，疑转录自《升庵文集》。

47　此记载，首出李肇《唐国史补》，但非据《唐国史补》和本文所注《唐史》。此内容更近转抄自夏树芳《茶董》。

48　荆南，中国五代时国名。高季兴(858—928)，荆南国的创建者，字贻孙，本名季昌，避后唐庄宗庙讳改。陕州(今河南陕县)人，少为汴州贾人李让家僮，后归朱温，曾改姓朱。朱温建后梁，任宋州刺史、荆南节度使，谋兵自固，割据一方，史称荆南国。后唐庄宗时奉朝请，封南平王，故荆南又称南平。明宗立，攻之不克，乃臣于吴，册为秦王。在位五年，卒谥武信。

49　此无书出处，夏树芳《茶董》全同，疑录自《茶董》。

50　此条内容，与《茶董》文字全同。

51　本条无书出处，疑按《墨客挥犀》原文摘录。

52　本条疑据《茶董》转录。

53　何子华：明宣城人，洪武(1368—1398)年间任扬州知府。

54　本条内容，与夏树芳《茶董》内容完全相同。

55　贾青：元丰(1078—1085)年间任福建路运使兼提举监事。

56　《江邻几杂志》为北宋江休复所撰，共三卷。江为欧阳修之执友，其所记精博，绝人远甚，邻几为其字也。此书又名《嘉祐杂志》。

57　杭州营籍周韶：即北宋杭州能诗名妓周韶。

58　本条记述，首见于《诗女史》。

59　黄实："实"亦写作"寔"，宋陈州人。字师是，一字公是。举进士，历司农主簿，提举京西、淮东常平。哲宗朝为江淮发运副使。徽宗时，擢宝文阁待制，知瀛州、定州，卒于官。与苏辙、苏轼友，两女皆嫁轼子。

60　米元章：即米芾，元章是其字，号襄阳漫士、海岳外史、鹿门居士等。世居太原，迁襄阳，人称米襄阳，后定居润州(今江苏镇江)。徽宗时召为书画学博士，历太常博士、礼部员外郎等职，人称米南官。因举止癫狂，时号"米癫"。能诗文，擅书画，精鉴别。其行、草书得力于王献之，与蔡襄、苏轼、黄庭坚合称"宋四家"。画作以山水为主，不为传统所拘，多用水墨点染，自言"信笔作之"，"意似便已"，有"米家山"、"米氏云山"和"米派"之称。今存书法作品有《苕溪诗》、《向太后挽词》等，画作《溪山雨霁》、《云山》等。著有《书史》、《画史》、《宝章待访录》、《山林集》等。

61　本条内容疑转抄自夏树芳《茶董》。

62　本条内容无出处，疑摘抄自徐𤊹《茗谭》。

63　廖明略，即廖正一，明略是其字。安陆人。元丰己未年(1079)进士，元祐中召试馆职，东坡大奇之，俄除正字。绍圣初贬信州。晚登苏轼门，与黄庭坚为友。有《竹林集》三卷。

64　黄、秦、晁、张：即黄庭坚、秦观、晁补之和张来四人。

65　李易安：即李清照(1084—约1151)，号易安居士。赵明诚妻。有《易安居士集》，已佚。今辑本有《李清照集》。

66　本条内容，无书出处，查有关引文，与夏树芳《茶董》所引内容全同。

67　杜育(？—约316)：字方叔，襄城邓陵人。幼时号"神童"，及长，风姿才藻卓尔，时人号曰"杜圣"。惠帝时，附于贾谧，为"二十四友"之一。官国子祭酒，汝南太守，洛阳将没时被杀。

68　顾况：唐苏州人，字逋翁，肃宗至德二年(757)进士。善诗歌，工画山水，初为江南判官。后曾任秘书郎、著作郎。

因作《海鸥咏》，嘲诮权贵，被劾贬饶州司户，遂弃官隐居茅山，号称华阳山人。有《华阳集》。

69 吴淑（947—1002）：字正仪，润州丹阳（今江苏镇江）人。南唐时曾作内史，入宋荐试学士院，授大理评事，累迁水部员外郎。太宗至道二年，兼掌起居舍人事，再迁职方员外郎。预修《太平御览》、《太平广记》、《文苑英华》。善书法，有集及《说文五义》、《江淮义人录》、《秘阁闲谈》等。

70 王微（415—453）：字景玄，一作景贤，琅邪临沂（今属山东）人。善属文，能书画，解音律，通医术。吏部尚书江湛荐为吏部郎，不受聘。曾与颜延之同朝为太子舍人，殁赠秘书监。性好山水，著有《（叙）画》一篇。

71 王昌龄（609？—756？）：字少伯，京兆万年（今陕西西安）人。开元十五年进士，授秘书省校书郎，后改汜水尉，二十七年迁江宁丞。晚年贬龙标（今湖南洪江西）尉，因世乱还乡，为亳州刺史间丘晓所杀。开元、天宝间诗名甚盛，有"诗家夫子王江宁"之称。后人辑有《王昌龄集》，另有《诗格》二卷，今存于《吟窗杂录》。

72 刘言史（？—812）：邯郸（一说赵州）人。少尚气节，不举进士。与李贺、孟郊友善。初客镇冀，王武俊奏为枣强令；辞疾不受，人因称为刘枣强。后客汉南，李夷简（汉南节度使）辟为从事。寻卒于襄阳。有诗集。

73 常李亦清流："常"指常伯熊，《新唐书·陆羽传》："有常伯熊者，因羽论，复广著茶之功。""李"指御史李季卿，宣慰江南时，每至一地，常召见精于茶事者，了解和一起探讨茶艺。

74 天随翁：即陆龟蒙，号江湖散人、天随子。

75 《求惠山泉》：此诗也是苏轼作。

76 陈渊（？—1145）：字知默，世称默堂先生。初名渐，字几叟。宋南剑州（今福建南平）沙县人。早年从学于二程，后师杨时。高宗绍兴五年（1135），以廖刚等言，充枢密院编修官。七年以胡安国荐，赐进士出身。九年监察御史，寻迁右正言，入对论恩惠太滥。言秦桧亲党郑亿年有从贼之丑，为桧所恶。主管台州崇道观，有《墨堂集》。

77 谢薖（？—1116）：字幼槃，号竹友。宋抚州临川人，谢逸弟。工诗文，兄弟齐名，时称二谢。尝为漕司荐，报罢。以琴棋诗酒自娱，有《竹友集》传世。

78 李咸用：唐代人，举进士不第，尝应辟为推官。有《披沙集》传世，《全唐诗》录其诗三卷。

79 秦韬玉：字中明，唐代湖南人。因与宦官交通，为士大夫所恶，屡举不第。黄巢攻长安，随僖宗入蜀，历任工部侍郎、判盐铁等职。诗以七律见称，诗风则浅近通俗，有《秦韬玉诗集》，为明人所辑。

80 崔珏：字梦之，大中时登进士第。咸通中佐崔铉荆南幕，被荐入朝为秘书郎。历淇县令，官终侍御。其诗传于世者皆为七言，歌行气势奔放，写景生动；律诗委婉绮丽，富有情韵。《全唐诗》收其存诗十五首。

81 温庭筠（812？—870？）：一作廷筠，又作庭云。本名岐，字飞卿，太原祁（今山西祁县）人。生性放荡不羁，好嘲讽权贵，为执政者所恶，因之屡试不第。大中十三年（859）出为隋县尉，后任方城县尉，官终国子助教，故后人又称"温助教"。有诗名，与李商隐合称"温李"，又精通音律，善于填词，被奉为花间派词人之鼻祖。今传后人所辑《温庭筠诗集》、《金荃词》。

82 陈襄（1017—1080）：字述古，人称古灵先生。福州侯官人。庆历进士，任浦州(今四川万县)主簿,神宗时任侍御史。后因反对新法出知陈州,终官枢密直学士兼侍读。其诗自然平淡,为文格调高古,有《古灵集》。

83　黄裳(1044—1130):字冕仲,一作勉仲,自号紫玄翁。南剑州南平县人。神宗元丰五年(1082)进士第一。徽宗时以龙图阁学士知福州,累迁端明殿学士、礼部尚书。曾上书三舍法宜近不宜远,宜少不宜老,宜富不宜贫,不如遵祖宗科举之制,人以为确论。喜道家玄秘之书。卒谥忠文。有《演山集》。

84　本诗及下面《答钱颎茶诗》和《试院煎茶》三诗,均为苏轼作。

85　钱颎:字安道,常州无锡人。仁宗庆历六年(1046)进士。英宗治平末,为殿中侍御史。两年后被贬为监衢州税,临行于众中责同列孙昌龄媚事王安石。后徙秀州。苏轼有诗云:"乌府先生铁作肝",世因之目为铁肝御史。

86　《咏茶》和上面《双井茶寄东坡》,黄庭坚作。

87　钱穆父(1034—1097):即钱勰,穆父是其字,一作穆甫。杭州临安人,宋书法家,工行、草书,传世有《跋先起居帖》。与苏轼游。

88　张耒(1054—1114):字文潜,自号柯山,世称宛丘先生。楚州淮阴人。熙宁六年(1073)进士,曾任太常少卿等职。工诗赋散文,为"苏门四学士"之一。有《宛丘集》、《张右史文集》、《柯山词》、《明道杂志》、《诗说》等。

89　道原:宋代法眼宗僧。嗣天台德韶国师之法,为南岳第十世,住苏州承天永安院。撰《景德传灯录》一书,宋真宗景德元年(1004)奉进,敕入藏。或谓该书本为湖州铁观音院僧拱辰所撰,后被道原取去上进。

90　邓肃(1091—1132):字志宏,宋南剑州沙县人。徽宗时入太学,因曾赋诗讽贡花石纲事,被摒出学。钦宗立,授鸿胪主簿。金兵攻宋,受命诣金营,留五十日而还。后擢右正言,三月内连上二十疏,言皆切当,多被采纳。后因触怒执政,罢归。有《栟榈集》传世。

91　白玉蟾(1194—1229):即葛长庚,字白叟、以阅、众甫,又字如晦,号海琼子,又号海蟾、琼山道人、武夷散人、神霄散人。宋闽清人,家琼州,入道武夷山。初至雷州,继为白氏子,自名白玉蟾。博览群书,善篆隶草书,工画竹石。宁宗嘉定中诏征赴阙,对称旨,命馆太乙宫。据传他常往来名山,神异莫测。诏封紫清道人,有《海琼集》、《道德宝章》、《罗浮山志》、《武夷集》、《上清集》、《玉隆集》等。

92　杨邦基(?—1181):字德懋,华阴(治所在陕西华阴)人。能文善画。金熙宗天眷二年(1139)进士。为太原交城令时,太原尹徒单恭贪污不法,托名铸金佛,命属县输金,邦基独不与,廉洁自持,为河东第一,官至永定军节度使。

93　释德洪(1071—1128):即慧洪,临济宗黄龙派僧。瑞州(江西高安)人,俗姓喻(或谓彭、俞)。字觉范,号寂音尊者。著述极丰,有《林间录》、《禅林僧宝传》、《高僧传》、《冷斋夜话》、《石门文字禅》等。

94　岑参(715—770):江陵(今湖北荆州)人。天宝三载(744)进士,授右内率府兵曹参军。安史之乱后任右补阙,官至嘉州刺史,世称岑嘉州。其诗与高适齐名,世称"高岑",同为唐代边塞诗的代表者。从军多年后,多写戎马生活和壮奇的塞外风光,有《岑嘉州诗集》,存诗三百九十多首。

95　炙花晡:《全唐诗》注:"焙人以花为晡"。

96 谢坭埏:《全唐诗》注:"《刘孝威集》有《谢坭埏启》"。

97 郑愚(?—887):番禺(今广东广州)人。开成二年(837)登进士第,曾任监察御史、左补阙。历西川节度判官、商州刺史、桂管观察使、岭南西道节度使、礼部侍郎知贡举、岭南东道节度使、尚书左仆射。郑愚博闻强记,兼通内典,留心释教,曾与僧惠明等论佛书而著成《栖贤法隽》一书,今佚。《全唐诗》、《全唐文》均收其诗文。

98 袁枢(1131—1205):字机仲,建安(今福建建瓯)人。隆兴元年(1163)礼部试词赋第一。乾道九年(1173)出任严州教授。后被召还临安(今浙江杭州),历任国史院编修、大理少卿、工部侍郎等。著《通鉴纪事本末》,以《资治通鉴》为蓝本,分事立目,创纪事本末体史书。

99 赵抃(1008—1084):字阅道,一作悦道,号知非子,衢州西安(今浙江衢县)人,仁宗景祐元年(1034)进士,为武安军节度推官。景祐初官殿中侍御史,弹劾不避权贵,人称"铁面御史"。历知睦、虔等州。神宗即位,任参知政事。后因反对新法,罢知杭州等地。卒谥清献。善诗文,其诗多酬赠之作,谐婉多姿,语言富艳;其文则论事痛切,条理分明。有《赵清献集》,诗文各五卷。

100 林希逸:字肃翁,号鬳斋,宋福州福清人。理宗端平二年(1235)进士,工诗,善书画。淳祐中,为秘书省正字。景定中,迁司农少卿。官终中书舍人。有《易讲》、《考工记解》、《鬳斋续集》、《竹溪十一藁》等。

101 谢故人寄新茶:《全唐诗》和有的版本,就简作《故人寄茶》。本诗一作李德裕作。

102 曹邺:字邺之,一作业之,桂州阳朔(今广西桂林)人,一说铜陵(今属安徽)人。大中四年(850)进士,受辟为天平节度使推官。后历迁太常博士、祠部郎中、洋州史。为人正直,不附权贵。诗风古朴,多讽时愤世之作,并多采民谣口语入诗,通俗易晓。有《曹祠部诗集》传世。《全唐诗》录其诗两卷一百零八首。

103 王禹偁(954—1001):字元之,济州巨野(今山东巨野)人。太平兴国八年进士。曾任右拾遗、左司谏、翰林学士知制诰。遇事敢言直谏,后屡以事贬官;最后死于黄州(今湖北黄冈),世称王黄州。有《小畜集》、《小畜外集》、《五代史阙文》等传世。

104 张籍(约767—约830):字文昌,吴郡人,寓居和州(今安徽和县)乌江。德宗贞元十五年进士,宪宗元和元年,补太常寺太祝,十年不得升迁,家贫,有眼疾,孟郊嘲为"穷瞎张太祝"。后累迁水部员外郎,国子司业,也称张司业和张水部。长于乐府诗,颇得白居易推崇,与王建齐名,称"张王"。有《张司业集》传世。

105 韦处厚(773—829):字德载,京兆万年人。本名淳,避宪宗讳改。元和元年进士,初为秘书郎,迁右拾遗。穆宗时召入翰林,为中书舍人。敬宗立,拜兵部侍郎。文宗即位,以中书侍郎同中书门下平章事监修国史,封灵昌郡公。在相位时,以理财制用为本,撰《大和国计》。性嗜文学,奉诏修《元和实录》,不久卒。

106 龙牙(835—923):抚州南城人,世称龙牙居遁禅师,俗姓郭。十四岁于吉州满田寺出家。复于嵩岳受戒,后游历诸方。初参谒翠微无学与临济义玄,复谒德山,后礼谒洞山良价,并嗣其法。其后受湖南马氏之礼请,住持龙牙山妙济禅苑。号"证空大师"。五代后梁龙德三年圆寂，世寿八十九。

107 赵若槸：字自木，号霁山。宋建宁崇安(今福建武夷山)人。度宗咸淳十年(1274)登第。善诗，尤工音律。入元不仕。生性倜傥，独嗜吟咏，流连山水间，有《涧边集》。

108 卢纶(748—约799)：字允言，祖籍范阳(今河北涿县)，后迁居蒲州(今山西永济西)。大历中由王缙荐为集贤学士、秘书省校书郎。后任河中浑瑊元帅府判官，官至检校户部郎中。为"大历十才子"之一，诗多为酬赠及边塞之作，后者歌颂边防将士之英勇，反映士卒之痛苦。感情激昂慷慨，风格雄壮，五言、七绝、七古皆工，为十才子之首。今有明人辑《卢纶集》传世。

109 薛涛(760—832)：亦作薛陶，字洪度，长安人。幼随父入蜀，父死沦为歌妓，貌美能诗，时称女校书。晚年居成都浣女溪，好作女道士装束。创制深红色小彩笺，世称薛涛笺。与元稹、王建、张籍、白居易等交游酬答。诗作情调悲凉伤感，构思新颖奇巧。原集已佚，明人辑有《薛涛诗》一卷。

110 施肩吾：字希圣，号栖真子、华阳真人。睦州分水(今浙江桐庐)人。曾居吴兴(今浙江湖州)及常州武进，故亦称吴兴人或常州人。元和十五年(820)登进士第，不待授官即东归故里，后隐居洪州西山(今江西新建西，一名南昌山)，学神仙之道。其诗多写隐逸之趣及山林景色，也有不少是艳情之作。尤工七绝，少数乐府诗描写战争给人民带来的痛苦，抒发对现实的不满，语言朴实，情感激烈。有《西山集》(即《施肩吾集》)五卷，已佚。

111 《谢朱常侍寄贶蜀茶》：《全唐诗》原题为《谢朱常侍寄贶蜀茶剡纸二首》，因本文只录其寄蜀茶诗，故亦未提剡纸。

112 崔道融(? —907?)：自号东瓯散人，荆州(今湖北江陵)人，岭南节度使崔表子。昭宗时，出任永嘉县令，后避乱入闽，召任右补阙，未赴而卒。尝遍游今陕西、湖北、河南、江西、浙江、福建等地。本性高奇，富文才，与司空图、方干等诗人交往唱酬。尤工五绝，作品多为咏史怀古、题咏写景之作。《全唐诗》录其诗七十九首，编为一卷。

113 成文幹：即成彦雄，文幹是其字。江南人。南唐进士，仕履无考。好为写景咏物之诗，尤擅绝句。有《梅岭集》(一作《梅顶集》)五卷，佚。《全唐诗》录其诗二十七首为一卷。

114 杨嗣复(783—848)：字继之，小字庆门，行三，弘农(今河南灵宝北)人，生于扬州。贞元十八年(一说贞元二十一年)进士。元和年间尝任右拾遗、直史馆、太常博士、刑部员外郎、礼部员外郎、吏部郎中、兵部郎中、中书舍人等。文宗即位后，拜户部侍郎，后曾出为剑南东川节度使、剑南西川节度使等。与牛僧孺、李宗闵、李珏朋相党，排挤异己。武宗立，出为湖南观察使。会昌元年(841)贬潮州史。大中二年(848)，以吏部尚书征召，卒于岳州。谥孝穆。善诗文，深于礼学。与白居易、刘禹锡、杨汝士等相酬唱。《全唐诗》有录其存诗；《全唐文》载其文六、七篇。

115 林逋(974—1020)：字君复，钱塘(今浙江杭州)人。性恬淡好古，不趋名利，隐居西湖孤山，终身不仕不娶，种梅养鹤，人称"以梅为妻，以鹤为子"，死后谥为"和靖先生"。工书画，喜作诗，多写清苦幽静的隐居生活和西湖风景，亦以咏梅著称。诗风淡远，长于五七言律诗。有《林和靖先生诗集》。

116 杜小山：即杜耒，字子野，小山是其号。南宋盱江（在今江西南城东南）人。有诗名，理宗嘉熙（1237—1238）时，为山东"忠义"李全部属误杀。

117 杜耒《即事》有二首，此录其一，另首也提及茶事，附此供参考："一闲殊足药，物物入吾诗。雨过苔逾碧，风来竹屡欹。日长思睡急，磨老出茶迟。近得边头信，今当六月师。"

118 邵雍（1011—1077）：字尧夫，谥康节。其祖范阳人，幼随父迁共城（今河南辉县）。屡授官不赴，隐于苏门山百源之上，后世称为百源先生。其后迁居洛阳，与司马光、吕公著等过从甚密。为理学象数派的创立者。著作有《皇极经世》、《观物内外篇》、《渔樵问对》及诗集《伊川击壤集》。

119 了元（1032—1098）：字觉老，饶州浮梁（今江西景德镇）人，俗姓林。号佛印，故又称佛印了元。先从宝积寺日用出家，受具足戒，遍参诸师。十九岁，入庐山开先寺，列善暹之法席。又参圆通之居讷。长于书法，能诗文，尤善言辩。二十八岁，住江州承天寺，凡历道场九所，道化不止。当时名士苏东坡、黄山谷等均与之交善，以章句相酬酢。历住润州金山、焦山、江西大仰、云居。《禅林僧宝传》有其传。神宗钦其道风，特赐高丽磨衲、金钵，赠号"佛印禅师"。元符元年（1098）正月圆寂，世寿六十七，法腊五十二。有语录行世。

120 罗愿（1136—1184）：字端良，号存斋。宋徽州歙县人，罗汝楫子。早年以荫补承务郎。孝宗乾道二年（1166）进士。历知鄱阳县、赣州通判、摄州事、

知南剑州、知鄂州。博学好古，长于考证。文章高雅精练，为朱熹、杨万里、马廷鸾等人推重。有《尔雅翼》、《新安志》、《鄂州小集》。

121 周必大（1126—1204）：字子充，一字洪道，号省斋居士，晚号平园老叟。宋吉州庐陵（今江西吉安）人。绍兴二十一年（1153）进士。授徽州户曹，累迁监察御史。孝宗即位，除起居郎，应诏上十事，皆切时弊。后历任枢密使、右丞相及左丞相。光宗时，封益国公。遭弹劾，出判潭州。宁宗初，以少傅致仕。卒谥文忠。工于词，有《玉堂类稿》、《玉堂杂记》、《平园集》、《省斋集》等八十一种。

122 李南金：近出《中国茶文化经典》，将本诗列为罗大经作，误。李南金，宋乐平（治所初设今江西乐平县东）人，字晋卿，自号三溪冰雪。绍兴二十七年（1157）进士，授光化军教授。登第后画师以冠裳写真趣诗称"落魄江湖十二年，布衫阔袖裹风烟，如今各样新装束"，说明其及第前生活贫困。《鹤林玉露》称其诗词"清婉可爱"，其"茶声"诗千年传诵不断。

123 罗大经：宋吉州庐陵（今江西吉安）人，字景纶。理宗宝庆二年进士。历容州法曹掾、抚州军事推官，坐事罢。有《鹤林玉露》。

124 蔡松年（1107—1159）：字伯坚，号萧闲老人，金真定（今河北正定）人。父蔡靖宋宣和末年守燕山府，后降金。蔡松年亦随父入金，任真定府判，后官至右丞相，加仪同三司，封卫国公。工诗，风格清俊，部分作品流露出仕之悔恨。亦工词，与吴激齐名，时称"吴蔡体"。有词集《明秀集》，魏道明注。今《中州集》中存诗五十九首，《中州乐府》存词十二首。

125 高士谈（？—1146）：字子文，一字季

默。宋宣和末年任(斤)州户曹,入金后官至翰林直学士。金皇统六年(1146),因宇文虚中案被捕,二人亦同时被杀。其诗多表达对故国的怀念,悲愤抑郁。今《中州集》有其存诗三十首。

126 党怀英(1134—1211):字世杰,号竹溪。原籍冯翊(今陕西大荔)人,后徙奉符(今山东泰安)。少时与辛弃疾同师刘瞻,屡应举不第。后于金世宗大定十年(1170)应试中第,历官翰林待制兼同修国史,出为泰定军节度使,官至翰林学士承旨。能诗善文,兼工书法,赵秉文谓其诗如陶谢,文如欧阳修。有《竹溪集》。今《中州集》中存诗六十四首,《中州乐府》中存词五首。

127 程宣子:宋代人。《茶夹铭》,铭是文体的一种,随着茶文化的发展,也成为茶叶诗文中的一种体裁。如李卓吾也有《茶夹铭》传世。其形式为每句四字。

128 汤说:"说",一作"悦",即殷崇义,陈州(今河南)西华人,唐南保大十三年进士。曾任右仆射,入宋避赵匡胤名讳,改姓名为汤悦。颂也为古时一种文体,"森伯",即指茶。《森伯颂》见陶谷《茗荈录》引。

129 权纾:唐人。

130 孙樵:唐散文家。字可之,一作隐之,关东人。大中九年(855)登进士第,迁中书舍人。黄巢入长安,随僖宗奔岐陇,迁职方郎中。

131 黄廷坚:即黄庭坚。

132 此处删节,见唐代陆羽《茶经》。

133 《煮茶泉品序》,"泉"字,《全宋文》作"小"字,现存其他各版本,只有宛委山堂《说郛》本等少数几种取"小"字,一般都用"泉"字,或作《述煮茶泉品》、《煮泉品》等名。一般都不提"序"字,此当

不是"小品"或"泉品"全文,疑是其前言或序。原文不分段。此处删节,见宋代叶清臣《述煮茶泉品》。

134 此处删节,见宋代蔡襄《茶录》。

135 此处删节,见宋代蔡襄《茶录》。

136 此处删节,见宋代黄儒《品茶要录·总论》。

137 此处删节,见宋代赵佶《大观茶论·序》。

138 此处删节,见唐代张又新《煎茶水记》。

139 此段前删"《经》云:茶有千万状"至"皆茶之瘠老也",见唐代陆羽《茶经》。此段后续有两段删节,见明代张源《茶录》"汤辨"及"汤用老嫩"条。

140 关于茶墨相较,苏轼在多篇文章中提及,很多茶书,如闻龙《茶笺》等也有辑述,这段内容非辑自一书,乃由高元濬摘合诸说而成。下辑拾遗,很多属这一类,其文非出一书一处,可以视为高元濬自己辑缀的内容。

141 这条内容,疑据徐㶏《蔡端明别纪》摘写。

142 这条内容,疑辑自《茶解·品》。

143 本段内容,非出自《茶记》,系全文照录屠本畯《茗笈·品泉章·评》。

144 以上两段内容,出自徐献忠《水品·六品》。

145 本段内容据徐献忠《水品·扬子中泠水》摘录,基本全同。

146 "掘地得之"以上内容,出自徐献忠《水品·金陵八功德水》,下面二句,为高元濬从他处补加。

147 此上三条,疑摘自金陵(今南京)有关地志。

148 以上内容,均见明代田艺蘅《煮泉小品》。

149 此条和下条内容,为高元濬据当地有关地志而写,如这里蔡襄守福州时汲龙腰泉内容,即取之《三山志》。

校　　勘

① 本书有脱页,此前文已不存。

② 附:"茶乘拾遗"及"上篇"、"下篇",底本目次上无录,本书编校时补加。

③ 泰宁:"泰"字,底本作"太",误,径改。

④ 本段文前和文后,都未注明出处。本文凡未注明出处的内容,除少数是属于疏漏外,其他基本上都是高元濬从一本或几本茶书的有关部分选辑和综合组织而成的。如本段内容,即是以摘抄屠本畯《茗笈》所引《茶疏》资料为主,插进高元濬从其他书中辑录的如"虎丘山窄,岁采不能十斤"、"龙井之山,不过十数亩,此外有茶,皆不及也"等组合而成的。以后凡无出处的条文,我们一般不作校也不在校记中一一详加说明,对于其摘抄资料,能查出其变动和不同来源的,拟在页下注中略志提供参考。

⑤ 宋子安:"宋"字,底本作"朱",误,径改。

⑥ 许次纾:"纾"字,底本作"杼",误,径改。

⑦ 欲全香、味与色,妙在扇之与炒,此不易之准绳:这句内容,系据屠本畯《茗笈·第四揆制章·评》缩写。原文为"必得全色,惟须用扇;必全香味,当时焙炒。此评茶之准绳,传茶之衣钵。"

⑧ 《茶录》:"录"底本误作"疏",径改。

⑨ 张源《茶录》:"录"字,底本作"解"字,查原文,非是《茶解》而是张源《茶录》内容,高元濬此条未看《茶解》,而是转抄屠本畯《茗笈》造成的传讹。将这条内容由"茶录"误作"茶解"的始者,为屠本畯《茗笈》。

⑩ 《茶疏》:"疏"字,底本作"录"字。校时,诸《茶录》均不见,唯存许次纾《茶疏·煮水器》中。径改。高元濬此误,是自己未查核原书,转引《茗笈》所致。是《茗笈》首先将《茶疏》内容误作《茶录》的。《茗笈》引录《茶疏》时,将最后第二句"铫中必穿其心",简作"制必穿心"。余全同。

⑪ 《茶说》也即屠隆《茶笺》无此内容。此条内容和出处,本文完全照《茗笈》转抄,张源《茶录·点染失真》中有茶自有真香、真色、真味,"茶中著料,碗中著果,皆失真也"之句,但没有《茗笈》和本文所录的"譬如玉貌加脂,蛾眉著黛,翻累本色"这后面几句。不知《茗笈》究据何书

⑫ 所录? 存疑。

竹编为方箱,用以收茶具者:钱撰顾校《茶谱》"器局"名下,无上刊十一字,与本文其他六具说明一样,为高元濬所加。

⑬ 即《茶经》支腹也:"茶"字,底本音讹刊作"竹"字,径改。

⑭ 人有力,悦志:"人"之前,陆羽《茶经》还多一"令"字,本文疑脱。

⑮ 荆巴间采叶作饼:"叶"字,《太平御览》卷八六七引文作"茶"字。

⑯ 先炙令赤色:"令"字,底本作"冷"字,径改。

⑰ 所服药有松、蜜、姜、松、桂、茯苓之气:底本此处明显有衍误。陆羽《茶经》引《艺术传》此句作"所服药有松、桂、蜜之气"。

⑱ 湖、常二县:"常"字,底本音讹作"长",据毛文锡《茶谱》改。

⑲ 本段内容,虽注有出处,但也非原文照录。如本文"至处惟茶是求,或饮百碗不厌",即有改动删节。《南部新书》原文为:"至处唯茶是求,或出亦日遇百余碗,如常日,亦不下四、五十碗。"

⑳ 《茶谱》:此指毛文锡《茶谱》。经查,此则内容,高元濬不是直接吴淑《事类赋注》原引辑录,而是转抄自陈继儒《茶董补》。与吴淑《事类赋注》等引文差异较大,文字与《茶董补》内容全同。

㉑ 自奉以萱草带:"草"字,本文原稿作"华"字,误,据其他引文改。

㉒ 本段内容,毛文锡《茶谱》就已有引,但查对文字,本文与《茶谱》差异较大,与后来《云仙杂记》的引文及其系脉所传的记载相近,系辑或转辑自《云仙杂记》及有关引文。

㉓ 日试其艺,呼为汤神:"艺"字,底本作"茶",参照其他引文改。"呼为汤神",一般引文都无此四字。

㉔ 能注汤幻茶成将诗一句:"将"字,疑为衍字。

㉕ 鲍令晖《香茗赋》:"鲍"字,底本作"曹"字,疑误,径改。

㉖ 如罗玳筵:"如"字前,《全唐文》还多有"至"字,作"至如罗玳筵"。

㉗ 所献愈艰勤。未知供御余:在两句之间,本文

还省略"况减兵革困,重兹固疲民"两句。

㉘ 在"谁合分此珍"之下,本文又省略最后四句:"顾省忝邦守,又惭复因循。茫茫沧海间,丹愤何由申。"

㉙ 咄此蓬瀛客,无为贵流霞:"客"、"为"字,《全唐诗》作"侣"字和"乃"字。

㉚ 未任供春磨:"春"字,底本误作"白"字,据《苏轼诗集》改。

㉛ 千团输大官:"团"字,《苏轼诗集》作"困"字。

㉜ 谢荽:底本作"谢迈",误,径改。

㉝ 祛滞亦稍稍:"滞"字,底本原作"带"字,据《竹友集》改。

㉞ 《饮茶歌诮崔石使君》:"诮"字,底本形误作"请"字,据《全唐诗》改。

㉟ 孰知茶道全尔真:"尔"字,底本作"汝"字,据《全唐诗》改。

㊱ 《饮茶歌送郑容》:"容"字,底本作"客",据《全唐诗》改。

㊲ 搅时绕箸天云绿:"箸"字,本文底本原误作"筋"字,径改。

㊳ 闲教鹦鹉啄窗响:"响"字,底本作"请",据《全唐诗》改。

㊴ 移时却坐推金筝:"移"字,《全唐诗》作"台",一作"前"字。

㊵ 仙翁白扇霜鸟翎:"鸟"字,底本作"乌"字,据《全唐诗》改。

㊶ 建安三千五百里:《宋诗钞》、《全宋诗》等各本,无"五百"二字,疑高元濬收时加。

㊷ 泉甘器洁天色好:底本"器"作"气","色"作"然",据《全宋诗》等改。

㊸ 亦使色味超尘凡:"色"字,底本作"气"字,据《全宋诗》、《演山集》改。

㊹ 今看茶龙堪行雨:"堪"字,底本作"解",据《演山集》原诗改。

㊺ 厨中蒸粟堆饭瓮:"堆"字,底本作"埋"字,据《苏轼诗集》改。

㊻ 画(畫)舫何妨宿太湖:"画(畫)"字,底本形误作"尽(盡)",据《全宋诗》等改。

㊼ 口不能言心自省。雪花雨脚何足道:在"省"字和"雪"字之间,本文略或脱"为君细说我未暇……骨清肉腻和且正"三句42字。"雪"字,底本原作"云(雲)"字,据《全宋诗》等改。

㊽ 体轻虽复强浮沉:"沉"字,底本作"泛"字,据《全宋诗》等改。

㊾ 透纸自觉光烔烔:"光"字,底本形误作"先"字,据《全宋诗》等改。

㊿ 年来病懒百不堪:"病懒",底本作"懒病",据《栾城集》、《全宋诗》改。

51 晁子胸中开典礼:"开(開)"字,底本作"闲(閒)"字,据《全宋诗》等改。

52 肥如瓠壶鼻雷吼:"肥"字,底本作"肌"字,据《全宋诗》等改。

53 堆胸磊块一浇散:"块"字,底本作"落"字,据《枡桐集》等改。

54 故人气味茶样清:"样"字,底本作"操"字,据《诚斋集》等改。

55 鹡生劝人坠巾帻:"劝"字,底本作"勒"字,据《诚斋集》等改。

56 身轻便欲登天衢:"身"字,底本作"自"字,据《宋之诗会》、《石仓历代诗选》改。

57 褢:底本作"哀",据《松陵集》改。

58 一一输膏粱:"粱"字,底本形误作"梁",径改。

59 奇香袭春桂:"袭"字,底本作"笼"字,据《全唐诗》等改。

60 维忧碧粉散,煎觉绿花生:"维(維)"字、"粉"字,底本作"罗(羅)"字、"柳"字,据《全唐诗》改。"煎觉",《全唐诗》作"常见"。

61 萌芽先社雨:"先"字,底本作"元"字,据《全宋诗》等改。

62 吟苦更长了不知:"不"字,底本作"了"字,据《清献集》改。

63 却忆高人不同试,暮山空翠共无言:"试"字、"暮"字,底本作"识"字和"莫"字。据《石门文字禅》改。

64 睡后煎茶:《全唐诗》题作《睡后茶兴忆杨同州》。本文是摘录,删"昨晚饮太多……偶然得幽致"开头四联。

65 本诗原未书作者,按前例,上一首诗为王禹偁作,本诗也当理解为王禹偁作。但经查,实际为文同作,径补。

66 日调金鼎阅芳香:"日"字,底本作"自"字,据《全唐诗》径改。

67 生拍芳丛鹰嘴芽:"生"字,底本作"坐"字,据《全唐诗》改。

68 红纸一封书后信:"纸"字,底本作"细"字,据《全唐诗》等改。此为全诗的第二句,前删"故情周匝向交亲,新茗分张及病身"句。

69 末下刀圭搅曲尘:此为全诗倒数第二句,下删

"不寄他人先寄我,应缘我是别茶人"两句。

⑩ 答友人寄新茶:"人"字,底本原阙,据《全唐诗》补。

⑪ 穿云摘尽社前春,一两平分半与君:"社"字和"一"字,底本作"岫"字和"半"字,据《全宋诗》改。

⑫ 词:本文原稿阙,据文前"目次"补。

⑬ 文苑:本文原稿脱,据文前目次补。

⑭ 前得安丰干姜一斤、桂一斤、黄芩一斤:《太平御览》卷867引作"前得安州干茶二斤、姜一斤、桂一斤",无"黄芩一斤"。安"州"的州,疑误,晋时尚未设安州。

⑮ 远饷新茗,当自携大瓢:"茗",《诚斋集》作"茶"。本文是节录,在"茗"字和"当"字之间,本文还省和略"所谓元丰至今人未识者,老夫是已敢不重拜"共18字。

⑯ 衔恩敢同于尝(甞)酒:"尝(甞)"字,底本作"膏"字,据《全唐文》改。

⑰ 《斗茶说》:各书均作《斗茶记》。本文所录《斗茶说》,内容虽全摘自《斗茶记》,但前后内容错乱删略,与原文篇幅面貌均有不同。

⑱ 将茶瓶口朝下:"口"字,底本形误作"日"字,径改。

⑲ 焙去其滋蔓之草:"焙"为"培"之形讹。此段内容不是什么"拾遗",赵汝砺《北苑别录·开畬》和夏树芳《茗笈》等也有转引,原文、引文均清楚随处可查见。《茶乘》编者明明据自此二书,为之其异,瞎改乱纂,反而出误露丑。以此句为例,《北苑别录》原文:"每岁六月兴工,虚其本,培其末(一作土),滋蔓之草、遏郁之木,悉用除之。"《茶乘》一改,不仅不如原文清楚,甚至与原意不符,故本段内容如需参用,请径看原文和其他引文。

⑳ 雅州:"州"字,底本原误刊作"川"字。

㉑ 即今之中泠:"泠"字,本文底本原作"冷"字,径改。下同,不出校。

茶录 | 明 程用宾 撰①

作者及传世版本

程用宾,生平事迹不详,由书端题名"新都程用宾观我父著"几字来看,"观我"当是其字,"新都"是其所籍"徽州"的古地名。万国鼎《茶书总目提要》说"新都"为:"古地名,三国吴置新都郡,晋改名新安,故城在今浙江淳安县境。"并认为程用宾"大概和校刊陆羽《茶经》的新都孙大绶和新安汪士贤是同乡"。万国鼎此说,只是抄了臧励龢《中国古今地名大辞典》"新安郡"辞条。晋以前的情况,后面隋唐的内容未说,

隋初新都故地置歙州,寻又改新安郡,治休宁,又移治歙。唐改歙州,寻又改新安郡,旋复为歙州。隋唐新安郡,相当明包括今江西婺县在内的南直隶徽州府地,故万国鼎将明人沿用的"新都"、"新安"古郡名简单理解为三国、晋时治所"淳安",是有疏误的。经查,明时特别是嘉万年间徽州的歙县、婺县、休宁、祁门等地,是我国书商较多、刻书事业较为发达的地区,所以,万国鼎所说程用宾和汪士贤、孙大绶"是同乡"

310 中国古代茶书集成

的说法并不确切。要说"同乡",也不是县而是同一个府的大同乡,更不是什么"淳安人"。

程用宾《茶录》,国内现仅见北京国家图书馆收藏的明刻本一个版本,有书目提到还有一种"京都书肆本",未见;不知所指是中国还是日本的"京都"。关于本文的成书年代,万国鼎在书目中称"明刻本,前有万历甲辰(1604)年邵启泰序。"近出有些茶书,据此即称"是书也撰于这年"。这实际与万国鼎所说原意也有出入,万先生并没有肯定这就是程用宾《茶录》的成书时间。其实他本人也没有看过是书明刻本,所说只是重复原北京图书馆所编的《馆藏古农书目录》内容。编者从邵序"共成一帙,于笥中十数春秋,未遇知己,恐人类于口舌,不以示人"这类内容来看,认为程氏《茶录》初稿的撰成时间明显不是"万历甲辰",至少当撰于万历二十年(1592)或更早一些。

本书以北京国家图书馆藏程用宾《茶录》明刻本作收,首集的十二款《摹古茶具图赞》已见于审安老人的《茶具图赞》,是以不录。附集的内容,也见于孙大绶《茶经外集》,这里所以仅存其目。

原　文

序[1]
目录
首集十二款
　　摹古茶具图赞
正集十四篇
　　原种　采候　选制　封置　酌泉　积水　器具　分用　煮汤　治壶　洁盏　投交　酾啜　品真
末集十二款
　　拟时茶具图说
附集七篇
　　六羡歌(陆鸿渐)　茶歌(卢玉川)　试茶歌(刘梦得)　茶赋(吴淑)　斗茶歌(范希文)　煎茶赋(黄鲁直)　煎茶歌(苏子瞻)

首集
　　茶具图赞[2]

茶具十二先生姓氏[2]
附图一至十二

正集
　　原种
茶无异种,视产处为优劣。生于幽野,或出烂石,不俟灌培,至时自茂,此上种也。肥园沃土,锄溉以时,萌蘖丰腴,香味充足,此中种也。树底竹下,砾壤黄砂,斯所产者,其第又次之。阴谷胜滞,饮结瘕疾,则不堪掇矣。

　　采候
问茶之胜,贵知采候。太早其神未全,太迟其精复涣。前谷雨五日间者为上,后谷雨五日间者次之,再五日者再次之,又再五日者又再次之。白露之采(採)[3],鉴其新香。长夏之采,适足供厨。麦熟之采,无所用之。凌露无云,采候之上。霁日融和,采候之次。积阴重雨,吾不知其可也。

选制

既采就制,毋令经宿。择去枝梗老败叶
屑,以茶芽紫而笋及叶卷者上,绿而芽及叶舒
者次。锅广径一尺八九寸,荡涤至洁,炊炙极
热,入茶斤许,急炒不住,火不可缓。看熟撤
入筐中,轻轻团挪数遍[4],再解复下锅中,渐渐
减火,再炒再挪,透干为度。迩时言茶者,多
羡松萝萝墩之品。其法取叶腴津浓者,除筋
摘片,断蒂去尖,炒如正法。大要得香在乎始
之火烈,作色在乎末之火调。逆挪则涩,顺挪
则甘。经曰:茶之否臧,存于口诀。

封置

制成,盛以旧竹木器,覆藏三日,俾回
未老死之胜;再复举微火于锅炒极干,撤
冷,筛去茶末,入新坛中,干箬衬实,取相宜
也。而以纸包所筛茶末塞其口,以花笋撑
重纸封固。火煨新砖,冷定压之,置于燥密
之处,勿令露风临日,近火犯湿。

酌泉

茶之气味,以水为因,故择水要焉。矧
天下名泉,载于诸水记者,亦多不合。故昔
人有言,举天下之水,一一而次第之者,妄
说也。大抵流动者,愈于安静;负阴者,胜
于向阳。鸿渐氏曰:山水上,江水中,井水
下。山水拣乳泉石池漫流者上,瀑涌湍漱
勿食。江水取去人远者,井水取汲多者。
言虽简而意则尽该矣。

积水

世传水仙遗人鲛绡可以积水。此语数
幻。江流山泉,或限于地,梅雨,天地化育
万物,最所宜留。雪水,性感重阴,不必多
贮,久食寒损胃气。凡水以瓮置负阴燥洁
檐间稳地,单帛掩口,时加拂尘,则星露之
气常交而元神不爽。如泥固封纸,曝日临
火,尘朦击动,则与沟渠弃水何异。

器具

昔东冈子以银镶煮茶,谓涉于侈,瓷与
石难可持久,卒归于银。此近李卫公煎汁
调羹,不可为常,惟以锡瓶煮汤为得。壶或
用瓷可也,恐损茶真,故戒铜铁器耳。以颇
小者易候汤,况啜存停久,则不佳矣。茶盏
不宜太巨,致走元气。宜黑青瓷,则益茶。
茶作白红之色,体可稍厚,不烙手而久热。
拭具布用细麻布,有三妙:曰耐秽,曰避臭,
曰易干。又以锡为小茶盒,径可四寸许。

分用

贮茶时发,多受氛气,不若间开,分数
两于茶盒置之。用之多寡,当准中平。茶
重则味苦香沉,水胜则气薄味淡;如水一
斤,约茶八分可矣。此其大略也,若茶有厚
薄,水有轻重,调剂工巧,存乎其人。

煮汤

汤之得失,火其枢机,宜用活火。彻鼎通
红,洁瓶上水,挥扇轻疾,闻声加重,此火候之
文武也。盖过文则水性柔,茶神不吐;过武则
火性烈,水抑茶灵。候汤有三辨,辨形、辨声、
辨气。辨形者,如蟹眼,如鱼目,如涌泉,如聚
珠,此萌汤形也;至腾波鼓涛,是为形熟。辨
声者,听噫声,听转声,听骤声,听乱声,此萌
汤声也;至急流滩声,是为声熟。辨气者,若
轻雾,若淡烟,若凝云,若布露,此萌汤气也;
至氤氲贯盈,是为气熟。已上则老矣。

治壶

伺汤纯熟,注杯许于壶中,命曰浴壶,
以祛寒冷宿气也。倾去交茶,用拭具布乘
热拂拭,则壶垢易遁,而磁质渐蜕。饮讫,
以清水微荡,覆净再拭藏之,令常洁冽,不
染风尘。

洁盏

饮茶先后,皆以清泉涤盏,以拭具布拂

净,不夺茶香,不损茶色,不失茶味,而元神自在⑤。

投交

汤茶协交,与时偕宜。茶先汤后,曰早交。汤半茶入,茶入汤足,曰中交。汤先茶后,曰晚交。交茶,冬早夏晚,中交行于春秋。

酾啜

协交中和,分酾布饮,酾不当早,啜不宜迟,酾早元神未逞,啜迟妙馥先消。毋贵客多,溷伤雅趣。独啜曰神,对啜曰胜,三四曰趣,五六曰泛,七八曰施。毋杂味,毋嗅香。腮颐连握,舌齿喷嚼,既吞且喷,载玩载哦,方觉隽永。

品真

茶有真乎?曰有。为香、为色、为味,是本来之真也。抖擞精神,病魔敛迹,曰真香。清馥逼人,沁入肌髓,曰奇香。不生不熟,闻者不置,曰新香。恬澹自得,无臭可伦,曰清香。论干葩,则色如霜脸菱荷;论酾汤,则色如蕉盛新露;始终惟一,虽久不渝,是为嘉耳。丹黄昏暗,均非可言佳。甘润为至味,淡清为常味,苦涩味斯下矣。乃茶中著料,盏中投果,譬如玉貌加脂,蛾眉施黛,翻为本色累也。

末集

茶具十二执事名说

鼎　拟经之风炉也,以铜铁铸之。

都篮　按经以总摄诸器而名之,制以竹篾。今拟携游山斋亭馆泉石之具。

盒　以锡为之,径三寸,高四寸,以贮茶时用也。

壶　宜瓷为之,茶交于此。今仪兴时氏⑥多雅制。

盏　《经》言,越州上,鼎州次,婺州次,

岳州次,寿州、洪州次⑦。越岳瓷皆青,青则益茶。茶作白红之色,邢瓷白,茶色红。寿瓷黄,茶色紫。洪瓷褐,茶色黑。悉不宜茶。

罐　以锡为之,煮汤者也。

瓢　按经剖瓠或刊木为之,今用汲也。

具列　按,经或作床,或作架,或纯木纯竹而制之。长三尺,阔二尺,高六寸,以列器。

火筴　按,经以铁或熟铜制之。

篮　拟经之漉水囊也,以支盥器,用竹为之。

水方　按,经以稠木、槐、楸、梓等合之,受一斗,今以之沃盥。

巾　按,经作二枚互用,以洁诸器。

万历戊戌上巳日梦墩樵生书

下附图"铜鼎、都篮、锡盒、陶壶、磁盏、锡罐、瓠瓢、铜筴、竹篮、水方、麻巾"十一幅³。

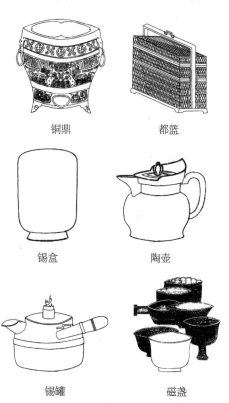

铜鼎　　　　　都篮

锡盒　　　　　陶壶

锡罐　　　　　磁盏

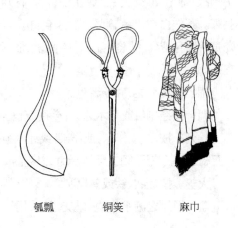

瓠瓢　　　铜筴　　　麻巾

竹篮　　　　　水方

附集

六羡歌(陆鸿渐)　茶歌(卢玉川)　试茶歌(刘梦得)　茶赋(吴淑)　斗茶歌(范希文)　煎茶赋(黄鲁直)　煎茶歌(苏子瞻)

注　释

1 此"序"是邵启泰为程用宾《茶录》撰书的前序,惜现在仅残存七个半页。白口单道,半页六行,行十一字左右。无首,前缺几页不详。

2 此《茶具图赞》收录宋审安老人《茶具图赞》一书的文图,故删。

3 明刻本缺十二执事中的具列图一幅,故只十一幅。

校　勘

① 明程用宾撰,为本书所定统一题署。明刻本原署:在题下第一行作"新都程用宾观我父著";第二行"爰人邵启泰道卿父校";第三行为"戴凤仪鸣虞父阅",俱校录时改删。

② 茶具十二先生姓氏:审安老人《茶具图赞》原题作《茶具十二先生姓名字号》,程用宾稍改。

③ 白露之采(採):"采(採)"字,近出如《中国茶叶历史资料选辑》等,形误作"探"字。

④ 轻轻团挪数遍:"挪"字,近出如《中国茶叶历史资料选辑》等,形讹作"挪",下同,不出校。

⑤ 自在:"在"字,底本原作"王"字,《中国茶叶历史资料选辑》本校作"在",据改。

⑥ 仪兴时氏:"仪"字,当作今江苏宜兴,旧名"义兴"的"义"字。"氏"字,底本作"氏",当是"氏"的形误。时氏,指明代时大彬,径改。

⑦ 岳州次:明郑熜陆羽《茶经》校本作"岳州上"是。

茶录① | 明 冯时可 著

作者及传世版本

冯时可,隆庆万历时直隶华亭(今上海松江)人。字敏卿,号元成,隆庆五年(1571)进士。官至湖广布政司参政,有文名,编撰有《左氏释》、《左氏讨》、《上池杂识》、《雨航杂录》等。万历间,刻印过自撰的《宝善编》甲集一卷,乙集一卷;《众妙仙方》四卷,傅顺孙辑《新刻批点西汉精华》十六卷。

《茶录》,万国鼎推定初出于万历三十七年(1609)前后。现存只有《说郛续》和《古今图书集成》两个版本及清人钞本一册,都只是不足六百字的五、六条短文,无序跋题记,如《古今图书集成》本在文前标有“总叙”,下录五段,是首段为“总叙”还是五段都属“总叙”?不明确。总叙之下,是否有分述?未见。《说郛续》本,较《古今图书集成》本多“茶为名,见《尔雅》。又《神农食经》:茶茗久服,令人有力、悦”,“悦”以下显然缺文。万国鼎曾提出《茶录》或许并不是冯时可“自己编写”,而由“《说郛续》编印者从冯氏其他写作中摘抄成书”。从现存版本来看,其中均是常见文字,无多少参考价值,也有可能是他人伪托。

本书以《说郛续》本②为底本,以《古今图书集成》本等作校。

原　文

茶,一名槚,又名蔎,名茗,名荈。槚,苦茶也;蔎,则西蜀语;茗,则晚取者。《本草》:荈甘槚苦。羽《经》则称:槚甘荈苦。茶尊为《经》,自陆羽始。羽《经》称:茶味至寒,采不时,造不精,杂以卉莽,饮之成疾。若采造得宜,便与醍醐、甘露抗衡。故知茶全贵采造③。苏州茶饮遍天下,专以采造胜耳。徽郡向无茶,近出松萝茶,最为时尚。是茶始比丘大方。大方居虎丘最久,得采造法,其后于徽之松萝结庵,采诸山茶于庵焙制,远迩争市,价倏翔涌,人因称松萝茶,实非松萝所出也。是茶比天池茶稍粗,而气甚香,味更清,然于虎丘能称仲、不能伯也。松郡佘山亦有茶,与天池无异,顾采造不如。近有比丘来,以虎丘法制之,味与松萝等。老衲亟逐之,曰:“无为此山开罾径而置火坑。”盖佛以名为五欲之一,名媒利,利媒祸,物且难容,况人乎?

鸿渐伎俩磊块，著是《茶经》，盖以逃名也。示人以处其小，无志于大也。意亦与韩康市药[1]事相同，不知者，乃谓其宿名。夫羽恶用名，彼用名者，且经六经，而经茶乎。张步兵[2]有云："使我有身后名，不如生前一杯酒。"夫一杯酒之可以逃名也，又恶知一杯茶之欲以逃名也。

芘莉，一曰篣筤，茶笼也。牺，木杓也，瓢也。永嘉中，余姚人虞洪入瀑布山采茗，遇一修真道士云："吾丹丘子，祈子他日瓯牺之余，乞相遗也。"故知神仙之贵茶久矣。

《茶经》用水，以山为上，江为中，井为下[4]。山勿太高，勿多石，勿太荒远，盖潜龙、巨虺所蓄毒多于斯也。又其瀑涌湍激者，气最悍，食之令颈疾。惠泉最宜人，无前患耳。江水取去人远者，并取汲多者。其沸如鱼目，微有声，为一沸；缘边如涌泉连珠，为二沸；腾波鼓浪，为三沸。过此，水老不可食也。沫饽，汤之华也。华之薄者曰沫，厚者曰饽，皆《茶经》中语[5]。大抵蓄水恶其停，煮水恶其老，皆于阴阳不适，故不宜人耳。

茶为名，见《尔雅》。又《神农食经》：茶茗久服，令人有力、悦[6]。

注　释

1　韩康市药：《后汉书·韩康传》称：东汉隐士韩康，字伯休。卖药于长安寺，三十多年口不二价。一次，有女子来买药，韩康不让价，女子怒说："你难道是韩伯休吗？居然不让价钱。"韩康叹说："我本来以卖药来

避名，现在一个普通女子也知道我，我还卖什么药呢？"，于是他就躲进霸林山去了。
2　张步兵：指晋张翰。张翰，字季鹰，江东吴郡人，博学能文，纵任不羁，时人号为"江东步兵"，以比阮籍。

校　勘

①　集成本，作者姓名入题，作《冯时可茶录》。
②　《说郛续》署作"吴郡冯时可"。"吴郡"，此系用"华亭"古属郡名。集成本作者姓名入题，题下无再署名。
③　羽《经》称……全贵采造：此非原文照录，而是由陆羽《茶经·一之源》最后两段综合选摘组成。此以下内容，摘自其他各书，非出之《茶经》。
④　《茶经》用水，以山为上，江为中，井为下：集成

本同底本，但《茶经》原文作："其水，用山水上，江水中，井水下。"此以下，即非《茶经》内容，为杂摘他书有关语句组成。
⑤　皆《茶经》中语：本段此以上内容，确实选摘自《茶经·五之煮》，但文字有几句稍有改动。此以下四句，疑系作者对上引《茶经》内容的概括和看法。
⑥　此处底本缺尾。

罗岕茶记 ｜明　熊明遇　著

作者及传世版本

熊明遇,字良儒,号壇石,江西进贤人。万历二十九年(1601)擢进士第,三十三年授长兴知县。时年"二十余,至任首浚二渠缮七桥,水利既通,食货坌集"后县民请董其昌、丁元荐为其作记立碑。四十三年,迁兵科给事中,旋掌科事,多所论劾,疏陈时弊,言极危切。天启时,官南京右佥都御史,提督操江。坐东林党事,被革职戍边。崇祯初召还,累官至兵部尚书。明亡后卒,《明史》卷二五七有传。

"岕",宜兴方言,音 kɑi 楷,指介于两山和诸山之间。罗岕位长兴、宜兴分界长兴一侧的罗山,其山北也即宜兴历史名茶产地茗岭山。长兴、宜兴,唐时称长城、义兴,即以所产顾渚紫笋、阳羡茶名扬全国,立为贡焙之地。宋、元贡焙和御茶园改置建瓯北苑和武夷以后,两县茶名稍掩,至明初朱元璋废止贡焙改贡各地芽茶,宜兴、长兴才以复贡又独采用蒸青传统工艺,在明中期及前清,伯仲全国各名茶之间。因是,在明末清初,除各茶书有专门介绍外,还先后出现有本文和冯可宾《岕茶笺》、周高起《洞山岕茶系》、冒襄《岕茶汇钞》以及失佚的周庆叔《岕茶别论》等至少五种著作。一、二个县出产的一种名茶,能出现和传存如此众多的地方性茶书,除宋代的建茶以外,别无他见。本文是有关宜兴、长兴岕茶撰刊的第一本茶书。

本文撰写年代,无直接证据。经查《湖州府志》和《长兴县志》,熊明遇知长兴县期间为万历三十三年(1605)至四十三年,此文当写于其时。

现存《罗岕茶记》,主要有《说郛续》和《古今图书集成》二个版本[2]。本书以《说郛续》本作底本,以《古今图书集成》本作校。

原　　文

产茶处[①],山之夕阳,胜于朝阳。庙后[3]山西向,故称佳;总不如洞山[4]南向,受阳气特专,称仙品。

茶产平地,受土气多,故其质浊。岕茗产于高山,浑是风露清虚之气,故为可尚[②]。

茶以初出雨前者佳,惟罗岕立夏开园,吴中[5]所贵,梗粗叶厚,微有萧箬之气。还是夏前六七日,如雀舌者佳,最不易得。

藏茶宜箬叶而畏香药,喜温燥而忌冷湿。收藏时,先用青箬以竹丝编之,置罂四周。焙茶俟冷，贮器中，以生炭火煨过，烈日中曝之令灭，乱插茶中，封固罂口，覆以新砖，置高爽近人处。霉天雨候，切忌发覆，须于晴明，取少许别贮小瓶。空缺处，即以箬填满，封置如故，方为可久。或夏至后一焙，或秋分后一焙。

烹茶，水之功居大。无泉则用天水，秋雨为上，梅雨次之。秋雨冽而白，梅雨醇而白。雪水，五谷之精也③，色不能白。养水须置石子于瓮，不惟益水，而白石清泉，会心亦不在远。

茶之色重、味重、香重者，俱非上品。松罗香重，六安味苦而香与松罗同；天池亦有草莱气，龙井如之；至云雾，则色重而味浓矣。尝啜虎丘茶，色白而香似婴儿肉，真精绝。

茶色贵白，然白亦不难。泉清瓶洁，叶少水洗，旋烹旋啜，其色自白。然真味抑郁，徒为目食[6] 耳。若取青绿，则天池、松萝及岭之最下者，虽冬月，色亦如苔衣，何足为妙。莫若余所收洞山茶，自谷雨后五日者，以汤薄浣，贮壶良久，其色如玉；至冬则嫩绿，味甘色淡，韵清气醇，亦作婴儿肉香，而芝芬浮荡，则虎丘所无也。

注　释

1. 《罗岕茶记》，近见有的论著中，常转引清陆廷灿《续茶经》，作《岕山茶记》。"罗岕"，在长兴县西北七十里"互通山"，西有二洞，曰明洞、暗洞；二池曰东池、西池，俱产茶。山地庙后尤佳。岕以唐代罗隐隐于此故名。

2. 吴枫主编《简明中国古籍词典》云，此书有《广百川学海》、《说郛续》等版本。《说郛续》本不错，《广百川学海》疑将本书误作《岕茶笺》；系错录。

3. 庙后：宜兴、长兴茗岭或罗山附近处的岕名和茶名。如嘉庆《宜兴县志·山川》："茗岭山……山脊与长兴分界（宿

茶神，俗误刘秀庙），旧多茶，较离墨尤胜，俗称庙前、庙后茶者是。"

4. 洞山：明末和清前期宜兴、长兴著名岕茶产地。与罗岕相近的宜兴一侧，即《致富奇书广集》所说的"峒山"；一称"君山"，又名荆南山，即今宜兴"铜官山"。

5. 吴中：此非单指苏州吴县一带，而是广指会稽、吴兴、丹阳等苏南、浙江数十州县的所谓"三吴"地区。

6. 目食：同《洞山岕茶系》提及的"耳食"，即非指用口品尝，而是犹用"耳"闻、"目"看有偏差的感官印象来判断和决定茶叶的"真味"。

校　勘

① 产茶处：集成本在"熊明遇《罗岕茶记》"和本条"产茶处"之间，添加"七则"二字标题。本书据说郛续本省。

② 可尚："尚"字，《中国古代茶叶全书》校称说郛续本作"的"，不知所据何本讹舛。

③ 五谷之精也："五谷"，集成本作"天地"。

茶解 | 明 罗廪 撰①

作者及传世版本

罗廪,字高君,明嘉、万时浙江慈溪(今浙江慈溪)人,事迹不详。仅《慈溪县志·艺文志》记其《茶解》一卷、《胜情集》一卷,《青原集》一卷、《补陀游草》一卷。屠本畯《茶解·序》称其"读书中隐山"[1],罗廪在《茶解·总论》中亦提到"余自儿时性喜茶",后"乃产茶之地,采其法制,参互考订,深有所会,遂于中隐山阳栽植培灌,兹且十年"。这即是说,至少在万历四十年(1612)《茶解》增订本付梓前,罗廪曾周游各地,潜心调查种茶、制茶技艺之后,隐居中隐山种茶、读书有十多年时间。

《茶解》是明代后期乃至整个明清时期,中国古代茶书或传统茶学有关茶叶生产和烹饮技艺最为"论审而确"、"词简而核",并且较为全面反映和代表其时实际水平的一篇茶叶专著。因作者"周游产茶之地,采其法制",然后回乡居山十年,亲自实践,加以验证、总结,所以除陆羽及其《茶经》之外,其人其书几无可与比者。

关于本书的成书年代和版本情况,万国鼎在《茶书总目提要》中称:"此书有万历己酉(1609)屠本畯序及万历壬子(1612)龙膺跋。没有自序",因此他即取"1609"也即万历三十七年作其撰写时间。至于龙膺的跋为什么迟后三年才写,万国鼎未再涉及。

也因为他未作查考,所以他对《茶解》版本情况,也说得不准。如其称:"刊本有(1)《茶书全集》本,(2)《说郛续》本,(3)《古今图书集成》……但后二种只摘录一小部分,不但字句有变更,次序有颠倒分合,而且取舍毫无标准,原书的精华几乎完全失掉。"其实万国鼎所否定的《说郛续》本,所谓句子变更、次序颠倒等原因,不是《说郛续》的责任。相反,《说郛续》所根据的,是《茶解》初稿钞本或初版本,有些地方,较喻政《茶书》本可能还可靠。如屠本畯在《茶解叙》中称:"初,予得《茶经》、《茶谱》、《茶疏》、《泉品》等书,今于《茶解》而合璧(一同收录进《茗笈》)之。"也即是说,屠本畯在为《茶解》写叙时,就见过或得到过罗廪《茶解》的初稿和初稿钞本,后来其《茗笈》所采收的内容,即来自此初稿。《说郛续》所收《茶解》内容,与喻政《茶书》本字句、序次均有不同,但与屠本畯《茗笈》所引《茶解》内容,也即与罗廪《茶解》初稿钞本和最初版本,则一字不差,完全相同。因为《说郛续》收录的是《茶解》初稿内容,所以便有可能出现初版不错而喻政《茶书》重刻致错的地方。这一点,经查对,《说郛续》至少可以订正喻政《茶书》"茶园不宜杂以恶木……其不可蒔芳兰幽菊及诸清芬之品"这样一条颇关重要的内容。"其不可"的"不"字，《说郛续》也即《茶解》初稿或初版为"下"，作"其下可莳芳兰幽菊及清芬之品"；一字之差，意义相反，"可莳"、"不可"从喻政《茶书》见世至今，二说并存和疑惑延续已近四个世纪。所以万国鼎对《说郛续》本的简单否定似亦不够全面。另外，从屠本畯《茗笈》引文、《说郛续》和喻政《茶书·茶解》内容的差异，我们对《茶解》最初和《说郛续》的版本情况，至少可以得出这样二点看法：第一，《茗笈》和喻政《茶书》，差不多是同时编刊的两书，但所引录的《茶解》内容，有些文字、编序明显不同，表明两书所录不是同一版本。屠本畯《茗笈》所据的，无疑是1609年他为之作叙的罗廪《茶解》初稿和初刻本；喻政《茶书》所据的，当是1612年龙膺为之

书跋的增订重刻本。其次，《说郛续》所收录的《茶解》，如上所说，与喻政《茶书》不同，与《茗笈》也即《茶解》初稿和初版相同。但《说郛续》所收的《茶解》内容，也不是《茶解》初稿或初版的完整稿本，而仅仅只是选辑其很少一部分。因为如屠本畯《茶解叙》所载，屠本畯所见和所得的《茶解》初稿本，虽和喻政《茶书·茶解》所说不完全一样，但亦分为一原、二品、三程、四定、五摘、六辨、七评、八明、九禁、十约这样十目，《说郛续》和据《说郛续》所刊的《古今图书集成》本，则无目无序，不成体例，不但与《茶书》本不同，也与《茶解》初稿和初版本明显有别。

本书此以喻政《茶书》本作录，以《茗笈》引文、《说郛续》本和其他有关内容作校。

原　文

叙[②]

罗高君性嗜茶，于茶理有县解，读书中隐山，手著一编曰《茶解》，云书凡十目，一之原，其茶所自出；二之品，其茶色、味、香；三之程，其艺植高低；四之定，其采摘时候；五之摘，其法制焙炒；六之辨，其收藏凉燥；七之评，其点瀹缓急；八之明，其水泉甘洌；九之禁，其酒果腥秽；十之约，其器皿精粗。为条凡若干，而茶勋于是乎勒铭矣。其论审而确也，其词简而覈也，以斯解茶，非眠云跂石人不能领略。高君自述曰："山堂夜坐，汲泉烹茗，至水火相战，俨听松涛，倾泻入杯，云光潋滟。此时幽趣，未易与俗人言者，其致可挹矣。"初，予得

《茶经》、《茶谱》、《茶疏》、《泉品》等书，今于《茶解》而合璧之，读者口津津，而听者风习习，渴闷既涓，荣卫斯畅。予友闻隐鳞，性通茶灵，早有季疵之癖，晚悟禅机，正对赵州之锋，方与衷辑《茗笈》，持此示之，隐鳞印可，曰："斯足以为政于山林矣。"

万历己酉岁端阳日友人屠本畯撰

总论

茶通仙灵，久服能令升举，然蕴有妙理，非深知笃好，不能得其当。盖知深斯鉴别精，笃好斯修制力。余自儿时性喜茶，顾名品不易得，得亦不常有，乃周游产茶之地，采其法制，参互考订，深有所会，遂于中隐山阳栽植培灌，兹且十年。春夏之交，手

为摘制,聊足供斋头烹啜,论其品格,当雁行虎丘。因思制度有古人意虑所不到,而今始精备者,如席地团扇,以册易卷,以墨易漆之类,未易枚举。即茶之一节,唐宋间研膏蜡面,京挺龙团,或至把握纤微,直钱数十万,亦珍重哉。而碾造愈工,茶性愈失,矧杂以香物乎?曾不若今人止精于炒焙,不损本真。故桑苎《茶经》,第可想其风致,奉为开山,其春碾罗则诸法,殊不足仿。余尝谓茶、酒二事,至今日可称精妙,前无古人,此亦可与深知者道耳。

原

鸿渐志茶之出,曰山南、淮南、剑南、浙东、黔州、岭南诸地。而唐宋所称,则建州、洪州、穆州、惠州、绵州、福州、雅州、南康、婺州、宣城、饶池、蜀州、潭州、彭州、袁州、龙安、涪州、建安、岳州。而绍兴进茶,自宋范文虎始;余邑贡茶,亦自南宋季至今。南山有茶局、茶曹、茶园之名,不一而止。盖古多园中植茶。沿至我朝,贡茶为累,茶园尽废,第取山中野茶,聊且塞责,而茶品遂不得与阳羡、天池相抗矣。余按:唐宋产茶地,仅仅如前所称,而今之虎丘、罗岕、天池、顾渚、松萝、龙井、雁荡、武夷、灵山、大盘、日铸诸有名之茶③,无一与焉。乃知灵草在在有之,但人不知培植,或疏于制度耳④。嗟嗟,宇宙大矣!

《经》云一茶、二槚、三蔎、四茗、五荈⑤,精粗不同,总之皆茶也。而至如岭南之苦登,玄岳之骞林叶,蒙阴之石藓,又各为一类,不堪入口。《研北志》云:交趾登茶如绿苔,味辛烈而不言其苦恶,要非知茶者。

茶,六书作"荼";《尔雅》、《本草》、《汉书》,荼陵俱作"荼"。《尔雅》注云:"树如栀子"是已;而谓冬生叶,可煮作羹饮,其故难晓。

品

茶须色、香、味三美具备。色以白为上,青绿次之,黄为下。香如兰为上,如蚕豆花次之。味以甘为上,苦涩斯下矣。

茶色贵白。白而味觉甘鲜,香气扑鼻,乃为精品。盖茶之精者,淡固白,浓亦白,初泼白,久贮亦白。味足而色白⑥,其香自溢,三者得则俱得也。近好事家,或虑其色重,一注之水,投茶数片,味既不足,香亦杳然,终不免水厄之诮耳。虽然,尤贵择水⑦。

茶难于香而燥。燥之一字,唯真岕茶足以当之。故虽过饮,亦自快人。重而湿者,天池也。茶之燥湿,由于土性,不系人事。

茶须徐啜,若一吸而尽,连进数杯,全不辨味,何异佣作。卢仝七碗,亦兴到之言,未是实事。

山堂夜坐,手烹香茗,至水火相战,俨听松涛,倾泻入瓯,云光缥缈,一段幽趣,故难与俗人言⑧。

艺

种茶,地宜高燥而沃。土沃,则产茶自佳。《经》云:生烂石者上,土者下,野者上,园者次,恐不然。

秋社²后摘茶子,水浮,取沉者,略晒去湿润,沙拌藏竹篓中,勿令冻损。俟春旺时种之。茶喜丛生,先治地平正,行间疏密,纵横各二尺许。每一坑下子一掬,覆以焦土,不宜太厚,次年分植,三年便可摘取。

茶地斜坡为佳,聚水向阴之处,茶品遂劣。故一山之中,美恶相悬⑨。至吾四明海内外诸山,如补(補)陀⑩、川山、朱溪等处,皆产茶而色、香、味俱无足取者。以地近海,海风咸而烈,人面受之不免憔悴而黑,况灵草乎。

茶根土实，草木杂生则不茂。春时薙草，秋夏间锄掘三四遍，则次年抽茶更盛。茶地觉力薄，当培以焦土。治焦土法：下置乱草，上覆以土，用火烧过，每茶根傍掘一小坑，培以升许。须记方所，以便次年培壅。晴昼锄过，可用米泔浇之。

茶园不宜杂以恶木，惟桂、梅、辛夷、玉兰、苍松、翠竹之类⑪，与之间植，亦足以蔽覆霜雪，掩映秋阳。其下可莳芳兰、幽菊及诸清芬之品⑫。最忌与菜畦相逼，不免秽污渗漉，滓厥清真。

采

雨中采摘，则茶不香。须晴昼采，当时焙；迟则色、味、香俱减矣。故谷雨前后，最怕阴雨。阴雨宁不采。久雨初霁，亦须隔一两日方可。不然，必不香美。采必期于谷雨者，以太早则气未足，稍迟则气散。入夏，则气暴而味苦涩矣。

采茶入箪，不宜见风日，恐耗其真液。亦不得置漆器及瓷器内。

制

炒茶，铛宜热；焙，铛宜温。凡炒，止可一握，候铛微炙手，置茶铛中，札札有声，急手炒匀；出之箕上，薄摊用扇搧冷，略加揉挪。再略炒，入文火铛焙干，色如翡翠。若出铛不扇，不免变色。

茶叶新鲜，膏液具足，初用武火急炒，以发其香。然火亦不宜太烈，最忌炒制半干，不于铛中焙燥而厚罨笼内，慢火烘炙。

茶炒熟后，必须揉挪。揉挪则脂膏镕液，少许入汤，味无不全。

铛不嫌熟，磨擦光净，反觉滑脱。若新铛，则铁气暴烈，茶易焦黑。又若年久锈蚀之铛，即加磋磨，亦不堪用。

炒茶用手，不惟匀适，亦足验铛之冷热。

薪用巨干，初不易燃，既不易熄，难于调适。易燃易熄，无逾松丝。冬日藏积，临时取用。

茶叶不大苦涩，惟梗苦涩而黄，且带草气。去其梗，则味自清澈；此松萝、天池法也。余谓及时急采急焙，即连梗亦不甚为害。大都头茶可连梗，入夏便须择去。

松萝茶，出休宁松萝山，僧大方所创造。其法，将茶摘去筋脉，银铫妙制。今各山悉仿其法，真伪亦难辨别。

茶无蒸法，惟岕茶用蒸。余尝欲取真岕，用炒焙法制之，不知当作何状。近闻好事者，亦稍稍变其初制矣。

藏

藏茶，宜燥又宜凉。湿则味变而香失，热则味苦而色黄。蔡君谟云："茶喜温。"此语有疵。大都藏茶宜高楼，宜大瓮。包口用箬。瓮宜覆不宜仰，覆则诸气不入。晴燥天，以小瓶分贮用。又贮茶之器，必始终贮茶，不得移为他用。小瓶不宜多用青箬，箬气盛，亦能夺茶香。

烹

名茶宜瀹以名泉。先令火炽，始置汤壶，急扇令涌沸，则汤嫩而茶色亦嫩。《茶经》云：如鱼目微有声，为一沸，沿边如涌泉连珠，为二沸；腾波鼓浪，为三沸；过此则汤老，不堪用。李南金谓：当用背二涉三之际为合量。此真赏鉴家言。而罗大经惧汤过老，欲于松涛涧水后移瓶去火，少待沸止而瀹之。不知汤既老矣，虽去火何救耶？此语亦未中窍⑬。

岕茶用热汤洗过挤干，沸汤烹点。缘其气厚，不洗则味色过浓，香亦不发耳。自余名茶,俱不必洗。

水

古人品水,不特烹时所须,先用以制团饼,即古人亦非遍历宇内,尽尝诸水,品其次第,亦据所习见者耳。甘泉偶出于穷乡僻境,土人或借以饮牛涤器,谁能省识。即余所历地,甘泉往往有之。如象川蓬莱院后,有丹井焉,晶莹甘厚,不必瀹茶,亦堪饮酌。盖水不难于甘,而难于厚;亦犹之酒不难于清香美冽,而难于淡。水厚酒淡,亦不易解。若余中隐山泉,止可与虎跑甘露作对,较之惠泉,不免径庭。大凡名泉,多从石中迸出,得石髓故佳。沙潭为次,出于泥者多不中用。宋人取井水,不知井水止可炊饭作羹,瀹茗必不妙,抑山井耳。

瀹茗必用山泉⑭,次梅水。梅雨如膏,万物赖以滋长,其味独甘。《仇池笔记》云:时雨甘滑,泼茶煮药,美而有益。梅后便劣。至雷雨最毒,令人霍乱,秋雨冬雨,俱能损人。雪水尤不宜,令肌肉销铄。

梅水,须多置器于空庭中取之,并入大瓮,投伏龙肝两许包,藏月余汲用,至益人。伏龙肝,灶心中干土也。

武林南高峰下,有三泉。虎跑居最,甘露亚之,真珠不失下劣,亦龙井之匹耳。许然明,武林人,品水不言甘露何耶?甘露寺在虎跑左,泉居寺殿角,山径甚僻,游人罕至。岂然明未经其地乎。

黄河水,自西北建瓶而东,支流杂聚,何所不有舟次,无名泉,聊取充用可耳。谓其源从天来,不减惠泉,未是定论。

《开元遗事》纪逸人王休,每至冬时,取冰敲其精莹者,煮建茶以奉客,亦太多事。

禁

采茶、制茶⑮,最忌手汗、羶气、口臭、多涕、多沫不洁之人及月信妇人。

茶、酒性不相入,故茶最忌酒气,制茶之人,不宜沾醉。

茶性淫,易于染著,无论腥秽及有气之物,不得与之近。即名香亦不宜相杂。

茶内投以果核及盐椒、姜、橙等物,皆茶厄也。茶采制得法,自有天香,不可方儗。蔡君谟云:莲花、木犀、茉莉、玫瑰、蔷薇、蕙兰、梅花种种,皆可拌茶,且云重汤煮焙收用,似于茶理不甚晓畅。至倪云林点茶用糖,则尤为可笑。

器

箪

以竹篾为之,用以采茶。须紧密,不令透风。

灶

置铛二,一炒、一焙,火分文武。

箕

大小各数个。小者盈尺,用以出茶;大者二尺,用以摊茶,揉挪其上,并细篾为之。

扇

茶出箕中,用以扇冷。或藤、或箬、或蒲。

笼

茶从铛中焙燥,复于此中再总焙入瓮,勿用纸衬。

帨

用新麻布,洗至洁,悬之茶室,时时拭手。

瓮

用以藏茶,须内外有油水者。预涤净晒干以待。

炉⑯

用以烹泉,或瓦或竹,大小要与汤壶称。

注

以时大彬手制粗沙烧缸色者为妙，其次锡。

壶

内所受多寡，要与注子称。或锡或瓦，或汴梁摆锡铫。

瓯

以小为佳，不必求古，只宣、成、靖窑足矣。

梜

以竹为之，长六寸，如食箸而尖其末，注中泼过茶叶，用此梜出。

跋

宋孝廉兄有茶圃，在桃花源，西岩幽奇，别一天地，琪花珍羽，莫能辨识其名。所产茶，实用蒸法如岕茶，弗知有炒焙、揉挪之法。予理郡日，始游松萝山，亲见方长老制茶法甚具，予手书茶僧卷赠之，归而传其法。故出山中，人弗习也。中岁自祠部出，偕高君访太和，辄入吾里。偶纳凉城西庄称姜家山者，上有茶数株，翳丛薄中，高君手撷其芽数升，旋沃山庄铛，炊松茅活火，且炒且揉，得数合，驰献先计部，余命童子汲溪流烹之。洗盏细啜，色白而香，仿佛松萝等。自是吾兄弟每及谷雨前，遣干仆入山，督制如法，分藏堇堇。迩年，荣邸中益稔兹法，近采诸

梁山制之，色味绝佳，乃知物不殊，顾腕法工拙何如耳。

予晚节嗜茶益癖，且益能别渑淄，觉舌根结习未化，于役湟塞，遍品诸水。得城隅北泉，自岩隙中渐沥如线渐出，辄渹然迸流。尝之味甘冽且厚，寒碧沁人，即弗能颜行中泠，亦庶几昆龙泓而季蒙惠矣。日汲一盎，供博士垆。茗必松萝，始御弗继，则以天池、顾渚需次焉。

顷从皋兰书邮中接高君八行，兼寄《茶解》，自明州至。亟读之，语语中伦，法法入解，赞皇失其鉴，竟陵褫其衡。风旨泠泠，翛然人外，直将莲花齿颊，吸尽西江，洗涤根尘，妙证色、香、味三昧，无论紫茸作供，当拉玉版同参耳。予因追忆西庄采啜酣笑时，一弹指十九年矣。予疲暮尚逐戎马，不耐膻乡潼酪，赖有此家常生活，顾绝塞名茶不易致，而高君乃用此为政中隐山，足以茹真却老，予实妒之。更卜何时盘砖相对，倚听松涛，口津津林壑间事，言之色飞。予近筑澹园，作沤息计，饶阳阿爽垲艺茶，归当手兹编为善知识，亦甘露门不二法也。昔白香山治池园洛下，以所获颍川酿法，蜀客秋声，传陵之琴、弘农之石为快。惜无有以兹解授之者，予归且习禅，无所事酿，孤桐怪石，夙故畜之。今复得兹，视白公池上物奢矣。率尔书报高君，志兰息心赏。

时万历壬子春三月武陵友弟龙膺君御甫书

注　释

1　中隐山：在罗廪老家"慈溪"或与慈溪接壤的邻县。查光绪《慈溪县志》，慈溪原称"隐山"之山很多，如县南有"大隐山"、"东

隐山"，县北有"隐山"、"青隐山"等等。

2　秋社：古代于立秋后第五个戊日举行酬祭土地之神的典礼。

校　勘

① 原署"明慈溪罗廪高君著"。

② 叙：底本原将此"叙"编在《茶解》正文之后，正文前是龙应跋。现依惯例调整为前叙后跋。

③ 日铸诸有名之茶："日铸"下，《茗笈·溯源章》引文还多"朱溪"二字。说郛续本作"日铸、朱溪诸名茶"。

④ 但人不知培植，或疏于制度耳："不知培植"，《茗笈·溯源章》引文、说郛续本和集成本作"培植不嘉"。另"疏于制度耳"，说郛续本作"疏采制耳"。

⑤ 《经》云：本段内容，除茶名外，均非出之《茶经》，系罗廪自己所写。茶茗"葭"《茶经》也一般都作"莈"。

⑥ 味足而色白：《茗笈·衡鉴章》引文、说郛续本作"味甘色白"。

⑦ 尤贵择水："水"字下，说郛续本还有"香以兰花上，蚕豆花次"九字。

⑧ 故难与俗人言："言"字下，说郛续本还多一"矣"字。经查对说郛续"山堂夜坐"内容，与屠本畯《茶解叙》引文全同，表明说郛续与喻政茶书收录《茶解》内容的出入，不是《说郛续》的擅改和差错，而是其所据系较喻政茶书更早的版本或罗廪原稿和原稿钞本。

⑨ 茶地斜坡为佳……美恶相悬：说郛续本作"茶地南向为佳，向阴者遂劣，故一山之中，美恶大相悬也。"由上可以看出，说郛续此段内容，较喻政《茶书》明显简单粗浅，喻政茶书所载，疑

据罗廪后来修改稿或喻政、徐㶾编刊《茶书》时所增改。

⑩ 补（補）陀："补（補）"字，近出有些茶书，擅改作"浦"字或注作"普"字，误。"补陀"在慈溪，罗廪有《补陀游草》。

⑪ 玉兰、苍松、翠竹之类，与之间植："玉兰"、"苍松"之间，《茗笈·得地章》引文、说郛续本还多"玫瑰"二字。另说郛续本"翠竹"下，无"之类"二字。

⑫ 其下可莳芳兰、幽菊及诸清芬之品："下"字，底本原作"不"字，"其下可莳"，形讹作"其不可莳"。据《茗笈》引文和说郛续本径改。

⑬ 不知汤既老矣，虽去火何救耶？ 此语亦未中窍：《茗笈·定汤章》引文、说郛续本此句作"此语亦未中窍，殊不知汤既老矣，虽去火何救哉。"

⑭ "瀹茗必用山泉"及下段"梅水须多置器于空庭"两段，《茗笈·品泉章》引文、说郛续本缩作一段。说郛续本的这段内容为："烹茶须甘泉，次梅水。梅雨如膏，万物赖以滋养，其味独甘，梅后便不堪饮。大瓮满贮，投伏龙肝一块，即灶中心干土也。乘热投之。"

⑮ "采茶、制茶"及下段"茶、酒性不相入"两段，《茗笈·申忌章》引文、说郛续本合作一段，其内容具体为："采茶制茶，最忌手汗、膻气、口臭、多涕、不洁之人及月信妇人。又忌酒气。盖茶酒性不相入，故制茶人切忌沾醉。"

⑯ 炉：说郛续本作"茶炉"。

蔡端明别纪·茶癖[①] | 明 徐㪍 编纂[②]

作者及传世版本

《蔡端明别纪·茶癖》，喻政从《蔡端明别纪》中摘出第七卷《茶癖》，编入《茶书》，题作"《蔡端明别纪》摘录"，又称"明三山徐㪍兴公辑"。

"蔡端明"即蔡襄，官至端明殿学士，故有此称。

《蔡端明别纪》记述了蔡襄一生的为人、为政、为学事迹，全书共十二卷，分别是本传、德行、政事、书学、艺谈、赏鉴、茶癖、恩宠、崇报、纪异、《荔枝谱》、《茶录》（《茶录》现存孤本不全）。

编者徐㪍（1570—1645），字惟起，号兴公，闽县（今福建福州）人。喜欢藏书、刻书，以红雨楼为藏书室名，积书达五万三千余卷。刻印过的书籍，有《唐欧阳先生文集》、宋《唐子西集》等二十余种二百多卷。《明史》卷二八六《文苑传·郑善夫传》称，闽中诗文，"迨万历中年，曹学佺、徐㪍辈继起，谢肇淛、邓原岳和之，风雅复振"。故后来也将徐㪍、曹学佺主盟闽中词坛的这段人事，称为"兴公诗派"。徐㪍博闻多识，他写过这样一段深切体会："余尝谓人生之乐，莫过闭户读书。得一僻书，识一奇字，遇一异事，见一佳句，不觉踊跃，虽丝竹满前，绮罗盈目，不足喻其快也。"他虽然布衣终身，但不仅以草书隶字、工文长诗盛名于时，所著《笔精》、《榕阴新检》、《闽南唐雅》、《荔枝通谱》、《蜂经疏》惠及后人，甚至服务现在。其编《红雨楼书目》，收录有一百四十多种戏曲类传奇作品，对于研究中国戏曲史，也有重要意义。

《蔡端明别纪·茶癖》，可以说是有关蔡襄与茶的专辑，在我国古代各类茶书中，也为"个人茶事专辑"之宗。据徐㪍《蔡端明别纪·自序》，编纂时间当在"万历己酉"，即万历三十七年（1609）春或稍前。

本文以明万历徐㪍自编自刻的原本作底本，以喻政《茶书》本作校。

原　　文

世言团茶[③]始于丁晋公，前此未有也。庆历中，蔡君谟为福建漕使，更制小团以充岁贡。元丰初，下建州，又制密云龙以献，其品高于小团，而其制益精矣。曾文昭[1]所谓："莆阳学士蓬莱仙，制成月团飞上天。"又云："密云新样尤可喜，名出元丰圣天子"

是也。唐陆羽《茶经》于建茶尚云未详，而当时独贵阳羡茶，岁贡特盛。茶山居湖、常二州之间，修贡则两守相会。山椒有境会亭，基尚存。卢仝《谢孟谏议茶》诗云："天子须尝阳羡茶④，百草不敢先开花"是已。然又云："开缄宛见谏议面，手阅月团三百片"则团茶已见于此。当时李郢《茶山贡焙歌》云："蒸之护之香胜梅，研膏架动声如雷⑤。茶成拜表贡天子，万人争啖春山摧。"观研膏之句，则知尝为团茶无疑。自建茶入贡，阳羡不复研膏，只谓之草茶而已。《韵语阳秋》

茶之品莫贵于龙凤，谓之团茶，凡八饼重一斤。庆历中，蔡君谟为福建路转运使，始造小片龙茶以进。其品绝精，谓之小团，凡二十饼重一斤。其价值金二两。然金可有，而茶不可得。每因南郊致斋，中书、枢密院各赐一饼，四人分之，宫人往往缕金花其上，盖其贵重如此。《归田录》

故事，建州岁贡大龙凤团茶各二斤，以八饼为斤。仁宗时，蔡君谟知建州，始别择茶之精者，为小龙团十斤以献。斤为十饼。仁宗以非故事，命劾之⑥。大臣为请，因留而免劾。然自是遂为岁额。《石林燕语》

论者谓君谟学行、政事高一世，独贡茶一事，比于宦官、宫妾之爱君，而闽人岁劳费于茶，贻祸无穷。苏长公亦以进茶讥君谟，有"前丁后蔡"之语。殊不知理欲同行异情，蔡公之意，主于敬君；丁谓之意，主于媚上，不可一概论也。后曾子固²在福州，亦进荔枝，未可以是少之也。《兴化志》

丁晋公为福建转运使，始制凤团，后又为龙团〔贡〕不过四十饼⑦，专拟上供，虽近臣之家，徒闻之未尝见也。天圣中，蔡君谟又为小团⑧，其品迥加于大团。赐两府，然止于一斤。惟上大斋宿，八人两府，共赐小团一饼。缕之以金，八人折归，以侈非常之赐，亲知瞻玩，赓唱以诗。《画墁录》

建茶盛于江南，近岁制作尤精。龙团茶最为上品⑨，一斤八饼。庆历中，蔡君谟为福建运使，始造小团以充岁贡，一斤二十饼，所谓上品龙茶者也。仁宗尤所珍惜，虽宰相未尝辄赐⑩；惟郊礼致斋之夕，两府各四人共赐一饼。宫人剪金为龙凤花贴其上，八人分蓄之，以为奇玩，不敢自试，有佳客，出为传玩。欧阳文忠公云："茶为物之至精，而小团又其精者也。"嘉祐中，小团初出时也，今小团易得，何至如此珍贵。《渑水燕谈录》

欧阳文忠公《尝新茶呈圣俞》云："建安三千里，三月尝新茶⑪。人情好先务取胜，百物贵早相矜夸。年穷腊尽春欲动，蛰雷未起驱龙蛇。夜间击鼓满山谷⑫，千人助叫声喊呀。万木寒痴睡不醒，惟有此树先萌芽。乃知此为最灵物，宜其独得天地之英华。终朝采摘不盈掬，通犀铐小圆复窊。鄙哉谷雨枪与旗，多不足贵如刈麻。建安太守急寄我，香蒻包裹封题斜。泉甘器洁天色好，坐中拣择客亦嘉。新香嫩色如始造，不似来远从天涯。停匙侧盏试水路，拭目向空看乳花。可怜俗夫把金锭，猛火炙背如虾蟆。由来真物有真赏，坐逢诗老频咨嗟。须臾共起索酒饮，何异奏雅终嘲哇。"《次韵再作》云："吾年向老世味薄，所好未衰惟饮茶。建溪苦远虽不到，自少尝见闽人夸。每嗤江浙凡茗草，丛生狼藉惟龙蛇⑬。岂如含膏入香作，金饼蜿蜒两龙戏以呀。其余品第亦奇绝，愈小愈精皆露芽。泛之白花如粉乳，乍见紫面生光华。手持心爱不欲碾，有类弄印几成窊。论功可以疗百疾，轻身久服信胡麻[14]。我谓斯言颇过矣，其实最能祛睡邪。茶官贡余偶分寄，地远物新来意嘉。亲烹屡酌不知厌，自谓此乐真无涯。未言久食成手颤，已觉疾饥生眼花。客遭水厄疲捧碗，口吻无异蚀月蟆[15]。僮奴傍视疑复笑，嗜好乖僻诚堪嗟。更蒙酬句怪可骇，儿曹助噪声哇哇。"《欧阳文忠公集》

余观东坡《荔枝叹注》云："大小龙茶，始于丁晋公，而成于蔡君谟。"欧阳永叔闻君谟进龙团，惊叹曰："君谟士人也，何至作此事？"今年，闽中监司乞进斗茶，许之。故其诗云："武夷溪边粟粒芽，前丁后蔡相宠加。争买龙团各出意，今年斗品充官茶。"则知始作俑者，大可罪也。《冷斋夜话》

蔡君谟善别茶，后人莫及。建安能仁院，有茶生石缝间，寺僧采造得茶八饼，号石岩白。以四饼遗君谟，以四饼密遣人走京师，遗王内翰禹玉。岁余，君谟被召还阙，访禹玉。禹玉命子弟于茶笥中选取茶之精品者，碾待君谟。君谟捧瓯未尝，辄曰："此茶极似能仁石岩白，公何从得之？"禹玉未信，索茶贴验之，乃服。《墨客挥犀》

王荆公为小学士[3]时，尝访君谟。君谟闻公至，喜甚，自取绝品茶，亲涤器烹点以待公，冀公称赏。公于夹袋中取消风散一撮，投茶瓯中，并食之。君谟失色。公徐曰："大好茶味。"君谟大笑，且叹公之真率也。《墨客挥犀》

蔡君谟，议茶者莫敢对公发言。建茶所以名重天下，由公也。后公制小团，其品尤精于大团。一日，福唐[4]蔡叶丞秘教召公啜小团，坐久，复有一客至，公啜而味之曰："非独小团，必有大团杂之。"丞惊呼童，曰："本碾造二人茶，继有一客至，造不及，乃以

大团兼之。"丞服公之明审[16]。《墨客挥犀》

晁氏曰[5]：《试茶录》二卷，皇朝蔡襄撰，皇祐中修注。仁宗常面谕云：卿所进龙茶甚精。襄退而记其烹试之法，成书二卷进御。世传欧公闻君谟进小团茶，惊曰：君谟士人，何故如此。《文献通考》

公[6]《茶垄》诗云（造化曾无私）。《采茶》诗云（春衫逐红旗）。《造茶》诗云（屑玉寸阴间）《试茶》诗云（兔毫紫瓯新）。《茶书》[7]

晁氏曰："《东溪试茶录》一卷，皇朝朱子安[8]集拾丁、蔡之遗，"东溪亦建安地名。《茶书》

梅圣俞《和杜相公谢蔡君谟寄茶》云："天子岁尝龙焙茶，茶官催摘雨前芽。团香已入中都府，闻品争传太傅家[17]。小石冷泉留早味，紫泥新品泛春华。吴中内史才多少，从此莼羹不足夸。"因茶而薄莼羹，是亦至论。陆机以莼羹对晋武帝羊酪，是时尚未有茶耳。然张华《博物志》，已有"真茶令人不寐"之语。《瀛奎律髓》

陆羽《茶经》、裴汶《茶述》，皆不载建品，唐末，然后北苑出焉。宋朝开宝间，始命造龙团以别庶品。厥后，丁晋公漕闽，乃载之《茶录》。蔡忠惠又造小龙团以进。东坡诗云："武夷溪边粟粒芽，前丁后蔡相宠加。吾君所乏岂此物，致养口体何陋邪。"茶之为物，涤烦雪滞，于务学勤政，未必无助。其与进荔枝、桃花者不同。然充类至义，则亦宦官、宫妾之爱君也。忠惠直道高名，与范、欧相亚，而进茶一事，乃侪晋公。君子之举措，可不慎哉。《鹤林玉露》

欧阳修《龙茶录后序》云：茶为物之至精……庐陵欧阳修书还公期书室。《欧阳文忠集》[9]

北苑茶焙,在建宁吉苑里凤皇山之麓。咸平中,丁谓为本路漕,监造御茶,岁进龙凤团。庆历间,蔡襄为漕使,始改造小龙团茶,尤极精妙。邑人熊蕃诗云:"外台庆历有仙官,龙凤才闻制小团"盖谓是也。其后,则有细色五纲:第一纲,曰贡新;第二纲,曰试新;第三纲,曰龙团胜雪⑱,曰白茶,曰御苑玉芽,曰万寿龙芽,曰上林第一,曰乙夜供清,曰承平雅玩,曰龙凤英华,曰玉除清赏,曰启沃承恩,曰雪英,曰云叶⑲,曰蜀葵,曰金钱,曰玉华,曰寸金;第四纲,曰无比寿芽,曰万春银叶,曰宜年宝玉,曰玉清庆云⑳,曰无疆寿龙,曰玉叶长春,曰瑞云翔龙,曰长寿玉圭,曰兴国岩铸,曰香口焙铸,曰上品拣芽,曰新收拣芽;第五纲,曰太平嘉瑞,曰龙苑报春,曰南山应瑞,曰兴国拣芽㉑,曰兴国岩小龙,曰兴国岩小凤,曰大龙,曰大凤。其粗色七纲,曰小龙小凤,曰大龙大凤,曰不入脑上品拣芽小龙,曰入脑小龙,曰入脑小凤,曰入脑大龙,曰入脑大凤。此茶之名色也。北焙之名,极盛于宋。当时士大夫以为珍异而宝重之。嗟夫,以一草一木之味,而劳民动众,糜费不赀。余人不足道,君谟号正人君子,亦忍为此,何也。《北苑杂述》

武夷喊山台,在四曲御茶园中。制茶为贡,自宋蔡襄始。先是建州贡茶,首称北苑龙团,而武夷之石乳,名犹未著也。宋刘说道诗云:"灵芽得春光,龙焙收奇芬。进入蓬莱宫,翠瓯生白云。"坡诗咏"粟粒犹记少时间。"《武夷志》

公[10]《出东门向北路》诗云:"晓行东城隅,光华著诸物。溪涨浪〔花生,天〕晴鸟声出㉒。稍稍见人烟,川原正苍郁。"《北苑》诗云:"苍山走千里,村落分两臂㉓。灵泉出地

〔清,嘉〕卉得天味㉔。入门脱世氛,官曹真傲吏。"《建州志》

欧阳公《和梅公仪尝茶》云:"溪山击鼓助雷惊,逗晓灵芽发翠茎。摘处两旗香可爱,贡来双凤品尤精。寒侵病骨惟思睡,花落春愁未解醒。喜共紫瓯吟且酌,羡君潇洒有余清。"《欧阳文集》

欧阳公《送龙茶与许道人》(颍阳道士青霞客)《欧阳文集》

蔡君谟谓范文正曰,公《采茶歌》云:"黄金碾畔绿尘飞,碧玉瓯中翠涛起。"今茶绝品,其色甚白,翠绿乃下者耳。欲改为"玉尘飞"、"素涛起"如何?希文曰善。《珍珠船》

苏才翁[11]与蔡君谟斗茶,俱用惠山泉。苏茶少劣,用竹沥水煎,遂能取胜。《珍珠船》

蔡端明守福州日,试茶必取北郊龙腰泉水,烹煮无沙石气。手书"苔泉"二字,立泉侧。《三山志》

蔡君谟汤取嫩而不取老,盖为团饼茶发耳。今旗芽枪甲,汤不足则茶神不透,茶色不明,故茗战之捷,尤在五沸。《太平清话》

东坡云:茶欲其白,常患其黑,墨则反是。然墨磨隔宿则色暗,茶碾过日则香减,颇相似也。茶以新为贵,墨以古为佳,又相反也。茶可于口,墨可于目。蔡君谟老病不能饮,则烹而玩之。吕行甫[12]好藏墨而不能书,则时磨而小啜之,此又可以发来者一笑也。《春渚纪闻》

北苑连属诸山,茶最胜㉕。北苑前枕溪流,北涉数里,茶皆气畚然色浊,味尤薄恶,况其远者乎?亦犹橘过淮为枳也。近蔡公作《茶录》亦云:"隔溪诸山,虽及时加意制造,色味皆重矣。"蔡公又云:"北苑凤皇山连属诸焙㉖,所产者味佳㉗。"庆历中,

岁贡有曾坑上品一斤,丛出于此,气味殊薄㉘。而蔡公《茶录》亦不云曾坑者佳。《东溪试茶录》

龙凤等茶,皆太宗朝所制。至咸平初,丁晋公漕闽,始载之于《茶录》。庆历中,蔡君谟将漕,创小龙团以进㉙,被旨乃岁贡之㉚。自小团出,而龙凤遂为次矣。熊蕃《北苑贡茶录》

君谟论茶色,以青白胜黄白。余论茶味,以黄白胜青白㉛。黄儒《品茶要录》

杭妓周韶[13],有诗名,好畜奇茗,尝与蔡君谟斗胜,题品风味,君谟屈焉。《诗女史》

襄启:暑热不及通谒,所苦想已平复。日夕风日酷烦,无处可避,人生疆锁如此,可叹可叹。精茶数片,不一一。襄上公谨左右。〔《宋名贤尺牍》〕㉜

注　释

1　曾文昭:即曾肇(1047—1107),字子开,建昌军南丰(今江西南丰)人。英宗治平四年进士,历崇文院校书,馆阁校刊兼国子直讲。哲宗元祐初,擢中书舍人,出知颍、邓诸州,有善政。徽宗立,迁翰林学士兼侍读。崇宁初落职,谪知和州,后安置汀州,卒谥文昭。有《曲阜集》等。

2　曾子固:即曾巩(1019—1083),字子固,建昌军南丰人,世称南丰先生。仁宗嘉祐二年进士。少有文名,为欧阳修所赏,又曾与王安石交游。累官通判越州,历知齐、襄、洪、福诸州,多有政绩。神宗元丰四年,擢中书舍人。曾校理《战国策》、《说苑》、《新序》、《列女传》等。尤擅散文,为唐宋八大家之一。卒追文定。有《元丰类稿》。

3　小学士:王安石在神宗即位后,由江宁府知府,召为翰林学士,次年,熙宁二年即拜参知政事,三年拜同中书门下平章事。有人将其拜相前为翰林学士时,称“小学士”。

4　福唐:即唐和五代时的福唐县(今福建福清)。

5　晁氏曰:此指晁公武《郡斋读书志》载

蔡襄《茶录》。

6　公:即指蔡襄。

7　《茶书》:此和下两条《茶书》资料,由于所指不具体,查阅了部分辑集类茶书,未查出确切出处。

8　朱子安:《郡斋读书志》所载《东溪试茶录》作者名误,“朱”应作“宋”。

9　此处删节,见宋代蔡襄《茶录》附录。

10　公:此指“蔡襄”。

11　苏才翁:苏舜元(1006—1054),才翁是其字。绵州盐泉人。仁宗天圣七年赐进士出身,曾任殿中丞、太常博士等职,官至尚书度支员外郎、三司度支判官。诗歌豪健,尤善草书。

12　吕行甫:即吕希贤,行甫是其字。北宋仁宗时宰相吕夷简之后,行义过人,但不幸短命。生平好藏墨,士大夫戏之为墨颠。

13　周韶:北宋杭州名妓。韶原本良家女,后流落营籍。性慧善诗,其诗与杭妓胡楚、龙靓并著。一次,苏颂(1020—1101)过杭州,杭守陈述古饮之,召韶佐酒。韶因苏颂求,就笼中白鹦鹉作一绝。韶应声立成:“陇上巢空岁月惊,忍教回首自梳翎。开笼若放雪衣女,长念观音般若经。”

校　　勘

① 《蔡端明别纪·茶癖》：底本原作"蔡端明别纪卷之七"，喻政茶书本作"蔡端明别纪摘录"。"茶癖"，是正文前一行底本作为卷数之名（如蔡端明别纪卷之一，为"本传"；卷之二，为"德行"等等），喻政茶书本作为"摘录"《蔡端明别纪》的篇名而设置的文题。"茶癖"，是底本和喻政茶书本想借以与"蔡端明别纪"区别的标题。但是，如本文题记所说，自喻政茶书本把本文列作茶书以后，几百年来，几很少人分辨得出，以致有的专家，也把《蔡端明别纪》就看作是整本茶书，而完全不解"茶癖"的原意。本书作编时，为解决这一历史疑误，经研究，决定将"茶癖"直接入题，明确改题为《蔡端明别纪·茶癖》。

② 明徐𤊻编纂，为本书统一落款格式。底本作"乡后学徐𤊻编纂"；次行与之并列的，为"新安吴寓贡校正"；喻政茶书本简作"明三山徐𤊻兴公辑"。

③ 世言团茶：此为本文正文之首，在本句前行，有卷名或文题"茶癖"二字，此删移入本文正式题名。

④ 天子须尝阳羡茶："须"字，《韵语阳秋》作"未"字。

⑤ 研膏架动声如雷："动"字，底本、喻政茶书本形讹作"勤"字，据《韵语阳秋》改。

⑥ 命劲之："劲"字，喻政茶书本同底本形误刊作"俊"字，据《石林燕语》改。下同，不出校。

⑦ 贡不过四十饼："贡"字，底本和喻政茶书本均无，据《画墁录》加。

⑧ 蔡君谟又为小团：但《画墁录》原文无"蔡君谟"三字，疑徐𤊻编加。

⑨ 龙团茶最为上品：《渑水燕谈录》在"龙"字后，还多一"凤"字，作"龙凤团茶"。

⑩ 虽宰相未尝辄赐："相"字，《渑水燕谈录》作"臣"。

⑪ 三月尝新茶：《宋诗钞》等在"三"字前，还有"京师"二字。

⑫ 夜间击鼓满山谷：但《宋诗钞》"间"字作"闻"。

⑬ 丛生狼藉惟龙蛇：《宋诗钞》"龙"字作"藏"。

⑭ 轻身久服信胡麻：《宋诗钞》"信"字作"胜"字。

⑮ 口吻无异蚀月蟆：《宋诗钞》"吻"字作"腹"。

⑯ 丞服公之明审：《墨客挥犀》在"丞"字后，还多有"神"字。

⑰ 闻争传传太傅家："闻"字，《全宋诗》作"斗"。

⑱ 龙园胜雪："园"字，底本和喻政茶书本，均误作"团"字，据《北苑别录》改。

⑲ 云叶："云"字，底本和喻政茶书本，形误刊作"雪"字，据《北苑别录》改。

⑳ 玉清庆云："玉"字，底本和喻政茶书本，漏笔误作"王"字，据《北苑别录》改。

㉑ 兴国拣芽：《北苑别录》在"国"字和"拣"之间，还多一"岩"字。

㉒ 溪涨浪花生，天晴鸟声出："花生，天"三字，底本阙，"花生"二字，喻政茶书本为"墨丁"，据蔡襄原诗补。

㉓ 村落分两臂："村"字，蔡襄《十咏诗帖》拓本作"斗"字。

㉔ 灵泉出地清，嘉卉得天味："清，嘉"二字，底本阙，据喻政茶书本补。

㉕ 北苑连属诸山，茶最胜：《东溪试茶录》原文，"茶"字作"者"，即"北苑连属诸山者最胜"。

㉖ 蔡公又云，北苑凤皇山连属诸焙：《东溪试茶录》"又云"作"亦云"；"北苑凤皇山"前，多一"唯"字，作"唯北苑凤皇山连属诸焙"。

㉗ 本段内容，非完全照录，是选摘，下面"庆历中"的内容，就跳隔很远，为下段《总叙焙名》之文。

㉘ 丛出于此，气味殊薄：在二句"此"字与"气"之间，《东溪试茶录》原文还有"曾坑山土薄，苗发多叶，复不肥乳"十三字。

㉙ 创小龙团以进：底本与喻政茶书本同，但《宣和北苑贡茶录》在"创"字下，还多有"造"字，作"创造小龙团以进"。

㉚ 被旨乃岁贡之：《宣和北苑贡茶录》原文作"仍"。

㉛ 本段内容与《品茶要录》原文，每句都有个别字异，录《品茶要录》原文如下："故君谟论色，则以青白胜黄白。予论味，则以黄白胜青白"。

㉜ 《宋名贤尺牍》：底本原无出处，据喻政茶书本补。

茗笈 | 明 屠本畯 撰

作者及传世版本

屠本畯,字田叔,号豳叟,甬东鄞县(今浙江宁波)人。屠大山(嘉靖二年进士,累迁至川湖总督,南京兵部侍郎)之子,以父荫,受刑部检校,迁太常典簿,后出为两淮运同、福建盐运司同知,迁辰州(今湖南沅陵)知府。自撰行状,称憨先生。撰有《闽中海错疏》三卷(《四库全书》著录)以及《太常典录》、《田叔诗草》和《茗笈》等书。

《茗笈》也是一部辑集类茶书。类书在中国古籍中,作为一种独特体例,缘起甚早。但中国茶书,特别是明中期以后的茶书中,何以辑集类茶书特别多?这除了与明代刻书发展和当时的社会风气有关之外,与陆羽《茶经》的直接影响,也不无关系。陆羽《茶经》中被"后称茶史"的"七之事"这一章,就是全部摘录汇集其他各书的茶事内容。继《茶经·七之事》之后,五代毛文锡《茶谱》、宋曾慥《茶录》,援以为例,结果在明代后期和清代,出现了茶书摘辑成风的现象。关于《茗笈》,《四库全书总目提要》言之甚详,它称《茗笈》是一本"杂论茗事"的茶书。全书分上下两卷共十六章,"每章多引诸书(茶书十四种,其他文献四种)论茶之语,而前引以赞,后系以评。又取陆羽《茶经》,分冠各

篇,顶格书之,其他诸书皆亚一格书之,然割裂饾饤,已非《茶经》之全文。点瀹两章,并无《茶经》可引,则竟阙之。核其体例,似疏解《茶经》,又不似疏解《茶经》,似增删《茶经》,又不似增删《茶经》,纷纭错乱,殊不解其何意也。"《四库全书总目提要》所说有其中肯的一面,但屠本畯所赞所评,较其辑录的内容,有的更为精要,所以,它对《茗笈》"纷纭错乱"的批评又失之于苛刻。在明清诸多辑集类茶书中,《茗笈》是一本内容整洁、编排清楚、出处详全、时间也较早的具有代表性的较好茶书,有人誉之为一种"小型的茶书资料分类汇编",似不无道理。

关于成书年代,有两种意见:一是万国鼎据《茗笈》薛冈前序"万历庚戌(三十八年)"的落款,提出的"1610年"说。一为《中国古代茶叶全书》据屠隆所撰《考槃余事》"龙威秘书万历三十四年"刊本已"引有《茗笈·品泉章》一段(喻政《茶书》将其删去)内容"提出的"1606年之前"说。我们认为《中国古代茶叶全书》所说是错的,因为《龙威秘书》不是明代而是清乾隆年间浙江石门马俊良辑刊的丛书,这是一。二是查阅中国科学院图书馆藏明万历《考槃余事》宝颜堂秘笈本,其中并没有《茗笈·品泉章》

的内容,如果后来有了,也是乾隆时《龙威秘书》编印者所加。根据这些,我们认为《茗笈》的成书年代,还是"万说"为是。

本文明清只有喻政《茶书》和明末毛氏汲古阁《山居小玩》、毛氏汲古阁《群芳清玩》三个版本。本书以喻政《茶书》本作录。

原　文

序①

清士之精华,莫如诗,而清士之绪余,则有扫地、焚香、煮茶三者。焚香、扫地,余不敢让,而至于茶,则恒推毂吾友闻隐鳞[1]氏,如推毂隐鳞之诗。盖隐鳞高标幽韵,迥出尘表于斯二者,吾无间然,其在缙绅,惟幽叟先生与隐鳞同其臭味。隐鳞嗜茶,幽叟之于茶也,不甚嗜,然深能究茶之理、契茶之趣,自陆氏《茶经》而下,有片语及茶者,皆旁搜博订,辑为《茗笈》,以传同好。其间采制之宜、收藏之法、饮啜之方,与夫鉴别品第之精,当可谓陆氏功臣矣。余谓幽叟宦中诗,多取材齐梁,而其林下诸作,无不力追老杜。少陵之后,有称诗史者,惟幽叟。而季疵之后称茶史者,亦惟幽叟。隐鳞有幽叟,似不得专其美矣。两君皆吾越人,余因谓茶之与泉,犹生才,何地无佳者。第托诸通都要路者,取名易,而僻在一隅者,起名难。吾乡泉若它山,茶若朱溪,以其产于海隅,知之者遂鲜。世有具赞皇之日[2],玉川之量[3],不远千里可也。

庚戌上巳日[4],社弟薛冈题

序

屠幽叟先生,昔转运闽海衙斋中,阒若僧寮。予每过从,辄具茗碗,相对品骘古人文章词赋,不及其他。茗尽而谈未竟,必令童子数燃鼎继之,率以为常。而先生亦赏

予雅通茗事,喜与语且喜与啜。凡天下奇名异品,无不烹试定其优劣,意豁如也。及先生擢守辰阳,挂冠归隐鉴湖,益以烹点为事。铅椠之暇,著为《茗笈》十六篇,本陆羽之文为经,采诸家之说为传,又自为评赞以美之。文典事清,足为山林公案,先生其泉石膏肓者耶?予与先生别十五载,而谢在杭自燕归,出《茗笈》读之,清风逸兴,宛然在目,乃谋诸守公喻使君梓之郡斋,以广同好。善夫陆华亭[5]有言曰:此一味非眠云跂石人未易领略,可为幽叟实录云。

万历辛亥年秋日,晋安徐㶿兴公书

自序②　　明甬东屠本畯幽叟著③

不佞生也憨,无所嗜好,独于茗不能忘情。偶探友人闻隐鳞架上,得诸家论茶书,有会于心,采其隽永者,著于篇,名曰《茗笈》。大都以《茶经》为经,自《茶谱》迄《茶笺》列为传,人各为政,不相沿袭。彼创一义,而此释之,甲送一难,而乙驳之,奇奇正正,靡所不有。政如《春秋》为经而案之,左氏、公、穀为《传》而断之,是非予夺,豁心胸而快志意,间有所评。小子不敏,奚敢多让矣。然书以笔札简当为工,词华丽则为尚。而器用之精良,赏鉴之贵重,我则未之或暇也。盖有含英吐华、收奇觅秘者,在书凡二篇,附以赞评。幽叟序。

南山有茶,美茗笈也,醒心之膏液,矴

俗之鼓吹,是故咏之。

南山有茶,天云卿只,采采人文,笈筒盈只。一章有经有谱,有记有品,寮录解笺,说评斯尽。二章溯原得地,乘时揆制,藏茗勖高,品泉论细。三章候火定汤,点瀹辩器,亦有雅人,惟申严忌。四章既防縻滥,又戒混淆,相度时宜,乃忘至劳。五章我狙东山,高岗捃拾,衡鉴玄赏,咸登于笈。六章予本憨人④,坐草观化,赵茶未悟,许瓢欲挂。七章沧浪水清,未可濯缨,旋汲旋瀹,以注茶经。八章兰香泛瓯,灵泉在卤,惟喜咏茶,罔解颂酒性九章竹里韵士,松下高僧,汲甘露水,礼古先生。十章

南山有茶十章,章四句。

上篇目录⑤

下篇目录⑦

附品藻

品茶姓氏

《茶经》,陆羽著,字鸿渐,一名疾,字季疵,号桑苎翁。

《试茶歌》,刘梦得著,字禹锡。

《陆羽点茶图跋》,董逌⑨著。

《茶录》⑩,蔡襄著,字君谟。

《煮茶泉品》,叶清臣著。

《仙芽传》,苏廙著。

《东溪试茶录》,宋子安著⑪。

《鹤林玉露》,罗景纶著,字大经。

《茶寮记》,陆树声著,字与吉。

《煎茶七类》,同上。

《煮泉小品》,田艺蘅著,字子艺。

《类林》,焦竑著,字弱侯。

《茶录》,张源著,字伯渊。

《茶疏》,许次纾著,字然明。

《罗岕茶记》,熊明遇著。

《茶说》,邢士襄著,字三若。

《茶解》,罗廪著,字高君。

《茶笺》,闻龙著,字隐鳞,初字仲连。

上篇赞评⑫

第一溯源章

赞曰:世有仙芽,消巘6捐忿,安得登枚而忘其本。

茶者,南方之嘉木。其树如瓜芦,叶如栀子,花如白蔷薇,实如栟榈,蕊如丁香,根如胡桃。其名:一曰茶,二曰槚,三曰蔎,四曰茗,五曰荈。山南以陕州上,襄州、荆州次,衡州下,金州、梁州又下。淮南以光州上,义阳郡舒州次,寿州下,蕲州、黄州又下。浙西以湖州上,常州次,宣州、睦州、歙州下,润州、苏州又下。剑南以彭州上,绵州、蜀州、邛州次,雅州、泸州下,眉州、汉州又下。浙东以越州上,明州、婺州次,台州下。黔中生恩州、播州、费州、夷州。江南生鄂州、袁州、吉州。岭南生福州、建州、韶州、象州。其恩、播、费、夷、鄂、袁、吉、福、建、韶、象十一州,未详。往往得之,其味极佳。陆羽《茶经》

按:唐时产茶地,仅仅如季疵所称,而今之虎丘、罗岕、天池、顾渚、松罗、龙井、雁宕、武夷、灵山、大盘、日铸、朱溪诸名茶,无一与焉。乃知灵草在在有之,但培植不嘉或疏采制耳。罗廪《茶解》

吴楚山谷间,气清地灵,草木颖挺,多孕茶荈。大率右于武夷者,为白乳;甲于吴兴者,为紫笋;产禹穴者,以天章显;茂钱塘者,以径山稀。至于续庐之岩,云衡之麓,雅山著于宣[13],蒙顶传于岷蜀,角立差胜,毛举实繁。叶清臣《煮茶泉品》

唐人首称阳羡,宋人最重建州,于今贡茶,两地独多。阳羡仅有其名,建州亦非上品,惟武夷雨前最胜。近日所尚者,为长兴之罗岕,疑即古顾渚紫笋。然岕故有数处,今惟洞山最佳。姚伯道云:明月之峡,厥有佳茗,韵致清远,滋味甘香,足称仙品。其在顾渚,亦有佳者,今但以水口茶名之,全与岕别矣。若歙之松罗,吴之虎丘,杭之龙井,并可与岕颉颃。郭次甫极称黄山,黄山亦在歙,去松罗远甚。往时士人皆重天池,然饮之略多,令人胀满。浙之产曰雁宕、大盘、金华、日铸,皆与武夷相伯仲。钱塘诸山,产茶甚多,南山尽佳,北山稍劣。武夷之外,有泉州之清源,傥以好手制之,亦是武夷亚匹;惜多焦枯,令人意尽。楚之产曰宝庆,滇之产曰五华,皆表表有名,在雁茶之上。其他名山所产,当不止此,或余未知,或名未著,故不及论。许次纾《茶疏》[14]

评曰:昔人以陆羽饮茶,比于后稷树谷,然哉!及观韩翃《谢赐茶启》云:"吴主礼贤,方闻置茗;晋人爱客,才有分茶。"则知开创之功,虽不始于桑苎,而制茶自出至季疵而始备矣。嗣后名山之产灵草渐繁,人工之巧,佳茗日著,皆以季疵为墨守,即谓开山之祖可也。其蔡君谟而下,为传灯之士。

第二得地章

赞曰:烨烨灵荈,托根高岗,吸风饮露,负阴向阳。

上者生烂石,中者生砾壤,下者生黄土。野者上,园者次,阴山坡谷者,不堪采掇。《茶经》

产茶处,山之夕阳,胜于朝阳。庙后山西向,故称佳;总不如洞山南向,受阳气特专,称仙品。熊明遇《岕山茶记》[15]

茶地南向为佳,向阴者遂劣。故一山之中,美恶相悬。《茶解》

茶产平地,受土气多,故其质浊。岕茗产于高山,浑是风露清虚之气,故为可尚。《岕茶记》

茶固不宜杂以恶木,惟桂、梅、辛夷、玉兰、玫瑰、苍松、翠竹与之间植,足以蔽覆霜雪,掩映秋阳。其下可植芳兰、幽菊、清芬之物,最忌菜畦相逼,不免渗漉,滓厥清真。《茶解》

评曰:瘠土民癯,沃土民厚;城市民嚣而漓,山乡民朴而陋。齿居晋而黄,项处齐而瘿。人犹如此,岂惟茗哉?

第三乘时章

赞曰:乘时待时,不愆不崩,小人所援,君子所凭。

采茶在二月、三月、四月之间。茶之笋者,生烂石沃土,长四五寸,若薇蕨始抽,凌露采焉。茶之芽者,发于藂薄之上,有三枝、四枝、五枝者,选其中枝颖拔者采焉。《茶经》

清明太早,立夏太迟,谷雨前后,其时适中。若再迟一二日,待其气力完足,香烈尤倍,易于收藏。《茶疏》

茶以初出雨前者佳,惟罗岕立夏开园,吴中所贵,梗粗叶厚,有萧箬之气;还是夏前六七日如雀舌者最佳,不易得。《岕茶记》

岕茶,非夏前不摘。初试摘者,谓之开园。采自正夏,谓之春茶。其地稍寒,故须得此,又不当以太迟病之。往时无秋日摘者,近乃有之。七八月重摘一番,谓之早春。其品甚佳,不嫌少薄,他山射利,多摘梅茶。梅雨时摘,故曰梅茶。梅茶苦涩,且伤秋摘,佳产戒之。《茶疏》

凌露无云,采候之上;霁日融和,采候之次;积雨重阴,不知其可。邢士襄《茶说》

评曰:桑苎翁,制茶之圣欤。《茶经》一出,则千载以来,采制之期,举无能违其时日而纷更之者。罗高君谓,知深斯鉴别精,好笃斯修制力,可以赞桑苎翁之烈矣。

第四揆制章

赞曰:尔造尔制,有燧有矩,度也惟良,于斯信汝。

其日有雨不采,晴有云不采;晴,采之、蒸之、捣之、拍之、焙之、穿之、封之、茶之干矣。《茶经》

断茶,以甲不以指。以甲则速断不柔,以指则多湿易损。朱子安《东溪试茶录》

其茶初摘,香气未透,必借火力以发其香。然茶性不耐劳,炒不宜久。多取入铛,则手力不匀,久于铛中,过熟而香散矣。炒茶之铛,最嫌新铁,须预取一铛,毋得别作他用。一说惟常煮饭者佳,既无铁腥,亦无脂腻。炒茶之薪,仅可树枝,不用干叶。干则火力猛炽,叶则易焰易灭。铛必磨洗莹洁,旋摘旋炒。一铛之内,仅用四两。先用文火炒软,次加武火催之。手加木指,急急钞转,以半熟为度。微侯香发,是其候也。《茶疏》

茶初摘时……亦未之试耳。闻龙《茶笺》[7]

火烈香清,铛寒神倦;火烈生焦,柴疏失翠;久延则过熟,速起却还生。熟则犯黄,生则著黑,带白点者无妨,绝焦点者最胜。张源《茶录》

《经》云:焙凿地深二尺……色香与味不致大减。《茶笺》[8]

茶之妙,在乎始造之精,藏之得法,点之得宜。优劣定乎始铛,清浊系乎末火。《茶录》

诸名茶法多用炒,惟罗岕宜于蒸焙,味真蕴藉,世竞珍之。即顾渚、阳羡,密迩洞山,不复仿此。想此法偏宜于岕,未可概施他茗,而《经》已云"蒸之、焙之",则所从来远矣。《茶笺》

评曰:必得色全,惟须用扇;必全香味,当时焙炒。此评茶之准绳,传茶之衣钵。

第五藏茗章

赞曰:茶有仙德⑯,几微是防,如保赤子,云胡不臧。

育以木制之,以竹编之,以纸糊之。中有槅,上有覆,下有宝,傍有门掩一扇。中置一器,贮煻煨火,令煴煴然。江南梅雨,焚之以火。《茶经》

藏茶宜箬叶而畏香药……或秋分后一焙。《岕茶记》[9]

切勿临风近火。临风易冷,近火先黄。《茶录》

凡贮茶之器,始终贮茶,不得移为他用。《茶解》

吴人绝重岕茶,往往杂以黄黑箬,大是阙事。余每藏茶,必令樵青入山,采竹箭箬拭净烘干,护罂四周,半用剪碎,拌入茶中。经年发覆,青翠如新。《茶笺》

置顿之所,须在时时坐卧之处。逼近人气,则常温不寒。必在板房,不宜土室;板房煴燥,土室则蒸。又要透风,勿置幽隐之处,尤易蒸湿。《茶录》

评曰:罗生言茶酒二事,至今日可称精绝,前无古人,此可与深知者道耳。夫茶酒超前代希有之精品,罗生创前人未发之玄谈。吾尤诧夫厄谈名酒者十九,清谈佳茗者十一。

第六品泉章

赞曰:仁智之性,山水乐深,载斟清泚,以涤烦襟。

山水上,江水中,井水下。山水择乳泉石池漫流者上,其瀑涌湍激勿食。久食,令人有颈疾⑰。又多别流于山谷者,澄浸不泄,自火天至霜郊以前,或潜龙蓄毒于其间,饮者可决之以流其恶,使新烟涓涓然。酌之其江水,取去人远者。《茶经》

山宣气以养万物,气宣则脉长,故曰山水上。泉不难于清而难于寒,其濑峻流驶而清,岩奥积阴而寒者,亦非佳品。田艺衡《煮泉小品》

江,公也,众水共入其中也。水共则味杂,故曰江水次之。其水取去人远者,盖去人远,则澄深而无荡漾之漓耳。

余少得温氏所著《茶说》,尝识其水泉之目,有二十焉。会西走巴峡,经虾蟆窟;北憩芜城,汲蜀冈井;东游故都,挹扬子江;留丹阳,酌观音泉;过无锡,斟惠山水。粉枪朱旗,苏兰薪桂,且鼎且缶,以饮以啜,莫不瀹气涤虑,蠲病析酲,祛鄙吝之生心,招神明而还观,信乎?物类之得宜,臭味之所感,幽人之嘉尚,前贤之精鉴,不可及矣。《煮茶泉品》

山顶泉,清而轻;山下泉,清而重;石中泉,清而甘;砂中泉,清而冽;土中泉,清而白。流于黄石为佳,泻出青石无用。流动愈于安静,负阴胜于向阳。《茶录》10

山厚者泉厚,山奇者泉奇,山清者泉清,山幽者泉幽,皆佳品也。不厚则薄,不奇则蠢,不清则浊,不幽则喧,必无用矣。《小品》

泉不甘,能损茶味。前代之论水品者以此。蔡襄《茶录》

吾乡四陲皆山……亦且永托知希矣。《茶笺》11

山泉稍远,接竹引之,承之以奇石,贮之以净缸,其声琮琮可爱。移水取石子,虽养其味,亦可澄水。《小品》

甘泉,旋汲用之斯良。丙舍在城,夫岂易得,故宜多汲贮以大瓮。但忌新器,为其火气未退,易于败水,亦易生虫。久用则善,最嫌他用。水性忌木,松杉为甚。木桶贮水,其害滋甚,挈瓶为佳耳。《茶疏》

烹茶须甘泉,次梅水。梅雨如膏,万物赖以滋养,其味独甘。梅后便不堪饮,大瓮满贮,投伏龙肝一块,即灶中心干土也,乘热投之。《茶解》

烹茶,水之功居六。无泉则用天水,秋雨为上,梅雨次之。秋雨冽而白,梅雨醇而白。雪水,五谷之精也,色不能白。养水须置石子于瓮,不惟益水,而白石清泉,会心亦不在远。《岕茶记》

贮水瓮须置阴庭,覆以沙帛,使承星露,则英华不散,灵气常存。假令压以木石,封以纸箬,暴于日中,则外耗其神,内闭其气,水神敝矣。《茶解》

评曰:《茶记》言养水置石子于瓮,不惟益水,而白石清泉,会心不远。夫石子须取其水中表里莹澈者佳,白如截肪,赤如鸡冠,蓝如螺黛,黄如蒸栗,黑如玄漆,锦纹五色,辉映瓮中,徙倚其侧,应接不暇。非但益水,亦且娱神。

第七候火章

赞曰:君子观火,有要有伦,得心应手,存乎其人。

其火用炭,曾经燔炙为脂腻所及,及膏

木败器不用。古人识劳薪之味，信哉。
《茶经》

火必以坚木炭为上，然本性未尽，尚有余烟，烟气入汤，汤必无用。故先烧令红，去其烟焰，兼取性力猛炽，水乃易沸。既红之后，方授水器，乃急扇之。愈速愈妙，毋令手停。停过之汤，宁弃而再烹。《茶疏》

炉火通红，茶铫始上。扇起要轻疾，待汤有声，稍稍重疾，斯文武火之候也。若过乎文，则水性柔，柔则水为茶降；过于武，则火性烈，烈则茶为水制，皆不足于中和，非茶家之要旨。《茶录》

评曰：苏廙《仙芽传》载汤十六云：调茶在汤之淑慝，而汤最忌烟。燃柴一枝，浓烟满室，安有汤耶，又安有茶耶？可谓确论。田子艺以松实、松枝为雅者，乃一时兴到之言，不知大缪茶理。

第八定汤章

赞曰：茶之殿最，待汤建勋，谁其秉衡，跋石眠云。

其沸如鱼目，微有声为一沸；缘边如涌泉连珠，为二沸；腾波鼓浪，为三沸。已上水老，不可食也。凡酌，置诸碗，令沫饽均。沫饽，汤之华也；华之薄者曰沫，厚者曰饽。细轻者曰华，如枣花漂漂然于环池之上，又如回潭曲渚青萍之始生，又如晴天爽朗有浮云鳞然。其沫者，若绿钱浮于渭水，又如菊英堕于尊俎之中；饽者，以滓煮之，及沸，则重华累沫，皓皓然若积雪耳。《茶经》

水入铫便须急煮，候有松声，即去盖，以消息其老嫩。蟹眼之后，水有微涛，是为当时。大涛鼎沸，旋至无声，是为过时。过时老汤决不堪用。《茶疏》

沸速，则鲜嫩风逸；沸迟，则老熟昏钝。《茶疏》

汤有三大辨：一曰形辨，二曰声辨，三曰捷辨。形为内辨，声为外辨，气为捷辨。如虾眼、蟹眼、鱼目、连珠，皆为萌汤；直至涌沸如腾波鼓浪，水气全消，方是纯熟。如初声、转声、振声、骇声，皆为萌汤，直至无声，方为纯熟。如气浮一缕、二缕、三缕及缕乱不分，氤氲乱绕，皆为萌汤；直至气直冲贯，方是纯熟。蔡君谟因古人制茶碾磨作饼，则见沸而茶神便发，此用嫩而不用老也。今时制茶，不假罗碾，全具元体，汤须纯熟，元神始发也。《茶录》

余友李南金云：《茶经》以鱼目、涌泉、连珠为煮水之节，然近世瀹茶，鲜以鼎镬，用瓶煮水，难以候视，则当以声辨一沸、二沸、三沸之节。又陆氏之法，以未就茶镬，故以第二沸为合量；而下未若以今汤就茶瓯瀹之，则当用背二涉三之际为合量，乃为声辨之。诗云："砌虫唧唧万蝉催，忽有千车捆载来，听得松风并涧水，急呼缥色绿瓷杯"，其论固已精矣。然瀹茶之法，汤欲嫩而不欲老，盖汤嫩则茶味甘，老则过苦矣。若声如松风涧水，而遽瀹之，岂不过于老而苦哉！惟移瓶去火，少待其沸，止而瀹之，然后汤适中而茶味甘，此南金之所未讲者也。因补一诗云："松风桂雨到来初，急引铜瓶离竹炉。待得声闻俱寂后，一瓶春雪胜醍醐。"罗大经《鹤林玉露》

李南金谓"当用背二涉三之际为合量"，此真赏鉴家言。而罗鹤林惧汤老，欲于松风涧水后移瓶去火，少待沸止而瀹之，此语亦未中窾。殊不知汤既老矣，虽去火何救哉！《茶解》

评曰：《茶经》定汤三沸，而贵当时。《茶录》定沸三辨，而畏萌汤。夫汤贵适中，萌之与熟，皆在所弃。初无关于茶之芽饼也,今通人所论尚嫩,《茶录》所贵在老,无乃阔于事情耶。罗鹤林[12]之谈,又别出两家外矣。罗高君因而驳之,今姑存诸说。

《茗笈》上篇赞评终。

下篇赞评[18]

第九点瀹章[19]

赞曰:伊公作羹,陆氏制茶,天锡甘露,媚我仙芽。

未曾汲水,先备茶具,必洁必燥。瀹时,壶盖必仰置,瓷盂勿覆案上,漆气、食气,皆能败茶。《茶疏》

茶注宜小不宜大,小则香气氤氲,大则易于散漫。若自斟酌,愈小愈佳。容水半升者,量投茶五分;其余以是增减。《茶疏》

投茶有序,无失其宜。先茶后汤曰下投;汤半下茶,复以汤满,曰中投;先汤后投曰上投。春秋中投,夏上投,冬下投。《茶录》

握茶手中,俟汤入壶,随手投茶,定其浮沉,然后泻以供客,则乳嫩清滑,馥郁鼻端,病可令起,疲可令爽。《茶疏》

酾不宜早,饮不宜迟。酾早则茶神未发,饮迟则妙馥先消。《茶录》

一壶之茶,只堪再巡。初巡鲜美,再巡甘醇,三巡意欲尽矣。余尝与客戏论:初巡为婷婷袅袅十三余,再巡为碧玉破瓜年;三巡以来,绿叶成阴矣。所以茶注宜小,小则再巡已终,宁使余芬剩馥尚留叶中,犹堪饭后供啜嗽之用。《茶疏》

终南僧亮公从天池来,饷余佳茗,授余烹点法甚细。予尝受法于阳羡士人,大率先火候,次候汤,所谓蟹眼、鱼目参沸,沫浮沉法皆同,而僧所烹点,绝味清,乳面不黟,是具入清净味中三昧者。要之,此一味非眠云跂石人未易领略。余方避俗,雅意栖

禅,安知不因是悟入赵州耶?陆树声《茶寮记》

评曰:凡事俱可委人,第责成效而已,惟瀹茗须躬自执劳。瀹茗而不躬执,欲汤之良,无有是处。

第十辩器章

赞曰:精行惟人,精良惟器,毋以不洁,败乃公事。

镄音釜以生铁为之,洪州以瓷,莱州以石。瓷与石皆雅器也,性非坚实,难可持久。用银为之,至洁,但涉于侈丽,雅则雅矣,洁亦洁矣,若用之恒,而卒归于铁[20]也。《茶经》

山林隐逸,水铫用银,尚不易得,何况镄乎[21]。若用之恒,而卒归于铁也。《茶笈》

贵欠金银,贱恶铜铁,则瓷瓶有足取焉。幽人逸士,品色尤宜,然慎勿与夸珍衒豪者道。苏廙[22]《仙芽传》

金乃水母,锡备刚柔,味不咸涩,作铫最良。制必穿心,令火气易透。《茶录》

茶壶,往时尚龚春,近日时大彬所制,大为时人所重。盖是粗砂,正取砂无土气耳。《茶疏》

茶注、茶铫、茶瓯,最宜荡涤燥洁。修事甫毕,余沥残叶,必尽去之。如或少存,夺香散味[23]。每日晨兴,必以沸汤涤过,用极熟麻布向内拭干,以竹编架,覆而求之燥处,烹时取用。《茶疏》

茶具涤毕,覆于竹架,俟其自干为佳。其拭巾只宜拭外,切忌拭内。盖布帨虽洁,一经人手,极易作气,纵器不干,亦无大害。《茶笈》

茶瓯以白瓷为上,蓝者次之。《茶录》

人必各手一瓯,毋劳传送。再巡之后,清水涤之。《茶疏》

茶盒以贮茶,用锡为之。从大叠中分

出，若用尽时再取。《茶录》

茶炉或瓦或竹，大小与汤铫称。《茶解》

评曰：镬宜铁，炉宜铜，瓦竹易坏。汤铫宜锡与砂，瓯则但取圆洁白瓷而已，然宜小。若必用柴、汝、宣、成，则贫士何所取办哉？许然明之论，于是乎迂矣。

第十一申忌章

赞曰：宵人栗栗，腥秽不戒，犯我忌制，至今为箴。

采茶、制茶，最忌手污、膻气、口臭、多涕不洁之人及月信妇人。又忌酒气，盖茶酒性不相入，故制茶人切忌沾醉。《茶解》

茶性淫，易于染着，无论腥秽及有气息之物，不宜近，即名香亦不宜近。《茶解》

茶性畏纸，纸于水中成，受水气多，纸裹一夕，随纸作气尽矣。虽再焙之，少顷即润。雁宕诸山，首坐此病，纸帖贻远，安得复佳。《茶疏》

吴兴姚叔度言，茶叶多焙一次，则香味随减一次，予验之，良然。但于始焙极燥，多用炭箬，如法封固，即梅雨连旬，燥固自若。惟开叠频取，所以生润，不得不再焙耳。自四五月至八月，极宜致谨。九月以后，天气渐肃，便可解严矣。虽然，能不弛懈，尤妙尤妙。《茶笺》

不宜用恶木、敝器、铜匙、铜铫、木桶、柴薪、麸炭、粗童恶婢、不洁巾帨及各色果实香药。《茶录》

不宜近阴室、厨房、市喧、小儿啼、野性人、童奴相哄、酷热斋舍。《茶疏》

评曰：茶犹人也，习于善则善，习于恶则恶，圣人致严于习染有以也。墨子悲丝，在所染之。

第十二防滥章

赞曰：客有霞气，人如玉姿，不泛不施，我辈是宜。

茶性俭，不宜广，则其味黯淡，且如一满碗，啜半而味寡，况其广乎？夫珍鲜馥烈者，其碗数三，次之者碗数五。若坐客数至五，行三碗；至七，行五碗；若六人以下，不约碗数，但阙一人而已，其隽永补所阙人。《茶经》

按：《经》云，第二沸，留热以贮之，以备育华救沸之用者，名曰隽永。五人则行三碗，七人则行五碗，若遇六人，但阙其一。正得五人，即行三碗，以隽永补所阙人。故不必别约碗数也。《茶笺》

饮茶以客少为贵，客众则喧，喧则雅趣乏矣。独啜曰幽，二客曰胜，三四曰趣，五六曰泛，七八曰施。《茶录》

煎茶烧香，总是清事，不妨躬自执劳。对客谈谐，岂能亲莅，宜两童司之。器必晨涤，手令时盥，爪须净剔，火宜常宿。《茶疏》

三人以上，止爇一炉，如五六人，便当两鼎炉，用一童，汤方调适。若令兼作，恐有参差。《茶疏》

煮茶而饮非其人，犹汲乳泉以灌蒿莸。饮者一吸而尽，不暇辨味，俗莫甚焉。《小品》

若巨器屡巡，满中泻饮，待停少温，或求浓苦，何异农匠作劳，但资口腹，何论品赏，何知风味乎？《茶疏》

评曰：饮茶防滥，厥戒惟严，其或客乍倾盖，朋偶消烦，宾待解酲，则玄赏之外，别有攸施矣。此皆排当于阃政，请勿弁髦乎茶榜。

第十三戒淆章

赞曰：珍果名花，匪我族类，敢告司存，亟宜屏置。

茶有九难：一曰造，二曰别，三曰器，四曰火，五曰水，六曰炙，七曰末，八曰煮，九曰饮。阴采夜焙,非造也;嚼味嗅香,非别也;膻鼎腥瓯,非器也;膏薪庖炭,非火也;飞湍壅潦,非水也;外熟内生,非炙也;碧粉漂尘,非末也;操艰扰遽,非煮也;夏兴冬废,非饮也。《茶经》

茶用葱、姜、枣、橘皮、茱萸、薄荷等煮之,百沸或扬令滑,或煮去沫,斯沟渠间弃水耳。《茶经》

茶有真香,而入贡者微以龙脑和膏,欲助其香。建安民间试茶,皆不入香,恐夺其真。若烹点之际,又杂珍果、香草,其夺益甚,正当不用。《茶谱》

夫茶中著料,碗中著果,譬如玉貌加脂,蛾眉著黛,翻累本色。《茶说》

评曰:花之拌茶也,果之投茗也,为累已久,惟其相沿,似须斟酌,有难慨施矣。今署约曰,不解点茶之侪,而缺花果之供者,厥咎悭;久参玄赏之科,而聩老嫩之沸者,厥咎怠。悭与怠,于汝乎有谴㉔。

第十四相宜章

赞曰:宜寒宜暑,既游既处,伴我独醒,为君数举。

茶之为用,味至寒,为饮最宜精行俭德之人。若热渴、凝闷、脑痛、目涩、四肢烦、百节不舒,聊四五啜,与醍醐、甘露抗衡也。《茶经》

神农《食经》:"茶茗久服,令人有力、悦志。"《茶经》

华佗《食论》:"苦茶久食,益意思。"《茶经》

煎茶非漫浪,要须人品与茶相得。故其法往往传于高流隐逸,有烟霞泉石、磊块胸次者。陆树声《煎茶七类》

茶候:凉台净室,曲几明窗,僧寮道院,松风竹月,晏坐行吟,清谈把卷。《七类》

山堂夜坐,汲泉煮茗,至水火相战,如听松涛;倾泻入杯,云光潋滟。此时幽趣,故难与俗人言矣。《茶解》

凡士人登临山水,必命壶觞,若茗碗薰炉,置而不问,是徒豪举耳。余特置游装㉕,精茗名香,同行异室,茶罂、铫、钻、瓯、洗、盆、巾,附以香奁、小炉、香囊、匙箸。《茶疏》

评曰:《家纬真清》语云,"茶熟香清,有客到门,可喜鸟啼,花落无人",亦自悠然,可想其致也。

第十五衡鉴章

赞曰:肉食者鄙,藿食者躁。色味香品,衡鉴三妙。

茶有千万状,如胡人靴者,蹙缩然;犎牛臆者,廉襜然;浮云出山者,轮囷然;轻飙拂水者,涵澹然。有如陶家之子,罗膏土以水澄泚之;又如新治地者,遇暴雨流潦之所经;此皆茶之精腴。有如竹箨者,枝干坚实,艰于蒸捣,故其形籭簁然;有如霜荷者,茎叶凋阻,易其状貌,故厥状萎瘁,然此皆茶之瘠老者也。阳崖阴林,紫者上,绿者次;笋者上,芽者次;叶卷者上,叶舒者次。《茶经》

茶通仙灵,然有妙理。《茶录序》

其旨归于色香味,其道归于精燥洁。《茶录序》

茶之色重、味重、香重者,俱非上品。松萝香重,六安味苦,而香与松萝同;天池亦有草莱气,龙井如之,至云雾则色重而味浓矣。尝啜虎丘茶,色白而香,似婴儿肉,真精绝。《岕茶记》

茶色白,味甘鲜,香气扑鼻,乃为精品。茶之精者,淡亦白,浓亦白,初泼白,久贮亦白,味甘色白,其香自溢。三者得,则俱得也。近来好事者,或虑其色重,一注之水,

投茶数片，味固不足，香亦窅然，终不免水厄之诮。虽然，尤贵择水。香以兰花上，蚕豆花次。《茶解》

茶色贵白……则虎丘所无也。《岕茶记》[13]

评曰：熊君品茶，旨在言外，如释氏所谓"水中盐味，非无非有"，非深于茶者，必不能道。当今非但能言人不可得，正索解人，亦不可得。

第十六玄赏章

赞曰：谈席玄衿，吟坛逸思，品藻风流，山家清事。

其色缃也，其馨欸音备也，其味甘，槚也；啜苦咽甘，茶也。《茶经》

试茶歌曰："木兰坠露香微似，瑶草临波色不如。"又曰："欲知花乳清冷味，须是眠云跂石人。"刘禹锡

饮泉觉爽，啜茗忘喧，谓非膏粱纨绔可语，爰著《煮泉小品》，与枕石漱流者商焉。《小品》

茶侣：翰卿墨客，缁衣羽士，逸老散人，或轩冕中超轶世味者。《七类》

"茶如佳人"，此论甚妙，但恐不宜山林间耳。苏子瞻诗云"从来佳茗似佳人"是也。若欲称之山林，当如毛女麻姑，自然仙风道骨，不浼烟霞。若夫桃脸柳腰，亦宜屏诸销金帐中，毋令污我泉石。《小品》

竟陵大师积公嗜茶，非羽供事不乡口。羽出游江湖四五载，师绝于茶味。代宗闻之，召入内供奉，命宫人善茶者烹以饷师。师一啜而罢。帝疑其诈，私访羽召入。翼日，赐师斋，密令羽供茶，师捧瓯，喜动颜色，且赏且啜曰："此茶有若渐儿所为者。"帝由是叹师知茶，出羽相见。董逌跋《陆羽点茶图》

建安能仁院，有茶生石缝间，僧采造得八饼，号石岩白。以四饼遗蔡君谟，以四饼遣人走京师，遗王禹玉。岁余，蔡被召还阙，访禹玉。禹玉命子弟于茶笥中选精品饷蔡。蔡持杯未尝，辄曰："此绝似能仁石岩白，公何以得之？"禹玉未信，索贴验之，始服。《类林》

东坡云：蔡君谟嗜茶，……后以殉葬。《茶笺》[14]

评曰：人论茶叶之香，未知茶花之香。余往岁过友大雷山中，正值花开，童子摘以为供，幽香清越，绝自可人，惜非瓯中物耳。乃予著《瓶史》，月表插茗花，为斋中清玩。而高廉《盆史》，亦载茗花，足以助吾玄赏。昨有友从山中来，因谈茗花可以点茶，极有风致，第未试耳，姑存其说，以质诸好事者。

外舅屠汉翁，经年著书种种，皆脍炙人口。大远不佞，无能更仆也。其《茗笈》所汇，若采制、点瀹、品泉、定汤、藏茗、辨器之类，式之可享清供，读之可悟玄赏矣。请归杀青，庶展胠间，不待躬执而肘腋风生，齿颊荐爽，觉眠云跂石人相与晤言。馆甥范大远记。

《茗笈》品藻[15]
品一 王嗣奭

昔人精茗事，自艺而采、而制、而藏、而瀹、而泉，必躬为料理。又得家童洁慎者专司之，则可。余家食指繁，不能给饔餐，赤脚苍头，仅供薪水。性虽嗜茶，精则无暇，偶得佳者，又泉品中下，火候多舛，虽胡靴与霜荷等。余贫不足道，即贵显家力能制佳茗，而委之僮婢烹瀹，不尽如法。故知非幽人开士、披云漱石者，未易了此。夫季疵著《茶经》为开山祖，嗣后兢（竞）相祖述，屠幽叟先生撷取而评赞之，命曰《茗笈》，于茗

事庶几终条理者。昔人苦名山不能遍涉，托之于卧游。余于茗事效之，日置此笺于棐几上，伊吾之暇，神倦口枯，辄一披玩，不觉习习清风两腋间矣。

品二　范汝梓

予谪归过，幽叟出《茗笺》相视，凡陆季疵《茶经》诸家笺疏，暨幽叟所自为评赞，直是一种异书。按《神农食经》："茗久服，令人有力悦志。"周公《尔雅》："槚、苦茶。而伊尹为汤说，至味不及茗。"《周礼》浆人供王六饮，不及茗厥。后杜毓《荈赋》、傅巽《七诲》，间一及之。而原之《骚》、乘之《发》、植之《启》、统之《契》，草木之佳者，采撷几尽，竟独遗茗何欤？因知古人不尽用茗，尽用茗，自季疵始，一切世味，荤膻甘脆，争染指垂涎。此物面孔严冷，绝无和气，稍稍沾唇渍口，辄便唾去，畴则嗜之。咄咄幽叟，世有知味，必嗜茗，并嗜此笺。遇俗物，茗不堪与酪为奴，此笺政可覆酱瓿也。

品三　陈锁

夫茗，灵芽真笋，露液霜华，浅之涤烦消渴，妙至换骨轻身。藉非陆氏肇指于前，蔡、宋数家递阐于后，鲜不犯经所谓"九难"也者。幽叟屠先生，搜剔诸书，标赞系评，曰《茗笺》云。嗜茶者持循收藏，按法烹点，不将望先生为丹丘子、黄山君之俦耶？要非画脂镂冰，费日损功者可拟耳。予断除腥秽有年，颇得清净趣味，比获受读，甚惬素心。

品四　屠玉衡

幽叟著《茗笺》，自陆季疵《茶经》而外，采辑定品，快人心目，如坐玉壶冰啖哀仲梨也者。幽叟吐纳风流，似张绪；终日无鄙言，似温太真。迹胃区中，心超物外。而余臭味偶同，不觉针水契耳。夫赞皇辨水，积师辨茶，精心奇鉴，足传千古，幽叟庶乎近之。试相与松间竹下，置乌皮几，焚博山炉，斟惠山泉，挹诸茗荈而饮之，便自羲皇上人不远。

注　　释

1　闻隐鳞：即闻龙，"隐鳞"是其字。详见闻龙《茶笺》。

2　赞皇之日："赞皇"，山名，在今河北保定，隋曾以其山置赞皇县，后废。《穆天子传》（先秦古书·晋魏王墓中出土）称"穆天子"或"穆王"，曾居于此山。穆天子有八骏，日行千里，穆曾骑八骏逐日和西游。

3　玉川之量："玉川"，即卢仝，唐诗人，自号"玉川子"，嗜茶。"玉川之量"，疑即指卢仝《走笔谢孟谏议寄新茶》诗中所咏的"七碗茶"。

4　上巳：节日名。古时以阴历三月上旬"巳日"为"上巳"，是日官民皆洗濯于水以去宿垢疢。魏晋以后固定为"三月三日"，仍称"上巳"。宋《梦粱录·三月》："三月三日，上巳之辰。"

5　陆华亭：即陆树声，华亭人。参见《茶寮记》。

6　消颣（lèi）：消除怨气。

7　此处删节，见明代闻龙《茶笺》。

8　此处删节，见明代闻龙《茶笺》。

9　此处删节，见明代熊明遇《罗岕茶记》。

10　茶录：此指明代张源《茶录》。

11　此处删节，见明代闻龙《茶笺》。

12　罗鹤林：即罗大经，宋吉州庐陵人，字景纶。理宗宝庆二年进士，历容州法曹揉，抚州军事推官，坐事被劾罢。撰有《鹤林玉露》一书，以书名传，故亦有人称其为"罗鹤林"。

13　此处删节，见明代熊明遇《罗岕茶记》。

14　此处删节，见明代闻龙《茶笺》。

15　《茗笈》品藻：喻政《茶书》甲种本、乙种本在目录上均与《茗笈》分置似为独立茶书，但《山居小玩》、《群芳清玩》及民国年间所刻《美术丛书》本，皆附于《茗笈》书后。

校　勘

① 序：在本序和下序的"序"字之前，底本、明毛氏汲古阁《山居小玩》本（简称山居本）、毛氏汲古阁《群芳清玩》本（简称群芳本），均冠有书名"茗笈"二字，本书删。

② 自序："自"字，为本书加。山居本和群芳本同底本，在"序"字前，原文还冠书名"茗笈"二字，本书删，改作"自序"。

③ 明甬东屠畯幽叟著："著"字，山居本和群芳本作"编辑"，又有"东吴毛晋子晋重订"八字。

④ 惹人："人"字，底本刊作似"六"字，据山居本和群芳本改。

⑤ 上篇目录：编者改定。底本原作"茗笈上篇目"，山居本、群芳本作"茗笈目录"，本书书名不入目录和子目标题，据山居本、群芳本改。

⑥ 揆制章："制"字，底本误作"製"字，据山居本、群芳本改。

⑦ 下篇目录：同⑤上篇目录情况，此据山居本、群芳本改。

⑧ 此"附品藻"目录五条，据群芳本加。

⑨ 迪：原作"甾"，径改。

⑩ 《茶录》：山居本、群芳本同底本，"录"字，原均误作"谱"字。径改，下同。

⑪ 《东溪试茶录》，宋子安著：底本"溪"字误作"源"字；"宋"字形讹作"朱"字，径改。

⑫ 上篇赞评：在"上"字之前，山居本、群芳本同底本，例冠有书名"茗笈"二字。编者删。

⑬ 雅山著于宣：底本作"雅山著于无宣"，"无"，当是衍文，径删。"雅山"，疑应是"鸦山"之误。宣即宣州（今安徽宣城）。但"宣"字，山居本和群芳本，又均作"歙"字。歙亦在皖南，但"鸦山"在宣不在歙，存疑。

⑭ 许次纾："纾"字，山居本、群芳本同底本，均误作"抒"，径改。

⑮ 《岕山茶记》：当指《罗岕茶记》，简作《岕茶记》。

⑯ 仙德："仙"字，底本等皆误刊作"迁"，径改。

⑰ 令人有颈疾："令"字，底本原误作"今"字，据陆羽《茶经》改。

⑱ 下篇赞评：在"下"字前，山居本同底本，还冠有书名"茗笈"二字，编者删。群芳本无"茗笈下篇赞评"编目。

⑲ 点瀹章："章"字，底本、山居本误作"汤"，群芳本校作"章"，据改。

⑳ 卒归于铁："铁"字，山居本、群芳本仍刻作"银"。

㉑ 何况镁乎："镁"字，底本原作"银"，据山居本、群芳本改。

㉒ 苏廙："廙"字，底本作"廞"字，误，径改。

㉓ 夺香散味："散"字，山居本、群芳本作"败"字。

㉔ 有谴："谴"字，群芳本同底本作"谵"，疑形误。山居本作"谴"，据改。

㉕ 余特置游装："余"字，底本原作"茶"，山居本、群芳本作"余"，据文义改。

茶董 | 明 夏树芳 辑①

作者及传世版本

夏树芳,常州府江阴人,字茂卿,自号冰莲道人。万历十三年(1585)中举,后隐而未再进取入仕。隐于里,娱于书,友于友人名士,寿八十岁终。夏树芳以清远楼为书室名,一生大部分时间就读、著述于此。他喜欢书也爱护书,在万历和天启年间,不但编写过多种著述,并以宛委堂为书坊名,刻印过不少前人佳作。其自撰和刊印的主要著作有:《法喜志》四卷,《续法喜志》四卷,《栖真志》四卷,《酒颠》两卷,《茶董》二卷,《词林海错》十六卷,《冰莲集》四卷,《玉麒麟》二卷,《香林牍》一卷,《琴苑》二卷,《女媜》八卷,《奇姓通》十四卷及《消暍集》等。

《茶董》亦是一种辑集类茶书,收于《四库全书存目丛书》。《四库全书总目提要》对本书的评价并不高,其云"是编杂录南北朝至宋金茶事,不及采造、煎试之法,但撮诗句故实。然疏漏特甚,舛误亦多。其曰《茶董》者,以《世说》记干宝为鬼之董狐,袭其文也。前有陈继儒序,卷首又题继儒补。其气类如是,则其书不足诘矣。"这评述,还是比较贴切的。《四库全书总目提要》所据版本,是"浙江汪启淑家藏本",万国鼎依照"前有陈继儒序,卷首又题继儒补"的说法,联系他所见八千卷楼所藏《茶董》的不同,

提出"也许是书贾合印二书,或者藉重继儒的声望而题上的。"其实将《茶董》和《茶董补》合印,未必一定是书贾射利之举,万国鼎撰写《茶书总目提要》,当时主要查阅的是南京图书馆藏本,而将二书合印一册,首起于陈继儒本人,其所辑印的万历《酒颠茶董补》,即是汇刊"夏树芳《酒颠》,陈继儒《酒颠补》;夏树芳《茶董》,陈继儒《茶董补》"四书而成。四库全书编纂所征集到的,怀疑即《酒颠茶董补》中的"茶董补"或《茶董补》的抽印本。据《中国古籍善本书目》记载,现在北京大学、上海、重庆等图书馆所藏的《茶董·茶董补》万历本,可能大都是这个版本。

本书有冯时可、陈继儒、董其昌和夏树芳的序和题词,但都未注明年代。万国鼎据上述几人的生活时代,推定本书大约"写成于1610年"也即万历三十八年"前后"。

本文主要版本除上说的陈继儒《酒颠茶董补》外,还有夏树芳万历清远楼自刻本,以及万历《江阴夏茂卿九种》本(见孙殿起《丛书书目拾遗》),和民国初年铅印《古今说部丛书》本等。今以夏树芳《茶董》万历清远楼刻本为底本,以《古今说部丛书》本、日本宝历八年刊本等作校。

原　文

茶董序

酒自三王时，天下已尤物视焉，争腆于兹，致烦侯邦诰也。茶最后出，至唐始遇知者。然惟清流素德始相酬酢，而伧父俗物或望之而却走，则所谓时为帝而递相雌雄者乎？余尝著论，酒德为春，茗德为秋；酒类狂，茗类狷；酒为通人，茗为节士，夙以此平章之。而夏茂卿集酒曰《酒颠》，集茶曰《茶董》，盖因昔人有"酒家南董"之称，而移其董酒者董茶。其降心折节，固有所独先，与夫酒有酒祸，波及者大，茶特小损，即称水阨，亦薄乎云尔。立监佐史之不须，何以董哉？无乃爱茶重茶而虞其辱，故称董，以董其辱茶者非与？余家姑苏虎丘之茶，为天下冠。又近长兴地，名洞山庙后所产岕，风格亦相絜焉。泉取惠山，甘过杨子，二妙相配，茗事始绝。尝夫新雷既过，众蛰初晴，余与二三子亲采露芽于山址，命僮如法焙制烹点。迨夫素涛翻雪，幽韵生云，而余尝之，如餐霞，如挹露，欲习仙举，则叹夫茂卿之同好，真我枕漱之侣也。夫茶有四宜焉：宜其地，则竹林松涧，莲沼梅岭。宜其景，则朗月飞雪，晴昼疏雨。宜其事，则开卷手谈，操琴草圣。宜其人，则名僧骚客，文士淑姬。否则与茶韵调大不相偕，不亦辱乎？是茶史氏之所必掺霜钺而砭之者也。有右酒者曰：是四宜者，酒独不宜乎？余曰：酒神之性炎如，而茶神之性温如。是四宜者，得酒则或驰骤而杀景，得茶始驯伏而增趣。夫酒不能为茶弼士，而茶能为酒功臣久矣。妹邦祸流，天下濡首。天地若

覆，日月若昏，清之重奠，涤之重明，唯茶之以。昔人所谓不减策勋凌烟，其斯之谓与？故酒有董，而茶尤不可无董。自茂卿著此书，而余为序，当露花洗天，推窗而望，茶星益烨烨其明，酒星退舍矣。

姑苏冯时可元成甫撰

茶董题词

荀子曰："其为人也多暇，其出入也不远矣。"陶通明[1]曰："不为无益之事，何以悦有涯之生？"余谓茗碗之事，足当之。盖幽人高士，蝉脱势利，藉以耗壮心而送日月。水源之轻重，办若淄渑；火候之文武，调若丹鼎。非枕漱之侣不亲，非文字之饮不比者也。当今此事，惟许夏茂卿，拈出顾渚、阳羡，肉食者往焉，茂卿亦安能禁？壹似强笑不乐，强颜无欢，茶韵故自胜耳。予夙秉幽尚，入山十年，差可不愧茂卿语。今者驱车入闽，念凤团龙饼，延津为瀹，岂必土思，如廉颇思用赵？惟是绝交书。所谓心不耐烦而官事鞅掌者，竟有负茶宠耳，茂卿犹能以同味谅我耶？

云间董其昌

茶董小序

范希文[2]云："万象森罗中，安知无茶星？"余以茶星名馆，每与客茗战，自谓独饮得茶神，两三人得茶趣，七八人乃施茶耳。新泉活火，老坡窥见此中三昧；然云出磨则屑饼作团矣。黄鲁直去茧用盐，去橘用姜，转于点茶，全无交涉。今旗枪标格，天然色

香映发。岕为冠,他山辅之,恨苏黄不及见。若陆季疵复生,忍作《毁茶论》乎?江阴夏茂卿叙酒,其言甚豪。予笑曰:"觞政不纲,曲爵分愬,诋呵监史,倒置章程,击斗覆觚,几于腐胁;何如隐囊纱帽,翛然林涧之间,摘露芽,煮云腴,一洗百年尘土胃耶?醉乡网禁疏阔,豪士升堂,酒肉伧父,亦往往拥盾排闼而入,茶则反是。周有《酒诰》;汉三人聚饮,罚金有律;五代东都有曲禁,犯者族,而于茶,独无后言。吾朝九大塞著为令,铢两茶不得出关,正恐滥觞于胡奴耳。盖茶有不辱之节如此。热肠如沸,茶不胜酒;幽韵如云,酒不胜茶。酒类侠,茶类隐,酒固道广,茶亦德素。茂卿,茶之董狐也,试以我言平章之孰胜?"茂卿曰:"诺"。于是退而作《茶董》。

陈继儒书于素涛轩

茶董序

夫登高丘望远海,酒固为吾侪张军济胜之资;而月团百片,消磨文字五千。或调鹤听莺,散发卧羲皇,则桧雨松风,一瓯春雪,亦所亟赏。故断崖缺石之上,木秀云腴,往往于此吸灵芽,漱红玉,瀹气涤虑,共作高斋清话。自晋唐而下,纷纷郏莒之会,各立胜场,品列淄渑,判若南董,遂以《茶董》名篇。语曰:"穷春秋,演河图,不如载茗一车",诚重之矣。如谓此君面目严冷,而且以为水厄,且以为乳妖,则请效綦毋先生无作此事。

冰莲道人夏树芳识

目录②

上卷

〔三十七〕蔡端明(能仁石缝生)

〔三十八〕梅圣俞(吐雪堆云)

〔三十九〕欧阳永叔(珍赐一饼)

〔四十〕苏廙(仙芽)

〔四十一〕何子华(甘草癖)

〔四十二〕王子尚(甘露)

〔四十三〕傅玄风(圣阳花)

下卷

〔四十四〕杨诚斋(玉尘香乳)

〔四十五〕郑路(御史瓶)

〔四十六〕唐子西(贵新贵活)

〔四十七〕刘言史(涤尽昏渴)

〔四十八〕单道开(不畏寒暑)

〔四十九〕僧文了(乳妖)

〔五十〕东都僧(百碗不厌)

〔五十一〕吕居仁(鱼眼针芒)

〔五十二〕李文饶[13](天柱峰数角)

〔五十三〕丁晋公(草木仙骨)

〔五十四〕苏才翁(竹沥水取胜)

〔五十五〕郑若愚(鸦山鸟嘴)

〔五十六〕华元化(久食益意思)

〔五十七〕陶穀(党家应不识)

〔五十八〕李贞一(义兴山万两)

〔五十九〕曾茶山(眉白眼青)

〔六十〕虞洪(瀑布山大获)

〔六十一〕刘子仪(觥哉点也)

〔六十二〕杜子巽(一片同饮)

〔六十三〕黄儒(山川真笋)

〔六十四〕韩太冲[14](练囊末以进)

〔六十五〕王休[15](冰敲其晶莹)

〔六十六〕陆祖言(奈何秽吾素业)

〔六十七〕秦精(武昌山大蘉)

〔六十八〕温峤(列贡上茶)

〔六十九〕常鲁(蕃使亦有之)

〔七十〕李肇(白鹤僧园本)

〔七十一〕郭弘农(茗别荼莽)

〔七十二〕王禹偁(尝味少知音)

〔七十三〕李季卿(博士钱)

〔七十四〕晏子(时食茗菜)

〔七十五〕陆宣公(止受一串)

〔七十六〕李南金(味胜醍醐)

〔七十七〕韦曜(密赐代酒)

〔八十〕叶少蕴[16](地各数亩)

〔八十一〕山谦之(温山御荈)

〔八十二〕沈存中(雀舌)

〔八十三〕毛文锡(蝉翼)

〔八十四〕张芸叟(以为上供)

〔八十五〕司马端明[17](景仁乃有茶器)

〔八十六〕黄涪翁[18](凭地怎得不穷)

〔八十七〕苏长公(龙团凤髓)

〔八十八〕贾春卿(丐赐受煎炒)

〔八十九〕张晋彦(包裹钻权幸)

〔九十〕金地藏(金地藏所植)

〔九十一〕张孔昭(水半是南零)

〔九十二〕高季默(午碗春风)

〔九十三〕夏侯恺(见鬼觅茶)

〔九十四〕郑可简(正文无见此内容)

〔九十五〕元叉(未遭阳侯之难)

〔九十六〕范仲淹(香薄兰芷)

〔九十七〕王介甫(一旗一枪)

〔九十八〕福全(汤戏)

〔九十九〕党竹溪(一瓯月露)

上卷

陶通明轻身换骨[19]

陶弘景《杂录》:芳茶轻身换骨,丹丘子、黄山君尝服之。

李青莲还童振枯

李白茶述④:余闻荆州玉泉寺。

颜清臣素瓷芳气

颜鲁公《月夜啜茶联句》：流华净肌骨，疏瀹涤心源⑤。素瓷传静夜，芳气满闲轩。

谢宗丹丘仙品

谢宗《论茶》曰：此丹丘之仙茶，胜乌程之御荈⑥。首阅碧涧明月，醉向霜华，岂可以酪苍头，便应代酒从事。

刘越石溃闷常仰

刘琨《与兄子南兖州刺史演书》曰：吾体中溃闷，常仰真茶，汝可置之。

刘梦得乐天六班

白乐天方斋，刘禹锡正病酒，乃馈菊苗齑、芦菔鲊，换取乐天六班茶二囊以醒酒。禹锡有《西山兰若试茶歌》⑦：何况蒙山顾渚春，白泥赤印走风尘。欲知花乳清冷味，须是眠云卧石人⑧。

释觉林志崇三等

觉林院志崇收茶三等⑨，待客以惊雷荚，自奉以萱草带，供佛以紫茸香。

周韶好奇斗胜

周韶好蓄奇茗，尝与蔡君谟斗胜，题品风味，君谟屈焉。

林和靖20静试对赏

林君复《试茶诗》⑩：白云峰下两枪新，腻绿长鲜谷雨春。静试恰如湖上雪，对尝兼忆剡中人。

陆鲁望顾渚取租

甫里先生陆龟蒙⑪，嗜茶荈，置小园于顾渚山下，岁取租茶，自判品第。

朱桃椎芒屦为易

朱桃椎尝织芒屦置道上，见者为鬻米茗易之⑫。

张载诗称芳冠

张孟阳诗：芳茶冠六清，溢味播九区。

权纾脑痛服愈

隋文帝微时，梦神人易其脑骨，自尔脑痛。忽遇一僧云："山中有茗草，服之当愈。"进士权纾赞曰：穷《春秋》，演河图，不如载茗一车。

顾逋翁顾况论（茶）

顾况论茶⑬：煎以文火细烟，小鼎长泉。

薛大拙薛能诗

唐薛能诗⑭：偷嫌曼倩桃无味，捣觉嫦娥药不香。

王肃人号漏卮

琅琊王肃喜茗，一饮一斗，人因号为漏卮。肃初入魏，不食羊肉酪浆，常饭鲫鱼羹，渴饮茗汁。高帝曰："羊肉何如鱼羹，茗饮何如酪浆？"肃对曰："羊是陆产之最，鱼是水族之长，羊比齐鲁大邦，鱼比邾莒小国，惟茗不中与酪作奴⑮。"彭城王勰顾谓曰："明日为卿设邾莒之会，亦有酪奴。"

僧齐己高人爱惜

龙安有骑火茶。唐僧齐己诗：高人爱惜藏岩里，白甄封题寄火前。

鲍令晖鲍姊著赋
鲍昭姊令晖,著香茗赋。

左太冲娇女心剧
左思《娇女诗》:吾家有娇女

李存博山林性嗜
李约,雅度简远,有山林之致,一生不近粉黛。性嗜茶,尝曰:"茶须缓火炙,活火煎。始则鱼目散布,微微有声;中则四际泉涌,累累若贯珠;终则腾波鼓浪,水气全消,此谓老汤。三沸之法,非活火不能成也。"客至不限瓯数,竟日燃火执器不倦。曾奉使行至陕州硖石县[21][16]东,爱渠水清流,旬日忘发。

胡嵩姓余甘氏
胡嵩《飞龙涧饮茶》诗:"沾牙旧姓余甘氏,破睡当封不夜侯。"陶榖爱其新奇,令犹子彝和之。应声曰:"生凉好唤鸡苏佛,回味宜称橄榄仙。"彝时年十二。

桓宣武名斛二瘕
桓征西[22]步将,喜饮茶,至一斛二斗。一日过量,吐如牛肺一物,以茗浇之,容一斛二斗。客云:"此名斛二瘕。"

孙樵茗战
孙可之[23]送茶与焦刑部,建阳丹山碧水之乡,月涧云龛之品,慎勿贱用之。时以斗茶为茗战。

钱起茶宴
钱仲文[24]与赵莒茶宴,又尝过长孙宅,与郎上人作茶会。

曹业之碧沉香泛
曹邺[25]《谢故人寄新茶》诗:剑外九华英,缄题下玉京。开时微月上,碾处乱泉声。半夜招僧至,孤吟对月烹。碧沉云脚碎,香泛乳花轻。六腑睡神去,数朝诗思清。月余不敢费,留伴肘书行。

和成绩汤社
五代时,鲁公和凝率同列递日以茶相饮,味劣者有罚,号为汤社。

李邺侯翻玉添酥
唐奉节王好诗,尝煎茶就邺侯题诗。邺侯戏题云:"旋沫翻成碧玉池,添酥散出琉璃眼。"

陆鸿渐茶品
陆羽品茶,千类万状,有如胡人靴者,蹙缩然;犎牛臆者,廉襜然;浮云出山者,轮菌然;轻飙出水者,涵澹然。此茶之精腴者也。有如竹箨者,簏筱然;如霜荷者,萎萃然;此茶之瘠老者也。又论茶有九难:阴采夜焙,非造也;嚼味嗅香,非别也;膏薪庖炭,非火也;飞湍壅潦,非水也;外熟内生,非炙也;碧粉缥尘,非末也;操艰搅遽,非煮也;夏兴冬废,非饮也;腻鼎腥瓯,非器也。造茶具二十四事,以都统笼贮之,远近倾慕,好事者家藏一副。

白少傅慕巢知味
白乐天[26]《睡后煎茶》诗:"婆娑绿阴树,斑驳青苔地。此处置绳宝,旁边洗茶器。白瓷瓯甚洁,红垆炭方炽。末下曲尘香,花浮鱼眼沸。盛来有佳色,咽罢余芳气。不见杨慕巢,谁人知此味。"杨同州亦当时之善茶者也。

窦仪龙陂仙子

开宝初,窦仪以新茶饷客,盒面标曰"龙陂山子茶"。

皮日休袭美杂咏

皮袭美《茶中杂咏序》云:国朝茶事,竟陵陆季疵始为《经》三卷,后又有太原温从云,武威段碣之各补茶事十数节,并存方册。昔晋杜育有《荈赋》,季疵有《茶歌》,遂为《茶具十咏》寄天随子[27]。

张文规明月始生

明月峡在顾渚侧,二山相对,石壁峭立,大涧中流,乳石飞走。茶生其间,尤为绝品。张文规所谓"明月峡前茶始生"是也。文规好学,有文藻。苏子由、孔武仲、何正臣皆与之游。

卢仝卢仝自煎

孟谏议寄新茶,卢仝《走笔作歌》云:"柴门反关无俗客,纱帽笼头自煎吃。"今洛阳有卢仝煮茶泉。

张志和樵青竹里煎

颜清臣作《志和传碑》:"渔童捧钓收纶,芦中鼓枻;樵青苏兰薪桂,竹里煎茶。"

皮文通甘心苦口

皮光业最耽茗饮。中表请尝新柑,筵具甚丰,簪绂蕤集。才至,未顾樽罍而呼茶甚急。径进一巨觥,题诗曰:"未见甘心氏,先迎苦口师。"众噱曰:"此师固清高,难以疗饥也。"

王仲祖王蒙水厄

晋司徒长史王蒙,好饮茶。客至,辄饮之,士大夫甚以为苦,每欲候蒙,必云:"今日有水厄。"

蔡端明能仁石缝生

蔡君谟善别茶。建安能仁院,有茶生石缝间,僧采造得茶八饼,号石岩白。以四饼遗蔡,四饼遗王内翰禹玉。岁除,蔡被召还阙。禹玉碾以待蔡,蔡捧瓯未尝,辄曰:"此极似能仁石岩白。"禹玉未信,索帖验之,乃服。

梅圣俞吐雪堆云

梅尧臣在楚研茶磨题诗有:"吐雪夸新茗,堆云忆旧溪。北归惟此急,药臼不须赍。"可谓嗜茶之极矣。圣俞茶诗甚多,吴正仲饷新茶,沙门颖公遗碧霄峰茗[28],俱有吟咏。

欧阳永叔珍赐一饼

欧阳文忠《归田录》:茶之品,莫贵于龙凤团。小龙团,仁宗尤所珍惜,虽辅臣未尝辄赐,惟南郊大礼致斋之夕,中书、枢密院各四人共赐一饼。宫人翦金为龙凤花草缀其上。嘉祐七年,亲享明堂,始人赐一饼,余亦恭与,至今藏之。因君谟著录,辄附于后,庶知小龙团自君谟始,其可贵如此。

苏廙仙芽

苏廙作《仙芽传》,载《作汤十六法》:以老嫩言者,凡三品;以缓急言者,凡三品;以器标者,共五品;以薪论者,共五品。陶榖谓:"汤者,茶之司命",此言最得三昧。

何子华甘草癖

宣城何子华,邀客于剖金堂,酒半,出

嘉阳严峻画陆羽像。子华因言："前代惑骏逸者为马癖;泥贯索者为钱癖;爱子者,有誉儿癖;耽书者,有《左传》癖。若此叟溺于茗事,何以名其癖?"杨粹仲曰："茶虽珍,未离草也,宜追目陆氏为甘草癖。"一坐称佳。

王子尚甘露

新安王子鸾,豫章王子尚,诣昙济道人于八公山。道人设茶茗,子尚味之曰："此甘露也,何言茶茗?"

傅玄风圣阳花

双林大士,自往蒙顶结庵种茶,凡三年。得绝佳者,号圣阳花,持归供献。

下卷

杨诚斋玉尘香乳

杨廷秀[17]《谢傅尚书茶》:远饷新茗,当自携大瓢,走汲溪泉,束涧底之散薪,燃折脚之石鼎。烹玉尘,啜香乳,以享天上故人之意。愧无胸中之书传,但一味搅破菜园耳。

郑路御史瓶

会昌初,监察御史郑路,有兵察厅掌茶。茶必市蜀之佳者,贮于陶器,以防暑湿。御史躬亲监启,谓之"御史茶瓶"。

唐子西贵新贵活

子西《斗茶说》:茶不问团锊,要之贵新;水不问江井,要之贵活。唐相李卫公好饮惠山泉,置驿传送,不远数千里。近世欧阳少师,得内赐小龙团,更阅三朝,赐茶尚在此,岂复有茶也哉!今吾提汲走龙塘,无数千步。此水宜茶,昔人以为不减清远峡,

而海道趋建安,茶数日可至,故每岁新茶,不过三月,颇得其胜。

刘言史涤尽昏渴

刘言史《与孟郊洛北野泉上煎茶》:敲石取鲜火,撇泉避腥鳞。荧荧爨风铛,拾得坠巢薪。恐乖灵草性,触事皆手亲。宛如摘山时[18],自歠指下春。湘瓷泛轻花,涤尽昏渴神。兹游惬醒趣,可以话高人。

单道开[29]不畏寒暑

燉煌单道开,不畏寒暑,常服小石子。药有松、蜜、姜、桂、茯苓之气,时复饮茶苏一二升而已。

僧文了乳妖

吴僧文了,善烹茶。游荆南,高保勉子季兴延置紫云庵,日试其艺,奏授华亭水大师,目曰乳妖。

东都僧百碗不厌

唐大中三年,东部进一僧,年一百三十岁。宣宗问："服何药致然?"对曰："臣少也贱,不知药性,本好茶,至处惟茶是求,或饮百碗不厌。"因赐茶五十斤,令居保寿寺。

吕居仁鱼眼针芒

吕文清[19]诗:春阴养芽针锋芒,沉潀养膏冰雪香。玉斧运风宝月满,密云候雨苍龙翔。惠山寒泉第二品,武定乌瓷红锦囊。浮花元属三味手[20],竹斋自试鱼眼汤。

李文饶天柱峰数角

有人授舒州牧,李德裕遗书曰:到郡日,天柱峰茶,可惠三数角。其人献数十斤,

李不受。明年,罢郡,用意精求,获数角,投李。李阅而受之㉑,曰:此茶可以消酒毒,因命烹一瓯沃于肉食内,以银合闭之。诘旦,视其肉已化为水矣。众服其广识。

丁晋公草木仙骨

丁公言:尝谓石乳出壑岭、断崖、缺石之间,盖草木之仙骨。又谓凤山高不百丈,无危峰绝崦,而冈阜环抱,气势柔秀,宜乎嘉植灵卉之所发也。

苏才翁竹沥水取胜

苏才翁尝与蔡君谟斗茶,蔡茶用惠山泉。苏茶小劣,改用竹沥水煎,遂能取胜。天台竹沥水为佳,若以他水杂之,则亟败。

郑若愚鸦山鸟嘴

郑谷30《峡中煎茶》诗:簇簇新芽摘露光,小江园里火煎尝㉒。吴僧谩说鸦山好,蜀叟休夸鸟嘴香㉓。合坐满瓯轻泛绿,开缄数片浅含黄。鹿门病客不归去,酒渴更知春味长。

华元化久食益意思

华佗㉔《食论》:苦茶久食,益意思。又《神农食经》:茶茗宜久服,令人有力悦志。

陶榖党家应不识

陶学士买得党太尉故妓。取雪水烹团茶,谓妓曰:"党家应不识此。"妓曰:"彼粗人安得有此?但能向销金帐下浅斟低唱,饮羊羔儿酒耳。"陶愧其言。

李贞一义兴山万两

御史大夫李栖筠㉕按义兴。山僧有献佳茗者,会客尝之,芬香甘辣冠于他境,以为可荐于上,始进茶万两。

曾茶山眉白眼青

茶家碾茶,须碾着眉上白乃为佳。曾茶山诗:"碾处曾看眉上白,分时为见眼中青。"茶山诗,极清峭。如:"谁分金掌露,来作玉溪凉。""唤起南柯梦,持来北焙春。""子能来日铸,吾得具风舻。"用字著语,俱有锻炼。

虞洪瀑布山大获

虞洪入山采茗,遇一道士,牵三青牛,引洪至瀑布山。曰:山中有茗,可以给饷,祈子他日有瓯牺之余㉖,乞相遗也。洪因设奠祀之,后常令家人入山,获大茗焉。

刘子仪鲦哉点也

刘晔㉗尝与刘筠饮茶。问左右:"汤滚也未?"众曰:"已滚。"筠曰:"佥曰鲦哉。"晔应声曰:"吾与点也。"

杜子巽31一片同饮

《杜鸿渐与杨祭酒书》云:顾渚山中紫笋茶两片,一片上太夫人,一片充昆弟同歠。此物但恨帝未得尝,实所叹息。

黄儒山川真笋

黄儒《品茶要录》云:陆羽《茶经》不第建安之品,盖前此茶事未兴,山川尚閟,露牙真笋委翳消腐,而人不知耳。宣和中,复有白茶胜雪。熊蕃曰:使黄君阅今日,则前乎此者,未足诧也。

韩太冲练囊末以进

韩晋公滉,闻奉天之难,以夹练囊缄茶

末,遣使健步以进。

王休冰敲其晶莹

王休,居太白山下,每至冬时,取溪冰,敲其晶莹者,煮建茗待客。

陆祖言奈何秽吾素业

陆纳为吴兴太守时,卫将军谢安常欲诣纳。纳兄子俶,怪纳无所备,乃私蓄十数人馔具。既至,所设惟茶茗而已。俶遂陈盛馔,珍馐毕集。及安去,纳杖俶四十,云:"汝既不能光益叔父,奈何秽吾素业。"

秦精武昌山大丛

《续搜神记》:晋孝武时,宣城秦精尝入武昌山采茗。遇一毛人,长丈余,引精至山曲大丛茗处便去。须臾复来,乃探怀中橘与精。精怖,负茗而归。

温峤列贡上茶

温太真[32]条列贡上[33]茶千片,茗三百大薄。

常鲁[29]蕃使亦有之

常鲁使西蕃,烹茶帐中。蕃使问何为?鲁曰:涤烦消渴,所谓茶也。蕃使曰:我亦有之,命取出以示:曰"此寿州者,此顾渚者,此蕲门者。"

李肇白鹤僧园本

《岳阳风土记》载:灉湖茶,李肇所谓灉湖之含膏也。今惟白鹤僧园有千余本,一岁不过一二十两,土人谓之白鹤茶,味极甘香。

郭弘农茗别茶荈

郭璞云:茶者,南方佳木,早取为茶,晚取为荈。

王禹偁尝味少知音

王元之《过陆羽茶井》:瘗石苔封百尺深,试令尝味少知音。惟余半夜泉中月,留得先生一片心。

李季卿博士钱

常伯熊善茶。李季卿宣慰江南,至临淮,乃召伯熊。伯熊著黄帔衫、乌纱帻,手执茶器,口通茶名,区分指点,左右刮目。茶熟,李为歠两杯。既至江外,复召陆羽。羽衣野服随茶具而入,如伯熊故事。茶毕,季卿命取钱三十文,酬煎茶博士。鸿渐夙游江介,通狎胜流,遂收茶钱、茶具,雀跃而出,旁若无人。

晏子时食茗菜

晏子相齐时,食脱粟之饭,炙三戈、五卵、茗菜而已。

陆宣公止受一串

陆贽,字敬舆。张镒饷钱百万,止受茶一串,曰:敢不承公之赐。

李南金味胜醍醐

瀹茶当以声为辨。李南金诗:"砌虫唧唧万蝉催,忽有千车捆载来。听得松风并涧水,急呼缥色绿瓷杯。"后《鹤林玉露》复补一诗:"松风桧雨到来初,急引铜瓶离竹炉。待得声闻俱寂后,一瓯春雪胜醍醐。"盖汤不欲老,老则过苦。声如涧水松风,不宜遽瀹,惟移瓶去火,少待其沸止而瀹之,方为合节。此南金之所未讲者也。

韦曜密赐代酒

《韦曜传》[33]：孙皓每飨宴，坐席率以七升为限，虽不尽入口，皆浇灌取尽。曜饮酒不过二升，皓初礼异，密赐茶荈以待酒[30]。

叶少蕴地各数亩

叶梦得《避暑录》：北苑茶，有曾坑、沙溪二地，而沙溪色白过于曾坑，但味短而微涩。草茶极品惟双井、顾渚。双井在分宁县，其地属黄氏鲁直家。顾渚在长兴吉祥寺，其半为今刘侍郎希范所有。两地各数亩，岁产茶不过五六斤，所以为难。

山谦之温山御荈

山谦之《吴兴记》：乌程有温山，出御荈。

沈存中雀舌

沈括《梦溪笔谈》：茶芽谓雀舌、麦颗，言至嫩也。茶之美者，其质素良，而所植之土又美。新芽一发，便长寸余，其细如针，如雀舌、麦颗者，极下材耳。乃北人不识，误为品题。予山居有《茶论》，复口占一绝：谁把嫩香名雀舌，定来北客未曾尝。不知灵草天然异，一夜风吹一寸长。

毛文锡蝉翼

毛文锡《茶谱》：有片甲、蝉翼之异。

张芸叟以为上供

张舜民云[31]：有唐茶品，以阳羡为上供，建溪北苑未著也。贞元中，常衮为建州刺史，始蒸焙而研之，谓研膏茶。

司马端明景仁乃有茶器

司马温公偕范蜀公游嵩山，各携茶往。温公以纸为贴，蜀公盛以小黑合。温公见之惊曰：景仁乃有茶器。蜀公闻其言，遂留合与寺僧[34]。《邵氏闻见录》云：温公与范景仁共登嵩顶，由辕辕道至龙门，涉伊水，坐香山憩石，临八节滩，多有诗什。携茶登览，当在此时。

黄涪翁凭地怎得不穷

黄鲁直论茶：建溪如割，双井如挞，日铸如矬。所著《煎茶赋》：泀泀乎如涧松之发清吹，皓皓乎如春空之行白云。一日以小龙团半铤题诗赠晁无咎：曲兀蒲团听渚汤，煎成车声绕羊肠。鸡苏胡麻留渴羌，不应乱我官焙香。东坡见之曰："黄九凭地怎得不穷。"

苏长公龙团凤髓

东坡尝问大冶长老乞桃花茶，有《水调歌头》一首："已过几番雨，前夜一声雷，枪旗争战建溪，春色占先魁。采取枝头雀舌，带露和烟捣碎，结就紫云堆。轻动黄金碾，飞起绿尘埃。老龙团，真凤髓，点将来。兔毫盏里，霎时滋味舌头回。唤醒青州从事，战退睡魔百万，梦不到阳台。两腋清风起，我欲上蓬莱。"坡尝游杭州诸寺，一日饮酽茶七碗。戏书云[35]："示病维摩原不病，在家灵运已忘家。何须魏帝一丸药，且尽卢仝七碗茶。"

贾春卿丐赐受煎炒

叶石林云：熙宁中，贾青[32]为福建转运使，取小龙团之精者为密云龙。自玉食外，戚里贵近丐赐尤繁。宣仁一日慨叹曰："建州今后不得造密云龙，受他人煎炒不得也。"此语颇传播缙绅间。

张晋彦包裹钻权幸

周淮海《清波杂志》云：先人尝从张晋彦觅茶，张口占二首："内家新赐密云龙，只到调元六七公。赖有家山供小草，犹堪诗老荐春风。""仇池诗里识焦坑，风味官焙可抗衡。钻余权幸亦及我，十辈遣前公试烹。"焦坑产庾岭下，味苦硬，久方回甘。包裹钻权幸，亦岂能望建溪之胜耶？

金地藏[36]金地藏所植

西域僧金地藏，所植名金地茶，出烟霞云雾之中，与地上产者，其味复绝。

张孔昭水半是南零

江州刺史张又新[33]《煎茶水记》曰：李季卿刺湖州，至维扬，逢陆处士，即有倾盖之雅。因过扬子驿，曰："陆君茶天下莫不闻，扬子南零水又殊绝，今者二妙千载一遇，何可轻失？"乃命军士深诣南零取水。俄而水至，陆曰："非南零者。"倾至半，遽曰："止，是南零矣。"使者乃吐实。李与宾从皆大骇。李因问历处之水，陆曰："楚水第一，晋水最下。"因命笔口授而次第之。

高季默[37]午碗春风

高士谈，仕金为翰林学士，以词赋擅长。蔡伯坚有咏茶词："天上赐金奁，不减壑源三月。午碗春风纤手，看一时如雪。幽人只惯茂林前，松风听清绝。无奈十年黄卷，向枯肠搜彻。"士谈和云："谁扣玉川门，白绢斜风团月。晴日小窗活火，响一壶春雪。可怜桑苎一生颠，文字更清绝。直拟驾风归去，把三山登彻。"

夏侯恺见鬼觅茶

夏侯恺因疾死。宗人字苟奴，察见鬼神，见恺岸帻单衣，坐生时西壁大宝，就人觅茶饮。

元叉未遭阳侯之难

萧衍子西封侯，萧正德归降时，元叉欲为设茗，先问："卿于水厄多少？"正德不晓叉意，答曰："下官生于水乡，立身以来，未遭阳侯之难。"坐客大笑。

范仲淹香薄兰芷

范希文[34]《和章岷从事斗茶歌》：新雷昨夜发何处，家家嬉笑穿云去。露芽错落一番新，缀玉含珠散嘉树。北苑将期献天子，林下雄豪先斗美。鼎磨云外首山铜，瓶携江上中泠水。黄金碾畔绿尘飞，碧玉瓯中翠涛起，斗茶味兮轻醍醐，斗茶香兮薄兰芷。胜若登仙不可攀，输同降将无穷耻。

王介甫一旗一枪

王荆公[35]《送元厚之诗》："新茗斋中试一旗。"世谓茶之始生而嫩者为一枪，寖大而开谓之旗，过此则不堪矣。

福全汤戏

馔茶而幻出物象于汤面者，茶匠通神之艺也。沙门福全，长于茶海，能注汤幻茶成将诗一句，并点四瓯，共一绝句，泛乎汤表。檀越日造其门，求观汤戏。全自咏诗曰："生成盏里水丹青，巧画工夫学不成。却笑当年陆鸿渐，煎茶赢得好名声。"

党竹溪[38]一瓯月露

学士党怀英，咏茶调《青玉案》：红莎绿

蒻春风饼,趁梅驿来云岭。紫柱崖空琼窦冷,佳人却恨,等闲分破,缥缈双鸾影。一瓯月露

心魂醒,更送清歌助幽兴。痛饮休辞今夕永,与君洗尽满襟烦暑,别作高寒境。

注　　释

1　陶通明:即陶弘景(456—536),通明是其字。

2　范希文:即范仲淹(989—1052),希文是其字。

3　陶通明:即南朝梁陶弘景,字通明。句出陶弘景《杂录》(一名《新录》,又名《名医别录》)。

4　李青莲:即李白,因居住过蜀之昌隆县青莲乡,又号青莲居士,故有李青莲之称。句出李白《答族侄僧中孚赠玉泉仙人掌茶》诗序。

5　颜清臣:即颜真卿,清臣是其字。

6　朱桃椎:唐成都人,淡泊绝俗,结庐山中,夏裸,冬以木皮叶自蔽。不受人遗赠。每织草鞋置路旁易米,终不见人。

7　左太冲:即左思,太冲是其字。

8　桓宣武:疑指东晋桓豁(320—377),字郎子。桓温弟,任荆州刺史时,讨平司马勋、赵弘等的反叛。孝武帝宁康初,桓温死,迁征西将军;太元初,迁征西大将军。

9　和成绩:即和凝(898—955),五代郓州须昌(治今山东东平西北)人,“成绩”是其字。

10　李邺侯:即李泌(722—789)。少聪颖,及长,博涉经史,善属文,尤工诗。天宝间诏翰林,供奉东宫,太子厚之。肃宗即位,入议国事。代宗立,出为楚州、杭州刺史。德宗时,拜中书侍中,同平章事。出入中禁,历事四朝,封邺侯,卒赠太子太傅,有文集二十卷。

11　窦仪(914—967):五代宋初蓟州渔阳(故治在今北京密云县西南)人,后晋天福间进士,后汉初召为右补阙、礼部

员外郎。后周为翰林学士、给事中。宋太祖建隆元年,迁工部尚书,兼判大理寺。以学问优博为太祖所重。

12　皮文通:即皮日休子。皮光业,文通是其字。

13　李文饶:即李德裕,文饶是其字。

14　韩太冲:即韩滉(723—787),字太冲。唐京兆长安人,韩休子。肃宗至德时,为吏部员外郎。代宗大历时,以户部侍郎判度支,帑藏稍实。德宗时,加检校左仆射、同中书门下平章事、江淮转运使,兴元六年,京师兵变,拥朱泚为帝,德宗出奔奉天(今陕西干县),粮食不济,韩滉急以夹练囊缄茶末遣使健步以进,德宗感之。

15　王休:宋浙东慈溪人,字叔宾,一字苏渚。宁宗庆元二年进士。为湖州教授,改徽州,累判枢密院事。嘉定末,与权臣不合,遂谢仕归。以文学著称一时,晚益进。

16　叶少蕴:即叶梦得(1077—1148),少蕴是其字,号石林。宋苏州吴县人,哲宗绍圣四年进士,为丹徒尉。徽宗朝,累迁翰林学士。高宗时,除户部尚书,迁尚书左丞,官终知福州兼福建安抚使。平生嗜学博洽,尤工于词。有《建康集》、《石林词》、《石林燕语》、《古林诗话》等。

17　司马端明:近见有人将此释作元朝画家司马端明,误。据南宋朱弁《曲洧旧闻》所载,此处当是指司马光(1019—1086)。光字君实,宋陕州夏县人。仁宗宝元六年进士,累官知谏院、翰林学士、权御史中丞,复为翰林兼侍读学

士。神宗熙宁时，反对王安石新法，退居洛阳西京御史台，专修史书。哲宗立，起为门下侍郎、拜左仆射，主持朝政。卒政太师、温国公。

18 黄涪翁：即黄庭坚（1045—1105），字鲁直，涪翁是其号，又号山谷道人。宋洪州分宁（今江西修水）人。哲宗即位，进秘书丞兼国史编修，出知宣州、鄂州等地。工诗词文章，开创江西诗派，以行、草书见长。有《豫章黄先生文集》等。

19 题下的小字注，和目录部分一样，为古今说部本更改之题名。说部本不用底本等所用的如陶通明等一类以人物姓氏名号的题名。

20 林和靖：即林逋（967—1028），字君复。宋杭州钱塘（今浙江杭州）人。早年游江淮间，后归隐杭州西湖孤山二十年，种梅养鹤。善行书，喜为诗，多奇句。卒，仁宗赐谥和静先生。有《和静诗集》。

21 陕州硖石县：陕州，北魏太和十一年（487）置，民国二年（1913）废州改县。故治在今河南三门峡市西。硖石县，唐贞观十四年（640）改崤县置，故治在今河南陕县峡石镇，北宋熙宁时废。

22 桓征西：也即桓宣武，"宣武"是其卒后赐谥。

23 孙可之：即孙樵，唐关东人，可之是其字。宣宗大中九年进士，授中书舍人，黄巢军入长安，僖宗奔岐陇，诏赴行在，迁职方郎中。所作《读开元杂报》，为古代最早关于新闻报导之记载。有集。

24 钱仲文：即钱起（约710—约780），仲文是其字。吴兴（今浙江湖州）人，大历十才子之一。诗与郎士元齐名，时有"前有沈、宋，后有钱、郎"之说。唐玄宗天宝九载进士。肃宗乾元中任蓝田县尉，终考功郎中，世称钱考功。

有集。

25 曹邺（约816—约875）：字业之，一作邺之。唐桂林阳朔人，宣宗大中四年进士。曾作太平节度使掌书记。懿宗咸通中迁太常博士，历祠部、吏部郎中，洋州刺史。与刘驾为诗友，时称"曹刘"。有集。

26 白乐天：即白居易（772—840），乐天是其字，晚号香山居士，又号醉吟先生。

27 天随子：即陆龟蒙，"天随子"是其号。

28 吴正仲饷新茶：《全宋诗》题为《吴正仲遗新茶》。沙门颖公遗碧霄峰茗：《全宋诗》题为《颖公遗碧霄峰茗》。

29 单道开：晋僧，甘肃敦煌孟氏。少怀栖隐，居山辟谷饵柏实松脂七年，顿获神异，不畏寒暑，健步如飞。百余岁终老于罗浮。

30 郑谷：字守愚，唐末袁州宜春人，七岁能诗。僖宗光启中进士。昭宗时，为都官郎中，人称"郑都官"；尝赋鹧鸪警绝，又称"郑鹧鸪"。有《云台编》、《宜阳集》。

31 杜子巽：即杜鸿渐（709—769），子巽（一作之巽）是其字。唐濮州濮阳人。唐玄宗开元二十二年进士，初为朔方判官。安禄山作乱，鸿渐力劝太子即位，以安中外之望。肃宗立，累迁河西节度使，后入为尚书右丞、太常卿。代宗广德二年，以兵部侍郎同中书门下平章事。卒谥文宪。

32 温太真（288—329）：即温峤，太真是其字。东晋太原祁县人，博学能属文，明帝即位后，拜侍中，参预机密，出为丹阳尹。成帝咸和初为江州刺史，镇武昌，有惠政。预讨苏峻、祖约，封始安郡公，拜骠骑将军、开府仪同三司。寻卒，谥忠武。

33 韦曜传：此指《三国志·吴书·韦曜传》。

34 本段内容，辑自两书，此上录自南宋周辉《清波杂志》卷四"长沙匠者"条内容。

35　下诗，原题《苏轼诗集》作："游诸佛舍，一日饮酽茶七盏，戏书勤师壁。"

36　金地藏：唐时新罗国王支属，非"西域僧"。出家后游方来唐，择九华山谷中平地而居。村民入山，见其孤然闭目，端居石室，遂相与为之构建禅宇。德宗建中初，张严移旧额奏请置寺。年近百岁遂卒。能诗。

37　高季默：即高士谈(？—1146)，金燕人，字子文，一字季默。任宋为忻州(治所在今山西忻县)户曹。入金授翰林直学士。熙宗皇统初，以宇文虚中案牵连被害。有《蒙城集》。

38　党竹溪：即党怀英(1134—1211)，金泰安奉符人，原籍冯翊。字世杰，号竹溪。工诗文，能篆籀。世宗大定十年进士，调莒州军事判官，官至翰林学士承旨。修《辽史》未成卒。

校　　勘

①　此为本书统一题署，底本原作"延陵(今江苏常州旧称)夏树芳茂卿甫辑"。

②　目录：底本冠书名，作《茶董目录》，本书编时省书名。本文文中标题和目录，底本与校本异，底本以每条辑文作者或主人姓氏名号为题；后来有的重刻本如古今说部丛书本，将人名全部改为诗文题句典故作名；且不同版本间，条题、内容排列前后序次也不尽同。为使大家能清楚看出这二者之间目录题名和序次的差异，本书作编时，特将校本更改过的题名，用括弧和小号字附于每条之后，并在每一条题之前，分别用汉字和阿拉伯字标以序数，以供参考对照。本目录底本原文前无序数后无附注，序数和附注，均为本书编时加。

③　周韶："韶"字，《古今说部丛书》本(简称古今说部本)作"昭"。

④　李白茶述：李白无名为"茶述"的书文，下录内容，系李白《答族侄僧中孚赠玉泉仙人掌茶·序》。但略有删节，引文中多处个别文字也有改动。如原序语"茗草丛生"，底本作"茗草罗生"；序文"中孚禅子"，底本作"中孚衲子"等。此条未与原序细校。

⑤　流华净肌骨，疏瀹涤心源：颜鲁公《月下啜茶联句》，共七句。颜真卿仅联上面第五句一句。下句"素瓷传静夜，芳气满闲轩"，系全诗最后一句，联者为陆士修。

⑥　御舞："舛"字，底本讹作"舞"字，径改。

⑦　《西山兰若试茶歌》："若"字，底本音讹刊作"社"字，径改。

⑧　欲知花乳清冷味，须是眠云卧石人：本文底本"冷"字，书作"泠"；"卧"字，作"趺"字。日本宝历本，"清冷味"作"清泠"，脱一"味"字。

⑨　志崇收茶三等：底本所录与《蛮瓯志》原文同，古今说部本在"志崇"前，多一"释"字，作"释志崇"。

⑩　林君复《试茶诗》：古今说部本在林君复前，较底本多加"和靖先生"四字。《试茶诗》《全宋诗》题作《尝茶次寄越僧灵皎》。全诗共四句，今摘前两句，后两句为："瓶悬金粉应有，筯点琼花我自珍。清话几时搔首后，愿和松色劝三巡。"

⑪　甫里先生陆龟蒙：在"陆龟蒙"下，古今说部本还多"字鲁望"三字。

⑫　鬵米茗易之："米"字，底本和其他各本，形讹作"朱"字，据《新唐书》卷196改。

⑬　顾况论(茶)：古今说部本作"顾况，号逋翁，论茶云。"底本全部以人物姓氏名号为题，后来古今说部本等改易题名后，往往在前面人名下加字、号以补删除原题之不足。因本文原题未变，下面遇说部本这种补注情况，一般不再出校，只拟在有其他校注时才顺作一提。

⑭　唐薛能诗：此"诗"指《谢刘相(一本有"公")寄天柱茶》。在"唐薛能"下，古今说部本还加"字大拙"三字。

⑮　惟茗不中与酪作奴："不"字，底本错刻作"下"字：据《洛阳伽蓝记》改。

⑯　碌石县："县"字，底本误作"悬"字，径改。

⑰　杨廷秀：古今说部本改作"杨万里，号诚斋"。

⑱　拾得坠巢薪……宛如摘山时：底本在这两句间，删去原诗"洁色既爽别，浮氲亦殷勤。以兹

委曲静，求得正味真"两句。而以开头删去的第二句"恐乖灵草性，触事皆手亲"，移置之间作连接。本文与原诗，有如上之别。

⑲ 吕文清：古今说部本作"吕居仁，谥文清"。

⑳ 浮花元属三昧手："昧"字，古今说部本作"昩"字。

㉑ 李阅而受之："阅"字，古今说部本同底本，原误作"闵"字，径改。

㉒ 簇簇新芽摘露光，小江园里火煎尝："芽"字，一作"英"字。"江"字，底本原作"红"字，据《全唐诗》改。

㉓ 蜀叟休夸鸟嘴香："鸟"字，底本形误作"乌"字，径改。

㉔ 华佗：古今说部本作"华佗，字元化"。

㉕ 李栖筠：古今说部本作"李栖筠，字贞一"。

㉖ 瓯牺（犠）之余："牺（犠）"字，底本形误作"蟻"，

据有关《神异记》引文原文径改。

㉗ 刘晔：古今说部本作"刘晔，字子仪"。

㉘ 条列贡上："贡"字，底本及各本，误作"真"字，故目录和文题也均讹作"真"字，径改。

㉙ 常鲁：底本和其他各本，"常"字均误作"党"，径改。下同。

㉚ 密赐茶荈以待酒："待"字，疑"代"之音误。《三国志》作"密赐茶荈以当酒"。

㉛ 张舜民云：古今说部本作"张舜民，号芸叟，云"。

㉜ 贾青：古今说部本在此之下，还多"字春卿"三字。

㉝ 张又新：古今说部本在"张又新"之下，还加"字孔昭"三字。

㉞ 范希文：古今说部本作"范仲淹，字希文"。

㉟ 王荆公：古今说部本作"王荆公介甫"。

茶董补 | 明 陈继儒 辑①

作者及传世版本

陈继儒生平事迹，见前陈继儒《茶话》。

《茶董补》之作，是为了补夏树芳《茶董》一书的不足。夏树芳编《茶董》是受了陈继儒的鼓励。名之为《茶董》，是寄望能达到"茶之董狐"的境界，成为茶的良史。然而，编辑《茶董》的成绩却不如理想，诚如《四库全书总目提要》所说，"是编杂录南北朝至宋金茶事，不及采造、煎试之法，但撷诗句故实，然疏漏特甚，舛误亦多。"陈继儒显然也感到此书之不足，因此而作补辑，但基本还是沿着夏树芳的体例，补充了材料，未曾改变"不及采造、煎试"的缺失。

万国鼎《茶书总目提要》推定《茶董》成书于万历三十八年(1610)前后，而本书稍晚却不久。

本书主要刊本有明万历刊本、清道光二十七年(1847)潘仕成辑《海山仙馆丛书》本、《丛书集成》本等。我们以明万历刊本作底本，以《海山仙馆丛书》本及相关资料作校。

原　文

卷上

造法为神<small>以下十八则补叙嗜尚</small>

景陵[2]僧于水滨得婴儿，育为弟子。稍长，自筮遇蹇之渐；繇曰："鸿渐于陆，其羽可用为仪。"乃姓陆氏，字鸿渐，名羽。始造煎茶法，至今鬻茶之家，陶其像置于炀器之间，祀为茶神云。《因话录》

渐儿所为

有积师者，嗜茶久。非渐儿偕侍，不乡口。羽出游江湖，师绝于茶味。代宗召入供奉，命宫人善茶者饷师。一啜而罢。访羽召入，赐师斋，俾羽煎茗，一举而尽。曰："有若渐儿所为也。"于是出羽见之。《纪异录》[3]

奠茗工诗

胡生者，失其名，以钉铰为业，居雪溪近白蘋洲。旁有古坟，生每茶，必奠之。尝梦一人谓之曰："吾姓柳，平生善于诗而嗜茗，葬室子居之侧，常衔子惠，欲教子为诗。"生辞不能。柳曰："但率子言之，当有致。"既寤，试构思，果有冥助者，厥后遂工焉。《南部新书》

缚奴投火

陆鸿渐采越江茶，使小奴子看焙。奴失睡，茶燋烁。鸿渐怒，以铁绳缚奴，投火中。《蛮瓯志》

为舜为茗

任瞻，字育长，少时有令名。自过江失志，既下饮，问人云："此为舜为茗?"觉人有怪色，乃自分明曰："问饮为热为冷。"《世说》[4]

祀墓获钱

剡县陈务妻，少寡，好茶茗。宅中有古冢，每饮，辄先祀之。夜梦一人曰："吾家赖

相保护，又享吾佳茗，岂忘翳桑之报。"②及晓，于庭中获钱十万，从是祷祀愈切。《异苑》

鬻茗姥飞

晋元帝时，有老姥每旦提一器茗，往市鬻之。一市竞买，自旦至夕，其器不减。得钱，散乞人。〔人〕或异之③，州法曹系之狱。至夜，老姥执鬻茗器，从狱牖中飞出。《广陵志传》5

燕饮茶果

桓温为扬州牧，性俭。每讌饮，唯下七奠柈茶果而已。《晋书》

日赐茶果

金銮故例，翰林当直学士，春晚困，则日赐成象殿茶果。《金銮密记》6

馆阁汤饮

元和时，馆阁汤饮待学士者，煎麒麟草。《凤翔退耕传》7

绿叶紫茎

同昌公主，上每赐馔，其茶有绿叶紫茎之号。《杜阳杂编》

慕好水厄

晋时给事中刘缟，慕王肃之风，专习茗饮。彭城王谓缟曰："卿不慕王侯八珍，好苍头水厄，海上有逐臭之夫，里内有学颦之妇，卿即是也。"《伽蓝记》

白蛇衔子

义兴南岳寺，有真珠泉。稠锡禅师尝饮之，曰此泉烹桐庐茶，不亦可乎！未几，有白蛇衔子坠寺前，由此滋蔓，茶味倍佳。士人重之，争先饷遗，官司需索不绝，寺僧苦之。《义兴旧志》8

瞿唐自渰

杜鄃公惊9，位极人臣，尝与同列言：平生不称意有三：其一、为澧州刺史；其二、贬司农卿；其三、自西川移镇广陵。舟次瞿唐，为骇浪所惊，左右呼唤不至。渴甚，自渰汤茶吃也。《南部新书》

山号大恩

藩镇潘仁恭，禁南方茶，自撷山为茶，号山曰大恩，以邀利。《国史补》

驿官茶库

江南有驿官，以干事自任。白太守曰："驿中已理，请一阅之。"乃往，初至一室，为酒库，诸酝皆熟，其外画神。问何也？曰：杜康。太守曰："功有余也。"又一室，曰茶库，诸茗毕备，复有神。问何也？曰陆鸿渐。太守益喜。又一室，曰菹库，诸菹毕具，复有神。问何也？曰蔡伯喈。太守大笑曰："不必置此。"《茶录》10

士人作事

宋大小龙团，始于丁晋公，成于蔡君谟。欧阳公闻而叹曰："君谟，士人也，何至作此事。"《苕溪诗话》

前丁后蔡

陆羽《茶经》……可不谨哉。〔《鹤林玉露》〕11④

仙家雷鸣

蜀雅州蒙山中顶有茶园……不知所终。原阙12 13

陆羽别号

羽于江湖称竟陵子，南越称桑苎翁。少事竟陵禅师智积，异日羽在他处，闻师亡，哭之甚哀。作诗寄怀，其略曰："不羡黄金罍，不羡白玉杯，不羡朝入省，不羡暮入台，千羡万羡西江水，曾向竟陵城下来。"羽贞元末卒。《鸿渐小传》14

南方嘉木 以下十则，补叙产植

茶者，南方之嘉木也。树如瓜芦，叶如栀子，花如白蔷薇，实如栟榈，蒂如丁香，根

如胡桃。其名一曰茶，二曰槚，三曰蔎，四曰茗，五曰荈。《茶经》15

早茶晚茗

早采者为茶，晚取者为茗，一名荈，蜀人名之苦茶。《尔雅》按：二则正集太略，补其未备。

山川异产

剑南有蒙顶石花，或小方，或散芽，号为第一。湖州有顾渚之紫笋，东川有神泉小团，昌明兽目。硖州有碧涧明月，芳蕊，茱萸簝。福州有方山之生芽。夔州有香山，江陵有楠木，湖南有衡山。岳州有邕湖之含膏；常州有义兴之紫笋。婺州有东白，睦州有鸠坑。洪州有西山之白露，寿州有霍山之黄芽，蕲州有蕲门团黄，而浮梁商货不在焉。《国史补》

又

建州之北苑先春龙焙，东川之兽目，绵州之松岭，福州之柏岩，雅州之露芽，南康之云居，婺州之举岩碧乳。宣城之阳坡横纹⑤，饶池之仙芝、福合、禄合、运合⑥、庆合，蜀州之雀舌、鸟觜麦颗、片甲、蝉翼。潭州之独行灵草，彭州之仙崖石花。临江之玉津，袁州之金片，龙安之骑火，涪州之宾化，建安之青凤髓，岳州之黄翎毛，建安之石岩白，岳阳之含膏冷。见《茶论》、《臆乘》及《茶谱通考》⑦

又

湖州茶生长城县顾渚山中，与峡州、光州同；生白茅悬脚岭，与襄州、荆南义阳郡同；生凤亭山伏翼涧飞云、曲水二寺，啄木岭，与寿州、常州同；安吉、武康二县山谷，与金州、梁州同。《天中记》16

又

杭州宝云山产者，名宝云茶。下天竺香林洞者，名香林茶；上天竺白云烧者，名白云茶。《天中记》

又

会稽有日铸岭，产茶。欧阳修云：两浙产茶，日铸第一。《方舆胜览》

茗之别名

酉平县出皋芦⑧，茗之别名，叶大而涩，南人以为饮。《广州记》

茶之别种

茶之别者，有枳壳芽，枸杞芽，枇杷芽，皆治风疾。又有皂荚芽、槐芽、柳芽，乃上春摘其芽和茶作之，故今南人输官茶，往往杂以众叶，惟茅芦、竹箬之类不可入。自余，山中草木芽叶皆可和合，椿、柿尤奇。真茶，性极冷，惟雅州蒙山出者，性温而主疾。《本草》

至性不移

凡种茶树，必下子，移植则不复生。故俗聘妇，必以茶为礼，义固有所取也。《天中记》

片散二类 以下八则，补叙制茶。

凡茶有二类，曰片、曰散。片茶、蒸造，实卷模中串之；惟剑建，则既蒸而研，编竹为格，置焙室中，最为精洁，他处不能造。其名有龙、凤、石乳、的乳、白乳、头金、蜡面、头骨、次骨、末骨、粗骨、山挺十二等，以充国贡⑨及邦国之用，泊本路食茶。余州片茶，有进宝。双胜、宝山两府，出兴国军；仙芝、嫩蕊、福合、禄合、运合、庆合、指合，出饶池州；泥片出虔州；绿英金片出袁州；玉津出临江军灵川；福州先春、早春、华英、来泉、胜金，出歙州；独行灵草、绿芽片金、金茗出潭州；大柘枕出江陵、大小巴陵⑩；开胜、开卷、小卷、生黄翎毛，出岳州；双上绿芽、大小方出岳、辰、澧州；东首、浅山薄侧，出光州；总二十六名。两浙及宣江等州，以上中下或第一至第五为号。散茶有太湖、龙溪、次号、末号，出淮南、岳麓、草子、杨树、雨前、雨后，出荆湖；青口，出归州；茗子，出江南，总十一名。《文献通考》

御用茗目

上林第一。乙夜清供。承平雅玩。宜年宝玉。万春银叶。延年石乳。琼林毓粹⑪。浴雪呈祥。清白可鉴。风韵甚高。晹谷先春。价倍南金。雪英。云叶。金钱。玉华。玉叶长春。蜀葵。寸金。并宣和时政和曰太平嘉瑞，绍圣曰南山应瑞⑫。《北苑贡茶录》[17]

制茶之病

芽择肥乳……此皆茶之病也。《茶录》[18]

制法沿革

唐时制茶，不第建安品。五代之季，建属南唐，诸县采茶，北苑初造研膏，继造蜡面，既而又制佳者，曰京挺。宋太平兴国二年，始置龙凤模。遣使即北苑团龙凤茶，以别庶饮。又一种丛生石崖，枝叶尤茂；至道初，有诏造之，别号石乳；又一种，号的乳；又一种，号白乳。此四种出，而蜡面斯下矣。真宗咸平中，丁谓为福建漕，监御茶，进龙、凤团，始载之《茶录》。仁宗庆历中，蔡襄为漕，始改造小龙团以进。旨令岁贡，而龙凤遂为次矣。神宗元丰间，有旨造密云龙，其品又加于小团之上。哲宗绍圣中，又改为瑞云翔龙，至徽宗大观初，亲制《茶论》二十篇，以白茶自为一种，与他茶不同，其条敷阐，其叶莹薄，崖林之间，偶然生出，非人力可致。正焙之有者，不过四五家，家不过四五株，所造止于一二銙而已。浅焙亦有之，但品格不及，于是白茶遂为第一。

既而又制三色细芽及试新銙、贡新銙。自三色细芽出，而瑞云翔龙又下矣。宣和庚子，漕臣郑可简，始创为银丝水芽⑬。盖将已拣熟芽再令剔去，止取其心一缕，用珍器贮清泉渍之，光莹如银丝然。又制方寸新銙，有小龙蜿蜒其上，号龙团胜雪。又废白、的、石三鼎乳，造花銙二十余色。初贡茶皆入龙脑，至是虑夺其味，始不用焉。盖茶之妙，至胜雪极矣，合为首冠；然在白茶之下者，白茶，上所好也。其茶岁分十余纲，惟白茶与胜雪，惊蛰前兴役⑭，浃日乃成，飞骑仲春至京师，号为纲头玉芽。《负暄杂录》[19]

如针如乳

龙焙泉，即御泉也，北苑造贡茶、社前茶，细如针，用御水研造。每片计工直钱四万文。试其色如乳，乃最精也。《天中记》

不逆物性

太和七年正月，吴蜀贡新茶，皆于冬中作法为之。上务恭俭，不欲逆其物性，诏所贡新茶，宜于立春后作。《唐史》

灵泉供造

湖州长洲县啄木岭金沙泉……无沾金沙者。《茶录》[20][15]

湖常为冠

浙西湖州为上，常州次之。湖州出长城顾渚山中，常州出义兴君山悬脚岭北崖下。唐《重修茶舍记》：贡茶，御史大夫李栖筠典郡日，陆羽以为冠于他境，栖筠始进。故事湖州紫笋，以清明日到，先荐宗庙，后分赐近臣。紫笋生顾渚，在湖、常间。当茶时，两郡太守毕至，为盛集。又玉川子《谢孟谏议寄新茶》诗有云："天子须尝阳羡茶"，则孟所寄，乃阳羡者。《云录漫抄》

畏香宜温

畏香宜温<small>以下六则补叙焙渝</small>

藏茶宜箬叶而畏香药，喜温燥而忌湿冷。故收藏之家，以箬叶封裹入焙，三两日一次，用火常如人体温温然，以御湿润。若火多，则茶燋不可食。蔡襄《茶录》

焙笼法式

茶焙编竹为之，裹以箬叶，盖其上，以收火也，隔其中，以有容也，纳火其下，去茶尺许，常温温然，所以养茶色香味也。茶不入焙，宜密封裹，以箬笼盛之置高处。蔡襄《茶录》

瓶镬汤候

《茶经》以鱼目涌泉连珠为煮水之节，然近世渝茶，鲜以鼎镬，用瓶煮水，难以候视，则当以声辨一沸、二沸、三沸之说。又陆氏之法，以末就茶镬，故以第二沸为合量。而下末若以今汤就茶瓯渝之，当用背二涉三之际为合量。《鹤林玉露》

酌碗汤华

凡酌茶，置诸碗，令沫饽均。沫饽，汤之华也。华之薄者曰沫，厚者曰饽，轻细者曰花。《茶经》

味辨浮沉

候汤最难，未熟则沫浮，过熟则茶沉_⑯。前世谓之蟹眼者，过熟汤也。况瓶中煮之，不可辨，故曰候汤最难。蔡襄《茶录》

点匀多少

凡欲点茶，先须熁盏令热，冷则茶不浮。若茶少汤多，则云脚散。汤少茶多，则粥面聚。同上

卷下全卷补叙诗文

玉泉仙人掌茶<small>答族僧中孚赠</small>　唐　李白

（常闻玉泉山）<small>正集止收序，诗不可遗。</small>

竹间自采茶<small>酬巽上人见赠</small>　唐　柳宗元

（芳丛翳湘竹）

茶山<small>在今宜兴</small>　唐　袁高　（禹贡通远俗）

茶山<small>在今宜兴</small>　唐　杜牧　（山实东吴秀）

喜园中茶生　唐　韦应物　（性洁不可污）

送陆鸿渐栖霞寺采茶　唐　皇甫冉（采茶非采菉）

陆鸿渐采茶相遇　唐　皇甫曾_⑰　（千峰待逋客）

长孙宅与郎上人茶会_⑱　唐　钱起（偶与息心侣）

茶中杂咏(皮陆倡和各十首)

茶坞　（唐　皮日休）（闲寻尧氏山）

和　（唐　陆龟蒙）（茗地曲隈回_⑲）

茶人踏　（皮）（生于顾渚山）

和　（陆）（天赋识灵草）

茶笋　（皮）（褒然三五寸_⑳）

和　（陆）（所孕和气深）

茶籝　（皮）（筼筜晓携去）

和　（陆）（金刀劈翠筠）

茶舍　（皮）（阳崖枕白屋）

和　（陆）（旋取山上材）

茶灶　（皮）（南山茶事动）

和　（陆）（无突抱轻岚）

茶焙　（皮）（凿彼碧岩下）

和　（陆）（左右捣凝膏）

茶鼎　（皮）（龙舒有良匠）

和　（陆）（新泉气味良）

茶瓯　（皮）（邢客与越人）

和　（陆）（昔人谢抠埝）

煮茶　（皮）（香泉一合乳）

和　（陆）（闲来松间坐）

茶岭 唐 韦处厚 （顾渚吴商绝）

咏茶 宋 丁谓㉑ （建水正寒清）

咏茶 唐 郑愚㉒ （嫩芽香且灵）

谢孟谏议寄新茶 唐 卢仝 （日高丈五睡正浓）此诗豪放不让李翰林，终篇规讽不忘忧民如杜工部诗之上乘者，且谈茶事津津有味，正集寥寥收数句，真称缺典。

谢僧寄茶 唐 李咸用 （空门少年初志坚㉓）

西山兰若试茶歌 唐 刘禹锡 （山僧后檐茶数丛）嗜茶十九吾辈此诗亲切有味，熟读可当卢仝七碗不妨全收，观者勿疑重复。

煎茶歌 宋 苏轼 （蟹眼已过鱼眼生）

谢木舍人送讲筵茶 宋 杨诚斋21 （吴绫缝囊染菊水）

茶述 唐 裴汶㉔ （茶起于东晋）以下原阙

注　释

1. 《进新茶表》：原本有目无文。

2. 景陵：即竟陵，北周时置县，五代晋改为景陵，故后人有时并书，清改为天门，即今湖北天门。

3. 《纪异录》：即宋代秦再思《洛中记异录》。

4. 《世说》：即南朝宋刘义庆《世说新语》。

5. 《广陵志传》：陆羽《茶经》引文作《广陵耆老传》。

6. 《金銮密记》：唐末韩偓撰。"金銮"，指皇帝车上的响铃，或代指帝王的车驾。韩偓做过昭宗的翰林学士承旨，是书主要记录宫廷或翰林院故事。

7. 《凤翔退耕传》：一作《凤翔退耕录》，作者不详，是一本有关唐元和时长安官宦生活的笔记杂考。

8. 义兴：即今江苏宜兴。

9. 杜悰（794—873）：京兆万年（今陕西西安）人，尚宪宗女岐阳公主为驸马都尉。历迁京兆尹，擢左仆射兼门下侍郎、同中书门下平章事。未几，出为东川节度使，复镇淮南，再拜相。懿宗时，加太傅，封邠国公。后以疾卒。

10. 此条疑取自李肇《唐国史补》。《中国古代茶叶全书》说《茶录》即《东溪试茶录》，疑说。

11. 此处删节，见明代徐𤊹《蔡端明别纪茶癖》。

12. 此处删节，见明代高元濬《茶乘》。

13. 底本注出处原阙：经查，此似据吴淑《事类赋注》毛文锡《茶谱》引文等辑缀而成。

14. 《鸿渐小传》：疑是陈继儒据《新唐书·陆羽传》等撮录而成。

15. 此据《茶经·一之源》节录。

16. 此出陈耀文《天中记》，《天中记》则由陆羽《茶经·八之出注》摘抄而来。

17. 绍圣：《宣和北苑贡茶录》记南山应瑞为"宣和四年造"，清人汪继壕按称《天中记》"宣和"作"绍圣"，是此从《天中记》。

18. 此处删节，见宋代宋子安《东溪试茶录·茶病》。

19. 此据《负暄杂录》，而《负暄杂录》则主要参考《宣和北苑贡茶录》编录。《负暄杂录》：宋顾逢撰。逢吴郡人，字君际，号梅山樵叟，居室名"五字田家"，人称"顾五言"。后辟吴县学官。除《负暄杂录》外，还有《船窗夜话》等笔记小说和诗集。

20 此处删节，见明代高元浚《茶乘》。

21 杨诚斋：即杨万里（1127—1206），字廷秀，诚斋是其号。宋吉州吉水（今江西吉安）人，高宗绍兴二十四年进士，任零陵丞。孝宗初知奉新县，擢太常博士、广东提点刑狱，进太子侍读。光宗立，召为秘书监，出为江东转运副使。工诗，自成诚斋体，与尤袤、范成大、陆游号称南宋四大家。有《诚斋集》。

校　　勘

① 原作"茸城眉公陈继儒采辑"。

② 岂忘：底本原脱"忘"字，据《茶经》径补。

③ 人或异之："人"字，底本无，据陆羽《茶经》引文补。

④ 《鹤林玉露》：此出处底本原缺，据海山仙馆丛书本（简称海山本）补。

⑤ 举岩碧乳。宣城之阳坡横纹："乳"字、"宣"字，底本原形误作"貌"字和"宜"字，据毛文锡《茶谱》等有关文献改。

⑥ "运合"，其他有些书和版本，作"莲合"。

⑦ 见《茶论》：《茶论》有沈括所撰本，但书似早佚，所录为各地茶名。"论"可能为"谱"字之误，应是毛文锡《茶谱》。

⑧ 西平县："酉"字底本原形误作"西"，据《广州记》径改。

⑨ 山挺十二等，以充国贡：在"等"字下，《文献通考》原文还有"龙、凤皆团片……乳以下皆阔片"28字的双行小字注，本文录时略。下面在"洎本路食茶"下面，亦删小字注33字。另"以充国贡"，"国"字，《文献通考》原文为"岁"字。

⑩ 巴陵："巴"字，底本形误作"已"字，据《文献通考》原文改。

⑪ 琼林毓粹："粹"字，底本原音误作"瑞"字，据《宣和北苑贡茶录》改。下同。

⑫ "并宣和时"以下，海山本及丛书集成本，全部刊作双行小字。

⑬ 水芽："水"字，本文各本原均刻作"冰"字，据《宣和北苑贡茶录》改。

⑭ 惟白茶与胜雪，惊蛰前兴役："前"字，底本和海山本等各本，有的作"惊蛰"，有的作"惊蛰后"兴役，本身就不统一，《宣和北苑贡茶录》原文作"前"，据原文径改。

⑮ 《茶录》：疑为毛文锡《茶谱》之误。

⑯ 未熟则沫浮，过熟则茶沉：本文各本，"沫"字、"茶"字，皆刊作"味"字，误作"未熟则味浮，过熟则味沉。"

⑰ 唐皇甫曾：底本原署作"前人"。接上诗《送陆鸿渐山人采茶回》，指仍为"皇甫冉"，误。据《全唐诗》改。

⑱ 长孙宅与郎上人茶会：《全唐诗》"长"字前，还多一"过"字，作"过长孙宅与郎上人茶会。"

⑲ 茗地曲隈回："回"字，底本作"同"，似误，据《全唐诗》改。

⑳ 褎然三五寸："褎"字，底本作"衰"，疑误，据《全唐诗》改。褎（一）音 xiù，同袖；（二）音 yòu，此作生长、长高讲。《诗·大雅·生民》："实方实苞，实种实褎"即是。

㉑ 宋丁谓：底本无署作者，此据海山本补。

㉒ 唐郑愚：底本和各本原均误作"宋郑遇"，据《全唐诗》径改。

㉓ 空门少年初志坚："志"字，各本作"行"字，据《全唐诗》改。

㉔ 唐裴汶：底本作"宋斐汶"，似应作"唐裴汶"，径改。

蒙史 | 明 龙膺 撰

作者及传世版本

　　龙膺,湖广武陵人,字君善、一字君御。万历八年进士。授徽州府推官,转理新安,治兵湟中,官至南京太常卿。晚与袁宏道相善。有《九芝集》。因为由本文前序作者朱之蕃的题署可知,之蕃自称是《蒙史》有龙膺门人朱之蕃题辞。之蕃金陵人,万历二十三年状元,官至吏部侍郎。曾出使朝鲜,人仰其书画,以貂皮、人参乞讨,他用之收买法书、名画、古器。回国后,请调南京锦衣卫,收藏"甲于南都"。其为《蒙史》题辞,在万历四十

年(1612),可能已当龙膺晚年,为南京太常卿时。

　　《蒙史》,《中国古代茶叶全书》引《周易正义》释卦,称"蒙"为"泉",《蒙史》即为泉史"。万国鼎《茶书总目提要》评价它"杂抄成书,无甚意义。"然而我们发现,它并不是一本粗劣之作,而是经过撰者选择、加工,并补充有自己之见闻和看法的一部茶书。如松萝茶条一节,记述松萝茶的制作工艺,就很宝贵。

　　本文只有喻政《茶书》一个版本。

原　　文

题辞

　　壶觞、茗碗,世俗不啻分道背驰,自知味者,视之则如左右手,两相为用,缺一不可。颂酒德,赞酒功,著茶经,称《水品》,合之双美,离之两伤。从所好而溺焉,孰若因时而迭为政也。吾师龙夫子,与舒州白力士铛,夙有深契,而于瀹茗品泉,不废净缘。顷治兵湟中[1],夷虏款塞,政有余闲,纵观泉石,扶剔幽隐。得北泉,甚甘烈,取所携松萝、天池、顾渚、罗岕、龙井、蒙顶诸名茗尝试之,且著《醒乡记》,以与王无功。千古竞爽,文围

颉颃,破绝塞之颛蒙,增清境之胜事。乃知天地有真味,不在羶[2]酪、姜椒、饘腥、盐豉间。而雅供清风,且推而与擐甲、关弧、荷毡披氁者共之矣。不肖蕃曩侍宴欢,辄困惫于师之觞政。所幸量过七碗,不畏水厄耳。恨不能缩地南国,览胜湟中,听松风,观蟹眼,引满醉茶于函丈之前,以荡涤尘情,消除杂念也。日奉斯编,用为指南,辄不自谅小巫之索然,敬缀数语,以就正焉。

万历壬子岁春正月,江左门人
朱之蕃[3]书于□椀斋

泉品述

醴泉，泉味甜如酒也。圣王在上，德普天地，刑赏得宜，则醴泉出。食之，令人寿考。

玉泉，玉石之精液也。《山海经》：蜜山出丹水中，多玉膏，其源沸汤，黄帝自食。《十洲记》：瀛洲玉石，高千丈。出泉如酒，味甘，名玉醴泉，食之长生。又方丈洲有玉石泉，昆仑山有玉水。元洲玄涧，水如蜜浆，饮之与天地相毕。又曰：生洲之水，味如饴酪。

《淮南子》曰：昆仑四水者，帝之神泉，以和百药，以润万物。

《括地图》曰：负丘之山，上有赤泉，饮之不老。神宫有英泉，饮之眠三百岁，乃觉，不知死。

《瑞应经》曰：佛持钵到迦叶[4]家受饭，而还于屏处。食已，欲澡漱。天帝知佛意，即下以手指地，水出成池，令佛得用，名为指地池。

如来八功德水：一清、二冷、三香、四柔、五甘、六净、七不咽、八蠲痾。梁胡僧昙隐[5]寓钟山，值旱，有眉叟语曰："予山龙也，措之何难？"俄而一沼沸出。后有西僧至，云："本域八池，已失其一。"

梁天监初，有天竺僧智药[6]，泛舶曹溪口，闻异香，掬尝其味，曰："上流必有胜地。"遂开山立石，乃云："百七十年后，当遇无上法师在此演法。"今六祖南华寺是也。

梁景泰禅师，居惠州宝积寺，无水，师卓锡于地，泉涌数尺，名卓锡泉。东坡至罗浮，入寺饮之，品其味，出江水远甚。

大庾岭云封寺东泉，自石穴涌出，甘冽可爱。大鉴禅师[7]传钵南归，卓锡于此。

《武陵廖氏谱》云："廖平以丹砂三十斛，冥所居井中，饮是水以祈寿。"《抱朴子》曰："余祖鸿胪，为临沅令。有民家饮丹井，世寿考，或百岁，或八九十岁"，即廖氏云。又西湖葛井，乃稚州炼所，在马家园。役淘井，出石匣，中有丹数枚，如芡实，啖之无味，弃之。有施渔翁者，抬一粒食之，寿一百六岁。此丹水尤难得。

翁源山顶石池，有泉八，曰涌泉、香泉、甘泉、温泉、震泉、龙泉、乳泉、玉泉。相传一庞眉叟时见池中，因名翁水。居人饮此多寿。

柳州融县灵岩[8]上，有白石，巍然如列仙。灵寿溪贯入岩下，清响作环佩声。旧传仙史投丹于中，饮者多寿。

《列居传》曰：负局先生止吴山绝崖，世世悬药与人，曰：吾欲还蓬莱山，为汝曹下神水，(涯)头一旦有水，白色从石间来下，服之多所愈。以上皆灵泉。

《尔雅》曰：河出昆仑墟，色白。又曰：泉，一见一否为瀸。又滥泉：正出，正涌出也；沃泉，悬出，悬下出也；泛泉，仄出，仄旁出也。湟中北石泉，自仄出。

石，山骨也；流，水行也。山宣气以产万物；气宣则脉长，故陆鸿渐曰："山水上②。"

江，公也；众水共入其中，则味杂，故曰"江水中"。惟扬子江金山寺之中泠，则夹石渟渊，特入首品，为天下第一泉③。

御史李季卿至维扬[9]，逢陆鸿渐，命军士入江赴南泠取水。及至，陆以杓扬水尝之，俄曰："非南泠，临岸者乎！"倾至半，遽曰："止，是南泠矣！"使者乃吐实。李与宾从皆大骇，因问历处之水。陆曰："楚水第一,晋水最下。"因命笔口授而次第之。南泠即仲泠也。

慧山[10]源出石穴,陆羽品为第二泉,又名陆子泉。李德裕在中书,自毗陵至京,置驿递,名水递。人甚苦之。有僧诣曰:"京都一眼井与惠泉脉通。"公笑曰:"真荒唐也,井在何坊曲?"僧曰:"昊天观常住库后是也。"公因取惠山一罂,昊天一罂,杂他水八罂,遣僧辨析。僧啜之,止取惠山、昊天二水,公大奇叹,水递遂停。

李赞皇有亲知奉使金陵者,命置中泠水一壶。其人举棹忘之,至石头城,乃汲一瓶归献。李饮之曰:"江南水味变矣,此何似建业城下水也!"其人谢过。膺令军吏取湟之北泉,吏乃近取南泉以代。予尝而别之曰:"非北泉也",吏不敢隐。

王仲至谓:尝奉使至仇池[11],有九十九泉,万山环之,可以避世如桃源。

有龙泉出允街谷,泉眼之中水文成蛟龙。或试挠破之,寻平成龙。牛马诸兽将饮者,皆畏辟而走,谓之龙泉。

白乐天《庐山草堂》记云:堂北五步处,层崖积石,绿阴蒙蒙,又有飞泉,植茗就以烹燀,好事者见可以永日。

东坡知扬州时,与发运使晁端彦[12]、吴倅[13]、晁无咎[14]大明寺汲塔院西廊井与下院蜀井二水校高下,以塔院水为胜。

东坡云:惠州之佛院东汤泉、西泠泉,雪如也。杭州灵隐寺亦有泠泉亭。

琼州三山庵下,有泉味类惠山。东坡名之曰"惠通井"而为之记。

庐州东有浮槎山,梵僧过而指曰:"此耆阇一峰也,顶有泉,极甘。"欧阳公作记。

卢城[15]官宅,井苦。李锡为令,变为甘泉。张掖南城亦有泉,甚甘,因名。

茫文正公[16]镇青,兴龙僧舍西南洋溪中,有醴泉涌出。公构一亭泉上,刻石记之。青人思公之德,目曰"范公泉"。环古木蒙密,尘迹不到,去市廛才数百步,如在青山中。自是幽人逋客,往往赋诗鸣琴,烹茶其上,日光玲珑,珍禽上下,真物外游也。欧阳文忠[17]、刘翰林贡父[18]赋诗刻石,及张禹功[19]、苏唐卿[20]篆石榜之。亭中最为营丘佳处。

承天紫盖山,当阳道书三十三洞天。林石皆绀色,下出彩水,香甘异常。

荆门[21]两峰,对起如娥眉,上有浮香、漱玉诸亭,为游憩之所。山麓二泉,北曰蒙,南曰惠。泉以陆象山[22]守是州而重,至今州人德之,祠貌陆公于池上。膺饮湟之北泉,甚洌,合名曰蒙惠。以泉自山下出,故曰蒙;味如惠泉,故曰惠。

河中府[23]舜泉坊,二井相通。祥符中,真宗祠汾驻跸蒲中,车驾临观,赐名"孝广泉",并以名其坊,御制赞纪之。蒲滨河,地卤泉咸,独此井甘美,世以为异。

济南水泉清冷,凡七十二。如舜泉、瀑流、真珠、洗钵、孝感、玉环之类,皆奇。曾子固[24]诗,以瀑流为趵突泉为上。又杜康泉,康汲此酿酒,或以中泠及惠泉称之,一升重二十四铢,是泉较轻一铢。

南康城西有谷帘泉,水如帘,布岩而下者三十余派[25],陆羽品其味第一。

王禹偁云:康王谷④为天下第一水,帘高三百五十丈,计程一月,其味不变。

泉州城北泉山,一名齐云,岩洞奇秀,上有石乳,泉清洌甘美。又泰宁石门有飞泉,垂岩而下,甚甘,名甘露岩。

建宁城中凤皇山[26]下,有龙焙泉,一名御泉,宋时取此水造茶入贡。

福宁[27]龙首山西麓,有泉曰圣泉,甘洌,可愈疾。

彬州城南有香泉,味甘洌。属邑兴宁有程乡水,亦美。

蕲水凤栖山下,有陆羽泉。《经》谓天下第三泉。

夔州[28]梁山、蟠龙山中,崖高数十丈,飞涛喷薄如雾。张育英游此题云:泉味甘洌,非陆羽莫能辨。

卫郡苏门[29]山下有百门泉,泉上喷如珠,下有瑶草。先君玄扈公理辉[30],有惠政,辉人祠貌先君子泉石之上。

内乡天池山上有池,《山海经》云:"帝台之浆也,可愈心疾。"又有菊潭,崖旁产甘菊,饮此水多寿。《风俗通》[31]云:内乡山硐有大菊,硐水从山流,得其花味,甚甘美。

螯屋玉女洞有飞泉,甘且洌。苏轼过此,汲两瓶去,恐后复取为从者所绐,乃破竹作券,使寺僧藏之,以为往来之信,戏曰调水符。

严陵钓台下,水甚清激,陆羽品居第十九。

《寰宇记》南剑州天阶山乳泉,饮之登山岭如飞。乳泉、石钟乳,山骨之膏髓也。色白体重,极甘而香若甘露。

武陵郡[32]卓刀泉,在仙婆井傍。汉寿亭侯[33]过此渴甚,以刀卓地出泉。下有奇石,脉与武陵溪通,即涝水不溢,大旱不竭也。后人嘉其甘洌,又名清胜泉。予恒酌之,与南泠等。沅湘间故多佳水,此其一焉。

泉非石出者,必不佳。故《楚词》云:"饮石泉兮荫松柏。"皇甫曾《送陆羽》诗:"幽期山寺远。野饮石泉清。"

东坡白鹤山新居,凿井四十尺,遇盘石;石尽,乃得泉。有"一勺亦天赐,曲肱有饮欢"之句。

东坡《洞酌亭》诗引:"琼山郡东,众泉爵发,然皆洌而不食。"轼南迁过琼,始得双泉之甘于城之东北隅,以告其人,自是汲者常满。泉相去咫尺而异味。庚辰岁,迁于合浦,复过之,太守陆公求泉上亭名,与诗,名曰"洞酌"。又《廉泉诗》:"水性故自清,不清或挠之。君看此廉泉,五色烂摩尼。廉者为我廉,我以此名为。有廉则有贪,有慧则有痴。谁为柳宗元,孰是吴隐之[34]。渔父足岂洁,许由耳何淄。纷然立名字,此水了不知。毁誉有时尽,不知无尽时。揭来廉泉上,将须看须眉。好在水中人,到处相娱嬉。"

古法凿井者,先贮盆水数十,置所凿之地,夜视盆中有大星异众星者,必得甘泉。范文正公所居宅,必先浚井,纳青木数斤于其中,以辟瘟气。

山木欲秀,荫若丛恶则伤泉,虽未能使瑶草琼花披拂其上,而修竹幽兰自不可少。

作屋覆泉,不惟杀风景,亦且阳气不入,能致阴损。若其小者,作竹罩笼之,以防不洁可也。

移水取石子置瓶中,虽养泉味,亦可澄水,令之不淆。黄鲁直《惠山泉》诗:"锡谷寒泉撑石俱"是也。撑音妥。择水中洁净白石带泉煮之,尤妙。

凡临佳泉,不可容易漱濯,犯者每为山灵所憎。尤忌以不洁之器汲之。

泉最忌为妇女所厌。予除治北泉,设祭躬祷,泉脉益甚,若有神物护之。数日后,闻亦有妇往汲,见巨蛇入坎中。妇大悸还,及舍死。自是村妇相诫,罔敢汲焉。张参戎[35]希孟、沈参戎应蛟于坐间言之,亦大异事也,并识于后。

泉坎须越月淘之，庶无阴秽之积。尤宜时以雄黄下坠坎中，或涂坎上，去蛇毒也。

予读《甫里先生[36]传》曰，先生嗜荈，置园于顾渚山下，岁入茶租十许薄，自为《品第书》一篇，继《茶经》、《茶诀》之后。《茶经》陆羽撰，《茶诀》皎然撰。南阳张又新尝为《水说》[35]，凡七等：其一曰惠山寺石泉，其三曰虎丘寺石井，其六曰吴淞江。是三水距先生远不百里，高僧逸人时致之，以助其好。先生始以喜酒得疾，血败气索者二年，而后能起。有客生亦洁罇置觯，但不服引满向口尔。膺嗜荈、嗜泉，有如甫里，而近以饮伤肺，亦誓不引满向口，自命醒翁，更为同病。至若所云寒暑得中，体性无事，乘小舟，设蓬席，赍一束书、茶灶、笔宝、钓具而已。自称江湖散人，则窃有志而欣慕焉。甫里先生者，唐吴淞陆鲁望也。

下卷[6]

茶品述

《尔雅》曰：槚，苦茶。早采者为茶，晚采者为茗。

建州北苑[7]先春龙焙，洪州西山白露、双井、白茅鹤顶，安吉州[8]顾渚紫笋，常州义兴紫笋、阳羡，春池阳凤岭，睦州鸠坑，宣州阳坑，南剑蒙顶、石花、露钑、钑牙[9]，南康云居，峡州碧涧明月，东川兽目，福州方山露芽，寿州霍山黄芽，蜀雅州蒙山顶有露芽、谷芽，皆云火前者，言采造于禁火前。蕲门团黄，有一旗二枪之号，言一叶三芽[10]也。潭州铁色茶，色如铁。湖州紫笋，湖州金沙泉，州当二郡界，茶时一收，毕至泉处拜祭，乃得水。

《梦溪笔谈》曰：茶芽，古人谓之雀舌、麦颗[11]，言至嫩也。今茶之美者，其质素良，而所植之土又美，则新芽一发，便长寸余，其细如针。唯芽长为上品，以其质榦[12]、土力皆有余故也。如雀舌、麦粒，极下材耳。

建茶胜处曰郝源、曾坑，其间又垄根、山顶二品尤胜。李氏时[37]，号为北苑，置使领之。

焦坑产庾岭下，味苦硬，久方回甘。"浮石已干霜后火，焦坑新试雨前茶"，坡南还回至章贡显圣寺诗也。然非精品。

熙宁后，始贵密云龙。每岁头纲修贡奉宗庙、供玉食也。赍臣下无几，戚里贵近丐赐尤繁。宣仁一日慨叹曰："令建州今后不得造密云龙，受他人煎炒不得。"由是密云龙名益著。

建茶盛于江南，龙团茶最上，一斤八饼。庆历中，蔡君谟为福建运使，始造小团充贡，一斤二十饼，所谓上品龙茶也。仁宗尤所珍惜，惟郊祀致斋之夕，两府各四人共赐一饼，宫人镂金为龙凤花贴其上。欧阳公诗"拣芽名雀舌，赐茗出龙团"，是也。饼制碾法，今废不用。

鸿渐有云："烹茶于所产处无不佳，盖水土之宜也。况旋摘旋瀹，两及其新耶？"今武陵诸泉，惟龙泓入品，而茶亦惟龙泓山为最。兹山深厚高秀，为两山主，故其泉清寒甘香，雅宜煮茶。又其上为老龙泓，寒碧倍之，其地产茶为难。北山绝顶，鸿渐第钱塘、天竺、灵隐者品下，当未识此。郡志亦只称宝云、香林、白云诸茶，皆弗能及龙泓也。

名山，属雅州魏蒙山也。其顶产茶，《图经》云："受阳气全，故香。"今四顶园茶不废，惟中顶草木繁，重云积〔雾〕[13]，蛰兽时出，人罕到者。青州有蒙山，产茶味苦，亦名蒙顶茶。

南昌西山鹤岭，产茶亦佳。

武夷山茶，佳品也。泰宁亦产茶。蔡襄有《茶谱》[38]。

六安茶，用大温水洗净去末，用罐浸卤亢好沸水，用可消夙醒。泸州茶，可疗风疾。

今时茶法甚精，虎丘、罗岕、天池、顾渚、松萝、龙井、雁荡、武夷、灵山、大盘、日铸诸茶为最胜，皆陆经所不载者。乃知灵草在在有之，但人不知培植，或疏于制法耳。

楚地如桃源、安化，多产茶，第土人止知蒸法如罗岕耳。若能制如天池、松萝，香味更美。吾孝廉兄君超[39]，置有茶山，园在桃源[40]郑家驿西南二十里。岩谷奇峭，涧壑幽靓，居人以茶为业，耕石田而茶味浓厚。近稍稍知炒焙法。

松萝茶，出休宁松萝山，僧大方所创造。予理新安时，入松萝亲见之，为书《茶僧卷》。其制法，用铛磨擦光净，以干松枝为薪，炊热候微炙手，将嫩茶一握置铛中，札札有声，急手炒匀，出之箕上。箕用细篾为之，薄摊箕内，用扇搧冷，略加揉按。再略炒，另入文火铛焙干，色如翡翠。

汤太嫩则茶味不出，过沸则水老而茶乏。惟有花而无衣，乃得点瀹之候。子瞻诗[41]云："蟹眼已过鱼眼生，飕飕欲作松风鸣。"山谷诗云："曲几蒲团听煮汤，煎成车声绕羊肠。"二公得此解矣。

李约云：茶须缓火炙、活火煎。活火，谓炭火之有焰者。苏公诗："活火仍须活水烹"是也。山中不常得炭，且死火耳，不若枯松枝为妙[14]。若寒月，多拾松实，蓄为煮茶之具更雅。北方多石炭，南方多木炭，而蜀又有竹炭；烧巨竹为之，易燃无烟耐久，亦奇物。

《清波杂志》曰：长沙匠者，造茶器极精致，工直之厚，等所用白金之数。士夫家多有之，置几案间，但以侈靡相夸，初不常用。司马温公偕范蜀公游嵩山，各携茶往。温公以纸为贴，蜀公盛以小黑合。温公见之，惊曰："景仁乃有茶器。"蜀公〔闻其言〕[15]，遂留合与寺僧。

又曰：饶州景德镇，陶器所自出，于大观间窑变，色红如朱砂，谓荧惑躔度临照而然。物反常为妖，窑户亟碎之。时有玉牒防御使仲楫[16]，年八十余，居〔于〕[17]饶，得数种，出以相示，云："比之定州红瓷器，〔色〕[18]尤鲜明。越上秘色器，钱氏有国日供奉之物，不得臣下用，故曰秘色。"

又汝窑，宫中禁烧，内[19]有玛瑙末为釉。唯供御，拣退方许出卖，近尤难得。

昭代[42]宣、成、靖窑器精良，亦足珍玩。

茶有九难，阴采夜焙，非造也；嚼味嗅香[20]，非别也；膏薪庖炭，非火也；飞湍壅潦，非水也；外熟内生，非炙也；碧粉缥尘，非末也；操艰搅遽，非煮也；夏兴冬废，非饮也；膻鼎腥瓯[21]，非器也。

王肃初入魏，不食酪浆，唯渴饮茗汁，一饮一斗，人号为漏卮。后与高祖会，乃食酪粥。高祖怪之。肃言唯茗不中与酪作奴[22]，因此又号茗饮为酪奴。

和凝[43]在朝，率同列递日以茶相饮，味劣者有罚，号为汤社。建人亦以斗茶为茗战。

陆羽，沔人。字鸿渐，号桑苎翁，诏拜太常不就，寓居广信郡北茶山中。一号东冈子。嗜茶，环植数亩。善品泉味，称歠茗[23]者宗焉。羽著《茶经》，常伯熊复著论推广之。

李季卿宣慰江南，至临淮，知伯熊善茶，乃请伯熊。伯熊著黄帔衫乌纱帻，手执茶器，口通茶名，区分指点，左右括目㉔。茶熟，李为歠两杯。既到江外，复请陆。陆衣野服，随茶具而入，如伯熊故事。茶毕，季卿命取钱三十文酬博士。鸿渐夙游江介，通狎胜流，遂收茶钱、茶具雀跃而出，旁若无人。

觉林院僧志荣，收茶为三等，待客以惊雷荚，自奉以萱华带，供佛以紫茸香。紫茸，其最上也。客赴茶者，皆以油囊盛余沥而归。

王蒙好茶，人过辄饮之，士大夫甚以为苦。每欲候蒙，必云今日有水厄。

学士陶谷，得党太尉家姬。取雪水煎茶，曰：党家应不识此。姬曰："彼武人，但能于销金帐下，饮羊羔酒尔。"

唐肃宗，赐张志和奴婢各一，志和配之，号渔童、樵清。渔童捧钓收纶，芦中鼓枻。樵青苏兰薪桂，竹里煎茶。

《避暑录》裴晋公⁴⁴诗云："饱食缓行初睡觉，一瓯新茗侍儿煎。脱巾斜倚绳床坐，风送水声来耳边。"公自得志，吾山居享此多矣。今岁新茶适佳，夏初作小池，导安乐泉注之，亦澄彻可喜。

雅州，山曰中顶。有僧病冷，遇老艾曰：仙家有雷鸣茶，候雷发声，于中顶采摘一两。服末竟病瘥，精健至八十余，入青城山不知所之。李德裕入蜀，得蒙饼沃汤，移时尽化者乃真。

卢仝居东都，韩昌黎喜其诗。性嗜茶，有《谢孟谏议茶歌》，曰"纱帽笼头自煎吃"。

欧阳文忠公《尝新茶》诗："泉甘器洁天色好，坐中拣择客亦佳㉕。停匙侧盏试水路，拭目向空看乳花。"又诗㉖有云："吾年向老世味薄，所好未衰惟饮茶。""泛泛白花如粉乳，乍见紫面生光华。""论功可以疗百疾，轻身久服胜胡麻。"又《双井茶诗》："西江水清江石老，石上生茶如凤爪。穷腊不寒春气早，双井芽生先百草。"又《送龙茶与许道士》绝句："我有龙团古苍璧，九龙泉深一百尺。凭君汲井试烹之，不是人间香味色。"

东坡《种茶》诗略曰："松间旋生茶，已与松俱瘦。""紫笋虽不长，孤根乃独寿。移栽白鹤岭，土软春雨后。弥旬得连阴，似许晚遂茂。""未任供臼磨，且作资摘嗅。千团输大官㉗，百饼炫私斗。何如此一啜，有味出吾圃。"膺亦有种茶诗。公《汲江煎茶》诗"活水还须活火烹，自临钓石取深清。大瓢贮月归春瓮，小杓分江入夜瓶。茶雨已翻煎处脚，松风忽作泻时声。枯肠未易禁三碗，坐数荒村长短更。"又《谢毛正仲惠茶》诗："缪为淮海帅，每愧厨传缺。空烦火泥印，远致紫玉玦。坐客皆可人，鼎器手自洁。金钗候汤眼，鱼蟹亦应诀。遂令色香味，一日备三绝。"

东坡云：到杭一游龙井，谒辨才遗像，持密云团为献龙井。孤山下有石室，前有六一泉，白而甘。湖上寿星院，竹极伟。其傍智果院，有参寥泉、及新泉，皆甘冷异常，当时往一酌。

建安能仁院，有茶生石岩间，僧采造得茶八饼，号石岩白㉘。以四饼遗蔡襄，以四饼遗王内翰禹玉。岁余，蔡被召还阙，过禹玉。禹玉命子弟于茶笥中㉙选精品碾以待蔡。蔡捧茶未尝，辄曰，"此极似能仁石岩白，公何以得之？"禹玉未信，索帖验之，果然。

周煇《清波杂志》曰：煇家惠山㉚，泉石皆为几案物。亲旧东来，数闻松竹平安信，且时致陆子泉，茗碗殊不落莫。然顷岁亦可致于汴都㉛，但未免瓶盎气，用细沙淋过，则如新汲时，号折洗惠山泉。天台〔山〕㉜竹沥水，断竹稍屈而取之盈瓮，若杂以他水，则亟败。苏才翁与蔡君谟比茶㉝，蔡茶精，用惠山泉；苏〔茶少〕劣㉞，用竹沥水煎，遂能取胜㉟。此说见江邻几所著《嘉祐杂志》。㊱双井因山谷而㊲重。苏魏公尝云："平生荐举不知几何人，唯孟安序朝奉，〔分宁人〕㊳，岁以双井一瓮为饷。"盖公不纳苞苴，顾独受此，其亦珍之耶㊴？

罗高君《茶解》云：山堂夜坐，手烹香茗，至水火相战，俨听松萝，倾泻入瓯，云光缥缈，一段幽趣，故难与俗人言。

注　　释

1　湟中：指今青海西宁一带的湟水流域。现青海湟中县是后建的。隋置湟中县，治所位于今青海乐都，唐安史之乱时为吐蕃所占，废。

2　羬(tóng)：旧指无角的羊。

3　朱之蕃：字元介，号兰嵎，山东茌平(今属山东)人，著籍金陵。万历二十三年(1595)状元，官至吏部侍郎，出使朝鲜，尽却赠贿。工书画，朝鲜人来乞书，以貂皮、人参为酬，之蕃斥以买书画、古器，收藏遂甲于南都。有《奉使稿》。

4　迦叶：唐代时竺僧。本住中印度大菩提寺。贞观间入唐，止于长安经行寺，与阿难律等译出《功德天法经》等。

5　梁胡僧昙隐：疑即指北齐高僧昙隐，慧光弟子，精律部，与道乐齐名。初住邺都大衍寺，后迁大觉寺，年六十三岁寂。

6　天竺僧智药(？—525)：梁武帝天监元年(502)至韶州曹溪水口，开山立石宝林，住罗浮，创宝积寺。后往韶，又开檀特寺、灵鹫寺。

7　大鉴禅师：疑即明高僧圆镜(？—1465)，号大鉴，临汾人，早岁出家，游心贤首讲肆，悟诸经幽旨。尝游平县隰州妙楼山石室寺，为众说法。后寂于北门瓦窑坡。

8　融县灵岩：融县，明洪武十年(1377)降融州置，治所位于今广西融水苗族自治县。融县1952年改为融安县。灵岩：即灵岩山，在广西融水苗族自治县西南真仙岩，北宋咸丰中改真仙岩。

9　维扬：即扬州。

10　慧山：即惠山。

11　仇池：此非指北朝时所置仇池郡或仇池县，因不久即改废，此当是指仇池镇，北魏时置，位今甘肃西和县西南，近仇池山，一名翟堆，又名百顷山。

12　晁端彦(1035—？)：宋澶州清丰人，字美叔。登进士第，《万姓统谱》载称其历秘书少监，开府仪同三司，"文章书法，为朝野所崇尚"。

13　吴倅：宋仁宗、英宗、神宗时士人，能诗，余不详。

14　晁无咎：即晁补之(1053—1110)，宋济州巨野人，"无咎"是其字，号济北，自号归来子。神宗元丰二年进士，哲宗元祐初为太学正，累迁著作佐郎；徽宗时历礼部郎中，兼国史编修、实录检讨官。工书画诗词，为书门四学士之一。有《鸡肋集》、《琴趣外篇》。

15　卢城：古西域无雷国都，在今新疆塔什库干塔吉克自治县。

16　范文正公：即范仲淹,卒谥文正。

17　欧阳文忠：即欧阳修,卒谥文忠。

18　刘翰林贡父：即刘攽(1022—1089),字贡父,号公非,北宋临江新喻(今江西新余)人。庆历六年进士,初历仕州县二十年,后任国子监直讲、秘书少监等职,官终中书舍人。博学能文,曾协助司马光修《资治通鉴》,有《彭城集》、《公非集》、《中山诗话》等。

19　张禹功：宋人,能诗善书,余不详。

20　苏唐卿：宋人,能诗善书,仁宗时官殿中丞。尝知费县,嘉祐(1056—1063)中书欧阳修《醉翁亭记》,刻石于费之县斋,记后并附唱和诗。

21　荆门：指荆门山,一名郢门山,在今湖北宜都县西北长江南岸。

22　陆象山：即陆九渊(1139—1193),字子静,号象山翁,世称象山先生。陆九思弟。宋抚州金溪人,乾道八年进士。光宗时,知荆门军,创修军城,以固边防,甚有政绩。卒谥文安。与朱熹齐名,但见解多不合,主"心即理"说,有《象山先生全集》。

23　河中府：唐开元八年(720)以蒲州升置,治所位河东县(今山西永济县西南蒲州镇),明洪武二年又降为蒲州。

24　曾子固：即曾巩(1019—1083),子固是其字,建昌军南丰人,世称南丰先生,嘉祐二年进士,历知齐、襄、洪、福诸州,所至多有政绩。元丰时,擢中书舍人。长于散文,为唐宋八大家之一。有《元丰类稿》。

25　泒(pài)：同"派"。指水的支流。

26　建宁城中凤皇山：此指宋绍兴升建州所置的建宁府,或至元二十六年(1289)以建宁府改置的建宁路。治所均在今福建的建瓯县,但凤皇山不在城中,在城东原宋时北苑贡焙故址。

27　福宁：即福宁州或福宁县和府。福宁州,元至元二十三年(1286)升长溪县置。明洪武二年(1369)降为县,成化九年(1473)复为州。清雍正十二年升为府,治所均在今福建霞浦县。

28　夔州：唐武德二年(619)以信州改名。元至元十五年(1278)改为夔州路,明洪武四年(1371)改为府。治所在今四川奉节县。

29　卫郡苏门：即魏州苏门县。卫州,北周宣政元年(578)置,治位朝歌县(今河南淇县)。隋大业初改置汲郡,移治卫县(今淇县东),唐武德初复为卫州。金大定二十六年(1186)移治共城县,后改河平县,继改苏门县。后来改迁还多,即今河南辉县。

30　玄扈公理辉："玄扈公"即徐光启(1562—1633),明松江府上海人。字子先,号玄扈。万历三十二年进士。理辉,指其曾任职河南辉县,天启间累官礼部右侍郎,为魏忠贤劾罢。崇祯元年召擢礼部尚书。早年在南京结识利玛窦,从学天文、数学。平生常言："富国需农,强国需军",著农学巨著《农政全书》一部,常议造炮、练兵,均颇切实际。

31　《风俗通》：即东汉应劭所撰的《风俗通义》。

32　武陵郡：汉高帝置,治所在义陵县(今湖南溆浦南),隋开皇九年改为朗州,唐天宝初复为武陵郡。后废。

33　汉寿亭侯：即关羽(?—220),字云长,汉末亡命奔涿,从刘备起兵。汉献帝建安五年,曹操东征,备奔袁绍,羽为曹操所俘,拜偏将军,礼遇优渥,羽为曹操斩袁绍部将颜良,以功曹封其为"汉寿亭侯"。后辞曹归刘备。

34　吴隐之：即吴筠,唐华州华阴人,字贞节。举进士不中,先隐南阳山学道,玄宗天宝时召入京,为待诏翰林,高力士短之,遂固辞为嵩山,后东入会稽剡中卒,弟子私谥其为宗元先生。

35 参戎：明代武官参将的俗称，明方以智《通雅·官制》："今之参将，本参戎之意也。"指参谋军务。清代因之。张希孟、沈应蛟查未见。

36 甫里及下面提及的鲁望，均为唐陆龟蒙（？—约881），字鲁望，自号江湖散人，甫里先生，又号天随子。曾任苏、湖二州从事，后隐居松江甫里。今传有乾符六年（879）自编《笠泽丛书》四卷，及宋人辑录《甫里先生集》二十卷，《全唐文》收录其文二卷，《全唐诗》收录其诗十四卷。

37 李氏时：此具体指南唐元宗李璟保大年间。

38 蔡襄有《茶谱》："谱"系"录"之误，将蔡襄《茶录》误作《茶谱》，在屠本畯《茗笈》中便见。《中国古代茶叶全书》为此作注时存疑称："蔡襄《茶谱》，历代书本不载。《茶谱》似为《茶录》之误，然《茶录》中未见泰宁产茶之记录。""武夷山茶，佳品也。泰宁亦产茶。蔡襄有《茶谱》。"是龙膺所写三并列句，"泰宁亦产茶"，非蔡襄《茶录》内容。

39 孝廉兄君超："孝廉"非名非字，是明清时对举人的称呼。"君超"，才是龙膺兄的字。

40 桃源：即桃源县，此指今湖南桃源县。宋武德中拆武陵县置，元贞元初升为州，明洪武二年（1369）复降为县。

41 子瞻诗：即苏轼《试院煎茶》诗。

42 昭代：昭，光耀、明亮，"昭代"，指政治清明的时代。旧时如明清文人往往以之来称颂本朝。明朝撰刊的《昭代典则》、清人编刻的《昭代丛书》，就是一例。

43 和凝：即五代时人所谓"鲁公和凝"者，字成绩，汤社之创始者。

44 裴晋公（765—839）：即裴度，字中立。唐河东闻喜人。贞元五年进士，元和时，官中书舍人、御史中丞，力主削平藩镇，唐师讨蔡，以度视行营诸军，旋以相职督诸军力战，擒吴元济。河北藩镇大惧，由此归顺朝廷，度因之也封晋国公。文宗时，以病辞任山南东道节度使，作别墅绿野堂，与白居易、刘禹锡觞咏其间。卒谥文忠。

校　　勘

① 上卷：其上底本还冠书名《蒙史》二字，另行题下多"明武陵龙膺君御著"八字，本书编时删。

② 本条资料，龙膺不注出处，但明显抄自田艺蘅《煮泉小品》。《煮泉小品》原文为："石，山骨也；流，水行也。山宣气以产万物，气宣则脉长，故曰山水上。"本文仅在最后一句"故"字后，加"陆鸿渐"三字。此特以之为例，指出本文内容中有些未书出处的，不少也是抄录他书，并非自撰。

③ 与上校说明相联系，本条资料，源出汉刘熙《释名》："江，公也；诸水流入其中，所公共也。"但龙膺直接所据，也是田艺蘅的《煮泉小品》："江，公也，众水共入其中也。水共则味杂，故鸿渐曰'江水中'。其曰'取去人远者，盖去人远，则澄清而无荡漾之漓耳。'"摘抄这段内容后，在本资料最后，又整合或并入《煮泉小品》另条内容："扬子，固江也，其南泠则夹石停渊，特入首品。"将本文对照所摘引的上二段内容，又可明显看出，龙膺参照摘录的他书内容，多半也非全文照抄，而是省赘择要，按照他的文风和看法，作有一定的加工提高。此以上下二条为例，特作说明，余不一一。

④ 康王谷：即《煎茶水记》所说"康王谷水帘水"。"王"字，底本形误作"玉"字，径改。

⑤ 水说：龙膺书误。张又新所撰为《煎茶水记》。

⑥ 下卷：此二字上，例删《蒙史》书名，其下另行，也删"明武陵龙膺君御著"八字。

⑦ 建州北苑："苑"字，底本形讹刻作"茶"字，编改。

⑧ 安吉州：底本"安吉"倒作"吉安"，舛讹。"吉安"在江西"庐陵"，今吉安市，"顾渚紫笋"产浙西长兴。安吉本东汉时置古县，隋唐等大多数时间属湖州。南宗宝庆元年（1225）以湖州改名安吉，治所仍在乌程、归安（今湖州）。元至元十三年（1276），安吉州升为湖州路；明初，复降为县归湖州。正德元年，又升安吉县为州，治所在今安吉安城镇，乾隆三十八年再降为县。在历史变迁中，湖州改名安吉州时，长兴也一度隶属安吉。

⑨ 石花、露钑、篯牙：据《全芳备祖后集》卷二八引毛文锡《茶谱》，"露钑"，作"露镤牙"。

⑩ 一叶三芽：按前"一旗二枪"，"三"字当为"二"字之误。

⑪ 麦颗：本文麦颗的"麦"字，都形讹作"麦"字。

⑫ 质觯："觯"字，《中华字海》称"觯"的讹字。觯《集韵》音徐，车铃也。但此释与文义不通。《中国古代茶叶全书》作"觢"字。

⑬ 重云积雾："雾"，底本阙，据有关文本补。

⑭ 妙：底本作"炒"，显然为"妙"字之误，径改。

⑮ 闻其言：底本阙，据《清波杂志》补。

⑯ 楺：底本作"揖"，据《清波杂志》改。

⑰ 于：底本阙，据《清波杂志》补。

⑱ 色：底本阙，据《清波杂志》补。

⑲ 内：底本作"由"，据《清波杂志》改。

⑳ 嚼味嗅香："香"字，底本误作"者"字，此据陆羽《茶经·六之饮》改。

㉑ 膻鼎腥瓯："膻鼎"的"膻"字，底本作"腻"字，据《茶经》改。另本句《茶经》原排在第三难，即排在"嚼味嗅香，非别也"之后，和"膏薪庖炭"之前。此列之九难之最后，反

映龙膺非是据陆羽《茶经》，而是据《升庵先生集》等书转引。

㉒ 唯茗不中与酪作奴："不"字，底本误作"下"字。此据《洛阳伽蓝记》"城南报德寺"改。

㉓ 歠（chuò）茗："歠"，饮、啜，近出有些茶书，将此字全部擅改作"饮"，不妥。

㉔ 括目："括"字，近出有的茶书，改作"刮"字，并称本文原稿"误作'括'"非误。"括"通"刮"。

㉕ 未中拣择客亦佳："未"字，《文忠集》作"坐"字。

㉖ 又诗：为欧阳修《尝新茶呈圣俞》后《次韵再作》的诗句摘抄。

㉗ 千团输大官："千"字，底本作"于"字，今据《东坡全集》改。

㉘ 石岩白："石"字，底本音误作"日"字，据本段后文同词改。

㉙ 茶筍中：筍字，底本形误作"筒"，据宋《墨客挥犀》引文改。

㉚ 恽家惠山：底本误作"恽山惠家"，据《清波杂志》改。

㉛ 然顷岁亦可致于汴都：底本误作"顷岁成可致于汴都"，据《清波杂志》改。

㉜ 天台山：底本阙"山"，据《清波杂志》补。

㉝ 比茶：底本作"比"，《清波杂志》作"斗"。

㉞ 苏茶少劣：底本缺"茶少"，据《清波杂志》补。

㉟ 遂能取胜："遂"字，底本误作"胜"字，据《清波杂志》改。

㊱ 《清波杂志》"嘉祐杂志"后有"果尔，今喜击拂者，曾无一语及之，何也？"，底本无。

㊲ 而：底本作"乃"，据《清波杂志》改。

㊳ 分宁人：底本无，据《清波杂志》补。

㊴ 耶：底本作"耳"，据《清波杂志》改。

茗谭 | 明 徐㶿 撰①

作者及传世版本

徐㶿，生平事迹，见《蔡端明别纪·茶癖》。

《茗谭》，是徐㶿撰写的一篇"茶事随谈"。喻政《茶书》即已收录。它的篇幅不长，但比当时许多辑集类茶书包括《蔡端明别纪·茶癖》，价值要高得多。徐㶿与《茶疏》的作者许次纾、《茗笈》的作者屠幽叟、《茶笺》的作者闻龙、《茶解》的作者罗廪、《茶书》的编刊者喻政皆相友善，无论对茶质、水品、饮事、茗趣都有所了解，并且还能有自己的看法。如他称："种茶易，采茶难；采茶易，焙茶难；焙茶易，藏茶难；藏茶易，烹茶难。稍失法律，便减茶勋。"提出采、制、藏、烹一直到饮，每个环节，都不可稍失，稍失"便减茶勋"，十分浅显而又深刻。

本文署明书于"万历癸丑暮春"，即万历四十一年(1613)旧历三月。喻政《茶书》"智部"书目录作《茶谭》，清咸丰钱塘丁氏《八千卷楼书目》也称《茶谭》。万国鼎据徐㶿自编《徐氏家藏书目》(即《红雨楼书目》)作《茗谭》，指出"原书名当是《茗谭》，写作《茶谭》是错的"。此次整理即从万国鼎说。

本文仅有喻政《茶书》一个版本，是以此为底本。

原　文

品茶最是清事，若无好香在炉，遂乏一段幽趣。焚香雅有逸韵，若无名茶浮碗，终少一番胜缘。是故茶、香两相为用，缺一不可。飨清福者，能有几人？

王佛大常言："三日不饮酒，觉形神不复相亲。"余谓一日不饮茶，不独形神不亲，且语言亦觉无味矣。

幽竹山窗，鸟啼花落，独坐展书。新茶初熟，鼻观生香，睡魔顿却，此乐正索解人不得也。

饮茶，须择清癯韵士为侣，始与茶理相契。若腯汉肥伧，满身垢气，大损香味，不可与作缘。

茶事极清，烹点必假姣童、季女之手，故自有致。若付虬髯苍头，景色便自作恶。纵有名产，顿减声价。

名茶每于酒筵间递进，以解醉翁烦渴，亦是一厄。

古人煎茶诗摹写汤候，各有精妙。皮日休云："时看蟹目溅，乍见鱼鳞起。"苏子瞻云："蟹眼已过鱼眼生，飕飕欲作松风鸣。"苏子由[1]云："铜铛得火蚯蚓叫。"李南金云"砌虫唧唧万蝉催。"想像此景，习习风生。

温陵蔡元履《茶事》咏云："煎水不煎茶，水高发茶味。大都瓶杓间，要有山林气。"又云："酒德泛然亲，茶风必择友。所以汤社事，须经我辈手。"真名言也。

《茶经》所载，闽方山产茶[2]，今间有之，不如鼓山者佳。侯官有九峰、寿山，福清有灵石，永福有名山室，皆与鼓山伯仲。然制焙有巧拙，声价因之低昂。

余欲构一室，中祀陆桑苎翁，左右以卢玉川、蔡君谟配飨，春秋祭用奇茗，是日约通茗事数人为斗茗会，畏水厄者不与焉。

钱唐许然明著《茶疏》，四明屠幽叟著《茗笈》，闻隐鳞著《茶笺》，罗高君著《茶解》，南昌喻正之著《茶书》，数君子皆与予善，真臭味也。

注茶，莫美于饶州瓷瓯；藏茶，莫美于泉州沙瓶。若用饶器藏茶，易于生润。屠幽叟曰："茶有迁德，几微见防[3]，如保赤子，云胡不臧。"宜三复之。

茶味最甘，烹之过苦，饮者遭良药之厄。罗景纶[2]《山静日长》一篇，雅有幽致，但两云"烹苦茗"，似未得玄赏耳。

名茶难得，名泉尤不易寻。有茶而不瀹以名泉，犹无茶也。

吴中顾元庆《茶谱》取诸花和茶藏之，殊夺真味。闽人多以茉莉之属浸水瀹茶，虽一时香气浮碗，而于茶理大舛。但斟酌时，移建兰、素馨、蔷薇、越橘诸花于几案前，茶香与花香相杂，尤助清况。

徐献忠《水品》载福州南台山泉[4]，"清冷可爱"，然不如东山圣泉，鼓山喝水岩泉，北龙腰山苔泉尤佳[5]。

新安詹东图孔目[3]尝谓人曰："吾嗜茶，一啜能百五十碗，如人之于酒，真醉耳。"名其轩曰醉茶，其语颇不经。王元美[4]、沈嘉则[5]俱作歌赠之。王云："酒耶茶耶俱我有，醉更名茶醒名酒[6]。"沈云："尝闻西楚卖茶商，范瓷作羽沃沸汤[6]。寄言今莫范陆羽，只铸新安詹太史[7]。"虽不能无嘲谑之意，而风致足羡。

孙太白[8]诗云："瓦铛然野竹，石瓮泻秋江。水火声初战，旗枪势已降。"得煮茶三昧。

吴门文子悱寿承[9]，仲子也。诗题云："午睡初足，侍儿烹天池茶至。炉宿余香，花影在帘。"意颇闲畅。适冯正伯来借玉壶冰，因而作诗数语，足资饮茶谭柄。

高季迪[10]云："流水声中响纬车，板桥春暗树无花。风前何处香来近，隔崦人家午焙茶。"雅有山林风味，余喜诵之。

泉州清源山产茶绝佳，又同安有一种英茶，较清泉尤胜[7]，实七闽之第一品也。然《泉郡志》独不称此邦有茶，何耶？

余尝至休宁，间松萝山以松多得名，无种茶者。《休志》云：远麓有地名榔源，产茶。山僧偶得制法，托松萝之名，大噪一时，茶因涌贵。僧既还俗，客索茗于松萝司牧，无以应，往往赝售。然世之所传松萝，岂皆榔源产欤？

人但知皇甫曾有《送陆羽采茶诗》，而不知皇甫冉亦有《送羽诗》[8]云："采茶非采菉，远远上层崖。布叶春风暖，盈筐白日斜。旧知山寺路，时宿野人家。借问王孙草，何时泛碗花？"

吴兴顾渚山，唐置贡茶院，傍有金沙泉，汲造紫笋茶。有司具礼祭，始得水，事迄即涸。武夷山，宋置御茶园[11]，中有喊山泉。仲春，县官诣茶场致祭，井水渐满，造茶毕，水遂浑涸。以一草木之微，能使水泉盈涸，茶通仙灵，信非虚语。

苏子瞻爱玉女河水烹茶，破竹为契，使寺僧藏其一，以为往来之信，谓之调水符。吾乡亦多名泉，而监司郡邑取以瀹茗，汲者往往杂他水以进，有司竟售其欺。苏公竹符之设，自不可少耳。

文征明云："白绢旋开阳羡月，竹符新调惠山泉[12]。"用苏事也。

柳恽坟吴兴白蘋洲，唐有胡生以钉铰为业，所居与坟近，每奠以茶。忽梦恽告曰："吾柳姓，平生善诗嗜茗，感子茶茗之惠，无以为报，愿子为诗。"生悟而学诗，时有胡钉铰之称。与《茶经》所载剡县陈务妻获钱事相类。噫！以恽之死数百年，犹托英灵如此，不知生前之嗜，又当何如也？

陆鲁望尝乘小舟，置笔宝、茶灶、钓具往来江湖。性嗜茶，买园于顾渚山下，自为品第，书继茶经、茶诀之后。有诗云："决决春泉出洞霞，石叠封寄野人家。草堂尽日留僧坐，自向前溪摘茗芽。"[13] 可以想其风致矣。

种茶易，采茶难；采茶易，焙茶难；焙茶易，藏茶难；藏茶易，烹茶难。稍失法律，便减茶勋。

谷雨乍晴，柳风初暖，斋居燕坐，澹然寡营。适武夷道士寄新茗至，呼童烹点，而鼓山方广九烁，僧各以所产见饷，乃尽试之。又思眠云跂石人，了不可得，遂笔之于书，以贻同好。

万历癸丑暮春，徐燉兴公书于荔奴轩。

注　释

1　苏子由：即轼弟苏辙（1039—1112），子由是其字，一字同叔，号颍滨遗老。仁宗嘉祐二年进士，官至御史中丞，拜尚书右丞、进门下侍郎。为文汪洋澹泊，为唐宋八大家之一，与苏轼及其父洵合称"三苏"。有《栾城集》、《诗集传》、《春秋集传》等。

2　罗景纶：即宋罗大经，参见罗大经《建茶论》题记。

3　詹东图孔目：詹东图，即詹景凤，东图是其字，号白鹤山人。明徽州府休宁人。工书画，有《画苑补益》、《书苑补益》、《东图之览》等。曾仕吏部司务即孔目之职，官职低微，不入流。

4　王元美：即王世贞（1526—1590）。明苏州府太昌人。字元美，号凤洲，又号弇州山人。嘉靖进士，官刑部主事，后累官刑部尚书，移疾归。好为古诗文，有《弇山堂别集》、《觚不觚录》、《弇州山人四部稿》等。

5　沈嘉则：即沈明臣，嘉则是其字。鄞县（今浙江宁波）人，偕徐渭为胡宗宪幕僚。有诗名，即兴作铙歌十章，援笔立就，为宪宗激赏。卒年七十余，有歌诗约七千余首，有《荆溪唱和诗》、《吴越游稿》等。

6　范瓷作羽沃沸汤：李肇《国史补》载："巩县陶者，多为瓷偶人，号陆鸿渐。买数十茶器，得一鸿渐，市人沽茗不利，辄灌注之。"句言此。

7　詹太史：疑即上所说的詹东图孔目。

8　孙太白：即孙一元（1484—1520），字太初，号太白山人。籍贯不详。风仪秀朗，踪迹奇诡，遍游各地名山大川。善诗喜书,正德间僦居长兴吴珫家,与刘麟、陆昆、龙毅结社唱和,称苕溪五隐。有《太白山人稿》。

9　文子悱寿承:即文彭(1498—1573),文征明子,字寿承,号三桥。苏州府长洲人,幼承家学,书印名盛吴中。

10　高季迪:即高启(1336—1374),季迪是其字,号槎轩。张士诚据吴时,隐居吴淞青丘,自号青丘子。与杨基、张羽、徐贲并称元末"吴中四杰"。明初以荐参修《元史》,授翰林院国史编修,擢户部右侍郎时,借故辞归乡里。后因作文被疑歌颂张士诚,被腰斩。

11　武夷山,宋置御茶园:此语有误,在唐顾渚贡焙和武夷御茶园之间,还间隔有北宋初年替代顾渚而诏建的北苑贡焙。北苑贡茶,肇始五代末年的南唐,至太平兴国年间,宋太宗正式命罢顾渚在建州设官专事采造御茶。武夷茶在北苑影响下,宋时也慢慢有名,但御茶园是北苑衰落,主要是元朝时兴建名盛起来的。

12　此句出文征明《是夜酌泉试宜兴吴大本所寄茶》诗。

13　此为指陆龟蒙《谢山泉》诗。

校　　勘

① 底本署名,原作"明东海徐𤊹兴公著"。"东海"疑徐𤊹祖籍;兴公为徐𤊹的字。现署名为本书编改。

② 《茶经》所载,闽方山产茶:《茶经》八之出注:"福州生闽县方山之阴"。此下"今间有之,不如鼓山者佳"等,为徐𤊹语。

③ 茶有迁德,几微见防:语出屠本畯《茗笈》"第五藏茗章·赞"。"几微见防"的"见"字,原文作"是"字。

④ 福州南台山泉:徐献忠《水品》原文标题为"福州闽越王南台山泉"。

⑤ 徐献忠《水品》关于南台山泉原文为:"泉上有白石壁,中有二鲤形,阴雨鳞目粲然,贫者汲卖泉水,水清冷可爱。土人以南山有白石,又有鲤鱼似宁戚歌中语,因傅会戚饭牛于此。"本文所引《水品》内容,实际只有"清冷可爱"四字,其余全为徐𤊹所言。

⑥ 酒耶茶耶俱我有,醉更名茶醒名酒:此王世贞诗句,出《醉茶轩歌为詹翰林东图作》。"有"字,《弇州续稿》作"友"字。

⑦ 同安有一种英茶,较清泉尤胜:徐𤊹此处两语均有误。万历四十年《泉州府志·物产》载:"茶,晋江诸山皆有,南安者尤佳,嘉靖初市舶取贡。"清乾隆二十八年《泉州府志·物产》进一步记称:"晋江出者曰清源,南安出者曰英山。"本文所说"同安有一种英茶,较清泉尤胜","同安"显系"南安"之误;"清泉"当为"清源"之误。

⑧ 皇甫冉《送羽诗》:《全唐诗》原题作《送陆鸿渐栖霞寺采茶》。

茶集 | 明 喻政 辑

作者及传世版本

喻政,字正之,号鼓山主人。江西南昌人,万历二十三年(1595)进士。曾任南京兵部郎中,后出知福州府事,并擢升巡道。据喻政编刻《茶书》的周之夫序(作于万历四十年,1612),可推知喻政在福州为官达十年之久。

本集在日本曾有翻印,但在中国,只有喻政自己编刻《茶书》中收录的版本。《茶书》在万历时期刻印,有初编及增补重印两种版本。初编即"十七种"本,增补重印为"二十五种"本,其主要差异在于后者增添了明代张源《茶录》等八种茶书。除此之外,初编本与增本的最后一部分,虽然目录同列《茶集》并附《烹茶图集》,但实际内容却不同。初编本刊有

《茶集》却未附图集;增补本没有《茶集》内容,却代之以蔡复一的《茶事咏》,并刊出了《烹茶图集》。

《茶集》的编辑时间,应为万历四十年或稍前,是喻政在福州为官时与徐𤊹同编的;《烹茶图集》的初稿,在喻政入闽之前,即是在万历三十五年(1607)之前,便大体已就。值得指出的是,这本《茶集》较之稍早出版的胡文焕同名茶书精审得多,射利成分要少,因此学术意义也高。

本集以喻政《茶书》初编《茶集》为底本,按初编目录,附入增补本的蔡复一《茶事咏》和《烹茶图集》,并参考日本文化甲子翻刻本及相关诗文作校。

原　　文

卷之一①

文类

　　叶嘉传　宋　苏轼
　　叶嘉……赵赞始举而用之¹。

　　清苦先生传　元　杨维桢
　　先生名槔……其亦庶几乎笃志君

子矣²。

　　茶居士传　明　徐𤊹
　　居士茶姓……最贵哉³。

　　味苦居士传茶瓯　明　支中夫
　　汤器之,字执中,饶州人,尝爱孟子"苦

其心志"之言,别号味苦居士。谓学者曰:"士不受苦,则善心不生;善心不生,则无由以入德也。"是以人召之则行,命之则往,寒热不辞,多寡不择,且暮不失,略无几微厌怠之色见于颜面。或讥之曰:"子心志固苦矣,筋骨固劳矣,奈何长在人掌握之中乎?"曰:"士为知己者死。我之所遇者,待我如执玉,奉我如捧盈,惟恐我少有所伤。召我,惟恐至之不速,既至,虽醉亦醒,虽寐亦寤,昏惰则勤,忿怒则释,忧愁郁闷则解。无谏不入,无见不怿,不谓之知己可乎!掌握我者,敬我也,非奴视也,吾何患焉?我虽凉薄,必不惰于庸人之手;苟待我不谨,使能韲粉,我亦不往也。"尝曰:我虽未至于不器,然子贡贵重之器,亦非我所取也。盖其器宜于宗庙,而不宜于山林。我则自天子至于庶人,苟有用我者,无施而不可也。特为人不用耳。行已甚洁,略无毫发瑕玷,妒忌者以谤玷之,亦受之而不与辩;不久则白,人以涅不缁许之。

太史公曰:人见君子之劳,而不知君子之安。劳者,由其知乡义也。能乡义,则物欲不能扰,其心岂有不安乎。器之勉人受苦,其亦知劳之义也。

茶中杂咏序 唐 皮日休[4]
论建茶 宋 罗大经[5]
论茶[2] 宋 苏轼
除烦去腻,世固不可无茶,然暗中损人不少。昔云:"自茗饮盛后,人多患气,不患黄,虽损益相半,而消阳助阴,〔益〕不偿损也[3]。"吾有一法,常自珍之[4]。每食已,辄以浓茶漱口。烦腻既去,而脾胃不〔知〕[5],凡肉之在齿间者,得茶漱浸,不觉脱去,不烦刺挑而齿性便苦,缘此渐坚密,蠹病自

已。然率用中下茶;其上者,亦不常有。间数日一啜,亦不为害。

北苑御泉亭记 宋 丘荷
夫珠玑珣玕,龟龙四灵,珍宝之殊特,蜚游之至瑞,布诸载籍,非可遽数。至于水草之奇,金芝醴泉之类,而一时之焜燿,祥经之攸记。若乃蕴堪舆之真粹,占土石之秀脉,自然之应,可以奉乎而能悠永者,则有圣宋南方之贡茶禁泉焉。《尔雅》释木曰:"槚,苦茶。"说者以为早采者为茶,晚采者为茗;荈,蜀人名之苦茶。而许叔重亦云。由是知茶者,自古有之。两汉虽无闻,魏晋以下,或著于录,迄后天下郡国所产,愈益众,百姓颇蒙其利。

唐建中中,赵赞抗言,举行天下茶,什一税之。于是县官[6]始斡焉。然或不名地理息耗所在,先儒所志,岷蜀、勾吴、南粤举有,而闽中不言建安,独次候官、柏岩。云:"唐季敕福建罢贽橄榄,但供腊面茶。"按:所谓柏岩,今无称焉,即腊面;产于建安明矣。且今俗号犹然,盖先儒失其传耳。不尔,识会有所未尽,游玩之所不至也;抑山泽之精,神祇之灵,五代相以摘造尚矣。而其味弗振者,得非以其德之无加乎?

国朝龙兴,惠风醇化,率被人面。九府庭贡,岁时辐奏,而闽荈寝以珍异。太平兴国中,遂置龙凤模,以表其嘉应而别于他所也。先是乡老传其山形,谓若张翼飞者,故名之曰凤凰山。山麓有泉,直凤之口,即以其山名名之。盖建之产茶,地以百数,而凤凰山荕岸,常先月余日,其左右涧溢,交并不越丈尺,而凤凰穴独甘美有殊。及茶用是泉,齐和益以无类,识者遂为章程,第共制羞御者,而以太平兴国故事,更曰龙

凤泉。

龙凤泉当所汲或日百斛，亡减。工罢，主者封莞⑥，逮期而阗，亦亡余。异哉！所谓山泽之精，神祇之灵，感于有德者，不特于茶，盖泉亦有之。故曰有南方之贡茶禁泉焉。泉所旧有亭宇，历岁弥久，风雨弗蔽，臣子攸职，怀不暇安，遂命工度材易之，以其非品庶所得擅用，故名曰御泉亭。因论次陆羽等所阙，及采耆旧传闻，实录存之，以谕来者，庶其知圣德之至，厥贡之美若此。景祐三年丙子七月五日，朝奉郎试大理司直兼监察御史权南剑州军事判官监建州造买纳茶务丘荷记。

御茶园记 元 赵孟𬓚

武夷，仙山也。岩壑奇秀，灵芽苗焉，世称石乳，厥品不在北苑下，然以地啬，其产弗及贡。至元十四年，今浙江省平章高公兴，以戎事入闽，越二年，道出崇安，有以石乳饷者。公美芹思献，谋始于冲祐道士，摘焙作贡。越三载，更以县官涖之。大德己亥⑦，公之子久佳，奉御以督造，实来竟事。还朝，越三年，出为邵武路总管建邵，接轸上命，使就领其事。是春，驰驿诣焙所，只伏厥职，不懈益虔，省委张璧克相其事。

明年，创焙局于陈氏希贺堂之故址。其地当溪之四曲，峰攒岫列，尽鉴奇胜。而邦人相役，翕然子来，爰即其中作拜。发殿六楹，跂翼翠飞，丹垩焜燿，夹以两庑，制作之具陈焉。而又前辟公庭，外峙高阁，旁构列舍三十余间，修垣缭之。规制详缜，逾月而事成。爰自修贡以来，灵草有知，日入荣茂。初贡仅二十斤，采摘户才八十，星纪载周，岁有增益。至是，定签茶户二百五十。

贡茶以斤计者，视户之百与十，各赢其一焉。余仿此焙之制，为龙凤团五千。制法必得美泉，而焙所土驲刚，泉弗窦⑧，俄而殿居两石间，迸涌澄泓，视凤泉尤甘洌。见者惊异，因甃以甓，亭其上，而下者凿石为龙口，吐而注之也。用以溲浮，芳味深邕。

盖斯焙之建，经始于是年三月乙丑，以四月甲子落成之。时邵武路提控案牍省委张璧复为崇安县尹，孙瑀董其役，而恪共贡事，则建宁总管王鼎，崇安县达鲁花赤与有力焉。既承差谷，协恭拜稽，缄匙驰进阙下，自是岁以为常。钦惟圣朝统一区宇，乾清坤夷，德泽有施，洽于庶类，而平章公肇修底贡，父作子述，忠孝之美，萃于一门。和气薰蒸，精诚感格，于是金芽先春，瑞倅朱草，玉浆喷地，应若醴泉。以山川草木之效珍，见天地君臣之合德。则虽器币货财，殚禹贡风土之宜，尽周官邦国之用，而蕃蓂备其休证，滂流兆其祯祥，蔑以尚于此矣。

建人士以为北苑经数百年之后，此始出于武夷仅十余里之间，厥产屏丰于北性，殊常盛事，旷代奇逢，是宜刻石兹山，永观无斁。爰示与创颠末，禅孟𬓚受而祐简毕焉。孟𬓚不得辞，是用比叙大概，出以授之。庶几彰圣世无疆之休，垂明公无穷之闻，且使嗣是而共岁事者，益加敬而增美云。

重修茶场记 元 张涣

建州茶贡，先是犹称北苑，龙团居上品，而武夷石乳湮岩谷间，风味惟野人专。泊圣朝，始登职方，任土列瑞，产蒙雨露，宠日蕃衍。繇是岁增贡额，设场官二人，领茶丁二百五十，茶园百有二所，芟辟封培，视前益加，斯焙遂与北苑等。然灵芽含石姿而锋劲，带云气而粟腴，色碧而莹，味饴而芳。采撷清明旬日间，驰驿进第一春，谓之五马荐新茶，视龙团风在下矣。是贡，由平章高公平江南归觐而献，未逊蔡、丁专美。邵武总管克继先志，父子怀忠一轨。谓玉食重事也，非殿宇壮丽，无以竦民望。故斯焙建置，规模宏伟，气象轩豁，有以肃臣子事上之礼，历二十有六载。

有莘张侯端，本为斯邑宰，修贡明年，周视桷榱楄梲，有外泽中腐者，黝垩丹臒，有滮漫者，瓦盖有穿漏者，悉以新易故，图永永久。复于场之外，左右建二门，榜以茶场，使过者不敢亵焉。予来督贡未几，本道宪金字罗兰坡与书吏张如愚、宋德延，俱询诹道经视贡，顾瞻栋宇，完美如新，俾识岁月，且揭产茶之地示后人。予承命不敢辞，乃述其颠末之概。窃谓天下事无巨细，不难于始，而难乎其继。苟非力量弘毅，事理通贯，鲜不为繁剧而空疏，悉置之，因仍苟且而已。张侯仕学两优，事之巨与细，莫不就综理。是役也，费无縻官、佣无厉民，不亦敏乎？事图其早而力省，弊防其微而虑远，不亦明乎？凡为仕者，皆能视官如家，一日必葺，则斯焙常新，可与溪山同其悠久。来者其视，斯刻以劝。

喊山台记　元　暗都剌

武夷产茶，每岁修贡，所以奉上也。地有主宰，祭祀得所，所以妥灵也。建为繁剧之郡，牧守久阙，事务往往废旷。迩者余以资德大夫前尚书省左丞忻都嫡嗣，前受中宪大夫、福建道宣慰副使金都元帅府事，兹膺宣命，来牧是邦。视事以来，谨恪乃职，惟恐弗称。

兹春之仲，率府吏段以德，躬诣武夷茶场，督制茶品。惊蛰喊山，循彝典也。旧于修贡正殿所设御座之前，陈列牲牢，祀神行礼，甚非所宜，乃进崇安县尹张端本等，而念之曰："事有不便，则人心不安，而神亦不享。今欲改弦而更张之何如？"众皆曰："然"。乃于东皋茶园之隙地，筑建坛墠，以为祭祀之所。庶民子来，不日而成。台高五尺，方一丈六尺，亭其上，环以栏楯，植以花木。左大溪，右通衢，金鸡之岩耸其前，大隐之屏拥其后，栋甍翠飞，基址壮固。斯亭之成，斯祀之安，可以与武夷相为长久。俾修贡之典，永为成规。人神俱喜，顾不伟欤。

武夷茶考　明　徐㷆

按：《茶录》诸书，闽中所产茶，以建安北苑第一，壑源诸处次之，然武夷之名，宋季未有闻也。然范文正公《斗茶歌》云："溪边奇茗冠天下，武夷仙人从古栽。"苏子瞻诗亦云："武夷溪边粟粟芽[⑩]，前丁后蔡相宠加。"则武夷之茶，在前宋亦有知之者，第未盛耳。

元大德间，浙江行省平章高兴，始采制充贡，创辟御茶园于四曲，建第一春殿，清神堂，焙芳、浮光、燕嘉、宜寂四亭。门曰仁风，井曰通仙，桥曰碧云。国朝寝废为民居，惟喊山台、泉亭故址犹存。喊山者，每当仲春惊蛰日，县官诣茶场，致祭毕，隶卒鸣金击鼓，同声喊曰："茶发芽！"而井水渐满；造茶毕，水遂浑涸。而茶户采造；有先春、探春、次春三品，又有旗枪、石乳诸品，色香味不减北苑。国初罢团饼之贡，而额贡每岁茶芽九百九十斤，凡四品。嘉靖三十六年，郡守钱璞奏免解茶，将岁编茶夫银二百两，解府造办解京，而御茶改贡延平。而茶园鞠为茂草，井水亦日湮塞。然山中土气宜茶，环九曲之内，不下数百家，皆以种茶为业,岁所产数十万斤。水浮陆转,鬻之四方,而武夷之名,甲于海内矣。

宋元制造团饼,稍失真味,今则灵芽仙萼,香色尤清,为闽中第一,至于北苑、壑源,又泯然无称。岂山川灵秀之气,造物生植之美,或有时变易而然乎?

赋类

茶赋　宋　吴淑　(夫其涤烦疗渴)

煎茶赋　宋　黄庭坚　(泂泂乎如涧松之发清吹)

南有嘉茗赋　宋　梅尧臣　(南有山原兮不凿不营)

卷之二
诗类

六羡歌　唐　陆羽　(不羡黄金罍)

走笔谢孟谏议寄新茶　唐　卢仝　(日高丈五睡正浓)

试茶歌　唐　刘禹锡　(山僧后檐茶数丛)

答族侄僧中孚赠仙人掌茶　唐　李白　(常闻玉泉山)

送陆羽采茶　唐　皇甫曾　(千峰待逋客)

美人尝茶行　唐　崔珏　(云鬟枕落困泥春)

饮茶歌诮崔石使君⑩　唐　释皎然　(越人遗我剡溪茗)

饮茶歌送郑容⑪　(丹丘羽人轻玉食)

采茶歌一作紫笋茶歌　唐　秦韬玉　(天柱香芽露香发)

茶坞　唐　皮日休　(闲寻尧氏山)

茶人　(生于顾渚山)

茶笋　(褎然三五寸)

茶籝　(筤篣晓携去)

茶舍　(阳崖枕白屋)

茶灶　(南山茶事动)

茶焙　(凿彼碧岩下)

茶鼎　(龙舒有良匠)

茶瓯　(邢客与越人)

煮茶　(香泉一合乳)

茶坞　唐　陆龟蒙　(茗地曲隈回)

茶人　(天赋识灵草)

茶笋　(所孕和气深)

茶籝　(金刀劈翠筠)

茶舍　(旋取山上材)

茶灶　(无突抱轻岚)

茶焙　(左右捣凝膏)

茶鼎　(新泉气味良)

茶瓯　(昔人谢坯埏)

煮茶　(闲来松间坐)

乞钱穆父新赐龙团⑫　宋　张耒　(闽侯贡璧琢苍玉)

斗茶歌　宋　范仲淹　(年年春自东南来)

茶垄　宋　蔡襄　(造化曾无私)

采茶　(春衫逐红旗)

造茶　(屑玉寸阴间)

试茶　(兔毫紫瓯新)

叶纾贶建茶⑬　宋　司马光

闽山草木未全春,破额真茶采撷新。雅意不忘同臭味,先分畴昔桂堂人。

双井茶寄景仁　(春睡无端巧逐人)

观陆羽茶井　宋　王禹偁　(甃石封苔百尺深)

尝新茶呈圣俞　宋　欧阳修　(建安三千五百里)

次韵再作　(吾年向老世味薄)

双井茶

西江水清江石老，石上生茶如凤爪。穷腊不寒春气早，双井芽生先百草。白毛囊似红碧纱，十斤茶养一两芽。长安富贵五侯家，一啜犹须三日夸。宝云日注非不精，争新弃旧世人情。岂知君子有常德，至宝不随时变易。君不见建溪龙凤团，不改当时香味色。

送〔龙〕茶与许道人[14]

(颍)阳道士青霞客，来似浮云去无迹。夜朝北斗太清坛，不道姓名人不识。我有龙团古苍璧，九龙泉深一百尺。凭君汲井试烹之，不是人间香味色。

宋著作寄凤茶　宋　梅尧臣

春雷未出地，南土物尚冻。呼噪助发生，萌颖强抽蕻。团为苍玉璧，隐起双飞凤。独应近臣颁，岂得常寮共。顾兹实贱贫，何以叨赠贡。石碾破微绿，山泉贮寒洞。味余喉舌干，色薄牛马湩。陆氏经不经，周公梦不梦。云脚世所珍，鸟觜夸仍众。常常滥杯瓯。草草盈罂瓮。宁知有奇品，圭角百金中。秘惜谁可遗，虚斋对禽呀。

建溪新茗

南国溪阴暖，先春发茗芽。采从青竹笼，蒸自白云家。粟粒烹瓯起，龙文御饼加。过兹安得比，顾渚不须夸。

谢人惠茶

山上已惊溪上雷，火前那及两旗开。采芽几日始能就，碾月一罂初寄来。以酪为奴名价重，将云比脚味甘回。更劳谁致中泠水，况复颜生不解杯。

答建州沈屯田寄新茶　(春芽研白膏)
王仲仪寄斗茶

白乳叶家春，铢两直钱万。资之石泉味，特以阳芽嫩。宜言难购多，串片大可寸。谬为识别人，予生固无恨。

李仲求寄建溪洪井茶七品[15]

忽有西山使，始遗七品茶。末品无水晕，六品无沉柤[7]。五品散云脚，四品浮粟花。三品若琼乳，二品罕所加。绝品不可议，甘香焉等差。一日尝一瓯，六腑无昏邪。夜沉不得寐，月树闻啼鸦。忧来惟觉衰，可验惟齿牙。动摇有三四，妨咀连左车。发亦足惊悚，疏疏点霜华。乃思平生游，但恨江路赊。安得一见之，煮泉相与夸。

吴正仲遗新茶

十片建溪春，干云碾作尘。天王初受贡，楚客已烹新。漏泄关山吏，悲哀草土臣。捧之何敢啜，聊跪北堂亲。

尝茶[16]　(都篮携具向都堂)
吕晋叔著作遗新茶

四叶及王游，共家原坂岭。岁摘建溪春，争先取晴景。大窠有壮液，所发必奇颖。一朝团焙成，价与黄金逞。吕侯得乡人，分赠我已幸。其赠几何多，六色十五饼。每饼包青蒻，红纤缠素蒳。屑之云雪轻，啜已神魂醒。会待佳客来，侑谈当昼永。

寄茶与王和甫平甫[17]　宋　王安石

彩绛缝囊海上舟，月团苍润紫烟浮。

集英殿里春风晚,分到并门想麦秋。

碧月团团堕九天,封题寄与洛中仙。石楼试水宜频啜,金谷看花莫漫煎⑱。

茶园十二韵⑲　宋　王禹偁　(勤王修岁贡)

谢人寄蒙顶新茶　〔文同〕⑳　(蜀土茶称盛)

谢许判官惠茶图茶诗
成图画茶器,满幅写茶诗。会说工全妙,深谙句特奇。尽将为远赠,留与作闲资。便觉新来癖,浑如陆季疵。

古灵山试茶歌　宋　陈襄　(乳源浅浅交寒石)

和东玉少卿谢春卿防御新茗
常陪星使款高牙,三月欣逢试早茶。绿绢封来溪上印,紫瓯浮出社前花。休将洁白评双井,自有清甘荐五华。帅府诗翁真好事,春团持作夜光夸。

寄献新茶　宋　曾巩
种处地灵偏得日,摘时春早未闻雷。京师万里争先到,应得慈亲手自开。

方推官寄新茶
采摘东溪最上春,壑源诸叶品尤新。龙团贡罢争先得,肯寄天涯主诺人。

尝新茶
麦粒 8 攴来品绝伦,葵花制出样争新。一杯永日醒双眼,草木英华信有神。

謇蟠翁寄新茶㉑
龙焙尝茶第一人,最怜溪岸两旗新。

肯分方铸醒衰思,应恐慵眠过一春。

贡时天上双龙去,斗处人间一水争。分得余甘慰憔悴,碾尝终夜骨毛清。

吕殿丞寄新茶㉒
遍得朝阳借力催,千金一铸过溪来。曾坑贡后春犹早,海上先尝第一杯。

茶岩　宋　罗愿　(岩下才经昨夜雷)
煎茶歌　宋　苏轼　(蟹眼已过鱼眼生)
钱安道寄惠建茶㉓　(我官于南今几时)

曹辅寄壑源试焙新茶
仙山灵雨湿行云㉔,洗遍香肌粉未匀。明月来投玉川子,清风吹破武林春。要知冰雪心肠好,不是膏油首面新。戏作小诗君一笑,从来佳茗似佳人。

和子瞻煎茶　宋　苏辙　(年来懒病百不堪)
谢王烟之惠茶　宋　黄庭坚
平生心赏建溪春,一丘风味极可人。香包解尽宝带铸,黑面碾出明窗尘。家园鹰爪改呕冷,官焙龙文常食陈。于公岁取壑源足,勿遣沙溪来乱真。

双井茶送子瞻　(人间风日不到处)㉕
烹茶怀子瞻㉖
阁门井不落第二,竟陵谷帘定误书。思公煮茗共汤鼎,蚯蚓窍生鱼眼珠。置身九州之上腴,争名焰中沃焚如。但恐次山胸磊块,终便平声酒舫石鱼湖。

谢公择舅分赐茶

外家新赐苍龙璧，北焙风烟天上来。
明日蓬山破寒月，先甘和梦听春雷。

谢人惠茶

一规苍玉琢蜿蜒，藉有佳人锦假鲜。
莫笑持归淮海去，为君重试大明泉。

以潞公所惠拣芽送公择㉗

庆云十六升龙饼㉘，国老元年密赐来。
披拂龙纹射牛斗，外家英鉴似张雷。

赤囊岁上双龙璧，曾见前朝盛事来。
想得天香随御所，延春阁道转轻雷㉙。（风
炉小鼎不须催㉚）

许少卿寄卧龙山茶㉛　宋　赵抃　（越芽远寄入都时）

茶瓶汤候　宋　李南星　（砌虫唧唧万蝉催）

朔斋惠龙焙新茗用铁壁堂韵㉜　宋林希逸

天公时放火前芽，胜似优昙一度花。
修贡暂烦铁壁老，多情分到玉山家。帝畴
使事催班近，仆守诗穷任鬓华。八碗能令
风雨腋，底须餐菊饭胡麻。

谢吴帅分惠乃第所寄庐山新茗次吴帅韵㉝　（五老峰前草自灵）

留龙居士试建茶既去辙分送并颂寄之宋　陈渊

末下钤锤墨如漆，已入筛罗白如雪。
从来黑白不相融，吸尽方知了无别。老龙
过我睡初醒，为破云腴同一啜。舌根回味

只自知，放盏相看欲何说。

和向和卿尝茶　（俗子醉红裙）

次鲁直烹密云龙韵　宋　黄裳

密云晚出小团块，虽得一饼犹为丰。
相对幽亭致清话㉞，十三同事皆诗翁。苍
龙碾下想化去，但见白云生碧空。雨前含
蓄气未散，乃知天贶谁能同。不足数啜有
余兴，两腋欲跨清都风，岂与凡羽夸雕笼。
双井主人煎百碗，费得家山能几本。

龙凤茶寄照觉禅〔师〕㉟　（有物吞食月轮尽）

谢人惠茶器并茶

三事文华出何处，岩上含章插烟雾。
曾被西风吹异香，飘落人寰月中度。岩柱秋
开，有异香。木理成文，如相思木然。美材见器安
所施，六角灵犀用相副。目下发缄谁致勤，
爱竹山翁云里住。遽命长须烹且煎，一蔟
蝇声急须吐。每思北苑滑与甘，尝厌乡人
寄来苦。试君所惠良可称，往往曾沾石坑
雨。不畏七碗鸣饥肠，但觉清多却炎暑。
几时对话爱竹轩，更引毫瓯斫诗句。

茶苑㊱

莫道雨芽非北苑，须知山脉是东溪。
旋烧石鼎供吟啸，容照岩中日未西。

想见春来喊动山，雨前收得几篮还。
斧斤不落幽人手，且喜家园禁已闲。

乞茶

未终七碗似卢仝，解铐骎骎两腋风。
北苑枪旗应满簏，可能为惠向诗翁。

与诸友汲同乐泉烹黄蘖新茶　宋　谢
迈9　（寻山拟三餐）

谢道原惠茗㊲　宋　邓肃10　（太丘官
清百物无）

煎茶㊳　宋　罗大经

（松风桧雨到来初）

（分得春茶谷雨前）

武夷茶㊴　宋　赵若橹11

和气满六合，灵芽生武夷。人间浑未
觉，天上已先知。

石乳沾余润，云根石髓流。玉瓯浮动
处，神入洞天游。

武夷茶㊵　宋　白玉蟾12　（仙掌峰前
仙子家）

武夷茶　宋　刘说道

灵芽得先春，龙焙收奇芬。进入蓬莱
宫，翠瓯生白云。坡诗咏粟粗，犹记少
时闻。

武夷茶灶㊶　宋　朱熹　（仙翁遗石灶）

云谷茶坂㊷

携籝北岭西，采撷供茗饮。一啜夜窗
寒，跏趺谢衾枕。

寄茶与曾吉甫　宋　刘子翚13

两焙春风一牒隔，玉尺银槽分细色。
解苞难辨邑中黔，瀹盏方知天下白。岸巾
小啜横碧斋，真味从底倾输来。囊归畀余
一语妙，三岁暗室惊轰雷。

建守送小春茶㊸　宋　王十朋　（建安
分送建溪春）

武夷茶　宋　丘密㊹

烹茶人换世，遗灶水中央。千载公仍
至，茶成水亦香。

武夷茶　元　袁枢㊺　（摘茗蜕仙岩）

武夷茶　元　陈梦庚

尽夸六碗便通灵，得似仙山石乳清。
此水此茶须此灶，无人肯说与端明。

御茶园　元　郑主忠

御园此日焙新芳，石乳何年已就荒。
应是山灵知献纳，不将口体媚君王。

北苑御茶园诗　元　危彻孙

大德九年，岁在乙巳暮春之初，薄游建
溪，陟凤山，观北苑，获闻修贡本末及茶品
后先，与夫制造器法名数，辄成古诗一章，
敬纪其实。

建溪之东凤之屿，高轧羡山凌顾渚。
春风瑞草苗灵根，数百年来修贡所。每岁
丰隆启蛰时，结蕾含珠缀芳糈。探撷先春
白雪芽，雀舌轻纤相次吐。露华厌浥
□□□，□□森森日蕃芜。园夫采采及晨
晞，薄暮持来溢筐筥。玉池藻井御泉甘，瀹
瀹芬馨浮钓釜。槽床压溜焙银笼，碧色金
光照窗户，仍稽旧制巧为团。铮铮月辗
□□□，□□入臼偃枪旗。白茶出匣凝钟
乳，骈臻多品各珍奇，一一前陈粲旁午。雕
镂物象妙工倕，巨细圆方应规矩。飞龙在
版大小龙版间珠窠，大龙窠盘凤栖砧便玉杵。
凤砧万寿龙芽自奋张，万寿龙芽万春凤翼双翔
舞。宜年万春瑞云宜兆见雯祥，瑞云祥龙密云
应酿西郊雨。密云小龙娟娟玉叶缀芳丛，玉叶
粲粲金钱出圜府。金钱玄霙作雪散瑶华，雪

英绿叶屯云纷翠缕。云叶又看胜雪炯冰纨，龙团胜雪更觊卿云下琳宇。玉清庆云上苑报春梅破梢，上苑报春南山应瑞芝生础。南山应瑞寸金为玦称鞶绅，寸金椭玉成圭堪藉组。玉圭葵心一点独倾阳，蜀葵花面齐开知向主。御苑寿无可比比璇霄，无比寿芽年孰为宜宜宝聚。宜年宝玉遡源何自肇嘉名，归美祈年义多取。粤从禹贡著成书，菫茶仅赋周原胚。尔来传记几千年，未闻此贡繇南土。唐宫腊面初见尝，汴都遣使遂作古。高公端直国荩臣，创述加详刻诗谱。迄今□语世相传，当日忠诚公自许。圣朝六合庆同寅，草木山川争媚妩。汝南元帅渤海公，搜讨前模辟荒圃。象贤有子侍彤闱，拥旂南辕兴百堵。丹楹黼座俨中居，广厦穹堂廊闳庑。清濑迎风洒御园，红云映日明花坞。和气常从胜境游，忧恂能格明□与。涵濡苞体倍芳鲜，修治□□□□楚。谷忽躬率郡臣□，缄题拜稽充庭旅。驿骑高□六尺驹，□□遥通九关虎。悬知玉食燕闲余，雪花浮碗天为举。臣子勤拳奉至尊[46]，一节真纯推万绪。□□圣主爱黎元，常应颠崖□□□。朱草抽茎醴出泉，□□□□报君父。欲将此意质端明，□□□□□□□。

索刘河泊贡余茶　元　蓝静之[14]

河官暂托贡茶臣，行李山中住数旬。万指入云频采绿，千峰过雨自生春。封题上品须天府[47]，收拾余芳寄野人。老我空肠无一字，清风两腋愿轻身。

谢人惠白露茶[48]

武夷山里谪仙人，采得云岩第一春。竹灶烟轻香不变，石泉火活味逾新。东风树老旗枪尽，白露芽生粟粒匀。欲写微吟报嘉惠，枯肠搜尽兴空频。

索刘仲祥贡余茶

春山一夜社前雷，万树旗枪渺渺开。使者林中征贡入，野人日暮采芳回。翠流石乳千峰迥，香蔟金芽五马催。报道卢仝酣昼寝，扣门军将几时来。

武夷茶　元　林锡翁

百草逢春未敢花，御茶菩蕾拾琼芽。武夷直是神仙境，已产灵芝更产茶。

试武夷茶　元　杜本[15]

春从天上来，嘘拂通寰海。纳纳此中藏，万斛珠菩蕾。
一径入烟霞，青葱渺四涯。卧虹桥百尺，宁羡玉川家。

武夷先春　元明间[49]　苏伯厚[16]

采采金芽带露新，焙芳封裹贡丹宸。山灵解识尊君意，土脉先回第一春。

谢宜兴吴大本寄茶　明　文征明

小印轻囊远寄遗，故人珍重手亲题。暖含烟雨开封润，翠展旗枪出焙齐。片月分明逢谏议，春风仿佛在荆溪。松根自汲山泉煮，一洗诗肠万斛泥。

试吴大本所寄茶[50]

醉思雪乳不能眠，活火砂瓶夜自煎。白绢旋开阳羡月，竹符新调惠山泉。地炉残雪贫陶穀，破屋清风病玉川。莫道年来尘满腹，小窗寒色已醒然[51]。

次夜会茶于家兄处

惠泉珍重著茶经,出品旗枪自义兴。寒夜清谈思雪乳,小炉活火煮溪冰。生涯且复同兄弟,口腹深惭累友朋。诗兴搅人眠不得,更呼童子起烧灯。

茶杂咏　明　徐𤊹
(采采新芽斗细工)
(高枕残书小石床)
(梅花落尽野花攒)
(新炉活火谩烹煎)
望望村西忆晚晴,晓来应有日华清。新筐莫放连朝歇,怕有旗枪弄化生。

春岩到处总含香,细采徐徐自满筐。防却枝头有新刺,莫教纤笋暗中伤。

岁岁春深谷雨忙,小姑今日试新妆。道来昨夜成佳梦,天子新尝第一筐。

大姑回头问小姑,郎归夜夜读书无?竹炉莫放灰教冷,闻说诗肠好润枯。

(闻寂空堂坐此身㉜)
竹炉蟹眼荐新尝,愈苦从教愈有香。我亦有香还有苦,尽令汤火更何妨。

醉茶轩歌为詹翰林作㉝　明　王世贞
糟丘欲颓酒池涸,秫家小儿厌狂药。自言欲绝欢伯交,亦不愿受华胥乐。陆郎手著茶七经,却荐此物甘沉冥㉞。先焙顾渚之紫笋,次及杨子之中泠。徐闻蟹眼吐清响,陡觉雀舌流芳馨。定州红瓷玉堪垆,酿作蒙山顶头露。已令学士夸党家,复遣娇娃字纨素。一杯一杯殊未已,狂来忽鞭玄鹤起。七碗初移糟粕肠㉟,五弦更净琵琶耳。吾宗旧事君记无,此醉转觉知音孤。朝贤处处骂水厄,伧父时时呼酪奴。酒邪茶邪俱我友,醉更名茶醒名酒。一身原是太和乡,莫放真空落凡有。

茶洞　明　陈省
寒岩摘耳石崚嶒,下有烟霞气郁蒸。闻道向来尝送御,而今只供五湖僧。四山环绕似崇墉,烟雾细缊镇日浓。中产仙茶称极品,天池那得比芳茸。

御茶园
闽南瑞草最称茶,制自君谟味更佳。一寸野芹犹可献,御园茶不入官家。

先代龙团贡帝都,甘泉仙茗苦相须。自从献御移延水,任与人间作室庐。茶今改延平进贡。

茶歌　明　胡文焕　(醉翁朝起不成立)
龙井茶歌　明　屠隆
山通海眼蟠龙脉,神物蜿蜒此真宅。飞流喷沫走白虹,万古灵源长不息。琮琤时谐琴筑声,澄泓冷浸玻璃色。令人对此清心魂,一啜如饮甘露液。吾闻龙女参灵山,岂是如来八功德。此山秀结复产茶,谷雨霢霂抽仙芽。香胜梅檀华藏界,味同沆瀣上清家。雀舌龙团亦浪说,顾渚阳羡竞须夸。摘来片片通灵窍,啜处泠泠沁齿牙。玉川何妨尽七碗,赵州借此演三车。采取龙井茶,还烹龙井水。文武并将火候传,调停暗取金丹理。《茶经》《水品》两足佳,可惜陆羽未会此。山人酒后酣甒甋,陶然万事归虚空。一杯入口宿醒解,耳畔飒飒来松风。即此便是清凉国,谁同饮者陇西公。

试鼓山寺僧惠新茶　明　徐𤊹[17]
偃卧山窗日正长,老僧分赠茗盈筐。烧残竹火偏多味,沸出松涛更觉香。火候已周开鼎器,病魔初伏有旗枪。隔林况听莺声好,移向茶蘼架下尝。

鼓山茶　明　邓原岳[18]

雨后新茶及早收，山泉石鼎试磁瓯。
谁知劳峰头产，胜却天池与虎丘。

御茶园　明　徐𤊴

先代茶园有故基，喊山台废几何时。
东风处处旗枪绿，过客披蓁读断碑。

武夷采茶词

结屋编茅数百家，各携妻子住烟霞。
一年生计无他事，老稚相随尽种茶。

荷锸开山当力田，旗枪新长绿芊绵。
总缘地属仙人管，不向官家纳税钱。

万壑轻雷乍发声，山中风景近清明。
筠笼竹筥相携去，乱采云芽趁雨晴。

竹火风炉煮石铛，瓦瓶碟碗注寒浆。
啜来习习凉风起，不数松萝顾渚香。

荒榛宿莽带云锄，岩后岩前选奥区。
无力种田来蒔茗，官家何事亦征租。

山势高低地不齐，开园须择带沙泥。
要知风味何方美，陷石堂前鼓子西。

丘文举寄金井坑茶用苏子由煎茶韵
答谢

连旬梅雨苦不堪，酷思奇茗餐香甘。
武夷地仙素习我，嗜茶有癖深能谙。建溪
盈盈隔一水，蒻叶封缄得真味。三十六峰
岩嶂高，身亲采摘宁辞劳。上品旗枪谁复
有，未及烹尝香满口。我生不识逃醉乡，煮
泉却疾如神方。铜铛响雷炉掣电[60]，瓦瓯
浮出琉璃光。窗前检点《清异录》，斟酌十
六仙芽汤。

闽道人寄武夷茶与曹能始烹试有作
幔亭仙侣寄真茶，缄得先春粟粒芽。

信手开封非白绢，笼头煎吃是乌纱。秋风
破屋卢仝宅，夜月寒泉陆羽家。野鹤避烟
惊不定，满庭飘落古松花。

试武夷新茶作建除体贻在杭犀

建溪粟粒芽，通灵且氛馥。除去灶上尘，
活火烹苦竹。满注清泠泉，旗枪鼎中熟。平
生羡玉川，雅志慕王肃。定知茗饮易，更爱七
碗速。执扇炽燃炭，童子供不足。破屋烟霭
青，古铛香色绿。危磴相对坐，共啜盈数斛。
成筥酌未尽，萧然豁心目。收拾盂碗具，送客
下山麓。开襟纳凉飔，林深失炎燠。闭门推
枕眠，一梦到晴旭。

在杭乔卿诸君见过试武夷鼓山支提太
姥清源诸茶分赋

北苑清源紫笋香，长溪劳峰盛旗枪。
洞天道士分筠筥，福地名僧赠绢囊。蟹眼
煮泉相续汲，龙团别品不停尝。尽倾云液
清神骨，犹胜酕醄入醉乡。

试武夷茶　明　佘浑然

百草未排动，灵芽先吐芬。旗枪冲雨
出，岩壑见春分。采处香连雾，烹时秀结
云。野臣虽不贡，一啜敢忘君。

试武夷茶　明　闵龄

啜罢灵芽第一春，伐毛洗髓见元神。
从今浇破人间梦，名列丹台侍玉晨。

鼓山采茶曲　明　谢肇淛

半山别路出茶园，鸡犬桑麻自一村。
石屋竹楼三百口，行人错认武陵源。

布谷春山处处闻，雷声二月过春分。
闽南气候由来早，采尽灵源一片云。

郎采新茶去未回,妻儿相伴户长开。深林夜半无惊怕,曾请禅师伏虎来。

紧炒宽烘次第殊,叶粗如桂嫩如珠。痴儿不识人生事,环绕薰床弄雉雏。

雨前初出半岩香,十万人家未敢尝。一自尚方停进贡,年年先纳县官堂。

两角斜封翠欲浮,兰风吹动绿云钩。乳泉未泻香先到,不数松萝与虎丘。

雨后集徐兴公汗竹斋烹武夷太姥支提鼓山清源诸茗各赋

疏篁过雨午阴浓,添得旗枪翠几重㊿。稚子分番夸茗战,主人次第启囊封。五峰云向杯中泻,百和香应舌上逢。毕竟品题谁第一,喊泉亭畔绿芙蓉。

候汤初沸泻兰芬,先试清源一片云。石鼓水帘香不定,龙墩鹤岭色难分。春雷声动同时采,晴雪涛飞几处闻。佳味闽南收拾尽,松萝顾渚总输君。

茶洞

折笋峰西接水乡,平沙十里绿云香。如今已属平泉业,采得旗枪未敢尝。

草屋编茅竹结亭,薰床瓦鼎黑磁瓶。山中一夜清明雨,收却先春一片青。

芝山日新上人自长溪归惠太姥霍童二茗赋谢四首

三十二峰高插天,石坛丹灶霍林烟。春深夜半茗新发,僧在悬崖雷雨边。

锡杖斜挑云半肩,开笼五色起秋烟。芝山寺里多尘土,须取龙腰第一泉。

白绢斜封各品题,嫩知太姥大支提。沙弥剥啄客惊起,两阵香风扑马蹄。

瓦鼎生涛火候谙,旗枪倾出绿仍甘。

蒙山路断松萝远,风味如今属建南。

夏日过兴公绿玉斋[19]啜新茗同赋建除体

建州瓷瓯浮新茗,除尽烦忧梦初醒。满园枯竹根槎枒,平头小奴支石鼎。定知此味胜河朔,执杯劝君须饱酌。破屋依山带远钟,危峰吐云来虚阁。成都不数绿昌明,收却春雷第一声。开口大笑各归去,闭门卧听松风生。

邢子愿惠蜀茗至东郡赋谢

一角绿昌明,知君寄远情。香分雪岭秀,色夺锦江清。松火山僮构,瓷瓯侍女擎。只愁风土恶,何处觅中泠。

武夷试茶　明　陈勋

归客及春游,九溪泛灵槎。青峰度香霭,曲曲随桃花。东风发仙荈,小雨滋初芽。采掇不盈襜,步屦穷幽遐。瀹之松涧水,泠然漱其华。坐超五浊界,飘举凌云霞。仙经阅大药,洞壑迷丹砂。聊持此奇草,归向幽人夸。

武夷试茶因怀在杭　明　江左玄

新采旗枪踏乱山,茶烟青绕万松关。香浮雨后金坑品,色夺峰前玉女颜。仙露分来和月煮,尘愁消尽与云闲。独深天际真人想,不共衔杯木石间。

山中烹茶

东风昨夜放旗枪,带露和云摘满筐。瓢汲石泉烹活水,鼎中晴沸雪涛香。

雨中集徐兴公汗竹斋烹武夷太姥支提鼓山清源诸茗　明　周千秋

乍听凉雨入疏棂,亭畔萧萧万竹青。

扫叶呼童燃石鼎，开函随地品《茶经》。灵芽次第浮云液，玉乳更番注瓦瓶。笑杀卢仝徒七碗，风回几簟梦初醒。

江仲誉寄武夷茶　明　郑邦霈
龙团九曲古来闻，瑶草临波翠不分。一点寒烟松际出，却疑三十六峰云。
春来欲作独醒人，自汲寒泉煮茗薪。满饮清风生两腋，卢仝应笑是前身。

清明试茶　明　费元禄[20]
空林柘火动新烟，试煮金沙石窦泉。瀹处风生蒙岭外，战来云落幔亭巅。苍头讵可奄称酪，博士何劳更给钱。春暮倍愁花鸟困，不妨频傍瓦炉煎。

词类

阮郎归　宋　黄庭坚
摘山初制小龙团，色和香味全[58]。碾声初断夜将阑，烹时鹤避烟。消滞思，解尘烦，金瓯雪浪翻。只愁啜罢水流天，余清搅夜眠。

黔中桃李可寻芳，摘茶人自忙。月团两铐斗圆方，研膏入焙香。青箬裹，绛纱囊，品高闻外江。酒阑传碗舞红裳，都濡春味长。都濡，地名。

西江月·茶[59]
龙焙头纲春早，谷帘第一泉香。已醺浮蚁嫩鹅黄，想见翻成雪浪[60]。兔褐金丝宝碗，松风蟹眼新汤。无因更发次公狂，甘露来从仙掌。

品令·〔茶词〕[61]
凤舞团团饼，恨分破，教孤令。金渠体

净，只轮慢碾，玉尘光莹。汤响松风，早减了三分酒病。味浓香永，醉乡路，成佳境。恰如灯下故人，万里归来对影。口不能言，心下快活自省。

看花回·〔茶词〕[62]
夜永兰堂醺饮，半倚颓玉。烂熳坠钿堕履。是醉时风景，花暗烛残，欢意未阑，舞燕歌珠成断续。催茗饮，旋煮寒泉，露井瓶窦响飞瀑。纤指缓，连环动触。渐泛起，满瓯银粟。香引春风在手，似粤岭闽溪，初采盈掬。暗想当时，探春连云寻篁竹。怎归得，鬓将老，付与杯中绿。

浪淘沙二首茶园即景　明　陈仲溱
绝壁翠苔封，劣崰危峰。半山云气织芙蓉，怪鸟啼春声不断，踯躅花红。茅屋挂珑炊，十里青松。茶园深处挂孤筇，知得清明今欲到，茗绿东风。

鸟道界岩峣，日暖烟消。鹧鸪啼过蹴鳌桥，望到海门山断处，练束春潮。收拾旧茶寮，筐筥轻挑，旗枪新采白云苗，竹火焙来聊一歃，仙路非遥[63]。

〔茶集续补〕[64]
茶事咏有引温陵[65]　蔡复一[21]咏温陵
古今浇垒块者，图书外，惟茶、酒二客。酒，养浩然之气；而茶，使人之意也消。功正未分胜劣。天津造楼，顾渚置园，玄领所寄，各有孤诣。酒和中取劲，劲气类侠；茶香中取淡，淡心类隐。酒如春云笼日，草木宿悴，都化恺容；茶如晴雪饮月，山水新光，顿失尘貌。醉乡道广，人得狎游，而茗格高寒，颇以风裁御物。譬则夷惠清和，山、嵇通简，虽隔代而兴，绝交有激，继踵均足摽圣，把臂何妨入林矣。庄生有云，时为帝者也。西方以醍醐代曲糵，避酒如仇，独于茶无迕，岂非御时轮抽教籥，尘梦方酣，则饮醇难救，热中欲解，则濯冷倍宜，所以革彼烂肠，荐兹苦口乎。

仆野人也，雅沐温风，终存介性，病眼数月，山居泬寥，不能效苏子美读《汉书》，以斗酒为率。惟一与茶客酒徒[66]，既专且久，振爽涤烦，间有会心，便觉陆季疵辈去人不远，冲口而发，随命笔吏得小诗若干首[67]。前人所述，其品、其法、其事，今俱略焉。至神情离合之际，盖有味乎？言之裁编，次于短韵，括扬摧于微吟，虽核悫董狐而契追鲍子矣。必曰树茗帜以囚酒星，焚醉日则不平。谓何夫阮步兵之达也，陶征士之高也，皆前与曲生莫逆，仆素交亦复不浅，岂可判疏亲于鸿蒙，立输墨于净土，使仙醽[22]讥其隙末，灵草畏其易凉哉。旷睽者思，习晤者笃，感独醒之悠邈，嘉静对之绸缪。赏叹兼深，物候偏合，故籁亦专鸣焉。酒德之颂，以俟他日。

春林过雨净，春鸟带云来。梦余茶火热，一酌山花开。

雨前枪颖抽[68]，石罅星珠写。何处试芽泉，露井桃花下。

病去醉乡隔，闲来茶苑行。持杯犹未饮，黄鸟一声鸣。

涤器傍松林，风铛作人语。微飔相献酬，闻声已无暑。

山月正依人，鲈声初战茗。幽谷淡微云，谡谡松风冷。

霜瓶饷雷荚，露碗泼云腴。人爱苍苔上，吾怜碧蕊敷。

照面素涛起，真风入肺清。世间何物拟，秋色动金茎。

露下水云清，疏林如堕发。试茗石泉边，一瓯蘸秋月。

泉鸣细雨来，风静孤烟直。遥看林气青，知有卧云客。

雪是谷之精，却与茶同调。洗瓶花片来，茶色欣然笑。

泉山忆雪遥，得雪茶神足。无雪使茶孤，不孤赖有竹。

渐冷香消篆，无弦月照琴。声希味亦淡，此客是知音。

寒岩隐奇品，何必远山英。耳食千金子，啜茶惟□名。

沆瀣滴生根，月神与云魄。是故日山颠，往往得佳客。

收芽必初火，非为斗奇新。缊藉一年力，神全在蚤春。

海印涌珠泉，在山已蟹眼。依然云石风，顿使茶乡远。余乡浯屿海印岩顶，有蟹眼泉，风味在慧山以上。

泉品竞毫厘，战茶堪次第。惭愧山中人，调符供水递。隔海，每月致蟹眼泉数瓿。

煎水不煎茶，水高发茶味。大都瓶杓间，要有山林气。

茶虽水策勋，火候贵精讨。焙取熟中生，烹嫌穉与老。

白石含云润，丹砂出火凝。今时无石鼎，托客觅宜兴。

柴桑托于酒，临酌忽忘天。而我亦如是，玄心照茗泉。

酒德泛然亲，茶风必择友。所以汤社事，须经我辈手。

酒韵美如兰，茶神清如竹。花外有真香，终推此君独。

焦革何人者,范金配杜康。茶乡有汤沐,桑苎自蒸尝。

营糟筑乐邦,转与睡乡际。忽到茗瓯中,别开一天地。

茶品在尘外,何须人出尘。茫茫尘眼醉,谁是啜茶人。

宋法盛龙团,探春归圣主。清风洒九州,天韵高千古。

团饼乳花巧,卷芽云气深。将芽来作饼,隐士耀朝簪。

马国厌腥膻,酪奴空见辱。将茶作主人,呼奴不到酪。

仙掌露干后,文园赋渴余。当时无一盏,乞与病相如。

汤沸写瓯香,裹花兼钉果。肉涴虎跑泉,此事君岂可。

世氛损灵骨,何物仗延年。吾是烟霞癖,君称草水仙。

宾来手自泼,入口羡孤绝。自是韵相同,非关精水法。

好友兰言密,奇书玄义析。此意不能传,茶瓯荅以默。

漱酣驱睡魔,众好非真赏。微啜御风行,泠泠天际想。

据梧微咏际,隐几坐忘时。真味超甘苦,陶王韦孟诗[23]。

附烹茶图集　吴趋　唐寅　书[24]

山芽落硙风回雪,曾为尚书破睡来。勿以姬姜弃憔悴,逢时瓦釜亦鸣雷。(风炉小鼎不须催)

长洲　文征明

分得春芽谷雨前,碧云开里带芳鲜。瓦瓶新汲三泉水,纱帽笼头手自煎。

小院风清橘吐花,墙阴微转日斜斜。

午眠新觉诗无味,闲倚栏干嗽苦茶。

吴兴　庄懋循

桐阴竹色领闲人,长日烟霞傲角巾。煮茗汲泉松子落,不知门外有风尘。(坐来石榻水云清)

李光祖绳伯父书[25]

万历癸卯伏日,过同年喻职方正之斋中,出所藏唐伯虎画陆羽烹茶图,韵远景闲,澹爽有致,时烦暑郁蒸,飒然入清凉之境界。自昔评茶出之产,水之味,器之宜,焙碾之法,好事者无不极意所至。然俗韵清赏,时有乖合,乃高人不呈一物,而能以妙理寄于吹云泼乳之中,大都其地宜深山流泉,纸窗竹屋。其时宜雪霁雨冥,亭午丙夜。其侣宜苍松怪石,山僧逸民。伯虎此图,可谓有其意矣。余素负草癖而介然,茗柯尝谓读书之暇,茶烟一缕,真快人意而亦不欲以口腹累人。吾乡厌原云雾，品味殊胜，间一试之，大似无弦琴、直钩钓也。有同此好者，约法三章，勿谈世事，勿杂腥秽，勿溷逋客，正之素心，玄尚眉宇间有烟霞气。与余品茶，每有折衷。余谓不能遍尝名山之茶，要得茶之三昧而已。

〔《煎茶七类》〕[26]

山阴　王思任[27]

正醉思茶，而正之年兄，携所得伯虎卷至，坐间偶检华亭陆宗伯《七类》[28]，录以呈之。述而不作，信而好古，何必为蛇足哉？余方谪官候令，而正之俨然天风海涛长矣。异日坐我百尺庭下而一留茶，安知此蛇足者，遽不化为龙团也耶？

晋安　谢肇淛

山僮晚起挂荷衣，芳草闲门半掩扉。满地松花春雨里，茶烟一缕鹤惊飞。

瓦鼎斜支旁药栏，松窗白口翠涛寒。世间俗骨应难换，此是云腴九转丹。

吾尝笑綦毋旻[69]之论茶曰："释滞消壅，一日之利暂佳[70]，瘠气耗精，终身之害斯大。"嗟嗟，人不饮茶，终日昏昏于大酒肥肉之场，即腯若太牢，寿逾彭聃，将安用之？况陆羽、卢全未闻短命，东都茶僧年越百岁，其功未常不敢参苓也。喻正之先生酷有酪奴之耆[71]，动携此卷自随，虽真赝未可知，而其意超流俗远矣。先生时新拜，命守吾郡。郡有鼓山灵源洞，绿云、香乳甲于江南。公事磬折之暇，命侍儿擎建瓷一瓯啜之，不觉两腋习习清风生耳。

金沙[29]　于玉德润父父跋

三山太守正之喻先生，豫章人豪也。

余不佞，承乏建州倅，间获追随杖屦，辱不鄙夷，偶出示唐伯虎《烹茶园》，图顾渚山中陆羽也。羽耻一物不尽其妙，伯虎亦耻妙不尽其图。正之因图见伯虎，因伯虎而得羽之味茶也。自以为可贵如此。客曰："是不过助韵人逸士之传玩尔。以为芬香甘辣乎？图也。释愤闷乎？解醒乎[72]？漱涤消缩、脱去腻乎？图也。"曰："否，否！夫饮酒者，一饮一石，此不知酒者也。饮茶者，饮至七碗，则亦不得。夫有形之饮，不过满腹，传玩之味，淡而幽，永而适。忘焉仙也，怡焉清也。无轻汗，亦无枯肠；无孤闷，亦无喉吻，安知风吹不断白花之妙，不浮光凝满图乎？夫正之固亦醉翁意耳，志不在莽，我知之矣。正之开朗坦洞，略无城府。不言而饮，人以和，可醉，可醒，可寐，可觉，可歌，可和。余以是谓正之善饮茶也，是真善饮者矣。南山有嘉木焉，其名为槚、为荈、为莽，春风啜焉。正之即不以其所啜，易其所不必啜，于游有独旷焉。故乎岂以尺上之华，而湛湛释滞消壅如陆羽者乎？陆羽以啜茶尽妙，正之以不啜茶尽妙。陆羽以图见正之，正之以无图收陆羽。若正之者，殆翩翩然仙也。"客嗒然曰："有味哉，吾子之言之也。"以告正之。正之洒然额之，庸作诗曰："顾渚有嘉卉，图吴设未尝。非关饥与渴，那得蒂如香。逸士供清赏，高人触味长。逍遥天际外，宾至懒搜肠。"

闵有功

瓦铛松火短筼铲，缥沫轻浮蟹眼珠。不独冰弦能解愠，任他谷鸟唤提壶。九难著论才知陆，七碗通灵独羡卢。但取清闲消案牍，衙斋堪比卧浮图。

清湘[30]　文尚宾

茗饮之尚，从来远矣。乃世独称陆羽、卢仝，岂独其品藻之精，烹啜之宜，抑亦其清爽雅适之致，与真常虚静之旨，有所契合耶？故意之所向，不著于物，不留于情，不徒嗜好之癖，乃足尚耳。使君喻正之先生，于物理无不精研，复有味于陆山人之《茶经》，一日出《烹茶图》一卷示余，其意远而超，其致闲而适，时郡斋新创光仪堂，对坐其中，瓷瓯各在手。余谓伯虎所写，虽真赝未分，却是使君实际妙理。使君缮性经世之术，所调适于一身，与奏功于斯世，实于此君得三昧焉？使君复不私其图，指堂之东西壁间，欣然曰："是不可刻石，摹其图，以寄此意耶。则兹卷又当为行卷以传矣。"鸿渐、伯虎地下有知，当为吐气。

吴兴　吴汝器

使君清兴在冰壶，茗战献堪入画图。自见长孺帷卧治，何妨陆羽属吾徒。焙分雀舌晴含雾，铛煮龙腰昼迸珠。镇日下官无水厄，几回尝啜俗怀驱。

岭南　古时学

石阑瓦釜博山鑪，卧阁香清展画图。采得龙团云并绿，喷来蟹眼雪为珠。能消五浊凌仙界，坐令私怀击唾壶。寥落衙斋无底事，愿从破睡一相呼。

西陵　周之夫

庚戌除日，喻正之使君与余翛然相对，甚快也。向曾语余以《烹茶图》，因出见示。余不佞，忝使君忘分之交污，不至阿其所好，便谓此图有远体而无远神，以为伯虎真笔，不敢闻命。使君笑曰："吾岂

为图辨真赝哉，吾以寄吾趣耳。昔人弹无弦琴，自称醉翁，而意固不在酒。刻舟求剑，达人必不然，且天下事无大小，凡外执而成癖者，皆中距而为障者也。障则操栗而舍，悲世必有穷吾癖者。即如陆鸿渐著《茶经》，非不明晰，后更有《毁茶论》。"倪亦其稍稍癖也，自贻伊戚耳，余闻其言，知使君精禅理焉。余观宦省会者，大吏而下，拜跪五之，簿书三之，应酬二之。每皇皇苦不足，而使君栩栩若有余，本萧然出尘之韵，运其划然，立解之才以禅事作吏事，所从来远矣。欧阳公方立朝，自称六一居士。夫心有所著，即纤毫累也。心无所著，即目前，何不可寄吾趣而何拘拘于六也。余不佞，请因《烹茶图》而益广博寄之，使君其以为然否？

江大鲲

喜得惊雷荚，聊支折脚铛。频搴青桂爨，旋汲玉泉烹。擘触霞纹碎，斟翻雪乳生。避烟双白鹤，归梦不胜清。

谁擅清斋赏，题来烹茗图。香宜兰作友，味叱酪为奴[②]。竹月晴窥碾，松风夜拂炉。相如方肺浊，披对病应苏。

川南　郭继芳

阆风之巅产灵芽，移来海上仙人家。松涛瑟瑟瓦鼎沸，清烟一道凌紫霞。

冰肌几历峨眉雪，筠笼犹生顾渚云。一白香风回郡阁，龙团小品总输君。

喻使君品高山斗，清映冰壶，大雅玄度，望之为神仙中人。入含鸡舌，出分虎符，方高谭云台之业，而居恒赏此图，何哉？盖亮节远识，独空独醒，超然红尘世氛之表，而寄趣于绿云香乳间也，意念

深矣。

晋安　陈勋[31]

苏长公云，寓意于物，虽微物足以为适。茗饮之适，在世间鲜肥旨劳酴酽之外，岂徒旨于味哉？陆山人《经》，可谓体物精研，然他日又为《毁茶论》何也？将无犹涉歧俩，有时而不自适欤？今吴越间人，沿其风尚，往往净几名香，品尝细啜，岂必尽关妙理。正之君侯，玉壶冰心，迥出尘表，虽廊庙钟鼎之间，迢迢有天际真人想，其爱此图，盖以寓其澹泊萧远之意。真得此中三昧，非必绿云香乳习习风生而后为适也。不敏作如是观，以念在仇水部当为解颐耳。

题唐伯虎《烹茶图》为喻使君正之赋
辛亥十一月长至日[32]　王穉登

太守风流嗜酪奴㉔，行春常带煮茶图。图中傲吏依稀似，纱帽笼头对竹垆。

灵源洞口采旗枪㉕，五马来乘谷雨尝。从此端明《茶谱》上，又添新品绿云香。

伏龙十里尽香风，正近吾家别墅东。他日干旄能见访，休将水厄笑王蒙。

东海　徐𤊹

鱼眼波腾活火红，鬐丝轻飏煮茶风。纱巾短褐无人识，此是茗溪桑苎翁。

清风长绕竟陵山，千载茶神去不还。宁独范形炀突上，更留图像在人间。

谷雨才过紫笋新，竹炉香褭月团春。雁桥古井生秋草，无复当年茗战人。

东园先生无姓名，品茶常汲石泉清。羽衣挈具真奇事，俗杀江南李季卿。

建溪门人　江左玄

吴趋伯虎工临摹，传来陆羽《烹茶图》。桐阴匝地松影乱，呼童饷客燃风炉。一缕清烟透书幌，瓦鼎晴翻雪涛响。生平清嗜几人知，千古高风谁与两。使君论治比淮阳，退食时烹紫笋香。朝向堂前凭画轼，暮从花下试旗枪。凉台净室明窗几，披图时对东冈子。清修不识汉庞参，为郡数年唯饮水。

三山门人　郑邦霈

夫子冰为操，庭闲日试茶。芽宁殊玉垒，泉不让金沙。火活腾波候，云飞绕碗花。品尝重注谱，清味遍幽遐。

跋

余所藏《烹茶图》，赏鉴家多以为伯虎真迹，言之娓娓，而余未能深解其所以。然昔人问王子敬[33]云："君书何如君家尊？"答曰："固当不同。"既又云："外人那得知。"夫评书画者，既已未深知矣。即三人占，从二人之言，其谁曰不可。图之后，旧附有赞说数首。来守福州，稍益之，一时寅僚多隽才，促更余刻之石甚力。余逡巡谢，已而思之，余性孤僻，寡交游，即如曩者，盘桓金台白下，亦复许时而曾不能广谒名流，博求篇咏，以侈大吾图而彰明，吾好则与夫守其后语，矜慎不传，而自娱于笥中之珍也。无宁托寒山之片石，而使观者谓温子升可与共语耶。嘻！余实非风流太守，而谬负茶癖，以有此举也。后之君子，未必无同然焉。抑或谓三山之长，未能贞峰功令悬之国门，而为此不急之务，不佞亦无所置对。知我罪我，其惟此《烹茶图》乎。时三十九年季冬南昌喻政书于三山之光仪堂。

注　释

1　此处删节，见明代高元濬《茶乘》。
2　此处删节，见明代高元濬《茶乘》。
3　此处删节，见明代胡文焕《茶集·六安州茶居士传》。
4　此处删节，见明代胡文焕《茶集》。
5　此处删节，见明代徐𤊻《蔡端明别纪·茶癖》。
6　县官：此指皇帝。
7　六品无沉柤（zhā 或 zù）：柤，同"俎"。zhā，指木栏，或同"楂"，此作"通渣"用。即"六品无沉渣"。
8　麦粒：《元丰类稿》在诗题下自注："丁晋公北苑新茶诗序云，'茶芽采时如麸麦之大者'。"
9　谢迈（邁）："迈（邁）"字，疑为"迈（蕒）"之误。谢迈（？—1116），宋抚州临川人，字幼盘，号竹友。工诗文，老死布衣，有《竹友集》。《全宋诗》亦作谢迈。
10　邓肃（1091—1132）：初字志宏，改德恭，号栟榈。南剑州（今福建南平）沙县人。钦宗时，使金营五十日而回，擢右正言。不久李纲罢相，也被涉罢归。有《栟榈集》。
11　赵若槸，字白木，号霁山，建州崇安（今福建武夷山）人，度宗咸淳十年进士，入元不仕，有《涧边集》。
12　白玉蟾（1194—？）：本名葛长庚，字白叟、以阅、众甫，号海琼子、海南翁、琼山道人、武夷山人、紫青真人。闽清人。有《武夷集》、《海琼集》、《上清集》等。
13　刘子翚（1101—1147）：字彦冲，号病翁，建州崇安（今福建武夷山）人。
14　蓝静之：即蓝仁，静之是其字。元明间崇安（今福建武夷山）人。元末与弟蓝仁智俱往武夷师杜本，受四明任士林

诗法，遂弃科举，专意为诗。迁邵武尉，不赴。入明例徙凤阳，居琅邪数月放回，以寿终。有《蓝山集》。
15　杜本（1276—1350），清江人。字伯原，号清碧。博学，善属文。隐居武夷山中，文宗即位，闻其名，以币征之，不赴。顺帝时，以隐士荐，召为翰林待制，兼国史院编修官，称疾固辞。为人湛静寡欲，笃于义。天文、地理、律历、度数，无不通究，尤工于篆隶。有《四经表义》、《清江碧嶂集》。
16　苏伯厚（？—1411）：名坤（或作垆），福建建安人，以字行，号履素。洪武初以明经荐，授建宁府训导，有政绩，永乐初擢翰林侍书，预修《太祖实录》、《永乐大典》。有《履素集》。
17　徐熥：字惟和。闽县（今福建福州）人，徐𤊻兄。万历四十六年（1618）举人，肆力诗歌，以词采著称，有《幔亭集》。
18　邓原岳：福建闽县人，字汝高。万历二十年（1592）进士，授户部主事，官至湖广按察副使。工诗，编有《闽诗正声》，另有《西楼集》。
19　兴公：徐𤊻，字兴公。
20　费元禄：江西铅山人。字无学，一字学卿。诸生，建屋于鼍采湖上。有《鼍采馆清课》、《甲秀园集》。
21　温陵蔡复一（1576—1625）："温陵"，历史上福建泉州的别称。蔡复一，字敬夫，万历二十三年（1595）进士，由刑部主事，迁兵部郎中多年。天启四年，贵州巡抚讨安邦彦败死，以复一代之，巡进总督贵州、云南、湖广军务，屡有战功，但后以"事权不一"致败解任俟代，卒于军中。谥清宪。有《遯庵全集》。
22　醽（líng）：底本原书作"醲"，一书作

"醴"，美酒名。

23 陶王韦孟：指陶潜、王维、韦应物及孟浩然，取其诗风恬淡，以诗喻茶之意境。

24 喻政所见为唐寅之书法。二诗作者为北宋黄庭坚。

25 喻政所见为李光祖绳伯父之书法。原文作者不详。

26 此处删节，见明代陆树声《茶寮记·煎茶七类》。

27 王思任（1576—1646）：字季重，号遂东。万历二十三年进士，先后知兴平、当涂、青浦三县，后为九江佥事时罢归。鲁王监国时，起为礼部侍郎。清兵入绍兴后，居孤竹庵中绝食死。工画。有《律陶》、《避园拟存》等。

28 陆宗伯《七类》："陆宗伯"，指陆树声。"宗伯"，指"族中辈分"。《七类》，为《茶寮记》中的《煎茶七类》。

29 金沙：疑指今福建南平市茶洋一带。南宋淳祐中置金沙驿，元改名茶洋驿，明于玉德于此系采用古称。

30 清湘：即清湘县，五代晋置，明洪武九年废，治所在今广西全州县。

31 陈勋（1560—1617）：字元凯，号景云，福建闽县人。万历二十九年进士，授南京武学教授，南京工部和户部主事，户部郎中，出知绍兴府。能诗，工字画。有《元凯集》、《坚卧斋杂著》。

32 长至日：也称长日，指冬至日。冬至后，白天一天比一天长。《礼记》："郊之祭也，迎长日之至也。"夏至，亦称"长至"。

33 王子敬：即王献之（344—386），子敬是其字。王羲之子，东晋著名书法家。起家州主簿，迁吴兴太守，官至中书令，时称王大令。工草书，善丹青。

校　　勘

① 卷之一："卷"字前，底本还冠有书名《茶集》二字，本书编时删。"卷之二"同。

② 论茶：文出《东坡杂记》而有异，"论茶"为本文辑者喻政和徐㶿所加。

③ 益不偿损也：底本原无"益"字，据《苏轼文集》径增。

④ 常自珍之：底本原作"当（当）自修之"，"当（当）"字、"修"字，当（当）为"常"字和"珍"字之形误，据《苏轼文集》原文改。

⑤ 脾胃不〔知〕：底本原脱一"知"字，据《苏轼文集》径补。

⑥ 主者封莞："莞"字，《武夷山志》，一作"完"。

⑦ 大德己亥："己"字，底本原形误作"巳"，径改，以下不再出校。

⑧ 泉弗窦："弗"字，日本文化刻本，改作"不"。

⑨ 粟粒芽："粟"字，一作"粒"。

⑩ 诮崔石使君："诮"字，底本原形误作"请"，据《全唐诗》改。

⑪ 郑容："容"字，底本原形误作"容"，据《全唐诗》改。

⑫ 乞钱穆父新赐龙团："父"字，《全宋诗》作"公给事丈"四字。

⑬ 叶纾觊建茶：《全宋诗》题作《太博同年叶兄纾以诗及建茶为觊家有蜀笺二轴辄敢系诗二章献于左右亦投桃报李之意也》。本文收录的为其第一首。

⑭ 送龙茶与许道人："龙"字，底本原无，据《文忠集》加。

⑮ 李仲求寄建溪洪井茶七品："品"字下《全宋诗》等还有"云愈少愈佳未知尝何如耳因条而答之"16字。

⑯ 尝茶：《全宋诗》等，题作《尝茶和公仪》。

⑰ 寄茶与王和甫平甫：此题为本集编成。下录二首，为王安石分别"寄茶与"和甫"、"平甫"二诗，辑者将之合在一起时所加。王安石原诗无"王"字，《王文公文集》本题作《寄茶与和甫》。

⑱ 此首诗题，喻政、徐㶿收录时，并入上题。《王文公集》原诗作《寄茶与平甫》。

⑲ 茶园十二韵：在"韵"字下，《全宋诗》还有小字

注"扬州作"三字。

⑳ 文同：底本原无。疑脱，一般即误作和上首诗一样，为王禹偁所作。径加。

㉑ 蹇蟠翁寄新茶：《全宋诗》"茶"字下，还有"二首"二字。

㉒ 吕殿丞寄新茶：《全宋诗》在吕殿臣的"吕"字之前，还多"闰正月十一日"六字。

㉓ 钱安道寄惠建茶："钱"字前，《苏轼诗集》还多一"和"字。

㉔ 仙山灵雨湿行云："雨"字，《苏轼诗集》等也作"草"。

㉕ 人间风日不到处："日"字，《宋诗钞》等作"月"字。

㉖ 烹茶怀子瞻：《宋诗钞》作《省中烹茶怀子瞻用前韵》。

㉗ 以潞公所惠拣芽送公择：此题下，本集收录时，实际还兼收相关的另二首诗。本诗在是题"公择"之下，《全宋诗》还多"次旧韵"三字。

㉘ 庆云十六升龙饼："饼"字，《全宋诗》作"样"。

㉙ 此诗本集编录时题略，《宋诗钞》等作《奉同公择作拣芽咏》。

㉚ 风炉小鼎不须催：此诗为《奉同六舅尚书咏茶碾煮烹》三首之二。本集收录时，是喻政删去原题将之编入《以潞公所惠拣芽送公择》题下的。

㉛ 许少卿寄卧龙山茶："许"字前，《全宋诗》还多"次谢"二字。

㉜ 朔斋惠龙焙新茗用铁壁堂韵："韵"字下，《全宋诗》还多"赋谢一首"四字。

㉝ 谢吴帅分惠乃弟所寄庐山新茗次吴帅韵：《全宋诗》作《用珍字韵谢吴帅分惠乃弟山泉所寄庐山新茗一首》。

㉞ 相对幽亭致清话："幽"字，底本原作"出"，据《全宋诗》改。

㉟ 龙凤茶寄照觉禅师："师"字，底本无"师"字，疑脱，据《全宋诗》补。

㊱ 茶苑：《全宋诗》作《茶苑二首》。

㊲ 谢道原惠茗：《全宋诗》等题作《道原惠茗以长句报谢》。

㊳ 煎茶：《全宋诗》有的版本《茶声》，亦作《茶瓶汤候》。

㊴ 武夷茶：《全宋诗》为一首，不见前首，仅收录后面的"石乳沾余润"一首。前首"和气满六合"是否属《武夷茶》诗？存疑。

㊵ 武夷茶：《全宋诗》作《九曲棹歌》。本首诗为《九曲棹歌》十首中之第六首。

㊶ 武夷茶灶：《晦庵集》简作《茶灶》。《全宋诗》作《武夷精舍杂咏茶灶》。

㊷ 云谷茶坂：《晦庵集》简作《茶坂》。《全宋诗》作《云谷二十六咏·茶坂》。

㊸ 建守送小春茶：《全宋诗》题作：《知宗示提舶赠新茶诗某未及和偁建守送到小春分四饼因次其韵》。

㊹ 宋丘崈："宋"，本文原稿刊作"元"，疑误。丘崈（1135—1208），字宗卿，宋江阴军（今江苏江阴市）人。孝宗隆兴元年进士，光宗时，擢焕章阁直学士、四川安抚使兼知成都府，后以江淮制置大使兼知建康府，拜同知枢密院事。卒谥忠定。

㊺ 元袁枢："元"字，疑误。查有关史志此袁枢，似应是"南宋"袁枢（1131—1205），字机仲，建宁建安人。孝宗隆兴元年，试礼部词赋第一，授温州判官。宁宗接位，知江陵府，寻为刻罢，奉祠家居。有《通鉴纪事本末》、《易传解义》、《辨易》、《童子问》等。

㊻ 臣子勤拳奉至尊："勤"字，日本文化本刻作"勒"字。

㊼ 封题上品须天府："须"字，《蓝山集》原诗作"输"字。

㊽ 谢人惠白露茶：《蓝山集》原诗作《谢卢石堂惠白露茶》。

㊾ 元明间：底本原作"元"字，确切说，应是元明间人，径改。

㊿ 试吴大本所寄茶：《文征明集》原诗作《是夜酌泉试宜兴吴大本所寄茶》。

51 小窗寒色已醒然："色"字，《文征明集》原诗作"梦"字。

52 闻寂空堂坐此身："闻"字，疑"阒"字之误。"阒寂"，即寂静，径改。

53 醉茶轩歌为詹翰林作：在"林"字和"作"字之间，《弇州续稿》还有"东图"二字。

54 却荐此物甘沉冥：底本原刊作"冥"，近出一些中国茶书，将寞认作"寘"，改作"置"字；有的作"冥"字，书作"冥"。本文从后者，认为似应作"冥"。

55 七碗初移糟粕肠："肠"字，《弇州续稿》作"觞"字。

56 铜铛响雷炉掣电："雷"字，本文底本原形误作

"雪"字,据日本文化本改。

㊷ 旗枪:"枪"字,底本原形误作"抢",径改。

㊸ 香味:"香"字,底本原稿作"春",据《全宋词》改。

㊹ 西江月:《全宋词》作《西江月·茶》。

㊱ 翻成:"成"字,底本原作"匙"字,据《全宋词》径改。

㊶ 品令·茶词:底本原无"茶词"二字,据《全宋词》加。

㊺ 看花回·茶词:底本原无"茶词"二字,据《全宋词》加。

㊼ 以上为喻政《茶书·茶集》初编或初刻本所刊内容。文前《目录》除《茶集》外,还写明"附烹茶图集";但文中内容不载。与之相反,随后重印的增补本,目录上同样载明收《茶集》和《附烹茶图集》两文,但文中内容却不见初编所载内容,只收蔡复一"茶事咏"和《烹茶图集》。不知万历喻政《茶书·茶集》初编和增补本内容有何不同。

㊽ 〔茶集续补〕:底本原无以上四字,此为与喻政《茶书·茶集》初编所列"卷一"、"卷二"体例相一致,本书编校时加。

㊾ 下录《茶事咏》及"引",为喻政《茶书》初编

《茶集》所未收,亦为本重印本《附烹茶图集》所列之于外,显然是喻政或徐𤊹在初版后所发现,在重印时和前遗《附烹茶图集》一起补收入《茶集》的。本篇和下录的《烹茶图集》,也即构成喻政《茶书》重印本《茶集》的两部分内容之一。

㊻ 酒徒:"徒"字,底本原作"旋"字,疑"徒"字之误。日本文化本作"徒",径改。

㊿ 若干:"干"字,底本误作"而"字,据日本文化本改。

㊽ 枪颖:"枪"字,底本原形误作"抢"字,径改。

㊾ 綦毋旻:底本从《大唐新语》作"綦毋旻"。《全唐文纪事》作"毋㫰"。近出的有些茶书,擅改作"綦毋㫰",又无注明更改依据,似不妥。

㊀ 一日之利暂佳:"暂"字,底本刻作"暫"字,"佳"字,底本形误作"注",径改。

㊁ 酪奴:"酪"字,底本原形误作"酩"字,径改。

㊂ 释愤闷乎?解醒乎:"醒"字,底本原误刊作"醒"字,径改。

㊃ 味叱酪为奴:"酪"字,底本原形误作"酩",径改。

㊄ 酪奴:"酪"字,底本原形误作"酩",径改。

㊅ 旗枪:"枪"字,底本原形误作"抢",径改。

茶书 | 明 喻政 辑

作者及传世版本

喻政,生平事迹见《茶集》。

喻政《茶书》,一称《茶书全集》,是我国最早的一本茶书专辑或曰茶书汇编,系喻政知福州时,由当地名士徐𤊹帮助收集、编校的。如谢肇淛为本书所作序中提到:自陆羽撰《茶经》以来,高人墨客,转相绍述,

"至于今日,十有七种","合而订之,名曰《茶书》"。周之夫序称:喻政"今来福州,复取古人谈茶十七种,合为《茶书》"。喻政自序也说,"爰与徐兴公(𤊹)广罗古今之精于谭茶者,合十余种为《茶书》。"

《茶书》又称《茶书全集》,大概是清末

民初的事情。因为现存咸丰时钱塘丁丙加跋的八千卷楼刻本,仍题作《茶书》,而最早称其为《茶书全集》的,是民国三年(1914)江西南城李之鼎编的《丛书书目举要》。所以《茶书全集》之名的出现,最早也不会超过光、宣年间。

至于《茶书》的卷数,上述各篇序中一致指为"十七种"或"十余种",但是今人所见,多是二十七种本,因此有人怀疑它的子目颇有错误,不可信。这一悬案,1987年日本布目潮沨《中国茶书全集》的出版,也得到澄清。

布目潮沨指出喻政《茶书》有万历壬子(四十年)和癸丑(四十一年)两个不同的版本。壬子本即初刻本,从日本国立公文书馆内阁文库藏本来看,仅有谢肇淛壬子元旦的题序,书目分元、亨、利、贞四部,元部收《茶经》等六种,亨部收《茶谱》等八种,利部收《茗笈》等三种,合计十七种。而贞部收录喻政自编《茶集》和《烹茶图集》,是附

录性质。翌年所刻癸丑本,实际是壬子本的增补重印,它增加了周之夫和喻政的两篇序言,并将目录改为仁、义、礼、智、信五编,以仁部对应初编本的元部,以义部对应初编本亨部,以礼部对应初编本利部,智部收入明代《茶录》等八篇,全部为新收,信部则对应于初编本的贞部。我们估计,壬子本很可能是一种试印本,因为周之夫的序也是壬子孟春就写好的,而壬子本却只印了谢肇淛一篇序。另外,在此后的书目里也很少看到十七种本。

万国鼎对于喻政《茶书》,曾作这样几句客观的评述:《茶书全集》收录了几种他书所未载的茶书,使之"因而赖以流传至今",这是它的功绩。但是,有些如《荈茗录》等,是从《清异录》等书中抽取出来的,冠以新题目,亦未加说明。另外,它的校勘也不很精,这是它的缺点。

本文以布目潮沨编《中国茶书全集》为底本。

原　　文

一、初编序目

茶书序

夫世竞市朝,则烟霞者赏矣;人耽粱肉,则薇蕨者贵矣。饮食者,君子之所不道也。曲蘗沉心,淳母爽口,古之作者,犹或谱之。矧于茶,其色香风味,既迥出尘俗之表,而消壅释滞,解烦涤燥之功,恃与芝术颉颃。故自桑苎翁作《经》以来,高人墨客,转相绍述,互有拓充,至于今日,十有七种。其于栽培、制造之法,煎烹取舍之宜,亦既搜括无漏矣。

盖尝论之,三代之上,民炊藜而羹藿,七十食肉,口腹之欲未侈,故茶之功用隐而弗章,然谷风之妇已歌之矣。谁谓茶苦,其甘如荠而堇茶如饴,周原所以纪肥也。近世鼎食之家,效尤淫靡,庖宰之手,穷极滋味。一切臡炙之珍奇,皆伐肠裂胃之斧斤,若非云钩露芽之液,沃其炎炽,而滋其清凉,疾疢夭札踵踵相望矣。故茶之晦于古,著于今,非好事也,势使然也。吾郡侯喻正之先生,自拔火宅,大畅玄风,得唐子畏烹茶卷[1],动以自

随。入闽期月,既已勒之石矣。复命徐兴公衰鸿渐以下《茶经》、《水品》诸编,合而订之,命曰《茶书》,间以示余。余叹谓使君一举而得三善焉。存古决疑,则嵇含状草木,陆机疏虫鱼之旨也;齐民殖圃,则葛颖记种植,赞宁谱竹笋之意也;远谢世氛,清供自适,则陈思谱海棠,范成大品梅花之致也。昔蔡端明先生治吾郡,风流文采,千古罕俪,而于茶尤惓惓焉。至制龙团以进天子,言者以为遗恨,不知高贤之用意固深且远也。九重乙夜,前后左右,惟是醍醐膏芗,谁复以清远之味相加遗者?且也不犹愈于曲江之献荔支赋乎?正之治行,高操绝出伦表,所好与端明合,而是书之传世,不劳民,不媚上,又高视古人一等矣。正之笑谓余:"吾与若皆水曹也,夫唯知水者,然后可与辨茶,请与子共之。"余谢不敏,遂次其语以付梓人。

万历壬子元旦晋安谢肇淛书于积芳亭

初编书目

茶书序

余向读陆鸿渐《茶经》,而少之以为处士出而茗功章彻,一洗酪奴之消声,施荣华至今,诚于此道为鼻祖。顾后来好事之彦,羽翼鼓吹,散在群书,往往而是,而编辑无闻,统纪未一,使人惜碎金而筲片玉。大观之,谓何夫千金之裘,非一狐之腋;然不索胡获,不庀胡纫。我实未尝谋诸野,而徒诧孟尝之幸。得于秦宫者以为独贵,非裘难也,所以成裘者则难矣。喻正之不甚嗜茶,而澹远清真,雅合茶理。方其在留京[2]为司马曹郎,握库筦钥,尽以其例羡,付之杀青。所刊正诸史志,辨鲁鱼,订亥豕,列在学宫,彼都人士,直将尸而祝之。今来福州,复取古人谈茶十七种,合为《茶书》。正烟虽非茶癖,抑诚书淫矣。其书以《茶经》为宗,譬则泰山之丈人峰乎?余若徂徕日观之属罗列,不啻儿孙脉络常贯,而峭菁各成洋洋乎。美哉!畅韵士之幽怀,作词场之佳话,功不在陆处士之下,更何待言。乃余不佞,则充有私赖焉。余素喜茶,初意入闽,嗽剔当俱属佳品,而事大谬不然,所市皆辛涩秽恶。想尝草之帝[3],遇七十二毒,必居一于此,彼一时也;畏湿薪之束,遂无敢诘责。买者二三兄弟,偶致斜封,极称无害。又自思不受鱼,始能常得鱼;亦惟是不启视而璧之以成。吾志早晚啜熟水数合,饔飧则恃粥而行,久之良便无所事。彼建州之后,过友人署中,娓娓罗峤烹点之法。余谓空言不如实事,姑取试之。其僮以武夷应客,余亦亟赏其清香,不知有异。盖疏绝既久,故易喜易眩如此。乃今阅正之书,幽绝沉快,芳液辄溢,无煮阳羡,歃中泠之迹,而收其功益,复无所事,彼其利赖一。余不佞,栖迟一官,五年不调,留滞约结之慨,岂繫异人,徼天之幸日,侍正之左右,觉名利之心都尽退,而披其所纂集若此书之言。言玄箸无论其凡,即如"不羡朝拜省"、"不羡夕入台"之二语,谓非吾人之清凉散不可也,其利赖二。于是正之嘲余以为子之言诚辨,但津津感余不置。窃恐编辑统纪之誉,皆一人之臆戴,非实录也。余亦还对使君谓感诚有之,亦未肯忘。观昔人云:书值会心读却易尽,请使君再广为搜故事。太守与丞倅,李官名为僚,而实无敢以雁行,进常会一茶而退,郑重不出声。即不然,亦聊启口而尝之。又不然,漫造端而骈之,而使君质任自然心无适,莫合刻《茶书》以发舒其澹远清真之意,遂使不受世网如余者,浔以窥见微指作寥旷之谈,破矜庄之色,无亦非所宜乎,请使君自今引于绳。使君欣然而笑曰:有是哉。广搜之,请敢不子从何谓引绳不敢闻命。我与二三子游于形骸之外,而子索我于形骸之内,子其犹有蓬之心也。夫余而后知使君之澹远清真,雅合茶理不虚也。

　　　　　壬子孟春西陵周之夫书于妙香斋中

茶书自叙

　　余既取唐子畏所写《烹茶图》而珉绣之,一时寅彦胜流[4],纷有赋咏,楮墨为色飞矣。而自念幸为三山长,灵源云英,往往浇燥脾而回清梦,盖与桑苎翁千载神狎也。爰与徐兴公广罗古今之精于谭茶若隶事及之者,合十余种,为《茶书》。茶之表章无稍挂,而桑苎之《经》则仍《经》之;诸翊而缀者,亦犹内典金刚之有论与颂耳。方付杀青,而客有过余者,曰茶之尚于世诚巨,而子独津津焉。若茗之茗而笔之,庶几夫能知味者乎?尼山复起,未必不以为知言。而若石隐溪刻之捺姑舍。是客又难余善易者不论易。吾犹以竟陵之舌为饶也。矧逸少之毫[5],诚悬不能用;廷珪之墨[6],子昂不能研,而规规于之器、之法、之候、之人,讵直记柱而弹疏越,且也日亦不足矣。余辄

然曰幸哉。客之有以振我也,顾使我以清课而落吾事,则不敢使我以俗韵而蔑是编,则不甘夫襄阳之于石也,至废案牍,且衣冠而旦夕拜,彼诚兴味旷寥,风流,嵇锻阮屐,杜之传而王之马也。此犹第癖耳。至剔幽揽隐为茗苑中一大擸持,无乃烦乎。余无以难客,已而曰:颖箬洁蹈,瓢响犹厌[7],其声洙泗,真乐水饮,偏归于适,明有待之未冥而无碍之合漠也。夫啜茗之于饮水烦矣,品茗之于去瓢尤烦矣。余则何辞?抑余于嵇、阮诸君子窃有畸焉。盖彼之趣,藉物以怡;而余之肠,得此而涤,固非劳吾生为所嗜,后津津而不止者也。然则饮食亦在外欤,子其勿以四人者方幅我,虽然水而映带,然微独严密者,所弗善即疏懒,如余亦不愿效之也。若茶宁块石埒,而余又未至为颠米之痴[8]有所以处此矣。唐史称,韦翁在郡时,恒扫地焚香,默坐竟日,故其诗冲闲玄穆,迥出尘表,卒不闻以废事为病也。是时,竟陵《经》当已著,令韦得读之,当必不以李御史礼待陆先监,且恐水递接监惠山,云芽童于虎丘耳。余诗格谢此公而茗缘似胜之,客得无谓福州使君漫骄稗苏州刺史哉。客乃大噱。余呼童子斸龙腰泉,煮鼓山茶、如法进之。客更爽然。起谢谓:沐浴兹编,恨晚也。客退,聊次问答语为《茶书》叙云。

万历癸丑涂月[9]哉生明[10]鼓山主人洪州喻政撰

增补本书目

　　仁部　　茶经
　　　　　　茶录
　　　　　　东溪试茶录
　　　　　　北苑贡茶录
　　　　　　北苑别录

注　释

1　唐子畏烹茶卷：唐子畏，即明著名画家唐寅，子畏是其字，一字伯虎。烹茶卷，疑指其所画的陆羽烹茶图。

2　留京：指南京，明成祖朱棣移都燕京后，在南京形式上还保留一套朝廷机构。

3　尝草之帝：指神农氏，中国上古传说中的三皇五帝之一。

4　寅彦胜流：寅，古时称"同官"为"同寅"；彦，旧时"美士"之称。寅彦胜流，用现在的话说，即一批饱学和口碑较好的著名学者及官员。

5　逸少之毫："逸少"，即王羲之（303—361），东晋著名书法家。逸少之毫，即指王羲之之笔。

6　廷珪之墨：五代时徽州制墨名家奚廷珪所生产之墨。

7　颍箕洁蹈，瓢响犹厌：与上文"嵇锻阮展杜之传而王之马也"相呼应，犹借用《庄子·逍遥游》"挂瓢洗耳"之典。讲唐尧时高士许由，隐居山林之中，以手捧水而饮，人赠其瓢，许由饮毕挂树，嫌其有声而弃之。尧想把天下让给他，许由不就，以为闻恶声，而临河洗耳。终身隐居颍水之南，箕山之下。后以此典表现或反映隐士志行之高洁。

8　颠米之痴：疑即指米芾。字元章，号海岳外史，又号鹿门居士。宋襄阳人，世称为米襄阳。倜傥不羁，举止颠狂，故世称为米颠。为文奇险，妙于翰墨，画山水人物，亦自成一家，爱金石古器，尤爱奇山，世有元章拜石之语。官至礼部员外郎，或称为米南宫。著有宝晋英光集、书史、画史、砚史等书。

9　涂月：指阴历十二月。

10　哉生明："哉"字，通"才"。"才生明"，指一月的某二天。如"才生魄"，即指阴历的初二和初三。

茶笺 | 明 闻龙 撰①

作者及传世版本

闻龙，原名继龙，初字仲连，后字隐鳞，号飞遁，晚号飞遁翁，浙东四明(今浙江宁波)人。为嘉靖时历官应天、顺天府尹，累官至吏部尚书闻渊(1480—1563)的孙。博通经史，善诗古文，精书法，慕高逸，终不一试。万国鼎《茶书总目提要》称他"崇祯时举贤良方正，坚辞不就。"恐不确。查《鄞县志》，崇祯时"选贡·荐辟"，确有一位闻姓者"辞疾不应"，但其名"闻世选"，无根据即为闻龙。另外由闻渊生年来看，闻龙即使活到崇祯以后，起码也已过古稀之年，此时再举贤良方正，可能性似亦不大。据记载，闻龙至八十一岁才卒。

闻龙《茶笺》，是一篇茶事心得笔记。屠本畯在《茶解叙》中称："予友闻隐鳞，性通茶灵，早有季疵之癖，晚悟禅机，正对赵州之锋。"说明闻龙嗜茶，也精于茶事。万国鼎评《茶笺》"谈论茶的采制方法、四明泉水、茶具及烹饮等。有一些亲身经验。"所以，尽管内容简略，但仍与《茶录》、《茶解》同为明代后期三部以实践经验为基础撰成的重要茶业专著。

本文撰写时间，因无序跋，清以前无人涉及，万国鼎可能据"崇祯时举贤良方正"这一线索，定在"1630年(崇祯三年)前后"。此后，《中国茶叶历史资料选辑》、《中国古代茶叶全书》等，奉为定论，以讹传讹，以致现在各书均称撰于"1630年前后"。本书作编时经查考，发现其早在屠本畯《茗笈》中便已有引述，这表明本文不是在崇祯，而至迟在万历三十八年(1610)《茗笈》编刻前即已撰成。

闻龙《茶笺》，清以前刻本，现仅存《说郛续》本、《古今图书集成》本两种。本书以《说郛续》本作录，以《古今图书集成》本和有关文献作校。

原　　文

茶初摘时，须拣去枝梗老叶，惟取嫩叶；又须去尖与柄，恐其易焦。此松萝法也。炒时须一人从傍扇之，以祛热气。否则黄色，香味俱减，予所亲试。扇者色翠，不扇色黄。炒起出铛时，置大磁盘中，仍须急扇，令热气稍退，以手重揉之；再散入铛，文火炒干入焙。盖揉则其津上浮，点时香味易出。田子艺¹以生晒、不炒、不揉者为佳,亦未之试耳。

《经》云:"焙,凿地深二尺,阔二尺②五寸,长一丈。上作短墙,高二尺,泥之。""以木构于焙上,编木两层,高一尺,以焙茶。茶之半干,升下棚;全干,升上棚。"愚谓今人不必全用此法。予尝构一焙,室高不逾寻²;方不及丈,纵广正等,四围及顶,绵纸密糊,无小罅隙。置三四火缸于中,安新竹筛于缸内,预洗新麻布一片以衬之。散所炒茶于筛上,阖户而焙。上面不可覆盖。盖茶叶尚润,一覆则气闷罨黄,须焙二三时,俟润气尽,然后覆以竹箕。焙极干,出缸待冷,入器收藏。后再焙,亦用此法,免香与味,不致大减。

诸名茶,法多用炒,惟罗岕宜于蒸焙。味真蕴藉,世竞珍之。即顾渚、阳羡、密迩、洞山,不复仿此。想此法偏宜于岕,未可概施他茗。而《经》已云蒸之、焙之,则所从来远矣。

吴人绝重岕茶,往往杂以黄黑箬,大是阙事。余每藏茶,必令樵青入山采竹箭箬,拭净烘干,护罂四周,半用剪碎,拌入茶中。经年发覆,青翠如新。

吾乡四陲皆山,泉水在在有之,然皆淡而不甘,独所谓它泉者,其源出自四明潺湲洞,历大阑、小皎诸名岫,回溪百折,幽涧千支,沿洄漫衍,不舍昼夜。唐鄞令王公元伟,筑埭它山,以分注江河,自洞抵埭,不下三数百里。水色蔚蓝,素砂白石,粼粼见底,清寒甘滑,甲于郡中。余愧不能为浮家泛宅,送老于斯,每一临泛,浃旬忘返。携茗就烹,珍鲜特甚,洵源泉之最,胜瓯牺之上味矣。以僻在海陬,图、经是漏,故又新之记罔间,季疵之

杓莫及,遂不得与谷帘诸泉齿,譬犹飞遁吉人③,灭影贞士,直将逃名世外,亦且永托知稀矣。

山林隐逸,水铫用银,尚不易得,何况镀乎?若用之恒④,而卒归于铁也。

茶具涤毕,覆于竹架,俟其自干为佳。其拭巾只宜拭外,切忌拭内。盖布帨虽洁,一经人手,极易作气。纵器不干,亦无大害。

吴兴姚叔度言:"茶叶多焙一次,则香味随减一次。"予验之良然。但于始焙极燥,多用炭箸,如法封固,即梅雨连旬,燥固自若。惟开坛频取,所以生润,不得不再焙耳。自四五月至八月,极宜致谨;九月以后,天气渐肃,便可解严矣。虽然,能不弛懈,尤妙、尤妙。

东坡云:蔡君谟嗜茶,老病不能饮,日烹而玩之。可发来者之一笑也。孰知千载之下,有同病焉。余尝有诗云:"年老耽弥甚,脾寒量不胜";去烹而玩之者,几希矣。因忆老友周文甫,自少至老,茗碗薰炉,无时暂废。饮茶日有定期,旦明、晏食、禺中、铺时、下春、黄昏,凡六举。而客至烹点⑤,不与焉。寿八十五无疾而卒。非宿植清福,乌能毕世安享?视好而不能饮者,所得不既多乎。尝畜一龚春壶⑥,摩挲宝爱,不啻掌珠,用之既久,外类紫玉,内如碧云,真奇物也。后以殉葬。

按《经》云,第二沸,留热以贮之,以备育华救沸之用者,名曰隽永。五人则行三碗,七人则行五碗,若遇六人,但阙其一。正得五人,即行三碗,以隽永补所阙人。故不必别约碗数也。

注　释

1　田子艺：即田艺蘅，子艺是其字。
2　高不逾寻："寻"字，此指古代长度单位，八尺为一寻。

校　勘

①　底本原署作"四明闻龙"。
②　二尺："二"字，底本和集成本原误作"一"，据《茶经》改。
③　飞遁："飞遁"，集成本作"肥遁"。"肥"字，通"飞"。
④　若用之恒："恒"字，底本原刻成"佰"，据集成本改。
⑤　而客至：集成本作"其僮仆"。
⑥　尝畜一龚春壶："尝畜一"三字，集成本作"家中有"。

茶略 ｜ 明　顾起元　辑

作者及传世版本

顾起元（1565—1628），明应天府江宁（今江苏南京）人。字太初，一作璘初，万历戊戌（二十六年，1598）会试第一，殿试一甲第三名，由翰林院编修，累官至吏部左侍郎。当时诸秉政者屡欲引以大用，起元避居遁园，七征不起。为官清正，多有政绩。如为杜绝卫官科索，奏请将兵部快船改马船，军民两便。学问渊博，知古今成败人物臧否以至诸司掌故，指画历然可据。称述先辈，接引后学，孜孜不倦。精金石之学，工书法，好收藏图书，其藏书室有"尔雅堂"、"归鸿馆"。著有《金陵古金石考》、《客座赘语》、《说略》、《蛰庵日记》、《懒真草堂集》等。卒谥文庄。

本篇引自顾起元的《说略》，虽其内容与其他茶书大多相同，但记各地名茶和茶书，尚有异于他书的，可作参考。

顾起元在万历癸丑年（1613）作《说略》序中说，《说略》的编纂主要在万历甲午（1594）和乙未两年，初分为二十卷。后交友人审订，而"浙门张君"更将校订抄写好的稿子交给了顾起元。可惜乙巳年（1605），起元由京师告归，途经南阳时遇到河决舟覆，书稿因之亡佚，但张君此时也已故去。直到后来张君家人在敝笥中检出，顾氏才得以重新整理成三十卷。数年后，新安秘书吴德聚"捐资为之缮写刻既"。本篇《茶略》即在其中。

《茶略》除新安吴德聚万历癸丑刻本外,还有《四库全书》本等。本文以《文渊阁四库全书》本作底本,参校其他有关引文作校。

原　文

古人以饮茶始于三国时。《吴志·韦昭传》:"孙皓每饮群臣,酒率以七升为限。昭饮不过二升,或为裁减,或密赐茶茗以当酒①。"据此为饮茶之证。按《赵飞燕别传》"成帝崩后,后一夕寝中惊啼甚久,侍者呼问方觉。乃言曰:'吾梦中见帝,帝赐吾坐,命进茶。左右奏帝云:向者侍帝不谨,不合啜此茶'。"云云。然则西汉时,已尝有啜茶之说矣。

建州之北苑先春龙焙,洪州之西山白露,鹤岭双井白芽,穆州之鸠坑¹,东川之兽目,绵州之松岭,福州之柏岩、方山生芽,雅州之露芽,南康之云居,婺州之举岩碧乳,宣城之阳坡横纹,饶池之仙芝、福合、禄合、莲合、庆合,蜀州之雀舌、鸟嘴、片甲②、蝉翼,潭州之独行灵草,彭州之仙崖石花③,临江之玉津,袁州之金片绿英,龙安之骑火,涪州之宾化,建安之青凤髓,岳州之黄翎毛,建安之石岩白④,岳阳之含膏冷,南剑之蒙顶石花,湖州之顾渚紫笋,峡州之碧涧明月,寿州之霍山黄芽,越州之日注,此唐宋时产茶地及名也。²

《南部新书》云:湖州造茶最多,谓之顾渚贡焙,岁造一万八千余斤⑤。按此则唐茶不重建,以建未有奇产也。至南唐初造研膏,继造蜡面,既又佳者号日京挺。宋初置龙凤模,号石乳,又有的乳、白乳,而蜡面始下矣。丁晋公进龙凤团,至蔡君谟又进小龙团。神宗时复制密云龙,哲宗改为瑞云翔龙,则益精,而小龙团下矣。徽宗品茶,以白茶第一,又制三色细芽,而瑞云翔龙下矣。宣和庚子,漕臣郑可闻始创为银丝水芽⑥,盖将已拣熟芽再剔去,只取其心一缕,用清泉渍之,光莹如银丝。方寸新胯,小龙蜿蜒其上,号龙团胜雪,去龙脑诸香,遂为诸品之冠。今建茶碾造虽精,不去龙脑,以为餤合中味亦不用入瀹。而茶品独贵者虎丘,其次天池,又其次阳羡;羡之佳者岕,而龙井、六安之类皆下矣。

蜀蒙山顶茶,多不能数斤,极重于唐,以为仙品。今之蒙茶乃青州蒙阴山产石上,若地衣,然味苦而性凉,亦不难得也。

陆羽《茶经》三卷,《茶记》一卷,周绛《补茶经》一卷,皎然《茶诀》一卷,又《茶苑杂录》一卷(不知名),陆鲁望《茶品》一篇,温庭筠《采茶录》三卷,张又新《煎茶水记》一卷,蜀毛文锡《茶谱》⑦一卷,丁谓《北苑茶录》三卷,刘异《北苑拾遗》一卷,蔡宗颜《茶山节对》一卷,又《茶谱遗事》一卷,又《北苑煎茶法》一卷,曾伉《茶苑总录》十四卷,《茶法易览》⑧十卷,蔡襄有《茶录》一卷,建安黄儒有《茶品要录》⑨,熊蕃有《宣和北苑贡茶录》一卷,熊客有《北苑别录》⑩,吕惠卿有《建安茶用记》二卷,章炳文有《壑源茶录》一卷,宋子安有《东溪试茶录》一卷,徐献忠有《水品》二卷,又不知名氏有《汤品》一卷,田艺蘅有《煮泉小品》一卷。

1　穆州：也即睦州(今浙江建德)。
2　本段唐宋茶产地和茶名,疑据明陈继

儒《茶董补》摘抄。

① 此并非照《三国志》原文直录,而是据大义摘录。
② 鸟嘴、片甲：在"嘴"字和"片"字之间,有些书中,如《茶董补》,还多"麦颗"二字。
③ 仙崖石花："花"字,底本误作"苍",据原文径改。
④ 建安之石岩白："白"字,底本原形误作"臼",径改。
⑤ 岁造一万八千余斤：《南部新书》卷戊作"一万八千四百八斤"。此后"按"以下的内容,与《南部新书》无关,全由顾起元据《宣和北苑贡茶

录》和他书有关内容摘编而成。
⑥ 郑可闻始创为银丝水芽："闻"字,一作"简"字;"水"字,底本原作"冰"字,据《宣和北苑贡茶录》改。
⑦ 蜀毛文锡《茶谱》："文"字,底本原误刊作"主"字,径改。
⑧ 《茶法易览》：宋沈立撰,此疑顾起元疏漏作者。
⑨ 《茶品要录》：现存本书,一般俱作《品茶要录》。
⑩ 熊客有《北苑别录》："熊客"讹,应作"赵汝砺"。

茶说 | 明　黄龙德　撰①

作者及传世版本

　　黄龙德,字骧溟,号大城山樵。生平事迹不详。由本文前胡之衍"序"以及自号"大城山樵"等线索来看,他生活于晚明的江南,和盛时泰等隐居南京城东大城山的一批士子来往。他们在一起赋诗作文,但和留恋秦淮风月的复社成员不同,除爱好诗文书画之外,并不贪恋声色叶。由于他们嗜茶,

如盛时泰和朱日藩便著有茶书,在明代茶学和茶文化的发展上,留下了浓重的一笔。

　　黄龙德《茶说》,如胡之衍序文所讲,仿照唐陆羽《茶经》、宋黄儒《品茶要录》体裁,专谈明代茶艺、茶事。具体反映晚明茶叶种植、制造及品赏的实际情况,在明代茶书著述中,是值得推崇的一种。

至于本文的撰写时间,万国鼎大概根据《徐氏家藏书目》有录这点,推定为"1630年左右以前"。但从胡之衍所题前序,可清楚看到,本文系撰于万历"乙卯岁"(四十三年,1615)。

本文仅见程百二《程氏丛刻》本,并以北京中国国家图书馆所藏孤本作录,《中国古代茶叶全书》亦录有此本。

原　　文

序

茶为清赏,其来尚矣。自陆羽著《茶经》,文字遂繁,为谱、为录,以及诗、歌、咏、赞,云连霞举,奚啻五车。眉山氏有言:"穷一物之理,则可尽南山之竹",其斯之谓欤。黄子骧溟著《茶说》十章,论国朝茶政;程幼舆搜补逸典,以艳其传[1]。斗雅试奇,各臻其选,文葩句丽,秀如春烟,读之神爽,俨若吸风露而羽化清凉矣。书成,属予忝订,付之剞劂。夫鸿渐之《经》也以唐,道辅之《品》[2] 也以宋,骧溟之《说》、幼舆之《补》也以明。三代异治,茶政亦差,譬寅丑殊建,乌得无文。噫!君子之立言也,寓事而论其理,后人法之,是谓不朽,岂可以一物而小之哉!

岁乙卯天都[3] 逸叟胡之衍题于栖霞之试茶亭

总论

茶事之兴,始于唐而盛于宋。读陆羽《茶经》及黄儒《品茶要录》,其中时代递迁,制各有异。唐则熟碾细罗,宋为龙团金饼,斗巧炫华,穷其制而求耀于世,茶性之真,不无为之穿凿矣。若夫明兴,骚人词客,贤士大夫,莫不以此相为玄赏。至于曰采造,曰烹点,较之唐、宋,大相径庭。彼以繁难胜,此以简易胜;昔以蒸碾为工,今以炒制为工。然其色之鲜白,味之隽永,无假于穿凿,是其制不法唐、宋之法,而法更精奇,有古人思虑所不到。而今始精备茶事,至此即陆羽复起,视其巧制,啜其清英,未有不爽然为之舞蹈者。故述国朝《茶说》十章,以补宋黄儒《茶录》之后。

一之产

茶之所产,无处不有,而品之高下,鸿渐载之甚详。然所详者,为昔日之佳品矣,而今则更有佳者焉。若吴中虎丘者上,罗岕者次之,而天池、龙井、伏龙则又次之。新安松萝者上,朗源沧溪次之,而黄山磻溪则又次之。彼武夷、云雾、雁荡、灵山诸茗,悉为今时之佳品。至金陵摄山所产,其品甚佳,仅仅数株,然不能多得。其余杭浙等产,皆冒虎丘、天池之名,宣池等产,尽假松萝之号。此乱真之品,不足珍赏者也。其真虎丘,色犹玉露,而泛时香味,若将放之橙花,此茶之所以为美。真松萝出自僧大方所制,烹之色若绿筠,香若兰蕙,味若甘露,虽经日而色、香、味竟如初烹而终不易。若泛时少顷而昏黑者,即为宣池伪品矣。试者不可不辨。又有六安之品,尽为僧房道院所珍赏,而文人墨士,则绝口不谈矣。

二之造

采茶,应于清明之后,谷雨之前。俟其曙色将开,雾露未散之顷,每株视其中枝颖秀者取之。采至盈籝即归,将芽薄铺于地,命多工挑其筋脉,去其蒂杪。盖存杪则易焦,留蒂则色赤故也。先将釜烧热,每芽四两作一次下釜,炒去草气。以手急拨不停,睹其将熟,就釜内轻手揉卷,取起铺于箕上,用扇扇冷。俟炒至十余釜,总覆炒之。旋炒旋冷,如此五次。其茶碧绿,形如蚕钩,斯成佳品。若出釜时而不以扇,其色未有不变者。又秋后所采之茶,名曰秋露白;初冬所采,名曰小阳春。其名既佳,其味亦美,制精不亚于春茗。若待日午阴雨之候,采不以时,造不如法,籝中热气相蒸,工力不遍,经宿后制,其叶会黄,品斯下矣。是茶之为物,一草木耳。其制作精微,火候之妙,有毫厘千里之差,非纸笔所能载者。故羽云:"茶之臧否,存乎口诀",斯言信矣。

三之色

茶色以白、以绿为佳,或黄或黑,失其神韵者,芽叶受奄之病也。善别茶者,若相士之视人气色,轻清者上,重浊者下,了然在目,无容逃匿。若唐宋之茶,既经碾罗,复经蒸模,其色虽佳,决无今时之美。

四之香

茶有真香,无容矫揉。炒造时,草气既去,香气方全,在炒造得法耳。烹点之时,所谓"坐久不知香在室,开窗时有蝶飞来"。如是光景,此茶之真香也。少加造作,便失本真。遐想龙团金饼,虽极靡丽,安有如是清美?

五之味

茶贵甘润,不贵苦涩,惟松萝、虎丘所产者极佳,他产皆不及也。亦须烹点得应,若初烹辄饮,其味未出,而有水气;泛久后尝,其味失鲜,而有汤气。试者先以水半注器中,次投茶入,然后沟注。视其茶汤相合,云脚渐开,乳花沟面。少啜则清香芬美,稍益润滑而味长,不觉甘露顿生于华池。或水火失候,器具不洁,真味因之而损,虽松萝诸佳品,既遭此厄,亦不能独全其天。至若一饮而尽,不可与言味矣。

六之汤

汤者,茶之司命,故候汤最难。未熟,则茶浮于上,谓之婴儿汤,而香则不能出。过熟,则茶沉于下,谓之百寿汤,而味则多滞。善候汤者,必活火急扇,水面若乳珠,其声若松涛,此正汤候也。余友吴润卿,隐居秦淮,适情茶政,品泉有又新之奇,候汤得鸿渐之妙,可谓当今之绝技者也。

七之具

器具精洁,茶愈为之生色。用以金银,虽云美丽,然贫贱之士,未必能具也。若今时姑苏之锡注,时大彬之砂壶,汴梁之汤铫,湘妃竹之茶灶,宜、成窑之茶盏,高人词客,贤士大夫,莫不为之珍重。即唐宋以来,茶具之精,未必有如斯之雅致。

八之侣

茶灶疏烟,松涛盈耳,独烹独啜,故自有一种乐趣,又不若与高人论道、词客聊诗、黄冠谈玄、缁衣讲禅、知己论心、散人说鬼之为愈也。对此佳宾,躬为茗事,七碗下咽而两腋清风顿起矣。较之独啜,更觉神怡。

九之饮

饮不以时为废兴,亦不以候为可否,无往而不得其应。若明窗净几,花喷柳舒,饮于春也;凉亭水阁,松风萝月,饮于夏也;金风玉露,蕉畔桐阴,饮于秋也;暖合红垆,梅开雪积,饮于冬也。僧房道院,饮何清也;山林泉石,饮何幽也;焚香鼓琴,饮何雅也;试水斗茗,饮何雄也;梦回卷把,饮何美也。古鼎金瓯,饮之富贵者也;瓷瓶窑盏,饮之清高者也。较之呼卢浮白之饮[4]，更胜一筹。即有"瓮中百斛金陵春，当不易吾炉头七碗松萝茗"。若夏兴冬废，醒弃醉索，此不知茗事者，不可与言饮也。

十之藏

茶性喜燥而恶湿，最难收藏。藏茶之家，每遇梅时，即以箬裹之[②]，其色未有不变者。由湿气入于内，而藏之不得法也，虽用火时时

温焙，而免于失色者鲜矣。是善藏者，亦茶之急务，不可忽也。今藏茶当于未入梅时，将瓶预先烘暖，贮茶于中，加箬于上，仍用厚纸封固于外。次将大瓮一只，下铺谷灰一层，将瓶倒列于上，再用谷灰埋之。层灰层瓶，瓮口封固，贮于楼阁，湿气不能入内。虽经黄梅，取出泛之，其色、香、味犹如新茗而色不变。藏茶之法，无愈于此。

注　　释

1　程幼舆搜补逸典，以艳其传：指程幼舆补黄儒的《品茶要录》。
2　道辅之《品》：指宋代黄儒的《品茶要录》。
3　天都：此为黄山天都峰的略称。黄山

在歙县西北，历史上歙县人一度流行以"天都"为歙县代称。
4　呼卢浮白："呼卢"，赌博之一种，借代为赌时的呼喊。"浮白"，即开怀畅饮。合指举止粗鲁，大吟大喝。

校　　勘

①　明黄龙德著：底本之前，原署作"明大城山樵黄龙德著"，另于下两行，并列的还有"天都逸叟胡子衍订"和"瓦全道人程舆校"二行，本书

作编时删改如上。
②　以箬裹之："裹"字，底本形误作"里（裹）"字，径改。

品茶要录补 | 明　程百二　编

作者及传世版本

程百二，原名程舆，字幼舆，号瓦全道人。自称郭郡人，《四库全书总目提要》说是新安，指的即是徽州一带。明万

历时刻书家，生平事迹不详。他刻印的书籍，现存的有《程氏丛刊》九种：宋杜绾《云林石谱》三卷，宋朱翼中《酒经》三卷，

明袁宏道《觞政》一卷，唐王绩《醉乡记》一卷，宋黄儒《品茶要录》一卷，明陆树声《茶寮记》一卷，自撰《品茶要录补》一卷，明黄龙德《茶说》一卷，宋汤垕《画鉴》一卷。此外，还另辑刊过《方舆胜略》十八卷、《外夷》六卷等。

本文之所以定名《品茶要录补》，缘于程百二发现一直未为前人注意的宋代黄儒《品茶要录》珍本，在决定将其收入"丛刊"时，又临时从一些茶书中，杂抄了一些故事、传说，编作一卷，附在《品茶要录》之后。由于抄录内容大多集中在当时新刊的如《茶董》、《茶董补》几种茶书里，所以本篇的价值，还不及《程氏丛刊》收录《品茶要录》和黄德龙《茶说》二书，使之能够传存下来的价值。

《程氏丛刊》刊印于万历四十三年（1615），本篇当编在此际或稍前。此次整理，以程百二自编自刻的这个版本为底本。

原　　文

是录为宋黄道辅[1]所辑，瀹园焦夫子[2]已鉴定之，又何庸于补也。迩者目董玄宰[3]、陈眉公[4]赞夏茂卿[5]为茶之董狐[6]，不揣撮诸致之胜者，以公丞赏，如兀坐高斋，游心羲皇。时披阅之，不惟清风生两腋，端可为尽尘土肠胃矣。

郫郡程百二幼舆氏识

山川异产①

剑南有蒙顶石花……而浮梁商货不在焉。《国史补》

建州之北苑先春龙焙……岳阳之含膏冷[7]。

茶之别种

茶之别者……性温而主疾。《本草》[8]

片散二类

凡茶有二类……总十一名。《文献通考》[9]

御用茗目

上林第一　乙夜清供　承平雅玩　宜年宝玉　万春银叶　延年石乳　琼林南金　云英雪叶　金钱玉华　玉叶长春　蜀葵寸金政和曰"太平嘉瑞"，绍圣曰"南山应瑞"。

至性不移

凡种茶树，必下子，移植则不复生。故俗聘妇，必以茶为礼，义固有所取也。《天中记》

畏香宜温

藏茶宜箬叶而畏香药②；喜温燥而忌湿冷。故收藏之家，以蒻叶封里入焙，三两日一次。用火常如人体温温然，以御湿润；若火多，则茶焦不可食。蔡襄《茶录》

味辨浮沉

候汤最难，未熟则沫浮，过熟则茶沉③。前世谓之蟹眼者④，过熟汤也。况瓶

中⑤煮之不可辨,故曰候汤最难。同上

轻身换骨

陶弘景《杂录》:芳茶轻身换骨⑥,丹丘子、黄山君尝服之。

溃闷常仰

刘琨,字越石。《与兄子南兖州刺史演书》曰:"吾体中溃闷,恒假真茶,汝可信致之⑦。"

脑痛服愈

隋文帝微时,梦神人易其脑骨,自尔脑痛。忽遇一僧云:"山中有茗草,服之当愈。"进士权纾赞曰:"穷《春秋》,演河图,不如载茗一车。"

志崇三等

觉林院释志崇,收茶三等。待客以惊雷荚,自奉以萱草带,供佛以紫茸香。

高人爱惜

龙安有骑火茶,唐僧齐己诗:高人爱惜藏崖里⑧,白甄封题寄火前。

芳茶可娱

张孟阳《登成都楼》诗云 （借问杨子舍）

甘露

新安王子为、豫章王子尚,诣昙济道人于八公山。道人设茶茗,子尚味之曰:"此甘露也,为言茶茗。"

圣阳花

双林大士为自往蒙顶结庵种茶。凡三年,得绝佳者,号圣阳花,持归供献。

龙团凤髓

东坡尝问……且尽卢仝七碗茶10。

久食益意思

华佗,字元化。《食论》云:"苦茶久食,益意思。"又《神农食经》:茶茗宜久服,令人有力悦志。

尝味少知音

王禹偁,字元之。《过陆羽茶井》⑨诗云:"甃石苔封百尺深,试茶尝味少知音⑩。惟余半夜泉中月,留得先生一片心。"

蕃使亦有之

常鲁使西蕃,烹茶帐中。蕃使问何物⑪?鲁曰:"涤烦消渴,所谓茶也。"蕃使曰:"我亦有之。"命取出以示曰:此寿州者,此顾渚者,此蕲门者。

未遭阳侯之难

萧衍子西丰侯萧正德归降。时元叉11⑫欲为设茗。先问卿于水厄多少,正德不晓叉意,答曰:下官生于水乡,立身以来,未遭阳侯之难12。坐客大笑。

王濛水厄

晋司徒长史王濛,字仲祖,好饮茶,客至辄饮之。士大夫甚以为苦,每欲候濛,必云:"今日有水厄。"

瀹茗必用山泉,次梅水。梅雨如膏,万

物滋生，其味独甘。《仇池笔记》云：时雨[13]甘，泼煮茶，美而有益，梅后便劣。至雷雨最毒，令人霍乱。秋雨、冬雨俱能损人。雪水尤不宜，令肌肉消铄[13]。为河水自西北建瓴而东，支流杂聚，何所不有。舟次无名泉，取之充用可耳。谓其源，从天上来，不减惠泉，未是定论。

余少侍家汉阳大夫，聆许文穆、汪司马过谈溪上。谓新安为水，以颍上为最，味超惠泉，令汲煮茶为毋杂烹点，虑夺水茶之韵。

近过考功赵高邑，值时雨如注。令银鹿向荷池取莲花叶上水，烹茶饮客，味品殊胜。

李大司徒，当玫瑰盛开时，令竖子清晨收花上露水煮茶，味似欧逻巴国人利西泰所制蔷薇露。

苏才翁与蔡君谟斗茶，蔡用惠泉，苏以天台竹沥水胜之。不知对今日二公之水孰佳。

陶谷学士谓：汤者，茶之司命，水为急务。漫纪见闻数则，果为水厄耶？抑为茶知己耶？试参之。

茶厄

茶内投以果核及盐、椒、姜、橙等物，皆茶厄也。至倪云林点茶用糖，尤为可笑。

茶宴

钱起，字仲文。与赵莒茶宴，又尝过长孙宅，与郎上人作茶会。

冰茶

逸人王休，每至冬时，取冰敲其精莹者，煮建茶以奉客。《开元遗事》

素瓷芳气

颜鲁公《月夜啜茶联句》："流华净为骨，疏瀹涤心源[14]。素瓷传静夜，芳气满闲轩。"

玉尘香乳

杨万里，号诚斋，《谢傅尚书茶》："远饷新茗，当自携大瓢，走汲溪泉，束涧底之散薪，燃折脚之石鼎。烹玉尘，啜香乳，以享天上故人之意。愧无胸中之书传，但一味搅破菜园耳。"

名别茶荈

郭璞云："茶者，南方佳木，早取为茶，晚取为荈。"

茶须色、香、味三美具备：色以白为上，青绿次之，黄为下；香如兰为上，如蚕豆花次之；味以甘为上，苦涩斯下矣。

怎得黄九[14]不穷

黄鲁直论茶：建溪如割，双井如擂，日铸如劖。所著《煎茶赋》："汹汹乎如涧松之发清吹，皓皓乎如春空之行白云。"一日以小龙团半铤，题诗赠晁无咎："曲几蒲团听煮汤，煎成车声绕羊肠。鸡苏胡麻留渴羌[15]，不应乱我官焙香。"东坡见之曰：黄九恁地怎得不穷？

以为上供

张舜民，号芸叟，云：有唐茶品，以阳羡为上供，建溪北苑未著也。贞元中，常衮为建州刺史，始蒸焙而研之，谓研膏茶。

白鹤茶

《岳阳风土记》：为肇所谓为湖之含膏

也,今惟白鹤僧园有千余本,一岁不过一二十两。⑯

乳妖

吴僧文了,善烹茶。游荆南,高保勉白于季兴15⑰,延置紫云庵,日试其艺,奏授华亭水大师〔上人〕⑱,目曰乳妖。

百碗不厌

唐大中三年,东都进一僧,年一百三十岁。宣宗问:"服何药致然?"对曰:"臣少也贱,不知药性,本好茶,至处惟茶是求,或饮百碗不厌。"因赐茶五十斤,令居保寿寺。

草木仙骨

丁晋公16言:"尝谓石乳出壑岭断崖缺石之间,盖草木之仙骨。"又谓:"凤山高不百丈,无危峰绝巘,而冈阜环抱,气势柔秀,宜乎嘉植灵卉之所发也。"

茗饮酪奴

王肃仕南朝,好茗饮莼羹。及还北地,又好羊肉酪浆。人或问之:茗何如酪?肃曰:茗不堪与酪为奴。

茶果素业

陆纳为吴兴太守时,卫将军谢安常欲诣纳。纳兄子俶,怪纳无所备,不敢问之,乃私蓄十数人馔。安既至,所设唯茶果而已。俶遂陈盛馔,珍羞必具。及安去,纳杖俶四十,云:汝既不能光益叔父,奈何秽吾素业?

以茶代酒

吴韦为饮酒不过二升,孙皓初礼异,密赐茶荈以代酒。

娇女

左思《娇女诗》(吾家有娇女)

茗赋

鲍昭为令晖,著《香茗赋》。

老姥鬻茗

晋元帝时,有老姥每旦独提一器茗,往市鬻之。市人竞(競)买⑲,自旦至夕,其器不减。所得钱,散路傍孤贫乞人。

绿华紫英⑳

同昌公主,上每赐馔。其茶有绿华、紫英之号。

瓦盂盛茶

《晋四王起事》:惠帝蒙尘还洛阳,黄门以瓦盂盛茶上至尊。

茗祀获钱

剡县陈务妻……从是祷馈愈甚。17

苦茶羽化

壶居士《为忌》:苦茶久为羽化,与韭同食令人体重。

苦口师

谢氏论茶18曰:"此丹丘之仙茶,胜乌程之御荈。不止味同露液,白况霜华,岂可以酪苍头㉑,便应代酒从事。"杜牧之诗:"山实东南秀㉒,茶称瑞草魁。"皮日休诗:"石盆煎皋卢。"曹邺诗:"剑外九华美。"施肩吾诗:"茶为涤烦子,酒为忘忧君。"胡峤诗:"沾牙旧姓余甘氏,破睡当封不夜侯。"陶彝[19]诗:"生凉好唤鸡苏佛,回味宜称橄榄仙。"皮光业[20]诗:"未见甘心氏,先迎苦口师。"《清异录》名森伯,又名晚甘侯。《为氏说楛》

松风桂雨[23]

李南金云:"《茶经》以鱼目、涌泉、连珠为候,未若辨声之易也。故为诗曰:'砌虫唧唧万蝉催,忽有千车捆载来。听得松风并涧水,急呼缥色绿瓷杯。'"罗景纶为诗补之云:"松风桂雨到来初,急引铜瓶离竹炉。待得声闻俱寂后,一瓯春雪胜醍醐。"《焦氏说楛》

在茶助风景

唐人以对花啜茶为杀风景,故王介甫诗:"金谷看花莫漫煎"[24],其意在花非在茶也。余则以金谷花前信不宜矣。若把一瓯对山花,啜之当更助风景,又信何必羔儿酒也。《清纪》

好相

山谷云:相茶瓢与相邛竹同法,不欲肥而欲瘦,但须饱风霜耳。《清纪》[21]

茶夹铭

李卓吾曰:"我老无朋,朝倚惟汝。世间清苦,谁能及予。逐日子饭,不辨几钟。每夕子酌,不问几许。夙兴夜寐,我愿与子终始。子不姓汤,我不姓李。总之一味,清苦到底。"

从来谈夸

茶如佳人,此论虽妙,但恐不宜山林间耳。昔苏子瞻诗云:"从来佳为似佳人",曾茶山诗:"移人尤物众谈夸"是也。若欲称之山林,当如毛女麻姑,自然仙风道骨,不为霞可也。必若桃脸柳腰,宜亟屏之销金帐中,无俗我泉石[25]。《清纪》

可喜

茶熟香清,有客到门;可喜鸟啼,花落无人,亦是悠然。《清纪》

茗战

和凝在朝,率同列递日以茶相饮,味劣者有罚,号为汤社。建人亦以斗茶为茗战。

《清纪》曰:则何益矣。茗战有如酒兵,试妄言之,谈空不若说鬼。

茶政

冯祭酒精于茶政,手自料涤,然后饮客,不经茶童之手。袁吏部谓:"茶有真味,非甘苦也。"二公调同。欲空凡俗之味,一精赏论,一快躬操,俱有世外趣。适园[22]云:"煎茶非漫浪,须要其人与茶品相得,故其法每传于高流隐逸、有云霞泉石,磊块胸次间者。"

茶灶疏烟

竹风一阵,飘飏茶灶疏烟。梅月半弯,掩映书穷残雪。真使人心骨俱冷,体气欲仙。

祭酒汤睡庵,咏闲寻鹿迹。偶游此乍听,松风亦爽然。

乐天六班

白乐天入关,刘禹锡正病酒。禹锡乃

馈菊苗虀、芦菔鲊,换乐天六班茶二囊,煮以醒酒。

苏廙十六汤品 入夫品之佳者

第一得一汤……可建汤勋。

第七富贵汤……墨之不可舍胶。

第八秀碧汤……未之有也。

第九压一汤……然勿与夸珍衔豪臭公子道[23]。

谚曰:茶瓶用瓦,如秉折脚骏登高,好事者幸志之。不入汤品,具于左:婴汤二为百寿汤三;中汤四;断脉汤五;大壮汤六;缠口汤十;减价汤十一;法律汤十二;一面汤十三;宵人汤十四;贼汤十五,一名贱汤;魔汤十六。

茗香

豆花棚下嗅雨,清矣茗香。芦荻岸中御风,冷然挟纩。

水递

唐李德裕任中书,爱饮无锡为山泉。自锡至京,置递铺,号水递。有一僧谒见曰:相公欲饮惠山泉为当在京师为天观常住库后取。德裕大笑其荒唐,乃以惠山一罂,吴天一罂,杂以他水一罂,暗记之,遣僧辨析。僧为啜尝,止取惠山、吴天二罂。德裕大奇之,即停水递。《鸿书》

茶名

紫笋顾渚,黄芽霍山,神泉东川,碧涧峡山,绿昌明剑南,明月寮[26]、茱萸寮峡州。

以上为昔日之佳品。垂今,则珍赏虎丘、松萝、天池、龙井、罗岕、云雾诸品胜也。

茶经要事

苦节君湘竹风炉,建城藏茶箬笼,湘筠焙焙茶箱,云屯泉缶[27],乌府盛炭篮,水曹涤器桶,鸣泉煮茶罐,品司编竹为笼,收贮各品茶叶[28],沉垢古茶洗,盆盈水勺,执权准茶秤,合香藏日支茶瓶以贮司品者,归洁竹筅帚,用以涤壶,漉尘洗茶篮,商象古石鼎,递火铜火斗[29],降红铜火箸,不用连索,团风[30]湘竹扇,注春茶壶,静沸竹架,即《茶经》支腹,运锋镶果刀,啜香茶瓯,受污[31]拭抹布,都统笼。陆羽置盛以上茶具。《王十岳山人集》

茶有九难

陆羽《茶经》言茶有九难:阴采夜焙,非造也;嚼味嗅香,非别也;膏薪庖炭[32],非火也;飞湍壅潦,非水也;外熟内生,非炙也;碧粉缥尘,非末也;掺艰为遽[33],非煮也;夏兴冬废,为饮也:腻鼎腥瓯[34],非器也。《升庵先生集》

茶诀

陆龟蒙自云嗜茶,作《品茶》一书,继《茶经》、《茶诀》之后。龟蒙置茶园顾渚山下,岁取租茶,自判品第。自注云:《茶经》,陆季疵撰[35],《茶诀》,释皎然撰。疵即陆羽也;羽字鸿渐,季疵或其别字也。《茶诀》今不传。予又见《事类赋注》,多引《茶谱》,今不见其书。《升庵先生集》

茶夹铭

程宣子曰:石筋山脉,钟异于茶。馨含雪尺,秀起雷车。采之撷之,收英敛华。苏兰薪桂,云液露芽。清风两腋,玄浦盈涯。

茶谱

毛文锡《茶谱》云:茶树如瓜芦,叶如栀

子,花如蔷薇,实如栟榈,蒂如丁香,根如胡桃[24]。

酒龙 于茶何关韵殊胜

陆龟蒙《咏茶诗》:"思量为海徐刘辈,枉向人间号酒龙。"北海谓孔融、徐邈及刘伶也。

张陆奇语

张又新《煎茶水记》:粉枪末旗,苏兰薪桂;陆羽《茶经》:"育华救沸";皆奇俊语。

荼茶

茶即古荼字也。《周诗》记荼苦[36],《春秋》书齐荼,《汉志》书荼陵,至陆羽《茶经》、玉川《茶歌》、赵赞《茶禁》以后,遂以茶易荼。

澄碧似中泠

郡丞凌元孚,纪游黄山云:芙蓉驻车,一望天都而下,诸峰尽在襟带间。青龙潭巨石横亘,其后为水潺潺出石罅中,下注潭底。其中积翠可摘,璀璨夺目,欲染人衣。视之一蹄涔耳,以绠约之,深且倍寻。予乃新其名曰澄碧水际。盘石延邪数丈许,平衍如席,依然跏趺坐。亟取囊中松萝茶,烹潭水共啜。味冲甘,酷似扬子·中泠[37],或谓过之。《黄海》

甘草癖

宣城何子华,邀客于剖金堂,庆新橙。酒半,出嘉阳严峻画陆鸿渐像。子华因言:"前世惑骏逸者为马癖,泥贯索者为钱癖,盖于褒贬者为《左传》癖。若此叟者,溺于茗事,将何以名其癖?"杨粹仲曰:"茶至珍,

盖未离乎草也。草中之甘,无出茶上者。宜追目陆氏为甘草癖。"

生成盏

沙门福全生于金乡,长于茶海,能注汤幻茶,成一句诗,并点四瓯,共一绝句,泛乎汤表。小小物类,唾手办耳。檀越日造门求观汤戏,全自咏曰:"生成盏里水丹青,巧尽工夫学不成。却笑当时陆鸿渐,煎茶赢得好名声。"

水豹囊

豹革为囊,风神呼吸之具也。煮茶啜之,可以涤滞思而起清风。每引此义,称茶为"水豹囊"。《清异录》

采茗遇仙

《神异记》:余姚人虞洪入山采茗,遇一道士,牵三青牛,引洪至瀑布山曰:"予丹丘子也。闻子善饮,常思见惠。山中有大茗可以相给。祈子他日有瓯牺之余,乞相遗也。"因立奠祀。

食脱粟饭茗

《晏子春秋》:婴相齐景公时,食脱粟之饭,炙三戈、五卵、茗菜而已。

茶子

傅巽《七诲》:"恒阳黄梨,巫山朱橘,南中茶子,西极石蜜。"茶子,触处有之,而永昌者味佳。乃知古人已入文字品题矣。

所余茶苏

《艺术传》:敦煌[38]人单道开,不畏寒

暑,常服小石子。所服药有松、桂、蜜之气,所余茶苏而已。

疗瘘

《枕中方》疗积年瘘,苦茶、蜈蚣并炙,令香熟,等分捣筛,煮甘草汤洗,以末傅之。

小儿惊蹶

《孺子方》:疗小儿无故惊蹶,以苦茶、葱须煮服之。

茶效

人饮真茶,能止渴消食,除痰少睡,利水道,明目益思出《本草拾遗》,除烦去腻。人固不可一日无茶,然或有忌而不饮,每食已,辄以浓茶漱口,烦腻既去而脾胃不损。凡肉之在齿间者,得茶漱涤之,乃尽消缩,不觉脱去,不烦刺挑也,而齿性便苦,缘此渐坚密,蠹毒自已矣。然率用中下茶。坡仙集

择果

茶有真香,有佳味,有正色。烹点之际,不宜以珍果香草杂之。夺其香者,松子、柑橙、莲心、木瓜、梅花、茉莉、蔷薇、木樨之类是也;夺其味者,牛乳、番桃、荔枝、圆眼、枇杷之类是也;夺其色者,柿饼、胶枣、火桃、杨梅、橙橘之类是也。凡饮佳茶,去果方觉清绝,杂之则无辨矣[39]。若欲用之,所宜核桃、榛子、瓜仁、杏仁、榄仁、栗子、鸡头、银杏之类,或可用也。

论水

田子艺曰[25]:山下出泉,为蒙也。物稚则天全,水稚则味全。

故鸿渐曰:山水上。其曰乳泉,石池慢流者,蒙之谓也。其曰瀑涌湍激者,则非蒙矣。故戒人勿食。

混混不舍,皆有神以主之,故天神引出万物。而《汉书》三神,山岳其一也。

源泉必重,而泉之佳者尤重。余杭徐隐翁尝言[40],以凤凰为泉,较阿姥墩百花泉,便不及五泉[41]。可见仙源之胜矣。

山厚者泉厚,山奇者泉奇,山清者泉清,山幽者泉幽,皆佳品也。不厚则薄,不奇则蠢,不清则浊,不幽则喧,必无佳泉。

泉非石出者,必不佳。故《楚辞》云:"饮石泉兮荫松柏。"皇甫曾《送陆羽》诗:"幽期山寺远,野饭石泉清。"梅尧臣《碧霄峰茗》诗:"蒸处石泉嘉",又云:"小石冷泉留早味。"诚可为赏鉴者矣。

流远则味淡,须为潭停蓄,以复其味,乃可食。

泉不流者,食之有害为《博物志》曰:山居之民多瘿肿疾,由于饮泉之不流者。

《拾遗记》:蓬莱山冰水,饮者千岁。

《拾遗记》:蓬莱山沸水,饮者千岁,此又仙饮。《图经》云:黄山旧名黟山,东峰下有朱砂汤泉,可点茗。春色微红,此则自然之丹液也。

有黄金处,水必清;有明珠处,水必媚;有子鲋处,水必腥腐;有蛟龙处,水必洞黑。微恶不可不辩也[42]。

味美者曰甘泉,气芳者曰香泉。所在间有之,亦能养人。然甘易而香难,未有香而不甘者也。

《拾遗记》:员峤山北,甜水绕之,味甜如蜜。《十洲记》:元洲玄涧,水如蜜浆,饮之与天地相异。又曰:生洲之水,味如

饴酪。

水中有丹者，不惟其味异常，而能延年却疾。葛玄少时为临沅令，此县廖氏家世寿，疑其井水殊赤，乃试掘井左右，得古人埋丹砂数十为。

露者，阳气胜而所散也。色浓为甘露，凝如脂，美如饴，一名膏露，一名天酒是也。

雪者，天地之积寒也。《氾胜书》：雪为五谷之精。《拾遗记》：穆王东至大撅之谷，西王母来进嶰州甜雪，是灵雪也。

雨者，阴阳之和，天地之施，水从云下辅时生养者也。和风顺雨，明云甘雨。《拾遗记》："香云遍润，则成香雨"，皆灵雨也，固可食。若夫秋之暴雨⑬，及檐霤者，皆不可食。

扬子固江也，其南零则夹石淳渊，特入首品。若吴淞江，则水之最下者也，亦复入品，甚不可解。若杭之水，山泉以虎跑为最，龙井、真珠寺二泉亦甘。北山葛仙翁井水，食之味厚。城中之水，以吴山第一泉首称。品之不若施公井、郭婆井，二水清冽可茶。若湖南近二桥中水，清晨取之，烹茶妙甚，无伺他求。养水取白石子入瓮，虽养其味，亦可澄水不淆。

煮茶得宜而饮非其人，犹汲乳泉以灌蒿莱，罪莫大焉。饮之者一吸而尽，不暇辨味，俗莫甚焉。

文火

顾况论茶云：煎以文火细烟，小鼎长泉。《茶录》

茶神

竟陵僧有于水滨得婴儿者，育为弟子。稍长，自筮遇蹇之渐，繇曰：鸿渐于陆，羽可用为仪。乃姓陆，字鸿渐，名羽。嗜茶，注《茶经》

三篇，言茶之原、之法、之具尤备，天下益知为茶矣。时鬻茶者，陶羽以为茶神⑭。《陆羽传》

茶品上中下

《茶经》云：茶，上者生烂石，中者生砾壤，下者生黄土。

缕金

茶之品莫贵于龙凤团，凡八饼重一斤。庆历间，蔡君谟为福建运使，始造小片龙茶。其品绝精，谓之小龙团，凡二十饼重一斤。其价直金二两，然金可有而茶不可得。每因南郊致斋，中书枢密院各赐一饼，四人分之。宫人往往缕金其上，其贵重如此。《归田录》龙团始于丁晋公，成于蔡君谟。欧阳永叔叹曰："君谟士人也，何至作此事？"

寒炉烹雪

五代郑愚茶诗⑮　（嫩芽香且灵）

破树惊雷

文书满案惟生睡，梦里鸣鸠唤雨来。乞得降魔大员镜，真成破树作惊雷。

茗粥

《茶录》云⑯：茶，古不闻，晋宋以降，吴人采叶煮之，谓之茶茗粥。

仙人掌

李白诗集序云⑰　（荆州玉泉寺）

云覆蒙岭

《东斋纪事》：蜀雅州蒙顶⑱产茶最佳，其生最晚，常在春夏之交方茶生。常有云雾覆其上,若有神物护持之。

卢仝走笔

莫夸李白仙人掌,且作卢仝走笔章[26]。

梅圣俞

毁茶论

常伯熊因陆羽论,复广煮茶之功。李季卿宣论江西,知伯熊善煮茶,召伯熊执器,季卿为再举杯。至江南,有荐羽者,召之。羽衣野服,挈具入,季卿不为礼。茶毕,命取钱三十文,酬煎茶博士。羽愧之,更著《毁茶论》。《陆羽传》[49]

斛二瘕

有人喜饮茶,饮至一斛二斗。一日过量,吐如牛肺一物。以茗浇之,容一斛二斗。客云:此名斛二瘕。《太平御览》

茗饮

汲涧供煮茗,浣我鸡黍肠。萧然绿阴下,复此甘露赏。忾彼俗中士,嚣嗟声利场。高情属吾党,茗饮安可忘。《谢幼槃》

辩煎茶水

赞皇公李德裕居庙廊,日有亲知奉使于京口。李曰:还日,金山下扬子江南零水,与取一壶来。其人举棹,日醉而忘之。泛舟上石城方忆,乃汲一瓶于江中,归京献之。李公饮后叹讶非常,曰:"江表水味,有异于顷岁矣,此水颇似建业石头城下水。"其人谢过不隐。

煎茶辩候汤

李约,汧公子也,一生不近粉黛。性嗜茶,尝曰:茶须缓火炙,活火煎。谓炭火之有焰者,当使汤无妄沸,庶可养茶。始则鱼目散布,微微有声,中则四边泉涌,累累连珠。终则腾波鼓浪,水气全消,谓之老汤。三沸之法,非活火不能成也。《因话录》[50]

清人树

伪闽甘露堂前,有茶树两株婆娑,宫人呼清人树。

张又新《煎茶水记》

元和九年春……遇有言茶者,即示之[27]。

欧阳修《大明水记》

世传陆羽《茶经》其论水云……惟此说近物理云[28]。

注　　释

1　黄道辅:即黄儒。见宋《品茶要录》。
2　焦夫子:即焦竑(1541—1620),明应天府江宁(今南京)人。字弱侯,号澹园。万历十七年殿试第一,授翰林修撰。二十五年主顺天乡试,遭诬贬福宁州同知,未几弃官归。与李卓吾善。博

及群书,精熟典章,工古文。有《澹园集》、《国朝献征录》、《国史经籍志》、《焦氏笔乘》等。

3　董玄宰:即董其昌(1555—1636),明松江府华亭(今属上海市)人。玄宰是其字,号思白,香光居士。万历十七年进

士，授编修。天启时，累官南京礼部尚书。以阉党柄政，请告归。工书精画。卒谥文敏。有《画禅室随笔》、《容台文集》、《画旨》、《画眼》等。

4　陈眉公：即陈继儒。见明《茶话》。

5　夏茂卿：即夏树芳。见明《茶董》。

6　董狐：春秋时晋国的史官，以写史无所避忌，敢于秉笔直书名著于时，流芳后世。

7　此处删节，见明代陈继儒《茶董补》。

8　此处删节，见明代陈继儒《茶董补》。

9　此处删节，见明代陈继儒《茶董补》。

10　此处删节，见明代夏树芳《茶董》。

11　元叉（？—525）：北魏宗室，鲜卑族。字伯儁，小字夜叉。宣武帝时，拜员外郎。胡太后临朝，以叉为妹夫，迁散骑常侍、寻迁侍中、总禁兵，自是专权。后孝明帝与胡太后合谋，先解其兵权，后杀之。

12　阳侯之难：典出《楚辞》屈原《九章·哀郢》："凌阳侯之泛滥兮，忽翱翔之焉薄。"上古传说，凌阳国侯，其邑近水，溺水而死，变成水神，能兴波作浪，以水为患。"阳侯之难"，即受水之难。

13　时雨："时"，旧时江浙一带对黄梅季节的一种俗称。王充《论衡·调时》："积日为月，积月为时，积时为年。"江南梅雨天气，差不多一月，故也称"时雨"。入梅，亦称入时；出梅，称出时。

14　黄九：即黄庭坚，兄弟辈排行第九，故亲近者也有戏呼"黄九"之称。

15　高保勉：高季兴子。季兴：即高季兴（858—928），五代时陕州硤石人，字贴孙。本名季昌，少为汴州贾人李让家僮。后归朱温，温建后梁，仕为宋州刺史、荆南节度使。因后梁日衰，季兴阻兵自固，割据一方，史称荆南国。后唐庄宗时，受封为南平王，故荆南又称南平。后唐明宗立，攻之，不克，南平王

又臣于吴，册为秦王，在位五年。卒谥武信。

16　丁晋公：即丁谓，详宋《北苑茶录》。

17　此处删节，见本书唐代陆羽《茶经·七之事》。

18　谢氏论茶："谢氏"，即谢宗。夏树芳《茶董·丹丘仙品》，即录有下二句"谢宗论茶"内容。

19　陶彝：宋陶榖（详《茗荈录》题记）的侄子。榖在《清异录》中载："犹子彝年十二岁，予读胡峤茶诗，爱其新奇，令效法之，近晚成篇，有云'生凉好唤鸡苏佛，回味宜乐橄榄仙'"等云云。

20　皮光业：皮日休子，字文通。五代钱镠辟为幕府，累署浙西节度推官，曾奉使于后梁。及吴越建国，拜丞相。卒年67岁，谥贞敬。

21　《清纪》：查古今图书书目，不见此书名，不知为何书简称。此出处，程百二和内容一起，也是抄自他书。

22　适园：查无果。下面所录材料，与陆树声《茶寮记·煎茶七类》、徐渭《煎茶七类》、高叔嗣《煎茶八要》内容同。但上述几人甚至明以前都未见以适园为号或书室者。

23　此处删节，见唐代苏廙《十六汤品》。

24　此是对茶树生物形态的描述，见于陆羽《茶经》，不见于宋以后各书中毛文锡《茶谱》的引文。即便毛文锡《茶谱》有载，也当是录自陆羽《茶经》。

25　论水　田子艺曰："田子艺"为田艺衡的字。"论水"，当指《煮泉小品》，本题下的各条内容，均从《煮泉小品》中，零散辑录和拼集组合有关资料而成，难以删除，故保留。

26　此联出自宋代梅尧臣《尝茶和公仪》一诗。

27　此处删节，见唐代张又新《煎茶水记》。

28　此处删节，见宋代欧阳修《大明水记》，所删文句与原文略有差异。

校　　勘

① 本文按黄儒《品茶要录》体例，在每段辑引内容之前，均冠一小标题，有的是照录原书，如本题《山川异产》，即连文带题，均录自陈继儒《茶董补》。但多数为程百二所补加，哪些原有，哪些补加？不出校。

② 而畏香药："药"字，底本误作"叶"，据蔡襄《茶录》改。又本段引文，如首句"藏茶宜箬叶"，原书为"藏茶　茶宜箬叶"等，有几处个别文字之不同，作引请查核《茶录》原文。

③ 未熟则沫浮，过熟则茶沉："沫"字、"茶"字，底本均误作"味"字，据《茶录》原文改。

④ 蟹眼者："者"字，底本误作"煮"，据《茶录》改。

⑤ 况瓶中："况"字，蔡襄《茶录》原文作"沉"字。

⑥ 《杂录》：芳茶轻身换骨：《杂录》，一作《新录》；"芳茶"，《太平御览》卷八六七引文作"茗茶"。

⑦ 恒假真茶，汝可信致之："恒假"底本作"常仰"；"信致"，底本作"置"。据《太平御览》卷八六七引文改。

⑧ 高人爱惜藏崖里："里"字，底本形误刊作"里"字，径改。

⑨ 《过陆羽茶井》：《全宋诗》题作《陆羽泉茶》。

⑩ 试茶尝味少知音："茶"字，底本作"令"字，据《全宋诗》改。

⑪ 蕃使问何物："物"字，底本作"为"字，据《唐国史补》卷下改。

⑫ 元叉："叉"字，底本形误作"义"字，径改。

⑬ 雪水尤不宜，令肌肉消铄："尤"字，底本疑带脏印成"龙"字状，据文义定作尤。本句以上本条内容，似摘抄自《茶解·水》。

⑭ 流华净肌骨，疏瀹涤心源：此为此联句的第五句，也是颜真卿所联唯一的一句。后句为陆士修所联的最后一句。在颜、陆两句之间，原文还有释清昼所联的"不似春醪醉，何辞绿菽繁"一句。此误原出夏树芳《茶董》，本文是条抄自《茶董》。

⑮ 鸡苏胡麻留渴羌："留"字，底本作"当"，据《宋诗钞》改。

⑯ 上录《岳阳风土记》内容，与原文不全同，系选摘。

⑰ 高保勉白于季兴："白于"，底本无此二字，仅作"子"字。误，高保勉为季兴子，故据涵芬楼说

郛本《清异录》原文，改为"白于"。

⑱ 奏授华亭水大师〔上人〕：此句奏字前，《清异录》还有"保勉父子呼为汤神"一句八字，底本省或脱。另底本也无"上人"二字，据《清异录》原文补。

⑲ 市人竞（競）买："竞（競）"字，底本形误作"兢"，径改。

⑳ 绿华紫英：底本作"绿叶紫茎"，据《杜阳杂编》卷下"咸通九年"记载改。下同，不再出校。不过，有的《杜阳杂编》，也刊作了"绿叶紫茎"。

㉑ 岂可以酪苍头："以"字，底本作"为"字，据有关引文改。

㉒ 山实东南秀："实"字，底本作"是"，据《全唐诗》改。

㉓ 松风桂雨："桂"字，底本作"桧"。此段内容是《焦氏说楛》据罗大经《鹤林玉露》摘抄。"桂"字，也据《鹤林玉露》改。下同，不出校。

㉔ 金谷看花莫漫煎："看"字，底本原作"千"，据《王文公文集》卷四一原诗改。

㉕ 无俗我泉石："无俗"，陆廷灿《续茶经》作"毋令污"。

㉖ 明月寮："寮"字，底本误作"芳"字，径改。

㉗ 泉缶：近出《中国古代茶叶全书》等本，误排作"缶泉"。本文所谓《茶经要事》内容，与屠隆《茶笺·茶具》基本相同，但略有省简。

㉘ 编竹为笼，收贮各品茶叶："笼"字，底本误作"撞"；"茶叶"，底本倒作"叶茶"，据屠隆《茶笺》改。

㉙ 铜火斗："铜"字，底本误作"相"字，据屠隆《茶笺》改。

㉚ 团风："团"字，本文底本误作"国"字，据屠隆《茶笺》改。

㉛ 受污："受"字前，本文较《茶笺》省去"甘钝"、"纳敬"、"易持"及其注释三物。在"受污"之后，较《茶笺》又多"都统笼"一器。

㉜ 膏薪庖炭：陆羽《茶经》在本句"膏"字前，以次为本文排在最后的"膻鼎腥瓯，非器也。"本段内容虽全部转引陆羽《茶经》，但开头和"九难"排列稍异，注明和删去，用字相差不多，故不作删。

㉝ 掺艰为遽："掺"字，陆羽《茶经》作"操"。

㉞ 腻鼎腥瓯："腻"字，陆羽《茶经》作"膻"。

㉟ 季疵："疵"字，本文底本原均形讹作"庇"。下同，不出校。

㊱ 《周诗》记茶苦，"荼"字，底本原误作"茶"，径改。

㊲ 扬子中泠：本文底本，"扬"字作"杨"；"泠"字作"冷"。古时"扬子驿"，也书作"杨子"，但"泠"与"冷"此不能通。

㊳ 敦煌："煌"字，本文底稿原误作"烽"，径改。

㊴ 杂之则无辨矣："辨"字，底本大都书作"辩"。"辨"通"辩"，下同，不出校。

㊵ 余杭徐隐翁尝言："尝言"，田艺蘅《煮泉小品》作"尝为予言"。

㊶ 便不及五泉："泉"字，《煮泉小品》作"钱"。

㊷ 微恶不可不辩也："微"，底本作"嫩"，编改。《煮泉小品》，无微字。

㊸ 若夫秋之暴雨：《煮泉小品》原文为："若夫所

行者，暴而霾者，旱而冻者，腥而墨者。"

㊹ 时鬻茶者，陶羽以为茶神：底本，在"陶"和"羽"字之间，还有一个"潜"字，衍，编时删。

㊺ 五代郑愚茶诗："郑愚"，一作"郑遨"。

㊻ 《茶录》云：似应作唐杨华《膳夫经手录》云。"茶，古不闻食之，近晋、宋以降，吴人捋其叶煮，是为茗粥，是文献中《膳夫经手录》最先提及的。

㊼ 李白诗集序云：应是指李白《答族侄僧中孚赠玉泉仙人掌茶》诗序。

㊽ 雅州蒙顶：底本作"雅洲濛岭"，《东斋记事》作"雅州之蒙顶"，据改。本段为据原文节选而成。

㊾ 《陆羽传》：当指《新唐书·陆羽传》，文字与《新唐书》义同但每句都略有出入。

㊿ 这段内容，底本注出《因话录》。查《因话录》原文，出入较大，似据夏树芳《茶董·山林性嗜》摘抄而成。

茗史 | 明 万邦宁 辑

作者及传世版本

　　万邦宁，字惟咸，自号须头陀。以竹林书屋为书室名。《四库全书存目提要》称其为天启壬戌（二年，1622）进士，四川奉节（今重庆）人。但关于他的籍贯，他在书尾《赘言》中，又题作"甬上万邦宁"，表明他又是鄞县（今浙江宁波）人；两地不知何是祖籍，何是其居住地。待考。

　　《茗史》，清乾隆年间编《四库全书》时，传存即不多，由江苏巡抚采进。因《四库全书》仅作存目未予收录，至20世纪80年代前，仅知南京图书馆独存清抄本一册。对

于《茗史》，《四库全书》在存目提要中指出："是书不载焙造、煎试诸法，惟杂采古今茗事，多从类书撮录而成，未为博奥。"其实是撮录《茶董》《茶董补》等同类茶书。

　　本文撰写日期，万国鼎《茶书总目提要》推断为"1630（崇祯三年）前后"。《中国古代茶叶全书》据万邦宁《茗史小引》落款题"天启元年（1621）二月"指出，"故知该书始自1620年，辑成于1621年"。说得都不准确。万邦宁在《引言》中写得清清楚楚，是书是在"辛酉春"，也即天启

元年（1621）春天"积雨凝寒"的几天之中，从书"架上残编一二品"里"辄采"而成的。

本文只有南京图书馆收藏的清抄本一个版本，《续修四库全书》和《中国古代茶叶全书》均是据南京图书馆藏本影印或校印。本文亦以南京图书馆抄本为底本，参校其他有关茶书引文和原书。

原　文

小引①

须头陀邦宁，谛观陆季疵《茶经》、蔡君谟《茶谱》②，而采择收制之法、品泉嗜水之方咸备矣。后之高人韵士相继而说茗者，更加详焉。苏子瞻云"从来佳茗似佳人"，言其媚也，程宣子云"香衔雪尺，秀起雷车"，美其清也，苏廙著"十六汤"，造其玄也。然媚不如清，清不如玄，而茗之旨亦大矣哉。黄庭坚云："不惯腐儒汤饼肠"，则又不可与学究语也。余癖嗜茗，尝舣舟接它泉，或抱瓮贮梅水。二三朋侪，羽客缁流，剥击竹户，聚话无生，余必躬沿茗碗，以佐幽韵。固有"烟起茶铛我自炊"之句。

时辛酉春，积雨凝寒，偃然无事，偶读架上残编一二品，凡及茗事而有奇致者，辄采焉，题曰《茗史》，以纪异也。此亦一种闲情，固成一种闲书。若令世间忙人见之，必攒眉俯首，掷地而去矣。谁知清凉散，止点得热肠汉子，醍醐汁，止灌得有缘顶门，岂能尽怕河众而皆度耶？但愿蔡、陆两先生千载有知，起而曰："此子能闲，此子知茗。"或授我以博士钱三十文，未可知也。复愿世间好心人，共证《茗史》，并下三十棒喝，使须头陀无愧。

天启元年闰二月望日万邦宁惟咸撰

惟咸著《茗史》，羽翼陆《经》，鼓吹蔡《谱》，发扬幽韵，流播异闻，可谓善得水交茗战之趣矣。浸假而鸿渐再来，必称千古知己；君谟重遘，讵非一代阳秋乎？

点茶僧圆后识

茗史评

惟咸有茗好，才涉莽苁嘉话，辄裒缀成编。腹中无尘，吻中有味，腕中能采，遂足情致。置一部几上，取佐清谈，不待乳浮铛沸，已两腋习习生风，何复须缥醪酒水晶盐。

仑海董大晟题

茗，仙品也，品者亦自有品。固云林市朝，品殊不齐，酿鲜清苦，品品政自有别。惟咸钟傲烟萝，寄情篇什，饶度世轻，举志深知茗理，精于点瀹世外品也。爰制《茗史》，摭其奇而抉其奥，用为枕石漱流者助。余谓即等鸿渐之《经》、君谟之《谱》，奚其轩轾。

社弟李德述评

《茗史》之作，千古余清，不第为鸿渐功臣已也。且韵语正不在多，可无求备，佳叙闲情，逸韵飘然云霞间，想使史中诸公读一过，沁发茶肠，当不第七瓯而止。

全天骏

茗品代不乏人，茗书家自有制。吾友惟咸，既文既博，亦玄亦史，常令茶烟绕竹，龙团泛瓯，一啜清谈，以助玄赏，深得茗中三昧者也。因筑古之诸茗家，或精或幻，或癖或奇,汇成一编。俾风人韵士,了然寓目,不逮于今惧滥觞也。君其泠泠仙骨,翩翩俊雅,非品之高,乌为书之洁也哉。屠幽叟著《茗笈》,更不可无《茗史》。披阅并陈,允矣双璧。

友弟蔡起白

夫史以纪载实事,补缀缺遗。茗何以有史也?盖惟咸嗜好幽洁,尤爱煮茗,故汇集茗话,靡事不载,靡缺不补,实写自己冲襟,表前人逸韵耳。名之曰史有以哉。昔仙人掌茶一事,述自青莲居士,发自中孚衲子,以故得传,今惟咸著史于兹鼎足矣。

社弟李　桐封若甫

卷上③

收茶三等

觉林院志崇,收茶三等。待客以惊雷荚,自奉以萱草带,供佛以紫茸香。盖最上以供佛,而最下以自奉也。客赴茶者,皆以油囊盛余沥而归。

换茶醒酒

乐天方入关,刘禹锡正病酒。禹锡乃馈菊苗虀、芦菔鲊,取乐天六斑茶二囊,炙以醒酒。

缚奴投火

陆鸿渐采越江茶,使小奴子看焙。奴失睡,茶燋烁。鸿渐怒,以铁绳缚奴,投火中。《蛮瓯志》

都统笼

陆鸿渐尝为茶论,说茶之功效并煎炙之法;造茶具二十四事,以都统笼贮之。远近顷慕④,好事者家藏一副。

漏卮

王肃初入魏,不食羊肉酪浆⑤,常饭鲫鱼羹,渴饮茶汁。京师士子见肃一饮一斗,号为漏卮。后与高祖会,食羊肉酪粥,高祖怪问之。对曰:"羊是陆产之最,鱼是水族之长,所好不同,并各称珍。羊比齐鲁大邦,鱼比邾莒小国,惟茗与酪作奴。"高祖大笑,因此号茗饮为酪奴。

载茗一车

隋文帝微时,梦神人易其脑骨。自尔脑痛。忽遇一僧云:"山中有茗草,煮而饮之,当愈。"服之有效。由是人竞采掇,赞其略曰:穷春秋,演河图,不如载茗一车。

汤社

五代时,鲁公和凝,字成绩,率同列递日以茶相饮,味劣者有罚,号为汤社。

石岩白

蔡襄善别茶。建安能仁院有茶,生石缝间,僧采造得茶八饼,号石岩白。以四饼遗蔡,以四饼密遣人走京师,遗王内翰禹玉[1]。岁余,蔡被召还阙,访禹玉。禹玉命子弟于茶笥中选精品者以待蔡。蔡捧瓯未尝,辄曰:"此极似能仁石岩白,公何以得之?"禹玉未信,索贴验之,乃服。

斛茗瘕

桓宣武有一督将,因时行病后虚热,便能饮复茗,必一斛二斗乃饱,裁减升合,便以为大不足。后有客造之，更进五升，乃大吐。有一物出，如斗大，有口形，质缩绉，状似牛肚。客乃令置之于盆中，以斛二斗复茗浇之，此物噏之都尽而止。觉小胀，又增五升，便悉混然从口中涌出。既吐此物，病遂瘥。或问之此何病？答曰：此病名斛茗瘕。

老姥鬻茗

晋元帝时，有老姥每日擎一器茗往市鬻之，市人竞买，自旦至暮，其器不减，所得钱散路傍孤贫乞人。人或执而系之于狱，夜擎所卖茗器，自牖飞出。

渔童樵青

唐肃宗赐高士张志和奴、婢各一人，志和配为夫妇，名之曰渔童、樵青。人问其故，答曰：渔童使捧钓收纶，芦中鼓枻；樵青使苏兰薪桂，竹里煎茶。

胡铰钉

胡生者以铰钉为业，居近白苹洲，傍有古坟，每因茶饮，必奠酬之。忽梦一人谓之曰："吾姓柳，平生善为诗而嗜茗，感子茶茗之惠，无以为报，欲教子为诗。"胡生辞以不能，柳强之曰："但率子意言之，当有致矣。"生后遂工诗焉，时人谓之胡铰钉诗。柳当是柳恽也。

茶茗甘露

新安王子鸾、豫章王子尚诣昙济上人于八公山。济设茶茗，尚味之曰："此甘露也，何言茶茗。"

三戈五卵

《晏子春秋》：婴相齐景公时，食脱粟之饭，炙三戈五卵茗菜而已。

景仁茶器

司马温公偕范蜀公游嵩山，各携茶往。温公以纸为贴，蜀公盛以小黑合。温公见之惊曰：景仁乃有茶器。蜀公闻其言，遂留合与寺僧。《邵氏闻见录》云：温公与范景仁共登嵩顶，由辕辕道至龙门，涉伊水，坐香山憩石，临八节滩，多有诗什。携茶登览，当在此时。

真茶

刘琨字越石，与兄子南兖州刺史演书云：吾体中溃闷，常仰真茶，汝可致之。

大茗

余姚人虞洪，入山采茗。遇一道士，牵三青牛，引洪至瀑布山，曰："吾丹丘子也，闻子善具饮，常思见惠，山中有大茗可以相给，祈子他日有瓯牺之余，乞相遗也。"洪因祀之，获大茗焉。

疗风

泸州有茶树，夷獠常携瓢置侧，登树采摘。芽叶必先衔于口中，其味极佳，辛而性热。彼人云：饮之疗风。

益蚕

江浙间养蚕，皆以盐藏其茧而缫丝，恐蚕蛾之生也。每缫毕，煎茶叶为汁，捣米粉搜之筛于茶汁中，煮为粥，谓之洗瓯粥，聚族以啜之，谓益明年之蚕。

入山采茗

晋孝武世,宣城人秦精,常入武昌山采茗。忽见一人,身长一丈,遍体生毛。率其腰至山曲聚茗处⑥,放之便去。须臾复来,乃探怀中橘与精。甚怖,负茗而归。

赵赞[2]典税

唐贞元,赵赞典茶税,而张滂[3]继之。长庆初,王播[4]又增其数。大中裴休[5]立十二条之利。

张滂请税

贞元中⑦,先是盐铁张滂奏请税茶,以待水旱之阙赋。诏曰可。是岁,得钱四十万。

郑注[6]榷法

郑注为榷茶法,诏王涯[7]为榷茶使,益变茶法,益其税以济用度,下益困。

瓯牺之费

陆龟蒙鲁望,嗜茶荈,置小苑于顾渚山下。岁嗜茶入薄为瓯牺之费,自为品第书一篇,继《茶经》、《茶诀》。

雪水烹茶

陶谷买得党太尉故妓,取雪水烹团茶,谓妓曰:"党家应不识此。"妓曰:"彼粗人安得有此。但能销金帐中浅斟低唱,饮羊羔儿酒。"陶愧其言。

榷茶

张咏令崇阳,民以茶为业。公曰:"茶利厚,官将榷之。"命拔茶以植桑,民以为苦。其后榷茶,他县皆失业,而崇阳之桑已

成。其为政知所先后如此。

七奠

桓温为扬州牧,性俭,每宴饮,唯下七奠柈茶果而已。

好慕水厄

晋时给事中刘缟,慕王肃之风,专习茗饮。彭城王谓缟曰:"卿不慕王侯八珍,好苍头水厄,海上有逐臭之夫,里内有学颦之妇,卿即是也。"

灵泉供造

湖州长洲县啄木岭金沙泉……无沾金沙者[8]。

官焙香

黄鲁直一日以小龙团半铤,题诗赠晁无咎⑧:"曲兀⑨蒲团听煮汤,煎成车声绕羊肠⑩。鸡苏胡麻留渴姜,不应乱我官焙香。"东坡见之曰:"黄九[9]怎得不穷。"

苏蔡斗茶

苏才翁与蔡君谟斗茶,蔡用惠山泉,苏茶小劣,用竹沥水煎,遂能取胜。竹沥水,天台泉名。

品题风味

杭妓周韶有诗名,好畜奇茗,尝与蔡君谟斗胜,品题风味,君谟屈焉。

啜茗孤吟

宋僧文莹[10],博学攻诗,多与达人墨士相宾。主堂前种竹数竿,畜鹤一只,遇月明

风清,则倚竹调鹤,嗽茗孤。

吾与点也

刘晔尝与刘筠饮茶。问左右:"汤滚也未?"众曰:"已滚。"筠曰:"佥曰鲦哉。"晔应声曰:"吾与点也。"

清泉白石

倪元镇[11],性好洁,阁前置梧石,日令人洗拭。又好饮茶,在惠山中用核桃、松子肉和真粉成小块如石状,置茶中,名曰清泉白石茶。

茶庵

卢廷璧嗜茶成癖,号曰茶庵。尝畜元僧讵可庭茶具十事,时具衣冠拜之。

香茶

江参,字贯道,江南人,形貌清癯,嗜香茶以为生。

杀风景

唐李义府[12],以对花啜茶为杀风景。

阳侯难

侍中元乂为萧正德设茗,先问:"卿于水厄多少?"正德不晓乂意,答:"下官虽生水乡,立身以来,未遭阳侯之难。"举座大笑。

清香滑热

李白云……人人寿也。[13]

仙人掌茶

李白游金陵,见宗僧中孚示以茶数十片,状如手掌,号仙人掌茶。

敲冰煮茶

逸人王休,居太白山下,日与僧道异人往还。每至冬时,取溪冰敲其精莹者,煮建茗共宾客饮之。

铤子茶

显德初,大理徐恪尝以龙团铤子茶贻陶谷,茶面印文曰"玉蝉膏"。又一种曰"清风使"。

他人煎炒

熙宁中,贾青字春卿,为福建转运使,取小龙团之精者,为密云龙。自玉食外,戚里贵近丐赐尤繁。宣仁一日慨叹曰:建州今后不得造密云龙,受他人之煎炒不得也。此语颇传播缙绅。

卷下①

涤烦疗渴

党鲁使西蕃,烹茶帐中,谓蕃人曰:"涤烦疗渴,所谓茶也。"蕃人曰:"我此亦有。"命取以出,指曰:"此寿州者,此顾渚者,此蕲门者。"

水厄

晋王濛,好饮茶,人至辄命饮之,士大夫皆患之。每欲往,必云"今日有水厄"。

伯熊善茶

陆羽著《茶经》,常伯熊复著论而推广之。李季卿宣慰江南,至临淮,知伯熊善茶,乃请伯熊。伯熊著黄帔衫、乌纱帻,手执茶器,口通茶名,区分指点,左右刮目。

茶熟,李为歠两杯。既到江外,复请鸿渐。鸿渐衣野服,随茶具而入,如伯熊故事。茶毕,季卿命取钱三十文酬博士。鸿渐夙游江介,通狎胜流,遂收茶钱茶具,雀跃而出,旁若无人。

玩茗

茶可于口,墨可于目。蔡君谟老病不能饮,则烹而玩之。

素业

陆纳为吴兴太守时,卫将军谢安尝欲诣纳。纳兄子俶怪纳无所备,不敢问,乃私为具。安既至,纳所设唯茶果而已,俶遂陈盛馔,珍羞毕具。及安去,纳杖俶四十。云:"汝既不能光益叔父,奈何秽吾素业。"

密赐茶茗[12]

孙皓每宴席,饮无能否,每率以七升为限,虽不悉入口,浇灌取尽。韦曜饮酒不过二升,初见礼异,密赐茶茗以当酒。至于宠衰,更见逼强,辄以为罪。

获钱十万

剡县陈务妻,少寡,与二子同居。好饮茶,家有古塚,每饮必先祀之。二子欲掘之,母止之。但梦人致感云:"吾虽潜朽壤,岂忘翳桑之报。"及晓,于庭中获钱十万,似久埋者,惟贯新耳。

南零水

御史李季卿刺湖州,至维扬,逢陆处士。李素熟陆名,即有倾盖之雅。因之,赴郡抵扬子驿,将饮,李曰:"陆君善于茶,盖天下闻名矣,况扬子南零水又殊绝,可命军士深诣南零取水。"俄而水至,陆曰:"非南零者。"既而倾诸盆,至半,遽曰:"止,是南零矣。"使者大骇曰:"某自南零赍至岸,舟荡覆半,挹岸水增之,处士神鉴,其敢隐焉。"李与宾从皆大骇愕,李因问历处之水。陆曰:"楚水第一,晋水最下。"因命笔口授而次第之。

德宗煎茶

唐德宗,好煎茶加酥、椒之类。

金地茶

西域僧金地藏,所植名金地茶,出烟霞云雾之中,与地上产者,其味复绝。

殿茶

翰林学士,春晚人困,则日赐成象殿茶。

大小龙茶

大小龙茶,始于丁晋公而成于蔡君谟。欧阳永叔闻君谟进龙团,惊叹曰:"君谟士人也,何至作此事。"今年闽中监司乞进斗茶,许之;故其诗云:"武夷溪边粟粒芽,前丁后蔡相笼加。争买龙团各出意[13],今年斗品充官茶。"则知始作俑者,大可罪也。

茶神

鬻茶者,陶羽形置炀突间,祀为茶神。沽茗不利,辄灌注之。

为热为冷

任瞻,字育长。少时有令名,自过江失

志,既下饮,问人云:"此为茶、为茗?"觉人有怪色,乃自申明曰:"向问饮为热为冷耳。"

卍字

东坡以茶供五百罗汉,每瓯现一卍字。

乳妖

吴僧文了善烹茶,游荆南高季兴,延置紫云庵,日试其艺,奏授华亭水大师,目曰乳妖。

李约嗜茶

李约性嗜茶,客至不限瓯数,竟日蒸火执器不倦。曾奉使至陕州硖石县东,爱渠水清流,旬日忘发。

玉茸

伪唐徐履,掌建阳茶局。洎复治海陵盐政盐检,烹炼之亭,榜曰金卤。履闻之,洁敞焙舍,命曰玉茸。

茗战

孙可之送茶与焦刑部,建阳丹山碧水之乡,月涧云龛之品,慎勿贱用之。时以斗茶为茗战。

茶会

钱仲文与赵莒茶宴,又尝过长孙宅,与郎上人作茶会。

龙坡仙子

开宝初,窦仪以新茶饷客,奁面标曰"龙坡山子茶"。

苦口师

皮光业最耽茗饮。中表请尝新柑,筵具甚丰,簪绂蘩集。才至,未顾樽罍而呼茶甚急。径进一巨觥,题诗曰:"未见甘心氏,先迎苦口师。"众噱曰:"此师固清高,难以疗饥也。"

龙凤团

欧阳永叔云……至今藏之[14]。

甘草癖

宣城何子华……一坐称佳[15]。

结庵种茶

双林大士,自往蒙顶结庵种茶。凡三年,得绝佳者,号圣阳花、吉祥蕊各五斤,持归供献。

搅破菜园

杨廷秀《谢傅尚书茶》:远馈新茗,当自携大瓢,走汲溪泉,束涧底之散薪,燃折脚之石鼎。烹玉尘,啜香乳,以享天上故人之意。愧无胸中之书传,但一味搅破菜园耳。

御史茶瓶

会昌初,监察御史郑路,有兵察厅掌茶。茶必市蜀之佳者,贮于陶器,以防暑湿。御史躬亲监启,谓之"御史茶瓶"。

汤戏

馔茶而幻出物象于汤面者,茶匠通神之艺也。沙门福全,长于茶海,能注汤幻茶成将诗一句。并点四瓯,共一绝句,泛乎汤表。檀越日造其门求观汤戏。

百碗不厌

唐大中三年，东都进一僧，年一百三十岁。宣宗问："服何药致然？"对曰："臣少也贱，不知药性，本好茶，至处惟茶是求，或饮百碗不厌。"因赐茶五十斤，令居保寿寺。

恨帝未尝

《杜鸿渐与杨祭酒书》云：顾渚山中紫笋茶两片，一片上太夫人，一片充昆弟同歠。此物但恨帝未得尝，实所叹息。

天柱峰茶

有人授舒州牧……众服其广识[16]。

进茶万两

御史大夫李栖筠，宋贞一。按义兴山僧有献佳茗者，会客尝之，芬香甘辣冠于他境，以为可荐于上，始进茶万两。

练囊

韩晋公滉，闻奉天之难，以夹练囊缄茶末，遣使健步以进。

渐儿所为

竟陵大师积公嗜茶，非羽供事不乡口。羽出游江湖四五载，师绝于茶味。代宗闻之，召入供奉，命宫人善茶者饷师，师一啜而罢。帝疑其诈，私访羽召入。翼日，赐师斋，密令羽煎茶。师捧瓯，喜动颜色，且赏且啜，曰："有若渐儿所为也。"帝由是叹师知茶，出羽见之。

麒麟草

元和时，馆阁汤饮待学士，煎麒麟草。

白蛇衔子

义兴南岳寺，有真珠泉。稠锡禅师尝饮之，曰此泉烹桐庐茶，不亦可乎！未几，有白蛇衔子堕寺前，由此滋蔓，茶味倍佳。土人重之。

山号大恩

藩镇潘仁恭，禁南方茶，自撷山为茶，号山曰大恩，以邀利。

自泼汤茶

杜悰公惊，位极人臣，尝与同列言，平生不称意有三：其一为澧州刺史；其二贬司农卿；其三自西川移镇广陵。舟次瞿唐，为骇浪所惊，左右呼唤不至。渴甚，自泼汤茶吃也。

止受一串

陆贽，字敬舆。张镒饷钱百万，止受茶一串，曰：敢不承公之赐。

绿叶紫茎

同昌公主，上每赐馈，其茶有绿叶紫茎之号。

三昧

苏廙作《仙芽传》，载《作汤十六法》：以老嫩言者，凡三品；以缓急言者，凡三品；以器标者，共五品；以薪论者，共五品。陶谷谓："汤者，茶之司命"，此言最得三昧。

茗史赘言

须头陀曰：展卷须明窗净几，心神怡旷，与史中名士宛然相对，勿生怠我慢心，则清趣自饶。得趣代枕、挟刺、覆瓿、粘窗、指痕、汗迹、墨痕，最是恶趣。昔司马温公读书独乐园中，翻阅未竟，虽有急务，必待卷束整齐，然后得起。其爱护如此，千函万轴，至老皆新，若未触手者。爱护

闻前人平生有三愿，以读尽世间好书为第二愿。然此固不敢以好书自居，而游艺之暇，亦可以当鼓吹。静对

朱紫阳云：漠吴恢欲杀青以写漠书，晁以道欲得公谷传，遍求无之。后获一本，方得写传。余窃慕之，不敢秘焉。广传奇正幻癖，凡可省目者悉载。鲜韵致者，亦不尽录。削蔓

客有问于余日，云何不入诗词？恐伤滥也。客又问云，何不纪点瀹？惧难尽也。客日然。客辩

独坐竹窗，寒如剥肤，眠食之余，偶于架上残编寸褚，信手拈来，触目辄书，因记代无次。随喜

印必精帘，装必严丽。精严

文人韵士，泛赏登眺，必具清供，愿以是编共作药笼之备。资游

赘言凡九品，题于竹林书屋。

甬上万邦宁惟咸氏

注　　释

1　王内翰禹玉：即王珪(1019—1085)，北宋华阳(今四川双流)人。庆历二年进士，庆历六年召试，授太子中允，官翰林学士兼侍读。

2　唐德宗建中三年(782)纳赵赞议，征收茶税，于兴元元年(784)终止。复于贞元九年(793)准张滂所奏重课。

3　张滂(725—800)：唐贝州清河人。字孟博。代宗大历初，以大理司直充河运使判官。十四年，改库部员外郎，充监仓库使。贞元八年，迁户部侍郎兼诸道盐铁转运使。

4　王播(759—830)：字明扬。贞元进士，曾任盐铁转运使。长庆二年，出任淮南节度使，复任盐铁转运使。

5　裴休(? —约860)：唐孟州济源(今河南济源)人。字公美，穆宗长庆时进士，能文善书，宣宗大中时，累除兵部侍郎，充诸道盐铁转运使。六年，拜同中书门下平章事、中书侍郎。时漕法大坏，休著新法十条，又立税茶十二法，人以为便。

6　郑注(? —835)：唐绛州翼城人，本姓鱼，后改姓郑，时号鱼郑。初以医术交结襄阳节度使，任为节度衙推，复为监军赏识，荐于文宗进榷茶法为富民之术。

7　王涯(? —835)：字广津，唐太原人。贞元进士，初为蓝田尉，召充翰林学士，拜右拾遗。穆宗时，任剑南东川节度使，后又任盐铁转运使、江南榷茶使。文宗时，封代国公，拜司空，仍兼领江南榷茶使。

8　此处删节，见明代陈继儒《茶董补》。

9　黄九：即黄庭坚，"九"为其弟兄排行。

10　文莹：吴郡(今江苏苏州)高僧，多闻博识，通宗明教。有《湘山野录》行世。

11　倪元镇：即倪瓒(1301—1374)，元明间常州无锡(今江苏无锡)人，《明史》有传。

12　李义府(614—666)：唐瀛州饶阳(今河北饶阳)人，迁居永泰。善属文，太宗时以对策入第，授门下省典仪。以文翰见知。与许敬宗等支持立武后，擢

拜中书侍郎,同中书门下三品,累官至
吏部尚书。貌状温公,而褊忌阴贼,时
人号为"笑中刀"。后以罪流巂州,愤
而卒。

13 此处删节,见明代夏树芳《茶董·还童
振枯》。

14 此处删节,见明代夏树芳《茶董·珍赐
一饼》。

15 此处删节,见明代夏树芳《茶董·甘草
癖》。

16 此处删节,见明代夏树芳《茶董·天柱
峰数角》。

校　勘

① 底本作"《茗史》小引"。
② 茶谱:"谱"字,当为"录"之误。下同,不再
出校。
③ 卷上:底本作"《茗史》卷上"。
④ 顷慕:"顷"字,原误作"领",据《封氏闻见
记》改。
⑤ 不食:"不"字,原误作"好"字,据《洛阳伽蓝记》
卷二"报德寺"改。
⑥ 山曲聚茗处:"聚"字,疑"藂"之误,参见陆羽

《茶经·八之事》。
⑦ 贞元:"贞"字,原音误作"正",径改。
⑧ 晁无咎:"晁"字,原音误作"赵"字,径改。
⑨ 曲兀:"兀"字,《宋诗钞》,也作"几"字。
⑩ 羊肠:"羊"字,原作"芊"字,此据《宋诗钞》改。
⑪ 卷下:原作"《茗史》卷下"。
⑫ 密赐茶茗:"赐"字,原误刊作"赐"字,径改。下
同,不出校。
⑬ 争买龙团:《全宋诗》作"争新买宠"。

竹懒茶衡 | 明　李日华　撰

作者及传世版本

　　李日华(1565—1635),明檇李(今浙江
嘉兴)人,字君实,号竹懒,又号九疑;尚道,
还自号"道人"。万历二十年(1592)进士,
由九江推官,授西华县知县,崇祯元年,迁
太仆寺少卿。为人恬淡仕进,与物无忤。
工书画,精鉴赏。其画评文精言要,有"博
物君子"之誉。著述甚丰,诗亦纤艳可喜。
主要著作有《恬致堂集》、《檇李丛书》、《官
制备考》、《紫桃轩杂缀》、《紫桃轩又缀》、

《六研斋笔记》等。

　　《竹懒茶衡》,收在《紫桃轩杂缀》一
书,是一篇评述明末江东各地名茶的文
字。陆廷灿在其所撰《续茶经·九之略》
中,将《竹懒茶衡》第一次和陆羽《茶经》
等书一起,列进中国古代的"茶事著述名
目"。之后,在万国鼎的《茶书总目提要》
和《中国古代茶叶全书·存目茶书》中,
也都提及是书。

本书以明刊李日华《紫桃轩杂缀》的《竹懒茶衡》作录,以清康熙《李君实杂著·竹懒茶衡》和《说郛续》本、民国《国学珍本文库》本等作校。

原　　文

《竹懒茶衡》曰:处处茶皆有自然胜处,未暇悉品,姑据近道日御者。虎丘气芳而味薄,乍入碗,菁英浮动,鼻端拂拂,如兰初拆,经喉吻亦快然,然必惠麓水,甘醇足佐其寡①。龙井味极腴厚,色如淡金,气亦沉寂,而咀啖②之久,鲜腴潮舌,又必藉虎跑,空寒熨齿之泉发之,然后饮者领隽永之滋,而无昏滞之恨耳。

天目清而不醨,苦而不螫,正堪与缁流漱涤。笋蕨石濑则太寒俭,野人之饮耳。松萝极精者,方堪入供,亦浓辣有余,甘芳不足,恰如多财贾人,纵复蕴藉,不免作蒜酪气。

顾渚,前朝名品。正以采摘初芽加之法制,所谓罄一亩之入,仅充半环1;取精之多,自然擅妙也。今碌碌诸叶茶中,无殊菜沈2,何胜括目。

埭头3,本草市溪庵施济之品,近有苏焙者,以色稍青,遂混常品③。

分水贡芽4,出本不多。大叶老梗,泼之不动,入水煎成,番有奇味。荐此茗时,如得千年松柏根作石鼎薰燎,乃足称其老气。

昌化5大叶④,如桃枝柳梗,乃极香。余过逆旅,偶得手摩其焙甑,三日龙麝气不断。

罗山庙后岭6精者,亦芬芳,亦回甘,但嫌稍浓,乏云露清空之韵,以兄虎丘则有余,以父龙井则不足。

天池7通俗之才,无远韵,亦不致呕哕。寒月诸茶晦黯无色,而彼独翠绿媚人,可念也。

普陀老僧贻余小白岩茶一里,叶有白茸,瀹之无色,徐引觉凉透心腑。僧云,本岩岁止五六斤,专供大士,僧得啜者寡矣。

金华仙洞,与闽中武夷俱良材,而厄于焙手。

匡庐绝顶产茶,在云雾蒸蔚中,极有胜韵,而僧拙于焙。既采,必上甑蒸过。隔宿而后焙,枯劲如槁秸,瀹之为赤卤,岂复有茶哉? 余同年杨澹中游匡山,有"笑谈渴饮匈奴血"之诮,盖实录也。戊戌春,小住东林8,同门人董献可、曹不随、万南仲手自焙茶,有"浅碧从教如冻柳,清芳不遣杂飞花"之句。既成,色香味殆绝,恨余焙不多,不能远寄澹中,为匡卢解嘲也。

天下有好茶,为凡手焙坏;有好山水,为俗子妆点坏;有好子弟,为庸师教坏,真无可奈何耳。

鸡苏佛、橄榄仙,宋人咏茶语也。鸡苏即薄荷,上口芳辣。橄榄久咀,回甘不尽。合此二者,庶得茶蕴。顾着相求之,仍落魔境。世有以姜桂糖蜜添入者,求芳甘之过耳。曰佛曰仙,当于空玄虚寂中嘿嘿证入,不具是舌根者,终难与说也。

赏名花,不宜更度曲;烹精茗,不必更焚香。恐耳目口鼻互牵,不得全领其妙也。

生平慕六安⑤茶,适一门生作彼中

守⑥,寄书托求数两,竟不可得,殆绝意乎。

精茶不惟不宜泼饭,更不宜沃醉。以醉则燥渴,将灭裂吾上味耳。精茶岂止当为俗客咨,倘是口汩汩⑦尘务,无好意绪,即烹就,宁俟冷以灌兰蕙,断不以俗肠污吾茗君也。

注　释

1　半环:"环",即"环幅",旧时常用的广袤相等正方形的巾帕。"半环"形容所采茶芽不及半小包。

2　菜沈:"菜"指蔬菜,"沈"是汁或汤;"菜沈"意即菜汤。皮日休在《茶中杂咏》中所云:在陆羽之前所谓饮茶,"必浑以烹之,与夫瀹蔬而啜者无异"。"菜沈"和"瀹蔬"义同。

3　埭头:土茶名,出浙江今湖州埭溪草市。埭溪即原施渚镇,以唐施肩吾居其地而名。元置巡检,明改名埭溪镇。以莫干山之水直泻溪滩,筑石埭以阻故名。市廛殷阗,山货交汇,土茶"埭头"所谓"本草市溪庵施济之品",是即反映此地的情况。

4　分水贡芽:分水,旧浙江县名。唐析桐庐县置,约当今桐庐南部和建德、淳安毗邻之区。据《分水县志》记载,其"天尊岩产茶",宋时即"充贡"。

5　昌化:浙江旧县名。唐置唐山县,宋改昌化,明清皆属杭州府,旧治在今浙江临安境内。

6　庙后岕(jiè):江苏宜兴、浙江长兴方言称"楷",指两山或数山之间谷地。庙后岕及其对应的庙前岕,位宜兴、长兴交界的茗岭山(长兴称互通山)罗岕,故亦统称罗岕。

7　天池:位于今江苏吴县市;产茶,明末清初,与苏州名茶虎丘相伯仲。

8　东林:此指唐人诗文中常见的匡山东林寺。晋代建。匡山,一般也作"匡庐",即今江西九江市南庐山的别称。寺位庐山西北麓。

校　勘

① 足佐其寡:说郛续本等"寡"之下,多一"薄"字。

② 啜:《李君实杂著》、说郛续本作"嚥"。"嚥"通"咽"。

③ 品:说郛续本等作"价"。

④ 昌化大叶:说郛续本"昌化"下,多一"茶"字。

⑤ 六安:"六"底本及康熙《李君实杂著》和说郛续本,均刻作"陆"。此地名,一般都书作"六"不用"陆",径改。

⑥ 彼中守:说郛续本等作"守彼中"。

⑦ 口汩汩:说郛续本等"口"作"日"。

运泉约[1] | 明[2] 李日华 撰

作者及传世版本

李日华,生平见《竹嬾茶衡》。《运泉约》,顾名思义,指运送泉水的契约;具体是运送天下第二泉——惠山泉的契约。全文分两部分:前面是李日华撰写的序言或契文;后面为"松雨斋主人"——平显所拟的契约条文或格式。本文收存于李日华《紫桃轩杂缀》第三卷,后来《续说郛》在约文类作了收录,清陆廷灿《续茶经》及 20 世纪抗战前后北京大学民俗学会《民俗丛书·茶书编》、《国学珍本文库》等书,也都作了引录。将《运泉约》首先正式收作茶书的,还是上述北京大学娄子匡教授主编的《民俗丛书·茶书

编》。这部书台湾在 1951 年、1975 年曾两次重印再版。从性质上说,很清楚,这是一份运泉的契约,不是茶书。但鉴于此篇与饮茶及辨水的品味有关,是现存唯一的一份运泉文献,所以本书也姑予收录。

本文约撰于万历四十八年(1620)或稍前。主要刊本有李日华编《李竹嬾先生说部》天启崇祯间刻本,康熙《李君实先生杂著》八种李瑁据上书重修本及《说郛续》本等。本书以明末《李竹嬾先生说部》本作底本,以康熙重修本、中国民俗学会《民俗丛书》本和《说郛续》本等作校。

原　　文

吾辈竹雪神期,松风齿颊,暂随饮啄人间,终拟消摇①物外。名山未即,尘海何辞。然而搜奇炼句,液沥易枯;涤滞洗蒙,茗泉不废。月团百片,喜折鱼缄[3]。槐火一篝,惊翻蟹眼。陆季疵之著述,既奉典刑[4];张又新之编摩[5],能无鼓吹。昔卫公[6]宦达中书,颇烦递水[7]。杜老[8]潜居夔峡,险叫湿云[9]。今者环处惠麓,逾二百里而遥;问渡淞②陵[10],不三四日而致。登新捐旧,转手妙若辘轳;取便费廉,用力省于桔槔。凡吾

清士,咸赴嘉盟。

　　竹嬾居士题③

　　运惠水,每坛偿舟力费银三分。

　　坛精者,每个价三分,稍粗者,二分。坛盖或三厘或四厘,自备不计。

　　水至,走报各友,令人自抬。

　　每月上旬敛银,中旬运水。月运一次,以致清新。

　　愿者书号于左,以便登册,并开坛数,如数付银。

注　释

1　本篇名《运泉约》前，除《说郛续》和《民俗丛书》等少数版本外，均题作"松雨斋运泉约"。"松雨斋"是李日华的书斋名，"运泉约"才是文名。本书从《说郛续》等人名、书斋名一般不入题的原则，将篇名径改作《运泉约》，省"松雨斋"三字。

2　李日华题名前的朝代名，为本书编者所加。明末原刻本和《说郛续》等，一般均不署朝代而署籍贯"檇李"。"檇李"为古聚落名，又作"醉李"、"就李"，因其地产佳李故名。旧址在今浙江嘉兴桐乡，因此过去也曾将"檇李"引作嘉兴的别称。娄子匡《民俗丛书》本在李日华名前加朝代名"宋"字，把李日华和《运泉约》定作宋人、宋书，误。

3　鱼缄：指书信。萧统《南吕八月启》："或刀凤念，不黜鱼缄。"

4　典刑：此处"刑"同作"型"，指成规。《诗·大雅·荡》："虽无老成人，尚有典刑。"郑玄笺：老成人谓若伊尹、臣扈等名臣。"虽无此臣，犹有常事故法可专用。"此喻指陆羽的《茶经》被后人奉为典型。

5　编摩：指编著、编纂之意。"摩"，此处作琢磨、研究，含义较一般编辑犹深一层。如元刘壎《隐居通议·杂录》载："其编摩之勤，意度之新，诚为苦心。"

6　卫公：指唐代李德裕（787—850），字文饶，李栖筠孙。武宗时由淮南节度使入相。

7　递水：也作"水递"。李德裕嗜茶，尤讲求饮茶用水，在京为相时，每每通过驿递从江南无锡、润州（今江苏镇江）用瓶灌惠山和中冷泉水至京供烹茶用。

8　杜老：指唐大诗人杜甫。安史乱时，杜甫流离入蜀，在严武幕下过幽居生活，构草堂于浣花溪，人称其草堂为杜甫或"杜老"草堂。

9　湿云：指湿度大的云。唐李欣《宋少波东溪泛舟》诗："晚云低众色，湿云带繁星。"宋朱淑真菩萨蛮词："湿云不渡溪桥冷，娥寒初破东风影。"

10　淞陵：应作"松陵"，江苏吴江之别称。五代吴越建县前，吴江为吴县松陵镇地，故有此称。

11　松雨斋主人：即明代平显，字仲微。钱塘（今浙江杭州）人，博学多闻，以松雨斋为书室名。尝知滕县事，后谪云南，黔国公沐英重其才，辟为教读。著有《松雨斋集》。

校　勘

①　消摇：康熙李珼重修本、清陆廷灿《续茶经·五之煮》、说郛续本等亦书作"逍遥"。旧时消摇与逍遥通用。

②　淞：康熙李珼重修本、陆廷灿《续茶经·五之煮》等半数左右版本，亦书作"松"。

③　竹懒居士题：李竹懒先生说部本、说郛续本、民俗丛书本等不另行，接排在上行"咸赴嘉盟"句下。又陆廷灿《续茶经》，则无或删此五字，仅存全文最后"松雨斋主人谨题"一落款。

④　陆廷灿《续茶经》等一些版本，在尊号、用水和月、日间，接排不空字。民俗丛书本则不仅空字，而且将月、日与字号、用水分开另行。

茶谱 | 明 曹学佺 撰

作者及传世版本

曹学佺(1574—1647),字能始,号雁泽,又号石仓,侯官(今福建闽侯)人。万历二十三年(1595)进士,授户部主事,后出任四川按察使。天启间任广西右参议时,因撰《野史记略》,直言"挺击狱兴"本末,为刘廷元所劾,被削籍。崇祯初,起用为广西副使,辞不就。其学广识博,在赋闲家居的二十年中,筑"汗竹斋",有藏书数万卷,读书编撰不辍,著述甚多。主要著作有《石仓集》、《石仓历代诗选》、《石仓三稿》、《诗经质疑》、《春秋阐义》、《书传会衷》、《明诗选存》、《舆地名胜志》、《广西名胜志》、《湖广》、《蜀汉地理补》、《蜀中广记》等一二十种。清军入关后,明宗室唐王在闽自立称帝,他应召复出,授太常卿,迁礼部尚书。清军入闽,唐王溃散,学佺入山投缳而亡。

学佺《茶谱》,由《蜀中广记·方物记》中辑出。《蜀中广记》记风土人物等,包罗甚广。《四库全书总目提要》称其"搜采宏富"。曹学佺所写《茶谱》,收录于《蜀中方物记》中。经查,《蜀中广记》中的《蜀中名胜记》、《蜀中宦游记》、《蜀中高僧记》、《蜀中神仙记》等书,在明末和清代,都曾单独刊印,但《蜀中方物记》却未见有单印本。

曹学佺《茶谱》虽然和许多明清茶书一样,也是辑集其他各书,但它至少有这样两个特点:一是所辑基本都是蜀中茶事,是古代唯一的一本四川地方性茶书,保存了不少茶史资料。二是其辑录内容,除少数诗词和专文全文引录外,多系作者按自己的观点选录联缀而成;其选辑词句,也非完全照抄,或增、或减、或改。因为上述二点,本书对学佺《茶谱》,也就收而不删。此以明刻《蜀中广记》中的《茶谱》为底本,以《文渊阁四库全书》等本和各引录原文作校。

原　　文

《茶经》[1]略云①:巴〔山〕②峡川,有两人合抱者,伐而掇③之。其树如瓜芦,叶如栀子,花如白蔷薇,实如栟榈④,茎如丁香⑤,根如胡桃。其字或从草,或从木。其名一曰茶,二曰槚,三曰蔎,四曰茗,五曰荈。其具有名穿者,巴川峡山,纫谷皮为之。以百二十斤为上穿，八十斤为中穿，五十斤为小穿。其器有火筴者，一名箸，蜀以铁或熟铜制之⑥。在汉，扬雄、司马相如之徒，皆饮焉；滂时浸俗，盛于两都并荆、渝间矣。

《尔雅》云：槚，苦荼也。郭璞注：早取为荼，晚取为茗；或曰荈，蜀人名之为苦荼。故弘君举《食檄》有"荼荈出蜀"之文⑦；而扬子云《方言》谓：蜀西南呼荼为蔎也。

《本草经》曰：茗生益州川谷，一名游冬，凌冬不死。味苦，微寒，无毒。治五脏邪气，益意思，令人少睡⑧。毛文锡《茶谱》云：蜀州晋源、洞口、横源、味江、青城俱产教横源有雀舌、鸟嘴、麦颗，用嫩芽造成⑨，盖取形似。又云：彭州有蒲村、堋口、灌口、茶园⑩，名仙崖石花等。其茶饼小而布嫩芽如六出花者，尤妙。又云：绵州龙安县生松岭关者，与荆州同。西昌昌明、神泉等县连西山生者，并佳；生独松岭者，不堪采撷⑪。吴曾《漫录》²云：茶之贵白，东坡能言之。独绵州彰明县茶色绿；白乐天诗云："渴尝一盏绿昌明"。今彰明，即唐"昌明"也。《彰明志》："治北有兽目山，出茶，品格亦高，谓之兽目茶³。"山下有百汇、龙潭凡三，长流不竭。予询诸安县令，则以此地上下四旁俱属彰明，独中间一寺属安县，出茶名香水茶。晋刘琨《与兄子演书》⑫曰：前得安州干茶二斤，吾患体中烦闷，恒仰真茶，汝可信致之⑬。即此茶也。

《华阳国志》云，什邡⁴，出好茶。《茶经》云：汉州绵竹县生竹山者，与润州同。生蜀州青城县丈人山者，与绵州同。又云，剑南以彭州为上，生九陇县马鞍山至德寺、堋口镇者，与襄州同味。又云，青城县有散茶，末茶尤好。《游梁杂记》云：玉垒关宝唐

山有茶树，悬崖而生，芽苗长三寸或五寸，始得一叶或两叶而肥厚，名曰沙坪，乃蜀茶之极品者。

《文选注》⁵：峨山多药草，茶尤好，异于天下。《华阳国志》：犍为郡南安、武阳⁶，皆出名茶。《茶谱》⑭云：眉州丹棱县生铁山者，与润州同。又云，眉州洪雅、昌阖、丹棱之茶，用蒙顶制饼茶法。其散者叶大而黄，味颇甘苦，亦片甲、蝉翼之次也。

《茶谱》云：临邛数邑茶，有火前、火后、嫩绿黄等号。又有火蕃饼，每饼重四十两，党项重之如中国名山者，其味甘苦。《大邑志》：雾中山出茶，县号雾邑，茶号雾中茶。

《茶经》云：雅州百丈山、名山者，与金州同。《雅安志》云：蒙顶茶，在名山县西北一十五里蒙山之上。白乐天诗："茶中故旧是蒙山"是也。今按：此茶在上清峰甘露井侧，叶厚而圆，色紫赤，味略苦。发于三月，成于四月间，苔藓庇之。汉时僧理真所植，岁久不枯。《九州记》⁷云：蒙者，沐也。言雨露常沐，因以为名。山顶受全阳气，其茶香芳。按：《茶谱》云，山有五峰，顶有茶园。中顶曰上清峰，所谓蒙顶茶也，为天下所称。晁氏《客话》⁸：李德裕丞相入蜀，得蒙饼沃于汤瓶之上，移时尽化，以验其真。《方舆胜览》⁹：蒙顶茶，常有瑞云影相现。故文潞公¹⁰诗云："旧谱最称蒙顶味，露芽云液胜醍醐。"《志》⑮云，蒙山有僧病冷且久，遇老父曰："仙家有雷鸣茶，俟雷发声乃苗，可并手于中顶采摘，用以祛疾。"僧如法采服，未竟，病瘥精健，至八十余入青城山，不知所之。今四顶园茶不废，惟中顶草木繁茂⑯，人迹稀到云。

山谷¹¹《戎州与人启》云：庭坚再拜，喜承起居清安阁中。小阁皆佳胜，东楼碾茶，

岂作堰⑪闻处耶？尚且胜承，千万珍重。

《茶谱》云：泸州夷獠采茶，常携瓢穴其侧。每登树采摘茶芽，含于口中，待叶展放，然后置瓢中，旋塞其窍，还置暖处。其味极佳。又有粗者，味辛性热，饮之疗风，通呼为泸茶。

冯时行[12]云：铜梁山有茶，色白甘腴，俗谓之水茶，甲于巴蜀。山之北趾，即巴子故城也，在石照县[13]南五里。《茶谱》云：南平县[14]狼猱山茶，黄黑色，渝人重之。十月采贡。黄山谷《答圣从使君》云：此邦茶乃可饮，但去城或数日，土人不善制度，焙多带烟耳。不然亦殊佳。今往黔州[15]，都濡、月兔两饼，施州[16]八香六饼，试将焙碾尝之。都濡在刘氏时贡炮，味殊厚，恨此方难得，真好事者耳。又作《茶词》云："黔中桃李可寻芳，摘茶人自忙。月团犀胯斗圆方，研膏入焙香。青箬里，绛纱囊，品高闻外江。酒澜传舞红裳，都濡春味长。"都濡县，今入彭水。

《开县志》云：茶岭在县北三十里，不生杂卉，纯是茶树，味甚佳。

《剑州志》云：剑门山颠有梁山寺，产茶，为蜀中奇品。

《南江志》：县北百五十里味坡山，产茶。《方舆胜览》诗"枪旗争胜味坡春"即此。

《广雅》[17]云："荆巴间采茶作饼成，以米膏和之。欲煮饮，先炙令色赤，捣末置瓷器中，以汤浇覆之，用葱姜芼之"；即茶之始说也。按：今蜀人饮擂茶，是其遗制。

《唐书》：吴蜀供新茶，皆于冬中作法为之。太和中，上务恭俭，不欲逆物性，诏所贡新茶，宜于立春后造。

曾公《类说》[18]云：苏才翁[19]与蔡君谟斗茶，君谟用惠山泉；苏茶小劣，用竹沥水煎，遂能取胜。才翁，舜元字。

伪蜀时，毛文锡撰《茶谱》，记茶事甚悉，末以唐人为茶诗文附之。

晋张载《成都楼》[20]诗："芳茶冠六清，溢味播九区。"杜育《荈赋》曰：灵山惟岳，奇产所钟。厥生荈草，弥谷被冈，承丰（豐）壤[18]之滋润，受甘露之宵降。月惟初秋，农功少休；结偶同旅，是采是求？水则岷方之注，挹彼清流。器泽陶简，出自东隅。酌之以匏，取式公刘。惟兹初成，沫沉华浮；焕如积雪，灿[19]若春敷。

唐孟郊《凭周况先辈于朝贤乞茶》诗："道意忽乏味，心绪病无惊。蒙茗玉花尽，越瓯荷叶空。锦水有鲜色，蜀山饶芳蓁。云根才剪绿，印缝已霏红。曾向贵人得，最将诗叟同。幸为乞寄来，救此病劣躬。"白傅[21]《谢李六郎中寄新蜀茶》诗："故情周匝向交亲，新茗分张及病身。红纸一封书后信，绿芽十片火前春。汤添勺水煎鱼眼，末下刀圭搅曲尘。不寄他人先寄我，应缘我是别茶人。"又《谢萧员外寄新蜀茶》诗："蜀茶寄到但惊新，渭水煎来始觉珍。满瓯似乳堪持玩，况是春深酒渴人。"薛能《谢蜀州郑使君寄鸟嘴茶八韵》："鸟嘴撷浑芽，精灵胜镆铘。烹尝方带酒，滋味更无茶。拒碾干声细，撑封利颖斜。衔[20]芦齐劲实，啄木聚菁华。盐损添常诫，姜宜著更夸。得来抛道药，携去就僧家。旋觉前瓯浅，还愁后信赊。千惭故人意，此物敌丹砂。"郑谷《蜀中尝茶》诗："簇簇新英摘露光，小江园里火煎尝。吴僧漫说鸦山好，蜀叟休夸鸟嘴香。合座半瓯轻泛绿，开缄数片浅含黄。鹿门病客不归去，酒渴更知春味长。"施肩吾《蜀茗词》："越碗初盛蜀茗新，薄烟轻处搅来匀。山僧问我将何比,欲道琼浆却畏嗔。"成文幹[22]《煎茶》诗:"岳寺春深睡起时,虎跑泉畔思迟迟。蜀茶倩个云僧碾,自拾枯松三四枝。"

宋文与可[23]《谢人寄蒙顶新茶》诗:蜀土茶称盛,蒙山味独珍。灵根托高顶,胜地发先春。几树初惊暖[24],群篮竞摘新。苍条寻暗粒,紫萼落轻鳞。的砾香琼碎,鬖鬙[22]绿蕤匀[24]。慢烘防炽炭,重碾敌轻尘。无锡泉来蜀,干崤盏自秦。十分调雪粉,一啜咽云津。沃睡迷无鬼[23],清吟健有神。冰霜疑入骨,羽翼要腾身。磊磊真贤宰,堂堂作主人。玉川喉吻涩,莫惜寄来频[24]。

魏鹤山[25]《邛州先茶记》曰:昔先王敬共明神,教民报本反始。虽农啬坊庸之蜡[26],门行户灶之享,伯侯祖纛之灵[27],有开厥先无不宗也。至始为饮食,所以为祭祀。宾客之奉者,虽一饭一饮必祭,必见其所祭然,况其大者乎?眉山李君铿为临邛茶官,吏以故事,三日谒先茶告君。诘其故,则曰:"是韩氏而王号相传为然,实未尝请命于朝也。"君于是撤旧祠而增广焉,且请于郡,上神之功状于朝。宣锡号荣以侈神赐而驰书于予,命记成役。予于事物之变,必迹其所自来。独于茶,未知所始。盖古者宾客相敬之礼,自飨燕食饮之外,有间食,有稍事,有歠湆[28],有设梁,有醢酱,有食已而酳[29],有坐久而荤,有六清以致饮,有瓠叶以尝酒,有旨蓄以御冬,有流荇以为豆菹,有湘萍以为铏芼。见于礼,见于诗,则有挟菜副瓜,烹葵叔苴之等。虽葱芥韭蓼,菫粉滫瀡[30],深蒲苔笋,无不备也,而独无所谓茶者。徒以时异事殊,字亦差误。且今所谓韵书,自二汉以前,上溯六经,凡声御、暮之同,是音,本无它训,乃自音韵分于

孙沈,反切盛于羌胡,然后别为麻马等音,于是鱼歌二音,并入于麻,而鱼麻二韵,一字二音,以至上去二声,亦莫不然。其不可通,则更易字文,以成其说。且茶之始,其字为荼。《春秋》书齐荼,《汉志》书荼陵之类。陆颜诸人,虽已转入茶音,而未敢辄易字文也。若《尔雅》,若《本草》,犹从草、从余。而徐鼎臣训荼,犹曰"即今之茶也"。惟自陆羽《茶经》、卢仝《茶歌》、赵赞《茶禁》以后,则遂易荼为茶。其字为草,为人、为木。陆玑谓椒,似茱萸,吴人作茗,蜀人作茶,皆煮为香椒,与茶既不相入,且据此文,又若茶与茗异。此已为可疑,而山有樗之疏,则又引玑说,以樗叶为茗,盖使读者贸乱,莫知所据。至苏文忠[31]始为"周诗记苦荼[25],茗饮出近世",其义亦既著明,然而终无有命荼为茶者;盖《传注》例谓荼为茅秀、为苦菜。予虽言之,谁实信之。虽然此特书名之误耳,而予于是重有感于世变焉。先王之时,山泽之利,与民共之;饮食之物,无征也。自齐人赋盐,汉武榷酒,唐德宗税茶,民之日用饮食而皆无遗算,则几于阴复田赋,潜夺民产者矣。其端既启,其祸无穷,盐酒之入,遂垺田赋。而茶之为利,始也岁不过得钱四十万缗。自王涯置使构榷,由是税增月益,塌地剩茶之名,三说贴射之法,招商收税之令,纷纷见于史册。极于蔡京之引法,假托元丰,以尽更仁祖之旧。王黼[32]又附益之。嘉祐以前,岁课均赋,茶户岁输不过三十八万有奇,谓之茶租钱。至熙宁[26]以后,岁入之息,骤至二百万缗,视嘉佑益五倍矣。中兴以后,尽鉴政宣[33]之误,而茶法尚仍京黼之旧,国虽赖是以济,民亦因是而穷,是安得不思所以变通之乎?李君,字叔立,文简公[34]之孙。文简

尝为茗赋者。

熙宁七年，始遣三司干当公事李杞入蜀，经画买茶，于秦凤、熙河博马，以著作佐郎蒲宗闵同领其事，诸州创设官场，岁增息为四十万，而重禁榷之令，自是蜀茶尽榷。至李稷加息为五十万，陆师闵又加为百万。元祐元年，侍御史刘挚奏疏曰："蜀茶之出，不过数十州，人赖以为生，茶司尽榷而市之。"园户有茶一本，而官市之额至数十斤。官所给钱，靡耗于公者，名色不一。给借保任，输入视验，皆牙侩主之；故费于牙侩②者，又不知几何。是官于园户，名为平市，而实夺之。园户有逃而免者，有投水而免者，而其害犹及邻伍。欲伐茶则存禁，欲增植则加市；故其俗论谓："地非生茶也，实生祸也。"愿选使者考茶法之弊，以苏蜀民。右司谏苏辙继言：造立茶法，皆倾险小人，不识事体，且备陈五害。吕陶亦条上利害，既而挚又言："陆师闵恣为不法，不宜仍任事。"师闵坐罢，未几，蒲宗孟亦以附会李稷罢。稷，邛州人，以父绚荫历管库。提举蜀

部茶场，甫两岁，羡课七十六万缗，与李察皆以苛暴著。时人为之语曰："宁逢黑煞，莫逢稷察。"

绍圣元年，复以陆⑧师闵都大提举成都等路茶事。凡茶法，并用元丰旧条。初，神宗时，熙河运司以岁计不足，乞以官茶博糴，每茶三斤，易粟一斛。朝廷谓茶马司，本以博马，不可以博糴，于茶马司岁额外，增买川茶两倍茶，朝廷别出钱二百万给之。令提刑司封椿，又令茶马司兼领转运使，由是数岁边用粗足。

建炎元年，成都转运判官赵开言榷茶买马五害，请用嘉祐故事，尽罢榷茶，而令漕司买马。或未能然，亦当减额，以苏园户，轻价以惠行商。如此，则私贩衰而盗贼息，遂以开主管秦川茶马。二年，开大更茶法。按：中兴小历，建炎军兴，令商旅园户自行买卖，官给茶引，自取息钱。所卖茶引，一百斤计取息钱六贯五百文。改成都茶场为合同场，仍置茶市。交易者必由市，引与茶相随，此即开之法也。

注　　释

1　《茶经》：本文所指，皆陆羽《茶经》；但亦有数处，曹学佺将毛文锡《茶谱》内容误作《茶经》内容。凡此，均按本书体例标明。

2　吴曾《漫录》：吴曾，字虎臣，南宋抚州崇仁（今属江西）人。高宗时初官宗正寺主簿、太常丞，后出知严州。《漫录》，即《能改斋漫录》。

3　兽目茶：产兽目山之茶。同治《彰明县志》载："兽目山，在县西廿里……产茶甚佳，谓之兽目茶；即今青岩山。"彰明县1958年撤归今四川江油市；青岩山

约位江油市南部。

4　什邡：在今四川境内成都市北。

5　《文选注》：《文选》，南朝梁武帝"昭明"太子萧统（501—531）编。主要注本有唐显庆时李善及开元初吕延济等五人（一称"五大臣"）注本。此处注本，是指后人将上两注本合编后的"六臣注本"。

6　犍为郡南安、武阳："犍为郡"，西汉建元六年（前135）置，治位僰道（今四川宜宾西南），南朝梁废。南安、武阳，晋时皆犍为郡属地。南安县，西汉置，南

朝齐以后废,治位今四川乐山市;武阳县,西汉置,治位今四川彭山县东,南朝梁改名犍为县。

7 《九州记》:一作《九州要记》,原书可能早佚,作者和成书年代不详。清代王谟《汉唐地理书钞》中曾作辑佚。

8 晁氏《客话》:晁氏即晁说之,字以道,号景迁,宋钜野人(今属山东)。元丰五年进士,靖康初年召为著作郎,试中书舍人,兼太子詹事,擢徽猷阁待制。晁氏《客话》约成书于宋哲宗绍圣五年(1098)前后。《客话》也作《客语》。

9 《方舆胜览》:南宋祝穆撰写的一部地理总志。穆,初名"丙",字和甫(甫一作文),福建建阳人。是书撰于嘉熙三年(1239),按南宋十七路行政区划,分别记述各府、州(军)的建制、沿革、人口、方物和名胜古迹等十二门的有关史事。

10 文潞公:即文彦博,字宽夫,介休(今山西介休)人。宋仁宗时第进士,累官同中书门下平章事,封潞国公。有《潞公集》传世。

11 山谷:即宋黄庭坚,字鲁直,号涪翁,又自号山谷道人。治平四年(1067)进士,绍圣中出知鄂州,因上司所恶,贬涪州别驾,徙戎州(治今四川宜宾)。

12 冯时行:字当可,号缙云,恭州(今重庆市)璧山人。宋徽宗宣和六年(1124)进士,高宗绍兴中知万州时,召对力言和议之不可,为秦桧所恶,被勒坐废十八年。桧死起知蓬州(今四川仪陇县东南),后擢成都府路提刑。为官清正,著有《缙云集》。

13 石照县:北宋乾德三年由石境县改名,治所位于今四川合川县。明洪武初年废。

14 南平县:唐贞观四年置,治所位于今重庆。北宋雍熙中废。

15 黔州:北周建德三年以奉州改名,隋大

业改为黔安郡,唐初复为黔州,南宋绍定升为绍庆府。故治所在今重庆市彭水苗族土家族自治县。

16 施州:北周武帝置,明洪武时入施州卫,治所在今湖北恩施市。

17 《广雅》:一名《博雅》,三国魏张揖撰。下引资料见于《太平御览》卷八六七,陆羽《茶经》也有类似辑述,但不见于今本《广雅》。

18 曾公《类说》:曾公即指南宋曾慥。参见本书宋曾慥《茶录》。

19 苏才翁:即苏舜元(1006—1054)。"才翁"(有的人名词典误作"子翁")是其字。苏易简孙,苏舜卿兄。绵州盐泉人,仁宗天圣七年(1029)赐进士出身,官至尚书度支员外郎、三司度支判官。为人精悍任气,歌诗豪健,尤善草书,其兄弟与蔡襄交游最久。

20 《成都楼》诗:也作《登成都楼》和《登成都白兔楼》诗。参见本书陆羽《茶经》注。

21 白傅,对白居易的尊称。唐宪宗时,白居易尝任东宫赞善大夫。"傅",古人指教育贵族子女的"傅父"或"师傅"。"白傅"即取白居易做过"赞善大夫",故称。

22 文幹:成彦雄的字。彦雄,五代时人,南唐进士,有《梅岭集》。

23 文与可:即文同(1018—1079),与可是其字,号笑笑先生,世称石室先生和锦江道人。梓州永泰县(故治在今四川盐亭东北)人。宋仁宗皇祐元年(1049)进士,历知陵州(今四川仁寿县)、洋州(今陕西洋县)、湖州,与司马光、苏轼相契。工诗文,长书善画,有《丹渊集》。

24 蓝鬖(lán sàn)绿蛮匀:"蓝",发长;"鬖",毛发下垂。"蓝鬖",形容长而下垂松乱的毛发。"蛮"本指蝎类上翘的毒尾,此借喻女子上翘的卷发。"蓝鬖

绿蛋匀",形容如毛发一样纤细卷曲匀
净绿色的茶叶。

25 魏鹤山：即魏了翁，字华父。南宋蒲江
人，庆元进士，以校书郎出知嘉定府。
丁父忧解官，筑室白鹤山下，开门授
徒，人称"鹤山先生"。有《鹤山集》、
《九经要义》、《古今考》等书。

26 农啬坊庸之蜡(zhà 或 chà)："蜡"，周
代十二月祭百神之称。这里"农啬坊
庸之蜡"，较重要的，当是年终所行的
农田堤水之祭。

27 伯侯祖纛之灵："伯侯"古代长官或士
大夫间的尊称，此指"公、侯、伯、子、
男"五爵位中之二名。"祖"，古人出行
时祭祀路神之谓。此引申送行，作"祖
帐"或"祖饯"，即在野外设置送行的帷
帐、祭神、饯行的礼仪。"纛"，古时军
队或仪仗的旗帜、羽饰之类。"伯侯祖
纛之灵"，泛指古代显贵出行或送行祭
祀的礼仪。

28 歠涪(chuò qì)："歠"，饮啜；"涪"，
羹汁。

29 酳(yìn)：上古宴会的一种礼节：食毕，
要用酒漱口；即《礼记》所说的："执酱
而馈，执爵而酳。"

30 堇粉滫瀡(jǐn fén xiū suǐ)："堇"，野菜；

"枌"，白榆；"滫"，淘米水；"瀡"，淘使
滑。《礼记·内则》："滫瀡以滑之。"郑
玄注："秦人溲曰滫，齐人滑曰瀡。"孙
诒让称，"谓以米粉和菜为滑也。"此意
指用堇菜榆叶和米浆为滑。

31 苏文忠：即苏轼，卒谥"文忠"。下录诗
句，出苏轼《问大冶长老乞桃花茶栽东
城》诗。

32 王黼(1079—1126)：宋开封祥符(北宋
祥符三年改浚仪县置，民国后改名开
封县)人，初名甫，字将明。徽宗崇宁
进士，名智善佞，因助蔡京复相，骤升
御史中丞。宣和元年，拜特进、少宰，
势倾一时。鼓吹蔡京引制，大肆搜括
茶利，贪赃枉法，钦宗即位被诛。

33 政宣：宋徽宗时两年号。"政"即政和
(1111—1118)，"宣"为宣和(1119—
1125)。在(1118—1119)二年间，还夹
有一个跨年的短期年号——"重和"。

34 文简公：魏了翁所言"李君，字叔立"，
查无获。其祖"文简公"即李焘
(1115—1184)，宋眉州丹棱人，字仁
甫、子真，号巽岩。高宗绍兴八年
(1138)进士，历官至吏部侍郎。"卒谥
文简"。焘诸子科举仕途均有所为。
叔立不知出自何房。

校　　勘

① 略云：本文内容，不只《茶经》，除少数诗词和
专文是照原文收录外，一般即皆所谓是"略
云"，摘录但不按原文照抄。故本文校勘，也只
好采取义校，不细及每一个字；即主要校及句
义或内容直接有关的重要词和字。

② 巴〔山〕：底本缺"山"字，据《茶经》补。

③ 掇：学佺据之作录的《茶经》，是一个舛误颇多
较差的版本，此处"掇"字底本和各版本均讹刻
作"拟"。下句"实如枇杷"的"实"字，误刊作
"质"字；"茎如丁香"的"茎"字，误刊作"叶"字。
径改，下不出校。

④ 实如枇杷：底本"实"作"质"，据《茶经》改。

⑤ 茎如丁香：底本"茎"作"叶"，据《茶经》改。

⑥ 蜀以铁或熟铜制之：《茶经》原文无"蜀"字。
学佺《茶谱》所加"蜀"字，一可能是据蜀情特地
所加；二也可能是句前原文"钩锁之属"的"属"
字之形误造成。

⑦ 《食檄》有"茶荈出蜀"之文：学佺引录舛误。
弘君举《食檄》原书早佚，此疑学佺据陆羽《茶
经·七之事》引。《茶经》原文为："弘君举《食
檄》：寒温既毕，应下霜华之茗……孙楚《歌》：
茱萸出芳树颠……姜桂茶荈出巴蜀。"学佺作
录时，只注意到前面的"弘君举《食檄》"，漏看
了中间的"孙楚《歌》"之目，以致把后面"茶荈

出巴蜀"误以为是前面《食橄》内容而致讹。

⑧ 此段《本草经》内容,不见今存各《本草》。其前句"生益州川谷,一名游冬,凌冬不死",似摘自《茶经·七之事·本草菜部》。下文"味苦,微寒,无毒",与《茶经·七之事·本草木部》同;全段文字,大致摘抄多本《本草》相关内容综合而成。

⑨ 雀舌、鸟嘴、麦颗,用嫩芽造成:明刊《蜀中广记·蜀中方物记·茶谱》,四库本作"雀舌、鸟嘴,用麦颗嫩芽造成"。此据《太平寰宇记》引毛文锡《茶谱》佚文改。

⑩ 茶园:底本、四库本及《蜀中广记》重刊本,皆作"茶园",但《太平寰宇记》辑引的毛文锡《茶谱》佚文,"茶"字作"其"。

⑪ 毛文锡《茶谱》"又引"以下"绵州龙安……不堪采撷"这段内容,实非《茶谱》而是摘自陆羽《茶经·八之出》"绵州"双行小字注;但也非是全文照抄。可与本书《茶经》查对。

⑫ 与《兄子演书》:底本、四库本"演"字讹作"群"。"群"是刘琨的儿子,"演"才是琨"兄子";据《太平御览》、《北堂书钞》引文改。

⑬ 信致之:底本、四库本皆衍一"信"字作"信信致之",径改。又本文这里在"干茶二斤"和"吾患体中"之间,略"姜一斤、桂一斤、皆所须也"十字。

⑭ 茶谱:底本误作"茶经",径改。下同,不出校。

⑮ 《志》:不知所指。经查万历前与蒙山有关的山志、地志,各书与本文所录内容,多少都有些相似字句,与嘉靖《雅州志》相似者更多些,但未发现也无法确定此处究系辑录何志。

⑯ 繁茂:底本"茂"字作"重",四库本校刊时改作"茂",据改。

⑰ 堰:底本作"媐",四库本阙。"媐"通"偃"。《周礼·地官·稻人》:"偃猪者,畜流水之陂也。"杨伯峻注:"偃"同"堰"。此据《全蜀艺文志》改。

⑱ 丰(豐)壤:"丰"(豐)字,底本形误作"豊"字,四库本、《太平御览》卷八六七引《莽赋》皆作"豐",据改。

⑲ 灿:四库本同底本皆作"灿",《太平御览》卷867引《莽赋》作"晔"。

⑳ 衔:底本、四库本等形讹作"御"字;据《全唐诗》收录薛能诗改。

㉑ 初惊暖:《全蜀艺文志》和有些版本,作"惊初暖"。

㉒ 鬣鬃:《全蜀艺文志》等作"鬈(péng)松"。

㉓ 迷无鬼:《全蜀艺文志》等版本,作"精无梦"。

㉔ 莫惜寄来频:"惜"字,《全蜀艺文志》等,也作"厌"字。

㉕ 周诗记苦茶:"苦茶",苏轼原诗作"茶苦"。

㉖ 熙宁:《邛州先茶记》原文作"崇宁"。

㉗ 佥:底本误作"僧",据《宋史·食货志》改。

㉘ 陆:曹学佺《茶谱》误录和各版本均误刻作"蒲",据《宋史·食货志》改。

岕茶笺 | 明 冯可宾 撰①

作者及传世版本

　　冯可宾,字正卿,山东益都人。明天启二年(1622)进士,官湖州司理。明代江南,风尚长兴和宜兴所产的岕片。长兴属湖州,可宾任湖州时,撰《岕茶笺》一篇,《明稗类钞》称"近日推岕茶","以大冯君为宗"(大冯君,即指可宾)。入清后,他隐居未仕,终日以读书作画自遣。有《广百川学海》传世。

《岕茶笺》最早收刊在《广百川学海》丛书。关于它的作者和成书年代，万国鼎《茶书总目提要》认定为冯可宾撰刊于1642年（崇祯十五年）前后。但这时间显然定得太迟。因为其一明刻本《岕茶笺》并非《广百川学海》一种，《锦囊小史》丛书，也是明刊本；《说郛续》本虽刊于顺治初年，但陶珽收编是在明代。因此，本书最早刊印不会晚至明亡前二年。二是冯可宾在湖州任司理的时间实际不长，如同治《湖州府志·名宦录》所载，冯可宾"天启二年进士，授湖州推官，四年甲子元旦，盗杀长兴知县"，一邑震惴，可宾奉檄安抚，"旬日间百姓安堵如故"，"释事日，长邑士民焚香罗拜，扳舆拥辕不得前，以血诚事，闻于朝，擢为给事中。"即是说，可宾在湖州任官仅两三年便升迁入京。我们认为《岕茶笺》应该是天启三年（1623）或其前后一年这样一段时间内的作品。

本书以《广百川学海·岕茶笺》作收，以明末《锦囊小史》本、清初《水边林下》本、嘉庆杨复吉《昭代丛书·别编》本[1]为校本。

原　　文

序岕名

环长兴[2]境，产茶者曰罗嶰[2]，曰白岩，曰乌瞻，曰青东，曰顾渚，曰篠浦，不可指数，独罗嶰最胜。环嶰境十里而遥，为嶰者亦不可指数。嶰而曰岕，两山之介也；罗氏居之，在小秦王庙[3]后，所以称庙后罗岕也。洞山之岕，南面阳光，朝旭夕晖，云滃雾浡[4]，所以味迥别也。

论采茶

雨前则精神未足，夏后则梗叶大粗[3]，然茶以细嫩为妙，须当交夏时，看风日晴和，月露初收，亲自监采入篮。如烈日之下，又防篮内郁蒸，须伞盖至舍，速倾净匾[4]薄摊，细拣枯枝、病叶、蛸丝、青牛[5]之类，一一剔去，方为精洁也。

论蒸茶

蒸茶须看叶之老嫩，定蒸之迟速。以皮梗碎而色带赤为度，若太熟则失鲜。其锅内汤须频换新水，盖熟汤[5]能夺茶味也。

论焙茶

茶焙每年一修，修时杂以湿土，便有土气。先将干柴隔宿薰烧，令焙内外干透，先用粗茶入焙，次日，然后以上品焙之。焙上之帘，又不可用新竹，恐惹竹气。又须匀摊，不可厚薄。如焙中用炭，有烟者急剔去。又宜轻摇大扇，使火气旋转。竹帘上下更换[6]，若火太烈，恐糊焦气；太缓，色泽不佳；不易帘，又恐干湿不匀。须要看到茶叶梗骨处俱已干透，方可并作一帘或两帘，置在焙中最高处。过一夜，仍将焙中炭火留数茎于灰烬中，微烘之，至明早可收藏矣。

论藏茶

新净磁坛，周回用干箬叶密砌，将茶渐渐装进摇实，不可用手捺。上覆干箬数层，又以火炙干炭铺坛口扎固；又以火炼候冷新方砖压坛口上。如潮湿，宜藏高楼，炎热则置凉处。阴雨不宜开坛。近有以夹口锡器贮茶者，更燥更密。盖磁坛，犹有微罅⑦透风，不如锡者坚固也。

辨真赝

茶虽均出于岕，有如兰花香而味甘，过霉历秋，开坛烹之，其香愈烈，味若新，沃以汤，色尚白者，真洞山也。若他嶰，初时亦有香味，至秋香气索然，便觉与真品相去天壤。又一种有香而味涩者，又一种色淡黄而微香者，又一种色青而毫无香味者，又一种极细嫩而香浊味苦者，皆非道地。品茶者辨色闻香，更时察味，百不失一矣。

论烹茶

先以上品泉水涤烹器，务鲜务洁；次以热水涤茶叶，水不可太滚，滚则一涤无余味矣。以竹箸夹茶于涤器中，反复涤荡，去尘土、黄叶、老梗净，以手搦干置涤器内盖定。少刻开视，色青香烈，急取沸水泼之。夏则先贮水而后入茶，冬则先贮茶而后入水。

品泉水

锡山惠泉、武林虎跑泉上矣；顾渚金沙泉、德清半月泉、长兴光竹潭皆可。

论茶具

茶壶，窑器为上，锡次之。茶杯，汝、官、哥、定如未可多得，则适意者为佳耳。

或问茶壶毕竟宜大宜小，茶壶以小为贵。每一客，壶一把，任其自斟自饮，方为得趣。何也？壶小则香不涣散，味不耽阁；况茶中香味，不先不后，只有一时。太早则未足，太迟则已过，的见得恰好，一泻而尽。化而裁之，存乎其人，施于他茶，亦无不可。

茶宜

无事　佳客　幽坐　吟咏　挥翰　倘佯　睡起　宿醒　清供　精舍　会心　赏鉴　文僮

茶忌⑧

不如法　恶具　主客不韵　冠裳苛礼荤肴杂陈　忙冗　壁间案头多恶趣⑥

注　释

1　杨复吉(1747—1820)：字列侯，一作列欧，号慧楼。江苏震泽(今吴江)人，乾隆三十年(1765)进士。家中藏书甚富，书斋名香月楼，每日著述阅读其中，编著有《辽东拾遗补》、《元文选》、《昭代丛书续集》、《梦兰琐笔》、《慧楼诗文集》等。本文采用校本所称《昭代丛书·别编》，实际即《昭代丛书续集》的稿本之一。《昭代丛书》为清张潮编，康熙年间刻印，分甲、乙、丙三集，每集五十种、五十卷。嘉庆时杨复吉所编的《昭代丛书续集》，共分新、续、广、埤、别五编。除广编为四十五种四十五卷外，其他各编均作五十种五十卷。

2　嶰(xiè)：山谷沟壑，无水叫嶰，有水叫涧。此处"嶰"，实际也等同岕字用。

3　小秦王庙：位江苏宜兴、浙江长兴界山茗岭山罗岕间。小秦王庙，当指旧茶神庙。据嘉庆《宜兴县志·山川》记载，是庙"俗误刘秀庙"。

4 云瀹雾浡："瀹"，《说文》"云气起也"。"浡"，说郭续本作"渤"，通"勃"，起或涌动貌。"瀹渤"或"浡瀹"常常成连词，泛指云雾弥漫飘动。茶喜漫射光照，这也是俗话所说的"高山出名茶"和"云雾茶"品质较好的道理。

5 蛸丝、青牛："蛸"即蟏蛸（Tetragnatha），俗称"喜蛛"、"蟢子"，蛛形纲，蟏蛸科，结网成车轮形。"青牛"，一种常吸食茶树芽叶和嫩枝的昆虫俗名。

6 《岕茶笺》全文止此。但有些据昭代别编传抄的稿本，在此下还附录了从别书摘抄的与茶和冯可宾有关的资料五则及杨复吉跋。《中国古代茶叶全书》用正文同样字体也作了附录。本书为避免读者将此误同正文，特移存本注，以备需要者参阅：

文震亨《长物志》　茶壶以砂者为，盖既不夺香，又无熟汤气，供春最贵。第形不雅，亦无差小者。时大彬所制又太小。若得受水半升，而形制古洁者，取以注茶，更为适用。其提梁、卧瓜、双桃、扇面、八棱、细茶、夹锡茶替、青花白地诸俗式者，俱不可用。锡壶有赵良璧者，亦佳，然宜冬月间用。近时吴中归锡，嘉禾黄锡，价皆最高，然制小而俗。金银俱不入品。宣窑有尖足茶盏，料精式雅，质厚难冷，洁白如玉，可试茶色，盏中第一。嘉窑有坛盏，中有茶汤果酒，后有金箓大醮坛用等字者亦佳。他如白定等窑，藏为玩器，不宜日用。盖点茶须燲盏令热，则茶面聚乳，旧窑器燲热则易损，不可不知。又有一种名崔公窑，差大可置果实，果亦仅可用榛松、鸡头、莲实，不夺香味者。他如柑橙、茉莉、木樨之类，断不可用。

周亮工《闽小记》　闽德化磁茶瓯，式亦精好，类宣之填白。余初以泻茗，黯然无色，责童子不任茗事，更易他手，色如故。谢君语子曰：以注景德瓯，则嫩绿有加矣。试之良然。乃知德化窑器不重于时者，不独嫌其太重粉色，亦足贱也。相传景镇窑取土于徽之祁门，而济以浮梁之水始可成。乃知德化之陋劣，水土制之，不关人力也。

王士禎《池北偶谈》　益都冯启震，字青方，老儒也。工画竹有名。启祯间时，号冯竹子。有子二人，长可宾，成进士官给事中。好声伎，侍妾数十人。其弟可宗，南渡掌锦衣卫事，为马阮牙爪。尤豪侈自恣，居第皆以紫檀为窗楹。乙酉死于金陵。

潘永因《明稗类钞》　王震泽曰：吴兴逸人吴编，字大本。风神散朗，偏嗜茗饮，其出必阳羡、顾渚。非其地者，辄能辨之。其掇之必精，藏之必温，烹之必法，有茶经所不载。其炉灶、鬴鬲、灰承、炭抱、火筴之属，亦皆精绝古雅。其自贵重，坐客四五人，勺少许沫饽纷馥，三四啜已罄。必啜者，有余思始复进，终不令饫也。近日推岕茶，平章以大冯君为宗，此老又作鼻祖，当以入茶谱。福堂寺贝余。

陈焯《湘管斋寓赏编》　冯青方墨竹，冯可宾写石，绫本立轴，阔一尺四寸，高三尺六寸，画大笋二株，小笋一株，细竹两小竿，下以小石补之。大冯跋下，用白文竹隐方印；小冯款下，用红白间冯可宾字正卿方印。右押角红文朱岷连方印，左押角红文秋水春帆书画船印。又纸本立轴，见于东门人家。跋所谓天圣寺东壁者，余少时屡见之。乾隆庚辰四月廿二日为风雨所坏，真为可惜。所赖青方尚有临本刻石在寺，并有二石在郡治六客堂也。按郡志，冯公可宾，字正卿，山东益都人，天启进士，授湖州推官。盖其时迎养乃翁来治，故父子往往多合作云。

跋　右《岕茶笺》十一条，虽篇幅无多，而言皆居要。冒巢民《岕茶汇钞》盖大半取材于此也。作者为前明天启壬戌进士，曾任湖郡司理。善画竹石，尝刊《广百川学海》行世，入国朝尚无恙云。乙亥仲秋，震泽杨复吉识。

校　　勘

① 广百川本原题作"北海冯可宾著，汪汝廉校阅"；锦囊小史本、水边本作"北海冯可宾著，王汝谦校阅"。昭代本署作"益都冯可宾正卿著"。"汝廉"的"廉"为误刊，应作"谦"。

② 长兴：锦囊小史本与底本同；昭代别编本作"宜兴"。长兴、宜兴接壤，许多地方同岕共山，明清时，一度均以岕茶名，本文内容皆可谓本境事，作"长"作"宜"皆不为错。

③ 大粗：锦囊小史本和水边本，与广百川本同。

昭代别编本"大"字作"太"。

④ 净匜："匜""篮"字，昭代别编本作"篮"。

⑤ 熟汤："熟"字，说郭续本作"热"。

⑥ 换：底本、锦囊小史本误刊作"焕"字，昭代别编本、水边本校作"换"，据改。

⑦ 罅：锦囊小史本、水边本同底本作罅，昭代别编本和近出有些版本改作"隙"。

⑧ 茶忌："茶"字，锦囊小史本、昭代别编本等作"禁"。

茶谱 | 明·朱祐槟 编

作者及传世版本

朱祐槟（？—1539），明宗室，宪宗见深第六子，封益王，弘治八年（1495），就藩建昌。《明史》有传。祐槟号涵素道人，性俭约，爱民重士，著有《清媚合谱》，为《茶谱》十二卷，《香谱》四卷合刊。

《清媚合谱》，现仅存明崇祯刻本一部，藏北京故宫博物馆，且为残帙。《茶谱》及《续集古今茶谱》同为一书，共十二卷，缺卷一、二、九、十卷，仅存八卷五册。本书稀见秘藏，过去著录不清。其实，书中所辑，乃常见茶书二十多种，并无特别珍稀之资料，

对茶史及茶饮文化研究无大裨益。朱祐槟编纂此书，经常删削原文，偶而也有增补，提供了一些材料。如收录孙大绶《茶谱外集》，就将原书作上卷，自己编了《续辑》作为下卷。又如收黄龙德《茶说》，补附了曹士谟《茶要》一篇，是其他茶书中罕见的资料。

《茶谱》著作年代不明，总在嘉靖十八年（1539）之前。此次汇编，以明崇祯刻《清媚合谱》残本为底本，存目以见其编纂内容，并附朱祐槟增补文字。

原　　文

《补茶经》一卷　宋周绛撰

《建安茶记》一卷　宋吕惠卿撰

宋徽宗作　《圣宋茶论》一卷

以上亦系晁氏所列向搜未获者,其《茶经》、《茶录》、《试茶录》、《煎茶水记》、《茶谱》及《茶杂文》,俱刻见前谱,此外又有:

《北苑总录》十二卷　宋曾伉撰

《茶山节对》一卷　宋摄衢州长史蔡宗颜撰

以上二种亦系屡搜未获。其今续辑《茶品要录》、《宣和北苑贡茶录》、《北苑别录》、《本朝茶法》皆宋名人黄、熊、赵、沈所撰述,近得之陶南村《说郛》残帙中,因前谱剞劂已成,卷帙难越,特为续目,以标识之,而总为卷之第十一。《北苑别录》在陶帙中逸作者姓名,又考知为赵汝砺撰,更为补署,不欲其掩灭不彰也。其余犹有俟博识君子续焉。

《续集古今茶谱》　益王涵素补辑

第二册

第十二卷

《煮泉小品》⑦　《岕茶笺》《茶笺》《茶说》

附录

《品茶要录》卷首引录焦竑语曰:

尝于残楮中得《品茶要录》,爱其议论,后借阁本《东坡外集》读之,有此书题跋,乃知尝为高流所赏识,幸余见之偶同也。传写失真,伪舛过半,合五本较之,乃稍审谛如此。因书一过,并附东坡语于后,世必有赏音如吾两人者。万历戊申春分日,澹翁书。时年六十有九。澹翁焦太史名竑字弱侯。

《品茶要录补》后有朱祐槟订增两条:

茗池源茶

根株颇硕,生于阴谷,春夏之交,方发萌茎,条虽长,旗枪不展,乍紫乍绿,天圣初,郡首李虚己太史梅询试之品,以为连溪,顾渚不过也。

潕湖茶

潕湖诸滩旧出茶,李肇所谓"岳县潕湖之苍膏"也,唐人极重之,见于篇什。今人不甚种植,惟白鹤僧园有千余本,土地颇类北苑,所出茶一岁不过一二十两,土人谓之白鹤茶,味极甘香,非他处草茶可比,茶园地色亦相类,但土人不甚植尔。

黄龙德《茶说》后附有曹士谟《茶要》一篇:

名区胜种,采制精良,茶之禀受也。远道购求,重赀倍值,茶之身价也。缓焙密缄,深贮少泄,茶之呵护也。清泉澄江,引汲新活,茶之正脉也。坚炭洪燃,文武相逼,茶之有功也。水火既济,汤以壮成,茶之司命也。壶盏雅洁,饶韵适宜,茶之安立也。诸凡器具,备式利用,茶之依附也。供役谨敏,如法执办,茶之倚任也。候汤急泻,爇盏徐倾,茶之节制也。若断若续,亦梅亦兰,茶之真香也。露华浅碧,乍凝乍浮,茶之正色也。寓甘于苦,沃吻沁心,茶之至味也。吸香观色,呷咽省味,茶之领略也。香散色浓,味极隽永,茶之毕事也。果蔬小列,澹泞鲜芳,茶之佐侑也。净几闲窗,珍玩名迹,茶之庄严也。瓶花檐竹,盆石鲈香,茶之徒侣也。山色溪声,草茵松盖,茶之亨途也。一镜当空,六花呈瑞,茶之点缀也。景候和佳,情怡神爽,茶之旷适也。凄风冷雨,怀感寂寥,茶之炼境也。墨花毫彩，操弄咏吟，茶之周旋也。饮啜中度，赏识当家，茶之遇合也。禅房佛供，丹鼎天浆，茶之超脱也。密友谭心，艳姬度曲，茶之惬趣也。芳溢甘余，厌斥它味，茶之独契也。茗战不争，汤社不党，茶之君子也。垒块填胸，浇洗顿尽，茶之巨力也。水厄无恙，香醉罔愆，茶之福德也。烦暑消渴，酩酊解醒，茶之小用也。蠲邪愈疾，祛倦益思，茶之伟勋也。备此乃可言茶，乃可与言茶也。

<h1 style="text-align:center">校　勘</h1>

① 卷之三《茶经》卷下：据此，则所失两卷的内容，当是陆羽《茶经》卷上、卷中。或还有序等。
② 《茶谱》：底本作"伪蜀邻文锡撰"，"邻"字是"毛"字之误，径改。但从所录文字来看，这里的《茶谱》，实际是钱椿年原著、顾元庆删校的作品，而非毛文锡之作。
③ 《茶谱外集》卷之上：朱祐槟在《茶谱》下所附《茶谱外集》，实际所录的是明孙大绶《茶谱外集》。《茶谱外集》也无卷上和卷下之分，而这里所录的所谓《茶谱外集》卷上，也不只收录孙大绶《茶谱外集》内容，他将孙大绶《茶经外集》也全收录在《茶谱外集》之后，且对其《茶经外集》附作《茶谱外集》内容，也

未作任何说明。所以，本题及其卷中，实际包括孙大绶《茶谱外集》和《茶经外集》的部分内容。
④ 《茶谱外集》卷之下：孙大绶《茶谱外集》本只一卷，无什么卷上卷下，此所加"卷之下"，是朱祐槟的续辑，主要补原《茶谱外集》所未录的一些唐代重要茶诗。
⑤ 本卷所录《茗笈》页次有倒错。
⑥ 《续集古今茶谱》收录于本书之第十一卷起，然本书尚脱卷九及十，未知内容为何，似应为明代之茶书。
⑦ 《煮泉小品》：此是残篇，原无书名。所存文字，经核，为该书的异泉、江水、井水、绪谈四节，书名为编者所加。

<h1>品茶八要 | 明 华淑 撰　张玮 订</h1>

<h1 style="text-align:center">作者及传世版本</h1>

《品茶八要》，见于华淑刻印的十闲堂《闲情小品》和《锡山华氏丛书》，是华淑将陆树声《茶寮记·煎茶七类》改头换面编成的。《煎茶七类》有人品、品泉、烹点、尝茶、茶候、茶侣、茶勋这样七类，《品茶八要》则是一人品、二品泉、三烹点、四茶器、五试茶、六茶候、七茶侣、八茶勋这样八目，最后附《茶寮记》，即陆树声《茶寮记》的前记。其中只有"茶器"一目，是华淑从别书辑入的。又除"尝茶"改为"试茶"，另有一些地名、茶名的

改动,几乎与陆树声的作品相同。

华淑《闲情小品》等丛书的编刻年代,通过辑、订者的情况,可知大概。华淑(1589—1643),字闻修,无锡人,为万历、天启和崇祯时江南名士。撰有《吟安草》、《惠山名胜志》等。张玮,常州人,万历四十七年进士,授户部主事,后出为广东提学金事。为官刚正不阿,因不满高官媚上为魏忠贤建生祠,引退归里,时间当在天启(1621—1627)年间。崇祯登位,张玮奉诏复出,累迁至左副都御史,不久病卒。由张玮的经历,可以看到华淑请张玮校订他编刊的《闲情小品》包括《品茶八要》的时间,应该是天启的这六七年间。

本文以《闲情小品·品茶八要》做底本,以《茶寮记》等原文作校。

原　文

一、人品

煎茶非漫浪,要须其人与茶品相得。故其法每传于高流隐逸,有云霞泉石,磊块胸次间者。

二、品泉

泉品以山水为上,次梅水,次江水,次井水。[1]井取汲多者,汲多则水活。然须旋汲旋烹,汲久宿贮者,味减鲜冽。

三、烹点

煎用活火,候汤眼鳞鳞起沫饽鼓泛,投茗器中。初入汤少许,俟汤茗相投,即满注;云脚渐开,浮花浮面,则味全。盖古茶用团饼碾屑,味易出。叶茶骤则乏味,过熟,则味昏底滞。

四、茶器

茶器须宜兴粗沙小料者为佳。入铜锡器,泉味便失。

五、试茶

茶入口徐啜,则得真味[2]。杂以他果,则香味俱夺。

六、茶候

凉台静室,明窗曲几,僧寮道院,松风竹月,宴坐行吟,清谈把卷。

七、茶侣

翰卿墨客,缁流羽士,逸老散人,或轩冕之徒、超轶世味者。

八、茶勋

除烦雪滞,涤醒破睡,谭渴书倦,是时茗碗,策勋不减凌烟。

茶寮记(附)[1]

注　释

1　此处删节,见明代陆树声《茶寮记》。"近从天池来",本文作"近从阳羡来";"饷余天池苦茶",本文作"饷余洞山苦茶";"同试天池茶",本文作"同试洞山茶",余皆同。

① 泉品以山水为上,次梅水、次江水、次井水:《茶寮记》原文作"泉品以山水为上,次江水,井水次之。"

② 茶入口徐啜,则得真味:《茶寮记》原文作"茶入口先灌漱,须徐啜,俟甘津潮舌,则得真味。"

阳羡茗壶系 | 明　周高起　撰[1]

作者及传世版本

周高起(? —1645),字伯高,号兰馨,江阴(今属江苏)人。他博闻强识,早岁补诸生,列名第一;工古文辞,精于校勘,喜好积书,以"玉柱山房"为书室名。万历四十八年(1620),撰《读书志》十三卷。崇祯十一年(1638),应江阴知县冯至仁请,与徐遵汤合修《江阴县志》。除此,还有《阳羡茗壶系》、《洞山岕茶系》各一卷传世。康熙《江阴志》称:"乙酉(1645)闰六月,城变突作[2],避地由里山。值大兵勒重,箧中惟图书翰墨,无以勒者,肆加棰掠,高起抗声诃之,遂遇害。"以其刚烈,事迹入载《江阴县志·忠义传》。

"阳羡"是今江苏宜兴市汉时旧县名,隋朝更名"义兴",宋时避讳,改"义"为"宜"。宜兴茗壶,系指紫砂茶壶。据考,宜兴紫砂陶的历史,可追溯到宋。但是,中国茶壶早先主要是采用金属制器,直至明正统间朱权撰《茶谱》时,还称"古人多用铁器","宋人恶其铦,以黄金为上,以银次之;

今予以瓷石为之"。表明到明代前期,采用陶瓷茶壶,还带有一定的新鲜意味。陶瓷茶壶取得主要的地位,如钱椿年、顾元庆《茶谱》所载"银锡为上,瓷石次之",是明中期嘉靖以后的事。明代是中国茶饮习惯尚炒青芽茶、叶茶,茶具由金属器改兴陶壶小盏的一个重要转折时期。宜兴紫砂陶业,适逢其时,不但由原来烧制缸瓮日用窑器,转为生产砂壶为主,名甲全国;而且以其特有的紫砂陶土的制作,还培养、造就了供春、时大彬等一批明代嘉万年间杰出的制壶大师。《阳羡茗壶系》,即是考述自供春以后有关宜兴陶工、陶艺发展脉络的第一本系统专著。

《阳羡茗壶系》前叙未署撰写年月,万国鼎推定它成书于崇祯十三年"(1640)年前后"。不过,从现存《阳羡茗壶系》、《洞山岕茶系》不见于崇祯末年各丛书,而最早见于康熙王晫、张潮辑集的《檀几丛书》来看,是书的撰写,或许稍晚于崇祯十三年以后。

本书现存的版本除《檀几丛书》本外，还有南京图书馆收藏的乾隆卢抱经精钞本，约道光时管庭芬所编的《一瓻笔存》本，以及光绪及民国前期先后增刻的《江阴丛书》本，金武祥《粟香室丛书》本，盛宣怀《常州先哲遗书》本，冯兆年《翠琅玕馆丛书》本，黄任恒"冯氏翠琅玕馆"重编本以及《芋园丛书》本、《艺术丛书》本等。本书以《檀几丛书》本作底本，选《一瓻笔存》本、《粟香室丛书》本、《常州先哲遗书》本、《翠琅玕馆丛书》本等作校。

原　文

壶于茶具用处一耳①。而瑞草、封泉，性情攸寄，实仙子之洞天福地，梵王之香海莲邦。审厥尚焉，非曰好事已也。故茶至明代，不复碾屑、和香药、制团饼，此已远过古人。近百年中，壶黜银锡及闽豫瓷3而尚宜兴陶，又近人远过前人处也。陶曷取诸，取诸其制，以本山土砂②，能发真茶之色卤香、味；不但杜工部云："倾金③注玉惊人眼4"，高流务以免俗也。至名手所作，一壶重不数两④，价重每一二十金5，能使土与黄金争价。粗日趋华，抑足感矣。因考陶工、陶土而为之系。

创始

金沙寺僧，久而逸其名矣。闻之陶家云，僧闲静有致，习与陶缸瓮者处，为其细土，加以澄练，捏为为胎，规而圆之，刳使中空，踵傅口、柄、盖、的6，附陶穴烧成7，人遂传用。

正始

供春，学宪⑤吴颐山8公青衣9也。颐山读书金沙寺中，供春于给役之暇，窃仿老僧心匠，亦淘细土抟胚，茶匙穴中，指掠内外，指螺文隐起可按。胎必累按，故腹半尚现节腠，视以辨真。今传世者，栗色暗暗⑥如古金铁，敦庞周⑦正，允称神明垂则矣。世以其孙龚姓，亦书为龚春。人皆证为龚，予于吴阊⑧卿家见时大彬所仿，则刻供春二字，足折聚讼云。

董翰，号后谿，始造菱花式10，已殚工巧。

赵梁，多提梁式。亦有传为名良者。

玄锡⑨。

时朋，即大彬父，是为四名家。万历间人，皆供春之后劲也。董文巧，而三家多古拙。

李茂林，行四，名养心。制小圆式，妍在朴致中，允属名玩。

自此以往，壶乃另作瓦缶，囊闭入陶穴11，故前此名壶，不免沾缸坛油泪。

大家

时大彬，号为山。或淘土，或杂硇砂土12，诸款具足，诸土色亦具足。不务妍媚，而朴雅坚栗，妙不可思。初自仿供春得手，喜作大壶。后游娄东13，闻眉公14与琅琊、太原诸公品茶施茶之论，乃作小壶。几案有一具，生人间远之思，前后诸名家并不能及。遂于陶人标大雅之遗，擅空群之目矣。

名家

李仲芳,行大,茂林子。及时大彬门,为高足第一。制度渐趋文巧,其父督以敦古。仲芳尝手一壶,视其父曰:"老兄,这个何如?"俗因呼其所作为"老兄壶"。后入金坛,卒以文巧相竞[15]。今世所传大彬壶,亦有仲芳作之,大彬见赏而自署款识者。时人语曰:"李大瓶,时大名。"

徐友泉,名士衡。故非陶人也,其父好时大彬壶,延致家塾[16]。一日,强大彬作泥牛为戏,不即从,友泉夺其壶土出门去,适见树下眠牛将起,尚屈一足,注视捏塑,曲尽厥状,携以视[10]大彬,一见惊叹曰:"如子智能,异日必出吾上。"因学为壶。变化式土[11],仿古尊罍诸器,配合土色所宜,毕智穷工粗移人心目。予尝博考厥制,有汉方[17]、扁觯、小云雷、提梁卣[12]、蕉叶、莲方、菱花、鹅蛋、分裆索耳、美人、垂莲、大顶莲、一回角、六子诸款。泥色有海棠红、朱砂紫、定窑白、冷金黄、淡墨、沉香、水碧、榴皮、葵黄、闪色为梨皮诸名。种种变异,妙出心裁。然晚年恒自叹曰:"吾之精,终不及时之粗。"

雅流

欧正春,多规花卉果物,式度精妍。
邵文金,仿时大汉方[13]独绝,今尚寿。
邵文银。
蒋伯荂,名时英。四人并大彬弟子,蒋后客于吴,陈眉公为改其字之"敷"为"荂",因附高流,讳言本业,然其所作,坚致不俗也。

陈用卿,与时同工,而年伎俱后。负力尚气[14],尝挂吏议,在缧绁中,俗名陈三呆子。式尚工致,如莲子、汤婆、钵盂、圆珠诸制,不规而圆,已极妍饬。款仿钟太傅帖意,落墨拙,落刀工[15]。

陈信卿,仿时、李诸传器,具有优孟叔敖处,故非用卿族。品其所作,虽丰美逊之,而坚瘦工整,雅自不群。貌寝意率,自夸洪饮,逐贵游间,不务[16]壹志尽技,间多伺弟子造成,修削署款而已。所谓心计转粗,不复唱《渭城》[18]时也。

闵鲁生,名贤,制仿诸家,渐入佳境。人颇醇谨,见传器则虚心企拟,不惮改,为技也,进乎道矣。

陈光甫,仿供春、时大为入室。天夺其能,眚[19]一目,相视囗的,不极端致;然经其手摹,亦具体而微矣。

神品

陈仲美,婺源人,初造瓷于景德镇,以业之者多,不足为其名,弃之而来。好为壶土,意造诸玩,如香盒、花杯、狻猊炉、辟邪、镇纸,重锼叠刻,细极鬼工。壶象花果,缀以草虫,或龙戏海涛,伸爪出目。至塑大士像,庄严慈悯,神采欲生;璎珞花鬘,不可思议。智兼龙眠、道子[20],心思殚竭,以夭天年。

沈君用,名士良,踵仲美之智,而妍巧悉敌。壶式上接欧正春一派,至尚象诸物,制为器用,不尚正方圆[21],而笋缝不苟丝为。配土之妙,色象天错,金石同坚。自幼知名,人呼之曰"沈多梳"。宜兴垂髫之称巧殚厥心,亦以[17]甲申四月夭。

别派

诸人见汪大心《叶语》附记中。休宁人,字体兹,号古灵。

邵盖、周后溪、邵二孙,并万历间人。

陈俊卿，亦时大彬弟子。

周季山、陈和之、陈挺生、承云从、沈君盛，善仿友泉、君用。并天启、崇祯间人。

沈子澈，崇祯时人，所制壶古雅浑朴。尝为人制菱花壶，铭之曰："石根泉，蒙顶叶，漱齿鲜，涤尘热。"[18]

陈辰，字共之，工镌壶款，近人多假手焉；亦陶家之中书君也。

镌壶款识，即时大彬初倩能书者落墨，用竹刀画之为或以印记，后竟运刀成字。书法闲雅，在黄庭、乐毅帖[22]间，人不能仿，赏鉴家用以为别。次则李仲芳，亦合书法。若李茂林，硃书[19]号记而已。仲芳亦时代大彬刻款，手法自逊。

规仿名壶曰"临"，比于书画家入门时。

陶肆谣曰："壶家妙手称三大"，谓时大彬、李大仲芳、徐大友泉也。予为转一语曰："明代良陶让一时"；独尊大彬，固自匪佞。

相传壶土初出用时，先有异僧经行村落，日呼曰："卖富贵！"土人[20]群嗤之。僧曰："贵不要买，买富何如？"因引村叟，指山中产土之穴，去。及发之，果备五色[23]，烂若披锦。

嫩泥，出赵庄山，以和一切色上乃黏脂可筑[21]，盖陶壶之丞弼[24]也。

石黄泥，出赵庄山，即未触风日之石骨也。陶之乃变朱砂色。

天青泥，出蠡墅，陶之变黯肝色。又其夹支，有梨皮烟，陶现梨冻色；淡红泥，陶现松花色；浅黄泥，陶现豆碧色。蜜口泥[22]，陶现轻赭色；梨皮和白砂，陶现淡墨色。山灵腠络，陶冶变化，尚露种种光怪云。

老泥，出团山，陶则白砂星星，宛若[23]珠琲。以天青、石黄和之，成浅深古色。

白泥，出大潮山，陶瓶盎缸缶用之。此山未经发用，载自吾乡白石山[25]。江阴秦望山之东北[24]支峰

出土诸山，为穴往往善徙。有素产于此，忽又他穴得之者，实山灵有以司之，然皆深入数大丈乃得。

造壶之家，各穴门外一方地，取色土筛捣，部署讫，弆窖其为，名曰"养土"[26]。取用配合，各有心法，秘不相授。壶成幽之，以候极燥，乃以陶瓷甓五六器，封闭不隙，始鲜欠裂射油之患。过火则老，老不美观；欠火则稚稚封土气。若窑有变相[27]，匪夷所思，倾汤封茶，云霞绮闪，直是神之所为，亿千或一见耳。

陶穴环蜀山，山原名独，东坡先生乞居阳羡时，以似蜀中风景，改名此山也。祠祀先生于山椒，陶烟飞染，祠宇[25]尽墨。按：《尔雅·释山》云："独者，蜀。"则先生之锐改厥名，不徒桑梓殷怀，抑亦考古自喜云尔。

壶供真茶，正在新泉活火，旋瀹旋啜，以尽色、声、香、味之蕴。故壶宜小不宜大，宜浅不宜深，壶盖宜盎不宜砥[28]。汤力茗香，俾得团结氤氲；宜倾竭即涤[26]，去厥淳淬，乃俗夫强作解事，谓时壶质地坚结[29]，注茶越宿，暑月不馊[27]，不知越数刻而茶败矣，安俟越宿哉！况真茶如尊脂，采即宜羹，如笋味触风随劣。悠悠之论，俗不可医。

壶入用久[28]，涤拭日加，自发暗然之光，入手可鉴，此为书房[29]雅供。若腻滓烂斑，油光烁烁，是曰"和尚光"，最为贱相。每见好事家，藏列颇多名制，而爱护垢染，舒袖摩挲，惟恐拭去。曰："吾以宝其旧色尔。"不知西子蒙不洁，堪充下陈否耶？以

注真茶,是藐姑射山之神人,安置烟瘴地面为,岂不舛哉!

壶之土色,自供春而下,及时大初年,皆细土淡墨色,上有银沙闪点。迨砑砂和制,穀绉周身,珠粒隐隐,更自夺目。

或问予以声论茶,是有说乎?予曰:"竹炉㉙幽讨,松火怒飞,蟹眼徐窥,鲸波乍起,耳根圆通为不远矣。"然炉头风雨声,铜瓶易作,不免汤腥,砂铫亦嫌土气,惟纯锡为五金之母,以制茶铫,能益水德,沸亦声清。白金尤妙㉚,第非山林所办尔㉛。

壶宿杂气,满贮沸汤㉜,倾即没冷水中,亦急出水写之,元气复矣。

品茶用瓯㉝,白瓷为良,所谓"素瓷传静夜,芳气满闲轩"也。制宜弇口邃肠,色浮浮而香味不散。

茶洗,式如扁壶,中加一盎,鬲而细窍其底,便过水漉沙。茶藏,以闭洗过茶者,仲美、君用各有奇制,皆壶史之从事也。水杓、汤铫,亦有制为尽美者,要以椰匏、锡器,为用之恒。

附㉛:过吴迪美朱萼堂看壶歌兼呈贰公㉞

新夏新晴新绿焕,茶式初开花信乱。羁愁其语赖吴郎,曲巷通人每相唤。伊予真气合奇怀,闲中今古资评断。荆南土俗雅尚陶,茗壶奔走天下半。吴郎鉴器有渊心,曾听㉟壶工能事判。源流裁别字字矜,收贮将同彝鼎玩。再三请出豁双眸,今朝乃许花前看。高盘捧列朱萼堂,匣未开时先置赞。卷袖摩挲笑向人,次第标题陈几案。每壶署以古茶星,科使前贤参静观。指摇盖作金石声,款识称堪法书按。某为壶祖某云孙,形制敦庞古为灿。为桥陶肆

纷断奇,心眼歆歠多暗换。寂寞无言意共深,人知俗手真风散。始信黄金瓦价高,作者展也天工窜。技道会何彼此分,空堂日晚滋三叹。

供春大彬诸名壶价高不易办予但别其真而旁搜残缺于好事家用自怡悦诗以解嘲

阳羡名壶集,周郎不弃瑕。尚陶延古意,排闷仰真茶。燕市会酬骏,齐师亦载车。也知无用用,携对欲残花。吴迪美曰:用涓人买骏骨㉜孙膑刖足事,以喻残壶之好。伯高乃真赏鉴家,风雅又不必言矣。

林茂之㉝　陶宝肖像歌为冯本卿金吾作

昔贤制器巧舍朴,规仿樽壶从古博。我明龚春时大彬,量齐水火抟埴作。作者已往嗟滥觞,不循月令仲冬良。荆溪陶正司陶复,泥沙贵重如珩璜。世间㉟茶具称为首,玩赏揩摩为人手。粉锡㉞型模臭与争,素磁斟酌长相偶。义取炎凉无变更,能使为汤气永清。动则禁持慎捧执,久且色泽生光明。近闻复有友泉子,雅式精工仍继美。尝教春茗注山泉,不比瓶罍罄时耻。以兹珍赏向东吴,胜却方平众玉壶为癖。收藏阮光禄㉟,割爱举赠冯金吾㉟。金吾得之喜绝倒,写图锡名曰陶宝。一时咏赞如勒铭,直似千年鼎彝好。

俞仲茅　赠冯本卿都护陶宝肖像歌

何人矗向陶家侧,千年化作土赭色。捄来捣治水火齐去声,义兴好手夸埏埴。春涛沸后春旗濡,彭亨豕腹正所须。吴儿宝若金服匿,夤缘先入步兵厨㉟。于今东海小冯君,清赏风流天下闻。主人会

意却投赠，腾以长句缥缃交。陈君雅欲酣茗战，得此摩挲日千遍。尺为鹅溪缀剡藤[38]，更教摩诘开生面为图为王宏卿一时所写一时佳话倾璠玙，堪备他年班管[39]书。月笋冯园名即今书画舫，为山同伴玉蟾蜍[37]。

注　释

1　书前《阳羡茗壶系》题下，各书均署作"江阴周高起伯高著"。檀几丛书本在题署前，还有"武林王晫　丹麓；天都张潮　山来同辑"十四字。丹麓、山来是王晫、张潮的字。

2　城变突作：是指清军围攻、占领江阴县城。

3　闽豫瓷：疑指烹饮团茶饼茶所尚建盏和巩县瓷茶器。南宋《梁溪漫志》载："巩县有瓷偶人，号陆鸿渐，买十茶器，得一鸿渐。"名瓷除建窑兔毫盏因斗茶名甲全为外，稍次名瓷，各地均有，但从上可以看出，瓷茶具产销最为活跃的，应数巩窑。

4　此诗句出自杜甫《少年行》二首之一。

5　金：此指白银的重量或货价单位，银一两为一金。

6　踵傅口、柄、盖、的：意指接着制做壶口、壶柄、壶盖及盖的子。

7　附陶穴烧成：陶穴，陶窑。先前紫砂陶成坯后，一般搭附在缸瓮一类粗陶一起入窑烧成。

8　吴颐山：即吴仕，字克学，号颐山，一号拳石，明宜兴人。正德九年进士，官至四川布政司参政。工诗，有《颐山私稿》十卷，《毗陵人品记》九卷。

9　青衣：指僮仆、书僮。

10　菱花式：菱花以八瓣为多，砂壶造型制成八条筋纹花瓣形，称菱花式。

11　囊闭入陶穴：如前注所说，早期紫砂器和粗陶窑货放在一起烧为，不免沾缸坛油泪及气味。自李茂林将紫砂用匣体封闭烧制，不仅克服了不良物质和气体的附着，也为紫砂陶的精雅化奠定了较好基础。

12　杂砜砂土：宜兴方言称土中砂粒为砜砂；用筛筛选处理后的砂土，称熟砂。这一工序，即现在所谓的调砂、铺砂。

13　娄东：即娄县（位于江苏昆山东北）东部。

14　眉公：系明江浙名士陈继儒的号，详本书《茶董补》。

15　以文巧相竞：《紫砂名陶典籍》注称：李茂林"尚知寓巧于朴，敦促仲芳（林子），而仲芳以文巧为追求目标"。这也恰好是当时宜兴砂陶工艺风格"日趋纤巧"的一种发展缩影。

16　家塾：非学校性质的私塾，而是指旧时江南把工匠请至家中生产的一种做法。

17　汉方：紫砂传统造型名称之一，即仿照汉方制作的壶为历代名家大都有仿古汉方壶传世。

18　《渭城》：曲名。即《渭城曲》，乐府近代曲名，又名《阳关曲》。唐代王维《送元二使安西》诗："渭城朝雨浥轻尘，客舍青青柳色新。劝君更尽一杯酒，西出阳关无故人。"后被谱入乐府，"渭城"和"阳关"之典本此。

19　眚（shěng）："眚"，《说文·目部》："眚，目病生翳也。"此指早年眼睛生病。

20　龙眠、道子："龙眠"，即北宋画家李公麟（1049—1106），字伯时，官至朝奉郎。元符三年（1100）告老后居龙眠山，号龙眠居士，传世作品有《五马图》

为"道子",即唐代著名画家吴道子。阳翟(今河南禹县)人,漫游洛阳时,玄宗闻其名,任以内教博士,在宫廷作画。擅画佛道人物,也画山水,封后世宗教人物画和雕塑都有较大影响。

21　尚象诸物,制为器用,不尚正方圆:规正的方形、圆形器皿,在紫砂行业内属光素一派,而仿生器属欧正春所创的塑器类。

22　黄庭、乐毅帖:"黄庭"即《黄庭经》,有黄庭"内景经"和"外景经"二本,是道教上清派的主要经书之一,因晋代王义之写本而著名于世,但今传的仅《黄庭外景经》。此为黄庭"指法帖",宋以后刻本繁多,最著名的为小楷法帖,一般认为是唐褚遂良所临。"乐毅",为魏夏侯玄所作的《乐毅论》;此指著名的法帖。传称是王义之书付其子献之的手迹。

23　果备五色:紫砂泥有紫泥、绿泥(本山绿泥)、红泥三种。由天然矿土矿脉的差异造成泥色的不同,称之为"五色"。

24　嫩泥……盖陶壶之丞弼:高英姿《紫砂名陶典籍》中指出此说之谬。所谓"丞弼",此不作"辅佐"解。"丞"通"承",作秉承;"弼"作"娇正"之义,这里引申作能任人随意加工制作的陶坯。其实,"嫩泥是一种粗陶制作的必备原料,可以增加粘塑力。但紫砂用泥中不加嫩泥",因此"说嫩泥是陶壶之丞弼,是混淆了紫砂泥与粗陶泥的概念"。

25　白泥:大潮山未开发时,从江阴"白石山"运来。白泥是日用粗陶用泥,此称早先白泥从江阴运来,实是将粗陶用釉料与白泥的混淆。

26　养土:古代紫砂泥的练制方法。将风化后的矿土捣碎,碾成粉末,加水浸泡。几个月后取泥锤炼,炼好后,放于阴凉处陈腐一段时间才能拿来做壶。

陈腐过程中泥中有机瓜化作胶体状,粘塑性增强,更宜于造型。

27　窑有变相:即"窑变"。在烧成中,由于泥质、火候、气氛互相配合,有时会出现意想不到的最佳效果。在科技不发达的传统生产阶段,这种"亿千一见"的窑变现象,当然只能归结为"神之所为"。

28　壶盖宜盎不宜砥:"盎",指丰厚盈溢,为虚高壶口;"砥",指低平。即壶盖宜虚高些,不宜作平盖。

29　坚结:原书各本"结"均作"洁",似为音误,应作"坚结"。烧成火候较高,已烧结,质地坚致。

30　惟纯锡为五金之母,以制茶铫……白金尤妙:"铫",指煮水的"吊子",此借指茶壶。"白金",指"白银"。以上说法,也是明代不少茶书的结论。如许次纾《茶疏》载:"茶注以不受他气者为良,故首银次锡;上品真锡,力大不减",就是这种观点。

31　此"附录"题名,为本书编加。原下录诸诗名前,多数添加一"附"字:如"附《过吴迪美为萼堂看壶歌兼呈贰公》;附《林茂之陶宝肖像歌》"等等。既置题头,原书各诗题前所加的"附"字,本文也全部作删。

32　涓人买骏骨:典出《战国策·燕策》,燕昭王闻古之君人,有以千金求千里马者,三年不能得。涓人(内侍)言于君曰:"请求之。"君遣之。三月得千里马,马已死,买其骨五百金,反以报君。君大怒曰:"所求者生马,安事死马?而捐五百金!"涓人对曰:"死马且买之五百金,况生为乎?天下必以王为能市马,马今至矣。"于是不期年,千里马至者三。

33　林茂之:即林古度,字茂之。

34　粉锡:"粉"指瓷器,为西景德镇仿制定瓷,即记称"粉定"。"粉锡",此指瓷锡茶具。

35　阮光禄："光禄"，古职官"光禄大夫"的简称。南朝宋阮韬，官至"金紫光禄大夫"，即有"阮光禄"之称。

36　冯金吾："金吾"也是官名，即"执金吾"。所谓"金吾为"，一称是两端镀金的铜棒，执之以示权威。一云"吾"读"御"，谓执金以御非常。汉武帝时改"中尉"为执金吾，督巡三辅治安，晋以后废。但此处似与上古"金吾"无关，因为上面林古度《陶宝肖像歌》题注说得很清楚，冯金吾名"本卿"，当是明清间人。

37　步兵厨：此"步兵"，借指阮籍。籍，三国魏陈留尉氏人，字嗣宗。齐王曹芳时任尚书郎，以疾归。大将军曹爽被诛后，任散骑常侍。纵酒谈玄，长诗工文，与嵇康等被称为"竹林七贤"。传说因当时步兵校尉厨中有酒数百斛，因请求任"步兵校尉"。有《阮步兵集》。"步兵厨"比喻藏有美酒之处。

38　尺为鹅溪缀剡藤：《紫砂名陶典籍》注："鹅溪"，位四川盐亭县西北，以产绢著名。剡藤，指浙江剡溪以藤制作的名纸"剡纸"。苏轼诗句"剡滕玉版开雪肤"即是。

39　班管："管"，这里指诗文中常喻的书笔。班氏之笔非一般，而是指班彪、班固、班昭书《汉书》之笔。

校　勘

① 用处一耳："耳"字，《翠琅玕馆丛书》本（简称翠琅玕馆本）刊作"身"。

② 土砂："砂"字下，《一瓻笔存》本还有"为之"二字。

③ 倾金：《一瓻笔存》本"金"字刊作"银"。

④ 重不数两："不"和"数"字间，《一瓻笔存》多一"逾"字。

⑤ 学宪：《常州先哲丛书》本（简称常州先哲本）、《粟香室丛书本》（简称粟香室本）"宪"字作"使"。

⑥ 暗闇：底本及其他各本大都作"暗闇"，《中国古代茶叶全书》不知据何底本，刊作"暗锏"。

⑦ 周：卢抱经钞本、粟香室本、翠琅玕馆本等同底本作"周"。《中国古代茶叶全书》不知据何底本，书作"冏"字。

⑧ 冏：底本、翠琅玕馆本俗刊作"同"字，径改。《中国古代茶叶全书》本不知何据又书作"周"。

⑨ 玄锡：翠琅玕馆本同底本作"玄锡"；粟香室本、常州先哲本"玄"校作"袁"。并在"锡"字下加双行小字注"按：袁姓，据《秋园杂佩》更正"十字。

⑩ 视：《一瓻笔存》与各本异，作"示"。

⑪ 变化式土：粟香室本、常州先哲本无"土"字，作"变化其式"。

⑫ 提梁卣：《一瓻笔存》等同本作"提梁卤"，粟香室本、常州先哲本等，"卤"校改作"卣"。

⑬ 时大汉方：粟香室本等在"大"字下，增一"彬"字。

⑭ 尚气："气"字，翠琅玕馆本作"义"。

⑮ 落墨拙，落刀工：卢抱经钞本、《一瓻笔存》本等同底本，皆有以上六字；粟香室本、常州先哲本无。

⑯ 不务："务"字，常州先哲本作"复"字。

⑰ 亦以：常州先哲本等，"以"字前无"亦"字。

⑱ 沈子澈……涤尘热：底本、卢抱经钞本、《一瓻笔存》本等无此段内容；系粟香室本和常州先哲本刊加。粟香室本并在段末用双行小字注明："按此条据宜兴旧志增入"。

⑲ 砵书：此处"砵"和本文其他地方使用的如"砵砂"的砵字，檀几丛书本和《一瓻笔存》、翠琅玕馆本等大多相同作"砵"，但也有少数如粟香室本等作"朱"。此不再出校。

⑳ 土人：粟香室本、常州先哲本"人"前无"土"字。

㉑ 以和一切色上乃黏腼可筑："上"字，《一瓻笔存》、粟香室本等作"土"，句读成"以和一切色土"。"腼"字，《一瓻笔存》本等作"脂"。

㉒ 蜜□泥：底本"蜜"和"泥"字间厥字空一格；粟香室本等有的厥字处用墨钉，有的空格，有的甚至直接联作"蜜泥"。

㉓ 宛若：底本、卢抱经钞本、《一瓶笔存》等多数版本，"宛"字疑音误作"按"；粟香室本等校改作"宛"，据文义从粟本改。

㉔ 秦望山之东北：粟香室本、常州先哲本"秦望"下无"山"字。

㉕ 祠宇：《一瓶笔存》本"祠"字作"栋"。

㉖ 倾竭即涤：翠琅玕馆本等同底本作"倾渴即涤"；《一瓶笔存》本"渴"字校改作"竭"，据文义，渴似应作"竭"，径改。

㉗ 醙：《一瓶笔存》本等同底本，皆作"醙"。醙古指用黍、粱酿制的白酒或清酒，文似不可解。近诸诸本，"醙"皆改作"馊"。

㉘ 壶入用久："入"字，粟香室本、常州光哲本作"经"。

㉙ 此为书房：粟香室本、常州先哲本"书"字作"文"。

㉚ 竹炉：底本"炉"作"鈩"，粟香室本作"鈩"，也有的作炉，皆可。但《中国古代茶叶全书》本改作"庐"，将炉当作"庐"，似有舛。

㉛ 第非山林所办尔："第"字，近出《中国古代茶叶全书》本，形讹作"菷"字。"尔"字，《一瓶笔存》本刊作"耳"。

㉜ 满贮沸汤："贮"字，卢抱经钞本、《一瓶笔存》本作"注"。

㉝ 瓯：底本误刊作"欧"；卢抱经钞本、《一瓶笔存》等各本校作"瓯"；据改。

㉞ 附《过吴迪美朱萼堂看壶歌兼呈贰公》诗及其后另三诗，粟香室本、常州先哲本未作收录。

㉟ 曾听：近出个别版本，"曾"字，形讹作"会"字。

㊱ 世间：翠琅玕馆本、黄任恒重编翠琅玕馆本，"间"字，形误作"问"字。

㊲ 底本及各本全书和所收附诗均于终。但《一瓶笔存》本，另段还有"蜀山余曾一至，入野望四山皆火光也；制者多而佳者少矣。甲午十一月四日矶渔书"三十三字。

洞山岕茶系 | 明　周高起　撰①

作者及传世版本

周高起生平事迹，见《阳羡茗壶系》。

《洞山岕茶系》，是继熊明遇《罗岕茶记》、冯可宾《岕茶笺》之后，又一部关于太湖西部岕茶的地区性茶叶专著。岕茶之名，按陈继儒在《白石樵真稿》中所言，朱元璋"敕顾渚每岁贡茶三十二觔，则岕于国初已受知遇，施于今而渐远渐传，渐觉声价转重"。也即是说，岕茶在明初废止团饼改贡芽茶以后，不趋炒青大流，独保用甑蒸煞青

工艺，愈传名声愈振，至嘉万年间，如陈继儒在《农圃六书》中又说，长兴"罗岕，浙中第一；荆溪（按：宜兴）稍下"，岕茶特别是"罗岕"，便名噪江浙一带。也因为这样，熊明遇写的第一本有关岕茶的书，不用他名，专以"罗岕"作记。罗岕在长兴境内，如果说第一本岕茶专著《罗岕茶记》是一本主要记述长兴岕茶的地方茶书的话，那末，洞山位宜兴一侧，在《罗岕茶记》后所撰的《洞山

岾茶系》，则是洞山岾茶名声超越罗岾以后，用洞山之名，专门以著述宜兴岾茶为主的另一本地方性茶书。这一点，明末清初乃至清朝中期文献中的不少记载，都能说明。如不偏长兴，也不重宜兴，兼述二县岾茶而稍早于《洞山岾茶系》的《岾茶笺》，就清楚反映了明末岾茶重心的这种转变。冯可宾在文章开头的"岾名"序中就指出：诸岾产茶者中，"独罗嶰（岾）最胜……洞山之岾，南面阳光，朝旭夕晖，云滃雾浡，所以味迥别也。"随后在"辨真赝"中，又进一步提到："茶虽均出于岾，有如兰花香而味甘，过霉历秋，开坛烹之，其香愈烈，味若新，沃以汤，色尚白，真洞山也"。说明在冯可宾撰写《岾茶笺》前，洞山便替代"罗岾"，名冠众岾。其实这点，即使在熊明遇的《罗岾茶记》中，也可看到。如他在"产茶处"称：罗岾"庙后山西向，故称佳，总不如洞山南向，受阳气特专"。所以，《罗岾茶记》和《洞山岾茶系》从表面来看，不过是明代后期两篇分别主要介绍长兴和宜兴岾茶的短文，但实际则是客观反映了中国岾茶所经历的长兴罗岾、宜兴洞山为代表的两个不同发展阶段，对于研究明清茶类特别是岾茶生产发展的历史，具有较为重要的参考价值。

本文撰写年代，如同《阳羡茗壶系》题记中所推断的，大致是明末崇祯十三年以后。至于版本情况，因为本文一般常和《阳羡茗壶系》一起刊印，所以也和上书的介绍基本相同。本书以康熙《檀几丛书》本作底本，以卢文弨精钞本、管庭芬《一瓻笔存》本、金武祥《粟香室丛书》本、冯兆年《翠琅玕馆丛书》本、盛宣怀《常州先哲遗书》本等作校。

原　文

唐李栖筠[1]守常州日，山僧进阳羡茶，陆羽品为"芬芳冠世[②]，产可供上方"。遂置茶舍于罨画溪，去湖汶一里所，岁供万两。许有谷[2]诗云："陆羽名荒旧茶舍，却教阳羡置邮忙"是也。其山名茶山，亦曰贡山，东临罨画溪。修贡时，山中涌出金沙泉，杜牧诗所谓"山实东南秀，茶称瑞草魁。泉嫩黄金涌，芽香紫璧裁"者是也。山在均山乡，县东南三十五里。又茗山，在县西南五十里永丰乡。皇甫曾[3]有《送陆羽南山采茶诗》："千峰待逋客，香茗复丛生。采摘知深处，烟霞羡独行。幽期山寺远，野饭石泉清。寂寂燃灯夜，相思磬一声。"见时贡茶在茗山矣。又唐天宝中，稠锡禅师名清晏，卓锡[4]南岳，澌上泉忽迸石窟间，字曰"真珠泉"。师曰："宜瀹吾乡桐庐茶"，爰有白蛇衔种庵侧之异。南岳产茶，不绝修贡。迨今方春采茶，清明日，县令躬享白蛇于卓锡泉亭，隆厥典也。后来檄取，山农苦之。故袁高有"阴岭茶未吐，使者牒已频"之句。郭三益[5]题南岳寺壁云："古木阴森梵帝家，寒泉一勺试新茶。官符星火催春焙，却使山僧怨白蛇。"卢仝《茶歌》亦云："天子须尝阳羡茶，百草不敢先开花。"又云："安知百万亿苍生，命坠颠崖受辛苦。"可见贡茶之苦。民亦自古然矣。至岾茶之尚于高流，虽近数十年中事，而厥产伊始，则自卢仝隐居洞山，种于阴岭，遂有茗岾之目。相传古有汉王者,栖迟茗岭之阳,课童艺茶。踵卢仝幽致,阳山所产,香味倍胜茗岭。所以老庙后一带,茶犹唐宋根株也。贡山茶今已绝种。

罗岕去宜兴而南逾八九十里,浙直分界,只一山冈,冈南即长兴山。两峰相阻,介就夷旷者,人呼为岕;履其地,始知古人制字有意。今字书"岕"字,但注云山名耳 云有八十八处。前横大涧,水泉清驶,漱润茶根,泄山土之肥泽,故洞山为诸岕之最。自西氿[6]溯张渚而入,取道茗岭,甚险恶;县西南八十里 自东氿溯湖㳇而入,取道缠岭,稍夷才通车骑。

第一品

老庙后,庙祀山之土神者,瑞草丛郁,殆比茶星肸蚃[7]矣。地不二三亩,苕溪姚象先与婿朱奇生分有之。茶皆古本,每年产不廿斤,色淡黄不绿,叶筋淡白而厚,制成梗绝少。入汤,色柔白如玉露,味甘,芳香藏味中。空蒙深水,啜之愈出,致在有无之外。

第二品 皆洞顶岕也

新庙后、棋盘顶、纱帽顶、手巾条、姚八房,及吴江周氏地,产茶亦不能多。香幽色白,味冷隽,与老庙不甚别,啜之差觉其薄耳。总之,品岕至此,清如孤竹,和如柳下,并入圣矣。今人以色浓香烈为岕茶,真耳食而眯其似也。

第三品

庙后涨沙、大衮头、姚洞、罗洞、王洞、范洞、白石。

第四品 皆平洞本岕也

下涨沙、梧桐洞、余洞、石场、丫头岕、留青岕、黄龙、炭灶、龙池。

不入品 外山

长潮、青口、箬庄、顾渚、茅山岕[8]。

贡茶

即南岳茶也。天子所尝,不敢置品。县官修贡,期以清明日,入山肃祭,乃始开园采。制视松萝、虎丘,而色香丰美。自是天家清供,名曰片茶。初亦如岕茶制,万历丙辰,僧稠荫游松萝,乃仿制为片。

岕茶采焙,定以立夏后三日,阴雨又需之。世人妄云"雨前真岕",抑亦未知茶事矣。茶园既开,入山卖草枝者,日不下二三百石,山民收制乱真。好事家躬往,予租采焙,几视惟谨,多被潜易真茶去。人地相京[9],高价分买,家不能二三斤。近有采嫩叶,除尖蒂,抽细筋炒之,亦曰片茶;不去筋尖,炒而复焙,燥如叶状,曰摊茶,并难多得。又有俟茶市将阑,采取剩叶制之者,名修山,香味足而色差老。若今四方所货岕片,多是南岳片子,署为骗茶可矣。茶贾炫人,率以长潮等茶,本岕亦不可得。噫!安得起陆龟蒙于九京[10],与之赓茶人诗也。陆诗云:"天赋识灵草,自然钟野姿。闲来北山下,似与东风期。雨后采芳去,云间幽路危。惟应报春鸟,得共此人知。"茶人皆有市心,令予徒仰真茶已。故予烦闷时,每诵姚合[11]《乞茶诗》一过:"嫩绿微黄碧涧春,采时闻道断荤辛。不将钱买将诗乞,借问山翁有几人。"

岕茶德全,策勋惟归洗控。沸汤泼叶即起,洗鬲敛其出液,候汤可下指,即下洗鬲排荡沙沫;复起,并指控干,闭之茶藏候投。盖他茶欲按时分投,惟岕既经洗控,神理绵绵,止须上投耳。倾汤满壶,后下叶子,曰上投,宜夏日。倾汤及半,下叶满汤,曰中投,宜春秋。叶着壶底,以汤浮之曰下投,宜冬日初春。

注　释

1　见本书张又新《煎茶水记》页注。

2　许有谷：明宜兴许氏文人，万历十八年 (1590)，偕王孚斋纂《宜兴县志》。明人修志，大都沿袭旧志，绝少考订。有谷参修的县志，博采群史，考订前志缺识颇多，堪称明代方志中少见的优秀之作。

3　皇甫曾：祖籍安定，避乱南迁丹阳。字孝常，玄宗天宝十一载进士，历侍御史。诗出王维之门，为皇甫冉(天宝十五载进士)弟。曾、冉并以诗名被世人誉为"大历才子"。

4　卓锡："卓"，卓立、直立；"锡"，即僧人外出时手拄的"锡杖"。"卓锡"，意指僧人在某地停留下来。

5　郭三益：字慎求，宋海盐人。元祐三年 (1088)擢进士，为常熟丞。时常平使者调苏、湖、常、秀(州治在今浙江嘉兴)四州民浚青龙江。三益所率部众提前完工后，常平使命"留之使助他邑"；三益不听，竟引归。以政绩，累官刑部尚书同知枢密院事。

6　氿：宜兴方言读作 jiǔ，意指汪汪蓄水之陂。"东氿"、"西氿"，是位于今宜兴市宜城镇附近的两大水荡。

7　肸(xī)蚃："肸"，亦作"�"。"肸蚃"，原指分布、散布，引申为众盛貌。如杜甫《朝献太清宫赋》"若肸蚃而有

凭，肃风飙而乍起"。还寓有神灵感应之意。

8　茅山岕：此茅山，非江苏金坛、句容之茅山，而是长兴西北的茅山。本文上列所有岕茶产地，并非全属宜兴，而是宜兴、长兴兼录。如本条"不入品"外山之地，箸庄即今"省庄"，属宜兴；其他如长潮、顾渚、茅山岕，就均属长兴，以其地毗邻、交错故也。

9　人地相京：此处"京"字，作区分、比较言。《左传·庄公二十二年》："八世之后，莫之与京。"孔颖达疏："莫之与京，谓无与之比。"

10　九京：此处"京"也通作"原"，泛指坟墓。"九京"，原指春秋晋国卿大夫墓地；郑玄称，"京"盖"原"字之误，"晋卿大夫之墓地在九原"。"九原"，地辖今内蒙后套至包头市黄河南岸的伊克昭盟北部地。

11　姚合(约 775—854 以后)：唐陕州硖石(今河南陕县东南)一说吴兴人。元和十一年进士，授武功主簿，世称姚武功。宝历中为监察御史，文宗太和时，出为金州、杭州刺史，入为监议大夫，官终秘书监。工诗，其诗称"武功体"，与贾岛并名，故有"姚贾"或"贾姚"之称。有《姚少监诗集》，并选收王维、钱起等人诗编为《极玄集》。

校　勘

①　文前《洞山岕茶系》题下，各书版均署作"江阴周高起伯高著"。底本在题和署名前，还多"武林王晫丹麓；天都张潮山来同辑"数字。"丹麓"、"山来"，为王晫、张潮的字。

②　芬芳冠世：卢文弨精钞本"芬芳"，倒刊作"芳芬"，与其他各本异，疑误。

茶酒争奇 | 明 邓志谟 辑

作者及传世版本

邓志谟,字景南,自号百拙生,又号竹溪散人,明饶州饶安人,寓居金陵。生平不详,仅知道活跃于万历南京文士之中,能文善曲,并撰著及刊刻书籍多种。他以"丽政堂"为书室名,撰有《铁树记》二卷、《飞剑记》二卷、《咒枣记》二卷、《丽藻》八卷、《丰韵情书》二卷、《七种争奇》二十卷、《精选故事黄眉》十卷、《重刻增订故事白眉》十卷等二十余种。

《茶酒争奇》是自邓志谟《七种争奇》中的一种,以拟人手法描寓茶酒各自矜夸的情态,属游戏文章,但亦附有不少前人的茶事诗文,体例比较杂乱。茶酒争奇这种写法,可上溯至唐代《茶酒论》,敦煌遗书中亦有通俗版本的拟人化故事,将两种不同饮品的性质,作为争相表功的材料。本文曾由万国鼎《茶书总目提要》列为茶书,陈祖椝、朱自振所编《中国茶叶历史资料选辑》亦存目。万国鼎将本文撰写时间定为崇祯十五年(1642)前后,而我们目前所见版本,只有北京国家图书馆的清代春语堂刻本。

原　　文

修　谢孟谏议寄新茶　卢仝　谢赐凤茶表
范希文　谢木舍人送讲筵茶　杨慎　谢僧
人寄茶　李咸用　谢惠茶　周爱莲　谢故
人寄新茶　曹邺　史恭甫远致阳羡茶惠山
泉　王宠　茶坞　皮日休　陆龟蒙　茶人
皮日休　陆龟蒙　茶笋　皮日休　陆龟蒙
茶籝　皮日休　陆龟蒙　茶舍　皮日休
陆龟蒙　茶灶　皮日休陆龟蒙　茶焙　皮
日休　陆龟蒙　茶鼎　皮日休　陆龟蒙
茶瓯　皮日休　陆龟蒙　煮茶　皮日休
陆龟蒙　觅茶　张晋彦二首　焙笼法式
《酒德颂》[1]

卷一　叙述茶酒争奇

　　皇道焕炳，帝载缉熙。教清于云官之
世，治穆于鸟纪之时。王猷允塞，函夏谧
宁，万物细缊，地天交泰。功与造化争流，
德与二仪比大。凤凰鸣矣，黄河清矣。在
在绽歌击壤，家家诗礼文章。钟鼓铿锵，
写羲皇之皥皥；玄黄稠叠，追文质之彬彬。
礼仪一百，威仪三千，至浩至繁，不可胜
纪。今特举礼中二物极小者言之：曰茶
曰酒。

　　自春夏以至秋冬，何时不用茶用酒？
自朝廷以及闾巷，何人不用茶用酒？试言
其日用饮食之常，民间往来之礼：或冠而三
加，或婚而合卺，或弄璋而为汤饼会，开筵
呼客；或即景赋诗；或坐上姻朋，赛有华裾
织翠；或门前车马，时来结驷高轩；追赏惠
连，压倒元白，何事而不用茶用酒？如所云
用之以时者，玉律元旦传佳节，彩胜七日倍风
光。九陌元宵联灯影，改火寒食待清明。燧
火开新焰清明，倾都泼禊辰上巳。舡登先后
渡端午，万镂庆停梭七夕。照耀超诸夜，汉武
赐茱囊重阳。刺绣五纹添弱线冬至，四气除夜

推迁往复还，何节而不用茶用酒？

〔茶叙述源流〕[14]

　　先言茶之异品者：剑南有蒙顶石花，或
小方或散芽，号为第一。湖州有顾渚之紫
笋。东川有神泉小团、昌明兽目。硖州有
碧涧明月、芳蕊、茱萸簝。福州有方山之生
芽[15]。夔州有香山。江陵有楠木。湖南有
衡山。岳州有灉湖之含膏。常州有义兴之
紫笋。婺州有东白。睦州有鸠坑。洪州有
西山之白露。寿州有霍山之黄芽。蕲州有
蕲门团黄。建州之北苑先春龙焙[16]。绵州
之松岭。福州之柏岩。雅州之露芽。南康
之云居。婺州之举岩碧貌。宣城之阳坡横
纹。饶池之仙芝福合、禄合、运合、庆合。
蜀州之雀舌、鸟嘴、麦颗、片甲、蝉翼。潭州
之独行灵草。彭州之仙崖石花。临江之玉
津。袁州之金片。龙安之骑火。涪州之宾
化。建安之青凤髓。岳州之黄瓴毛。建安
之石岩白。岳阳之含膏冷。杭州宝云山产
者，名宝云茶。下天竺香林洞者，名香林
茶。上天竺白云峰者，名白云茶。会稽有
日铸岭茶，欧阳修谓两浙第一。窦仪有龙
陂山茶。白乐天有六班茶。龙安有骑火
茶。顾渚侧有明月峡前茶。王介甫之一旗
一枪。义兴有芳香甘辣冠他境。丁晋公谓
石乳出壑岭断崖铁石之间[17]。建安有露芽
真笋。武昌山有大蔒茗，岳阳有灉湖茶，白
鹤僧园有白鹤茶。元和时，待学士煎麒麟
草。宣和中，复有白茶，胜雪茶之异种者。
中孚衲子有仙人掌[18]，昙〔济〕道人[19]有甘
露，双林道士有圣阳花，西域僧[20]有金地
茶[2]，仙家有雷鸣茶为茶之别种者：有枳壳
芽、枸杞芽、枇杷芽，皆治风疾，又有皂荚
芽、槐芽、柳芽、月上春，摘其芽和茶作之。

故今南人输宫茶。茶之有益于人者，何如党鲁有涤烦消渴。华元化谓苦茶久食，益意思。《神农经》㉑谓茶茗宜久服，令人有力悦志。李德裕谓天柱峰茶，可消肉食。丹丘子、黄山君服芳茶，轻身换骨。玉泉寺有茗草罗生，能还童振枯，人人寿也。刘越石㉒体群溃闷，尝仰真茶。隋文帝服山中茗草，可愈脑痛。茶有五名：一曰茶、二曰槚、三曰蔎、四曰茗、五曰荈，此载之《茶经》也。早采者为茶，晚采者为茗，此记之《尔雅》也。且制茶、煎茶各有法，须缓火炙，活火煎，始则鱼目散布，微微有声；中则四际泉涌，累累若贯珠；终则腾波鼓浪，水气全消，〔此〕谓老汤㉓。三沸之法，非活火不能成也，此李存博之论，为有山林之致矣。若唐子西《斗茶记》㉔："茶不问团銙，要之贵新；不问江井，要之贵活。"顾逋翁[3]《论茶》："煎以文火细烟，小鼎长泉"，其意亦略同峰陆羽不尝论茶有九难乎？"阴采夜焙，非造也；嚼味嗅香，非别也；膏薪炮炭，非火也；飞湍壅潦，非水也；外熟内生，非炙也；碧粉缥尘，非末也；操艰搅遽，非煮也；夏兴冬废，非饮也；腻鼎腥瓯，非器也。"《茶录》㉕不详载制茶之病乎？"土肥而芽泽乳，则甘香而粥面著盏而不散；土脊而芽短，则云脚涣乱去盏而易散。叶梗半，则受水鲜白；叶梗短，则色黄而泛。乌蒂、白合茶之大病，不去乌蒂，则色黄黑而恶；不去白合，则茶苦涩。蒸芽必熟，去膏必尽。蒸芽未熟，则草木气存；去膏未尽，则色浊而味重。受烟则香夺，压黄则味失。此皆茶病也。"诚贵重也欤哉！

〔酒叙述源流〕㉖

试言酒之异品者：郢之富水。乌程之若下。荥阳之土窟春。富平之石冻。剑南之烧春。河东之乾和葡萄。岭汉之灵溪。恃罗宜城之为酝。浔阳之湓水。市城之西市睦。虾杭陵之郎官清。河漠又有三漠浆。类酒法书波斯三勒：谓庵摩勒、毗黎勒、诃黎勒。此补诸国史也。百华末兰英酒。河中有桑落。隋炀有玉薤。司马迁谓富人藏石葡萄酒。衡阳有酃渌。成都有郫筒。苍梧之宜城醪。安成之宜春醇酎。曲阿之醇烈。杭州之梨花春。乌程有竹叶春、金陵春。云安有曲米春、抛青春、松醪春。乌弋山有龙膏。武宗有澄明。枸楼有仙浆。匏和玉酸。洞庭春色。中山松膏。建康之醇美。刘白堕之春醪。朱崖郡有椒花。西夷有树头稷。南海顿逊国有酒树。桂阳程乡有千里酒。佛经有乳成酪。酪成醍醐。且酒之异名者：秋露白、珍珠红、玉带春、金盘菊、桃花、竹叶、索郎、麻姑、莲花文章、酴醾屠苏。又酒有异种者：三佛斋有柳花酒、椰子酒、槟榔酒，皆是曲蘖取酝，饮之亦醉。扶南有石榴酒。辰溪有钩藤酒。赤土国以上俱载孙公谈圃有甘帘酒。山经有□汁甘为酒。噫，真异哉！尝观《周礼》之酒正者，酒正掌酒之政令，辨五齐之名：一泛齐泛者成而滓泛泛然，如今宜城醪；二醴齐醴看成而滓汁相将如今甜酒，三盎齐盎者成而翁翁然，葱白色，如今酂白；四缇齐缇者，成而红赤，如今下酒；五沉齐为沉者，成而滓沉，如今造清。《酒经》不有酒终始之辨乎？宝桑秽饭，酝以稷麦，以成醇醪，酒之始也。乌梅女莸，甜醹九酘，澄清百品，酒之终也。尝观《说文》酿酒之诸名：为酴，酒母也；醴，一宿成也；醪，滓汁酒也；酎，三熏酒也；醨，薄酒也；醑，旨酒也。曰醾曰醙，白酒也；曰酿、曰酝，造酒。买之曰沽，当肆曰垆。酿之再曰醙。洒酒曰醨。酒之清曰醠，厚曰醲。相饮曰配，相强曰浮。饮尽曰釂，使酒曰酗，甚乱曰酱音咏。饮而面赤曰酡，病酒曰酲。主人进酒于客曰酬，客酌主人曰酢。独酌而醉曰醄，出钱共饮曰醵。赐民共饮曰酺，不醉而归曰骫。若善别酒者，则惟桓公主簿此载世说。好者谓青州从事，青州有齐郡从事，言到脐。恶者谓平原督邮，平原有鬲县督邮，言在鬲上住。故窦子野云："无贵贱贤不肖，夷夏共甘而乐之。"此言尽之矣。以此观之，茶酒诚天下之至重，日用之至常，不可废者也。

〔上官子醉梦〕[27]

河东有一士，复姓上官，名四知。极豪爽，且耐淡泊，虽家赀巨万，若一窭人子耳。建一别墅，枕冈面流，疏梧修竹。扁于门曰迎翠，扁于楼曰栖云。有一联云："叠翠层峦疑欲雨，环村密树每留云。"樵牧与群，鹿豕与游，而坐，而卧，而登临，而高吟纵览，会有得意，则索句付奚囊。又有一架数楹，明窗净几，左列古今图史百家，右列道释禅寂诸书。前植名花三十余种，琴一、炉一、石磬一，茶人鼎灶、衲子蒲团、茶具、酒具各二十事。时敲石火，汲新泉，煎先春，时泛桃花，或一斗，或五斗，每谓羲皇上人。后有一洞，东为一茶神，名陆羽；西画为酒神，名杜康。为客至，或仿投辖，或效平原，无不尽欢而别。

一日，有一客问曰："茶好乎，酒好乎？"答曰："俱属清贵，但人之好尚不同耳。"客曰："客来，茶先酒后，茶不居礼之先乎？"又有一客曰："茶只一杯而止，即更迭，不过二三。曾有如酒之樽罍交错，动以千钟一石，酒不为礼之重乎？"如是，烹茶酌酒，至东方月上，众为酣乐各罢归去。官子独留迎翠

轩，簟床竹枕，于于然卧也。忽梦至一处，若莽浃之野，若逍遥之城，见茶神率草魁、建安、顾渚、酪奴数十辈，酒神率青州督邮、索郎、麻姑、酒民、醉士、酒徒数十辈，喧喧嚷嚷有哄声。近视之，宛然如洞中之所画者。

〔茶酒共争辩〕[28]

茶神曰："才闻客以你为礼之重，你有何能，更重于我乎？"酒神曰："才闻客以你为礼之先，你有何能，更先于我乎？"茶神曰："天下之人，凡言酒与茶者，只称茶酒，不称酒茶，茶诚在酒之先也。"酒神曰："天下之人，大凡行礼，只说请酒，不说请茶，酒诚为礼之重也。"茶神曰："我茶进御用者有十八品[29]：上林第一、乙夜清供、承平雅玩[30]、宜年宝玉、万春银叶、延年石乳、琼林毓粹[31]、浴雪呈祥、清白可鉴、风韵甚高、旸谷先春、价倍南金、雪英、云叶[32]、金钱、玉华[33]、玉叶长春、蜀葵、寸金。政和曰太平嘉瑞[34]，绍圣曰南山应瑞。我有这多好处，敢与我争乎？"酒神曰："我有神仙酒十八品：金液流晖、延洪寿光、清澄琬琰、玄碧香神女酬安期先生、瑶琨碧、凝露浆、桂花酝、百药长、千日醉、昆仑觞、换骨酿、莲花碧、青田壶、玉馈、瑞露、琼粹、魏左相之醹酥翠涛、东坡之红友黄封。我比你更希罕，肯让你乎！"茶曰："郑谷云：'乱飘僧舍茶烟湿，密洒高楼酒力微'，非茶在先，酒在后乎？"酒曰："贾岛云：'劝酒客初醉，留茶僧未来'，非酒在先，茶在后乎？"茶曰："壮志销磨都已尽，看花翻作饮茶人，何曾要你？"酒曰："好鸟迎春歌后院，飞花送酒舞前檐，何曾要你？"茶曰："读《易》分高烛，煎茶取折水，何曾要你？"酒曰："山水弹琴尽，风花酌酒频，何曾要你！"茶曰："张孟〔阳〕[35]赞我'芳

茶冠六清,溢味播九区'。"酒曰:"杜甫赞我'安得中山十日醉,酩然直到太平时'。"茶曰:颜鲁公赞我'流华净肌骨,疏瀹涤心源',何等有益。"酒曰:"李适之赞我'硕郎宜此酒,行乐驻华年',何等有益。"茶曰:"卢仝云:'柴门反关无俗客,纱帽笼头自煎吃',真个贵重。"酒曰:"王驾清云:'桑柘影斜春社散,家家扶得醉人归',真个快人。"茶曰:"'沾牙旧姓余甘氏,破睡当封不夜侯',非胡峤之咏乎?"酒曰:"'形如槁木因诗苦,眉锁愁山得酒开',非郑云表之咏乎?"

草魁进前说:"你讲得这样斯文,待我来与辩一辩。"青州从事亦进前说:"你讲得这样斯文,待我来与你论一论。"

草魁曰:"你受何品职,敢云青州从事?"青州从事曰:"汝登何科甲,冒僭为瑞草魁?"瑞草魁曰:"吾乃草木之仙骨。"青州从事曰:"吾乃天上之美禄。"瑞草魁曰:"天子须尝阳羡茶,贵不贵?"青州从事曰:"欲得长生醉太平,好不好?"瑞草魁曰:"世俗聘妇,以茶为礼。"青州从事曰:"百礼之会,非酒不行。"瑞草魁曰:"生凉好唤鸡苏佛,回味宜称橄榄仙,哪个似像陶彝[4]之知趣?"青州从事曰:"玉薤春成泉漱石,葡萄秋熟艳流霞,哪个似像逸民之大雅!"瑞草魁曰:"高人唐僧齐己诗爱惜藏岩里[5],白瓯封题寄火前,真个把我当宝。"青州从事曰:"尊前柏叶休辞酒,胜里金花巧耐寒,还是把我当宝。"瑞草魁曰:"烦襟时一啜,宁羡酒如油,哪个要你!"青州从事曰:"却忆滁州睡,村醪自解醒,哪个要你?"瑞草魁曰:"津津白乳冲眉上,习习清风两腋间,快爽爽快。"青州从事曰:"兴来笔力千钧劲,酒醒人间百事空,快爽爽快。"瑞草魁曰:"一杯永日醒

双眼[6],草木英华信有神,你比一比。"青州从事曰:"杯行到君莫停手,破除万事无过酒,你比一比。"

武夷进前来说:"你二人且退,待我也来奇一奇。"麻姑进前来说:"你二人且退,待我也来奇一奇。"

武夷曰:"汝非仙种,敢冒麻姑?"麻姑曰:"汝非将种,敢冒武夷?"武夷曰:"已是先春轻雨露,宜教□草避英华,彼恶敢当我哉!"麻姑曰:"百年莫惜千□醉,一盏能消万古愁,不亦乐乎。"武夷曰:"旋沫翻邮侯煎茶诗成碧玉池[7],添酥散出琉璃眼,你有这样富贵么?"麻姑曰:"忽遣终朝浮玉斝,还如当日醉瑶泉,你有这样富贵么?"武夷曰:"偷嫌曼倩桃无味,捣觉姮娥药不香,哪个不被我压倒?"麻姑曰:"文移北斗成天象,酒近南山作寿杯,哪个敢与我比对?"武夷曰:"香绕美人歌后梦,凉侵诗客醉中脾,哪里有我这等潇洒?"麻姑曰:"浩歌不觉乾坤窄,酣寝偏知日月长,哪里有我这等广大?"武夷曰:"一两能祛宿疾,二两眼前无疾,三两换骨,四两成地仙。你哪里有这样利益?"麻姑曰:"一樽可以论文杜诗,三斗可以壮胆汝阳王月进,五斗刘伶可以解醒,一石淳于髡而臣心最欢。你哪里有这等利益?"武夷曰:"解渴醒余酒,清神减夜眠,好快好快。"麻姑曰:"相欢在樽酒,不用惜花飞,好快好快。"武夷曰:"慢行成酩酊[8],邻壁有松醪,贪心不足。"麻姑曰:"未见甘心氏福□,先迎苦口师,真得人厌。"武夷曰:"饮酒宿醒方竭处,读书春困欲眠时,读书人离我不得。"麻姑曰:"闲看竹屿迎新月刘清诗,特酌山醪读古书,读书人离我不得。"武夷曰:"从今记取宜男祝,贺客来时只荐茶,客来还先要我。"麻姑曰:"嘉客但当倾美酒,青春终不

换颜颜,客来还先要我。"武夷曰:"病骨瘦便花蕊暖[9],烦心渴喜凤团香,可作医王。"麻姑曰:"避暑迎春复送秋,无非绿蚁满杯浮,可作岁君。"武夷曰:"消磨壮志白驹隙,断送残年绿蚁杯,真个害人。"麻姑曰:"粉身碎骨方余味,莫厌声喧万壑霜,自丧其躯。"

茶中建安闻说"自丧其躯",大怒,进前说:"武夷君请退,待我与他辩一辩。"酒中曲生秀才闻说"真个害人",大怒,进前说:"麻姑兄请退,待我与他辩一辩。"

建安曰:"你是哪一学黉门,敢称秀才?"曲生曰:"你有何才能,敢称建安?"建安曰:"养丹道士颜如玉,爱酒山翁醉似泥,好不好?"曲生曰:"异物清诗瓜奇绝,渴心何必建溪茶,要不要?"建安曰:"醉时颠蹶醒时羞,曲糵催人不自由,酒酒真个无廉耻。"曲生曰:"枯肠未易禁三碗,坐听山城长短更,茶茶真个焦燥人。"建安曰:"囚酒星于地狱,焚醉苑于秦坑,非卫元规之自为诚乎?"曲生曰:"海内有逐臭之夫,里内有效颦之妇,非彭城王之讥刘缟乎?"建安曰:"阮宣常以百钱挂杖头,司马以鹬,就市鬻酒,吴孙济贯缊偿酒,何等破荡?"曲生曰:"李卫公唐相好饮惠山泉,置驿传送;李季卿命军士深诣南零取水;唐子西提壶走龙潭;杨城斋携大瓢走汲溪泉;昔人由海道趋建安,何等劳碌?"建安曰:"李白好饮酒,欲与铛杓同生死,何不顾身?"曲生曰:"老姥市茗,州法曹系之狱,几乎丧命。"建安曰:"毕吏部颓人瓮头,孟嘉龙山落帽,成何体统?"曲生曰:"御史躬亲监启,谓御史茶瓶;吴察厅掌茶,太自轻贱。"建安曰:"愿葬为陶家之侧,化为土为酒壶,何等贪浊?"曲生曰:"贾春卿为小龙团,受众人求乞,自讨煎炒。"建安曰:"丹山碧水之乡,月洞云龛之品,谁敢贱用?"曲生曰:"千金难著价,一盏即薰人,哪肯贱沽?"建安曰:"朱桃椎[10]织芒屩以易朱茗,第一清雅。"曲生曰:"贺知章以金龟换酒,第一珍重。"建安曰:"钱起有茶宴、茶会,鲁成绩有汤社,胜你酒会。"曲生曰:"种放自号云汉醉候为醉侯,蔡雝人称为路上醉龙为醉龙,李白为醉圣,俱是名贤。"建安曰:"酒酒你不害人,韦耀何藏萘以代酒⑬?"曲生曰:"茶茶你若可好,杨粹仲何目为甘草癖?"建安曰:"柳恽感惠而以诗为酬,陈子醇坟而以钱见贶,我茶能以德报德。"曲生曰:"周公设酒,有驼其香;邦家之光,有椒其馨。胡考以宁,我酒这等关系关系。"建安曰:"剑外九华夷,御封下玉京,皇帝重我。"曲生曰:"只树夕阳亭,共倾三昧酒,佛家饮我。"建安曰:"顾渚云:'山中紫笋茶二片',罕希罕希。"曲生曰:"王维云:'新丰美酒斗十千',高价高价。"建安曰:"心为左惠芳茶荈剧,吹嘘对鼎鬲,女子亦知好茶。"曲生曰:"盐梅己佐鼎,曲糵且传杯,玄宗亦知劝酒。"建安曰:"我清香滑熟,能还童振枯,能令人人得寿,岂不美哉?"曲生曰:"我醇和甘美,能为诗钩,亦能为愁帚,不亦乐乎?"建安曰:"街东酒薄醉易醒,满眼春愁消不得,敢称愁帚?放屁放屁。"曲生曰:"餐余尚有灵通意,不待卢仝七碗茶,敢云得寿?光棍光棍。"

茶董闻辩得久,对建安说:"建安兄,你去食茶,待我来辩。"酒颠闻辩得久,对曲生说:"曲生兄,你去饮酒,待我来辩。"

董曰:"酒颠酒颠,敢与我辩?"颠曰:"茶董茶董,敢与我辩?"董曰:"酒狂酒狂,算不到你。"颠曰:"茶癖茶癖,算不得你。"董曰:"汝非曲糵,谁为媒母?还要夸嘴。"

颠曰："汝非汤水,谁为司命? 不必多言。"董曰："汝即有莲花文章㉘,怎比我龙团凤髓,当退三舍。"颠曰："你即有紫笋金芽,怎比我金波玉液,拜在下风。"董曰："刘禹锡病酒,非二囊六班,何以得醒?"颠曰："叶法善非以飞剑击槛,怎知曲生味不可忘。"董曰："张志和樵青苏兰薪桂,竹里煎茶,真隐士之高风。"颠曰："郑勐率僚避暑,取莲叶盛酒,屈茎轮囷,真王侯之宏度。"董曰："高阳酒徒,败常乱俗。"颠曰："福全茶幻,惑世诬民。"董曰："我有三等奇物,待客以惊雷荚,自奉以萱草带,供佛以紫茸香。可爱可爱。"颠曰："我有四样奇物,和者曰养生主,劲者曰齐物,和者曰金盘露,劲者曰椒花雨。妙哉妙战。"董曰："颖公遗有《茶诗》,唐子西有《斗茶记》㉚,毛文锡为《茶谱》,晋杜育有《荈赋》,苏廙作《仙芽传》,鲍昭妹㉙令晖著《香茗赋》,陆鸿渐有《茶经》,范希文有《茶咏》11,况有诗词㊵歌赋,不计其数,我有凭据。"颠曰："王绩著《酒谱》,刘伶有《酒德颂》,欧阳有《醉翁记》,杜甫有《酒仙歌》,窦子野有《酒谱》12,白居易有《酒功赞》,况有诗词歌赋㊶,不计其数,我有证案。"董曰："独不闻杨雄作《酒箴》,武王作《酒诰》,武公作《初筵》。五子酖酒嗜音,商辛沉湎淫佚。酒酒还不知戒。"颠曰："季疵㊷著《毁茶论》,欧阳公舟续尝茶诗,杨诚斋以为搅破茶园㊸,萧正德以遭阳侯之难,茶茶又不知止。"董曰："雪水烹团茶,党家粗人应不识此。"颠曰："酒中有理,江左沉酣求名者,岂识浊醪妙理!"董曰："穷春秋,演河图,不如载茗一车,非权纾之赞乎? 快活快活。"颠曰："断送一生惟有酒,破除万事无过酒,非韩文公之诗乎? 得意得意。"董曰："惟酒可以忘忧,但无如作病何耳,非季疵㊹之言

乎? 到病就不好。"颠曰："此师固清高,难以疗饥,也非先业之言乎? 到饥就讨死。"

酪奴㊺说:"董哥你去,待我骂一骂。"平原督邮说:"颠哥你站开,待我骂一骂。"

酪奴曰:"狗窦光孟祖脱身露顶于狗窦中窥谢琨诣人食酒中作犬吠,何等卑贱!"督邮曰:"邾莒会上作酪奴,何等下贱!"酪奴曰:"你不闻谢宗之言乎? 首阅碧涧明月,醉向霜华,岂可以酪苍奴头,便应代酒从事,好无羞愧!"督邮曰:"你不闻陈暄之言乎? 兵可千日而不用,不可一日而不备;酒可千日而不饮,不可一日而不醉。速糟丘吾将老焉,好不预备!"酪奴曰:"醉后如狂花败叶,何等轻狂。"督邮曰:"饮多似黄花败叶,有何颜色。"酪奴曰:"洒之沛之,而糟粕俱尽。"督邮曰:"阴采夜焙,而肢骨俱焦。"酪奴曰:"斐楷以你为狂药。"督邮曰:"光业以汝为苦口师。"酪奴曰:"作歌谢惠茶,十分知味。"督邮曰:"问奇杨雄载好酒,十分高雅。"酪奴曰:"稽叔夜虽高雅,醉倒如玉山之将颓,几乎跌碎。"督邮曰:"常伯雄虽善茶,李季卿赏以三十钱13,不如婢倅。"酪奴曰:"祖珽醉失金叵罗,何等粗率。"督邮曰:"宫人剪金为龙凤团,何等奢侈。"酪奴曰:"姚岩杰凭栏呕吐,自觉箜篌,不知廉耻。"督邮曰:"王肃一饮一斗,人号为漏卮,不顾性命。"酪奴曰:"艾子不受弟子之戒,犹云四脏可活。"督邮曰:"潘仁恭自撷山为茶,敢云大恩邀利。"酪奴曰:"石曼卿相高饮酒,夜不以烧蜡,曰鬼饮;饮次挽歌哭而饮,曰了饮;露顶团坐,曰囚饮;以毛席自里其身,曰鳖饮,成何形状?"督邮曰:"《茶经》云:'蒸茶未熟,则草木气存;去膏未尽,则色浊而味重,受烟则香夺,黄则味失',何等难为!"酪奴曰:"苏东坡号杭倅,为酒食地狱。"督邮曰:"士大夫拜王濛,今日又遭水

厄。"酪奴曰:"简宪和先主时天旱禁酒,吏引人家得酿具即按其辜。和与先主见男女道上行,谓先主曰:'此人欲行淫,何不缚?'先主曰:'何以知之?'曰:'彼有其具,与欲酿同。'比酿具为淫具,何等恶譬。"督邮曰:"吴僧文称你作乳妖,何等邪怪。"酪奴曰:"贺秘书出黄醑㊻数杯,都是你害人。"督邮曰:"宣武步兵吐牛肺斛二瘕,都是你害人。"酪奴曰:"不饮茶者,为粗人俗客。"督邮曰:"不饮酒者,为恶客漫郎。"酪奴曰:"睡魔何止退三舍,欢伯直须让一筹,实落是你输我。"督邮曰:"一曲升平人尽乐㊼,君王又进紫霞杯,实落是你输我。"酪奴曰:"推引杯觞,以抟击左右,何爱其才。"督邮曰:"因过焙,以铁绳缚奴付火中,何贱其人。"

　　酪奴大怒,即持铁绳赶打督邮。督邮就拿酒帘赶打酪奴。酪奴将玉杯、金盏、酒樽、酒昙尽行打碎。督邮将玉钟、金瓯、茶壶、茶锅尽行打碎。时众茶、众酒见酪奴与督邮打得太狠,声彻迎翠楼,陆羽与杜康二人急出问所因由。众茶谓陆羽曰"那些酸酒,骂我如此如此";众酒谓杜康曰"那些苦茶,骂我如此如此"。陆羽曰:"我与你两人唇齿之邦,辅车相倚。兄弟之亲,骨肉之戚。有茶必有酒,有酒必有茶,时时不离,何苦这样争竞?你办酒,我办茶,在此处和。"杜康曰:"礼以逊让相先,人以和睦为贵,陆君所言甚是。"陆羽命众人办茶,杜康命众人办酒,相叙而别。

〔茶酒私奏本〕㊽

　　酪奴受辱,抱怨不平,自修一本,奏水火二官:"茶中小臣酪奴,诚惶诚恐,稽首顿首,为豪强酗醉,逞凶伤命事:臣产于玉垒,孰若生翼丹丘?造于金沙,何异纪名碧涧?禹锡表馈菊之意,刘琨作求茗之书。苏子唱歌于松风,因想李生好客;陶公调咏于雪

水,遂夸董家待人。李约喋珠累之泉,二沸成于活火;德裕忆金山之水,一壶汲于石城。陆羽三篇,更异酒中贤圣;卢仝七碗,何殊茶内神仙?自古及今,无不宠用讵意,亡家败国。酒中督邮发酒疯,呈酒狂,秽臣素业。臣谕以理,用酒帘将臣揪掯毒打,仍率恶党,酒侯、醉侯、逍遥公、步兵、校尉等闯入茶舍,将各色茶具尽行抢掳。不得已匍匐台下,乞严拿问罪,究还原物。臣愿汲玉川之水,烹露芽雷芽,长献君王殿下。臣无任悚□㊾,瞻仰之至。"

　　督邮受辱,抱怨不平,私下自修一本奏:"水火二官:酒中小臣督邮,诚惶诚恐,稽首顿首,为强奴欺主,败法乱纪事:臣天列酒星,地列酒郡。徐邈任狂,乃有酒圣酒贤之号;敬仲节乐,遂兴卜昼卜夜之词。陈孟公称日满堂,留宾投辖;华子鱼号为独坐,剧饮整衣。王无功著《五斗先生传》,大夸物外之高踪;杜子美作《八仙饮酒歌》,盛说杯中之佳趣。闻山中之酒千日,孰不流涎?传南郊之醪十旬,皆相慕义。投于江以破勾践,噀为雨以救成都。颓玉山而屡接高标,解金貂而常逢贵客。不鄙宜城之竹叶,何嫌南国之榴花。既醉备福,见于《周诗》;不为酒困,闻于仲尼。自古及今,咸尊咸宠,讵意粉身碎骨。茶中酪奴,发茶董,逞茶幻,淹臣水厄。臣谕以理,用茶籯掷臣,破脑鲜血,仍率虎党,蒙山、阳羡、建安等踏入酒馆,将各色酒具尽行抢掳。只得匍匐台下,乞奴把拿问罪,究还原物,以正名分。臣愿取郁邑之草,酿桑玉薤,长献君王殿下。臣无任悚□,瞻仰之至。"

〔水火二官判〕㊿

　　水火二官俱览毕大怒。时酪奴、督邮俱俯伏殿下,乃责之曰:"阴阳合,而五行乃

生。吾水属坎，乃北方壬癸之精，天一生之，地六成之。吾火属离，乃南方丙丁之精，地二生之，天七成之。你二人若非吾水火既济，徒为山中之乳妖，虚为天下之羡禄，一称茶仙，一称酒圣，妄自尊大，□不思茶从何始，酒自何来？饮不忘源，罪酪奴将《四书》集成茶文章一篇，又将曲牌名串合茶意一篇；督邮将《四书》集成酒文章一篇，又将曲牌名串合酒意一篇，上朕观览，以文章优劣裁夺。各快成文，无取迟究。"时酪奴伏于殿阶之左，督邮伏于殿阶之右，各殚心思，染翰如飞，笔无停辍。顷刻间，遂各成佳章，以呈进御览之。

茶四书文章⑤

汤破者，甘饮，是人之所欲也。夫礼仪破承三百，始吾于人也；民以为大，不其然乎？今夫山起讲草木畅茂，为巨室，梓匠轮舆，钻燧改火，材木不可胜用也，则人贱之矣。吾之于人也，人人有贵落题于己者。维石茶生于山中石岩者最佳岩岩，日月之所照，雨露之所润起股，其生也荣。饮食之人，远之则有望，近之则不厌，与民同之。苟小股有用我者，求水火汤执中，其有成功也，礼之用，和为贵。冬日中股则饮汤，夏日则饮水，食之以时。我则异于是，日日新，不可须臾离也。不如是，人犹有所憾。君子中股对敬而无失，与人恭而有礼，酌则谁先，可使与宾客言，惟我在，无贵贱，一也。姑舍是则不敬，莫大乎是。行道末股之人，劳者弗息，一瓢饮，如时雨降，于人心独无恔乎？芒芒然归，谓其人曰："此天之所与我也，善夫！隐末股对几而卧，既醉以酒，一勺之多，使人昭昭，吾何慊乎哉！"举欣欣然有喜色而相告曰："吾不复梦见周公也，益矣。"生缴乎今之世，人莫不饮食也。□所爱则□所养⑤，

何可废也。辞让缴对之心，天下之达道也，或相十百，或相千万，君子多乎哉！此其大略总缴也。为王诵之。王如善之，请尝试之。

水官批：文肖其人，清光可掬。

火官批：以己清明之思，印千古圣贤之旨，得在意外，会在象先。

酒四书文章⑤

既醉破以酒，乐以天下也。夫破承乐酒无厌谓之荒，众恶之。礼云礼云，人其舍诸。尝谓起讲五谷者，种之美者也，其次致曲曲借用。水哉水哉，舜使益掌火，亦在乎熟之而已矣。牺牲起股既成，粢盛既洁，有酒食，不亦善乎。饥者甘食，渴者甘饮，惟酒无量，不亦悦乎；自虚股生民以来，不能改者也。自虚股对天子以至于庶人，如之何其彻作去字解也。郊社之礼，禘尝之义，揖让而升，则何以哉。序爵，敬其所尊，爱其所亲，无所养也，舍我其谁也？敬老中股对慈幼，无忘宾旅，夫何为哉，及席礼以行之，逊以出之，无有失也。其斯之谓与？君子末股多乎哉。食之以时，一勺之多，晬然见于面，益于□，施于四体。足之蹈之，手之舞之，无入而不自得焉。夫子圣者与，唯酒无量，万钟于我，富贵不能淫，贫贱不能移，威武不能屈，仁者不忧，勇者不惧，岂不成大丈夫哉？礼仪三百，威仪三千，四时行焉。予一以贯之，发愤忘食，乐以忘忧；老之将至，何用不臧？若夫恶醉而强酒，斯可谓狂矣。言非礼义，然后人侮之，则何益矣。是以君子不为也。不为酒困，可谓士矣。恭而有礼，敬人者，人恒敬之，无自辱焉，则何亡国败家之有？今王与百姓同乐，圣之和者也。禹恶旨酒，此之谓不知味。

水官批：文肖其人，醇和可爱。

火官批：说许多雅趣大观，叫人怎么戒得酒。

〔茶集曲牌名〕^⑭

酪奴又将曲牌名信手写成一篇进上："我茶产花沁园春，二月宜春令，才有急三枪，便叫虞美人，去取江儿水；叫麻婆子，去砍啄木儿；叫奴姐姐，拿宝鼎现，煎到衮第一，声似泣颜回；衮第二混江龙，声似大呀鼓。中衮第三^⑮，声似风入松，大家驻马听。听到五韵美，四边静，打开看，香味满庭芳，赛过红芍药，金钱花，桂枝香。拿去五供养，一到凤凰阁，送与三学士；二到三仙桥，送与大和佛；三到谒金门，送与太师引，食待归朝欢；四叫粉孩儿，送与父母孝顺哥；五送醉翁子，食了解三醒，真个称人心。齐天乐，个个如临江仙，争奈意难忘。只道我园林好，又写一封书，把香罗带一付，金珑璁一对，皂罗袍一件，红衲袄^⑯一件送我；与我求去玩花灯，赏宫花，好事近，天下乐。"

水官批：成一家言，中得中得。

火官批：得青山绿水，光风霁月，鸢飞鱼跃之趣。

〔酒集曲牌名〕^⑰

督邮又将曲牌名合串成一篇，即刻而成："我酒号做上林春、三学士、太师引、有好事近、扫地铺、雁鱼锦、架妆打球场，叫我去请客。请到二郎神、福马郎、瑞鹤仙、鹊桥仙，庆风云会。四朝元，行个忒忒令，又行个侥侥令，又行折桂令。量大胜葫芦，个个醉春风，食到剔银灯，月上海棠，鲍老催不去，还叫忆多娇、步步娇、香柳娘、香歌儿、红衫儿，唱八声甘州歌。后来醉落魄，一个行歪路，如行夜虹；一个醉倒地，如窄地锦裆。一个弄拳如下山虎，一个妆扮舞

霓裳，一个吐如降黄龙，一个吐如黄龙滚。一个花心动，扯住女冠子，点绛唇，坐销金帐。一个扯住耍孩儿，后庭花，真个醉太平。至五更，转霜天晓角，还不肯休。去古轮台再沽美酒，烧夜香，又食十二时。没奈何，传言玉女、吴小四、捣练子、山查子、山队子、破齐阵，个个醉扶归。"

水官批：亦成一家言，中得中得。

火官批：如春花夏云，妖冶百态，令人一瞬不能忘情。

〔水火总判断〕^⑱

水火二官全曰："自天地开辟以来，有茶有酒，不可缺一，人莫不饮食也，鲜能知味也，是未得饮食之正也。第你二人无故争竞，本当重罪，因念礼义所关，情趣可爱，姑恕之，各回本职以候召用。仍著酪奴^⑲，往人间查做假茶，骗人射利者；仍著督邮，往人间查做候酒、酸酒，害人射利者。许不时奏进提宽，轻者流配，重者解入无间地狱。"

说罢，水火二官鸣鼓退堂，酪奴、督邮各拱手而去。上官方醒然觉也。不知东方之既白，因起而录梦中始末，以为传奇行于世。

庆寿茶酒^⑳

附种松堂庆寿茶酒筵宴大会。生、小

生、外、净、旦、小旦、丑并演〔赏花新〕。生上唱个：东风满地是梨花，燕子衔泥恋故家。春草接平沙，晴天远屿，瞻眺思无涯。〔踏莎行〕：临水夭桃，倚墙繁李，长杨风棹青骢尾，座中茶酒可酬春，更寻何处无愁地。明日车来，落花如绮。芭蕉渐著山公启，欲笺心事寄天公，教人长寿花前醉。〇小生姓吴㉑，名有德，是河东人氏。家有五车书，可以教孙教子；亦有数钟粟，颇足为饔为飧。诵尽弥陀经，多行方便，结纳天下士，最喜亲贤，种善因缘，人呼我现世菩萨。优游自在，怎敢说地上行仙。有二结契朋友；一个姓全，讳如璞；一个姓高，讳尚志；颇称管鲍之知心，堪比金玉之永好。前日立有小约，作茶酒会。〇百岁光阴，万物乃天地逆旅，四时行乐，我辈亦风月主人。幸居同泗水之滨，况地接九山之胜，尽可傍花随柳，庶几游目骋怀。节序骎骎，莫负芒鞋竹杖；杯盘草草，何惭野蔌山肴。虽云一饷之清欢，亦是百年之嘉话。敢烦同志，互作邀头。慨元祐之奇英，衣冠远矣；集永和之少长，觞咏依然。订约既勤，践言弗替，今日特遣小价去请二位知友，想必即来，家中可办茶酒以俟。

童报二位相公俱到了。〔赏花新〕小生全如璞上，唱：水涨渔夫拍柳桥，云鸠拖雨过江皋；春信入东郊，燕巢新垒，日影上花梢。一室焚香几独凭，萧然兴味似山僧。不缘懒出忘中栝，免得时人有爱憎。今日蒙吴兄相邀，才到此郊行；远远望见高兄来了。前腔(外)高尚志上，唱：轻花细雨满云端，昨日春风晓色寒。伫足盼晴岚，莺鸣蝶舞，人醉倚阑干。春风归草木，晓山丽山河，物滞欣逢泰㉒，时丰自此多(与全相遇作揖问介)。全兄何往？(全)今日吴兄相

邀。(高)弟也是吴兄相邀，如此同行(生出迎二位)，相见揖介。(吴)久违台范最萦肠。(全)故友相逢气味长。(高)自是主人偏缱绻。(合唱)不妨宾从佐壶觞。性看茶来。(童)扬子江中水，蒙山顶上茶。(茶到)。(全)今日长兄诞辰，无以为庆，谨画南极寿星一尊，下有百子千孙，绕膝罗拜。僭有拙诗一首。诵诗："堂前椿树拂扶桑，百子千孙进玉觞。戏舞春风迎旭日，高声齐祝寿无疆。"(吴)(拜揖)多谢，多谢。(高)小弟亦有一轴画，画东方朔取桃。僭题拙诗一首。诵诗："堪笑东方曼倩哉，蟠桃三熟便偷来。我今得有一株种，移向君家宝砌栽。"(吴)(作揖)多谢，进酒来。(童)座上客常满，尊中酒不空。相公酒到。

〔锦堂月〕(全唱)天长地久，海屋添筹，多积善，福来求，乌纱白发，斑衣彩袖，惟愿取龟龄鹤算，似松柏岁寒不朽。(合)斟春酒，摘取王母蟠桃，共祝眉寿。

前腔(高唱)更羡你朵朵兰枝逞秀，攀龙高手，登月阙步，瀛洲济济，光前裕后。惟愿取孝子贤孙，长搢笏，趋拜冕旒。(合唱)斟春酒，摘取王母蟠桃，共祝眉寿。(吴)多谢二兄雅意，何以克当！(全)吴兄，自古道：积善之家庆有余，兄你布德施恩，斋僧礼佛，恤寡怜贫，广种福田，自有善报。语云：皇天不负道心人，皇天不负孝心人，皇天不负好心人，皇天不负善心人。哪个不钦仰，哪个不诵念，哪个不祝愿？

前腔(全、高、合唱)更羡你积德太丘，弟恭兄友。调琴瑟，鸾凤俦，五伦聚睦喜绸缪。(合唱)斟春酒，摘取王母蟠桃，共祝眉寿。(吴)小弟烹有先春玉笋，请二位尝之。书僮捧茶来！(书僮捧茶)众：请茶介！(全)好茶，真好茶。(高)老兄，家有好茶，

又有好酒，糟丘茶坞真堪老，何必吴芽与蓟槎。(吴)酒逢知己千钟少，今日要厌厌夜饮，不醉无归。小弟有三个官妓，颇会弹唱，唤他出来劝二位酒，岂不快哉。(全)既是长兄所爱宠姬，小弟们不敢瞻盼。(吴)说哪里话(唤桂香、兰香、赛花)我有二位知心朋友在此饮酒，你可唱歌数番，使得二位相公酣饮，大有所赏。○(三旦叩头)领尊命。

〔浣溪沙〕(桂香唱)闲把琵琶旧谱寻，四弦声怨却沉吟，燕飞人静画堂阴。○歌枕有时成雨梦，隔帘无处说春心，一从灯夜到如今。

前腔(兰香唱)鹦鹉无言理翠衿，杏花零落昼阴阴。画桥流水一篙深。○芳径与谁同斗草，绣床终日罢拈针，小笺香管写春心。

〔忆秦娥〕(赛花唱)晓朦胧，前溪百鸟啼匆匆。啼匆匆，凌波人去，拜月楼空。○旧年今日东门东，鲜妆辉映桃花红。桃花红，吹开吹落，一任东风。(全、高、合)果然唱得好，赏酒三杯。(三旦叩头)多谢。(桂香禀)三位相公都是善人，贱妾不敢唱风花雪月歌曲，近日集孝弟忠信四段词，僭唱一遍，不知相公意中如何？(吴、全、高)有此好曲，天地间最妙妙的，快唱快唱。

(桂香)我劝世间众孩儿，好将讽诵蓼莪诗。孝顺还生孝顺子，天公报应不差移。
〔懒画眉〕千恩万爱我爹娘，只有那二十四孝姓名扬。(内向)人家亦有媳妇。贤媳妇，也要事姑嫜。呀！活佛不事枉烧香，反不如鸦反哺，跪乳羊。(全)好，真好。(吴)兄弟，俺有一句话说，要知亲恩，看你儿郎。欲求子顺，先孝爹娘。(高)真古今之格言。(桂香)我劝世上好弟兄，莫学当

年赋角号，一体连枝亲骨肉，同居九世羡张公。

前腔(香唱)兄弟相爱莫相犹，你看田家荆树永悠悠。(内向)人家都是妯娌不和。妯和娌，也须好劝酬。呀！豆箕煮豆在釜中泣，反不如脊令在原急难抹(高)好，真好。(吴)兄弟，俺又有一句话说。兄弟如手足，夫妻如衣服。衣服破时更得新，手足断时难再续。(全)真千古之格言。(桂)我劝世人好做官，清明廉恕量须宽，鞠躬尽瘁君恩报，万载题名在玉銮。

前腔(桂)铜肝铁胆做良臣，颠而能扶，屈而能伸。(内向)文武百官要怎的？文官不要钱，武官不要命，都要加忠荩。呀！那奸雄误国欺心汉，反不如鳞介尊神龙，走兽宗麒麟。(全)好，更好。(吴)兄弟，俺又有一句话说。以爱妻子的心去事亲，则尽孝。以保富贵之心去奉君，则尽忠。(高)真千古之格言。(桂)我劝世人交好人，管鲍千载一知心。指天誓日同生死，重义还须报重恩。前腔(桂唱)结交全要好端详，断金刎颈，露布衷肠。(内向)有富贵贫贱不同。富贵不可恃，贫贱不可忘，都要地久天长。呀！那一等侥负忘恩汉，反不如犬湿草、马垂缰。(吴)兄弟，俺有一句话说。不结子花休要种，无义之朋切莫交。(全)有酒有肉多兄弟，急难何曾见一人。(高)二位仁兄怎么这等说，刘关张桃园三结义，千载流芳。韩朋三结义，托孤寄命。灵辄御公徒，以救赵盾。豫让感国士，以报智伯。范叔赍袄，袍之须贾，子胥祝芦江之丈人。魂泛大鲸海，恩重巨鳌山，哪个不晓得以德报德？(吴)天下不忘恩，肯报德者几个？举世皆长颈鸟喙，可与共患难，不可同安乐。此诗具咏于谷风。范蠡托游于五湖，可恨

可叹。(全)曹瞒说"宁使我负天下人,不要天下人负我"。如今哪一个不相负?然操固天下之雄,而今安在哉!(高)学好人,不学不好人。只要论我自家生平,心事对谁知,青天白日,眼底人情须堪破,流水浮云。(全)覆雨翻云何险也,论人情,只合杜门。嘲弄月,忽颓然,全天真,且须对酒。(吴)兰香,你再唱,劝二位相公酒。(兰)贱妾亦有劝善歌。(全)兄,你好善,连他这一起也是好善的。唱来,快唱来。(兰)妙药难医冤债病,横财不富命穷人。亏心折尽平生福,行短天高一世贫。生事事生君莫怨,害人人害汝休嗔。天地自然皆有报,远在儿孙近在身。

〔二犯傍妆台〕(兰唱)青天不可欺,未曾举意天先知。抬起头才三尺,也须防听时。你看暗室贞邪,忽而万口喧传。自心善恶,炯然凛于四王考校。常把一心为正道,莫行艰险路崎岖。王莽、曹操、李林甫、秦桧那样奸雄枭恶,皆有恶报。春种一粒粟,秋收万颗子。人生为善恶,果报还如此。报应毫厘,争早争迟,往古来今,放过谁?(全)好吓人。

前腔(兰唱)富贵不可求,何须分外巧机谋?万事皆有定,奔忙到白头。人心不足蛇吞象,百岁人生有几秋?箪食草衣,凄凉穷巷,安吾拙,亦安吾愚。银黄金紫,驰骋康衢,是甚才,亦是甚命?倒不如粗衣淡饭,可休即休,空使身心半夜愁。(全、高)(喝彩)妙!妙妙!

(前腔)(兰)教子好读书,有书不教子孙愚。人不通古今,马牛而襟裾。(内向)假如子孙不读书,怎么处他?教农、教商,并教艺。田地勤耕,廪不虚,各安生理,胜积金珠。养子不教,便成猪。(全、高)(喝

彩)妙!妙!请酒。(吴)赛花,你也唱,劝二位相公酒。(赛)酒色财气四堵墙,多少贤愚在内厢。若有世人跳得出,便是神仙不死方。

〔销金帐〕(赛)酒不可滥,只可小醉微酣。若醉了,便腌臜破衣帽,口乱呢喃,跌倒西南。惹是非,父母、妻儿惊破胆。(内向)有甚是凭据?(赛)传毕卓于一夕,埋玄石于千日。六逸狂纵,七贤裸达。大禹恐尔致败,逐疏仪狄,卫武因尔悔过,严示宾筵。丘糟池酒,惟狂罔念,可鉴到那亡身丧命,那时贪不贪?

(前腔)(赛)色不可耽,美色如坑陷,消骨肉,病难堪,迷魂阵胜如刀斩,神昏魂惨。到阎王,不待无常鬼催勘。(内向)有甚么凭据?(赛)夏以妹喜,纣以妲己,周以褒姒,夫差以西施。为枭为鸱,倾国倾城可鉴。(合)到那亡身败国,那时贪不贪。

前腔(赛)财不可耽,万般巧计,贪婪心不满,多怨憾。略过粗饭布衫,有何差惭?(内向)不贪财,有何好处?(赛)一不积财,二不积怨,睡也安然,坐也方便。石崇巨富,竟以财丧命。堆红朽,天地忌,盈也不甘。为富不仁,付与败子,可鉴。(合)到那破家荡产,那时贪不贪?

前腔(赛)气不可喊,凡事只可包含。逞好汉,祸怎堪?看凶暴,似立墙岩,何须虓憨。(内向)有什么凭据?(赛)楚伯王,力拔山气盖世,竟刎乌江。周瑜用计要害孔明,被孔明三气而死。语云:金刚则折,革刚则裂。忍与耐,刚柔相济,是奇男。齿亡唇存,老子之言,可鉴。(合)到那丧身亡命,那时贪不贪?(全,高)快哉,快哉!酒已醉了,就此告辞。(三旦再劝酒)

〔西江月〕(全、高,合唱)世事短如春梦,人情薄如秋云。不须计较苦劳心,万事原来有命。幸遇三杯酒美,况逢一朵花新。片时欢笑且相亲,明日阴晴未定。

〔石榴花〕(吴)仙苑春浓,小桃花开枝枝,已堪攀折。乍雨乍晴,轻暖轻寒,渐近那赏花时节。你看,缘柳摇台榭,东风软,帘卷静寂,幽禽调舌,我与你天长地久,共绸缪,千秋永结。

〔满庭芳〕(全)脱兔云开,春随人意,骤雨才过还晴,古台方榭,飞燕蹴红英。舞困榆钱,自落秋千外。绿水桥平,东风里,朱门映柳低,按小秦筝。

前腔(高)多情行乐处,珠钿翠盖,金辔红缨,渐酒空醽醁。花困蓬瀛。老兄,人少得快活,佳节每从愁里过,壮心还倚醉中乐。豆蔻梢头旧恨,十年梦,屈指堪惊。倚栏久,疏烟淡月,微映百层城(吴)二兄,你看那鸟儿叫得好听。

〔醉乡春〕(吴)唤起一声人悄,衾冷梦,寒霜晓,瘴雨过,海棠开,春色又添多少。社瓮酿成微笑,半破瘿瓢,共酌觉颠倒。急投床,醉乡广大人间小。

(全)年年长进紫霞觞。(高)君子淡交岁月长。(吴)冷暖世情休说破,(合)从来积善有祯祥。

卷二　表古风、赋歌调诗㉝

玉泉仙人掌茶　李白(常闻玉泉山)

茶山今在宜兴　袁高(禹贡通远俗)

茶山　杜牧(山实东吴秀)

双井茶　欧阳修(西江水清江石老)

茶岭　韦处厚(顾渚吴商绝)

过陆羽茶井　王元之[14](瓷石封苔百尺深)

咏茶阮郎归　黄鲁直(歌停檀板舞停鸾)

咏茶　丁谓(建水正寒清)

咏茶　郑愚(嫩芽香且灵)

咏茶　蔡伯坚[15](天上赐金奁)

和咏茶　高季默(谁打玉川门)

　　咏茶

　　袁崧山记惊三峡,陆羽茶经品四泉。如此山川须领略,及秋吾欲赋归田。

竹间自采茶　柳宗元(芳丛翳湘竹)

送陆鸿渐栖霞寺采茶　皇甫冉(采花非采菉)

陆鸿渐采茶相遇　皇甫曾（千峰待逋客）

和章岷从事斗茶歌　范希文（新雷昨夜发何处）

西山兰若试茶歌　刘禹锡㉔（山僧后檐茶数丛）

试茶诗　林和靖（白云峰下两枪新）

煎茶歌　苏轼（蟹眼已过鱼眼生）

咏煎茶　阮郎归

　　烹茶留客驻金鞍，月斜窗外山。见郎容易别郎难，有人愁远山。归去后，忆前欢，画屏金转山。一杯春露莫留残，与郎扶玉山。

与孟郊洛北野泉上煎茶　刘言史（敲石取鲜火）

峡中煎茶　郑若愚（簇簇新芽摘露光）

煎茶　吕居仁（春阴养芽针锋芒）

睡后煎茶㉕　白乐天（婆娑绿阴树）

娇女　左思（吾家有娇女）

咏饮茶　党怀英（红莎绿蒻春风饼）

煎茶　李南金㉖（砌虫唧唧万蝉催）

又㉗　（松风桧雨到来初）

　　观汤檀越日造门求观汤，戏自韵。

沙门福全（生成盏里水丹青）

进茶表㉘　丁谓

　　产异金沙，名非紫笋。江边地暖，方呈彼苗之形；阙下春寒，已发其甘之味。有以少为贵者，焉敢韫而藏诸。见谓新茶，盖遵旧例。

问大冶长老乞桃花茶㉙水调歌头　苏东坡（已过几番雨）

送龙茶与许道士　欧阳修（颖阳道士青霞客）

赠晁无咎　黄鲁直（曲几蒲团听煮渴）

过长孙宅与郎上人茶会　钱起（偶与息心侣）

尝新茶呈圣俞二首　欧阳修（建安三千里）

又（吾年向老世味薄）

和梅公仪尝茶（溪山击鼓助雷惊）

尝新茶　颜潜庵

　　偏承雨露润英华，名羡东吴品第佳。蒙顶晓晴分雀舌，武夷春暖焙龙芽。玉瓯瀹出生云浪，宝鼎烹来滚雪苍。啜罢令人肌骨爽，风生两腋不须赊。

谢赐凤茶　范希文

　　念犬马之微志，锡龙凤之上珍。馨掩灵芝，味滋甘醴。濯五神之清爽，祛百病之冥烦。允彰仁寿之恩，特出圣神之眷。谨当饼为良药，饮代凝冰。思苦口以进言，励清心而守道。

谢孟谏议寄新茶　卢仝（日高丈五睡正浓）

谢木舍人送讲筵茶　杨诚斋（吴绫缝囊染菊水）

谢僧寄茶　李咸用（空门少年初志坚）

谢惠茶　周爱莲

　　露芽鲜摘净无尘，分惠深蒙意最真。封里宛然三道即，馨香别是一春。烹从金鼎霞翻数，泻白银瓯雾起频。书馆时来吞一枕，睡魔战退起精神。

谢故人寄新茶　曹邺16（剑外九华英）

史恭甫远致阳羡茶惠山泉　王宠

　　夜发茶山使，朝飞乳窦泉。况逢春酒渴，转忆竹林眠。钟鼎非天性，烟霞入太玄。百年山海癖，何幸赏高贤。

游杭州诸寺饮酽茶七碗戏书　苏东坡㉚（示病维摩原不病）

茶坞　皮日休、陆龟蒙

（闲寻尧氏山）

（茗地曲隈回）

茶人　皮日休、陆龟蒙

（生于顾渚山）

（天赋识灵草）

茶笋　皮日休，陆龟蒙

（褒然三五寸）

（所孕和气深）

茶籝　皮日休、陆龟蒙

（筤篣晓携去）

（金刀劈翠筠）

茶舍　皮日休、陆龟蒙

（阳崖枕白屋）

（旋取山上材）

茶灶　皮日休、陆龟蒙

（南山茶事动）

（无突抱轻岚）

茶焙　皮日休、陆龟蒙

（凿彼碧岩下）

（左右捣凝膏）

茶鼎　皮日休、陆龟蒙

（龙舒有良匠）

（新泉气味良）

茶瓯　皮日休、陆龟蒙

（邢客与越人）

（昔人谢抠捵）

煮茶　皮日休、陆龟蒙

（香泉一合乳）

（闲来松间坐）

觅茶二首　张君彦[17]

内家新赐密云龙，只到调元六七公[⑦]。
赖有家山供小草，犹堪诗老荐春风。

觅茶

仇池诗里识焦坑，风味官焙可抗衡。
钻余权幸亦及我，十辈遣前公试烹。

焙笼法式

茶焙，编竹为之，里以蒻叶。盖其上，
以收火也；隔其中，以有容也。纳火[⑫]其下，
去茶尺许，常温温然，所以养茶色香味也。
茶不入焙者，宜密封，里以蒻，笼盛之，置高
处，不近湿气。

卷二茶事内各至此止

茶酒争奇卷二[18]

注　　释

1　以下全为酒诗文，删不录。

2　西域僧有金地茶：即一般所说的"金地
　　藏茶"。金地藏，相传原为新罗王子，
　　后出家至西域学佛，最后定居九华山
　　为僧，也即后世俗所说的地藏王菩萨。

3　逋翁：唐代李况，逋翁是其字。

4　陶彝：宋邠州新平（今陕西彬县）人，陶
　　谷的侄子，少聪颖，有诗词天赋。

5　高人爱惜藏岩里：齐己诗句。齐己，俗
　　姓胡，潭州益阳人。出家大沩山同庆

寺，复栖衡岳东林，后欲入蜀，经江陵，
高从诲留为僧正，居龙兴寺，自号衡岳
沙门。以诗名，有《白莲集》十卷、《外
编》一卷、《今编诗》十卷。

6　一杯永日醒双眼：此瑞草魁所咏两句，
　　为宋曾巩所写《尝新茶》之最后两句。

7　旋沫翻成碧玉池：此瑞草魁吟两句，为
　　唐李泌《赋茶》诗句。李泌，字长源，京
　　兆人，七岁知为文。代宗朝，召为翰林
　　学士，出为杭州刺史，贞元中拜中书侍

郎章事,封郏县侯。集二十卷。

8　慢行成酩酊:此两诗句,摘自李商隐《自喜》。

9　病骨瘦便花蕊暖:此两诗句,摘自欧阳修作于治平四年(1068)的《感事》诗。

10　朱桃椎:唐益州成都人,淡泊绝俗,结庐山中,人称朱居士,夏裸,冬以木皮叶自蔽。不受人遗赠,每织草鞋置路旁易米,终不见人。

11　范希文有《茶咏》:范希文,即范仲淹,希文是其字。《茶咏》,疑指其所撰《斗茶歌》。

12　窦子野有《酒谱》:窦子野,即窦苹(常被误作苹、革、平),字子野,一作叔野。宋郓州中都人,哲宗元祐六年,官大理

司直。学问精确,有《酒谱》等。

13　常伯雄虽善茶,李季卿赏以三十钱:此处疑误,据传说所载,非常伯雄,应为陆羽。又,常伯雄,多作常伯熊。

14　王元之:即王禹偁(954—1001),元之是他的字。

15　蔡伯坚:即蔡松年,伯坚是他的字。

16　曹邺:本诗《全唐诗》一作李德裕作。

17　张君彦:"君"字,《清波杂志》、《宋诗记事》作"晋"。晋彦即张祁。晋彦是他的字,号总得居士。乌江人。官至淮南漕运判官。

18　此以下收录的全为酒文酒诗,与茶无关,全删。

校　勘

①　卷一　叙述茶酒争奇:底本原仅书"卷一"两字,据文中标题增补。

②　卷二　表古风　赋歌调诗:底本原作"茶酒争奇卷二",据文中标题增补。又,底本目录次序混乱,与内文多处不符,为保留原书风貌,不作删改。

③　郑愚:底本作"郑遇",误,径改,下不出校。

④　高季默:底本作"高季黯",误,径改,下不出校。

⑤　皇甫曾:底本作"皇甫冉",误,径改。

⑥　刘禹锡:底本作"卢仝",误,径改。

⑦　煎茶调　苏轼:此诗只存目次,内文并未收录。

⑧　与孟郊洛北野泉上煎茶:"北"字,底本作"比",误,径改。

⑨　刘〔言〕史:底本脱"言"字,径加。

⑩　问大冶长老乞桃花茶:大冶,底本作"太治";桃花,底本作"桃水",误,据明代夏树芳《茶董·龙团凤髓》改。

⑪　〔过〕长孙宅与郎上〔人茶〕会:底本目录原稿,在本题脱"过""人茶"三字,误作《长孙宅与郎上会》,据《全唐诗》径补。

⑫　黄鲁〔直〕:底本脱"直"字,径补。

⑬　〔圣〕俞:底本脱"圣"字,径补。

⑭　茶叙述源流:底本内文既不分段,更未立题,校时据目录径补。

⑮　生芽:"生"字,毛文锡《茶谱》作"露"字。

⑯　建州之北苑先春龙焙:"州"字,底本作"苑",误,据毛文锡《茶谱》径改。

⑰　丁晋公谓石乳出壑岭断崖铁石之间:"断崖铁石",断字,《茶董》作缺,《宣和北苑贡茶录》作"石崖",云石乳"丛生石崖"之间。

⑱　中孚衲子有仙人掌:"中孚衲子",底本作"中衲孚子",据李白《答族侄僧中孚赠玉泉仙人掌茶》诗径改。

⑲　昙〔济〕道人:南朝宋八公山道人。底本脱"济"字,径补。

⑳　西域僧:底本作"西城僧",误,径改。

㉑　《神农经》:据下录内容,似即陆羽《茶经》所载的《神农食经》。

㉒　刘越石:"石"字,底本作"尼",误,径改。

㉓　〔此〕谓老汤:"此"字,底本原阙,据《续茶经》补。

㉔　《斗茶记》:"记"字,底本原误作"说"字,径改。

㉕　《茶录》:此处《茶录》应是据宋子安《东溪试茶录》,其中前一部分实为丁谓《北苑茶录》的内容。

㉖　酒叙述源流:此为目录所题,底本无标,校时径补。

㉗ 上官子醉梦：此为目录所题，底本无标，校时径补。

㉘ 茶酒共争辩：此为目录所题，底本无标，校时径补。

㉙ 十八品：下文有十九种茶叶，应误。

㉚ 承平雅玩：底本作“承平杂玩”，据宋代熊蕃《宣和北苑贡茶录》改。

㉛ 琼林毓粹：底本作“琼林毓瑞”，据《宣和北苑贡茶录》改。

㉜ 雪英、云叶：底本作“云英雪叶”，据《宣和北苑贡茶录》改。

㉝ 金钱、王华：底本作“金钱玉叶”，据《宣和北苑贡茶录》改。

㉞ 太平嘉瑞：底本作“太平佳瑞”，据《宣和北苑贡茶录》改。

㉟ 张孟〔阳〕：“阳”字，本文底本脱，据张载原诗补，“孟阳”，是张载的字。

㊱ 代酒：“酒”字，底本作“醉”，校时径改。

㊲ 莲花文章：“章”字，底本作“草”，误，径改。

㊳ 《斗茶记》：底本作《斗茶说》，径改。

㊴ 鲍昭妹：“妹”字，底本作“姊”，径改。

㊵ 诗词：底本作“诗调”，径改。

㊶ 诗词歌赋：“词”字，底本作“调”，径改。

㊷ 季疵：“疵”字，底本作“卿”字，径改。

㊸ 茶园：底本作“菜园”，误，径改。

㊹ 季疵：“疵”字，底本作“鹰”字，径改。

㊺ 酪奴：“酪”字，底本作“骆”，径改。

㊻ 醪：底本作“胶”，（膠）误，径改。

㊼ 人尽乐：“尽”字，底本作“都”字，据原诗改。

㊽ 茶酒私奏本：此为目录所题，底本无标，校时径补。

㊾ 臣无任悚□：本文底本原文不清，似“石”似“反”，与文意又不合，故作空缺。

㊿ 水火二官判：此为目录所题，底本无标，校时径补。

(51) 茶四书文章：底本作“酪奴进茶文章”，据目录改。

(52) □所爱则□所养：底本模糊不清，似“不”似“反”，故作空缺。

(53) 酒四书文章：底本作“督邮进酒文章”，据目录改。

(54) 茶集曲牌名：此为目录所题，底本无标，校时径补。

(55) 中衮第三：“三”字，底本作“五”，误，径改。

(56) 红衲袄：“衲”字，底本作“纳”，径改。

(57) 酒集曲牌名：此为目录所题，底本无标，校时径补。

(58) 水火总判断：此为目录所题，底本无标，校时径补。

(59) 酪奴：“酪”字，底本作“醪”，径改。

(60) 庆寿茶酒：本文底本此原题作“茶酒传奇”，据目录改。

(61) 小字前的“○”为底本特有符号，大致表示上下文之间需相隔之意，照原样予以保留。

(62) 泰：底本作“秦”，疑误。

(63) 卷二　表古风、赋歌调诗：本题本文所刊原貌为：第一行作“茶酒争奇　卷二”；第二行为“表古风”；第三行为“赋歌调诗”。现卷题为本书校录时删定。

(64) 刘禹锡：底本误作“卢仝”，径改。

(65) 睡后煎茶：“煎”字，底本作“烹”字，据目录改。

(66) 煎茶　李南金：本诗与上文《娇女》一诗，目录误将其目次合作《娇女煎茶》。

(67) 又：本诗应作罗大径之《煎茶》诗，底本作李南金诗，误。本文这里也仅摘前四句，后面还有“分得春茶谷雨前，白云裹里且鲜妍。瓦瓶旋汲三泉水，三帽笼头手自煎”等句。

(68) 进茶表：“表”字，底本作“食”字，径改。

(69) 问大冶长老乞桃花茶：底本作“问大池长老乞桃茶”，据《茶董补》径改。

(70) 游杭州诸寺饮酽茶七碗戏书　苏东坡：此诗于目录不存目次。

(71) 只到调元六七公：“只”，底本作“占”，误，径改。

(72) 火：底本作“下”，据《端明集》改。

明抄茶水诗文 | 明　醉茶消客　辑

作者及传世版本

　　本篇纂辑者醉茶消客，无姓无名，不知何人。詹景凤曾以"醉茶"名轩，不知与此是否有关。

　　本文现存旧钞本两种：一藏南京图书馆，一在中国农业科学院，南京农业大学中国农业遗产研究室，均无首页，无题序，无记跋。南图本原先标作清钞本，《中国古籍善本书目》改定为"《茶书》七种七卷，明钞本"。农业遗产研究室藏本未标年代，题作《石鼎联句（钞本）》，副题《历代咏茶诗汇编》。其实与南图本是同一部书稿，书名都是随意加上的。因此，称作《明抄茶水诗文》比较恰当。

　　本篇所辑录诗文，大都已见前人编纂诸书，作为茶史文献的价值不高。但从汇集的诗文中，可以看出明显的江南品味，特别是收录了大量无锡惠山的"竹炉诗"，极有特色。

　　本文以上述两种抄本对校，诗文前见者存目。

原　　文

茶诗　醉茶消客　纂

观贡茶有感

　　山之颠，水之涯，产灵草，年年采摘当春早。制成雀舌龙凤团，题封进入幽燕道；黄旌闪闪方物来，荐新趣上天颜开。海滨亦有间世才，弓旌不来无与媒。长年抱道栖蒿莱，捻髭吟尽江边梅。嗟哉人与草木异，安得知贤若知味。

阳羡采茶怀古五绝　吕暄

其一

　　阳羡报春鸟，山丁意若何。入云同去采，赓唱采茶歌。

其二

　　岁贡在先春，金芽成雀舌。天子欣赏之，仙灵尽通彻。

其三

　　碾畔尘飞绿，烹赏喷异香。一瓯消酒渴，莫问涤诗肠。

其四

　　白花凝碗面，破闷实堪夸。不独诗人爱，僧家与道家。

其五

　　要试腴甘味，须将活火煎。卢仝尝七碗，陆羽著三篇。

茶坞[1]　皮日休[2]（闲寻尧氏山①）《茶经》云：
　　其花白如蔷薇。

茶人　前人（生于顾渚山）一作撷，九字反。其
　　木如玉色，渚人以为杖

茶笋　前人（褒然三五寸）

茶舍　前人（阳崖枕白屋）

煮茶　前人（香泉一合乳）

茶坞[3]　陆龟蒙[4]（茗地曲隈回）

茶人　前人（天赋识灵草）山中有报春鸟

茶笋　前人（所孕和气深）

茶舍　前人（旋取山上材）

煮茶　前人（闲来松间坐）

修贡顾渚茶山作　袁高[5]（禹贡通远俗）

乞茶②　孟郊
　　道意勿乏味，心绪病无悰。蒙茗玉花
尽，越瓯荷叶空。锦水有鲜色，蜀山饶芳
丛。云根才剪绿，印缝已霏红。曾向贵人
得，最将诗叟同。幸为乞寄来，救此病
劣躬。

峡中尝茶　郑谷[6]（簇簇新英滴露光）

北苑　蔡襄（苍山走千里）

茶撵　前人（造化曾无私）

采茶　前人（春衫逐红旗）

造茶　前人（麋玉寸阴间）

试茶　前人（兔毫紫瓯新）

西山兰若试茶歌③　刘禹锡（山僧后檐
　　茶数丛）

与孟郊洛北野泉上煎茶　刘言史[7]（粉
　　细越笋芽）

碾茶奉同六舅尚书韵　黄庭坚
　　要及新香碾一杯，不因传宝到云来。
碎身粉骨方余味，莫厌声喧万壑雷。

煎茶　前人（风炉小鼎不催须）

烹茶　前人
　　乳粥琼糜雾脚回，色香味触映根来。
睡魔有耳不足掩，直拼绳床过疾雷。

以潞公所惠拣芽送公择　前人（庆云十
　　六升龙饼）

奉同公择作拣芽咏　前人（赤囊岁上双
　　龙壁）

今岁官茶极妙而难为赏音者④　前人
　　鸡苏狗虱难同味，惟取君恩归去来⑤。
青箬湖边寻陆顾，白莲社里觅宗雷。
　　乳茶翻碗正眉开，时苦渴龙行热来。
知味者谁心已许，维摩虽默语如雷。

又戏用前韵为双井解嘲　前人（山芽落
　　硙风回雪）

于大冶长老乞桃花茶栽东坡　苏轼
　　（周诗记苦茶）

喜园中茶生　韦应物（洁性不可污）

北苑焙新茶　丁谓
　　北苑龙茶者，甘鲜的是珍。四方惟
数此，万物更无新。才吐微茫绿，初沾
少许春。散寻萦树遍，急采上山频。宿
叶寒犹在，芳芽冷未伸。茅茨溪口焙，
篮笼雨中民。长疾勾萌拆，开齐分两
匀。带烟蒸雀舌，和露叠龙鳞。作贡胜
诸道，先尝只一人。缄封瞻阙下，邮传
渡江滨。特旨留丹禁，殊恩赐近臣。啜
将灵药助，用与上尊亲。头（頭）进英华
尽⑥，初烹气味真。细香胜却麝，浅色过
于筠。顾渚惭投木，宜都愧积薪。年年
号供御，天产壮瓯闽。

月夜汲水煎茶　苏轼（活水仍须活火烹）

双井茶送子瞻　黄庭坚（人间风日不
　　到处）

和曹彦辅寄壑源试焙新芽　苏轼（仙山

灵草湿行云⑦）

觅茶　朱熹

　　茂绿林中三五家，短墙半露小桃花，客行马上多春困，特扣柴门觅一茶。

煎茶歌　苏轼（蟹眼已过鱼眼生）

巽上人采茶见赠酬之以诗　柳宗元
（芳丛翳湘竹）

真愚第啜茶同匏庵文量原已联句8

　　偶逢陆羽得《茶经》成宪出阳羡先春，客因问职方君论味茶之法，故发此句以纪之庚，终为周瑜未酒醒。容七碗清风成大嚼，宽一瓢春兴付忘形。成宪酪奴茗饮原非敌，庚玉醴云腴并有灵。容欲弃糟醨试清啜，宽助渠高论挹芳馨。成宪

谢送碾壑源拣芽　黄庭坚

　　矞云从龙小苍璧，元丰至今人未识。壑源包贡第一春，缃奁碾香供玉食。睿思殿东金井栏，甘露荐饮天开颜。桥山事严庀百局⑧，补衮诸公省中宿。中人传赐夜未央，雨露恩光照宫烛。右丞〔似〕是李元礼⑨，好事风流有泾渭。肯怜天禄校书郎，亲敕家庭遣分似。春风饱识太官羊，不惯腐儒汤饼肠。搜搅十年灯火读⑩，令我胸中书传香。已戒应门老马走，客来问字莫载酒。

以小龙赠晁无咎9用前韵　前人

　　我持玄珪与苍璧，以暗投人渠不识。城南穷巷有佳人，不索槟榔常晏食。赤铜茗碗雨班班，银粟翻光解破颜。上有龙纹下棋局，采囊赠君诺已宿。此物已是元丰春，先皇圣功调玉烛。晁子胸中开典礼，平生自期萃与渭。故用浇君磊块胸，莫令鬓毛雪相似。曲几蒲团听煮汤，煎成车声绕

羊肠。鸡苏胡麻留渴羌，不应乱我官焙香。肌如瓠壶鼻雷吼，幸君饮此勿饮酒。东坡读羊肠之句，曰黄九恁地怎得不穷

双井茶　欧阳修（西江水清江石老）

阳羡茶　吕暄

　　春前推上品，阳羡独知名。已见旗枪折，先从蓓蕾生。品评佳士制，封寄故人情。吟苦山窗下，谁言破宿酲。

蒙山茶

　　茶称瑞产重青徐，蒙顶先春味更殊。碧雪清含山气润，紫云香割石肤腴。采来浑讶莓苔色，嚼碎还同蓓蕾珠。欲待作诗酬谏议，缄书好寄玉川庐。

　　春雷催折雨前芽，芳馈南随贡道赊。土炕笼香朝出焙，瓦瓶翻雪夜生花。清风谏议频劳送，草泽高人远受夸。顾渚建溪休采摘，玉泉新汲到诗家。

六安茶

　　七碗清风自六安，每随佳兴入诗坛。纤芽出土春雷动，活火当炉夜雪残。陆羽旧经遗上品，高阳醉客避清欢。何时一酌中泠水，重试君谟小凤团。

香茶饼⑪

　　茅山岁岁摘先春，礵石霏霏磨作尘。玄露十分和得细，紫云千片制来新。颊车味载能消渴，鼻观香传即咽津。若得清风生两腋，便从羽节访群真。

尝新茶呈梅圣俞　欧阳修（建安三千里）

次尝新茶韵　前人（吾年向老世味薄）

扫雪煎茶⑫　〔谢宗可〕10

　　夜采寒霙煮绿尘，松风入鼎更清新。月团影落银河水，云脚香融玉树春。陆井有泉应近俗，陶家无酒未为贫。诗绷夺尽丰年瑞，分付蓬莱顶上人。

又

四野彤云布,飞花岁暮天。呼僮教去扫,对客取来煎。满泛香多异,初尝味独偏。党家无此乐,粗俗最堪怜。

又　杜庠[11]

石鼎煎熔雪水新,六花香泛雨前春。玉堂清味谁知得,俗杀销金帐里人。

虎丘采茶曲　皇甫汸[12]

灵山深处长芽春,浥露穿云晓径斜。仙掌由来人未识,恐攀秖树误昙花。

采去盈筐倦倚松,金茎半是白云封。佛前数叶香先供,谁觅花间鹿女踪。

茶烟　谢宗可

玉川垆畔影沉沉,澹碧萦空杳隔林。蚓窍声微松火暗,凤团香暖竹窗阴。诗成禅榻风初起,梦破僧房雪未深。老鹤归迟无俗客,白云一缕在遥岑。

煮茶声

龙芽香暖火初红,曲几蒲团听未终。雪乳浮江生玉浪,白云迷洞响松风。蝇飞蚓窍诗怀醒,车绕羊肠醉梦空。如许苍生辛苦恨,蓬莱好问玉川翁。

走笔谢孟谏议寄茶歌　卢仝(日高丈五睡正浓)

煮茶　文彭[13]

煮得新茶碧似油,满倾如雪白瓷瓯。平生消受清闲福,花落溪边日日游。

又　前人

缥色瓷瓯尽草虫,新茶凝碧味初浓,北窗一啜凉风至,试问卢仝同不同。

又　前人

谷雨初收午焙茶,燕来新笋亦生芽。烹茶煮笋烦襟涤,尽日溪边看落花。

友人寄茶

小印轻囊远见遗,故人珍重手亲题。暖含烟雨开封润,翠展旗枪出焙齐。片月分明逢谏议,春风仿佛在荆溪。松根自汲山泉煮,一洗诗肠万斛泥。

石灶烹茶　徐师曾[14]

山厨非玉鼎,真味却悠然。汲水龙湫上,搜珍谷雨前。云浮花外碾,风度竹西烟。不羡高阳醉,知君识更贤。

竹窗烹茶

活火新泉自试烹,竹窗清夜作松声。一瓶若遗文园啜,那得当年肺渴成。

夜起烹茶　孙一元[15]

碎擘月团细,分灯来夜缸。瓦铛然楚竹,石瓮写秋江。水火声初战,旗枪势已降。月明犹在壁,风雨打山窗。

谷雨日试茶　王宠[16]

吉日分蜂谷雨晴,乳茶芽荀试初烹。五侯甲第夸豢鼎,不识人间有太羹。

楞伽山夜同友扫雪烹茶　前人

楞伽一夜三尺雪,疾风濒洞茶磨裂。五湖粘天凝不流,虎豹咆哮万木折。短衣蜡履荷长帚,绝壁巉岩力抖擞。支撑桃竹杖两茎,快斫蓝田玉数斗。何吴二子皆好奇,山僧颠倒袈裟披。十步回头五步叫,复磴悬崖相把持。归来急试煮玉法,夜半红炉炙天热。中泠惠麓浪得名,金液琼浆果奇绝。嵇康自是餐霞人,管城食肉骨相屯。且须痛饮尽七碗,钟鼎山林安足论。

汲泉煮茗对梅清啜　杨溥[17]

缁流不到玉川家,石鼎风炉自煮茶。往日品题无我和,先春滋味有人夸。中泠水畔稀行迹,阳羡山间好物华。安得凤团携至此,闲谈清啜对梅花。

谢僧送茶　方回[18]

天目山居公浙右，天都峰住我江东。两家茶荈更相馈，草木吾侪气味同。

宾旸张考坞观茶花　前人

头上漉酒巾，风吹行欹斜。野径政自稳，世途殊未涯。礼能致商皓，势足屈孟嘉。君身独自由，时到山人家。播植话禾稻，纺绩询桑麻。侧闻此一坞，村酤亦易赊。芙蓉万红萼，锦绣纷交加。掉头不肯顾，特往观茗葩。嗅芳摘苦叶，咀嚼香齿牙。榷利至此物，谁为疲氓嗟。

索云叔新茶　前人

谷雨已过又梅雨，故山犹未致新茶。清风两腋玉川句，三百团应似太夸。

时会堂二首造贡茶所也　欧阳修

积雪犹封蒙顶树，惊雷未发建溪春。中州地暖萌芽早，入贡宜先百物新。忆昔常修守臣职[13]，先春自探两旗开。谁知白首来辞禁，得与金銮赐一杯。

茶山境会[14]　白居易

遥闻境会茶山夜，珠翠歌钟俱绕身。盘下中分两州界，灯前合作一家春。青娥递舞应争妙，紫笋齐尝各斗新。自叹花时北窗下，蒲黄酒对病眼人。

送龙茶与许道人　欧阳修（颖阳道士青霞客）

故人寄茶　李德裕[15]（剑外九华英）

吴正仲遗新茶　丁谓（十片建溪春）

建溪新茗　前人（南国溪阴暖）

煎茶　前人

开缄试雨前，须汲远山泉。自绕风炉立，谁听石碾眠。细微缘入麝，猛沸恰如蝉。罗细烹还好，铛新味更全。花随僧箸

破，云逐客瓯圆。痛惜藏书箧，坚留待雪天。睡醒思满啜，吟困忆重煎。只此消尘虑，何须作酒仙。

建茶呈史君学士　李虚己[19]

石乳标奇品，琼英碾细文。试将梁苑雪，煎动建溪云。清味通宵在，余香隔座闻。遥思摘山日，龙焙未春分。

谢木韫之分送讲筵赐茶　杨廷秀[20]（吴绫缝里染菊水）

澹庵坐上观显上人分茶　前人

分茶何似煎茶好，煎茶不似分茶巧。蒸水老禅弄泉手，隆兴见春新玉爪⑯。二者相遭兔瓯面，怪怪奇奇真善幻。纷如擘絮行太空，影落寒江能万变。银瓶首下仍尻高，注汤作字势嫖姚。不须更师屋漏法，只问此瓶当响答。紫微仙人乌角巾，唤我起看清风生。京尘满袖思一洗，病眼生花得再明。汉鼎难调要公理，策勋茗碗非公事。不如回施与寒儒，归读《茶经》传祑子⑰。

试新茶　文征明（分得春芽谷雨前）

煮茶　前人

老去卢全兴味长，风檐自试雨前枪。竹符调水沙泉活，石鼎然松翠鬣香。黄鸟啼花春酒醒，碧桐摇日午窗凉。五千文字非吾事，聊洗百年汤饼肠。

汲惠泉煮阳羡茶　前人

绢封阳羡月，瓦缶惠山泉。至味心难忘，闲情手自煎。地炉残雪后，禅榻晚风前。为问贫陶谷，何如病玉川。

分茶与周绍祖　陈与义[21]

竹影满幽窗，欲出腰髀懒。何以同岁暮，共此晴云碗。摩娑蛰雷腹，自叹计常短。异时分密云，小杓勿辞满。

寄茶与和甫　王安石⑱

采绛缝囊海上舟，月团苍润紫烟浮。集英殿里春风晚，分到并门想麦秋。

寄茶与平甫　前人（碧月团团堕九天）

清明后一日赏新茶　王穉登[22]

新火清明后，春茶谷雨前。枝枝似碧柳，叶叶直青钱。烟湿山厨竹，香浮石井泉。乌巾花树下，自傍瓦垆煎。

送泰公茶　何景明[23]

英英白云华，采采六山秀。为问病维摩，此味清凉否。

史恭甫远致阳羡茶惠山泉　王宠（夜发茶山使）

吃茗粥作　储光羲（当昼暑气盛）

悦茶　陆采[24]

青岩荫佳木，红泉漱灵根。华舜发春阳，珍品寇芳园。丈人厌粱肉，情与冰蘗敦。烹传世外术，法自谪仙论。清液一入唇，萧然澹心魂。伊昔商山芝，烨烨光玙璠。四叟甘雅素，歌声至今喧。时清道自卷，事变节弥存。与世醉糟醨，而我不与焉。愿分天瓢浆，一洗尘界烦。吾经异陆羽，至理难具言。请君屏垆炭，共谈秋水源。三啜乘风去，振腋越昆仑。

山居新晴采茶寄友　毛文焕[25]

过雨暮山碧，采茶春鸟啼。踏花芳径湿，入竹野丛低。叶润凝烟后，枝寒泣露时。王孙何日到，缄此寄相思。

山人馈茗　前人

叶叶生烟绿玉香，山家新里白云囊。开缄已慰相如渴，卧听松风满石床。

万孝全惠龙团　王十朋

贡余龙饼非常品，绝胜卢仝得月团。岂有诗情可尝此，荷君分贶及粗官。

宗提舶赠新茶次韵　前人（建安分送建溪春）

张教授惠顾渚茶戏答[19]　前人

春回顾渚雪生芽，香味尤宜秘水烹。搜我枯肠欠书卷，饮君清德赖诗情。

啜茶　前人

滥与金华讲，赐沾龙凤团。却归林下饮，更愧是粗官。

食义兴茶次梅尧臣食雅山茶韵

侬素生中吴，不识山水嘉。只（祗）因宣州城[20]，有山名曰鸦。其高几百仞，闷锁烟云霞。当春掇奇产，名重鸦山茶。老我不惯嚼，佳甘义兴芽。韬香藉织茅，里胜须软纱。声价腾京师，珍贵达迩遐。焙法娜成团，拣精不留葩。欲杂诸草木，无如天山麻。未容俗士知，只许学士夸。融融豁查滓，采采撷英华。顾渚蒙岭鄙，双井建溪差。戒润暴频频，取用宜些些。提壶汲惠泉，扫雪烹诗家。春蚓窍有音，白罂玉无瑕。松薪烧逢松，栩栭熬龙蛇。虽云五鼎富，勿谓七碗奢。铜碾扬绿尘，马溷生乳花。朋游数成惠，我腹原有痴。食芹思献纳，负暄动谘嗟。鸦山品斯下，阳羡名益加。玉川能再来，而肯从我耶。

采茶曲　徐𤊓

紫雾微茫晓日迟，女郎呼伴采新枝。龙团贵处休相问，逢着仙人好换诗。

（望望村西忆晚晴）

（春岩到处总含香）

枝头为尔惜行藏，满饱春香亦浪狂。汝为有香人共摘，我无人摘更添香。

（岁岁春深谷雨忙）

香瓣龙团的的真，君王尝处手相亲。

若教知我曾亲手,应得尝时不厌频。

折取新芽莫折技,留枝还有折芽时。若教枝尽无芽折,识得根苗是巧思。

和梅尧臣作宋著凤团茶韵

山人起常早,须髭微带冻。昨见陇畛间,新茶已萌芽㉑。窃睨警撷粟,未堪摘团凤。逶巡逼春分,老小携群共。官府谋计偕,岁度修职贡。俯仰菩蔺林,往来苍虬洞。天葩发珍香,露气染微渲。未考陆羽经,谁唤卢仝梦。蒸焙火性匀,按抟手力众。莫汲扬子江,先斛灌畦瓮。芳蕊盏碗浮,通鬯襟怀中。什袭不轻开,恐听啮䴢美。

茗坡 陆希声[26]

二月山家谷雨天,半坡芳茗露华鲜。春醒酒病兼消渴,借取新芽旋摘煎。

赏茶 徐炬

(竹炉蟹眼荐新赏)

(闲寂空堂坐此身)

(采采新芽斗细工)

(高枕残书小石床)

(梅花落尽野花攒)

(新炉活火谩烹煎)

爱茶歌㉒ 吴宽[27]

汤翁爱茶如爱酒,不数三升并五斗。先春堂开无长物,只将茶灶连茶柏㉓。堂中无事常煮茶,终日茶杯不离口。当筵侍立唯茶僮,入门来谒唯茶友。谢茶有诗学卢仝,煎茶有赋拟黄九。茶经续编不借人,茶谱补遗将脱手。平生种茶不办租,山下茶园知几亩。世人肯向茶乡游,此中亦有无何有。

林秋窗精舍啜茶 李熔 以下俱闽人

月团封寄小窗间,惊起幽人晓梦闲。玉碗啜来肌骨爽,却疑林馆是蓬山。

奉同 陈希登

青僮晓汲石潭间,烧竹烹来意味闲。啜罢清风生两腋,微吟兀坐对南山。

恭继 旋世亨

昔从仙姥下云间,日侍秋窗不放闲。若有樵青来竹里,为君买断武夷山。

敬次 宋儒[28]

云脚春芽一啜间,尘心为洗觉清闲。若教得比陶家味,支杖从容看云山。

奉和 林煌

比来中酒北窗间,宿火烟微白昼闲。试碾龙团躬扫叶,不妨无寐倚屏山。

次韵 俞世洁[29]

自汲深清钓石间,老来无奈此身闲。枯肠七碗神如洗,绝胜他人倒玉山㉔。

答明公送春芽 沈周[30]

山僧藜藿肠,采拾穷野味。灵芽漆园种,新摘带雨气。盐蒸嫩绿愁,日曝微绀瘁。裹纸聊扼许,珍重不多遗。仍传所食法,且嘱要精试。兼烹必双井,水亦惠山二。及云性益寿,甫与昌阳比。香甘流齿颊,食过发吁嚱。山僧苦薄相,折此八千计。本昧吾儒言,方长仁者忌。

煮茗轩㉕ 谢应芳[31]

聚蚊金谷㉖任荤膻,煮茗留人也自贤。三百小团阳羡月,寻常新汲惠山泉。星飞白石童敲火,烟出青林鹤上天。午梦觉来汤欲沸,松风初响竹炉边。

茶灶春烟

隐几无言有所思,笔停小草思迟迟。竹炉汤沸红绡隔,石鼎香清水墨施。轻散鹤巢栖不远,密藏豹雾泽难窥。玉川何处容过访,我欲相从一和诗。

和章岷从事斗茶歌 范希文[32](年年春

自东南来)

啜阳羡茶　文伯仁[33]

阳羡称名久，卢仝素爱深。一杯清渴吻，三盏涤烦襟。酒后添余兴，诗狂助苦吟。临泉汲明月，烹瀹惬吾心。

汲惠泉煮云岩寺茶　周天球[34]

惠泉初试竹炉清，虎阜云中摘露英。一啜能令消渴去，月团双此失芳名。

茶坡为刘世熙作　沈周

使君嗜茶如嗜酒，渴肺沃须解二斗。官清无钱致凤团，有力自栽春五亩。轻雷震地抽绿芽，行歌试采香渐手[27]。世间口腹多累人，日给时需喜家有。还道通灵可入仙，非惟却病仍资寿。笼烟纱帽躬执爨，活火何堪托舆走。题诗戏问滋味余，得似王濛及人否。

谢友惠天池茶　方侯

正苦消中久，多君茗惠新。远分春满里，细嚼口生津。已觉馨香厚，还怜气味真。闭门人不至，莫厌啜来频。

谢友寄新茶　前人

密里青山而雾姿，倩人遥寄到江湄。临〔江〕自汲清泉煮[28]，一碗真能慰所思。

友携茶见过次韵答之　素庵商辂[35]

不寐坐更深，之子相过倍有情。石乳细烹云液滑，桂花香喷玉壶清。星垂绮户风初淡，鹤唳瑶台月正横。啜罢一瓯诗兴发，拂笺似觉笔花生。

汲泉煮茶　袁衮[36]

俗尘还自却，清兴眇无涯。汲得中泠水，同煎顾渚茶。

扫雪烹小龙团　必兴

小龙新制紫婵娟，试向花前扫雪煎。

谁识陶家风味别，只应元是玉堂仙。

啜茶有怀玉川子　袁祖枝

为摘建溪春，分汲中泠水。试问啜茗生，清风自何起。

题茶山　杜牧(山实东南秀)

姚少师寄阳羡茶以诗次韵酬答　素庵

缄书曾寄北京人，新茗遥分羡岭春。细瀹碧瓯香味美，重开锦字雅情真。摘鲜尚想灵芽短，破闷初回午睡新。不谓清风生两腋，却欣先解渴心尘。

山林啜茶　彭天秩[37]

高迹雅怀非绝俗，窦泉春茗未为贫。一杯邀赏青山暮，疏树凉风洒葛巾。

赏新茶　袁衮

新茶吾所爱，最爱雨前茶。四月梧荫下，壶杯写乳花。细香浮玉液，嫩绿泛金芽。倘得中泠水，龙团喜足夸。

汲三泉烹双井茶　朱朗[38]

涪翁放箸茗勋长，宿火莹莹午焙抢。旋汲三泉云外冷，试烹双井雨前香。客来朗月梅窗静，鹤避轻烟竹院凉。笑待山斋真境寂，车声终日绕羊肠。

玉截茶[29]　苏轼

贵人高宴罢，醉眼乱红绿。赤泥开方印，紫饼截圆玉。倾瓯共叹赏，窃语笑僮仆。

雪斋烹茗　郑愚(嫩芽香且灵)

茶山贡焙歌　李郢

使君爱客情无已，客在金台价无比。春风三月贡茶时，尽逐红旗到山里[30]。焙中清晓朱门开，筐箱渐见新芽来。凌烟触露不停采，官家赤印连帖催。朝饥暮匐谁兴哀，喧阗竞纳不盈掬。一时一饷还成堆，蒸之馥之香胜梅。研膏架动轰如雷，茶成拜表贡天子。万人争嗷春山摧，驿骑鞭声砉流电。半夜驱夫谁复见，十日王程路四千。到时须及清明宴，吾君可谓纳谏君，谏官不谏何由闻。九重城里虽玉食，天涯吏役长纷纷。使君忧民惨容色。就焙赏茶坐诸客，几回到口重咨嗟。嫩绿鲜芳出何力，山中有酒亦有歌。乐营房户皆仙家，仙家十队酒百斛。金丝宴馔随经过，使君是日忧思多。客亦无言征绮罗，殷勤绕焙复长叹。官府例成期如何，吴民吴民莫惟悴，使君作相期尔苏。

试茶有怀㉛　林逋㉟（白云峰下两枪新）

题茶㉜　吕居士

平生心赏建溪春，一丘风味极可人。香包解尽宝带胯，黑面碾出明窗尘。

壑源岭茶　黄庭坚

香从灵壑垄上发，味自白石源中生。为公唤觉荆州梦，何待南柯一梦成。

煎茶㉝　苏轼

建溪时产虽不同，啜过始知真味永。纵复苦梗终可录，汲黯少戆宽饶猛。葵花玉胯不易致，道路幽险隔云岭。谁知使者来自西，开缄磊落收百饼。啜香㉞嚼味本非别，透纸自觉光炯炯。粗糠团凤友小龙，奴隶日铸臣双井。收藏爱惜待佳客，不敢包里钻权幸。

禁烟前见茶㉟　白乐天（红纸一封书后日）

啜凤茶　惠洪㊵

苍壁碧云盘小凤，睿思分赐君恩重。绿杨院落天昼永，碾声惊破南窗梦。骤观诗胆已开张，欲啜睡魔先震恐。七碗清风生两腋，月胁清魂谁与共。戏将妙语敌分香，诗成一书卢仝垒。

赋寄谢友㊱　苏轼

我生百事常随缘，四方水陆无不便。扁舟渡江适吴越，三年饮食穷芳鲜。金齑玉鲙饭炊雪，海螯江柱初脱泉。临风饮食甘寝罢㊲，一瓯花乳浮轻圆。柘罗铜碾弃不用，脂麻白玉须盆研。沙溪北苑强分别，水脚一线谁争先。清诗两幅寄千里，紫金百饼费万钱。吟哦烹唯两奇绝，只恐偷去烦封缠。老妻稚子不知爱，一半已入姜盐煎。知君穷旅不自释，因诗寄谢聊相镌。

赐官拣茶㊳　前人（妙供来香积）

头网茶　前人

火前试焙分新胯，雪里头纲辍赐龙。从此升堂是兄弟，一瓯林下记相逢。

啜茶㊴　林逋

开时微月上，碾处乱泉声。六碗睡神去，数州诗思清。碧沉霞脚碎，香泛乳花轻。

紫玉玦㊵　苏轼

我生亦何须，一饱万想灭。空烦赤泥印，远致紫玉玦。禅窗丽午景，蜀井出冰雪。坐客皆可人，鼎器手自洁。金钗候汤眼，鱼蟹亦须决。遂令色味香，一日备三绝。报君不虚授，知我非轻啜。

竹里煎茶　晏如生

紫笋金沙具二难，旋烹石鼎傍琅玕。细看蟹眼兼鱼眼，更试龙团与凤团。香雪遂令诗吻润，凉飕并入酒脾寒。文园道有相如渴，不信年来病未安。

寄茶与尤延之㊶　胡珵41

诗人可笑信虚名，击节茶芽意岂轻。尔许中州真后辈，与君顾渚敢连衡。山中寄去无多子，天上归来太瘦生。更送玉尘浇锡水，为搜孔思与周情。

谢友惠茶　董传策幼海42

东吴瑞草愁予臆，象岭春芽春尔颁。

烟鼎浪翻黄雀舌，冰壶雨滴鹧鸪班。烦襟合洒卢仝液，懒性应羞陆羽颜。此日幽窗眠欲醒，绝怜风味一追攀。

璘上人惠茶酬之以诗　刘英[43]

春茗初收谷雨前，老僧分惠意殷虔。也知顾渚无双品，须试吴山第一泉。竹里细烹清睡思，风前小啜悟诗禅。相酬拟作长歌赠，浅薄何能继玉川。

谢璘以惠桂花茶　刘泰[44]

金粟金芽出焙篝，鹤边小试兔丝瓯。叶含雷作三春雨[42]，花带天香八月秋。美味绝胜阳羡产，神清如在广寒游。玉川句好无才续，我欲逃禅问赵州。

煮茗　陈沂[45]

芳品花团露，细香松度风。山吟肺正渴，石鼎火初红。

煮茗　顾璘[46]

为有余醒在，还牵睡思繁。汲泉敲石火，先试小龙团。

龙井试茶　李奎

闲寻龙井水，来试雨前春。欲识山中味，还同静者论。雪花浮鼎白，云脚入瓯新。一啜清诗肺，松风吹角巾。

石鼎联句[47]　韩愈

巧匠断山骨，刳中事煎烹。师服[43]直柄未当权，塞口且吞声。喜龙头缩菌蠢，豕腹胀膨脝。弥明外包干藓纹，中有暗浪惊。师服在冷足安自，遭焚意〔弥贞〕[44]。喜谬当鼎鼐间，妄使水火争。弥明〔大似烈士胆，圆如战马缨。师服上比香炉尖，下与镜面平。喜[45]〕秋瓜未落带蒂，冻芋僵抽萌。弥明一块元气间，细泉幽窦倾。师服不值输泻处，焉知怀抱清。喜方当红炉然，益见小器盈。弥明睥睨无刀迹，团圆

类天成。师服遥疑龟图负，出曝晓正晴。喜旁有双耳穿，上为孤髻撑。弥明或讶短尾铫，又似无足铛。师服可惜寒食球，掷在路傍坑。喜何当山灰地[46]，无计离瓶罂。弥明陋质荷斗酌，挟中贵提擎。师服岂能煮仙药，但未污羊羹。喜形模妇女笑，度量儿童轻。徒尔坚重性，不过升合盛。师服仍似废毂仰，侧见折轴横。喜〔时于〕蚯蚓窍[47]，微作苍蝇鸣。弥明以兹翻溢愆，实负任使诚。师服当居顾盼地，敢有〔漏泄情〕[48]。喜宁依暖热弊，不与寒凉并。弥明区区徒自效，琐琐不足呈。师服回旋但兀兀，开合唯铿铿。喜全胜瑚琏贵，空有口传名。岂比俎豆古，不为手所撜。磨砻去圭角，浸润著光明。愿君莫嘲诮，此物方施行。四韵并弥明所作。

石鼎　沈周

〔惟〕尔宜烹我服从，浑然玉琢谢金熔[49]。广唇呿哆宁无合，枵腹膨〔亨〕自有容[50]。味在何妨人染指，铼存还愧母尸饔。老夫饱饭需茶次，笑看人间水火攻。

次韵周穜惠石铫　苏轼

铜铼[51]铁涩不宜泉，爱此苍然深且宽。蟹眼翻波汤已作，龙头拒火柄犹寒。姜辛盐少茶初熟[52]，水渍云蒸藓未干。自古函牛多折足，要知无脚是轻安。

茶鼎　皮日休（龙舒有良匠）

茶鼎　陆龟蒙（新泉气味良）

茶灶咏寄鲁望[48]　皮日休（南山茶事动）

茶灶答袭美[49]　陆龟蒙（无突抱轻岚）

茶夹铭　程宣子

武夷溪边，神仙宅家，石筋山脉，钟异于茶。馨含雪尺，香启雷车。口藓怒生。粟粒露芽，采之撷之，收英敛华，松风煮汤，

味薰烟霞。

茶籯 皮日休（筤篣晓携去）

茶籯 陆龟蒙（金刀劈翠筠）

茶笅二首 谢宗可

此君一节莹无瑕，夜听松声漱玉华。万缕引风归蟹眼，半瓯飞雪起龙芽。香凝翠发云生脚，湿满苍髯浪卷花。到手纤毫皆尽力，多应不负玉川家。

一握云丝万缕情，碧瓯横起海涛声。玉尘散作云千朵，香乳堆成玉一泓。松卷天风龙鬣动，竹摇山雨凤毛轻。鬓边短发消磨尽，□共卢仝过此生。

茶焙吟寄江湖散人 皮日休（凿彼碧岩下）

茶焙吟酬皮袭美 陆龟蒙（左右捣凝膏）

茶磨 丁谓

楚匠斫山骨，折檀为磨脐。乾坤人力内，日月蚁行迷。吐雪夸春茗，堆云忆旧溪。北归惟此急，茶臼不须赍㉝。

茶瓯咏寄天随子 皮日休

分太极前吟苦诗，瓢和月饮梦醒时。榻带云眠何当再，读卢仙赋千古清风道味全。

奉次 屠湖[50]

平生端不近贪泉，只取清泠旋旋煎。陆氏铜炉应在右，韩公石鼎敢争前。满瓯花露消春困，两耳松风惊昼眠。官辙难全隐居事，君家子姓独能全。

奉次 倪岳

宿火长温瓮有泉，不妨寒夜客来煎。名佳合附《茶经》后，制古元居《竹谱》前。司马酒垆须却避，玉川幽榻称吟眠。金炉宝鼎多销歇，眼底怜渠独久全。

奉次 程敏政[51]

新茶曾试惠山泉，拂拭筠炉手自煎。拟置水符千里外，忽惊诗案十年前。野僧

暂挽孤舟住，词客遥分半榻眠。回首旧游如昨日，山中清乐羡君全。

其二 前人

斫竹为炉贮茗泉，不辞剪伐更烹煎。分烟远欲过林外，煮雪清宜对客前。阮籍兴多惟纵酒，卢仝诗好却耽眠。微吟细瀹松风里，得似君家二美全。

奉次 李东阳[52]

石铫曾分衮衮泉，里茶添火试同煎。形模岂必随，人后鉴赏何[53]。

〔**茶瓯**〕 〔**皮日休**〕㊹（邢客与越人）

茶瓯咏和皮袭美 陆龟蒙（昔人谢坲埏）

芝麻

茶性太豁人，必藉诸草木。胡麻本仙种，其生类苜蓿。□□毕来年，薅土洒碎玉。性燥恶淖泥，苗生戒鸲鹆。得雨挺矢身，擷房贮珠粟。但愿地力肥，一亩收十斛。玉川得升合，石鼎茶初熟。齿颊暗浮香，血气藉荣足。不是觅源人，偶饭清溪曲。

题复竹炉卷㊺ 秦夔[54]

烹茶只合伴枯禅，误落人间五十年。华屋梦醒尘冉冉，湘江魂冷月娟娟。归来白璧元无玷，老去青山最有缘。从此远公须爱惜，愿同衣钵永相传。

竹茶垆倡和㊻ 王绂[55]

与客来赏第二泉，山僧休怪急相煎。结庵正在松风里，里茗还从谷雨前。玉碗酒香挥且去，石床苔厚醒犹眠。百年重试筠炉火，古杓争怜更瓦全。

奉次㊼ 吴宽

惠山竹茶炉，有先辈王中舍之诗传诵久矣。今余友秋亭盛君仿其制为之。其伯父方伯冰壑为铭，秋亭自咏诗用中舍韵，属

余和之塞白耳㊿。

听松庵里试名泉，旧物曾将活火煎。
再读铭文何更古，偶观规制宛如前。细筋
信尔呈工巧，暗浪从渠搅醉眠。绝胜田家
盛酒具，百年常共子孙全。

奉次　盛颙[56]

唐相何劳递惠泉，携来随处可茶煎。
三湘漫卷磁瓶里，一窍初因置我前。秋共
林僧烧叶坐，夜留山客听松眠。王家旧物
今虽在，竹缺沙崩恐未全。

奉次　李杰[57]

龙团细碾瀹新泉，手制筠炉每自煎。
嗜好肯居全老后，精工更出舍人前。芸窗
月冷吟何苦，竹榻烟轻醉未眠。分付溪奴
频扫雪，器清味澹美尤全。

奉次　谢迁[58]

茗碗清风竹下泉，汲泉仍付竹炉煎。
夜瓶春瓮轻烟里，嶵峪荆溪旧榻前。谷雨
未干湘女泣，火珠深拥窣龙眠。卢仝故业
王猷宅，凭仗山人为保全。

其二　前人

不慕糟丘与酒泉，竹炉更取瓦瓶煎。
月团影落湘云里，雪乳香分社日前。金马
门中方朔醉，长安市上谪仙眠。古来放达
非吾愿，颇爱陶家风味全。

奉次　杨守阯[59]

挥翰如流思涌泉，碧琅茶灶对床煎。
气蒸蟹眼潮初长，声绕羊肠车不前。绝品
小团中禁赐，清风高枕北窗眠。只怜命堕
颠崖者，安得提撕出万全。

其二　前人

石锈铜腥不受泉，小团还对此君煎。
贞心未改寒居后，虚号谁求古步前。夜阁
坐来成独语，千窗愁破只高眠。笔床忆共

天随住，苦李于今幸自全。

奉次　王鏊[60]

烧竹书斋煮玉泉，同根谁使也相煎。
匡床简易聊堪坐，石鼎膨脝莫漫煎。月落
湘妃犹自泣，日高卢老且浓眠。唯君肯慰
诗人渴，不学相如与璧全。

奉次　商良臣[61]

筠炉雅称试寒泉，雀舌龙团手自煎。
翠浪暗翻明月下，青烟轻扬落花前。卢仝
顿觉风生腋，宰我从知书废眠。经纬功成
谢陶铸，调元事业定能全。

奉次　陈璚[62]

几年林下煮名泉，携向词垣试一煎。
古朴肯容铜鼎并，雅宜应置笔床前。席间
有物供吟料，桥上无人复醉眠。顿使士林
传盛事，儒家风味此中全。

奉次　司马垔

体裁不称贮平泉，只称诗人与雪煎。
吟喜茗香生竹里，醉贪松韵落尊前。夜深
有客冲寒过，好句何人倚壁眠。清白家风
偏重此，笑渠宝玩可长全。

奉次　顾荦

南山雀舌惠山泉，趁个筠炉注意煎。
野鹤避烟松径外，寒梅印月纸窗前。谩夸
卢老腾诗价，却笑知章托醉眠。此物不因
君爱护，人间那得令名全。

奉次　吴学[63]

天上月团山下泉，清风端合此炉煎。
制殊石鼎差今古，咏出骚人有后前。春思
撩人开倦眼，夜谈留客唤忘眠。百年我愿
同随住，旧物从来得久全。

奉次　杨子器[64]

偶来一吸石龙泉，顿熄胸中欲火煎。
苦节君居僧榻畔，清风生住惠山前。未应

鸿渐偏能煮，叵耐弥明不爱眠。好事尽输秦太守，百年旧物喜归全。

奉次　钱福[65]

盛氏庄头陆羽泉，王郎炉样盛郎煎。巧将水火归篮底，纱簇烟云罩竹前。汲向清湘嗤拙用，吟成寒夜伴醒眠。更看阳羡山中罐，奇事应谁有十全。

奉次　杜启[66]

古老相传第二泉，舍人特作竹炉煎。人随碧涧皆形外，物共青山只眼前。词客好奇时一过，林僧厌事日高眠。多君番制来都下，便觉书斋事事全。

奉次　缪觊[67]

水汲西禅陆子泉，带香仙掌合炊煎。卢家兴味围屏里，阳羡风情小榻前。白绢印封春受惠，花瓷醒酒夜忘眠。玉堂中舍南宫吏，一代清名得共全。

奉次　潘绪

第二泉高阿对泉，瓷瓶汲取竹炉煎。向来魂梦湘江上，早焙旗枪禁火前。云脚浮花香不断，烟霏笼树鹤初眠。东园老子经三卷，千古流传注未全。

奉次　盛虞[68]

几年渴想惠山泉，汲井当炉茗可煎。诗续舍人高兴后，梦飞陆子旧祠前。形窥凤尾和云织，声肖龙吟伏火眠。心抱岁寒烧不死，一生劲节也能全[69]。

首倡㊴　王绂

僧馆高闲事事幽，竹编茶灶瀹清流㊵。气蒸阳羡三春雨，声带湘江两岸秋。玉臼夜敲苍雪冷，翠瓯晴引碧云稠。禅翁托此重开社，若个知心是赵州。

奉和　卞荣[70]

此泉第二此山幽，名胜谁为第一流。

石鼎联诗追昔日，玉堂挥翰照清秋。评如月旦人何在，曲和阳春客未稠。我亦相过尝七碗，只今从事谢青州。

奉和　谢士元[71]

见说松庵事事幽，此君作则异常流。乾坤取象方成器，水火功收不论秋。尘尾有情披拂遍，玉瓯多事往来稠。几回得赐头纲饼，风味尝来想建州。

奉和　郁云[72]

禅榻曾闻伴独幽，于今又复寄儒流。湘□织就元非治，人世流传不计秋。汲罢清泉谙味美，煮残寒夜觉灰稠。此生只合山中老，肯逐珍奇献帝州。

奉和　张九方[73]

竹炉煮茗称清幽，石上斟泉取急流。细擘凤团香泛雪，旋生蟹〔眼〕韵含秋㊱。火分丹灶红光溜，烟绕书屏翠影稠。醉啜满瓯清彻骨，笑他斗酒博凉州。

奉和　钱章清

我到家山景便幽，秋亭潇洒晋风流。筠炉煮遍龙团月，彩笔驱还石鼎秋。斗室思凝湘水阔，吟郎才更列星稠。清风唤起王中舍，相与逢瀛览九州。

奉和　范昌龄[74]

炉织苍筠趣自幽，头笼纱帽更风流。煮残天上小团月，占断人间万古秋。玉碗素涛晴雪卷，翠瓶香蔼自云稠。欲知极品头纲味，翰苑还看赐帝州。

奉和　陈昌[75]

仿得规模意趣幽，中书题咏尚传流。寒烹山馆三冬雪，凉透湘江六月秋。摘向金蕾东风小，盛来玉碗白花稠。蒙山未许夸名胜，自古还称阳羡州。

奉和　张恺

草亭何事最清幽，割竹为炉烹碧流。

吟骨透残蒙顶月，梦思醒到海涛秋。舍人遗制谁能续，诸者留题趣更稠。我亦兴来风满腋，不知骑鹤有扬州。

奉和　徐麟

巧织苍筤外分幽，心存活火汗先流。轻烟缕缕石亭午，清籁〔飕〕飕松涧秋[62]。三百月团良可重，五千文字未为稠。苍生病渴难□息，心系中原十二州。

奉和　秦锡

翰苑分题为阐幽，清风千古共传流。湿云蒸起潇湘雨，活火烧残嶰谷秋。水汲惠泉盟易结，茶收阳羡味偏稠。笔床今喜相邻近，从此无人慕赵州。

奉和　贾焕[76]

古朴茶炉制度幽，名全苦节入仙流。篝龙气焰三千丈，云朵精华八百秋。倡和有诗人共仰，烹煎得法味应稠。谁云独占山中静，提挈曾闻上帝州。

奉和吴公韵呈盛秋亭　邵瑾[77]

山人遗锉古无前，土植筤笼制法干。千载车声绕山谷，九嶷黛色动湘川。风流共赏庚申夜，款识重刊戊戌年。未许卢仝夸七碗，先生高卧腹便便。

竹茶炉　陶振[78]

惠山亭上老僧伽，斫竹编炉意自嘉。淇雨拂残烧落叶，□□炊起卷飞花。山人借煮云岩药，学士求烹雪水茶。闻道万松禅榻畔，清风长日动袈裟。

茶炉　莫士安[79]

□炉回绕护琅玕，圆上方中量自宽。水火相煎僧事少，旗枪无扰睡魔安。暖红炙汗沾霜节，沸白浇花逗月团。留共梅窗清□罢，雪楼谁道酒杯寒。

竹茶炉

织翠环炉代瓦陶，试烹香茗若溪毛。鹃啼湘浦听春雨，龙起鼎湖翻夜涛。文武火然心转劲，炎凉时异节还高。松根有客联诗就，扫叶归烧莫惮劳。

竹茶炉

乍出潇湘玉一竿，制成规度逐铦圆。暝烟寒雨应无梦，明月清风自有缘。松火才红诗就后，山泉初沸酒醒前。弥明道士如相见，莫作当时石鼎联。

见新效中舍制有赠秋亭　杨循吉[80]

舍人昔居山，雅好煎茗汁。折竹为火炉，意匠巧营立。当时传盛事，吟咏富篇什。谁知百年来，憎房谨收拾。遗规遂不废，手泽光熠熠。盛公效制之，宛有故风习。今人即古人，谁谓不相及。贤孙复好事，相携至京邑。驱驰四千里，爱护费珍袭。吴公一过目，赏叹如不给。赋诗特揄扬，落纸墨犹湿。流传遍都下，赓歌遂成集。冷然惠山泉，千载有人汲。得此讵不佳，卷帙看编辑。

秋亭复制新炉见赠　前人

盛君昔南来，自携竹炉至。吴公既赏咏，遂知公所嗜。还家制其一，持以为公贽。公家冷澹泉，近者新凿利。烹煎已有法，所乏惟此器。岂无陶瓦辈，垄俗何足议。筤炉既轻便，提挈随所置。朝回自理料，不以付童粲。公腹亦大哉，五千卷文字。时时借浇涤，日日出新思。他年著书成，炉亦在功次。此炉今有三，古一新者二。只此可并德，自足立人世。不容再有作，或恐夺真贵。盛君虽好传，珍惜勿重制[81]。

恭继　高直

忆随苏晋学逃禅，往事伤心莫问年。

到处凝尘甘落莫,几番烹雪伴婵娟。黄尘闭世徒高价,清物还山续旧缘。下有武昌秦太守,香泉埋没克谁传。

恭继　黄公探

忆事山中别老禅,松关寂寞已多年。寒惊春雨怀鸿渐,梦落西风泣丽娟。忽逐担头归旧隐,旋烹鱼尾叙新缘。玉堂学士遗编在,赢得时人一蚁传。

其二　前人

听松闻说有真禅,旧物今归作此年。茶意惠泉香尚暖,出含湘水色犹娟。春风华屋成陈迹,夜月空山了宿缘。抚卷不须阴□失,一灯然后一灯传。

恭继　张九才

真公手制济癯禅,人作炉亡正有年。出去茶烟空袅袅,微来火色尚娟娟。榆枝柳梗生新火,瓦罐瓷瓶继旧缘。多藉武昌贤太守,赋诗兴感世争传。

茶继　潘绪

筠炉制自普真禅,归属吾家半百年。香泡惠泉犹细细,翠凝湘雨尚娟娟。卷中遗墨今无恙,方外清风素有缘。寄语后人须爱惜,镇山佳事水流传。

恭继　陆勉

竹炉元供定中禅,久落红尘复此年。雪乳谩烹香细细,湘纹重拂翠娟娟。远公衣钵还为侣,太守文章最有缘。犹爱风流王内翰,旧题佳句到今传。

恭继　倪祚

清风只合近孤禅,华屋徒留五十年。竹格总如前度好,瓷瓯那得旧时娟。鬓丝吟榻全真趣,松火清流断俗缘。物理往还虽不定,芳名须藉后人传。

恭继　成性

湘竹炉头细问禅,出山何事更何年。渴心几度生尘梦,旧态常时守净娟。刺史能留存物意,老僧还结煮茶缘。题诗再续中书笔,千古清风一样传。

其二　前人

一个筠炉一老禅,煮茶烧笋自年年。无端失去山房冷,有幸寻归佛日娟。清净招提良少任,荤膻阛阓更何缘。寄言僮子休窥觊,留与沙门祖祖传。

其三　前人

天教故物伴吟禅,别去重归在此年。瓦釜更窥周鼎贵,湘筠曾并舜妃娟。红尘堆里持清节,紫饼香中暖旧缘。太守题诗继先达,盛将芳誉两京传。

恭继　李庶

得来还与爱参禅,把玩令人忆往年。活火带烟烧栝桦,小团和月煮婵娟。共怜赵璧初归日,重结沙门未了缘。千载玉堂文字在,使君题品又相传。

恭继　刘勗 [82]

伶俜标格故依禅,一落风尘不计年。药火尚余红的的,茶烟曾袅翠娟娟。烹羊自昔元无分,飞锡重来亦有缘。宝鸭金虬俱寂寞,白云苍霭共流传。

恭继　厉昇 [83]

一团清气许从禅,流落风尘几十年。阳羡不烹春杏杏,湘江有梦冷娟娟。玉堂内翰曾为伴,白发高僧又结缘。莫怪老夫多致嘱,要将衣钵永为传。

恭继　陈泽

煮茶留客喜谈禅,编竹为炉记昔年。一去人间成杳杳,重来尘外净娟娟。文园司马曾消渴,雪水陶公拟结缘。淮海先生为题咏,价增十倍永流传。

恭继 葛言

偶从尘世复归禅，生壁看来似昔年。古涧寒光含落落，空山清气逼娟娟。大千界里成真想，不二门中结宿缘。太守先生作文字，定知珍重并留传。

恭继 张右

复向山中伴老禅，沉沦吴下几何年。湘筼拂拭仍无恙，赵璧归来尚自娟。风月已清今夕梦，林泉应结再生缘。画图诗卷长为侣，留作空门百世传。

恭继 曾世昌[84]

顿息尘机合问禅，直凭诗卷记流年。山河旧物谁呵护，大手文章月共娟。塞马已忘痴爱想，去珠重有再还缘。往来显晦相因理，只向人心悟处传。

恭继 俞泰[85]

竹炉欢喜复归禅，一别山房五十年。声绕羊肠还藉藉，梦回湘月共娟娟。松堂宿火无尘劫，石槛清泉有净缘。莫怪真公招不返，已将诗卷万人传。

恭继 华夫

失却茶炉俗了禅，得来珍重过当年。瓦盆盛水原非窳，湘竹盘疏尚自娟。尘世不为豪贵用，佛家堪结苦空缘。山中胜事争夸此，一卷新诗万古传。

其二 前人

尘炉犹未出空禅，清净重归佛果年。白璧竟忘秦社稷，黄沙不返汉婵娟。万般得失应无定，一物妍媸自有缘。唤醒青山千古梦，世人遗后世人传。

其三 前人

煮茶归伴又乘禅，飒飒清风似昔年。白社有灵兴废坠，红尘无计掩婵娟。三生石上真遗迹，第二泉头总旧缘。谩说佛灯曾有录，湘魂今得并流传。

用前韵再题卷末 高直

竹炉还复听松禅，老眼摩挲认往年。润带茶烟香细细，冷含萝雨翠娟娟。已醒万劫尘中梦，重结三生石上缘，五马使君题品后，一灯相伴永流传。

木茶炉 杨基[86]

绀缘仙人炼玉肤，花神为曝紫霞腴，九天清泪沾明月，一点芳心托鹧鸪。肌骨已为香魂死，梦魄犹在露团枯。孀娥莫怨花零落，分付余醺与酪奴。

茶磨 丁渭(楚匠斫山骨)

茶磨铭 黄庭坚

楚云散尽，燕山雪飞。江湖归梦，从此祛机。

竹茶炉 王问[87]

爱尔班笋垆，圆方肖天地。爱奏水火功，龙团错真味。净洗雪色瓷，言倾鱼眼沸。窗下三啜余，冷然犹不寐。

茶洗 前人

片片云腴鲜，冷冷井泉冽。一洗露气浮，再洗泥滓绝，三洗神骨清，寒香逗芸室。受益不在多，讵使蒙不洁。君子尚洗心，勉旃日新德。

茶罐与汪少石许茶罐以诗速之 蔡成中

夜来承携，久旱尘生，冒雨而归，亦一胜也。蒙允宜兴罐，虽鄙心所甚欲，然率尔求之，似为非是；戏作小词上呈，不知可相博否！呵呵。

昔日曾烹阳羡茶，而今不见荆溪水。水流蜀山拥作泥，肤脉腻细良无比。土人范器复试茶，雅观不数黄金美。平生嗜茶颇成癖，挈罐相俱四千里。瓦者已破锡者存,破吾所惜存吾鄙。气味依稀不似前,渴来误罚卢家婢。闻君蓄此余二三,聊赋新词戏相市。一枚慷慨少石君,七碗琳琅玉川子。

茶所 大城山房十咏　盛时泰

云里半间茅屋,林中几树梅花。扫地焚香静坐,汲泉敲火煎茶。

茶鼎

紫竹传闻制古,白沙空说形奇。争似山房凿石,恨无韩老联诗。

茶铛

四壁青灯掣电,一天碎石繁星。野客采芩同煮,山僧隐几闲听。

茶罂

一瓮细涵藻荇,半泓满注山泉。欲试龙坑多远,只教虎穴曾穿。

茶瓢

雨里平分片玉,风前遥泻明珠。忆昔许由空老,即今颜子何如。

茶函

已倩缘筠自织,还教青箬重封。不赠当年冯异,可容此日卢仝。

茶洗

壶内旗枪未试,炉边水火初匀。莫道千山尘净,还令七碗功新。

茶瓶

山里谁烧紫玉,灯前自制青囊。可是杖藜客至,正当隔座茶香。

茶杯

白玉谁家酒盏,青花此地茶瓯。只许唤醒清思,不教除去闲愁。

茶宾

枯木山中道士,绿萝庵里高僧。一笑人间白尘,相逢肘后丹经。

右咏十章,白下盛仲交作也。为定所纂《茶薮》适成,因书往次附置焉。想当并收入耳。蓉峰主人录。[88]

往岁与吴客在苍润轩烧枯兰煎茶,各赋一诗,时广陵朱子价为主客,次日过官舍,道及子价,笑曰:"事虽戏题,却甚新也,须直得一咏。"乃出金山澜公所寄中泠泉煮之,灯下酌酒,载为赋壁上兰影,一时群公并传以为奇异;云比年读书大城山,山远近多名泉,如祈泽寺龙池水,上庄宫氏方池水,云居寺涧中水,凌霄寺祠桥下水及云穴山流水,龙泉庵石窟水,皆远胜城市诸名泉。而予山颠有泉一小泓,曾甃乱石,名以云瑶,故道藏经中古仙芝之名,自为作记,然以少僻不时取,独戊辰年试灯日,同客携炉一至其下,时磐石上老梅盛开,相与醉卧竟日夕。今年春来读书邵生、仲高从之游,予与仲高父子修甫有世契,喜仲高俊逸颖敏,因时为讲解,暇时仲高焚香煎茶啜予,予为道曩昔事,因次十题,将各赋一诗以纪之,未能也。今日仲高再为敲石火拾山荆,予从旁观之,引笔伸纸次第其事,茶熟而诗成,遂录为一帙,以祈同调者和之。庶知空山中一段闲兴,不甚寂寞云尔。盛时泰记。

往仲交诗成,持示予。予心赏之,且谓之曰:余将过子山中,恐以我非茶宾也。既而东还不果往,今年有僧自白下来谒余,曰:仲交死山中矣。余惊悼久之,因念大城山故仲交咏茶处,复取读之,并附数语以见存亡身世之感云。戊寅冬金光初识。

定所朱君雅嗜茶,尝裒古今诗文涉茶事者为一编,命曰《茶薮》,暇日出示予,且嘱余曰:世有同好者间有作,为我访之,来当续入之。久未遑也。昨集玄予斋中，偶谈及之，玄予欣然出盛仲交旧咏茶事六言诗十章并记授予，贻朱君。因追忆曩时与仲交有山中敲火烹茶之约，今仲交已去人间，为之悲怆不胜。玄予因识感于诗后，予亦并记诗之所由来者，以挂名其上云尔。平原陆典识。

茶文　醉茶消客　纂

茶谱序[67]　姚邦显

嗜，人心也；心，一也。嗜而不失其正，一道心也。是故，曾子嗜羊枣，周子嗜莲，陶靖节嗜菊，于是乎观嗜斯知人矣。常熟友兰钱先生嗜茶，录茶之品类、烹藏，粤稽古今题咏，裒集成帙，非至笃好，乌能考详如是耶。夫茶良以地，味以泉，其清可以涤腴，其润可以已渴，于是乎幽人尚之，有烹以避鹤、饮以怡神者。子曰：饱食终日，无所用心，难矣是集也。萃三善焉：欲不为贪，贞也；良于用心，贤也；厌膏粱而说游艺，达也。观是集可以识先生矣。

茶谱序　钱椿年

茶性通利，天下尚之。古谓茶者，生人之所日用者也，盖通论也。至后世则品类益繁，嗜好尤笃。是故，王褒有《约》，卢仝有《歌》，陆羽有《经》，李白得仙人掌于玉泉山中，欲长吟以播诸天，皆得趣于深而忘言于扬者也。予在幽居，性不苟慕，惟于茶则尝属爱，是故临风坐月，倚山行水，援琴命

奕；茶之助发余兴者最多，而余亦未有一遗于茶者。虽然，夫报义之利也，茶每余益而予不少茶著，是茶不弃余而余自弃于茶也多矣。均为乎平哉。是故集《茶谱》一编，使明简便，可以为好事者共治而宜焉。由真味以求真适，则山无枉枝，江无委泉，余亦可以为少报于茶云耳。兹集也，奚其与趣深言扬者丽诸？呜呼！蓬莱山下清风之梦，倘来卢石君家，金茎之杯暂辍，惟雅致者胥成。

跋茶谱续编后　赵之履[94]

谢友寄茶书　孙仲益

分饷龙焙绝品，谨以拜辱。今年茶饷未至，以公所赐为第一义也，未敢烹试，告庙荐先而后，饮其余矣。

求茶书

午困思茶，家僮告乏。凤山名品，必有珍藏。愿分刀圭，以润喉吻。笼头纱帽，以想春风。

榷茶论　林德颂

尝观《禹贡》任九州土地所宜，而无茶一字，《周礼》列祭祀宾客之名物，亦无茶一字，以至汉唐以来史传所载，皆不言之。夫茶充于味而饶于利，何盛于今而不用于古乎？抑有说焉。按《本草》，茶本名茗，一名𣗪[69]，一名蔎；今通谓之茶。盖茶近故呼之，未之乃可饮，与古所食殊不同。而《茶谱》云：雅州蒙山中顶之茶，获一两[70]即能祛

疾,二两无疾,三两可以换骨,四两即为仙矣。其他顶茶园,采摘不废,惟中峰云雾散漫,鸶兽时出,故人迹之所不到。是茶也,本药品之至良也。至毋景休《茶饮序》云:释滞消壅,一日之利暂佳,瘠气侵精,终身之累斯大,则知自蒙山之外,他土所产,其性极冷,故多杂以草木食之。是茶也,本草食之相混也,及其后也,智者创物,制作愈精,亦可以少易其性。譬如易牙先得口之于味,而俾天下之人皆知所嗜,而有国家者,因以为财赋之原焉。究其所由来,贵于唐而盛于我朝也。亦有含桃荐庙,而盛于汉;荔子万钱,而盛于唐;盖物之所尚,各有其时尔。

自唐陆羽隐于〔苕〕溪,性酷嗜茶⑰,乃著《茶经》三篇,言茶之原、之法、之具尤备。如常伯熊嗜之、玉川子嗜之、江湖散人嗜之,故天下益知饮茶;回纥(纥)入朝⑱,亦驱马市之矣。习之既久,民之不可一日无茶,犹一日而无食。故茶之有税,始于赵赞,行于张滂,至王播则有增税,至王淮则有榷法⑲,迨至我朝,往往与盐利相等。宾主设礼,非茶不交;而私家之用,皆仰于此。榷商市马,入御置使,而公家之利,全办于此,茶至是而始重矣。然尝以国朝榷茶之法而观之,曰榷务,曰贴射,曰交引,曰三分,曰三说,曰茶赋,纷纷不一。然论其大要,不过有三:鬻之在官⑳,一也;通之商贾,二也;赋之茶户,三也。乾德之榷务,淳化之交引㉑,咸平之三分,景德之三说,此鬻之在官者。淳化二年,贴射置法,此通之商贾者。嘉祐三年,均赋于民,此赋之茶户者。然榷茶之法,官病则求之商,商病则求之官。二法之立,虽曰不能无弊,然彼此相权,公私相补,则亦无害也,惟夫财切之于

民,则民病始极。噫,岂惟民病哉,虽在官在商,亦因是而有弊耳。愚尝推原其法,自乾德置榷茶之务,定私买之禁,然利额未甚多,场务未甚众,而民之有茶,犹得以自折其税,是官鬻犹有遗利也。至淳化,许商买置鬻茶之场㉒,而行贴射之法;然大商之利多而国家之课减,未几复罢其制,是通商犹有遗法也。商纳刍薪于边郡㉓,官给文券于茶务,此交引之法尔;然鬻〔引〕之具一兴㉔,而所给之茶不充,此利复在商而不在官也。始以茶钞㉕与香药、犀象,为三分之法。边籴未充而商人为便,后以转籴、便籴、直便为三说之法;边票虽足,而商人折阅,此利徒在官而不在商也。之二法者㉖,官无全利,亦无全害;商无全得,亦无全失,盖彼此迭相救矣。夫何韩绛以三司所得之息而均于茶户之民,旧纳茶税,今令变租钱,民甚困之,甚者税多不登,而官有浸亏之课,贩者日寡,而商有不通之患,此官之与商、商之与民交受其弊。欧阳公五害之说,岂欺我哉?噫,此犹未至极病者。茶户均赋固也,异日均赋之外㉗,复有榷之法,民堪之乎?茶地出租可也,异日无茶之所,亦例有租钱之输,民堪之乎?噫,民病矣㉘!其可不为之虑耶?昔开宝中,有司请高茶价,我太祖曰:"茶则善矣,无乃困吾民乎,诏勿增价。"噫,是言也,将天地鬼神实闻矣,岂惟斯民感之哉!愚愿今之圣天子法之。景德中,茶商俱条三等利害,宋太祖曰:"上等利取太深,惟从中等,公私皆济。"噫,是言也,将民生日用实赖之,岂惟国用利之哉?愚愿今之贤士大夫法之。

谢惠团茶书　孙仲益

伏蒙眷记,存录故交《小团斋酿遣骑驰觊谨以下拜便欲牵课》小诗,占谢衰老废

学，须小律间作捻须之态也。

五害说⑧　欧阳修

右臣伏见朝廷近改茶法，本欲救其弊失而为国误计者，不能深思远虑，究其本末，惟知图利而不知图其害。方一二大臣锐于改作之时，乐其合意，仓卒轻信，遂决而行之。令下之日，犹恐天下有以为非者，遂直诋好言之士，指为立异之人；峻设刑名，禁其论议。事既施行，而人知其不便者，十盖八九。然君子知时方厌言而意殆不肯言，小人畏法惧罪而不敢言，今行之逾年，公私不便，为害既多，而一二大臣以前者行之太果，令之太峻，势既难回，不能遽改。而士大夫能知其事者，但腾口于道路，而未敢显言于朝廷，幽远之民，日被其患者，徒怨嗟于闾里，而无由得闻于天听。陛下聪明仁圣，开广言路，从前容纳，补益尤多，今一旦下令改事先为峻法，禁绝人言，中外闻之，莫不嗟骇。语曰：防民之口，甚于防川。川壅而溃，伤人必多，今壅民之口已逾年矣，民之被害者亦已众矣，古不虚语，于今见焉。臣亦闻方改法之时，商议已定，犹选差官数人分出诸路，访求利害。然则一二大臣，不惟初无害民之意，实亦未有自信之心。但所遣之人，既见朝廷必欲更改，不敢阻议，又志在希合以求功赏。传闻所至州县，不容吏民有所陈述，〔直〕云朝廷意在必行⑨，但来要一审状耳。果如所传，则误事者多此数人而已。盖初以轻信于人，施行太果，今若明见其害，救失何迟，患莫大于遂非，过莫深乎不改。臣于茶法本不详知，但外论既喧，闻听渐熟。古之为国者，庶人得谤于道，商旅得议于市，而士得传〔言〕于朝⑩，正为此也。臣窃闻议者谓茶之新法既行，而民无私贩之罪，岁省刑人甚多，此一利也。然而为害者五焉：江南、荆湖、两浙数路之民，旧纳茶税，今变租钱，使民破产亡家，怨嗟愁苦不可堪忍，或举族而逃，或自经而死，此其为害一也。自新法既用，小商所贩至少，大商绝不通行⑪，前世为法以抑豪商，不使过侵国利与为僭侈而已；至于通流货财，虽三代至治，犹分四民，以相利养，今乃断绝商旅，此其为害二也。自新法之行，税茶路分犹有旧茶之税，而新茶之税绝少；年岁之间，旧茶税尽，新税不登，则损亏国用，此其为害三也。往时官茶容民入杂，故茶多而贱，遍行天下；今民自买卖，须要真茶，真茶不多，其价遂贵，小商不能多贩，又不暇远行，故近茶之处，顿食贵茶，远茶之方，向去更无茶食，此其为害四也。近年河北军粮用见钱之法，民入米于州县，以钞算茶于京师，三司为于诸场务中择近上场，分特留八处，专应副河北入米之人翻钞算请；今场务尽废，然犹有旧茶可算，所以河北和籴日下，未妨窃闻自明年以后，旧茶当尽，无可算请，则河北和籴实要见钱，不惟客旅得钱变转不动⑫，兼亦自京师岁岁辇钱于河北和籴，理必不能，此其为害五也。一利不足以补五害。今虽欲减放租钱以救其弊，此得宽民之一端耳，然未尽公私之利害也，伏望圣慈特诏主议之臣，不护前失，深思今害，黜其遂非之心，无袭弭谤之迹，除去前令，许人献说，亟加详定，精求其当，庶几不失祖宗之旧制。臣冒禁有言，伏待罪责，谨具状奏闻，伏候唬旨。

谢傅尚书惠新茶书　杨廷秀

远饷新茗，当自携大瓢走汲溪泉，束涧底之散薪，然折脚之石鼎，烹玉尘，啜香乳，以享天上故人之意，媿无胸中之书传⑱，但一味搅破菜园耳。

事茗说　蔡羽[99]

事可养也，而不可无本，或曰如茗何？左虚子曰：茗亦养而已矣。夫人寡欲，肆乐亲贤。乐贤肆自治，恒洁茗若事也。致若茗心也，居乎清虚，尘乎赀算，形洁。形洁非养也，本不足也。居乎剧，出乎赀，算非形洁也，可以言养也，审厥本而已矣。夫本与欲相低昂，故其致物相水火，茗而无本，奚茗哉？南濠陈朝爵氏，性嗜茗，日以为事。居必洁厥室，水必极厥品，器必致厥磨啄；非其人，不得预其茗。以其茗事，其人虽有千金之货，缓急之徵，必坐而忘去。客之厥与事、获厥趣者，虽有千金之邀，兼程之约，亦必坐而忘去。故朝爵竟以事茗著于吴。夫好洁恶污，孰无是心？不过陈氏之茗，方挥汗穿蹠也，一遇陈氏之茗，而忘千金之重，若然谓之无养可乎？朝爵遇其人，发其扃事，其事不为千金之动，固养也，苟未得其人，方孤居深扃，名香净几，以茗自陶，志虑日美，独无资乎？或曰："如子之养，无大于茗。"子曰："非独茗，百工伎艺无不尔，在得厥趣而已矣。"内不乱而得其趣，是之谓不可无本。

茶谱序　顾元庆

余性嗜茗……当与有玉川之癖者共之也。嘉靖　春序⑳。[100]

茶词　醉茶消客　纂

阮郎归　黄庭坚(烹茶留客驻金鞍)

阮郎归　黄庭坚(歌停檀板舞停鸾)

品令　黄庭坚(凤舞团团饼)

醉落魄⑳

红牙板歇，韶声断六么初彻，小槽酒滴真珠竭。紫玉瓯圆，浅浪泛春雪。香芽嫩蕊清心骨，醉中襟量与天阔。夜阑似觉归仙阙。走马章台，踏碎满街月。

意难忘⑪　林正大⑫

汹汹松风，更浮云皓皓。轻度春空，精神新发〔越〕⑬。宾主少从容。犀箸厌、涤昏懵，茗碗策奇功。试待与、评章甲乙，为问涪翁。

建溪日铸争雄，笑罗山梅岭，不数严邛。胡桃添味永，甘菊助香浓。投美剂、与和同，雪满兔瓯溶。便一枕，庄周蝶梦，安乐窝中。

好事近　元东岩[101]

梦破打门声，有客袖携团月。唤起玉川高兴，煮松檐晴雪。　蓬莱千古一清风，人境两超绝。觉我胸中黄卷，被春云香彻。

紫云堆　苏轼(已过几番雨)

西江月　吕居仁

酒罢悠扬醉兴，茶烹唤起醒魂。却嫌仙剂点甘辛，冲破龙团气韵。　金鼎清泉乍泻，香沉微惜芳熏。玉人歌断恨轻分，欢意恹恹未尽。

西江月　毛泽民[102]

席上芙蓉待暖，花间嫩袅还嘶。劝君不醉且无归，归去因谁惜醉。　汤点瓶心未老，乳堆盏面初肥⑭。留连能得几多时，两腋清风唤起。

玉泉惠泉，香雾冷琼珠溅。石垆松火手亲煎，细搅入梅花片。　春早罗岕，雨晴阳羡，载谁家诗画船。酒仙睡仙，只要见卢仝面。

水经　醉茶消客　纂

述煮茶泉品　叶清臣[103]

煎茶水记　张又新[104]

大明水记　欧阳修[105]

虎丘石井泉志　沈揆[106]

《吴郡志》云：剑池傍经藏后大石井，面阔丈余，嵌岩自然，上有石辘轳，岁久湮废，寺僧乃以山后〔寺中〕[95]土井〔为石井，甚可笑〕[96]。绍熙三年，主僧如璧淘古石井，去淤泥五丈许，四傍石壁，鳞皴天成，下连石底。泉出石脉中，〔一宿水满。井较之二水〕[97]，味甘冷，胜剑池。郡守沈揆作屋[98]覆之，别为亭于井傍，以为烹茶晏坐之所。西蜀漻亭，高第扁曰"品泉亭"；一云"登高览古"[99]。

虎丘第三泉记　王鏊

虎丘第三泉，其始盖出陆鸿渐品定，或云张又新、或云刘伯刍，所传不一，而其来则远矣。今中泠、惠山名天下，虎丘之泉无闻焉。顾阂于颓垣荒翳之间，虽吴人鲜或至焉。长洲尹左绵高君行县至其地曰："可使至美蔽而弗彰？"乃命撤墙屋，夷荆棘，疏沮洳。荒翳既除，厥美斯露。爰有巨石，巍峙横陈可余丈[100]，泉潏沸，漱其根而出，曰："兹所谓山下出泉，蒙宜其甘寒清洌，非他泉比也。"遂作亭其上，且表之曰"第三泉"。吴中士夫多为赋诗，而予特纪其事，所以贺兹泉之遭也。虽然，天下之美蔽而弗彰者，独兹泉乎哉？其谁能发之[101]。诗曰："岩岩虎丘，巉巉绝壁。步光湛卢，厥浸斯蚀。有支别流，实洌且甘。昔人第之，其品第三。岁久而芜，迹湮且泯[102]。发之者谁，左绵高尹。寒流涓涓，漱于石根。中泠惠山，异美同伦。百年之蔽，一朝而褫。伐石高崖，爰纪其始。"

荐白云泉书　陈纯臣　范文正[103]

粤自剖判，融结其中。杰然高岳，巨浸不待。摽异固已，耸动人耳目，不幸出于穷幽之地，必有名世君子，发挥善价，所以会稽、平湖，非贺知章不显；丹阳旧井，非刘伯刍不振。惟胥台古郡，不三十里，有山曰天平山。山有泉，曰白云泉。山高而深，泉洁而清，倘逍遥中入览，寂寞外景，忽焉而来，洒然忘怀。碾北苑之一旗，煮并州之新火，可以醉陆羽之心，激卢仝之思，然后知康谷之灵，惠山之英，不足多尚。天宝中，白乐天出守吾乡，爱贵清泚，以小诗题咏。后之作者，以乐天托讽，虽远而有未尽，是使品第泉目者，寂寂无闻。蒙庄有云"重言十七"，今言而十有七为天下之信，非阁下而谁欤？恭惟阁下性得泉之醇，才犹泉之潴，仁禀泉之勇，智体泉之动，蔼是四雅，钟于一德，又岂吝阳春之辞，以发挥善价。纯臣先人松槚置彼一隅，岁时往还，尝愧文辞窘涩，不足为来今之信偿。阁下一漱齿牙之末，擘笺发咏，乐天如在，当敛策避道，不任拳拳之诚。

中泠志

按《润州志》云：旧中泠在郭璞墓之下，最当波流险处。《水经》第其品为天下第一，故士大夫多慕之而汲者。每有沦溺之患，寺僧乃于大雄殿西南下穴一井，以给游客。其实非也。又大彻堂前亦有一井，与今中泠相去不十数步，而水味迥劣。按："泠"一作零，又作灵。《太平广记》李德裕使人取金山中泠水，苏轼、蔡肇[107]并有中泠之句。张又新谓扬子江南零水为天下第一，蔡祐《竹窗杂记》：石排山北，谓之北泠。钓者云：三十余丈则泠，之外似又有南泠。北泠者，《润州类集》云：江水至金山分为三泠，唐窦庠[108]诗，"西江中灉波四截"。灉又作泠，岂字虽异而义则一然也。泉上有亭，宣德间重修，学士黄淮书扁。弘治庚申尚书白昂修,正德辛未员外都穆易其偏,曰"东南第一泉"。

分洁秽水　倪瓒

光福徐达左构养贤楼于邓蔚山中,一时名士多集于此,云林犹为数焉⑭。尝使僮子入山担七宝泉,以前桶煎茶,后桶濯足。人不解其意,或问之,曰前者无触,故用煎茶;后者或为泄气所秽,故以为濯足之用耳。

金沙泉志

《茶谱》曰:湖州长兴县啄木岭,下有泉曰金沙。此每岁造茶之所。常湖二郡接境于此,有亭曰"时会"⑮,每茶候,二牧皆至焉。斯泉也,处沙之中,居常无水。将造茶,二守具仪注拜敕祭泉,顷之发源。其夕清溢,造供御者毕,水即微减,供堂者毕,水已半之;二守造毕,即涸矣。太守或还旆稽期,则示风雷之变,或见鸷兽、毒蛇、木魅焉。

惠山新泉记　独孤及

此寺居吴西神山之足,山小多泉,其高可凭而上。山下有灵池异花,载在方志。山上有真僧隐客,遗事故迹而披胜录异者,浅近不书。无锡令敬澄字源深,以割鸡之余,考古案图,葺而筑之,乃饰乃圬。有客竟陵陆羽,多识名山大川之名,与此峰白云相为宾主,乃稽厥创始之所以而志之,谈者然后知山之方广胜掩他境。其泉沋涌潜泄,漺潺舍下,无泆无窦,蓄而不注。源深因地势以顺水性,始双垦袤丈之沼,疏为悬流,使瀑布下钟,甘溜湍激若醴洒乳喷,及于禅床,周于僧房,灌注于德地,经营于法堂,潺潺有声,聆之耳清。濯其源,饮其泉,使贪者让,躁者静;静者劝道,劝道者坚固,

境静故也。夫物不自美,因人美之。泉出于山,发于自然,非夫人疏之凿之之功,则水之时用不广,亦犹无锡之政烦民贫,源深导之,则千室襦袴;仁智之所及,功用之所格,动若响答,其揆一也。予饮其泉而悦之,乃志美于石。

惠山浚泉之碑⑯　邵宝[109]

正德五年春三月,锡人浚惠山之泉,秋八月,功成。先是正统间巡抚周文襄公尝浚之,后屡葺屡坏,至是而极。缙绅诸君子方图再浚,而宝归自漕台,适与闻焉。爰求士之敏而义者,董厥工作,众以属龚泰时亨,杨蒙正甫莫铅利乡,乃与匠石左右达观,究厥毙原。为新功始,询谋金同,用书告诸望族,而后即事。凡为渠二,为池三,为亭、为堂各一,而尊贤之堂及留题之阁、守视之庐,又其余功也。县大夫请助以蓄故,谢焉。至是凡五阅月,而泉之流行犹夫前日也。诸君子既观厥成,则以记命宝。宝尝观惠之为泉,以石池漫流,为天下高品尚矣。然其来同源而异穴,或泛焉,或滥焉。上池渊然,中池莹然,下池浩然,其为观不同,于是有石渠贯而通之,约滥节迅,以成泉德。古之为是者,可谓得水之道矣。故自陆子品尝之后,观且饮者日众,甚至驰驿长安夫岂徒然乎哉? 虽然时而浚之,则存乎人,譬之天道有襄理之功,人事有更化之义,是以君子重图焉。今是役也,以渠通,以池蓄,以亭若堂。为之观,无侈无废,克协于旧。其规划所就,论者以为邑有人焉。宝不敏,谨以岁月勒之于碑,复为诗以歌之。总其费,为白金若干两,其助之者之名,具于碑阴,凡若干人。为书者,吴宪大章,而往来宣勤,则潘绪继芳及住山僧圆显。定昌云其诗曰:"邃彼原泉,兹山之下。

维僧若冰,肇浚自古。谓配中泠,允哉其伍。我锡彼金,有子维母。孰不来饮,孰不来观。赞叹咏歌,井冽以寒。孰阂我流,石崩木蠹。匪泉则敝,敝以是故。人亦有言,清斯濯缨。弃而弗涤,岂泉之情。吉日维子,兴我浚功,变极乃通。维云蒸蒸,维石齿齿。泉流其间,终古弗止。有德匪泉,则我之耻。我诗我碑,以颂其成。泉哉泉哉,与时偕清。"

通慧泉志

在漆塘山,宋绍兴间钱绅卜居是山。有泉出岩下,甘冽与惠泉无异。上有亭,亭之扁曰"通慧。"

陆子泉亭记　孙觌

陆鸿渐著《茶经》,别天下之水,而惠山之品最高。山距无锡县治之西五里,而寺据山之麓,苍崖翠阜,水行隙间,溢流为池,味甘寒⑩,最宜茶。于是茗饮盛天下,而瓶罂负担之所出,通四海矣。建炎末,群盗啸其中,污坏之余,龙渊一泉遂涸。会今镇潼军节度使⑩开府仪同三司信安郡王会稽尹孟公以丘墓所在,疏请于朝,追助冥福。诏从之,赐名旌忠荐福,始命寺僧法皞主其院。法皞气质不凡,以有为法作佛事,粪除灌莽,疏治泉石,会其徒数百,筑堂居之。积十年之勤,大屋穷堒,负崖四出,而一山之胜复完。泉旧有亭覆其上,岁久腐败,又斥其赢,撤而大之,广深袤丈,廓焉四达,遂与泉称。法皞请予文记之,余曰:"一亭无足言。"而余于法皞独有感也。建炎南渡,天下州县残为盗区,官吏寄民间,藏钱廪粟,分寓浮图老子之宫,市门日旰无行迹,游客暮夜无托宿之地,藩垣缺坏,野鸟入室,如逃人家。士夫如寓公寄客,屈指计归日,袭常蹈故,相帅成风⑩,未有特立独行,

破苟且之俗,奋然功名,自立于一世。故积乱十六七年,视今犹视昔也。法皞者,不惟精神过绝〔人〕⑩,而寺之废兴本末与古今诗人名章俊语刻留山中者,皆能历历为余道之。至其追营香火,奉佛斋众,兴颓起仆,洁除垢污,于戎马践踱之后,又置屋泉上,以待四方往来冠盖之游,凡昔所有皆具,而壮丽过之,可谓不欺其意者矣。而吾党之士,犹以不织不耕訾訾其徒,姑置勿议焉。是宜日夜淬厉其材,振看蛊坏以趋于成,无以毁瓦画墁食其上其庶矣乎,故书之以寓一叹云⑪。

于潜泉志

在湖洑镇税场后,味甘冽,唐修茶贡,泉亦递进。

胶山窦乳泉记　翁挺[110]

胶山在无锡县东,去惠山四十里,由芙蓉塘西南拔起,平陆连绵迤逦高下十数而后峙为大陆。有泉出其下,曰窦乳泉,盖昔人以其色与味命之。自梁天监时,地为佛庐,踞山北面⑪,而泉出寺背。唐咸通中,浮图士谏改作今寺。依东峰与惠山相望,则泉居左庑之南,水潦旱叹,无所增损,隆冬祁寒,不凝不涸。故其山虽不高,泉虽不深,而草木之泽,烟云之气,淑清秀润,颒洞发越,皆兹泉之所为也。然而疏凿之初,因陋就简,决渠引溜,不究其源,阅岁既久,甃甓弗治,湮乳渗漏,沦入土壤。

建炎二年,余罢尚书郎,自建康归闽,适闻本郡有寇,留滞淅河,因来避暑兹山。日酌泉以饮,病其湫隘,谓住山益公能撤而新之,当以金钱十万助其费。益公雅有才智,且感予之意,以语其徒元净、庆殊、义冲三人者,咸愿出力。于是砍其山,入丈余,得泉眼于嵌窦间,屏故壤,理缺甃,而泉益

清驶。乃琢金石于包山，为之池，广袤四尺，深三尺，以蓄泉。上结宇庇之，榜曰"蒙斋"。池之北泻为伏流，五丈有奇，以出于庭跨伏流为屋四楹，属之庑，有扉启闭之，榜曰"窦乳之门"。庭中始作大井，再寻疏其楗槛，使众汲，盖数百千人之用，常沛然而无穷。事既成，益公谓予曰："寺有泉历数百载[113]，较其色味，与惠泉相去不能以寸，而名称篾然，公乃今发挥之，当遂远闻信物之显晦亦有待乎？"余笑曰："水之品题，盛于唐，而惠泉居天下第二，人至于今，莫敢易其说，非以经陆子所目故耶？自承平来，茗饮逾侈，惠山适当道〔傍〕，而声利怵迫之徒[114]，往来临之。又以瓶罌瓮盎挈饷千里[115]，诸公贵人之家，至以沃盥焉，泉之德至此益贬矣。今胶山所出，冈阜接而脉理通，固宜为之流浚，独恨其迈往之迹，介洁之名，非陆子不能与之为重。然山去郭远，河溪遂阻，而泾流陋邑，居者欲游，或累岁不能至，况过客哉？比之君子，惠泉若有为于时，故虽清而欲闻窦乳，类夫远世俗而自藏修，故虽僻而无闷，以彼易此，泉必难之[116]，而公显晦有待于余为言，亦期之浅矣。"益公亦笑曰："有是哉。请著之泉上，使游二山之间者，有感于斯焉。"遂书以授之[117]。

松风阁记　秦夔

与茶无涉醉茶消客原注111。

慧山第二泉志

山在锡山西南，视诸山最大，其峰九起，故又曰九龙。山麓之左，有国初僧普真植松万株，其最者二围二人，小者围一人有半。秦夔创庵其中，名听松。壁间王孟端画庐山景于其上，制竹茶炉于其中。有阁曰松风，侧有石床，唐李阳冰篆"听松"二字

于其上。右坊观泉，凡泉之名者八：曰第二、曰若冰、曰龙缝、曰罗汉、曰松岭、曰逊名、曰滴露、曰慧照。

合门水志

《东京记》曰：文德殿两掖，有东西上合门。故杜诗云：东上合之东，有井泉绝佳。山谷忆东坡烹茶诗云："合门井不落第二，竟陵谷帘空误书"。

水诗　醉茶消客　纂

宜茶泉　吕暄

涓涓流水自石螭，六月炎蒸亦尔寒。艮岳一拳撑出小，方池三亩引来宽。淡中有味茶偏好，闲处无尘坐独安。便酌醉眠陶处士，何时于此共盘桓。

调水符[118]　苏轼

欺谩久成俗，关市有弃繻。谁知南山下，取水亦置符。古人辨淄渑，皎若鹤与凫。吾今既谢此，但视符有无。常恐汲水人，智出符之余。多防竟无及，弃置为长吁。

味泉

飞流七种日生香，种种曾烦细品尝。高下已应悬齿颊，二三还拟第清芳。小瓶汲处初通脉，大杓酤余未许狂。饱饫年来何所得，珠玑汨汨倒诗肠。

题味泉图　钱荣

泉在胶山惠麓旁，我翁长爱汲泉尝。太羹玄酒偏知味，明月清风并助凉。庐碗七供嫌费力，颜瓢千载啜余香。英灵尚尔惺惺在，欲戒儿孙竞羽觞。

中泠泉　丁元吉112

万水西来势若崩，金鳌背上一泉生。气嘘云雾阴常合，寒逼蛟龙梦也惊。地脉

不劳神禹凿，品名曾入陆仙评。谁知一勺乾坤髓，占断江心万古清。

观惠山泉用苏韵　邵惟中

挠棹傍溪曲，入径松阴苍。泉清眇纤碍，恍临冰雪堂。醉客梦复醒，倦鸟栖仍翔。盈盈美秋月，空亭散瑶光。茶仙烹小团，竹炉遗芬香。荡涤尘俗虑，对景浑相忘。

虎丘第三泉　王鏊

翠壑无声涌碧鲜，品题谁许惠山先。沉埋断础颓垣里，披剔松根石罅边。雪乳一杯浮沉漼，天光千丈落虚圆⑩。向来弃置行多侧，好谢东山悟道泉[113]。

惠山泉⑩　吕居士(春阴养芽针锋铦)

即惠山煮茶　蔡襄

此泉何以得，适与真茶遇⑩。在物两称绝，于余独得趣。鲜香篱下雪，甘滑杯中露。当能变俗骨，岂特湔尘虑。昼静清风生，飘萧入庭树。中含古人意，来者庶冥悟。

和梅圣俞尝惠山泉

梁鸿溪上山，绵亘难缕数。惠山特然高，泉味如甘露。一水不盈勺，其名何太著。色比中泠同，味与庐谷附。螭湫滚滚来，龙口涓涓注。天设不偶然，岂特清斋助。久涸不停流，霏连只常澍。烹煎阳羡茶，斟汲中泠处。六碗觉通灵，玉川陡生趣。

惠山寺酌泉　周权[114]

惠山郁律九龙峰，磅礴大地包鸿濛。划然一夕震风雨，欲启灵境昭神功。六丁行空怒鞭斥，电火摇光飞霹雳。一声槌裂老云根，嵌洞中开迸寒液。道人龁玉深护藏，镜涵万古凝秋光。陆羽甄品亲试尝，翠浪煮出松风香。我来山下讨幽境，自挈瓶

罍汲清泠。味如甘雪冻齿牙，绀碧光中敲凤饼。昏尘涤尽(盡)清净观⑩。心源点透诗中禅。丞呼陶泓挟玄玉，挥洒字字泉声寒。投闲半日聊此驻，孤棹明朝又东去。红尘人世几浮云，钟鼓空山自朝暮。

焦千之求惠山泉诗　苏轼

兹山定空中，乳水满其腹。遇隙则发见，臭味实一族。浅深各有值，方圆随所蓄。或为云汹涌，或作线断续。或鸣空洞中，杂珮间琴筑。或流苍石缝，宛转龙鸾蹙。瓶罌走四海，真伪半相〔渎〕⑩。贵人高宴罢，醉眼乱红绿。赤泥开方印，紫饼截圆玉。倾瓯能叹赏，窃语笑僮仆。岂如泉上僧，盥洒自抱掬。故人怜我病，箬笼寄新馥。欠伸北窗下，昼睡美方熟，精品压凡泉，愿子致一斛。

惠山泉次东坡韵　邵珪[115]

苍螭何许长，蜿蜒此山腹。骧首吐灵泉，曾胜中泠族。嗟哉一掌地，而有此奇蓄。万古流不尽，石本来续续。雪窦隔瑰琼，风澜奏琴筑。人言石上眼，昔见老蛟蹙。又疑空洞中，灵源通济渎。阳羡谷雨余，春芽里芳绿。谁当溉釜罍，僧瓢汲寒玉。他山岂无水，视此等奴仆。七碗亦伤广，渴吻消盈掬。古人煎水意，品味贵清馥。官途聊释负，来游路方熟。三复沧浪篇，涤我尘万斛。

谢黄从善寄惠山水　黄庭坚(锡谷寒泉椭石俱)

舟次夜吸龙山水　文微明

少绝龙山水，相传陆羽开。千年遗事在，百里里茶来。洗鼎风生鬓，临栏月堕杯。解维忘未得，汲取小瓶回。

月下与僧林间煮茗　王达[116]

九龙峰前有流水，一线泠泠出云里。夜闻绕竹泻孤琴，晓汲和秋漱寒齿。庐山瀑布谁品题，天下至今名共驰。林间野客煎茶处，石上穷猿照影时。师今持钵来相啜，湛湛无痕映孤月。与师且涤胸中愁，明朝莫向城南别。

惠山泉　丘霁[117]

地脉源头活，天光镜面开。暗通幽罅漏，流出小池来。亭古还应葺，林深不用栽。烹茶清客思，香泛白□杯。

惠山泉　黄镐[118]

天下名山第二泉，闲来登眺兴悠然。鹤穿石磴苔还静，人对冰壶月自悬。滴沥细通龙舌下，清泠光到锦衣前。试看陆羽烹茶处，犹有余香扑暮烟。

煮雪⑭　高启

自扫琼瑶试晓烹，石垆松火两同清。旋涡尚作飞花舞，沸响还疑洒竹鸣。不信秦山经岁积，俄惊蜀浪向春生。一瓯细啜真天味，却笑中泠妄得名。

友人寄惠山泉　王穉登

夜半扣山扃，灵泉满玉罂。怜余长病渴，羡尔最多情。堂上云霞气，炉头风雨声。囊中有奇茗，待尔竹间烹。

登惠山观二泉　王宠

鼎食非吾事，泠泠冰雪肠。煮茶师自得，折屐兴偏长⑮。花气熏泉窦，山形拱石堂。江湖自有乐，高咏和沧浪。

友之越赆以惠泉　高启

云液流甘漱石芽，润通锡麓树增华。汲来晓泠和山雨，饮处春香带涧花。合契老僧烦每护，修经幽客记曾夸。送行一斛还堪赠，往试云门日铸茶。

饮中泠泉　沈周

此山有此泉，他山无此泉。泉名与山名，并为天下传。山泉两合德，珠璧辉江天。宛在水中央，天使尘土悬。山本一江石⑯，泉井从石穿。非鬼不可凿，人莫知其源。伏深贯龙窟，不溢亦不骞⑰。我久负渴心，始修一啜缘。凭栏引小勺，冰雪流荒咽。载灌肝与肺，化作清泠渊。沁沁若沆瀣，逐逐空腥膻。至味谢茗荈，亦不从烹煎。谬哉康王谷，欲胜宜未然。若伺鸿渐知，但饮必推先。由我口舌譬，亦获参其玄。世多未沾者，茫茫尚垂涎。满注两大罂，载归下江船。摇光荡江月，泛影云亦鲜。分润及乡人，七碗同通仙。

惠山泉用□□韵⑱　杨一斋

钟乳浮香润紫苔，龙宫移向惠山开。溶溶真与桃源接，袅袅疑从太液来。天下名泉当代品，云根䃰石后僧栽。我来小试卢仝茗，不羡金茎露一杯。

忆旧过惠山所题　杨循吉

惠山名天下，乃以一勺泉。当时陆鸿渐，不惜为人传。鸿渐既死去，遂无知者焉。客来谩染指，谁识水味金。荒亭覆石沼，落日空涓涓。吴公向经此，游赏松风前。茗炉出古物，偕以舍人篇。酌泉何所留，吐句还枯禅。平生功名梦，一洗都洒然。昨来见茶具，遂忆游山年。挥毫写旧作，并与新诗编。惠山我曾游，开卷心留连。因思前日到，公务相促煎。虽有爱泉心，何由味中边。而今已无事，喜得遂言旋。从此林涧傍，可以终日眠。袖书仰面读，且欲听潺湲。

酌惠山泉⑲　吕溱[119]

锡作诸峰玉一涓，曲生堪酿茗堪煎。诗人浪语元无据，却道人间第二泉。

明抄茶水诗文　517

惠山流泉歌　皇甫冉

寺有泉兮泉在山，鏴金鸣玉兮长潺湲。作潭镜兮澄寺内，泛岩花兮到人间。土膏脉动知春早，隈隩阴深长苔草。处处萦回石磴喧，朝朝盥漱山僧老。林松自古草自新，清流活活无冬春。任疏凿兮与汲引，若有意兮山中人。偏依佛界通仙境，明灭玲珑媚林岭。宛如太空临九潭，讵减天台望三井。我来结绶未经秋，已厌微官忆旧游。且复迟回犹未去，此心只为灵泉留。

惠泉次韵　丁宝臣[120]

谁识澄渊万古清，潢汗扰扰谩纵横。出从山底应无极，流落人间自有声。江汉想能同浩渺，尘沙虽混更分明。从来旱岁为膏泽，安用《茶经》浪得名。

陆羽茶井　王禹偁（甃石封苔百尺深）

游惠山寺[⑩]　焦千之[121]

余爱兹山昔屡游，环回气象冷清幽。茂林郁翁山苍翠，宴坐潇洒风飕飕。密甃积藓迸泉眼，飞翠比翼参云头。一径谁开青步障，客来共泛白玉瓯。每思乘兴好独往，尘缨未濯莫我留。胜游未至心先厌[⑪]，健步历览气挟辀。生平趣向与时背，泉石宿志略已酬。兹山独以泉品贵，乃得佳名传九州。譬人其中贵有物，源深混混难穷搜。支公去此久愈爱，自我佳句忘百忧。

虎丘剑池泉　高启

干将欲飞出，岩石裂苍旷。中间得深泉，探测费修绠。一穴通海源，双崖树交影。山中多居僧，终岁不饮井。杀气凛犹在，栖禽夜频警。月来照潭空，云起嘘壁泠。苍龙已何去，遗我清绝境。听转辘轳声，时来试新茗。

尝惠山泉　梅尧臣

吴楚千万山，山泉莫知数。其以甘味传，几何若饴露。大禹书不载，陆生品尝著。昔唯庐谷亚，久与《茶经》附。相袭好事人，砂瓶和月注。持参万钱鼎[⑫]，岂足调羹助。彼哉一勺微，唐突为霖澍。疏浓既不同，物用仍有处。空林癯面僧，安比侯王趣。

次韵题陆子泉　周邠

水自锡山出，中含万古情。穿云缘有脚，激石岂无声。炼药源寻远，煎茶味觉轻。堪资许由饮，休濯屈原缨。彻底惊澄莹，倾杯戒满盈。长流千里阔，高注一岩清。篇什新传美，图径久得名。主人当鉴止，剧论著庄生。

洞泉[⑬]　僧若水[122]

石脉绽寒光，松根喷晓凉。注瓶云母滑，漱齿茯苓香。野客偷煎茗，山僧惜净床。安禅何所问，孤月在中央。

惠山泉　刘远

灵脉发山根，涓涓才一滴。宝剑护深源，苍珉环甃壁。鉴影须眉分，当暑挹寒冽。一酌举瓢空，过齿如激雪。不异醴泉甘，宛同神浆洁。快饮可洗胸，所惜姑濯热。品第冠寰中，名色固已揭。世无陆子知，淄渑谁与别。

同华处士酌惠泉　俞焯

金锡之精流作泉，千古万古寒涓涓。九龙守护此一勺，陆羽尝来今几年。论品不在中泠下，著句要出唐人先。便从处士解一榻，我欲煮茶供醉眠。

漪澜堂[⑬]　邵宝

漪澜堂下水长流，暮暮朝朝客未休。纵有《茶经》无陆羽，空教煎白老僧头。

虾蟆蹈泉　欧阳修

石溜吐阴崖,泉声满空谷。能邀弄泉客,系舸留岩腹。阴精分月窟,水味标《茶录》。共约试春芽,旗枪几时绿。

雨中汲惠泉　方侯

飞花点点逐春泥,拍瓮名泉远见携。即使煎烹供细酌,亦知恬澹称幽栖。马卿自此无消渴,鸿渐从来有品题。肌骨清凉喉吻润,坐看疏雨过前溪。

第二泉　皮日休

丞相长思煮茗时,郡侯催发只忧迟。吴关去国三千里,莫笑杨妃爱荔枝。

马卿消瘦年才有,陆羽茶门近始闲。时借僧炉拾寒叶,自来林下煮潺湲。

游惠山煮泉⑱　杨万里

踏遍江南南岸山,逢山未必更留连⑱。独携天上小团月,来试人间第二泉。石路萦回九龙脊,水光翻动五湖天。孙登无语空归去,半岭松声万壑传。

题泉石生涯卷　素庵

闻道金山景最佳,上人泉石足生涯。晓从三岛分清供,夜汲中泠出素华。香碗贮来澄皓月,佛龛藏处宿灵砂。贝经翻罢应无事,独坐蒲团细煮茶。

月夜汲第二泉煮茶松下清啜⑱　沈周

夜叩僧房觅涧腴⑲,山童道我各村沽。未传庐氏煎茶法,先执苏公调水符。石鼎沸风怜碧绉,瓷瓯盛月看金铺。细吟满啜长松下,若使无诗味亦枯。

惠泉次韵⑱　苏轼

梦里五年过,觉来双鬓苍。还将尘土足,一步潨澜堂。俯窥松挂影,仰见鸿(鸿)鹤翔⑭。炯然肝肺见,已作冰玉光。虚明中有色,清净自生香。还从世俗去,永与世俗忘。

薄云不遮山,疏雨不湿人。萧萧松径滑,策策芒鞋新。嘉我二三子,皎然无缁磷。胜游岂殊昔,清句仍绝尘。吊古泣旧史,疾逸歌小旻。哀哉扶风子,难与巢许邻。

敲火发山泉,煮茶避林樾。明窗倾紫盏,色味两奇绝。吾生眠食耳,一饱万想灭。颇笑玉川子,饥弄三百月。岂如山中人,睡起山华发。一瓯谁与共,门外无来辙。

白云泉　范成大

龙头高啄漱飞流,玉醴甘浑乳气浮。扪腹煮泉烹斗胯,真成骑鹤上扬州。

第二泉　吴寿仁

九龙之山何蜿蜒,玉浆迸裂为寒泉。来归石井僧分汲,流出草堂吾独怜。暗滴洞中云细细,穿吟池上月娟娟。奉乞茶经与水记,俟余岁晚共周旋。

谢友送七宝泉　方侯

报道双罂至,元知七宝来。未曾倾玉液,先已涤瓷杯。顿觉愁心破,深令渴吻开。闭门贪自啜,花下立徘徊。

与惠泉戏作解嘲　张天雨[123]

水品古来差第一,天下不易第二泉。石池漫流语最胜,江流湍急非自然。定知有锡藏山腹,泉重而甘滑如玉。调符千里辨淄渑,罢贡百年离宠辱。虚名累物果可逃,我来为泉作解嘲。速唤点茶三昧手,酬我松风吹紫毫。

华荡水　符应祯

昔饮虎丘剑池泉,今汲虞山华荡水。水清真可鉴须眉,里茗煎之味尤美。江湖散人风尚存,玉川仙子神不死。我欲高歌邀二公,二公闻之拍手喜。歌竟回船风正来,鼓枻张帆浪花起。白云万片峰头飞,黄鹘一双空中驶。此游此乐无人知,自信吾心绝尘滓。

居庸玉泉[14]　王绂

树杪潺湲落翠微,分明一道玉虹垂。天潢低映广寒殿,地脉潜通太液池。遥望直从云尽处,近听浑似雨来时。煮茶不让中泠水,陆羽多应未及知。

煮七宝泉　蔡羽

玉音丁丁竹外闻,璿渊青空出树根。脂光栗栗寒辟尘,冰壶越宿长无痕。碧山无鸡犬,车马不到村。支公三昧火,自闭桑下门。东风西落岩畔花[14],煎声忽转羊肠车。建州紫瓷金叵罗[14],钱塘新拣龙井茶。琼液津津流齿牙。相如有文渴,陆羽无宦情。相逢开士家,七碗同日倾。茶垆若过铜坑去,石上长罂仔细盛。

重游惠山煮泉　谢应芳

此山一别二十年,此水流出山中船[14]。人言近日绝可喜,不见流船但流水。老夫来访旧僧家,石铛试瀹赵州茶[14]。惜哉泉味美如醴,不比世味如蒸沙。

合门水　丁谓[14]

宫井故非一,独传甘与清。酿成光禄酒,调作太官羹。上〔舍〕银瓶贮[14],斋庐玉茗烹。相如方病渴,空听辘轳声。

百道泉　陈霁

百道泉源散涌金,夜流风雨听龙吟。洪波远济千艘运,寒溜潜通万壑阴[14]。沃土北均河曲润,朝宗东下海门深。晓来茶鼎堪清冽,试掬虚瓢手自斟。

试第二泉　黄淮[124]

每听耐轩谈锡麓,杖藜今日喜攀缘。携将雁荡先春茗,来试山中第二泉。

七宝泉[14]　王璲

谁将七宝地,贮此一泓秋。片月从空堕,清水出磢流[14]。冷涵山骨瘦,细咽竹根幽。半勺能消暑,名宜《水记》收。

同诸公登惠山　汪藻[125]

兹山定中腴,秀色乃如许。连峰积苍润,岚气亦成雨。珍泉不浪出,世俗那得取。群仙作佛供,酾此玉池股。寒甘冠天下,瓶壶走膏乳[14]。儿嬉供茗事,云散入江渚。当源起楼台,下瞰松柏古。巍基出梁宋,爽气接吴楚。我来值桂月,胜侪得稀吕。聊分小苍璧,同吊百年羽[14]。跻攀兴未极,落日在林莽。却立望翠屏,中流注鸣橹。

题虎丘品泉　沈揆[126]

灵源一阅几经年,石上重流岂偶然。渐喜行春有幽事,人间重见第三泉。

惠山泉　杨载[127]

此泉甘冽冠吴中,举世咸称煮茗功。路转山腰开鹿苑,沼攒石骨闷龙宫。声喧夜雨闻幽谷,彩发朝霞炫太空。万古长流那有尽,探源疑与海相通。

品泉行　方豪[128]

君不见吴中之水平不流,聚污积垢难入瓯。造化悯世受焦渴,特开石罅于虎丘。一脉遥通东海窟,千寻常浸苍龙骨。山僧夜月汲深清,辘轳轧轧牵修绠。他年却遇桑苧翁,草草品题殊不公。杨郎固耻居王后,稍逾乐正四之中。遂令后世好事者,中泠是祖惠山宗。华轩丽幙恣装饰,尔独郁抱莓苔封。瓦屋山人极幽讨,偶来丘下酌尔好。即点山丁理秽荒,曲栏密宇相围帱。从此飞埃不可干,茶铛滋味真绝倒。借使陆羽今复生,当年资格须重更。豪杰作事岂苟苟,举手山川有辱荣。君不见愚溪远在万余里，开辟以来遇柳子。至今溪名满人耳，何况兹泉大路傍。更有先生发其美，苏堤白井名更香，他年应号高公水。

题第二泉　李东阳

江神夜泣山灵啸，帝遣神工凿山窍。飞流出地声洒空，泉水下与中泠通。江边老仙不知姓〔⑱〕，手著《茶经》亲鉴定。金山之外更无泉，坐令匡庐瀑布空。高悬地官待郎〔邵宝国贤〕⑲心，似水平生品泉如品士〔国贤在许州尝作品士亭〕，似云江水不同清。此山自得青金精〔世传泉以锡故清〕，寻山浚泉发清泻。元是江南好奇者，山高水绝诗亦奇。鸣金喷玉无停时，我山曾过泉不酌。梦枕峻嶒漱澯灂，我歌尔和两知音。吁嗟乎谁哉，更识泉斋〔国贤尝号泉斋〕心。

题惠山　僧恩¹²⁹

方沼不生千叶莲，石房高下煮茶烟。春申遗庙客时过，李卫绝邮僧昼眠。尘世岂知无锡义，殿庐犹记大同年。九江一棹东风便，更试庐山瀑布泉。

惠山泉　释本明¹³⁰

惠山屹立千仞青，俯瞰天地鸿毛轻。七窍既凿混沌死，九龙攫雾雷神惊。霹雳声中白石裂，银泉迸出青铅穴。惟恨当年桑苎翁，玉浪翻空煮春雪。何如跨龙飞上天，并与挈过昆仑颠。散作大地清凉雨，免使苍生受辛苦。我来叩泉泉无声，一曲泠光沉万古。殿前风桧肃然鸣，日暮山灵打钟鼓。

登海云亭　僧古愚¹³¹

目前多少古今情，尽在太湖湖上亭。舸舰浮空云叶乱，蜃楼沉水浪花腥。一杯潋艳吞云梦，数点苍茫认洞庭。明日惠山曾有约，又携茶鼎汲清泠。

谢友送惠山泉　李梦阳¹³²

故人何方来，来自锡山谷。暑行四千里，致我泉一斛。清泠不异在山时，中涵石子莓苔丝〔⑱〕。越州花瓷爇燕竹，阳羡紫芽出包束。故人好我手自煎，分坐庭隅候汤熟。泻器寒雪碎，绕肠车轮鸣。一举烦郁释，再举毛骨轻，三举不敢咽，恐生羽翼随风行。我闻兹泉世无匹，梦寐求之不能得。诗乞翻槐苏家才，驿送兼无卫公力。又虞误载石头波，顿令真品无颜色。感君勺我向君揖，一勺横浇万古臆。嗟嗟此意谁复知，极目江云三叹息。逆想水师初具船，山灵涕洟上诉天。蝛蛛委蛇晴贯窗，蛟龟睥睨宵近舷。淮浮泗泛梅雨蒸，车输马曳炎尘煎。开瓮滴滴皆新泉，敢谓君非山水仙。或我埃垢不安夭，倩君携此亲洗湔。酬君合书蚕尾帖，九原谁起黄庭坚。

题陆羽茶亭⑱　皇甫汸

莲宫幽处涌清泉，茶灶年深冷绿烟。香供尚存龙藏里，试尝何似虎丘前。

题水经此当在茶诗内　徐炬（仙人已去遗言在）

题陆子泉亭　夏寅

千古高风陆羽亭，危松怪石水泠泠。酪奴何物能相误，为著人间口腹经。

酌陆羽泉

曾甘惠麓水，今酌虎丘泉。石乳疑餐玉，茶经似草玄。登临悲代谢，著作总流传。扶醉下山阁，千林落日悬。

酌悟道泉　〔王宠〕⑱

名泉真乳穴，滴滴渗云肤。白石支丹鼎，青山调水符。灵仙餐玉法，人世独醒徒。长啸千林竹，清风来五湖。

酌七宝泉　王穉登

破寺孤僧如病鸟，夏腊浑忘庭树老。接来消得竹三竿，饮处不知泉七宝。

酌虎跑泉⑬　苏子瞻

紫李黄瓜村路香，乌纱白葛道衣凉。闭门野寺松阴转，欹枕风轩客梦长。因病得闲殊不恶，心安似药更无方⑭。道人不识揿前水⑮，借与瓢樽自在尝。

春日试新茶自煎　方城

幽居无俗事，来试雨前春。活火敲白石，轻波漾细鳞。神清诗兴发，渴去酒肠申。为报玉川子，月圆不用珍漫。

水词　醉茶消客

临江仙拟熟水　易少夫人

何处甘泉来席上，嫩黄初泻（瀉）银瓶⑯。月团尝罢有余清。惠山名品好⑰，歌舞暂留停。　欲尝壑源新气味，不应兼进稀苓。此中端有澹交情⑱。相如方病酒，一饮骨毛轻。

注　释

1　此《茶坞》及以下皮日休的《茶人》、《茶舍》、《煮茶》，均录自其《茶中杂咏》。

2　皮日休(? —902)：字龙美，一字逸少，襄阳（今湖北襄樊）人，为人性傲，隐居鹿门，自号鹿门子，别号闲气布衣，唐懿宗咸通八年进士。有《皮子文薮》、《松陵唱和集》传世。

3　此《茶坞》及以下陆龟蒙的《茶人》、《茶笋》、《茶舍》、《煮茶》五首，照上选皮日休题，均录自其《奉和袭美茶具十咏》。"袭美"为皮日休的字。

4　陆龟蒙(? —约881)：字鲁望，苏州吴县（今江苏苏州）人。曾任湖州、苏州从事。后隐居于松江（今属上海）甫里，自号甫里先生，江湖散人、天随子。性嗜茶。与皮日休齐名，世称"皮陆"。有《甫里先生集》传世。《新唐书》有传。

5　袁高：字公颐，恕己孙进士，建中年间(780—783)拜京畿观察使。

6　郑谷：字守愚。袁州（今江西宜春）人，幼时能颂，享盛名于唐士，曾任右拾遗。

7　刘言史(? —812)：唐洛阳人，一说赵州人。少尚气节，不举进士，曾旅游河北、吴越、粤湘等地，与李贺、孟郊友。贞元中，客依冀州节度使王武俊，王爱其词艺，表为枣强县令，辞厌不就，人因称刘枣强。后客汉南李夷简署为司空椽，寻卒。有诗集。

8　此联句原文未见，但可以肯定为明成化和弘治年间的作品。因题中提及的"饱庵"即苏州府长洲吴宽(1435—1504)的号。根据其生卒时间，本联句也只能作于这一时期。

9　晁无咎：即晁补之(1053—1110)，宋济州巨野（今山东巨野）人。"无咎"是其字，号济北，自号归来子。神宗元丰二年进士。十七岁著《七述》，以谒苏试，轼自叹不如，由是知名。工书画、诗词，文章凌丽奇卓。有《鸡肋集》、《琴趣外篇》。

10　谢宗可：生平不详，相传为元代人，自称籍贯金陵（今江苏南京市）。撰有《咏物诗》一卷，共四十首，又摘其警句二十联，收刊于顾嗣立《元百家诗选》戊集。

11　杜庠：字公序，明苏州府长洲（今江苏吴县)人。景泰五年(1454)进士,曾任攸县知县,旋罢。负逸才,仕不得志,放情诗酒,往来江湖间,自称西湖醉老,曾游赤壁题诗,人称"杜赤壁"。有《楚游江浙歌风集》。

12 皇甫汸(1497—1582):字子循,号百泉。苏州府长洲人,嘉靖八年进士,授工部主事,官至云南佥事。工诗尤精书法,有《百泉子绪论》、《皇甫司勋集》等。

13 文彭:文徵明长子,见本书《茗谭》文寿承注。

14 徐师曾(1517—1580):明苏州府吴江(今江苏吴江)人。字伯鲁,号鲁庵。嘉靖三十二年进士,授兵科给事中,改吏科,因严嵩用事,不几年就告归。著有《周易演义》、《文体明辨》、《太明文钞》、《宦学见闻》等。

15 孙一元(1485—1520):明安化人,自称秦人。字太初,自号太白山人。一元姿性绝人,善为诗,正德年间僦居乌程,与刘麟、陆昆等结社唱和,称"苕溪五隐"。有《太白山人漫稿》。

16 王宠(1494—1533):明苏州府长洲(今江苏吴县)人。字履仁,一字履吉,号雅宜载人。以铁砚斋为藏书室名。少学于蔡羽,居洞庭三年,既而读书石湖之上二十年,非省视不入城市,与文徵明、唐寅友。以诸生年资贡入太学,仅四十而卒。工书画,著有《雅宜山人集》、《东泉志》。

17 杨溥:此疑指明湖广长沙人,自号水云居士的杨溥。有《水云集》。

18 方回(1227—约1306):元徽州歙县人。字万里,号虚谷。景定三年登第,累官知严州,今存遗著有《桐汇集》八卷、续集三十七卷、《续古今考》、《瀛奎律髓》等。

19 李虚己:字公受。宋建州人,太平兴国二年进士,真宗称其儒雅循谨,特擢右

计议。历权御史中丞、工部侍郎、知池州,分司南京。喜为诗,精于格律,有《雅正集》。

20 杨廷秀:即杨万里(1124—1207),廷秀是其字,号诚斋。南宋绍兴进士,知奉新,孝宗时召为国子监博士,进宝谟阁学士。后不肯为韩侂胄所用,弃官家居。著有《诚斋易传》、《诚斋集》、《诗话》等。

21 陈与义(1090—1138):宋洛阳人。字去非,号简斋。政和三年登上舍甲科,授开德府教授,累迁兵部外郎。绍兴中累官参知政事。著有文集二十卷,词一卷。

22 王穉登(1535—1612):明常州人,移居苏州。字伯谷,号王遮山人。十岁能诗,及长,名满吴会。尝及文徵明门,文徵明后遥接其风,以布衣诗人擅吴门词翰之席三十余年,闽粤人过苏州,虽高人亦必求见乞字。有《吴郡丹青志》、《吴杜编》、《尊生斋集》等。

23 何景明(1483—1521):明信阳人。字仲默,号大复。十五岁中举人,弘治十五年进士,授中书舍人。官至陕西提学副使,以病辞归卒。与李梦阳齐名。有《大复集》、《雍大记》、《四针杂言》。

24 陆采(1497—1537):明苏州府长洲(今江苏吴县)人。初名灼,字子玄,号天池山人,又号清痴叟。诸生,十九岁即创作《王仙客无双传奇》剧本。性豪放不羁,喜交游,有《南西厢》、《怀香记》、《冶城客论》、《太山稿》等。

25 毛文焕:明苏州人,字豹孙,工诗,书亦楚楚。

26 陆希声:唐吴(今江苏苏州)人,博学善属文。初隐义兴,后召为右拾遗,累迁歙州刺史,昭宗闻其名,徵拜给事中,以太子少师罢。卒赠尚书左仆射。有《颐山诗》一卷。

27 吴宽：明苏州府长洲人，字原博，号匏庵。为诸生时即有声望，成化八年（1472）会试、廷试皆第一，授修撰，进讲东宫，孝宗即位后，迁左庶子，预修《宪宗实录》，后入东合，专典诰敕。官至礼部尚书。卒谥文定。善诗兼工书法，有《匏庵集》。

28 宋儒：字文卿，明安庆府望江（今安徽望江）人，初为诸生。后为锦衣卫千户，见狱中卧无垫、食不饱，奏以牧象草铺地为垫，以无主盗赃为食费，著为例。治狱以宽廉称。

29 俞世洁：明福建侯官县（治所在今福州）人，嘉靖十一年（1532）进士，历官国子监博士。

30 沈周（1427—1509）：明苏州府长洲（今江苏吴县）人。字启南，号石田，又号白石翁，以诗文书画名于时，与唐寅、文徵明、仇英并称吴门四大家。终身未仕，但诗画布天下。有《客座新闻》、《石田集》、《江南春词》、《石田诗钞》等。

31 谢应芳（1296—1392）：元明间常州武进人，字子兰。元至正时，知天下将变，隐白鹤溪，名其室为“龟巢”，并以之为号。授徒讲学，导人为善。及天下兵起，避地吴中，明初始归。素履高洁，为学者所宗。有《辨惑编》、《龟巢稿》。

32 范希文：即范仲淹（989—1052），希文是他的字。

33 文伯仁（1502—1575）：明苏州长洲人，文徵明侄。字德承，号五峰、葆生、摄山老农。诸生。善画山水、人物，亦能诗。

34 周天球：字公瑕，号幼海。太仓（今江苏太仓）人，后从文徵明游。善写兰草，尤善大小篆古隶行楷。

35 商辂：明淳安（今浙江淳安）人。字弘载。正统时乡试会考殿试皆第一。景泰时官至兵部尚书，英宗复辟，被诬下狱。成化初，以故官入阁，进谨身殿大学士。卒谥文毅。有《蔗山笔尘》、《商文毅公集》。

36 袁衮：字补之，明吴县（今江苏苏州）人。嘉靖进士，知庐陵县，后擢礼部主事，转员外郎，引疾归。有《袁礼部集》。

37 彭天秩：明苏州府吴县人，嘉靖四十年举人。

38 朱朗：明苏州人。字子朗，号清溪。文徵明入室弟子。善青绿山水，笔法模仿文徵明，作品大多署文徵明款。文徵明赝本及应酬代表之作，大多出自其手。

39 林逋：字君复。少孤力学，恬淡好古，结庵西湖孤山，二十年足不及城市。善行书，喜为诗，卒仁宗赐谥“和靖先生”。

40 惠洪（1071—1128）：宋僧。喜游公卿间，戒律不严。工诗，善画梅竹。有《石门文字禅》、《冷斋夜话》、《林间录》等。

41 胡珵：字德辉，宋常州晋陵（今江苏常州）人，徽宗宣和三年（1121）进士。高宗绍兴初召试翰林，兼史馆校勘，因反对秦桧主和，出知严州，继而被罢职，贫病而死。有《苍梧集》。

42 董传策：明松江府华亭（今上海松江）人。字原汉，号幼海。嘉靖二十九年（1550）进士，授刑部主事，万历元年（1573）官至礼部右侍郎，被劾受贿免归，后为家奴所杀。有《奏疏辑略》、《采薇集》、《幽贞集》等。

43 刘英：明钱塘（今浙江杭州）人，字邦彦。至孝重友，景泰中，郡邑交辟，以母老辞。诗词精妥流畅。有《宾山集》、《湖山咏录》等。

44 刘泰（1414—？）：明浙江钱塘人，字士亨，号菊庄。景泰、天顺间隐居杭州不仕。好学笃行,诗词精丽,有名于时。

45 陈沂(1469—1538):明南京人,字宗鲁,后改字鲁南,号石亭。正德十二年进士,授编修,进侍讲,出为江西参议,历山东参政。工画及隶篆,亦能作曲。与顾璘、王韦称"金陵三俊",并有"弘治十才子"之誉。著作甚富,有《金陵古今图考》、《畜德录》、《金陵世纪》等。

46 顾璘(1476—1545):明苏州吴县人,寓居上元。字华玉,号东桥居士。弘治九年进士,授广平知县,正德间为开封知府,后累迁至南京刑部尚书,罢归。小负才名,与陈沂、王韦号称"金陵三俊"。晚岁家居,延接胜流,被江左名士推为领袖。有《息园》、《浮湘》、《山中》等集。

47 石鼎联句:顾名思义,非一人所作。此联句由"师服"、"喜"、"弥明"三人所联,韩愈仅为之作序。本文将三人诗中各联之句的署名全部删去,改为韩愈之作,似不妥。本书编时特恢复其原貌。

48 茶灶咏寄鲁望:即《茶灶》,与上面的《茶鼎》和下面的《茶籯》,均为皮日休《茶中杂咏》诗。

49 茶灶答袭美:和上面的《茶鼎》、下面的《茶籯》、《茶焙》,均为陆龟蒙《奉和袭美茶具十咏》诗。此醉茶消客将之割裂具题目也人为造成混乱。

50 屠滽(?—1512):明鄞县(今浙江宁波)人。字朝宗,号丹山,成化二年进士。授御史,巡按四川湖广,有政绩,累迁吏部尚书。武宗即位,加太子太傅,兼掌都察院事。卒谥襄惠。

51 程敏政(1445—1499):明徽州休宁(今安徽休宁)人。字克勤,成化二年进士,授编修,以学识广博著称。有《新安文献志》、《明文衡》、《篁墩集》。

52 李东阳(1447—1516):字宾之,号西涯,明湖广茶陵人。天顺八年进士,授编修,累迁侍讲学士,充东宫讲官。弘治八年以礼部侍郎兼文渊阁大学士,直内阁,预机务。卒谥文正。有《怀麓堂集》、《怀麓堂诗话》、《燕对录》等。

53 底本是诗抄录有错乱,在"形模岂必随,人后鉴赏何"之下,混抄的是皮日休《茶瓯》诗。故此另单独立条。

54 秦夔(1433—1496):明常州府无锡县人。字廷韶,号中斋,天顺四年进士,授南京兵部主事,历武昌知府,累迁江西右布政使。卒于任。有《中斋集》。

55 王绂(1362—1416):明无锡县人。字孟端,号友石生,隐居九龙山,又号九龙山人。永乐中,以荐入翰林为中书舍人。善书法,尤工山水竹石。有《王舍人诗集》。

56 盛颙(1418—1492):明无锡人。字时望,景泰二年进士,授御史。成化间累迁陕西左布政使。

57 李杰:字世贤,明江南常熟人。成化二年进士,改庶吉士,授编修,累官礼部尚书,赠太子太保,谥文安。有《石城山房稿》。

58 谢迁(1449—1531):字于乔,号木斋,浙江余姚人。成化进士,授修撰,弘治八年入内阁,参预机务。累迁太子少保、兵部尚书兼东阁大学士。卒谥文正。有《归田稿》。

59 杨守阯(1436—1512):明鄞县(今浙江宁波)人。字维立,号碧川。成化十四年进士,授编修,弘治初与修《宪宗实录》,迁侍讲学士,寻掌翰林院,迁南京吏部右侍郎。武宗初乞休,加尚书致仕。有《碧川文选》、《浙元三会录》。

60 王鏊(1450—1524):明苏州府吴县人。字济之。成化十一年进士,授编修,弘治时历侍讲学士,擢吏部右侍郎。正德初进户部尚书、文渊阁大学士。有《姑苏志》、《震泽集》、《震泽长语》等。

61 商良臣:明浙江淳安人,商辂子。字懋

衡,成化二年进士,累官翰林侍讲,卒
于官。

62 陈璚(1440—1506):明苏州府长洲人。
字玉汝,号盛斋。成化十四年进士,授
庶吉士,官至南京左副都御史。博学
工诗,有《成斋集》。

63 吴学:明常州府无锡人,字逊之。成化
二十年进士,授行人,擢御史,历山东
按察使。

64 杨子器:字名父。明浙江慈溪人,成化
丁未进士,历知昆山、高平、常熟等县,
有惠政,擢吏部考工主事,进验封郎
中,出为湖广参议,历河南左布政使。
有《柳塘先生遗稿》。

65 钱福(1461—1504):明松江华亭人。
字与谦,号鹤滩,弘治三年进士,授修
撰,三年告归。诗文敏妙,有《鹤滩
集》。

66 杜启:明苏州府吴县人,以诗文名重于
时,与吴中名士王鏊、祝允明、蔡羽等
交往,正德元年,曾为《姑苏志》作后
序。有《皋台存稿》。

67 缪觐:明常州府无锡县人,勤奋好学,
弘治八年举人。

68 盛虞:字舜臣,号秋亭。明无锡县人。
《御定佩文斋书画谱》有其传。

69 此下本文钞本,原将吴宽前"惠山竹茶
炉"诗叙误抄于是,现按纂抄者注,提
前调整至正确位置。

70 卞荣(1426—1498):明常州府江阴人,
字华伯。正统十年进士,授户部主事,
官至户部郎中。工诗画,有《卞
郎中集》。

71 谢士元(1425—1494):字仲仁,号
约庵,晚更号拙庵。景泰五年进士,
授户部主事,擢建昌知府,弘治初累
官右副都御史、四川巡抚。有《咏古
诗集》。

72 郁云:江苏昆山人,生平不详。

73 张九方:江苏无锡人,成化二年任汝宁

74 范昌龄:生平籍贯不详。《明一统志》
卷十七,称其为广德知州时,刚正自
守,不避权势。及去,民人祀之。

75 陈昌:字颖昌,号菊庄。明平湖(今浙
江嘉兴)人。工诗文,尤长于七言。才
思藻丽,惜其集不传。

76 贾焕:字华甫,元开封人。泰定元年授
太平路总管(治所在今安徽当涂),岁
饥募粟分赈,修学舍,筑石城,浚尚书
塘。《江南通志》卷一一七有传。

77 邵瑾:明河津人,《山西通志》卷26载,
英宗天顺三年(1459)乡试登榜,后历
任汉阴教谕。

78 陶振:字子昌,明吴江人。洪武末
举明经,授本县学训导,改安化(治
所在今湖南安化东南)教谕卒。振
天才超逸,诗语豪隽,名于时,有
《钓鳌集》。

79 莫士安:士安名偘,以字行;又字维恭。
明归安(今浙江湖州)人。洪武初为府
学教授,迁知黄冈县事,入为国子助
教。据《无锡县志》载,永乐初,以助教
治水江南,遂侨居无锡,自称"柏林居
士",又号"是庵"。

80 杨循吉(1458—1564):字君谦。明苏
州吴县人,成化二十年进士,授礼部主
事。好读书,每得意则手舞足蹈,人称
"颠主事",多病,后辞官归里,晚年甚
落寞。有《松筹堂集》及多种杂著。

81 此下原为秦夔《题复竹炉卷》诗,按题
下"当在王孟端泉韵前"注,本书编时,
已调整提前至王绂《竹茶垆倡和》
之前。

82 刘勗:明江西赣县人,永乐十五年
(1417)举人,授教谕等职。

83 厉昇:字文振,号雪庵。明无锡人,以
岁贡入国子监。后授青田知县。致仕
归,乡人称之为"青田君",有
《雪庵集》。

84　曾世昌：明岭南南海人，明正德十五年进士，在福建任过佥事。余不详。

85　俞泰(?—1531)：字国昌，号正斋。明无锡人，弘治十五年进士，授南京吏科给事中，历官山东参政。嘉靖二年致仕，隐居芳洲。好绘喜诗，有《芳洲漫兴集》。

86　杨基(1326—1378)：元明间人，字孟载，号眉庵。原籍四川，祖官吴中，寓苏州吴县。元末稳吴之赤山，张士诚辟为丞相府记室，入明被徙河南，洪武二年放归，旋被起用，官至山西按察使。被诬服苦役卒。善诗文，兼工书画，与高启、张羽、徐贲被称吴中四杰。有《眉庵集》。

87　王问(1497—1576)：明无锡人，字子裕。嘉靖十七年进士，官至广东按察佥事。父亡，不复仕，隐居湖滨宝界山，兴至则为诗文或点染丹青，山水人物花鸟皆精妙。以学行称，门人私谥文静先生。

88　此以下三段附记，即南京图书馆所定《茶书七种》七卷首书、首卷《茶薮》的原来情况。它既无如前《茶诗》和下面《茶文》等一类之目，也无署"醉茶消客纂"等字样。划为一书一卷，纯粹是南京图书馆编目时擅定的。

89　此处删节，见唐代陆羽《茶经》。

90　此处删节，见唐代陆羽《茶经》。

91　此处删节，见宋代蔡襄《茶录》。

92　此处删节，见宋代蔡襄《茶录》。

93　此处删节，见宋代蔡襄《茶录》。

94　此处删节，见明代顾元庆、钱椿年《茶谱》。

95　此处删节，见明代胡文焕《茶集·六安州茶居士传》。

96　此处删节，见明代孙大绶《茶谱外集·茶赋》。吴淑(947—1002)：字正仪，宋润州丹阳人。初仕南唐为内史，入宋，荐试学士院，预修《太平御览》、《太平

广记》，累迁水部员外郎，善书法，有《说文五义》、《秘阁闲谈》等。

97　此处删节，见明代孙大绶《茶谱外集》。

98　此处删节，见宋代唐庚《斗茶记》。

99　蔡羽(?—1541)：明苏州吴县人，字九逵。因居洞庭西山，称林屋山人，又称左虚子。由国子生授南京翰林孔目。有《林屋集》、《南馆集》。

100　此处删节，见本书宋代顾元庆、钱椿年《茶谱·序》。

101　元东岩：即元德明，东岩是其号。金忻州秀容(今山西忻县)人。幼嗜书，累举不第，放浪山水间，饮酒诗赋自娱。有《东岩集》。

102　毛泽民：即毛滂。泽民是其字，号东堂。宋衢州江山人。哲宗元祐中，苏轼刺杭州时，为法曹。后苏轼见其词，爱之，力荐于朝，擢知秀州。

103　此处删节，见宋代叶清臣《述煮茶泉品》。

104　此处删节，见宋代叶清臣《煎茶水记》。

105　此处删节，见宋代欧阳修《大明水记》。

106　沈揆：宋秀州(今浙江嘉兴)人。字虞卿，绍兴十三年进士，除秘书少监，历知宁国府、苏州，入为司农卿，官终礼部侍郎。有《野堂集》。

107　蔡肇(?—1119)：宋润州丹阳人。字天启，元丰十二年进士，受明州司户参军，徽宗初入为户部员外郎，兼编修国史，出为二浙提刑。后知睦州卒。能文长诗，工山水人物。有《丹阳集》。

108　窦庠：唐扶风平陵人。字胄卿，吏部侍郎蒋其为节度副使、殿中侍御史。德宗贞元中出为信、婺二州刺史。著述很多，有《窦氏联珠集》等。

109　邵宝(1460—1527)：明无锡人，字国贤，号二泉，成化二十年进士，授许州(今河南许昌)知州，躬课农桑，迁江

西提学副使，官至户部右侍郎，拜南礼部尚书。撰有《漕政举要》、《慧山记》、《容春堂集》等。

110 翁挺：宋建州崇安（今福建武夷山）人。字士特，一字士挺，号五峰居士。徽宗政和中以荫补官，官至尚书考二员外郎，因不附时相，被逐不复出。博学善文，有《诗文集》。

111 本文系记述惠山听松阁静夜闻松涛的艺文。本书编时删。

112 丁元吉：明镇江人，诗文并善。有《陆右丞蹈海录》。

113 悟道泉：时方志记在苏州洞庭东山。

114 周权：元处州人，字衡之，号此山。工诗词，游京师被荐为馆职，勿就。有《此山集》。

115 邵珪：明常州府宜兴人，字文敬。成化五年进士，受户部主事，出为严州知府，迁知思南。善书工诗，有"半江帆影落樽前"句，人称"邵半江"，有《半江集》。

116 王达：明常州府无锡人。字达善，少孤贫力学，洪武中举明经，受本县训导，永乐中擢翰林编修，博通经史，与解缙、王偁、王璲等被称为东南五学士。有《耐轩集》。

117 丘霁：明江西鄱阳人。字时雍。天顺四年进士，成化中为苏州知府，治未一年，百废即举。

118 黄镐（? —1483）：字叔高，明福建侯官人。正统十年进士，试事都察院。成化时擢广东左参政，官终南京户部尚书。

119 吕溱：字济叔，宋扬州人。仁宗宝元元年进士第一，历知制诰，翰林学士，神宗时知开封府。官终枢密直学士，五十五岁卒。

120 丁宝臣（1010—1067）：宋晋陵（今江苏常州）人。字元珍，与兄宗臣俱以文名，时号"二丁"。仁宗景祐元年进

士。后由太常博士出知诸暨县，除弊兴利，越人称为循吏。与欧阳修尤友善。

121 焦千之：字伯强，宋焦陂人，寄居丹徒。仁宗嘉祐时举经义进京馆太学，为国子监直讲。治平三年以殿中丞出知乐清县，后移知无锡，入为大理寺丞。

122 僧若水：此为唐诗僧，工吟咏，为时所称。

123 张天雨（1283—1350）：又名张雨，字伯雨，号句曲外史，又号贞居子，年二十遍游诸名山，并弃家为道士。工书画，善诗词。有《句曲外史》。

124 黄淮（1367—1449）：明浙江永嘉人。字宗豫，洪武三十年进士，永乐时，进右春坊大学士，后为人谮入狱十年，洪熙初复官，寻兼武英殿大学士，官终户部尚书。有《省愆集》、《黄介庵集》。

125 汪藻（1079—1154）：字彦章。宋饶州德兴人。徽宗崇宁二年进士，累官著作佐郎。高宗立，召试中书舍人，拜翰林学士。绍兴八年，升显谟阁学士，连知徽宣等州。有《浮溪集》等。

126 沈揆：字虞卿，宋秀州嘉兴人。高宗绍兴三十年进士，累官知嘉兴，人称儒者之政。历知宁国府、苏州，入为司农卿，官终礼部侍郎。有《野堂集》。

127 杨载（1271—1323）：元杭州人，字仲弘。年四十不仕，以布衣召为翰林编修。延祐二年始登进士第，授浮梁州同知，卒于官。以诗文名，有《杨仲弘集》。

128 方豪：字思道，明浙江开化人，正德三年进士，授昆山知县，迁刑部主事，官至湖广副使。有《棠陵集》、《断碑集》、《蓉溪菁屋集》等。

129 僧恩：唐高僧，以诵《涅槃》为恒业，道心清肃，历住宏福、禅定等寺。

130　释本明：明僧，居通州静嘉寺，梵行清白，勤于讲业，后告众而化。

131　僧古愚：即喆禅师。明僧，住终南。但更像清僧名圆根的古愚。吴中（今江苏苏州）人，俗姓夏，九岁依竹坞性原薙发，尝往杭州，结制于理安寺。性原化，根继住竹坞，七十而寂。这也是本书确定本文有窜入少量清人

诗文的疑点之一。

132　李梦阳(1473—1529)：字献吉，自号空洞子。明陕西庆阳人，徙居开封，弘治六年进士，授户部主事，武宗时为江西提学副使，陵轹台长，夺职。家居二十年而卒。与何景明、徐祯庆、顾璘等号为十才子。有《空洞子集》、《弘德集》。

校　　勘

①　闲寻尧氏山："氏"字，两底本均作"峰"，据《全唐诗》改。

②　乞茶：《全唐诗》等题作《凭周况先辈于朝贤乞茶》。

③　西山兰若试茶歌："山"字，两底本均作"园"字，据《全唐诗》改。

④　今岁官茶极妙而难为赏音者：《山谷全书》在"赏音者"之下，还有"戏作两诗用前韵"七字。

⑤　惟取君恩归去来："惟"字，《山谷全书》作"怀"。

⑥　头(頭)进英华尽："头(頭)"字，底本作"顿(頓)"字，据《古今事文类聚》续集卷一二改。

⑦　仙山灵草湿行云："草"字，两底本均作"雨"字，据《苏轼诗集》改。

⑧　桥山事严庬百局："庬百"，底本作"尤有"，疑形讹，据《宋诗钞》改。

⑨　右丞似是李元礼："右"《宋诗钞》作"左"。"似"字，本文钞本原阙，编补。

⑩　搜搅十年灯火读："十"字，两底本作"千"字，疑误，据《宋诗钞》改。

⑪　香茶饼：《蚼窔集》卷六题作《奉寄茅山道士求香茶》。

⑫　扫雪煎茶：《御定佩文斋咏物诗选》卷244作《雪煎诗》。底本无作者，谢宗可为编者加。下同。

⑬　忆昔常修守臣职：原诗在这之下，还有欧阳修自注"余尝守扬州，岁贡新茶"九字。

⑭　茶山境会：《全唐诗》题作"夜闻贾常州崔湖州茶山境会想羡欢宴因寄此诗"。

⑮　李德裕：底本误作"皇甫曾"，径改。但此诗《全唐诗》重出，一称李德裕作，一列入曹邺名下。

⑯　隆兴见春新玉爪："见"字，《诚斋集》作"元"字。

⑰　归读《茶经》传衲子："读"字，《诚斋集》作"续"字。

⑱　王安石：底本在"王安石"名字前，还加有《临川集》三字，编者删。

⑲　张教授惠顾渚茶戏答：《梅溪集》后集卷5作《张季子教授惠顾渚茶报以宣城笔戏成三绝》。

⑳　只(祇)因宣州城："只(祇)"字，底本作"秖"，误，据文义改。

㉑　新茶已萌芽："芽"字，底本一刊作"萁"字。萁同"蕶"，梅尧臣诗句："萌颖强抽萁"，二字义近。

㉒　爱茶歌：一作《茶歌》或《吴匏庵茶歌》。

㉓　茶柏："柏"字，底本作"旧(舊)"，误。此据《书画题跋记》卷11吴宽行书挂幅改。"柏"，有的版本世简作"白"。

㉔　本诗以上至李镕《林秋窗精舍啜茶》，如原文所注，"俱闽人"所作，未见。

㉕　煮茗轩：《龟巢稿》卷四，作《寄题无锡钱仲毅煮茗轩》。

㉖　聚蚊金谷："蚊"字，《龟巢稿》作"蛟"字。

㉗　行歌试采香渐手："渐"字，《石田诗选》作"盈"字。

㉘　临江自汲清泉煮："江"字，南京图书馆钞本阙，农业遗产研究室藏钞本注作"江"；据补。

㉙　玉截茶：《御选宋金元明四朝诗》题为《焦千之求惠山泉诗》。本文所录，实为是诗的中间三句。

㉚　尽遂红旗到山里："遂"字，《全唐诗》作"逐"字。

㉛　试茶有怀：《御选宋金元明四朝诗》卷四五，题作《尝茶次寄越僧灵皎》。

㉜　题茶：《佩文斋咏物诗选》卷二四四，题作《谢王烟之惠茶》。此仅摘前二句。

㉝ 煎茶:《御选宋金元明四朝诗》卷二七等,皆题作《和钱安道寄惠建茶》。原诗较长,本文仅零星选摘如上。

㉞ 啜香:"啜"字,《御定佩文斋咏物诗》等作"嗅"字。

㉟ 禁烟前见茶:《全唐诗》题作《谢李六郎中奇新蜀茶》。但本文斩头去尾仅摘中间二句。且"未下刀圭搅曲(麴)尘"的"曲(麴)"字,二底本,一形误作"面(麵)",一作"麦(麥)"。

㊱ 赋寄谢友:《宋诗钞》卷二十等,题为《和蒋夔寄茶》。本文未全录,为摘抄。

㊲ 海蛰江柱初脱泉。临风饮食甘寝罢:"柱"字,底本作"拄",据《宋诗稿》改。"临风饮食"的"饮"字,《佩文斋广群芳谱》卷二十等,均作"饱"字。

㊳ 赐官拣茶:《佩文斋广群芳谱》卷二十等,题为《苏轼怡然以垂云新茶见饷报以大龙团仍戏作小诗》。

㊴ 啜茶:《全唐诗》二出,一作李德裕、一作曹邺作,但均题为《故人寄茶》。《全唐诗》二人原文为:"剑外九华英,缄题下玉京。开时微月上,碾处乱泉声。半夜邀僧至,孤吟对竹烹。碧流(一作沉)霞脚碎,香泛乳花轻。六腑睡神去,数朝诗思清。其余不敢费,留伴读(一作肘)书行。"醉茶消客不知何因,从这误作二人诗中,乱选三句,另名《啜茶》,另称为林逋所作;抑或林逋本人曾抄集为己作?

㊵ 紫玉块:《东坡全集》卷20等,题为《到官病倦未尝会客毛正仲惠茶乃以端午小集石塔戏作一诗为谢》。本文未尽录全诗,仅为摘抄。

㊶ 寄茶与尤延之:《诚斋集》卷二五,作"寄中洲茶与尤延之延之有诗再寄黄檗茶仍和其韵"。

㊷ 叶含雷作三春雨:"作"字,《西湖游览志余》作"信"字。

㊸ 师服:本文钞本《石鼎联句》,原作"韩愈"作,全文不注"师服"、"喜"、"弥明"三人分别所咏的诗句。现文中所注各人所联之句,是编时据《唐文粹》补增。

㊹ 在冷足自安,遭焚意弥贞:"足自安",底本原作"安自足";"弥贞"二字原缺,此据《唐文粹》改补。

㊺ 大似烈士胆,圆如战马缨。师服上比香炉尖,下与镜面平。喜:底本原文漏抄,此据《唐文粹》补。

㊻ 何当山灰地:"山"字,《唐文粹》作"出"字。

㊼ 侧见折轴横。喜时于蚯蚓窍:"横"字,底本原作"模";"时于"底本原缺,据《唐文粹》改补。

㊽ 当居顾盼地,敢有漏泄情:"盼地",《唐文粹》作"眄地"。漏泄情,"泄情"二字底本缺,据补。

㊾ 惟尔宜烹我服从,浑然玉琢谢金镕:"惟"字底本原缺,"服"字,二底本,一作"脉(脈)"、一作"胀(脹)",据《石田诗选》原文补改。"琢"字,《石田诗选》作"斫"。

㊿ 枵腹膨亨自有容:"亨"字,底本原缺,据《石田诗集》补。

51 铜铫:"铫"字,《东坡全集》卷14等,作"腥"字。

52 萎辛盐少茶初熟:"萎辛",《东坡全集》等作"姜新"。

53 茶白不须赍:"茶"字,《瀛奎律髓》作"药"字。在"药白不须赍"之下,《瀛奎律髓》还有文曰:"仕宦而携茶磨,其石不轻,亦一癖也。宁不携药白而携此物,可谓嗜茶之至者。"

54 茶瓯 皮日休:底本无此题,作者皮日休也是本书编校时加。本诗全文原混杂在上诗"李东阳《奉次》后半部",张冠李戴,显然为误抄,故将"邢客与越人"以下本诗文,加上诗题和作者单列出来。李东阳上面《奉次》四句,未查到原文,前句七律,后句五言,疑亦有舛误。

55 题复竹炉卷:底本原排在后面杨循吉《秋亭复制新炉见赠》条下,其抄录或纂者后来在题下注云:"当(列)在王孟端(即王绂)泉韵前"。本书编校时以注作了调整。《题复竹炉卷》下原小字注"当在王孟端泉韵前"八字,删。

56 竹茶炉倡和:《家藏集》题作《游惠山入听松庵观竹茶炉》。底本《竹茶炉倡和》之下,原还有小字注"此当在秦夔幽韵后"八字,本书编校已按注作了调整,故亦删。

57 奉次:此篇,《家藏集》卷十一,题为《观盛舜臣所藏竹炉盖仿惠山元僧之制其伯父侍郎公铭其旁》。另在本"奉次"标题下,底本原还有小字注"有叙误在后"五字。如下一校记所说,我们编校时已按原注作了调整,故删。

58 "惠山竹茶炉……和之塞白耳"这段"叙文",原误排在本竹炉诗最后盛虞的"奉次"之下,本文纂抄者注明,此应排在吴宽本首"诗前",现编校按注将之提前编排于此。另下面所附"此是匏庵(即吴宽)的,当在第二首前"11字小字注,至此也无存必要,故亦删。

⑤ 首倡:《石仓历代诗选》卷390题作《竹茶炉为僧题》。《佩文斋咏物诗选》卷二一五题又作《题真上人竹茶炉》。

⑥ 竹编茶灶渝清流:"灶"字,《石仓历代诗选》等作"具"字。

⑥ 旋生蟹眼韵含秋:"眼"字,底本均缺,据有关诗句文义加。

⑥ 清籁飕飕松涧秋:第一个"飕"字,底本均阙,据上句"缕缕"诗词,本文听阙字与上对应,无疑同下一字为"飕",径补。

⑥ 茶经序:底本原无"经"字,作"茶序";据《后山集》卷十一补。

⑥ 茶中杂咏序:底本作"茶序",据《松陵集》卷四改。

⑥ 进茶录序:本书蔡襄《茶录》作"前序",校注悉详原文。

⑥ 进茶录后序:本书蔡襄《茶录》作"后序",校注悉详原文。

⑥ 茶谱序:底本作"茶录序",阅是文,显然非序蔡襄《茶录》,而是序钱椿年、顾元庆《茶谱》,故改。

⑥ 答玉泉仙人掌茶记:此题醉茶消客据李白《答族侄僧中孚赠玉泉仙人掌茶》并序原题改定。

⑥ 一名槚:"槚"字,一底本作"搽",另一底本形讹录作"采(採)",据《古今源流至论》续集卷四改。

⑦ 获(獲)一两:"获(獲)"字,底本作"护(護)"字,据《古今源流至论》本改。

⑦ 自唐陆羽隐于苕溪,性酷嗜茶:本文醉茶消客删苕溪的"苕"字,《古今源流至论》形误作"茗"字。在"性酷"和"嗜茶"之间,本文省略"本草《茶谱》……唐贵妃嗜荔子,时至万钱"等共105与主题无甚关系的字。

⑦ 回纥(紇)入朝:"回纥(紇)",底本均误作"何讫(紇)",据文义径改。

⑦ 榷:底本有时也书作"搉"字,"榷"、"搉"混用,本文统一改用最先出现的"榷"字,下不出校。

⑦ 鬻之在官:"鬻"字,底本都书作"粥"字,"粥"虽通"鬻",但本文仍效其他各本,均改作"鬻"字。下同,不出校。

⑦ 乾德之榷务,淳化之交引:在"榷务"和"淳化"

之间,本文醉茶消客删"陆羽上元初更隐茗〔苕〕溪……乾德二年诏在京、建州、汉、蕲口"等237字。

⑦ 至淳化,许商贾置鬻:在"淳化"和"许商贾"之间,本文醉茶消客节删"榷货务……有十三场六榷务之立"共323字。

⑦ 商纳刍薪于边郡:"薪"字,《古今源流至论》本作"粟"字。

⑦ 然鬻引之具一兴:底本作"然粥之具一兴",脱一"引"字,此据《古今源流至论》本改补。

⑦ 茶钞:"钞"字,《古今源流至论》本作"钱"字。

⑧ 此利徒在官而不在商也。之二法者:在"不在商也"和"之二法者"之间,本文醉茶消客又节删"国初许商贾就园户置茶……三说乃是转耀"共374字。

⑧ 异日均赋之外:"外"字,底本作"分"字,据《古今源流至论》改。

⑧ 民堪之乎?噫,民病矣:在"堪之乎"和"噫"之间,本文醉茶消客又删"为一说便耀……以济艰食后"共352字。

⑧ 五害说:《文忠集》卷一二○和《御选唐宋文醇》卷27等,皆题为《论茶法奏状》。

⑧ 直云朝廷意在必行:底本原无"直"字,此据《文忠集》、《唐宋文醇》等添加。

⑧ 士得传言于朝:底本原无"言"字,此据《文忠集》、《文编》卷十九等增补。

⑧ 大商绝不通行:"通"字,底本形误作"道"字,据《文忠集》等改。

⑧ 不惟客旅得钱变转不动:底本在"不"与"动"之间,还多一"可"字,《文忠集》、《唐宋文醇》等无"可"字,疑衍,删。

⑧ 享天上故人之意,媿无胸中之书传:"意",《续茶经》作"惠"字。"胸"字,底本误作"胃"字。

⑧ 嘉靖 春序:喻政《茶书》本作"吴郡顾元庆序"。有的版本还在地名前加"嘉靖二十一年春"。

⑨ 醉落魄:《全宋词》另题名《一斛珠》。

⑨ 意难忘:增订注释《全宋词》卷三,作"括意难忘"《泅泅松风》。

⑨ 林正大:底本作"林正"。宋有"林正"其人,宋末平阳人,但此《全宋词》作"林正大",字敬之,号随庵,宁宗开禧间为严州学官。疑本文纂者误。

⑨ 精神新发越:"越"字底本无,据《全宋词》、《御

《选历代诗余》等补。

㊾ 汤点瓶心未老,乳堆盏面初肥:"汤"字和"面"字,底本作"雪"字和"内"字,据《全宋词》、《乐府雅词》改。

㊿ 乃以山后寺中:底本"山后下",无"寺中"二字,据文渊阁《四库全书·吴郡志》补。本段内容,与上述《吴郡志》原文多一字、少一字的情况较多,但不悖原义,不一一作校;这里仅将改动字数较多之处出校。

96 土井为石井,甚可笑:底本"土井"下,原仅"当之"二字,"为石井,甚可笑"六字,是本书编时据《吴郡志》删增。

97 泉出石脉中,一宿水满。井较之二水:底本原无"一宿水满井,较之二水"九字,此据《吴郡志》加。

98 郡守沈揆作屋:在"沈揆"和"作屋"之间,《四库全书·吴郡志》还有"虞卿(沈揆字)闻之,往观大喜,为"九字,本文录时简。

99 以为烹茶晏坐之所。西蜀潺亭,高第扁曰"品泉亭";一云"登高览古":"西蜀潺亭……登高览古"17字,为本文醉茶消客所加。《四库全书·吴郡志》原文,在"以为烹茶晏坐之所"之下,为"自是古迹复出,邦人咸喜"10字,醉茶消客增加自添内容,将之作删。

100 横陈可余丈:"余丈",《震泽集》、《吴都文粹续集》作"数十丈"。

101 独兹泉乎哉? 其谁能发之:《震泽集》、《吴都文粹续集》作"独兹泉也乎哉",无"其谁能发之",改为"因书其后以识"。

102 其品第三。岁久而芜,迹湮且泯:"第三",《震泽集》等作"维三"。"迹湮且泯",《震泽集》等作"射鲋且泯"。

103 诗题及作者恐有误,《吴都文粹》标作者为陈纯臣,题为《荐白云泉书与范文正公》。

104 云林犹为数焉:《清閟阁全集》卷十一作"云林为尤数焉";陆廷灿《续茶经》更刊作"元镇为尤数焉"。至于其他一字之差处亦多,义近,不一一出校。

105 有亭曰"时会":"时会"显误。《格致镜原》此句作:"厥土有境会亭"。

106 惠山浚泉之碑:邵宝收于《容春棠集》原文题为《慧山浚泉碑铭》。底本,醉茶消客增删、跳改、错乱较多,如一一作校,校记比原文还多,且也不易说清。故这里不如将原文附此,读者

可校,可直接作引。《慧山浚泉碑铭》:正德五年春三月,锡人浚慧山之泉,秋八月功成。先是正统间,巡抚周文襄公尝浚之,其后屡葺屡坏,至是而极,缙绅诸君子方图再浚。而宝归自漕台,适与闻焉,既求士之敏者董厥工作,乃与匠石左右达观,究厥敝原,为新功始询谋金同,用书告诸望族,各助厥赍。而后即事,凡为池三,为渠二,为亭、为堂各一。而三贤之祠,故在泉上;今益为十贤。而新之县大夫请助以葺故谢焉,至是凡五阅月,而泉之流行犹前日也。诸君子既观厥成,则以记命,宝惟慧泉为天下高品尚矣。然其来也,同源而异穴,或发则汱(汛),或发则槛。三池汇之而石渠阴贯乎其间,盖约滥,节迅以成泉。德古之为是者,可谓知水矣。是故,上池渊然,中池莹然,下池浩然,为观不同而水之状,于是略具粤自陆子品之之后,观且饮者日众,以盛者甚者驿致长安通名岭海之外夫岂偶然乎哉?虽然时而浚之,则存乎人。譬之天道,有夑理之功;譬之人事,有更化之理,浚之为义亦大矣。是以君子重图之。今是役也,有渠以通,有池以蓄,有亭若堂,以为之观无侈无废,克协于旧。其规画所就论者,谓邑有人焉。宝不敏,谨以岁月勒之于碑,复为诗以歌之。总其贯为白金若干两,督工之士为龚时亨、杨正甫、莫利卿,其助之者之名,具于碑阴,凡若干人。为书者吴大章,而往来宣勤则潘继芳及僧圆显。定昌云其诗曰:"邃彼原泉,慧山之下。维僧若冰,肇浚自古。谓配中泠,允哉其伍。我锡彼金,有子维母。孰不来饮,孰不来观。赞叹咏歌,井洌以寒。孰阏我流,石崩木蠹。匪泉则敝,敝以是故。人亦有言,清斯濯缨。弃而弗涤,岂泉之情。锡人协义,与我浚功。维物有理,变极则通。维云蒸蒸,维石齿齿。泉流其间,终古弗止。有德匪泉,则时予之耻。我诗于碑,以颂其成。泉哉泉哉,与时偕清。"(《容春堂集》前集卷十六)

107 溢流为池,味甘寒:在"池"与"味"字之间,《无锡县志》卷四中,还有"如奏琴筝、如鸾凤之音"九字。

108 镇潼军节度使:"潼"字,《无锡县志》作"诸"字。

109 相帅成风:"帅"字,底本原作"巾"字,据《无锡县志》改。

110 不惟精神过绝人:"神"字,底本作"悍"字;"人"

字,底本原缺,均据《无锡县志》改补。

⑪ 故书之以寓一叹云:在"叹云"以下,底本删去"绍兴十一年六月日晋陵孙规记并书"十五字。

⑫ 距山北面:"面"字,《无锡县志》作"向";类似同义改字,本段还有多处,下面不改也不出校。

⑬ 泉历数百载:底本均作"百载","数"是据《无锡县志》改。

⑭ 惠山适当道傍,而声利怵迫之徒:底本无"傍"字,据《无锡县志》补。

⑮ 挈饷千里:"挈"字,底本原作"给"字,据《无锡县志》改。

⑯ 自藏修,故虽僻而无闷,以彼易此,泉:"修"字,《无锡县志》作"者"。"故虽"作"将愈"。"闷"字,本文钞本原作"狗"字,据《无锡县志》改。此段内容,《无锡县志》文本作:"自藏者,将愈僻而闷,以彼易此泉。"

⑰ 遂书以授之:此下,本文纂者醉茶消客,删原文"岁戊申冬十有一月癸丑"十字。

⑱ 调水符:在此题前,大多数版本,均录有苏轼是诗附叙。本文删不作录,一无道理,特校补如下:"余爱玉女河水,破竹为契,使寺僧藏其一,以为往来之信,谓之调水符。"

⑲ 雪乳一杯浮沆瀣,天光千丈落虚圆:"浮"字,《震泽集》作"分";"虚"字,一底本缺,一底本妄作"丘"字。

⑳ 惠山泉:此疑据《锦绣万花谷》前集卷35录。《东窗集》等书,题作《谢人惠团茶》。本文也只录其上半部分,下面有关分寄贡余茶的诗句未录。

㉑ 此泉何以得,适与真茶遇:"泉"字,《无锡县志》作"山"字;"得"字,《端明集》作"珍"。适与真茶遇的"适"和"真"字,底本原作"兹"字和"其"字,据《端明集》等其他版本改。

㉒ 昏尘涤尽(盡)清净观:"尽(盡)"字,底本作"荡(蕩)"字,据《四朝诗·元诗》改。

㉓ 真伪半相渎:"渎"字,底本阙,《古今事文类聚》作"续",此据《御选四朝诗》补改。

㉔ 煮雪:《大全集》卷十五题作《煮雪斋为贡文学赋禁言茶》。

㉕ 折屐兴偏长:"折"字,底本均作"斫"字。

㉖ 山本一江石:"石"字,底本形讹作"右"字,据沈周《石田诗稿》原文改。

㉗ 不溢亦不骞:"溢"字,底本作"益",《石田诗稿》原文作"溢"。

㉘ 惠山泉用□□韵:底本在"用"和"韵"字之间,有数空格,表示有脱字。

㉙ 酌惠山泉:一作杨万里撰,《诚斋集》卷13题为《酌惠山泉渝茶》。

㉚ 游惠山寺:《无锡县志》卷4上题作《谨次君倚舍人寄题惠山翠麓亭韵》。

㉛ 胜游未至心先厌:《无锡县志》作"胜处尽至心未厌"。

㉜ 持参万钱鼎:"持参",一底本作"持恭",一底本作"恭",本书作编时,据《宛陵集》原诗改。

㉝ 洞泉:《全唐诗》卷八五〇题为《题慧山泉》。

㉞ 漪澜堂:《容春堂续集》卷一,题作《惠山杂歌》。

㉟ 游惠山煮泉:《御选宋金元明四朝诗·宋诗》署苏轼撰,题作《惠山谒钱道人烹小龙团登绝顶望太湖》。

㊱ 逢山未必更留连:"必"字,《御选四朝诗·宋诗》作"免"字。

㊲ 月夜汲第二泉煮茶松下清啜:本文此题疑有误。《石田诗集》卷四九一原诗作《月夕汲虎丘第三泉煮茶坐松下清啜》。

㊳ 夜叩僧房觅涧腴:"涧"字,《石田诗选》作"履"。

㊴ 惠泉次韵:《东坡全集》卷十原诗题作《游惠山并叙》。叙释其与高邮秦观和杭僧参寥同游惠山,览朱宿等人诗,三人用其韵各赋三首。下为苏轼所吟三首。

㊵ 仰见鸿(鴻)鹤翔:"鸿(鴻)"字,底本作"鹊(鵲)"字,据《东坡全集》改。

㊶ 居庸玉泉:《王舍人诗集》卷四题作《玉泉垂虹》。

㊷ 东风西落岩畔花:"西"字,底本作"细",据《吴都文粹》续集改。

㊸ 建州紫瓷金叵罗:"叵"字,底本形讹作"巨"字,据《吴都文粹》续集改。

㊹ 此水流出山中船:底本,"船"字误作"铅",据《龟巢稿》改。下同。

㊺ 老夫来访旧僧家,石铛试渝赵州茶:《龟巢集》作"老夫来访旧烟霞,僧铛试渝赵州茶。"

㊻ 丁谓:《宛陵集》卷四九所收本诗,作梅尧臣撰。

㊼ 上舍银瓶贮:"舍"字,底本阙,据《宛陵集》补。

㊽ 寒溜潜通万壑阴:"潜"字,底本皆作"灌"字,据前文改。

㊾ 七宝泉:《家藏集》卷五,非本文所署的"王

璡",作"吴宽"撰;另题亦为《饮七宝泉》。

⑮ 清水出壑流:"水"字,《家藏集》作"泉"字。

⑮ 瓶壶走膏乳:"壶"字,《无锡县志》作"盎"字。底本和方志校录均不严格,近义的一字之差就多,这里一般不作改动和出校。

⑯ 同吊百年羽:"吊"字,《无锡县志》作"振"字。

⑯ 江边老仙不知姓:"仙"字,《无锡县志》作"弱"字。

⑭ 邵宝国贤:底本无,是《无锡县志》所加双行夹注。本书编加。下同。

⑮ 中涵石子莓苔丝:"莓"字,一底本作"芜"字。

⑯ 题陆羽茶亭:《皇甫司勋集》卷三二作《陆羽泉茶》。

⑰ 王宠:底本原无,编补。

⑱ 酌虎跑泉:《宋诗钞》题作《病中游祖塔院》。

⑲ 因病得闲殊不恶,心安似药更无方:底本"因"字误作"目"字;"殊"字刊作"时"字;"安心是"异作"心安似";"方"作"妨",据《宋诗钞》改。

⑩ 道人不识堦前水:"识"字,《宋诗钞》作"惜"字。

⑪ 嫩黄初泻(瀉)银瓶:"泻(瀉)"字,底本作"汤(湯)"字,据《御选历代诗余》改。

⑫ 惠山名品好:"好"字,底本作"在"字,据《御选历代诗余》改。

⑬ 此中端有澹交情:"澹"字,底本作"炎"字,据《御选历代诗余》改。

辑佚
岕茶别论 | 明 周庆叔 撰

作者及传世版本

周庆叔,生平事迹不详,明代前期人,约和长洲(今苏州吴县)沈周(1427—1509)是同时代人,长期隐居江南著名茶区长兴,嗜茶,也精于茶事。沈周在《书岕茶别论后》称,庆叔"所至载茶具,邀余素鸥黄叶间,共相欣赏",这也就是周庆叔喜茶和与沈周相友的最好也是唯一记述。

《岕茶别论》,关于这点,后来陈继儒在其《白石樵真稿》中,有较明确的评说。其称岕茶在明太祖时,便受到朱元璋的知遇,以后便"施于今而渐远渐传,渐觉声价转重"。并且采造的"蒸、采、烹、洗"

诸法,也"悉与古法不同"。而岕茶的所有这些创新和远播,与"周庆叔著为《别论》以行之天下",是有直接关系的。现存最早的岕茶专著,是万历三十六年(1608)前后长兴知县熊明遇所写《罗岕茶记》,但周庆叔所撰《岕茶别论》要早一个多世纪。可惜原著除沈周所写《书岕茶别论后》这一尾跋之外,正文只字未存。本书除上述陈继儒有专文提及外,陆廷灿《续茶经·九茶之略·茶事著述名目》也作收录;本书所辑的《书岕茶别论后》,也即录自《续茶经·一之源》。

原　　文

自古名山,留以待羁人迁客,而茶以资高士,盖造物有深意。而周庆叔者为《岕茶别论》,以行之天下。度铜山金穴中无此福,又恐仰屠门而大嚼者未领此味。庆叔隐居长兴,所至载茶具,邀余素鸥黄叶间共相欣赏。恨鸿渐、君谟不见庆叔耳,为之覆茶三叹。沈周《书岕茶别论后》①

（辑自陆廷灿《续茶经·一之源》）

另附：书岕茶别论后　陈继儒

"昔人咏梅花云,'香中别有韵,清极不知寒。'此惟岕茶足当之。若闽中之清源、武夷,吴之天池、虎丘,武林之龙井,新安之松萝,匡庐之云雾,其名虽大噪,不能与岕梅抗也。自古名山留以待羁人迁客,而茶以资高士,盖造物有深意。而周庆叔著为《别论》以行之天下,度铜山金穴中无此福,又恐仰屠门而大嚼者未必领此味,则庆叔将无孤行乎哉?

高皇帝题吴兴山:'乌啼红树里,人在翠微中。'又敕顾渚每岁贡茶三十二斤。则岕于国初已受知遇,施于今而渐远渐传,渐觉声价转重。既得圣人之清,又得圣人之时,第蒸、采、烹、洗,悉与古法不同。而喃喃者犹持陆鸿渐之《经》、蔡君谟之《录》而祖之,以为茶道在是,当不令庆叔失笑。庆叔隐居长兴,所至载茶具,邀余于素鸥黄叶间,共相欣赏,而尤推茶勋于妇翁徐子舆先生。不恨子舆不见此论,恨鸿渐、君谟不见庆叔耳。为之覆茶三叹。"陈继儒《白石樵真稿》

校　　勘

① 沈周《书岕茶别论后》:原置本段文前作头:这当是陆廷灿编《续茶经》时所改。本书辑收时

按一般跋例,仍移回文末。

作者及传世版本

朱日藩,字子价,号射陂。应登(1477—1526)子。扬州宝应人。嘉靖二十三年(1544)进士。历官乌程(今浙江湖州)知县,南京刑部主事、礼部郎中,出为九江知府,适遇饥荒,赈贷多所存活。在乌程,因惠政,入名宦祠,在实应,入乡贤祠。以诗文闻名于时,有《山带阁集》。

盛时泰(? —1578),字仲交,号云浦。应天府上元(今江苏南京)人。贡生。喜藏书,筑室大城山下,书斋名大城山房。才思敏捷,下笔千言立就。善画水墨山水、竹石,亦工书法。有《城山堂集》、《牛首山志》、《苍润轩碑跋》等。

《茶薮》,万国鼎《茶书总目提要》作《茶事汇辑》四卷。称"此书见《徐氏家藏书目》及《千顷堂书目》,一名《茶薮》";并且《徐目》注明是钞本,"不见其他书目,似已佚。"据陆典《大城山房十咏》尾跋所书,朱君(日藩)嗜茶,"尝裒古今诗文涉茶事者为一编,命曰《茶薮》",比较清楚地阐明了编纂的大概情况。《茶薮》最初为朱日藩所辑编的辑集类茶书,原稿三卷或四卷,主要摘录明代或明以前诗文中有关茶事内容而成。初稿编定以后,朱日藩未急

付刻印,而是想祝托陆典等友人继续收选一些内容充实后再刊。一日陆典在金光初书斋中谈及朱日藩《茶薮》初稿事,金光初即将前藏盛时泰《大城山房十咏》和记出之,并和陆典随即各附言一段,由陆典转朱日藩续收入或另作一卷附于《茶薮》。陆典交朱日藩的《大城山房十咏》和三篇后记,很可能是作为单独的一卷另附于后的。也可能正因为这样,所以在《徐氏家藏书目》和《千顷堂书目》中,《茶事汇辑》才出现盛时泰和朱日藩并署的情况。《茶薮》在收附盛时泰的《大城山房十咏》等之后,可能也未正式刻印或被其他丛书收录,仅只有少量钞本传世。这或许也是本书早佚的主要原因。

本文撰辑的时间,当在万历六年(1578)或稍前。至于朱日藩辑编《茶薮》的成稿时间,当是在万历六年(1578)或稍前。

本文从《茶水诗词文薮》中辑出。《茶水诗词文薮》,为本书改题,南京图书馆作醉茶消客《茶书七种》;南京农业大学中国农业遗产研究室作《石鼎联句》,均为钞本。

原　　文

茶所^{大城山房十咏1}　　盛时泰

云里半间茅屋，林中几树梅花。扫地
焚香静坐，汲泉敲火煎茶。

茶鼎

紫竹传闻制古，白沙空说形奇。争似
山房凿石，恨无韩老联诗。

茶铛

四壁青灯掣电，一天碎石繁星。野客
采苓同煮，山僧隐几闲听。

茶罂

一罋细涵藻荇，半泓满注山泉。欲试
龙坑多远，只虎穴曾穿。

茶瓢

雨里平分片玉，风前遥泻明珠。忆昔
许由空老，即今颜子何如。

茶函

已倩绿筠自织，还教青箬重封。不赠
当年冯异，可容此日卢仝。

茶洗

壶内旗枪未试，炉边水火初匀。莫道
千山尘净，还令七碗功新。

茶瓶

山里谁烧紫玉，灯前自制青囊。可是
杖藜客至，正当隔座茶香。

茶杯

白玉谁家酒盏，青花此地茶瓯。只许
唤醒清思，不教除去闲愁。

茶宾

枯木山中道士，绿萝庵里高僧。一笑
人间白尘，相逢肘后丹经。

右咏十章，白下²盛仲交作也。为定
所纂《茶薮》适成，因书往次附置焉。想当并
收入耳。蓉峰主人³录。

〔后记〕①
〔盛时泰记〕②

往岁与吴客在苍润轩烧枯兰煎茶，各
赋一诗。时广陵朱子价为主客，次日过官
舍，道及子价，笑曰："事虽戏题，却甚新也，
须直得一咏。"乃出金山⁴澜公所寄中泠泉，
煮之灯下，酌酒载为赋壁上兰影。一时群
公并传以为奇异，云："比年读书大城山，山
远近多名泉，如祈泽寺龙池水，上庄宫氏方
池水，云居寺涧中水，凌霄寺祠桥下水及云
穴山流水，龙泉庵石窟水，皆远胜城市诸名
泉。而予山颠有泉一小泓，曾甃乱石，名以
云瑶，故道藏经中古仙芝之名，自为作记，
然以少僻，不时取，独戊辰年试灯日，同客
携炉一至其下，时磐石上老梅盛开，相与醉
卧竟日夕。今年春来读书，邵生仲高从之
游。予与仲高父子修甫有世契，喜仲高俊
逸颖敏，因时为讲解。暇时，仲高焚香煎茶
啜予，予为道曩昔事，因次十题，将各赋一
诗以纪之。未能也。今日仲高再为敲石火
拾山荆，予从旁观之，引笔伸纸，次第其事。
茶熟而诗成，遂录为一帙，以祈同调者和
之。庶知空山中一段闲兴，不甚寂寞云尔。
盛时泰记。

〔金光初题跋〕③

往仲交诗成，持示予。予心赏之，且
谓之曰：余将过子山中，恐以我非茶宾

也。既而东还，不果往，今年有僧自白下来谒余，曰仲交死山中矣。余惊悼久之，因念大城山故仲交咏茶处，复取读之，并附数语，以见存亡身世之感云。戊寅冬金光初识。

〔陆典题跋〕④

定所朱君雅嗜茶，尝裒古今诗文涉茶事者为一编，命曰：《茶薮》，暇日出示予，且嘱余曰：世有同好者间有作，为我访之，来当续入之。久未遑也，昨集玄予斋中，偶谈及之。玄予欣然出盛仲交旧咏茶事六言诗十章并记授予，令贻朱君。因追忆曩时与仲交有山中敲火烹茶之约，今仲交已去人间，为之悲怆不胜。玄予因识感于诗后，予亦并记诗之所由来者以挂名其上云尔。平原陆典识。

注　　释

1　大城山房：大城山，在旧南京城东七十里，周二十二里，高八十二丈。盛时泰筑室山下，隐居读书于此，以"大城山房"为书室名。

2　白下：地名，位南京市。本名白石陂，晋陶侃讨苏峻至石头，筑垒于此。南朝宋元嘉二十年，"阅武白下"，即此。唐武德时改金陵为白下，故历史上有谓金陵或南京为"白下"之称。

3　蓉峰主人：当即陆典之号。

4　金山：金山，即今江苏镇江金山寺之金山。

校　　勘

① 后记：底本原无，本书作编时加。

② 盛时泰记：底本原无，本书作编时加。

③ 金光初题跋：底本原无，本书作编时加。

④ 陆典题跋：底本原无，本书作编时加。

辑佚

岕茶疏 ｜明　佚名

作者及传世版本

《岕茶疏》，从明黄履道《茶苑》中辑出。所辑四则内容，除第一则中间一段，"然白亦不难"至"则虎丘所无也"与熊明遇《罗岕茶记》所载有类同外，该则头尾和其他三则内容，不但不见于熊明遇《罗岕茶记》，也不见于"岕茶"其他有关专著；它们显然出自一本流传未广的明代岕茶逸书，故另题《岕茶疏》。

《岕茶疏》全书内容如何，卷数多少？

已不可知。至于撰述年代，结合岕茶风行的时间与《茶苑》引录的较多茶书内容来说，我们推定大致也撰写于万历年间。

原　文

熊明遇《岕茶疏》云：蔡君谟谓，"黄金碾畔绿尘飞，白玉瓯中翠涛起"二句，当改绿为玉、改碧为素，以色贵白也。然白亦不难，泉清瓶净，叶少水浣，旋啜，其色自白。然真味抑郁，徒为食耳。若取青绿，则天池、松萝及岕茶之最下者，虽冬月，色亦如苔衣，何足为妙？莫若余所制洞山。自谷雨后五日，以汤薄浣，贮壶良久，其色如玉。至冬则嫩绿，味甘色淡，韵清气醇，嗅之亦虎丘婴儿之致，而芝芬浮荡，则虎丘所无也。有以木兰坠露、秋菊落英比之者。木兰仰萼，安得坠露？秋菊傲霜，安得落英？莫若李青莲"梨花白玉香"一语，则色味都在其中矣。

《岕茶疏》云：凡煮茶，银瓶为最佳，而无儒素之致。宜以磁罐煨水，而滇锡为注，活火煮汤，候其三沸，如坡翁云"蟹眼已过鱼目生，飕飕欲作松风声"，是火候也。取茶叶细嫩者，用熟汤微浣，粗者再浣，置片晌，俟其香发，以汤冲入注中方妙。冬月茶气内伏，须于半日前浣过以听用。亦有以时大彬壶代锡注者，虽雅朴而茶味稍醇，损风致。

（以上录自本书《茶苑》卷十三）

熊明遇《岕茶疏》云：罗岕茶，人常浮慕卢、蔡诸贤嗜茶之癖。间一与好事者致东南名产而次第之，指必罗岕。云主人每于杜鹃鸣后，遣小吏微行山间购之，不以官檄致，即或采时晴雨未若，或产地阴阳未辨，甘露肉芝艰于一遘，亦往往得佳品。主人舌根多为名根所役，时于松风竹雨、暑昼清宵，呼童汲水、吹炉，依依觉鸿渐之致不远。至为邑六载，而得洞山者之产，脱尽凡茶之器，偶泛舟茗上，偕安吉陈刺史，故称举赏，不觉击节曰："半世清游，当以今日为第一碗，名冠天下，不虚也。"主人因念不及遇君谟辈一品题，而吴中豪贵人与幽士所购，又仅其中驵，主人得为知己，因缘深矣。且暮行以瓜期代，必不能为梁溪水递爱授之笔楮永以为好。它时雨后花明，夜前莺老展之几上，庶几乎神游明月之峡，清风两腋生也。因为之歌，歌曰："瑞草魁，琅玕质，瑶蕊浆，名为罗岕，问其阳羡之阳。"

《岕茶疏》云：岕有秋茶，取过秋茶，明年无茶矣，土人禁之。韵清味薄，旋采旋烹，了无意趣，置磁瓶中，旬日其臭味始发。枫落梧凋，月白露冷，之后杯中郁然一种先春风味，亦奇快也。诸茶惟岕茶能受众香，先以时花宿锡注中，良久，随浣茶入熟汤，气韵所触，滴滴如花上露也。梅兰第一，茉莉、玉兰次之，木犀则浊矣，梨花、藕花、豆花，随意置之，都自幽然。

（以上录自本书《茶苑》卷十四）

作者及传世版本

《茶史》，本书由《茶苑》中辑出。此前，无人提及和知此为一本茶书。其他各书不引，只《茶苑》一书一再引述。黄履道《茶苑》，北京中国国家图书馆书目、《中国古籍善本书目》，俱题明黄履道撰，本书收校时，考为伪托，书中有大量明嘉、万年间的作品，还收有部分清朝初期的茶书。鉴此，本书也只得将从是书中辑出的本文，暂定为撰写于明代后期至清代初年。

但本书作考时，也获得这样一点线索。即在《茶苑》引录本文中，在卷八录有这样一句，"《茶史》云：明月之峡，厥有佳茗。"循此笔者继续向它书寻索，结果在明许次纾《茶疏》中，又获得这样一句："姚伯道云：明月之峡，厥有佳茗，是名上乘。"姚伯道，事迹不详，大概是许次纾同时代的江南尤其钱塘和湖州一带名士，也许即是《茶史》的编著者。

所辑佚文如下：

原　　　文

歙州之先春、早春茶品，在宋已登贡籍。及今，松萝之亚也。焙制片、散未详。（《茶苑》卷四）

湖州府长兴县顾渚山，产茶精美绝伦，有紫笋、懒笋、龙坡山子之名，为浙茶之冠。（《茶苑》卷五）

婺州产茗极佳，爰有三种，曰碧貌、东白、洞源，以碧貌为胜。（《茶苑》卷五）

南昌府西山产罗汉茶，叶如豆苗，香清味美，郡人珍之，号罗汉茶。（《茶苑》卷六）

广信府府城北茶山，产茶绝佳。唐陆羽常居此。（《茶苑》卷六）

南安府上犹县石门山，产茶磨精绝。（《茶苑》卷六）

明月之涧有佳茗，在昔其名甚著。（《茶苑》卷八）

明月之峡，厥有佳茗。（《茶苑》卷八）

《茶录》以涪州宾化茶为蜀茶之最，地不多产，外省所得颇艰，其品可亚蒙山。（《茶苑》卷八）

彰明县产绿昌明茶，香清味美，冠绝两川诸茗。故《李太白集》有诗云："渴饮一碗绿昌明"云云，即咏此茶也。（《茶苑》卷八）

辑佚
茶说 | 明 邢士襄 撰

作者及传世版本

　　邢士襄,字三若,生卒年月和事迹不详。所著《茶说》,最早见于屠本畯《茗笈·品茶姓氏》。屠本畯《茗笈》撰于万历三十八年(1610),说明邢士襄大概是生活于嘉万年间人。

　　本文所录下列两条邢士襄《茶说》资料,分别辑自《茗笈》和《续茶经》两书。

原　　文

　　凌露无云,采候之上;霁日融和,采候之次;积雨重阴①,不知其可。(屠本畯《茗笈·第三乘时章》)

　　夫茶中著料,碗中著果,譬如玉貌加脂,蛾眉染黛,翻累本色矣。(陆廷灿《续茶经·六之饮》)

校　　勘

① 积雨重阴:"雨"字,陆廷灿《续茶经·三之造》作"日"字,疑误。

茶考｜明　徐㶿　撰

作者及传世版本

徐㶿生平事迹,见本书《蔡端明别记》。

《茶考》,一作《武夷茶考》,是一卷有关武夷茶史考述的专著,但这里辑录的,好像只是其中的一段"按"语。《茶考》的刊刻情况不详,仅知最早引录它的是明代喻政的《茶集》。《茶集》署为万历三十九年(1611)编,说明本文的写作至迟不会迟于这年。清代陆廷灿《续茶经》的《九茶之略·茶事著述名目》,将本文和陆羽《茶经》、蔡襄《茶录》、朱权《茶谱》等并列视为一种著作。但万国鼎在其《茶书总目提要》中,却只收录徐㶿《蔡端明别记》(本书重新定名为《蔡端明别纪·茶癖》)和《茗谭》,对《茶考》就态度审慎,"不敢盲从",未作收录。我们这里遵从陆廷灿的意见,将《茶考》作为一种已佚茶书予以辑存。

本文下录内容,分别辑自喻政《茶集》和陆廷灿《续茶经》。

原　　　文

按:丁谓制龙团,蔡忠惠[1]制小龙团,皆北苑事。其武夷修贡,自元时浙省平章[2]高兴[3]始,而谈者辄称丁、蔡。苏文忠公诗云:"武夷溪边粟粒芽,前丁后蔡相宠加",则北苑贡时,武夷已为二公赏识矣。至高兴武夷贡后,而北苑渐至无闻。昔人云:茶之为物,涤昏雪滞,于务学勤政,未必无助;其与进荔枝、桃花者不同。然充类至义,则亦佞官、宫妾之爱君也。忠惠直道高名,与范、欧相亚;而进茶一事,乃侪晋公。君子举措,可不慎欤?

　　　　　　　　(据清陆廷灿《茶经》辑录)

按:《茶录》诸书,闽中所产茶,以建安北苑第一,壑源诸处次之。然武夷之名,宋季未有闻也。然范文正公《斗茶歌》云:"溪边奇茗冠天下,武夷仙人从古栽"。苏子瞻亦云:"武夷溪边粟粒芽,前丁后蔡相宠加",则武夷之茶,在前宋亦有知之者,第未盛耳。

元大德间,潵江行省平章高兴,始采制充贡,创辟御茶园于四曲,建第一春殿、清神堂、焙芳、浮光、燕嘉、宜寂四亭。门曰仁风,井曰通仙,桥曰碧云。国朝寝废为民居,惟喊山台、泉亭故址犹存。喊山者,每当仲春惊蛰日,县官诣茶场,致祭毕,隶卒鸣金击鼓,同声喊曰:"茶发芽",而井水渐满;造茶毕,水遂浑涸。而茶户采造,有先春、探春、次春三品;又有旗枪、石乳诸品,色香味不减北苑。国初罢团饼之贡,而额贡每岁茶芽九百九十勋,凡四品。嘉靖三十六年,郡守钱璞奏免解茶,将岁编茶夫银二百两解府造办解京,御茶改贡延平,而茶园鞠为茂草,井水亦日湮塞。然山中土气宜茶,环九曲之内,不下数百家,皆以种茶为业,岁所产数十万斤。水浮陆转,鬻之四方,而武夷之名,甲于海内矣。宋元制造团饼,稍失真味,今则灵芽仙萼,香色尤清,为闽中第一。至于北苑、壑源,又泯然无称。岂山川灵秀之气,造物生植之美,或有时变易而然乎?

(据明喻政《茶集》辑录)

注　释

1　蔡忠惠:即蔡襄,忠惠是其卒后的谥号。
2　浙省平章:地方官名。浙省,全称为江浙行省,地辖江南、浙江一直到福建等地。平章,此为元代平章政事的简称,为一行省的首长,掌全省军、民、刑、政之事。
3　高兴(1245—1313):蔡州人,字功起。

力挽二石弓,先为宋陈奕部将,元始祖至元十二年,随奕降元,授千户。宋亡,升管军万户,先后镇压东阳、漳州等地汉人的反元斗争。至元二十九年,出任管理福建行省的右丞,改平章政事,最后官至左丞相,商议河南省事。卒谥武宣。

辑佚
茗说 | 明　吴从先　撰

作者及传世版本

　　吴从先,明万历新都(今安徽休宁和歙县)人,字宁野。明嘉万年间,兴起一股编书刻书热,而且相效以唐以前的古地名,如"新安","新都"以至"丹阳",题署籍贯。吴从先作为其时其地的一名士绅,亦投趣其中。他喜好撰写俳谐游戏杂文,除刻印过自撰《小窗自纪》四卷、《艳纪》十四卷、《清纪》五卷、《别纪》四卷外,还刻印过明李贽《霞漪阁校订史纲评要》三十六卷。

　　《茗说》(佚)的撰刊时间,当和吴从先上述著作大致相同。除清陆廷灿《续茶经》在"八之出"有引和"九之略"《茶事著述名目》收录外,未见其他艺文志、书目和茶书收录。本文现仅从《续茶经·八之出》辑出"松萝子"一则百余字,由此一段文字也可以看出《茗说》不全是辑集类茶书,至少有部分内容是作者自著的。

原　文

松萝子,土产也。色如梨花,香如豆蕊,饮如嚼雪。种愈佳,则色愈白,即经宿无茶痕,固足美也。秋露白片子更轻清若空,但香大惹人,难久贮,非富家不能藏耳。真者其妙若此,略混他地一片[1],色遂作恶,不可观矣。然松萝[2]地如掌,所产几许,而求者四方云至,安得不以他混耶!

(据清陆廷灿《续茶经》辑录)

注　释

1　略混他地一片:意指掺杂其他地方少量次茶。在明清安徽的《徽州府志》、《歙县志》和《休宁县志》中,称"松萝"的"不及号者"为片茶。
2　松萝:山名,在今安徽休宁境内。万历三十五年《休宁县志·物产》载:"茶,邑之镇山曰松萝,以多松名,茶未有也。远麓为榔源,近种茶株,山僧偶得制法,遂托松萝,名噪一时……士客索茗松萝,司牧无以应,徒使市恣赝售"。根据万历《休宁县志》这一记载,似可推定,吴从先撰写本文的时间,不会早于此前很久,极有可能就是撰刊该志也即万历三十五年前后的事情。

辑佚
六茶纪事 | 明　王毗　撰

作者及传世版本

王毗,生平事迹不详。李日华《六研斋三笔·紫笋茶》称:"余友王毗翁摄霍山令,亲治茗修贡事,因著《六茶纪事》一篇,每事咏一绝。余最爱其《焙茶》一绝。"知其明代晚年做过霍山知县(今属安徽六安市),并撰写过《六茶纪事》。李日华所述这一段内容,并收于章铨《吴兴旧闻补》。查《六安州志》、《霍山县志》,无见王毗的传记和事迹,仅在《霍山县志》"艺文"中,提及"摄令王毗《焙茶》诗"。那么王毗是甚麽时候知霍山县的呢？由李日华《六研斋二笔》撰于明崇祯三年(1630)这点来推，王毗知霍山县事和撰写《六茶纪事》的时间，可能就在明天启(1621—1627)和崇祯初年的八、九年间。由李日华称王毗为"翁"这点来推，这时王毗的年龄，大概已五十出头或已过花甲之年。

《六茶纪事》佚文，仅存《焙茶》诗一首，辑自清同治《六安州志》卷五十四霍山县"摄令王毗翁《焙茶》"诗。

原　文

《焙茶》诗：露蕊纤纤才吐碧，即妨叶老采须忙。家家篝火山窗下，每到春来一县香。

清代茶书

茗笈 | 《六合县志》辑录

作者及传世版本

本书原载清顺治三年(1646)《六合县志》,最初由陈祖槼、朱自振编《中国茶叶历史资料选辑》辑出,不署作者、年代。

历史上,六合县饮茶不兴,也少有种茶,从《六合县志》所录《茗笈·叙》称"今辑诸家茶政中精要语","使有同志者,专艺为业,遂可代耕"云云来看,本书带有推广茶事的性质。全书十四节,从"溯源"到"衡鉴"的十三节,完全脱胎于明代屠本畯的

《茗笈》,而最后一节"谈茶"的内容,也似取材于《泰西熊三拔试水法》。值得注意的是,本书编者大概基于实用的目的,并不盲从经典名家,反以为"人各为论,不相沿袭","奚止夸为鸿渐功臣哉",所以它虽然处处效仿屠本畯的《茗笈》,但对屠书里引用的《茶经》,却是一字也不采录。

此次辑录,仍从顺治三年《六合县志》本。

原　　文

品茶者从来鉴赏,必推虎丘第一,以其色白,香同婴儿肉,此真绝妙论也。次则屈指栖霞山,盖即虎丘所传匡庐之种而移植之者。曩有业茶徽买游灵岩¹,谓水清地沃,极宜种茶;语若有凭,惜无植者。今辑诸家茶政中精要语,类列十四则。人各为论,不相沿袭。使有同志者,专艺为业,遂可代耕,奚止夸为鸿渐功臣哉!

第一溯源①

赞曰……安得登枚而忘其本。

吴楚山谷间……故不及论²。

第二得地

赞曰……烨烨灵荈……负阴向阳。

产茶处……滓厥清真。

第三乘时

赞曰……君子所凭。

清明太早……不知其可。

第四揆制

赞曰……于斯信汝。

断茶……绝焦点者最胜。

室高不逾寻……则所从来远矣。

第五藏茗

赞曰……云胡不藏。

藏茶宜箬叶而畏香药……或秋分后一焙。

凡贮茶之器……青翠如新。

第六品泉

赞曰……以涤烦襟。

山宣气以养万物……则澄深而无荡漾之漓耳。

山顶泉……负阴胜于阳。

甘泉……乘热投之。

贮水瓮须置阴庭……水神敝矣。

第七候火

赞曰……存乎其人。

火必以坚木炭为上……斯文武火之候也。

第八定汤

赞曰……趹石眼云。

水入铫便须急煮……过时老汤决不堪用。

茶碾磨作饼……元神发也。

第九点瀹

赞曰……媚我仙芽。

茶注宜小……其余以是增减。

一壶之茶……犹堪饭后供啜之用。

第十辨器

赞曰……败乃公事。

金乃水母……正取砂无土气耳。

茶具涤毕……亦无大害。

第十一申忌

赞曰……至今为嘅。

茶性畏纸……酷热斋舍。

第十二相宜②

赞曰……为君数举。

煎茶非漫浪……故难与俗人言矣。

第十三衡鉴③

赞曰……衡鉴之妙。

茶之色重……蚕豆花次。

第十四谈茶

赞曰：斯荈赏题，亦既众只，秋摘冬青，展也知已。

茶以春萌胜，贵其香也。近有秋摘者，味尤爽烈益。夏炎湿蒸，春芽易黦，秋气萧瑟，冬尽尤青。蔡献臣《谈茶》3

虎丘茶色白而味香，然凭万顷云俯瞰僧园，敝株尽矣。所出绝稀，味亦不能过端午。

茶与酒清浊美恶，入口自知。所贵君子之交，淡而有味，香胜者未为上品。

附泰西熊三拔[4]试水法：

试水美恶，辨水高下，其法有五，凡江河井泉雨雪之水，试法并同。

第一煮试：取清水置净器煮熟，倾入白磁器中，候澄清。下有沙土者，此水质恶也；水之良者无滓。又水之良者，以煮物则易熟。

第二日试：清水置白磁器中，向日下令日光正射水，视日光中若有尘埃细缊如游气者，此水质恶也。水之良者，其澄澈底。

第三味试：水元行也，元行无味，无味者真水。凡味皆从外合之，故试水以淡为主，味甘者次之，味恶为下。

第四秤试：冬种水欲辨美恶，以一器更酌而秤之，轻者为上。

第五丝绵试：又法用纸或绢帛之类，其色莹白者，以水蘸候干，无迹者为上也。

注　释

1　灵岩：即灵岩山，在安徽六安东南瓜埠镇附近。

2　本篇删节处均见明代屠本畯《茗笈》，不一一注明。

3　蔡献臣《谈茶》：蔡献臣，字体国，同安人。万历十七年进士，为人正直，有政绩，知湖广按察使遭劾罢归时，百姓遮留。后起浙江宁海道，升浙江省督学，擢光禄少卿。卒赠少司，有《清白堂稿》等行世。《谈茶》查未见，不知是专文还是零叙。

4　熊三拔：字有纲，意大利人，天主教耶苏会传教士。万历三十四年（1606）到中国，随利玛窦做助手。后协助徐光启、李之藻翻译行星说，制造蓄水、取水诸器。著有《泰西水法》、《简平仪说》等书。本文《试水法》，即辑自熊三拔《泰西水法》。

校　　勘

① 第一溯源：屠本畯《茗笈》作"第一溯源章"，本文省去"章"；前十三目，都为如此。本书编者在编校时，为便于表述，在行文中，改屠书"章"称节。

② 第十二相宜：在此节前，本文删略屠本畯《茗笈》"防滥"、"戒淆"两章，故在屠书为第十四章。

③ 第十三衡鉴：屠本畯《茗笈》为"第十五衡鉴章"。

虎丘茶经注补 | 明末清初　陈鉴　撰①

作者及传世版本

　　陈鉴（1594—1676）字子明，明末南越化州（今广东化州）人，万历四十六年（1618）乡试经魁，翌年赴京会试，因批评时政而落第。崇祯初任江夏（治所在今湖北武昌）教谕，迁贵州考官、南京兵部司务及华亭知县等。清顺治甲申（1644），因私藏义军首领等罪名入狱八年，出狱后侨居苏州城郊，康熙十五年（1676）在松江去世。著作有《天南酒楼诗集》、《江夏史》等。

　　《虎丘茶经注补》，据陈鉴说，是他"乙未迁居虎丘"后完成的，所谓"乙未"，当指顺治十二年（1655），此时他正住在苏州。万国鼎《茶书总目提要》评价此书"把有关资料聚集在一起，是它的优点，但是编写体例过于别致，内容又很芜杂"，今天来看，陈鉴在注和补中提供的虎丘茶资料，有价值的确实不多。

　　本书收录在《檀几丛书》里，陆廷灿《续茶经》曾经引录。此次排录，底本即从《檀几丛书》本

原　　文

陈子曰,陆桑苎翁《茶经》漏虎丘,窃有疑焉。陆尝隐虎丘者也,井焉、泉焉、品水焉,茶何漏?曰:"非漏也,虎丘茶自在《经》中,无人拈出耳。"予乙未迁居虎丘,因注之、补之;其于《茶经》无以别也,仍以注、补别之,而《经》之十品备焉矣。桑苎翁而在,当哑然一笑。

一之源

经　茶,树如瓜芦,瓜芦,苦枒[1]也;广州有之,叶与虎丘茶无异,但瓜芦苦耳花如白蔷薇[2]。虎丘茶,花开比白蔷薇而小,茶子如小弹。上者生烂石,中者生砾壤。虎丘茶园,在烂石砾壤之间野者上,园者次,虎丘野而园宜阳崖阴林。虎丘之西,正阳崖阴林。紫者上,绿者次;笋者上,芽者次;叶卷上,叶舒次。虎丘紫绿,笋芽卷舒皆上。

补　鉴亲采数嫩叶,与茶侣汤愚公小焙烹之,真作豆花香。昔之鬻虎丘茶者,尽天池也。

二之具

经　籯篮莒,以竹织之,茶人负以采茶。虎丘由下竹佳,籯小;僧人即茶人。灶釜甑,虎丘焙茶同杵臼碓,规模棬,承台砧碾。唐、宋制茶屑同,今叶茶不用。筣莉、筹筤,以小竹长三尺,躯二尺五寸,柄五寸,篾织方眼。四者大小不一,以别茶也。虎丘同。棚,一曰栈,以木构于焙上,编木两层以焙。虎丘同。茶半干,贮下层;全干,升上层。虎丘同。串:一斤为上串,半斤为中串,四两为小串。串,

一作穿,谓穿而挂之。虎丘同。育,以木为之,以竹编。中有槅,上有覆,下有床,旁有门。中置一器,贮煨火,令煜煜然。江南梅雨时,燥之以炭火。虎丘同。

三之造

经　凡采茶,在二三四月间。茶之笋者,生烂石土,长四五寸,若薇蕨始抽,凌露采之。茶之芽,发于丛薄之上,有三枝、四枝、五枝者,选中枝颖拔佳。其日有雨不采,晴有云气不采。采之、蒸之、焙之、穿之、封之,茶其干矣。与虎丘采焙法同,但陆经有捣之、拍之,今不用。茶有千万状,如〔胡〕人[3]靴者,蹙缩者;犎牛臆者,廉襜者;浮云出山者,轮囷者;轻飙拂水者,涵澹然;此皆茶之精腴。有如竹箨者,其形籭簁然;有如霜荷者,厥状委萃然;此皆茶之瘠老。自胡靴至于霜荷八等,出膏者光,含膏者皱;宿制则黑,日成则黄;蒸压则平正,纵之则坳垤。虎丘之品,真如胡靴至拂水制之,精粗存乎其人。

补　黄儒《茶录》[2]:一戒采造过时,二戒白合、盗叶,三戒入杂,四戒蒸不熟及过熟。谷雨后谓之过时。茶芽有雨[4]、小叶抱白,是为盗叶;杂以杨、柳、柿,是为入杂。

四之水

经　泉水上,天雨次,井水下。虎丘石泉,自唐而后,渐以填塞,不得为上;而憨憨之井水,反有名。

补　刘伯刍《水记》:陆鸿渐为李季卿

品虎丘剑池石泉水,第三;张又新品剑池石泉水,第五[3]。《夷门广牍》[4]谓:虎丘石泉,旧居第三,渐品第五。以石泉泓渟,皆雨泽之积,渗窦之潢也。况阖庐墓隧[5],当时石工多闷死,僧众上栖,不能无秽浊渗入。虽名陆羽泉,非天然水,道家服食,禁尸气也。

鉴:欲瀹剑池之水,凿小渠流入鹤涧。则泉得流而活矣[5]。李习之[6]谓,"剑池之水,不流为恨事。"然哉。

五之煮

经 山水、乳泉,石泓漫流者,可以煮茶[6]。陆羽来吴时,剑池未塞,想其涓涓之流;今不堪煮。汤之候[7],初曰虾眼,次曰蟹眼,次曰鱼眼,若松风鸣,渐至无声。虾、蟹、鱼眼,言镬内水沸之状也。声如松涛,渐缓,则火候到矣,过此则老。勿用膏薪爆炭。干炭为宜,干松荚尤妙。

补 苏廙传:汤者,茶之司命。若名茶而滥觞(汤),则与凡荈无异。故煎有老嫩,注有缓急,无过不及,是为茶度[8]。

陆平泉[9]《茶寮记》:茶用活火,候汤眼鳞鳞起,沫饽鼓泛,投茗器中。初入汤少许,使汤茗相投,即满注;云脚渐开,乳花浮面,则味全。盖唐宋茶用团饼,碾屑味易出。今用叶茶,骤则味乏,过熟则昏浊沉滞矣。

经 器用风炉、炭树、镀、火夹、纸袋、都篮、漉水囊、瓢、碗、涤巾[10]。

补 锡瓶:宜兴壶,粗泥细作为上。瓯盏:哥窑厚重为佳。瓶壶用草小荐,防焦漆几。

六之饮

经 茶有九难:曰造、曰别、曰器、曰火、曰水、曰炙、曰末、曰煮、曰饮。阴采夜

焙,非造也;嚼味嗅香,非别也;膻鼎腥瓯,非器也;膏薪爆炭,非火也;飞湍(湍)壅潦,非水也;外熟内生,非炙也;碧粉缥尘,非末也;操艰搅遽,非煮也;夏兴冬废,非饮也。今不用末,当改曰"纸包瓮贮",非藏也。

补 陆平泉《茶寮记》:品茶非漫浪,要须其人与茶品相得,故其法独传于高流隐逸,有云霞泉石磊块胸次者。

陈眉公《秘笈》[11]:凉台静室,明窗净几,僧寮道院,竹月松风,晏坐行吟,清谈把卷,茶候也。翰卿墨客,缁流羽士,逸老散人,或轩冕而超轶世味者,茶侣也。

高深甫《八笺》[12]:饮茶,一人独啜为上,二人次之,三人又次之,四五六人,是名施茶。

鉴谓:饮茶如饮酒,其醉也非茶。

七之出[7]

经 浙西产茶。以湖州顾渚上,常州阳羡次,润州傲山又次,苏州洞庭山下。不言苏州虎丘,止言洞庭山,岂羽来时,虎丘未有名耶。

补 《姑苏志》[13]:虎丘寺西产茶。虎丘寺西,去剑池不远,天生此茶,奇;且手掌之地,而名闻于四海,又奇。

唐张籍《茶岭》诗有:"自看家人摘,寻常触露行"之句。朱安雅以为今二山门西偏,本名茶岭,今称茶园。张文昌[14]居近虎丘,故看家人摘茶,又可见唐时无官封茶地。

八之事

经 《吴志·韦曜传》:曜饮酒不过二升。皓初礼曜,常密赐茶荈以代酒。又刘琨《与兄子南兖州刺史演书》:吾体中愦闷,常仰吴茶[8],汝可置之。

补　鉴按：《茶经》七之事，多不备。如王褒《僮约》：武阳贩茶。许慎《说文》：茗、茶芽也。张华《博物志》：饮真茶者，少眠。沈怀远《南越志》：茗，苦涩，谓之过罗。四事在唐以前，而羽失载。羽同时常伯熊，临淮人。御史大夫李季卿，次临淮，知伯熊善煮茶，名之。伯熊执器而前，季卿再举杯。至江南，闻羽名，亦名之。羽衣野服而入季卿不为礼。羽因作《毁茶论》，为季卿也。国初，天台起云禅师住虎丘，种茶。徐天全有齿谪回，每春末夏初，入虎丘，开茶社。吴匏庵[15]为翰林时假归，与石田[16]游虎丘，采茶，手煎，对啜，自言有茶癖。文衡山[17]素性不喜杨梅，客食杨梅时，乃以虎丘茶陪之。罗光玺作《虎丘茶记》，嘲山僧有替身茶。宋懋澄欲伐虎丘茶树。钟伯敬[18]与徐元叹[19]有《虎丘茶讯》，谓两人交情，数千里以买茶为名，一年通一信，遂成故事。伯敬筑室竟陵，云将老焉，远游无期，呼元叹贾余力一往。元叹有《答茶讯诗》。醉翁曰："茶树一种入地，不可移；移即死，故男女以茶聘，朋友之交亦然。"钟徐茶讯，是之取耳。闻元叹有《奠茶》文。谭友夏[20]《冬夜拜伯敬墓》诗云："姑苏徐逸士，香雨祭茶时。"又有诗《寄元叹》云："河上花繁多有泪，吴天茶老久无香。"正感二子之交情也。

九之撰

经　鲍令晖有《香茗赋》。

补　宋姑苏女子沈清友[21]，有《续鲍令晖香茗赋》。见杨南峰《手镜》。鉴有《虎丘茶赋》见赋部。

唐韦应物《喜武丘园中茶生》⑨诗：洁性不可污，为饮涤尘烦。此物信灵味，本自出山原⑩。聊因理郡余，率尔植山⑪园。喜随众草长，得与幽人言。

张籍《茶岭》诗：紫芽连白叶⑫，初向岭头生。自看家人摘，寻常触露行。

陆龟蒙《煮茶》诗：闲来松间坐，看煮松上雪。时于浪花生，并下蓝英末。倾余精爽健⑬，忽似氛埃灭。不合别观书，但宜窥玉札。

皮日休《和煮茶》诗：香泉一合乳……

鉴按：皮陆茶咏各十首，俱咏顾渚，非咏虎丘也。但二公俱踪迹虎丘，摘其一以存虎丘茶事。

国初王璲[22]《赠天台起云禅师住虎丘种茶》诗：上人住孤峰，清闲有岁月。袖带赤城霞，眉端凝古雪。种茶了一生，经纶入萌蘖。斯知一念深，于义亦超绝。

罗光玺观虎丘山僧采茶，作诗寄沈朗倩[23]云：晚塔未出烟，晓光犹让露。僧雏启竹扉，语响惊茶窠。云摘手知肥，衲里香能度。老僧是茶佛，须臾毕茶务。空水澹高情，欲饮仍相顾。山鸟及闲啼，松花压庭树。

陈鉴《补陆羽采茶诗并序》：陆羽有泉井，在虎丘，其旁产茶。地仅亩许，而品冠乎罗岭、松萝之上。暇日游观，忆羽当日必有茶诗，今无传焉。因为补作云。"物奇必有偶，泉茗一齐生。蟹眼闻煎水，雀芽见斗萌。石梁苔齿滑，竹院月魂清。后尔风流尽，松涛夜夜声。"

钟惺《虎丘品茶》诗："水为茶之神，饮水意良足。但问品泉人，茶是水何物。""饮罢意爽然，香色味焉往。不知初啜时，何从寄遐想。""室香生炉中，炉寒香未已。当其离合间，可以得茶理。"

崔浩《封茶寄文祠部》诗：细摘春旗和月焙，晨兴封裹寄东曹。秋清亦可助佳兴，白舫青帘山月高。

刘凤[24]《虎丘采茶曲》：山寺茶名近更闻，采时珍重不盈斤。直输华露倾仙掌，浮沫春瓷破白云。

陈鉴《虎丘试茶口号》：蟹眼正翻鱼眼连，拾烧松子一条烟。携将第一虎丘品，来试惠山第二泉。

吴士权《虎丘试茶》诗："虎丘雪颖细如针，豆荚云腴价倍金。后蔡前丁浑未识，空从此苑雾中寻。""响停唧唧砌虫余，□□吹云绕竹庐。泉是第三茶第一，仙芽传里未曾书。"

朱隗[25]《虎丘采茶竹枝词》："钟鸣僧出乱尘埃，知是监司官长来。携得梨园高置酒，阊门留着夜深回。""官封茶地雨前⑭开，皂隶衙官搅似雷。近日正堂偏体贴，监茶不

遣掾曹来。""茶园掌地产希奇，好事求真贵不辞。辨色嗅香空赏鉴，那知一样是天池。"

十之图

经　以素绢，或四幅、或六幅分题写之，陈诸座隅；则茶之源、之具、之造、之水、之煮、之饮、之出、之事、之撰俱在图中，目击而存。

补　李龙眠[26]有《虎丘采茶图》，见题跋。沈石田为吴匏庵写《虎丘对茶坐雨圆》，今在王仲和处。王仲山[27]有《虎丘茗碗旗枪图叙》。沈石天[28]每写《虎丘图》，四面不同，春山秋树，夏云冬雪，种种奇绝。鉴：兹补陆不图而图，庶不没虎丘茶事。

注　释

1　苦杖(yāo)："杖"，《说文》"木少盛貌"。通夭，诗"桃之杖杖"，也作"夭夭"。但此处不作上解，当如《集韵》"木华茂"之外的另一释义，即"木名"，作"瓜芦"的别名解。

2　黄儒《茶录》：当指宋代黄儒所撰的《品茶要录》。

3　本段所补内容，均出自张又新《煎茶水记》。陈鉴这里称"刘伯刍《水记》陆鸿渐"品虎丘水"第三"；张又新品"第五"，有舛错。前者所谓刘伯刍《水记》载陆羽品虎丘水，实际系张又新《煎茶水记》载刘伯刍"较水之与茶宜"所第；后面所说"张又新品"为第五，倒是《煎茶水记》称"陆鸿渐为李季卿品"水内容。

4　《夷门广牍》：丛书名。明万历间嘉兴周履靖辑。履靖，字逸之，号梅颠道人，又号螺冠子。《夷门广牍》共辑录

历代稗官杂记和撰者自咏自著诗文一〇七种、一五八卷，其中如艺苑、博雅、禽兽、草木等等，保存有不少古代经验和技术内容。

5　阖闾墓隧："墓隧"，谓墓道。阖闾（？—前496），一作阖庐，春秋末年吴国国君，名光，吴王诸樊之子。前496年与越王勾践战，兵败檇李（今浙江嘉兴西南），受伤死，葬于其所建虎丘剑池下陵墓。相传其墓隧有铜椁三重，水银为池，金玉为凫，征十万民工历三年而成。

6　李习之：即李翱，习之是其字，唐赵郡（或作成纪）人。贞元十四年(798)进士，始授校书郎，后迁国子监博士、史馆修撰。出为朗州刺史。元和初，入为谏议大夫，寻拜中书舍人，俄出为郑州刺史、湖南观察使等职。始从韩愈习文，有《李公文集》。

7 "汤之候"以下至"渐至无声"这段内容，甚至宋元时文献中也无此系统候汤说法。陆羽《茶经》，在"五之煮"中，与此相关的，仅"其沸，如鱼目微有声为一沸"一句。宋时在有些诗句中，如苏轼《试院煎茶》诗"蟹眼已过鱼眼生，飕飕欲作松风鸣"；胡仔《试茶》诗有"碾成天上龙兼凤，煮出人间蟹与虾。"提出了虾、蟹、鱼三眼；但如庞元英在《谈薮》中所说："俗以汤之未滚者为盲汤，初滚曰蟹眼，渐大曰鱼眼；其未滚者无眼，所语盲也"；把虾眼作为蟹眼前的第一个汤候，在宋时还未，是明以后形成的。所以，陈鉴在本文中引录的《茶经》，不但有的文字有出入，有的甚至把明以后别的书的内容，杂揉妄称为《茶经》内容，如引用时，务请查核原书。

8 苏廙"传"以下所录文字，实际为苏廙《十六汤品》内容，但仅前二句相近，后面所录与原文相差甚大。

9 陆平泉：即陆树声，详《茶寮记》。

10 陈鉴改《茶经》四之"器"为四之"水"，但本段又将《茶经》四之器之主要器名，顺序全录于此。这也是万国鼎所指本文芜杂处。

11 陈眉公《秘笈》：陈眉公即陈继儒，详本书《茶话》题记。其辑刊的《秘笈》有多种，据本文所辑为"茶候"、"茶侣"，这里所指，当为"亦政堂镌陈眉公普秘笈一集五十种"本的"陈眉公订正《茶寮记·煎茶七类》内容。《茶寮记》前署为陆树声撰，陈眉公普秘笈写得也很清楚，本文将校刊者和收录丛书作为撰者和引用原书，是陈鉴的疏误。在此还要指出的是《茶寮记》疑书买伪作，《煎茶七类》的作者一称徐渭，世都有舛误，请参见《茶寮记》和《煎茶七类》。

12 高深甫《八笺》：即高濂《遵生八笺》。

13 《姑苏志》："姑苏"，今江苏苏州的别称。因其西南姑苏山（一作姑胥山）和春秋吴时所筑城名故有此别称。现存《姑苏志》以王鏊等撰正德本为较早，确有虎丘产茶记载。但不知《姑苏志》的虎丘茶内容，又怎么能用来补证唐代的《茶经》。

14 张文昌：即张籍（约767—约830），文昌是他的字，原籍吴郡（治今苏州），后移居乌江（今安徽和县东北），德宗贞元进士，历官太常寺太祝，水部员外郎，终国子司业，故世有"张世业"、"张水部"之称。其所作乐府与王建齐名，与白居易、孟郊所作歌词，被称为"元和体"。

15 吴匏庵：即吴宽（1435—1504），字原博，匏庵是其号。长洲（今江苏苏州）人，成化进士，授修撰，官至礼部尚书。博学工诗，善书法，有《家藏集》。

16 石田：即沈周（1427—1509），石田是他的号，又号石翁，字启南，长洲人。博闻强识，文学左氏，诗拟白居易、苏轼，字仿黄庭坚，绘画远师董远，诗文书画均名著于时；特别是画，论者为明代第一，是"吴门画派"的始祖。有《客座新闻》、《石田集》、《石田诗钞》、《江南春词》等。

17 文衡山：即文徵明（1470—1559），衡山是其号。徵明初名璧，以字行，后更字徵仲。长洲人。从吴宽学文章，从李应祯学书法，从沈周学画，与祝允明、唐寅、仇英同以画名，号称吴门四家。正德末，以贡生荐试吏部，任翰林院待诏，后辞官归，四方人士求其诗文书画者，不绝于道。书室名"玉兰堂"，有《莆田集》。

18 钟伯敬：即钟惺（1574—1624），伯敬是其字，号退谷，湖广竟陵（今湖北天门）人。万历三十八年（1610）进士，授行人，历官南京礼部主事，福建提学金事。在南京任事时,居秦淮水阁读史恒至深夜,心得笔记名《史怀》,共二十卷。另辑有《古诗归》、《唐诗归》。名重于时,其诗词风格,被称为"竟陵派"或"竟陵体"。

19　徐元叹:明吴中(今江苏苏州)名士,与钟惺至交。诗文并长,其《串月》诗"金波激射难可拟,玉塔倒悬聊近似。塔颠一月独分明,千百化身从此止"是其存诗的代表作。有《落木庵集》等。

20　谭友夏:即谭元春(1586—1637),字友夏,竟陵(今湖北天门)人。天启举人,与钟惺合作《唐诗归》、《古诗归》亦著名于时。另有《岳归堂稿》、《谭友夏合集》等。

21　沈清友:宋吴郡(今江苏苏州)人。女,能诗,《宋稗类钞》等录其名句有:"晚天移棹泊垂虹,闲倚篷窗问钓翁;为甚鲈鱼低价卖,年来朝市怕秋风。"甚得风人之体。又《牧童》咏云:"自便牛背稳,欲笑马蹄忙。"下字之工如此。

22　王璲(1349—1415):字汝玉,以字行。长洲(今江苏苏州)人。少颖异,落笔数千言,从杨维桢学。元至正举人,洪武时召为应天(今南京)府学训导。永乐初,擢翰林五经博士,累迁右春坊右赞善,预修《永乐大典》。有《青城山人集》。

23　沈朗倩:即沈颢(1586—1661稍后),

朗倩是其字,号石天,又号朗道人。吴(今江苏苏州)人,补博士弟子员。博冶多闻,早年曾薙发为僧,中年还俗。能诗,精通书法,长于古文辞。

24　刘凤:字子威,长洲(今江苏苏州)人。嘉靖二十三年(1544)进士,授中书舍人,擢御史,巡按河南,投刻罢归。家多藏书,勤学博记,名闻于时。刻印过宋代叶廷珪《海录碎事》二二卷,自编《续吴先贤传》15卷,自撰《刘子威集》八种六十八卷。

25　朱隗:明长洲人,字云子,治博士业,雅尚文藻。天启中,吴中复社聚四方积学之士,隗与张溥、张采、杨廷枢等分主五经,驰驱江表。诗宗中晚唐,时称为徐祯卿、唐寅之流亚。晚岁当贡,隐居不出。有《呬闻斋稿》。

26　李龙眠:即李公麟(1049—1106),字伯时,号龙眠居士。安徽舒城人。与王安石、苏轼、米芾、黄庭坚友。熙宁三年进士,授中书门下省删定官。居京师十年不游权贵之门。1100年病痹告老,居龙眠山。一生勤奋,作画无数。

27　王仲山:即王问(1497—1576),字子裕,号篛斋,又号仲山,人称"仲山先生"。江南无锡人,嘉靖十七年进士,由户曹官至广东按察使佥事。有《仲山诗选》、《初篛斋集》等。

28　沈石天:参见前"沈颢"注。

校　　勘

① 本文题前,按《檀几丛书》例,还有二行"武林王晫'丹麓'辑;天都张潮'山来'校"十四字;题下另署"南越陈鉴子明著"七字。本书编时删改如此。

② 经茶,树如瓜芦,花如白蔷薇:《茶经》原文为"茶者,南方之嘉木也……其树如瓜芦,叶如栀子,花如白蔷薇,实如栟榈,茎如丁香,根如胡桃。"本文摘录的《茶经》内容,是为陈鉴注述而用,与注无关的不录,所以不但文字有增删改

动,内容也有所选剔移位。因此,凡本文所录《茶经》部分,除个别混杂非《茶经》内容和意思与原文相悖者加校外,先在此总予说明,不再逐一细校。欲详引录《茶经》情况,请查核本书《茶经》原文。

③ 胡:本文可能避讳,这里凡"胡人靴者"和"胡靴"的"胡"字,都用"□"空缺,径补。下不出校。

④ 茶芽有雨:"雨"字前,疑脱一"积"字。

⑤ 底本"则泉得流而活矣"字旁加点,于此删去。

⑥ 山水、乳泉,石泓漫流者,可以煮茶:此处与《茶经》原文相差甚大。原文为:"其山水,拣乳泉、石池慢流者上"。之下无"可以煮茶"一句。

⑦ 七之出:《茶经》原题作"七之事",八才讲茶之"出";陈鉴在此将《茶经》七、八内容颠倒作"七之出"、"八之事"。

⑧ 常仰吴茶:"吴"字,疑陈鉴妄改。据《太平御览》卷867原引,其文为"吾体中烦闷,恒假真茶,汝可信致之"。明以前古籍中,刘琨致刘演书各本文字略有不同,但"真茶"二字,则无一异者。

⑨ 《喜武丘园中茶生》:"虎丘"一度为避唐太祖李虎讳,改书"武丘"。是诗所记,也是韦应物刺苏州时事。但《韦苏州集》及《全唐诗》只题作《喜园中茶生》,"武丘"是陈鉴为证明其陆羽《茶经》寓含有虎丘茶事的臆断擅加的。

⑩ 山原:《虎丘茶经注补》刊作"仙源",仙字,显然是"山"之形讹,据《韦苏州集》径改。

⑪ 山:《韦苏州集》作"荒"。

⑫ 白叶:"叶"字,《张司业集》作蘂的异体"蘂"字,"叶"疑为"蘂"的形讹。

⑬ 精爽健:"爽"字,本文底本形误作"英"字,据原诗改。

⑭ 雨前:"前"字,本文底本,误刻成"泉"字,径改。

茶史 | 清 刘源长 辑

作者及传世版本

刘源长,字介祉,号介翁,淮安府山阳县(今江苏淮安)人。明万历天启间诸生,以孝道笃行重于时,《淮安府志》、《山阳县志》均有传。辑书甚多,如《参同契注》、《楞严经注》、《古今要言笺释》、《二十一史略》和《茶史》①等。

《茶史》的编辑,据书端题名"八十老人刘源长介祉著",可知是晚年著作。其子谦吉于康熙三年(1664)举进士,于十四年

(1675)安排印行此书时,源长已卒。刘谦吉在此书后序中提到这是其父遗稿,经补订才刊刻的。据此书李仙根序,书成于康熙十六年(1677)。

《茶史》主要刊本有康熙十六年,刘谦吉刻本,雍正六年,刘乃大附《茶史补》重刻本、及日本享和癸亥年(元年,1801)尾张香祖轩翻刻本等。此处以雍正本为底本,参校日本香祖轩本及有关引录原文。

原　文

序1②

世称茶之名,起于晋宋以后,而《神

农食经》周公《尔雅》已先及之。盖自贡之尚方,下逮眠云卧石之夫胥,得为茗

饮。至若鸿渐、伯熊之品味，玉川子、江湖（散）人之嗜好，纪于传策者，今古数人而已。而山阳刘介祉先生，博洽群书，因取《茶经》以后凡诗、赋、论、记及于此者，累为一帙，名曰《茶史》。嗣君大参年伯，每与先大夫论及是书，津津不去口。

康熙乙酉

圣祖南巡，大参公曾以是书进御。扈从诸臣，咸购得之，一时纸贵。三十年来，镌本亦稍蚀。予尝披览竟卷，见其搜采精核，觉有至味，浸淫心口间。又闻先生性至孝，弱冠侍亲官粤西，及扶榇归，山途遇虎，众骇散，先生伏榇不去，虎曳尾过。涉洞庭，风作覆舟，先生抱榇疾呼，风竟息。精行修德，耄而好学，七为乡大宾；没崇祀乡贤。余读其书，未尝不想见其为人。苏文忠公有言，"君子可以寓意于物，而不可以留意于物。"秋于奕，伯伦于酒，嵇康于锻，阮孚于蜡屐，以及杜征南之癖左，蔡中郎之秘《论衡》亦各适其意之所寄而已。先生矻矻孜孜，丹铅不辍，岂于雀舌龙团、香泉碧乳独有偏嗜？盖其澡涤心性，和神养气，一食饮不敢忘亲，即是编可以窥寻其微意，以视琅琊漏卮，苍头水厄，曾何足云。书不盈寸，得邀圣祖鉴赏，固臣子之荣耀，而孝思所积，感格天人，益信而有征矣。

今年秋，先生之曾孙乃大，重校是书，修整装潢，请序于余，余特表其行，以谂世之读是书者。乃大年少多才有志绳武，将合前人述作，先后尽付诸梓，且勉于文行，不失其世守，是则余之所望也已。时雍正六年秋七月，桐城张廷玉[2]拜撰。

翁,尝行旷野,诵诗击木,徘徊不得意,则恸哭而返,龟今思之,岂徒听松风,候蟹眼,捧定州花瓷以终老者。夫固有宇宙莫容、流俗难伍之意,摅泄无从,姑借是以消磨垒块,追夫冥然会心,发为著述,又能穷其旨趣,撷其芳香,是以后之人争传之为《茶经》。然则今之人,有所述作,岂皆有所不得志于时,而为是寄托哉!茶之为饮,最宜精行修德之人。白石清泉,神融心醉,有深味而奇赏焉。前辈刘介祉先生,少壮砥行,晚多著述,一经传世,长君六皆早翱翔于天禄石渠间,家庭颐养,其潇洒出尘之致,不必规模鸿渐,而往往发鸿渐之所未有。嗜茶之暇,因《茶经》而广之为《茶史》。世尝言古今人不相及,若先生者,岂多让耶。有鸿渐之为人,而《茶经》传,有介祉先生之为人,而《茶史》著。鸿渐与先生,其先后同符也。披其卷,谬加订次,辄两腋风生,使子复见鸿渐之流风。因长君六皆刻其集,俾予分之为序,而先生有功性命之书,不止此也。六皆著言,满天下人士之被其容,论者如祥麟威凤,其有得千家学之传,匪朝伊夕也夫。

时康熙乙卯夏月,年家姻晚生陆求可[4]咸一父顿首拜撰。

各著述家:

陆羽《茶经》　裴汶《茶述》

毛文锡《茶谱》　温太真峤上《贡茶条列》[5]

蔡君谟《茶录》　蔡宗颜《茶山节对》

丁谓《北苑茶录》　苏廙《仙芽传》

黄儒《品茶要录》　鲍昭妹令晖著《香茗赋》[6]

沈存中《茶论》　张芝芸叟《唐茶品》[5]

《茶谱通考》　宋徽宗《大观茶论》二十篇皆论碾饼烹点

陶谷《十六汤》[7]　江州刺史张又新《煎茶水记》

唐母景《茶饮序》一作纂母旻　沈杰《茶法》十卷

魏了翁《邛州茶记》

按:陆龟蒙品茶,顾野王、苏东坡俱有茶赋。

编目
第一卷

第二卷

陆羽事迹十一则 外附卢仝

竟陵僧于水滨得婴儿,育为弟子。稍长,自筮,得蹇之渐;龟曰:鸿渐于陆,其羽可用为仪。乃姓陆氏,字鸿渐,名羽。及冠,有文章。茶术最精。

陆羽,承天府沔阳人[6],老僧自水滨拾得,畜之既长,自筮曰鸿渐于陆,其羽可用为仪,乃以定姓字。郡守李齐物识羽于僧舍中,劝之力学,遂能诗。雅性高洁,不乐仕进。嗜茶,善品泉味。

陆羽,复州人,隐苎上,称桑苎翁,又号竟陵子。杜门著书,或行吟旷野,或痛哭而归。有《茶经》传世,凡三篇,言茶之原、之法、之具尤备,天下益知茶饮矣。

陆羽，一名疾，字季疵，诏拜太常不就，寓居茶山，号东冈子。嗜茶，环植数亩。《茶经》，其所著也，刺史姚骥，每微服造访。

陆羽字鸿渐，隐居苕溪，自称桑苎翁，阖门著书，或独行野中，诵诗击木，徘徊不得意，则恸哭而归，时谓之今接舆。

羽于江湖称竟陵子，南越称桑苎翁。

有积师者，嗜茶，非渐儿煎侍不乡口。羽出游江湖，师绝茶味，代宗召入供奉，命宫人善茶者饷，师一啜而罢。诏羽入，赐师斋，俾羽煎茗，一举而尽。曰：有若渐儿所为也。于是出羽见之。

常伯熊善茶。李季卿宣慰江南至临淮，召伯熊。伯熊着黄帔衫、乌纱帻，手执茶器，口通茶名，区分指点，左右刮目。茶熟，李为饮两杯。既至江上，复召陆羽。羽衣野服，随茶具而入，如伯熊故事。茶毕，季卿命取钱三十文酬煎茶博士。鸿渐夙游江介，通狎胜流，遂取茶钱、茶具雀跃而出，旁若无人。

陆羽茶既为癖，酒亦称狂。

《陆羽传》：羽负书火门山，从邹夫子学。后因俗忌火字，改为天门山。

陆羽貌侻陋，口吃而辩。闻人善，若在己；见有过者，规切至忤人。朋友燕处，意有所行辄去；疑其多嗔。与人期，雨雪虎狼不避。

附卢仝

仝，河南怀庆府济源人，号玉川子。博学有志操。尝作《月蚀诗》讥元和逆党。韩昌黎称其工。

济源有卢仝别业，内有烹茶馆。

卷一

茶之原始

茶者……根如胡桃[7]。瓜芦本出广州，其茶味苦涩，栟榈蒲葵之属，其子似茶。胡桃与茶，根皆下孕兆，至瓦砾苗木上抽。

茶之名，一曰茶，二曰槚，三曰蔎，四曰茗，五曰荈。蔎，音设，《楚辞》怀椒聊之蔎蔎。荈，音舛。

周公《尔雅》：槚，苦茶。

茶初采为茶，老为茗，再老为荈。

今呼早采者为茶，晚采者为茗，蜀人名之苦茶。

《本草·菜部》：一名茶，一名选，一名游冬[8]。

茶字，或从草，或从木，或草木并。从草作茶，从木作槚，草木并作茶，出《尔雅》。槚，亦从木。

茶，上者生烂石，中者生砾壤，下者生黄土。

萩茶欲茂，三岁可采。野者上，园者次。阳崖阴林，紫者上，绿者次；笋者上，牙者次；叶卷者上，叶舒者次。阴山坡谷，不堪采掇矣。

《茶经》云：《神农食经》，茶茗久服，有力悦志。

晏婴相齐时，食脱粟之饭，炙三弋、五卵、茗菜而已[9]。

华陀，字元化，《食论》云：苦茶久食，益意思。

又云：茶之为饮，发乎神农氏，闻于鲁周公，齐有晏婴，汉有扬雄、司马相如，吴有韦曜，晋有刘琨。张载、远祖纳、谢安、左思之徒，皆饮焉。据《茶经》，则是神农有茶矣。茶其药品乎？

茶之名，始见于王褒《僮约》，盛著于陆羽《茶经》。

茶古不闻，晋宋以降，吴人采叶煮之，谓之茗茶粥。

隋文帝微时，梦神人易其脑骨，至自尔

脑痛。后遇一僧云：山中有茗草，煮而饮之当愈。服之有效，由是人竞采掇。进士权纾文为之赞。其略云：穷春秋，演河图，不如载茗一车。据此则是晋唐时始有茶也。

宋裴汶《茶述》[10]云：茶起于东晋，盛于本朝。

宋开宝间，始命造龙团，以别庶品厥后，丁晋公谓漕闽，乃载之《茶录》。蔡忠惠里，又造小龙团以进。

大小龙凤茶，始于丁谓，而成于蔡里。

龙凤团贡自北苑，始于丁晋公，成于蔡君谟。虽曰官焙、私焙，然皆蒸揉印造，其去雀舌、旗枪必远。

宋人造茶有二：一曰片，一曰散。片则蒸造成片者，散则既蒸而研，合诸香以为饼，所谓大小龙团也。君谟作此，而欧公为之叹。

茶之品，莫重于龙凤团。凡二十余饼，重一斤，直金二两。然金可有而茶不可得。每南郊致斋，中书枢密院各赐一饼，四人分之，宫人缕金其上，其贵重如此。

杜诗说：茶莫贵于龙凤团。以茶为圆饼，上印龙凤文供御者，以金妆龙凤。

坡诗：拣芽入雀舌，赐茗出龙团。

欧诗：雀舌未经三月雨，龙芽先占一枝春。

《北苑》诗[11]：带烟蒸雀舌，和露叠龙鳞。

《茶榜》：雀舌初调，玉碗分时文思健；龙团搥碎，金渠碾处睡魔降。

历代贡茶，皆以建宁为上，有龙团、凤团、石乳、滴乳、绿昌明、头骨、次骨、末骨、京铤等名。而密云龙品最高，皆碾末作饼，至明朝始用芽茶，曰探春，曰先春，曰次春，曰紫笋及荐新等号，而龙凤团皆废矣，则福茶固甲于天下也。

《负暄杂录》云：唐时制茶……号为纲头玉芽[8]。

附王褒僮约

奴从百役使，不得有二言。但当饮水，不得嗜酒。欲饮美酒，惟当染唇渍口，不得倾盂覆斗。事讫欲休，当春一石。夜半无事，浣衣当面。奴不听教，当箠一百。读券文遍，奴两手自搏，目泪下落，鼻涕长一尺。如王大夫言，不如早归黄土，陌蚯蚓钻额。

茶之名产

仙人茶　洞庭中西尽处有仙人茶，乃树上之苔藓也。四皓曾采以为茶。

空梗茶　九华山有空梗茶，是金地藏所植。大抵烟霞云雾之中，气常温润，与地所植，味自不同。山属池州青阳，原名九子山，因李白谓九峰似莲花，乃更为九华山。金地岁，新罗国僧，唐至德间渡海，居九华，乃植此茶。年九十九坐化函中，后三载开视，颜色如生，升之，骨节俱动。

穆陀树茶　昔有客过茅君，时当大暑，茅君于巾内解茶，人与一叶，食之五内清凉。茅君曰：此蓬莱山穆陀树叶，众仙食之以当饮。又有宝交之蕊，食之不饥。谢幼贞诗：摘宝文之初蕊，拾穆陀之坠叶。

圣阳花　双林大士自往蒙顶结庵种茶，凡三年。得极佳者，曰圣阳花。

惊雷荚、萱草带、紫茸香　觉林院僧收茶三等，待客以惊雷荚，自奉以萱草带，供佛以紫茸香。赴茶者，以油囊盛余沥归。

玉泉仙掌　李白诗集序：荆州玉泉寺，近清溪诸山。山洞往往有乳窟，窟中多玉泉交流，其水边有茗草罗生，枝叶如碧玉，拳然重叠，其状如手，号为仙人掌，盖旷古未觌也。惟玉泉真公常采而饮之，年八十余，颜色如桃花。此茗清香滑熟，异于他产，所以能还童振枯，扶人寿也。　后之高僧大隐，知仙人掌茶发于中孚衲子及青莲居士李白。　僧中孚示李白呼仙人掌。梅圣俞诗：莫夸李白仙人掌，且作卢仝走笔章。

绿华、紫英　唐《杜阳编》⑫：同昌公主，上每赐馔，其茶则有绿华、紫英之号。英，一作茎

霜华　弘君举《食檄》⑬云：寒温既毕，应下霜华之茗。　陆羽云：烹之滚，碧霜之华，啜之味，甘露之液。　《茶赋》⑨：云垂绿脚，香浮碧乳。挹此霜华，却兹烦暑。清文既传于杜毓，精思亦闻于陆羽。

丹丘大茗　丹丘子黄山君，服芳茶，轻身换骨，羽化登仙。　余姚虞洪入山采茗，遇一道士，引洪至瀑布山。曰：吾丹丘子也，闻子善具饮，山中有大茗，可以相给⑭。

谢氏谢茶启：此丹丘之仙茶，胜乌程之御荈，不止味同露液，白况霜华⑮，岂为酪苍头，便应代酒从事。　诗云：丹丘出大茗，服之生羽翼。

六班茶　刘禹锡病酒，乃馈菊苗齑、芦菔酢于白乐天，换取六班茶二囊，以自醒酒。

八饼茶　坡诗云：待赐头纲八饼茶。

龙坡山子⑯　窦仪以新茶饷客，奁面标云"龙坡山子茶"。

蜜云龙　茶极为甘馨，宋所最重，时黄、秦、晁、张号苏门四学士，子瞻待之厚。每来，必令侍妾朝云取蜜云龙，不妄设也。廖正一，字明略，将乐人。元祐中入试，苏轼得其策，击节叹赏，每以蜜云龙茶饮之。出知常州，有声，后入党籍，自号竹林居士。

周淮海云：先人尝从张晋彦觅茶，口占云：内家新赐蜜云龙，只到调元六七公。赖有家山供小草，犹堪诗老荐春风。黄山谷有商云龙。

黄蘗茶　东坡守钱塘，参寥子居智果院，东坡于寒食后访参寥子，汲泉钻火，烹此茶对啜。

小春茶　吴人于十月采小春茶。此时不特逗漏花枝，而尚喜月光晴暖，从此蹉过，霜凄雁冷，不复可采。

森伯茶　森伯，名茶也。汤悦有《森伯传》。

清人树茶　伪闽甘露堂前有茶树二株，宫人呼为清人树。

皋卢　茶之别名，叶大而涩，南人以为饮。又名瓜芦，出龙川县，又出新平县，风味实不及茶，似茶者也。交广所重，客来先设，名曰苦蓉。按：苦蓉与蒙阴石花相似，易伤人。

诗云：且共荐皋卢，何劳倾斗酒。

茗地源茶　根株颇硕，生于阴谷，春夏之交方发萌。茎条虽长，旗枪不展，乍紫乍绿。天圣初，郡守李虚己、太史梅询试之，谓建溪、顾渚不能过也。　茶之别者，有枳壳芽、枸杞芽、枇杷芽，又有皂角芽、槐芽、柳芽，乃上春摘其芽和茶作之。南人输官，往往杂以众叶，惟茅芦、竹箬之类不可入。自余山中草木芽叶，皆可和合，而椿柿尤奇。按：五加芽妙，出塞外者，大半入马棘、树叶、野茶叶。

茶之分产

江南

义兴紫笋　阳羡茶即罗岕　义兴即今宜兴，秦曰阳羡。紫笋出义兴君山悬脚岭北岸下。　紫笋生湖常间，当茶时，两郡太守毕至，为盛集。　宜兴铜棺山，即古阳

羡。荆溪有南北之分,阳羡居荆溪之北,故云阳羡。唐时入贡,即名其山为唐贡山,茶极为唐所重。 卢歌云:天子未尝阳羡茶,百草不敢先开花。

黄芽 产寿州之霍山寿州属凤阳 霍山茶,以黄芽为贵。 启云:霍山之黄芽,溅色,羽化丹丘。霍山本六安地,寿州则有霍丘,疑是霍丘。按:寿州、六安,俱古六蓼国地,或古所属与今不同。今六安、霍山,俱属庐州府。

阳坡茶、横纹茶 产宣城,属宁国府。汉曰宣城,隋、唐曰宣州。 宣城有丫山,其山东为朝日所烛,号曰阳坡,其茶最胜。
语云:横纹之出阳坡。

先春、早春、华英、来泉、胜金 皆产歙州,即今徽州府,唐曰歙州。

天柱茶 天柱,中国有三:一在余杭,一在寿阳,一在龙舒,即今庐州府舒城县,汉曰龙舒。舒州即今之安庆府怀宁,唐曰舒州。 李德裕有亲知授舒州牧,李曰:"到郡日,天柱峰茶可惠三四角。"其人辄献数斤,李却之。明年罢郡,用意精求,获数角投之。赞皇阅而受之。曰:"此茶可消酒肉毒",乃命烹一瓯,沃于肉食,以银合闭之。诘旦开视,其肉已化为水矣。众服其广识。按:天柱峰不在龙舒,而在安庆之潜山,或当年统为龙舒地也。道书称:司玄洞天,汉武帝尝登封于此,以代南岳。

小岘春 小岘山在庐州府六安州,出茶名小岘春,即六安茶也。

青阳茶 青阳属池州府。

鸦山茶 产广德州建平鸦山,其茶称佳。

佘山茶 产松江佘山。松江府城北有佘姓者修道于此,产茶。

禅智寺茶 《茶谱》:杨州禅智寺,隋之故宫。寺枕蜀冈,有茶园,其味甘香,媲美蒙顶。

浙江

顾渚紫笋、吴兴芷、白苹茶、明月峡茶云葩 产浙江湖州长兴顾渚。昔夫差顾其渚,平衍可都,故名顾渚。 《茶经》云:浙西以顾渚茶为上,唐时充贡岁,清明日抵京。紫者上,绿者次,笋者上,芽者次,故称紫笋。 语云:顾渚之紫笋,标英云,垂绿脚。云,一作膏。 陆羽《顾渚山记》:豫章王子尚,访昙济道人于八公山。道人设茗,子尚味之云:此甘露也。 陆龟蒙嗜茶,治园于顾渚山下,自号江湖散人、天随子。所居前后皆树茶菊,以供杯案,与皮日休茶诗唱和。 张文规以吴兴荣、白苹洲、明月峡中茶为三绝。 白苹洲雪溪东南 明月峡在长兴旁,顾渚山侧,二山相对,石壁峭立,大涧中流,乳石飞走,茶生其间尤为绝品。张文规所谓"明月峡前茶始生"是也。文规好学,有文藻,苏子由、孔武仲、何正臣皆与之游。 姚伯道云:明月之峡,厥有佳茗,是为上乘。

御荈 产湖州乌程。秦时有乌氏、程氏善酿,故名。乌程,汉曰吴兴。 山谦之《吴兴记》:乌程县西二十里,有温山,出御荈。

宝云茶、香林茶、白云茶 杭州宝云山产者,名宝云茶,下天竺香林洞者,名香林茶;上天竺白云峰者[⑰],名白云茶。 林和靖诗云:白云峰下两枪新,腻绿长鲜谷雨春。静试恰如湖上雪,对尝兼忆剡中人。坡游杭州古寺,一日饮酽茶七碗,戏言云:示病维摩原不病,在家灵运已忘家。何须魏帝一丸药,且尽卢仝七碗茶。

鸠坑茶　产睦州,即今严州府,唐曰睦州,一作穆州。茶出淳安鸠坑者佳。淳安属严州。

方山茶　产衢州龙游方山,即属龙游。

日铸茶　产绍兴日铸岭。岭在府城南,产茶。　欧阳永叔曰:两浙之品,日铸第一。　一名兰雪茶[10]言其香如兰,色白如雪也。　《茶山》诗云:子能来日铸,吾得具风炉。

台州茶　产台州黄岩。

宁海茶　宁海茶,出盖仓山者佳。一名茶岩,陶弘景尝居此。

东白茶、举岩茶、碧乳　产婺州,即今金华府,隋曰婺州。　东白山属东阳县,产茶。山层峦叠嶂,接会稽天台。举岩茶片,片方细,所出虽少,味极甘芳,烹之如碧玉之乳,故又名碧乳。　两浙诸山,产茶最多。如天台之雁宕,括苍之大盘,东旸之金华,绍兴之日铸,钱塘之天竺,灵隐临安之径山、天目,皆表表有名。

又有四明之朱溪　天台县属台州府,有天台山,攀萝梯岩乃可登。上有琼楼玉阙,碧林瑶草,旧称金庭洞天。　括苍山有二,一属处州府缙云,道书十八洞天之一。一属台州府城西南,王方平往来罗浮括仓即此。　东阳即今之金华府,三国吴曰东阳,明曰金华;东阳其县也。府城北有金华山,道书第三十六洞天。临安即今杭州府,南渡都此曰临安。今有临安县,径山属余杭,乃天目山之东北峰,有径通天目故名。　天目山属临安,上有两峰。峰顶各一池,若左右目,故名。道书第三十四洞天。　四明山有二:一属绍兴府余姚,有石窗,四面玲珑如户牖,通日月星辰之光,道经第九洞天。一属宁波府城西南,深迥幽奇,与人境殊绝。

福建

建州茶福建建宁,周为七闽地,汉属会稽,三国吴曰建安,唐曰建州,宋曰建宁。　建州北苑,焙茶之精者,其名有龙凤、石乳、滴乳、白头、金蜡面、头骨、次骨、末骨、粗骨、京挺十二等,以充国用。其尤精者,曰白乳头、金蜡面。北苑名白乳头,江左号金蜡面。李氏命取其乳作片,别其名曰金挺的乳,或号曰京挺[13]滴乳,凡二十余品。

石乳　丁晋公云:石乳出壑岭断崖缺石之间,盖草木之仙骨。

研膏茶　贞元中,常衮为建州刺史,始蒸焙而研之,谓之研膏茶,即龙品也。

龙焙天品即先春龙焙即龙品也。有龙焙泉,一名御泉,在凤凰山下,属建宁府城东。

蜜云龙载前名产内,凡四则　叶石林云:熙宁中,贾青字春卿,为福建转运使,取小龙团之精者为蜜云龙,自玉食,外戚里贵近乞赐尤繁。宣仁一日慨叹曰:建州今后不得造蜜云龙,受他人煎炒不得也。此语颇传播缙绅间。

瑞云翔龙、胜雪、水芽　宋神宗制蜜云龙,哲宗改为瑞云翔龙。　宋茶重瑞云翔龙,宣和间,郑可闻复纫为银丝水芽,盖将已拣熟芽再今剔去,只取其心一缕,用珍器贮清泉渍之,光莹如银丝然,号曰胜雪。见茶原始内　宋姚宽云:建茶有十纲,第一纲、二纲太嫩,第三纲茶最妙,惟龙团胜雪、白茶二种,谓之冰芽。

玉蝉膏、清风使　建人徐恪,见遗乡信铤子茶,茶面印文曰玉蝉膏;又一种曰清风使。

紫琳腴、云腴、雪腴　皆唐茶之品精者。　坡诗云：建溪新饼截云腴。

方山露芽　方山，福州府城南。四面如城，产茶，中有田三四顷。其木多柑橘，志称一郡大观也。

石岩白　产建安能仁院。蔡君谟善别茶。建安能仁院，有茶生石缝间，盖精品也。僧采造得茶八饼，以四饼遗蔡，以四饼遗内翰王禹玉。岁除，蔡被召还阙，访王。王碾以待蔡，蔡捧瓯未尝，辄曰："此极似能仁寺石岩白，公何以得之？"禹玉未信，索帖验之，乃服。

粟粒芽　粟粒，出武夷溪边者佳。粟粒芽，东坡以为茶之极品。诗云：武夷溪边粟粒芽，前丁后蔡相笼加。《北苑》诗：带香分破建溪春。范希文歌曰：年年春自东南来，建溪先暖水微开。溪边奇茗冠天下，武夷仙人从古栽。武夷属崇安，道书第十六洞天。常有神降此，自称武夷君。《列仙传》钱铿二子，长曰武，次曰夷。

凤山雷芽　丁谓云：凤山高不百丈，无危峰绝崦，而冈阜环抱，气势柔秀，宜乎嘉植灵卉之所发也。

石坑、增坑、雪坑、佛岭、沙溪、壑源、叶源　建茶之焙三十有二，北苑其首也。而园别为二十五，如此等处。　坡诗：增坑一掬春，紫饼供千家。　山谷诗：茗花浮增坑。　坡诗：周家新致雪坑茶。　沙溪茶色白，又过于增坑。　壑源见前石乳。《茗溪诗话》：北苑官焙，岁供为上。壑源私焙，亦入贡，为次。二焙相去三四里，间若沙溪外焙也，与二焙绝远，为下。故鲁直诗云："莫遣沙溪来乱真"是也。孙樵[11]：《送茶与焦刑部书》云：晚甘侯十五人，遣侍斋阁，此徒皆请雷而折，拜水而和。盖建阳丹

山碧水之乡，月涧云龛之品。　杜牧诗云：闽实东吴秀，茶称瑞草魁。　又云：泉嫩黄金涌，芽香紫璧裁。范文正公《和章岷从事斗茶歌》：新雷昨夜发何处，家家嬉笑穿云去。露牙错落一番新，缀玉含珠散嘉树。北苑将期献天子，林下雄豪先斗美。鼎磨云外首山铜，瓶携江上中泠水。黄金碾畔绿尘飞，碧玉瓯中翠涛起。斗茶味兮轻醍醐，斗茶香兮薄兰芷。胜若登仙不可攀，输同降将无穷耻[12]。　蔡君谟谓范文正曰：公《采茶歌》"黄金碾畔绿尘飞，碧玉瓯中翠涛起"。今茶绝品，其色甚白，欲改为"玉尘飞素涛起"如何？公曰善。

桃花茶、青凤随、紫霞英　建安茶之极精者。　东坡尝问大冶乞桃花茶，有《水调歌》一首：已过几番雨，前夜一声雷。枪旗争战建溪，春色占先魁。采取枝头雀舌，带露和烟捣碎，结就紫云堆。轻动黄金展，飞起绿尘埃。　老龙团，真凤髓，点将来。兔毫盏里霎时，滋味舌头回。唤醒青州从事，战退睡魔百万，梦不到阳台。两腋清风起，我欲上蓬莱。　建宁城东为北苑，茶出北苑者，为天下第一，名北苑焙。丁谓尝傅载造茶之法。　北苑，官焙也，每造在惊蛰后。　建阳云谷有茶坡，朱熹构草堂于此，即晦庵也。　建阳庐峰之颠，内宽外密，自成一区，有桃蹊、竹坞、漆园、药圃、泉瀑、洞壑之胜。茶坡即晦庵构堂处。建州北苑数处产者，性味极佳，与他方不同。今亦独名为蜡茶，作饼日晒，得火愈良。其他或为芽，或为末，收贮微见火便硬，色味俱败。惟鼎州一种芽茶，性味略类建茶，今汴中、河北、京西等处，磨为末，亦多冒蜡茶者。

建茶御用名目凡十有八：曰万寿龙芽，曰御苑玉芽，曰玉叶长春，曰万寿银叶，曰龙

苑报春,曰上林第一,曰乙夜清供,曰宜长宝玉,曰浴雪呈祥,曰旸谷先春,曰蜀葵寸金,曰云英,曰雪叶等目。

四川

上清峰茶。雅州古严道西,魏曰蒙山,隋曰临邛,唐宋曰雅州⑲。 蜀之雅州有蒙山。山有五顶,各有茶园,其中顶曰上清峰,茶最艰得。俟雷发声,始得采之。方生时,尝有云雾覆之如神护。

雾铃芽、馞芽、露芽、石花、小方、散茶 造于禁火之前,又有谷芽,皆为第一等茶。

五花茶、云茶即蒙顶茶, 五花其片五出。 蒙山白云岩产,故名曰云茶。《图经》云:蒙顶茶,受阳气全,故香。 李德裕入蜀,得蒙饼沃于汤瓶上,移时尽化者乃真。 蒙顶茶,多不能数勺,极重于唐,以为仙品。 蒙山,属雅州名山县。有五峰,前一峰最高,曰上清峰,产甘露。《禹贡》蔡蒙旅平即此。蔡山属雅州。旅平,旅祭告平也。

诗云:和蕊摘残蒙顶露。今之蒙茶,乃青州蒙阴山产石上,若地衣,然味苦而性凉,亦不难得。

仙崖石花 产彭州,即今成都府彭县,唐曰彭州。

雀舌、乌嘴、麦颗、片甲、蝉窦、黄芽、冬芽 产蜀州,即今成都崇庆州,唐蜀州。蜀州有晋原洞,茶皆产此。 片甲者,牙叶相抱如片甲也。 蝉翼者,叶嫩薄如蝉翼也。 黄芽者,取嫩芽所造,以其芽黄也。

卢歌:先春抽出黄金芽。 冬芽,以隆冬甲折也。 曾子固诗:麦粒收来品绝伦。

吴淑《茶赋》:嘉雀舌之纤嫩,玩蝉翼之轻盈。冬芽早秀,麦颗先成。

松岭茶 产绵州,属成都府。 张孟阳《登成都楼》诗:芳茶冠六清,溢味播九区。人生苟安乐,兹土聊可娱。

宾化亦名宾花、 白马、涪陵 产涪州,属重庆府。涪州茶,宾化最上,其次白马,最下涪陵。诗云:早春之来宾化。按:铜梁入岳山,茶亦最佳。

骑火茶 产龙安府,汉曰阴平,后魏曰江油,隋曰平武,唐曰龙门,宋曰龙州,明朝改为龙安。 又有峡州之碧涧明月,黔阳之都濡,嘉定之峨眉,玉垒之沙坪。

神泉、兽目、小团、绿昌明名亦见建茶内,载原始。 产东川,今顺庆府,元曰东川。

薄片 产渠江,今顺庆府渠县。汉曰宕渠,后魏曰流江,疑即是渠江。

香雨、真香 产巴东,即今之夔州府,汉曰巴东。

火井、思安 产邛州。

纳溪、梅岭 产泸州。产纳溪县即属泸州。一云云溪,其茶可疗风疾。按:蜀有老人茶,背作艾叶,白色,能已头疼。

乌茶 产天全六番招讨使司。古蛮疗地,西魏曰始阳,唐曰灵兰,宋和州,明朝改此。

湖广

碧涧、芳蕊、明月簝、茱萸簝 产硖州,即荆州府彝陵州,后周曰硖州。硖州又有小红园。明月峡,即荆州府彝陵州,悬崖间白石如月。

压砖茶 亦产彝陵。

楠木、大枯枕 产江陵,即荆州。唐曰江陵,有江陵县。 长沙有石楠茶,采芽为之。湘人四月四日,俗尚糕糜,必啜此茶。

潕湖含膏茶、黄翎毛 产岳州,宋曰岳阳。《岳阳风上记》载:潕湖茶,李肇所谓澧湖之含膏也。今惟白鹤僧园有十余本，一岁不过一二十两。土人谓之白鹤茶，味极甘香。　澧湖茶，唐人极重，每形于篇什。

大小巴陵、开胜、开卷、小卷　产岳州，刘宋曰巴陵。

蕲门团黄　产黄州府蕲州。　蕲门团黄有一旗二枪之号[20]，言一芽二叶也。亦有一旗一枪者。欧诗：共约试春芽，枪旗几时绿。　诗云：茗园春嫩一旗开。

王荆公《送元厚诗》：新茗斋中试一旗。茶之始生而嫩者，为一枪；寝大而开，谓之旗；过此，则不堪采矣。

独行灵草、铁色茶、绿芽、片金、金茗　产潭州，今长沙府，唐曰潭州。有湘潭县，亦产茶。

武昌山茶　武昌府有武昌山。晋时宣城人秦精尝入山采茗，遇一毛人，长丈余，引精至山曲，示以丛茗，复探怀中橘遗精，精怖，负茗而归。

龙泉茶　崇阳县龙泉山，周二百里，有洞，好事者持炬而入，行数十步许，坦平如室，可容千百众，石渠流泉清冽，乡人号曰鲁溪岩，产茶甚甘美。

都濡、高株　产黔阳县，属辰州府。

双上、绿芽、大方、小方　产岳、辰、澧州[21]。

宝庆茶　产宝庆府。

江西

白露茶、鹤岭茶、双井、白茅　产江西洪州，即南昌府。唐曰洪州。　西山府城西，大江之外，有梅岭，即梅福修道处。有鹤岭，即王子乔跨鹤处。其最胜者，曰天宝洞，宋尝遣使投金龙玉简于此。　茶产山西鹤岭者佳。

云居茶　产南康之建昌云居山，峰峦峻极，上多云雾。一名欧山，世传欧发先生得道处。

玉津　产临江，玉津疑即玉涧。

绿英、金片、界桥茶　产袁州，袁州之界桥茶，其名甚著。

泥片　产虔州，即今赣州府，隋曰虔州。有除滩茶，亦佳品。

德化茶　德化属九江，产茶。　产柴桑山者佳，再烹以康王谷水，香色一月不散。

焦坑茶　焦坑产庾岭下，味苦硬，久方回味。　坡诗云：焦坑聊试雨前茶。庾岭属南安，汉武帝遣庾胜讨南粤，筑城于此，因名大庾。其岭险峻，行者苦之，自张九龄开凿，始可车马。上多植梅，又名梅岭。

仙芝、嫩蕊、福合、禄合、运合、庆合、指合　产饶池，疑是饶州、池州二府。池州属南畿。　浮梁亦出茶。

山东

琅琊山茶　其茶类桑叶而小，焙而藏之，其味甚清。琅琊属青州府诸城县，东枕大海，始皇尝留此三日，筑层台于山，徙黔首三万户。台下立石颂德。

蒙山茶　属蒙阴，其巅产石花似茶，乃鲁颛臾地[13]。蒙山茶，即兖州蒙山石上烟雾薰染日久结成，盖苔衣类也。亦谓云茶，其状白色轻薄如花蕊，又谓之石蕊茶。寒凉多苦，昔唐褒[14]入山饵此以代茗。

白云岩茶　产兖州府费县，蒙山一名东山，上有白云岩；非蜀雾中蒙顶白云岩也。

河南

东首、浅山、薄侧　产光州,属汝宁府。信阳、罗山、俱产茶地。

广西

广西茶　产广西府。

罗艾茶　产柳州府上林县罗艾山。昔有罗名艾者入山采茶,遇仙于此,遂移妻子家焉。因名罗艾山[15]。

龙山茶　产浔州贵县龙山,邑人利之。

都茗山茶　产南宁府都茗山,山在府城外,产茶。

云南

感通茶　产大理府点苍山感通寺。点苍山,在府城西。上有十九峰,苍翠如玉,盘亘三百余里,蒙氏封为中岳山。顶有泉,曰高河。深不可测。按:云南普珥茶,真者奇品也,人亦不易得。

湾甸茶　即湾甸州境内孟通山所产,亦类阳羡茶,谷雨前采者香。

贵州

贵阳茶　产贵阳府。

新添茶　产新添卫军民指挥使司。古荒服地,宋为新添路,明朝改此。

平越茶　产平越卫指挥司。万历辛丑,升为平越府。

栾茶又名石南茶　产修江。毛文锡《茶谱》云:湘人四月采杨桐草,捣汁浸米蒸作为饭,必采石楠芽为茶饮㉒,云去风也。

茶之近品

虎丘　最号精绝,为天下冠,惜不多产。　秦始皇将发吴蒙,有白虎踞其上,故名虎丘,一名海涌峰。

天池　青翠芳馨,嗅亦消渴,诚可称仙品。诸山之茶,尤当退舍。　苏州城西有华山,山半有池,曰天池。产千叶莲,昔人曾服之羽化。产茶。

阳羡　疑即古之顾渚、紫笋。　今名罗岕,浙之长兴者佳,荆溪稍下。细者其价两倍天池,惜乎难得,须亲自采收方妙。罗岕者,介于山中谓之岕,罗氏隐焉,故名罗。然岕有数处,惟洞山最佳,韵致清远,足称仙品。岕以庙前、庙后为第一,纱帽顶及扇面诸处,皆佳。

龙井　秦观《记》[16]:龙井在西湖上,僧辨才结亭于此,率其徒环而咒之,忽见大鱼自泉中跃出,即龙也,众异焉。　不过十数亩外此有茶,似皆不及。大抵天开龙泓美泉,山灵特生佳茗以副之耳。山中仅有一二家炒法甚精。近有山僧焙者,亦妙。真者天池不能及也。

天目　为天池、龙井之次,亦佳品也。《地志》云:山中寒气早严,山僧至九月即不敢出。冬来多雪,三月后通行。茶之萌芽较晚。　天目上有两峰,峰顶各一池,若左右目,故名。周八百里,亘杭、宣、湖、徽四州界,产茶。

六安[17]《尔雅》云:古南岳。　品之精,入药最效,但不能善,炒则不发香而味苦。茶之本性实佳。按:茶贵新,此以极拣为佳。实产霍山县,县西南有山曰六安。山高耸云霾下,延袤数十里皆产茶处,因称为六安茶。盖以山得名,非以州也。　疑即大蜀山,茶生最多,名品亦振。　右六茶者,东海屠纬真隆《茶笺》品也。　唐宋时产茶之地,与所标之名称,为昔日之佳品。今则吴中之虎丘、天池、伏龙,新安之松萝,阳羡之罗岕,杭州之龙井,武夷之云雾,皆足珍赏;而虎丘、松萝真者,尤异他产。至于采造,昔以蒸碾为工,今以炒制为工,而色之鲜白,味之隽永,与古媲美。

松萝茶　松萝,庵名也,为大方和尚首创。　松萝山,属徽州休宁,亦曰森萝。徽州山峭水清,峦壑奇秀,北源土地高沃,茶生其间,芽极肥乳。自北源连属诸山所产,亦佳,色味品第与北源别。按:北源问政山间甚佳,松萝不及也。

英山茶、霍山茶　俱属庐江,《山川异产记》:霍山茶属寿州。　江北以英山茶胜,然产于本寺方围者佳,其他群山万坞,俱无足取,但资商贩耳。

潜山茶　属安庆潜山一名皖公山一名皖伯台,左慈尝修炼于此。上有二岩、三峰、四洞,即以名县。　近以岕山茶为君,虎丘茶为相,六安潜山茶为将。将者,言其有荡涤之功也。　近世武夷、龙井不能遍及,即阳羡、罗岕又不易购,苏州虎丘茶亦称奇,以主僧屡见挠于豪族,因以铲去,惟天池亦云高品,往往以天目诸茶赝充失真。若休宁之森萝,色清味旨,亦一时奇产。庐江之六安、英山、霍山,茶品亦精,然炒不得法,则芳香不发。　六安以梅花片为第一,诸茶之冠也。　近日涂姓制法更精,名曰涂茶,远近争得之。　虎丘茶味薄,香不耐久,斟不移时即变黄色矣。近有阳抱山所产,经新安隐者手制,其清香可与庙前岕领颃。　虎丘茶,如风引兰气;北源问政、敏山,如扑鼻兰;岕茶纱帽顶片,如茉莉;蜀雾中茶,如蔷薇好,云南普洱,如冰片。　敬亭山茶,宣州之珍品也。香色味俱胜,虽本郡当事,亦难得其真者。

袁宏道龙井记

龙井,泉既甘澄,石复秀润。流淙从石涧中出,泠泠可爱人。僧房爽垲可栖,余尝与陶石篑、黄道元、方子公汲泉烹茶于此。石篑因问:龙井茶与天池孰佳? 余谓龙井亦佳,但茶少则水气不尽,茶多则涩味尽出,天池殊不尔。大约龙井头茶虽香,尚作草气,天池作豆气,虎丘作花气,惟岕茶非花非木⊗,稍类金石气,又若无气,所以可贵。岕茶叶粗大,真者每斤至二千余钱。余觅之数年,仅得数两许。近日徽人有送松罗茶者,味在龙井、天池之上。龙井之岭为风篁峰,为狮子石,为一片云,神运石,皆可观。

陆鸿渐品茶之出

山南以峡州上,里州、荆州、衡山下,金州、梁州又下。

淮南以光州上,义阳郡、舒州、寿州下,蕲州、黄州又下。

浙西以湖州上,常州次,宣州、杭州、睦州、歙州下,润州、苏州又下。

剑南以彭州上,绵州、蜀州次,邛州次,雅州、泸州下,眉州、汉州又下。

浙东以越州上,明州、婺州次,台州下。

黔中生恩州、播州、费州、夷州,江南生鄂州、袁州、吉州,岭南生福州、建州、韶州、象州十一州,未详;往往得之,其味极佳。

唐宋诸家品茶

茶之产,于天下繁且多矣。品第之,则剑南之蒙顶石花为最上,湖州之顾渚、紫笋次之,又次则峡州之碧涧簝、明月簝之类是也。惜皆不可致矣。

浙西湖州为上,常州次之。湖州出长

兴顾渚山中,常州出义兴君山悬脚岭北崖下。论茶以湖常为冠。御史大夫李栖筠典郡日,陆羽以为冠于他境,栖筠始进。故事湖州紫笋,以清明日到,先荐宗庙,后分赐近臣。

袁州之界桥茶,其名甚著,不若湖州之研膏紫笋,烹之有绿脚垂。故韩公赋云:云垂绿脚。

叶梦得《避暑录》:北苑茶有曾坑、沙溪二地。而沙溪色白,过于曾坑。但〔味〕短而微涩。草茶极品,惟双井、顾渚。双井在分宁县,其地属黄鲁直家。顾渚在长兴吉祥寺,其半为刘侍郎希范所有。两地各数亩,岁产茶不过五六觔,所以为难。

宇内土贡实众,而顾渚、蕲阳蒙山为上,其次则寿阳、义兴、碧涧、湄湖、衡山,最下有鄱阳。浮梁人嗜之如此者,晋西以前无闻焉,至精之味或遗也。

唐茶品最重阳羡。

陆羽《茶经》、裴汶《茶述》,皆不载建品。唐末,然后北苑出焉。

黄儒《茶论》[18]云:陆羽《茶经》不第建安之品,盖前此茶事未兴,山川尚闭,露芽真笋委医消腐而人不知尔。宣和中,复有白茶、胜雪,使黄君阅今日,则前乎此者,又未足诧也。

陆鸿渐以岭南茶味极佳,近世又以岭南多瘴疠,染著草木,不惟水不可轻饮,而茶亦宜慎择。大抵瑞草以时出,时地递变,有不同耳。按:茶正以山顶云雾,采时以日未出为佳。

黄鲁直论茶:建溪如割,双井如霆,日铸如嵲。嵲,音最,斳物也。又音血,拽也。

近如吴郡之虎丘,钱塘之龙井,香气芬郁,与岕山并可雁行,惜不多得,往往以天目混龙井,以天池混虎丘。但天池多饮,则腹胀,今多下之。

采茶

《茶经·三之造》云:凡采茶,在二月、三月、四月之间。其日有雨不采,晴采之。

凡采茶,必以晨,不以日出。日出露晞,为阳所薄,则腴耗于内,及受水而不鲜明,故常以早为最。

采摘之时,须天色晴明,炒焙适中,盛贮如法。

一说采时,待日出,山霁、雾障、山岚收净采〔之〕。

凡断芽必以甲不以指。以甲则速断不柔,以指则多温易损。

采茶不必太细,细则芽初萌而味欠足;不必太青,青则茶以老而味欠嫩。须在谷雨前后,觅成梗带叶微绿色而团且厚者为上。

茶宜高山之阴,而喜日阳之早。凡向阳处,岁发常早,芽极肥乳。

芽为雀舌、为麦颗。

茶芽如鹰爪、雀舌为上,一枪一旗次之;又有一枪二旗之号,言一芽二叶也[24]。

《顾渚山茶记》云:山鸟如鸲鹆而色苍,每至正二月,作声"春起也";至三月止,"春去也"。采茶人呼为报春鸟。

茶花冬开似梅,亦清香。

古之采茶在二三月之间,建溪亦云:岁暖则先惊蛰即芽,岁寒则后惊蛰五日。先芽者,气味未佳;惟过惊蛰者,最为第一。民间常以惊蛰为候,何古之风气如是太早也,今时多以谷雨为候,清明恐早,立夏太迟;以谷雨前后,其时适中。若茶之佳者,决不早摘,必待气力完美,丰韵鲜明,色香尤倍，又易于收藏。惟岕山非夏前不摘。初试采者，谓之开园。采之正夏，谓之春茶。其地稍寒，故必须至夏近，有至七八月重摘一次，谓之早春，其品愈佳。

茶有种生、野生。种生者，用子。其子大如指顶，正圆黑色。二月下种，须百颗乃生一株，空壳者多也。畏水与日，最宜坡地荫处。

凡种茶树，必下子，移植则不复生，故俗聘妇必以茶为礼，义固有所取也。

焙茶

茶采时，先择茶工之尤良者，倍其雇值，戒其搓摩，勿令生硬，勿令生焦，细细炒燥、扇冷，方贮罂中。

茶之燥，以拈起即成末为验。

凡炙茶，慎勿于风烬间炙，燥焰如钻，使炎凉不均。持以逼火，屡其翻正，候炮出培塿状、虾蟆状，然后去火五寸，卷而舒则本其始，又炙之。

夏至后三日焙一次，秋分后三日焙一次，一阳后三日，又焙之。连山中共五焙，直至交新，色香味如一。

茶有宜以日晒者，青翠香洁，胜以火炒。

火干者，以气热止；日干者，以柔止。

茶日晒必有日气，用青布盖之可免。

藏茶

茶宜箬叶而畏香药，喜温燥而忌冷湿，故收藏之家，以箬叶封裹入焙中，三两日一次。用火常如人体，温温然以御湿润。火亦不可过多，过多则茶焦不可食矣。

以中罎盛茶，十觔一瓶。每瓶烧稻草灰入于大桶，将茶瓶坐桶中，以灰四面填桶，瓶上覆灰筑实。每用，拨开瓶取茶些少，仍复覆灰，再无蒸坏，次年换灰。

空楼中悬架，将茶瓶口朝下放，不蒸。缘蒸气自天而下也。

以新燥宜兴小瓶，约可受三四两者，从大瓶中贯入，以应不时之用。

罂中用浅，更以燥箬叶贮满之，则久而不浥。

茶始造则清翠，藏不得其法，一变至绿，再变至黄，三变至黑；黑则不可饮矣。

藏茶欲燥，烹茶欲洁。

造时精，藏时燥，炮时洁。精、燥、洁，茶道尽矣。

茶须筑实，仍用厚箬填满，甕口扎紧、封固。置顿宜逼近人气，必使高燥，勿置幽隐。至梅雨溽暑，复焙一次，随熟入瓶，封裹如前。

贮以锡瓶矣，再加厚箬，于竹笼上下周围紧护即收贮。二三载出，试之如新。

取茶必天气晴明，先以热水濯手拭燥，量日几何，出茶多寡，旋以箬叶塞满瓶口，庶免空头生风，有损茶色。

忌纸裹作宿。

徽茶芽叶鲜嫩，极难复火。

近人以烧红炭，蔽杀纸裹入瓶内，然后入茶，极妙。或以纸裹矿灰一块，亦妙。

制茶

茶之精好者，每一芽先去外两小叶，谓之乌蒂；后又次去其两叶，谓之白合。

乌蒂白合，茶之大病。不去乌蒂，则色黄黑而恶；不去白合，则其味苦涩。

蒸芽必熟，去膏必尽。蒸芽未熟，则草木气存；去膏未尽，则色浊而味重。受烟则香夺，压黄则味失，此皆茶之病也。按虎丘茶不宜去膏,去则无味,是以炭火逼干为佳。

茶择肥乳,则甘香而粥面着盏而不散;土瘠而芽短,则云脚涣乱,入盏而易散。叶梗半,则受水鲜白,叶梗短,则色黄而泛。梗为叶之身,除去白合处,茶之色味俱在梗中。

凡茶皆先拣后蒸,惟水芽一茶,则先蒸后拣。

采之、蒸之、捣之、拍之、焙之、穿之、封之。自采至于封,七经目。

方春禁火之时,于野寺山园丛手而掇,乃蒸、乃舂、乃复以火干之,则又榮、扑、焙、贯、棚、穿、育等七事。榮,兵栏也,以手覆矢曰棚。大约谓榮之使收,扑之使口[19],焙之使温,贯之使通,棚之使覆,穿之使融,育之使养之义也。此古蒸碾饼末之事。今用芽茶,与古法异。

茶之佳者,造在社前,其次火前,其下雨前。火前谓寒食前,雨前谓谷雨前,齐己诗云:高人爱惜藏岩里,白甄封题寄火前。盖未知社前之为佳也。甄音坠,小口罂也。

茶有以骑火名者,言造制不在火前,不在火后也。清明改火,故谓之曰火。

茶团茶片,虽出古制,然皆出碾磨,殊失真味。

择之必精,濯之必洁,蒸之必香,火之必良。

茶家碾茶,须著眉上白乃为佳。

采茶叶须拣共大小厚薄一色者,汇为一种,抽去中筋,剪去头尾,则色久尚绿,不然则易黄黑。

卷二

品水

陶学士谷谓:"汤者,茶之司命。"水为急务。

茶者水之神,水者茶之体;非真水莫显其神,非精茶曷窥其体。

《礼记》:水曰清涤。

《文子》[20]曰:水之性清,沙石秽之。

蔡君谟曰:水泉不甘,能损茶味。

《荈赋》:水则岷方之注,挹彼清流⑳。

陆鸿渐曰:山水上,江水次,井水下。又云:山水、乳泉、石池漫流者上,其瀑涌湍漱者,勿食。食之有颈疾。

山下出泉,为蒙穉也。物穉,则天全;水穉,则味全[21]。

其曰:乳泉石池漫流者,蒙之谓也,故曰山水上。其云瀑涌湍漱,则非蒙矣,故戒人勿食。

山厚者泉厚,山奇者泉奇,山清者泉清,山幽者泉幽,皆佳水也。

山宣气以产万物,气宣则脉长。故曰山水上。[22]

《博物志》云:石者,金之根甲。石流精以生水。又曰:山泉㉘者,引地气也。泉非石出者,必不佳。故楚词云:饮石泉兮荫松柏。

皇甫曾《送陆羽诗》:幽期山寺远,野饭石泉清。

梅尧臣《碧霄峰茗》诗:烹处石泉嘉。又云:小石冷泉留早味。

山泉,独能发诸茗颜色、滋味。

洞庭张山人云[23]:山顶泉轻而清,山下泉清而重,石中泉清而甘,沙中泉清而冽,土中泉清而厚。盖流动者良于安静,负阴者胜于向阳,山削者泉寡,山秀者有神。

江水取去人远者。去人远,则流净而水活。[24]

杨子固江也,其南泠则夹石渟渊,特入首品。若吴淞江则水之最下者,亦复入品,何也?

井水取汲多者,汲则气通而流活,然脉暗味滞,终非佳品。

灵水　天一生水而精,不淆上天自降之泽也。古称上池之水,非与。[25]

雨水　阴阳之和,天地之施,水从云降,辅时生养者也。

《拾遗记》:香云遍润,则成香雨,皆灵雨也,俱可茶。

和风顺雨,明云甘雨。

龙所行暴而霾者,旱而冻、腥而墨者,及檐沥者,皆不可食?

雪水　雪者,天地之积寒也。《氾胜书》:雪为五谷之精。取以煎茶,幽人清况。

陶谷取雪水烹团茶。　丁谓《煎茶》诗:痛惜藏书箧,坚留待雪天。李虚己[26]《建茶呈学士》诗:试将梁苑雪,煎动建溪春。是雪尤宜茶也。又云:雪水虽清,性感重阴,不宜多积。吴瑞[27]云:雪水煎茶,解热止渴。　陆羽品雪水第二十。又云:雪水煎茶,滞而太冷。　腊雪解一切毒,春雪有虫易败。

冰水　冰,穷谷阴气所聚结而为,伏阴也。在地英明者惟水,而冰则精而且冷,是固清寒之极也。　谢康乐[28]诗:凿冰煮朝飧。　逸人王休居太白山,每冬取溪冰,琢其精莹者,煮建茗供宾客。

梅水　山水、江水佳矣,如不近江、山,惟多积梅雨,其味甘和,乃长养万物之水也。《茶谱》[29]云:梅雨时,署大缸收水,煎茶甚美。经宿不变色,易贮瓶中,可以经久。芒种后逢壬或庚或丙日进梅,天道自南而北,凡物候先于南方,故闽粤万物早熟半月,始及吴楚。今江南梅雨将罢,而淮上方梅雨,逾河北至七月少有黴气,而不之觉矣。固宜易地而论之。一作黴,一作霉。　芒种后逢壬为入梅,小暑后逢壬为出梅。先时为迎梅雨,后之为送梅雨,及时为梅雨。《埤雅》云:今江、湘、二浙,四五月梅欲黄,落雨谓之梅雨。　梅水雪水久贮澄彻,烹茶甘鲜。

秋水　候爽气晶,渊潭清冷,雨亦澄澈,宜茶。　陈眉公:烹茶以秋水为上,梅水次之。

竹沥水　天台者佳,若以他水杂之,则亟败。　苏才翁尝与蔡君谟斗茶,蔡茶用惠山泉,苏茶用竹沥水煎,遂能取胜。

泉贵清寒。泉不难于清,而难于寒。其濑峻流驶而清,岩奥阴积而寒,亦非佳品[30]。

石少土多,沙腻泥凝者,必不清寒。

泉贵甘香。《尚书》:稼穑作甘黍,甘为香黍,惟甘香能养人。泉惟甘香,故亦能养人。然甘易而香难,未有香而不甘者也。

凡泉上有恶木,则叶滋根润,皆能损其甘香,甚者能酿毒液。

洞庭山人又云:真源无味,真水无香。

唐子西《斗茶说》:水不问江井,要之贵活。

有黄金处,水必清;有明珠处,水必媚;有子鮒处,水必腥腐;有蛟龙处,水必洞黑嫩恶。不可不辨。

名泉

慧山[31]　源出石穴,陆羽品为第二泉,又名陆子泉。　慧山又有别石泉,在惠山松竹之下,甘爽,乃人间灵液,清澄鉴肌骨,含漱开神虑。茶得此水,皆尽芳味。慧山,亦作惠山。　惠山之水,味淡而清,允为上品。　唐李绅诗云:素沙见底空无色,青石潜流暗有声。微渡竹风涵淅沥,细浮松月透轻明。桂凝秋露添灵液,茗折香芽泛玉英。应是梵宫连洞府,浴池今化醒泉清。

钟泠泉一作中泠。泠平声。一作灂,一作零。

金山中泠泉,又名龙井。《水经》品为第一。旧当波险中,汲者患之,僧于山西北下穴一井,以汲游客。又不彻堂下一井,与今中泠相去数十步,而水味迥劣。 《杂记》云:石牌山,北谓之北钓者余三十丈则中泠。之外,似又有南灂北灂者。《润州类集》云:江水至金山,分为三泠。今寺中亦有三井,其水味各别,疑似三泠之说也。

李德裕居廊庙日,有亲知奉使于京口,李曰:还日,南零水与取一壶来。其人醉而忘之,泛舟上石城方忆,乃汲江水一瓶,归京献之。李公饮后,叹讶非常,曰:江表水味有异于顷岁矣,此水颇似建业石头城下水。其人谢过不隐。 李季卿至维扬,逢陆鸿渐,命一卒入江取南泠水。及至,陆鸿渐扬水曰:江则江矣,非南泠临岸者乎。既而倾水及半,陆又以杓扬之曰:此似南泠矣。使者蹶然曰:南泠持至岸,偶覆其半,取水增之也。

八功德水 水在江宁,一清、二冷、三香、四柔、五甘、六净、七不埃、八蠲疴,梁以前御用取给焉。

丰乐泉 在滁州城西,即紫微泉也,亦名六一泉。 欧公既得酿泉,有以新茶献者,公敕汲泉瀹之。汲者道仆覆水,伪汲他泉代,公知其非,诘之。乃得其泉于幽谷山下,因名丰乐泉。酿泉在琅琊山下。 江南之虎丘石井、丹阳井、扬州大明寺井、桐柏淮源庐江龙池山顶水、松江水,皆列品论。今按:虎丘井沉黑,竟不可饮。

参寥泉 泉在西湖上智果寺。 东坡云:仆在黄州,梦与参寥子赋诗:有"寒食清明都过了,石泉槐火一时新"之句。后七年守钱塘,而参寥子卜居智果院,有泉出石镼,甘泠宜茶。寒食之明日,自孤山来谒参寥子,汲泉钻火烹茶,而所梦兆于七年之前,因名参寥泉。

天庆观乳泉 苏东坡与姜唐佐[32]秀才云:今日雾色,可喜食已,当取天庆观乳泉,泼茶之精者,念非君莫与其之。

六一泉 在杭州孤山。 苏轼以欧阳名也。

金沙泉即涌金泉 泉在湖州长兴啄木岭,即唐人造茶之所,湖常二郡交界上。有境会亭,居恒无水,将造茶,二郡守毕至设牲祭之,水始发。 斯泉也,处沙之中,太守具仪注拜敕祭,泉顷之发源,其夕清溢。造贡茶毕,水即微减;供堂茶毕,已减半矣。太守茶毕,水遂涸,或还施稽留,则示风雷之变,或见鹭兽毒蛇水魅之类。商旅造茶,则以顾渚,无沾金沙者。

余不溪 前明太祖幸宜兴,土人以余不溪水煮顾渚茶,饮太祖而甘之,诏每岁贡茶三十觔。余不溪属湖州府德清县,其水清澈宜茶,余溪则不,故名。即孔愉放白龟处也。 浙江若杭之虎跑泉、老龙井、真珠泉、葛仙翁井、吴山第一泉,又如施公井、郭婆井,皆清洌可茶。

甘乳岩泉 属福建延平府永安县,有乳泉洞,中一石突出如莲花,泉自石中送出,味甚甘洌,可茶。或以秽器盛之,泉即不流。

凤凰泉即龙焙泉,又名御泉 在建宁府瓯宁县,宋以来,上贡茶取此泉濯之。泉从渠出,日夜不竭。

凤栖山下泉 即兰溪石下水,其侧多

兰,故名。兰溪在黄州府蕲水县。 陆羽
烹茶所汲,《经》谓天下第三泉,亦名陆羽
泉。王禹偁元之《过陆井诗》:惟余半夜泉
中月,留得先生一片心。

西江水 属承天府景陵县。汉竟陵,
隋复州,五代景陵。 陆羽《六羡歌》:不羡
黄金罍,不羡白玉杯,不羡朝入省,不羡暮
入台。千羡万羡西江水,曾向景陵城下来。

谷帘泉 在南康府城西,水如帘布,岩
而下者三十余泒。陆羽品此为天下第一。
又谓康王谷水为第一,在九江府城西南,
楚康王尝憩此,故名。水帘高三百五十丈。

王禹偁云:康王谷为天下第一水帘,汲之
逾月,其味不败。 王元之序谷帘泉云:泉
为石崖所束,湍怒喷涌,散落纷纭数千百
缕,班布如琼帘,悬注三百五十丈。志谓谷
中有水帘洞,云庐山之泉多,循崖而泻,此
则由五峰北崖口悬注而下,凡三级。上级
落大盘山上,袅袅如飘云垂练;中级如碎玉
摧冰;下级如玉龙翔舞,又名三叠泉,又名
三级泉。

醴泉 属临江新喻。 黄庭坚尝饮此
叹曰:惜陆鸿渐辈不及知也。题曰"醴泉"。

杜康泉 山东济南府城内舜祠东庑
下,世传康汲此酿酒。 中泠水及慧山泉
称之一升重二十四铢,是泉较轻一铢。

趵突泉 济南府城西,名泉七十二以
趵突为上。 赵孟頫诗:泺水发源天下无,
平地涌出白玉壶。谷虚久恐元气泄,岁旱
不知东海枯。云雾润蒸华不注,波涛声震
大明湖。时来泉上濯尘土,冰雪满怀清
兴孤。

硖石渠水 李约,字存博,曾奉使行至
陕州硖石县东[33],爱渠水清流,竟旬忘发。

玉女洞泉 属西安盩厔县。 洞有飞

泉,甘且洌。苏轼过此汲两瓶去,恐后复取
为从者所绐,乃破竹作券,使寺僧藏之,以
为往来之信,戏曰调水符。

惠通泉 琼州府城东三山庵之下有
泉,东坡过此,品之曰:味颇类惠山。因名
惠通泉。

喷雾崖泉 属四川夔州府梁山县[34],
蟠龙山中崖高数十丈,飞涛喷薄如雾。张
商英[35]游此,题云:泉味甘洌,非陆羽莫能
辨。 范成大谓天下瀑布第一。

灵泉 属贵州贵阳府城西北。 泉穴
宽可六尺许,不盈不涸,清且甘。

飞泉 新添卫城东北。 其水清且甘

古今名家品水

陆羽品天下二十水,以庐山谷帘泉为
第一,以慧山泉居第二,蕲水之凤栖山下泉
居第三,杨子中泠水第七,睦州钓台下泉第
十九。全载欧阳修《大明水记》中,所称康王谷水第
一,不同。 陆羽又云:楚水第一,晋水
最下。

陈眉公云:余尝酌中泠,劣于惠山,殊
不可解。后考之,乃知,陆羽原以庐山谷帘
泉为第一。《山疏》云:陆羽《茶经》言:瀑
泻湍急者勿食,今此水瀑泻湍急无如矣,乃
以为第一,何也? 又云液泉,在谷帘泉侧。
山多云母,泉其液也,洪纤如指,清冽甘寒,
远出谷帘之上,乃不得第一,何也?

《经》言瀑泻湍急者,皆不可食,而庐山
水帘、洪州天台瀑布,皆入《水品》,又与其
《经》背。故张曲江《庐山瀑布》诗:吾闻山
下蒙,今乃林峦表。物性有诡激,坤元曷纷
娇。默然置此去,变化谁能了。则有识者,
固不食也。

《煎茶水记》云:李季卿刺湖州,至维

扬,逢陆处士,即有倾盖之雅。因过杨子驿,曰:陆君茶,天下莫不闻,杨子南零水,又殊绝;今者二妙千载一遇,何可轻失?因问历处之水,陆因命笔口授而次第之。

井之美者,天下知钟泠泉矣。然焦山一泉,亦不减钟泠。

欧阳修谕水,以洪州瀑布水为第八。瀑布在开先寺。李白诗:挂流三百丈,喷壑数十里。刘伯刍论水,以杨子江水为第一,惠山石泉为第二,虎丘石井为第三,丹阳井第四,扬州大明寺井第五,松江第六,淮水第七。松江一名吴淞江,为青蒲地。淮水,颍上寿州怀远界。

李季卿品天下泉,以庐山康王谷水为第一,无锡惠山泉第二,兰溪石下泉第三,虎丘泉第五,杨子江第七,松江水第十六,雪水二十。

欧阳修大明水记

张又新为《煎茶水记》……疑羽不当二说以自异。得非又新妄附益之耶?羽之论水,恶渟浸而喜泉源,故井取汲多者。江虽长流,然众水杂聚,故次山水。惟此说近物理云。羽所品天下第一水:一作谷帘泉,一作康王谷。据《舆志》自是二地:非谷帘泉,即康王谷也[36]。

欧阳修浮槎山水记

余尝读《茶经》……因以其水遗余于京师[37]。

叶清臣述煮茶泉品

吴楚山谷间,气清地灵,多孕茶荈。大率右于武夷者……无忘真赏云尔[38]。

贮水附滤水惜水

贮水瓮须置阴庭中,覆以纱帛,使承星露之气,绝不可晒于日下。

饮茶惟贵茶鲜水灵。失鲜失灵,与沟渠何异?

取白石子瓮中,能养味,亦可澄水[27]。

择水中洁净白石,带泉煮之,尤妙。

取水必用磁瓯,轻轻出瓮,缓倾铫中,勿令淋漓瓮内,以致败水。按:好泉放久色味变,以新水洗之其法甚妙。

蓄水忌新器,火气未退,易败水,亦易生虫。

瓮口盖宜谨固,防渴鼠窃水而溺。

泉中有虾蟹子虫,极能腥味,亟宜于淘净。

又有一等极微细之虫,凡眼视不能见,宜用极细夏布制如杓样,以瓷帮从缸中取水滤之,再用细帛制一小样如杓,就铫口流水,滤后仍振入缸中水内。

僧家以罗水而饮,虽恐伤生,亦取其洁。此不惟僧家戒律,修道者亦所当尔。

僧简长诗:花壶滤水添。

于鹄[39]诗:滤水夜浇花。以上五则滤水。

凡临佳泉,不可轻易漱濯。犯者为山林所憎。佳泉不易得,惜之亦作福事也。

章孝标[40]《松泉》诗:注瓶云母滑,漱齿茯苓香。野客偷煎茗,山僧惜净床。言偷则诚贵,言惜则不贱用。以上惜水。

汤候

李南金约,字存博,汧公子也。雅度简远,有山林之致。一生不近粉黛,性嗜茶。尝曰:茶须缓火炙,活火煎。又云:《茶经》以鱼目、涌泉、连珠为煮水之节,然近世瀹茶,鲜以鼎护,用瓶煮水难以候视,则尝以声辨一沸、二沸、三沸之节。始则鱼目散布,微微有声为一沸;中则四边泉涌,纍纍连珠为二沸;终则腾波鼓浪,奔涛溅沫为三沸。三沸之法,非活火不成。炭火之有焰者谓活火,以其去余薪之烟、杂秽之气也[41]。

煎茶尝使汤无妄沸,水气全消如三火之法,庶可以言茶矣。茶欲养,如此候视,始可养茶。

屠纬真云[42]:薪火方交,水釜才炽,急取旋倾,水气未消谓之嫩。若人过百息,水逾十沸,或以话阻事废,始取用之,汤已失性,谓之老。老与嫩皆非也。如坡翁云:蟹眼已过鱼眼生,飕飕欲作松风声,尽之矣。

顾况号逋翁,《论煎茶》云:煎茶文火细烟,小鼎长泉。

坡翁茶歌:李生好客手自煎,贵从活火发新泉[43]。又云活水仍将活火煎。

坡诗:银瓶泻汤夸第二[44]。又云:雪乳已翻煎去脚,松风忽作泻时声。

朱子诗"地炉茶鼎烹活火"。

黄鲁直诗:(风炉小鼎不须催)

黄鲁直《茶赋》云:泂泂乎如涧松之发清吹,浩浩乎如春空之行白云。可谓得煎茶三味。

谢宗《论茶录》云:候蟾背之芬香,三沸成于活火,观虾目之奔涌,一壶吸于石城。

煎茶有三火三沸法。如李南金"砌虫唧唧万蝉催,忽有千车捆载来;听得松风并涧水,急呼缥色录磁杯";则过老矣。何如罗景纶之"松风桧雨到来初,急引铜瓶离竹炉;待得声闻俱寂后,一瓯春雪胜醍醐"为得火候也。

罗景纶云:瀹茶之法,汤欲嫩而不欲老,盖汤嫩则茶味甘,老则过苦矣。若声如松风,涧水而遽瀹之,岂不过于苦而老哉。惟移瓶去火,少待其沸止而瀹之,然后汤适中而茶味甘。因补以松风桧雨一诗。

陆氏烹茶之法,以末就茶镬,故以第二沸为合量。而下末,若以今汤就茶瓯瀹之,则当用背二涉三㉘之际合量。乃为辨声之诗,其诗即砌虫唧唧诗也。

赵紫芝诗:竹炉汤沸火初红。

蔡君谟汤取嫩而不取老,盖为团饼茶发耳。今旗芽枪甲,汤候不足,则茶神不透,茶色不明,故茗战之捷,尤在五沸。

古人制茶,必碾磨罗,恐为飞粉,于是和剂印作龙凤团,见汤而茶神便浮;此蔡君谟汤用嫩而不用老。今则不假罗碾,元体全具,汤须纯熟,故曰汤须五沸,茶奏三奇。

虾眼、蟹眼、鱼眼连珠,皆为萌汤,直至腾波鼓浪,水气全消,方是纯熟。如初声、转声、振声、骤声,皆为萌汤,直至无声,方是纯熟。如气浮一缕、二缕、三四缕,及缕不分,氤氲乱缕,皆为萌汤,直气至冲贯,方是纯熟。

汤纯熟,便取起。先注少许壶中,祛汤冷气,然后投茶。茶多寡宜酌,两壶后又用冷水荡涤,使壶凉洁,不则减茶香矣。

凡茶少汤多,则云脚散,汤少茶多,则乳面浮。此茶之多寡,宜酌也。

茶以火候为先。过于文,则水性柔,柔则水为茶降;过于武,则火性烈,烈则茶为水制。

蔡君谟曰:候汤最难,未熟则沫浮,过熟则茶沉。前世谓之蟹眼者,过熟汤也。况瓶中煮之不可辨㉙,故曰候汤最难。

《茶寮记》煎用活火,汤眼鳞鳞起,沫饽鼓泛,投茗器中。初入汤少许候汤茗相投,即满注。云脚渐开,乳花浮面则味全。盖古茶用团饼碾,屑味易出,叶茶骤,则乏味,过熟则味昏底滞。

陆鸿渐曰:凡酌茶,置诸碗,令饽沫均

和。饽沫者,汤之华也。华之薄者曰沫,厚者为饽,轻细者曰华。

晋杜毓《荈赋》:惟兹初成,沫沉华浮,焕若积雪,烨若春蔹。喻汤之华也。

陶学士云:汤者,茶之司命。故汤最重。

先茶后汤,曰下投;汤半下茶,曰中投;先汤后茶,曰上投。春秋中投,夏上投,冬下投。

水火已备,旋涤茶具,令必洁必净。俟汤净沸,先以热水少许荡壶,令热壶。盖可置瓯内,或仰置几上。覆案上,恐侵漆气、食气也。

投茶用硬背纸作半竹样,先握手中,以汤之多寡酌茶之多寡。俟汤入壶未满,即投茶,旋以盖覆。呼吸顷,满倾一瓯,重投壶内,以动荡其香韵,再呼吸顷,可泻以供用矣。

一壶之茶,止可再巡。初巡则丰韵色嫩,再则醇美甘冽,三巡则意况尽矣。武林许次纾常与冯开之戏论茶候[45],以初巡为婷婷袅袅十三余,再巡为碧玉破瓜年,三巡以来绿叶成阴矣。开之大以为然。

凡饮茶,壶欲小。小则再巡已终,宁使余芬剩馥尚留叶中,无今意况尽也。余叶旋归滓碗,以俟别用。

苏廙《作汤十六法》:以老嫩言者凡三品,以缓急言者凡三品,以器标者共五品,以薪论者共五品。

苏廙十六汤品

第一得一汤……所以为大魔[46]。

茶具[47]

商象　古石鼎也,用以煎茶。

鸣泉　煮茶铛也。

苦节君　湘竹风炉,用以承铛煎茶。

乌府　竹篮,盛炭为煎茶之资。

降红　铜火箸,不用连索。

团风　湘竹扇也,用以发火。

水曹　即磁缸、瓦缶,用以贮泉,以供火鼎。

云屯　屠注:泉缶疑即水曹。

分盈　杓也,用以量水。　坡诗:大瓢贮月归春瓮,小杓分江入夜瓶。皆曲尽烹茶之妙。

漉尘　茶洗也,用以洗茶。　屠《茶笺》云:凡烹茶,先以熟汤洗茶,去其尘垢泠气,烹之则美。

注春　瓷瓦壶也,用以注茶。

啜香　瓷瓯也,用以啜茶。

受污　拭抹布也,用以洁瓯。　拭以细麻布,他皆秽,不宜用。

归洁　竹筅帚也,用以涤壶。

纳敬　湘竹茶囊,用以放盏。

撩云　竹茶匙也,用以取果。

又录茶经四事

具列　或作床,或作架,或水或竹,悉饮诸器物,悉以陈列也。

湘筠焙　焙茶箱。盖其上,以收火气也,隔其中,以有容也;纳火其下,去茶尺许,所以养茶色、香、味也。

豹革囊　豹革为囊,风神呼吸之具也。煮茶啜之,可以涤滞思而起清风,每引此义,称茶为水豹囊。

茶瓢　山谷云:相茶瓢,与相邛竹同法。不欲肥而欲瘦,但须饱风霜耳。

陆源渐《茶经·四之器》外,复有茶具二十四事,其标名如韦鸿胪、水待制、漆雕秘阁之类。　陆鸿渐茶具二十四事,以都统笼贮之，远近倾慕，好事者家藏一具。

高深甫[48]茶具十六事，又有茶器七具。

屠《茶笺》茶具二十七，其立名同异相仿。

茶事

屠赤水园居敞小寮……非眠云跂石人，未易领略。余方远俗雅意禅栖，安知不因是，遂悟入赵州耶[49]？

茶寮，侧室一斗，相傍书斋，内设茶灶一，茶盏六，茶注二，余一以注熟水，茶臼一，拂刷净布各一，炭箱一，火钳一，火箸一，火扇一，火斗一，茶盘一，茶橐二。当教童子专主茶役，以供长日清谈，寒宵兀坐。

煮汤，最忌柴烟熏。《清异录》云：五贼，六魔汤也。

《茶经》云：其火用炭，次用劲薪。其炭曾经燔炙，为膻腻所侵，及膏木败器，勿用也。

李南金所云"活火"，正炭之有焰者。

凡木可以煮汤……亦非汤友[50]。以上四则择薪皆苏廙《十六汤品》所言。此又揭人所易蹈者而切言之也。

策功见汤业者，金银为优，……恶气缠口而不得去[51]。

茶瓶、茶盏、茶匙生𫓯，致损茶味，必先时洗洁则美。

银瓢，惟宜于朱楼华屋；若山斋茅舍，锡与磁俱无损于茶味。

壶古用金银，以金为水母也。然未可多得，囊如赵良璧比之黄元吉所造，欸式素雅，敲之作金石声。又如龚春、时大彬所制，黄质而坚，光华若玉，价至二三十千钱，俱为难得。迨今徐友泉、陈用卿、惠孟臣诸名手，大为时人宝惜，皆以粗砂细做，殊无

土气，随手造作，颇极精工。至若归壶，人皆以为贵，第置之案头，形质怪异，俗气侵人，不可用也。以上涤器。

凡点茶，先熁盏，热则茶面聚乳，冷则茶色不浮。

盏以雪白为上。

茶有真香，有佳味，有正色，烹点之际，不以珍果香草杂之。夺其香者，松子、柑橙、茉莉、蔷薇、木樨之类是也。夺其味者，荔枝、圆眼、牛乳之类是也。夺其色者，柿饼、胶枣、杨梅之类是也。若用，则宜核桃、榛子、瓜杏、榄仁、鸡头、银杏、栗子之类。然饮真茶，去果方觉清绝，杂之则无辨矣。以上择果。

茶之隽赏

茶之妙有三：一曰色，二曰香，三曰味。

茶以青翠为胜，涛以蓝白为佳。

蔡君谟云：善别茶者，正如相工之视人气色也。隐然察之于内，以肉理润者为上。

表里如一，曰纯香；雨前神具，曰真香；火候均停，曰兰香。

蔡君谟曰：茶有真香，而入贡者微以龙脑和膏，欲助其香。建安民间试茶，皆不入香，恐夺其真。若烹点之际，又杂珍果香草，其夺益甚，正当不用。

味以甘润为上，苦涩下之。

蔡君谟云：茶味主于甘滑，唯北苑凤凰山连属诸焙所产者味佳。隔溪诸山，虽及时加意制作，色、味皆重，莫能及也。又有水泉不甘，能损茶味，前世之论水品者以此。

《茶录》：品茶，一人得神，二人得趣，三人得味，七八人是名施茶。

茶之为饮……俗莫甚焉[52]。

司马公曰：茶欲白，墨欲黑。茶欲重，墨欲轻。茶欲新，墨欲陈，二者正相反。苏曰：上茶妙墨皆香，其德同也；皆坚，其操同也；譬如贤人君子，黔皙美恶之不同，其德操一也。

建人斗茶为茗战，著盏无水痕者绝佳。

许云村[53]曰：挹雪烹茶，调弦度曲，此乃寒夜斋头清致也。

茶之辨论

唐子西《茶说》：茶不问团铸，要之贵新。欧阳少师得内赐小龙团，更阅三朝赐茶尚在，此岂复有茶也哉。

沈括，字存中，《梦溪笔谈》云：茶芽谓雀舌、麦颗，言至嫩也。茶之美者，其质素良，而所植之土又美，新芽一发便长寸余，其细如针，如雀舌、麦颗者，极下材尔，乃北人不识误为品题。予山居有《茶论》，复口占一绝："谁把嫩香名雀舌，定来北客未曾尝。不知灵草天然异，一夜风吹一寸长"。

《潜确书》[54]：茶千类万状，略而言之，有如胡人靴者，蹙缩然；犎牛臆者，廉襜然；浮云出山者，轮囷然；轻飚拂水者，涵澹然；此皆茶之精腴者。有如竹箨者，枝干坚实，艰于蒸捣其形簏簁然，有如霜荷者，茎叶凋沮，易其状貌，厥状萎萃然；此皆茶之瘠者也。自胡靴至于霜荷凡八等。有如陶家子，又如新治地者，二则删。

以光黑平正言嘉者……存于口诀[55]。

唐人以对花啜茶为杀风景。故王介甫诗云：金谷花前莫漫煎，其意在花非在茶也。金谷花前洵不宜矣，若把一瓯，对山花啜之，尝更助风景。

试茶、辨茶，必须知茶之病。

茶有九难……非饮也[56]。

茶之高致

唐卢仝七碗歌云[57]：柴门反关无俗客，纱帽笼头自煎吃。

温公与范景仁共登高岭，由辕辕道至龙门，涉伊水坐香山，憩临八节滩，多有诗什，各携茶登览。

杨东山[58]致仕家居，年八十，曾云巢年尤高，携茶看东山。其诗云：知道华山方睡觉，打门聊伴茗奴来。东山和诗有云：锦心绣口垂金薤，月露天浆贮玉杯。月露天浆，茶之精好也。

古人高致每携茶寻友，如赵紫芝[59]诗云："一瓶茶外无祇待，同上西楼看晚山"。

和凝[60]在朝，率同列递日以茶相饮，味劣者有罚，号为汤社。

钱起，字仲文，与赵莒为茶宴，又尝过长孙宅与朗上人作茶会[61]。

周韶好蓄奇茗，尝与蔡君谟斗胜，品题风味，君谟屈焉。

陆龟蒙字鲁望，嗜茶荈，置小园顾渚山下，岁取租茶，自判品第。

唐肃宗赐张志和奴婢各一人，张志和配为夫妇，号渔童、樵青。渔童捧钓收纶，庐中鼓枻。樵青苏兰薪桂，竹里煎茶。

梅圣俞，名尧臣。在《楚斫茶磨》题诗有"吐雪夸新茗，堆云忆旧溪。北归惟此急，药白不须赍。"可谓嗜茶之极矣。圣俞茶诗甚多，沙门谷公遗碧霄峰茗，俱有吟咏。

学士陶谷，得党太尉家姬，取雪水煎茶，曰：党家应不识此。姬曰：彼粗人，但于销金帐下，饮羊羔儿酒尔[62]。

嘉兴《南湖志》：苏轼与文长老尝三过湖上汲水煮茶，后人建煮茶亭以识其胜。

陆贽，字敬舆，张益饷钱百万，茶一串。陆止受茶一串，曰：敢不承公之赐。

仙人石室，石高三十余丈，室外蔓藤联络，登者攀缘而入，即泷溪福地，有陆羽题名。属广东韶州府乐昌县。

饶州府余干县冠山，羽尝凿石为灶，取越溪水煎茶于此。迄今名陆羽灶。

怀庆府济源，内有卢仝别业，有烹茶馆。

僧文莹[63]，堂前种竹数竿，蓄鹤一只。每月白风清，则倚竹调鹤，瀹茗孤吟。

冯开之，精于茶政，手自料涤，客有笑者，吴宁野[64]戏解之曰：此政美人，犹如古法书、名画，度可著欲汉之手否？

倪云林[65]，性嗜茶。在惠山中，用核桃、松子肉和粉与糖霜共成小块，如石子，置茶中，出以啖客，名曰清泉白石。

赵行恕，宋宗室也。慕云林清致，访之。坐定，童子供茶。行恕连啜如常，云林悒然曰：吾以子为王孙，故出此品，乃略，不知风味，真俗物也。

高濂曰：西湖之泉，以虎跑为贵③。两山之茶，以龙井为佳。谷雨前采茶旋焙时，汲虎跑泉烹啜，香清味冽，凉沁诗脾。每春当高卧山中，沉酣新茗一月。

李约，唐司徒，汧公子，雅度玄机，萧萧冲远，有山林之致。在湖州尝得古铁一片，击之清越。又养猿，名山，公尝以随逐。月夜泛江登金山，击铁鼓琴，猿必啸和，倾壶达旦，不俟外赏。

茶癖

琅琊王肃，喜茗，一饮一斗，人号为漏卮。

刘缟⑩慕王肃之风，专习茗饮。彭城王谓之曰：卿不慕王侯八珍，而好苍头水厄。

《世说》云：王濛好茶，人至辄饮之。士大夫甚以为苦，每欲候濛，必云今日有水厄。

李约性嗜茶，客至不限瓯数，竟日蒸火，执器不倦。

皮光业：通最〔耽〕茗事。中表请尝新柑，筵具殊丰，簪绂丛集。才至，未顾尊罍而呼茶甚急，径进一巨瓯。诗曰："未见甘心氏，先迎苦口师。"众噱曰："此师固清高，难以疗饥也"。

唐大中一僧，年一百三十岁，曰："臣少也贱，不知服药。性本好茶，至处惟茶是求，饮百碗不厌。"因赐茶五十斤。

茶欲其白，常患其黑。墨则反是。然墨磨隔宿则色暗，茶碾过日则香减，颇相似也。茶以新为贵，墨以古为佳，又相反也。茶可于口，墨可于目。蔡君谟老病不能饮，则烹而玩之。吕行甫好藏墨而不能书，则时磨而小啜之，皆可发来者一笑。

茶效

《茶经》：茶味至寒，最宜精行。至热渴、凝闷、脑痛、目注、四支烦、百节不舒，聊四五啜，与醍醐、甘露抗衡也。

《本草拾遗》：人饮真茶，能止渴消食，除痰少睡，利水道明目益思。

坡公云：人固不可一日无茶，每食已，以浓茶嗽口，烦腻既去，而脾胃自清。凡肉之在齿间者，得茶涤之，乃尽消缩不觉脱去，不烦刺挑也。而齿性便苦，缘此益坚密，蠹毒自已矣。然率用中茶。

唐裴汶《茶述》云：其性精清，其味淡洁，其用涤烦，其功致和。参百品而不混，越众饮而独高。烹之鼎水，和以虎形，人人

服之,永永不厌。得之则安,不得则病。彼
芝术、黄精,徒云上药,致效在数十年后,且
多禁忌,非此伦也。或曰多饮令人体虚病
风。予曰不然。夫物能祛邪,必能辅正,安
有蠲逐丛病而靡保太和哉。

李白诗:破睡见茶功。

《玉露》云:茶之为物,涤昏雪滞,于务
学勤政,未必无助也。

闽广岭南茶,谷雨、清明采者,能治痰
嗽,疗百病。

巴东有真香茗,其花白色如蔷薇,煎服
令人不眠,能诵无忘。

蒙山上有清峰茶,最为难得。多购人
力,俟雷发声,并步采摘,三日而止。若获
一两,以本处水煎饮,即驱宿疾;二两轻身,
三两换骨,四两成地仙矣。

今青州蒙山茶,乃山顶石苔。采去其
内外皮膜,揉制极劳,其味极寒。清痰第
一,又与蜀茶异品者。

茶之别者,有枳壳芽、枸杞芽、枇杷芽,
皆治风痰。

凡饮茶,少则醒神思,多亦致疾。

《唐新语》:右补阙母景云,释滞消尘,
一日之利暂佳;瘠气侵精,终身之累斯大。
获益则功归茶力㉜。贻患则不谓茶灾,岂
非福近易知,祸远难见?

古今名家茶咏凡列各类者不重载

日高五丈睡正浓……卢仝《谢孟谏议新茶》,
豪放不减李翰林,终篇规讽不忘忧民,又如杜工部。

皮日休《茶咏序》云:国朝茶事,竟陵陆
季疵始为《经》三卷。后又有太原温从云武
威碣之,各补茶事十数节,并存方册。昔晋
杜毓有《荈赋》,季疵有《茶歌》,遂为茶具十
咏,寄天随子。天随子,陆龟蒙别号。

(香泉一合乳)煮茶

(袅然三五寸)茶笋

(南山茶事勤)茶灶

(左右捣凝膏)茶焙㉝

初能燥金饼,渐见干琼液。九里共杉
松,相望在山侧。同上

(金刀劈翠云)茶籝㉞

(旋取山上林)茶舍㉟

圆似月魂堕,轻如云魄起。枣花势旋
眼,苹末香沾齿。茶瓯

立作菌蠢势,煎为潺湲声㉖。茶鼎以上皮
日休十咏诗内

无突抱轻风,有烟映初旭。盈锅下泉
沸,满甑云芽熟。奇香笼春桂,嫩色凌秋菊。
炀者若吾徒,年年看不足。陆龟蒙 《茶灶》

(新泉气味良)陆龟蒙《茶鼎》

(婆娑绿阴树)白乐天《膳后煎茶诗》。杨慕
巢,亦当时善茶者。

(芳丛翳湘竹)柳宗元《竹间自煎茶》诗

(山僧后檐茶数丛)刘禹锡《西山兰若试
茶诗》

(空门少年初行坚)李咸用《谢僧寄茶》诗。

(敲石取鲜火)刘言史《与孟郊洛北泉上煎
茶》诗。

(流华净肌骨)颜鲁公《月夜啜茶》诗。

(簇簇新英摘露光)郑谷《州煎茶》诗。

(岷辍农桑业)俯视弥伤神。唐袁高《茶
山》诗。

碧沈霞脚碎,香泛乳花轻。曹邺句

云出玉瓯,霞倾宝鼎。

赤泥开方印,紫饼截圆玉。

雪梅含笑绽开香唇。皆茶诗句

偷嫌曼倩桃无味,捣觉嫦娥药不香。薛
能句

睡魔从此退三舍,欣伯直须轮一筹。唐
诗句。欣伯,酒也。

谁分金掌露，来作玉溪凉。茶山诗句。

含露紫茸肥。伟处厚句

岁晚每经寒如柝。茶诗句

山家春早撷旗枪，别有千苞护绛房。罗隐诗句

顾兰露而惭芳，岂蔗浆而齐味。武元衡谢表句

样标龙凤号题新，赐得还因作近臣。烹处岂期商岭水，碾时空想建溪春。香于九畹芳兰气，圆似三秋皓月轮。爱惜不尝惟恐尽，除将供养白头亲。王禹偁《龙凤茶》诗。

（勤王修岁贡）王禹偁《茶园》。

（建安三千里）

（人间风月不到处）黄庭坚《双井茶送子瞻》

（矞云从龙小苍璧）黄庭坚《谢送碾源拣芽》

（平生心赏建溪春）黄庭坚《谢王烟之惠茶》

大哉天宇内，植物知几族。灵品独标奇，迥超凡草木。名从姬旦始，渐播《桐君录》。赋咏谁最先，厥传惟杜毓。唐人未知好，论著始于陆。常李亦清流，当年慕高躅。遂使天下士，嗜此偶于俗。岂但中土珍，兼之异邦鬻。鹿门有佳士，博览无不瞩，邂逅天随翁，篇章互赓续。开园顾山下，屏迹松江曲。有兴即挥毫，灿然存简牍。伊予素寡爱，嗜好本不笃。越自少年时，低回客京毂。虽非曳裾者，庇阴或华屋。颇见绮纨中，齿牙压梁肉。小龙得屡试，粪土视珠玉。团凤与葵花，砆砆杂鱼目。贵人自矜惜，捧玩且缄椟。未数日铸皋，定知双井辱。于兹自研讨，至味识五六。自尔入江湖，寻僧访幽独。高人固多暇，探究亦颇熟。闻道早春时，携篮赴初旭。惊雷未破蕾，采采不盈掬。旋洗玉泉蒸，芳馨岂停宿。须臾布轻缕，火候护盈缩。不惮顷开劳，经时废藏蓄。糇筒净无

染，箬笼匀且复。苦畏梅润侵，暖须人气焕。有如刚耿性，不受纤芥触。又若廉夫心，难将微秽渎。晴天敞虚府，石碾破轻绿。水日遇闲宾，乳泉发新馥。香浓夺兰露，色嫩欺秋菊。闽俗竞传夸，丰腴面如粥。自云叶家白，颇胜山中醁。好是一杯深，午窗春睡足。清风声两腋，去欲凌鸿鹄。嗟我乐何深，水轻亦屡读。陆子卅中冷，次乃康王谷。蟆培顷曾尝，瓶罂走僮仆。如今老且懒，细事百不欲。美恶两俱忘，谁能强追逐。昨日散幽步，偶上天峰麓。山圃正春风，蒙茸万旗簇。呼儿为佳客，采制聊亦复。地僻谁我从，包藏置厨簏。幽人无一事，午饭饱蔬菽。困卧北窗风，风微动窗竹。乳瓯十分满，人世真局促。意爽飘欲仙，头轻快如沐。昔人固多癖，我癖良可赎。为问刘伯伦，胡然枕糟曲。苏轼《寄周安孺茶》 按：此诗茶之出处，优劣，水火候验可谓隐括无遗，如读一部《茶经》。

（蟹眼已过鱼眼生）苏轼《试院煎茶》

（吴绫缝囊染菊水）杨万里《谢木韫之舍人分送讲筵赐茶》

（春阴养芽针锋芒）吕居仁《茶诗》。

（夫其涤烦疗渴）吴淑《茶赋》

罗玳筵……此茶下被于幽人也[67]。

（红纱绿箬春风饼）党怀英，号竹溪。茶咏调寄《青玉案》

（天上赐金奁）蔡伯坚《咏茶词》

（谁扣玉川门）高宪谈和前词。仕谈，字季默。仕金为翰林学士，以词赋擅长。

杂录

《邺侯家传》：唐德宗好煎茶加酥椒之类，李泌戏为诗云：旋沫翻成碧玉池，添酥散作琉璃眼。

《唐书》党鲁使西番㊿,烹茶帐中,谓番人曰:"涤烦疗渴,所谓茶也。"番使曰:我亦有之,命取出指曰:此寿州者,此顾渚者,此蕲门者。

左思《娇女诗》(吾家有好女)

陆羽著《茶经》,天下益知茶饮。鬻茶者,陶羽形置炀突间,祀为茶神。因李季卿召羽不为礼,更著《毁茶论》。

《后魏录》:斋王肃初入魏,不食羊肉酥浆,常饭鲜鱼羹,渴饮茗汁。京师士子见肃一饮一斗,号为漏卮。后与高祖会,食羊肉酪粥,高祖怪问之,对曰:"羊是陆产之宗,鱼是水族之长,所好不同,并各称珍。羊比斋鲁大邦,鱼比邾莒小国,唯茗不中与酪作奴。"高祖大笑,因号茗饮为酪奴。他日彭城王勰戏谓肃曰:卿不重斋鲁大邦,而好邾莒小国,卿明日顾我,为卿设邾莒之食,亦有酪奴。

萧正德归降,元叉欲为设茗,先问:"卿于水厄多少?"正德不晓叉意,答曰:"下官生于水乡,立身以来,未遭阳侯之难。"坐客大笑。

任瞻,字育长,少有令名。自过江失志,既下饮,问人云:"此为荈为茗?"觉人有怪色,乃自分明曰:"向问饮为热为冷。"

刘晔与刘筠饮茶。问左右:"汤滚也未?"众曰:"滚。"筠曰:"佥曰鲧哉。"晔应声曰:"吾与点也。"

胡嵩有《茶诗》:沾牙旧姓余甘氏,破睡当封不夜侯。陶谷爱其新奇,令犹子彝仿作。彝曰:生凉好换鸡苏佛,回味宜称橄榄仙。时彝年十一耳。鸡苏,一名水苏,紫苏类也。

志地

茶陵州,属湖广长沙府。汉县,以居茶山之阴故名。

茶王城,属长沙府今攸县。汉茶陵城,今呼为茶王。

平茶洞,《禹贡》荆、梁二州之界,战国楚黔中地,汉属武陵。宋置平茶洞,国朝为平茶洞长官司。

纳楼茶甸,云南临安府纳楼茶甸长官司。

和茶山,属楚雄府广通县。

全茗州,属广西太平府,古连国,宋置。

茗盈州,属广西太平府,宋置。

陇茗驿,属广西太平府,罗阳县。

茶山,属江西广信府城北,陆鸿渐尝居此。

茶坂,属福建建宁府建阳之云谷。朱文公[68]构草堂于此。一名茶坡

茶洋驿,属延平府南平县,即剑浦。

茶岩,属浙江台州府宁海县,濒大海,即今盖苍山也。陶弘景尝居此,石上刻"真逸"二字,即弘景别号也。

茶磨屿,属苏州府吴山东北,一名楞伽山,一名上方山。其北为吴王郊台,其东北为茶磨屿。

茶坡,属淮阴山阳县,南二十里。《茶经》所载茶陵者,所谓生茶茗者也。临遂县有茶溪,永嘉县东有白茶山。辰州溆浦县西北无射山,蛮俗当吉庆时,集亲族歌舞于山。山多茶树。

后序㊼

史内所载,茶宜精行修德之人,非谓精行修德之人始茶,而精行修德之人,领略有不同,寄兴略别也。先君子过四十,即无心仕进;至耄,惟日把一编,各家书史无不览。倦则熟眠一觉,起呼童子,问苦

节君滤水,视候烹点,啜两三瓯,习习清风又读书,日如是者再。尝曰:人一日不了过,吾过两日也。间仿行白香山社事,必携茶具诸老父议论风生,先君子则左持册,右执素瓷,下一榻,且卧且听之。又尝谓黄卷、黑甜、清泉是吾三癖。贮水罍满屋,客有知味者,不惮躬亲,烟隐隐从竹外来,辄诵"纱帽笼头自煎吃"之句。是编也,亦言其大凡而已。山水卉木,时有变化,而臧否因之,即耳目有未逮,宁阙勿疑此史之所由名也。嗟乎!天下之灵木瑞草名泉大川,幸而为笃学好古者所赏识;而不幸以埋没不传者,又何可胜道哉!不孝世务渐靡,忧从中来,每得先君子一杯茶,则神融气平,如坐松风竹月之下,亦可以见先君子之蠲烦涤虑,别有得于性情也。手抄廿一史,略古今要言,笺释《华严》、《金刚》各经,每种约尺许,《茶史》特其片脔耳。读父之书,而手泽存焉,唏嘘不能竟篇。偶取其断简残纸,亦皆有关于风化性命之言,又以是知先正之学问不苟

如此。同年陆君咸一,每过从论茗政,遂宁夫子,亦稍稍益以所见,因先谋杀青,其他书次第梓行,庶几使观览者,想见先君子之为人焉。男谦吉[69]识。

跋⑧

《茶史》上下二卷,先曾王父介祉先生手辑。先生弱冠时,万里省亲,怀集归行深山丛箐中,涉洞庭之险,遭虎豹风涛,感以诚孝,皆不为害,故至今人称为孝子。先生生平笃嗜茗饮,水火烹瀹诸法,评品不遗余力。更搜讨古今茶案,凡一语一事,必掌录之。久乃成帙,遂辑为《史》。朝夕校订,愈老不辍。先王父刻之家塾,岁久残蚀,藏者绝少。乃大近南游黔粤,所过山川林麓,皆先生只身亲历处。扣之乡三老,犹有能道及往事者。因出行笈中《茶史》。读之,觉先生性情嗜好,俨岳岳于苍梧岭海间。归理先泽,深惧泯灭,因急修补校刻,俾成完书,以无忘吾先人之美。曾孙乃大敬跋。

注　释

1　此序前,日本享和香祖斋翻刻本,还冠有一篇日人梅厓居士序,本文收编时删。但此序对本文在日本流传的影响和翻刻、缘由等还有一定史料价值,故这里附收于注以供需者参考:
《序》亡友水世肃,素有茶癖。居常好读刘介祉《茶史》,服其精核,以其同好故,赠所藏之善本于尾裴内田兰渚,且令翻刻焉。享和壬戌之春,余助祭千长鸣泮官,归途访兰渚偶,《茶史》刻成矣。目而出其刻本,以视余,请就世肃副本而校之,且命序。余即一诺,携而

归。此时世肃已没,墓未有宿草,因逡巡不果,余亦罹疾,遂到于今日。比者,得小闲,于是自就世肃家手校以返之,柳茶事之传与功诸序已艳称,故不复赘焉。噫,如世肃、兰渚雅好,固不减刘子,不然何以郑重翻刻于万里外而传之也哉!但寸卷而蒙圣天子之眷遇,斯其异于彼者耶然,然时有遇不遇亦不可谓必无也,故余拭目以待之。
享和癸亥之春　梅厓居士时赐题于浪华清梦轩
2　张廷玉(1672—1755):清安徽桐城人。

字衡臣,号研斋。康熙三十九年进士,任内阁学士。雍正时,权礼部尚书,入南书房,任《贤祖实录》总裁。世宗时,与鄂尔泰同受顾命,乾隆初为总理大臣辅政,后因遭朝中大臣参劾,自请致仕。卒,按世宗遗诏,配享太庙,是清代汉大臣唯一的配享太庙者。

3 李仙根(1621—1690):清四川遂宁人。字南津,号子静,清顺治十八年,进士一甲第三名。康熙七年,以内秘书院侍读加一品服出使安南,还备述宣谕,安南事实,编为《安南使事记》一卷。官至户部侍郎,工书法,另有《安南杂记》、《国朝耆献类证初稿》。

4 陆求可(1617—1679):字咸一,号密庵,与刘源长同乡,淮安人。顺治十二年进士,授(裕)州(今河南方城县)知州,入为刑部员外郎,升福建提学金事。有《陆密庵文集》二十卷,《录余》二卷,《诗集》八卷,《诗余》四卷。

5 张芝芸叟"唐茶品":"张芝芸叟",即张舜民,"芝"字疑衍。舜民字芸叟,号无休居士,(丁)斋,北宋邠州人。英宗治平二年进士,为襄乐令,曾上书反对王安石新政。"唐茶品"指张舜民所撰《画墁录》中有关阳羡贡茶事等。继壕《画墁录》按"有唐茶品"之语。

6 承天府沔阳:承天府,明世宗升安陆州改,清又改安陆府。沔阳,明代改府为州,归承天府,民国后改为县。

7 本条和下条内容,撮摘自陆羽《茶经·一之原》。

8 此处删节,见本书明代陈继儒《茶董补·制法沿革》。

9 《茶赋》:此指宋吴淑《茶赋》。

10 一名兰雪茶:另名指"日铸茶"。据《会稽志》载,日铸茶的出现,"殆在吴越国除之后",至北宋仁宗时如欧阳修《归田录》所反映,其名已著。兰雪茶大概是"会稽"继日铸而又考的茶名。查万

历三年《会稽县志·物产》,还材是及兰雪茶;但至康熙十一年《会稽县志·物产》中,就不言"日铸",只言兰雪了。其载:"茶近多采已,名曰兰雪。"表明日铸与兰雪茶的交替,大抵是在明末和清初。

11 孙樵:《送茶与焦刑部书》:孙樵,唐"关东人",字可之,一作隐之,大中九年进士,授中书舍人。僖宗时迁职方郎中,上柱国赐紫金鱼袋。散文家,有《孙可云集》十卷。

12 此处引录,部分诗句被略去。

13 颛臾:春秋时国名,是鲁国境内的一个小国名字。

14 唐褒:疑即后魏唐契(伊吾王)子。字元达,曾官后魏华州(地位今陕西省)刺史,封晋昌公。

15 罗艾茶:此传说见《山川异产记》。

16 秦观《记》:即秦观书《龙井记》。

17 六安:此指"六安山",在霍山县西。《尔雅·释山》:"霍山为南岳,即天柱山"。"六安山",也即霍山或天柱山,秦汉前,曾被封为南岳。

18 黄儒《茶论》:《茶论》,此似指黄儒《品茶要录》,因其下录第一句,即《品茶要录·总论》首句。

19 原字模糊不清,不能辨认。

20 《文子》:《汉书·艺文志》录《文子》九篇注云:老子弟子和孔子为同时代人。一称即辛研,字文子,号计然。葵丘濮上人,为范蠡师,有《文子》九篇。

21 本条至"山厚者泉厚"三条,摘抄自《田艺蘅·煮泉小品·源泉》。

22 本条至"梅尧臣"《碧霄峰茗》五条,全摘抄自《煮泉小品·石流》。

23 洞庭张山人云:此条下录内容,见于明张源《茶录》。张源,苏州洞庭西山人,号樵海人。

24 本条至"井水,取汲多者"三条,全摘抄自《煮泉小品》"江水"和"井水"。

25　此条至"龙行所暴而霆者"四条，全摘抄自《煮泉小品·灵水》。

26　李虚己：宋建州建安（今福建建瓯）人。字公受，太平兴国三年进士，累官殿中丞，出知遂州。真宗时，历权御史中丞，给事中，知河中府、洪州，迁工部侍郎，知池州，分司南京。喜为诗，精于格律。

27　吴瑞：此吴瑞，疑非明成化十一年进士昆山的吴瑞，而是元杭州海宁的医生，字瑞卿。《千顷堂书目》称其曾撰有《日用本草》。

28　谢康乐：即谢灵运（385—433），南朝刘宋著名诗人。东晋名将谢玄孙，袭封康乐公，世称"谢康乐"。

29　此《茶谱》不知何人所作，查阅毛文锡、朱权、钱椿年和顾元庆《茶谱》，均不见其所录内容。

30　本条至"凡泉上有恶木"四条，分别抄录自《煮泉小品》"清寒"和"甘香"二部分内容。

31　慧山：下辑头条内容，出自龙膺《蒙史·泉品述》。此以下三条有关慧山、二泉资料，分别辑集他书。这是本条与《名泉》各篇一致体例。但所辑内容，文字大多都有出入，故亦只能存不作删。

32　姜唐佐：字公弼，宋徽宗崇宁二年乡贡，琼州琼山人，从苏轼学，为轼所重，有中州士人之风。

33　陕州硖石县：故治在今河南陕县东南峡石镇。

34　梁山县：西魏置，宋改梁山军，之升为州，明废州为县，约今重庆梁平县。

35　张商英（1043—1122）：宋蜀州新津人。字天觉，号无尽居士，英宗治平二年进士，哲宗初为开封府推官，后召右政言，迁左司谏，力反权臣司马光、吕公著等。徽宗即位，迁中书舍人，崇宁初为翰林学士，寻拜尚书右丞，转左政。与蔡京政见不合，罢知亳州。卒谥文忠。有《神宗正典》、《无尽居士集》等。

36　此处删节，见宋代欧阳修《大明水记》。

37　此处删节，见宋代欧阳修《大明水记》。

38　本段收录《述煮茶泉品》，"多孕茶荈"以上，为选摘，故未阐也不适合删。此以下，除个别字有差异外，基本上是全文照抄，故删。

39　于鹄：唐诗人。初隐居汉阳，年三十犹未成名。代宗大历时，尝为谢府从事，有集。

40　章孝标《松泉》诗：章孝标，唐睦州桐庐（一称杭州）人，元和十四年进士，文宗太和中试大理评事。工诗。

41　本段内容，主要辑自罗大经《鹤林玉露》，但也非据之一篇文献，其前后即由刘长源杂摘其他有关内容组成。如"三沸之法，非活火不成"，即出屠隆《茶笺》。

42　屠纬真云："纬真"是屠隆的字，此条所录，摘自屠隆《茶笺·候汤》的内容，但前后次序有颠倒。

43　"李生好客手自煎，贵从活火发新泉"，句出苏轼《试院煎茶》。下句"活水仍将活火煎"，苏轼《汲江煎茶》作"活水还须活火煎"。

44　"银瓶泻汤夸第二"，句出苏轼《诗院煎茶》。下句"雪乳已翻煎去脚，松风忽作泻时声"，句出《汲江煎茶》，但原诗"雪乳"作"茶雨"。

45　许次纾常与冯开之戏论茶候，此据许次纾《茶疏·饮啜》改写。冯开之，即冯梦桢（1546—1605），开之是其字，浙江秀水（今嘉兴市）人，万历五年进士，仕南京国子监祭酒被刻归。因家藏有《快雪时晴帖》，因名其堂为"快雪堂"。有《历代贡举志》、《快雪堂集》、《快雪堂漫录》。

46　此处删节，见五代蜀苏廙《十六汤品》。

47　下录茶具，选录自屠隆《茶笺》，但多数注释比《茶笺》稍详。

48 高深甫：即高濂。

49 此处删节，见明代陆树声《茶寮记》。

50 此处删节，见明代屠隆《茶笺·择薪》。

51 此处删节，见明代屠隆《茶笺·择器》。

52 此处删节，见明代屠隆《茶笺·人品》。

53 许云村（1479—1557）：即许相卿，字伯台，晚年号云村老人。明海宁人，正德十二年进士，世宗时授兵科给事中，因上疏言事屡屡不听，谢病归。嘉靖八年诏养病三年以上不复职落职闲住，遂废。有《云村文集》、《许相卿全集》和《史汉方驾》等。

54 《潜确书》：全名应作《潜确类书》，明陈仁锡崇祯初年前后撰。本段内容《潜确类书》摘自《陆羽茶经·三之造》，但不仅如刘源长注所说，在"涵澹然"之后，删有"陶家子"等二则，其他各句，文字大多也有更删。

55 此处删节，见唐代陆羽《茶经·三之造》。

56 此处删节，见唐代陆羽《茶经·六之饮》。

57 庐仝七碗歌：此当是指庐仝《走笔谢孟谏议寄新茶》诗。

58 杨东山：生卒年月不详。据《鹤林玉露》载：宋理宗端平初（1234），杨东山累辞召命，以集英殿修撰致仕，家居年八十。

59 赵紫芝，即赵师秀（1170—1219），字紫芝，号灵秀。赵匡胤八世孙。温州永嘉人，绍熙元年进士，沉浮州县，仕终高安推官。诗学贾岛、姚合一派，反对江西诗派的艰涩生硬。与徐照、徐玑、翁卷合称"永嘉四灵"。有《清苑齐集》。

60 和凝（898—955）：五代词人，字成绩。郓州须昌（今山东东平西北）人。后梁贞明二年进士。后晋有天下，历端明殿学士，中书侍郎，同中书门下平章事。后汉时，授太子太傅，封鲁国公。文章以多为富，长于短歌艳曲，有"曲子相公"之称，诗有《宫词》百首。

61 钱起"茶宴"、"茶会"：主要述钱起曾遗有《与赵莒茶宴》和《过长孙宅与朗上人茶会》二诗。

62 此则疑据夏树芳《茶董·党家应不识》摘录，但文字有删略和少数改动。

63 僧文莹：宋钱塘（今浙江杭州）人。字道温，一字如晦。尝居西湖之菩提寺，后隐荆州之金銮寺。工诗，喜藏书，尤潜心野史，注意世务，多与士大夫交游。有《湘山野录》、《玉壶清话》等。

64 吴宁野：明延陵（今江苏丹阳）人。

65 倪云林：即倪瓒，元常州无锡人。初名珽，字元镇，号云林子、荆蛮氏。家境富裕，筑云林堂"闷阁"，收藏图书文玩和吟诗作画。工诗、书、画。其水墨山水画风，对明清文人山水画有较大影响。与王蒙、黄公略、吴镇并称"元季四大家"。

66 刘源长注"以上皮日休十咏诗"内，本书在前校记中已指出，《茶焙》第一首和《茶籝》、《茶舍》三首，实非皮日休而是陆龟蒙作。前九首诗中，皮日休连后面二则诗句在内，也只占六首。

67 此处删程宣子《茶夹铭》全文，见明代程百二《品茶要录补》。

68 朱文公：即朱熹（1130—1200），宋徽州婺源（今江西婺源）人，字元晦，一字仲晦，号晦庵、遯翁、沧州病叟、云谷老人、朱松子等。高宗绍兴十八年进士。卒谥文。有《朱文公文集》、《四书章句集注》等。

69 刘谦吉：字六皆，号切弇，康熙甲辰（三年，1664年）进士，官中枢，出参抚远大将军幕，入补刑部主事，出守司南府，升山东提学金事。期满，已老乞归，卒年87岁。

校　勘

① 《茶史》：英国伦敦大学亚非学院收藏的日本享和癸亥香祖轩据雍正翻刻本（简称日本香祖轩本），题名作《介翁茶史》，并在作者"刘源长著"的署名之上，还特意冠以"清八十老人"五字。

② 底本为雍正刘乃大补修本，可能这一原因，将张廷玉雍正新序，置于康熙李仙根叙和陆求可序之前为首篇。至于康熙刻本的序言，陆序撰于康熙乙卯（十四）年，李序撰于丁巳（十六）年，但不知雍正本为什么把先写的序排于后，把后写的序又刊于前，是否康熙本原本如此？未进一步查。康熙本除李序、陆序外，还有源长子刘谦吉写的序。其落款虽然不署时间，但可以肯定，当是康熙时而不是雍正梓印时所书。但他写的是"后序"，所以雍正本从康熙本，将谦吉的后序，刊印在本文的卷末。

③ "叙"：底本在"叙"字前，原文还有书名《茶史》二字，本书编时删。值得注意的是在李仙根"茶史叙"的鱼尾处，在"茶史叙"的三字间，还加一"原"字，称"茶史原序"；而在陆求可序的二页鱼尾，又改"原"为"陆"，作"茶史陆序"，莫非比李叙早二年写的"陆序"，在康熙本中没有梓刊？作为疑点，也暂记于此。

④ 在本序陆求可序前，日本香祖轩本，将刘谦吉后序，由书尾移置于此改为前序。昭代丛书别编与日本香祖轩本不谋而合，也将刘谦吉后序改为前序，不同的是它不是将刘序排在陆序之前，而是在其后，这就是我们现在看到的雍正、昭代丛书和日本香祖轩三个不同版本几序排列差乱的情况。

⑤ 温太真峤上《贡茶条列》：底本原刊作"温太真峤真上茶条列"，据其他引文径改。

⑥ 鲍昭妹令晖著《香茗赋》：底本原误作"鲍照姊令晖茶香茗赋"。据陆羽《茶经·七之事》径改。

⑦ 陶谷《十六汤》："汤"字下，似脱一"品"字。

⑧ 《本草·菜部》，一名茶，一名选，一名游冬：底本，"茶"字误刊作"茶"，"游冬"，刘源长断句破断误作"一名游"，脱一"冬"字。据陆羽《茶经》引文和前后文义改。

⑨ 三弋五卯："弋"字，底本原作"戈"字，《茶经》不

同版本，如说郛本、百川学海本等作戈；但也有的版本作"弋"，据文义，本书编时改作"弋"。"卯"字，不同版本也不一，如郑熜本、四库本等，就刊作为"卯"字。

⑩ 宋裴汶《茶述》："宋"字应是"唐"之误。裴汶，唐德宗、宪宗时投身仕途，元和时一度出刺澧、湖、常州。将裴汶妄定为宋人，不知始于何人，但明陈继儒《茶董补》中，即作如是说，刘源长很多内容摘自《茶董补》，可能也传讹于此。

⑪ 《北苑》诗：此句查为北宋丁谓诗句。《北苑》，《苕溪渔隐丛话》题作《北苑焙新茶》并序。

⑫ 《杜阳编》：原题作《杜阳杂编》，唐苏鹗撰。

⑬ 弘君举《食檄》："君"字，底本原形讹作"若"字，据陆羽《茶经》引改。

⑭ 可以相给："可"字底本脱，不通，据陆羽《茶经·七之事》径补。

⑮ 不止味同露液，白况霜华：本文"谢氏　谢茶启"，其他各书引录，大多作"谢宗论茶"。此句夏树芳《茶董·丹丘仙品》作"首阅碧涧明月，醉向霜华"。

⑯ 龙坡山子："山"字，底本原据明清传抄本引录，作"仙"，本书编时，据宋陶谷《清异录·荈茗》原文改。

⑰ 上天竺白云峰者："峰"字，底本原误作"岸"字，据万历三十七年《钱塘县志·物产》改。

⑱ 京挺："挺"字，底本信手书刻作"斑"。为上下一致，径改。

⑲ 唐宋曰雅州："宋"字，底本及日本香祖轩本，均作"米"字，显误。《中国茶文化经典》不解擅删。查雅州，隋置，以雅安山名，后改为临邛郡。唐复为雅州，又改卢山郡，寻复曰雅州。宋改雅州卢山郡。由此建州演变，"米"字显为"宋"字。

⑳ 一旗二枪：当是"一枪二旗"之误。此讹首现吴淑《事类赋》卷17毛文锡《茶谱》注。明清文献中以讹传讹愈来愈多。

㉑ 澧州："澧"字，底本和日本香祖轩本，均形讹作"澧"字，澧水在陕西，历史上也无此州，显为"澧"字之误，径改。

㉒ 采石楠芽为茶饮："楠"字，底本、日本香祖轩本

原均刻作"南",据毛文锡《茶谱》径改。

㉓ 岕茶非花非木:"木"字,近刊有的茶书,形误作"水",附正。

㉔ 又有一枪二旗之号,言一芽二叶也。底本和其他各本,原均误录作"一旗二枪"、"一叶二芽";本书径改,下不再出校。

㉕ 水则岷方之注:"方"字,底本原作"山"字,据《太平御览》卷867引文改。

㉖ 山泉:"山"字,底本原作"水"字,据《博物志》原文改。

㉗ 亦可澄水:"亦"字,底本为空白,据日本香祖轩本补。

㉘ 涉三:"三"字,底本原误作"二"字,据《鹤林玉露》径改。

㉙ 况瓶中煮之不可辨:本条内容全录自蔡襄《茶录·候汤》,"况"字,喻政茶书、四库本等大多作"沉"字。唯《端明集》、《忠惠集》等原文作"况"。

㉚ 西湖之泉,以虎趵为贵:"趵"字,日本香祖轩本与底本同。趵:方言,(水)往上涌。近见有的茶书和引文,将本文"趵",皆改作"跑",似无必要。

㉛ 刘缟:"缟"字,《洛阳伽蓝记》作"镐"。

㉜ 功归茶力:"功"字,底本和近出有些茶书,作"印"字,疑误。《大唐新语》原文"功归"作"归功"。

㉝ 此《茶焙》诗,为陆龟蒙作。底本刘源长将之误

作为皮日休所奉。

㉞ "云"字,《全唐诗》作"筠"。本首《茶籯》诗,也非皮日休而是陆龟蒙所作,系刘源长误录或误编。

㉟ 本诗"林"字、架为山上屋的"上屋",《全唐诗》作"材"字和"下屋"。此诗亦非皮日休而是陆龟蒙和。本文底本误。

㊱ 党鲁使西番:"党"字,唐李肇《国史补》作"常"。

㊲ 后序:此序是刘源长子谦吉为康熙本刊印时所写,该"后序"虽没写明"后序",但刻印在文后,所以雍正补修本重刊时,按照康熙本原貌,仍排在文后,并特地在边框之外,注明为"后序"。日本享和癸亥年香祖轩翻刻时,提置到文前也改作为前序。《中国古代茶叶全书》效之,正式将之排作序四。本书编校时,认为日本香祖轩本和《中国古代茶叶全书》本这样改动欠妥,所以仍将此移至文后,并前加上"后"字,正式作"后序"处理。

㊳ 跋:此页刻印在《茶史》、《茶史补》雍正合订本最后,行文前无题无名,只最后落款"曾孙乃大敬跋",才提及一个名字。另外,在鱼尾处注明为"茶史跋"。现在《茶史》和《茶史补》一般都分作二书而不再合为一书,既然合订本排在《茶史补》后面的跋,鱼尾部还将特别写明是"茶史跋",所以本书编校时根据上说将此跋由《茶史补》后提至《茶史》尾部,正式作为《茶史》之跋;另外原文无题,文前再补加一"跋"字。

岕茶汇钞 | 清 冒襄 辑①

作者及传世版本

冒襄(1611—1693),字辟疆,号巢民、朴庵、朴巢、水绘庵老人等。如皋(今江苏如皋)人。十岁能诗,明崇祯十五年(1642)副贡,授台州推官,不就;后来史可法荐为监军,也未就。与时人方以智、陈慧贞、侯方域被称为"复社四公子",襄尤才高气盛。

明亡后，屡拒清吏推荐，隐居不仕。性孝喜客，家有水绘园、朴巢、深翠山房诸胜，四方名士招致无虚日。又常恣游山水，或与才人、学士、名妓为文酒宴游之欢，风流文采，映照一时。晚年结匿峰庐，以著书自娱。工诗文，善书法。著有《水绘园诗文集》、《朴巢诗文集》、《影梅庵忆语》及自己辑印的《同人集》等。

关于《岕茶汇钞》的编写年代，万国鼎据书中冒襄所写"忆四十七年前"托人入岕购茶，为"衰年称心乐事"，及冒襄八十三岁卒于康熙三十二年这两点，推定此文大概撰于他"晚年"七十三岁即"1683年前后"。万氏对《岕茶汇钞》的评价："全篇约1 500多字。记述岕茶的产地、采制、鉴别、烹饮和故事等，颇为切实。大概有一半是抄来的，但没有注明出处"。其实冒襄于此文，只有最后三段不到四百字是摘自他所写的《影梅庵忆语》，抄来部分多达近四之三，反映了当时对岕茶的一般看法。

本文除上说有张潮序跋的《昭代丛书》外，还有光绪乙酉《冒氏小品》四种和己亥《冒氏丛书》等两种旧本。此以《昭代丛书》本作底本，以光绪和所引原书等各本作校。

原　　文

小引②

茶之为类不一，岕茶为最；岕之为类亦不一，庙后为佳。其采撷之宜，烹啜之政，巢民已详之矣，予复何言。然有所不可解者，不在今之茶，而在古之茶也。古人屑茶为末，蒸而范之成饼，已失其本来之味矣。至其烹也，又复点之以盐，亦何鄙俗乃尔耶。夫茶之妙在香，苟制而为饼，其香定不复存；茶之妙在淡，点之以盐，是且与淡相反；吾不知玉川之所歌，鸿渐之所嗜，其妙果安在也？善茗饮者，每度率不过三四瓯，徐徐啜之，始尽其妙。玉川子于俄顷之间，顿倾七碗，此其鲸吞虹吸之状，与壮夫饮酒，夫复何殊？陆氏《茶经》所载，与今人异者，不一而足，使陆羽当时茶已如今世之制，吾知其沉酣倾倒于此中者，当更加十百于前矣。昔人谓饮茶为水厄，元魏人[1]至以为耻，甚且谓不堪与酪作奴，苟得罗岕饮之，有不自悔其言之谬耶。吾乡三天子都，有抹山茶；茶生石间，非人力所能培植；味淡香清，足称仙品；采之甚难，不可多得。惜巢民已殁，不能与之共赏也。心斋张潮撰[2]。

环长兴境产茶者曰罗嶰，曰白岩，曰乌瞻，曰青东，曰顾渚，曰篆浦，不可指数；独罗嶰最胜。环嶰境十里而遥，为嶰者亦不可指数。嶰而曰岕，两山之介也。罗氏居之，在小秦王庙后，所以称庙后罗岕也。洞山之岕，南面阳光朝旭夕晖，云漪雾浡，所以味迥别也。

产茶处，山之夕阳，胜于朝阳。庙后山西向，故称佳；总不如洞山南向，受阳气特专，称仙品。

茶产平地，受土气多，故其质浊。岕茗产于高山，浑是风露清虚之气，故为可尚。

茶以初出雨前者佳。惟罗岕立夏开园，吴中所贵；梗粗叶厚，有萧箬之气；还是夏前六七日，如雀舌者佳，最不易得。

江南之茶……全与岕别矣[3]。

岕中之人，非夏前不摘。初试摘者，谓之开园。采自正夏，谓之春茶。其地稍寒，故须待时，此又不当以太迟病之。往日无有秋摘，近七八月重摘一番，谓之早春，其品甚佳，不嫌稍薄也。

岕茶不炒，甑中蒸熟，然后烘焙。缘其摘迟，枝叶微老，炒不能软，徒枯碎耳。亦有一种细炒岕，乃他山炒焙，以欺好奇。岕中惜茶，决不忍嫩采以伤树本。余意他山亦当如岕③，似无不可。但未试尝，不敢漫作。

岕茶雨前精神未足④，夏后则梗叶太粗，然以细嫩为妙，须当交夏时，时看风日晴和⑤，月露初收，亲自监采入篮。如烈日之下，又防篮内郁蒸，须伞盖至舍，速倾净篚薄摊，细拣枯枝、病叶、蛸丝、青牛之类，一一剔去，方为精洁也。

蒸茶，须看叶之老嫩，定蒸之迟速，以皮梗碎而色带赤为度；若太熟则失鲜。其锅内汤须频换新水，盖熟汤能夺茶味也。

茶虽均出于岕，有如兰花香而味甘，过霉历秋，开坛烹之，其香愈烈，味若新沃，以汤色尚白者，真洞山也。若他巘初时亦香，秋则索然，与真品相去霄壤⑥。又有香而味涩，色淡黄而微香者，有色青而毫无香味，极细嫩而香浊味苦者，皆非道地。品茶者辨色闻香，更时察味，百不失矣。

茶色贵白，白亦不难。泉清瓶洁，叶少水洗，旋烹旋啜，其色自白。然真味抑郁，徒为目食耳。若取青绿，天池、松萝及下岕。虽冬月，色亦如苔衣，何足称妙。莫若真洞山，自谷雨后五日者，以汤薄瀹，贮壶良久，其色如玉，冬犹嫩绿，味甘色淡，韵清气醇，如虎丘茶，作婴儿肉香⑦，而芝芬浮荡，则虎丘所无也。

烹时先以上品泉水涤烹器，务鲜务洁。次以热水涤茶叶。水太滚，恐一涤味损。以竹箸夹茶于涤器中，反复涤荡，去尘土、黄叶、老梗尽，以手搦干，置涤器内盖定，少刻开视，色青香烈，急取沸水泼之。夏先贮水入茶，冬先贮茶入水。

茶花味浊无香，香凝叶内。

洞山茶之下者，香清叶嫩，着水香消。

棋盘顶、纱帽顶、雄鹅头、茗岭，皆产茶地。诸地有老柯、嫩柯，惟老庙后无二，梗叶丛密，香不外散，称为上品也。

茶壶以小为贵。每一客一壶，任独斟饮，方得茶趣。何也？壶小香不涣散，味不耽迟，况茶中香味，不先不后，恰有一时，太早未足，稍迟已过。个中之妙，清心自饮⑧，化而裁之，存乎其人。

忆四十七年前，有吴人柯姓者，熟于阳羡茶山，每桐初露白之际，为余入岕，箬笼携来十余种。其最精妙不过斤许数两，味老香深，具芝兰金石之性，十五年以为恒。后宛姬⁴从吴门归余，则岕片必需半塘⁵顾子兼，黄熟香⁶必金平叔，茶香双妙，更入精微。然顾、金茶香之供，每岁必先虞山柳夫人⁷，吾邑陇西之蒨姬与余共宛姬，而后他及。

金沙于象明携岕茶来，绝妙。金沙之于精鉴赏，甲于江南，而岕山之棋盘顶，久归于家，每岁其尊人必躬往采制。今夏携来庙后、棋顶、涨沙、本山诸种，各有差等，然道地之极，真极妙；二十年所无。又辨水候火，与手自洗，烹之细洁，使茶之色香性情，从文人之奇嗜异好，一一淋漓而出。诚如丹邱羽人所谓饮茶生羽翼者，真衰年称心乐事也。

又有吴门七十四老人朱汝圭携茶过访，茶与象明颇同，多花香一种。汝圭之嗜茶自幼，如世人之结斋于胎，年十四入岕，迄今春夏不渝者百二十番,夺食色以好之。有子孙为名诸生,老不受其养,谓不嗜茶为不似阿翁。每竦骨入山,卧游虎岴,负笼入肆,啸傲瓯香,晨夕涤瓷洗叶,啜弄无休,指爪齿颊与语言激扬,赞颂之津津,恒有喜神妙气,与茶相长养,真奇癖。

跋

吾乡既富茗柯[8],复饶泉水,以泉烹茶,其味尤胜,计可与罗岕敌者,唯松萝耳。予曾以诗寄巢民云:"君为罗岕传神,我代松萝叫屈。同此一样清芬,忍令独向隅曲。"迄今思之,殊深我以黄公酒垆[9]之感也。心斋居士题。

注　释

1　元魏人:即指东晋、南北朝的北魏拓跋族人。拓跋氏是鲜卑族的一支,以部为氏。东汉后期,散居中国北方的鲜卑人,分为东、中、西三部,拓跋氏为西部的一支,居上谷(即上谷郡,秦时治所在今河北怀来东南)以西至敦煌一带。公元386年,其首领建立北魏政权。至公元471年孝文帝即位后,迁都洛阳,改姓元,推行汉化,使北魏更加强大,统一了整个长江以北广袤之地。

2　张潮(1659—?):清康熙时皖南歙县人。字山来,号心斋或心斋居士。以岁贡考选,授翰林院孔目。任孔目时,曾综合辑录清初各家著述刊为《昭代丛书》,后又与王晫同辑《檀几丛书》,并以此二书著名于时。工词,有《心斋杂俎》、《心斋诗钞》和《花影词》等著作。

3　此处删节,见明代许次纾《茶疏·产茶》。

4　宛姬:即指明末南京秦淮名妓董小宛(1624—1651),善书画,通诗史,明崇

祯十五年(1642)归冒襄为妾。清兵南下,与冒襄辗转乱离九年,患难中早卒,冒襄撰《影梅庵忆语》忆其生平。

5　半塘:地名,位今江苏苏州。董小宛寓吴门时住过。

6　黄熟香:茶名。

7　虞山柳夫人:"虞山"位于江苏常熟县城。此指明末清初常熟人钱谦益(1582—1664)之妾柳如是。柳如是(1618—1664),原名杨爱,后改姓柳,名是,字如是,号我闻室主,人称河东君。明末吴江名妓,能诗善画,多与名士往来,崇祯十四年嫁谦益。南明亡,劝谦益殉国,未从。入清,谦益死,族人要挟索舍,自缢死。著有《柳如是诗》等。

8　茗柯:"柯",此通假作"棵",指茶株或茶树。

9　黄公酒垆:指晋时一酒店名。言晋王戎与嵇康、阮籍曾同饮于黄公酒店。嵇、阮被杀后,王再过黄公酒店,思念亡友,深感孤凄。后以"黄公旧酒垆"为悼念亡友之典故。

校　勘

① 底本在本文题前两行,分别署以"新安张潮山来辑","黄冈杜濬于皇校"等十四字。在后书

名《岕茶汇钞》另行，又署"雉皋冒襄巢民著"。"雉皋"即"如皋"。本文冒襄自题即称《汇抄》，故本书作编时在删去辑校者同时，题署也特简改为"（清）冒襄辑"。

② 小引前，底本和其他各本，还冠有《岕茶汇钞》书名，本书编时省。

③ 余意他山亦当如岕：许次纾《茶疏》原文作："余意他山所产，亦稍迟采之，待其长大，如岕中之法蒸之。"

④ 此"岕茶雨前……为清洁也"、"蒸茶，须看……夺茶味也"，以及"茶虽均出……百不失矣"三段，全部抄自冯可宾《岕茶笺》"论采茶"、"论蒸茶"、"辨真赝"三节，蒸茶内容无差异，其他两段特别是"辨真赝"改删大处，

作校。

⑤ 须当交夏时，时看风日晴和：《岕茶笺》原文作"须当交夏时，看风日晴和"，无后面一个"时"字，疑冒襄抄或底本刊时衍。

⑥ 初时亦香，秋则索然，与真品相去霄壤：《岕茶笺》原文作"初时亦有香味，至秋香气索然，便觉与真品相去天壤。"

⑦ 冬犹嫩绿，味甘色淡，韵清气醇，如虎丘茶，作婴儿肉香：《罗岕茶记》原文作"至冬则嫩绿，味甘色淡，韵清气醇，亦作婴儿肉香。"

⑧ 恰有一时，太早未足，稍迟已过。个中之妙，清心自饮：《岕茶笺》原文作："只有一时，太早则未足，太迟则已过，的见得恰好一泻而尽。"

茶史补｜清　余怀　补①

作者及传世版本

余怀（1616—?），字澹心，一字无怀，号曼翁，明末清初莆田人。因长期居住南京，写有《板桥杂记》、《东山谈苑》等有关南京的地志和笔记，诗也为王士禛所推重。晚年移居苏州，著作尚有《味外轩文稿》、《研山草堂文集》等。

据刘谦吉为本书所作序推测，余怀编定此书，当在康熙戊午年（十七年，1678）六月二十一日或稍前。它补的是刘源长的《茶史》，但万国鼎《茶书总目提要》却对它

评价不高，说它"大抵杂引古书，无甚精彩"。

本书有康熙戊午刘谦吉刻本、雍正六年（1728）刘乃大据戊午本重刻本、杨复吉《昭代丛书·辛集别编》本等，前两种均与刘源长《茶史》合刊，《昭代丛书》本增加有《沙苑侯传》、《茶赞》、跋等附录。此次排印，即以雍正本为底本，以康熙本、《昭代丛书》本作校，正文后所缀"附录"，则以《昭代丛书》为据。

原　文

序②

曼叟曰:"余嗜茶成癖,向著有《茶苑》一书,为人窃稿,几为谭峭化书。今见淮阴刘介祉先生《茶史》,风雅详赡,迥出《茶语》、《茶颠》之上,余不揣梼昧,爰取《茶苑》杂纸,删史中所已载者,存史中所未备者,名曰《茶史补》,亦庶几褚少孙¹补《史记》;李肇补唐史²之意云尔"。不孝读曼叟之言而有感已。先辈苟有著于当世,必竭其心力所至,而人多率意读之已耳。其有能告以阙失者,则细心以读其书,而又博闻强识以为助也。使曼叟与先大人少同里闬,壮同游学,其为《茶史》、《茶苑》合为一书矣。曼叟诗赋古文词最富,而《茶史补》内有《采茶记》、《沙苑侯传》及他著录,皆大有阐发。予先刻其撷古者凡六十有三则。

康熙戊午季夏望有六日
山阳刘谦吉讱庵敬题

《神农本草经》云:茶,味苦。饮之使人益思少卧,轻身明目。

王褒《僮约》云:牵犬贩鹅,武阳买茶。

张华《博物志》云:饮真茶,令人少眠。

唐贞元中,常衮为建州刺史,始焙茶而研之,谓研膏茶。其后稍为饼样,〔贯〕其中③,故谓之一串。陆宣公受张镒馈茶一串是也。

玉垒关外宝唐山,有茶树产于悬崖,笋长三寸④五寸,方有一叶两叶。

《荆州土地记》:武陵七县通出茶⑤,最好。

宋宣和间,始取茶之精者为銙茶。

焦坑产岭下,味苦硬,久方回甘。东坡《南还至章贡显圣寺》⑥诗云:"浮石已甘霜后水,焦坑新试雨前茶。"

宋僧梵英曰:茶新旧交,则香复。

唐制,吏察主院中茶,必择蜀茶之佳者,贮于陶器,以防暑湿。御史躬亲缄启,谓之"茶瓶厅"。

明升在重庆府³取涪江青蟆石为茶磨,令宫人以武隆雪锦茶碾之,焙以大足县香霏亭海棠花,香味倍常。

东坡云:时雨降,多置器广庭中,所得甘滑,不可名。以泼茶,美而有益。

玉女泉,在丹阳。有人污之,则水黑,洁清,则水又变白。盖灵泉也。

卢山三叠泉,从来未以瀹茗。绍兴丁巳年,汤制干仲能主白鹿教席⁴,始品题以为不让谷帘。以泉水寄张宗瑞,侑之以诗,有云"几人竞赏飞流胜,今日方知至味全。"

《抱朴子》云:"水性绝冷,而有温谷之汤泉;火体宜炎,而有萧丘之寒焰。"

吕申公贮茶有三种器具:一种用金,一种银,一种名棕栏。客至呼棕栏,家人知为上客。

博陵崔氏,赠元徽之文竹茶碾子一枚。

范蜀公与司马温公⁵同游嵩山,各墩茶以行。温公以纸为裹,蜀公用小木盒子盛之。温公惊曰:"景仁乃有茶具耶?"蜀公惭,因留盒与寺僧而去。

《世说》云:刘尹茗柯有妙理。

苏舜钦⁶《答韩维书》云:渚茶野酿,足以销忧。

李竹懒[7]曰：人家好子弟为庸师教坏，好书画为俗子题坏，世间好茶为恶手焙坏，皆可惜也。

唐德宗纳户部侍郎赵赞议，税天下茶、漆、竹、木，十取一以为常平本钱。

右拾遗李珏疏曰：茗饮，人之所资，重税则价必增，贫弱益困。

武宗时，诸道置邸收茶税，谓之"榻地钱"。私贩大起。

诸道盐铁使于悰，每斤增税钱五，谓之"剩茶钱"。

宋榷茶有六务。

茶马御史之制，始于宋神宗。遣三司干当公事入蜀，经画买茶与西夏市马，于是蜀茶尽榷，民始病焉。李溥为江淮发运使，奏曰："自来进御惟建州饼茶，而浙茶未尝修贡。本司以羡余钱买到数千斤，乞进入内。"自国门挽船而入，称进奉茶纲。

宋许启仲官苏沙⑦，得《北苑修贡录》，序以刊行。

建州龙焙面北，谓之北苑。有一泉，极清淡，谓之御泉，用其水造茶。

蔡襄为福建漕，改造小龙团入贡。东坡怪之曰："君谟士人，何亦为此？"

杜子美诗云："茶瓜留客迟。"又云："薰风啜茗时。"又云："柴荆具茶茗，径路通林丘。"

黄山谷有《煎茶赋》，茶词最多。有云："碾破春风，香疑午帐，银瓶雪滚翻匙浪。"

又云："金渠体净，只轮碾破⑧，玉尘光莹。汤响松风，早解了、二分酒病。"⑨

又云："樽酒风流战胜⑩，降春睡，开拓愁边。纤纤捧，熬波溅乳⑪，金缕鹧鸪班。"

又云："香引春风在手，似粤岭闽溪，初采盈掬。"

又有《谢公择舅分赐茶》诗，中有云："拣洗一春汤饼睡，亦知清夜起蛟龙。"

又有《答黄冕仲索煎双井茶》诗。双井在分宁县，茶属鲁直家，亦以充贡。

白香山有《琴茶》诗。

白香山《草堂记》云：又有飞泉，植茗就以烹燀。

裴晋公诗曰[8]：饱食缓行初睡觉，一瓯新茗侍儿煎。脱巾斜倚绳床坐，风送水声来耳边⑫。

王元之诗云：春残叶密花枝少，睡起茶亲酒盏疏。

唐路德延[9]《孩儿》诗云：养茶悬灶壁，晒艾曝檐椽。

宋僧赞宁[10]诗云：拂石云离箒，尝茶月入铛⑬。

东坡《建茶》⑭诗云：糠粃团凤友小龙，奴隶日铸臣双井。

放翁《跋程正伯藏山谷帖》云：此卷不应携在长安逆旅中，亦非贵人席帽金络马传呼入省时所观。程子他日幅巾筇杖渡青衣江，相羊唤鱼潭、瑞草桥、清泉翠樾之间，与山中人共小巢龙鹤菜饭；扫石置风炉，煮蒙顶紫笋，出此卷其读乃称尔。

桓温督将有茶病，名斛茗瘕。

吴孙皓每飨宴，坐席无能否，率以七升为限。韦曜饮酒不过二升，初见礼异，密赐茶茗当酒。

刘琨《与兄子兖州刺史演书》曰：前得安州干茶二斤⑮，姜一斤，桂一斤。吾体中烦闷，恒假真茶，汝可信致之。

晋元帝时，有老母每旦擎一器茗，往市鬻之。市人竞买，自朝至暮，其茶不减。所得钱即散路傍孤贫人。或怪之，系之于狱，夜持茶器自狱中飞去。

吴僧文了善烹茶,游荆南,高季兴延置紫云庵。日试之,奏授华亭水大师,目之曰"乳妖"。

赵州从谂禅师,见人即唤"吃茶去",故世称赵州茶。

棋称木野狐,茶名草大虫。

赵明诚与妻李易安,"每饭罢,坐归来堂烹茶,指堆积书史,言某事在某书某卷第几叶第几行,以中否胜负[16],为饮茶先后。中则举杯大笑,或至茶覆怀中,不得饮而起。"[17]

刘贡父知长安,与妓茶娇者狎。及归朝,欧阳父忠迓之,以宿酒未醒起迟。公曰:"何故起迟。"贡父曰:"自长安来亲识留饮,病酒,故起迟。"公笑曰:"非独酒能病人,茶亦能病人也。"

王荆公为小学士时,尝访蔡君谟。君谟闻公至,甚喜。自取绝品茶,亲涤注器以待公。公称赏,乃于夹袋中取清风散一撮投茶瓯中,并啜之。君谟失色,公徐曰:大好茶味。君谟大笑,叹公真率。

鼎州北百里有甘泉寺,在道左。其泉清美,最宜瀹茗。寇莱公商守雷州经此,酌泉烹茗,志壁而去。未几,丁谓窜朱崖复经此,礼佛留题以行。

苏丞相颂尝云:吾生平荐举不知几何人,惟孟安序朝奉,岁以双井茶一罂为饷。

王梅溪[11]《卧龙游纪》云:寺有荼蘼[18],罗络松上如积雪。东荣牡丹,大丛雨前已开。饮罢纵步泉上,汲泉瀹茗赋诗而归。

李石[12]《续博物》[19]云:北人以针敲冰,南人以线解茶。

柳宗元《代武中丞谢赐新茶表》有云:"照临而甲拆惟新,煦妪而芬芳可袭。调六气而成美,扶万寿以效珍。"刘禹锡《代武中丞谢赐新茶表》有云:捧而观妙,饮以涤烦。顾兰露而惭芳,岂蔗浆而齐味。既荣凡口,倍切丹心。

韩翃《谢茶表代田神玉作》[20]中有云:荣分紫笋,宠降朱宫。味足触邪[21],助其正直。香堪愈病,沃以勤劳。饮德相欢,抚心是荷。

又云:吴主礼贤,方闻置茗。晋臣爱客,才有分茶。

附录[22]

沙苑侯传

壶执,字双清,晋陵义兴人也。其先,帝尧土德之后,后微弗显,散处江湖之滨,迁至义兴者为巨族,然世无仕宦,故姓氏不传。

迨至南唐李后主造澄心堂,罗置四方玩好,以供左右。惟陆羽、卢仝之器粗不称旨,郁郁不乐。骑省舍人徐铉搢笏奏曰:"义兴人壶执,中通外坚,发香知味。蒙山妙药,顾渚名芽,非执不足以称任。使臣谨昧死以闻。"后主大悦,爰具元纁束帛,安车蒲轮,加以商山之金,蜀泽之银,命铉充行人正使,入义兴山中,聘执入朝。执乃率其昆弟子姓,方圆大小,举族以行。陛见之日,整服修容,润泽光美,虽有热中之诮,实多消渴之功。后主嘉之,授太子宾客,昭拜侍中,日与游处。每当曲宴咏歌之际,杯斝具备,必与执偕。执亦谨身自爱,以媚天子,由是君臣之间,欢若鱼水,恨相见之晚也。

开宝五年,论功行赏,执以水衡劳绩,封为沙苑侯,食邑三百户,世世勿绝。一日,后主坐凉风亭,召执侍食。执因免冠顿首曰:"臣以泥沙陋质,缘徐铉之荐,谬膺睿赏,爵为通侯,苟幸无罪。但犬马之年已及毫耋,诚恐一旦有所玷缺,辜负上恩,臣愿乞骸骨归田里,留子姓之愿朴端正者,供上指麾,臣死且不朽。"后主曰:"吁!四时之序,成功者退,知足不辱,知止不殆。嘉侯之志,依侯所请,加特进光禄大夫,予告驰驿还乡。"于是骑省铉及弟锴、中书侍郎欧阳遥契等,设供帐祖道都门外。

侯归,结庐义兴山中以居。吴越之间,高人韵士、山僧野老,莫不愿交于侯。侯亦坦中空洞,不择贵贱亲疏,倾心结友,百余岁以寿终。

外史氏曰:吾观古人,如汉之飞将军李广,束发百战,卒不封侯。今壶执以一艺之工,辄徼万户之赏,岂不与羊头、羊胃同类共讥哉。然侯固帝尧之苗裔,封于陶之别派,而又功济于水火,德敷于草木,其膺侯爵不虚也。侯之师有翁氏、时氏者,实雕琢而刮磨之,以玉侯于成,并宜俎豆不衰云。

今侯之子孙感铉之知,世受业于徐氏之父子,称老徐、小徐者,咸以寡过,不失国士。壶氏之名重于江南者,徐氏之功居多,呜呼,盛哉!

茶赞

涤烦荡秽,清心助德,永建汤勋。峡川之月,曾阬之雨,蒙顶之云。色胜雪白,味比露甘,香逸兰薰。附肤剔髓,含泉吐石,抱朴霏文。吁嗟猗兮,柯有妙理,善则归君。

跋

《茶史补》者,补刘介祉《茶史》所遗也。搜奇抉秘,无能不新。惜兹刻铲削不全,即序中所载传记二篇,亦阙而未备。客岁,余购得研山草堂文集残本,《沙苑侯传》俨然在焉,因取以著录。而《采茶记》则竟作广陵散矣。

癸酉季秋震泽杨复吉[13]识

注　释

1　褚少孙:西汉颍川人,汉元帝、成帝时,任博士。曾补司马迁《史记》。

2　李肇补唐史:指李肇作《国史补》。

3　明升在重庆府:此则内容,出孔迩《云蕉馆纪谈》。升为元末红巾军起义首领徐寿辉子,寿辉于至正十一年(1351)起事,以"弥勒佛下生为世主"作号名,据蕲水后即改国号为天完,自称皇帝达十年之久,故文中有"令宫人"之语。

4　汤制干仲能:制干,为官职,即制置司干官。仲能是汤中的字,号晦静,宋饶州安仁人,主陆九渊之学。白鹿:为庐山白鹿洞书院。

5　范蜀公:即范镇(1008—1089),字景仁,宋成都华阳人。哲宗时,起为端明殿学士,提举崇福宫,累封蜀郡公。司马温公,即司马光。

6　苏舜钦(1008—1049):字子美,号沧浪翁。仁宗景祐元年进士,工诗文,善草书,卒于湖州长史任。

7　李竹懒:即李日华(1565—1635),字君实,竹懒是其号。

8　裴晋公:即裴度(765—839),字中立,河东闻喜(今属山西)人,为唐代名臣,两《唐书》有传。

9　路德延:字昌远,唐魏州冠氏(今山东冠县)人,唐昭宗光化元年(898)进士,历官左(一作右)拾遗,不久为河中节度使朱友谦所重,任该镇书记。后因作《小儿诗》五十韵讽朱,而被沈杀黄河。

10　宋僧赞宁:俗姓高,出家杭州祥符寺。受具足戒后博涉三藏,尤精南山律,辞辩宏放,时人誉其为"笔虎"。复旁通儒道二家典籍,备受当时王公名士敬佩,吴越钱弘俶慕其德,命其为两浙僧统,复赐"明义宗文大师"之号。后宋太宗亦礼遇有加,太平兴国时赐"通慧大师"之号。有《大宋僧史略》、《内典籍》、《外学集》等。

11　王梅溪:即王十朋(1112—1171),南宋温州人,字龟龄,号梅溪,绍兴七年进士第一。历任秘书郎、侍御史等职,后出知饶州、湖州,颇有政绩,官至龙图阁学士。有《梅溪集》。

12　李石(1108—?):字知几,号方舟,资州资阳人。绍兴二十一年进士,乾道中任太学博士,因不附权贵,出主石室。有《方舟集》、《续博物志》等。

13　杨复吉(1747—1820):字列欧,一字列侯,号梦兰。书室名慧楼、乡月楼、艺芳阁、运南堂、观慧楼等。苏州吴江人。乾隆三十七年进士。家富藏书,博学广闻,文行为时所重。有《乡学楼学古文》、《梦兰琐笔》、《元文选》、《昭代丛书五编题跋》、《昭代丛书》等。

校　　勘

① 底本原署"莆阳余怀澹心父补";"山阳刘谦吉六皆(字)父订"。

② 底本原作"茶史补序"。

③ 〔贯〕其中:"贯"字,底本无,据宋吴曾《能改斋漫录·方物》引文补。

④ 三寸:"三寸",底本误为"三尺",据毛文锡《茶谱》原文改。

⑤ 通出茶:"通"字,底本原形误作"道",据《北堂书钞》卷一四四引文改。

⑥ 《南还至章贡显圣寺》:《苏轼诗集》题作《留题显圣寺》。

⑦ 苏沙:"苏"字,宋周煇《清波杂志》卷4作"麻"。麻沙在建阳。"苏"字疑或"麻"字之误。

⑧ 只轮碾破:"碾破",《全宋词》作"慢碾"。这几句,出黄庭坚《品令·茶词》。

⑨ 早解了、二分酒病:"解"字,《全宋词》作"减"。

⑩ 樽酒风流战胜:"樽酒"二字,《全宋词》作"尊俎"。此词句,摘自黄庭坚《满庭芳·茶》。

⑪ 熬波溅乳:"熬波"二字,《全宋词》作"研膏"。

⑫ 耳边:"耳"字,宋周密《齐东野语》卷十八作"枕"字。

⑬ 拂石云离箪,尝茶月入铛:《宋诗纪事》、《青箱杂记》、《诗话总龟》等,俱云为宋僧惠崇所作《嗣上人》之句。本篇所说"宋僧赞宁诗"可能有误。

⑭ 《建茶》诗:《苏轼诗集》题作《和钱安道寄惠建茶》诗。

⑮ 前得安州干茶二斤:"斤"字,底本作"升",据各引文径改。

⑯ 以中否胜负:据李清照《金石录后序》,"否"字下,脱一"角"字。

⑰ 或至茶覆怀中,不得饮而起:《金石录后序》作"至茶倾覆怀中,反不得饮而起"。

⑱ 寺有茶蘼:"茶",底本原形误作"荼",径改。王十朋原文,曹学佺《蜀中广记》,周复俊《全蜀艺文志》等引作"茶"。

⑲ 《续博物》:"物"字下似脱一"志"字,应作《续博物志》。

⑳ 《谢茶表代田神玉作》:《全唐文》题作《为田神玉谢茶表》。

㉑ 味足触邪:"触"字,《全唐文》作"蠲"字。

㉒ 附录:刘谦吉康熙刻本、刘乃大雍正六年重刻本无以下内容,此据昭代丛书本增补。

茶苑
明　黄履道　辑
清　佚名　增补

作者及传世版本

　　黄履道，号坦齐，明毗陵（今江苏常州）人，生活在成化、弘治年间，即十五世纪后半叶，其余事迹不详。按其友人张楫琴在弘治二年（1489）为书稿所作前序，可知黄履道编纂《茶苑》成书之时，"年逾中境"。序中还提到，履道少时"病而废业"，显然是举业未成，功名未就，是个不得志的书生。他嗜茶如命，又搜集与茶相关的资料，补陆羽《茶经》以来之阙。

　　细阅本书，可见许多资料是后人增补，不但有大量明末的材料，还有若干清代文献辑入。我们推测，现存清钞本是在黄履道《茶苑》基础上增补而成，时间

当在清初。此书所搜集的材料，涉及茶的名称、产地、采作、品水、用器、饮事、诗文，包罗极广，只要与茶有关便分类辑入，并注明出处，是相当完备的茶事类书，有较高的学术价值。

　　《茶苑》现存北京国家图书馆，是海内外孤本。国家图书馆书目及《中国古籍善本书目》都标明"《茶苑》二十卷，明黄履道辑，清钞本。"为抄校此书，我们请过三位不同助理，先后校录清钞本，再对校所辑原文，发现黄履道的编辑法是大量抄书，保存材料。因此，我们也大量删削，以免重复，但尽量保存此抄本的编辑结构及按语。

原　　文

序①

　　张子曰："凡物之英华卓绝者，必秉至清之质。在天为湛露，在地为醴泉；在人伦为贤哲，在草木为茗荈，皆感造化冲和清粹之气孕毓而成。故露之能濡，泉之能润，贤哲之能抡才康济，茗荈之能蠲渴除烦，是皆有功于造物，非徒生者也。"客曰："不然。草木之类，动以万计，毛举实繁。昔人云：

'适口者，莫过于刍豢；果腹者，莫过于稻粱。'今黄子堕口腹而事纯漓，废甘肥而趋隽永，独谱茗荈，何哉？"张子曰："否。夫黄子者，目穷万卷，气概千秋，其品流才调，诚可用世匡时。惜其栖迟不偶，落拓善愁，故其胸次牢骚，心怀块垒，但以饮量不胜蕉叶，日借茗汁浇之。吾知其非所深嗜也；不尔，则干霄壮气何以消？而《茶苑》之辑，有

自来矣。昔者洛花以永叔谱之而传[1]，建茗以君谟录之而著。二公皆宋高士，勋名硕望，俱足仪型百代，犹复假柔翰以寓闲情，士林传为佳事。而黄子《茶苑》，亦何不可追踪先哲耶?"黄子闻之，辗然笑曰："有是哉! 皆非所知也。吾少也贱，病而废业，抱皇甫之书，滋婴、相如之消渴。及壮，复耽茗事，名品必搜，左泉右灶，惟日不足。乡闾诮为漏卮，亲朋畏其水厄，尚漫征求探讨，笃嗜不休。及今年逾中境，衰疾日增，襟怀牢落，栖托鲜欢，每闻泉响炉鸣，辄跃跃自喜。又以疝瘰作楚，瓯蚁惧沾，欲罢未能，徒增抑郁。偶读陆子《茶经》，有会于心者，恨其未备，亟取箧中群籍，辑录一通，聊以寄志。昔吕行甫嗜茶，老而病不饮，烹而把玩。余之谱茶，亦此意也，何敢与欧蔡较优劣哉!"张子曰："虽然吾子之志余知之矣，吾子具清流之望，有湛露之濡，醴泉之润，康济之用，躏渴之才，不妨尚友古人，与玉川、桑苎诸公共挹清芬也。凡读斯编者，宜以蕙香薰袂薇露澣手，然后开帙，庶几不秽斯编耳。"

时弘治二年新秋邗江年友弟
张楫琴题于兰陵[2]舟次

卷一[②]
目次[③]

释名

茶者南方之嘉木也，一尺、贰尺乃至数十尺。其巴山峡川，有两人合抱者，伐而掇之[⑤]。其树如瓜芦，叶如栀子，花如白蔷薇，实如栟榈，〔茎〕如丁香[⑥]，根如胡桃。其字或从草，或从木，或草木并。其名一曰茶，二曰槚，三曰荈，四曰茗，五曰荈。《茶经》

《茶经·注》[⑦]曰：瓜芦木，出广州，似茶，至苦涩，栟榈、蒲葵之属，其子似茶。胡桃与茶，〔根〕皆下孕[⑧]，兆至瓦砾，苗木上抽。

《茶经·注》云：茶字从草当作"茶"[⑨]，其字《开元文字》[3]所载，从木当作"槚"，其字出《本草》。草木并者，其字出《尔雅》。

《茶经·注》云：周公云：槚，苦茶。扬执戟云[⑩]：西蜀人谓茶曰荈。郭弘农云：早取为茶，晚取为茗。或一名曰荈耳。

茶者，南方之嘉木。早采者为茶，晚采者为茗。郭璞注《尔雅》

茶初采者谓之茶，老则谓之茗。今人将茶无论早晚概称春茗，是为错用。《正字编》

茶，宅加切，茗也。叶可煎饮，能消渴下痰清头目，久服不寐。《唐韵会》

茗，莫迥切，茶晚取者。《韵林》

茶即古茶字，《周诗》谓[⑪]"茶苦，其甘如荠"是也。《茶志》

六经无茶字，惟《周礼》有茶字，即茶字也。古人不尚茗饮，故无此字。后人省□文，往往未究，深为可笑。《九清斋杂志》

《春秋》书"齐茶"，《汉志》书"茶陵"，至唐陆羽遂以茶易茶。故羽有《茶经》，玉川子有《茶歌》，赵赞有茶禁，遂奕世相承不改焉。《茶说》⑫

槚，苦茶，叶似栀子，今呼早采者为茶，晚采者为茗，蜀人名为苦荼。《尔雅》

周公曰：槚，苦荼。蜀人曰蔎荈音设。高似孙《纬略》

檟，古马切，一作榎，楸也。楸小而散曰檟，一曰苦荼，亦作夏记，夏楚贰物。《韵林》

茶，老叶谓之荈⑬，细叶谓之茗。《魏王花木志》

履道按：《茶经》及诸家《茶谱》、《茶论》等书，惟有荼、荈、茗、蔎、檟字，而无所谓荈者，当是荈字之讹耳。须俟博雅正之。

茶别名

皋芦　皋芦，茶之别名，大叶而涩，南人以之为茗饮。《广州志》

《酉平县志》云：广州酉平县，有皋芦树，采叶可为茗饮。

《松林唱和集》云：皮日休诗云："石盆煎皋芦"云云，因知颢芦之名，在唐时已著。

瑞草魁(山实东南秀)杜牧《茶山诗》

酪奴　琅琊王肃，字恭懿，齐雍州刺史奂之子也，赡学多通，才辞茂美。于太和十八年入魏，高祖甚重之，常呼王生而不名，寻以公主尚之。肃在魏，不食羊肉及酪浆

等，常饭鲫鱼羹，渴饮茗汁。京邑士子见肃一饮一斗，号为漏卮。经数年已后，肃与高祖殿中会，食羊肉酪粥甚多。高祖怪之，谓肃曰："卿中国之味也，羊肉何如鱼羹，茗饮何如酪浆？"肃对曰："羊者是陆产之珍，鱼者乃水族之最，所产不同，并各称佳。茗以味言之，似□有优劣。羊比齐鲁大邦，鱼比邾莒小国，惟茗不中与酪作奴。"高祖大笑。后彭城王谓肃曰："卿不重齐鲁大邦，而爱邾莒小国？"肃对曰："乡曲所美，不得不好。"彭城王重谓肃曰："明日卿顾我，为卿设邾莒之食，亦有酪奴。"《洛阳伽蓝记》

酪苍头酒从事　魏给事刘镐，慕王肃之风，专习尚茗饮。彭城王谓镐曰："卿不慕王侯八珍，而爱苍头水厄。海上有逐臭之夫，里内有效颦之妇，以卿言之，即是也。"《洛阳伽蓝记》

焦氏《说楛》⑭云："此丹丘之仙茶，胜乌程之御荈。不止味同露液，白况霜华⑭，岂可为酪苍头，便应代酒从事。"

涤烦子　"茶为涤烦子，酒是忘忧君。"施肩吾诗

余甘子不夜侯⑮　胡峤《飞龙硐饮茶诗》云："沾牙旧姓余甘氏，破睡宜封不夜侯"，新奇哉！峤宿学雄才，为耶律德光所虏，后间道复归。《清异录》

鸡苏佛橄榄仙　犹子彝，年十二岁，余读胡峤茶诗，爱其清拔，因命效□之，近晚成篇有云："生凉好唤鸡苏佛，回味宜称橄榄仙。"然彝者亦文词之有基址也。《清异录》

苦口师　皮光业最耽茗事。一日中表请尝新柑，筵具殊丰，簪绂萃集。光业至，未顾尊罍而呼茶甚急，径进一巨瓯。题诗

曰："未见甘心氏，先迎苦口师。"众噱曰：此师固清高，而难以疗饥也。《清异录》

晚甘侯　孙樵送茶与焦刑部书云：晚甘侯，十五人遣侍斋阁，此徒皆请雷而摘，拜水而和。盖建阳丹山碧水之乡，月涧云龛之侣，慎勿贱用之。《清异录》

森伯　汤悦有《森伯颂》，盖茶也，方饮而森然严乎齿牙，既久而四肢森然。二义一名，非熟夫汤瓯境界者，谁能目之？《清异录》

玉蝉膏清风使　显德中，大理徐恪以乡信铤子贻余茶，茶面印文曰"玉蝉膏"。一种曰"清风使"。恪，建安人也。《清异录》

清人树　伪蜀甘露堂前两株茶，郁茂婆娑，宫人呼为清人树。每春初，嫔嫱戏摘新芽，设倾筐会。《清异录》

冷面草　符昭远不喜茶，常焉[16]御史同列会茶，叹曰："此物面目严冷，了无和气之美，可谓冷面草也。饭余嚼佛眼苈，以甘菊汤下之，亦可爽神。"《清异录》

水豹囊　豹革为囊，风神呼吸之具也。煮茶者啜之，可以涤滞导引而起清风。每引此义，故称茶为水豹囊。《清异录》

火前春　"红帋里封书后信，绿芽十片火前春。汤添勺水煎鱼目，未下刀圭扰麹尘。"白乐天《谢送茶诗》[17]

不迁　凡艺茶必以子种，若移植它所，则不能复生。故俗聘亲，必以茶为礼，义固有所取也。故名茶曰"不迁"[18]。《天中记》

登　交趾茶，如绿苔，味辛烈，名之曰登。《研北杂志》[5]

卷二

目次

种类

茶有千万状……叶舒者下[6]。《茶经》

北苑贡茶，凡芽茶数品，最上曰小芽，如雀舌鹰爪，以其劲直纤挺，故号芽茶焉。次曰拣芽，乃一芽带一叶者，号一旗一枪[19]。《北苑贡茶录》

《北苑茶录》芽茶注云[20]：芽茶早春极少，景德中，建守周绛为《补茶经》，言"芽茶只作早春，驰奉万乘尝之可矣。如一旗一枪，可谓奇茶也"，故一枪一旗号拣茶，最为挺特光正。舒王送人入闽诗云"新茗斋中试一旗"，谓拣芽也。

顾渚山茶　有一枪二旗之号，言有一芽二叶也。《顾渚山茶谱》[21]

北苑贡茶　亦有二旗一枪之号乃一芽带两叶者，号曰中芽。其带三叶、四叶者，皆渐老矣。《宣和北苑贡茶录》

蕲门团黄　有一枪二旗之号，言一芽二叶也。《蕲门志》

洪州西山出罗汉茶[22]，叶如豆苗，因灵观尊者自西山持至，故名。《洪都志》

余闻荆州玉泉寺……知仙人掌茶发于中乎祢子及青莲居士李白也。《李白全集》

《李太白集》有咏《玉泉仙人掌茶答族僧中孚》诗云：(常闻玉泉山)

茶芽名雀舌、麦颗[23]，言至嫩也。今茶之美者，其质素良而所植之土又美，则新芽一夜便长寸许，其细如针。如雀舌、麦颗者，极下材耳，北人不知，误为品题。予山

居有《茶论》，复口占一绝句云云。《梦溪笔谈》

《梦溪笔谈》有《山中论茶》诗云："谁把嫩香名雀舌，定知北客未曾尝㉔。不知灵草天然异，一夜风吹一寸长。"

玉垒关外宝唐山，有茶树产于悬崖。笋长三寸五寸，方有一叶二叶；奇品也。《玉垒志》

昌化茶，大叶如桃，枝柳梗，乃极香。余逆旅偶得手，摩其焙甄，龙麝气三日不断。《紫桃轩杂缀》

普陀老僧贻余小白岩茶一裹，叶有白茸，瀹之无色。徐引，觉凉透心腑。僧云：本岩岁止产茶五六斤，专供大士，僧得啜者鲜矣。《紫桃轩杂缀》

择地

上者生烂石，中者生砾壤，下者生黄土。野者上，园者次。山坡谷下者，不堪采掇。《茶经》

《紫桃轩又缀》㉕云：茶生烂石者上，砂壤杂土者次。程宣子茶夹铭云"石筋山脉，钟异于茶"云云。今地产天池仅一石壁㉖，其下种茶成畦。阳羡亦耕而殖之，甚则以牛退作肥，岂复有妙种乎？

建安之东三十里，有山曰凤凰，其下直北苑，旁联诸焙，厥土赤壤，厥茶惟上上。《北苑别录》

石乳茶，出建安壑源断崖缺石之间，故其味清香妙绝。《品茶要录》㉗

产茶处，山之夕阳胜于朝阳，庙后山西向，故称佳，总不如洞山南向，受阳气特端，故称仙品。熊明遇《罗岕茶记》㉘

茶地南向为佳，阴向者为劣。故一山之中，美恶相殊。《茶解》

茶产平地，受土气多，故其质浊。惟岕茶产于高山，浑是风露清虚之气，故为可尚。《罗岕茶记》

明月峡，在顾渚山侧，二山相对，石壁峭立，大涧中流，乳石飞走。茶生其间，尤为绝品，张文规所谓"明月峡前茶始生"是也。文规好学，有文藻，苏子由、孔武仲、何正臣皆与之游。《茶董》

茶地固不宜杂以恶木，惟桂、梅、辛夷、玉兰、苍松、翠竹与之间植，足以蔽覆霜雪，掩映秋阳。其下可殖幽兰菊卉清芬之物。最忌与菜畦相逼，不免渗漉粪滓，秽厥清真。《茶解》

《北苑别录》云：草木至夏益盛……理或然也[7]。

《花木考》云：茶畏夏日，凡新植者，最忌；宜桑下竹阴净地，去恶木，贰年外方芸治云云。

卷三

目次

茶候

采茶在二月、三月、四月之间。茶之笋者，生烂石沃土，长四、五寸，若薇蕨然始抽，凌露采焉。茶之牙者，发于藂薄之上，有三枝、

四枝、五枝者,选其中枝颖拔者采焉。《茶经》

太和七年正月,吴蜀贡新茶,皆于冬中设法为之。上务恭俭,不欲逆其物性,诏所贡新茶,宜于立春后作。《唐史》㉙

浙西产茶以湖州为上,常州次之。造茶在禁火之前。故事湖州紫笋茶例于清明日到阙,先献宗庙,然后分赐近臣。《重修茶舍记》㉚

惊蛰节,万物始萌,每岁常以前三日开焙。遇闰则后之,以其气候少迟故也。《北苑别录》㉛

北苑官焙分十余纲㉜,惟白茶与胜雪自惊蛰前兴役,浃日乃成,飞骑疾驰,不出仲春,已至京师,号为头纲。玉芽以下,即先后以次发遣。逮贡足时,夏过半矣。欧阳文忠公诗云:"建安三千五百里,京师三月赏新茶。"盖异时如此,以今较昔,又为最早耳。《北苑别录》㉝

北苑贡茶起于惊蛰前㉞……过时之病矣。《品茶要录》8

茶之佳者,造在社前。其次禁火,谓造在寒食前。其下雨前,谓谷雨前也。《学林新编》9

龙安有骑火茶,最上。制造不在火前,不在火后,届乎中旬也。清明节谓之改火,未过清明,数日前曰火前,后曰火后。故齐己有诗云:"高人爱惜藏岩里,白瓯双□寄火前。"《茶录》

蜀雅州蒙顶茶,出于蒙山顶上,有火前茶,乃禁火前所造者。《随录记珠》

《茶录》云:蜀雅州蒙顶产茶最佳,其生颇晚,常在春夏之交方造。茶生时常有云覆其上,故名云雾茶㉟。

采茶不必太细㊱,细则茶初萌而味欠足。不必太青,青则茶已老而味欠嫩。须在谷雨前后,觅成梗带紫嫩绿色而团且厚者为上,更须天色晴明,采之方妙。若闽广岭南,多瘴疠之气,必待雾开,瘴岚收尽,采之可也。谷雨日或晴明日采者,能治痰病,疗百药疾。《考槃余事》

茶以初出雨前者佳,惟罗岕以立夏开园,吴中所贵。梗楄老、叶肥厚,有萧箬之气。还是夏前六七日,如雀舌者佳,最不易得。《罗岕茶记》

《茶疏》云:清明太早,立夏太迟,谷雨前后,其时适中;若再迟一、二日,得其气力完足㊲,香烈尤倍,易于收藏。

《茶疏》云:清明谷雨,摘茶之候也。梅时不蒸,虽稍长大,故是嫩枝柔叶也。杭俗喜于盂中百点,故贵极细;理烦散郁,未可遽非。吴淞人极贵吾乡龙井,肯以重价购雨前细者,狃于故常,未解妙理。岕中之人,非夏前不摘。初试摘者,谓之开园,采自正夏,谓之春茶。其地稍寒,故须待夏,此又不当以太迟病之。往日无有于秋日摘茶者,近乃有之,秋七八月重摘一番,谓之早春。其品甚佳,不嫌少薄。他山射利,多摘梅茶。梅茶苦涩,止堪作下食,且伤秋摘,佳产戒之。《茶疏·采摘》

建溪茶,比他郡最先,北苑、壑源者尤早。岁多暖,则先惊蛰十日即芽;岁多寒,则后惊蛰五日始发。先芽者,气味俱不佳,唯过惊蛰者最为第一。民间常以惊蛰为候。诸焙后北苑者半月,去远则益晚。《东溪试茶录》

茶工作于惊蛰,尤以得天时为急。轻寒,英华渐长,条达而不迫,茶工从容致力,故其色味两全。若或时旸郁燠，芽奋甲暴，促工暴力，随膏窨刻所迫，有蒸而未及压，压而未及研，研而未及制，茶黄留渍，其色味所失已半。故焙人得茶时，天气适佳为庆⑧。《大观茶论》

清源山茶，青翠芳馨，超轶天池之上。南安县英山茶，精者可亚虎丘，惜所产不若清源之多也。闽地气暖，桃李冬花，故茶于惊蛰前后已上焙，较吴中为最早⑨。《泉南杂志》10

谷雨日采茶炒藏，能治嗽及痰疾，疗百病及热疾。《居家事宜》

吴人十月采小春茶，此时不特逗漏花枝，而喜日光晴暖⑩，从此蹉过霜凄雁冻，不可复堪。《岩栖幽事》11

卷四
目次

茶品

山南以峡州上……其味极佳。《茶经》12

按：唐时产茶，仅仅如季疵所称。而今之虎丘、罗岕、天池、顾渚、松萝、龙井、雁宕、武彝、灵山、大盘、日铸、朱溪诸名山茶，无一与焉。乃知灵草在在有之，但焙植不嘉或疏采制耳。

吴楚山谷间……毛举实繁。叶清臣《煮茶泉品》13

剑南有蒙顶石花……而浮梁商贾不在焉。《国史补》14

建州之北苑先春龙焙……岳阳之含膏。《茶论》《臆乘》《茶谱通考》15

凡茶有二类……总十一名。《文献通考》16

茶之产于天下多矣，若剑南有蒙顶石花，湖州有顾渚紫笋，峡州有碧涧明月，邛州有火井思安，有渠江又有薄片，巴东有真香茗，福州有柏岩，洪州有白露。常州之阳羡，婺州之举岩，丫山之阳坡，龙安之骑火，黔阳之都濡高株，泸州之纳溪梅岭。已上数种，其名皆著⑪。《遵生八笺》

序海内产茶名地　茗荈凤称仙草，故能蠲浊除烦，清神益志。各境所产，不胜指屈，因阅《茶经》、《国史补》暨《文献通考》、《茶论》诸书，所述出产之地，殊觉寥寥，疑有未尽，亟取箧中群籍，参考异同，记其所得益饶，较视前录，才十一耳。因知佳品所在有之，第或毓植幽荒，未经名流品隲，不与凡卉同槁者几稀矣。遂次第详录，题曰茶品，以俟夫博雅者正焉。

坦斋黄履道书

江南茶品

常州阳羡即今宜兴县　有唐茶品，以阳羡为上供，建溪北苑及诸名品，俱未著也，况今岕茗焙制尤精，即尚方玉食，亦必首推，故余取弁诸茗焉。

阳羡所辖茶山已下所酿茶山，有与浙江湖州交界者，如庙后诸山是也，当与长兴顾渚相泰　罗岕

庙后　洞山　涨沙　黄龙　白石　水竹
茆山　白岘　北川　桥亭　石门　炭灶
陈桥　犁头尖　纱帽顶　手巾条　棋盘
顶　香袋头　雄鹅头　扇面方

紫笋唐书阳羡茶有紫笋之名，至宋元以降，兹种已绝，今则独重岕茶无复知有紫笋者矣

岕片产庙后及罗岕、纱帽顶、手巾条、棋盘顶者为最

浙西产茶以湖州为上，江南常州次之。湖州出长兴县顾渚山中，常州出义兴郡悬脚岭北崖下。盖湖常二郡交界之地唐人《重修茶舍记》：贡茶，御史李栖筠典郡日，陆羽以为茶味冠绝它郡，栖筠始贡茶万里。故事阳羡紫笋茶，例以清明日到，先荐宗庙，后分赐近臣。紫笋茶生于湖常山间。茶时，两郡太守毕至为盛集。又玉川子《谢孟谏议寄新茶》诗云："天子须尝阳羡茶，百草不敢先开花"云云，则唐时独重岕茶矣。《云麓漫钞》

悬脚岭，在宜兴县南六十里，入长兴忭溪界。《十道志》云："行人陟岭多重跰"云，一名垂脚岭，此地产绝胜，唐时充贡云。《常州府志》

湖州府长兴县啄木岭……商贾多趋顾渚，无沾金沙者。《茶录》[17]

宜兴县东南三十里均山乡，有山名曰唐庚，即茶山也。东南临罨画溪，山产名茶，唐时入贡，故名；金沙泉即在其下。杜牧、袁高、张籍、白乐天、沈贞各有诗，另载。《常州府志》

唐人首推阳羡，宋人最重建溪[42]，于两地今贡茶独多。阳羡仅有其名，建茶亦非上品，惟有武彝雨前最胜。近日所尚者，为长兴之罗岕，疑即古之

顾渚紫笋。然岕亦有数处，今惟洞山产者最佳。姚伯明云[43]："明月之峡，厥有佳茗，是名上乘，韵致清远，滋味甘芳[44]，足称仙品。"若在顾渚[45]，亦有佳者，今但以水口茶名之，全与岕别矣。许次纾《茶疏》

岕片、梗茶　岕茶所产之地非一，皆因地以著名。如产庙后者，即称庙后茶；产洞山者，即称洞山茶之类。而岕中之茶，称曰岕片云，其说具详。《岕茶别录》、《茶董》[46]

苏州虎丘茶　虎丘茶所产，最为精绝，为天下冠，惜不能多产，皆为豪右所据，寂寞山家，无缘获购矣。《考槃余事》

茶之色味重及香重者，俱非上品。松罗香重；六安味苦，而香与松罗同；天池有草莱气，龙井如之。至于云雾，则色重而味浓矣。常啜虎丘茶，色白而香，似婴儿肉，殆为精绝[47]。《罗岕茶记》

苏州天池茶　天池茶，青翠芳馥，噉之赏心，嗅亦消渴，诚可称仙品。诸茶尤当退舍。《考槃余事》

天池茶，在谷雨前收细末焙炒得宜者，青翠芳馨，隽永非常。《遵生斋集》[48]

天池茶，通俗之材，无远韵，亦不至呕哕。寒〔月〕，诸山茶暗淡无色，而彼独青翠媚人[49]，可念也。《紫桃轩杂缀》

苏州阳山茶　苏州阳山有龙母塚，塚下有方井，即白龙泉。产茶绝佳，号阳山茶。就泉煮茶，移至晋柏下。晋柏大四围，每干干如虬龙也。《无梦园集》

扬州禅智寺蜀冈茶　扬州禅智寺，隋之故宫，寺枕蜀冈，有茶园，其味甘香如蒙

顶。《汇苑详注》[18]

宣州丫山阳坡横纹茶宣州即今宁国府宣城县 宣城县有丫山，出佳茶，焙制亦精，贮以小方瓶，横铺茗芽装面。丫山之东为朝日所烛，故号曰阳坡，其茶最胜。太守常贡于朝，有宣城士子馈余茶，题曰丫山阳坡横纹茶。《汇苑详注》

舒州霍山县天柱峰茶舒州即今庐州府 有人授舒州牧……众皆服其广识。《茶董》[19]

六安州小霍山茶六安州属庐州府 六安茶品亦精，入药最效。不能善炒，不得发香而味苦，然茶之本性实佳。《考槃余事》

六安茶，名小岘春。《六砚斋笔记》

六安茶分四种，上等者，名黄芽、梅花片；其次，名芽尖、小岘春。《茶谱》[20]

广德州建平县鸦山茶 广德州建平县东南十五里鸦山，产茶绝佳，可比六安、黄芽、歙之松萝。《建平县志》[21]

池州圆寂寺宝岩茶 圆寂寺，去邑不数里，所称拾宝岩是也。五代时，伏虎禅师居此。昔梁武帝曾以佳茗一车赐之，主僧植之，甘美非常。《九华游览志》

池州九华山双溪上下华池茶 九华山双溪之上，有上华池。双溪之下，有下华池。泉甘土沃，厥产名茶。陈岩诗云："闻钟吃饭东西寺，就水烹茶上下池。"《池州名胜志》

寿州寿春茶寿州属凤阳府 寿州，古寿春郡。郡南有寿春山，故名。山产佳茗，冠绝他郡。《茶谱》

歙州北源茶歙州即今徽州府歙县 歙州各山产茶，以北源为最胜。其外如牛栀岭灵川，福州来泉等处俱产。《歙县志》

歙县茶品有先春、早春、华英、胜全、松萝诸种，就中以先春为最。《茶志》

歙州之先春、早春茶品，在宋已登贡籍。及今，松萝之亚也。焙制片、散未详。《茶史》[22]

歙人闵汶水善制茶，其茶必北源之精者，色白味甘香，可与岕茗并驱。自汶水殁后，十余年来松萝制者，虽不乏要，皆非汶水之比。《九清斋杂志》

歙人闵汶水，居桃叶渡上。予往品茶其家，见其水火自调，皆躬亲从事，以小酒盏酌客，颇极烹饮之态，正如德山担青龙钞，高自矜许而已。闽客得闵茶，咸制罗囊，佩之而嗅，以代旃擅云。《闽小记》

松萝茶，色香味俱浓，宜享鲜腴之后烹而漱齿。三吐之余，徐徐引之，亦皆爽然可喜。《舒堂笔记》[23]

卷五
目次

分水县贡芽

浙江茶品二

湖州顾渚茶　湖州府长兴县顾渚山，产茶精美绝伦，有紫笋、懒笋、龙陂山子之名，为浙茶之冠。《茶史》

顾渚山，在长兴县西四十七里，昔吴王夫差其渚，次原隰平衍，可为都邑即此。旁有二山相对，号明月峡。绝壁峭立，大硐中流，乱石飞走，产茶异品，名曰紫笋。《湖州名胜志》

履道云：紫笋茶，产制与阳羡所出相同，其说见前，兹不赘述。

顾渚，前朝名品，正以采摘初芽，加之法制，所谓罄一亩之入，仅充半镤；取精之多，自然擅妙也。今碌碌诸叶中，无殊菜沈，何堪刮目㉚。《紫桃轩杂缀》

顾渚，俗名罗岕，为常湖二郡接界。细者，其价两倍天池，惜乎难得，须亲自采制为佳。《考槃余事》

懒笋茶，亦出长兴顾渚山中茶品冠绝，诸种紫笋之亚也。《云川纪行》24

开宝中，窦仪以新茶饮予，味极芳美。奁面标曰："龙陂山子茶"，云是顾渚别境所产者。《清异录》

湖州乌程县温山御荈　温山在湖州府乌程县。唐时湖守以此山茶修贡，故号称御荈，茶品最佳，可与顾渚并驱。惜今厥产无多，才仅豪右所需，而外邑得沾余味者鲜矣。《吾春堂暇记》

《国史补》云："乌程县有温山出御荈，品味绝佳。外有小江园、明月籑、碧涧籑之名。"

杭州龙井茶　龙井，一名龙泓。米元章书其略曰"龙江当西湖之西，浙江之北，凤凰岭之上乱山怪石之间"是也。境僻景幽，香出尘外，地产佳茗，清馥隽永，为两峰之冠，即俗所谓龙井茶也。《杭州名胜志》

龙井产茶不数十亩，外此有茶，似皆不及。大抵天开龙泓美泉，山灵特生佳茗以副之耳。山中仅有一二家炒法甚精。近有山僧焙者，亦妙；真者天池不能及也。

龙井茶，极腴腴，色如淡金，气亦沉寂，而咀咽之，久鲜腴潮舌，又必籍虎跑空寒慰齿之泉发之，然后饮者领其隽永之滋而无昏滞之恨耳。《紫桃轩杂缀》

《紫桃轩杂缀》云："《洞冥记》25云：'东方朔食玄天黄露半合始苏'，余有黑石壶贮龙井茗汁，每饭后啜之，色如淡金而快爽不可言，因铭之曰玄天黄露。"

杭州宝云山香林洞白云峰茶　杭州产茶不特龙井，宝云山产者名宝云茶，香林洞产者名香林茶。在下天竺，其产天竺。上白云峰者，名白云峰茶。茶性俱佳，堪与天池并驱。《古杭杂志》26

林和靖先生字君复，有试白云峰茶诗曰："白云峰下两枪新，腻绿长鲜谷雨春。静试恰如湖上月，对尝兼忆剡中人。"

杭州宝岩院垂云茶　杭州宝岩院垂云亭产茶，号垂云茶，有僧怡然以垂云新茶饷东坡，坡报以大龙团。戏作一律云："妙供来香积，珍烹具上官。拣芽分雀舌，赐茗出龙团。晓日云庵暖，春风浴殿寒。聊将试道眼，莫作等闲看。"《西湖志余》27

杭州临安县天〔目〕山茶㉚　天目茶为天池、龙井之次，亦佳品也。《地志》云："天

目山中寒气早严,山僧至九月即不敢出。冬来多雪,三月后方通人行,茶之萌芽较晚。《考槃余事》

天目茶清而不醇,苦而不螫,正堪与缁流漱涤笋蕨。

杭州余杭县径山茶　径山,在杭州余杭县西北五十里,山有喝石岩,产茶甘香异常,常在天目宝云之右。《径山志》

杭州新城县仙坑茶　仙坑山,在杭州新城县十里。晋咸和中,有七仙人弈棋山因此得名。其山产茶特美,下为蜕龙洞。洞门九重,其深莫测,得龙蜕骨一斛,石间鳞爪之,首尾宛然。又十七里,有鱼泉洞,亦有石形如龙,其旁有地亩通天,目龙池。《新城县志》28

杭州昌化县昌化茶　昌化茶已见前种类茶下,兹不赘录。

绍兴府卧龙山瑞云茶　卧龙山旧名种山,又曰重山。《水经注》曰"文种城于越而伏剑于山阴,越人哀之,葬于重山",即此山也。其巅产茶最佳,茶芽纤细,色紫味芳,称瑞龙茶,云其地有清白泉,瀹茶为宜。《绍兴名胜志》

《会稽三赋注》云:瑞龙茶,一名掌龙瑞草,即府之所据之掌龙山也。

绍兴府会稽县日铸茶一名日铸雪芽　日铸雪芽者,产日铸岭。岭在会稽县东南五十五里,欧冶子铸剑之地处,产茶最佳,其芽纤白而长。欧阳公《归田录》云:"草茶盛于两浙,两浙之品,以日铸为第一。雪芽言其白也。"《会稽志》云:"会稽产茶,极多佳品,惟卧龙一种得与日铸相亚。"《会稽三赋注》

《会稽三赋》云:日铸雪芽,掌龙瑞草。瀑布称仙,茗山斗好。顾渚争先,建溪同早。碾尘飞玉,瓯涛翻皓,生两腋之清风,

兴飘飘于蓬岛云云。

陆放翁诗云:海山缥渺瞰零扃,扫地焚香悦性灵。嫩白半瓯尝日铸,硬黄一卷学黄庭。衰颜冉冉临清镜,华发萧萧倚素屏。尊酒不空身现在,莫争天上少微星。

绍兴府会稽县禹陵天章茶　禹穴,黄帝号为宛委穴,赤帝阳明之府,于此藏书焉。大禹始于此穴得书后,复藏于山。然旧经诸书,皆以禹穴系之会稽宛委山里。人以阳明洞外飞来石下为禹穴,今则流传失真,已不可考矣。其地产茶,厥品绝佳,号曰天章。贺知章纂《山纪》

绍兴府余姚县瀑布岭瀑布仙芽　余姚县瀑布岭产茶,曰仙茗,大者殊异。《茶经》52

余姚县虞洪……屡获大茗焉。《神异纪》29

绍兴府萧山县茗山茶　茗山,在萧山县西二里。其上多生奇茗,山以此得名,惜不能焙制,厥产实佳。《舒堂笔记》

宁波府奉化县雪窦茶　宁波府奉化县沈家村雪窦山,产茶甚佳。《无梦园集》30

温州府乐清县雁荡山茶　雁荡山跨乐清、平阳二县。北雁荡在乐清县之东,南雁荡在平阳县西南,各去县乙百里,诸峰峻拔险怪,上耸千尺,皆包诸谷中。自岭外望之,都无所见,至谷中则森然。干霄有龙池,其石光润如砥。高五百余丈,飞瀑之势如倾万斛水从天而下,及鼓吹一发则缘溜而下,五色光彩毕现。顶上有湖,方约十余里,水常不涸,雁之春归者留宿于此。山巅

产茶,色白味甘,最称佳品。《雁山志》

台州府赤城茶　茶生天台赤城山,品味与歙产相同。《茶经》㉚

天台茶有三种,紫凝、魏岭、小溪是也。今诸处并无出产,而土人所需多来自西坑、东阳、黄坑等处。石桥诸山近亦种茶,味甚清甘,不让它郡。盖出自名山云雾中,宜其多液而全厚也。但山中多寒,萌发较迟,做法不嘉,以此不得取胜然,所产不多,足供山居而已。《天台山志》

《天台山品物志》:产茶六种,曰赤城、曰紫凝、曰魏岭、曰小溪、曰瀑布、曰葛仙。

台州府天台瀑布山紫凝茶　瀑布山,一名紫凝,在县西四十里三十〔二〕都,山有瀑布,飞流千丈㉚,遥望如布。陆羽记云:天下第十七水,与国清、福圣二瀑为三。其山产大叶茶,味甘美特异。《天台山志》31

瀑布山茶,《神异记》载虞洪遇仙人丹丘子给茗事,正与天台山瀑布茶事实略同,疑必有一舛者。细较二书,当以天台瀑布茶为允。

《天台山志》云:华顶有葛玄茶圃,相传为葛仙种茶处。茶今绝产,岁间发一二株,山僧偶有获者,色味俱极佳。

金华府举岩茶　婺州即金华府有举岩茶,茶片方细。所出虽少,味极甘芳,烹成碧色㉚。毛文锡《茶谱》

《茶史》云:婺州产茗极佳,爰有三种:曰碧貌、曰东白、曰洞源,以碧貌为最胜。

衢州府常山茶　衢州府常山绝顶,有湖方可数亩,滨湖陂产茶,味极清永。《衢州志胜》

衢州府龙游县方山茶　龙游县西南有方山,山形方正如冠,产茶绝妙,可方天目。《龙游县志》

严州府鸠坑茶　鸠坑,在严州府桐庐县,产茶精好,可与婺之洞源茶相匹,而色香味美又欲过之,惜不能多得。《舒堂笔记》

范文正公《咏鸠坑茶》云:"潇洒桐庐郡,春山半是茶。轻雷应好事,惊起雨前芽。"

严州府分水县贡芽　分水贡芽,出本不多,大叶老梗,泼之不动,入水烹成㉚,番有奇味。荐此茗,如得千年松柏根,作石鼎薰燎,乃足称其老气。《紫桃轩杂缀》

卷六
目次

江西茶品三

南昌府建昌县云居茶　欧山在县西南三十里，世传欧笈先生得道之所。纡回峻极，山顶常出云，又名云居山。有寺，为唐太常博士颜云舍宅，颇庄严。当时谚云："天上云居，地下归宗。"洪刍父有诗云："曲肱聊寄吉祥卧，缓带来尝安乐茶。"《建昌县志》

云居山产茶，乃草茶中之绝品，山有卧龙洞，宋佛印禅师了元结庵于此。《南昌名胜志》

南昌府宁州分宜县双井茶　南昌所属宁州分宜县地名双井，在宋时属黄鲁直，产茶绝佳，可比建溪，当时草茶之上品也。《分宜县志》

南昌府西山鹤岭茶　西山在府城西大江之外，道书第十二洞天中有梅岭，即梅福修道处；有鹤岭即王子乔跨鹤处。其最胜者，曰天宝洞。宋时常遣使投金龙玉简于此山鹤岭，产茶绝佳。《南昌名胜志》

卢山钻林茶云雾茶附卢山属九江府　林茶，鸟雀啣子食之，或有坠于茂林幽谷者，久而滋生。山僧或有入山林寻采者，所获不过三数两，多则不及半斤，焙而烹之，其色如月下白，其味深佳，气若豆花香。《卢山通志》

云雾茶　产于匡庐山绝顶，常在云雾中，极有胜韵。而山僧拙于焙，既采，必上甑蒸过，隔宿而后焙，枯劲如稿秸，瀹之为赤卤，岂复有茶焉！余同年杨澹中游匡庐，有"笑谈渴饮匈奴血"之诮，盖实录也。戊戌春，小住东林，同门人董献可、曹不随、万南仲手自焙茶，有"浅碧从教如嫩柳，清芬不遗杂飞花"之句。既成，色香味殆绝，恨余焙不多，不能远寄澹中为匡庐解嘲也。

《紫桃轩杂缀》

《庐山通志》云：云雾茶产庐山，山中静者，艰于日给，取诸崖壁间撮土种茶一二区。然山峻高寒，蓊极卑弱，历冬必茁苦之，届端阳始采焙。既成，呼为"云雾茶"云云。

《二酉委谈》云：余性不耐冠带，暑月尤甚，豫章喜早热，而今岁尤甚。春三月十七日，觞客于滕王阁，日出如火，流汗接踵，头涔涔几不知归而发狂大叫，媚为具汤沐，便科头裸身。赴之时，西山云雾新茗初至，张右伯适以见贻；茶色白，大作豆子花香，几与虎丘茶相等。余时浴出，露坐明月下，命侍儿汲新水烹尝之，觉沉瀣之味入咽，两腋风生。念此境界，都非宦路所有。琳泉药先生，老而嗜茶甚于余，时已就寝，不可呼之共啜。晨起，乃烹遗之，已落第二义矣。追忆夜来风味，因书一通以赠先生。

南昌府西山罗汉茶　南昌府西山产罗汉茶，叶如豆苗，清香味美，郡人珍之，号罗汉茶。《茶史》

九江府德化县茶　九江府德化县，产茶绝佳，可方云雾茶。《九江府志》

瑞州府芽茶　瑞州府芽茶，产凤凰、华林二山。凤凰山在府治后，华林山在府城西北，世传王母第九子云秀真人于此筑坛礼斗处。山产茶芽，紫而色白，味佳。《九江名胜志》

临江府玉津茶　玉津镇，在县东南五十里，地名鹤沙，约四五亩，产茶最佳，色白

味佳,香如兰苣。《临江府志》

袁州府界桥茶绿英、金片、云脚附　袁州界桥,产佳茗,其名甚著,不若湖州之含研、紫笋。惟此茶烹之有绿脚下垂,故韩文公赋云"云垂绿脚"云云。毛文锡《茶谱》

饶州府浮梁茶　饶州府浮梁县产茶,叶小而秾厚,色白味甘,可称佳品。《饶州名胜志》

广信府茶山茶　广信府府城北茶山,产茶绝佳。唐陆羽常居此。《茶史》

南安府上犹茶　南安府上犹县石门山产茶甚佳,名上犹凤爪。《茶史》

《茶录》云:上犹县石门山,产茶磨精绝。

湖广茶品四

武昌府武昌县茶　武昌山,在武昌县五十里。晋武帝时……负茗而归[32]。《括地志》云:山以县名者,武昌其一也。《武昌名胜志》

鄂州洪山茶鄂州即今江夏县,属武昌　洪山在县东十五里,旧名东山。《茶谱》云"鄂州东山,出茶黑色如韭,食之已头痛。"[⑤]《江夏县志》

武昌府崇阳县鲁溪茶一名龙泉茶　鲁溪痫,在龙泉山下,去县西南四十里,周回二百里。其上有洞,持烛而入,行数十步,渐平坦如居室,可容千百人。有石渠泉流清驶,名曰鲁溪。常时草木狼藉,每遇有人入祷,则净若洒埽。山前产茶,味极甘美,名龙泉茶。《崇阳县志》

武昌府兴国军桃花寺桃花绝品茶兴国军即今兴国州,属武昌府。兴国茶品曰桃花绝品,曰进宝,曰双胜,曰宝山,曰两府　桃花寺,在州南五十里桃花尖之下,寺中有泉甘美,里人用以造茶,味胜他处,今号曰桃花绝品。宋知

军州事王琪有诗云"梅雪既扫地,桃花露微红。风从北苑来,吹入茶坞中",盖咏此也。《兴国州名胜志》

《文献通考》云:兴国军,地产名茶,邦牧修贡,最为精品,故有进宝、双胜、宝山、两府之号。

武昌府西山宝庆茶　西山,在武昌、兴国接界。在宋岁贡御茗,名曰宝庆,乃片茶中之至精者,在进宝、双胜之右。《西山游览志》

黄州府黄冈县东坡雪堂桃花茶　自黄州城南至雪堂,凡四百三十步。雪堂问曰:苏子得废圃,于东城之胁号,其正曰雪堂。因大雪中成之因,绘雪于四壁之间,间无容隙。其名起于此先生,又自书"东坡雪堂"四字扁,悬之堂上。堂东有细柳,有浚井,西有征泉。堂之下,有大冶长老桃花茶,巢元修菜,何氏藂橘种秔稌、莳枣栗,有松期为可刘种麦,以为奇事,作陂塘、植黄桑,皆足以供先生岁用,为雪堂之胜景。《东坡全集》

《东坡全集》有《乞大冶长老桃花茶水调歌头词》云(已过几番雨)

黄州府蕲水县茶山松花茶　茶山在蕲水县,产茶极佳。唐刘禹锡有诗云:"蔫叶照人呈夏簟,松花满碗试新茶",盖咏此也。《黄州名胜志》

蕲州蕲门团黄茶　团黄茶说,已见前一卷种类下。

荆门州当阳县玉泉山仙人掌茶　仙人掌茶,已详见一卷种类下。

岳州府滃湖涵膏茶　滃湖茶在唐时极重，见诸篇什，李肇所谓滃湖之涵膏也。《岳州名胜志》

岳州府白鹤茶 产滃湖

滃湖诸滩旧出茶，李肇所谓滃湖之涵膏是也。唐人最重，多见诗咏。今不甚植，惟白鹤僧园有千余本，颇类北苑所出茶。一岁乃不过一二十两，土人谓之白鹤茶。茶极甘香，非他处茶可比。茶园之地土亦相类，但土人不甚植耳。《岳阳风土记》

岳州府巴陵县巴陵茶 巴陵茶品有五：曰大小巴陵、开胜、开卷、小卷、生黄翎毛共五品　巴陵县诸山皆产名茶，如大小巴陵、开胜、开卷、小卷、生黄翎毛之类，在宋季俱登贡品。《舒堂笔记》

荆州府江陵县茶 江陵茶品有二：曰楠木、曰大柘枕　江陵县东、西两山俱产名茗，而以楠木及大柘枕者为最，茶味甘香鲜白，当为楚茶之冠。《国史补》

归州青口峡青口茶　归州青口峡出名茶，岁贡上方。地方数里所产，不过百两，茶味甘香隽永，惜不能多得。《九清斋杂志》

归州巴东县真香茗　巴东县有真香茗，其花白色如蔷薇，煎服令人不眠，能诵无忘。《述异记》

澧州乐普山牛觚茶 澧州属岳州府与归州巴东县接界　东泉，在县南三十里，有石洞，遇旱祈祷有验。又有白龙泉，在县之乐普山，相传有白龙出水中，土人呼其地为牛觚。此山产美茶，名牛觚茶。《澧州志》

长沙府岳麓茶 长沙茶品有九：曰岳麓、曰草子、曰杨树、曰雨前、曰雨后、曰绿芽、曰片金、曰金岩、曰独行灵草　长沙西岸有麓山，盖衡山之足，又名灵麓峰，乃岳山七十二峰之数。此山产茗特饶，名品若岳麓及独行灵草，皆表表著名者。《湘潭游览志》

茶陵州茶陵茶《史记》：炎帝葬于茶山之野。茶山即景明山也，以山谷间多生奇茗，故名。《茶陵州志》

夷陵州明月峡茶　峡州即后周名峡州者，出名茶。昔人有云："明月之峡，厥有佳茗"，即此。《夷陵州志》

衡州府衡山茶　衡岳产茶，昔称名品，山僧苦于征索，多私刈去。今所产，每岁约得五六斤，所以为难。《南岳志》

辰州府双上绿芽又大小方　小酉山，一名辰山，又名乌速山，在酉溪口。《方舆记》云：山下有石穴，中有书千卷，秦人避地隐学于此。梁湘东王云谓"访二酉之逸典"是也。耆旧相传尧善卷。唐张果老皆常隐此。又名为大酉华妙洞天。或云自酉溪西北行十余里，有洞与大酉国山相通。唐瞿廷柏儿时戏跃入井，忽自华妙洞中出，已去县四十里。山中产茶名绿芽、大小方，俱佳品也。《辰州府名胜志》

卷七

目次

福建 茶品五 建宁府北苑茶

北苑茶品，见前《北苑茶录》。

建安之东三十里……修为十余类目，曰《北苑别录》[33]。

北苑所辖茶园，进御者共四十六，所见《北苑茶录》。其地广袤三十余里，自官平而上为内园，官坑而下为外园。方春灵芽萌发，先民焙十日，加九窠十二垄及龙游窠、小苦竹、张坑、西际，又为禁园之先也[34]。

采茶，见前二卷采制。
拣茶，见前二卷采制。
开焙，见前二卷茶候。
蒸茶，见前二卷采制。
榨茶，见前二卷采制。
碾茶，见前二卷采制。
造茶，见前二卷采制。
过黄，见前二卷采制。

贡茶纲次[59]

细色第一纲
龙焙贡新水芽，十二水，十宿火正贡三十铸，创添二十铸。

细色第二纲
龙焙试新水芽，十二水，十宿火正贡一百铸，创添五十铸。

细色第三纲
龙团胜雪[60]……寸金小芽，十二水，九宿火正贡一百片[35]。

细色第四纲
龙团胜雪……新收拣芽中芽，十二水，十宿火正贡六百片。

细色第五纲
太平嘉瑞……兴国岩小凤中芽，十二水，十五宿火正贡五十片[36]。

先春两色
太平嘉瑞小芽，十二水，十宿火正贡二百片。

长寿玉圭小芽，十二水，九宿火正贡一百片。

续入添额四色
御苑玉芽……正贡一百片[37]。

粗色第一纲[61]
正贡
不入脑子上品拣芽小龙六水，十宿火正贡一千二百片。

入脑子小龙四水，十五宿火正贡七百片。

增添
不入脑子上品拣芽小龙，正贡一千二百片。

入脑子小龙，正贡七百片。
建宁府附发小龙茶，正贡八百四十片。

粗色第二纲
正贡
不入脑子上品拣芽小龙，正贡一百片[62]。

入脑子小龙，正贡七百片[63]。

入脑子小凤四水，十五宿火正贡一千三百四十片[64]。

入脑子大龙二水，十五宿火正贡七百二十片。

入脑子大凤二水，十五宿火正贡七百二十片。

增添
不入脑子上品拣芽小龙，增添一千二百片[65]。

入脑子小龙，增添七百片。
建宁府附发　小凤茶，增添一千三百片[66]。

粗色第三纲
正贡
不入脑子上品拣芽小龙，正贡六百四十片。

入脑子小龙，正贡六百四十片[67]。

入脑子小凤,正贡六百七十二片。

入脑子大龙,正贡一千八百片⑱。

入脑子大凤,正贡一千八百片。

增添

不入脑子上品拣芽小龙,增添一千二百片。

入脑子小龙,增添七百片。

建宁府附发

大龙茶,四百片⑲。

大凤茶,四百片。

粗色第四纲

正贡

不入脑子上品拣芽小龙,正贡六百片。

入脑子小龙,正贡三百六十片。

入脑子小凤,正贡三百六十片。

入脑子大龙,正贡一千二百四十片。

入脑子大凤,正贡一千二百四十片。

建宁府附发

大龙茶,四百片⑳。

大凤茶,四百片。

粗色第五纲

正贡

入脑子大龙,正贡一千三百六十八片。

入脑子大凤,正贡一千三百六十八片。

京铤改造大龙,正贡一千六百片。

建宁府附发

大龙茶,八百片。

大凤茶,八百片。

粗色第六纲

正贡

入脑子大龙,正贡一千三百六十片。

入脑子大凤,正贡一千三百六十片。

京铤改造大龙,正贡一千六百片㉑。

建宁府附发

大龙茶,八百片。

大凤茶,八百片㉒。

京铤改造大龙,一千三百片㉓。已上俱载《北苑别录》

余观《北苑别录》所记,两宋贡茶纲次,品目纤悉备详矣。钞类之次目得记其类列,凡为纲次者十二,茶品八十有八,铸片四万八千五百五十有奇,而公私馈饷商贾兴贩不与焉。吁!可为极盛矣。盖维赵宋享国之日,雅重儒林,每衣冠宴会觞咏相娱,恒以酪奴首荐,于是王公贵游好尚相高,往往品题优劣□别上中,故耳佳品日彰,工制臻妙矣,虽九重之上,玉食山积,视之不啻粪土;而于团铸独珍,尤所爱惜,非郊祀大礼,臣僚未有轻赐者。或幸而得赐,必播之声诗以为荣夸,无敢妄试,家藏有传再世者。如唐子西《斗茶记》㉔云:欧阳公得内赐小龙团,更阅三朝,赐茶尚在。在当时已极珍赏,而色香滋味亦必卓绝。惜乎团铸之制失传已久,今建茗虽殊,厥品碌碌,况兼焙制欠精,品尝意尽。即武彝偶有佳者,仅可伯仲天池,未能远出岕片之上。以故,明季建宁府贡茶,峝供宫掖浣濯之用,不登茗饮。以今视昔,何啻霄壤哉!盖缘历世好尚不同,而建茶亦有隆替耳。昔先君在燕都日,有闽中周先生者,以宋小龙团茶半铤相赠云,藏于其家已经十世,约重一镮,有半厚五分许,面有小龙蜿蜒之状,背勒宣和数字,已经漶灭,仿佛微可辨。嗅之无香,黝碧而坚致,纹如犀璧,即烦博浪,一椎不至骤损。云以之摩汤,能已消渴诸疾。余儿时偶患痰喘,因以此茶摩汤,下之立效,大有龙麝荫檀之气,味甘而凉如冰雪,真异物也。壬子岁,先君再入都门,失于旅邸,而后之好事者,未能鉴赏矣。深为惋惜,因并志之。

卷八

目次

河南 茶品六

河南府陕州[38]明月涧茶　陕州属河南府，明月涧产名茶，精美无伦。《茶史》云：明月之涧厥有佳茗，在昔其名甚著。《茶谱》

汝宁府信阳州罗山茶　罗山在汝宁府信阳州，产茶味甘色白，可方日铸。《汝宁府志胜》

汝宁府光州光山茶　光山，在汝宁府光州，山产名茶，滋味甘香堪同北苑。《光州志》

山东 茶品七

青州府蒙阴县蒙山茶　青州府蒙阴县蒙山，其巅产茶，味苦回甘。《蒙阴县志》

《七修类稿》云：世以山东蒙阴山所生石藓谓之蒙茶，士大夫珍贵，而味亦颇佳。殊不知形已非茶，不可煮饮，又乏香味，而《茶经》之所不载。蒙顶茶产，四川雅州，即古蒙山郡。其《图经》云：蒙顶有茶，受阳气之全，故茶芳香。《方舆胜览》、《一统志》土产俱载。蒙顶茶，《晁氏客话》亦言雅州也。白乐天《琴茶行》云：李丞相德裕入蜀，得蒙顶茶饼，沃于汤瓶之上，移时化尽以验其真。而蒙山有五峰，最高者曰上清，方产此茶，且有瑞云影相现，多虎豹龙蛇之迹，人行罕到故也。但《茶经》品之于次，若山东之蒙山，乃《论语》所谓"东蒙主"耳。

济南府泰安州岱岳茶　泰安州泰山薄产名茶，多生岩谷间，山僧时有得之，而城市则无也。山人摘青桐芽曰女儿茶；泉崖阴趾茁如菠棱者，曰仙人茶，皆清香异南茗。黄楝芽时为茶，亦佳；松苔尤妙。《岱岳志》

四川 茶品八

成都府雀舌茶　成都府产雀舌茶，其叶纤细如雀舌。然例以清明日制造，色味甘香追绝。《益州异物志》

重庆府都濡月兔茶　重庆府彭水县，即都濡废县，产茶最佳，黄山谷称，都濡月兔茶为佳品。《重庆府志》

重庆府南平狼猱茶　重庆府南平县狼猱山茶，黄黑色，渝人重之，云可已痰疾⑰。毛文锡《茶谱》

《云蕉馆纪谈》[39]云：明升在重庆府取涪江青蠊石为茶磨，令宫人以武隆雪锦茶碾之，焙以大足县香霏亭海棠花，味倍于常。海棠无香，惟此有香,以之焙茶尤妙。

雅州蒙顶茶　蒙山在雅州,山顶产茶,能治诸疾,茶味甘芳最胜,两川产茶,当以蒙茶为第一。《茶解》[40]

雅州蒙山,山有五峰。一峰最高者,曰太清,产甘茗。《禹贡》蔡蒙旅平即此。《雅州志》

《锦里新闻》[41]云:蒙山有僧病冷且久,偶遇老叟,告之曰:"仙家有雷鸣茶,候雷发声乃苗,可并手于中顶采摘。"服之,僧病果瘥。

峡州碧涧明月茶　明月峡在夷陵州,即后周名峡州者,出茶极佳。《茶史》云:"明月之峡,厥有佳茗"即此。《茶疏》

嘉定州峨眉茶　峨眉山在嘉定州[42],山产名茶,烹尝之,初苦而终甘。《峨眉山志》

眉州洪雅山丹棱茶　丹棱茶,出洪雅山,属眉州,叶有丹棱因名。其味甘芳,品同雀舌。《眉州志》

泸州宝山茶　宝山在州城南,《郡国志》一名泸峰山。多瘴气,三、四月感之必死,至五月上旬则无害。山产茶,能已风疾,并治瘴毒,土人以茱萸并咽之。《泸州志》

剑州梁山茶　剑州梁山产茶,为蜀中绝品。《剑州名胜志》

彭州仙岩石花茶　石花茶,产彭州仙岩山。《茶史》云"仙岩石花,为蜀州佳茗,可以比美丹棱"云云。《彭州志》

东川神泉山小团茶　神泉山产奇茗,色白味甘著名。《茶谱》所谓"神泉兽目"即此茶也。《茶录》

夔州府香山茶　香山,在夔州府城南四十里,山产名茶,色最纤翠,亦蜀茶之冠也。《茶录》

龙安府骑火茶　龙安府九龙山,产茶精美,例以禁火日制之,故名骑火,茶品中最著者也。《茶录》

邛州临安县思安茶　临安县思安山产茶,其品在六安、松萝之次。《邛州志胜》

涪州宾化茶　《茶录》以涪州宾化茶为蜀茶之最,地不多产,外省所得颇艰,其品可亚蒙山。《茶史》

涪州彰明县绿昌明茶　彰明县产绿昌明茶,香清味美,冠绝两川诸茗,故李太白集有诗云:"渴饮一酌绿昌明"云云,即咏此茶也。《茶史》

绵州松岭茶　松岭茶产绵州,叶大而有白茸,瀹之无色,若月下白,香如松实,盖奇品也。《绵州志胜》

犍为郡安平县橘社茶　犍为郡安平县有橘柚官社,出名茶。《蜀都赋》云:"社有橘柚之园"云云即此。《犍为志胜》

天全六番招讨使司卧龙山乌茶　卧龙山,因孔明征孟获驻此故名,山在龙溪县。岩壑幽深,人迹罕到,产茶精好,色味绝佳。昔有樵者入山,见二人对弈。顷见二白鹤,啄杨梅,坠地一枚,樵者取而食之,遽失弈者所在。抵家,遂辟谷,颇知人休咎。《茶录》

广东 茶品九

广州府酉平县皋卢茶　皋卢茶,已见前一卷释名。

广州府吉州黄旗冈西樵茶　广州府番禺县壁山黄旗冈产茶,因唐末诗人曹松寓此,常以顾渚茶教之种焙,土人遂以茶为业。《广州名胜志》

潮州府石花茶　石花茶,产潮州府大圩山,茶味清甘,为粤茶第一。《潮阳志》

潮州府大埔县茶山茶　大埔县茶山产茶最佳,在石花之次。《茶录》

德庆州茗山茶　德庆州茗山产名茶，能已风痰之疾，土人珍之。《德庆州志》

广西茶品十

柳州府上林县罗艾山茶　罗艾山在上林县，有人入山采茶遇仙于此，遂移家居焉。《柳州府名胜志》

浔州府贵县茶　贵县产茶，其品同于罗艾。《茶录》

云南茶品十一

云南府感通茶　感通寺山冈产茶，甘芳纤白，第滇茶第一。《咸宾录》43

广西府钟秀茶　茶产钟秀山。山居府城内，山形秀拔，儒学建其下。《茶志》

湾甸州孟通茶　茶产湾甸州孟通山，茶味类阳羡，谷雨采者香甚。《茶志》

贵州茶品十二

贵阳府凤皇山茶　山在府城南，山势奇耸如凤翼然，上产佳茶。《贵阳名胜志》

新添卫杨宝山茶　卫城北山，色清翠如画，产茶绝佳。

平越府七盘茶　七盘山，在卫城东，盘旋七里。上产佳茶，坡下有溪，人迹罕到。《平越府名胜志》

外夷茶品十三

交趾茶　李仲宾学士云：交趾茶，如绿苔，味辛烈，名之曰登。《砚北杂志》

卷九

目次

〔刘伯刍〕水品⑱　张又新云……淮水最下，第七44。

〔陆羽水品〕⑲　元和九年春……雪水第二十45。

序天下名泉　泉为茶之司命，必资清泠甘洌之品，方可从事。即有佳茗，而以苦咸斥烹之，其色香滋味顿绝，迨为沟壑之弃水耳，何可以登茗饮？故尔，鉴赏名家品瓯蚁者，务择名泉。如唐之刘伯刍、陆季疵⑳辈，夙称精于茗事，各著泉品。然宇宙之大，传记之广，泉之宜于茗者，指不胜屈，不特如伯刍、季疵所论而已。暇日检阅群书，有干泉品者，辄笔录之，因第次分，疏题曰泉品，列于茶品之后，以贻好事者，非欲与田子艺煮茶小品较优劣也。

北京顺天泉品

顺天府玉泉　王泉，在顺天府西北玉泉山上，泉出石罅，因凿石为螭头，泉从螭口出，鸣若杂佩，色若素练，味极甘美，潴而为池，广三丈许。池征东跨小石桥，水经桥下东流入西湖，为京师八景之一。名曰玉泉垂虹。《广皇舆记》

顺天府大内文华殿东大庖厨泉井　黄谏，字廷臣，临洮兰州人。正统壬戌进士及第第三人，使安南却馈，升学士，作《金城》、《黄河》二赋；李贤、列定时人皆称美之。好品评泉水，自郊畿论之，以玉泉为第一；自京城论之，以文华殿东大庖厨井为第一，作《京师水记》。每进讲，退食内府，必啜厨井水所烹茶，比众独多。或寒暑罢讲，则连饮数杯，曰："与汝暂辞。"众皆哗然一笑。石亨败，谏以乡人词连，为谪广东通判，评广

州诸水,以鸡爬井为第,名学士泉。《涌幢小品》⁴⁶

顺天府德胜门外烹茶水　禁城中外海子即古燕市,积水潭也。源出西山一亩、马眼诸泉,绕出瓮山后,汇为七里泺,迂回向西南行数十里,称高梁河。将近城,分为二脉:外绕都城开水门,内注潭中,入为内海子,绕禁城;出巽方流玉河桥,合于城隍入于大通河。其水味甘,余在京三年,取汲德胜门外,烹茶水最佳,人未之知,语之亦不信。大内御用井,亦此泉所灌;真天汉第一品,陆羽所不及载。尝且京师常用甜水,俱近西北,想亦此泉一脉所注;而其他诸泉不及远矣。黄学士之言,真先得我心矣。《涌幢小品》

永平府滦州扶苏泉　泉出永平府滦州,泉甚甘冽,宜于烹茗。昔秦太子扶苏憩此,因名。《广舆记》

延庆州玉液泉　玉液泉,在延庆州城西南,水清味淡,烹茗造酒甚佳。《舆图备考》

江南泉品二

应天府石头城下水　南中井泉凡数十处,余皆尝之,俱不佳。因忆古有名石头城水者,取之亦欠佳。乃令役自以钱雇小舟,对头石城,棹至江心汲归。澄之微有沙,烹茶可与慧泉等。凡在南二十一月,再月一汲,用钱三百。以此自韵,人或笑之不恤也。《涌幢小品》

《清赏录》云:李赞皇作相日,有人出使京口,赞皇嘱曰:"回时幸置中冷泉一器。"使者至京口,事毕遄归,醉而忘之。迨至金陵始忆,因以石头城下水贮器遗之。赞皇发器扬栖曰:"异哉,此非中冷者,有似建业石头城下

水。"使者骇愕,首陈所以。

应天府白乳泉　白乳泉,在应天府摄山千佛岭。昔人因伐木见石壁上刻隶书六字:白乳泉试茶亭。《广舆记》

应天府泉品　万历甲戌季冬朔日,盛时泰、仲交踏雪过余尚白斋,偶有佳茗,遂取雪煎饮,又汲凤凰、瓦官二泉饮之。仲交喜甚,因历举城内外之泉可烹茗者。余怂恿之曰:"何不纪而传?"仲交遂取:鸡鸣山泉、国学泉、城隍庙泉、府学泉、玉兔泉、凤皇泉、骁骑卫仓泉、冶城忠孝泉、祈泽寺龙泉、摄山白乳泉、品外泉、珍珠泉、牛首山龙王泉、虎跑泉、太初泉、雨花台甘露泉、高座寺茶泉、八功德水、净名寺玉华泉、崇化寺梅花水、方山八卦泉、净海寺狮子水、上庄宫氏泉、衡阳寺龙女泉、德恩寺义井、方山葛仙翁丹井,共二十六处,皆叙而赞之,名曰《金陵泉品》。余近日又访出:谢公墩铁库泉　铁塔寺仓百丈泉　铁作坊金沙泉　武学井　石头城下水　清凉寺对门莲花井　凤皇台门外焦婆井留守左卫仓井鹿苑寺井已上诸泉,皆一一携茗就试,惜不得仲交赞之耳。《金陵琐事》⁴⁷

《戒庵漫笔》⁴⁸云:崇化寺梅花水甃池一方,仅大如席,泉出自岩谷石间,相传水泛起泡皆成梅花,泉甘宜茗,后为僧人葬侵地脉,今则无矣。

镇江府中冷泉一名中濡　《太平广记》云:李德裕使人取金山中冷水,苏轼、蔡肇并有中冷泉诸作。《杂记》云:石排山北谓之北濡,钓者余三十丈则中濡,之外似又有南濡、北濡者。《润州类集》云:江水至金

山，分为三濡，今寺中亦有井，其水味各别，疑似三濡之说也。《群碎录》[49]

《游宦记闻》云：扬子江心水，号中冷泉，在金山寺旁郭璞墓侧之下，最当波流险处。汲取其难，士大夫慕中冷之名，求以瀹茗，汲者多遭沦溺。寺僧苦之，于水陆堂中凿井以给游者。往岁连州太守张顺监京口镇日，常取二水较之，味之甘冽，水之轻重，万万不侔。乾道初，中冷别拥一小峰，今高数丈，每岁加长，鹤巢其上，峰下水益湍急，泉之不可汲，更倍昔时矣。

《清暑笔谈》云：隆庆己巳，余被召北上，滞疾淮阳，疏再上乞休未得报，移舟瓜步牌下会天气乍暄，运艘大集，河流淤浊，每旦舟子棹江涛中汲中濡泉。一日舟触罂破，索他器承余沥以候瀹茗。闻金山饮食盥漱皆取给于此，何异秦割十五城以易赵璧。而金山之人，用以抵鹊。

《无梦园集》云：中冷水比它泉水每瓯重数钱，腹泻者寒饮一瓯顿止。煮茶无宿垢。

《九清斋杂志》云：中冷及惠山泉，一升俱重二十四铢，山东济宁府杜康泉，重二十三铢。

常州府金斗泉　金斗泉在常州府谯楼左侧。谯楼即古之金斗门也。泉味甘冽，宜于瀹茗，而酿酒尤佳，宋时充贡，称"金斗泉"是也。《南兰事纪》

常州府无锡县惠泉　陆鸿渐著《茶经》，别天下之水，而惠山之品最高。山距无锡县治之西五里，而寺据山之麓。苍崖翠阜，水行隙间，溢流为池，味甘寒，最宜茶。于是茗饮盛天下，而瓴罂负担之所出通四海矣。建炎末，群盗啸其中，洿坏之余，龙渊泉遂涸。会今镇潼军节度使开府，仪同三司。信安郡王会稽尹孟公以丘墓所在，疏请于朝，追助冥福，诏从之，赐名精忠荐福，始命寺僧法皡主其院。法皡气质不凡，以有为法作佛事，粪除灌莽，疏治泉石，会其徒数百，筑堂居之，积十年之勤，大厦穹墉，负崖四出，而一山之胜复完。泉旧有亭覆其上，岁久腐败，又斥其赢撤而大之，广深袤丈廓焉，四递遂与泉称。法皡请余文记之，余曰：一亭无足言，而余于法皡独有感也。建炎南渡，天下州县残为盗区，官吏寄民阊藏钱廪粟分寓，浮图老子之，宫市门日盱无行迹，游客暮夜无托宿之地，藩垣缺坏，野鸟入室如逃人家，士夫如寓公寄客，屈指计归日，袭常蹈故，相师成风，未有特立独行，破苟且之格，奋然以功名自立于世。故积乱十六七年，视今犹视昔也。法皡者，不惟精悍过人，而寺之废兴本末与古今诗人名章隽语刻留山中者，皆能历历为余道之。至其追营香火奉佛斋众，兴颓起仆，浩除垢淤，于戎马蹂贱之后，又置屋泉上，以待四方往来冠盖之游。凡昔所有皆具而壮丽过之，可谓不欺其意者矣。而吾党之士，又以不耕不织訾謷其徒，姑置勿异焉。是宜淬砺其材，振饬蛊坏，以趋于成无以毁。凡画墁，食其上，其庶矣□，故书之以寓一叹焉。《鸿庆堂集》[50]

独孤及《惠山新泉记》云：此寺居吴西神山之足，山小多泉，其高可凭而上。山下有灵池异苑，载在方志。山上有真僧隐客遗事故迹，而披胜录异者浅近不书。无锡令敬澄字源深,以割鸡之余考古,按图葺而筑之,乃饰乃圬。有客竟陵陆羽,多识名山大川之名,与此峰白云相为宾主,乃厥稽创始之,所以而志之谈者,然后知此山之方广胜掩它境。其泉伏涌潜泄澳浔舍下,无泄无窦,蓄而不注。源深因地势以顺水性,始双垦袤丈之沼,疏为悬流,使瀑布下流钟甘溜山,激若醴洒乳涌。及于禅床,周于僧房,灌注于德池,经营于法堂。潺潺有聆之耳,清濯其源,饮其泉使贪者、躁者静劝道道者,坚固境静故也。夫物不自美,因人美之。泉出于山,发于自然,非夫人疏之凿之之功,则水之时用不广,亦犹无锡之政烦民贫。源深导之,则千室襦袴仁智之所及,功用之所格,动若绘答其揆一也。余饮其泉而悦之,乃志美于石。

《惠山泉记》云:泉在漪澜堂后,甃石作池。池近内者,往来汲取,外池仅供浣濯,不堪烹饪,二池相隔不能以寸,而泉味之不同如此。

卷十

目次

江南泉品三

苏州府虎丘山石泉　泉出虎丘山西南隅,泉上有亭,驾以飞梁,绠汲辘轳递继。下为剑池,相传阖闾于此藏湛卢之处。泉味清冽,宜于茗饮,瀹以本山茶尤佳,唐刘伯刍《水品》列之第三;陆鸿渐《水品》列之第五。山下有憨憨泉,泉味亦佳。《虎丘别志》

苏州府楞伽第四泉　苏州楞伽上方山治平寺,天下第四泉,有六角石井阑,刻字于上。《戒庵漫笔》

《镇江府丹阳玉乳泉记》云:唐刘伯刍《水品》,列此泉为第四,而陆羽又列此泉为第十一,则楞伽泉第四之名,又谁定耶?

安庆府龙井泉　安庆府望江县菩提寺北冬温夏冷,其味甘冽,可以愈疾而宜烹茗。相传常有紫沫浮井上,累日始散。识者云"此龙涎也"。《皇舆图考》

滁州六一泉　泉在滁州琅琊山醉翁亭

侧,泉味甘芳,所谓"酿泉"是也。《名胜志》

浙江泉品四

杭州府孤山金沙泉　泉在孤山下,唐白居易常酌此泉,甘美可爱。视其地,沙光灿然如金,因名。《孤山志》

杭州府孤山六一泉　泉在孤山,与金沙泉相近,味甘洌胜之。《孤山志》

杭州府参寥泉　参寥泉在西湖上智果寺前,泉清洌甘芳,东坡有诗铭称美之。《西湖志余》

杭州府泉品

高子曰:"井水美者,天下知钟冷泉矣。然而焦山一泉,余曾味过数四,不减中冷、惠山之水,味淡而清,允为上品。吾杭之水,山泉以虎跑为最,老龙井、真珠寺二泉亦甘,北山葛仙翁井水,食之时厚。城中之水,以吴山第一泉首称,余品不若施公井、郭婆井;二水清洌可茶,若湖南近二桥中水,清晨取之烹茶妙甚,无伺它求。"《遵生八笺》

杭州府昌化县[51]东坡泉　泉在昌化县,东坡始寻溪源得之,人因凿石为泓。石刻东坡泉三字。《昌化县志》

嘉兴府南湖泉　泉在嘉兴府南湖中,苏轼与文长老常三过湖上汲水煮茶,后人建亭以识其胜。址尚存。《嘉兴名胜志》

嘉兴府景德寺幽澜泉　嘉兴府景德寺西北隅,有泉一泓,相传有异僧入定,月下见一女子趋过,僧曰:"窗外谁家?"女即应声曰:"堂中何处僧?"僧即持锡杖逐之。至隅而没,遂志其处。诘旦掘之,得一石刻曰"幽澜"。启石得泉,遂以名焉。记称泉有三异:大旱不竭,瀹茗无滓,夏月经宿不变。余每过,辄汲取试之,其味颇似惠山泉,然"幽澜"二字亦奇。《闲耕余录》[52]

绍兴府菲饮泉　泉在绍兴府城东南大禹寺,以禹菲饮食而名。宋王十朋诗云:"梵王宫近禹王宫,一水清涵节俭风。"《绍兴府名胜志》

绍兴府余姚县清华泉　绍兴府余姚县客星山,又名陈山,严子陵故里,山半有清华泉。《余姚县志》

绍兴府余姚县龙泉　绍兴府余姚县龙泉山,旧名灵绪山。山上有龙泉,宋高宗常登此,饮泉而甘,因汲以归。《余姚县志》

台州府紫凝山瀑布泉　天台山瀑布水,陆羽品为天下第十七泉。《天台山志》

严州府十九泉　严州府钓台下,陆羽品泉天下,泉味谓此泉当居十九。《钓台记》[53]

江西泉品五

南昌府西山瀑布泉　源出西山之麓,欧阳修论水品,以洪州瀑布为第八。《南昌府名胜志》

南昌府宁州双井泉　南昌府宁州,黄山谷所居之南,汲以造茶绝胜它处。山谷有《寄双井茶与东坡》诗。《南昌府名胜志》

南康府谷帘泉　南康府城西,泉水如帘,布岩而下三十余脉。陆羽品其味为天下第一。《南康府志胜》

九江府康王谷泉　九江府城西南,楚康王常憩此。王禹称云:康王谷为天下第一水,帘高三百五十余丈,其味甘美,经宿不变。《九江府名胜志》

临江府新喻县醴泉　泉出临江府新喻县,黄山谷常至此品泉。叹曰:"惜陆羽辈不及知也",因题曰醴泉。《临江府志》

赣州府廉泉　赣州府府治东南。苏轼诗云:"水性故自清,不清或挠之。廉者谓我廉,何以此为名。"

南安府大庾岭卓锡泉　南安府大庾岭,唐僧卢能自黄梅县得传衣钵,住曹溪,五百僧追夺之。至大庾岭渴甚,能以锡卓石,泉涌出,清甘,众骇而退。泉之右有放钵石。《南安府志》

湖广泉品六

黄州府煮茶泉　黄州府凤栖山,在蕲水县,有陆羽煮茶泉。凤栖山泉,陆羽《茶经》泉品为天下第三泉。《黄州府志》

襄阳府均州参斗泉　襄阳府均州,其泉汲之,虽千人不竭不减;不汲亦不盈。相传参、斗二星下临,因以名之。《均州志》

襄阳府南漳县一碗泉　泉出襄阳府南漳县石坎中,仅容水一碗。味最甘冷,取之不竭。《南漳县志》

安陆府沔阳县陆子泉　泉在安陆府沔阳县,一名文学泉。陆羽嗜茶,得泉以试茗,故名。《沔阳县志》

常德府丹砂井泉　常德府府治之北,泉赤如绛,武陵寥氏谱云:廖平以丹砂三十斛填所居井中,饮是水者以祈寿。抱朴子曰:"余祖鸿胪为临沅,有民家世寿考,或百岁或八九十岁。后徙去,子孙夭折"即此。《常德府志》

常德府莱公泉　泉在常德府甘泉寺,寇准南迁日,来此试品题于东楹曰:"平仲酌泉经此,回望北阙"阒然而去。未几,丁谓过之,题于西楹曰:谓之酌泉礼佛而去,后范讽留诗寺中;末句云:"烟峦翠锁门前寺,转使高僧厌宠荣。"南轩张栻榜曰"莱公泉"。《常德府名胜志》

郴州惠泉　郴州惠泉,在惠泉坊。其泉甘冷清冽甚美,旧名甘泉。人患疾者饮之立愈。唐天宝间,改名曰"愈泉"。《郴州志》

山东泉品七

济南金线泉　济南城西张意谏议园亭,有金线泉,石甃方池,广袤丈余,泉乱发其下,东注城壕中,澄澈见底。池心南北有金线一道,隐起水面,以油滴之即散,或滴一隅,则线纹远去,或以纹乱之,则线辄不见,水止如故;天阴亦不见。济南为东南名郡,而张氏济南盛族园池,乃郡之胜游。泉之出百年矣,士大夫过济南至泉上者,不可胜数,而无能究其所以然,亦无人题咏,独苏子瞻有诗云:"旗枪携到齐西境,更试城南金线泉";然亦不能辨泉之所以有金线也。曾南丰亦有《金线泉》诗云:"玉甃尝浮灏气鲜,金丝不定路南泉。云依美藻争成缕,月照寒漪巧上弦。已绕渚花红灼灼,更萦沙竹翠娟娟。无风到底尘埃净,界破冰绡百丈天。"又范讽自给事中谪官,数年方归。游张氏园亭,饮泉上,有"金线真珠"之目,水木环合,乃历下之胜景。园亭主人乃张寺丞聪也,常邀范宴饮于亭上。范题一绝于壁曰:"园林再到身犹健,官职全抛梦乍醒。惟有南山与君眼,相逢不改旧时青。"《宋稗史》

兖州府东阿县白雁泉　泉在兖州府东阿县。相传汉王伐楚经此,士卒渴甚,忽有白雁飞起,遂得清泉,故名。《兖州府名胜志》

青州府范公泉　青州府府城西,范仲淹知青州有惠政,溪侧忽涌醴泉,遂以范公名之。今医家取此泉丸药,号青州白丸子药。《青州府志》

河南泉品八

南阳府内乡县菊潭泉　南阳府内乡县岸旁,产甘菊,饮此泉者无疾而多寿。《内乡县志》

河南府登封县一斗泉　河南府登封县颍阳城西南十五里,有泉甘美,宜瀹茗,汲与不汲,泉长惟一斗,故名。《登封县志》

陕西泉品九

西安府盩厔县玉女洞泉　西安府盩厔县玉女洞,洞有飞泉,清冷甘洌。苏轼过此汲两瓶去,恐后复取为从者所绐,乃破竹作券,使寺僧守藏之,以为往来之信,戏名调水符。《东坡全集》

四川泉品十

重庆府江津县金钗泉　重庆府江津县有金钗泉。在昔天旱,水泉皆竭,有姑氏病渴,思得甘泉。其妇徬徨至周阳山下,遇一老叟曰:能与吾金钗,则泉可得。妇因拔钗与之,钗坠于地而泉出,至今碛中余浅水一泓,周五六尺,味甘而寒洌,泉底有金钗影一双为异焉。《异物志》

福建泉品

建宁府龙焙泉　建宁府府城东凤皇山下,一名御茶泉。宋时将此泉造龙凤团茶入贡。《建宁府志》

兴化府仙游县九仙山泉　兴化府仙游县九仙山石穴,涌泉色白,味甘美。山因何氏兄弟得名。《仙游县志》

泉州府石乳泉　泉在泉州府泉山,山在府城北,一名齐云山,岩洞奇秀,郡之镇也。上有石乳泉,清洌甘美。《泉州府志》

漳州府天庆观井泉　漳州府府城中,世传漳南水土恶,初至者饮其水即病,惟此井泉极甘洌,可辟瘴疠。宦游者入境,多汲饮之。《漳州府志》

广东泉品十二

韶州府灵池八泉　韶州翁源县翁源山顶石池有泉八:曰涌泉、香泉、甘泉、温泉、震泉、龙泉、乳泉、玉泉,相传时有庞眉叟见池,因名翁源,居人饮此者多寿。《韶州府志》

韶州府大涌泉　韶州府府城南纂溪,宋余靖作亭其上。朱仲新记云:自有天地,便有此泉。振高僧之锡,而蜡骚人之屐者多矣。若据石临流,举白尽醉,则自我辈始。《韶州府志》

琼州府惠通泉　琼州府府城东三山庵下。苏轼过此品泉曰"有似惠山泉",因名。《琼州府志》

琼州府临高县澹庵泉　泉在琼州府临高县,胡澹庵谪崖州过此,遇旱觅之,味甘且洌。《琼州府志》

南宁府永淳县古辣泉　南宁府永淳县志称:古辣泉,乃宾横间墟名,以墟中泉酿酒,既煮不煮,埋地中日足取出,色浅红,味甘不易败,亦可烹茗。《广志》

云南泉品十四

武定军民府香水泉　香水泉在武定军民府府城南,其泉至春时则香,土人于二三月祭之,然后烹茗试尝,味最甘美,或和酒而饮,能祛诸疾。《武定志》

贵州泉品十五

贵阳府灵泉　灵泉在贵阳府府城西北,泉穴通可六尺,不盈不涸,清而且甘。《贵阳府志》

镇远府味泉　味泉在镇远府府治西南,一名味井。水极甘美,尤宜瀹茗。《镇远府志》

毕节卫福泉　福泉在毕节卫城内,甘洌异常。《毕节卫志》

安南卫白麓泉　白麓泉在安南卫城南山中,味甘洌。《安南卫志》

辽东泉品十六

锦州府广宁县甘泉　甘泉在锦州府广

宁县城北,泉有二:都御史漆昭刻其石,东曰长春,西曰泰惠,味甘如饴蜜故名。《舆图详考》

卷十一

泉品

论泉品

山水上,江水中,井水下。山水择乳泉石池漫流者上,其瀑涌湍漱勿食,久食令人有颈疾。又多别流于山谷者,澄浸不泄,自火天至霜郊已前,或潜龙蓄毒于其间,饮者可决之,以流其恶。使新泉涓涓然,酌之。其江水须取去人远者。《茶经》

山顶泉轻而清,山下泉清而重。石中泉清而甘,砂中泉清而冽,土中泉淡而白。流于黄石者为佳,泻出青石者无用。流动愈于安静,负阴胜于向阳。《茶录》

田子艺曰:山下出泉为蒙……故戒人勿食。《遵生八笺》

《遵生八笺》云:山厚者泉厚……必无佳泉。

又云:出不停处,水必不停;若停即无源矣。旱必易涸。

又云:石,山骨也……引地气也。

又云:泉非石出者不佳……诚可谓赏鉴者矣。

又云:泉源必重……可见仙源之胜矣54。

论伏流瀑泉

泉往往有伏流沙土中者,挹之不竭即可食,不然则渗潴之潦耳,虽清勿食。《煮泉小品》

《煮泉小品》云:流远则味淡,须深潭停蓄,以复其味,乃可食。

又云:泉不流者,食之有害。《博物志》曰:"山居之民多瘿肿之疾,由于饮泉之不流者。"

又曰:"泉涌者曰渍,在在所称珍珠泉者,皆气盛而脉涌耳,切不可食,取以酿酒或有力。"

泉悬出曰沃……谁曰不宜。《遵生八笺》55

论清寒泉品

清,朗也、静也,澂水之貌。寒,冽也,冻也,覆水之貌。泉不难于清而难于寒;其濑峻流驶而清,岩奥阴积而寒者,亦非佳品。《煮泉小品》

《茶录》云:石少土多,沙腻泥凝者,必不清寒⑧。

又云:蒙之象曰果行,井之象曰寒泉。不果则气滞而光,不澄寒则性燥而味必啬。

又云：冰，坚水也，穷谷阴气所聚不泄，则结而为伏阴也。在地英明者惟冰，而冰则精而且冷，是固清寒之极也。谢康乐诗云：凿冰煮朝飧。

又《拾遗记》云：蓬莱山冰水，得饮之者寿千岁㊿。

《九清斋杂志》云：凿冰煮茗，古称韵事；必须深山幽涧尘迹不至、清莹如银晶水玉方可从事。若风尘阛阓、污渠秽壑之所，凝结浑浊如鱼脑、兽脂，何者可以登茗饮，非特有玷茶箴，饮者亦婴寒厥矣，鉴家尤宜戒之。

《遵生八笺》云：下有石硫黄者，发为温泉，在在有之。

又有共出一壑半温半冷者，亦在在有之，皆非食品。惟新安黄山朱砂泉可食。《图经》云：黄山旧名黟山，东峰下有朱砂泉，可点茗。春色微红，此则自然之丹液也。《拾遗记》云：蓬莱山沸水，饮者寿千岁，此又是仙饮矣。

又云：有黄金处，水必清；有明珠处，水必媚；有子鲋处，水必腥腐，有蛟龙处，水必洞黑微恶，不可不辨也。

论甘泉

甘，美也，香芳也。《尚书》稼穑作甘，黍为香。黍惟甘香，故能养人；泉惟甘香，故亦能养人。然甘易而香难，未有香而不甘者也。《遵生八笺》

味美者曰甘泉，气芳者曰香泉，所在有之。泉上有恶木，则叶滋根润，皆能损其甘香，甚者能酿毒液，尤宜去之。《遵生八笺》

《茶谱》云：泉不甘者，能损茶味。前代之论，水品者以此㊿。

《煮泉小品》云：甜水以甘称也。《拾遗记》云：员峤山北，甜水绕之，味甜如蜜。

《十洲记》云：元洲玄涧水如蜜浆，饮之与天地相毕。又曰：生洲之水，味如饴酪。

《述异记》云：甜溪之水，其味如蜜，东方朔得之，以献武帝。帝乃投于阴井中，井水遂甜而寒，以之洗沐，则肌理柔滑。

《列子》云：壶顶有口，名曰滋穴，其水涌出，名曰神瀵，臭过椒兰，味逾醪醴。

《长沙府名胜志》云：长沙府湘乡县艻泉井，在县城内。泉香如椒兰，酿酒瀹茶殊胜，若参以它水则变。南齐时有水贡。

《酉阳杂俎》云：石阳县有井，井水半青半黄。黄者如灰汁，以之瀹茗烹粥，悉作金色，气甚芳馥。

论丹泉

水中有丹者，不惟其味异常，而能延年却疾，须名山大川诸仙翁修炼之所有之。葛玄少时为临沅令，此县廖氏家世多寿，疑其井水殊赤，乃试掘井左右，得古人埋丹砂数十斛。西湖葛井，乃稚川炼丹所在马园，后淘井出石瓮，中有丹数粒，如芡实，啖之无味，弃之。有施渔翁者，拾一粒食之，寿一百六岁。此丹泉尤不易得。凡不净之器，切不可汲。《遵生八笺》

《广州府名胜志》云：广州府番禺县白龙山安期井，云安期生于此山修炼。井中藏丹,井泉味极甘美,烹茶有金石之气,饮之者延年益寿㊳。

论灵泉即雨露霜雪是也

灵,神也,天一生水而精明不淆,故上天自降之泽,实灵水也。古称上池之水者,非欤。要之,皆仙饮也。《遵生八笺》

灵者,阳气胜而所散也,色浓为甘露,凝如脂,美如饴。一名膏露,一名天酒也。《遵生八笺》雨者,阴阳之和,天地之施,水从云下,辅时生养者也。和风顺雨,明云甘雨。《拾遗记》云:香云遍润则成,香雨皆灵泉也,固皆可食。若夫龙所行者,暴而霆者,旱而冻者夏月暴雨日冻雨,腥而墨者及檐溜者,皆不可食。潮汐近地,必无佳泉,盖斥卤诱之也。天下潮汐,惟武林最盛,故无佳泉。惟西湖山中则有之。《遵生八笺》

《罗岕茶记》云:烹茶之水功居六:无泉则用天雨水,秋雨为上,梅雨次之。秋雨则冽而白,梅雨则醇而白。雪水五谷之精也,色不能白,养水须置石子于瓮,盛能益水。

《涌幢小品》云:俗语"芒种逢壬便是梅",霉后积雨水,烹茶可爱,甚香冽,可久藏。一交夏至,则水味迥别矣。

雪者……则不然矣。《遵生八笺》56

《述异记》云:嵊州去玉门三千里,地寒多雪,着草木土石之上,皆凝结而甘,可以为果。西王母献穆王嵊州甜雪者,即产于此地也。

论井泉

井,清也,泉之清洁者也;通也,物之通用者也;法也、节也,法制居人,令节饮食,无穷竭也。其清出于阴,其通入于淆,其法节由于得已脉暗而味滞。故鸿渐曰"井水下",其曰井取多汲者,盖汲多则气通而流活耳,终非佳品。养水,取白石子数百枚,纳瓮中,虽养其味,亦可澄水不淆。《遵生八笺》

《涌幢小品》云:"家居苦泉水,难得自以意。"取寻常井水煮滚,总入大磁缸,置庭中避日色,俟夜天色皎洁,开缸受露,凡三夕,其水即清澈,缸底积垢二三寸,亟取出,以瓻盛之烹茶,与惠泉无二。盖井水经火锻炼一番,又经浥露取真气,则返本还原,依然可用,此亦修炼遗意,而余创为之,未必非品泉之一助也。

收藏泉水法

甘泉旋汲用之斯良。丙舍在城,故宜多汲,贮以大瓮,但忌新器,火气未退,易于败水,亦易生虫。久用贮水者益善,最嫌它用。水性忌木,松杉为甚,挈瓶为佳耳。《茶疏》

《茶解》云:贮水瓮须置阴庭,覆以纱帛,使承星露。若压以木石,封以纸箬,曝于日中,水斯敝矣㊴。

《茶谱》云:泉水初入净瓮,一二日俟澄定,用烧红栋木劲炭一二茎投入瓮内,久之则水不淆而不易败57。

《煮茶录》云:泉水收贮上瓻,宜列于阴廊,幽廉有风露无日色处为佳。

《煮茶录》云:昔人折洗惠泉法:惠泉汲久,则味澹与常水无异。每一瓻用常水半瓻纱帛隔幕空缸,将惠泉从瓻中倾入缸内,用寒水石一块,夹于小竹竿上,线缚定,不住手将缸中惠泉水细搅,久之,候水澄定,然后用常水半瓻搀入,露一、二宿,仍入瓻收之,与新汲者无异。

《今坐编》云:泉水久贮,色必败味,用通河中流之水,与泉各半置缸中,久搅使匀,待其澄清,河水上浮,割去上半,泉性自复,无异新汲。

又云:泉贮缸中,稍近火气或触人手,便至生虫,色味亦损,然未至大败,只须以两器腾注数十过,其泉便活。

卷十二

目次

器志

镬 镬音釜,以生铁为之。洪州以磁,莱州以石,磁与石皆雅器也,性非坚实,难可持久。用银为至洁,但涉于侈。《茶经》

铫 金乃水母,锡备刚柔,味不咸涩,作铫最良。制必穿心,令火气易透。《茶录》❺⁸

《遵生八笺》云:凡瓶要小,易于候

茶。又点茶、注汤相应。若瓶大,啜存停久,味过则不佳矣。茶铫茶瓶,磁砂为上,铜锡次之。磁壶注茶,砂铫煮水为上。《清异录》云:富贵汤当以银铫煮汤佳甚,铜铫煮水,锡壶注茶次之。

茶具图赞序

余性不能饮酒……乃书此以博十二先生一鼓掌云❺⁸。

芝园主人茅一相撰❾

十二先生题名录

韦鸿胪……咸淳己巳五月夏至后五日审安老人书❺⁹

韦鸿胪 名文鼎,字景旸,别号四窗闲叟,乃贮茶筥笼也,其赞曰:祝融司夏……颇著微称❻⁰。

木待制 名利济,字忘机,别号隔竹居人,乃敲茶木砧橄也,其赞曰:上应列宿……亦莫能成厥功。

金法曹 名研古,一名轹古,字元锴,一字仲铿,别号雍之旧民,又号和琴先生,乃古铜茶碾也。其赞曰:柔亦不茹……岂不韪欤!

石转运 名凿齿,字遄行,别号香屋隐君,乃上犹石茶磨也。其赞曰:抱坚质……虽没齿无怨言。

胡员外 名惟一,字宗许,别号贮月仙翁,乃酌泉之葫芦杓也。其赞曰:周旋中规而不踰其间……其精微不足以望圆机之士。

罗枢密 名若药,字传师,别号思隐寮长,乃越绢茶罗也。其赞曰:几事不密则害成……惜之。

宗从事 名子弗,字不遗,别号扫云溪友,乃扫茶棕帚也。其赞曰:孔门高弟……

功亦善哉。

漆雕秘阁 名承之,字易持,别号古台老人,乃雕漆承盏囊也。其赞曰:危而不持……而亲近君子。

陶宝文 名去越,字自厚,别号兔园上客,乃定滗百折茶杯也。其赞曰:出河滨而无苦窳……宜无愧焉。

汤提点,名发新,字一鸣,别号温谷遗老,乃贮茶之龚春磁壶也。其赞曰:养浩然之气……奈何。

竺副帅 名善调,字希默,别号雪涛公子,乃洗涤茶具之竹筅刷也。其赞曰:首阳饿夫……临难不顾者畴见尔。

司职方 名成式,字如素,别号洁斋居士,乃拭摩茶具之方帛也。其赞曰:互乡童子……此孔子之所以与洁也。已上俱出《赏心录》

苦节君赞锡山盛颙作

贮泉磁圆瓶暨湘竹风炉也,其铭曰:肖形天地……洞然八荒[61]。

苦节君行省铭

贮藏茶具之行笥也。

茶具六事,分封悉贮于此……六事分封见后[62]:

建城 贮茶篛笼也。

茶宜密裹……故据地以城封之。

云屯 贮泉磁瓶也

泉汲于云根……岂不清高绝俗而自贵哉!

乌府 贮炭篮也

炭之为物……不亦宜哉!

水曹 贮水涤茶具盥盘也

茶之真味……岂不有关于世教也耶!

器局 收贮一行茶具之总笥也

商象古石鼎也……受污拭抹布也

右茶具十六事……以其素有贞心雅操而自能守之也。

品司 古者,茶有品香而入贡者……不敢窥其门矣[63]。已上俱出《赏心录》

茶壶 茶壶时尚龚春壶,近日时大彬所制,为时人所重,盖是粗砂,正以砂无土气耳。《茶疏》

屠幽叟《茗笈》云[®]:吴郡周文甫嗜茶成癖,自晓至暮一日举茗饮约至五六,而宾游宴会不与焉。年至八十余笃嗜不衰。而平生宝爱一龚春壶,摩挲岁久,光泽可鉴,外类紫玉,内如绿云,爱惜不啻掌珠。后文甫殁,其子将此壶纳之圹中。

《茶疏》云,茶壶宜小不宜大,容水半升者,量投茶五分,其余以是增减[®]。

茶瓯 茶瓯以白磁为上,蓝者次之。《茶录》[®]

《遵生八笺》云:茶盏惟宣窑坛盏为最,质厚莹白,式样古雅有等。宣窑印花白瓯,式样得中而莹然如玉;次则嘉窑,酰心内有茶字。小盏为美,欲试茶,色黄白,岂容青花乱之? 注酒亦然,惟纯白色器皿为最上乘品,余皆不取。

《遵生八笺》云:有等细白茶盏,较坛酰少低,而瓮肚釜底,线足光莹如玉,内有绝细龙凤暗花,底有大明宣德年制。暗款隐隐橘皮纹起,虽定磁何能比方,真一代绝品佳器。惜乎外不多见。

谢在杭《五杂俎》云:宣窑不独款式端正,色泽细润,即其字画亦皆精绝。余见一御用茶酰,乃画轻罗小扇扑流萤者,其人物毫发具备,俨然一幅李思训画也。外一皮函亦作酰样,盛之小流金铜屈戌尤精,盖人间所藏,宣窑又不及也。

蔡君谟《茶录》云：茶盏以建窑黑盏为最，茶色白，故盏宜于黑也。盏以滴珠大者为佳，而兔毫黄润者为最⑳。

《遵生八笺》云：建窑器多椠口碗盏，色黑而滋润。有黄色兔毫滴珠，大者为真，但体极厚而薄者少见。

茶匙　茶匙须用黄金，以其性重，击拂有力耳。蔡君谟《茶录》

《鸡林类事》云：高严呼茶匙曰茶戌。

茶磨　茶磨以江西上犹县石门所出者为最。《茶谱》

黄山谷茶磨铭云："楚云散尽，燕山雪飞，江湖归梦，于此祛机。"

长沙茶具

长沙茶具妙天下，士大夫多以黄白金制之。全副须用白金三百星方就。宋时宦游兹地者，例以此物遗中朝权贵。《退食录》

范蜀公茶器

范蜀公与司马温公同游嵩山，各携茶以行。温公以纸为帖，而蜀公用小黑木合盛之。温公见之惊曰："景仁乃有茶器也?"蜀公闻言，留合于寺僧而去。后来士人制茶器精丽极，世间之工巧而心犹未厌。晁以道常以此语客。客曰："使今日茶器，温公见之当复云何也?"《曲洧间旧闻》64

杂论茶器具

茶盒，以贮茶用。锡为之，从大瓻中分出，若用尽时再取。《茶录》㉔

茶炉，或瓦或竹，大小须与茶铫相称。《茶解》㉟

茶性畏纸，纸于水中成，受水气多。纸里一夕，随纸作气，茶味尽矣。即再焙之㊱，少顷即润，雁荡诸山，首坐此病。纸帖贻

远，安得复佳? 故须以滇锡作器贮之㊲。《茶疏》

茶具涤毕，覆于竹架，俟其自干为佳。其拭巾，只宜拭外，切忌拭内。盖巾帨虽洁，一经人手，极易作气。纵器不干，亦无大害。《茶笺》

饮茶人必各手一瓯，毋劳传送。再巡之后，清水涤之。《茶疏》

《遵生八笺》云：茶瓶、茶盏、茶匙生钻音腥，致损茶味，必须先时洗涤为佳。

卷十三

藏茶

育藏茶器　以木制之，以竹编之，以纸糊之。中有隔，上有覆，下有酾，傍有门，掩一扇。中置一器，贮塘煨火，令煴煴然。江南梅雨，焚之以火。《茶经》

《罗岕茶记》云：藏茶以箬叶……或秋

分后一焙[65]。

《茶录》[66]云：临风易冷，近火先黄。

《茶解》云：凡贮茶之器，始终贮茶，不得移为它用。

《遵生八笺》云：茶宜箬叶而畏香药……不可食矣[67]。

《遵生八笺》云：以中坛盛茶，十斤一瓶，每年烧稻草灰入大桶中，以灰四面填满桶面，瓶上覆灰筑实。每用茶，拨开灰启瓶取出些少，仍复覆灰，再无蒸坏，次年换灰重藏。

《遵生八笺》云：空楼中悬架，将茶口朝下放，不蒸。盖潮湿蒸气，自天而下[99]，故宜倒放。

烹点

其火用炭，曾经燔炙，为脂腻所及，及膏木败器不用。古人识劳薪之味信哉[100]。《茶经》

《茶疏》云：火必以坚木炭为上，然木性未尽，尚有余烟，烟气入汤，汤必无用。故先烧令红，去其烟焰，兼取性力猛炽，水乃易沸。既红之后，方授水器，乃急扇之，愈速愈妙，毋令停手。停过之汤，宁弃而再烹。

《茶录》云：炉火通红，茶铫始上。扇起要轻疾，待汤有声，稍稍重疾，斯文武火之候也。若过乎文，则水性太柔，水为茶降；过于武，则火性太烈，茶为水制[101]，皆不足于中和，非茶家之要旨。

《遵生八笺》云：凡茶须缓火炙、活火煎……《清异录》云"五贼六魔汤"[68]。见《苏廙十六汤》，出《清异录》

其沸如鱼目……皓皓然若积雪耳[69]。《茶经》

《茶疏》云：水入铫便须急煮，候有松声即去盖，以消息其老嫩。蟹眼之后，水有微涛是为当时，大涛鼎沸旋至无声，是为过

时。过时汤老，决不堪用。

《鹤林玉露》云：余友李南金云……一瓯春雪胜醍醐[70]。

《茶录》云：投茶有序，先茶后汤，曰下投；汤半下茶，复以汤满，曰中投。先汤后茶曰上投。春秋中投，夏上投，冬下投。

《茶疏》云：握茶手中，俟汤入壶，随手投茶，定其浮沉然后泻啜，则乳嫩清滑，馥鼻端，病可令起，疲可令爽。

陆树声《茶寮记》云：终南僧亮公从天池来……安知不因是悟入赵州耶?[71]

陆树声《煎茶七类》云：煎茶非漫浪……要须人品与茶相得，故其法往往传于高流隐逸，有烟霞泉石磊块胸次者。

《茶解》云：山堂夜坐，汲泉煮茗，至水火相战，如听松涛，倾泻入杯，云光潋滟，此时幽趣，故难与俗人言矣[72]。

熊明遇《罗岕茶记》云[102]：蔡君谟谓"黄金碾畔绿尘飞，白玉瓯中翠涛起"，二句当改绿为玉，改碧为素，以色贵白也[103]。然白亦不难，泉清瓶净，叶少水浣，旋烹旋啜，其色自白。然真味抑郁徒为耳。食若取青绿，则天池、松萝及岕茶之最下者，虽冬月，色亦如苔衣，何足为妙，莫若余所制。洞山自谷雨后五日以汤薄浣贮壶良久，其色如玉，至冬则嫩绿，味甘色淡，韵清气醇，嗅之亦虎丘婴儿之致，而芝芬浮荡，则虎丘所无也。有以"木兰坠露[104]，秋菊落英"比之者。木兰仰萼，安得坠露? 秋菊傲霜，安得落英? 莫若李青莲梨花白玉香一语，则色味都在其中矣。

《岕茶疏》云：凡煮茶银瓶为最佳，而无儒素之致。宜以磁罐煨水，而滇锡为注，活火煮汤，候其三沸，如坡翁云："蟹眼已过鱼目生，飕飕欲作松风声"；是火候也，取茶叶

细嫩者,用熟汤微浣,粗者再浣,置片晌俟其香发,以汤冲入注中方妙。冬月茶气内伏,须于半日前浣过以听用。亦有以时大彬壶代锡注者,虽雅朴而茶味稍醇损风致[105]。

《遵生八笺》云:凡茶少汤多,则云脚散,汤少茶多,则乳面聚。又云:凡点茶,先须熁盏令热[106],则茶面聚乳;冷则茶色不浮。

《遵生八笺》云:茶有真香……或可用也[73]。

茗饮

饮茶之始　饮茶或云始于梁天监中,事见《洛阳伽蓝记》,非也。按《吴志·韦曜传》,孙皓每宴飨,无不竟日,在席无论能否,率以饮酒七升为限,虽不悉入口,皆浇灌取尽。曜素饮不过二升,初见礼异,或为裁减,或赐茶荈以当酒。如此言则三国时已知饮茶,但未能如后世之盛耳。逮唐中世,榷利遂与煮酒相抗,迄今国计赖此为多。《南窗纪谈》[74]

《云谷杂记》[75]云:饮茶不知起于何时,欧阳公《集古录》跋:茶之见于前史者,盖自汉魏已来有之。余按《晏子春秋》婴相齐景公时,食脱粟之饭,炙三戈五卵茗菜而已。又汉王褒僮约有"武阳买茶"[107]之语,则魏晋之前,已有之矣。但当时虽知饮茶,未若后世之盛耳。郭璞注《尔雅》云:树似栀子,冬生叶可煮作羹饮,然茶至冬味苦,岂复可作羹饮耶?饮之令人少睡,张华得之,以为异闻,遂载之。《博物志》:当时非但饮茶者鲜,而识茶者亦鲜,至唐陆羽著《茶经》三卷,言茶事甚备,天下盖知饮茶。其后尚茶成风,回纥入朝,始驱马市茶。德宗建中间,赵赞始兴茶税。兴元初虽诏罢。贞元九年,张滂复奏请,岁得缗钱四十万,今乃

与盐铁同佐国用,所入不知几倍于唐矣。

水厄　晋王濛好饮茶,每饮不限瓯数,宾客患之,每过必候,云:今日有水厄。《世说新语》

《世说新语》云:侍中元乂为萧正德设茗饮,先问云:"卿于水厄多少?"正德不晓义,答云:"下官虽生水乡,立身已来,未遭阳侯之难。"举座大笑。

甘露　新安王子鸾、豫章王子尚诣昙济上人于八公山,济设茶茗,尚味之曰:"此甘露也,何言茶茗?"《南史》

米元章有诗云:饭白云留子,茶甘露有兄。人见诗不解,问之,米答云:只是甘露哥哥耳。

换茶醒酒　白乐天方入关,刘禹锡正病酒,禹锡乃馈菊苗齑、芦菔鲊,换取乐天六班茶二囊,炙而饮之以醒酒。《云仙散录》[76]

收茶三等　觉林院志崇收茶三等,待客以惊雷荚,自奉以萱草带,供佛以紫茸香。客赴茶会者,皆以油囊盛余沥以归。《茶董》[108]

《柯亭散录》云:霍林傅大士,自往蒙顶结庵种茶凡三年,得绝佳者,号圣阳花、吉祥蕊各五斤,持归供献宴客。

烹茶不倦　李约性嗜茶,客至不限瓯数,竟日蓺火执器不倦,常奉使至虾蟆碚,爱其泉水清激携茗烹泉经旬忘发。《清事录》

茶博士　常伯熊善茶,李季卿宣慰江南至临淮,乃召伯熊。伯熊着黄帔衫、乌纱帻手执茶具,口通茶名,区分指授左右刮目。茶熟,李为啜,两杯。既到江外,复召陆羽。羽野服随茶具而入,如伯熊故事。李心鄙之,茶毕,季卿命取钱二十文酬煎茶博士。鸿渐夙游江介,通狎胜流,遂收茶钱、茶具,雀跃而出,旁若无人,因著《毁茶

论》。《清赏录》

《茶录》云：鸿渐茶术最著，好事者陶为茶神，利则祭之，不利辄以汤灌注，所著有《茶经》三卷行世[108]。

蕃使知茶　唐常鲁使西番，烹茶帐中，谓蕃人曰：涤烦疗客，所谓茶也。蕃人曰：我亦有之，命取以出指曰：此顾渚者，此寿州者，此蕲州者。《清异录》

茶社　和凝在朝率同列递日以茶味相角，劣者有罚，号为茶社。《清异录》

乳妖　吴僧文了善烹茶，游荆南，高季兴延致紫云庵日试其艺，奏授华亭水大师。《清异录》

敲冰煮茗　逸人王休，居太白山下，日与僧道逸人往还。每至冬时，取溪冰清莹者敲煮建茗，共客饮之。《清事录》

自判茶味　陆龟蒙性嗜茶，置园顾渚山下，岁收茶租，自判品味高下。《天随子传》

竹沥水煎茶　苏才翁与蔡君谟斗茶。蔡用惠山泉，苏茶小劣，改用竹沥水煎茶，遂能取胜。《茗史》注：竹沥水，天台山泉名也[110]

《西湖志余》云：杭伎周韶有诗名，好畜奇茗，常与蔡君谟斗胜品题风味，君谟屈焉。

饮茶致语　宋刘晔与刘筠会饮茶，问左右云"汤滚也未?"众曰"已滚"。筠曰：金曰鯀哉! 晔应声："吾与点也。"《清事录》

道君亲点茶赐近臣　宣和二年十一月癸巳，召执宰亲王等曲宴于延福宫时，召学士承旨、李邦彦、宇文粹中以示异也。又命学士蔡绦引二臣至保和殿游观，上命近侍取茶具亲手注汤击拂，少顷白乳浮盏，面如疏星淡月。顾诸臣曰：此自烹茶，饮毕皆顿首谢。延礼曲宴

李师师啜茶　李师师为京师角伎。政

和间，汴都平康之盛而以师师为最。晁冲之叔用同诸名士，每宴会必召以侑觞，多以篇什相赠。靖康之乱，李生流来浙中，士大夫犹邀之以听其歌，然憔悴无复向来之态矣。而李生慷慨飞扬有丈夫气，以侠名动倾一时，号飞将军。每客退，必焚香啜茗，萧然自如，人弥得而窥之也。《汴都平康记》

金国宴客茶饮　金国凡婚姻宴客，佳酒则贮以乌金银器，其次以瓦列于前，以百数宾退则分饷焉。富者以金银器饮客，贫者以木。酒三行进大软指、小软指如中国，寒具又进蜜糕，人各一盘，曰茶食。宴罢，富者瀹建茗，留上客数人啜之；或以茶之粗者煎乳酪焉。《金志》

《北辕录》[77]云：凡宋使到金，金人遣馆伴延使升厅茶酒三行。虏法先汤后茶，少顷联辔入城，夹道甲士执兵直抵于馆，旋共晚食。果钉如南方，斋筵先设茶筵一盘，若七夕乞巧。其瓦撑、桂皮、鸡肠、银铤、金刚镯、西施舌、聚形蜜和油煎之，类虏甚重，此茶食。酒未行先设此品；进茶一酸，谓之茶筵。

明孝宗赐茶　帝常啜茶，谓中官张羽曰："汝谓刘文泰善煮茶，何如此茶?"羽对曰："外人安得有此"，遂命以御用金壶，令茶人善煮遣羽赐文泰尝之。临行，帝以茶末少许著壶中曰："毋为所笑"，其宠异如此。《明良记》[78]文泰，时太医院使。

卷十四

目次

君谟作小龙团　赐七宝茶　御赐团茶　大小龙团可拾　漕司进团茶旧例

茗饮二

茶性俭，不宜广，广则其味黯淡，且如一满碗啜半而味寡，况其广乎？夫珍鲜馥烈，其碗数三次之者，碗数五。若坐客数至五，行三碗；三至七，行五碗。若六人以下，不约碗数，但阙一人而已，其隽永补所阙人。《茶经》⑩

按：《茶经》注云，第二沸留热水以贮之，以备育华救沸之用者，名曰隽永。

茶有九难：一曰造，二曰别……夏兴冬废，非饮也。《茶经》79

《茶谱》云：茶有真香……正当不用80。

《茶录》云：醮不宜早，饮不宜迟。晒早则茶神未发，饮迟则妙馥先消。

一壶之茶，只堪再巡……犹堪饭后供啜嗽之用。《茶疏》81

熊明遇《岕茶疏》云82：罗岕茶，人常浮慕卢、蔡诸贤嗜茶之癖。间一与好事者致东南名产而次第之，指必罗岕。云主人每于杜鹃鸣后，遣小吏微行山间购之。不以官檄致，即或采时晴雨未若，或产地阴阳未辨，甘露肉芝艰于一遘，亦往往得佳品。主人舌根多为名根所役时，于松风竹雨、暑昼清宵呼童汲水、吹炉，依依觉鸿渐之致不远。至为邑六载，而得洞山者之产，脱尽凡茶之气。偶泛舟茗上，偕安吉陈刺史啜之，刺史故称监赏，不觉击节曰："半世清游，当以今日为第一碗，名冠天下不虚也。"主人因念不及遇君谟辈一品题，而吴中豪贵人与幽士所购，又仅其中驷，主人得为知己，因缘深矣。旦暮，行以瓜期代，必不能为梁溪水递爱授之笔楮永以为好。它时雨后花

明，夏前莺老，展之几上，庶几乎神游明月之峡，清风两腋生也。因为之歌，歌曰："瑞草魁，瑯玕质，瑶蕊浆，名为罗岕。问其乡，阳羡之阳。"

《茶疏》云83：岕有秋茶，取过秋茶，明年无茶矣，土人禁之。韵清味薄，旋采旋烹，了无意趣；置磁瓶中，旬日其臭味始发。枫落梧凋，月白露冷，之后杯中郁然，一种先春风味，亦奇快也。诸茶惟岕茶能受众香，先以时花宿锡注中，良久，随浇茶入熟汤，气韵所触，滴滴如花上露也。梅兰第一，茉莉、玉兰次之，木犀则浊矣。梨花，藕花，豆花随意置之，都自幽然。

《岕茶汇抄》云：茶壶以小为贵……存乎其人84。

冒辟疆《斗茶观菊图记》云：忆四十七年前，有吴门柯姓者，熟于阳羡茶山。每于桐初露白之际，为余入岕，箬笼携来十余种，其最精妙不过斤许数两。味老香清，具芝兰金石之气，十五年以为恒。后宛姬从吴门归，余则岕片必需半塘顾子兼，黄熟香必金平叔，茶香双妙，更入精微。然顾金茶香之供，每岁必先虞山柳夫人，吾邑陇西之蒨姬与余宛姬而后它。及沧桑后，陇西出亡及难蒨去，宛姬以辛卯殁，平叔亦死，子兼贫病，虽不精茶如前，然挟茶而过我者，二十余年曾两至，追往悼亡饮茶如茶矣。客秋，世友金沙张无放秉铎来皋，其令坦名士于象明携茶来绝妙，金沙之于精鉴甲于江南，而岕茶之棋盘顶久归君家。每岁，其尊人必躬往采制。今夏携来庙后、棋顶、涨沙、本山诸种，各有差等，然道地之极；真极妙者二十年所无。又辨水候火，与手自洗，烹之细洁，使茶之色香，性情，从文人之奇嗜异好，一一淋漓而出。诚如丹丘

羽人所谓"饮茶生羽翼"者，真衰年称心乐事也。秋间，又有吴门七十四老人朱汝圭携茶过访。茶与象明颇同，多花香一种。汝圭之嗜茶，自幼如世人之结斋于胎，年十四入岕迄今，春夏不渝者百二十番，夺食色以好之。有子孙为名诸生，老不受养供，谓不嗜茶不似阿翁。每辣骨入山，卧游虎虺，负笼入肆，啸傲瓯香，晨夕涤磁、洗叶、啜美，无休指爪齿牙，与语言激扬赞颂之，津津恒有喜色，与茶相长养直，奇癖也。余深为叹服。自宛姬亡后，二十余年疏节于此，虽岁不乏茶，然心情意味两不沁入。即日把卢仝之碗，转益文园之渴，今喜得臭味同心如两君者，时陶满篱移植数百株于悬雷山之上下，陈邹愚谷先生所用龚春宝鼎壶，及宛姬九年手拭旂檀，美人六觚处士二小壶，杂置名磁，延两君与水绘庵诗画，诸友斗茶观菊于枕烟亭。汝圭出虞山老人《茶供说》，开卷共读，恰具茶菊二义，而行文典雅流连，证据意度波澜，足为汝圭祖孙世隐增重，乃于斯集复如虎符合也。异哉！异哉！文章嗜好相感召，有不知其所以然而然。诚如是哉。陈菊裳为图于册，余手书虞山文并述其事。识诸末简人生有几？四十七年，历历茶事，略具于此。象明之为人，芝兰金石，惟茶是视。汝圭尚日能健走六七十里，与余先为十年茶约。余笑谓随年而饮，未容豫计，但存此一段佳话，以贻后之好茶友生，虽百千年有浇刘伶泉下土者，当以岕香一酹代之，安知天上茶星，人间茶神，非吾辈精灵所托也！壬子冬至后识。

水绘庵冒襄辟疆撰

好尚

唐宋两朝所尚茶品

有唐茶品，以阳羡为上供，建溪北苑未著也。贞元中，常衮为建州刺史始蒸焙而碾之，谓之碾膏茶。其后稍为饼样其中，故谓之一串。陆羽所烹惟是草茗尔。迨至本朝，建溪独尚[11]，采焙制作，前世未有也。士大夫之珍尚鉴别，亦过古先。丁晋公为福建转运司，始制凤团，〔后〕又为龙团[12]，贡不过四十饼，专拟上贡，虽近臣之家，徒闻之而未常见也。天圣中，又为小团，其品又加于大团之上，赐两府，然止于一斤，惟上大宿斋八人，两府共赐小团一饼；缕之以金，八人折归以侈非常之赐，亲知瞻玩，赍倡以诗。故欧阳永叔有《龙茶小录》。或以大团问者，辄方断刲方寸，以供佛仙家庙。已而，奉亲待客，烹享子孙之用。熙宁末，神宗有旨制密云龙[13]，其品又加于小团之上矣。然密云龙之出，二团少粗，以不能两好故也[14]。余元祐中详定殿试，是年秋，为制举，考第官各蒙赐三饼，然亲知诛责殆尽[15]，宣仁后一日叹曰："指挥建州，今后更不许造密云龙，亦不要团茶；拣好茶吃，生甚得好意智？"熙宁中，苏子容使虏，姚麟为副，曰"盖载些小团茶乎？"子容曰："此乃供上之物，俦敢与虏人？"未几，有贵公子使虏，广贮团茶，自尔虏人非团茶不纳也，非小团不贵也。彼以二茶易蕃罗一匹，此以一罗易茶四饼[16]。少不满意，则形诸言语。近有贵貂到边，常言宫中以团为常供，密云龙为好茶[17]。《画墁录》

《归田录》云：茶之品莫贵于龙凤……其贵重如此[85]。

《甲申杂记》[86]云：初贡团茶及白羊酒，惟现任两府方赐之，仁宗朝及前宰臣岁赐茶一斤，酒二斤斤一作壶，岁以为常例焉[87]。

《续闻见录》云：蔡君谟始作小团入贡，

意仁宗皇嗣未立而悦上心也。又作曾坑小团，岁贡一斤。欧阳文忠所谓两府共赐一饼者是也。元丰中，取拣芽不入香料作密云龙茶，小于小团，而厚实过之。终元丰之世，外臣未始识之。宣仁垂帘始赐两府。及裕陵宿殿夜赐，碾成末茶，二府两指许二小黄袋，其白如玉，上题曰拣芽，亦神宗所藏。至元祐末，福建转运使又取北旗枪，建人所作团茶者也，以为"瑞云龙"请进，不纳。绍圣初，方入贡不过八饼，其制与密云龙等而差小，盖茶之绝品也。

《甲申杂记》云：仁宗朝春试进士集英殿，后妃御太清楼观之。慈圣先献，出饼角子团茶以赐进士，出七宝小团茶[⑫]，以赐考试官。

《玉堂杂记》[87]云：凡非时宣召院官，紫窄衫丝绚行入殿廊。有小黄门来导至便坐，上服红半臂忌前用黄，黄门赞拜揖，升殿奏对讫，上曰：且坐，已先设小兀子。得旨则侧身虚揖而坐。将退，黄门赞云：宣坐赐茶。于是中官进御前团茶，茶毕谢退。

《画墁录》云：永洛之役，一日丧马七千匹。城下灰烬中，大小龙团累累可拾，当时好尚可知矣。

《武林旧事》云：仲春上旬，福建漕司进第一纲茶，名北苑试新，方寸小夸，进御止百夸。护以黄罗软盝，藉以青箬，裹以黄罗，夹复臣封朱印，用朱漆小匣镀金锁，又以细竹丝织笈贮之，凡数重。此乃雀舌水芽所造，一夸之直四十万，仅可供数瓯之啜耳。或以一二赐外邸，则以生线分解转遗好事以为奇玩。茶之初进御也，翰林司例有品尝之费，皆漕司邸吏略之，间不满欲，则入盐少许，茗花为之散乱，而味亦漓矣。禁中大庆会，则用大镀金臬，以五色韵果簇

钉龙凤，谓之绣茶，不过悦目，亦有专工其事者。外人罕知，因附见于此。

卷十五

鉴赏

竟陵禅师精鉴　竟陵大师积公嗜茶……出羽相见。[88]偶音癀《羽煎茶图》

《唐书·陆羽传》云[⑫]：羽复州人，其先不知所出，竟陵大师积公于水次得婴儿，携归育之。及长，聪明好学，博通经史，以《周易》自筮得渐，因象辞有"鸿渐于陆，其羽可用为仪"之义，遂以陆为姓，而羽字鸿渐。又按：《广信府流寓志》云：陆羽一名疾，字季疵，诏拜太常不就，寓居郡北茶山中，号东冈子。嗜茶，环植数亩。刺史姚骥，每微服访之。后隐居苕上，称桑苧翁，又号竟陵子，杜门著书或行吟旷野，或恸哭而归。性癖嗜茶，有《茶经》三卷行世。

《十二代隐逸传》云：陆羽之艺茶，比之后稷之树谷。

《续博物志》云：楚人陆鸿渐为《茶经》，兼煎炙之法，造茶具二十四事，以都统笼贮

之。常伯熊者，因广鸿渐之法。伯熊饮茶过度，遂患风气。或云北人未有茶多黄病，后饮茶致疾，多腰胁偏废之症。

《博物续志》云：南人好饮茶，孙皓以茶与韦昭代酒，谢安诣陆纳设茶果而已。北人初不识，开元中，泰山灵岩寺⑫有降魔禅师者，教人以不寐，多作茶饮，因以成俗。

李文饶精鉴　唐李德裕，谥文饶，精于茶理，能辨天柱峰茶，识中泠泉水，真伪不能逃。其玄鉴已见前《茶品》、《泉品》中，兹不赘录。

蔡君谟精鉴　建安能仁院有茶……始服[89]。《类林》

李卓吾《疑曜》云：古人冬则饮汤，夏则饮水，未有茶也。李文正《资暇录》云：茶始于唐崔宁，黄伯思已辨其非。伯思常见北齐杨子华作刑子才，魏收勘书图，已有煎茶者。《南涧纪谭》谓饮茶始于梁天监中事，见《洛阳伽蓝记》。及阅《吴纪·韦曜传》赐茶荈以当酒，则茶又非始于梁矣。余谓饮茶亦非始于吴也。《尔雅》曰："槚，苦荼"，郭璞注曰：以为羹饮，早采为荼，晚采为茗，一名荈，则吴之前亦以茶作饮矣。第不如后世之日用不离也，盖自陆羽出，而茶之法始备。自吕惠卿、蔡君谟辈出，而茶法始精，且茶之利国家已籍之矣。此古人所不及详也。

《仇池笔记》云：滕达道、吕行甫暇日晴暖，研墨水数合弄笔之余，乃啜饮之。蔡君谟嗜茶，老病不能饮，但烹而把玩耳。看茶啜墨，亦事之可笑也。

《漫笑录》云：司马温公与苏子瞻论茶墨俱香云，茶与墨正相反，茶欲白，墨欲黑；茶欲重，墨欲轻；茶欲新，墨曰陈。苏曰："奇茶妙墨俱香，是其德同也；皆坚，是其操

同也。譬如贤人君子，黔晳美恶不同，其德操一也。"公笑以为然。

《朵颐录》云：好茶妙墨，俱不可见日，一见日则色味俱变不堪用矣。语云："茶见日而味夺，墨见日而色灰。"

《清赏录》云：茶如佳人……无俗我泉石[90]。

论茶泉优劣

严子濑……水功其半者耶[91]。《煮泉小品》

阳羡贡茶　唐李栖筠守常州时，有僧献阳羡佳茗，陆羽以为芬芳冠绝它境，可供尚方，遂置茶舍，岁供万两，盖阳羡茶制贡始于陆羽一言，而今不替矣。《常州府志》

《岕茶汇抄》云：茶虽均出于岕……百不失一矣[92]。

论活水烹茶法　东坡《汲江烹茶》⑬诗云："活水还须活火烹，自临钓石取深清。大瓢注月归春瓮，小杓分泉入夜瓶⑭。"此诗奇甚，道尽烹茶之要，且茶非活水则不能发其鲜馥，东坡深知此理矣。余顷在富沙，常汲溪水，烹茶色香味俱成三绝。又况其地产茶为天下第一，宜其水异于它处，用以烹茶，功力倍之。至于浣衣，更尤洁白，则水之轻清益可知矣。近城山间有陆羽井，水亦清甘，实好事者为之。羽著《茶经》，言建州茶未得详，则知羽了不曾至富沙也。《苕溪渔隐》

清韵

茗饮谭经史　四月上巳，上幸司农少卿王光辅庄。驾还朝后，中书侍郎南阳岑羲设茗饮葡萄浆与学士等讨论经史。《景龙馆记》

翰林赐茶　凡正旦冬至不受朝，朝臣俱入名奉贺，大进名奉慰。其日尚食供素馔，并赐茶十串。《唐翰林志》

《金銮密记》[93]云：金銮故例，翰林当直学士，值春晚困倦，则赐成象殿茶果。

《凤翔退耕录》云：元和时，馆阁汤饮待学士，煎麒麟草。

纤手烹　白太傅诗云："茶教纤手侍儿烹。"《钗小志》

酒铛茶臼　王摩诘得宋之问兰田别墅，在辋口辋水，周于舍下竹洲花坞，与道友裴迪浮舟往来，弹琴赋诗，终日啸咏在京师，以玄谭为乐。斋中惟有茶铛酒臼经案绳床而已，退朝之后，焚香独坐，以禅诵为事。《玉壶冰》

《林下清录》云：陆龟蒙置园顾渚山下，岁取茶租，自判品第。日升小舟，设蓬席、赍束书、茶灶、笔酮、钓具，往来江湖，人造其门罕见。

名士运石护茶　唐僧刘彦范精戒律，所交皆知名之士，所居有小圃植茶，常云茶为鹿所损。众劝作短垣隔之，诸名士悉为运石。《灌园史》[94]

玉茸　伪唐徐履，掌建阳茶局，弟复治海陵盐政，复检烹炼之亭，榜曰金卤。履闻之，洁敞焙舍，命名曰玉茸。《清异录》

生成盏　馔茶而幻出物象于汤面者，茶匠通神之艺。沙门福全，生于金乡，长于茶海，能注汤幻茶成一句诗，共点四瓯成一绝句，泛乎汤表。表物品类，唾手办耳。《清异录》

《清异录》云：茶至唐始盛，近世有下汤运匕别施妙诀，使汤纹水脉成物象者，若禽兽虫鱼花草之属，纤巧如画，但须臾即就散灭；此茶之变幻也，时人谓之茶百戏。

《清异录》云：漏影春法，用镂纸贴盏糁茶，去纸伪为花身，别以荔肉为叶，松实鸭脚之类珍物为蕊，沸汤点服。

《清贤纪》云，倪元镇好饮茶，在惠山中用核桃、松子、肉和真粉成小块石状，置茶中，名曰清泉白石茶。有赵行恕者，宋宗室也，慕元镇清致，访之，坐定，童子供茶行恕，连啖如常，元镇艴然曰："吾以子为淹雅王孙，故出此品，乃略不知风味，真俗物也。"自是绝交。

前桶泉煎茶　光禄徐达，左构养贤楼于邓尉山中，一时名士多集于此，云林为犹数焉。常使童子担七宝泉，以前桶煎茶，后桶濯足。人不解其义，或问之，曰："前者无触，故用煎茶；后或为泄气所秽，故以为濯足之用耳。"《云林遗事》

倾筐会　伪闽甘露堂前两株茶，郁茂婆娑，宫人呼为清人树。每春初嫔嫱戏摘新芽，堂中设倾筐会。《清异录》

茗战　建人目斗茶为茗战。《林下林录》

品茶人数　品茶一人得神，二人得趣，三人得味，七八人者是名施茶。《岩栖幽事》

烹茗伴嫦娥　长安有好事者，于唐候家睹一彩笺，曰一轮初满，万户皆清。若乃狂处，衾帷不惟，辜负蟾光。窃恐嫦娥生妒，消于十五、十六二宵，联女伴同志者，一茗一炉相从卜夜，名曰伴嫦娥。凡有冰心仝垂玉见朱门龙氏启。《黎馆沈余》

茶盂留赠　坡公东归赠许珏茶盂曰："无以为清风明月之赠，茶盂聊见意耳。"后为枢密折彦质所得，有诗谢许云："东坡遗物来归我，两手摩挲思不穷。举取吾家阿堵物，愧无青玉案酬公。"《清鉴录》

拜茶具　明卢廷璧嗜茶成癖，号茶庵。常得元僧讵可庭茶具十事时具衣冠拜之。《奇癖录》

砚山斋清供　文博士寿承云：在长安时，过顾舍人汝由砚山斋。见其窗明几净，

折松枝梅花作供,凿玉河水烹茗啜之,又新得凫鼎奇古,目所未睹,炙内府龙涎香,恍然如在世外,不复知有京华尘土。《笔记》

卷十六

诗文

茶山贡焙歌 唐李郢(使君爱客情无已)《三唐诗海》

石园兰若试茶歌 唐刘禹锡(山僧后园草数薐)

顾渚行寄裴方舟 唐释清昼

我有云泉邻渚山,山中茶事颇相关。题鸼鸣时芳草死,山家渐欲收茶子。伯劳飞日芳草滋,山僧又是采草时。由来惯采无近远,阴岭长兮阳崖浅。大寒山下叶未生,小寒山中叶初卷。吴瘤携笼上翠微,蒙蒙香刺冒春衣。迷山乍被落花乱,度水时惊啼鸟飞。家园不远乘露摘,归时露彩犹滴沥。初看怕出欺玉英,更取煎来胜金液。昨夜西风雨色过,朝寻新茗复如何。女宫露涩青芽老,尧市人稀紫笋多。紫笋青芽谁得识,日暮采之长太息。清冷真人待子元,贮此芳香思何极。

采紫笋茶歌 唐秦韬玉(天柱香芽露芽发)

卢仝茶歌,语俗句俚,兹不入选。

试茶歌 唐无名氏⑳

闻道早春时,携籝赴初旭。惊雷未破蕾,采采不盈掬。旋洗玉泉蒸,芳馨岂停宿。须臾布轻缕,火候谨盈缩。鬃筒净无染,箬笼匀且复。苦畏梅润浸,暖须人气燠。有如廉夫心,难将微机触。晴天敞虚府,石碾破轻绿。永日过闲宾,乳泉发新馥。香浓夺兰露,色嫩欺秋菊。雪花雨脚何足道,啜过始知真味永。纵复苦硬终可录,汲黯少戆宽饶猛。草茶无赖空有名,高者妖邪次顽矿。其间绝品无不佳,张禹纵贤非骨鲠。《诗海》

送陆鸿渐山人采茶回 唐皇甫曾(千峰待逋客)《唐诗类苑》

题茶岭 唐张籍

紫芽连白蕊,初向岭头生。自看佳人摘,寻常触露行。《文昌集》

春日茶山病酒呈宾客 唐杜牧

笙歌尽画船,十日清明前。山秀白云腻,溪光红粉鲜。欲开未开花,半阴半晴天。谁知病太守,犹得作茶仙。《杜樊川集》

茶山下作 唐杜牧

春风最窈窕,日晓柳村西。娇云光占岫,健水鸣分溪。燎岩野花发,曳愁幽鸟啼。把酒坐芳草,亦有佳人携。《杜樊川集》

入茶山下题水口草市 唐杜牧

倚溪侵岭多高树,夸酒书旗有小楼。惊起鸳鸯岂无恨,一双飞去却回头。《杜樊川集》

唐陆龟蒙⑳

茶坞(茗地曲隈)

茶人(天赋)

茶笋(所孕和气深)

茶籝(金刀劈翠筠)

茶舍(旋取山上材)

茶灶经云：灶无烟突(无突抱轻岚)

茶焙(左右捣疑膏)

茶鼎(新泉气味良)

茶瓯(昔人谢抠垸)

煮茶(闲来松间坐)[95]

唐皮日休[⑫]

茶坞(闲寻尧市山)

茶人(生于顾渚山)

茶笋(褒然三五寸)

茶籝(筤筹晓携去)

茶舍(阳崖枕白屋)

茶灶(南山茶事起)

茶焙(凿彼碧岩下)

茶鼎(龙舒有良匠)

茶瓯(邢客与越人)

煮茶(香泉一合乳)[96]

桃花坞看采茶　唐韦龄

西山最深处，满谷种桃花。暖径飘红雨，寒泉浸彩霞。尘埃无处着，鸡犬有人家。时复寻幽客，春来看采茶。

九日与陆处士羽饮茶　唐释清昼(九日山僧院)

与崔子向泛舟自招橘，经箬里，宿天居寺，忆李侍御萼渚山采茶春游后期不及，联一十六韵诗以寄之　释清昼

晴日春态深，寄游恣所适。昼宁妨花木乱，转学心耳寂。子向取性怜鹤高，谋闲任山僻。昼倚弦息空曲，舍展行浅碛。子向渚箬入里逢，野梅到村摘。昼碑残飞雉岭，井翳潜龙宅子向。坏寺邻寿陵，古苔留劫石。昼空阶笋节露，拂瓦松梢碧。子向天界细云还，墙阴杂英积。昼悬灯继前焰，遥月升圆魄。子向何意清夜期，坐为高峰隔。昼茗园可交袂，藤涧好停锡。子向微雨听湿中，迸

流从点席。昼戏猿隔枝透，惊鹿逢人掷。子向睹物赏已奇，感时思弥极。昼芳菲如驰箭，望望共君惜。子向

茶亭　唐朱景元[97]

静得尘埃外，茶芳小华山。此亭真寂寞，世路少人闲。《诗海》

诗词

烹茶　宋吕居仁[98](春阴养芽针锋芒)《宋名家诗》

烹茶　宋丁谓

开缄试火煎[⑬]，须汲远山泉。自绕风炉立，谁听石碾眠。细微缘入麝，猛沸拾如蝉。罗细烹还好，铛新味更全。花随僧箸破，云逐客瓯圆。痛惜藏书箧，坚留待雪天。睡醒思满啜，吟困忆重煎。只此消尘虑，何须问醉仙。《宋名家诗》

试院煎茶　宋苏轼(蟹眼已过鱼眼生)

种茶　宋苏轼(松间旅生茶)

问大冶长老乞桃花茶栽　宋苏轼(周诗记茶苦)

到官病倦未常会客,毛正仲惠茶,乃以端午日小集石塔⑩戏作一首为谢　宋苏轼(我生亦何须)

汲江煎茶　宋苏轼(活水仍须活火烹)

游诸佛寺一日饮酽茶七碗戏书勤师壁上⑪　宋苏轼(示病维摩元不病)

元翰少卿宠惠谷帘泉一器龙团二饼仍以新诗为贶叹味不已次韵奉答⑫　宋苏轼

岩乘匹练千丝落,雷起苍龙万物春。此水此茶俱第一,共成三绝景中人。

次韵周种惠石茶铫　宋苏轼

铜腥铁涩不宜泉,爱此苍然深且宽。蟹眼翻波汤已作,龙头拒火柄犹寒。姜新盐少茶初熟,水渍云蒸藓未干。自古函牛多折足,要知无脚是轻安。

已上俱出《东坡集》

以小龙团半铤赠晁无咎⑬　宋黄庭坚

曲几蒲团听煮汤,煎成车声绕羊肠。鸡苏胡麻留渴羌,不应乱我官焙香。《山谷集》

襄阳时同官李友谅仲益赠张子斋思仲家歌人团茶余题其封云　宋赵德邻色映宫姝粉,香传汉殿春。团团明月魄,却赠月中人。《侯鲭录》

建安雪　宋陆游

建安官茶天下绝,香味欲全须小雪。雪飞一片茶不忧,何况蔽空如舞鸥。银瓶铜碾春风里,不枉年来行万里。从渠荔子腴玉肤,自古难兼熊掌鱼。

烹茶　宋陆游

曲生可论交,正自畏中圣。年来衰可笑,茶亦能作病。噎呕废晨飧,支离共宵瞑。是身如芭蕉,宁可与物竞。兔瓯试玉尘,香色两超胜。把玩一欣然,为汝烹茶竟。

午睡觉饮茶⑬　宋陆游

风霜践残岁,我乃羁旅人。如何得一室,酝馛暖如春。午枕挟小醉,鼻息撼四邻。心安了无梦,一扫想与因。逡巡起蟫面,览镜正幅巾。聊呼蟹眼汤,瀹我玉色尘。

堂中以大盆渍白莲花、石菖蒲,翛然无复暑意,睡起烹茶戏书　宋陆游

海东铜盆面五尺,中贮涧泉涵浅碧。岂惟冷浸玉芙蓉⑬,青青菖蒲络奇石。长安火云行日车,此间暑气一点无。纱厨竹簟睡正美,鼻端雷起惊僮奴。觉来隐几日初午,碾就壑源分细乳。却拈燥笔写新图,八幅冰绡瘦蛟舞。

龟堂即事⑬

心已忘斯世,天犹活此翁。嫩汤茶乳白,软地火炉红⑬。课婢耘蔬甲,呼儿下钓筒。生涯君勿笑,聊足慰途穷。

秋怀

心常凝不动,形要小劳之。活火闲煎茗,残枰静拾棋。晒书朝日出,丸药午荫移⑬。适意还休去,悠然到睡时。

伏中官舍极凉戏作

尽障东西日,洞开南北堂。漏从闲处永,风自远来凉。客爱炊菰美,僧夸瀹茗香。晓来秋色起,肃肃满筠床。

晚晴至索笑亭

中年苦肺热,剩喜见新霜。登览江山美,经行草树荒。堂空响棋子,酽小聚茶香。具尽扶藜去,斜阳满画廊。

效蜀人煎茶戏作长句

午枕初回梦蝶床,红丝小磑破旗枪。正须山石龙头鼎,一试风炉蟹眼汤。病电已能开倦眼,春雷不许殷枯肠。饭囊酒瓮纷纷是,谁赏蒙山紫笋香。

入梅

微雨轻云已入梅⑱，石榴萱草一时开。碑偿宿诺淮僧去，卷录新诗蜀使回。墨试小螺看斗砚，茶分细乳玩毫杯。客来莫诮儿嬉事，九陌红尘更可哀。

午枕

茆檐一杯澹藜粥，有底工夫希鼎铉。书中至味人不知，隽永无穷胜粱肉。老夫享此七十年，每愧天公赋予偏。清泉洗濯煎山茗，满榻松风清昼眠。

五月十一睡起

病眼慵于世事开，虚堂高卧谢尘埃⑲。帘栊无影觉云起，草树有声知雨来。茶碗嫩汤初得乳，香篝微火未成灰。翛然自适君知否，一枕清风又过梅。

闲咏

莫笑结庐鱼稻乡，风流殊未减华堂。茶分正焙新开箬，水挹中泠自候汤。小几碾朱晨点易，重帘扫地昼焚香。个中富贵君知否，不必金貂侍紫皇。

到家旬余意味甚适戏书

天恐红尘着脚深，不教经岁去山林。欲酬清净三生愿，先洗功名万里心。石鼎飕飕闲煮茗⑳，玉徽零落自修琴。晚来剩有华胥具，卧看西窗一炷沉。

亲旧或见嘲终岁杜门戏作解嘲

十年萧散住林间，只是幽居不是闲。续得《茶经》新绝笔，补成僧史可藏山。诗题紫阁凭云寄，药报青城附鹤还。自笑何曾总无事，枉教人道闭柴关。

试茶

北窗高卧鼾如雷，谁遣香茶挽梦回。绿地毫瓯雪花乳，不妨也道入闽来。

昼卧闻碾茶

小醉初消日未晡，幽窗推破紫云腴。玉川七盏何须尔㉑，铜碾声中睡已无。已上俱出《剑南集》

茶烟　元谢宗可⁹⁹⑭（玉川炉畔影沉沉）

茶筅　元谢宗可（此君一节莹无瑕）

雪溪即事为高理问赋　元刘秩¹⁰⁰⑭

一道清溪绕屋斜，朔风吹雪正交加。九天夜冻银河水，大地春回玉树花。寒透竹帘欺酒力，冰消石鼎煮茶芽。高人风致清如许，未逊山阴处士家。《胜国诗选》

和韵储贯夫见寄　元汤济民

草堂酒醒夜初长，满地桐荫月色凉。靖节优游松菊径，龟蒙笑傲水云乡。竹炉茶煮仙人掌，瓦钵烟浮柏子香。却怪壮年心未泯，灯前重拂旧干将。《胜国诗选》

寄梅雪包公谥　元何澄

孤山谩说六桥边，别有文林萼绿仙。适兴每吟东阁句，乘闲还放剡溪舡。香凝书幌琴裁谱，冷沁茶铛雀舞烟，遐想有家高致在，欲抛尊俎话归田。

赠倪元镇　明高启

名落人间四十年，绿蓑细雨自江天。寒池蕉雪诗人卷，午榻茶烟病叟禅。四面青山高阁外，数株杨柳旧庄前。相思不及鸥飞去，空恨风波滞酒舡。《清贤录》

咏茶摘句

药杵声中捣残梦，茶铛影里煮孤灯。唐李洞

茶教纤手侍儿煎。唐白居易

嫩白半瓯尝日铸，硬黄一纸拓兰亭。宋陆游

璚花浮细盏，雪乳艳轻瓯。云开未成缕，雪练半垂花。夜臼和烟捣，寒炉对雪烹。碧流霞脚碎，香液雪花轻。碾细香尘起，烹新玉乳凝。轻烟浮绿乳，孤灶散青烟。

香远美人歌后梦,凉侵诗士醉中禅。和蕊摘残双井露,带香分破建溪春。射眼色随云脚乱,上眉甘作乳花繁。烟横竹坞煎冰液,日照松窗碾玉尘。瀑雨已随煎处脚,松风犹作泻时声。

蒙茸出磨细珠落,衒转绕瓯飞雪轻。碧玉瓯中素涛起,黄金碾畔玉尘飞。已是先春经雨露,宜教百草避英华。已上俱出《诗苑类隽》

卷十八

诗余

咏茶好事近调⑮ 宋黄庭坚

歌罢酒阑时,潇洒座中风色。主礼到君须尽,奈宾朋南北。 暂时分散总寻常,难堪久离拆。不似建溪春草,解留连佳客。

咏余甘汤更漏子⑯ 宋黄庭坚

庵摩勒,西土果,霜后明珠颗颗。凭玉兔,捣香尘,称为席上珍。 号余甘,无奈苦,临上马时分付。管回味,却思量,忠言君但尝。

咏茶阮郎归调效唐人独木桥体共四首⑰ 宋黄庭坚

烹茶留客驻雕鞍,有人愁远山。别郎容易见郎难,月斜窗外山。 归去后,忆前欢,画屏金博山。一杯春露莫留残,与郎扶玉山。

又(歌停檀板舞停鸾)

又(摘山初制小龙团)

又(黔中桃李可寻芳)

茶词西江月调 宋黄庭坚(龙焙头纲春早)

咏茶踏莎行调⑱ 宋黄庭坚

画鼓催春,蛮歌走饷,火前一焙争春长。高株摘尽到低株⑲,高株别是闽溪样。 碾破春风,香凝午帐,银瓶雪滚匙翻浪。今宵无梦酒醒时,摩围影在秋江上。

客有两新鬟善歌者请作送茶词定风波调⑳ 宋黄庭坚

歌舞阑珊退晚妆,主人情重更留汤。冠帽斜欹辞醉去,邀定,玉人纤手自摩汤㉑。 又得尊前聊笑语,如许,短歌宜舞小红裳。宝马促归朱户闭,人睡,夜来应恨月侵床。

咏茶满庭芳调 宋黄庭坚

北苑龙团,江南鹰爪㉒,万里名动京关。碾深罗细㉓,琼蕊暖生烟。一种风流气味。如甘露、不染尘凡。纤纤捧,冰瓷莹玉,金缕鹧鸪斑。 相如方病酒,银瓶蟹眼,波怒涛翻。为扶起尊前,醉玉颜山。饮罢风生两腋,醒魂到、明月轮边。归来晚,文君未寝,相对小窗前。

茶词看花回调　宋黄庭坚

夜永阑堂,醽饮半倚颓玉。烂熳堕钿坠履,是醉时风景,花暗烛残。欢意未阑,舞燕歌珠成断续。催茗饮,渐煮寒泉,露井瓶窦响飞瀑。　纤指缓,连环动触,渐泛起、满瓶银粟。秀引春风在手,似粤岭闽溪,初采盈掬。暗想当时,探春连云寻箬竹。怎归得,鬓将老,付与杯中绿。

茶词惜余欢调　宋黄庭坚

四时乐事,正年少赏心。频启东阁,芳酒载盈车,喜朋侣簪合,杯觞交飞,劝酬〔互〕献⑭,正酣饮、醉主公陈榻。坐来争奈,玉山未颓,兴寻巫峡。　歌阑旋烧绛蜡,况漏转铜壶,烟断香鸭,犹整醉中花,借纤手重插。相将扶上,金鞍腰褭。碾春焙、愿少延欢洽。未须归去,重寻艳歌,更留时霎。

已上俱出《山谷词集》

鉴止宴坐尝新茶浣溪沙调　宋赵师侠

雪絮飘池点绿漪,舞风游漾燕交飞,荫荫庭院日迟迟。　一缕水沉香散后,半瓯新茗味回时,翛闲万事总忘机。《坦庵词集》

茶词行香子调　宋苏轼

绮席才终,欢意犹浓。酒阑时、高兴无穷。共捧君赐⑮,初拆臣封。看分凤饼,黄金缕,密云龙。　斗赢一水,功敌千钟。觉凉生、两腋清风。暂留红袖,少却纱笼。放笙歌散,庭院静,略从容。《东坡词集》:密云龙,茶之极品。

茶词朝中措调⑯　宋程垓[101]

华筵饮散撤芳尊,人影乱纷纷。且约玉骢留住,细将团凤平分。　一瓯看取,招回酒兴,爽彻诗魂。歌罢清风两腋,归来明月千门。

茶词朝中措调　宋程垓

龙团分罢觉芳滋,歌彻碧云词。翠袖且留纤玉,沉香载捧冰坈。　一声清唱,半瓯轻啜,愁绪如丝。记取临分余味,图教归后相思。《书舟词集》

避暑烹茶谒金门调　宋谢逸

帘外雨,洗尽楚乡残暑。白露影边霞一缕,绀碧江天暮。　沉水烟横香雾,茗碗浅浮琼乳。卧听鹧鸪啼竹坞,竹风清院宇。《溪堂词集》

咏茶武陵春调　宋谢逸

画烛笼纱红影乱,门外紫骝嘶。分破云团月影亏,雪浪皱清漪。　捧碗纤纤春笋瘦,乳雾泛冰瓷。两袖清风拂拂飞,归去酒醒时。《溪堂词集》

临川新茶望江南调⑰　宋谢逸

临川好,柳岸转平沙,门外澄江丞相宅,坛前乔木列仙家,春到满城花。行乐处,舞袖卷轻纱。谩摘青梅尝煮酒,旋煎白雪试新茶,明月上帘牙。《溪堂词集》

茶词好事近调　金蔡伯坚[102](天上赐金奁)出《词品》

茶词好事近调和伯坚韵　金高士谈[103](谁叩玉川门)出《词品》

艺文

茶赋　唐顾况(稽天地之不平兮)《文苑英华》

茶宴序⑱　唐吕温

三月三日上巳,禊饮之日也。诸子议以茶酌而代焉。乃拨花砌爱庭荫,清风逐人,日色留兴,卧措青霭,坐攀香枝,闲鸳近席,而未飞红蕊,拂衣而不散。乃命酌香沫浮素,杯殷凝瑰珀之色,不令人醉,微觉清思,虽五云仙浆无复加也。座有才子⑲,南阳邹子,高阳许侯,与二三子顷为尘外之赏,而曷不言诗矣。《唐文粹》

送道士宋茗舍归江西序　宋黄震[104]

道士宋从璟，生江西山水窟，复东游会稽，取四明、天台之胜⑩，尽以弹琴赋诗，而归隐所谓茗舍者乎。问："天下名山大川，皆君之居，何必茗舍哉？"答谓："茗舍实从璟所生，去临川城北六十里，其山以矗秀，其水以清泚，其地幽绝闲寂，不惟富贵者足迹所不到，凡奇花异卉，可悦富贵人耳者。一不生之惟茗生焉，不特莳植此扶舆，清淑之所钟。盖天产也。而俗文莫之识，往往与凡草俱老于春风晓露间。及过时而或取之，尚为绝品，苦过而微甘，其味悠然，以长与世之所修，事而品题者，变异使其得所如建溪残春，先发挽取造化其遇于世。尚何如哉？从璟为之，惜故愿归，修茗事以成其清耳。"余闻而异之，夫苦者，求道之切。甘者，得道之趣也。其味悠然。以长者乐道之，深也。于君修茗事，得君修道法，君真奇士哉！然谨勿破茗之天真，如建溪俗子，挽取造化万一，香味落富贵齿牙，即与奇花异卉，悦富贵人者同一俗。况余常持节江西官之征茗，殊急余切切，爱护之。不敢行，此语又可使赵赞王涯辈得剽闻哉！玉川子于此，最得趣乘，两腋清风之生，尚欲问巅，崖苍生之苦，江西吾赤子，今皆无恙否？它有便幸报平安。咸淳十年正月十二日，云台散吏黄震序。《黄氏日抄》

赤牍

答惠茶　明曹司直

天池佳品，仰承损惠。即令博士煎之，渴吻长啜，两腋风飘飘然便仙去，侯鲭禁脔，都不屑断腭矣。《词林片玉》

与友人　明李攀龙[105]

先民曰不复知，有我安知？物为贵，吾侪解得此意，则虽山居环堵，未必不愈于画

省兰台。瀹茗烹泉，未必不清于黄封禁脔也。具只眼者，有明识耳。《词林片玉》

与孙公素　明张藻

喜次公已归，急索烟头七碗。迟之，次公其弗过吸之耶。闻有登楼长歌，既欲请示我，教我复恐，惊我也。业已闻之成叔辈，拍手悬望矣。《词林片玉》

与张春塘　明叶世洽

土宜宜种，深愧鲜薄。然芝兰室中，瀹虎丘茗对，月啜之未必，不助清于诗脾也，一笑。《词林片玉》

与许君信　明蔡毅中

连日有怀足下，正欲邀饮，山房为风雨所妒，乃承雅惠仆当，煮龙团，开九酝，遥对足下一赏佳节耳。见包明英来奉，请以馨，二妙。《词林片玉》

邀吉生白　明许以忠

仲蔚蓬蒿无恙，欲屈德星光照之幸。枉革履下，顾已煮炉头，七碗相迟矣。《词林片玉》

清语

千载奇逢，无如好书良友；一生清福，只在茗碗炉烟。

临风美篸阑干上，桂影一轮；扫雪烹茶篱落边，梅花数点。

谷雨前后为和凝汤社，双井白芽，湖州紫笋。扫舀涤铛，征泉选火，以王蒙为品司，卢仝为机权，李赞皇为博士，陆鸿渐为都统，聊消渴吻，敢讳水淊。

新烧玉片，不负寻师，自注仙芽，时留压卷。

白云在天，明月在地，焚香煮茗，阅偈翻经，俗念都捐，尘心顿尽。

佳人半醉，美女新妆，月下弹琴，石边侍酒，烹雪之茶。果然剩有寒香，争春之

馆,自是堪来花笑。

净几明窗,好香苦茗,有时与高衲谈禅;果棚菜圃,暖日和风,无事听闲人说鬼。

风阶拾叶山人茶灶,劳薪月径聚花素,士吟坛绮席。

药杵捣残疏月上,茶铛煮破碧烟浮。

云水中载酒,松篁里煎茶,何必銮坡侍宴。山林下著书,花鸟中得句,不须凤沼挥毫。已上俱出《尘谈》

卷十九
目次

杂志

茗饮愈脑疾　隋文帝微时,梦神易其脑骨。自尔脑痛,忽遇一僧曰,山中有茗,煮而饮之当愈。帝服之有效,由是天下竞采而饮之。《隋史》

《茶谱》云:蒙山有五顶……制作尤精[106]。

《本草征要》[107]云:茶叶味甘苦,微寒无毒,入心肺二经。畏威灵仙、土茯苓、恶榧子,能消食下痰气,止渴醒睡眠,解炙煿之毒,消痔瘘之疮,善利小便,颇疗头疼。

《征要注》:叔明云:茶禀土之清气,兼得春初发生之意,故其所主,皆以清肃为功,然以味甘不涩,气芬如兰,色白如玉者良。盖茶禀天地至清之气,产于瘠砂之间,专感云露之滋培,不受纤尘之滓秽,故能清心涤肠胃,为清贵之品。昔人多言其苦寒,不利脾胃及多食发黄消瘦之说。此皆语其粗恶苦涩者耳。凡入药,须择上品方有利益。

《梦余录》云:东坡以茶性寒,故平生不饮,惟饭后浓煎涤漱毕小啜而已。然唐大中年,三都进一僧,年一百三十岁。宣宗召入问:"服何药能致?"此僧答云:"性惟好茶,每饮至百碗,少犹四五十碗。"宣宗异之,因赐蜀茶百斤,放还。以坡律言之,必且损寿,反得长年则又何也?

《霞外杂俎》[108]云:切忌空心茶、饭后酒、黄昏饭。

《物类相感志》:吃茶多,令人色黄。

《物类相感志》:吃茶多腹胀,以醋解之。

《物类相感志》:末茶可结水银。

《物类相感志》:江茶入水池,菱枯。

《物类相感志》:芽茶得盐,不苦而甜。

《鸡肋编》:衣有虮虱,置茶焙中火逼令出,则以熨斗烙杀之,永不生矣。

《鸡肋编》:陈茶末烧烟,蝇即去。

绿华紫英　唐懿宗赐同昌公主诸玩物,饮食莫不珍异。其所赐茶,有绿华、紫英之号。《杜阳杂编》

《类林》云:白乳、头金、腊面,北苑焙茶之精者。

《茶录》云：蝉翼、雀舌、鸟嘴、麦颗皆蜀茶之最佳者。

宝钘　宝钘，末茶也，以茶之式似带具故名，即宋之龙团凤饼之制也。《茶话》

曾茶山诗云："宝钘自不乏，山芽安可无。"山芽，今之芽茶也。

毛文锡《茶谱》云：团钘之外，又有片甲、早春、黄茶⑩。芽叶相把如片甲也。

唐子西云[109]："茶不问团钘，要之贵新，水不问江井，要之贵活。"又云："提瓶走龙塘无数千步，此水宜茶不减清远峡，而海道趋建安，不数日可至，故新茶不过三月至矣。"今据所称，已非嘉赏，盖建安皆碾硙茶，且必三月而始得，不若今之芽茶于清明谷雨之前陟采而降煮也。数千步取塘水，较之石泉新汲，左杓右铛又何如哉？田子艺谓：二难具享，诚山居之福也。

茶王　茶王城在攸县，即汉之茶陵城也，今呼为茶王。《寰宇志》

《舆地志》云：攸县在湖广长沙府，陈曰攸水。

《舆地志》云：茶陵，汉县，今改为州，在湖广。以地居茶山之阴，故名茶陵。

《安南志》云：有茶偈县，顺化领州二、县十壹。顺州化州二州是也；其县名曰利调、石兰、巴阆、安仁、茶偈、利蓬、乍令、思蓉、蒲答、蒲艮、士荣。

《安南志》云：有茶清县。演州领县三曰：璃林，曰茶清，曰芙蕾。

醉茶获报　胡生以钉铰为业……柳当是柳辉也。《异林》[110]

《异苑》云，剡县陈务妻，少寡……惟贯新耳[111]。

神僧献茶　宋二帝北狩独到一寺中，有二石金刚并拱手而立，神像高大，首触桁

栋，别无供器，止石盂、香炉而已。有一胡僧出入其中，僧揖坐问何来？帝以南来为对。僧呼童子点茶，茶味甚香美，再欲索之，僧与童子皆趋堂后，移时不出；求之寂然空舍，惟竹林小石中有石刻胡僧并贰童子侍立，视之俨然献茶者。《北辕杂记》

《切恁后录》云：二帝北狩，至一寺，寺僧梦伽蓝神告云："明日此地有天罗王过，宜献茶。"僧梦中询以形状，神告云："着青袍者是也。"明早果有十余骑入寺，而渊圣适衣青袍，寺僧献茶，因告以梦，叹息而去。

仙姥鬻茶　晋元帝时……自牖间飞去[112]。《述异记》

斛二瘕　桓宣武有一督将……此病名"斛二瘕"[113]。《续搜神记》

木野狐草大虫　叶涛好弈棋，王介甫作诗切责之，终不肯已。弈者多废事不以贵贱，嗜之率皆失业，故人目棋枰为木野狐，言其媚惑人如狐也。熙宁后茶禁日严，被责罪者甚众，乃目茶笼为草大虫，言其伤人如虎也。《拊掌录》[114]

《子真诗话》云：叶涛诗极工而喜赋咏，常有试茶诗云："碾成天上龙和凤，煮出人间蟹与虾。"好事者戏云："此非试茶，乃碾玉匠人尝南食也"，闻者绝倒。

山家清供茶　茶即药也，煎服去滞而化食，以汤点之，则及滞膈而损脾胃，盖市利者多取它树叶杂以为末，人多怠于煎服，宜有此害也。今法采芽，或用碎擘，以溪水煎之，饮后必少顷乃服。坡公诗云"活火须将活水烹"，又云"饭后茶瓯手自拈"，此煎之法也。陆羽亦以江水为上，山水与井俱

次。今世不惟不择水，且又入盐及果，殊失正味。茶之为用，雪昏去倦，如不昏倦，亦何必用。古嗜茶者，无如玉川子，未闻煎欤，如以汤点，安能及七碗乎？山谷词云：汤响松风早，减了七分酒，病倘知此味，口不能言，心下快活，自省之禅远矣。《山家清供》

《煮泉小品》云：人但知汤候而不知火候……火为之纪[115]。

《清事录》云：活火谓炭之有焰者……蓄为煮茶之具更雅。

《清事录》云：汤嫩则茶味不出……乃得点瀹之候耳。

《清事录》云：去泉远者……经营者是也。

《清事录》云：泉稍远……亦接竹之意也[116]。

北苑妆　建阳进茶油花子，大小形制各别，极可爱，宫嫔缕金于面，皆以淡妆，以此花饼施于鬓上，时号北苑妆。《清异录》

《清异录》云：有将建州茶膏，取作耐重儿八枚，胶以金缕，献于闽王曦，遇文通之祸，为内侍所盗，转遗贵臣。

茶变乳花　潘中散适为处州守，一日作醮，其茶一百二十盏，皆成乳花，内惟一盏如墨。诘之，则酌酒人误酌酒盏中，潘因焚香再拜谢过，其茶即成乳花，僚吏皆为叹服。《随手杂录》[117]

莲花茶　倪元镇好饮茶，常作莲花茶。其法就池沼中早饭前日初出时，择取莲花蕊略开者，以手指拨开入茶满其中，用麻丝扎定，经一宿，明日连花摘下，取茶，纸包晒干，锡罐盛，扎口收藏。《云林遗事》

顾元庆《茶谱》云：制橙茶法……仍以薸罨焙干收用。

顾元庆《茶谱》云：制诸花茶法……诸花茶仿此[118]。

五香饮　隋炀帝时，有筹禅师者，仁寿间常在内供养，造五香饮：第一沉香饮，次檀香饮，次都梁饮，次泽兰饮，次甘松饮。皆有制法。以香为主，尚食直长谢讽造。淮南王《食经》，有四时饮。《大业杂记》

《辍耕录》云：句曲山房熟水，用沉香削钉数个，插入林禽中，置瓶内，沃以沸汤，密封瓶口，久之乃饮，其妙莫量。

茶家三要　采茶欲精，藏茶欲燥，烹茶欲洁。《岩栖幽事》

相茶瓢法　相茶瓢与相邛竹杖同法，不欲肥而欲瘦，但须饱风霜耳。《岩栖幽事》

卷二十

目次

补遗

白茶补种类

白茶自为一种，与常茶不同，其条敷阐，其叶莹薄，崖石之间偶然生出不过一二

株,在北苑诸茶之上。崇宁以后,上独爱白茶,加龙凤之上。其价与黄金相等,盖一时之□也。《文苑类隽》

《瑞草总论》云:白茶之外,茶之极品者,有建州北苑先春龙焙。

唐子《随录记珠》云:蜀雅州蒙顶山,有火前茶,谓禁火以前采者;后曰火后茶,又名五花茶。

云桑茶补茶品　云桑茶,出滁州琅琊山,茶类桑叶而小,山僧焙而藏之,其味甘美特甚。《笔记》

骞林茶湖广均州　骞林茶,产太和山,每岁修贡茶,叶初泡极苦涩;至三四泡,其味清香,甘美异常,人皆以为茶宝也。《涌潼小品》

英山茶福建泉州　泉州府南安县英山产茶最精美,号英山茶。《泉州府名胜志》

《韩无咎记》云:建安其地不富于田,物产瘠甚,而茶利通天下,每岁方春,摘山之夫十倍耕者。南唐保大间,命建州制的乳茶,号曰京铤蜡面;建茶之贡自此始,而茶或出不广,往往以泉州制茶而充贡焉。

紫清香城茶江西南昌府　洪州西山白鹤岭茶,号为绝品,产于紫清香城者为最。欧阳文忠公诗云:"西江水清江石老,石上生茶如凤爪"云云。《茶谱》

秘水补茶泉　唐时秘书省中有水极佳,清甘异常,尤宜瀹茗,时称秘水。《茶录》

乐音泉　强村有水方寸许,人欲饮者,唱浪淘沙一曲即得一杯,味大甘冷,村人名曰乐音泉。《玄山记》

白泉　泉色白如乳,自出山泽,王者得礼制,则泽谷之白泉出。人得饮之,无疾长年。《玉符瑞图》

墨竹茶泉　黄州府蕲水县凤栖山下,

有王羲之洗笔池,崖边小竹俱成墨色。又有茶泉,唐陆羽烹茶所汲,李季卿品天下泉,以兰溪石下泉为第三,谓得陆羽口授即此泉也。《名胜志》

七弦泉　武彝山有石如立,壁颠隐一泉,分七脉,味极清甘,山僧颠坚名为七弦水。《清异录》

双井茶补藏茶法　腊茶出于剑建,草茶盛于两浙,两浙之品,日注为第一。自景祐已后,洪州双井白芽渐盛,近岁制作尤精,囊以红纱,不过三两,以常茶十数斤养之,用辟暑湿之气,其品远出日注上,遂为草茶第一。《归田录》

藏茶法　徐茂吴云:藏茶之法,以茶实大瓮,底口俱用箬封固,倒放洁净空楼板上,则过夏色不黄,以其气不外泄也。子晋云:将茶瓻倒放有盖缸内,宜砂底,则不生水而常燥,常时封固,不宜见日。见日则生翳损茶矣。藏茶不宜置热处,新茶不宜骤用,过黄梅其味始足。《快雪堂漫录》119

医陈茶法补烹点　茶品高而年多者,必稍陈。遇有茶处,春初取新芽轻炙,杂陈茶而烹之,气味自复。在襄阳试作甚佳,余常以此法语蔡君谟,君谟亦以为然。《王氏谈录》

御史茶瓶补茶具察院诸厅各有谓也,如礼察谓之松厅,厅南有古松也;刑察厅谓之魇厅,寝者多魇;兵察谓之茶瓯厅,以其主院中茶,茶必以陶器置之,躬自缄启,谓之御史茶瓶也。吏察主朝官名籍,谓之"朝簿厅"。《因话录》

茶甆　韵书无甆字,今人呼茶酒器为之甆,邵康节诗:"大甆子中消白日,小车儿上看青天",即此甆字也。《水南翰记》120

水晶茶盂　刘贡父为中书舍人,一日

朝会，幕次与三衙相邻时，诸帅贰人出军伍，有一水晶茶盂，传玩良久。一帅曰：不知何物所成，莹洁如此！贡父隔幕曰："诸公岂不识，此乃多年老冰耳。"《东皋杂录》

宋时茶品所尚补好尚宋时草茶端尚洪之双井、越之日注。《后山谈苑》

明初贡茶　天下茶之贡，岁额止四千贰十贰斤，而福建则贡贰千三百五十斤，则福建为多。天下贡茶以芽称，而建宁有探春、先春、次春、紫笋及荐新等号，则建宁为上。国初，建宁所进，必碾而揉之，压以银板，为大小龙团，如宋蔡襄所贡茶例。太祖以为劳民，罢造龙团，一照各处，拣芽以进，复其户五百，俾专事焉。责于有司，遣人督之，茶户不堪。洪武二十四年，又有上供茶听民采进之，诏只此一事，知祖宗爱民之盛心矣。《余冬序录》

《七修类稿》云：洪武贰十四年，诏天下产茶之地岁有定，以建宁为上，听茶户采进，勿预有司。茶名有四：曰采春、先春、次春、紫笋，不得碾揉为大小龙团。此《圣政记》所载，恐今不然矣。不预有司，亦无稽考，此真圣政较宋之以茶扰民者天壤矣。

《妮古录》云，太祖高皇帝喜顾渚茶，定额岁三十贰斤，以为常。

茶莼为奠补清韵　杜子美祭房相国，九月用茶、藕、莼、鲫之奠。莼生于春，至秋则不可食，不知何谓而晋张翰亦以"秋风动而思莼美、菰菜、鲈脍。"鲈固秋时物也，而莼不可晓矣。《墨庄漫录》121

茗战　建安斗茶，以水痕先退者为负，耐久者为胜。较胜负之说谓之茗战。《茶录》

貌瘠嗜茶　宋江参字贯道，善画江南人形。貌清癯，嗜茶香以为生。《逸人传》

天柱峰茶诗补诗词　唐薛能

两串春团敌夜光，名题天柱印维扬。偷嫌曼倩桃无味，捣觉嫦娥药不香。惜恐被分缘利市，尽因难觅谓供堂。粗官寄与真抛却，赖有诗情合得尝。《唐诗纪事》

咏茶一字至七字　唐元稹

茶。香叶，嫩芽。慕诗客，爱僧家。碾雕白玉，罗织红纱。铫前黄蕊色，碗转曲尘花。夜后邀陪明月，晨前命对朝霞。洗净古今人不倦，将知醉后岂堪夸。《唐诗纪事》

〔游惠山叙　宋苏轼〕⑩

余昔为钱塘倅，往来无锡，未尝不至惠山。既去，五年复为湖州与高邮秦太虚、杭僧参寥同至，览唐人王武陵窦群、朱宿所赋诗，爱其语清简萧然有出群之姿，用其韵，各赋三首选一。

宋苏轼（敲火发山泉）

和子瞻韵⑯　宋秦观

楼观相复重，邈然闷深樾。九龙吐清冷，瀎瀎曾不绝⑭。罂味驰千里，真朱犹未灭⑮。况复从茶仙，兹焉试葬月。岸巾尘想消，散策佳兴发。何以慰嬉游，操瓢继前辙。

惠山谒钱道人烹小龙团登绝顶望太湖　宋苏轼（踏遍江南南岸山）

寄伯强知县求惠山泉⑯　宋苏轼

兹山定中空，乳水满其腹。遇隙则发见，臭味实一族。浅深各有值，方圆随所蓄。或为云沟涌，或作线断续。或流苍石缝，宛转龙鸾戏。或鸣深洞中，杂佩间琴筑⑱。瓶罂走千里⑱，真伪半相渎。贵人高宴罢，醉眼乱红绿。赤泥开方印，紫饼截团玉。倾瓯共叹赏，窃语笑僮仆。岂知泉下僧，盥洒自抟掬。故人怜我病，箬笼寄新馥。欠伸北窗下，昼睡美方熟。精品厌凡泉，愿子致一斛。

注　释

1　昔者洛花以永叔谱之而传：此指欧阳修的《洛阳牡丹记》。

2　兰陵：汉置县，故治在今山东峄县，晋时南迁侨置今江苏常州市。此"兰陵"，疑指常州旧名。

3　《开元文字》：即《开元文字音义》，三十卷。辞书，约成书于唐开元十八年（730）。

4　焦氏《说楛》：焦竑（5141—1620）撰。竑明应天府江宁人，字弱侯，号澹园，万历十七年殿试第一，授输林修撰，未几弃官归，博览群书，卓然成名家，有《澹园集》、《焦氏笔乘》等。

5　《研北杂志》：又作《砚北杂志》二卷，元代陆友撰，平江路（治所在今苏州）人，字友仁，号砚北生。善诗，尤长五律，兼工隶楷，又博鉴古物，除《研北杂志》外，还有《砚史》、《墨史》等。

6　此处删节，见明代屠本畯《茗笈》。

7　此处删节，见宋代赵汝砺《北苑别录·开畲》，除个别字眼外全同。

8　此节删节，见明代黄儒《品茶要录·采造过时》。

9　《学林新编》：一名《学林》，十卷。宋王观国撰。该书以辨别字体、字义、字音为主。对《六经》和有关史书注释精详，为宋代重要的考据专著。

10　《泉南杂志》：笔记，陈懋仁撰，约成书于清顺治七年（1650）。

11　《岩栖幽事》：一卷，明陈继儒撰，所载皆山居琐事，如接木艺花，焚香点茶之类。

12　此处删节，见唐代陆羽《茶经·八之出》。

13　此处删节，见宋代叶清臣《煮茶泉品》。

14　此处删节，见宋代陈继儒《茶董补·山川异产》。

15　此处删节，见宋代陈继儒《茶董补·山川异产·又》。

16　此处删节，见宋代陈继儒《茶董补·片散二类》。

17　此处删节，见五代蜀毛文锡《茶谱》。云引自《茶录》，应误。

18　《汇苑详注》：一名《类苑详》，三十六卷，旧本题名王世贞撰　邹善长重订。成书于万历乙亥。部首所列引用书目似乎浩博，其实就唐专诸类书采掇而成，疑亦托名世贞而已。

19　此处删节，见明代夏树芳《茶董·天柱峰数角》。

20　《茶谱》：本条所录内容，不见现存诸《茶谱》。

21　《建平县志》：建平县，治所在今安徽郎溪县，宋端拱元年（988），以广德县郎步镇置。

22　《茶史》：此《茶史》，考无定论。校者查阅多种文献后，初步认为有可能为明代人姚伯道所撰。

23　《舒堂笔记》：查未见，疑宋元间郑钺撰。钺，一名少伟，字彝白，号舒堂。闽之莆田人，咸淳时被荐为兴化军陈文龙署衙门客，入元，不仕，隐以著述。《舒堂笔记》很可能是其元初所作笔记。

24　《云川纪行》：查未见，疑明钟复撰。复，字彦彰，号云川，永丰人。宣德癸丑进士，官至翰林院侍讲。有《云川文集》六卷。

25　《洞冥记》：共四卷，旧本作后汉郭宪撰，字子横，官至光禄勋。是书序称，汉东方朔滑稽浮诞，以匡谏洞心于边教，使冥迹之奥昭然显著，故曰"洞冥"。《四库全书简明目录》称其为唐以前的伪书。

26 《古枕杂志》：也作《古枕杂记》，四卷，不著撰人姓名。俱载宋人小诗之有关史事本末。元时江西书贾据宋旧本和续本新刊一书，所记凡四十九条，多理宗、度宗时嘲笑之词。

27 《西湖志余》：明田汝成撰，二十六卷。

28 《新城县志》：此新城县，为三国吴置，治所在今浙江富阳县西南。

29 此处删节，见唐代陆羽《茶经·七之事》。

30 《无梦园集》：陈仁锡（1581—1636）撰，四十卷。仁锡，苏州府长洲（今苏州）人，字明卿，号芝苔，十九岁中举，天启二年进士一甲第三人，官至南京国子祭酒。性好学，喜著作，有《四书备考》、《经济八编类纂》等。

31 《天台山志》：此似应作《天台山方外志》，万历二十九年（1601）释无尽撰。内容出《形胜考》。

32 此处删节，见唐代陆羽《茶经·七之事》。

33 此处删节，见宋代赵汝砺《北苑别录》。

34 此段内容，由本文辑者据《北苑别录·御园》内容组写而成。底本下略采茶、拣茶等内容，也是按《北苑别录》序次略。

35 此处删节，见宋代赵汝砺《北苑别录》。底本脱漏"金钱"和"寸金"之间的"玉叶"整条内容，所删实际只是十五种。

36 此处删节，见宋代赵汝砺《北苑别录》。

37 此处删节，见宋代赵汝砺《北苑别录》该四种茶。

38 河南府陕州：河南府，唐开元元年（713）改洛州置，放治位于今洛阳市，民国初废。陕州，北魏太和十一年（487）置，治所奋陕县今入河南二门峡市。历代时废时复，1913年改县。

39 《云蕉馆纪谈》：作者和原书未见，笔记，约成书于明代初年。

40 查本条上录《茶解》内容，不见于今罗廪《茶解》。

41 《锦里新闻》：三卷，段成式撰。内容多为游蜀记事。

42 嘉定州：南宋升嘉州为嘉定府，明洪武九年降府为州，清雍正复改为府。原治在今四川乐山。

43 《咸宾录》：八卷，明罗曰褧撰。曰褧，字尚之，江西人。本书成书于万历年间，分述各国之事，以夸耀明代声教之远。故曰《咸宾》。其实多非朝贡之国。

44 此处删节，见唐代张又新《煎茶水记》。

45 此处删节，见唐代张又新《煎茶水记》。

46 《涌幢小品》：明朱国桢撰，三十二卷。朱国桢（? —1632），一作国桢，湖州府乌程人。字文宁，万历十七年进士，天启三年拜礼部尚书兼东阁大学士，改文渊阁。后为魏忠贤逆党所劾，辞归。

47 《金陵琐事》：明周晖撰，约成书于明万历三十八年（1610）。笔记。

48 《戒庵漫笔》：明李诩撰，杂记，八卷。诩，字厚德，江阴人，少为诸生，坎坷不第，年八十而卒。晚年自号"戒庵老人"，因以为书名。它书如《名山大川记》等均佚。

49 《群碎录》：明陈继儒撰，其书随军记录，不暇考辨，故以"群碎"名。

50 《鸿庆堂集》：宋晋陵（今江苏常州）孙觌（1081—1169）撰。觌字仲益，号鸿庆居士，徽宗大观三年进士，官至户部尚书，出知温州、平江、临安，扰民媚奸，为人不耻。但工诗文。《鸿庆堂集》，一名《鸿庆居士集》，共四十二卷。

51 杭州府昌化县：北宋太平兴国三年（978）以吴昌县改名，治所在今浙江临安县武隆。

52 《阅耕余录》：明张所望撰。所望，字叔翘，上海人，万历辛丑（1601）进士，官至广东按察使副使。此为随笔笔记，共六卷。

53　《钓台记》：崔儒撰，字元立，唐滑州灵昌人。代宗时任起居舍人，官至户部郎中。德宗兴元元年(784)，撰《严陵钓台记》，一称《严先生钓台记》。

54　此处删节，见明代田艺蘅《煮泉小品·源泉》、《石流》各条。

55　此处删节，见明代田艺蘅《煮泉小品·石流》。

56　此处删节，见明代田艺蘅《煮泉小品·灵水》。

57　本条内容，不见所收各《茶谱》，不知所出。

58　此处删节，见宋代审安老人《茶具图赞》附录。

59　此处删节，见宋代审安老人《茶具图赞》。

60　以下删节，见宋代审安老人《茶具图赞》各条。

61　以下删节，见明代顾元庆、钱椿年《茶谱·附竹炉并分封六事》。

62　此处删节，见明代顾元庆、钱椿年《茶谱·附竹炉并分封六事》。

63　此处删节，见明代顾元庆、钱椿年《茶谱》所载盛颙《苦节铭》。

64　《曲洧间旧闻》：即《曲洧旧闻》，十卷。宋朱弁撰，盖其使金被扣留时所作，主要追述北宋轶事，无一字涉于金朝，故曰旧闻。《文献通考》以之划食"小说家"，《四库全书简明目录》改为"杂家类"。

65　此处删节，见明代熊明遇《罗岕茶记》。"焙"字后，底本还多"亦可"两字。

66　此录为蔡襄《茶录》。

67　此处删节，见明代高濂《茶笺》。下两条按《茶笺·藏茶》改写，略为不同，存。

68　此处删节，见明代高濂《茶笺·煎茶四要》。

69　此处删节，见唐代陆羽《茶经·五之煮》。

70　此处删节，见明代屠本畯《茗笈·第八定汤章》。虽云引自《鹤林玉露》，字眼所见应据《茗笈》抄录。

71　此处删节，见明代屠本畯《茗笈·点瀹第九章》。虽云引自陆书，字眼所见应据《茗笈》抄录。

72　此处删节，见明代屠本畯《茗笈·第十四相宜章》。虽云引自《茶解》，字眼所见应据《茗笈》抄录。

73　此处删节，见明代高濂《茶笺·试茶三要》。

74　《南窗纪谈》：不著撰者，一卷。笔记。

75　《云谷杂记》：宋张昊撰。原本已佚，此后从《永乐大典》录撮成四卷，对诸家著述析疑正误多所釐订。

76　《云仙散录》：一卷，旧称唐冯贽撰，《直斋书录解题》称"所引书名皆古今所不闻，且其记事造语如出一手"，提出是一本伪托的"子虚乌有"之书。

77　《北辕录》：宋周煇撰，煇一作辉，字昭礼，海陵(今江苏泰州市)人，侨寓钱塘(今浙江杭州市)。嗜学工文，隐居不仕。藏书万卷，孝宗淳熙三年，曾随信使至金国。《北辕录》即记金国见闻。

78　《明良记》：杨仪撰，四卷。前有李鹗翀引言，称其与《保孤记》合为《二记》秘本。这时佚其一种，故附于李鹗翀所撰《洹词记事抄》一卷之后。鹗翀，字如一，明常州府(今无锡)江阴人。实际《洹词》本崔铣所著，鹗翀补《洹词》未录之宋及明初记事三十六则，自题《洹词记事抄》。

79　此处删节，见唐代陆羽《茶经·六之饮》。

80　此处删节，见宋代蔡襄《茶录·香》。此言引自《茶谱》，应误，可能转抄明代屠本畯《茗笈》而以讹传讹。

81　此处删节，见明代许次纾《茶疏·饮啜》。

82　下录内容，查对现见各"岕茶"茶书，俱未见，不知所出。

83　本段内容底本注为出之《茶疏》，查非出《茶疏》，疑可能同上条，出《岕茶疏》。

84　此处删节，见清代冒襄《岕茶汇抄》。

85　此处删节，见明代徐𤊹《蔡端明别纪茶癖》。

86　《甲申杂记》：宋王巩撰，巩字定国，自号清虚先生。所纪皆东都旧闻，本各自为书，后其曾孙合为一编。全编共二十二条。"甲申"者，崇宁三年也，故所记上起仁宗，下迄崇宁。

87　《玉堂杂记》：三卷。宋周必大撰。必大，字子充，一字洪道。庐陵人，绍兴二年进士。此书皆记翰林故事，后编入《必大文集》，此为别本。

88　此处删节，见明代屠本畯《茗笈·第十六玄赏章》。

89　此处删节，见明代屠本畯《茗笈·第十六玄赏章》。

90　此处删节，见明代田艺蘅《煮泉小品·宜茶》。

91　此处删节，见明代田艺蘅《煮泉小品·宜茶》。

92　此处删节，见明代冯可宾《岕茶笺》和冒襄《岕茶汇抄》原文。

93　《金銮密记》：唐韩偓撰，一卷，一作三卷。本篇为偓任翰林学士承旨京兆时记翰苑事。

94　《灌园史》：四卷，陈诗教撰。诗教字四可，秀水（今浙江嘉兴）人。

95　此处删节，见明代喻政《茶书·诗类》。

96　此处删节，见明代喻政《茶书·诗类》。

97　唐朱景元：吴郡（今江苏苏州市）人。"景元"，一作"景玄"。

98　吕居仁：即吕本中（1084—1145），宋寿州人。居仁是其字，郡望东莱，人称东莱先生。高宗时赐进士及第。

官中书舍人兼侍讲，权直学士院。秦桧为相，忤桧，被劾罢。工诗，有《紫微诗话》、《东莱先生诗集》等。

99　谢宗可：金陵人，有咏物诗百篇传于世。

100　刘秩：字伯序，丰城人，有《秋南集》。本诗一般题作《云溪为高理问赋》。

101　程垓：南宋词人。字正伯，号书舟。眉山（今属四川）人。生卒年不详。苏轼中表程正辅之孙。孝宗淳熙间曾游临安。光宗时尚未仕宦。工诗文，词风凄婉锦丽。有《书舟词》。

102　蔡伯坚：即蔡松年（1107—1159），伯坚是其字，号萧闲老人，真定（今河北正定）人。金代文学家，以宋人而随父降金，官至右丞相，加仪同三司，封卫国公。工诗，风格清俊，部分作品流露仕金之悔恨，表达归隐心志。亦能词，与吴激齐名，时号"吴蔡体"。有词集《明秀集》，魏道明注。

103　高士谈（？—1146）：金诗人。字子文，一字季默。先世为燕人。宋宣和末任忻州（今属山西）户曹参军，入金官至翰林直学士。后因宇文虚中案被捕，遭杀害。《中州集》选录其诗。

104　黄震（1213—1280）：南宋末思想家。字东发，慈溪（今属浙江）人，学者称于越先生。宝祐进士，曾任史馆检阅、提点刑狱等官。宋亡后不仕，隐于宝幢山，饿死。学宗程朱，但也有不满和修正。有《东发日钞》传世。

105　李攀龙（1514—1570）：明代文学家。字于鳞，号沧溟，山东历城（今属济南）人。嘉靖进士，官至河南按察使。与王世充为"后七子"首领。提倡摹拟、复古，认为文自西汉、诗自盛唐以后俱无足观。其诗作多摹拟古人，只少数作品揭露时弊，较具感染力。有《沧溟集》传世。

106　此处删节,见明代毛文锡《茶谱》。

107　《本草征要》:明代李中梓撰于崇祯十年(1637)。此书主要取材于《本草纲目》,删繁去复,采择常用药361种,分属草、木、果、谷、菜、金石、土、兽、禽、虫鱼等十一部。各药均参引前代论述,并附作者用药心得。李中梓为明末著名医学家,所著本草书还有《本草通玄》。

108　《霞外杂俎》:一卷,旧本题铁脚道人撰,有敖英序,存疑。所言皆养生术大旨。

109　唐子西云:所录内容,只有前四句是正式摘自唐庚的《斗茶记》,"又引云"以下,部分杂摘《斗茶记》和其他文献的记述。

110　此处刚节,见五代蜀毛文锡《茶谱》。除个别字句外,基本相同。

111　此处删节,见唐代陆羽《茶经·七之事》。除个别字句外,基本相同。

112　此处删节,见唐代陆羽《茶经·七之事》。

113　此处删节,见明代万邦宁《茗史》。斛二痕,《茗史》作斛茗痕。

114　《拊掌录》:一卷,旧本题元人撰,不著名氏,后有至正丙戌华亭孙道明跋,亦不言作者为谁。《说郛》载此书题为元宋怀,前有自序,称延祐改元立春日鞴然子书,盖元怀自号也。此本见曹溶《学海类编》中失去前序,遂以为无名氏耳。书中所记皆一时可笑之事,自序谓补东莱吕居仁《轩渠录》之遗,故目之曰《拊掌录》。

115　此处删节,见明代田艺蘅《煮泉小品·宜茶》。

116　以上删节,见明代田艺蘅《煮泉小品·宜茶》《绪谈》各条。云引自《清事录》,误。

117　《随手杂录》:一卷,宋代王巩撰。全书凡三十三条,所记惟周及南唐吴越各一条,余皆宋事止。于英宗之初虽皆稍涉神怪,而朝廷大事为多。

118　以上删节,见明代顾元庆、钱椿年《茶谱·制茶诸法》。

119　《快雪堂漫录》:一卷,明代冯梦祯撰。梦祯有《历代贡举志》已著录是编,为陆烜奇晋斋所刻,皆记见闻异事,语怪者十之三,语因果者十之六。记翰林旧例、大同米价、回回人、义仆节妇、虞长孺汉印、吴茂昭品龙井茶、李于麟弃岭茶,以及栽兰、藏茶、炒茶、茉莉酒、造印色、铸镜、造糊、造色纸诸法,为杂家言者十之一,故从其多者入之小说家焉。

120　《水南翰记》:其撰作者于诸书所说有异,《千顷堂书目》谓张衮,《御定佩文斋书画谱》《纂辑书籍》作李如一,《元明事类钞》云李恕。

121　《墨庄漫录》:十卷,宋代张邦基撰。所记轶事多糁以神怪,颇阑入小说家言。至于辨定杜甫韩愈苏轼黄庭坚诸诗,皆为典核考证名物,亦资博识。

校　　勘

① 序:底本"序"字前,还冠有书名,作《茶苑序》,本书校时删。

② 卷一:底本在此之前多书名"茶苑"二字,在同行下端有"毗陵黄履道辑"六字,本书校时删,下面各卷均同。

③ 目次:本文《茶苑》每卷卷首都书有目录,但目录与文题往往不一,有的有目无题,有的有题无目,较混乱。此次校编也一仍其旧,不作改动。

④ 余甘子不夜侯:底本作"不侯夜",径改。

⑤ 伐而掇之:底本作"代",径改。

⑥ 茎:底本阙,据唐陆羽《茶经》补。

⑦ 《茶经·注》曰：此注，原均为《茶经》正文双行小字夹注。本文从引文中分别辑出，低一字集中编录于后，以与正文区别。

⑧ 根：底本阙，据唐陆羽《茶经》补。

⑨ 茶字从草当作"茶"：《茶经》此夹注前正文为"其字或从草，或从木，或草木并"。

⑩ 扬：底本作"阳"，误，径改。

⑪ 《周诗》谓：底本"谓"前有"谁"，疑衍，径删。

⑫ 《茶说》：查不知所据，但与程百二《品茶要录补》内容相类。

⑬ 老叶谓之荈，细叶谓之茗：《渊鉴类函》、《图书集成》作"其老叶谓之荈，嫩叶谓之茗"。

⑭ 不止味同露液，白况霜华：夏树芳《茶董》作"首阅碧涧明月，醉向霜华"。

⑮ 以下三条"余甘子不夜侯"、"鸡苏佛橄榄仙"及"玉蝉膏清风使"，六名俱为茶别名，在有关文献记载和茶书中，将二名合作一题，除本文外甚是罕见。

⑯ 常焉：宋代陶谷《茗荈录》作"尝为"。

⑰ 此诗《全唐诗》等题作《谢李六郎中寄新蜀茶》。"目"字，一作"眼"。麵底本作"麯"，径改。

⑱ 《天中记》原文为"凡艺茶必种以子"和"凡种茶树必下子，移植则不复生"。"不迁"、"不移"等名为本文后加。

⑲ 号一旗一枪：《宣和北苑贡茶录》原文作"一枪一旗"。

⑳ 《北苑茶录》芽茶注云：《北苑茶录》，即《宣和北苑贡茶录》简称。"芽茶注云"，《北苑贡茶录》原文无，作者编时亦将正文写作"注"，误。

㉑ 《顾渚山茶谱》：应作《顾渚山茶记》，一般也作《顾渚山记》。"一枪二旗"、"一芽二叶"，底本作"一旗二枪"、"一叶二芽"，误，径改。蕲门团黄下同，不出校。

㉒ 洪州西山出罗汉茶："茶"字，底本疑脱，校时补。

㉓ 茶芽名雀舌、麦颗：《梦溪笔谈》原文作"茶芽，古人谓之雀舌、麦颗"。

㉔ 定知北客未曾尝："知"，《梦溪笔谈》原文作"来"。

㉕ 《紫桃轩又缀》："又"，底本作"杂"，下录内容非出《紫桃轩杂缀》，而是《紫桃轩又缀》卷3，径改。

㉖ "石筋山脉，钟异于茶"云云。今地产天池仅一石壁：《紫桃轩又缀》原文为"石筋山脉，钟异于茶，今天池仅一石壁"。

㉗ 本条内容不见于《品茶要录》，疑据《东溪试茶录》首段内容改写而成。

㉘ 《罗岕茶记》：底本简作《岕茶记》。校时加添一"罗"字，以免与它书混。下同。

㉙ 《唐史》：此应作《唐书》。本条用词与《天中记》、《续茶经》等全同。

㉚ 上录两条《重修茶舍记》内容，与《云麓漫抄》所记相近。

㉛ 此条内容，不见《北苑别录》，疑据陈继儒《茶董补·湖常为冠》内容摘抄而成。

㉜ 北苑官焙分十余纲：《宣和北宛贡茶录》原文为"每岁分十余纲"。

㉝ 本条下录内容，《北苑别录》不见，经查，实录自《宣和北苑贡茶录》。

㉞ 北苑贡茶起于惊蛰前：黄儒《品茶要录》原文为"茶事"二字，此句作"茶事起于惊蛰前"。

㉟ 此条疑据《东斋纪事》摘成。

㊱ 采茶不必太细："采茶"，《考槃余事》原文为文题，"茶"字作"芽"。

㊲ 若再迟一、二日，得其气力完足：《茶疏》原文作"若肯再迟一二日，待其气力完足"。

㊳ 天气适佳为庆：《大观茶论》原文作"故焙人得茶天为庆"。

㊴ 故茶于惊蛰前后已上焙，较吴中为最早：《泉南杂志》原文无前句"于惊蛰前后已上焙"八字，仅存这两句前后"故茶较吴中差早"七字。

㊵ 而喜日光晴暖：底本作"月"字，疑"日"字之误，径改。

㊶ 已上数种，其名皆著：《遵生八笺》原文作"之数者，其名皆著"。

㊷ 唐人首推阳羡，宋人最重建溪："推"字、"溪"字，许次纾《茶疏》原文作"称"字和"州"字。底本此录与《茶疏》原文差误较多，故这里虽与前录《茶疏》内容有重，亦只得留不作删。

㊸ 今惟洞山产者最佳。姚伯明云：《茶疏》原文无"产者"二字。"明"字，《茶疏》原文作"道"。

㊹ 滋味甘芳："芳"字，《茶疏》原文作"香"。

㊺ 足为仙品。若在顾渚：在这两句"品"字和"若"字之间，《茶疏》原文还多"此自一种也"一句。

㊻ 《岕茶别录》、《茶董》：经查，《茶董》无此内容，误署。《岕茶别录》，原书佚，疑即《续茶经》等书中所引的《岕茶别论》）。

(47) 殆为精绝：《罗岕茶记》原文作“真精绝”。

(48) 《遵生斋集》：查不见诸书目，疑即明高濂《遵生八笺》之误。本条基本相同，仅最后一句作“隽永非常”，《遵生八笺》作“嗅有消渴”。

(49) 月：底本原无，据《紫桃轩杂缀》补。“山”字，《紫桃轩杂缀》原文无。“青翠”，《紫桃轩杂缀》原文作“翠绿”。

(50) 何堪刮目：“刮”字，《紫桃轩杂缀》原文作“翠绿”。

(51) 杭州临安县天〔目〕山茶：“目”字，底本原脱，据《考槃余事》原文补。

(52) 《茶经·八之出》原文作“余姚县生瀑布泉岭，曰仙茗，大者殊异”。

(53) 《茶经·八之出·注》原文作“台州丰县生赤城者，与歙州同”。丰县，因作“始丰县”。

(54) 三十二都的“二”字，底本原糊阙，校时据原志补。

(55) 烹成碧色：此句《事类赋注》引作“煎如碧乳”也。

(56) 入水烹成：“烹”字，《紫桃轩杂缀》作“煎”字。

(57) 鄂州东山，出茶黑色如韭，食之已头痛：《太平寰宇记》引毛文锡《茶谱》文作：“鄂州之东山蒲圻、唐年县皆产茶，黑色如韭叶，极软，治头痛。”

(58) 先春两色：底本作“雨色”，误，径改。

(59) 贡茶纲次：宛委山堂说郛及喻政茶书本等，俱无“贡茶”二字，此“贡茶”显为黄履道编时加。《四库全书》本，无“纲次”之目。

(60) 龙团胜雪：“团”字，赵汝砺《北苑别录》各本作“园”字。底本除此，如下面细色第四纲等，“龙园胜雪”，俱作“龙团胜雪”。

(61) 粗色第一纲：本文先前刻本，一般皆接排不分段分行，细芽各纲，底本除芽形、水火次数改排双行小字外，内容增加、改变不多。粗色各纲所含内容较多，本文分别又细，与《北苑别录》原稿相异较多。如本段，《北苑别录》原稿为：“粗色第一纲　正贡　不入脑子上品拣芽小龙一千二百片，六水十六火。入脑子小龙七百片。　增添　不入脑子上品拣芽小龙一千二百片，入脑子小龙七百片。　建宁府附发小龙茶八百四十片。”底本、近现代刊本与本文所据原书原稿还是有一定差别的，故这里特保存第一纲以之对比说明。

(62) 正贡一百片：《北苑别录》原文，“正贡”写在文题“粗色第二纲”下，底本在每种贡额前所加的“正贡”二字，原文一律没写，为本文辑者或抄录者添加。又“一百片”，原文作“六百四十片”。

(63) 正贡七百片：《北苑别录》原文，每种贡额前，均无“正贡”二字。下同，不出校。另“七百片”，原文作“六百七十二片”；“七”字，宛委山堂说郛本作“四”。

(64) 入脑子小凤四水，十五宿火正贡一千三百四十片：《北苑别录》原文，水火次数，均排在贡额数字之后，把此移至贡额之前并改作双行小字注，是底本所抄。同，也不校。另贡额一般作“一千三百四十四片”，底本同宛委山堂说郛本，作“一千三百四十片”。

(65) 增添一千二百片：上面“增添”既单列作目，本文《北苑别录》原文在增添下刊各条数额前，就俱无“增添”二字。下同，不出校。

(66) 建宁府附发　小凤茶，增添一千三百片：“发”字和“小”字之间，原接排无空格，本书校时加，下同。“茶”字，底本原无，据原文加。“一千三百片”，“三”字，喻政茶书本等俱作“二”，宛委山堂说郛本等和继豪按作“三”。

(67) 六百四十片：底本同宛委山堂说郛本等作“六百四十片”，但其他有些版本，也作“六百四十四片”。

(68) 一千八百片：底本与宛委山堂及涵芬楼说郛本等同，本茶及下面入脑子大凤，同作“一千八百片”，但是，其他各本，也有作“一千八片”者。

(69) 本条及下一条，底本原作“建宁府附发大龙茶，附发四百片”；“建宁府附发大凤茶，附发四百片”。内容重复，也与以上“正贡”、“增添”体例不合。本书校时，将上一行“建宁府附发”存作“小目”，下行“建宁府附发”及数额前加“附发”等字全删。按体例和原书内容实际，校改如上。下同。

(70) 大龙茶，四百片：“四百”，宛委山堂说郛本、五朝小说大观等本，均作“四十”。下条“大凤茶四百片”，情况亦与之同。

(71) 一千六百片：底本误抄粗色第七纲京挺改造大龙数，作“二千三百二十片”，据《北苑别录》原文改。

(72) 大龙茶，八百片；大凤茶，八百片：底本原误抄粗色第七纲之附发数，作二百四十片。“八百片”为本文校时径改。但本文《四库全书》本，无此二种附发数。

㊟ 一千三百片：底本原误抄粗色第七纲附发数，作"四百八十片"，"一千三百片"是本文校时据原文改。但"三百片"之"三"字，宛委山堂说郛、五朝小说大观本等作"二"字。

㊟ 记：底本作"说"，误，径改。

㊟ 南平县狼猱茶："猱"字，底本原作"细"字，此据毛文锡《茶谱》改。

㊟ 罗艾茶：底本作"罗文茶"，误，径改。

㊟ 渝人重之，云可已痰疾："云可已痰疾"，《太平御览》引文作"十月采贡"。

㊟ 〔刘伯刍〕水品："刘伯刍"三字，底本原无。本卷目次首目为"泉品"，次目为"刘伯刍水品"，本文题作"水品"，与文前目次矛盾，校时故加。

㊟ 〔陆羽水品〕：底本原无，据目次校补。

㊟ 陆季疵："疵"字，底本原作"纰"，本书校时改。下同。

㊟ 论泉品：底本误作"论茶泉"，径改。

㊟ 此条及以下两条内容，不见现存诸《茶录》，经查俱转录自明田艺蘅《煮泉小品》。

㊟ 得饮之者寿千岁：《煮泉小品》引《拾遗记》简作"饮者千岁"。

㊟ 《茶谱》原文作"水泉不甘者，能损茶味，前世之论，必以惠山泉宜之"。

㊟ 寿：底本作"箕"，误，径改。

㊟ 底本称出自《茶解》，误，疑是据张源《茶录》摘抄。

㊟ 将"韦鸿胪赞"、"苦节君行省铭"用括号并刊于"十二先生题名录"之下，是本书校时所整合。

㊟ 本条实非出《茶录》，而是摘自许次纾《茶疏·煮水器》。本文辑者转抄屠本畯《茗笈·辨器章》，以讹传讹。

㊟ 芝园主人茅一相撰：原序落款详作"庚辰秋七月既望花溪里芝园主人茅一相撰并书"。

㊟ 本条所录内容，辑者坦言据《茗笈》，其实《茗笈》注明摘自闻龙《茶笺》。

㊟ 此称据自《茶疏》，但疑据自《茗笈》。

㊟ 此称辑自《茶录》，疑转抄自《茗笈》。

㊟ 这段内容不知所据，或本文辑者擅改。

㊟ 张源《茶录》作"以锡为之，从大罍中分用，用尽再取"。

㊟ 罗廪《茶解》原文作："炉，用以烹泉，或瓦或竹，大小要与汤壶称。"

㊟ 随纸作气，茶味尽矣。即再焙之：《茶疏》作

㊟ "随纸作气尽矣，虽火中焙出"。本文增改得当。

㊟ 纸帖贻远，安得复佳？故须以滇锡作器贮之：《茶疏》原文作"每以纸帖寄远，安得复佳"，无后一句。

㊟ 藏茶：本文目次原作"藏茶法"，但文题又作"藏法"二字。"藏法"不明确，为使目次和文题一致，本书作校时，统改作《藏茶》。

㊟ 自天而下：《遵生八笺》原文作"原蒸自天而下"。

⑩ 此据《茗笈》转录。

⑩ 本文所据经核对，疑参考《茗笈》。

⑩ 熊明遇《罗岕茶记》："记"字，底本原误作"疏"字。本条内容虽然前后几句都是本文辑者摘自它书，但中段超过半数内容，尽管文字有出入，但还是据《罗岕茶记》。

⑩ 改碧为素，以色贵白也：此以上内容，非《罗岕茶记》而是由本文辑者从它书摘附。

⑩ 则虎丘所无也。有以木兰坠露：这两句，前句"则虎丘所无也"，是《罗岕茶记》的最后一句，第二句"有以木兰坠露"及其以下各句，又为本文辑自它书。

⑩ 本条《岕茶疏》内容，未查到出处，也暂不知何人所撰，下同。疑可能是又一种失佚的茶书。

⑩ 此实际出自《遵生八要》也即本书《茶笺》"煎茶四要"、"试茶三要"的二条内容。"又云"以下，为"试茶三要"之"熁盏"。

⑩ 武阳买茶："武"，底本作"五"，音误，径改。

⑩ 此条言引自《茶董》，误。

⑩ 此条不见现存诸本《茶录》，不知所据。

⑩ 此注有疑。底本上录内容与《茶董》不同，与《茗史》全同，但《茗史》也并无此注文。

⑪ 〔好尚〕：底本原无，校时据文题增。

⑪ 本条《茶经》引文，实际分摘自五之煮和六之饮二部分。"况其广乎"以上，为五之煮的内容；"夫珍鲜馥烈"，为所录"六之饮"的内容。

⑪ 尚：张舜民《画墁录》有的版本一作"盛"字；在"前"字和"未"字间，有的版本还多一"所"字。

⑪ 〔后〕又为龙团：底本原无"后"字，径加。

⑪ 神宗有旨制密云龙："制"字前，《画墁录》有的版本，还多"建州"二字。

⑪ 然密云龙之出，二团少粗，以不能两好故也：此句，有版本一作"然密云之出，则二团少粗，以不能两好也"。

⑰ 殆尽：《画墁录》有的版本，也引作"殆将不胜"。

⑱ 彼以二茶易蕃罗一匹，此以一罗易茶四饼：《画墁录》有版本也作"彼以二团易蕃罗一匹，此以一罗酬四团"。

⑲ 到边：一作"使边"。"常语宫中以团为常供"，有的版本无"常言宫中"等字，简作"以大团为常供"。另后一句，无"龙"字。

⑳ 岁以为常例焉：《甲申杂记》原文，简作"后以为例"。

㉑ 出饼角子团茶以赐进士，出七宝小团茶：《甲申杂记》原文，无"团"字和"小团"二字。

㉒ 经查对，本文下录所谓《唐书·陆羽传》，与原文均有明显增删改动，非完全照抄。

㉓ 泰山灵岩寺："泰"字，底本抄作"太"字，据原文径改。

㉔ 烹：《苏轼诗集》作"煎"。亦有题作《月夜汲水煎茶》者。

㉕ 大瓢注月归春瓮，小杓分泉入夜瓶："注"字、"泉"字，《苏轼诗集》作"贮"字和"江"字。

㉖ 诗名、作者均为妄题。此诗实是从宋苏轼《寄周安孺茶》与《和钱安道寄惠建茶》两诗各摘一段凑合而成。

㉗ 以下十首诗，《全唐诗》等有的在"茶坞"一类诗题前，往往都加"奉和袭美茶具十咏"八字入题。下同。底本在十咏最后一首《煮茶》末句下，注明"已上十首，共出《陆鲁望集》"。

㉘ "茶坞"及此下另九首茶诗，皮日休总称《茶中十咏》并作序。在序尾指明"为十咏，寄天随子"。这点，底本在十诗最后一首《煮茶》末句下面的小字注亦注明，"已上十首，共出《松陵倡和集》"。

㉙ 火煎：《宋诗纪事》等一些版本，作"雨前"。附：本文题《烹茶》，《瀛奎律髓》等一作《煎茶》。

㉚ 乃以端午日小集石塔：《东坡全集》作"端午小集石塔"，无"日"字。此题各本擅改很多，如有称《毛正仲惠茶》，有的称《紫玉玦》等。

㉛ 此题，《东坡全集》、《东坡诗集注》作"游诸佛舍一日饮酽茶七盏戏书勤师壁"。

㉜ 底本诗题，与别本有数字之异。此题《东坡诗集注》，简作《为贶叹味不已次韵奉和》。

㉝ 《山谷集》题作《以小团龙及半挺无咎并诗用前韵为戏》，下录非全文，为摘抄。铤，底本作键，

㉞ 《剑南诗稿》等题简作《午睡》。

㉟ 蓉：《剑南诗稿》原诗作"渠"。

㊱ 《剑南诗稿》题为《寓叹》。

㊲ 地火：《剑南诗稿》原诗为"火地"，作"软火地炉红"。

㊳ 午：《剑南诗稿》作"昼"字；"适意"，《剑南诗稿》作"意适"。

㊴ 云：底本原作"阴"，据《剑南诗稿》改。

㊵ 尘：《剑南诗稿》作"氛"字。

㊶ 飕飕：《剑南诗稿》作"飔飔"。

㊷ 幽窗推破紫云腴。玉川七盏何须尔："推"字、"盏"字，《剑南诗稿》作"催"字、"碗"字。

㊸ 可：底本作"少"，径改。

㊹ 秩：底本作"秋"，径改。

㊺ 咏茶好事近调：《山谷集·山谷词》在"好事近"之上，无"咏茶"之题；在其下，无调字，下同。但有双行小字"汤词"二字。

㊻ 咏余甘汤更漏子调：《山谷词》作"更漏子咏余甘汤"。

㊼ 咏茶阮郎归调效唐人独木桥体共四首：《山谷词》原文作"又劲福唐独木桥体作茶词"。"又"字，指继前题"阮郎归"，双行小字注为"效福唐独木桥体作茶词"十字。这里所指"茶词"，本文收录此下还有另三首。"咏茶"是本文抄本所书。

㊽ 咏茶踏莎行调：《山谷词》原题作"踏莎行茶词"。

㊾ 高株摘尽到低株：《山谷词》原文作"低株摘尽到高株"。

㊿ 客有两新鬟善歌者请作送茶词定风波调：此题按《山谷词》，应作"定风波客有两新鬟善歌者，请作送汤曲，因戏前二物"。

(151) 摩汤：《山谷词》原文"磨香"。

(152) 鹰：底本作"凤"字，《山谷词》作"鹰"，径改。

(153) 深：底本作"轻"字，据《山谷词》改。

(154) 互：底本阙，据《御定词谱》补。

(155) 捧：《东坡词》原文作"夸"。

(156) 茶词朝中措调：此题《书中词》作"朝中措汤词"。

(157) 临川新茶望江南调：《溪堂词集》只书《望江南》词牌，其他俱本文抄本加。

(158) 茶宴序《文苑英华》作《三月三茶宴序》。

(159) 有：《文苑英华》作"右"字。

(160) "取"字前，《黄氏日抄》还多一"罗"字，作"罗取

四明、天台之胜"。

⑯ 团铸之外：毛文锡《茶谱》现存辑佚记载，无"团铸之外"之句。在附加的"团铸之外"的下录内容，与《太平寰宇记》引录的内容，也有不同。本句《太平寰宇记》引作"又有片甲者，即是早春黄茶，芽叶相抱，如片甲也"。

⑯ 〔游惠山叙〕宋苏轼：此题和作者，本文抄本原无，校时据《东坡全集》补。

⑯ 和子瞻韵：秦观《淮海集》题作"《同子瞻赋游惠山》三首其一王武陵韵 其二窦群韵 其三朱宿韵"单据底本题，看不出本诗和上面苏轼《游惠山叙》的关系，在补录《淮海集》原题后，对苏轼和本首游惠山诗序就较易理解。

⑯ 不：《淮海集》秦观原诗作"未"字。

⑯ 罂味驰千里，真朱犹未灭："味"字、"朱"字、"未"字，《淮海集》原诗为"缶"字、"珠"字和"不"字；两句作"罂缶驰千里，真珠犹不灭"。

⑯ 寄伯强知县求惠山泉：本题《东坡全集》作《焦千之求惠山泉诗》。

⑯ 或流苍石缝，宛转龙鸾戏。或鸣深洞中，杂佩间琴筑："戏"字、"深"字，《东坡全集》作"虀"字、"空"字。另底本此前二句诗与后二句诗，适和《东坡全集》相倒。是四句东坡原诗作："或鸣空洞中，杂佩间琴筑。或流苍石缝，宛转龙鸾虀。"

⑯ 千里：《东坡全集》作"四海"。

茶社便览 | 清　程作舟　撰

作者及传世版本

程作舟，字希庵，号星槎、星槎居士。清初人。生平事迹余不详。查《江西通志》，仅知其为鄱阳人，康熙壬子（十一年，1672）乡试第十五名。可能对编纂和刻书较有兴趣，"霁园"大致是他的书室名，因其现存的《闲书》十五种和《程氏丛书》二十三种，均署明为"清康熙霁园刻本"。这二十三种书，大都是程作舟自己编撰，所以所谓《程氏丛书》，我们初步考定是自撰自刻本。

《茶社便览》，是程作舟所刊《程氏丛书》中的一种。《程氏丛书》，清时《西谛书目》有著录，但《茶社便览》，查各旧目未见有载，以前当然也更无人在农书或茶书书目中提及。本文之作为茶书，首先是《中国古代茶叶全书》将之辑出收录的。因内容均辑之各书，这类茶书在明清部分已见之太多，本书编校时曾考虑收远是不收。缘因既是有书将之收作茶书，本书按凡例所定，这里也就姑加收录。上面说及，在现存《闲书》十五种和《程氏丛书》二十三种中，均收有本文。但需要指出，这二种书实际上只是一个版本。《闲书》十五种，是近年北京图书馆（现改名国家图书馆）编辑出版的《北京图书馆古籍珍本丛刊》收刻，是该馆据馆藏的程作舟所编《闲书》影印的。我们据之与《程氏丛书》对照，发现《闲书》所收十五种，不但全部见之《程氏丛书》，且版式、字体二书也同。故我们推测，《程氏丛书》或是在《闲书》之后加刻八书而成，或《闲书》为《程氏丛书》原版所选的重印本。本书据清康熙雋园本《程氏丛书》作录。这里也需指出，《茶社便览》内容虽大都摘自他书，且还多重复，但因程作舟所摘都颇扼要，字数也不多；这是它的优点或特点。因此，本书在处理这类内容时，也只好一律留不作删。

原　文

居士何嗜？嗜酒不能一斗，嗜诗不过百篇，而于茶独胜。每日以卢玉川为式，早起可以清梦，饭后可以清尘，上午可以济胜，小昼可以导和，下午可以怯倦，傍晚可以待月，挑灯读罢可以足睡①。其故人过访，促坐谈心，则烹茶细酌不在此数。然个中火候，非樵青所能知也。爰集前人之言，为《社中便览》1：一曰纪茶名，二曰辨茶性，三曰生茶地，四曰采茶时，五曰煮茶水，六曰煎茶火，七曰收茶法，八曰酌茶器，九曰投茶候，十曰饮茶人，十一曰理茶具，十二曰传茶事。山居岑寂，虽乏佳茗，然按谱遵行，严于令甲，倘遇李季卿其人乎，急掷三十文以偿凤债，毋使桑苎翁贻愧千古也。

纪茶名

未考其实，先志其名，蒙庄有言，名者实宾。

一曰茶，二曰槚，三曰蔎，四曰茗，五曰荈。见《茶经》

又早采者为茶，晚采者为茗②。见《尔雅》

僧志崇，收茶有三等：待客以惊雷荚③，自奉以萱草带，供佛以紫茸香。见《蛮瓯志》

胡嵩曰"不夜侯"；光业曰"苦口师"；田子艺曰"如佳人"；杨粹仲曰"甘草癖"；杜牧曰"瑞草魁"；谢宗曰"酪苍奴"。见《杂志》

名茶十种：顾渚嫩笋，方山露芽，阳羡春池，西山白露，北苑先春，碧涧明月，霍山黄芽，宜兴紫笋，东川兽目，蒙顶石花④。见《文苑》

御用十八品2：上林第一，乙夜清供，承平雅玩⑤，宜年宝玉，万春银叶，延年石乳⑥，琼林毓瑞⑦，从品呈祥⑧，清白可鉴，风韵甚高，旸谷先春，价倍南金，雪英⑨、云叶⑩，金钱，玉华，玉叶长春，蜀葵，寸金，政和曰"太平佳瑞"⑪，绍圣曰"南山应瑞"。

辨茶性

或纯或驳，受命于天。性相近也，物亦有然。

茶者，南方之佳木，其树如瓜芦，叶如栀子，花如白蔷薇，实如栟榈⑫，蕊如丁香⑬，根如胡桃。其性俭，不宜广，广则其味暗淡。3见《茶经》

茶性淫，易于染著，无论腥秽及有气息之物，即名香亦不宜近⑭。见《茶解》

又茶酒性不相入⑮，故制茶者，切忌沾腥。见《茶解》

茶性畏纸。纸于水中成，受水气多，纸包一夕，随纸作气⑯。见《茶疏》

茶与墨二者相反。茶欲白，墨欲黑；茶欲重，墨欲轻；茶欲新，墨欲陈。见《温公论》⑰

茶犹人也,习于善则善,习于恶则恶。
见《茶评》

茶之精者,清亦白,浓亦白,初发亦白,久贮亦白。味甘色白[18],其香自溢。见《茶解》

芽紫者为上,面皱者次之,团叶者又次之,光面如篦叶者则下矣。见《韵书》

生茶地

惟木有茶,得土以丽,岂曰徇名,地灵人杰。

上者生烂石,中者生砾壤,下者生黄土。野者上,园者次。阴山坡谷者,不堪采掇[19]。见《茶经》

吴楚间,气清地灵,草木颖异,多产茶荈。右于武夷者为白乳,甲于吴兴者为紫笋,产禹穴者以天章显,茂钱塘者以径山希。见《煮茶泉品》

唐人首称阳羡,宋人最重建州。阳羡仅有其名,建州亦非佳品,惟武夷雨前者最胜。见《茶疏》

茶产平地受土气者,其质便浊。闲茶产于高山,浑是风露清虚之气,其味最佳。见《闲茶记》[20]

茶地南向为佳,阴向遂劣[21]。又曰茶地不宜杂以恶木,惟桂、梅、辛夷、玉兰、玫瑰、梧、竹间之。见《茶解》

采茶时

虽毋过早,亦无过迟。非曰同流,物生有时。

采茶在二三月之间[22]。茶之笋者,长四五寸,若薇蕨初抽,凌露采焉。茶之芽者,其上有三枝四枝,择其中颖拔者采焉。又云:有雨不采,有云不采。见《茶经》

清明太早,立夏太迟,谷雨前后,其时适中。再迟一二日,香力完足,易于收藏。见《茶疏》

又云:闲茶非夏前不摘。初摘者谓之开园,茶摘自正夏,谓之春茶;又七八月间,重摘一番谓之早春;其品甚佳。见《茶疏》

采茶以甲不以指,以甲则速断不柔,以指则多湿易损。见《试茶录》

茶,以初出雨前者为佳。惟闲茶立夏开园,吴中所贵,梗粗叶厚,有萧箬之气。见《闲茶记》

凌露无云,采候之上;霁日融和,采候之次;积雨重阴,不知其可。见《茶说》

茶初摘时,须拣去枝梗老叶,又须去尖与梗,恐其易焦,此松萝法也。见《茶笺》

煮茶水

酌彼流泉,留清去浊,水清茶善,水浊茶恶。

山水上,江水中,井水下。山水择乳泉石池漫流者上,其瀑涌湍漱者不可食。见《茶经》

山厚者泉厚,山奇者泉奇,山清者泉清,山幽者泉幽。见《煮泉小品》

山顶泉清而轻,山下泉清而重。石中泉清而甘,沙中泉清而冽,土中泉清而白。泻黄石者为佳,出青石者无用。见《茶录》

烹茶,水之功居多。无泉则用天水,秋雨为上,梅雨次之。秋雨冽而白,梅雨醇而白。见《闲茶记》

贮水以大瓮,瓮中宜置一小石,忌新器,亦忌他用。见《茶疏》

煎茶火

水取其清,火取其燥,不疾不徐,从容中道。

其火用炭。凡经燔炙为脂腻所及,及膏木败器,不用。古人识劳薪之味,信哉。见《茶经》

火以坚木炭为上。然木性未尽,必有余

烟,烟气入汤,汤必无用。必先烧令红,去其烟焰,兼取性力猛炽,水乃易沸。见《茶疏》

又火红之后,方投木器,乃急扇之,愈急愈妙,毋令手停,若过之后,不如弃之。见《茶疏》

炉火通红,茶铫始上,扇起要轻疾,待水有声,稍重疾,乃文武火也。过乎文,则水性柔,柔则水为茶降;过乎武,则水性烈,烈则茶为水降。见《茶录》

调茶在汤之淑嫩,然柴一枝,浓烟满室,安有汤耶,又安有茶耶?见《仙芽传》4

收茶法

收而藏之,为久远计,半是天工,半是人力。

采之、蒸之、捣之、拍之、焙之、穿之、封之,茶之干矣。见《茶经》

其茶初摘,香气未秀,必藉火力,以发其香性。然不耐劳,炒不宜久。多取入铛,则手力不匀,久于铛中,过熟而香散矣。炒茶之铛,最忌新铁,须预取一铛,毋得更作他用。炒茶之薪,仅可树枝,不用干叶。干则火力猛炽,叶则易焰灭。见《茶疏》

炒时须一人从旁扇之,以去热气,否则色黄,香味俱减。炒起出铛时,置大瓷盆中,仍须急扇,令热气稍退,以手重揉之,再散入铛,文火炒干入焙。见《茶笺》

火烈香滑,铛寒神倦。火猛生焦,柴疏失翠。久延则过熟,速起却还生。熟则犯黄,生则著黑。带白点者无妨,绝焦点者最胜。见《茶录》

藏茶宜箬叶,畏香药,喜温燥,忌冷湿。藏时先取青箬,以竹编之,焙茶候冷,贮其中,可以耐久。见《闻茶记》

凡贮茶之器,始终贮茶,不得移为他用,又切勿临风近火。临风易冷,近火先黄。见《茶录》

酌茶器

一壶一盏,不宜妄置,虽有美食,不如美器。

镀以生铁为之。洪州以瓷,莱州以石。瓷与石皆雅器也。见《茶经》

贵欠金银,贱恶铜铁,则瓷瓶有足取焉。幽人逸士,品色尤宜。见《仙芽传》

金乃水母,锡备刚柔,味不咸涩,作铫最良。制必穿心,令火气易透。见《茶录》

茶壶往时尚龚春,近日时大彬所制,大为时人所重,盖是粗砂,正取砂无土气耳。又云:茶注宜小不宜大,小则香气氤氲,大则易于散漫。见《茶疏》

茶具洗涤,覆于竹案,俟其自干。其拭巾只宜拭外,不宜拭内。盖布巾虽洁,一经人手,便易作气。见《茶笺》

投茶候

茶与汤和,无过不及,发其真香,如炉点雪。

其沸如鱼目,微有声,为一沸;缘边如涌泉连珠,为二沸;腾波鼓浪,为三沸。已上水老,不堪食。见《茶经》

投茶有叙,无失其宜。先茶后汤,曰下投;汤半下茶,复以汤满,曰中投;先汤后茶,曰上投。春秋中投,夏上投,冬下投。见《茶录》

又酾不宜早,饮不宜迟。酾早则茶神未发,饮迟则妙馥已消。见《茶录》

一壶之茶,止宜再巡。初巡鲜美,再巡甘醇,三巡则意味尽矣。见《茶疏》

饮茶人

佳哉茗香,何关毁誉,可者与之,不可者拒。

茶之为用,味至寒。为饮,宜精行俭德

之人。见《茶经》

饮茶以客少为贵，客多则喧。独啜曰幽，二客曰胜，三四曰趣，五六曰泛，七八曰施。见《茶录》

煮茶而饮非其人，犹汲乳泉以灌蒿莸。饮者一吸而尽，不暇辨味，俗莫甚焉。见《煮泉小品》

巨器屡巡，满钟倾泻，待停少温，或求浓苦，不异农匠作劳，但贪口腹，何论品赏？何论风味？见《茶疏》

茶侣，翰卿墨客、缁衣羽士、逸老散人，或轩冕中超轶世味者㉓。见《煎茶七类》

理茶具

天下之物，独力难成，矧兹佳具，以友辅仁。

陆鸿渐造茶具二十四事，以都统笼贮之。竹炉曰苦节君，箸笼曰建城，焙茶箱曰湘君㉔，焙泉缶曰云屯，炭篮曰乌府，涤器桶曰水曹，收贮茶叶并各器者曰品司，煮茶罐曰鸣泉，古茶洗曰沉垢，水勺曰盆盈㉕，准茶秤曰执权，藏引支秦㉖并司品者曰合香，竹帚曰归洁，洗茶篮曰洒尘，古石鼎曰商象，铜火斗㉗曰递火，铜火箸曰降红，湘竹扇曰团风㉘，茶壶曰注春，支腹竹架曰静沸，镵果刀㉙曰运锋，茶瓯曰啜香，拭抹布曰受污。见《四纪》

传茶事

事亦何常，知各长价，一日雅怀，千古佳话。

斗茶(唐子西)[5] 水厄(王濛) 茶会(钱起) 一瓯月露(党怀英) 四瓶遗蔡(能仁僧)[6] 七碗清风(卢仝) 苦茗益意(华元) 流华净脱(颜鲁公) 剪箬助香(闻龙) 茶中著果(邢士襄) 心为茶舛(左氏女)[7] 倾瓯及睡(苏东坡) 烹而玩之(蔡君谟) 毁茶作论(陆羽) 扫雪烹茶(党家姬) 六班解酲(刘禹锡) 茶如佳人(东坡) 茗战(建人) 汤社(鲁成绩) 茶社(和凝) 再巡破瓜(许次纾)㉚ 日凡六举(周文甫) 久服悦志(神农) 芳茶换骨(黄山君) 一啜涤烦(丁晋公) 芒屩易茗(朱桃推) 五载绝味(竟陵生)[8] 载茗一车(权杼) 活火三沸(李存博)[9] 茗花点茶(屠纬真)[10] 竹里煎茶(张志和) 檀越观汤(鲁福全) 啜茗忘喧(田崇衡)[11] 茶通仙灵(罗廪)

注　释

1　社中便览："社中"即指茶社中。明袁宏道《夏日雨不止》诗句："野客团茶社，山僧访芋田"所说的"社"，就不是别的社而专指"茶社"。"茶社"，唐宋时亦称"汤社"。如陶毅《茗舛录》载："和凝在朝率同列递日以茶相饮，味劣者有罚，号为'汤社'"即是。

2　御用十八品：此"御用"指宋北贡茶。所录"十八品"，宋《宣和北苑贡茶录》、《北苑别录》均载。此条无书出处，上面所提二书，也可算作出处。

3　本条内容，非《茶经》原文，是前后摘合《茶经》一之源、五之煮各几句而成。

4　《仙芽传》：唐苏廙撰，原书早佚，陶谷将其"十六汤品"短文，收入其《清异录》卷4。此条所引内容，选摘自《十六汤品》第十六条，但删略甚多。引用请参考本书《十六汤品》。

5　唐子西：即宋唐庚。本节所谓"茶事"，下辑各典故，俱出夏树芳《茶董》，此处择要稍注，请径见《茶董》。

6 能仁僧：指建安能仁寺僧人，将院中石缝中所生茶，采制成名茶“石岩白”，蔡襄“捧瓯未尝”即能知的故事。

7 左氏女：“左氏”指左思，其女一名“惠芳”，一名“纨素”。此指左思所写《娇女》诗中，形容上两女儿在园中玩渴后“心为茶荈剧，吹嘘对鼎鬲”待茶解渴之句。

8 竟陵生：竟陵寺僧，收育陆羽的师父，嗜茶，非陆羽煎侍不饮。相传代宗时，“羽出游江湖，师绝茶味”几年。

9 李存博：即唐李约。

10 屠纬真：即屠隆。

11 田崇衡：即田艺蘅。

校　勘

① 挑灯读罢可以足睡：在“罢”字前，近见有些茶书印本，还添一“书”字，作“挑灯读书罢可以作睡”。不知所据。

② 早采者为茶，晚采者为茗：此句非《尔雅》原文，系郭璞注。“晚采”的“采”字，原注作“取”。

③ 待客以惊雷荚：《蛮瓯志》原文作“惊雷荚”，近出有些茶书，“荚”字印作“筴”。“荚”同“筴”，似误。

④ 蒙顶石花：“花”字，近出有些茶书，作“茶”字，与底本异。

⑤ 承平雅玩：“雅”字，底本原作“杂(雜)”字。据《宣和北苑贡茶录》、《北苑别录》改。

⑥ 延年石乳：“年”字，《宣和北苑贡茶录》作“平”字。“石乳”，有的版本一作“乳石”。

⑦ 琼林毓瑞：“瑞”字，《宣和北苑贡茶录》原文作“粹”。

⑧ 从品呈祥：“从品”《宣和北苑贡茶录》原文作“浴雪”。

⑨ 雪英：“雪”字，底本原误作“云(雲)”字，据《宣和北苑贡茶录》、《北苑茶录》改。

⑩ 云叶：“云(雲)”字，底本原误作“雪”字，据《宣和北苑贡茶录》、《北苑茶录》改。

⑪ 太平佳瑞：“佳”字，《宣和北苑贡茶录》原文作“嘉”字。

⑫ 实如栟榈：“栟”字，本文康熙刻本原作“栟”字，据陆羽《茶经》改。

⑬ 蕊如丁香：“蕊”字，陆羽《茶经》原文作“茎”。

⑭ 有气息之物，即名香亦不宜近：《茶解·禁》原文作“有气之物，不得与之近，即名香亦不宜相杂”。

⑮ 又茶酒性不相人：此条与《茶解·禁》原文不一。《茶解》作“茶酒性不相入，故茶最忌酒气，制茶之人，不宜占醉”。是缩写而成，请见原书。

⑯ 纸包一夕，随纸作气：《茶疏·包裹》原文，在“纸包”二字前，上句还多一“也”字。“包”字，《茶疏》作“裹”，全句作“纸裹一夕，随纸作气尽矣”。

⑰ 《温公论》：文见张舜民《画墁录》，文载：“司马温公云，茶墨正相反，茶欲白，墨欲黑；茶欲新，墨欲陈；茶欲重，墨欲轻。”

⑱ 茶之精者，清亦白，浓亦白，初发亦白，久贮亦白，味甘色白：《茶解·品》原文，“茶”字前，还多一“盏”字，原文作“盏茶之精者，淡固白，浓亦白，初泼白，久贮亦白，味足而色白。”本文与所引原文，差异之处较多。

⑲ 阴山坡谷者，不堪采掇：本条所摘《茶经》，虽全摘自《茶经·一之原》，但非原文直录，而和上节一样，所录茶书和他书内容，程作舟大都有删节。故本条以下，不再一一作校。如欲引用，请参考所引原文。

⑳ 见《闬茶记》：“闬”字前，底本少一“罗”字。本则上引文字，与原文有较大出入。《罗闬茶记》作：“产茶平地，受土气多，故其质浊。闬茗产于高山，浑至风露清虚之气，故为可尚”。

㉑ 茶地南向为佳，阴向遂劣：《茶解》原文作“茶地斜坡为佳，聚水向阴之处，茶品遂劣。”经查，本文底本实际是据《茗笈》转引。此处改动，非本文而是《茗笈》所为。

㉒ 采茶在二三月之间：此为程作舟据《茶经》节录。《茶经》原文作“凡采茶，在二月、三月、四月之间。”本文所录诸茶书内容，大多非照录原文而是选摘或改写，故留不作删，也不一一详校，请参见引书原文。

㉓ 或轩冕中超铁世味者：本条程作舟也有几处删改。上引九字，《煎茶七类》原文作“或轩冕之徒超铁世味者”。“铁”字，本文康熙刊本原

文不清,有的新出茶书,妄定作"然"字,误。本书按字形据《煎茶七类》原文改。

㉔ 焙茶箱曰湘君:"君"字,屠隆《茶笺》作"筠"。

㉕ 水勺曰盆盈:"盆"字,《考槃余事》原文作"分"。

㉖ 藏日支茶:"日"字,康熙原刻本,形误作"曰"字,本书校时径改。

㉗ 铜火斗:"铜"字,底本形误刻作"相"字,据《考槃余事》改。

㉘ 湘竹局曰团风:"团"字,底本原作"国",据《考槃余事》改。

㉙ 镶果刀:"果"字,底本原刊作"火"字,据《考盘余事》改。

㉚ 许次纾:"纾"字,底本形误刻作"杼",编者校时径改。

续茶经 | 清 陆廷灿 辑①

作者及传世版本

陆廷灿,字秩昭,一字幔亭,清太仓州嘉定县(今属上海)人。少时曾从学王士禛(1634—1711)、宋荦(1634—1713),"深得作诗之趣",以诸生贡例,先选任宿松县教谕,后迁福建崇安县知县,官声颇佳。因病退隐定居,以"寿椿堂"颜其藏书,并刊印书籍。有《南村随笔》《艺菊法》和《续茶经》。

陆廷灿辑编《续茶经》,在《凡例》中说:"余性嗜茶,承令崇安,适系武夷产茶之地。值制府满公,郑重进献,究悉源流,每以茶事下询。查阅诸书,于夷之外,每多见闻,因思采集为《续茶经》之举。"《四库全书总目提要》称赞此书对历代茶事做了订定补辑的工作,而且"征引繁富","颇切实用"。但此书也有问题,如资料辗转引用,来历不明,又如将毛文锡《茶谱》的文字内容,误作出于陆羽《茶经》,等等。

《续茶经》的成书时间,应在雍正十三年(1734)前后,因为此书《附录》之末有"雍正十二年七月既望陆廷灿识",但由《凡例》可知,他辑集成书之后,又做了订补工作,然后付梓,即是寿椿堂刻本。除了寿椿堂本之外,本书还有四库全书本,抄本则有山东省图书馆所藏清抄本《茶书七种》所收。这里以寿椿堂本为底本,以文渊阁四库全书本和引录资料的原文作校。

原 文

凡例②

《茶经》著自唐桑苎翁,迄今千有余载,

不独制作各殊而烹饮迥异,即出产之处,亦多不同。余性嗜茶,承乏崇安,适系武夷产茶之地。值制府满公，郑重进献，究悉源流，每以茶事下询，查阅诸书，于武夷之外，每多见闻，因思采集为《续茶经》之举。曩以簿书鞅掌，有志未遂。及蒙量移，奉文赴部，以多病家居，翻阅旧稿，不忍委弃，爰为序次第。恐学术久荒，见闻疏漏，为识者所鄙，谨质之高明，幸有以教之，幸甚。

《茶经》之后，有《茶记》及《茶谱》、《茶录》、《茶论》、《茶疏》、《茶解》等书，不可枚举，而其书亦多湮没无传。兹特采所见各书，依《茶经》之例，分之源、之具、之造、之器、之煮、之饮、之事、之出、之略。至其图，无传不敢臆补，以茶具、茶器图足之。

《茶经》所载，皆初唐以前之书，今自唐、宋、元、明以至本朝，凡有绪论，皆行采录。有其书在前而《茶经》未录者，亦行补入。

《茶经》原本止三卷，恐续者太繁，是以诸书所见，止摘要分录。

各书所引相同者，不取重复。偶有议论各殊者，姑两存之，以俟论定。至历代诗文暨当代名公钜卿著述甚多，因仿《茶经》之例，不敢备录，容俟另编以为外集。

原本《茶经》，另列卷首。

历代茶法附后。

卷上③
一之源

许慎《说文》：茗、荼芽也。

王褒《僮约》：前云"烹鳖烹荼"，后云"武阳买茶"④。注：前为苦菜，后为茗。

张华《博物志》：饮真茶，令人少眠。

《诗疏》：椒，树似茱萸。蜀人作茶，吴人作茗，皆合。煮其叶以为香。

《唐书·陆羽传》：羽嗜茶，著《经》三篇，言茶之源、之具、之造、之器、之煮、之饮、之事、之出、之略、之图尤备，天下益知饮茶矣。

《唐六典》：金英、绿片，皆茶名也。

《李太白集·赠族侄僧中孚玉泉仙人掌茶序》：(余闻荆州玉泉寺)

《皮日休集·茶中杂咏诗序》：自周以降……竟无纤遗矣[1]。

《封氏闻见记》：茶，南人好饮之，北人初不多饮。开元中，太山灵岩寺有降魔师，大兴禅教。学禅，务于不寐，又不夕食，皆许饮茶，人自怀挟，到处煮饮。从此转相仿效，遂成风俗。起自邹、齐、沧、棣，渐至京邑城市，多开店铺，煎茶卖之，不问道俗，投钱取饮。其茶自江淮而来，色额甚多。

《唐韵》[2]：茶字，自中唐始变作茶。

裴汶《茶述》：茶起于东晋……因作茶述[3]。

宋徽宗《大观茶论》：茶之为物……莫不盛造其极。呜呼，至治之世，岂惟人得以尽其材，而草木之灵者，亦得以尽其用矣。偶因暇日，研究精微，所得之妙，后人有不知为利害者，叙本末二十篇，号曰《茶论》。一曰地产，二曰天时，三曰采择，四曰蒸压，五曰制造，六曰鉴别，七曰白茶，八曰罗碾，九曰盏，十曰筅，十一曰瓶，十二曰杓，十三曰水，十四曰点，十五曰味，十六曰香，十七曰色，十八曰藏焙，十九曰品名，二十曰外焙[4]。

名茶……不可概举。焙人之茶，固有前优后劣，昔负今胜者，是以园地之不常也[5]。

丁谓《进新茶表》：右件物产异金沙，名非紫笋。江边地暖，方呈彼茁之形，阙下春寒，已发其甘之味。有以少为贵者，焉敢韫而藏诸。见谓新茶，实遵旧例。

蔡襄《进茶录表》：臣前因奏事……臣不胜荣幸[6]。

欧阳修《归田录》：茶之品莫重于龙凤……盖其贵重如此[7]。

赵汝砺《北苑别录》：草木至夜益盛……理亦然也[8]。

王辟之[9]《渑水燕谈》：建茶盛于江南……何至如此多贵[10]。

周辉《清波杂志》[11]：自熙宁后，始贡密云龙。每岁头纲修贡，奉宗庙及供玉食外，赍及臣下无几；戚里贵近，丐赐尤繁。宣仁太后，令建州不许造密云龙，受他人煎炒不得也。此语既传播于缙绅间，由是密云龙之名益著。淳熙间，亲党许仲启官麻沙⑦，得《北苑修贡录》，序以刊行。其间载岁贡十有二纲，凡三等四十有一。名第一纲，曰龙焙贡新，止五十余胯，贵重如此，独无所谓密云龙者，岂以贡新易其名耶？抑或别为一种又居密云龙之上耶？

沈存中《梦溪笔谈》：古人论茶，唯言阳羡、顾渚、天柱、蒙顶之类，都未言建溪。然唐人重串茶粘黑者，则已近乎建饼矣。建茶皆乔木，吴、蜀唯丛茭而已⑧，品自居下。建茶胜处，曰郝源、曾坑，其间又有垆根、山顶二品尤胜。李氏号为北苑，置使领之。

胡仔[12]《苕溪渔隐丛话》：建安北苑，始于太宗太平兴国三年，遣使造之。取象于龙凤，以别入贡。至道间，仍添造石乳、蜡面，其后大小龙又起于丁谓，而成于蔡君谟。至宣政间，郑可简以贡茶进用，久领漕添续入，其数浸广，今犹因之。细色茶五纲，凡四十三品，形制各异，共七千余饼。其间贡新、试新、龙团胜雪、白茶、御苑玉芽此五品，乃水拣为第一，余乃生拣次之。又

有粗色茶七纲，凡五品。大小龙凤并拣芽，悉入龙脑，和膏为团饼茶，共四万余饼。盖水拣茶，即社前者；生拣茶，即火前者；粗色茶，即雨前者。闽中地暖，雨前茶已老而味加重矣。又有石门、乳吉、香口三外焙，亦隶于北苑，皆采摘茶芽，送官焙添造。每岁縻金共二万余缗，日役千夫，凡两月方能迄事。第所造之茶，不许过数，入贡之后，市无货者，人所罕得。惟壑源诸处私焙茶，其绝品亦可敌官焙；自昔至今，亦皆入贡。其流贩四方者，悉私焙茶耳。

北苑在富沙之北，隶建安县，去城二十五里，乃龙焙造贡茶之处。亦名凤凰山，自有一溪南流至富沙城下，方与西来水合而东。

车清臣[13]《脚气集》：毛诗云："谁谓荼苦，其甘如荠。"注：荼，苦菜也。《周礼》："掌荼以供丧事，取其苦也。"苏东坡诗云："周诗记苦荼，茗饮出近世"，乃以今之茶为荼。夫茶，今人以清头目，自唐以来，上下好之，细民亦日数碗，岂是荼也。茶之粗者，是为茗。

宋子安《东溪试茶录序》："茶宜高山之阴……皆曰北苑"云[14]。

黄儒《品茶要录序》：说者……况于人乎[15]。

苏轼《书黄道辅品茶要录后》：黄君道辅，讳儒，建安人。博学能文，淡然精深，有道之士也。作《品茶要录》十篇，委曲微妙，皆陆鸿渐以来论茶者所未及。非至静无求，虚中不留，乌能察物之情如此其详哉！

《茶录》：茶，古不闻食，自晋宋已降，吴人采叶煮之，名为茗粥。

叶清臣《煮茶泉品》：吴楚山谷间，气清地灵，草木颖挺，多孕茶荈。大率右于武夷

者,为"白乳";甲于吴兴者,为"紫笋";产禹穴者,以"天章"显;茂钱塘者,以"径山"稀。至于续庐之岩,云衢之麓,雅山著于宣歙,蒙顶传于岷蜀,角立差胜,毛举实繁。

周绛《补茶经》:芽茶,只作早茶,驰奉万乘尝之可矣。如一旗一枪,可谓奇茶也。

胡致堂曰:茶者,生人之所日用也,其急甚于酒。

陈师道[16]《后山丛谈》:茶,洪之双井,越之日注,莫能相先后。而强为之第者,皆胜心耳。

陈师道《茶经序》:夫茶之著书……皆不废也[17]。

吴淑《茶赋·注》:五花茶者,其片作五出花也。

姚氏《残语》:绍兴进茶,自高文虎始。

王楙[18]《野客丛书》:世谓古之荼,即今之茶[9],不知荼有数种,非一端也。《诗》曰:"谁谓荼苦,其甘如荠"者,乃苦菜之荼,如今苦苣之类。《周礼》"掌荼",毛诗"有女如荼"者,乃茅莠之荼也,正萑苇之属。惟茶槚之荼,乃今之茶也,世莫知辨。

《魏王花木志》[19]:茶,叶似栀〔子〕[10],可煮为饮。其老叶谓之荈,嫩叶谓之茗。

《瑞草总论》:唐宋以来,有贡茶、有榷茶。夫贡茶,犹知斯人有爱君之心;若夫榷茶,则利归于官,扰及于民,其为害又不一端矣。

元熊禾《勿斋集·北苑茶焙记》[20]:贡,古也;茶贡,不列《禹贡》、周《职方》,而昉于唐。北苑又其最著者也。苑在建城东二十五里,唐末里民张晖始表而上之。宋初丁谓漕闽,贡额骤益,斤至数万。庆历承平日久,蔡公襄继之,制益精巧,建茶遂为天下最。公名在四谏官列,君子惜之。欧阳公

修虽实不与然,犹夸侈歌咏之;苏公轼则直指其过矣。君子创法可继,焉得不重慎也。

《说郛·臆乘》[21]:茶之所产,六经载之详矣,独异美之名未备。唐宋以来,见于诗文者尤夥,颇多疑似,若蟾背、虾须、雀舌、蟹眼、瑟瑟沥沥、霏霏霭霭[11]、鼓浪涌泉、琉璃眼、碧玉池,又皆茶事中天然偶字也。

《茶谱》:衡州之衡山,封州之西乡茶,研膏为之,皆片团如月。又彭州蒲村堋口,其园有仙芽、石花等号。

高启[22]《月团茶歌序》:唐人制茶,碾末以酥滫为团。宋世尤精,元时其法遂绝。予效而为之,盖得其似,始悟古人《咏茶》诗所谓"膏油首面",所谓"佳茗似佳人",所谓"绿云轻绾湘娥鬟"之句。饮啜之余,因作诗记之,并传好事。

屠本畯《茗笈·评》:人论茶叶之香……足助玄赏云[23]。

《茗笈》赞十六章:一曰溯源,二曰得地,三曰乘时,四曰揆制,五曰藏茗,六曰品泉,七曰候火,八曰定汤,九曰点瀹,十曰辨器,十一曰申忌,十二曰防滥,十三曰戒淆,十四曰相宜,十五曰衡鉴,十六曰玄赏。

谢肇淛[24]《五杂组》[12]:今茶品之上者,松萝也,虎邱也,罗岕也,龙井也,阳羡也,天池也。而吾闽武夷、清源、鼓山三种,可与角胜。六安、雁宕、蒙山三种,祛滞有功,而色香不称,当是药笼中物,非文房佳品也。

谢肇淛《西吴枝乘》[25][13]:湖人于茗,不数顾渚而数罗岕,然顾渚之佳者,其风味已远出龙井。下岕稍清隽,然叶粗而作草气。丁长儒尝以半角见饷,且教余烹煎之法,迨试之,殊类羊公鹤,此余有解有未解也。余尝品茗,以武夷、虎邱第一,淡而远也;松

萝、龙井次之，香而艳也；天池又次之，常而不厌也。余子琐琐，勿置齿喙。

屠长卿《考槃余事》：虎邱茶，最号精绝，为天下冠，惜不多产，皆为豪右所据，寂寞山家，无由获购矣。天池，青翠芳馨，嗷之赏心，嗅亦消渴，可称仙品。诸山之茶，当为退舍。阳羡，俗名罗闻。浙之长兴者佳，荆溪稍下。细者，其价两倍天池，惜乎难得，须亲自收采方妙。六安，品亦精，入药最效，但不善炒，不能发香而味苦，茶之本性实佳。龙井之山，不过十数亩，外此有茶，似皆不及。大抵天开龙泓美泉，山灵特生佳茗以副之耳。山中仅有一二家炒法甚精，近有山僧焙者亦妙，真者天池不能及也。天目，为天池、龙井之次，亦佳品也。地志云：山中寒气早严，山僧至九月即不敢出，冬来多雪，三月后方通行，其萌芽较他茶独晚。

包衡《清赏录》[26]：昔人以陆羽饮茶比于后稷树谷，及观韩翃《谢赐茶启》云："吴主礼贤，方闻置茗；晋人爱客，才有分茶"，则知开创之功，非关桑苎老翁也。若云在昔茶勋未普，则比时赐茶已一千五百串矣。

陈仁锡[27]《潜确类书》：紫琳腴、云腴，皆茶名也。

茗花，白色，冬开似梅，亦清香。按：冒巢民《闷茶汇钞》云：茶花味浊无香，香凝叶内。二说不同，岂闷与他茶独异欤？

《农政全书》：六经中无茶，茶即荼也。毛诗云："谁谓荼苦，其甘如荠。"以其苦而甘味也。

夫茶，灵草也，种之则利博，饮之则神清，上而王公贵人之所尚，下而小夫贱隶之所不可阙，诚民生食用之所资，国家课利之一助也。

罗廪《茶解》：茶园[14]不宜杂以恶木，惟古梅、丛桂、辛夷、玉兰、玫瑰、苍松、翠竹与之间植，足以蔽覆霜雪，掩映秋阳。其下可植芳兰、幽菊清芬之品；最忌菜畦相逼，不免渗漉，滓厥清真。

茶地南向为佳，向阴者遂劣，故一山之中，美恶相悬[15]。

李日华《六研斋笔记》[28]：茶事于唐末未甚兴，不过幽人雅士，手撷于荒园杂秽中，拔其精英，以荐灵爽，所以饶云露自然之味。至宋设茗纲，充天家玉食，士大夫益复贵之，民间服习浸广，以为不可缺之物，于是营殖者拥溉挈粪，等于蔬薪，而茶亦陨其品味矣。人知鸿渐到处品泉，不知亦到处搜茶。皇甫冉《送羽摄山采茶》诗数言，仅存公案而已[16]。

徐岩泉《六安州茶居士传》：居士姓茶，族氏众多，枝叶繁衍遍天下。其在六安一枝最著，为大宗；阳羡、罗闻、武夷、匡庐之类，皆小宗；蒙山又其别枝也。

乐思白[29]《雪庵清史》：夫轻身换骨，消渴涤烦，茶荈之功至妙至神。昔在有唐，吾闽茗事未兴，草木仙骨，尚闷其灵。五代之季，南唐采茶北苑，而茗事兴。追宋至道初，有诏奉造，而茶品日广。及咸平、庆历中，丁谓、蔡襄造茶进奉，而制作益精。至徽宗大观、宣和间，而茶品极矣。断崖缺石之上，木秀云腴，往往于此露灵。倘微丁、蔡来自吾闽，则种种佳品，不几于委翳消腐哉？虽然，患无佳品耳。其品果佳，倘微丁、蔡来自吾闽[17]，而灵芽真笋，岂终于委翳消腐乎？吾闽之能轻身换骨，消渴涤烦者，宁独一茶乎？兹将发其灵矣。

冯时可《茶录》[18]：茶全贵采造……实非松萝所出也[30]。

胡文焕《茶集》：茶，至清至美物也，世不皆味之[19]，而食烟火者，又不足以语此。医家论茶性寒，能伤人?，独予有诸疾，则必藉茶为药石，每深得其功效。噫！非缘之有自而何契之若是耶？

《群芳谱》：蕲州蕲门团黄，有一旗一枪之号，言一叶一芽也。欧阳公诗有"共约试新茶，旗枪几时绿"之句。王荆公《送元厚之》诗云："新茗斋中试一旗。"世谓茶始生而嫩者为一枪，浸大而开者为一旗。

鲁彭《刻茶经序》[31]：夫茶之为经，要矣，兹复刻者，便览尔。刻之竟陵者，表羽之为竟陵人也。按：羽生甚异，类令尹子文。人谓子文贤而仕，羽虽贤，卒以不仕。今观《茶经》三篇，固具体用之学者。其曰伊公羹、陆氏茶，取而比之，实以自况，所谓易地皆然者，非欤？厥后茗饮之风，行于中外，而回纥亦以马易茶，由宋迄今，大为边助，则羽之功固在万世，仕不仕奚足论也。

沈石田[32]《书闻茶别论后》：昔人咏梅花云："香中别有韵，清极不知寒。"此惟闻茶足当。若闻之清源、武夷，吴郡之天池、虎邱，武林之龙井，新安之松萝，匡庐之云雾，其名虽大噪，不能与闻相抗也[20]。顾渚每岁贡茶三十二斤，则闻于国初，已受知遇；施于今，渐远渐传，渐觉声价转重。既得圣人之清，又得圣人之时，第蒸采烹洗，悉与古法不同。

李维桢《茶经序》：羽所著《君臣契》三卷，《源解》三十卷，《江表四姓谱》十卷，《占梦》三卷，不尽传而独传《茶经》。岂他书人所时有，此为觭长，易于取名耶？太史公曰："富贵而名磨灭不可胜数，惟傀傥非常之人称焉。"鸿渐穷厄终身，而遗书遗迹，百世下宝爱之，以为山川邑里重，其风足以廉顽立懦，胡可少哉！

杨慎《丹铅总录》[33]：茶即古荼字也，周《诗》记"荼苦"，《春秋》书"齐荼"，《汉志》书"荼陵"，颜师古、陆德明虽已转入茶音，而未易字文也。至陆羽《茶经》，玉川《茶歌》，赵赞《茶禁》以后，遂以茶易荼。

董其昌《茶董》题词：荀子曰……茂卿犹能以同味谅吾耶[34]。

童承叙《题陆羽传后》：余尝过竟陵……羽亦以是夫[35]。

《谷山笔麈》[36]：茶自汉以前，不见于书，想所谓"槚"者，即是矣。

李贽《疑耀》[37]：古人冬则饮汤，夏则饮水，未有茶也。李文正《资暇录》[38]谓：茶始于唐，崔宁、黄伯思[39]已辨其非。伯思尝见北齐杨子华作《邢子才魏收勘书图》[40]已有煎茶者。《南窗记谈》[41]谓饮茶始于梁天监中，事见《洛阳伽蓝记》。及阅《吴志·韦曜传》[22]"赐茶荈以当酒"，则茶又非始于梁矣。余谓饮茶亦非始于吴也，《尔雅》曰："槚，苦荼。"郭璞注：可以为羹饮，早采为茶，晚采为茗，一名荈。则吴之前，亦以茶作饮矣，第未如后世之日用不离也。盖自陆羽出，茶之法始讲；自吕惠卿、蔡君谟辈出，茶之法始精，而茶之利，国家且藉之矣。此古人所不及详者也。

王象晋《茶谱小序》[42]：茶，喜木也。一植不再移，故婚礼用茶，从一之义也。虽兆自《食经》，饮自隋帝，而好者尚寡；至后兴于唐，盛于宋，始为世重矣。仁宗，贤君也，颁赐两府，四人仅得两饼，一人分数钱耳。宰相家至不敢碾试，藏以为宝，其贵重如此。近世蜀之蒙山，每岁仅以两计。苏之虎邱，至官府预为封识，公为采制，所得不过数斤，岂天地间尤物，生固不数数然耶；

瓯泛翠涛,碾飞绿屑,不藉云腴,孰驱睡魔?作《茶谱》。

陈继儒《茶董·小序》:范希文云"万象森罗中,安知无茶星"。余以茶星名馆,每与客茗战,旗枪标格,天然色香映发。若陆季疵复生,忍作《毁茶论》乎?夏子茂卿[42]叙酒,其言甚豪。予曰,何如隐囊纱帽,翛然林涧之间,摘露芽,煮云腴,一洗百年尘土胃耶?热肠如沸,茶不胜酒;幽韵如云,酒不胜茶。酒类侠,茶类隐;酒固道广,茶亦德素。茂卿,茶之董狐也,因作《茶董》。东每陈继儒书于素涛轩。

夏茂卿《茶董序》:自晋唐而下……冰莲道人识[43]。

《本草》:石蕊,一名云茶。

卜万祺《松寮茗政》:虎邱茶,色味香韵无可比拟,必亲诣茶所手摘监制,乃得真产;且难久贮,即百端珍护,稍过时,即全失其初矣。殆如彩云易散,故不入供御耶?但山岩隙地,所产无几,又为官司禁据,寺僧惯杂赝种,非精鉴家卒莫能辨。明万历中,寺僧苦大吏需索,薙除殆尽。文文肃公震孟[44],作《薙茶说》以讥之;至今真产,尤不易得。

袁了凡《群书备考》[45]:茶之名,始见于王褒《僮约》。

许次纾[①]《茶疏》:唐人首称阳羡……故不及论[46]。

李诩《戒庵漫笔》[47]:昔人论茶,以枪旗为美,而不取雀舌、麦颗,盖芽细,则易杂他树之叶而难辨耳。枪旗者,犹今称壶蜂翅是也。

《四时类要》:茶子于寒露候收,晒干以湿沙土拌匀,盛筐笼内,穰草盖之。不尔,即冻不生。至二月中取出,用糠与焦土种之。于树下或背阴之地,开坎圆三尺,深一尺,熟斸,著粪和土,每阬下子六七十颗。覆土厚一寸许,相离二尺种一丛。性恶湿,又畏日,大概宜山中斜坡峻坂走水处。若平地,须深开沟垄以泄水。三年后方可收茶。

张大复《梅花笔谈》[48]:赵长白作《茶史》,考订颇详,要以识其事而已矣。龙团、凤饼、紫茸、惊芽,决不可用于今之世。子尝论今之世,笔贵而愈失其传,茶贵而愈出其味。天下事,未有不身试而出之者也。

文震亨[49]《长物志》:古今论茶事者,无虑数十家,若鸿渐之《经》,君谟之《录》,可为尽善。然其时法用熟碾,为丸为铤,故所称有龙凤团、小龙团、密云龙、瑞云翔龙。至宣和间,始以茶色白者为贵,漕臣郑可简[②]始创为银丝水芽,以茶剔叶取心,清泉渍之,去龙脑诸香,惟新胯小龙蜿蜒其上,称龙园胜雪,当时以为不更之法。而吾朝所尚又不同,其烹试之法,亦与前人异,然简便异常,天趣悉备,可谓尽茶之真味矣。至于洗茶、候汤、择器,皆各有法,宁特侈言乌府、云屯等目而已哉!

《虎邱志》冯梦桢[50]云:徐茂吴品茶,以虎邱为第一。

周高起《洞山茶系》:闲茶之尚……今已绝种[51]。

徐𤊴《茶考》:按《茶录》诸书,闽中所产茶,以建安北苑为第一,壑源诸处次之,武夷之名,未有闻也。然范文正公《斗茶歌》云:"溪边奇茗冠天下,武夷仙人从古栽。"苏文忠公云:"武夷溪边粟粒芽,前丁后蔡相宠嘉。"则武夷之茶,在北宋已经著名,第未盛耳。但宋元制造团饼,似失正味,今则灵芽、仙萼,香色尤清,为闽中第一。至于北苑壑源，又泯然无称，岂山川灵秀之气，造物生殖之美，或有时变易而然乎？

劳大与[52]《瓯江逸志》：按茶非瓯产也，而瓯亦产茶，故旧制以之充贡，及今不废。张罗峰当国，凡瓯中所贡方物，悉与题蠲，而茶独留，将毋以先春之采，可荐馨香，且岁费物力无多，姑存之以稍备芹献之义耶？乃后世因采（採）办[㉕]之际，不无恣取。上为一，下为十，而艺茶之圃，遂为怨丛。唯愿为官于此地者，不滥取于数外，庶不致大为民病耳。

《天中记》：凡种茶树，必下子，移植则不复生，故俗聘妇，必以茶为礼，义固有所取也。

《事物纪原》：榷茶起于唐建中、贞元之间[㉖]，赵赞、张滂建议，税其什一。

《枕谭》古传注[53]：茶树初采为茶，老为茗，再老为荈。今概称茗，当是错用事也。

熊明遇《罗岕[㉗]茶记》：产茶处，山之夕阳，胜于朝阳。庙后山西向，故称佳；总不如洞山南向，受阳气特专，足称仙品云。

冒襄《岕茶汇钞》：茶产平地，受土气多，故其质浊。岕茗产于高山，浑是风露清虚之气，故为可尚。

吴拭[54]云：武夷茶，赏自蔡君谟始，谓其味过于北苑龙团，周右文极抑之。盖缘山中不谙制焙法，一味计多徇利之过也。余试采少许，制以松萝法，汲虎啸岩下语儿泉烹之，三德俱备，带云石而复有甘软气；乃分数百叶寄右文，令茶吐气，复酹一杯，报君谟于地下耳。

释超全《武夷茶歌注》：建州一老人，始献山茶。死后传为山神，喊山之茶始此。

《中原市语》：茶曰渲老。

陈诗教《灌园史》[55]：予尝闻之山僧言，茶子数颗，落地一茎而生，有似连理，故婚嫁用茶，盖取一本之义。旧传茶树不可移，竟有移之而生者，乃知晃采寄茶，徒袭影响耳。唐李义山以对花啜茶为杀风景。予苦渴疾，何啻七碗，花神有知，当不我罪。

《金陵琐事》[56]：茶有肥瘦，云泉道人[㉘]云：凡茶肥者甘，甘则不香；茶瘦者苦，苦则香。此又《茶经》、《茶诀》、《茶品》、《茶谱》之所未发。

野航道人朱存理云：饮之用，必先茶，而茶不见于《禹贡》，盖全民用而不为利。后世榷茶，立为制，非古圣意也。陆鸿渐著《茶经》，蔡君谟著《茶录》[㉙]，孟谏议寄卢玉川三百月团，后侈至龙凤之饰，贵当备于君谟；然清逸高远，上通王公，下逮林野，亦雅道也。

《佩文斋广群芳谱》[57]：茗花即食茶之花，色月白而黄心，清香隐然，瓶之高斋，可为清供佳品。且蕊在枝条，无不开遍。

王新城《居易录》[58]：广南人以蔎为茶，予顷著之《皇华纪闻》，阅《道乡集》，有张纠《送吴洞蔎》绝句云："茶选修仁方破碾，蔎分吴洞忽当筵。君谟远矣知难作，试取一瓢江水煎。"盖志完迁昭平时作也。

《分甘余话》[B59]：宋丁谓为福建转运使，始造龙凤团茶，上供不过四十饼。天圣中，又造小团，其品过于大团。神宗时，命造密云龙，其品又过于小团。元祐初，宣仁皇太后曰："指挥建州，今后更不许造密云龙，亦不要团茶。拣好茶吃了，生得甚好意智。"宣仁改熙宁之政，此其小者，顾其言，实可为万世法。士大夫家，膏粱子弟，尤不可不知也。谨备录之。

《百夷语》：茶曰芽，以粗茶曰芽以结，

细茶曰芽以完。缅甸夷语:茶曰腊扒,吃茶曰腊扒仪索。

徐葆光《中山传信录》:琉球呼茶曰札。

《武夷茶考》:按,丁谓制龙团,蔡忠惠制小龙团,皆北苑事。其武夷修贡,自元时浙省平章高兴始,而谈者辄称丁、蔡。苏文忠公诗云:"武夷溪边粟粒芽,前丁后蔡相宠嘉",则北苑贡时,武夷已为二公赏识矣。至高兴武夷贡后,而北苑渐至无闻。昔人云:茶之为物,涤昏雪滞,于务学勤政,未必无助;其与进荔枝、桃花者不同。然充类至义,则亦宦官、宫妾之爱君也。忠惠直道高名,与范、欧相亚,而进茶一事,乃侪晋公。君子举措,可不慎欤?

《随见录》:按沈存中《笔谈》云,建茶皆乔木,吴、蜀唯丛茭而已。以余所见,武夷茶树俱系丛茭,初无乔木,岂存中未至建安欤?抑当时北苑与此日武夷有不同欤?《茶经》云:"巴山、峡川有两人合抱者",又与吴、蜀丛茭之说互异,姑识之以俟参考。

《万姓统谱》[60]载:汉时人有茶恬,出《江都易王传》。按:《汉书》茶恬_{苏林曰:茶食邪反则茶本两音},至唐而荼、茶始分耳。

焦氏《说楛》[61]:茶曰玉茸。补³⁰

二之具

《陆龟蒙集》和《茶具十咏》:

茶坞　茶人　茶笋　茶籝　茶舍

茶灶_{经云茶灶无突}　茶焙　茶鼎　茶瓯

煮茶[62]

《皮日休集》茶中杂咏。茶具

茶籝　茶灶　茶焙　茶鼎　茶瓯[63]

《江西志》:余干县冠山,有陆羽茶灶。羽尝凿石为灶,取越溪水煎茶于此。

陶谷《清异录》:豹革为囊,风神呼吸之具也。煮茶啜之,可以涤滞思而起清风。每引此义,称之为水豹囊。

《曲洧旧闻》[64]:范蜀公与司马温公同游嵩山,各携茶以行。温公取纸为帖,蜀公用小木合子盛之。温公见而惊曰,景仁乃有茶具也!蜀公闻其言,留合与寺僧而去。后来士大夫茶具,精丽极世间之工巧,而心犹未厌。晁以道[65]尝以此语客。客曰:使温公见今日之茶具,又不知云如何也。

《北苑贡茶别录》^⑳:茶具有银模、银圈、竹圈、铜圈等。

梅尧臣《宛陵集·茶灶诗》:山寺碧溪头,幽人绿岩畔。夜火竹声干,春瓯茗花乱。兹无雅趣兼,薪桂烦燃爨。

又《茶磨诗》云:楚匠斫山骨,折檀为转脐。乾坤人力内,日月蚁行迷。

又有《谢晏太祝遗双井茶五品茶具四枚》诗。

《武夷志》:五曲朱文公书院前溪中有茶灶。文公诗[66]云:仙翁遗石灶,宛在水中央。饮罢方舟去,茶烟袅细香。

《群芳谱》黄山谷云:相茶瓢与相筇竹同法,不欲肥而欲瘦,但须饱风霜耳。

乐纯《雪庵清史》:陆叟溺于茗事,尝为茶论并煎炙之法,造茶具二十四事,以都统笼贮之。时好事者家藏一副,于是若韦鸿胪、木待制、金法曹、石转运、胡员外、罗枢密、宗从事、漆雕秘阁、陶宝文、汤提点、竺副帅、司职方辈,皆入吾籝中矣。

许次纾《茶疏》:凡士人登山临水,必命壶觞。若茗碗薰炉,置而不问,是徒豪举耳。余特置游装,精茗名香,同行异室;茶罂、铫、注、瓯、洗、盆、巾诸具毕备,而附以香奁、小炉、香囊、匙箸。

未曾汲水,先备茶具。必洁必燥,瀹时

壶盖必仰置磁盂,勿覆案上。漆气食气,皆能败茶。

朱存理《茶具图赞序》[32]:饮之用,必先茶,而制茶必有其具。锡具姓而系名,宠以爵,加以号。季宋之弥文,然清逸高远,上通王公,下逮林野,亦雅道也。愿与十二先生周旋,尝山泉极品以终身,此闲富贵也,天岂靳乎哉[33]?

审安老人茶具十二先生姓名:

韦鸿胪文鼎 景旸 四窗闲叟……司职方成式 如素 洁斋居士[67]。

高濂《遵生八笺》:茶具十六事,收贮于器局内,供役于苦节君者,故立名管之。盖欲归统于一,以其素有贞心雅操而自能守之也。

商象……甘钝[68]

王友石《谱》[69],竹炉并分封茶具六事:

苦节君湘竹风炉也,用以煎茶,更有行省收藏之。

建城以籥为笼,封茶以贮庋阁。

云屯磁瓦瓶,用以杓泉,以供煮水。

水曹即磁缸瓦缶,用以贮泉,以供火鼎。

乌府以竹为篮,用以盛炭,为煎茶之资。

器局编竹为方箱,用以总收以上诸茶具者。

品司编竹为圆撞提盒,用以收贮各品茶叶,以待烹品者也。

屠赤水《茶笺》茶具:

湘筠焙焙茶箱也。

鸣泉煮茶磁罐。

沉垢古茶洗。

合香藏日支茶瓶,以贮司品者。

易持用以纳茶,即漆雕秘阁。

屠隆《考槃余事》[70]:构一斗室,相傍书斋,内设茶具,教一童子专主茶役,以供长日清谈,寒宵兀坐。此幽人首务,不可少废者。

《灌园史》:卢廷璧嗜茶成癖,号茶庵。尝蓄元僧讵可庭茶具十事,具衣冠拜之。

周亮工《闽小纪》[71][34]:闽人以粗瓷胆瓶贮茶,近鼓山支提新茗出,一时尽学新安,制为方圆锡具,遂觉神采奕奕不同。

冯可宾《岕茶笺·论茶具》:茶壶,以窑器为上,锡次之。茶杯,汝、官、哥、定如未可多得,则适意者为佳耳。

李日华《紫桃轩杂缀》:昌化茶,大叶如桃枝柳梗,乃极香。余过逆旅,偶得手摩其焙甑,三日龙麝气不断。

臞仙[72]云:古之所有茶灶,但闻其名,未尝见其物,想必无如此清气也。予乃陶土粉以为瓦器,不用泥土为之。大能耐火,虽猛焰不裂。径不过尺五,高不过二尺余,上下皆镂铭颂箴戒之。又置汤壶于上,其座皆空,下有阳谷之穴,可以藏瓢、瓯之具,清气倍常。

《重庆府志》:涪江青磁石为茶磨,极佳。

《南安府志》:崇义县出茶磨,以上犹县石门山石为之,尤佳。苍磬缜密,镌琢堪施。

闻龙《茶笺》:茶具涤毕……亦无大害[73]。

三之造

《唐书》:太和七年正月,吴、蜀贡新茶,皆于冬中作法为之。上务恭俭,不欲逆物性,诏所在贡茶,宜于立春后造。

《北堂书钞》:《茶谱》续补[74]云:龙安造骑火茶,最为上品。骑火者,言不在火前,不在火后作也。清明改火,故曰火。

《大观茶论》:茶工作于惊蛰,尤以得天时为急。轻寒,英华渐长,条达而不迫,茶工从容致力,故其色、味两全。故焙人得茶天为度。

撷茶以黎明……则害色味[75]。

茶之范度不同,如人之有首面也。其首面之异同,难以概论。要之色莹彻而不驳,质缜绎而不浮,举之凝结,碾之则铿,然可验其为精品也。有得于言意之表者。

白茶自为一种,与常茶不同。其条敷阐,其叶莹薄。崖林之间,偶然生出,有者不过四五家,生者不过一二株,所造止于二三胯而已。须制造精微,运度得宜,则表里昭澈,如玉之在璞,他无与伦也。

蔡襄《茶录》:茶味主于甘滑……前世之论水品者以此[76]。

《东溪试茶录》:建溪茶……俱为茶病[77]。

芽择肥乳……此皆茶之病也[78]。

《北苑别录》:御园四十六所……又为禁园之先也。而石门、乳吉、香口三外焙,常后北苑五七日兴工。每日采茶蒸榨,以其黄,悉送北苑并造。造茶旧分四局……故随纲系之于贡茶云[79]。

采茶之法……而于采摘亦知其指要耳。

茶有小芽……色浊而味重也。

惊蛰节,万物始萌,每岁常以前三日开焙,遇闰则后之,以其气候少迟故也。

蒸芽再四洗涤……故唯以得中为当。

茶既蒸熟为茶黄……则色味重浊矣。

茶之过黄……则色泽自然光莹矣。

研茶之具……讵不信然?

姚宽《西溪丛语》[80]:建州龙焙面北,谓之北苑。有一泉,极清澹,谓之御泉。用其池水造茶,即坏茶味;惟龙园㉝胜雪、白茶二种,谓之水芽。先蒸后拣。每一芽,先去

外两小叶,谓之乌蒂。又次取两嫩叶,谓之白合。留小心芽,置于水中,呼为水芽。聚之稍多,即研焙为二品,即龙园胜雪、白茶也。茶之极精好者,无出于此,每胯计工价近二十千。其他皆先拣而后蒸研,其味次第减也。茶有十纲,第一纲、第二纲太嫩,第三纲最妙,自六纲至十纲,小团至大团而止。

黄儒《品茶要录》:茶事起于惊蛰……过时之病也[81]。

茶芽初采,不过盈筐而已,趋时争新之势然也。既采而蒸,既蒸而研,蒸或不熟,虽精芽而所损已多。试时味作桃仁气者,不熟之病也。唯正熟者,味甘香。

蒸芽,以气为候,视之不可以不谨也……则以黄白胜青白。

茶,蒸不可以逾久……建人谓之热锅气。

夫茶……伤焙之病也。

茶饼先黄……渍膏之病也。

茶色清洁鲜明,则香与味亦如之。故采佳品者,常于半晓间冲蒙云雾而出,或以瓷罐汲新泉悬胸臆间,采得即投于中,盖欲其鲜也。如或日气烘烁,茶芽暴长,工力不给,其采芽已陈而不及蒸,蒸而不及研,研或出宿而后制,试时色不鲜明,薄如坏卵气者,乃压黄之病也。

茶之精绝者曰斗……间白合盗叶之病也。

物固不可以容伪……亦或勾使[82]。

《万花谷》[83]:龙焙泉,在建安城东凤凰山,一名御泉。北苑造贡茶,社前芽细如针,用此水研造,每片计工直钱四万,分试其色如乳,乃最精也。

《文献通考》:宋人造茶有二类,曰片、

曰散。片者即龙团旧法，散者则不蒸而干之，如今时之茶也。始知南渡之后，茶渐以不蒸为贵矣。

《学林新编》[84]：茶之佳者，造在社前，其次火前，谓寒食前也。其下则雨前，谓谷雨前也。唐僧齐已诗曰："高人爱惜藏岩里，白甄封题寄火前。"其言火前，盖未知社前之为佳也。唐人于茶，虽有陆羽《茶经》，而持论未精。至本朝蔡君谟《茶录》，则持论精矣。

《苕溪诗话》：北苑，官焙也。漕司岁贡为上。壑源，私焙也。土人亦以入贡，为次。二焙相去三四里间。若沙溪，外焙也，与二焙绝远，为下。故鲁直诗："莫遣沙溪来乱真"是也。官焙造茶，尝在惊蛰后。

朱翌《猗觉寮记》[85]：唐造茶与今不同。今采茶者，得芽即蒸熟焙干；唐则旋摘旋炒。刘梦得《试茶歌》："自傍芳丛摘鹰嘴，斯须炒成满室香"，又云："阳崖阴岭各不同，未若竹下莓苔地"。竹间茶最佳。

《武夷志》：通仙井，在御茶园。水极甘洌，每当造茶之候，则井自溢，以供取用。

《金史》：泰和五年春，罢造茶之坊。

张源《茶录》：茶之妙……绝焦点者最胜[86]。

藏茶切勿临风近火，临风易冷，近火先黄。其置顿之所㊱，须在时时坐卧之处。逼近人气，则常温而不寒。必须板房，不宜土室。板房温燥，土室潮蒸。又要透风，勿置幽隐之处，不惟易生湿润，兼恐有失检点。

谢肇淛《五杂俎》：古人造茶，多春令细末而蒸之。唐诗"家僮隔竹敲茶臼"是也。至宋始用碾，若揉而焙之，则本朝始也。但揉者恐不及细末之耐藏耳。

今造团之法皆不传，而建茶之品亦远出吴会诸品下，其武夷、清源二种，虽与上国争衡，而所产不多，十九赝鼎，故遂令声价靡复不振。

闽之方山、太姥、支提俱产佳茗，而制造不如法，故名不出里闬。予尝过松萝，遇一制茶僧，询其法。曰：茶之香，原不甚相远，惟焙之者火候极难调耳。茶叶尖者太嫩，而蒂多老。至火候匀时，尖者已焦，而蒂尚未熟。二者杂之，茶安得佳？制松萝者，每叶皆剪去其尖蒂，但留中段，故茶皆一色。而工力烦矣，宜其价之高也。闽人急于售利，每斤不过百钱，安得费工如许？若价高即无市者矣。故近来建茶，所以不振也。

罗廪《茶解》：采茶、制茶，最忌手汗、体膻、口臭、多涕、不洁之人及月信妇人，更忌酒气。盖茶、酒性不相入，故采茶制茶，切忌沾醉。

茶性淫，易于染着。无论腥秽及有气息之物，不宜近；即名香亦不宜近。

许次纾《茶疏》：闽茶非夏前不摘，初试摘者，谓之开园；采自正夏，谓之春茶。其地稍寒，故须待时，此又不当以太迟病之。往时无秋日摘者，近乃有之。七八月重摘一番，谓之早春。其品甚佳，不嫌少薄。他山射利，多摘梅茶。以梅雨时采故名。梅茶苦涩，且伤秋摘，佳产戒之。

茶初摘时，香气未透，必借火力以发其香。然茶性不耐劳，炒不宜久。多取入铛，则手力不匀，久于铛中，过熟而香散矣。炒茶之铛，最忌新铁。须预取一铛以备炒，毋得别作他用。一说惟常煮饭者佳，既无铁腥，亦无脂腻。炒茶之薪，仅可树枝，勿用干叶。干则火力猛炽，叶则易焰易灭，铛必磨洗莹洁，旋摘旋炒。一铛之内，仅可四两，先用文火炒软，次加武火催之。手加木指，急急钞转，以半熟为度，微俟香发，是其候也。

清明太早，立夏太迟，谷雨前后，其时适中。若再迟一二日，待其气力完足，香烈尤倍，易于收藏。

藏茶于庋阁其方，宜砖底数层，四围砖砌。形若火炉，愈大愈善，勿近土墙，顿瓮其上。随时取灶下火灰，候冷，簇于瓮傍。半尺以外，仍随时取火灰簇之，令里灰常燥，以避风湿。却忌火气入瓮，盖能黄茶耳㉛。日用所须，贮于小瓮瓶中者，亦当箬包苎扎，勿令见风。且宜置之案头，勿近有气味之物，亦不可用纸包盖。茶性畏纸，纸成于水中，受水气多也。纸裹一夕，即随纸作气而茶味尽矣。虽再焙之，少顷即润。雁宕诸山之茶，首坐此病，纸帖贻远，安得复佳。

茶之味清而性易移，藏法喜温燥而恶冷湿，喜清凉而恶郁蒸，宜清触而忌香惹。藏用火焙，不可日晒。世人多用竹器贮茶，虽加箬叶拥护，然箬性峭劲，不甚伏帖，风湿易侵；至于地炉中顿放，万万不可。人有以竹器盛茶置被笼中，用火即黄，除火即润，忌之忌之。

闻龙《茶笺》：尝考《经》言茶焙甚详，愚谓今人不必全用此法……犹不致大减[87]。

诸名茶法……则所从来远矣[88]。

吴人绝重闻茶，往往杂以黄黑箬，大是阙事。余每藏茶，必令樵青入山采竹箭箬，拭净烘干，护罂四周，半用剪碎，拌入茶中。经年发覆，青翠如新。

吴兴姚叔度言，茶若多焙一次，则香味随减一次，予验之，良然。但于始焙时烘令极燥，多用炭箬，如法封固，即梅雨连旬，燥仍自若。惟开坛频取，所以生润，不得不再焙耳。自四月至八月，极宜致谨；九月以后，天气渐肃，便可解严矣。虽然，能不弛懈，尤妙。

炒茶时，须用一人从傍扇之，以祛热气；否则茶之色香味俱减，此予所亲试。扇者色翠，不扇者色黄。炒起出铛时，置大磁盆中，仍须急扇，令热气稍退。以手重揉之，再散入铛，以文火炒干之。盖揉则其津上浮，点时香味易出。田子艺以生晒不炒、不揉者为佳，其法亦未之试耳。

《群芳谱》[89]：以花拌茶，颇有别致。凡梅花、木樨、茉莉、玫瑰、蔷薇、兰蕙、金橘、栀子、木香之属，皆与茶宜。当于诸花香气全时摘拌。三停茶，一停花，收于磁罐中。一层茶，一层花，相间填满，以纸箬封固，入净锅中重汤煮之。取出待冷，再以纸封裹，于火上焙干贮用。但上好细芽茶忌用，花香反夺其真味；惟平等茶宜之。

《云林遗事》[90]：莲花茶，就池沼中于早饭前日初出时，择取莲花蕊略绽者，以手指拨开，入茶满其中，用麻丝缚扎定。经一宿，次早连花摘之，取茶纸包晒。如此三次，锡罐盛贮，扎口收藏。

邢士襄《茶说》：凌露无云，采候之上；霁日融和，采候之次；积日重阴，不知其可。

田艺蘅《煮泉小品》：芽茶以火作者为次，生晒者为上，亦更近自然，且断烟火气耳。况作人手器不洁，火候失宜，皆能损其香色也。生晒茶瀹之瓯中，则旗枪舒畅，清翠鲜明，香洁胜于火炒，尤为可爱。

《洞山茶系》：闻茶采焙……每诵姚合《乞茶》诗一过[91]。

《月令广义》[92]：炒茶，每锅不过半斤。

先用干炒，后微洒水，以布卷起揉做。

茶，择净微蒸，候变色，摊开扇去湿热气，揉做毕，用火焙干，以箬叶包之。语曰："善蒸不若善炒，善晒不若善焙"，盖茶以炒而焙者为佳耳。

《农政全书》：采茶在四月，嫩则益人，粗则损人。茶之为道，释滞去垢，破睡除烦，功则著矣。其或采造藏贮之无法，碾焙煎试之失宜，则虽建芽、浙茗，只为常品耳。此制作之法，宜亟讲也。

冯梦桢《快雪堂漫录》：炒茶，锅令极净。茶要少，火要猛，以手拌炒令软净，取出摊于匾中，略用手揉之，揉去焦梗。冷定复炒，极燥而止。不得便入瓶，置于净处，不可近湿。一二日后，再入锅炒令极燥，摊冷，然后收藏。藏茶之罂，先用汤煮过，烘燥，乃烧栗炭透红，投罂中，覆之令黑。去炭及灰，入茶五分，投入冷炭，再入茶。将满，又以宿箬叶实之，用厚纸封固罂口，更包燥净无气味砖石压之，置于高燥透风处。不得傍墙壁及泥土地方得。

屠长卿《考槃余事》：茶宜箬叶而畏香药……虽久不浥。

又一法……次年另换新灰。

又一法……缘蒸气自天而下也。

采茶时……方贮罂中。

采茶不必太细……采之可也[93]。

冯可宾《岕茶笺》采茶　雨前精神未足[38]，夏后则梗叶太粗。然〔茶〕以细嫩为妙，须当交夏时[39]，看风日晴和，月露初收，亲自监采入篮。如烈日之下，应防篮内郁蒸，又须伞盖。至舍，速倾于净簏内，薄摊[40]，细拣枯枝、病叶、蛸丝、青牛之类，一一剔去，方为精洁也。

蒸茶须看叶之老嫩……盖熟汤能夺茶味也[94]。

陈眉公《太平清话》[95]：吴人于十月中采小春茶，此时不独逗漏花枝，而尤喜日光晴暖。从此蹉过，霜凄雁冻，不复可堪矣。

眉公云：采茶欲精，藏茶欲燥，烹茶欲洁。

吴拭云：山中采茶歌，凄清哀婉，韵态悠长，一声从云际飘来，未尝不潸然堕泪。吴歌未便能动人如此也。

熊明遇《岕山茶记》：贮茶器中，先以生炭火煅过，于烈日中暴之令火灭，乃乱插茶中。封固罂口，覆以新砖，置于高爽近人处。霉天雨候，切忌发覆，须于晴燥日开取。其空缺处，即当以箬填满，封闷如故，方为可久。

《云蕉馆纪谈》[96]：明玉珍子升[41]，在重庆取涪江青磉石为茶磨，令宫人以武隆雪锦茶碾，焙以大足县香霏亭海棠花，味倍于常。海棠无香，独此地有香，焙茶尤妙。

《诗话》[97]：顾渚涌金泉，每岁造茶时，太守先祭拜，然后水稍出；造贡茶毕，水渐减，至供堂茶毕，已减半矣；太守茶毕，遂涸。北苑龙焙泉亦然。

《紫桃轩杂缀》[98]：天下有好茶，为凡手焙坏；有好山水，为俗子妆点坏；有好子弟，为庸师教坏，真无可奈何耳。

匡庐绝顶，产茶在云雾蒸蔚中，极有胜韵。而僧拙于焙，瀹之为赤卤[42]，岂复有茶哉！戊戌春，小住东林，同门人董献可、曹不随、万南仲手自焙茶，有"浅碧从教如冻柳，清芬不遣杂花飞"之句。既成，色香味殆绝。

顾渚，前朝名品。正以采摘初芽，加之法制，所谓罄一亩之入，仅充半环，取精之多，自然擅妙也。今碌碌诸叶茶中，无殊菜沈,何胜括目。金华仙洞,与闽中武夷,俱良材,而厄于焙手。埭头本草市溪庵施济之品,近有苏焙者,以色稍青,遂混常价。

《闬茶汇钞》:闬茶不炒……不敢漫作[99]。

茶以初出雨前者佳,惟罗闬立夏开园,吴中所贵。梗粗叶厚者,有萧箬之气。还是夏前六七日如雀舌者〔佳〕[43],最不易得。

《檀几丛书》[100]:南岳贡茶,天子所尝,不敢置品。县官修贡,期以清明日入山肃祭,乃始开园。采造视松萝、虎邱,而色香丰美,自是天家清供,名曰片茶。初亦如闬茶制法,万历丙辰,僧稠荫游松萝,乃仿制为片。

冯时可《滇行记略》:滇南城外石马井泉,无异惠泉。感通寺茶,不下天池、伏龙,特此中人不善焙制耳。徽州松萝〔茶〕[44],旧亦无闻,偶虎邱一僧往松萝庵,如虎邱法焙制,遂见嗜于天下。恨此泉不逢陆鸿渐,此茶不逢虎邱僧也。

《湖州志》:长兴县啄木岭金沙泉……或见鸷兽、毒蛇、木魅、阳睒之类焉。商旅多以顾渚水造之,无沾金沙者。今之紫笋,即用顾渚造者,亦甚佳矣[101]。

高濂《八笺》:藏茶之法,以箬叶封裹入茶焙中,两三日一次。用火当如人体之温温然,而湿润自去。若火多则茶焦,不可食矣。

周亮工《闽小纪》:武夷、屴崱、紫帽、龙山,皆产茶。僧拙于焙,既采则先蒸而后焙,故色多紫赤,只堪供宫中浣濯用耳。近有以松萝法制之者,即试之,色香亦具足。经旬月,则紫赤如故。盖制茶者,不过土著数僧耳,语三吴之法,转转相效,旧态毕露。此须如昔人论琵琶法,使数年不近,尽忘其故调而后,以三吴之法行之,或有当也。

徐茂吴[102]云:实茶,大瓮底置箬,瓮口封闷,倒放,则过夏不黄;以其气不外泄也。子晋云:当倒放有盖缸内,缸宜砂底,则不生水而常燥。加谨封贮,不宜见日;见日则生翳,而味损矣。藏又不宜于热处。新茶不宜骤用,贮过黄梅,其味始足。

张大复《梅花笔谈》:松萝之香馥馥,庙后之味闲闲;顾渚扑人鼻孔,齿颊都异,久而不忘。然其妙在造,凡宇内道地之产,性相近也,习相远也。吾深夜被酒发,张震封所遗顾渚,连啜而醒。

宗室文昭《古瓻集》[103]:桐花颇有清味,因收花以熏茶,命之曰桐茶。有"长泉细火夜煎茶,觉有桐香入齿牙"之句。

王草堂《茶说》:武夷茶,自谷雨采至立夏,谓之头春;约隔二旬复采,谓之二春;又隔又采,谓之三春。头春叶粗味浓,二春、三春,叶渐细,味渐薄,且带苦矣。夏末秋初,又采一次,名为秋露;香更浓,味亦佳,但为来年计,惜之不能多采耳。茶采后,以竹筐匀铺,架于风日中,名曰晒青。俟其青色渐收,然后再加炒焙。阳羡闬片,只蒸不炒,火焙以成。松萝、龙井,皆炒而不焙,故其色纯。独武夷炒焙兼施,烹出之时,半青半红,青者乃炒色,红者乃焙色也。茶采而摊,摊而摝,香气发越即炒,过时、不及皆不可。既炒既焙,复拣去其中老叶、枝蒂,使之一色。释超全诗云:"如梅斯馥兰斯馨,心闲手敏工夫细",形容殆尽矣。

王草堂《节物出典》:《养生仁术》云:谷雨日采茶,炒藏合法,能治痰及百病。

《随见录》:凡茶见日则味夺,惟武夷茶喜日晒。

武夷造茶,其岩茶以僧家所制者,最为

得法。至洲茶中，采回时，逐片择其背上有白毛者，另炒另焙，谓之白毫，又名寿星眉；摘初发之芽一旗未展者，谓之莲子心；连枝二寸剪下烘焙者，谓之凤尾龙须。要皆异其制造，以欺人射利，实无足取焉。

卷中

四之器

《御史台记》[104]：唐制，御史有三院：一曰台院，其僚为侍御史；二曰殿院，其僚为殿中侍御史；三曰察院，其僚为监察御史。察院厅居南，会昌初，监察御史郑路所葺。礼察厅，谓之松厅，以其南有古松也。刑察厅，谓之魇厅，以寝于此者，多梦魇也。兵察厅主掌院中茶，其茶必市蜀之佳者，贮于陶器，以防暑湿。御史辄躬亲缄启，故谓之茶瓶厅。

《资暇集》：茶托子，始建中蜀相崔宁之女。以茶杯无衬，病其熨指，取碟子承之。既啜而杯倾，乃以蜡环碟子之央，其杯遂定，即命工匠以漆代蜡环，进于蜀相。蜀相奇之，为制名而话于宾亲，人人为便，用于当代。是后，传者更环其底，愈新其制，以至百状焉。

贞元初，青郓油缯为荷叶形，以衬茶碗，别为一家之碟。今人多云托子始此，非也。蜀相即升平[105]崔家，讯则知矣。

《大观茶论》：茶器　罗碾　碾以银为上，熟铁次之。槽欲深而峻，轮欲锐而薄，罗欲细而面紧，碾必力而速。惟再罗则入汤轻泛，粥面尤凝，尽茶之色。

盏须度茶之多少，用盏之大小。盏高茶少，则掩蔽茶色；茶多盏小，则受汤不尽。惟盏热，则茶发立耐久。

笕

瓶[106]

杓　杓之大小，当以可受一盏茶为量。有余不足，倾杓烦数，茶必冰矣。

蔡襄《茶录·茶器》

茶焙

茶笼

砧椎

茶钤

茶碾

茶罗

茶盏

茶匙[107][45]

汤瓶[46]　茶瓶要小者，易于候汤，且点茶、注汤有准。黄金为上，若人间以银、铁或瓷石为之[47]。若瓶大，啜存停久，味过则不佳矣。

孙穆《鸡林类事》[108]：高丽方言，茶匙曰茶戍。

《清波杂志》：长沙匠者，造茶器极精致，工直之厚，等所用白金之数。士大夫家多有之，置几案间，但知以侈靡相夸，初不常用也。凡茶宜锡，窃意以锡为合适，用而不侈。贴以纸，则茶味易损。

张芸叟[109]云：吕申公家有茶罗子，一金饰，一棕栏。方接客，索银罗子，常客也；金罗子，禁近也；棕栏，则公辅必矣。家人常挨排于屏间以候之。

《黄庭坚集·同公择咏茶碾》诗：(要及新香碾一杯)

陶谷《清异录》：富贵汤，当以银铫煮之，佳甚。铜铫煮水，锡壶注茶次之。

《苏东坡集·扬州石塔试茶》诗：坐客皆可人，鼎器手自洁。

《秦少游集·茶臼》诗：幽人耽茗饮，剜

木事捣撞。巧制合臼形,雅音伴枳椇。

《文与可[110]集·谢许判官惠茶器图》诗:成图画茶器,满幅写茶诗。会说工全妙,深谙句特奇。

谢宗可《咏物诗·茶筅》:(此君一节莹无瑕)

《乾淳岁时记》[111]:禁中大庆会,用大镀金氅,以五色果簇钉龙凤,谓之绣茶。

《演繁露》[112]:东坡后集二,《从驾景灵宫》诗云:病贪赐茗浮铜叶。按:今御前赐茶,皆不用建盏,用大汤氅,色正白,但其制样似铜叶汤氅耳。铜叶,色黄褐色也。

周密《癸辛杂志》:宋时,长沙茶具精妙甲天下,每副用白金三百星或五百星。凡茶之具悉备,外则以大缨银合贮之,赵南仲丞相帅潭⑱,以黄金千两为之,以进尚方。穆陵大喜,盖内院之工所不能为也。

杨基[113]《眉庵集·咏木茶炉》诗:绀绿仙人炼玉肤,花神为曝紫霞腴。九天清泪沾明月,一点芳心托鹧鸪。肌骨已为香魄死,梦魂犹在露团枯。嫦娥莫怨花零落,分付余醺与酪奴。

张源《茶录》⑲:茶铫,金乃水母,银备刚柔⑳,味不咸涩,作铫最良,制必穿心,令火气易透。

茶瓯,以白磁为上,蓝者次之。

闻龙《茶笺》:茶镤,山林隐逸,水铫用银尚不易得,何况镤乎?若用之恒,归于铁也。

罗廪《茶解》:茶炉,或瓦或竹皆可,而大小须与汤铫称。

凡贮茶之器,始终贮茶,不得移为他用。

李如一[114]《水南翰记》:韵书无氅字,今人呼盛茶酒器曰氅。

《檀几丛书》:品茶用瓯㉛,白瓷为良,所谓"素瓷传静夜,芳气满闲轩"也。制宜弇口邃肠,色浮浮而香不散。

《茶说》[115]:器具精洁,茶愈为之生色。今时姑苏之锡注,时大彬之沙壶,汴梁之锡铫,湘妃竹之茶灶,宣、成窑之茶盏,高人词客,贤士大夫,莫不为之珍重。即唐宋以来,茶具之精,未必有如斯之雅致。

《闻雁斋笔谈》:茶既就筐,其性必发于日,而遇知己于水,然非煮之茶灶、茶炉,则亦不佳。故曰饮茶,富贵之事也。

《雪庵清史》:"泉冽性驶,非扃以金银器,味必破器而走矣。"有馈中泠泉于欧阳文忠者,公讶曰:"君故贫士,何为致此奇贶?"徐视馈器,乃曰:"水味尽矣。"噫!如公言,饮茶乃富贵事耶?尝考宋之大小龙团,始于丁谓,成于蔡襄。公闻而叹曰:"君谟士人也,何至作此事?"东坡诗曰:"武夷溪边粟粒芽,前丁后蔡相宠嘉。吾君所乏岂此物,致养口体何陋耶。"观此,则二公又为茶败坏多矣。故余于茶瓶而有感。

茶鼎,丹山碧水之乡,月涧云龛之品,涤烦消渴,功诚不在艺术下。然不有似泛乳花、浮云脚,则草堂暮云阴,松窗残雪明,何以勺之野语清。噫!鼎之有功于茶大矣哉!故日休有"立作菌蠢势,煎为潺湲声"。禹锡有"骤雨松风入鼎来,白云满碗花徘徊"。居仁有"浮花原属三昧手,竹斋自试鱼眼汤"。仲淹有"鼎磨云外首山铜,瓶携江上中濡水"。景纶有"待得声闻俱寂后,一瓯春雪胜醍醐"。噫!鼎之有功于茶大矣哉!虽然吾犹有取卢仝"柴门反关无俗客,纱帽笼头自煎吃",杨万里"老夫平生爱煮茗,十年烧穿折脚鼎"。如二君者,差可不负此鼎耳。

冯时可《茶录》：芘莉，一名筹筤，茶笼也。牺木，杓也，瓢也。

《宜兴志》：茗壶　陶穴环于蜀山。原名独山，东坡居阳羡时，以其似蜀中风景，改名蜀山。今山椒建东坡祠以祀之。陶烟飞染，祠宇尽黑。

冒巢民云[116]：茶壶以小为贵，每一客一壶，任独斟饮，方得茶趣。何也？壶小则香不涣散，味不耽迟，况茶中香味，不先不后，恰有一时。太早或未足，稍缓或已过，个中之妙，清心自饮，化而裁之，存乎其人。

周高起《阳羡茗壶系》：茶至明代，不复碾屑、和香药、制团饼，已远过古人。近百年中，壶黜银锡及闽豫瓷，而尚宜兴陶，此又远过前人处也。陶曷取诸，取其制，以本山土砂能发真茶之色香味，不但杜工部云"倾金注玉惊人眼"，高流务以免俗也。至名手所作，一壶重不数两，价每一二十金，能使土与黄金争价。世日趋华，抑足感矣！考其创始，自金沙寺僧，久而逸其名。又提学颐山吴公读书金沙寺中，有青衣供春者，仿老僧法为之，栗色暗暗，敦庞周正指螺纹隐隐可按，允称第一。世作龚春，误也。万历间，有四大家：董翰、赵梁、玄锡、时朋。朋即大彬父也。大彬号少山，不务妍媚，而朴雅坚栗，妙不可思，遂于陶人擅空群之目矣。此外则有李茂林、李仲芳、徐友泉，又大彬徒欧正春、邵文金、邵文银、蒋伯荂四人。陈用卿、陈信卿、闵鲁生、陈光甫，又婺源人陈仲美，重镂叠刻，细极鬼工；沈君用、邵盖、周后溪、邵二孙、陈俊卿、周季山、陈和之、陈挺生、承云从、沈君盛、陈辰辈，各有所长。徐友泉所制之泥色，有海棠红、朱砂紫、定窑白、冷金黄、淡墨、沉香、水碧、榴皮、葵黄、闪色、梨皮等名。大彬镌款，用竹刀画之，书法闲雅。

茶洗，式如扁壶，中加一盎，鬲而细窍，其底便于过水漉沙。茶藏以闭洗过之茶者。陈仲美、沈君用各有奇制。水杓、汤铫，亦有制之尽美者，要以椰瓢、锡缶为用之卤。

茗壶宜小不宜大，宜浅不宜深；壶盖宜盎不宜砥。汤力茗香，俾得团结氤氲，方为佳也。

壶若有宿杂气，须满贮沸汤涤之，乘热倾去，即没于冷水中，亦急出水泻之，元气复矣。

许次纾《茶疏》：茶盒[52]，以贮日用零茶，用锡为之，从大叠中分出，若用尽时再取。

茶壶，住时尚龚春，近日时大彬所制，极为人所重。盖是粗砂制成，正取砂无土气耳。

矑仙云：茶瓯者，予尝以瓦为之，不用瓷。以笋壳为盖，以檞叶攒覆于上，如箬笠状，以蔽其尘。用竹架盛之，极清无比。茶匙以竹编成，细如笊篱，样与尘世所用者大不凡矣，乃林下出尘之物也。煎茶用铜瓶，不免汤腥；用砂铫，亦嫌土气，惟纯锡为五金之母，制铫能益水德。

谢肇淛《五杂俎》：宋初闽茶，北苑为最，当时上供者，非两府禁近不得赐。而人家亦珍重爱惜，如王东城有茶囊，惟杨大年至，则取以具茶，他客莫敢望也。

《支廷训集》[117]：有汤蕴之传，乃茶壶也。

文震亨《长物志》：壶以砂者为上，既不夺香，又无熟汤气。锡壶有赵良璧者，亦佳。吴中归锡，嘉禾黄锡，价皆最高。

《遵生八笺》：茶铫、茶瓶，瓷砂为上，铜锡次之。瓷壶注茶、砂铫煮水为上。茶盏，惟宣窑坛盏为最，质厚白莹，样式古雅有等。宣窑印花白瓯，式样得中，而莹然如玉，次则嘉窑心内有茶字小盏为美。欲试茶色黄白，岂容青花乱之。注酒亦然，惟纯白色器皿为最上乘，余品皆不取。

试茶以涤器为第一要，茶瓶、茶盏、茶匙生铄，致损茶味，必须先时洗洁则美。

曹昭[118]《格古要论》：古人吃茶汤用撒，取其易干不留滞。

陈继儒《试茶诗》：有"竹炉幽讨，松火怒飞"之句。竹茶炉，出惠山者最佳。

《渊鉴类函·茗碗》：韩诗"茗碗纤纤捧。"

徐葆光[119]《中山传信录》："琉球茶瓯，色黄，描青绿花草，云出土噶喇。其质少粗无花，但作水纹者⑧，出大岛。瓯上造一小木盖，朱黑漆之，下作空心托子，制作颇工；亦有茶托、茶帚。其茶具，火炉与中国小异。"

葛万里《清异录》：时大彬茶壶，有名"钓雪"，似带笠而钓者，然无牵合意。

《随见录》：洋铜茶吊，来自海外。红铜荡锡，薄而轻，精而雅，烹茶最宜。

五之煮

唐陆羽《六羡歌》：（不羡黄金罍）

唐张又新《水记》：故刑部侍郎刘公讳伯刍……以是知客之说，信矣[120]。

陆羽论水，次第凡二十种：庐山康王谷水帘水第一……雪水第二十。用雪不可太冷。[121]

唐顾况《论茶》：煎以文火细烟，煮以小鼎长泉。

苏廙《仙芽传》第九卷载《作汤十六法》谓：汤者……十六魔汤[122]。

丁用晦[123]《芝田录》：唐李卫公德裕，喜惠山泉，取以烹茗，自常州到京，置驿骑传送，号曰水递。后有僧某曰："请为相公通水脉。"盖京师有一眼井，与惠山泉脉相通，汲以烹茗，味殊不异。公问井在何坊曲？曰："昊天观常住库后是也。"因取惠山、昊天各一瓶，杂以他水八瓶，令僧辨晰。僧止取二瓶井泉，德裕大加奇叹。

《事文类聚》[124]：赞皇公李德裕，居廊庙日，有亲知奉使于京口。公曰："还日，金山下扬子江南零水，与取一壶来。"其人敬诺。及使回，举棹日，因醉而忘之。泛舟至石城下，方忆，乃汲一瓶于江中，归京献之。公饮后叹讶非常，曰："江表水味，有异于顷岁矣。此水颇似建业石头城下水也。"其人即谢过不敢隐。

《河南通志》：卢仝茶泉，在济源县。仝有庄在济源之通济桥二里余，茶泉存焉。其诗曰："买得一片田，济源花洞前。"自号玉川子。有寺名玉泉，汲此寺之泉煎茶。有《玉川子饮茶歌》，句多奇警。

《黄州志》：陆羽泉，在蕲水县凤栖山下，一名兰溪泉，羽品为天下第三泉也。尝汲以烹茗，宋王元之有诗。

无尽法师《天台志》：陆羽品水，以此山瀑布泉为天下第十七水。余尝试饮，比余㽑溪蒙泉殊劣，余疑鸿渐但得至瀑布泉耳，苟遍历天台？当不取金山为第一也。

《海录》[125]：陆羽品水，以雪水第二十，以煎茶滞而太冷也。

陆平泉《茶寮记》[126]：唐秘书省中水最佳，故名秘水。

《檀几丛书》：唐天宝中，稠锡禅师名清晏，卓锡南岳碉上，泉忽迸，石窟间字曰"真珠泉"。师饮之，清甘可口，曰："得此瀹吾乡桐庐茶,不亦称乎。"

《大观茶论》:水以轻清甘洁为美,用汤以鱼蟹眼连络迸跃为度。

咸淳《临安志》:栖霞洞内有水洞,深不可测,水极甘洌。魏公尝调以瀹茗。又莲花院有三井,露井最良,取以烹茗,清甘寒洌,品为小林第一。

《王氏谈录》[127]:公言茶品高而年多者,必稍陈。遇有茶处,春初取新芽,轻炙杂而烹之,气味自复。在襄阳试作。其佳尝语君谟,亦以为然。

欧阳修《浮槎水记》:浮槎与龙池山皆在庐州……而于论水尽矣。

蔡襄《茶录》:茶或经年……则不用此说。

碾茶……则色昏矣。

碾毕即罗,罗细则茶浮,粗则沫浮。

候汤最难……故曰候汤最难。

茶少汤多……曰相去一水两水。

茶有真香……正当不用[128]。

陶谷《清异录》:馔茶而幻出物象于汤面者……煎茶赢得好名声。

茶至唐而始盛……时人谓之茶百戏。

又有:漏影春法……沸汤点搅[129]。

《煮茶泉品》:予少得温氏所著《茶说》…… 不可及已。[130] 昔郦元善于《水经》⑭,而未尝知茶;王肃癖于茗饮,而言不及水表。是二美,吾无愧焉。

魏泰[131]《东轩笔录》:鼎州北百里,有甘泉寺,在道左,其泉清美,最宜瀹茗。林麓回抱,境亦幽胜。寇莱公[132]谪守雷州,经此酌泉,志壁而去。未几,丁晋公[133]窜朱崖,复经此,礼佛留题而行。天圣中,范讽以殿中丞安抚湖外至此寺,睹二相留题,徘徊慨叹,作诗以志其旁曰:"平仲酌泉方顿

辔,谓之礼佛继南行。层峦下瞰岚烟路,转使高僧薄宠荣。"

张邦基《墨庄漫录》[134]:元祐六年七夕日,东坡时知扬州,与发运使晁端彦、吴倅、晁无咎,大明寺汲塔院西廊井与下院蜀井二水校其高下,以塔院水为胜。

华亭县有寒穴泉,与无锡惠山泉味相同,并尝之,不觉有异,邑人知之者少。王荆公尝有诗云:"神震冽冰霜,高穴雪与平。空山淳千秋,不出呜咽声。山风吹更寒,山月相与清。北客不到此,如何洗烦醒。"

罗大经《鹤林玉露》:余同年友李南金云:"《茶经》以鱼目、涌泉、连珠为煮水之节…… 一瓯春雪胜醍醐。"[135]

赵彦卫《云麓漫钞》[136]:陆羽别天下水味,各立名品,有石刻行于世。《列子》云,孔子:"淄渑之合,易牙能辨之。"易牙,齐威公大夫。淄渑二水,易牙知其味。威公不信,数试皆验。陆羽岂得其遗意乎?

《黄山谷集》:泸州大云寺西偏崖石上,有泉滴沥;一州泉味,皆不及也。

林逋《烹北苑茶有怀》:(石碾轻飞瑟瑟尘)

《东坡集》:予顷自汴入淮,泛江溯峡归蜀。饮江淮水盖弥年,既至,觉井水腥涩,百余日然后安之。以此知江水之甘于井也审矣。今来岭外,自扬子始饮江水,及至南康,江益清驶,水益甘,则又知南江贤于北江也。近度岭入清远峡,水色如碧玉,味益胜。今游罗浮,酌泰禅师锡杖泉,则清远峡水,又在其下矣。岭外惟惠州人喜斗茶,此水不虚出也[137]。

惠山寺,东为观泉亭,堂曰漪澜。泉在亭中,二井石甃相去咫尺,方圆异形。汲者多由圆井,盖方动圆静,静清而动浊也。流

过漪澜，从石龙口中出，下赴大池者，有土气，不可汲。泉流冬夏不涸，张又新品为天下第二泉。

《避暑录话》[138]：裴晋公诗云："饱食缓行初睡觉，一瓯新茗侍儿煎。脱巾斜倚绳床坐，风送水声来耳边。"公为此诗必自以为得意，然吾山居七年，享此多矣。

冯璧[139]《东坡海南烹茶图诗》：讲筵分赐密云龙，春梦分明觉亦空。地恶九钻黎火洞，天游两腋玉川风。

《万花谷》：黄山谷有《井水帖》云："取井傍十数小石，置瓶中，令水不浊。故咏《慧山泉》诗云'锡谷寒泉撷音妥石俱'是也。石圆而长，曰撷，所以澄水。"

茶家碾茶，须碾着眉上白乃为佳。曾茶山诗云："碾处须看眉上白，分时为见眼中青。"

《舆地纪胜》：竹泉，在荆州府松滋县南。宋至和初，苦竹寺僧浚井得笔，后黄庭坚谪黔过之，视笔曰："此吾虾蟆碚所坠。"因知此泉与之相通。其诗曰："松滋县西竹林寺，苦竹林中甘井泉。巴人谩说虾蟆碚，试裹春茶来就煎。"

周辉《清波杂志》：余家惠山泉石，皆为几案间物。亲旧东来，数问松竹平安信，且时致陆子泉，茗碗殊不落寞。然顷岁亦可致于汴都，但未免瓶盎气。用细砂淋过，则如新汲时，号拆洗惠山泉。天台竹沥水，彼地人断竹梢，屈而取之盈瓮；若杂以他水，则亟败。苏才翁与蔡君谟比茶，蔡茶精，用惠山泉煮；苏茶劣，用竹沥水煎，便能取胜。此说见江邻几[140]所著《嘉祐杂志》。果尔，今喜击拂者，曾无一语及之，何也？双井因山谷乃重。苏魏公尝云，平生荐举不知几何人，唯孟安序朝奉岁以双井一瓮为饷。

盖公不纳苞苴，顾独受此，其亦珍之耶。

《东京记》[141]：文德殿两掖，有东西上阁门，故杜诗云："东上阁之东，有井泉绝佳。"山谷《忆东坡烹茶诗》云："阁门井不落第二，竟陵谷帘空误书。"

陈舜俞[142]《庐山记》：康王谷有水帘飞泉，破岩而下者二三十派，其广七十余尺，其高不可计。山谷诗云"谷帘煮甘露"是也。

孙月峰《坡仙食饮录》：唐人煎茶多用姜。故薛能诗云："盐损添常戒，姜宜着更夸。"据此，则又有用盐者矣。近世有此二物者，辄大笑之。然茶之中等者，用姜煎信佳，盐则不可。

冯可宾《岕茶笺》：茶虽均出于岕，有如兰花香而味甘，过霉历秋，开坛烹之，其香愈烈，味若新。沃以汤，色尚白者，真洞山也。他岕初时亦香，秋则索然矣。

《群芳谱》：世人情性嗜好各殊，而茶事则十人而九。竹炉火候，茗碗清缘，煮引风之碧雪，倾浮花之雪乳。非藉汤勋，何昭茶德。略而言之，其法有五：一曰择水，二曰简器，三曰忌涸，四曰慎煮，五曰辨色。

《吴兴掌故录》[143]：湖州金沙泉，至元中⑮，中书省遣官致祭。一夕水溢，溉田千亩，赐名"瑞应泉"。

《职方志》：广陵蜀冈上有井，曰蜀井，言水与西蜀相通。茶品天下，水有二十种，而蜀冈水为第七。

《遵生八笺》：凡点茶，先须燲盏令热，则茶面聚乳，冷则茶色不浮。燲音胁，火迫也。

陈眉公《太平清话》：余尝酌中泠，劣于惠山，殊不可解。后考之，乃知陆羽原以庐山谷帘泉为第一。《山疏》云：陆羽《茶经》言，瀑泻湍激者勿食，今此水瀑泻湍激无如矣,乃以为第一,何也?又云液泉,在谷帘侧,山多云母,泉其液也,洪纤如指,清冽甘寒,远出谷帘之上,乃不得第一,又何也?又碧琳池东西两泉,皆极甘香,其味不减惠山,而东泉尤冽。

蔡君谟"汤取嫩而不取老",盖为团饼茶言耳。今旗芽枪甲,汤不足则茶神不透,茶色不明,故茗战之捷,尤在五沸。

徐渭《煎茶七类》:煮茶非漫浪……磊块于胸次间者[144]。

品泉以井水为下,井取汲多者,汲多则水活。

候汤眼鳞鳞起……过熟则味昏底滞[145]。

张源《茶录》:山顶泉清而轻,山下泉清而重,石中泉清而甘,砂中泉清而冽,土中泉清而厚。流动者良于安静,负阴者胜于向阳。山削者泉寡,山秀者有神。真源无味,真水无香。流于黄石为佳,泻出青石无用。

汤有三大辨……,元神始发也[146]。

炉火通红……非茶家之要旨[147]。

投茶有序,无失其宜。先茶后汤,曰下投;汤半下茶,复以汤满,曰中投;先汤后茶,曰上投。夏宜上投,冬宜下投,春秋宜中投。

不宜用恶木、敝器、铜匙、铜铫、木桶、柴薪、烟煤⑩、麸炭、粗童、恶婢、不洁巾帨及各色果实、香药。

谢肇淛《五杂组》:唐薛能茶诗云[148],"盐损添尝戒,姜宜著更夸。"煮茶如是,味安得佳。此或在竟陵翁未品题之先也。至东坡和寄茶诗[149]云:"老妻稚子不知爱,一半已入姜盐煎。"则业觉其非矣,而此习犹在也;今江右及楚人,尚有以姜煎茶者。虽

云古风,终觉未典。

闽人苦山泉难得,多用雨水。其味甘不及山泉,而清过之。然自淮而北,则雨水苦黑,不堪煮茗矣。惟雪水,冬月藏之,入夏用乃绝佳。夫雪固雨所凝也,宜雪而不宜雨,何哉?或曰北方瓦屋不净,多用秽泥涂塞故耳。

古时之茶,曰煮、曰烹、曰煎,须汤如蟹眼,茶味方中。今之茶,惟用沸汤投之;稍著火,即色黄而味涩不中饮矣。乃知古今煮法,亦自不同也。

苏才翁斗茶用天台竹沥水,乃竹露非竹沥也。若今医家用火逼竹取沥,断不宜茶矣。

顾元庆《茶谱》煎茶四要:一择水,二洗茶,三候汤,四择品。点茶三要:一涤器,二熁盏,三择果。

熊明遇《罗岕⑰茶记》:烹茶……会心亦不在远[150]。

《雪庵清史》:余性好清苦,独与茶宜。幸近茶乡,恣我饮啜。乃友人不辨三火三沸法,余每过饮,非失过老,则失太嫩,致令甘香之味荡然无存,盖误于李南金之说耳。如罗玉露之论[151],乃为得火候也。友曰:"吾性惟好读书,玩佳山水,作佛事,或时醉花前,不爱水厄,故不精于火候。"昔人有言:释滞消壅,一日之利暂佳;瘠气耗精,终身之害斯大。获益则归功茶力,贻害则不谓茶灾。甘受俗名,缘此之故。噫!茶冤甚矣。不闻秃翁之言;释滞消壅,清苦之益实多;瘠气耗精,情欲之害最大。获益则不谓茶力,自害则反谓茶殃。且无火候,不独一茶。读书而不得其趣,玩山水而不会其情,学佛而不破其宗,好色而不饮其韵,皆无火候者也。岂余爱茶而故为茶吐气哉?

亦欲以此清苦之味，与故人共之耳。

煮茗之法有六要：一曰别，二曰水，三曰火，四曰汤，五曰器，六曰饮。有粗茶，有散茶，有末茶，有饼茶。有研者，有熬者，有炀者，有舂者。余幸得产茶方，又兼得烹茶六要，每遇好朋，便手自煎烹。但愿一瓯常及真，不用撑肠拄腹文字五千卷也。故曰饮之时义远矣哉。

田艺蘅《煮泉小品》：茶，南方嘉木……虽佳弗佳也。但饮泉觉爽，啜茗忘喧，谓非膏粱纨绔可语。爰著《煮泉小品》，与枕石漱流者商焉。

陆羽尝谓：烹茶于所产处……两浙罕伍云。

山厚者泉厚……不幽即喧，必无用矣。

江……则湛深而无荡漾之漓耳。

严陵濑……水功其半者耶。

去泉再远者……有旧时水递费经营。

汤嫩则茶味不出；过沸则水老而茶乏。惟有花而无衣，乃得点瀹之候耳。

有水有茶……更雅。

人但知汤候……火为之纪[152]。

许次纾《茶疏》：甘泉旋汲……挈瓶为佳耳。

沸速则鲜嫩风逸，沸迟则老熟昏钝。故水入铫，便须急煮。候有松声，即去盖，以息其老钝[58]。蟹眼之后，水有微涛，是为当时。大涛鼎沸，旋至无声，是为过时。过时老汤，决不堪用。

茶注、茶铫、茶瓯[59]，最宜荡涤。饮事甫毕，余沥残叶，必尽去之。如或少有，夺香败味。每日晨兴，必以沸汤涤过，用极熟麻布，向内拭干，以竹编架，覆而庋之燥处，烹时取用。

三人以下[60]，止热一炉，如五六人，便

当两鼎炉，用一童，汤方调适。若令兼作，恐有参差。

火必以坚木炭……宁弃而再烹[153]。

茶不宜近阴室、厨房、市喧、小儿啼、野性人、僮奴相哄、酷热斋舍。

罗廪《茶解》："茶色白，味甘鲜……香以兰花为上，蚕豆花次之。[61]"

煮茗："须甘泉……乘热投之。"

李南金谓……虽去火何救哉[154]。

贮水瓮，须置于阴庭。[62]覆以纱帛，使昼挹天光，夜承星露，则英华不散，灵气常存。假令压以木石，封以纸箬，暴于日中，则内闭其气，外耗其精，水神敝矣，水味败矣。

《考槃余事》：今之茶品，与《茶经》迥异，而烹制之法，亦与蔡、陆诸人全不同矣。

始如鱼目，微微有声，为一沸；缘边涌泉如连珠，为二沸；奔涛溅沫，为三沸。其法，非活火不成。若薪火方交，水釜才炽，急取旋倾，水气未消，谓之嫩[63]。若人过百息，水踰十沸，始取用之，汤已失性，谓之老。老与嫩，皆非也。

《夷门广牍》[155]：虎邱石泉，旧居第三，渐品第五。以石泉淳泓，皆雨泽之积，渗窦之潢也。况阖庐墓隧，当时石工多闷死，僧众上栖，不能无秽浊渗入；虽名陆羽泉，非天然水，道家服食，禁尸气也。

《六砚斋笔记》[156]：武林西湖水，取贮大缸，澄淀六七日。有风雨则覆，晴则露之，使受日月星之气。用以烹茶，甘淳有味，不逊慧麓。以其溪谷奔注，涵浸凝渟，非复一水，取精多而味自足耳。以是知凡有湖陂大浸处，皆可贮以取澄，绝胜浅流。阴井昏滞腥薄，不堪点试也。

古人好奇，饮中作百花，熟水又作五

色,饮及冰蜜糖药种种各殊。余以为皆不足尚。如值精茗适乏,细劚松枝瀹汤漱咽而已。

《竹懒茶衡》:处处茶皆有……无昏滞之恨耳[157]。

松雨斋《运泉约》:吾辈竹雪神期……咸赴嘉盟。运惠水,每坛偿舟力费银三分……松雨斋主人谨订[158]。

《闻茶汇钞》:烹时,先以上品泉水涤烹器,务鲜务洁。次以热水涤茶叶,水若太滚,恐一涤味损。当以竹箸夹茶于涤器中反复洗荡,去尘土、黄叶、老梗。既尽,乃以手搦干,置涤器内盖定。少刻开视,色青香冽,急取沸水泼之。夏先贮水入茶,冬先贮茶入水。

茶色贵白……则虎邱所无也[159]。

《洞山茶系》:闻茶德全……止须上投耳[160]。

《天下名胜志》:宜兴县湖㳇镇[161],有于潜泉。窦穴阔二尺许,状如井。其源㳇流潜通,味颇甘冽。唐修茶贡,此泉亦递进。

洞庭缥缈峰西北,有水月寺。寺东入小青坞,有泉莹澈甘凉,冬夏不涸。宋李弥大名之曰"无碍泉"。

安吉州,碧玉泉为冠,清可鉴发,香可瀹茗。

徐献忠《水品》:泉甘者……故甘也[162]。

处士《茶经》……殆有旨也[163]。

山深厚者、雄大者气盛,丽者必出佳泉。

张大复《梅花笔谈》:茶性必发于水,八分之茶,遇十分之水,茶亦十分矣。八分之水,试十分之茶,茶只八分耳。

《岩栖幽事》:黄山谷赋:泂泂乎,如涧松之发清吹;浩浩乎,如春空之行白云。可谓得煎茶三昧。

《剑扫》:煎茶乃韵事,须人品与茶相得。故其法往往传于高流隐逸,有烟霞泉石、磊块胸次者。

《涌幢小品》:天下第四泉,在上饶县北茶山寺。唐陆鸿渐寓其地,即山种茶,酌以烹之,品其等为第四。邑人尚书杨麒读书于此,因取以为号。

余在京三年,取汲德胜门外水烹茶,最佳。

大内御用井,亦西山泉脉所灌,真天汉第一品,陆羽所不及载。

俗话"芒种逢壬便立霉",霉后积水烹茶,甚香冽,可久藏。一交夏至,便迥别矣。试之良验。

家居苦泉水难得,自以意取寻常水煮滚,入大瓷缸置庭中,避日色。俟夜,天色皎洁,开缸受露。凡三夕,其清澈底,积垢二三寸。亟取出,以坛盛之烹茶,与惠泉无异。

闻龙《它泉记》:吾乡四陲⑭皆山,泉水在在有之,然皆淡而不甘。独所谓"它泉"者,其源出自四明,自洞抵埭,不下三数百里。水色蔚蓝,素砂白石粼粼见底,清寒甘滑,甲于郡中。

《玉堂丛语》[164],黄谏常作《京师泉品》:"郊原,玉泉第一;京城,文华殿东大庖井第一。"后谪广州,评泉以"鸡爬井"为第一,更名学士泉。

吴栻云:武夷泉出南山者,皆洁冽味短,北山泉味迥别,盖两山形似而脉不同也。予携茶具共访得三十九处,其最下者,亦无硬冽气质。

王新城《陇蜀余闻》[165]：百花潭，有巨石三，水流其中，汲之煎茶，清冽异于他水。

《居易录》：济源县段少司空园，是玉川子煎茶处。中有二泉，或曰玉泉。去盘谷不十里，门外一水，曰漭水，出王屋山。按：《通志》"玉泉在漭水上，卢仝煎茶于此。今《水经注》不载。"

《分甘余话》：一水，水名也。郦元《水经注·渭水》：又东，会一水，发源吴山。《地里志》：吴山，古汧山也。山下石穴，水溢石空，悬波侧注。按：此即"一水"之源。在灵应峰下，所谓"西镇灵湫"是也。余丙子祭告西镇，常品茶于此，味与西山玉泉极相似。

《古夫于亭杂录》[166]：唐刘伯刍品水，以中泠为第一，惠山、虎邱次之。陆羽则以康王谷为第一，而次以惠山，古今耳食者遂以为不易之论。其实二子所见，不过江南数百里内之水，远如峡中虾蟆碚，才一见耳；不知大江以北，如吾郡发地皆泉，其著名者七十有二，以之烹茶，皆不在惠泉之下。宋李文叔格非[167]，郡人也，尝作《济南水记》，与《洛阳名园记》并传，惜《水记》不存，无以正二子之陋耳。谢在杭品平生所见之水，首济南趵突，次以益都孝妇泉在颜神镇、青州范公泉，而尚未见章邱之百脉泉。右皆吾郡之水，二子何尝多见。子尝题王秋史莘二十四泉草堂云："翻怜陆鸿渐，跬步限江东"，正此意也。

陆次云《湖壖杂记》[168]：龙井，泉从龙口中泻出，水在池内，其气恬然。若游人注视久之，忽波澜涌起，如欲雨之状。

张鹏翮[169]《奉使日记》：葱岭干涧侧，有旧二井。从旁掘地七八尺，得水甘冽，可煮茗。字之曰"塞外第一泉"。

《广舆记》：永平滦州，有扶苏泉，甚甘列。秦太子扶苏，尝憩此。

江宁摄山千佛岭下，石壁上刻隶书六字：曰"白乳泉试茶亭"。

钟山八功德水："一清、二冷、三香、四柔、五甘、六净、七不饐、八蠲。"

丹阳玉乳泉，唐刘伯刍论此水为"天下第四"。

宁州双井，在黄山谷所居之南，汲以造茶，绝胜他处。

杭州孤山下，有金沙泉。唐白居易尝酌此泉，甘美可爱，视其地沙，光灿如金，因名。

安陆府沔阳有陆子泉，一名文学泉。唐陆羽嗜茶，得泉以试，故名。

《增订广舆记》[170]：玉泉山，泉出石罅间，因凿石为螭头，泉从口出，味极甘美。潴为池，广三丈，东跨小石桥，名曰玉泉垂虹。

《武夷山志》：山南虎啸岩语儿泉，浓若停膏，泻杯中，鉴毛发，味甘而博，啜之有软顺意。次则天柱三敲泉，而茶园喊泉，又可伯仲矣。北山泉味迥别，小桃源一泉，高地尺许，汲不可竭，谓之高泉。纯远而逸，致韵双发，愈啜愈想愈深，不可以味名也。次则接笋之仙掌露，其最下者，亦无硬冽气质。

《中山传信录》[171]：琉球烹茶，以茶末杂细粉少许入碗，沸水半瓯，用小竹帚搅数十次，起沫满瓯面为度，以敬客。且有以大螺壳烹茶者。

《随见录》[172]：安庆府宿松县东门外，孚玉山下福昌寺旁井，曰龙井。水味清甘，瀹茗甚佳，质与溪泉较重。

六之饮

卢仝《茶歌》(日高丈五睡正浓)

唐冯贽《记事珠》：建人谓斗茶曰茗战。

《北堂书钞》：杜育《荈赋》云："茶能调神和内，解倦除慵。"

《续博物志》[173]：南人好饮茶，孙皓以茶与韦曜代酒，谢安诣陆纳，设茶果而已。北人初不识此，唐开元中，泰山灵岩寺有降魔师，教学禅者以不寐法，令人多作茶饮，因以成俗。

《大观茶论》：点茶不一，以分轻清重浊，相稀稠得中，可欲则止。《桐君录》云：若有饽，饮之宜人，虽多不为贵也。

夫茶以味为上，香甘重滑，为味之全。惟北苑壑源之品兼之。卓绝之品，真香灵味，自然不同。

茶有真香……秋爽洒然。

点茶之色……茶必纯白。青白者蒸压微生……焙火太烈则色昏黑。[174]

《苏文忠集》：予去黄⑥十七年，复与彭城张圣途、丹阳陈辅之同来。院僧梵英，葺治堂宇，比旧加严洁，茗饮芳冽。予问："此新茶耶？"英曰："茶性，新旧交则香味复。"予尝见知琴者言："琴不百年，则桐之生意尽；缓急清浊，常与雨旸寒暑相应。"此理与茶相近，故并记之。

王焘集《外台秘要》有《代茶饮子》诗，云：格韵高绝，惟山居逸人乃当作之。予尝依法治服，其利膈调中，信如所云，而其气味乃一帖煮散耳，与茶了无干涉。

《月兔茶》诗：环非环，玦非玦，中有迷离玉兔儿，一似佳人裙上月。月圆还缺缺还圆，此月一缺圆何年？君不见，斗茶公子不忍斗小团，上有双衔绶带双飞鸾。

坡公尝游杭州诸寺，一日饮酽茶七碗，

戏书云：(示病维摩原不病)

《侯鲭录》东坡论茶：除烦去腻，世固不可一日无茶。然暗中损人不少，故或有忌而不饮者。昔人云：自茗饮盛后，人多患气、患黄，虽损益相半，而消阴助阳，益不偿损也。吾有一法，常自珍之：每食已，辄以浓茶漱口，烦腻既去，而脾胃不知。凡肉之在齿间，得茶漱涤，乃尽消缩不觉脱去，毋烦挑刺也。而齿性便苦，缘此渐坚密，蠹疾自已矣。然率用中茶，其上者亦不常有，间数日一啜，亦不为害也。此大是有理，而人罕知者，故详述之。

白玉蟾[175]《茶歌》：(味如甘露胜醍醐)

唐庚《斗茶记》：政和二年⑥三月壬戌，二三君子相与斗茶于寄傲斋。予为取龙塘水烹之而第其品。吾闻茶不问团銙，要之贵新；水不问江井，要之贵活。千里致水，伪固不可知⑥，就令识真，已非活水。今我提瓶走龙塘无数千步，此水宜茶，昔人以为不减清远峡。每岁新茶，不过三月至矣。罪戾之余，得与诸公从容谈笑于此，汲泉煮茗，以取一时之适，此非吾君之力欤。

蔡襄《茶录》：茶色贵白……以青白胜黄白[176]。

张淏《云谷杂记》[177]：饮茶不知起于何时。欧阳公《集古录跋》云：茶之见前史，盖自魏晋以来有之。予按：《晏子春秋》婴相齐景公时，"食脱粟之饭，炙三戈、五卵、茗菜而已。"又汉王褒《僮约》有"武阳⑱一作武都买茶"之语，则魏晋之前已有之矣。但当时虽知饮茶，未若后世之盛也。考郭璞注《尔雅》云：树似栀子，冬生叶，可煮作羹饮。然茶至冬味苦，岂可复作羹饮耶？饮之令人少睡。张华得之，以为异闻，遂载之《博物志》，非但饮茶者鲜，识茶者亦鲜。至唐陆羽著《茶经》三篇，言茶甚备，天下益知饮茶。其后尚茶成风，回纥入朝，始驱马市茶。德宗建中间，赵赞始兴茶税。兴元初，虽诏罢，贞元九年，张滂复奏请，岁得缗钱四十万。今乃与盐、酒同佐国用，所入不知几倍于唐矣。

《品茶要录》：余尝论茶之精绝者……其有助乎。昔陆羽号为知茶……鸿渐其未至建安欤[178]？

谢宗《论茶》：候蟾背之芳香，观虾目之沸涌。故细沤花泛，浮饽云腾，昏俗尘劳，一啜而散。

《黄山谷集》：品茶，一人得神，二人得趣，三人得味，六七人是名施茶。

沈存中《梦溪笔谈》：芽茶，古人谓之雀舌、麦颗，言其至嫩也。今茶之美者，其质素良，而所植之土又美，则新芽一发，便长寸余。其细如针，惟芽长为上品，以其质干，土力皆有余故也。如雀舌、麦颗者，极下材耳。乃北人不识，误为品题。予山居有《茶论》，且作《尝茶》诗云："谁把嫩香名雀舌，定来北客未曾尝。不知灵草天然异，一夜风吹一寸长。"

《遵生八笺》[179]

徐渭《煎茶七类》[180]

许次纾《茶疏》：握茶手中，俟汤入壶，随手投茶，定其浮沉。然后泻啜，则乳嫩清滑，而馥郁鼻端，病可令起，疲可令爽。

一壶之茶……犹堪饭后供啜嗽之用。[181]

人必各手一瓯，毋劳传送。再巡之后，清水涤之[69]。

若巨器屡巡，满中泻饮，待停少温，或求浓苦，何异农匠作劳，但资口腹[70]，何论品赏，何知风味乎？

《煮泉小品》："唐人以对花啜茶为杀风景……又何必羔儿酒也。"

茶如佳人……毋令污我泉石。

茶之团者，片者……知味者当自辨之。

煮茶得宜……俗莫甚焉。

人有以梅花、菊花、茉莉花荐茶者……亦无事此。

今人荐茶……固不足责。

罗廪《茶解》：茶通仙灵，然有妙理[182]。

山堂夜坐，汲泉煮茗，至水火相战，如听松涛。倾泻入杯，云光潋滟，此时幽趣，故难与俗人言矣。

顾元庆《茶谱·品茶八要》[71]：一品，二泉，三烹，四器，五试，六候，七侣，八勋。

张源《茶录》：饮茶以客少为贵，众则喧，喧则雅趣乏矣。独啜曰幽，二客曰胜，三四曰趣，五六曰泛，七八曰施。

酾不宜早，饮不宜迟。酾早则茶神未发，饮迟则妙馥先消。

《云林遗事》：倪元镇素好饮茶。在惠山中，用核桃、松子肉和真粉，成小块如石状，置于茶中饮之，名曰"清泉白石茶"。

闻龙《茶笺》：东坡云……后以殉葬[183]。

《快雪堂漫录》：昨同徐茂吴至老龙井买茶，山民十数家各出茶，茂吴以次点试，皆以为赝。曰：真者甘香而不冽，稍冽便为诸山赝品。得一二两，以为真物。试之，果甘香若兰，而山民及寺僧反以茂吴为非。吾亦不能置辨，伪物乱真如此。茂吴品茶，以虎邱为第一，常用银一两余购其斤许。寺僧以茂吴精鉴，不敢相欺。他人所得，虽厚价，亦赝物也。子晋云：本山茶叶微带黑，不甚青翠，点之色白如玉，而作寒豆香，宋人呼为"白雪茶"[72]。稍绿，便为天池物。天池茶中杂数茎虎邱，则香味迥别。虎邱，其茶中王种耶？闻茶精者，庶几妃后；天池、龙井，便为臣种，其余则民种矣[184]。

熊明遇《罗岕茶记》：茶之色重、味重、香重者，俱非上品。松萝香重，六安味苦，而香与松萝同。天池亦有草莱气，龙井如之，至云雾，则色重而味浓矣。尝啜虎邱茶，色白而香，似婴儿肉，真称精绝。

邢士襄《茶说》：夫茶中着料，碗中着果，譬如玉貌加脂，蛾眉染黛，翻累本色矣。

冯可宾《岕茶笺》：茶宜 无事……文僮。

茶忌 不如法……壁间案头多恶趣[185]。

谢在杭《五杂俎》：昔人谓"杨子江心水，蒙山顶上茶"。蒙山在蜀雅州，其中峰顶，尤极险秽，虎狼蛇虺所居，采得其茶，可蠲百疾。今山东人，以蒙阴山下石衣为茶，当之非矣。然蒙阴茶，性亦冷，可治胃热之病。

凡花之奇香者，皆可点汤。《遵生八笺》云：芙蓉可为汤，然今牡丹、蔷薇、玫瑰、桂、菊之属，采以为汤，亦觉清远不俗，但不若茗之易致耳。

北方柳芽初茁者，采之入汤，云其味胜茶。曲阜孔林楷木，其芽可以烹饮。闽中佛手柑、橄榄为汤，饮之清香，色味亦旗枪之亚也。又或以绿豆微炒，投沸汤中，倾之其色正绿，香味亦不减新茗。偶宿荒村中，觅茗不得者，可以此代也。

《谷山笔麈》：六朝时，北人犹不饮茶，至以酪与之较，惟江南人食之甘。至唐，始兴茶税，宋元以来，茶目遂多，然皆蒸干为末。如今香饼之制，乃以入贡，非如今之食茶，止采而烹之也。西北饮茶，不知起于何时？本朝以茶易马，西北以茶为药，疗百病皆瘥，此亦前代所未有也。

《金陵琐事》[186]：思屯，乾道人。见万镃手软膝酸，云："系五藏皆火，不必服药，惟武夷茶能解之。"茶以东南枝者佳，采得烹以涧泉，则茶竖立，若以井水即横。

《六研斋笔记》：茶以芳冽洗神，非读书谈道，不宜亵用。然非真正契道之士，茶之韵味，亦未易评量。〔余〕尝笑时流持论[73]，贵嘶声之曲，无色之茶。嘶近于哑，古之逸梁遏云，竟成钝置。茶若无色，芳冽必减，且芳与鼻触，冽以舌受，色之有无，目之所审。根境不相摄，而取衷于彼，何其悖耶？何其谬耶？

虎邱有芳无色，擅茗事之品。顾其馥郁，不胜兰芷，止与新剥荳花同调。鼻之消受，亦无几何，至于入口，淡于勺水。清冷之渊，何地不有，乃烦有司章程，作僧流棰楚哉？

《紫桃轩杂缀》：

（天目清而不冽）

（分水贡芽）

鸡苏佛、橄榄仙，宋人咏茶语也。鸡苏即薄荷，上口芳辣；橄榄，久咀回甘。合此二者，庶得茶蕴，曰仙曰佛，当于空玄虚寂中，嘿嘿证入。不具是舌根者，终难与说也。

赏名花……不得全领其妙也。

精茶不宜泼饭……断不令俗肠污吾茗君也。

罗山庙后岕……以父龙井则不足。

天池……可念也[187]。

屠赤水云[188]：茶于谷雨候晴明日采制者，能治痰嗽，疗百疾。

《类林新咏》[189]：顾彦先曰，有味如䖇，饮而不醉；无味如茶，饮而醒焉。醉人何用也。

徐文长《秘集致品》：茶宜精舍，宜云林，宜瓷瓶，宜竹灶，宜幽人雅士，宜衲子仙朋，宜永昼清谈，宜寒宵兀坐，宜松月下，宜花鸟间，宜清流白石，宜绿藓苍苔，宜素手汲泉，宜红妆扫雪，宜船头吹火，宜竹里飘烟。

《芸窗清玩》：茅一相云：余性不能饮酒，而独耽味于茗。清泉白石……则又爽然自失矣[190]。

《三才藻异》[191]：雷鸣茶，产蒙山中顶，雷发收之。服三两换骨，四两为地仙。

《闻雁斋笔记》[192]：赵长白自言，吾生平无他幸，但不曾饮井水耳。此老于茶，可谓能尽其性者，今亦老矣。甚穷，大都不能如曩时，犹摩挲万卷中作《茶史》，故是天壤间多情人也。

袁宏道《瓶花史》[193]：赏花，茗赏者上也，谭赏者次也，酒赏者下也。

《茶谱》：《博物志》云，"饮真茶，令人少眠"，此是实事。但茶佳乃效，且须末茶饮之；如叶烹者，不效也[194]。

《太平清话》：琉球国[24]，亦晓烹茶。设古鼎于几上，水将沸时，投茶末一匙，以汤沃之。少顷奉饮，味甚清香。

《藜床沈余》[195]：长安妇女有好事者，曾侯家睹彩笺曰：一轮初满，万户皆清。若乃狃处衾帏，不惟辜负蟾光，窃恐嫦娥生妒，涓于十五、十六二宵，联女伴同志者，一茗一炉，相从卜夜，名曰"伴嫦娥"。凡有冰心，仁垂玉允。朱门龙氏拜启。陆濬原

沈周《跋茶录》[196]：樵海先生，真隐君子也。平日不知朱门为何物，日偃仰于青山白云堆中，以一瓢消磨半生。盖实得品茶三昧，可以羽翼桑苎翁之所不及，即谓先生为茶中董狐可也。

王晫《快说续记》[197]：春日看花，郊行一二里许，足力小疲，口亦少渴，忽逢解事僧邀至精舍。未通姓名，便进佳茗，踞竹床连啜数瓯，然后言别，不亦快哉。

卫泳《枕中秘》[198]：读罢吟余，竹外茶烟轻扬；花深酒后，铛中声响初浮。个中风味谁知，卢居士可与言者，心下快活自省，黄宜州岂欺我哉。

江之兰《文房约》[199]：诗书涵圣脉，草木栖神明。一草一木，当其含香吐艳，倚槛临窗，真足赏心悦目，助我幽思。亟宜烹蒙顶石花，悠然啜饮。

扶舆沆瀣，往来于奇峰怪石间，结成佳茗。故幽人逸士，纱帽笼头，自煎自吃。车声羊肠，无非火候，苟饮不尽，且漱弃之，是又呼陆羽为茶博士之流也。

高士奇[200]《天禄识余》：饮茶或云始于梁天监中，见《洛阳伽蓝记》。非也。按：《吴志·韦曜传》，孙皓每宴飨，无不竟日，曜不能饮，密赐茶荈以当酒。如此言，则三国时已知饮茶矣。逮唐中世，榷茶遂与煮海相抗，迄今国计赖之。

《中山传信录》：琉球茶瓯颇大，斟茶止二三分，用果一小块贮匙内，此学中国献茶法也。

王复礼《茶说》：花晨月夕……可称岩茗知己[201]。

陈鉴《虎邱茶经注补》：鉴亲采数嫩叶，与茶侣汤愚公小焙烹之。真作豆花香，昔之鬻虎邱茶者，尽天池也。

陈鼎《滇黔纪游》[202]：贵州罗汉洞，深十余里，中有泉一泓。其色如黝，甘香清

洌,煮茗则色如渥丹,饮之唇齿皆赤,七日乃复。

《瑞草论》云:茶之为用,味寒,若热渴凝、闷胸、目涩、四肢烦、百节不舒,聊四五啜,与醍醐、甘露抗衡也。

《本草拾遗》[203]:茗,味苦,微寒,无毒。治五脏邪气,益意思,令人少卧,能轻身明目,去痰、消渴、利水道。

蜀雅州名山茶,有露钅夌芽、钅戋芽,皆云火前者,言采造于禁火之前也。火后者次之。又有枳壳芽、枸杞芽、枇杷芽,皆治风疾。又有皂荚芽、槐芽、柳芽,乃上春摘其芽和茶作之,故今南人输官茶,往往杂以众叶,惟茅芦、竹箬之类不可以入茶。自余,山中草木芽叶,皆可和合,而椿、柿叶尤奇。真茶性极冷,惟雅州蒙顶出者,温而主疗疾。

李时珍《本草》:服葳灵仙、土茯苓者,忌饮茶。

《群芳谱》疗治方:气虚头痛,用上春茶末调成膏,置瓦盏内覆转,以巴豆四十粒,作一次烧烟熏之,晒干乳细。每服一匙,别入好茶末,食后煎服立效。又赤白痢下,以好茶一斤,炙捣为末,浓煎一二盏,服久,痢亦宜。又二便不通,好茶、生芝惠各一撮,细嚼,滚水冲下即通。屡试立效。如嚼不及,擂烂滚水送下。

《随见录》:苏文忠集载,宪宗赐马总治泄痢腹痛方:以生姜和皮切碎如粟米,用一大钱并草茶相等煎服。元祐二年,文潞公得此疾,百药不效,服此方而愈。

七之事

《晋书》:温峤表遣取供御之调,条列真上茶千片,茗三百大薄。

《洛阳伽蓝记》:王肃初入魏,不食羊肉及酪浆等物,常饭鲫鱼羹,渴饮茗汁。京师士子道肃⑮一饮一斗,号为漏卮。后数年,高祖见其食羊肉、酪粥甚多,谓肃曰:羊肉何如鱼羹?茗饮何如酪浆?肃对曰:羊者,是陆产之最;鱼者,乃水族之长,所好不同,并各称珍。以味言之,甚是优劣。羊比齐鲁大邦,鱼比邾莒小国,唯茗不中与酪作奴。高祖大笑。彭城王勰谓肃曰:"卿不重齐鲁大邦,而爱邾莒小国何也?"肃对曰:乡曲所美,不得不好。彭城王复谓曰:卿明日顾我,为卿设邾莒之食,亦有酪奴。因此,呼茗饮为"酪奴"。时给事中刘缟,慕肃之风,专习茗饮。彭城王谓缟曰:"卿不慕王侯八珍,而好苍头水厄,海上有逐臭之夫,里内有学颦之妇,以卿言之,即是也。"盖彭城王家有吴奴,故以此言戏之。后梁武帝子西丰侯萧正德归降时,元乂欲为设茗,先问卿于水厄多少?正德不晓乂意,答曰:"下官生于水乡,而立身以来,未遭阳侯之难。"元乂与举坐之客皆笑焉[204]。

《海录碎事》:晋司徒长史王濛,好饮茶,客至辄饮之。士大夫甚以为苦,每欲候濛,必云:今日有水厄。

《续搜神记》[205]:桓宣武〔时〕⑯,有一督将,因时行病后虚热,更能饮复茗,一斛二斗乃饱。才减升合,便以为不足,非复一日。家贫。后有客造之,正遇其饮复茗;亦先闻世有此病,仍令更进五升,乃大吐,有一物出如升大,有口,形质缩绽,状似牛肚。客乃令置之于盆中,以一斛二斗复浇之,此物噏之都尽,而止觉小胀。又增五升,便悉混然从口中涌出。既吐此物,其病遂瘥。或问之此何病?客答云:此病名"斛二瘕"。

《潜确类书》:进士权纾文云:隋文帝微时,梦神人易其脑骨,自尔脑痛不止。后遇一僧曰：山中有茗草，煮而饮之当愈。帝服之，有效。由是人竞采掇，因为之赞。其略曰：穷《春秋》，演河图，不如载茗一车。

《唐书》：太和七年，罢吴蜀冬贡茶。太和九年，王涯献茶⑦，以涯为榷茶使，茶之有税，自涯始。十二月，诸道盐铁转运榷茶使令狐楚奏榷茶不便于民，从之。

陆龟蒙嗜茶，置园顾渚山下，岁取租茶，自判品第。张又新为"水说"七种：其二惠山泉，三虎邱井，六淞江水。人助其好者，虽百里为致之。日登舟设蓬席，赍束书、茶灶、笔床、钓具，往来江湖间。俗人造门，罕觏其面。时谓江湖散人，或号天随子、甫里先生。自比涪翁、渔父、江上丈人。后以高士征，不至。

《国史补》：故老云：五十年前，多患热黄，坊曲有专以烙黄为业者。灞、浐诸水中，常有昼坐至暮者，谓之浸黄。近代悉无，而病腰脚者多，乃饮茶所致也。

韩晋公滉，闻奉天之难，以夹练囊盛茶末，遣健步以进。

党鲁使西蕃，烹茶帐中。蕃使问何为？鲁曰：涤烦消渴，所谓茶也。蕃使曰："我亦有之"。命取出以示曰：此寿州者，此顾渚者，此蕲门者。

唐赵璘《因话录》[206]：陆羽有文学，多奇思，无一物不尽其妙，茶术最著。始造煎茶法，至今鬻茶之家，陶其像置炀突间，祀为茶神，云宜茶足利。巩县为瓷偶人，号陆鸿渐，买十茶器，得一鸿渐。市人沽茗不利，辄灌注之。复州一老僧是陆僧弟子，常诵其《六羡歌》，且有追感陆僧诗。

唐吴晦《摭言》[207]：郑光业策试，夜有同人突入。吴语曰："必先必先，可相容否？"光业为辍半铺之地。其人曰："仗取一

杓水，更托煎一碗茶。"光业欣然为取水煎茶。居二日，光业状元及第，其人启谢曰："既烦取水，更便煎茶，当时不识贵人，凡夫肉眼，今日俄为后进，穷相骨头。"

唐李义山《杂纂》[208]：富贵相：捣药碾茶声。

唐冯贽《烟花记》[209]：建阳进茶油花子饼，大小形制各别，极可爱。宫嫔缕金于面，皆以淡妆，以此花饼施于鬓上，时号"北苑妆"。

唐《玉泉子》：崔蠡知制诰，丁太夫人忧，居东都里第，时尚苦节啬，四方寄遗，茶药而已，不纳金帛，不异寒素。

《颜鲁公帖》：廿九日，南寺通师设茶会，咸来静坐，离诸烦恼，亦非无益。足下此意，语虞十一，不可自外耳。颜真卿顿首、顿首。

《开元遗事》[210]：逸人王休，居太白山下，日与僧道异人往还。每至冬时，取溪冰，敲其晶莹者，煮建茗，共宾客饮之。

《李邺侯家传》[211]：皇孙奉节王好诗，初煎茶加酥椒之类，遗泌求诗。泌戏赋云："旋沫翻成碧玉池，添酥散出琉璃眼。"奉节王即德宗也。

《中朝故事》[212]：有人授舒州牧，赞皇公德裕谓之曰："到彼郡日，天柱峰茶，可惠数角。"其人献数十斤，李不受。明年罢郡，用意精求，获数角投之，李阅而受之。曰：此茶可以消酒食毒。乃命烹一瓯沃于肉食内，以银合闭之，诘旦，视其肉已化为水矣。众服其广识。

段公路《北户录》[213]：前朝短书杂说，呼茗为薄、为夹。又梁"科律"有薄茗、千夹云云。

唐苏鹗《杜阳杂编》[214]：唐德宗每赐同

昌公主馔，其茶有绿华、紫英之号。

《凤翔退耕传》[215]：元和时，馆阁汤饮待学士者，煎麒麟草。

温庭筠《采茶录》：李约，字存博，汧公子也。一生不近粉黛，雅度简远，有山林之致。性嗜茶，能自煎。尝谓人曰："当使汤无妄沸……旬日忘发。"[216]

《南部新书》：杜鄩公悰，位极人臣，富贵无比。尝与同列言……自泼汤茶吃也。[217]

大中三年，东都进一僧，年一百二十岁。宣皇问："服何药而致此？"僧对曰："臣少也贱，不知药，性本好茶，至处惟茶是求，或出，日过百余碗。如常日，亦不下四五十碗。"因赐茶五十斤，令居保寿寺。名饮茶所曰"茶寮"。

有胡生者，失其名，以钉铰为业。居霅溪而近白蘋洲，去厥居十余步，有古坟。胡生每瀹茗，必奠酹之。尝梦一人谓之曰："吾姓柳，平生善为诗而嗜茗。及死，葬室在子今居之侧。常衔子之惠，无以为报，欲教子为诗。"胡生辞以不能，柳强之曰："但率子言之，当有致矣。"既寤，试构思，果若有冥助者，厥后遂工焉。时人谓之"胡钉铰诗"，柳当是柳浑也⑱。又一说：列子终于郑，今墓在郊薮，谓贤者之迹而或禁其樵牧焉。里有胡生者，性落魄，家贫，少为洗镜镀钉之业。遇有甘果、名茶、美酝，辄祭于列御寇之祠垄，以求聪慧而思学道。历稔，忽梦一人，取刀划其腹，以一卷书置于心腑，及觉，而吟咏之意，皆工美之词，所得不由于师友也。既成卷轴，尚不弃于猥贱之业，真隐者之风，远近号为胡钉铰云。

张又新《煎茶水记》：代宗朝……李与宾从数十人皆大骇愕[218]。

《茶经本传》[219]：羽嗜茶，著《经》三篇，时鬻茶者，至陶羽形置炀突间，祀为茶神。有常伯熊者，因羽论，复广著茶之功。御史大夫李季卿，宣慰江南，次临淮，知伯熊善煮茗，召之。伯熊执器前，季卿为再举杯，其后尚茶成风。

《金銮密记》[220]：金銮故例，翰林当直学士，春晚人困，则日赐成象殿茶果。

《梅妃传》：唐明皇与梅妃斗茶，顾诸王戏曰："此梅精也，吹白玉笛，作惊鸿舞，一座光辉；斗茶今又胜吾矣。"妃应声曰："草木之戏，误胜陛下，设使调和四海，烹饪鼎鼐，万乘自有宪法，贱妾何能较胜负也。"上大悦。

杜鸿渐《送茶与杨祭酒书》：顾渚山中紫笋茶两片，一片上太夫人，一片充昆弟同歠。此物但恨帝未得尝，实所叹息。

《白孔六帖》：寿州刺史张镒，以饷钱百万遗陆宣公贽[221]。公不受，止受茶一串，曰："敢不承公之赐。"

《海录碎事》：邓利云：陆羽茶既为癖，酒亦称狂。

《侯鲭录》：唐右补阙綦毋㷡音英，博学有著述才，性不饮茶，尝著《代茶饮序》⑲。其略曰：释滞消壅，一日之利暂佳；瘠气耗精，终身之累斯大。获益则归功茶力，贻患则不咎茶灾，岂非为福近易知，为祸远难见欤。㷡在集贤，无何以热疾暴终。

《苕溪渔隐丛话》：义兴贡茶非旧也，李栖筠典是邦，僧有献佳茗，陆羽以为冠于他境，可荐于上。栖筠从之，始进万两。

《合璧事类》：唐肃宗赐张志和奴婢各一人，志和配为夫妇，号渔童樵青。渔童捧钓收纶，芦中鼓枻；樵青苏兰薪桂，竹里煎茶。

《万花谷》：《顾渚山茶记》云，山有鸟如鸲鹆而小，苍黄色，每至正二月作声云"春起也"；至三四月作声云"春去也"。采茶人呼为"报春鸟"。

董逌《陆羽点茶图跋》[222]：竟陵大师积公嗜茶久，非渐儿煎奉不向口，羽出游江湖四五载，师绝于茶味。代宗召师入内供奉，命宫人善茶者烹以饷，师一啜而罢。帝疑其诈，令人私访得羽，召入。翌日，赐师斋，密令羽煎茗遗之。师捧瓯，喜动颜色，且赏且啜，一举而尽。上使问之，师曰："此茶有似渐儿所为者。"帝由是叹师知茶，出羽见之⑩。

《蛮瓯志》[223]：白乐天方斋，刘禹锡正病酒。乃以菊苗虀、芦菔鲊馈乐天，换取六斑茶以醒酒。

《诗话》：皮光业……难以疗饥也[224]。

《太平清话》：卢仝自号癖王，陆龟蒙自号怪魁。

《潜确类书》：唐钱起，字仲文，与赵莒为茶宴。又尝过长孙宅，与朗上人作茶会，俱有诗纪事。

《湘烟录》[225]：闵康侯曰，羽著《茶经》，为李季卿所慢，更著《毁茶论》。其名疾，字季疵者，言为季所疵也。事详传中。

《吴兴掌故录》：长兴啄木岭，唐时吴兴毘陵二太守造茶修贡会宴于此。上有境会亭。故白居易有《夜闻贾常州崔湖州茶山境会欢宴》诗。

包衡《清赏录》：唐文宗谓左右曰："若不甲夜视事，乙夜观书，何以为君？"尝召学士于内庭论讲经史，较量文章。宫人以下，侍茶汤饮馔。

《名胜志》[226]：唐陆羽宅，在上饶县东五里。羽本竟陵人，初隐吴兴苕溪，自号桑苎翁，后寓信城时，又号东冈子。刺史姚骥尝诣其宅，凿沼为滇[227]渤之状，积石为嵩华之形。后隐士沈洪乔葺而居之。

《饶州志》：陆羽茶灶，在余干县寇山右峰。羽尝品越溪水为天下第二，故思居禅寺；凿石为灶，汲泉煮茶，曰丹炉，晋张氲作。元大德时，总管常福生从方士搜炉下，得药二粒，盛以金盒。及归开视，失之。

《续博物志》：物有异体而相制者，翡翠屑金，人气粉犀，北人以针敲冰，南人以线解茶。

《太平山川记》：茶叶寮，五代时于履居之。

《类林》：五代时，鲁公和凝，字成绩，在朝率同列递日以茶相饮。味劣者有罚，号为"汤社"。

《浪楼杂记》[228]：天成四年，度支奏：朝臣乞假省觐者，欲量赐茶药。文班自左右常侍至侍郎，宜各赐蜀茶三斤，蜡面茶二斤；武班官各有差。

马令《南唐书》[229]：丰城毛炳好学，家贫不能自给，入庐山与诸生留讲，获镪即市酒尽醉。时彭会好茶而炳好酒，时人为之语曰："彭生作赋，茶三片；毛氏传诗，酒半升。"

《十国春秋[230]·楚王马殷世家》：开平二年六月，判官高郁请听民售茶北客，收其征以赡军，从之。秋七月，王奏运茶河之南北，以易缯纩、战马，仍岁贡茶二十五万斤。诏可。由是属内民得自摘山造茶而收其算，岁入万计。高另置邸阁居茗，号曰八床主人。

《荆南列传》：文了，吴僧也。雅善烹茗，擅绝一时。武信王时来游荆南，延住紫云禅院。日试其艺，王大加欣赏，呼为汤神,奏授"华亭水大师"。人皆目为乳妖。

《谈苑》[231]:茶之精者,北苑名白乳头,江左有金蜡面。李氏别命取其乳作片,或号曰"京挺的乳",二十余品;又有研膏茶,即龙品也。

释文莹《玉壶清话》[232]:黄夷简[233]雅有诗名;在钱忠懿王俶幕中,陪樽俎二十年。开宝初,太祖赐俶开吴镇越崇文耀武功臣制诰,俶遣夷简入谢于朝,归而称疾,于安溪别业,保身潜遁。著《山居诗》有"宿雨一番蔬甲嫩,春山几焙茗旗香"之句。雅喜治宅,咸平中归朝,为光禄寺少卿。后以寿终焉。

《五杂组》:建人喜斗茶,故称茗战。钱氏子弟取雪上瓜,各言其中子之的数,剖之以观胜负,谓之瓜战。然茗犹堪战,瓜则俗矣。

《潜确类书》:伪闽甘露堂前,有茶树两株,郁茂婆娑,宫人呼为清人树。每春初,嫔嫱戏于其下,采摘新芽,于堂中设倾筐会。

《宋史》:绍兴四年初,命四川宣抚司支茶博马。

旧赐大臣茶,有龙凤饰。明德太后曰:此岂人臣可得,命有司别制入香京挺以赐之。

《宋史·职官志》:茶库掌茶,江浙、荆湖、建剑茶茗,以给翰林诸司赏赉出鬻。

《宋史·钱俶传》:太平兴国三年,宴俶长春殿,令刘𬭁、李煜预坐。俶贡茶十万斤,建茶万斤及银绢等物。

《甲申杂记》[234]:仁宗朝,春,试进士集英殿,后妃御太清楼观之。慈圣光献出饼角以赐进士,出七宝茶以赐考官。

《玉海》[235]:宋仁宗天圣三年幸南御庄观刈麦,遂幸玉津园,燕群臣,闻民舍机杼,赐织妇茶彩。

陶谷《清异录》:有得建州茶膏,取作耐重儿八枚,胶以金缕,献于闽王曦。遇通文之祸,为内侍所盗,转遗贵人。

符昭远不喜茶,尝为同列御史会茶,叹曰:"此物面目严冷,了无和美之态,可谓冷面草也。"

孙樵《送茶与焦刑部书》云:晚甘侯十五人,遣侍斋阁,此徒皆乘雷而摘,拜水而和,盖建阳丹山碧水之乡,月涧云龛之品,慎勿贱用之。

汤悦有《森伯颂》:盖名茶也㉝。方饮而森然严乎齿牙,既久而四肢森然。二义一名,非熟乎汤瓯境界者,谁能目之。

吴僧梵川,誓愿燃顶供养双林傅大士。自往蒙顶结庵种茶。凡三年,味方全美。得绝佳者圣杨花、吉祥蕊,共不逾五斤,持归供献。

宣城何子华,邀客于剖金堂,酒半,出嘉阳严峻画陆羽像悬之。子华因言:"前代惑骏逸者为马癖;泥贯索者为钱癖;爱子者,有誉儿癖;耽书者,有《左传》癖。若此叟溺于茗事,何以名其癖?"杨粹仲曰:"茶虽珍,未离草也,宜追目陆氏为甘草癖。"一坐称佳。

《类苑》:学士陶谷,得党太尉家姬,取雪水烹团茶以饮。谓姬曰:"党家应不识此。"姬曰:"彼粗人,安得有此,但能于销金帐中,浅斟低唱饮羊膏儿酒耳。"陶深愧其言。

胡峤《飞龙涧饮茶》诗云:"沾牙旧姓余甘氏,破睡当封不夜侯。"陶谷爱其新奇,令犹子彝和之。彝应声云:"生凉好唤鸡苏佛,回味宜称橄榄仙。"彝时年十二,亦文词之有基址者也。

《延福宫曲宴记》：宣和二年十二月癸巳，召宰执、亲王、学士，曲宴于延福宫，命近侍取茶具，亲手注汤击拂。少顷，白乳浮盏，面如疏星淡月。顾诸臣曰："此自烹茶。"饮毕，皆顿首谢。

《宋朝纪事》：洪迈选成《唐诗万首绝句》表进，寿皇宣谕：阁学选择甚精，备见博洽，赐茶一百夸，清馥香一十贴，薰香二十贴，金器一百两。

《乾淳岁时记》：仲春上旬，福建漕司进第一纲茶，名"北苑试新"；方寸小夸，进御止百夸。护以黄罗软盝，藉以青箬，裹以黄罗，夹复臣封朱印。外用朱漆小匣，镀金锁，又以细竹丝织笈贮之，凡数重。此乃雀舌水芽所造，一夸之值四十万，仅可供数瓯之啜尔。或以一二赐外邸，则以生线分解，转遗好事，以为奇玩。

《南渡典仪》[236]：车驾幸学，讲书官讲讫，御药传旨，宣坐赐茶。凡驾出，仪卫有茶、酒班殿侍两行，各三十一人。

《司马光日记》：初除学士待诏，李尧卿宣召称："有敕"。口宣毕，再拜；升阶，与待诏坐，啜茶。盖中朝旧典也。

欧阳修《龙茶录后序》[®]：皇祐中，修《起居注》，奏事仁宗皇帝，屡承天问，以建安贡茶并所以试茶之状谕臣，论茶之舛谬。臣追念先帝顾遇之恩，览本流涕，辄加正定，书之于石，以永其传。

《随手杂录》[237]：子瞻在杭时，一日中使至，密语子瞻曰："某出京师，辞官家。官家曰：辞了娘娘来。某辞太后，殿复到官家处，引某至一柜子旁，出此一角。密语曰：赐与苏轼，不得令人知。"遂出所赐，乃茶一斤，封题皆御笔。子瞻具劄附进称谢。

潘中散适为处州守，一日作醮，其茶百二十盏，皆乳花。内一盏如墨，诘之，则酌酒人误酌茶中。潘焚香再拜谢过，即成乳花，僚吏皆惊叹。

《石林燕语》[238]故事：建州岁贡大龙凤团茶各二斤，以八饼为斤。仁宗时，蔡君谟知建州，始别择茶之精者，为小龙团十斤以献。斤为十饼。仁宗以非故事，命劾之。大臣为请，因留而免劾。然自是遂为岁额。熙宁中，贾清为福建运使[⑧]，又取小团之精者，为密云龙。以二十饼为斤而双袋，谓之"双角团茶"。大小团袋皆用绯，通以为赐也；密云龙独用黄，盖专以奉玉食。其后又有瑞云翔龙者。宣和后，团茶不复贵，皆以为赐，亦不复如向日之精；后取其精者为銙茶，岁赐者不同，不可胜纪矣。

《春渚记闻》[239]：东坡先生一日与鲁直、文潜诸人会饭，既食骨馎儿血羹，客有须薄茶者，因就取所碾龙团，遍啜坐客。或曰："使龙茶能言，当须称屈。"

魏了翁《先茶记》：眉山李君铿，为临邛茶官，吏以故事，三日谒先茶。君诘其故，则曰："是韩氏而王号相传为然，实未尝请命于朝也。"君曰："饮食皆有先，而况茶之为利，不惟民生食用之所资，亦马政边防之攸赖。是之弗图，非忘本乎！"于是撤旧祠而增广焉，且请于郡，上神之功状于朝，宣赐荣号，以侈神赐；而驰书于靖，命记成役。

《拊掌录》[240]：宋自崇宁后复榷茶，法制日严，私贩者固已抵罪，而商贾官券清纳有限，道路有程，纤悉不如令，则被击断或没货出告。昏愚者往往不免，其侪乃目茶笼为"草大虫"，言伤人如虎也。

《苕溪渔隐丛话》：欧公《和刘原父扬州时会堂绝句》[241]云："积雪犹封蒙顶树，惊雷未发建溪春。中州地暖萌芽早，入贡宜先百物新。"注：时会堂，造贡茶所也。余以陆羽《茶经》考之，不言扬州出茶，惟毛文锡《茶谱》云："扬州禅智寺，隋之故宫。寺傍蜀冈，其茶甘香，味如蒙顶焉。第不知入贡之因起何时也。"

《卢溪诗话》[242]：双井老人，以青沙蜡纸裹细茶寄人，不过二两。

《青琐诗话》：大丞相李公昉尝言，唐时目外镇为粗官，有学士贻外镇茶，有诗谢云：粗官乞与真虚掷，赖有诗情合得尝。外镇，即薛能也。

《玉堂杂记》[243]：淳熙丁酉十一月壬寅，必大轮当内直。上曰："卿想不甚饮。比赐宴时，见卿面赤。赐小春茶二十铐，叶世英墨五团，以代赐酒。"

陈师道《后山丛谈》[244]：张忠定公令崇阳，民以茶为业。公曰：茶利厚，官将取之，不若早自异也。命拔茶而植桑，民以为苦。其后榷茶，他县皆失业，而崇阳之桑皆已成，其为绢而北者㉞，岁百万匹矣。又见《名臣言行录》。

文正李公既薨，夫人诞日，宋宣献公时为侍从。公与其僚二十余人诣第上寿，拜于帘下。宣献前曰："太夫人不饮，以茶为寿。"探怀出之，注汤以献，复拜而去。

张芸叟《画墁录》：有唐茶品，以阳羡为上供，建溪北苑未著也。贞元中，常衮为建州刺史，始蒸焙而研之，谓研膏茶。其后稍为饼样，而穴其中，故谓之一串。陆羽所烹，惟是草茗尔。迨本朝，建溪独盛，采焙制作，前世所未有也。士大夫珍尚鉴别，亦过古先。丁晋公为福建转运使，始制为凤团，后为龙团，贡不过四十饼；专拟上供，即近臣之家，徒闻之而未尝见也。天圣中，又

为小团，其品迥嘉于大团。赐两府，然止于一斤，唯上大斋宿，两府八人，共赐小团一饼，缕之以金，八人析归，以侈非常之赐，亲知瞻玩，赓唱以诗，故欧阳永叔有《龙茶小录》。或以大团赐者，辄剖方寸，以供佛、供仙、奉家庙，已而奉亲并待客、享子弟之用。熙宁末，神宗有旨建州制密云龙，其品又加于小团。自密云龙出，则二团少粗，以不能两好也。予元祐中详定殿试，是年分为制举考第官，各蒙赐三饼，然亲知诛责，殆将不胜。

熙宁中，苏子容使虏，姚麟为副，曰：盍载些小团茶乎？子容曰："此乃供上之物，畴敢与虏人？"未几，有贵公子使虏，广贮团茶以往。自尔，虏人非团茶不纳也，非小团不贵也。彼以二团易蕃罗一匹，此以一罗酬四团，少不满意，即形言语。近有贵貂守边，以大团为常供，密云龙为好茶云。

《鹤林玉露》[245]：岭南人以槟榔代茶。

彭乘《墨客挥犀》[246]：蔡君谟，议茶者，莫敢对公发言；建茶所以名重天下，由公也。后公制小团，其品尤精于大团。一日，福唐蔡叶丞秘教召公啜小团。坐久，复有一客至，公啜而味之曰："此非独小团，必有大团杂之。"丞惊呼童诘之，对曰："本碾造二人茶，继有一客至，造不及，即以大团兼之。"丞神服公之明审。

王荆公为小学士时，尝访君谟。君谟闻公至，喜甚。自取绝品茶，亲涤器、烹点以待公，冀公称赏。公于夹袋中取消风散一撮，投茶瓯中并食之。君谟失色。公徐曰："大好茶味。"君谟大笑，且叹公之真率也。

鲁应龙《闲窗括异志》[247]：当湖[248]德藏寺，有水陆斋坛，往岁富民沈忠建。每设

斋，施主虔诚，则茶现瑞花；故花俨然可睹，亦一异也。

周辉《清波杂志》：先人尝从张晋彦觅茶，张答以二小诗云："内家新赐密云龙，只到调元六七公。赖有山家供小草，犹堪诗老荐春风。""仇池诗里识焦坑，风味官焙可抗衡。钻余权幸亦及我，十辈遣前公试烹。"时(時)总得偶病⑯，此诗俾其子代书。后误刊于湖集中。焦坑产庾岭下，味苦硬，久方回甘。如"浮石已干霜后水，焦坑新试雨前茶。"东坡南还回至章贡显圣寺诗也。后屡得之，初非精品，特彼人自以为重，包裹钻权幸，亦岂能望建溪之胜！

《东京梦华录》[249]：旧曹门街北山子茶坊，内有仙洞、仙桥，士女往往夜游、吃茶于彼。

《五色线》[250]：骑火茶，不在火前，不在火后故也。清明改火，故曰骑火茶。

《梦溪笔谈》：王城东⑱素所厚惟杨大年。公有一茶囊，唯大年至，则取茶囊具茶，他客莫与也。

《华夷花木考》[251]：宋二帝北狩到一寺中，有二石金刚并拱手而立。神像高大，首触桁栋，别无供器，止有石盂、香炉而已。有一胡僧出入其中。僧揖坐问：何来？帝以南来对。僧呼童子点茶以进，茶味甚美。再欲索饮，胡僧与童子趋堂后而去。移时不出，入内求之，寂然空舍，惟竹林间有一小室，中有石刻胡僧像并二童子侍立。视之，俨然如献茶者。

马永卿《懒真子录》[252]：王元道尝言，陕西子仙姑，传云得道术，能不食。年约三十许，不知其实年也。陕西提刑阳翟李熙民逸老，正直刚毅人也，闻人所传甚异，乃往青平军自验之。既见，道貌高古，不觉心服。因曰："欲献茶一杯可乎？"姑曰："不食茶久矣，今勉强一啜。"既食，少顷垂两手出，玉雪如也。须臾，所食之茶从十指甲出，凝于地，色犹不变。逸老令就地刮取，且使尝之，香味如故，因大奇之。

《朱子文集[253]·与志南上人书》：偶得安乐茶，分上廿瓶。

《陆放翁集·同何元立蔡肩吾至丁东院⑲汲泉煮茶》诗云：云芽近自峨嵋得，不减红囊顾渚春。旋置风炉清樾下，他年奇事属三人。

《周必大集·送陆务观赴七闽提举常平茶事》诗云：暮年桑苎毁《茶经》，应为征行不到闽。今有云孙持使节，好因贡焙祀茶人。[254]

《梅尧臣集》：《晏成续太祝遗双井茶五品茶具四枚近诗六十篇因赋诗为谢》。

《黄山谷集》有《博士王扬休碾密云龙同事十三人饮之戏作》。

《晁补之集·和答曾敬之秘书见招能赋堂烹茶》诗："一碗分来百越春，玉溪小暑却宜人。红尘他日同回首，能赋堂中偶坐身。"

《苏东坡集·送周朝议守汉州⑳》诗云："茶为西南病，岷俗记二李。何人折其锋，矫矫六君子。"注：二李，杞与稷也。六君子，谓师道与侄正儒，张永徽、吴醇翁、吕元钧、宋文辅也。盖是时蜀茶病民，二李乃始敝之人；而六君子能持正论者也。

仆在黄州㉑，参寥自吴中来访，馆之东坡。一日，梦见参寥所作诗，觉而记其两句云："寒食清明都过了，石泉槐火一时新。"后七年，仆出守钱塘，而参寥始卜居西湖智果寺院。院有泉出石缝间，甘冷宜茶。寒食之明日，仆与客泛湖自孤山来谒参寥，汲泉钻火，烹黄蘖茶，忽悟所梦诗，兆于七年之前。众客皆惊叹，知传记所载，非虚语也。

东坡《物类相感志》[255]：芽茶得盐，不苦而甜。又云：吃茶多腹胀，以醋解之。又云：陈茶烧烟，蝇速去。

《杨诚斋集·谢傅尚书送茶》：远饷新茗，当自携大瓢，走汲溪泉，束涧底之散薪，燃折脚之石鼎。烹玉尘，啜香乳，以享天上故人之意。愧无胸中之书传，但一味搅破菜园耳。

郑景龙《续宋百家诗》：本朝孙志举，有《访王主簿同泛菊茶》诗。

吕元中《丰乐泉记》：欧阳公既得酿泉，一日会客，有以新茶献者，公敕汲泉瀹之。汲者道仆覆水，伪汲他泉代。公知其非酿泉，诘之，乃得是泉于幽谷山下，因名丰乐泉。

《侯鲭录》[256]黄鲁直云：烂蒸同州羊，沃以杏酪，食之以匕不以箸。抹南京面，作槐叶冷淘糁以襄邑熟猪肉，炊共城香稻，用吴人鲙、松江之鲈。既饱，以康山谷帘泉烹曾坑斗品。少焉卧北窗下，使人诵东坡《赤壁》前后赋，亦足少快。又见《苏长公外纪》

《苏舜钦传》[257]：有兴则泛小舟，出盘、闾二门，吟啸览古，诸茶野酿，足以消忧。

《过庭录》[258]：刘贡父知长安，妓有茶娇者，以色慧称。贡父惑之，事传一时。贡父被召至阙，欧阳永叔去城四十五里迓之。贡父以酒病未起。永叔戏之曰："非独酒能病人，茶亦能病人多矣。"

《合璧事类》[259]：觉林寺僧志崇，制茶有三等：待客以惊雷荚，自奉以萱草带，供佛以紫茸香。凡赴茶者，辄以油囊盛余沥。

江南有驿官，以干事自任。白太守曰："驿中已理，请一阅之。"刺史乃往，初至一室，为酒库，诸酝皆熟，其外悬一画神，问何也？曰杜康。刺史曰："公有余也。"又至一室，为茶库，诸茗毕备，复悬画神，问何也？曰陆鸿渐。刺史益喜。又至一室，为菹库，诸菹咸具，亦有画神，问何也？曰蔡伯喈。刺史大笑，曰："不必置此。"

江浙间养蚕，皆以盐藏其茧而缫丝，恐蚕蛾之生也。每缫毕，即煎茶叶为汁，捣米粉搜之，筛于茶汁中煮为粥，谓之洗缸粥。聚族以啜，谓益明年之蚕。

《经锄堂杂志》[260]：松声、涧声、山禽声、夜虫声、鹤声、琴声、棋落子声、雨滴叙声、雪洒窗声、煎茶声，皆声之至清者。

《松漠纪闻》[261]：燕京茶肆，设双陆局，如南人茶肆中置棋具也。

《梦粱录》：茶肆列花架，安顿奇松异桧等物于其上，装饰店面，敲打响盏。又冬月添卖七宝擂茶、馓子葱茶。茶肆楼上，专安着妓女，名曰花茶坊。

南宋《市肆记》：平康歌馆，凡初登门，有提瓶献茗者，虽杯茶亦犒数千，谓之点花茶。

诸处茶肆：有清乐茶坊、八仙茶坊、珠子茶坊、潘家茶坊、连三茶坊、连二茶坊等名。

谢府有酒名，胜茶。

宋《都城纪胜》：大茶坊，皆挂名人书画；人情，茶坊本以茶汤为正，水茶坊，乃娼家聊设菉凳㉛，以茶为由，后生辈甘于费钱，谓之干茶钱。又有提茶瓶及黻茶名色。

《臆乘》：杨衒之作《洛阳伽蓝记》，日食有酪奴，盖指茶为酪粥之奴也。

《琅嬛记》[262]：昔有客遇茅君。时当大暑，茅君于手巾内解茶叶，人与一叶。客食之,五内清凉。茅君曰:此蓬莱穆陀树叶,众仙食之以当饮。又有宝文之蕊,食之不饥;故谢幼贞诗云"摘宝文之初蕊,拾穆陀之坠叶。"

杨南峰《手镜》[263]载:宋时,姑苏女子沈清友有《续鲍令晖香茗赋》。

孙月峰《坡仙食饮录》[264]:密云龙茶,极为甘馨。宋寥正,一字明略,晚登苏门,子瞻大奇之。时黄、秦、晁、张,号苏门四学士。子瞻待之厚,每至,必令侍妾朝云取密云龙烹以饮之。一日又命取密云龙,家人谓是四学士,窥之,乃明略也。山谷诗有"矞吴云龙",亦茶名。

《嘉禾志》[265]:煮茶亭,在秀水县西南湖中景德寺之东禅堂。宋学士苏轼与文长老尝三过湖上,汲水煮茶,后人因建亭以识其胜。今遗址尚存。

《名胜志》:茶仙亭,在滁州琅琊山。宋时寺僧为刺史曾肇[266]建盖。取杜牧《池州茶山病不饮酒》诗"谁知病太守,犹得作茶仙"之句。子开诗云:"山僧独好事,为我结茆茨。茶仙榜草圣,颇宗樊川诗。"盖绍圣二年,肇知是州也。

陈眉公《珍珠船》[267]:蔡君谟谓范文正曰:"公《采茶歌》云'黄金碾畔绿尘飞,碧玉瓯中翠涛起'今茶绝品,其色甚白,翠绿乃下者耳。欲改为'玉尘飞'、'素涛起'如何?"希文曰善。

又蔡君谟嗜茶,老病不能饮,但把玩而已。

《潜确类书》:宋绍兴中,少卿曹戬避地南昌丰城县,其母喜茗饮。山初无井,戬乃斋戒祝天,即院堂后斫地,才尺而清泉溢涌,后人名为孝感泉[90]。

大理徐恪[92],建人也。见贻乡信铤子茶,茶面印文曰"玉蝉膏";一种曰"清风使"。

蔡君谟善别茶。建安能仁院有茶生石缝间,盖精品也。寺僧采造得八饼,号石岩白,以四饼遗君谟,以四饼密遣人走京师遗王内翰禹玉。岁余,君谟被召还阙,过访禹玉。禹玉命子弟于茶筒中选精品碾以待蔡。蔡捧瓯未尝,辄曰:"此极似能仁寺石岩白,公何以得之?"禹玉未信,索帖验之,乃服。

《月令广义》:蜀之雅州名山县蒙山,有五峰,峰顶有茶园。中顶最高处,曰上清峰,产甘露茶。昔有僧病冷且久,尝遇老父询其病,僧具告之。父曰:"何不饮茶?"僧曰:"本以茶冷,岂能止乎?"父曰:"是非常茶,仙家有所谓雷鸣者,而亦闻乎?"僧曰:"未也。"父曰:"蒙之中顶有茶,当以春分前后多构人力,俟雷之发声,并手采摘,以多为贵,至三日乃止。若获一两,以本处水煎服,能祛宿疾;服二两,终身无病;服三两,可以换骨;服四两,即为地仙。但精洁治之,无不效者。"僧因之中顶筑室以俟,及期获一两余,服未竟而病瘥。惜不能久住博求,而精健至八十余,气力不衰,时到城市,观其貌,若年三十余者,眉发绀绿。后入青城山,不知所终。今四顶茶园不废,惟中顶草木繁茂,重云积雾,蔽亏日月,鸷兽时出,人迹罕到矣[93]。

《太平清话》[268]:张文规以吴兴白苎、白蘋洲、明月峡中茶为三绝。文规好学,有文藻。苏子由、孔武仲、何正臣诸公,皆与之游。

夏茂卿《茶董》:刘晔尝与刘筠饮茶。问左右:"汤滚也未?"众曰:"已滚。"筠曰:"金日鲦哉。"晔应声曰:"吾与点也。"

黄鲁直以小龙团半铤题诗赠晁无咎：曲兀蒲团听渚汤，煎成车声绕羊肠。鸡苏胡麻留渴羌，不应乱我官焙香。东坡见之曰："黄九凭地怎得不穷。"

陈诗教《灌园史》：杭妓周韶有诗名，好蓄奇茗，尝与蔡君谟斗胜、题品风味，君谟屈焉。

江参，字贯道，江南人，形貌清癯，嗜香茶以为生。

《博学汇书》[269]：司马温公与子瞻论茶墨，云："茶与墨二者正相反，茶欲白，墨欲黑；茶欲重，墨欲轻；茶欲新，墨欲陈。"苏曰："上茶、妙墨俱香，是其德同也；皆坚，是其操同也。"公叹以为然。

元耶律楚材诗《在西域作茶会值雪》有"高人惠我岭南茶，烂赏飞花雪没车"之句。

《云林遗事》[270]：光福徐达左，构养贤楼于邓尉山中，一时名士多集于此。元镇为尤数焉，尝使童子入山担七宝泉，以前桶煎茶，以后桶濯足，人不解其意，或问之，曰："前者无触，故用煎茶；后者或为泄气所秽，故以为濯足之用。"其洁癖如此。

陈继儒《妮古录》[271]：至正辛丑九月三日，与陈征君同宿愚庵师房，焚香煮茗，图石梁秋瀑，翛然有出尘之趣。黄鹤山人王蒙题画。

周叙[272]《游嵩山记》：见会善寺中，有元雪庵头陀茶榜石刻，字径三寸许，遒伟可观。

钟嗣成《录鬼簿》[273]：王实甫有《苏小郎月夜贩茶船》传奇。

《吴兴掌故录》：明太祖喜顾渚茶，定制岁贡止三十二斤，于清明前二日，县官亲诣采茶，进南京奉先殿焚香而已，未尝别有上供。

《七修汇稿》[274]：明洪武二十四年，诏天下产茶之地，岁有定额，以建宁为上，听茶户采进，勿预有司。茶名有四：探春、先春、次春、紫笋。不得碾揉为大小龙团。

杨维桢《煮茶梦记》：铁崖道人卧石床，移二更，月微明及纸帐，梅影亦及半窗，鹤孤立不鸣。命小芸童汲白莲泉，燃槁湘竹，授以凌霄芽为饮供，乃游心太虚，恍兮入梦。

陆树声《茶寮记》：园居敞小寮……举无生话。

时杪秋既望……于茶寮中漫记[275]。

《墨娥小录》[276]：千里茶，细茶一两五钱，孩儿茶一两，柿霜一两，粉草末六钱，薄荷叶三钱，右为细末调匀，炼蜜丸如白豆大，可以代茶，便于行远。

汤临川[277]《题饮茶录》：陶学士谓"汤者，茶之司命"，此言最得三昧。冯祭酒精于茶政，手自料涤，然后饮客。客有笑者，余戏解之云："此正如美人，又如古法书名画，度可着俗汉手否？"

陆钶《病逸漫记》[278]：东宫出讲，必使左右迎请讲官。讲毕，则语东宫官云："先生吃茶。"

《玉堂丛语》[279]：愧斋陈公，性宽坦，在翰林时，夫人尝试之。会客至，公呼："茶！"夫人曰："未煮。"公曰："也罢。"又呼曰："干茶！"夫人曰："未买。"公曰："也罢。"客为捧腹，时号"陈也罢"。

沈周《客座新闻》[280]：吴僧大机所居，古屋三四间，洁净不容唾。善瀹茗，有古井清列为称。客至，出一瓯为供饮之，有涤肠渊胃之爽。先公与交甚久，亦嗜茶，每入城，必至其所。

沈周《书岕茶别论后》：自古名山，留以

待羁人迁客,而茶以资高士,盖造物有深意。而周庆叔者,为《岕茶别论》[⑩],以行之天下,度铜山金穴中无此福,又恐仰屠门而大嚼者,未必领此味。庆叔隐居长兴,所至载茶具,邀余素鸥黄叶间,共相欣赏。恨鸿渐、君谟不见庆叔耳,为之覆茶三叹。

冯梦祯《快雪堂漫录》[281]:李于鳞为吾浙按察副使,徐子与以岕茶之最精饷之。比看子与于昭庆寺,问及,则已赏皂役矣。盖岕茶叶大多梗[⑪],于鳞北士,不遇宜也。纪之以发一笑。

闵元衡[282]《玉壶冰》:良宵燕坐,篝灯煮茗,万籁俱寂,疏钟时闻,当此情景,对简编而忘疲,彻衾枕而不御,一乐也。

《瓯江逸志》[283]:永嘉岁,进茶芽十斤,乐清茶芽五斤,瑞安、平阳岁进亦如之。

雁山五珍:龙湫茶、观音竹、金星草、山乐官、香鱼也。茶即明茶,紫色而香者,名"玄茶",其味皆似天池而稍薄。

王世懋《二酉委谭》[284]:余性不耐冠带,暑月尤甚。豫章天气早热,而今岁尤甚。春三月十七日,觞客于滕王阁,日出如火,流汗接踵,头涔涔几不知所措。归而烦闷,妇为具汤沐[⑫],便科头裸身赴之。时西山云雾新茗初至,张右伯适以见遗,茶色白,大作豆子香,几与虎邱埒。余时浴出,露坐明月下,亟命侍儿汲新水烹尝之,觉沆瀣入咽,两腋风生。念此境味,都非宦路所有。琳泉蔡先生,老而嗜茶,尤甚于余。时已就寝,不可邀之共啜;晨起复烹遗之,然已作第二义矣。追忆夜来风味,书一通以赠先生。

《涌幢小品》[285]:王璲[286],昌邑人,洪武初为宁波知府。有给事来谒,具茶。给事为客居间,公大呼:"撤去!"给事惭而退,因号"撤茶太守"。

《临安志》:栖霞洞内有水洞,深不可测,水极甘冽,魏公尝调以瀹茗。

《西湖志余》[287]:杭州先年有酒馆而无茶坊,然富家燕会,犹有专供茶事之人,谓之"茶博士"。

《潘子真诗话》:叶涛诗极不工而喜赋咏,尝有《试茶》诗云:"碾成天上龙兼凤,煮出人间蟹与虾。"好事者戏云:"此非试茶,乃碾玉匠人尝南食也。"

董其昌[288]《容台集》:蔡忠惠公进小团茶,至为苏文忠公所讥,谓与钱思公进姚黄花同失士气。然宋时君臣之际,情意蔼然,犹见于此。且君谟未尝以贡茶干宠,第点缀太平世界一段清事而已。东坡书欧阳公滁州二记,知其不肯书《茶录》。余以苏法书之,为公忏悔。不则蛰龙诗句,几临汤火,有何罪过。凡持论,不大远人情可也。

金陵春卿署中,时有以松萝茗相贻者,平平耳。归来山馆,得啜尤物,询知为闵汶水所蓄。汶水家在金陵,与余相及,海上之鸥,舞而不下,盖知希为贵,鲜游大人者。昔陆羽以精茗事,为贵人所侮,作《毁茶论》。如汶水者,知其终不作此论矣。

李日华《六研斋笔记》[⑬]:摄山栖霞寺,有茶坪,茶生榛莽中,非经人剪植者。唐陆羽入山采之,皇甫冉作诗送之。

《紫桃轩杂缀》:泰山无茶茗,山中人摘青桐芽点饮,号女儿茶。又有松苔,极饶奇韵。

《钟伯敬集》[289]·茶讯诗》云:"犹得年年一度行,嗣音幸借采茶名。"伯敬与徐波元叹交厚,吴楚风烟相隔数千里,以买茶为名,一年通一讯,遂成佳话,谓之茶讯。

钱谦益[290]《茶供说》:娄江逸人朱汝

圭，精于茶事，将以茶隐，欲求为之记，愿岁岁采渚山青芽，为余作供。余观楞严坛中设供，取白牛乳、砂糖、纯蜜之类；西方沙门婆罗门，以葡萄、甘蔗浆为上供，未有以茶供者。鸿渐，长于芟刈者也；杼山，禅伯也。而鸿渐《茶经》、杼山《茶歌》，俱不云供佛。西土以贯花燃香供佛，不以茶供，斯亦供养之缺典也。汝圭益精心治办茶事，金芽素瓷，清净供佛，他生受报，往生香国。以诸妙香而作佛事，岂但如丹邱羽人饮茶，生羽翼而已哉。余不敢当汝圭之茶供，请以茶供佛。后之精于茶道者，以采茶供佛为佛事，则自余之谂汝圭始，爰作《茶供说》以赠。

《五灯会元》[291]：摩突罗国，有一青林枝叶茂盛地，名曰"优留茶"。

僧问如宝禅师曰："如何是和尚家风？"师曰："饭后三碗茶。"僧问谷泉禅师曰："未审客来，如何只待？"师曰："云门胡饼赵州茶。"

《渊鉴类函》[292]郑愚《茶诗》："嫩芽香且灵，吾谓草中英。夜臼和烟捣，寒炉对雪烹。"因谓茶曰"草中英"。

素馨花曰神茗，陈白沙《素馨记》以其能少裨于茗耳。一名那悉茗花。

《佩文韵府》[293]元好问诗注：唐人以茶为小女美称。

《黔南行纪》：陆羽《茶经》纪黄牛峡茶可饮，因令舟人求之。有媪卖新茶一笼，与草叶无异，山中无好事者故耳。

初余在峡州，问士大夫黄陵茶，皆云粗涩不可饮。试问小吏，云唯僧茶味善。令求之，得十饼，价甚平也。携至黄牛峡，置风炉清樾间，身自候汤，手搨得味；既以享黄牛神，且酌。元明尧夫云：不减江南茶味

也。乃知夷陵士大夫以貌取之耳。

《九华山录》[294]：至化城寺，谒金地藏塔，僧祖瑛献土产茶，味可敌北苑。

冯时可《茶录》：松郡佘山亦有茶，与天池无异，顾采造不如。近有比丘来，以虎丘法制之，味与松萝等。老衲亟逐之，曰："无为此山开膻径而置火坑。"

冒巢民《岕茶汇钞》：忆四十七年前……而后他及。

金沙于象明携岕茶来……真衰年称心乐事也。

吴门七十四老人……真奇癖也[295]。

《岭南杂记》[296]：潮州灯节，饰姣童为采茶女，每队十二人或八人，手挈花篮，迭进而歌，俯仰抑扬，备极妖妍。又以少长者二人为队首，擎彩灯，缀以扶桑、茉莉诸花。采女进退作止，皆视队首。至各衙门或巨室唱歌，赍以银钱、酒果。自十三夕起至十八夕而止。余录其歌数首，颇有前溪、子夜之遗。

周亮工《闽小记》⑱：歙人闵汶水，居桃叶渡上。予往品茶其家，见其水火皆自任，以小酒盏酌客，颇极烹饮态。正如德山担青龙钞，高自矜许而已，不足异也。秣陵好事者，尝诮闽无茶，谓闽客得闵茶⑲，咸制为罗囊，佩而嗅之，以代旃檀。实则闽不重汶水也。闽客游秣陵者，宋比玉⑳、洪仲韦辈，类依附吴儿强作解事，贱家鸡而贵野鹜，宜为其所诮欤。三山薛老，亦秦淮汶水也。薛尝言："汶水假他味作兰香，究使茶之真味尽失。"汶水而在，闻此亦当色沮。薛尝住艻厕，自为剪焙，遂欲驾汶水上。余谓茶难以香名，况以兰定茶，乃咫尺见也，颇以薛老论为善。

延、邵人呼制茶人为碧竖。富沙陷后，

碧竖尽在绿林中矣。

蔡忠惠《茶录》石刻，在瓯宁[297]邑庠壁间。予五年前拓数纸寄所知，今漫漶不如前矣。

闽酒数郡如一，茶亦类是。今年予得茶甚夥，学坡公义酒事，尽合为一，然与未合无异也。

李仙根《安南杂记》[298]：交趾称其贵人曰翁茶。翁茶者，大官也。

《虎邱茶经注补》[⑩]：徐天全自金齿[299]谪回，每春末夏初，入虎邱开茶社。

罗光玺作《虎丘茶记》，嘲山僧有替身茶。

吴匏庵与沈石田游虎丘，采茶手煎对啜，自言有茶癖。

《渔洋诗话》[300]：林确斋者，亡其名，江右人。居冠石，率子孙种茶，躬亲畚锸负担；夜则课读《毛诗》、《离骚》。过冠石者，见三四少年，头着一幅布，赤脚挥锄，琅然歌出金石，窃叹以为古图画中人。

《尤西堂集》：有戏册"茶为不夜侯"制。

朱彝尊《日下旧闻》[301]：上巳后三日，新茶从马上至。至之日，宫价五十金，外价二三十金。不一二日，即二三金矣。见《北京岁华记》）。

《曝书亭集》[302]：锡山听松庵僧性海，制竹火炉，王舍人过而爱之，为作山水横幅并题以诗。岁久炉坏，盛太常因而更制，流传都下，群公多为吟咏。顾梁汾典籍仿其遗式制炉，及来京师，成容若侍卫以旧图赠之。丙寅之秋，梁汾携炉及卷过余海波寺寓，适姜西溟、周青士、孙恺似三子亦至。坐青藤下，烧炉试武夷茶，相与联句成四十韵，用书于册，以

示好事之君子。

蔡方炳《增订广舆记》[303]：湖广长沙府攸县，古迹有茶王城，即汉茶陵城也。

葛万里《清异录》[304]：倪元镇饮茶用果按者，名清泉白石，非佳客不供。有客请见，命进此茶。客渴，再及而尽，倪意大悔，放盏入内。

黄周星九烟梦读采茶赋，只记一句，云"施凌云以翠步"。

《别号录》[305]：宋曾机吾甫，别号茶山。明许应元子春，别号茗山。

《随见录》：武夷五曲朱文公书院[306]内，有茶一株，叶有臭虫气，及焙制，出时香逾他树，名曰臭叶香茶。又有老树数株，云系文公手植，名曰宋树。

〔补〕[⑩]

《西湖游览志》[307]：立夏之日，人家各烹新茗，配以诸色细果，馈送亲戚、比邻，谓之"七家茶"。

南屏谦师妙于茶事，自云得心应手，非可以言传学到者。

刘士亨有《谢璘上人惠桂花茶》诗云：(金粟金芽出焙籝)

李世熊《寒支集》[308]：新城之山有异鸟，其音若箫，遂名曰箫曲山。山产佳茗，亦名箫曲茶。因作歌纪事。

《禅玄显教编》：徐道人居庐山天池寺，不食者九年矣。畜一墨羽鹤，尝采山中新茗，令鹤衔松枝烹之。遇道流，辄相与饮几碗。

张鹏翀《抑斋集》[309]有御赐《郑宅茶赋》云：青云幸接于后尘，白日捧归乎深殿。从容步缓，膏芬齐，出螭头；肃穆神凝，乳滴将开蜡面。用以濡毫，可媲文章之草；将之比德，勉为精白之臣。

八之出

《国史补》[310]：风俗贵茶，其名品益众⑬。南剑有蒙顶石花，或小方散芽，号为第一。湖州顾渚之紫笋，东川有神泉小团、绿昌明、兽目。峡州有小江园、碧涧寮、明月房、茱萸寮。福州有柏岩、方山露芽。婺州有东白、举岩、碧貌。建安有青凤髓，夔州有香山，江陵有楠木，湖南有衡山，睦州有鸠坑。洪州有西山之白露，寿州有霍山之黄芽。绵州之松岭，雅州之露芽，南康之云居，彭州之仙崖、石花，渠江之薄片，邛州之火井、思安，黔阳之都濡、高株，泸川之纳溪、梅岭，义兴之阳羡、春池、阳凤岭，皆品第之最著者也。

《文献通考》：片茶之出于建州者……总十一名[311]。

叶梦得《避暑录话》：北苑茶，正所产为曾坑，谓之正焙；非曾坑，为沙溪，谓之外焙。二地相去不远，而茶种悬绝。沙溪色白，过于曾坑，但味短而微涩；识者一啜，如别泾渭也。余始疑地气土宜，不应顿异如此，及来山中，每开辟径路，刳治岩窦，有寻丈之间，土色各殊，肥瘠紧缓燥润亦从而不同。并植两木于数步之间，封培灌溉略等，而生死丰悴如二物者，然后知事不经见，不可必信也。草茶极品，惟双井、顾渚，亦不过各有数亩。双井在分宁县，其地属黄氏鲁直家也。元祐间，鲁直力推赏于京师，族人交致之，然岁仅得一二斤尔。顾渚在长兴县，所谓吉祥寺也，其半为今刘侍郎希范家所有。两地所产，岁亦止五六斤。近岁寺僧求之者，多不暇精择，不及刘氏远甚。余岁求于刘氏，过半斤则不复佳。盖茶味虽均，其精者在嫩芽。取其初萌如雀舌者，谓之枪；稍敷而为叶者，谓之旗。旗非所贵，不得已取一枪一旗犹可，过是则老矣。此所以为难得也。

《归田录》：腊茶出于剑建，草茶盛于两浙。两浙之品，日铸⑭为第一。自景祐以后，洪州双井白芽渐盛，近岁制作尤精，囊以红纱，不过一二两，以常茶十数斤养之，用辟暑湿之气。其品远出日注上，遂为草茶第一。

《云麓漫钞》：茶出浙西湖州为上，江南常州次之。湖州出长兴顾渚山中。常州出义兴君山悬脚岭北岸下等处。

《蔡宽夫诗话》：玉川子《谢孟谏议寄新茶》诗有"手阅月团三百片"及"天子须尝阳羡茶"之句，则孟所寄乃阳羡茶也。

杨文公《谈苑》[312]：蜡茶出建州，陆羽《茶经》尚未知之，但言福建等州未详，往往得之，其味极佳。江左近日方有蜡面之号。丁谓《北苑茶录》云：创造之始，莫有知者。质之三馆，检讨杜镐，亦曰在江左日，始记有研膏茶。欧阳公《归田录》亦云出福建，而不言所起。按：唐氏诸家说中，往往有蜡面茶之语，则是自唐有之也。

《事物记原》[313]：江左李氏，别令取茶之乳作片，或号京铤、的乳及骨子等。是则京铤之品，自南唐始也。《苑录》云：的乳以降，以下品杂炼售之，唯京师去者，至真不杂，意由此得名。或曰，自开宝末⑮，方有此茶。当时识者云：金陵僭国，唯曰都下，而以朝廷为京师，今忽有此名；其将归京师乎？

罗廪《茶解》按：唐时产茶地，仅仅如季疵所称。而今之虎邱、罗岕、天池、顾渚、松萝、龙井、雁宕、武夷、灵川、大盘、日铸、朱溪诸名茶，无一与焉。乃知灵草在在有之，但培植不嘉，或疏于采制耳。

《潜确类书》："《茶谱》袁州之界桥，其名甚著，不若湖州之研膏紫笋，烹之有绿脚垂下。"又：婺州有举岩茶，斤片[⑩]方细，所出虽少，味极甘芳，煎之如碧玉之乳也。

《农政全书》[314]：玉垒关外宝唐山，有茶树产悬崖，笋长三寸、五寸，方有一叶、两叶。涪州出三般茶，最上宾化，其次白马，最下涪陵。

《煮泉小品》：茶自浙以北皆较胜，惟闽、广以南不惟水不可轻饮，而茶亦当慎之。昔鸿渐未详岭南诸茶，但云"往往得之，其味极佳。"余见其地多瘴疬之气，染著草木，北人食之，多致成疾，故谓人当慎之。

《茶谱通考》：岳阳之含膏冷，剑南之绿昌明，蕲门之团黄，蜀州[⑩]之雀舌，巴东之真香，夷陵之压砖，龙安之骑火。

《江南通志》：苏州府吴县西山产茶，谷雨前采焙极细者贩于市，争先腾价，以雨前为贵也。

吴郡《虎邱志》：虎邱茶，僧房皆植，名闻天下。谷雨前摘细芽焙而烹之，其色如月下白，其味如豆花香。近因官司征以馈远，山僧供茶一斤，费用银数钱。是以苦于斋送，树不修葺，甚至刈斫之，因以绝少。

米襄阳《志林》[315]：苏州穹窿山下，有海云庵，庵中有二茶树。其二株皆连理，盖二百余年矣。

《姑苏志》：虎邱寺西产茶，朱安雅云：今二山门西偏，本名茶岭。

陈眉公《太平清话》：洞庭中西尽处[316]，有仙人茶，乃树上之苔藓也。四皓采以为茶。

《图经续记》：洞庭小青山坞出茶，唐宋入贡。下有水月寺，因名水月茶[317]。

《古今名山记》：支硎山茶坞，多种茶。

《随见录》[318]：洞庭山有茶，微似岕而细，味甚甘香，俗呼为吓杀人。产碧螺峰者，尤佳，名碧螺春。

《松江府志》：佘山在府城北，旧有佘姓者修道于此，故名。山产茶与笋并美，有兰花香味。故陈眉公云："余乡佘山茶，与虎邱相伯仲。"

《常州府志》：武进县章山麓，有茶巢岭[319]，唐陆龟蒙尝种茶于此。

《天下名胜志》：南岳，古名阳羡山，即君山北麓。孙皓既封国后，遂禅此山为岳，故名。唐时产茶充贡，即所云南岳贡茶也[⑩]。

常州宜兴县东南，别有茶山。唐时造茶入贡，又名唐贡山，在县东南三十五里均山乡。

《武进县志》[320]：茶山路，在广化门外，十里之内，大墩小墩连绵簇拥，有山之形。唐代湖、常二守会阳羡造茶修贡，由此往返，故名。

《檀几丛书》：茗山，在宜兴县西南五十里永丰乡。皇甫曾有《送羽南山采茶》诗，可见唐时贡茶在茗山矣。

唐李栖筠守常州日，山僧献阳羡茶。陆羽品为芬芳冠世，产可供上方，遂置茶舍于洞灵观，岁造万两入贡。后韦夏卿徙于无锡县罨画溪上，去湖汶一里所。许有谷诗云："陆羽名荒旧茶舍，却教阳羡置邮忙"是也。

义兴南岳寺，唐天宝中，有白蛇衔茶子坠寺前。寺僧种之庵侧，由此滋蔓，茶味倍佳，号曰蛇种。土人重之，每岁争先饷遗，官司需索、修贡不绝。迨今方春采茶，清明日县令躬享白蛇于卓锡泉亭，隆厥典也。后来檄取，山农苦之，故袁高有："阴岭茶未吐,使者牒已频"之句。郭三益诗:"官符星火催春焙,却使山僧怨白蛇。"卢仝《茶歌》:"安知百万亿苍生,命坠颠崖受辛苦。"可见贡茶之累民,亦自古然矣。

《洞山岕茶系》:罗岕去宜兴而南……澕岭稍夷,才通车骑。所出之茶,厥有四品。

第一品:老庙后:庙祀山之土神……致在有无之外。

第二品:新庙后棋盘顶……食而眯其似也。

第三品:庙后涨沙……范洞、白石。

第四品:下涨沙……岩灶龙池。此皆平洞本岕也[321]。

外山之长潮,青口,筤庄,顾渚,茅山岕,俱不入品。

《岕茶汇钞》:洞山茶之下者,香清叶嫩,着水香消。棋盘顶、纱帽顶、雄鹅头、茗岭,皆产茶地。诸地有老柯、嫩柯,惟老庙后无二,梗叶丛密,香不外散,称为上品也。

《镇江府志》:润州之茶,傲山为佳。

《寰宇记》[⑱]:扬州江都县蜀冈,有茶园,茶甘香[⑲]如蒙顶,蒙顶在蜀,故以名。冈上有时会堂、春贡亭,皆造茶所,今废。见毛文锡《茶谱》。

《宋史·食货志》:散茶出淮南,有龙溪、雨前、雨后之类。

《安庆府志》:六邑俱产茶,以桐之龙山,潜之闵山者为最。莳茶源在潜山县;香茗山在太湖县;大小茗山在望江县。

《随见录》:宿松县产茶,尝之颇有佳种。但制不得法,倘别其地、辨其等、制以能手,品不在六安下。

《徽州志》:茶产于松萝,而松萝茶乃绝少。其名则有胜金、嫩桑、仙芝、来泉、先春、运合、华英之品;其不及号者为片茶,八种。近岁茶名,细者有雀舌、莲心、金芽,次者为芽下白、为走林、为罗公,又其次者,为开园、为软枝、为大方。制名号多端,皆松萝种也。

吴从先《茗说》:松萝,予土产也。色如梨花,香如豆蕊,饮如嚼雪。种愈佳,则色愈白,即经宿无茶痕,固足美也。秋露白片子,更轻清若空,但香大惹人,难久贮,非富家[⑳]不能藏耳。真者其妙若此,略混他地一片,色遂作恶,不可观矣。然松萝地如掌,所产几许?而求者四方云至,安得不以他混耶?

《黄山志》:莲花庵旁,就石缝养茶,多轻香冷韵,袭人断腭。

《昭代丛书》[322]:张潮云,吾乡天都有抹山茶,茶生石间,非人力所能培植。味淡香清,足称仙品,采之甚难,不可多得。

《随见录》:松萝茶,近称紫霞山者为佳;又有南源、北源名色。其松萝真品,殊不易得。黄山绝顶有云雾茶,别有风味,超出松萝之外。

《通志》[323]:宁国府属宣、泾、宁、旌、太诸县,各山俱产松萝。

《名胜志》:宁国县鸦山,在文脊山北,产茶充贡。《茶经》云:味与蕲州同。宋梅询有"茶煮鸦山雪满瓯"之句,今不可复得矣。

《农政全书》:宣城县有丫山,形如小方饼横铺,茗芽产其上。其山东为朝日所烛,号曰阳坡,其茶最胜。太守荐之京洛人士,题曰"丫山阳坡横文茶",一名瑞草魁。

《华夷花木考》:宛陵[324]茗池源茶,根株颇硕,生于阴谷,春夏之交方发萌芽,茎条虽长，旗枪不展，乍紫乍绿。天圣初，郡守李虚己、仝太史梅询尝试之，品以为建溪、顾渚不如也。

《随见录》：宣城有绿雪芽，亦松萝一类；又有翠屏等名色。其泾川涂茶，芽细、色白、味香，为上供之物。

《通志》：池州府属青阳、石埭、建德俱产茶，贵池亦有之。九华山闵公墓茶，四方称之。

《九华山志》：金地茶，西域僧金地藏所植。今传枝梗空筒者是。大抵烟霞云雾之中，气常温润，与地上者不同，味自异也。

《通志》：庐州府属六安、霍山，并产名茶，其最著惟白茅贡尖，即茶芽也。每岁茶出，知州具本恭进。

六安州有小岘山，出茶名小岘春，为六安极品。霍山有梅花片，乃黄梅时摘制，色、香两兼，而味稍薄。又有银针、丁香、松萝等名色。

《紫桃轩杂缀》：余生平慕六安茶，适一门生作彼中守，寄书托求数两，竟不可得，殆绝意乎！

《陈眉公笔记》：云桑茶，出琅琊山。茶类桑叶而小，山僧焙而藏之，其味甚清。

广德州建平县雅山出茶，色、香、味俱美。

《浙江通志》：杭州、钱塘、富阳及余杭径山，多产茶。

《天中记》[325]：杭州宝云山出者，名宝云茶。下天竺香林洞者，名香林茶。上天竺白云峰者，名白云茶。

田子艺云：龙泓……尤所当浚[326]。

《湖壖杂记》[327]：龙井产茶，作豆花香，与香林、宝云、石人坞、垂云亭者绝异。采于谷雨前者尤佳，啜之淡然，似乎无味，饮

过后觉有一种太和之气，弥沦于齿颊之间。此无味之味，乃至味也。为益于人不浅，故能疗疾，其贵如珍，不可多得。

《坡仙食饮录》：宝严院垂云亭亦产茶，僧怡然以垂云茶见饷，坡报以大龙团。

陶谷《清异录》：开宝中，窦仪以新茶饮予，味极美。囊面标云"龙坡山子茶"。龙坡是顾渚之别境。

《吴兴掌故》：顾渚左右有大小官山，皆为茶园。明月峡在顾渚侧⑫，绝壁削立大涧中流，乱石飞走，茶生其间，尤为绝品。张文规诗所谓"明月峡中茶始生"是也。

顾渚山，相传以为吴王夫差于此顾望原隰⑬可为城邑，故名。唐时，其左右大小官山皆为茶园，造茶充贡，故其下有贡茶院⑭。

《蔡宽夫诗话》：湖州紫笋茶，出顾渚，在常、湖二郡之间，以其萌苗紫而似笋也。每岁入贡，以清明日到，先荐宗庙，后赐近臣。

冯可宾《岕茶笺》：环长兴境……所以味迥别也[328]。

《名胜志》：茗山，在萧山县西三里，以山中出佳茗也。又上虞县后山茶，亦佳。

《方舆览胜》[329]：会稽有日铸岭，岭下有寺名资寿。其阳坡名油车，朝暮常有日，茶产其地绝奇。欧阳文忠云："两浙草茶，日铸第一"。

《紫桃轩杂缀》：普陀老僧贻余小白岩茶一裹，叶有白茸，瀹之无色。徐引，觉凉透心腑。僧云："本岩岁止五六斤，专供大士，僧得啜者寡矣。"

《普陀山志》：茶以白华岩顶者为佳。

《天台记》：丹邱出大茗，服之生羽翼。

桑庄《茹芝续谱》：天台茶有三品，紫

凝、魏岭、小溪是也。今诸处并无出产,而土人所需,多来自西坑、东阳、黄坑等处。石桥诸山,近亦种茶,味甚清甘,不让他郡,盖出自名山雾中,宜其多液而全厚也。但山中多寒,萌发较迟,兼之做法不佳,以此不得取胜。又所产不多,仅足供山居而已。

《天台山志》:葛仙翁茶圃,在华顶峰上。

《群芳谱》:安吉州茶,亦名紫笋。

《通志》:茶山,在金华府兰溪县。

《广舆记》:鸠坑茶,出严州府淳安县。方山茶,出衢州府龙游县。

劳大舆《瓯江逸志》:浙东多茶品,雁宕山称第一。每岁谷雨前三日,采摘茶芽进贡。一枪两旗而白毛者,名曰明茶。谷雨日采者,名雨茶。一种紫茶,其色红紫,其味尤佳,香气尤清,又名玄茶,其味皆似天池而稍薄⑫。难种薄收,土人厌人求索,园圃中少种;间有之,亦为识者取去。按:卢仝《茶经》云:温州无好茶,天台瀑布水、瓯水味薄,唯雁宕山水为佳。此山茶亦为第一,曰去腥腻、除烦恼、却昏散、消积食。但以锡瓶贮者得清香味,不以锡瓶贮者,其色虽不堪观,而滋味且佳,同阳羡山岕茶无二无别。采摘近夏,不宜早;炒做宜熟不宜生,如法可贮二三年。愈佳愈能消宿食,醒酒,此为最者。

王草堂《茶说》:温州中墺及漈上茶,皆有名,性不寒不热。

屠粹忠《三才藻异》:举岩,婺茶也;斤片方细,煎如碧乳。

《江西通志》:茶山,在广信府城北,陆羽尝居此。

洪州西山白露鹤岭,号绝品;以紫清香城者为最。及双井茶芽,即欧阳公所云"石上生茶如凤爪"者也。又罗汉茶,如豆苗,因灵观尊者自西山持至,故名。

《南昌府志》:新建县鹅冈西,有鹤岭。云物鲜美,草木秀润,产名茶异于他山。

《江西通志》⑲:瑞州府出茶芽,廖遄《十咏》呼为雀舌香焙云。其余临江、南安等府俱出茶,庐山亦产茶。

袁州府界桥出茶,今称仰山、稠平、木平者佳,稠平者尤妙。

赣州府宁都县出林岕,乃一林姓者以长指甲炒之;采制得法,香味独绝,因之得名。

《名胜志》:茶山寺,在上饶县城北三里,按《图经》即广教寺。中有茶园数亩,陆羽泉一勺。羽性嗜茶,环居皆植之,烹以是泉,后人遂以广教寺为茶山寺云。宋有茶山居士曾吉甫,名几,以兄开忤秦桧,奉祠侨居此寺凡七年,杜门不问世故。

《丹霞洞天志》³³⁰:建昌府麻姑山产茶,惟山中之茶为上,家园植者次之⑳。

《饶州府志》:浮梁县阳府山,冬无积雪,凡物早成,而茶尤殊异。金君卿诗云:"闻雷已荐鸡鸣笋,未雨先尝雀舌茶"。以其地暖故也。

《〔江西〕通志》⑲:南康府出匡茶,香味可爱,茶品之最上者。

九江府彭泽县九都山出茶,其味略似六安。

《广舆记》:德化茶,出九江府。又,崇义县多产茶。

《吉安府志》:龙泉县匡山,有苦斋,章溢所居。四面峭壁,其下多白云,上多北风,植物之味皆苦。野蜂巢其间,采花蕊作蜜,味亦苦。其茶苦于常茶。

《群芳谱》:太和山骞林茶,初泡极苦

涩;至三四泡,清香特异,人以为茶宝。

《福建通志》:福州、泉州、建宁、延平、兴化、汀州、邵武诸府,俱产茶。

《合璧事类》:建州出大片。方山之芽如紫笋,片大极硬,须汤浸之方可碾。治头痛,江东老人多服之。

周栎园[331]《闽小记》:鼓山半岩茶,色香风味当为闽中第一,不让虎邱、龙井也。雨前者,每两仅十钱,其价廉甚。一云前朝每岁进贡,至杨文敏当国,始奏罢之,然近来官取,其扰甚于进贡矣。

柏岩,福州茶也,岩即柏梁台。

《兴化府志》[332]:仙游县出郑宅茶,真者无几,大都以赝者杂之,虽香而味薄。

陈懋仁《泉南杂志》[333]:清源山茶,青翠芳馨,超轶天池之上。南安县英山茶,精者可亚虎邱,惜所产不若清源之多也。闽地气暖,桃李冬花,故茶较吴中差早。

《延平府志》:棕毛茶,出南平县半岩者佳。

《建宁府志》:北苑在郡城东,先是建州贡茶,首称北苑龙团,而武夷石乳之名未著。至元时,设场于武夷,遂与北苑并称;今则但知有武夷,不知有北苑矣。吴越间人,颇不足闽茶,而甚艳北苑之名;不知北苑实在闽也。

宋无名氏《北苑别录》[334]:建安之东三十里……曰《北苑别录》云[335]。

御园

九窠十二陇……小山。

右四十六所……又为禁园之先也[336]。

《东溪试茶录》:旧记建安郡官焙三十有八。丁氏旧录云……善东一、丰乐二。[337]外有曾坑、石坑、壑源、叶源、佛岭、沙溪等处,惟壑源之茶,甘香特胜⑩。

茶之名有七:一曰白茶……芽叶如纸,民间以为茶瑞,取其第一者为斗茶。次曰柑叶茶……贫民取以为利[338]。

《品茶要录》:壑源沙溪……壑源之品也[339]。

《潜确类书》:历代贡茶,以建宁为上,有龙团、凤团、石乳、滴乳、绿昌明、头骨、次骨、末骨、鹿骨、山挺等名。而密云龙最高,皆碾屑作饼。至国朝始用芽茶,曰探春、先春,曰次春,曰紫笋,而龙凤团皆废矣。

《名胜志》:北苑茶园,属瓯宁县。旧经云:伪闽龙启中,里人张晖,以所居北苑地宜茶,悉献之官,其名始著。

《三才藻异》:石岩白,建安能仁寺茶也,生石缝间。

建宁府属浦城县江郎山,出茶,即名江郎茶。

《武夷山志》:前朝不贵闽茶,即贡者,亦只备宫中浣濯瓯盏之需。贡使类以价,货京师所有者纳之。间有采办,皆剑津廖地产,非武夷也。黄冠每市山下茶,登山贸之,人莫能辨。

茶洞,在接笋峰侧。洞门甚隘,内境夷旷,四周皆穹崖壁立。上人种茶,视他处为最盛。

崇安殷令,招黄山僧以松萝法制建茶,真堪并驾,人甚珍之,时有武夷松萝之目。

王梓《茶说》:武夷山,周回百二十里,皆可种茶。茶性,他产多寒,此独性温。其品有二:在山者为岩茶,上品;在地者为洲茶,次之。香清浊不同,且泡时岩茶汤白,洲茶汤红,以此为别。雨前者为头春,稍后为二春,再后为三春。又有秋中采者,为秋露白,最香。须种植、采摘、烘焙得宜,则香、味两绝。然武夷本石山，峰峦载土者寥寥，故所产无几。若洲茶，所在皆是，即邻邑近多栽植，运至山中及星村墟市贾售，皆冒充武夷。更有安溪所产，尤为不堪。或品尝其味，不甚贵重者，皆以假乱真误之也。至于莲子心、白毫，皆洲茶；或以木兰花熏成欺人，不及岩茶远矣。

张大复《梅花笔谈》：《经》云，岭南生福州、建州。今武夷所产，其味极佳，盖以诸峰拔立，正陆羽所云"茶上者生烂石"耶。

《草堂杂录》：武夷山有三味茶，苦、酸、甜也，别是一种。饮之味果屡变。相传能解醒消胀，然采制甚少，售者亦稀。

《随见录》：武夷茶在山上者为岩茶，水边者为洲茶。岩茶为上，洲茶次之；岩茶北山者为上，南山者次之。南北两山，又以所产之岩名为名。其最佳者，名曰工夫茶。工夫之上，又有小种，则以树名为名。每株不过数两，不可多得。洲茶名色有莲子心、白毫、紫毫、龙须、凤尾、花香、兰香、清香、奥香、选芽、漳芽等类。

《广舆记》：泰宁茶，出邵武府。

福宁州太姥山出茶⑩，名绿雪芽。

《湖广通志》：武昌茶，出通山者上，崇阳、蒲圻者次之。

《广舆记》：崇阳县龙泉山，周二百里。山有洞，好事者持炬而入，行数十步许，坦平如室，可容千百众。石渠流泉清冽，乡人号曰鲁溪。岩产茶甚甘美。

《天下名胜志》：湖广江夏县洪山，旧名东山。《茶谱》云：鄂州东山出茶，黑色如韭，食之已头痛。

《武昌郡志》：茗山在蒲圻县北十五里，产茶。又大冶县，亦有茗山。

《荆州土地记》：武陵七县，通出茶，最好。

《岳阳风土记》³⁴⁰：灉湖诸山旧出茶，谓之灉湖茶。李肇所谓"岳州灉湖之含膏"是也。唐人极重之，见于篇什。今人不甚种植，惟白鹤僧园有千余本。土地颇类北苑，所出茶一岁不过一、二十斤，土人谓之"白鹤茶"，味极甘香，非他处草茶可比并。茶园地色亦相类，但土人不甚植尔。

《〔湖南〕通志》⑪：长沙茶陵州，以地居茶山之阴，因名。昔炎帝葬于茶山之野。茶山即云阳山，其陵谷间多生茶茗故也。

长沙府出茶，名安化茶。辰州茶，出溆浦。郴州亦出茶。

《类林新咏》：长沙之石楠叶，摘芽为茶，名栾茶，可治头风。湘人以四月四日摘杨桐草，捣其汁拌米而蒸，犹晋糜之类，必啜此茶，乃去风也。尤宜暑月饮之。

《合璧事类》：潭郡之间有渠江，中出茶，而多毒蛇猛兽，乡人每年采撷不过十五六斤。其色如铁而芳香异常，烹之无脚。

湘潭茶，味略似普洱，土人名曰"芙蓉茶"。

《茶事拾遗》：潭州有铁色，夷陵有压砖。

《〔湖广〕通志》⑫：靖州出茶油。蕲水有茶山，产茶。

《河南通志》：罗山茶，出河南汝宁府信阳州。

《桐柏山志》：瀑布山，一名紫凝山，产大叶茶。

《山东通志》：兖州府费县蒙山石巅，有花如茶，土人取而制之，其味清香，迥异他茶，贡茶之异品也。

《舆志》：蒙山，一名东山。上有白云岩，产茶，亦称蒙顶。王草堂云，乃石上之苔，为之非茶类也。

《广东通志》：广州、韶州、南雄、肇庆各府及罗定州，俱产茶[341]。

西樵山，在郡城西一百二十里，峰峦七十有二，唐末诗人曹松移植顾渚茶于此，居人遂以茶为生业。

韶州府曲江县曹溪茶，岁可三四采，其味清甘。

潮州大埔县，肇庆恩平县，俱有茶山。德庆州有茗山，钦州灵山县亦有茶山。

吴陈琰《旷园杂志》[342]：端州白云山，出云独奇。山故莳茶在绝壁，岁不过得一石许，价可至百金。

王草堂《杂录》：粤东珠江之南，产茶曰河南茶。潮阳有凤山茶，乐昌有毛茶，长乐有石茗，琼州有灵茶、乌药茶云。

《岭南杂记》：广南出苦蔫茶，俗呼为苦丁。非茶也，叶大如掌，一片入壶，其味极苦；少则反有甘味，噙咽利咽喉之症，功并山豆根。

化州有琉璃茶，出琉璃庵。其产不多，香与峒岕相似。僧人奉客，不及一两。

罗浮有茶，产于山顶石上，剥之如蒙山之石茶。其香倍于广(廣)岕⑫，不可多得。

《南越志》[343]：龙川县出皋卢，味苦涩，南海谓之过卢。

《陕西通志》：汉中府、兴安州等处产茶。如金州、石泉、汉阴、平利、西乡诸县，各有茶园，他郡则无⑬。

《四川通志》⑭：四川产茶州县，凡二十九处。成都府之资阳、安县、灌县、石泉、崇庆等，重庆府之南川、黔江、酆都、武隆、彭水等，夔州府之建始、开县等，及保宁府、遵义府、嘉定州、泸州、雅州、乌蒙等处。

东川茶有神泉、兽目。邛州茶曰火井。

《华阳国志》：涪陵无蚕桑，惟出茶、丹漆、蜜蜡。

《华夷花木考》：蒙顶茶，受阳气全，故芳香。唐李德裕入蜀，得蒙饼以沃于汤瓶之上，移时尽化，乃验其真。蒙顶又有五花茶，其片作五出。

毛文锡《茶谱》：蜀州晋原……皆散茶之最上者[344]。

《东斋纪事》[345]：蜀雅州蒙顶产茶最佳，其生最晚，每至春夏之交始出。常有云雾覆其上，若有神物护持之。

《群芳谱》：峡州茶有小江园、碧涧寮、明月房、茱萸寮等。

陆平泉《茶寮记事》：蜀雅州蒙顶上，有火前茶最好，谓禁火以前采者。后者谓之火后。茶有露芽、谷芽之名[346]。

《述异记》[347]：巴东有真香茗，其花白色如蔷薇，煎服令人不眠，能诵无忘。

《广舆记》：峨嵋山茶，其味初苦而终甘。又泸州茶可疗风疾。又有一种乌茶，出天全六番招讨使司境内。

王新城《陇蜀余闻》[348]：蒙山，在名山县西十五里。有五峰，最高者曰上清峰。其巅一石，大如数间屋，有茶七株生石上，无缝鏬。云是甘露大师手植，每茶时叶生，智炬寺僧辄报有司往视，籍记其叶之多少。采制才得数钱许，明时贡京师，仅一钱有奇。环石别有数十株，曰陪茶，则供藩府、诸司之用而已。其旁有泉，恒用石覆之，味清妙在惠泉之上。

《云南记》：名山县出茶，有山曰蒙山，联延数十里，在西南。按：《拾遗志》《尚书》所谓"蔡蒙旅平"者，蒙山也。在雅州，凡蜀茶尽出此。

《云南通志》：茶山，在元江府城西北普洱界。太华山，在云南府西，产茶色味似松萝，名曰太华茶。

普洱茶，出元江府普洱山，性温味香；儿茶出永昌府，俱作团。又感通茶，出大理府点苍山感通寺。

《续博物志》：威远州，即唐南诏银生府之地。诸山出茶，收采无时，杂椒、姜烹而饮之。

《广舆记》：云南广西府出茶；又湾甸州出茶，其境内孟通山所产，亦类阳羡茶。谷雨前采者香。

曲靖府茶子，丛生，单叶，子可作油。

许鹤沙《滇行纪程》[349]：滇中阳山茶，绝类松萝。

《天中记》：容州黄家洞出竹茶，其叶如嫩竹，土人采以作饮，甚甘美。广西容县，唐容州。

《贵州通志》：贵阳府产茶，出龙里东苗坡及阳宝山⑩，土人制之无法，味不佳。近亦有采芽以造者，稍可供啜。威宁府茶出平远，产岩间，以法制之，味亦佳。

《地图综要》[350]：贵州新添军民卫产茶，平越军民卫亦出茶。

《研北杂志》[351]：交趾出茶如绿苔，味辛烈，名曰"登北房重"，译名"茶曰钗"。

九之略

茶事著述名目

《茶经》三卷　唐太子文学陆羽撰　《茶记》三卷[352]　前人见《国史经籍志》

《顾渚山记》二卷　前人　《煎茶水记》一卷　江州刺史张又新撰

《采茶录》三卷　温庭筠撰　《补茶事》太原温从云　武威段碣之

《茶诀》三卷　释皎然撰　《茶述》裴汶

《茶谱》一卷　伪蜀毛文锡　《大观茶论》二十篇　宋徽宗撰

《建安茶录》[353]三卷　丁谓撰　《试茶录》二卷　蔡襄撰

《进茶录》[354]一卷　前人　《品茶要录》一卷　建安黄儒撰

《建安茶记》一卷　吕惠卿撰　《北苑拾遗》一卷　刘异撰

《北苑煎茶法》　前人　《东溪试茶录》宋子安集，一作朱子安

《补茶经》一卷　周绛撰　又一卷[355]前人

《北苑总录》十二卷　曾伉录　《茶山节对》一卷　摄衢州长史蔡宗颜撰

《茶谱遗事》一卷　前人　《宣和北苑贡茶录》　建阳熊蕃撰

《宋朝茶法》　沈括　《茶论》　前人

《北苑别录》一卷　赵汝砺撰　《北苑别录》　无名氏[356]

《造茶杂录》　张文规　《茶杂文》一卷集古今诗文及茶者

《壑源茶录》一卷　章炳文　《北苑别录》　熊克[357]

《龙焙美成茶录》　范逵　《茶法易览》十卷　沈立

《建茶论》　罗大经　《煮茶泉品》　叶清臣

《十友谱茶谱》[358]　失名　《品茶》一篇陆鲁山

《续茶谱》　桑庄茹芝　《茶录》　张源

《煎茶七类》　徐渭　《茶寮记》　陆树声

《茶谱》　顾元庆　《茶具图》[359]一卷前人

《茗笈》 屠本畯 《茶录》 冯时可

《岕山茶记》[360] 熊明遇 《茶疏》 许次纾

《八笺茶谱》 高濂 《煮泉小品》 田艺蘅

《茶笺》 屠隆 《岕茶笺》 冯可宾

《峒山茶系》[361] 周高起伯高 《水品》 徐献忠

《竹懒茶衡》 李日华 《茶解》 罗廪

《松寮茗政》 卜万祺 《茶谱》 钱友兰翁

《茶集》一卷 胡文焕 《茶记》 吕仲吉

《茶笺》 闻龙 《岕茶别论》 周庆叔

《茶董》 夏茂卿 《茶说》 邢士襄

《茶史》 赵长白 《茶说》 吴从先

《武夷茶说》 袁仲儒 《茶谱》 朱硕儒见黄与坚集

《岕茶汇钞》 冒襄[⑫] 《茶考》 徐燉

《群芳谱茶谱》 王象晋 《佩文斋广群芳谱茶谱》

诗文名目

杜毓《荈赋》 顾况《茶赋》

吴淑《茶赋》 李文简《茗赋》

梅尧臣《南有佳茗赋》 黄庭坚《煎茶赋》

程宣子《茶铭》 曹晖《茶铭》

苏廙《仙芽传》 汤悦《森伯传》

苏轼《叶嘉传》 支廷训《汤蕴之传》

徐岩泉《六安州茶居士传》 吕温《三月三日茶晏序》

熊禾《北苑茶焙记》 赵孟燧《武夷山茶场记》

暗都剌《喊山台记》 文德翼《庐山兔给茶引记》

茅一相《茶谱》序 清虚子《茶论》

何恭《茶议》 汪可立《茶经后序》

吴旦《茶经跋》 童承叙《论茶经书》

赵观《煮泉小品序》

诗文摘句

《合璧事类·龙溪除起宗制》有云：必能为我讲摘山之制，得充厩之良。

胡文恭《行孙谘制》有云：领算商车，典领茗轴。

唐武元衡有《谢赐新火及新茶表》。刘禹锡、柳宗元有《代武中承谢赐新茶表》。

韩翃《为田神玉谢赐茶表》有"味足蠲邪，助其正直；香堪愈疾，沃以勤劳。吴主礼贤，方闻置茗；晋臣爱客，才有分茶"之句。

《宋史》：李稷重秋叶、黄花之禁。

宋《通商茶法诏》，乃欧阳修笔；代福建提举《茶事谢上表》，乃洪迈笔。

谢宗《谢茶启》：比丹丘之仙芽，胜乌程之御荈，不止味同露液，白况霜华。岂可为酪苍头，便应代酒从事。

《茶榜》：雀舌初调，玉碗分时茶思健；龙团捶碎，金渠碾处睡魔降。

刘言史与孟郊洛北野泉上煎茶，有诗。

僧皎然寻陆羽不过，有诗。

白居易有《睡后茶兴忆杨同州》诗。

皇甫曾有《送陆羽采茶》诗。

刘禹锡《石园兰若试茶歌》有云"欲知花乳清冷味，须是眠云跂石人。"

郑谷《峡中尝茶》诗：入座半瓯轻泛绿，开缄数片浅含黄。

杜牧《茶山》诗：山实东南秀，茶称瑞草魁。

施肩吾诗：茶为涤烦子，酒为忘忧君。

秦韬玉有《采茶歌》。

颜真卿有《月夜啜茶联句》诗。

司空图诗：碾尽明昌几角茶。

李群玉诗：客有衡山隐，遗余石廪茶。

李郢《酬友人春暮寄枳花茶》诗。

蔡襄有北苑茶垄、采茶、造茶、试茶诗五首。

《朱熹集》：香茶供养黄柏长老悟公塔，有诗。

文公《茶坂》诗：（携籝北岭西）

苏轼有《和钱安道寄惠建茶》诗。

《坡仙食饮录》有《问大冶长老乞桃花茶栽》诗。

《韩驹集·谢人送凤团茶》诗："白发前朝旧史官，风炉煮茗暮江寒。苍龙不复从天下，拭泪看君小凤团。"

苏辙有《咏茶花》诗二首，有云：细嚼花须味亦长，新芽一粟叶间藏。

孔平仲梦锡惠墨答以蜀茶，有诗。

岳珂《茶花盛放满山》诗有"洁躬淡薄隐君子，苦口森严大丈夫"之句。

《赵抃集·次谢许少卿寄卧龙山茶》诗有"越芽远寄入都时，酬唱争夸互见诗"之句。

文彦博诗：旧谱最称蒙顶味，露芽云液胜醍醐。

张文规诗："明月峡中茶始生。"明月峡与顾渚联属，茶生其间者，尤为绝品。

孙觌有《饮修仁茶》诗。

韦处厚《茶岭》诗：顾渚吴霜绝，蒙山蜀信稀。千丛因此始，含露紫茸肥。

《周必大集·胡邦衡生日以诗送北苑八銙日注二瓶》："贺客称觞满冠霞，悬知酒渴正思茶。尚书八饼分闽焙，主簿双瓶拣越芽。"又有《次韵王少府送焦坑茶》诗。

陆放翁诗："寒泉自换菖蒲水，活火闲煎橄榄茶。"又《村舍杂书》："东山石上茶，鹰爪初脱韝。雪落红丝硙，香动银毫瓯。爽如闻至言，余味终日留。不知叶家白，亦复有此否。"

刘诜诗：鹦鹉茶香堪供客，茶缸酒熟足娱亲。

王禹偁《茶园》诗：茂育知天意，甄收荷主恩。沃心同直谏，苦口类嘉言。

《梅尧臣集·宋著作寄凤茶》诗："团为苍玉璧，隐起双飞凤。独应近臣颁，岂得常寮共。"又《李求仲寄建溪洪井茶七品云》："忽有西山使，始遗七品茶。末品无水晕，六品无沉粗。五品散云脚，四品浮粟花。三品若琼乳，二品罕所加。绝品不可议，甘香焉等差。"又《答宣城梅主簿·遗鸦山茶》诗云："昔观唐人诗，茶咏鸦山嘉。鸦衔茶子生，遂同山名鸦。"又有《七宝茶》诗云："七物甘香杂蕊茶，浮花泛绿乱于霞。啜之始觉君恩重，休作寻常一等夸。"又吴正仲饷新茶、沙门颖公遗碧霄峰茗，俱有吟咏。

戴复古《谢史石窗送酒并茶》诗曰：遗来二物应时须，客子行厨用有余。午困政需茶料理，春愁全仗酒消除。

费氏《宫词》：近被宫中知了事，每来随驾使煎茶。

杨廷秀有《谢木舍人送讲筵茶》诗。

叶适有《寄谢王文叔送真日铸茶》诗云：谁知真苦涩，黯淡发奇光。

杜本《武夷茶》诗：春从天上来，嘘咈通寰海。纳纳此中藏，万斛珠蓓蕾。

刘秉忠《尝云芝茶》诗云：铁色皱皮带老霜，含英咀美入诗肠。

高启有《月团茶歌》，又有《茶轩诗》。

杨慎有《和章水部沙坪茶歌》。沙坪茶，出玉垒关外宝唐山。

董其昌《赠煎茶僧》诗：怪石与枯槎，相将度岁华。凤团虽贮好，只吃赵州茶。

娄坚有《花朝醉后为女郎题品泉图》诗。

程嘉燧有《虎邱僧房夏夜试茶歌》。

南宋《杂事诗》云：六一泉烹双井茶。

朱隗《虎邱竹枝词》：官封茶地雨前开，皂隶衙官搅似雷。近日正堂偏体贴，监茶不遣掾曹来。

绵津山人《漫堂咏物》有《大食索耳茶杯诗》云：粤香泛永夜，诗思来悠然。注：武夷有粤香茶。

薛熙《依归集》[362] 有朱新庵今《茶谱》序。

十之图

历代图画名目

唐张萱有《烹茶士女图》，见《宣和画谱》。

唐周昉寓意丹青，驰誉当代，宣和御府所藏有《烹茶图》一。

五代陆滉《烹茶图》一，宋中兴馆阁储藏。

宋周文矩有《火龙烹茶图》四，《煎茶图》一。

宋李龙眼有《虎阜采茶图》，见题跋。

宋刘松年绢画《卢仝煮茶图》一卷，有元人跋十余家，范司理龙石藏。

王齐翰有《陆羽煎茶图》，见王世懋《澹园画品》。

董逌《陆羽点茶图》有跋。

元钱舜举画《陶学士雪夜煮茶图》，在焦山道士郭第处，见詹景凤《东冈玄览》。

史石窗，名文卿，有《煮茶图》，袁桷作《煮茶图诗序》。

冯璧有《东坡海南烹茶图并诗》。

严氏《书画记》，有杜柽居《茶经图》。

汪珂玉《珊瑚网》载《卢仝烹茶图》。

明文征明有《烹茶图》。

沈石田有《醉茗图》，题云："酒边风月与谁同，阳羡春雷醉耳聋。七碗便堪酬酩酊，任渠高枕梦周公。"

沈石田有《为吴匏庵写虎邱对茶坐雨图》。

《渊鉴斋书画谱》，陆包山治有《烹茶图》。

补元赵松雪有《宫女啜茗图》，见《渔洋诗话·刘孔和诗》。

茶具十二图

韦鸿胪"赞"与"图"　木待制"赞"与"图"

金法曹"赞"与"图"　石转运"赞"与"图"

胡员外"赞"与"图"　罗枢密"赞"与"图"

宗从事"赞"与"图"　漆雕秘阁"赞"与"图"

陶宝文"赞"与"图"　汤提点"赞"与"图"

竺副师"赞"与"图"　司职方"赞"与"图"[363]

竹炉并分封茶具六事

苦节君

铭曰：肖形天地……洞然八荒。锡山盛颙

苦节君行省

茶具六事……执事者故以行省名之。陆鸿渐所谓都篮者，此其是与？

建城"铭"、"图"　云屯"铭"、"图"

乌府"铭"、"图" 水曹"铭"、"图"
器局"铭"、"图" 品司"铭"、"图"364

罗先登续文房图赞

玉川先生

毓秀蒙顶，蜚英玉川。搜搅胸中，书传五千。儒素家风，清淡滋味。君子之交，其淡如水。

续茶经附录

茶法

《唐书》：德宗纳户部侍郎赵赞议，税天下茶、漆、竹、木，十取一以为常平本钱。及出奉天，乃悼悔，下诏亟罢之。及朱泚平，佞臣希意兴利者益进，贞元八年，以水灾减税。明年诸道盐铁使张滂奏：出茶州县若山及商人要路，以三等定估，十税其一；自是岁得钱四十万缗。穆宗即位，盐铁使王播图宠以自幸，乃增天下茶税，率百钱增五十。天下茶加斤至二十两，播又奏加取焉。右拾遗李珏上疏谓："榷率本济军兴，而税茶自贞元以来方有之，天下无事，忽厚敛以伤国体，一不可；茗为人饮，盐粟同资，若重税之，售必高，其弊先及贫下，二不可；山泽之产无定数，程斤论税，以售多为利，若腾价则市者寡，其税几何？三不可。"其后王涯判二使，置榷茶使⑫，徙民茶树于官场，焚其旧积者，天下大怨。令孤楚代为盐铁使兼榷茶使，复令纳榷加价而已。李石为相，以茶税皆归盐铁，复贞元之制。武宗即位，崔珙又增江淮茶税。是时，茶商所过州县有重税，或夺掠舟车，露积雨中；诸道置邸以收税，谓之踏地钱。大中初，转运使裴休著条约，私鬻如法论罪，天下税茶，增倍贞元。江淮茶为大模，一斤至五十两，诸道盐铁使于悰，每斤增税钱五，谓之剩茶钱；

自是斤两复旧。

元和十四年，归光州茶园于百姓，从刺史房克让之请也。

裴休领诸道盐铁转运使，立税茶十二法，人以为便。

藩镇刘仁恭禁南方茶，自撷山为茶，号山曰"大恩"以邀利。

何易于为益昌令，盐铁官榷取茶利诏下，所司毋敢隐。易于视诏曰："益昌人不征茶且不可活，矧厚赋毒之乎！"命吏阁诏。吏曰："天子诏何敢拒。吏坐死，公得免窜耶？"易于曰："吾敢爱一身移暴于民乎？亦不使罪及尔曹。"即自焚之，观察使素贤之，不劾也。

陆贽为宰相，以赋役烦重，上疏云：天灾流行四方，代有税茶钱积户部者，宜计诸道户口均之。

《五代史》：杨行密，字化源，议出盐、茗俾民输帛幕府。高勖曰：创破之余，不可以加敛，且帑赍何患不足。若悉我所有，以易四邻所无，不积财而自有余矣。行密纳之。

《宋史》：榷茶之制，择要会之地，曰江陵府、曰真州、曰海州、曰汉阳军、曰无为军、曰蕲之蕲口，为榷货务六。初京城、建安、襄、复州皆有务，后建安、襄、复之务废，京城务虽存，但会给交钞往还而不积茶货。在淮南则蕲、黄、庐、舒、光、寿六州，官自为场，置吏总之⑬，谓之山场者十三。六州采茶之民皆隶焉，谓之园户。岁课作茶输租，余则官悉市之，总为岁课⑭八百六十五万余斤。其出鬻者，皆就本场。在江南则宣、歙、江、池、饶、信、洪、抚、筠、袁十州，广德、兴国、临江、建昌、南康五军。两浙则杭、苏、明、越、婺、处、温、台、湖、常、衢、睦十二州。荆湖则江陵府、潭、沣、鼎、鄂、岳、归、峡七州,荆门军。福建则建、剑二州。岁如山场输租折税,总为岁课,江南百二十七万余斤,两浙百二十七万九千余斤,荆湖二百四十七万余斤,福建三十九万三千余斤,悉送六榷货务鬻之。

茶有二类:曰片茶、曰散茶。片茶蒸造,实棬模中串之;唯建、剑则既蒸而研,编竹为格,置焙室中,最为精洁,他处不能造。有龙凤、石乳、白乳之类十二等,以充岁贡及邦国之用。其出虔、袁、饶、池、光、歙、潭、岳、辰、沣州,江陵府、兴国、临江军,有仙芝、玉津、先春、绿芽之类二十六等。两浙及宣、江、鼎州,又以上中下或第一至第五为号。散茶出淮南、归州、江南、荆湖,有龙溪、雨前、雨后之类十一等。江浙又有上中下或第一等至第五为号者,民之欲茶者,售于官。给其食用者,谓之食茶;出境者,则给券。商贾贸易,入钱若金帛京师榷货务,以射六务十三场。愿就东南入钱若金帛者听。凡民茶匿不送官及私贩鬻者,没入之,计其直论罪。园户辄毁败茶树者,计所出茶,论如法。民造温桑伪茶⑬,比犯真茶计直,十分论二分之罪。主吏私以官茶贸易及一贯五百者,死。自后定法,务从轻减。太平兴国二年,主吏盗官茶贩鬻钱三贯以上,黥面送阙下。淳化三年,论直十贯以上,黥面配本州牢城。巡防卒私贩茶,依旧条加一等论。凡结徒持仗贩易私茶,遇官司擒捕抵拒者,皆死。太平兴国四年,诏鬻伪茶一斤,杖一百;二十斤以上弃市。厥后,更改不一,载全史。

陈恕为三司使⑭,将立茶法,召茶商数十人,俾条陈利害,第为三等,具奏太祖曰:"吾视上等之说,取利太深,此可行于商贾,不可行于朝廷。下等之说,固灭裂无取。惟中等之说,公私皆济,吾裁损之,可以经

久,行之数年,公用足而民富实。"

太祖开宝七年,有司以湖南新茶异于常岁,请高其价以鬻之。太祖曰:"道则善,毋乃重困吾民乎⑮?"即诏第复旧制,勿增价值。

熙宁三年,熙河运使以岁计不足,乞以官茶博籴。每茶三斤,易粟一斛,其利甚薄。朝廷谓茶马司本以博马,不可以博籴于茶。马司岁额外,增买川茶两倍,朝廷别出钱二万给之,令提刑司封桩,又令茶马官程之邵兼转运使,由是数岁,边用粗足。

神宗熙宁七年,干当公事李杞入蜀经画买茶,秦凤熙河博马。王上诏言,西人颇以善马至边交易,所嗜惟茶。

自熙丰以来,旧博马皆以粗茶,乾道之末,始以细茶遗之。成都利州路十二州,产茶二千一百二万斤,茶马司所收,大较若此。

茶利嘉祐间禁榷时,取一年中数,计一百九万四千九十三贯八百八十五钱,治平间通商后,计取数一百一十七万五千一百四贯九百一十九钱。

琼山邱氏曰:后世以茶易马,始见于此;盖自唐世回纥入贡,先已以马易茶,则西北之嗜茶,有自来矣。

苏辙《论蜀茶状》[365]:园户例收晚茶,谓之秋老黄茶,不限早晚,随时即卖。

沈括《梦溪笔谈》:乾德二年……降敕罢茶禁[366]。

洪迈《容斋随笔》[367]⑯:蜀茶税额,总三十万。熙宁七年,遣三司干当公事李杞,经画买茶,以蒲宗闵同领其事,创设官场,增为四十万。后李杞以疾去,都官郎中刘佐继之,蜀茶尽榷,民始病矣。知彭州吕陶

言：天下茶法既通，蜀中独行禁榷。杞、佐、宗闵作为弊法，以困西南生聚。佐虽罢去，以国子博士李稷代之，陶亦得罪。侍御史周尹复极论榷茶为害，罢为河北提点刑狱。利路漕臣张宗谔、张升卿复建议废茶场司，依旧通商，皆为稷劾坐贬。茶场司行劄子，督绵州彰明知县宋大章缴奏，以为非所当用，又为稷诋坐冲替。一岁之间，通课利及息耗至七十六万缗有奇。

熊蕃《宣和北苑贡茶录》：陆羽《茶经》、裴汶《茶述》……以待时而已[368]。

外焙⑬

石门　乳吉　香口

右三焙，常后北苑五七日兴工，每日采茶蒸榨以其黄，悉送北苑并造。

《北苑别录》⑭：先人作《茶录》……或者犹未之知也。三月初吉男克北苑寓舍书。

贡新銙竹圈银模方一寸二分……大凤。

北苑贡茶最盛……熊克谨记[369]。

北苑贡茶纲次

细色第一纲……惟拣芽俱以黄焉[370]。

《金史》[371]：茶自宋人岁供之外，皆贸易于宋界之榷场。世宗大定十六年，以多私贩，乃定香茶罪赏格。章宗承安三年，命设官制之。以尚书省令史往河南视官造者，不尝其味，但采民言，谓为温桑，实非茶也，还即白上；以为不干，杖七十罢之。四年三月，于淄、密、宁、海、蔡州各置一坊造茶。照南方例，每斤为袋，直六百文。后令每袋减三百文。五年春，罢造茶之坊。六年，河南茶树槁者，命补植之。十一月，尚书省奏禁茶，遂命七品以上官，其家方许食茶，仍不得卖及馈献。七年，更定食茶制。八年，言事者以止可以盐易茶，省臣以为所

易不广，兼以杂物博易。宣宗元光二年，省臣以茶非饮食之急，今河南、陕西凡五十余郡，郡日食茶率二十袋，直银二两，是一岁之中，妄费民间三十余万也。奈何以吾有用之货而资敌乎？乃制亲王、公主及现任五品以上官，素蓄存者存之；禁不得买馈，余人并禁之。犯者徒五年，告者赏宝泉一万贯。

《元史》[372]：本朝茶课，由约而博，大率因宋之旧而为之制焉。至元六年，始以兴元交钞同知运使白赓言，初榷成都茶课。十三年，江南平，左丞吕文焕首以主茶税为言，以宋会五十贯，准中统钞一贯。次年定长引、短引，是岁征一千二百余锭。泰定十七年，置榷茶都转运使司于江州路，总江淮、荆湖、福广之税，而遂除长引，专用短引。二十一年，免食茶税以益正税。二十三年，以李起南言，增引税为五贯。二十六年，丞相桑哥增为一十贯。延祐五年，用江西茶运副法忽鲁丁言，减引添钱，每引再增为一十二两五钱。次年，课额遂增为二十八万九千二百一十一锭矣。天历己巳，罢榷司而归诸州县，其岁征之数，盖与延祐同。至顺之后，无籍可考。他如范殿帅茶，西番大叶茶，建宁銙茶，亦无从知其始末，故皆不著。

《明会典》：陕西置茶马司四：河州、洮州、西宁、甘州⑮，各司并赴徽州茶引所批验，每岁差御史一员巡茶马。

明洪武间，差行人一员，齎榜文于行茶所在悬示以肃禁。永乐十三年，差御史三员，巡督茶马。正统十四年，停止茶马金牌，遣行人四员巡察。景泰二年，令川、陕布政司各委官巡视，罢差行人。四年，复差行人。成化三年，奏准每年定差御史一员

陕西巡茶。十一年,令取回御史,仍差行人。十四年,奏准定差御史一员,专理茶马,每岁一代,遂为定例。弘治十六年,取回御史,凡一应茶法,悉听督理马政都御史兼理。十七年,令陕西每年于按察司拣宪臣一员驻洮,巡禁私茶;一年满日,择一员交代。正德二年,仍差巡茶御史一员兼理马政。

光禄寺衙门,每岁福建等处解纳茶叶一万五千斤,先春等茶芽三千八百七十八斤,收充茶饭等用。

《博物典汇》云:本朝捐茶,利予民而不利其入。凡前代所设権务贴射、交引、茶由诸种名色,今皆无之,惟于四川置茶马司四所,于关津要害置数批验茶引所而已。及每年遣行人于行茶地方,张挂榜文,俾民知禁。又于西番入贡为之禁限,每人许其顺带有定数,所以然者,非为私奉,盖欲资外国之马,以为边境之备焉耳。

洪武五年,户部言:四川产巴茶凡四百四十七处,茶户三百一十五,宜依定制,每茶十株,官取其一,岁计得茶一万九千二百八十斤,令有司贮候西番易马。从之。至三十一年,置成都、重庆、保宁三府及播州宣慰司茶仓四所,命四川布政司移文天全六番招讨司,将岁收茶课,仍收碉门茶课司,余地方就送新仓收贮,听商人交易及与西番易马。茶课岁额五万余斤,每百加耗六斤,商茶岁中率八十斤,令商运卖,官取其半易马。纳马番族,洮州三十,河州四十三,又新附归德所生番十一,西宁十三。茶马司收贮,官立金牌信符为验。洪武二十八年,驸马欧阳伦以私贩茶扑杀,明初茶禁之严如此。

《武夷山志》[373]:茶起自元初,至元十六年,浙江行省平章高兴过武夷⑬,制石乳数斤入献。十九年,乃令县官莅之,岁贡茶二十斤,采摘户凡八十。大德五年,兴之子久住为邵武路总管,就近至武夷督造贡茶。明年创焙局,称为御茶园。有仁风门、第一春殿、清神堂诸景⑬。又有通仙井,覆以龙亭,皆极丹艧之盛,设场官二员领其事。后岁额浸广,增户至二百五十,茶三百六十斤,制龙团五千饼。泰定五年,崇安令张端本重加修葺,于园之左右各建一坊,扁曰茶场⑭。至顺三年,建宁总管暗都剌于通仙井畔筑台。高五尺、方一丈六尺,名曰喊山台。其上为喊泉亭,因称井为呼来泉。旧《志》云:祭后群喊,而水渐盈,造茶毕而遂涸,故名。迨至正末,额凡九百九十斤。明初仍之,著为令。每岁惊蛰日,崇安令具牲醴诣茶场致祭,造茶入贡。洪武二十四年,诏天下产茶之地,岁有定额,以建宁为上,听茶户采进,勿预有司。茶名有四:探春、先春、次春、紫笋,不得碾揉为大小龙团,然而祀典贡额犹如故也。嘉靖三十六年,建宁太守钱嶪,因本山茶枯,令以岁编茶夫银二百两及水脚银二十两齎府造办。自此遂罢茶场,而崇民得以休息。御园寻废,惟井尚存。井水清甘,较他泉迥异。仙人张邋遢过此饮之曰:"不徒茶美,亦此水之力也。"

我朝茶法,陕西给番易马,旧设茶马御史,后归巡抚兼理。各省发引通商,止于陕境交界处盘查。凡产茶地方,止有茶利,而无茶累,深山穷谷之民,无不沾濡雨露,耕田凿井,其乐升平,此又有茶以来希遇之盛也。

雍正十二年七月既望陆廷灿识

注　释

1　此处删节,见唐代陆羽《茶经》附录。

2　《唐韵》:唐孙愐撰,今存《唐韵》残卷。

3　此处删节,见唐代裴汶《茶述》。

4　此处删节,见宋代赵佶《大观茶论》序。

5　此处删节,见宋代赵佶《大观茶论·品
　　名》。

6　此处删节,见宋代蔡襄《茶录》。

7　此处删节,见明代徐𤊺《蔡端明别纪·
　　茶癖》。

8　此处删节,见宋代丁谓《北苑别录·开
　　畬》。

9　王辟之:字圣涂,宋青州菅丘人。

10　此处删节,见明代徐𤊺《蔡端明别纪·
　　　茶癖》。

11　周辉:或作"周煇",字昭礼,宋泰州海
　　　陵(今江苏泰县)人。侨寓钱塘(今浙
　　　江杭州),"清波"为其杭州住址。

12　胡仔:字元任,号苕溪渔隐。宋徽州绩
　　　溪人。后卜居湖州。

13　车清臣:即车若水,清臣是其字,宋台
　　　州黄岩人。

14　此处删节,见宋代宋子安《东溪试茶
　　　录》序。

15　此处删节,见宋代黄儒《品茶要录》序。

16　陈师道:字履常,一字无己,号后山居
　　　士,徐州彭城(今江苏徐州)人。

17　此处删节,见唐代陆羽《茶经》附录陈
　　　师道《茶经序》。

18　王楙(1151—1213):字勉夫,福州福清
　　　人,后徙居平江吴县。

19　《魏王花木志》:撰者不详,原书早佚,
　　　此据《太平御览》卷867引。据胡立初
　　　《齐民要术引用书目考证》,认为是北
　　　朝后魏元欣所撰。

20　熊禾(1253—1312)《勿斋集·北苑茶
　　　焙记》:字去非,初名铄,字位辛。号勿

轩,一号退斋。建宁建阳人。度宗咸
淳十年进士,授汀州司户参军。入元
不仕,从朱熹门人辅广游,后归武夷
山,筑鳌峰书堂,子弟甚众。有《三礼
考异》、《春秋论考》、《勿轩集》。《勿轩
集》,疑也即本文所说的《勿斋集》。

21　《说郛·臆乘》:此指下录资料,实际出
　　　自《说郛》所收《臆乘》的内容。近出
　　　《中国茶文化经典》等书,将此定作
　　　"《说郛》、《臆乘》"两书,误。《说郛》卷
　　　21收刊有宋杨伯嵒撰《臆乘》一书。
　　　《说郛》下录内容,是其所收杨伯嵒《臆
　　　乘》所撰。

22　高启(1336—1374):苏州府长洲县(今
　　　江苏苏州)人。字季迪,号槎轩。张士
　　　诚乱时,隐居吴淞江青丘,自号青丘
　　　子。洪武初,以荐参修《元史》,授翰林
　　　院国史编修官。后因被疑为文中"龙
　　　蟠虎踞"有歌颂张士诚之嫌,被腰斩。
　　　有《高太史大全集》。

23　此处删节,见明代陶本畯《茗笈·十六
　　　玄赏章》。

24　谢肇淛:字在杭,福建长乐人。万历三
　　　十年进士,除湖州推官,累迁工部郎
　　　中,出为云南参政,官至广西右布
　　　政司。

25　《西吴枝乘》:谢肇淛万历年间在任湖
　　　州推官时所作的笔记杂考。古时将太
　　　湖流域分为东、中、西三吴;东吴嘉兴,
　　　中吴苏州,西吴即湖州和常州沿湖
　　　地区。

26　包衡《清赏录》:包衡,字彦平,秀水(今
　　　浙江嘉兴)人。久困场屋,遂弃去。与
　　　张翼共购阅古书,采撷隽语僻事为《清
　　　赏录》。

27　陈仁锡(1581—1636):字明卿,号芝

苔。十九岁中举，尝从武进钱一本学《易》，得其旨要。天启二年进士，授编修，以忤魏忠贤被削职为民。崇祯初复官，累迁南京国子监祭酒，卒谥文庄。好学，喜著书，有《四书备考》、《潜确类书》、《重订古周礼》等。

28　此段录自李日华《六研斋二笔》卷1。

29　乐思白：即乐纯，字思白，一字白禾，号天湖子、雪庵。明福建沙县人，善古文，工书画。有《雪庵清史》、《细雨楼集》。

30　此处删节，见明代冯时可《茶录》。

31　鲁彭《刻茶经序》：鲁彭，明景陵士人。其《茶经·序》，为明嘉靖壬寅（二十一年，1542）晋陵刻《茶经》所撰，故也可称陆羽《茶经》壬寅本、竟陵本刻序。本段非全文，为陆廷灿选摘连接而成。

32　沈石田：即沈周（1427—1509），字启南，号石田，又号白石翁。苏州府长洲县人。终身不仕，以诗画传布天下。有《石田集》、《江南春词》、《石田诗钞》、《石田杂记》等。

33　杨慎（1488—1559）《丹铅总录》：杨慎，字用修，号升庵。明四川新都人。正德六年进士，授翰林修撰，嘉靖初召为翰林学士，因上疏力谏，获怒朝廷，贬戍云南永昌卫，卒于斯。在边成三十余年，博览群书，著述浩富，撰有各种杂著一百多种，《丹铅总录》（一称《丹铅杂录》）是其一。

34　此处删节，见明代夏树芳《茶董》。

35　此处删节，见唐代陆羽《茶经》附录四。

36　《谷山笔麈》：于慎行（1545—1607）撰。此文撰于天启乙丑（1625）。于慎行，字可远，一字无垢。隆庆二年进士，万历三十五年，廷推阁臣，以太子少保兼东阁大学士，入参机务。卒谥文定。

37　《疑耀》：四库本作《疑谓》。旧本书贾伪托为李贽撰，非。据考，《疑耀》为明张萱撰于万历三十六年（1608）。

38　李文正《资暇录》：李文正，即李匡义。一作《资暇集》。是书约成于9世纪。

39　黄伯思（1079—1118）：字长睿，别字霄宾，号云林子。邵武人。哲宗元符三年进士，官至秘书郎。以学问渊博闻，工诗文，亦擅各体书法。有《东观余论》、《法帖刊误》等。

40　杨子华作《邢子才魏收勘书图》：杨子华，北齐著名画家，官直阁将军，员外散骑常侍。工画马、龙，武成帝重之，令居禁中，无诏不得与外人画，时称画圣。《邢子才魏收勘书图》是其作品之一。

41　《南窗记谈》：撰者不详。《四库全书总目提要》称是两宋的作品。约成书于12世纪上半叶。

42　王象晋《茶谱小序》：王象晋，字荩臣，一字康宇。山东新城人。万历三十二年进士，官至浙江布政使。去官后优游林下二十年。著有《群芳谱》、《清悟盦欣赏编》、《蓻桐载笔》、《奉张诗余合璧》等。《茶谱小序》即收录在《群芳谱》中。

43　此处删节，见明代夏树芳《茶董·序》。

44　文文肃公震孟（1574—1636）：即文震孟，字文起，号湛持，苏州府长洲（今江苏苏州）人。天启二年殿试第一，授修撰。与魏忠贤党人不合，被斥为民。崇祯八年擢礼部左侍郎兼东阁大学士，寻被劾归卒。有《姑苏名贤小记》、《定蜀记》。

45　袁了凡《群书备考》：袁了凡，即袁黄，字坤仪，了凡是其号。万历十四年进士，授宝坻知县，官至兵部职方司主事。通天文、术数、医药、水利。有《历法新书》、《皇都水利》、《群书备考》、《宝坻政书》等，有的编入其自著丛书《了凡杂著》九种（明万历三十三年建阳余氏刻本）。

46　此处删节，见明代屠本畯《茗笈·第一溯源章》。此非直接抄录《茶疏》，而是转引《茗笈》。

47　李诩(1505—1593)《戒庵漫笔》：李诩，常州府江阴人，字厚德，号戒庵老人。少为诸生，七试落第，便淡于仕进，以读书著述自适。《戒庵漫笔》，一称《戒庵老人漫笔》，约撰于万历二十一年(1593)或稍前。

48　张大复(1554—1630)《梅花笔谈》：张大复，苏州府昆山人，字长元，又字星期，一作心其，号寒山子。通汉唐以来经史词章之学。有《昆山人物传》、《昆山名宦传》、《闻雁斋笔谈》及《醉菩提》、《吉祥兆》等戏曲多种。《梅花笔谈》，全名《梅花草堂笔谈》，撰于崇祯三年(1630)。

49　文震亨(1585—1645)：文震孟弟，字启美。天启五年恩贡。崇祯元年官中书舍人，给事武英殿。工诗善琴，长于书画。明亡，绝食死。谥节愍。

50　冯梦桢(1546—1605)：字开之，浙江秀水人。万历五年进士，官编修，后被劾归。因家藏有《快雪时晴帖》，因名其堂为“快雪堂”。有《历代贡举志》、《快雪堂集》、《快雪堂漫录》等。

51　此处删节，见明代周高起《洞山岕茶系》。

52　劳大与：字宜斋，浙江石门(今嘉兴)人。顺治八年举人，官永嘉县教谕。有《瓯江逸志》、《闻钟集》、《万世太平书》。

53　《枕谭》古传注：陈继儒撰，约成书于十七世纪初。所说“古传注”，此似指郭璞《尔雅》释木第十四槚的注释。

54　吴拭：字去尘，号遁道人。徽州府休宁人。好读书鼓琴，工书画，为诗清古澹隽，善制墨及漆器，晚年落魄，卒于常熟。下文“令茶吐气，复酹一杯”等，出其《武夷杂记》。

55　陈诗教《灌园史》：诗教，字四可，浙江秀水(今嘉兴)人。《灌园史》成书和初刻于万历年间，四卷。前两卷是“古献”，辑录古今花木掌故；后两卷是“今刊”，收录“花月令及花果栽培方法”。《四库全书总目提要》称“皆因袭陈言，别无奇僻，考证尤多疏漏”。今上海图书馆藏有万历残本二卷。此外，陈诗教还另撰有《花里活》三卷。

56　《金陵琐事》：周晖撰，撰刊于万历三十八年(1610)。

57　《佩文斋广群芳谱》：汪灏等奉敕编修，一百卷，目录二卷。

58　王新城《居易录》：王新城，即王士祯，字子真，一字贻上，号阮亭，晚号渔洋山人。山东新城人。顺治十五年进士，授扬州府推官，入为礼部主事、翰林院侍讲，官至刑部尚书；以与废太子唱和被革职。长诗雅文，诗有一代正宗之称。有《阮亭诗钞》、《香祖笔记》、《皇华纪闻》、《渔洋山人菁华录》及《池北偶谈》等。《易居录》查未见，大概存本已不多。

59　《分甘余话》：王士祯撰，四卷。为一随笔记录，成书于康熙四十八年(1709)。

60　《万姓统谱》：凌迪知撰。迪知，字稚哲，号绎泉，湖州府乌程人。嘉靖三十五年进士，官至兵部员外郎。著作甚多，有《太史华句》、《西汉隽言》、《名世类苑》等。《万姓统谱》，收录上古到明万历间人物，共一百四十卷，附《氏族博考》十四卷。

61　焦氏《说楛》：焦周撰。焦周，字茂孝，上元(今江苏南京)人，焦竑(1540—1620)之子。万历二十八年举人。《说楛》者，取荀子“说楛”勿听之义。为杂摘诸书成编的笔记。

62　十咏诗文全删，见明代喻政《茶集·诗类》。

63　唐皮日休《茶具十咏》之五首删去，见明代喻政《茶集·诗类》。

64　《曲洧旧闻》：南宋朱弁撰，约成书于宋高宗绍兴十年前后。朱弁，字少章，号观如居士。徽州婺源人。弱冠入太学，高宗建炎初使金，被扣留十七年，和议后放回，官终奉议郎。善诗能文，有《曲洧旧闻》、《风月堂诗话》等。

65　晁以道（1059—1129）：即晁说之，以道是其字，一字伯以，自号景遇生。济州钜野人。神宗元丰五年进士。以文章典丽为苏轼所荐。哲宗时曾知无极县。

66　文公诗："文公"，指朱熹。所称《诗》，即其所作《茶灶》诗。

67　此处删节，见宋代审安老人《茶具图赞》。

68　此处删节，见明代高濂《茶笺》。

69　王友石《谱》：王友石，即王绂（1362—1416），字孟端，号友石生，隐居九龙山，又号九龙山人。明常州府无锡人。永乐中，以荐入翰林院为中书舍人。善书法，尤工画山水竹石。有《王舍人诗集》。这里所云王友石《"谱"》，大概即指钱椿年原《茶谱续谱》。原题为赵之履撰，赵之履主要是将家藏的关于王绂的竹炉新咏故事及明代名士有关诗作交给钱椿年参阅，椿年命人附刊于《茶谱》之后作《续谱》。因为这样，《茶谱续谱》的作者，有的书作钱椿年，有的书作赵之履，本文从顾元庆删校钱椿年《茶谱》本说法，其删校后，不称《茶谱续谱》，改为附录，"附王友石竹炉并分封六事于后。"本文不知六分封下注释是陆廷灿所注还是抄自他书，但所列"苦节君"、"建城"、"云屯"、"水曹"、"乌府"、"器局"和"品司"六茶具的所有分封称号，俱出于顾元庆《茶谱》后附。

70　屠隆《考槃余事》：此见屠隆《茶笺》第一条《茶寮》。

71　周亮工（1612—1672）《闽小纪》：周亮工（一作功），字元亮，一字缄斋，别号栎园，学人称其为栎下先生。河南祥符（今河南开封市）人。崇祯十三年进士，官御史。入清累擢福建左布政使，入为户部右侍郎。生平博览群书，爱好绘画篆刻，工诗文。有《赖古堂集》、《读画录》、《因树屋建影》。

72　臞仙：疑即指明朱元璋十七子朱权。封宁王，世称宁献王，晚年自号臞仙。此不见其《茶谱》，大致是其晚年所撰。

73　此处删节，见明代闻龙《茶笺》。

74　《北堂书钞》：《茶谱》续补：近出有的论著，将《茶谱》、《续补》合并列作一书，实误。查《北堂书钞》，未见有下录引文。下录内容，首见于吴淑《事类赋注》，但《事类赋注》清楚说明，不是引自《茶谱续补》，而是毛文锡《茶谱》。《北堂书钞》根本无抄本文下录内容，自然也就不会提到《茶谱续补》书名。因此，我们认为此《北堂书钞》"茶谱续补"，不是指《北堂书钞》钞或引自《茶谱续补》的内容，而是指"续补"《北堂书钞·茶谱》未钞或未辑的内容。不能据本文所载"茶谱续补"四字，即视为是又一茶书书名。

75　此处删节，见宋代赵佶《大观茶论·采择》、《蒸压》、《制造》三条。

76　此处删节，见宋代蔡襄《茶录·味》。

77　此处删节，见宋代宋子安《东溪试茶录·采茶》，底本小字注不录。

78　此处删节，见宋代宋子安《东溪试茶录·茶病》，底本小字注不录。

79　以下删节，见宋代赵汝砺《北苑别录·御园》、《造茶》、《采茶》、《拣茶》、《蒸茶》、《榨茶》、《过黄》、《研茶》各条。

80　姚宽（1105—1162）：字令威，号西溪，越州嵊县人。

81　此处删节，见宋代黄儒《品茶要录·采造过时》，底本将小字注亦列作正文。

82　以下删节，见宋代黄儒《品茶要录·过

熟》、《焦釜》、《伤焙》、《渍膏》、《白合盗
叶》、《入杂》各条。

83　《万花谷》：即《锦绣万花谷》，撰者失
名。原前集四十卷，后集四十卷，续集
四十卷。此文约撰于南宋孝宗淳熙十
五年(1188)，后书肆辗转增加，乃下括
绍定、端平事迹。

84　《学林新编》：王观国撰。王观国，字彦
宾，潭州长沙人。徽宗政和九年进士，官
至祠部员外郎。《学林》约撰于绍兴十二
年(1142)前后。下文摘于卷八茶诗。

85　朱翌(1097—1167)：字新仲，舒州怀宁
人。政和八年进士，历知严州及宁国、
平江等州府，官至敷文阁待制。《猗觉
寮记》，应是《猗觉寮杂记》。

86　此处删节，见明代张源《茶录·辨茶》。

87　此处删节，见明代闻龙《茶笺》。

88　此处删节，见明代闻龙《茶笺》。

89　《群芳谱》：王象晋撰，二十八卷，成书
于熹宗天启元年(1621)。

90　《云林遗事》：顾元庆撰，一卷，约撰于
16世纪三四十年代。

91　此处删节，见明代周高起《洞山岕
茶系》。

92　《月令广义》：按月记事的一种农书，共
二十四卷，刊行于万历三十年。明冯
应京纂，戴任续成。

93　此处删节，见明代屠龙《茶笺·焙茶》、
《采茶》二条。

94　此处删节，见明代冯可宾《岕茶笺·论
蒸茶》。

95　陈眉公《太平清话》：陈眉公，指陈继
儒。《太平清话》，撰于万历二十三年
(1595)。此下录二条内容，收于《太平
清话》卷三《茶话》。

96　《云蕉馆纪谈》：明孔迩撰，约成书于洪
武十三年(1380)前后。

97　《诗话》：此当为《蔡宽夫诗话》。蔡宽
夫，临安(今浙江杭州)人，第进士，累
官吏部员外郎、户部侍郎等职。

98　《紫桃轩杂缀》：明李日华撰，刊于天
启元年(1620)，三卷。

99　此处删节，见清代冒襄《岕茶汇钞》。

100　《檀几丛书》：清王晫等编。

101　此处删节，见五代蜀毛文锡《茶谱》。

102　徐茂吴：即徐桂，茂吴是其字。明长
洲(今苏州吴县)人，居浙江余杭。万
历丁丑(1577)进士，授袁州推官，有
《大涤山人诗集》。本文所引，辑自冯
梦龙《快雪堂漫录》。

103　宗室文昭《古瓶集》：文昭，字子晋，自
号芗婴居士。《八旗通志》载，"宗室
文昭有《芗婴居士集》八卷"。是集除
《芗婴居士集》外，还有《古瓶续集》，
《龙钟集》一卷，《飞腾集》二卷，《知田
集》一卷，《雍正集》二卷。有《古瓶续
集》，应也就有《古瓶集》。

104　《御史台记》：唐韩琬撰。韩琬，字茂
贞，邓州南阳人。擢文艺优长、贤良
方正科第，为监察御史；玄宗开元时，
迁殿中侍御史。有《续史记》、《御史
台记》。《御史台记》撰于八世纪，佚，
下录内容宛委本无，此据《北堂肆考》
卷一转引。

105　升平：疑升平县，唐置，故治在今陕西
宜君县。

106　此处删节，见宋代赵佶《大观茶论·
筅》、《瓶》二条。

107　此处删节，见宋代蔡襄《茶录》"茶笼"
等各条。

108　孙穆《鸡林类事》：据宋王应麟《玉海》
载：《鸡林类事》，三卷，成书于崇宁
(1102—1106)间。该书是一本主要
记叙风土、朝制、方言的著作。

109　张芸叟：即张舜民，芸叟是其字，号浮
休居士、矴斋。北宋邠州(属今陕西)
人，英宗治平二年进士。性爽直，以
敢言称。嗜画，题评精确，亦能自作
山水，能文，尤长于诗。有《画墁集》，
一作《画墁录》。

110 文与可：即文同（1018—1079），与可是其字，号笑笑先生，世称石室先生，锦江道人。宋梓州永泰（故治在今四川盐亭东北）人。仁宗皇祐元年进士。历知陵、洋、湖州，与苏轼、司马光相契。工诗文、善篆、隶、行、草、飞白，尤长于画竹。有《丹渊集》。

111 《乾淳岁时记》：宋周密撰。记述宋孝宗乾道（1165—1173）和淳熙（1174—1189）年事，约撰定于12世纪90年代。

112 《演繁露》：程大昌（1123—1195）撰。

113 杨基（1326—1378）：字孟载，号眉庵。原籍四川嘉州，其祖官吴中因而定居苏州府吴县。元明间吴中名士。

114 李如一（1557—1630）：李如一，以字行，本名鹗翀，又字贯之，常州府江阴人。诸生，多识古文奇字，好购书，积书日多，仿宋晁氏目录，自为铨次。晚年，病中仍助钱谦益撰《明史》。

115 《茶说》：据下录内容，此《茶说》为黄龙德撰。摘自该文"七之具"。

116 冒巢民云：冒巢民即冒襄，此条摘自《岕茶汇钞》。

117 《支廷训集》：指《支廷训文集》。支廷训，明人，所录《汤蕴之传》，即指"阳羡茶壶"传。所谓"汤蕴之"，即指壶，产阳羡之壶。

118 曹昭：字明仲，松江（今上海松江）人。

119 徐葆光（？—1723）：字亮直，苏州府长洲（今苏州）人。康熙五十一年进士，授编修。琉球国王嗣位，充册封副使。后乞假归，著有《中山传信录》，记述琉球风情。

120 此处删节，见唐代张又新《煎茶水记》。

121 此处删节，见唐代张又新《煎茶水记》。

122 此处删节，见唐代苏廙《十六汤品》，本文十六汤品仅录其目。

123 丁用晦：丁用晦，约唐末五代人，撰《芝田录》五卷，主要收录唐时志怪传奇类故事。

124 《事文类聚》：祝穆撰。为元祝渊撰。略仿《艺文类聚》体例，其收录诗文，多载全篇。

125 《海录》：疑即《海录碎事》，叶廷珪撰。廷珪，字嗣忠，崇安（今福建武夷山市）人，政和五年进士，授德兴县知县，绍兴中，为太常寺丞，忤秦桧，出知泉州军州事。《闽书》称其闻士大夫家有异书，无不借读，因作数十大册，择其可用者手抄之，名曰《海录》。知泉州时，因取编之，共二十二卷。皆从本书而来，故此书颇简而有要。

126 陆平泉《茶寮记》：平泉即陆树声。陆廷灿将下录"秘水"称是《茶寮记》内容，误。查《茶寮记》中无此记载。

127 《王氏谈录》：宋王钦臣撰。钦臣，字仲至，应天府宋城人。王洙子，以荫入官，文彦博荐试学士院，赐进士第，历陕西转运副使，哲宗时曾奉使高丽，领开封，徽宗时知承德军。平生为文甚多，有《广讽味集》。《王氏谈录》一卷，皆述其父王洙平日之论。

128 此处删节，见宋代欧阳修《大明水记》、《炙茶》、《碾茶》、《候汤》、《点茶》、《香》各条。

129 此处删节，见宋代陶谷《茗荈录·生成盏》、《茶百戏》、《漏影春》各条。

130 此处删节，见宋代叶清臣《述煮茶泉品》。

131 魏泰：字道辅，襄州襄阳人。号溪上丈人。

132 寇莱公：即寇准（962—1023），封莱国公。

133 丁晋公：即丁谓。

134 《墨庄漫录》：宋张邦基撰，十卷。

135 此处删节，见明代屠本畯《茗笈·第八章定汤》。

136 赵彦卫《云麓漫钞》：赵彦卫，字景安，宋宗室。孝宗隆兴元年进士。光宗绍熙间知乌程(今浙江湖州)，宁宗开禧间知徽州。《云麓漫钞》撰于开禧二年(1206)，为十五卷笔记。

137 本文收于《苏轼文集》第5册。在"此水不虚出也"下，底本省撰写时间"绍圣元年九月二十六日书"十一字；今补供参考。

138 《避暑录话》：宋苏州叶梦得撰。梦得字少蕴，号石林。哲宗绍圣四年进士，高宗绍兴中，除江东安抚制置大使兼知建康府，官终知福州兼福建安抚使。《避暑录话》，一作《石林避暑录话》，成书于高宗绍兴五年(1135)。

139 冯璧(1162—1240)：字叔献，别字天粹。金真定(今河北正定)人。章宗承安二年经义进士，累官集庆军节度使，金亡后居家。

140 江邻几：即江休复(1005—1060)，邻几是其字，开封陈留(今河南开封市)人。登进士第，累官至刑部郎中。强学博览，为文淳雅，尤工于诗、书，有《嘉祐杂志》、《春秋世论》及文集等。

141 《东京记》：宋敏求(1019—1079)撰，记述开封坊巷、寺观、官廨、私第所在及诸故实，颇详实。

142 陈舜俞(？—1072)：字令举，号白牛居士。湖州乌程人，庆历六年进士。神宗熙宁三年，以屯田员外郎知山阴县(今浙江绍兴市)，因反对王安石青苗法，被责监南康军盐酒税。大概《庐山记》是其任南康军盐酒税监时途经庐山时所撰。此外还有《都官集》等。

143 《吴兴掌故录》：一作《吴兴掌故集》，徐献忠(1483—1559)撰，成书于嘉靖三十九年(1560)。献忠，字伯臣，号长谷。松江华亭人。嘉靖四年举人，官奉化知县，有政绩，谢政后寓居吴兴。工诗善书，著书数百卷。有《百家唐诗》、《乐府源》、《六朝声偶集》等。《吴兴掌故》是其后期居吴兴后作。

144 此处删节，见明代陆树声《茶寮记·人品》。

145 此处删节，见明代徐渭《煎茶七类·烹点》。

146 此处删节，见明代屠本畯《茗笈》。云引自《茶录》，实转抄《茗笈》剪辑《茶录》之文字。

147 此处删节，见明代张源《茶录·火候》。

148 唐薛能茶诗云：据下录诗句，系摘自薛能《蜀州郑吏君寄鸟嘴茶因以赠答八韵》。

149 东坡和寄茶诗：以下录"和寄茶诗"诗句查对，应是苏轼《和蒋夔寄茶》诗。

150 此处删节，见明代熊明遇《罗岕茶记》。

151 罗玉露之论：此指宋罗大经及其所撰《鹤林玉露》。

152 此处删节，见明代田艺蘅《煮泉小品·宜茶》、《鸿渐有云》、《源泉》、《江水》、《宜茶》、《绪谈》各条。

153 此处删节，见明代许次纾《茶疏·贮水》、《火候》二条。

154 此处删节，见明代屠本畯《茗笈·衡鉴章》、《品泉章》、《定汤章》各条。

155 《夷门广牍》：周履靖编，共一百〇七种一百六十五卷，万历二十五年金陵荆山书林刻。下录内容，据此丛书所收徐献忠《水品·三流》有关内容选录，但本文对原文有多处删改，请参考本书《水品》。

156 《六砚斋笔记》：李日华撰，此文约撰刊于明熹宗天启六年(1626)，下录内容摘自是书卷一。

157 此处删节，见明代李日华《竹懒茶衡》。

158　此处删节,见明代李日华《运泉约》。

159　此处删节,见明代熊明遇《罗岕茶记》。

160　《洞山茶系》:即明周高起所撰《洞山岕茶系》。此处删节,见《洞山岕茶系》。

161　湖㳇镇:"湖㳇"不读作湖父,当地方言称作"罗埠"。

162　此处删节,见明代徐献忠《水品·四甘》。

163　此处删节,见明代徐献忠《水品·一源》。

164　《玉堂丛语》:焦竑撰。全书共八卷,仿《世说新语》之体,采撷明初以来翰林诸臣遗言往行,分条载录,凡五十四类,终以医隙案。

165　《陇蜀余闻》:收在《池北偶谈》这本笔记集中。

166　《古夫于亭杂录》:亦王士禛罢刑部尚书家居时撰。笔记。六卷,成书于康熙四十四年(1705)。

167　宋李文叔格非:名格非,字文叔。齐州章丘人,李清照之父。神宗熙宁间进士,以文章受知于苏轼,绍圣时历任校书郎、著作佐郎、礼部员外郎等职。

168　陆次云《湖㵟杂记》:陆次云,字云士,浙江钱塘(今杭州市)人。拔贡,康熙十八年应博学鸿词科试,未中。曾任河南郏县、江苏江阴知县。有《八纮绎史》、《澄江集》、《北墅绪言》等。《湖㵟杂记》撰于康熙二十二年(1683)。

169　张鹏翮(1649—1725):清四川遂宁人。字运青,康熙九年进士,受刑部主事,累擢河道总督,雍正初官至武英殿大学士。本文录自其《张文端公文集》。

170　《增订广舆记》:明蔡方炳撰。方炳,字九霞,号息关。苏州府昆山人。

《广舆记》,陆应旸撰,蔡方炳在是书基础上而稍删补之,大抵钞撮《明一统志》,无所考正。

171　《中山传信录》:六卷,徐葆光撰。葆光,字澄斋,吴江人。江西壬辰进士,官翰林院编修,康熙五十七年册封琉球国世子尚贞为国王,以葆光为副使。归时奏上《中山传信录》,绘图、刊说、记述颇详。

172　《随见录》:清屈擢升撰。原书未见,成书年代不详,本文多处有引,表明当撰刊于雍正之前。

173　《续博物志》:南宋李石(1108—?)撰。李石,字知几,号方舟。资州资阳人。高宗绍兴二十一年进士。孝宗乾道中,以荐任太学博士。因直言径行,不附权贵,出主石室。蜀人从学者如云,闽越之士亦万里而往。有《方舟易说》、《方舟集》和《续博物志》等。

174　此处删节,见宋代赵佶《大观茶论·香》、《色》二条。

175　白玉蟾:即葛长庚,福州闽清人。初移居雷州,继为白氏子,后家琼州,自名白玉蟾,字白叟,又字如晦,号海琼子,又号海蟾。入道武夷山,博览群书,善篆隶草书,工画竹石。宁宗嘉定中,命馆太乙官,诏封紫清道人。有《海琼集》、《道德宝章》、《罗浮山志》等。

176　此处删节,见宋代蔡襄《茶录·色》。

177　张淏《云谷杂记》:张淏,婺州武义(今属浙江金华)人,原籍河南开封。字清源,号云谷。宁宗庆元中以荫补官,累迁奉议郎。除嘉定五年撰有《云谷杂记》一书外,还有《宝庆会稽续志》、《艮岳记》等著述。

178　此处删节,见宋代黄儒《品茶要录·后论》。

179　此处删节,见明代顾元庆、钱椿年《茶谱·择果》。此应引自明代高濂

《茶盏》。

180　此处删节，见明代陆树声《茶寮记》四尝茶、五茶候、六茶侣、七茶勋各条，除个别字眼外全同。

181　此处删节，见明代许次纾《茶疏·饮啜》。

182　此处删节，见明代田艺蘅《煮泉小品·宜茶》各条。

183　此处删节，见明代闻龙《茶笺》。

184　本条内容，录自冯梦祯《快雪堂漫录·品茶》，约撰刻于万历三十七年（1600）前后。

185　此处删节，见明代冯可宾《岕茶笺·茶宜》、《茶忌》二条。

186　《金陵琐事》：明周晖撰。字吉甫，应天府上元（今江苏南京）人。弱冠为诸生，至老仍好学不倦，博古洽闻。有《金陵旧事》、《金陵琐事》等书。本篇撰于万历三十八年（1610）。

187　此处删节，见明代李日华《竹懒茶衡》各条。

188　屠赤水：屠赤水即屠隆，"赤水"是其号。下录内容，出自《考槃余事》也即本书所收屠隆《茶笺·采茶》。

189　《类林新咏》：一本集元明百余篇的诗文集。但下录顾彦先的话，实际源出三国吴国秦菁的《秦子》。原书佚，本条内容，《类林新咏》由《北堂书钞》转引。

190　此处删节，见宋代审安老人《茶具图赞·附录》。

191　《三才藻异》：清屠粹忠撰。粹忠，字纯甫，号芝岩，浙江定海人。顺治十五年进士，官至兵部尚书。《三才藻异》是其毕生主要著作，三十三卷。

192　《闻雁斋笔记》：张大复（1554—1630）撰，字元长，又字星期，号寒山子。苏州府昆山人。《闻雁斋笔记》，一名《闻雁斋笔谈》。

193　袁宏道（1568—1610）《瓶花史》：袁宏道，字中郎，号石公，荆州公安人。万历二十年进士，知吴县，官至吏部郎中。有《瓶花斋杂录》、《破研斋集》、《袁中郎集》。在其集中，收有《瓶花史》、《瓶史》二文。近见有的论著中将此二篇混作一书，误。《瓶史》二卷，《瓶花史》仅一卷。

194　经查，此内容不见现存各《茶谱》。

195　《藜床沈余》：明陆澹原撰，《说郛续》等作收。

196　沈周《跋茶录》：沈周，与文征明、唐寅、仇英并称的吴门四大家之一。其所跋《茶录》，经查考，是张源《茶录》。

197　王晫（1636—？）《快说续记》：王晫，原名棐，号木庵、丹麓、松溪子，仁和（今浙江杭州）人。诸生，博学多才。有《遂生集》、《霞举堂集》、《今世说》等。

198　卫泳《枕中秘》：泳，字永叔，苏州人。有文名，曾采明人杂说二十五种，编为《枕中秘》。

199　江之兰《文房约》：之兰，字含微，安徽歙县人，有《医津筏》。《文房约》，是以文字形式订立的有关"文房"的要约。

200　高士奇（1645—1703）：字澹人，号江村，钱塘（今浙江杭州）人。家贫，参加顺天乡试不第，充书写序班，以明珠荐，入内庭供奉，累迁为少詹事。后擢礼部侍郎，未就而归，卒谥文恪。著有《左传纪事本末》、《春秋地名考略》、《清吟堂全集》、《扈从日录》、《江村消夏录》等。

201　此处删节，见清代王复礼《茶说》。

202　陈鼎《滇黔纪游》：陈鼎，字定九，常州府江阴人，撰有《东林列传》、《留溪外传》、《黄山志概》、《竹谱》、《蛇谱》、《荔枝谱》及本文《滇黔纪游》等。

203　《本草拾遗》：唐陈藏器撰。原书佚，但宋代如重修政和《经史证类备用本草》等，还能见到少量引文。本文下引两条内容，查有关本草专著，未见。

204　此条摘自《洛阳伽蓝记》卷三"城南·报德寺"。

205　《续搜神记》：一作《搜神后记》，相传为晋陶渊明所撰。

206　唐赵璘《因话录》：赵璘，字泽章，平原人。唐文宗大和八年进士，历祠部员外郎、度支金部郎中；武宗大中时迁左补阙，后出为衢州刺史。《因话录》约撰于宝历元年（825）前后，分上、中、下三卷。下录内容，实际主要摘自李肇《国史补》，《因话录》仅中间"至今鬻茶之家……云宜茶足利"四句，就是此四句，内容也有改动。故与其称出自《因话录》，不如说陆廷灿据《国史补》辑录为妥。

207　唐吴晦《摭言》：经查五代时《摭言》有二部，一是唐昭宗光化三年（900）进士，五代王定保撰，另为南唐乡贡的何晦所撰，十五卷。二书或失或残，不知此引是何书。本文所言唐吴晦，疑即指五代南唐何晦。

208　李义山《杂纂》：唐末李义山有二人，一是李商隐，字义山，另是李就今，字衮求，号义山。《杂纂》作者属谁？未能定。

209　唐冯贽《烟花记》：一般也作南部《烟花记》，字讹。

210　《开元遗事》：五代王仁裕撰。

211　《李邺侯家传》：即李繁撰《邺侯家传》。繁，李泌子，唐京兆人，初为弘文馆学士，后出为亳州刺史，州有剧贼，繁以机略捕斩之，御史舒元舆以其不先启闻观察府，为贼翻案，诬其滥杀无辜，下狱，诏赐死。在狱中撰家传十篇，包括本文，约撰于宝历（825—827）前后。

212　《中朝故事》：南唐尉迟偓撰，仕南唐给事中。《中朝故事》，约也书于任给事中时或稍后。

213　段公路《北户录》：唐齐州临淄人，段文昌孙。文昌为唐穆宗、文宗时权臣，出剑南西川节度使、淮南节度使，均有政绩。公路仅官万年尉，但其著《北户录》，引用者较多。

214　苏鹗《杜阳杂编》：苏鹗，字德祥。京兆武功人，苏颋族人，僖宗光启进士，居武功杜阳川。因居，将其所编笔记小说集名之为《杜阳杂编》。

215　《凤翔退耕传》：一作《凤翔退耕录》。

216　此处删节，见唐代温庭筠《采茶录》。

217　此处删节，见明代陈继儒《茶董补》。

218　此处删节，见唐代张又新《煎茶水记》。

219　《茶经本传》：即陆羽《茶经》嘉靖壬寅柯刻本或竟陵本附录之首，所附收的《新唐书·陆羽传》和明童承叙《陆羽评述》两文。文中无题也无立目，只是在此两页鱼尾，刻有《茶经本传》四字。之后一些书目中的《茶经本传》，即由此衍生而来。本文仅摘录其中几句。

220　《金銮密记》：唐韩偓（840—923）撰。偓，字致尧，一字致光，自号玉山樵人。唐末京兆万年人。昭宗龙纪元年进士，历迁中书舍人、兵部侍郎、翰林学士承旨。工诗，有《韩内翰别集》和《金銮密记》等。

221　陆宣公贽（754—805）：字敬舆，苏州嘉兴（今浙江嘉兴）人。代宗大历进士，德宗即位，由监察御史召为翰林学士。贞元七年，拜兵部侍郎，八年迁中书侍郎、同门下平章事。十年为户部侍郎所构，罢相，贬忠州别驾。卒谥"宣"，故称"宣公"。

222　董逌《陆羽点茶图跋》：字彦远，东平人。徽宗时，官校书郎，高宗建炎二年，召为中书舍人，充徽猷阁待制。有《广川藏书志》、《广川诗学》、《广川书画跋》。《陆羽点茶图跋》，即收于

《广川书画跋》中。

223　《蛮瓯志》，作者有疑。现存最早的版本为《云仙杂记》。《云仙杂记》，旧题为唐冯贽撰。据张邦基《墨庄漫录》考证，认为系南宋王铚所伪托。王铚，颖州汝阴人。字性之，自称汝阴老民。官高宗时。如张邦基所考不错，是书当是十二世纪前期的作品。

224　此处删节，见明代夏树芳《茶董·甘心苦口》。

225　《湘烟录》：明闵元京、凌义渠编。元京，字子京，湖州府乌程（今浙江湖州）人。元京为凌义渠之舅，不知所终。义渠，字骏甫，天启乙丑进士，官至大理寺卿，崇祯甲申殉国。《湘烟录》，共十六卷。

226　《名胜志》：同名书不只一种，此疑曹学佺撰本，成书于崇祯三年（1630）。

227　滇：同滇，字见唐《潘卿墓志》。

228　《浪楼杂记》：原书佚，本文疑从佩文斋《广群芳谱》中转引。

229　马令《南唐书》：常州府宜兴人，祖马元康，世居金陵，多知南唐旧事，未及撰次，令承祖志，于崇宁四年撰成《南唐书》。

230　《十国春秋》：吴任臣（？—1689）撰。吴任臣，字志伊，一字尔器，号托园。清浙江仁和人。康熙十八年应博学鸿儒科，列二等，授检讨，充纂修《明史》官。顾炎武亦佩服其"博闻强记"，有《周礼大义补》、《托园诗文集》和《十国春秋》等。《十国春秋》是一本辑述五代十国史事的专著。

231　《谈苑》：一作《孔氏谈苑》。孔平仲撰，四卷。平仲字义甫。一作毅父。临江新淦人。英宗治平进士。除《谈苑》外，还有《续世说》、《良世事证》、《诗戏》等。

232　释文莹《玉壶清话》：释文莹，北宋十一世纪中期僧人。《玉壶清话》，又名《玉壶野史》，撰于宋神宗元丰元年（1078）。

233　黄夷简（935—1011）：字明举，福州人。少孤好学，有名江东。初事吴越，署光禄卿。随钱俶归宋，授检校秘书少监，官终平江军节度副使。工诗善属文。

234　《甲申杂记》：王巩撰。巩，字定国，自号清虚先生，山东莘县人。据考，此书约成书于徽宗大观元年（1107）或稍后。徽宗时"甲申年"，为崇宁三年（1104）。

235　《玉海》：王应麟（1223—1296）编，二百卷。

236　《南渡典仪》：原书未见，疑据《五礼通考》转引。

237　《随手杂录》：王巩撰。据载，至宋大中祥符三年时，此本已佚，今本是从《学海类编》补录完帙。

238　《石林燕语》：叶梦得撰，字文绍奕考异，全书共十卷。

239　《春渚记闻》：何薳（1077—1145）撰。何薳，建州浦城人，晚年居杭州逼阳韩青谷。

240　《拊掌录》：元怀撰，一卷。《拊掌录》，系汇记可笑内容而成，撰就于仁宗延祐元年（1314）。元怀，号鞁然子。

241　《和刘原父扬州时会堂绝句》："原"字，《苕溪渔隐丛话》一作"惇"。其集原题作：《和原父扬州六题》，本条下录诗句，为"六题"中的《时会堂二首》之一。本文所录诗文和欧阳修原诗同。《苕溪渔隐丛话》"州"字误作"洲"。

242　《卢溪诗话》：卢溪，即王卢溪，讳庭珪，字民瞻。宋庐陵人。政和八年进士，授茶陵丞，以与上官不合，去隐卢（一作泸）溪五十年。年九十余卒。有《卢溪诗集》传世，杨诚斋为之作序。《卢溪诗话》，具体撰写时间不详，但可定约为 12 世纪 30 年代前后。

243 《玉堂杂记》：失撰者名。《玉堂杂记》，即翰林院杂记。自宋以后，习惯称翰林院为"玉堂"。

244 陈师道《后山丛谈》：陈师道，字履常，一字无己，号后山居士。徐州彭城人。少学文于曾巩，无意仕进。哲宗元祐初，苏轼等荐其文行，起为徐州教授。后梁焘又荐为太学博士；元符三年，召为秘书省正字。为人正直，安贫乐道。有《后山集》、《后山谈丛》、《后山诗话》。《后山丛谈》，一作"谈丛"。

245 下引句出《鹤林玉露》原文卷一"槟榔"条。

246 彭乘（985—1049）《墨客挥犀》：彭乘，益州华阳人。真宗大中祥符间进士，官知制诰，翰林学士。本文所指，似为另人，即相传《墨客挥犀》撰者。旧考，《墨客挥犀》，约成书于英宗治平二年（1065）前后，上说华阳彭乘已去世多年，所谓《墨客挥犀》作者，当为另人。但据近人王国维、余嘉锡考证，《墨客挥犀》为"两宋间"人采辑诸书而成，所题"彭乘"，是"明人传刻误题"。

247 《闲窗括异志》：笔记，一卷。宋鲁应龙撰。

248 当湖：位于今浙江嘉兴市平湖城东，一名东湖，又名鹦鹉湖。周十数里，湖中有二洲，大者曰大湖墩，小者曰小湖墩，环城湖滨，为商务盛地。

249 《东京梦华录》：孟元老撰。

250 《五色线》：不著编者名，二卷。清内府有藏本。旧传《中兴馆阁书目》有此书，不知是否是宋旧本。书中杂引诸小说内容，舛谬甚多。

251 《华夷花木考》：慎懋官撰。约成书于万历九年，全名《华夷花木鸟兽珍玩考》。是书凡《花木考》六卷，《鸟兽考》一卷，《珍玩考》一卷。懋官字汝学，湖州人。

252 马永卿《懒真子录》：一作《懒真子》。永卿字大年（一称名大年，字永卿）。宋扬州人。徽宗大观三年进士，为永城主簿，历官浙川令、夏县令。有《元城语录》和《懒真子》。

253 《朱子文集》："朱子"，指朱熹。《朱子文集》，亦名《朱文公文集》。

254 本条所录，仅为是诗前四句。全诗共十二句。

255 《物类相感志》：旧题宋苏轼撰，一卷。《四库全书总目提要》认为是书贾伪托。不过宋陆佃《埤雅》曾引有此书，可见无疑仍是宋代作品，约成书于宋徽宗崇宁元年（1102）或稍前。

256 《侯鲭录》：赵令畤（1061—1134）撰。令畤，宋宗室，初字景贶，苏轼为之改字德麟，自号聊复翁。哲宗元祐时签判颖州，知州苏轼荐之于朝。高宗绍兴初，袭封安定郡王。善诗文，有《聊复集》。

257 《苏舜卿传》：苏舜卿（1008—1049），字子美，号沧浪翁。宋绵州盐泉（今四川绵阳梓潼西）人。仁宗景祐元年进士，庆历中，范仲淹荐其才，为集贤校理监进奏院。后因范仲淹主新政，舜卿也多遭谗陷被除名，流寓苏州，买水石作沧浪亭以自适。本条所录内容，正是他流寓苏州时事。后任湖州长史卒。有《苏学士集》。

258 《过庭录》：楼昉撰。楼昉，字旸叔，号遇斋。昉鄞县（今浙江宁波）人。少从吕祖谦学，光宗绍熙四年进士，授从事郎，后以朝奉郎守兴化军。为文浩博，有《中兴小传》、《宋十朝纲目》、《崇古文诀》及《过庭录》等。

259 《合璧事类》：疑即《古今合璧事类备要》简称，谢维新撰。维新，字去咎。

建安人，太学生。《合璧事类》，主要收录宋代遗事佚诗，成书于理宗宝祐五年(1257)。

260 《经鉏堂杂志》：倪思撰，是其晚年劄记之文。《四库全书总目提要》称其"虽力持正论，而疏于考证"，是一本平常的书。

261 《松漠纪闻》：洪皓(1088—1155)撰。洪皓，字光弼，饶州鄱阳人。徽宗政和五年进士，宣和中，为秀州同录，高宗建炎三年，擢徽猷阁待制，假礼部尚书使金，拒仕金，被流放冷山(一名冷硎山，在黄龙府北)十五年始放归。以论事逆秦桧，被贬英州安置九年，卒谥忠宣。博学强记，有《鄱阳集》、《松漠纪闻》等。

262 《琅嬛记》：旧题元伊世珍作，钱希言在《戏瑕》中，提出系明桑怿所伪托。笔记，三卷，因首载为"琅嬛福地"的传说，因以是名。记中所引书名，多为前所未见，大抵真伪相杂。

263 杨南峰《手镜》：南峰，疑即指杨循吉、"南峰"、"南峰山人"、"南峯先生"均是其号。《手镜》意指"持镜鉴别"。未查见原文。

264 孙月峰《坡仙食饮录》：月峰即孙鑛，字文融，号月峰，浙江余姚人。万历二年会试第一。累进兵部侍郎，加右都御史，奉命代经略朝鲜。还迁南兵部尚书，后被劾乞归。有《孙月峰全集》，《坡仙食饮录》等也收入是集。

265 《嘉禾志》：此应指"嘉禾郡志"而非"嘉禾县志"。嘉禾郡，宋置，寻升为嘉兴府，即今浙江嘉兴市。嘉禾县，也是宋置，但改建阳县置，地在福建。现论著中常见误注。

266 曾肇(1047—1107)：字子开，建昌军南丰人。英宗治平四年进士，历崇文院校书，哲宗时擢中书舍人，出知颍、邓诸州，后迁翰林学士兼侍读。崇宁

初落职，谪知和州，后安置汀州。卒谥文昭。有《曲阜集》等。

267 陈眉公《珍珠船》：眉公即明陈继儒之号，亦号麋公。但《珍珠船》一书是否陈继儒所撰，有疑。此书两见陈继儒所编的汇编丛书，但在其一人所编的两见同书中，所署的作者、书名和卷数又有异。尚白斋镌陈眉公宝颜堂秘笈十七种本，署作"陈眉公《珍珠船》四卷"；但在亦政堂镌陈眉普秘笈一集五十八种中，又题作"宝颜堂订正《真珠船》八卷，明胡侍撰"。这里讲得很清楚，尚白斋刻本，镌的是"宝颜堂秘笈"；而亦政堂镌的，是"宝颜堂订正"的陈眉公普秘笈。书名"珍"字，一作"真"，虽有不同，但我们可以肯定即陈继儒所收藏和订正的同一本书。原作者应该是明胡侍，陈继儒只是编订，而不是在编订《真珠船》以后，他又自编一本四卷的《珍珠船》。

268 《太平清话》：明陈继儒撰，二卷。但本文引录内容，明显有误；陈继儒错辑，陆廷灿采编时也未发觉。张文规唐人，关于吴兴三绝的提出，当在唐武宗会昌一、二年刺湖州时。苏子由、孔武仲、何正臣，均是北宋中后期名臣名士，他们三人何以能"皆与"文规一起"游"？

269 《博学汇书》：明来集之撰，十二卷，所采多小说家言。

270 《云林遗事》：明顾元庆撰，笔记，书当成于万历年间。内容多记元明间其时吴中一带人事、风物、趣闻等等。文中提及的光福，即光福镇，在吴县西傍太湖边的光福山下。主人徐达左，元末明初人，字良夫，号耕渔子，元隐居山中，入明，曾出任建宁府训导。"元镇"，人名，姓倪。

271 陈继儒《妮古录》：笔记，四卷，首收刊于万历尚白斋镌陈眉公宝颜堂秘笈

十七种。

272 周叙：字公叙，一作功叙，号石溪。明江西吉水人。永乐十六年进士，官至翰林院侍读学士，独修辽、金、元三史。有《石溪文集》。

273 钟嗣成《录鬼簿》：字继先，号丑斋。元汴梁人，居杭州。尝作《录鬼簿》，收元散曲杂剧作者一百五十二人小传，存剧目四百余种。

274 《七修汇稿》：当即《七修类稿》。笔记，郎瑛撰。瑛字仁宝，仁和（今浙江杭州）人。五十一卷，又续稿七卷。因正续稿均分七类，因类立义，故有此名。大多杂采前人旧说，自己论断不多，但每每也有错误。

275 此处删节，见明代陆树声《茶寮记》。

276 《墨娥小录》：有二种，一为万历秀水吴继著，四卷；一为万历时吴文焕辑，十四卷。此为何本？本书未及细考。

277 汤临川：即汤显祖（1550—1616），江西临川人，因有此称。

278 陆钺《病逸漫记》：字举之，号少石子。鄞县人，正德十六年进士，授编修，进修撰，出为湖广佥事，官至山东按察副使。有《少石集》、《病逸漫记》等。《病逸漫记》，为笔记。

279 《玉堂丛语》：笔记。焦竑撰，八卷。竑，字弱侯，号漪园、澹园，江宁（今江苏南京）人。万历十七年己丑（1589）科第一甲头名。本书成书于万历四十六年，记明翰林人物掌故，多引朝章，对研究明代历史，多有资考证。

280 沈周《客座新闻》：此处沈周，是指苏州长洲沈周。近出有的书中，误注作宋杭州钱塘沈周，非。沈周，字启南，号石田。有《石田集》、《石田诗钞》、《石田杂记》、《江南春词》和《客座新闻》等。

281 《快雪堂漫录》：笔记，约撰于万历二十八年（1600）前后。

282 闵元衡：一作闵元衡（衢），字康侯，号欧余生。明清间浙江乌程（今湖州）人。

283 《瓯江逸志》：劳大与撰。

284 王世懋（1536—1588）《二酉委谭》：世懋，字敬美，号麟洲。世贞弟。苏州府太仓人。嘉靖三十八年进士，历官江西参议，陕西、福建提学副使，官至南京太常少卿。好学善诗文，有《王奉常集》、《艺圃撷余》、《窥天外乘》等。《二酉委谭》，约撰于隆庆或万历前期。

285 《涌幢小品》：明朱国桢撰。国桢，字文宁，浙江乌程（今湖州市）人。万历进士，官至礼部尚书兼文渊阁大学士。

286 王琏：字器之，学通经史，长于《春秋》，初为教授，适远方。本条引称"洪武初"，史籍中有载"洪武末以荐授宁波知府"。清俭律己，平易近人，有政绩。

287 《西湖志余》：即《西湖游览志余》，明田汝成撰。

288 董其昌（1555—1636）：字玄宰，松江府华亭人。

289 《钟伯敬集》：钟伯敬（1574—1624），即钟惺，伯敬是其字，号退谷。明竟陵人。万历三十八年进士，授行人，历官南京礼部主事，官至福建提学佥事。晚逃于禅。其诗矫袁宏道辈浮浅之风，与同里谭元春评选《唐诗归》、《古诗归》，名大著，被时人称为"竟陵派"。有《诗合考》、《毛诗解》、《钟评左传》、《隐秀轩集》、《宋文归》、《周文归》等。《钟伯敬集》，查未见。

290 钱谦益（1582—1664）：字受之，号尚湖，又号牧斋，晚号蒙叟、东涧遗老。江南常熟人。明万历三十八年进士。历编修、詹事，崇祯初为礼部侍郎。因事罢归，以文学冠东南，为东林巨子。娶名妓柳如是,藏书极丰。南明弘光时,起为礼部尚书。清兵渡江出城迎降。顺治三年,授礼部侍郎,任职五月而归。有《初学集》、《有学集》、《国初群雄事略》、《列朝诗集》等。

291 《五灯会元》:释普济撰。普济,字大川,灵隐寺僧。《五灯会元》,二十卷,五灯者,即其书取释道原《景德传灯录》、驸马都尉李遵勗《天圣广灯录》、释维白《建中靖国续灯录》、释道明《联灯会要》、释正受《嘉泰普灯录》撮其要旨汇作一书,故名。

292 《渊鉴类函》:类书,康熙命张英等辑,四百五十卷,总目四卷。《唐类函》所收内容,至唐初为止,《渊鉴类函》增其所无,详其所略,取《太平御览》等十七种类书并增补明嘉靖以前史料合编而成;是供当时文人采摭词藻和典故之用的一部类书。

293 《佩文韵府》:张玉书等撰,成书于康熙五十年(1711)。是在元代阴时夫《韵府群玉》和明代凌稚隆《五代韵瑞》的基础上增补而成。共二百十二卷,是一部供诗赋作者和文学研究者查找词藻、对偶、典故用的工具书。

294 《九华山录》:周必大(1126—1204)撰。周必大字子充,又字洪道,号省斋居士等。宋吉州庐陵(今江西吉安)人。绍兴二十一年进士,官至左丞相。工文词,有《玉堂类稿》、《玉堂杂记》等。本录撰于乾道三年(1167)。

295 此处删节,见清代冒襄《岕茶汇钞》。

296 《岭南杂记》:吴震方撰。震方,字青坛,浙江石门人,康熙十八年进士,官至监察御史。康熙曾赐以白居易诗,因摘诗中"晚树"二字为其楼名。有《晚其楼诗稿》、《岭南杂记》等。是书约撰于康熙四十四年(1705)前后。

297 瓯宁:瓯宁县,宋置,明清时与建安同为建宁府治,民国后与建安合并为建瓯县。

298 李仙根(1621—1690)《安南杂记》:仙根,字南津,号子静。四川遂宁人。顺治十八年榜眼,授编修。康熙时以秘书院侍读加一品服出使安南。官至户部右侍郎。工书法,有《安南杂记》、《安南使事记》等。

299 金齿:明置卫永昌,后改永昌军民府,其地在今云南保山。

300 《渔洋诗话》:王士禛晚年时作,共三卷。

301 朱彝尊(1629—1709)《日下旧闻》:朱彝尊,字锡鬯,号竹垞,晚别号小长芦钓鱼师、金凤亭长。清浙江秀水(今嘉兴)人。康熙时举博学鸿词科,授检讨,曾参加纂修明史。博通经史,擅长诗词古文。为浙派词的创始人,诗与王士禛齐名。有《经义考》、《日下旧闻》、《曝书亭集》等。《日下旧闻》和《曝书亭集》,俱为笔记。

302 《曝书亭集》:朱彝尊撰,八十卷(诗词三十卷,文五十卷)。

303 蔡方炳《增订广舆记》:方炳,字九霞,号息关。江苏昆山人。诸生,康熙十八年举鸿博,以病辞。嗜学,尤留心政治、性理。工诗文,兼善篆、草书。有《舆地全览》、《增订广舆记》、《铨政论》、《历代榷茶志》等。《增订广舆记》,是他在《舆地全览》后的另一舆地著作。

304 葛万里《清异录》:万里,号梦航。江苏昆山人。生平事迹不详。由《中国丛书广录》据中国国家图书馆藏书所收《葛万里杂著》提及的书目,即有《明人同姓名录》一卷,《别号录前编》一卷,《明人别号录》八卷,《梦航杂缀》一卷,《梦航杂说》一卷,《清异录》一卷,《万历丁酉同年考》一卷,《钱翁先生年谱》一卷,《三袁先生年表》二卷,《句图》一卷,《诗钞姓氏》一卷,《志料》一卷等。《钱翁先生年谱》,也即民国《昆山县续志》所说的《钱牧斋年谱》。

305 《别号录》:葛万里撰。《四库全书总目提要》称其为"搜集宋金元明人别号,分韵编为《别号录》"。《昆新二县合志》也称《别号录》九卷。实际按中国国家图书馆《葛万里杂著》书目,应作《别号录前编》一卷,《明人别号录》八卷。《别号录》是《四库总目》提出的二书合称。

306 朱文公书院:即朱熹书院。朱熹卒后,追谥文,故有此称。

307 《西湖游览志》:明田汝成撰。汝成,字叔禾,钱塘(今浙江杭州)人。嘉靖五年进士,授南京刑部主事,迁贵州金事,广西右参议、福建提学副使。博学工古文,尤长于叙事,因谙晓前朝遗事,撰《炎徼纪闻》。归里家居后,盘桓湖山,探究浙西名胜,撰有《西湖游览志》及《西湖游览志余》。

308 李世熊(1602—1686)《寒支集》:世熊,字元仲,号媿庵、寒支子。以檀河为书室名,有"檀河先生"之称。明末清初福建宁化人。明天启元年乡试副榜,入清不仕,山居四十余年,以文章、节气名著于时。有《寒支集》、《狗马史记》和《宁化县志》等。

309 张鹏翀(1688—1745)《抑斋集》:鹏翀,字天扉,自号南华山人,人称"漆园散仙"。清嘉定(今上海)人。雍正五年进士,授编修,官至詹事府詹事。早擅诗名,工画,尤长山水。有《南华诗钞》、《南华文集》、《抑斋集》和《双清阁集》。

310 《国史补》:也作《唐国史补》,李肇撰,上、中、下三卷。下录资料出卷下。

311 此处删节,见明代陈继儒《茶董补》。

312 杨文公《谈苑》:杨文公,即杨亿(974—1020),字大年,建州浦城人。幼颖异,年十一,太宗召试诗赋,授秘书省正字。淳化中,献《二京赋》,赐进士。真宗即位,超拜左正言。曾两为翰林学士,官终工部侍郎,兼史馆修撰。《谈苑》,有的也径称为《杨文公谈苑》,全书八卷,分二十一门。

313 《事物记原》:北宋高承撰。高承,开封人,神宗元丰前后在世。是书约撰于元丰前期,对天文、历数、礼乐、制度、经籍、器用以至博弈嬉戏之微,鱼虫飞走之类,皆考其原由。

314 《农政全书》:徐光启(1562—1633)撰。光启,字子先,号玄扈。松江府上海人。万历三十二年进士。曾入天主教,与耶稣会传教士意大利人利玛窦相识并从学天文、数学。崇祯元年擢礼部尚书;五年以本官兼东阁大学士,入参机务,旋进文渊阁。力主富民强国,常常宣传其"富国需农,强国需军"的思想。因撰农学巨著《农政全书》,除汇集中国传统农业生产经验外,在我国古代农书中,也最先注意兼收西方农学。本条所录二则内容,实际是从《农政全书》转引的毛文锡《茶谱》资料,此处陆廷灿可能为减少重复引用书目,隐去《农政全书》引毛文锡《茶谱》的线索,把它作假变成了《农政全书》的内容。

315 米襄阳《志林》:米襄阳,即米芾,太原人,后徙襄阳(因有此称),又徙丹徒。字元章,号鹿门居士、海岳外史。能诗文,擅书画,尤工行草。徽宗召为书画学博士,曾官礼部员外郎。除《志林》外,还有《宝晋英光集》、《书史》、《画史》等。

316 洞庭中西尽处:指吴县洞庭西山岛之西隅。

317 此条内容称引自《图经续记》，但经查，实际与上条一样，皆引自陈继儒《太平清话》。此多少也可证明陆廷灿确有增加引用书目以显其征引广博之嫌。

318 《随见录》：作者、成书年代不详。此条对江南名茶碧螺春的历史，如"碧螺春名字为康熙南巡所提"等一类传说，有一定的证误价值。

319 茶巢岭：此前茶书言陆龟蒙种茶，只提"顾渚"，本文引此材料，揭示了陆龟蒙在顾渚置园种茶之前，曾先种茶于此。道光《武进阳湖县合志》指出茶巢岭陆龟蒙种茶处"在下埠西，陆龟蒙种茶处在陈墓湾山以下"。光绪《武阳志余》载："茶巢在下浦西，唐陆龟蒙种茶处。龟蒙后种茶顾渚山下，此岭移种者也。"

320 《武进县志》：万历三十三年和康熙二十三年《武进县志》俱载。

321 此处删节，见明代周高起《洞山岕茶系》。

322 《昭代丛书》：歙县张潮撰。

323 《通志》：此通志，查内容，当为康熙二十三年所编《江南通志》，本篇以下所辑《通志》同。

324 宛陵：指宣城及其相邻之区。

325 《天中记》：陈耀文撰。耀文，字晦伯，号笔山。河南确山人，嘉靖二十九年进士，由中书舍人选刑科给事中，累官陕西行太仆卿，告归卒。有《经典稽疑》、《学圃萱苏》、《天中记》等。《天中记》，笔记，撰于隆庆三年（1569）。

326 此处删节，见明代田艺蘅《煮泉小品》。

327 《湖㳇杂记》：陆次云撰。次云，字云士。钱塘县人。拔贡生，康熙时曾任河南郏县、江南江阴知县。有《八纮绎史》、《澄江集》、《湖㳇杂记》和《北

墅绪言》等。《湖壖杂记》，笔记，撰于康熙二十二年（1683）。

328 此处删节，见明代冯可宾《岕茶笺》。

329 《方舆胜览》：地理总志，祝穆撰，七十卷。祝穆，初名丙，字和甫（一作文），建州建阳（今福建建阳）人，受学于朱熹，酷爱地理，曾任兴化军涵江书院山长。成书于理宗嘉熙三年（1239）。取材较丰，对研究南宋地理有相当参考价值。

330 《丹霞洞天志》：一名《麻姑山丹霞洞天志》，鄢雷邹撰于万历四十一年（1613）。丹霞，在江西南城县西南麻姑山西七里。道教定为第十福地。

331 周栎园：即周亮工（一作功），栎园是其别号。

332 《兴化府志》：明初改元兴化路置，清因之。治所在今福建莆田县，民国后废。

333 陈懋仁《泉南杂志》：懋仁，字无功。浙江嘉兴人，官泉州府经历。有《泉南杂志》（"志"一作记）、《庶物异名疏》、《析酲漫录》等。《泉南杂志》，约撰刊于清顺治七年（1650）前后。

334 宋无名氏《北苑别录》：即宋赵汝砺撰《北苑别录》。

335 此处删节，见宋代赵汝砺《北苑别录》。

336 此处删节，见宋代赵汝砺《北苑别录·御园》。

337 此处删节，见宋代宋子安《东溪试茶录·总序焙名》。

338 此处删节，见宋代宋子安《东溪试茶录·茶名》。

339 此处删节，见宋代黄儒《品茶要录·辨壑源沙溪》。

340 《岳阳风土记》：北宋范致明（？—1119）撰。致明，字晦叔，建州建阳人。哲宗元符三年进士，徽宗崇宁三年，以宣德郎监岳州酒税，官终奉议

郎知池州,撰《池阳记》一书。《岳阳风土记》约撰于12世纪前期。

341 本条内容,经与多种《广东通志》、《湖广通志》查对,我们认为陆廷灿此系据万历三十年郭棐《广东通志·土产》摘编。

342 吴陈琰《旷园杂志》:吴陈琰,"琰"或作"琬",字宝崖,号芊町。浙江钱塘人。康熙四十二年御试诗文一等,召入南书房纂修,后出为山东茌平知县。有《春秋三传同异考》、《通玄观志》、《凤池集》和《旷园杂志》等。《旷园杂志》,笔记,约撰于康熙末年或雍正初年。

343 《南越志》:南朝刘宋沈怀远撰。怀远,吴兴(今浙江湖州)武康人,得宠始兴王刘濬,后以事坐徙广州。尝造乐器,与空侯相似。被迁广州后,其器亦绝。《南越志》约撰于宋孝武帝刘骏大明至明帝刘彧泰始年间(457—471)。

344 此处删节,见五代蜀毛文锡《茶谱》。

345 《东斋纪事》:范镇(1008—1089)撰。范镇,字景仁,成都华阳人。仁宗宝元元年进士第一,累官知谏院。英宗时,迁翰林学士,出知陈州。哲宗时起为端明殿学士,提举崇福宫,累封蜀郡公。著有《范蜀公集》、《东斋纪事》等。《东斋纪事》,笔记,约撰于神宗元丰(1078—1085)年间。

346 本条实非《茶寮记》所有,也未查得文字相近的出处。前面提过,我们认为现在流传的陆树声《茶寮记》,有可能是书贾作假的伪书,陆廷灿这里采录的,可能是陆树声原书。

347 《述异记》:旧传南朝梁任昉撰,《四库全书总目提要》认为可能是后人辑集类书中的部分《述异记》内容,益以后来有关文献组成。大概成书于中唐以后至北宋年间。

348 王新城《陇蜀余闻》:王新城,即王士禛,"新城"是其籍贯。详王士禛《池北偶谈》注。《陇蜀余闻》,笔记,约撰于康熙后期或雍正初年。

349 许鹤沙《滇行纪程》:鹤沙为许缵曾的号,字孝修,江南华亭人。顺治六年进士,工诗,有《宝纶堂集》。官至云南按察使。在赴云南按察使过程中,撰有《滇行纪程》一书;返还时,又作《东还纪程》一书。

350 《地图综要》:朱绍本、吴学俨、朱国达、朱国幹同撰。无卷数。

351 《研北杂志》:陆友撰。陆友,平江路(今江苏苏州)人,字友仁,号砚北生。善诗,兼工隶楷,又博鉴古物。客至煮茗清谈不倦。有《砚史》、《墨史》和《砚北杂志》。《砚北杂志》也书作《砚北杂记》,撰于元文宗至顺四年(1333)。

352 《茶记》三卷:见《崇文总目》小说类作"二卷"。钱侗注称即《茶经》。周中孚在《郑堂读书记》中,也说是《茶经》三卷的字误。但《通志·艺文略》和《宋史·艺文志》又《茶经》、《茶记》并载,且接连写在一起,反映又却似陆羽并书的两部不同茶书。但后来《郡斋读书志》和《直斋书录解题》,就都不再提陆羽《茶记》事。因此,现在多数学者认为,《茶记》是陆羽《茶经》的误出。本书在唐《顾渚山记》(辑佚)的题记中,不仅也对《茶记》持否定的态度,并提出《顾渚山记》,也称《顾渚山茶记》,所以《茶记》不但有可能是《茶经》,甚至也有可能是因《顾渚山茶记》省称而产生出来的疑惑。

353 《建安茶录》:即《北苑茶录》。

354 《进茶录》:即《试茶录》,陆廷灿这里一书两出。《试茶录》本书和一般书籍也俱省作《茶录》。

355 又一卷:各书目周绛《补茶经》,只有一名和一卷;这里所谓"又一卷",显系重出。

356 《北苑别录》无名氏：实际即上书赵汝砺《北苑别录》。

357 《北苑别录》熊克：此《北苑别录》的作者，也非熊克，和上述"无名氏"一样，真正的作者俱为赵汝砺。这是一书三出。

358 《十友谱茶谱》：是将顾元庆所选《十友谱》和《茶谱》两书混为一书之误。此中所说"茶谱"，也即本文下列书目和一般书目中所说的顾元庆《茶谱》。《茶谱》原书为钱椿年所纂，顾元庆只是在钱书基础上加以删校。但自顾元庆删校本行世后，就替代钱书以致"喧宾夺主"，传作"顾元庆《茶谱》"。此书又一次重出。

359 《茶具图》：实际为竹茶炉图和题诗，是上书顾元庆删校钱椿年《茶谱》的附录，似未作独立专书刻印过。

360 《岕山茶记》：即指《罗岕茶记》。

361 《峒山茶系》：应是《洞山岕茶系》。

362 薛熙《依归集》：薛熙，字孝穆，号半园。苏州府吴县人，迁居常熟，晚年又移居苏州城。弱冠弃科举，从归有光致力于古文。有《依归集》，另有《练阅火器阵纪》。

363 此处删节，见宋代审安老人《茶具图赞》。

364 此处删节，见明代顾元庆、钱椿年《茶谱·附竹炉并分封六事》。

365 苏辙（1039—1112）《论蜀茶状》：苏辙，字子由，一字同叔，号颍滨遗老。宋眉州眉山（今四川眉山）人。苏轼弟。仁宗嘉祐二年进士，授商州军士

推官。元丰中，坐兄轼以诗得罪，谪监筠州盐酒税。哲宗立，召为秘书郎，累迁御史中丞，拜尚书右丞，进门下侍郎。绍圣中，落职责雷州安置。徽宗时，复大中大夫致仕。卒谥文定。为文淡泊，为唐宋八大家之一。有《栾城集》、《诗集传》、《春秋集传》等。《论蜀茶状》，当是其谪监筠州盐酒税时有关蜀茶见闻的行述。

366 此处删节，见宋代沈括《本朝茶法》。

367 洪迈（1123—1202）《容斋随笔》：洪迈，字景卢，号容斋。宋饶州鄱阳人。绍兴十五年中博学宏词科，累迁中书舍人、出知赣州、婺州，入为翰林学士，宁宗时，以端明殿学士致仕。有《容斋五笔》、《夷坚志》、《史记法语》等。《容斋随笔》是《容斋五笔》的一种。

368 此处删节，见宋代熊蕃《宣和北苑贡茶录》。

369 此处删节，见宋代熊蕃《宣和北苑贡茶录》。

370 此处删节，见宋代赵汝砺《北苑别录》。

371 本段以下内容选摘自《金史·食货志四》。

372 本段下录内容，选摘自《元史·食货志二》。

373 《武夷山志》：本文这里下录内容，查系据清康熙四十九年王梓《武夷山志》收录。但本文所收，除改用一些同义字外，有些字句，也有增删和不多的改动。

校　勘

① 清陆廷灿辑。此署名为本书编时定。本文寿椿堂版封面，署作"嘉定陆嫚亭手辑"；文内各卷卷题之下，署为"嘉定陆廷灿　曼亭　辑"。

② 凡例：在"凡"字上，底本还冠有《续茶经》三字书名，本书编时删。又底文于"凡例"每段首均有"一"字，不明所似，径删，下同。

③ 卷上：在"卷"字上，底本原还冠有书名《续茶经》三字，次行下端，另署有"嘉定陆廷灿　幔亭　辑"八字。本书编时删。另本文分卷，也全仿《茶经》，上卷除"一之源"外，还有"二之具"、"三之造"；卷中为"四之器"；卷下为"五之煮"、"六之饮"、"七之事"、"八之出"、"九之略"、"十之图"以及"附录"。在每卷和附录前格式和体例和"一之源"一样，前二行首行书"续茶经卷"上或中、下；二行下刊"嘉定陆廷灿幔亭辑"署名。以下卷别只在首篇出现时标出，其他各篇原书卷别和署名全删，并不再出校。

④ 武阳茶：底本原作"阳武"，径改。

⑤ 冲澹简洁："简"字，底本误刻作"闲"，据《大观茶论》原文改。

⑥ 懋之老窠园叶，各擅其美："叶"字，底本原无，据宛委本补。

⑦ 麻沙："麻"字，底本原刊作"苏"，疑误，径改。

⑧ 唯丛茭而已："茭"字，底本原形误作"芰"字。据《梦溪笔谈》改。

⑨ "即今之茶"及条末"乃今之茶"："茶"字，底本俱作"荼"，误，径改。

⑩ 叶似栀子："子"字，底本原脱，据《太平御览》补。

⑪ 瑟瑟沥沥、霏霏霭霭：寿椿堂本少一"沥"字和"霭"字，作"瑟瑟沥"、"霏霏霭"。

⑫ 《五杂俎》：底本"俎"字，俱作"组"。全文统一，作"组"字，不出校。

⑬ 谢肇淛《西吴枝乘》："谢肇淛"，底本作双行小字注，置于本段文字最后。四库本将小字注作正文由最后提至本段最前，冠于《西吴枝乘》之上。本书据四库本改。

⑭ 茶园："园"字，本文各本形误作"固"字，据《茶解》原文改。

⑮ 此则陆廷灿亦书作摘自《茶解》，实则为陆廷灿据自己的话改写。《茶解》原文为："茶地斜坡为佳，聚水向阴之处，茶品遂劣。故一山之中，美恶相悬。"

⑯ 皇甫冉《送羽摄山采茶》诗数言，仅存公案而已：《茶解》原文作："皇甫数言，仅存公案而已。"

⑰ 倘微丁、蔡来自吾闽："倘"字，底本原作"即"，据四库本改。

⑱ 《茶录》："录"字，底本和四库本等均误作"谱"字，径改。

⑲ 世不皆味之："不皆"，底本和四库本等，原均作"皆不"，据冯时可《茶录》径改。

⑳ 不能与岕相抗也：本段此以上内容，与陈继儒《白石樵真稿》中的《书岕茶别论》，除个别二字稍有出入外，基本完全相同。是何原因，限于时间，未作细考。但此下，两文就各异，沈周文已引录如下，此将陈继儒不同的下文，也录于下面供参考："自古名山留以待羁人迁客，而茶以资高士。盖造物有深意，而周庆叔著为别论以行之天下，度铜山金穴中无此福；又恐仰屠门而大嚼者，未必领此味，则庆叔将无孤行乎哉。"

㉑ 事见《洛阳伽蓝记》。及阅《吴志·韦曜传》：《南窗记谈》此两句原文为："事见《洛阳伽蓝记》。非也，按：《吴志·韦曜传》。"本段引文，已转辗二手，义不变，但文字与原文均已有所不同，故以下一般就不再出校。

㉒ 夏子茂卿：四库本作"江阴夏茂卿"。

㉓ 许次纾："纾"字，底本原形误作"杼"，径改。下同，不出校。

㉔ 郑可简："简"字，底本原作"闻"，据《宋史》改。

㉕ 采（採）办："采（採）"字，各本俱作"按"字，据《茶考》原文改。

㉖ 贞元："贞"字，各本从高承《事物纪原》俱音误作"正"字，近从各本茶书，如《中国茶文化经典》，均擅改作"兴"字。建中后"兴元"，仅一年，此"正元"下，接？还有一个"正元九年"的记载，说明此"正元"非"兴元"而是"贞元"之误。径改。

㉗ 罗岕：各本原俱作"岕山"，据《罗岕茶记》原文改。

㉘ 云泉道人："泉"字下，"道"字上，《金陵琐事》原文，还多一"沈"字，作"云泉沈道人"。

㉙ 《茶录》："录"字，底本误作"谱"，径改。

㉚ 在本条文后隔几行的下端，还有"男　绍良　较字"的校对署名。此后各篇末尾均例录有校者；本书全删，亦不再出校。

㉛ 《北苑贡茶别录》：此书名陆廷灿疑有误。查有关古代书目，无《北苑贡茶别录》之名，现存宋代北苑茶书，与此名相近的有二书，一为《宣和北苑贡茶录》或《北苑贡茶录》；一为《北苑别录》。后者无此内容，《北苑贡茶录》文中，分散提及有"银模"、"银圈"、"竹圈"、"铜圈"等内

容,但无集中成句。我们认为陆廷灿即据《北苑贡茶录》自己编辑成文,但篇名混窜进《北苑别录》的"别"字,以致错成另书。

③② 朱存理《茶具图赞序》:宋审安老人《茶具图赞》原文无此人此序。朱存理的所谓《茶具图赞序》,实际是朱存理为《茶具图赞》重刻本撰写的"后序"或"跋",原附于正文和图赞之后,文前并无题目,此作者和出处,为陆廷灿编加。

③③ 天岂靳乎哉:朱存理后序或跋文前无标,但文后,"天岂靳乎哉"之后,则署有"野航道人长洲朱存理题"十字。

③④ 周亮工《闽小纪》:四库本作"王象晋《群芳谱》",误。

③⑤ 龙园:"园"字,底本从《西溪丛语》作"团"。《西溪丛语》"团"字,疑"园"之形误,径改。下同。

③⑥ 近火先黄。其置顿之所:陆廷灿将本条内容列于张源《茶录》所包涵的之内,实则"近火先黄"以上三句,才是《茶录·藏茶》内容。其"置顿之所"以下的内容,为另书许次纾《茶疏·置顿》的内容。《茶疏》原文无"其"字。

③⑦ 却忌火气入瓷,盖能黄茶耳:"却"字,《茶疏》有的版本,亦作"切"字。"盖能黄茶耳",《茶疏》作"则能黄茶"。这句之下,为转辑《日用置顿》内容。

③⑧ 采茶 雨前精神未足:底本原无"采"字,仅摘一"茶"字,似录时脱漏。本文现按冯可宾《岕茶笺》原样,除补加一"采"字外,并与引文间隔空一字。

③⑨ 然茶以细嫩为妙,须当交夏时:"茶"字,底本原无,据《岕茶笺》径补。"须当交夏时",底本在"时"字下,还多一"时"字。作"交夏时时",本书校时,据《岕茶笺》删。

④⑩ 速倾于净篇内,薄摊:《岕茶笺》各本作"速倾净匾(按:也有作篮)薄摊"。

④① 《云蕉馆纪谈》:明玉珍子升:《云蕉馆纪谈》的"纪"字,底本原作"记",据《江西通志》和《佩文斋广群芳谱》改。"明玉珍子升",《云蕉馆纪谈》原文作"徐寿辉子升"。经查,我们认为本文所写"玉珍子"是错的,"升"应是"徐寿辉子"。徐是元末红巾起义领袖,称帝凡十六年,所以才有"令宫人"之语。

④② 而僧拙于焙,瀹之为赤卤:在这二句间,李日华《紫桃轩杂缀》,还有"既采必上甑蒸过,隔宿而后焙,枯劲如藁秸"三句。

④③ 如雀舌者佳:"佳"字,底本原无,据《岕茶汇钞》径补。

④④ 徽州松萝茶:"茶"字,底本原无,据《滇行纪略》补。

④⑤ 茶匙:此条无录条目,"茶匙"和下空一格,是本书编时照《茶录》原文加。

④⑥ 汤瓶:本条本文无录条目,"汤瓶"和下空一格,为本书编时照《茶录》原文加。

④⑦ 或瓷石为之:此条以下三句十三字,《茶录》原文无,疑陆廷灿编时加。

④⑧ 外则以大缨银合贮之,赵南仲丞相帅潭:"缨"字,《癸辛杂识》原文作"缕";"帅潭"的"潭"字下,周密原文还多一"日"字。

④⑨ 张源《茶录》:陆廷灿摘录或编时讹。查张源《茶录》根本无此条内容,像是录自许次纾《茶疏》;第二条"茶瓯"内容,又像据自张源《茶录》。但这两条与《茶疏》、《茶录》原文均有较大改动,有的甚至有背原义。

⑤⑩ 茶铫,金乃水母,银备刚柔:本条内容,摘自《茶疏·煮水器》。《茶疏》原文无"茶铫"二字,"茶铫"是根据原文制铫的内容,由陆廷灿加上替代原题《煮水器》之目的。"银备刚柔",《茶疏》原文作"锡备柔刚"。

⑤① 品茶用瓯:"瓯"字,底本原作"欧",误,径改。

⑤② 许次纾《茶疏》:茶盒:下录二条内容,第二条据自《茶疏》;本条《茶疏》无类似记载,主要之点相同者,疑是参照张源《茶录》"分茶盒"改写而成。张源《茶录》原文为:茶盒,"以锡为之,从大叠中分用,用尽再取。"

⑤③ 但作水纹者:"水"字,底本原误作"冰"字,径改。

⑤④ 昔郦元善于《水经》:此句以下至本条终,不相连接或靠近,而是摘录于《述煮茶泉品》全文将结束处。

⑤⑤ 湖州金沙泉,至元中:本条摘自《吴兴掌故集·山墟类·顾渚山》。"湖州"二字为陆廷灿所加,且与原文也无关系,如"至元中",《吴兴掌故集》原文很明确,为"至元十五年"。此两句系陆廷灿就文中有关内容随便缩写而成。

⑤⑥ 烟煤:本条文字,不是张源《茶录》而是许次纾《茶疏·不宜用》所载内容。陆廷灿不只书名搞错,且"擘煤"也是《茶疏》原文所不载,且擅加也未予说明。

⑤⑦ 罗岕:底本原作"岕山",径改。

㊽ 老钝:《茶疏》作"老嫩"。

㊾ 茶注、茶铫、茶瓯:此条内容,经查考,陆廷灿实际非摘自许次纾《茶疏》,而是转抄于屠本畯《茗笈·第十辨器章》。而且本文转抄的所谓《茶疏》引文,也不是《茶疏》原有而是重新组写过的内容。如本条首句"茶注、茶铫、茶瓯",在《茶疏》就本只是"汤铫瓯注"四字,经陆廷灿一改,文不同义相异,面目全非。所以,只要将原文(许次纾《茶疏·荡涤》重新改写(屠本畯《茗笈·辨器章》)过的内容细一查对就清楚看出,陆廷灿这条内容,称录自《茶疏》是假,转抄《茗笈》是实。

㉖ 以下:"下"字底本原作"上",据《茶疏·论客》改。

㉗ 香以兰花为上,蚕豆花次之:此二句《茶解》不见。本条内容,实际非据《茶解》而是转引自屠本畯《茗笈》。此二句以上,为《茗笈》引自《茶解·品》,此二句为《茗笈》自加。

㉘ 贮水瓮,须置于阴庭:本条内容,非出之罗廪《茶解》,而是出之张源《茶录·贮水》。但这也不是陆廷灿的错,是屠本畯《茗笈》误将《茶录》内容作《茶解》收录的结果。《续茶经》错在以讹传讹,未据原书而是转引《茗笈》。另外,本文内容,因屠本畯抄摘张源《茶录》时有增删,陆廷灿引录《茗笈》时又略有改动,故底本与张源《茶录》原文也每异。如本句,《茶录》原文作"贮水瓮须置阴庭中";《茗笈·品泉章》无"中"字,本文在"置"字下,又添一"于"字。

㉙ 谓之嫩:"嫩"字,各本形误作"懒"字,据《茗笈》原文改。下同,不出校。

㉚ 四陲:"陲"字,底本书作"邮(郵)","邮(郵)"疑"陲"之俗写。据闻龙《它泉记》改。

㉛ 去黄:"黄"字,《苏轼文集·题万松岭惠明院壁》原作"此"字。

㉜ 政和二年:"二年",底本原作"政和三年",据《眉山文集》卷2唐庚原文改。

㉝ 伪固不可知:"伪"字前,《眉山文集》原文,还多一"真"字。

㉞ 武阳:"武"字,底本原音误作"五",据《云谷杂记》卷2改。

㉟ 本条与《茗笈》内容全同,陆廷灿实际不是据《茶疏》而是据《茗笈·辨器章》转抄,许次纾《茶疏·荡涤》原文作:"人必一杯,毋劳传递,再巡之后,清水涤之为佳"。

㊀ 但资口腹:本则内容,也转录自《茗笈·防滥章》;然此句《茶疏·饮啜》作"但需涓滴"。

㊁ 顾元庆《茶谱·品茶八要》:陆廷灿误题,顾元庆删校本《茶谱》,无本文所辑的《品茶八要》内容。所谓《品茶八要》,旧书有的妄题为明华淑撰。华淑也谈不上什么撰,实际他只是将陆树声《茶寮记》中的或徐渭的《煎茶七类》:一人品、二品泉、三烹点、四尝茶、五茶候、六茶侣、七茶勋的基础上,在"四尝茶"前,增加一条"茶器"和二十字内容。某种程度上,将《品茶八要》,称为增补有"茶器"的《煎茶七类》本,可能更加贴切。

㊂ "白雪茶":"雪"字,底本原作"云(雲)"字,疑误,宋苏州白云茶,出洞庭山,《快雪堂漫录》原文作"雪",据改。

㊃ 余尝笑时流持论:"余"字,底本原脱,此据《六研斋笔记》原文补。

㊄ 琉球国:本则内容,原载陈继儒《太平清话》,后由喻政将陈继儒《岩栖幽事》和《太平清话》中有关内容辑集为一篇,起名《茶话》,收入其《茶书》中。《太平清话》或《茶话》中,原文无"国"字。

㊅ 道肃:"道"字,杨衒之《洛阳伽蓝记》原作"见"。

㊆ 桓宣武时:"时"字,底本无,据陶潜《搜神后记》原文补。

㊇ 王涯献茶:《旧唐书·文宗本纪》原作"王涯献榷茶之利"。

㊈ 时人谓之"胡钉铰诗",柳当是柳恽也:钱易《南部新书》无此二句,疑陆廷灿编时加。

㊉ 《代茶饮序》:"代"字,各本俱形讹作"伐"字。据《大唐新语》改。

㊊ 本段引文与《广川书画跋·书陆羽点茶图后》原文出入较大,下录《书陆羽点茶图后》原文供对照:"积师以嗜茶久,非渐儿供待不向口。羽出游江湖四五载,积师绝于茶味。代宗召入内供奉,命宫人善茶者以饷师斋。俾羽煎茗,喜动颜色,一举而尽。使问之师,曰:'此茶有若渐儿所为也!'于是叹师知茶,出羽见之。"

㊋ 盖名茶也:"名"字,喻政茶书本、宛委本等所引《清异录》原文,均无此字,作"盖茶也"。

㊌ 《龙茶录后序》:本条所录内容,摘引的是蔡襄《茶录后序》,而非欧阳修《龙茶录后序》。

㊍ 福建运使:叶梦得《石林燕语》卷八原作"福建转运使"。

㉟ 其为绢而北者："北"字,《后山丛谈》卷三原文作"比"。

㉟ 时(時)总得偶病:"时(時)"字,底本原刊作"诗",疑误。据《清波杂志》改。

㉟ 王城东:《梦溪笔谈》作"王公"。是陆廷灿所改。

㉟ 丁东院:"丁东",陆游《剑南诗稿》卷二原诗题作"东丁"。

㉟ 汉州:"州"字,底本原作"川",据《苏轼诗集》径改。

㉟ 仆在黄州:本条文前,似疏漏引文名或出处,其实这段内容,在《苏轼文集》等原文中,题为《书参寥诗》。

㉟ 菓凳:"菓"字,《都城纪胜》原文作"桌"字。

㉟ 本条内容,底本与四库本详略不一,有较大差异。四库本作:"宋绍兴中,少卿曹戬之母喜茗饮。山初无井,戬乃斋戒祝天,斫地才尺,而清泉溢涌,因名孝感泉。"

㉟ 大理徐恪:本条四库本上面四字,与上条末句"名为孝感泉"相接,未拆分为二条。

㉟ 上录本条内容,陆廷灿自称据或摘自《月令广义》,本书编时,经与万历本冯应京《月令广义》原书校对,发现陆廷灿所说有误甚或之于有作伪之嫌。冯应京《月令广义》有两处提及蒙顶茶。一是四卷十七上《春令·方物》中提及的"蒙岭茶";二为七卷十四上所录"雷鸣茶"。前者冯应京摘自《东斋记事》,与本文所录内容几无共同之处;后者冯氏撮自《韵府》,虽说听摘基本包括在《续茶经》的内容之内,但二者一比,即明显可以看出,陆廷灿此所据,非是录自《月令广义》。冯应京所录"雷鸣茶"内容为:"《韵府》雅州蒙山五顶,其中顶有僧病冷且久,遇老父曰:'仙家有雷鸣茶',俟雷发声并手于中顶采摘,获一两服未竟病瘥。一云中顶之中一两去疾,二两无疾,三两换骨,四两即仙。"本文中陆廷灿多处摘录有毛文锡《茶谱》内容,本条内容与毛文锡《茶谱》大部相差不多,这里不说据自《茶谱》而称引自《月令广义》;如果陆廷灿所说不是别本而就是指冯氏《月令广义》的话,那么即可明显看出,陆廷灿在此不提真正而另列一种引录书目,其目的不外是显示其征引内容之广博。

㉟ 为《岕茶别论》:"岕"字,底本原刻作"芥"。径改。

㉟ 多梗:底本原倒作"梗多",据《快雪堂漫录》原文改。

㉟ 妇为具汤沐:"沐"字,底本原形误作"沭",据《二酉委谭》原文改。

㉟ 李日华《六研斋笔记》:本条下录内容,非出《六研斋笔记》,而是《六研斋二笔》,陆廷灿误。

㉟ 周亮工《闽小记》:四库本等刊作"郎瑛《七修类稿》",显误。

㉟ 闵茶:"闵茶",四库本等作"闽茶"。

⑩ 宋比玉:"比"字,底本原刻作"此"字,据《闽小记》改。

⑩ 《虎邱茶经注补》:"邱"字,也书作"丘"。"注补",本文各本原皆倒作"补注",疑陆廷灿录误。

⑩ 补:底本原作"补《西湖游览志》","补"字居上用小一号字刻印。《中国古代茶叶全书》将这一"补"字,理解为是对《西湖游览志》的补本。如本文注中所说,《西湖游览志》的作者田汝成,除是书外,还另写有一本《西湖游览志余》,因此《中国古代茶叶全书》将此校注作"即为田汝成辑撰《西湖游览志余》",疑误。经推敲,我们认为此一补字,非指《西湖游览志》一书,而是指增补此前本篇各条内容。换句话说,是指此以后的内容,是定稿以后或刻好以后补刻的。出于这一认识,本书编时,特将此"补"字,用括号括起单列一行,以表示清楚。

⑩ 风俗贵茶,其名品益众:"其"字,《唐国史补》原文作"茶之名"三字。本文下录《国史补》内容,与《国史补》原文以及其他茶书所引,与"其"字一样,差异较大,且差不多每句都有不同。所以,我们这里不但不册,干脆把《国史补》这段内容也抄录如下,以便查校。《国史补》:"风俗贵茶,茶之名品益众。剑南有蒙顶石花,或小方、或散芽,号为第一。湖州有顾渚之紫笋,东川有神泉小团、昌明兽司,峡州有碧涧明月、芳蕊、茱萸簝,福州有方山之露一作生芽,夔州有香山,江陵有楠木,湖南有衡山,岳州有㴩湖之含膏,常州有义兴之紫笋,婺州有东白,睦州有鸠坑,洪州有西山之白露,泰州有霍山之黄芽,蕲州有蕲门团黄,而浮梁之商货不在焉。"

⑩ 铸:底本作"注",误,径改。

⑩ 开宝末:底本"末"字,形误作"来"字,据《事物纪原》改。

⑩ 斤片:"斤"字,各本俱作"片",据《潜确类

⑩ 书》改。

⑩ 蜀州："州"字,底本和其他各本,原形误作"川"字,据毛文锡《茶谱》改。

⑩ 唐时产茶充贡,即所云南岳贡茶也:是二句,四库本作"唐时造茶入贡,又名唐贡山,在县东南三十五里均山乡。"

⑩ 寰宇记:《寰宇记》,即《太平寰宇记》,但此处陆廷灿所引或所据《寰宇记》的,也仅"扬州江都县蜀冈"七字,其余或据毛文锡《茶谱》和《扬州府志》、《江都县志》,拼缀而成,严格说,不能称是《寰宇记》内容。

⑪ 甘香:"香"字,底本原形误作"旨"字,径改。

⑪ 富家:"富"字,底本原形误作"当"字,据四库本改。

⑪ 本条所收内容,主要为明月峡茶史资料。"明月峡"以下资料,录自《吴兴掌故集·山墟类》"明月峡"条,但其上"皆为茶园"三句,与明月峡内容无关,疑陆廷灿自加或由《吴兴掌故集》其他地方移置而成;是原文以外编者穿插的内容。

⑪ 相传以为吴王夫差于此顾望原隰:《吴兴掌故集》原文,无"以为"二字,"吴王夫差",为"吴夫概",全句作"相传吴夫概于此顾望原隰"。

⑪ 唐时其左右大小官山,皆为茶园,造茶充贡,故其下有贡茶院:这几句,《吴兴掌故集·山墟类》原文,简作"唐时其下有贡茶院"八字。据本条所录内容与原文的较大差异,我们怀疑本文这里所录的二条《吴兴掌故集》内容,可能陆廷灿所据不是直接录自《吴兴掌故集》原书,而是转引他书。因为,否则就不会出现上二条均录及的"其左右大小官山,皆为茶园"这样重复的内容。

⑪ 香气尤清,又名玄茶,其味皆似天池而稍薄:香气尤清以下"又名玄茶,其味皆似天池而稍薄"二句,我们找见的《瓯江逸志》原文无,疑可能为陆廷灿编时补。

⑪ 《江西通志》:本文各本原皆简作《通志》,易与前《江南通志》和各省通志混。经以本文所录与江西前刊"通志"查对,本文收录内容与明嘉靖《江西通志》明显不同,与康熙末年《西江志》和雍正《江西通志》则较接近。据此,我们确定此以下三条江西茶事,当为据雍正《江西通志》摘编;故本书编时在《通志》前补加"江西"二字,以与他别。

⑪ 惟山中之茶为上,家园植者次之:此摘自《麻姑山丹霞洞天志·物产》:原文为"茶,(下接双行小字)山中之茶尤妙,家园次之。"

⑪ 《江西通志》:本文各本俱简作"《通志》",经查,当为雍正十年《江西通志》,径加。

⑪ 此条文字,不见原文,疑陆廷灿据《东溪试茶录》"北苑"、"壑源"内容摘编。

⑫ 福宁州太姥山出茶:"太"字,底本形误作"大",径改。

⑫ 《湖南通志》:底本和其他各本,按《续茶经》,原皆作《通志》,本书作收时,查为据《湖南通志》,径改。

⑫ 《湖广通志》:底本和其他各本,原无"湖广"二字,俱作《通志》。经查,此疑据康熙《湖广通志》摘编。"湖广"为本书编时加。

⑫ 广(廣)岭:《岭南杂记》原文作"庙(廟)岭"。

⑫ 本条内容,疑陆廷灿据康熙六年《陕西通志》摘集组成,非原文。

⑫ 《四川通志》:本条下载内容,疑陆廷灿据雍正《四川通志》摘集编写,非"通志"原文。

⑫ 贵阳府产茶,出龙里东苗坡及阳宝山:经查,本条内容,录自康熙三十六年《贵州通志·物产》。其地名和茶字外,其他内容为双行小字注。本条原文体例为:"贵阳府　茶产龙里东苗坡及阳宝山……"。

⑫ 冒襄:"冒"字,底本形讹作"胃"字,径改。

⑫ 置榷茶使:此处"榷茶"之"榷"字,底本误刻作"搉",径改。下文也时有误刻。俱改。不出校。

⑫ 置吏总之:"总之"的"之"字,底本原缺,据《宋史·食货志》原文补。

⑬ 余则官悉市之,总为岁课:在这两句"之"字和"总"字之间,本文省略"其售于官者……谓之折税茶"六句三十一字。之下本段还有多处删节,不再一一出校。

⑬ 民造温桑伪茶:"伪"字,底本俱作"为"字,据《宋史·食货志》原文改。

⑬ 陈恕为三司使:本条和以下五条,皆列为引录或据自《宋史》,但与上条《宋史·食货志》内容,便无前后或承继关系,如本条《食货志》中也提及两句,但其收录的主要内容,是摘自《列传·陈恕》的传记,有些还是陆廷灿添加的《宋史》以外的其他资料,因此下不作也不好作校。

⑬ 毋乃重困吾民乎："毋"字，底本原形误作"母"，径改。

⑭ 《容斋随笔》："斋"字，底本原误作"齐"，据《容斋五笔》改。

⑮ 外焙及其石门、乳吉、香口三焙和所录文字，陆廷灿这里将之列于熊蕃《宣和北苑贡茶录》之后，误。查此非《宣和北苑贡茶录》而是《北苑别录》的内容。

⑯ 《北苑别录》：误，此书名应冠上条"外焙"之上，本条及以下所谓《北苑别录》内容，均仍录自《宣和北苑贡茶录》。陆廷灿把《北苑别录》该加"外焙"的地方不加，使《北苑别录》的内容，误作了前面《宣和北苑贡茶录》内容；本条，又将《宣和北苑贡茶录》误作了《北苑别录》内容。

⑰ 《明会典》：陕西置茶马司四：河州、洮州、西宁、甘州：《明会典》原文为"茶马司"陕西旧巩

昌府、临洮府四茶运所及其裁革时间　河州洪武建司时间　洮州洪武建司时间　西宁洪武改建时间　甘州裁革和复建时间。本文这里所录《明会典》资料，实际为陆廷灿据《明会典》有的甚至其他史籍内容摘写，大多与原文序次和面貌不一，这里只是举例说明并非原文，下面也不再一一作校。

⑱ 浙江行省平章高兴过武夷：《武夷山志》原文无"浙江行省"四字。

⑲ 有仁风门、第一春殿、清神堂诸景：此句陆廷灿有较大删改，《武夷山志》原文为："有神风门、拜发殿亦名第一春殿、清神门、思敬亭、焙芳亭、燕嘉亭、宜寂亭、浮光亭、碧云桥。"无"诸景"二字。

⑳ 于园之左右各建一坊，扁曰茶场：此句为作过崇安县令的陆廷灿所改，《武夷山志》原文只是"又于园之左右各增建一场"十一字。

煎茶诀｜清　叶隽　撰[1]

作者及传世版本

叶隽，字永之，越溪[2]（当属今浙江宁海县境）人，生平不详。《煎茶诀》一书，国内不见著录流传，在日本则有用日文假名标注的汉字刻本两种：一是宝历（1751—1764）本[3]，现藏大阪中央图书馆，二是明治戊寅（1878）刻本。

现存的宝历本并非原刻本，而是宽政丙辰（1796）年的重刻增补本，有蕉中老衲序，及木孔恭[4]后记。蕉中又署不生道人，即大典禅师（1719—1801），著述甚多，曾写过《茶经评说》，为《煎茶诀》增补了不少材料。木孔恭

（1736—1802）为大阪著名儒商，收藏甚富，多珍本秘籍，本书的刊印当经其手。

明治刻本是小田诚一郎训点的整理本，删去了蕉中增补的部分，还原了叶隽《煎茶诀》的原貌，并请王治本[5]作序，可说是精审而面目清爽的本子。

本书以小田诚一郎训点的明治本为底本，以蕉中序宝历本和书中引用原文作校。明治本所增序及插画，按本书体例，移至补文之后[6]。

原　文

藏茶[7①]

初得茶，要极干脆。若不干脆，须一焙之，然后用壶佳者贮之。小有疏漏，致损气味[②]，当慎保护。其焙法：用卷张纸散布茶叶，远火焙〔之〕[③]，令煴煴渐干。其壶如尝为冷湿所漫[④]者，用煎茶至浓者洗涤之，曝日待干、封固，则可用也。

择水

煎茶，水功居半。陆氏所谓"山水上，江水中，井水下"。山水，拣乳泉、石池涓涓流出者；江水，取去人远者；井，取汲多者佳也[⑤]。然互有上下，品可辨也。有一种水，至澄而性恶，不可不择。若取水于远欲宿之，须以白石椭而泽者四、五，沈著或以同煮之；能利清洁。黄山谷诗：锡谷、寒泉、椭石俱是也。椭石，在湖上为波涛摩园者为佳，海石不可用[⑥]。

洁瓶

瓶不论好丑，唯要洁净。一煎之后，便当辄去残叶，用棕扎刷涤一过，以当后用。不尔，旧染浸淫，使芳鲜不发。若值旧染者，须煮水一过，去之然后更用。

候汤

凡每煎茶，用新水活火，莫用熟汤及釜铫之汤。熟汤，软弱不应茶气；釜铫之汤，自然有气妨乎茶味。陆氏论"三沸"，当须"腾波鼓浪"而后投茶；不尔，芳烈不发。

煎茶

世人多贮茶不密，临煎焙之，或至欲焦，此婆子村所供，大非雅赏。江州茶尤不宜焙，其它或焙，亦远火煴煴然耳。大抵水一合，用茶可三分[⑦]。若洗茶者，以小笼盛茶叶，承以碗，浇沸汤以箸搅之，漉出则尘垢皆漏脱去；然后投入瓶中，色、味极佳。要在速疾，少缓慢，则气脱不佳。如华制茶，尤宜洗用[8]。

淹茶

华制茶[⑧]，不可煎[⑨]。瓶中置茶，以熟汤[⑩]沃焉，谓之泡茶。或以钟，谓之中茶。中，钟音，通泡名，通瓶。钟者，《茶经》谓之淹茶。皆当先燀之令熟，或入汤之后盖之；再以汤外溉之，则茶气尽发矣。

《煎茶决》终[⑪]。

补[⑫]：

茶具

苦节君湘竹风炉。建城藏茶箬笼。湘筠焙焙茶箱。盖其上，以收火气也；隔其中，以有容也；纳火其下，去茶尺许，所以养茶色香味也。云屯泉缶。乌府盛炭篮。水曹涤器桶。鸣泉煮茶罐。品司编竹为篮[⑬]，收贮各品茶叶。沈垢古茶洗。分盈木杓，即《茶经》水则，每两升用茶一两。执权准茶秤，每一两，用水二升。合香藏日支茶瓶，以贮司品者。归洁竹筅帚，用以涤壶。漉尘洗茶篮。商象古石鼎。递火铜火斗。降红铜火筯[⑭]，不用联索。团风湘竹扇。注春茶壶。静沸竹架，即《茶经》支腹。运锋劖果刀。啜香茶瓯。撩云竹茶匙。甘钝木碪墩。纳敬湘竹茶囊。易持易漆茶雕秘阁。受污拭抹布。

书斋[⑮]

书斋宜明静[⑯]，不可太敞[⑰]。明静可爽心神，宏敞则伤目力。中庭列盆景、建兰之嘉者一、二本，近窗处蓄金鳞五、七头于盆池内，傍置洗砚池一。余地沃以饭沈、雨渍，苔生绿缛可爱。逶砌种以翠芸草令遍，茂则青葱欲浮。取薜荔根瘗墙下，洒鱼腥水于墙上，腥之所至，萝必蔓焉。月色盈临[18]，浑如水府。斋中几、榻、琴、棋、剑、书、画、鼎、研之属，须制作不俗，铺设得体，方称清赏。永日据席，长夜篝灯，无事扰心，尽可终老。僮非训习，客非佳流，不得入。

单条画

高斋精舍，宜挂单条。若对轴，即少雅致，况四五轴乎？且高人之画，适兴偶作数笔，人即宝传，何能有对乎？今人以孤轴为嫌，不足与言画矣。

袖炉

书斋中薰衣、炙手对客常谈之具，如倭人所制漏空罩盖漆鼓，可称清赏。今新制有罩盖方圆炉，亦佳。

笔床

笔床之制，行世甚少。有古鎏金者，长六、七寸，高寸二分，阔二寸余，如一架然。上可卧笔四矢。以此为式，用紫檀乌木为俗[19]。

诗筒葵笺

采带露蜀葵，研汁[20]用布揩抹竹纸上，伺少干，以石压之，可为吟笺，以贮竹筒，与骚人往来赓唱。昔白乐天与微之亦尝为之，故和靖诗有"带斑犹恐俗，和节不妨山"之句。

印色池

官、哥窑，方者，尚有八角、委角者，最难得。定窑，方池外有印花纹，佳甚；此亦少者。诸玩器，玉当较胜于磁，惟印色池以磁为佳，而玉亦未能胜也。

右(上)七项，载屠龙《考槃余事》中，聊采录以示诸君子。

《煎茶诀序》

夫一草一木，罔不得山川之气而生也，唯茶之得气最精，固能兼色、香、味之美焉。是茶有色、香、味之美，而茶之生气全矣。然所以保其气而勿失者，岂茶所能自主哉。盖采之，采之而后有以藏之。如获稻然，有秋收者，必有冬藏。藏之先，期其干脆也。利用焙藏之，须有以蓄贮也。利用器藏而不善，湿气郁而色枯，冷气侵而香败，原气泄而味变，气之失也，岂得咎茶之不美乎？然藏之于平时，以需用之于一时。而用之法，在于煎；张志和所谓"竹里煎茶"，亦雅人之深致也。磁碗以盛之，竹笼以漉之，明水以调之，文火以沸之；其色清且碧，其香幽且烈，其味醇且和；可以清诗思，可以涤烦渴，斯得其茶之美者矣。是在煎之善。至若水，则别山泉、江泉；火，则详九沸、九变；器，则取其洁而不取其贵；汤，则用其新而不用其陈。是以水之气助茶之气，以火之气发茶之气，以器之洁不至污其气，以汤之新不至败其气。气得而色、香、味之美全矣。吾故曰："人之气配义与道，茶之气配水与火；水火济而茶之能事尽矣，茶之妙诀得矣。"友人以《煎茶诀》索序，予为详叙之如斯。

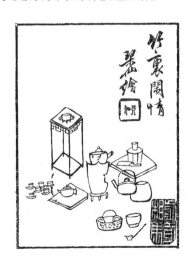

王琴仙《竹里闲情》(煎茶茶具)插图

光绪戊寅六月谷旦。

浙东楘园王治本撰并书

煎茶诀跋[9]

山林绝区,清淑之气钟香露,芽发乎云液,使人恬淡是味。此非事甘脆肥酰者所得识也。夫其参四供,利中肠,破昏除睡,以入禅悦之味,乃所谓四悉檀之,益固可与道流者共已。叶氏之诀,得其精哉,殆缵竟陵氏之绪矣。

不生道人跋

茶诀一篇,语不多而要眇尽矣。命之剞劂以施四方君子云。时宝历甲申二月。

浪华兼葭堂木孔恭识

(附蕉中补宝历本《煎茶诀》全文)

煎茶诀序

点茶之法,世有其式。至于煎茶,香味之间,不可不精细用心,非复点茶比。而世率不然。叶氏之《诀》,实得其要。犹有遗漏,顷予乘闲补苴,别为一本,以遗兼葭氏。如或灾木,与好事者共之,亦所不辞。

丙辰孟冬　蕉中老衲识

森世黄书

《煎茶诀》

越溪　叶隽永之　撰
　　蕉中老衲　补

制茶

西夏制茶之法,世变者凡四:古者蒸茶,出而捣烂之或曰捣而蒸之,为团干置,投汤煮之如《茶经》所载是也余《茶经详说》备悉之。其后磨茶为末,匙而实碗,沃汤筅搅匀之以供。其后蒸茶而布散干之、焙之,是所谓"煎茶"也。后又不用蒸,直焣之数过,拈之使缩。及用实瓶如碗,汤沃之,谓之"泡茶"、"冲茶"。文公《家礼注》,不谙筅制。《五杂俎》曰:"今之惟茶用沸汤投之,稍著火即色黄而味涩不中饮矣。"可知辗转而不复古也。吾日本抹茶、煎茶俱存而用之。抹茶,独出自宇治,盖不舍其叶,故极其精细。制造之法,宜抹而不宜煎。煎茶之制,所在有之,然江州所产为最。近好事者家制之,率皆用焣法,重芳烈故也。盖能其精良,不必所产,然非地近山者不为宜。若其制法,一一兹不详说。独《五杂俎》载,松萝僧说:曰茶之香,原不甚相远,惟焙者火候极难调耳。茶叶尖者太嫩,而蒂多老,火候匀时尖者已焦而蒂尚未熟;二者杂之,茶安得佳。松萝茶制者,每叶皆剪去尖蒂,但留中段,故茶皆一色;而功力烦矣,宜其价之高也。余以为此说,真制茶之要也。若或择取其尖而焙制之,恐最上之品也。

藏茶

初得茶,要极干脆。若不干脆,须一焙之,然后用壶佳者贮之。小有疏漏,致损气味,当慎保护。其焙法:用卷张纸散布茶叶,远火焙之,令煜煜渐干。其壶如尝为冷湿所侵者,用煎茶至浓者洗涤之,曝日待干、封固,则可用也。

择水

煎茶,水功居半。陆氏所谓"山水上、江水中、井水下"。山水,拣乳泉、石池涓涓流出者;江水,取去人远者;井,取汲多者是也。然互有上下,品可辨也。有一种水,至澄而性恶,不可不择。若取水于远欲宿之,须以白石椭而泽者四、五,沈著或以同煮之;能利清洁。黄山谷诗:锡谷、寒泉、椭石俱是也石之在湖上为波涛摩园者为佳,海石不可用。或曰汲长流水为汤,上装蒸露罐,取其露煮以用茶,尤妙。余未尝试,但恐软弱不适。有用瀑泉者,颇激烈不应;然则激烈、软弱,俱不可不择。

洁瓶

瓶不论好丑,唯要洁净。一煎之后,便当辄去残叶,用棕扎刷涤一过,以当后用。不尔,旧染浸淫,使芳鲜不发。若值旧染者,须煮水一过,去之然后更用。

候汤

凡每煎茶,用新水活火,莫用熟汤及釜铫之汤。熟汤,软弱不应茶气;釜铫之汤,自然有气妨乎茶味。陆氏论"三沸",当须"腾波鼓浪"而后投茶;不尔,芳烈不发。

煎茶

世人多贮茶不密,临煎焙之,或至欲焦。此婆子村所供,大非雅赏。江州茶尤不宜焙,其他或焙,亦远火煴煴然耳。大抵水一合,用茶可重三、四分。投之滚汤,寻即离火,置须臾而供之。不尔,煮熟之,味生芳鲜之气亡;须别用汤瓶,架火候茶过浓加之。若洗茶者,以小笼盛茶叶,承以碗,浇沸汤以箸搅之,漉出则尘垢皆漏脱去;然后投入瓶中,色、味极佳。要在速疾,少缓慢,则气脱不佳。如唐制茶,尤宜洗用。

淹茶

唐茶舶来上者,亦为精细,但经时之久,失其鲜芳。肥筑间亦有称唐制者,然气味颇薄,地产固然。大抵唐制茶,不容煎。瓶中置茶,以热汤沃焉,谓之泡茶。或以钟,谓之中茶。中、钟音,通"泡"名,通瓶。钟者,《茶经》谓之"淹茶"。皆当先胁之令热,或入汤之后盖之;再以汤外溉之,则茶气尽发矣。

花香茶

有莲花茶者,就花半开者,实茶其内,丝匝拥之一宿。乘晓含露摘出,直投热汤,香味俱发。如兰茶,摘花杂茶,亦经宿而拣去其花片用之;并皆不用焙干。或以蒸露罐取梅露、菊露类,投一滴碗中,并佳。

(下删不生道人跋和木孔恭后记二条,见明治本文后所录)

注　　释

1　此处署名为本书编时按体例改定。日本原宝历和明治两刻本,封面均只书题名《煎茶诀》三字。宝历本在序后文前题下署名,作"越溪　叶隽永之撰"、"蕉中老衲　补";明治本删补者名,只署"越溪　叶隽永之　撰"一人。

2　越溪:即今浙江宁海县越溪。地以溪名,溪以山名。明洪武三年于此置巡检司,清康熙时改设千总驻守。明清时是宁海的一个主要出入港口。

3　明和元年(1764),这一年在日本有的文献中,也作宝历十四年。可能是宝历改元为"明和"的一年,甲子纪年均为"甲申"。

4　木孔恭:国内有的论著中,讹传将"孔"写作"弘",误。

5　王治本(1835—1907):明治时著名旅日华人。字漆(同漆)园,别号梦蝶道人。浙东(今浙江慈溪)人。光绪元年(1875)应日本著名汉学家广部精邀请,至日本"日清社"汉塾教汉语和编辑汉文杂志。明治十年(1877),辞聘在日本自创诗社"闻香社",与日本特别是爱好汉学的文人学士切磋和传授诗文及创作技巧,另外也为人赋诗作词、撰序写跋、绘画刻章、书圆画扇,开始以收取润笔来作留居日本生活之用。本文明治本的王治本的《煎茶诀序》和其族弟琴仙所绘"煎茶器"插页,即是他们应邀收受"润笔"之作。

这一年,清政府首次派遣以何如璋为首的驻日公使团,治本因熟悉日本情况而被聘为公使团临时随员。在1877—1881年这段时间,王治本的才学,深受原高崎藩主的钦佩。日本明治"废藩"源辉声赋闲后,寄趣汉学,拜王治本为师,并把他直接接到家中,随时就学。1882年源辉声病逝后,王治本移居东京,自此以"清客诗文书画第一人"的身份,活跃于东京文墨大家,并不断应日本各地文人所邀,走上了他有计划访问漫游日本、倾力传播中国汉学、汉文化的生涯。从这一年开始,直至其1906年去世,他的足迹,几乎踏遍了日本全国各岛。王治本绝不是单纯的游山玩水,如他自咏的诗句所说:"爱作闲游转不闲",他游玩是次,传播中国文化是真。1883年,他巡游北海道时,《函馆新闻》对他作了专访和报导。讲到王治本在函馆期间,将他所作的《函馆八胜》诗悉数赠给了该报;并称"本港文雅之士,亦多乞请挥毫"。即使是玩,他每到一地,也把他所有游景揽胜的诗作、书画留给了当地,丰富了当地的文化生活。

6 我们不但认真查阅了本书收录的全部清代辑集类综合性茶书,并且还详细查阅了浙江特别是清代浙东的笔记小说,康熙、光绪《宁海县志》及相关的《台州府志》、《宁波府志》等《艺文志·书目》,俱未发现有关叶隽和《煎茶诀》的任何记载。如果是书在国内有刻本或较多传抄本长期流传,不可能在上几方面一点没有反映。

7 在正文"藏茶"前,封面后扉页正反面,为号"重光"者题写的"纱帽笼头、风花逸鬓"八字;接着为王治本撰《煎茶诀序》二页共164字;然后再是王治本族弟琴仙所绘《竹里闲情》煎茶具插画一页。因非叶隽原著,本书按例照原样移至本文小田诚一郎、王治本的补文之后备查。

8 如华制茶,尤宜洗用:"华"字,宝历本作"唐",此二句八字,疑亦非叶隽而是焦中所补。

9 此跋和其下木孔恭后记,是明治本照宝历本重刻内容。

校　　勘

① 在本文"藏茶"前,宝历本蕉中还补加"制茶"一节,23行,行16字,加双行小字注,共373字。明治本全删。所删内容,可参见本文后附宝历本全文。

② 气味:"味"字,明治本刻作"吻"。吻,《集韵》同吻。"气吻"不可解,当是形误。据宝历本径改。

③ 之,明治本阙,据宝历本补。

④ 漫字:宝历本作"侵"。

⑤ 佳也:"佳"字,宝历本作"是"。

⑥ 此单行小字注下,明治本删宝历本可能是蕉中所补"或曰汲……不可不择"共50字。所删内容,见本文后附宝历本全文。

⑦ 用茶可三分:宝历本作"用茶可重三、四分"。在分之下,明治本删宝历本可能是蕉中所补"投之滚汤……过浓加之"39字。所删内容,见本文后附宝历本全文。

⑧ 华制茶:"华"字,宝历本作"唐"。在此句上,明治本删本节开头的"唐茶舶……然大抵"39字。所删内容,见本文后附宝历本全文。

⑨ 不可煎:"可"字,宝历本作"容"。

⑩ 熟汤:"熟"字,宝历本作"热(熱)"。

⑪ 在本节之下,宝历本还有蕉中补加的《花香茶》一节,5行,行16字,共76字。明治本全删,所删内容,见本文后附宝历本全文。

⑫ 在"补"字上,原书还有《煎茶诀》终四字,本书编时删。

⑬ 编竹为籭(lǐ):明治本原刻作"撞",编时径改。

⑭ 筯(zhù):明治本作"筋",形误,径改。

⑮ 书斋:"书"字,陈继儒《考槃余事》本作"山"字。

⑯ 书斋宜明静:陈继儒《考槃余事》本无"书斋"二字。"静"作"净",下同。

⑰ 太敞:"敞"字,陈继儒《考槃余事》本作"厂(廠)"。

⑱ 盈临(臨):"临(臨)"字,明治本作"瓯(甌)",疑

形误。据陈继儒《考槃余事》本改。

⑲ 用紫檀乌木为俗：陈继儒《考槃余事》本无

"俗"字，原文作"用紫檀乌木为之亦佳"。

⑳ 研汁："汁"字，明治本原刻形误作"汀"，径改。

湘皋茶说 | 清 顾蘅 编

作者及传世版本

顾蘅（蘅，一作衡），字孝持，号霍南，后又自号湘皋老人。江南娄县（今上海松江）人。贡生，官临淮（治所位于今安徽凤阳）训导，一称临淮司铎。善书画、工诗。阳海清《中国丛书广录》注释中称其为"嘉庆壬戌（七年，1802）进士，累官通政司副使"。但查《明清进士题名碑录索引》不见，大概是错的。这从本文前序中也可获知。顾蘅在乾隆四年（1739）所写的序文中，就自号"湘皋老人"，怎么会在此后过了63年又考中进士？不过其后一句所说的"累官通政司副使"，虽不敢说就无问题，但其反映顾蘅仕途，决不只临淮一地一职，这大致是可信的。这一点，顾蘅在文后的《湘皋逸史》中亦提及："年来奔走四方，仆仆官署，或有佳茶而缺佳水，或得佳泉而无佳茗。"这段记述，多少可以作些补证。

《湘皋茶说》，是我们从南京图书馆收藏的《湘皋六说》中辑出的一篇手稿。所称《湘皋六说》，包括《书画说》、《墨说》、《茶说》、《花说》、《香说》、《炉砚说》六稿。全书顾蘅自著自写的部分不多，大部分内容是辑集其他各书而成的。以《湘皋茶说》为

例，其内容主要就辑录自陆羽《茶经》、许次纾《茶疏》和闻龙《茶笺》等十六七种茶书。我们上面提到，《湘皋茶说》引录的茶书有十六七种（顾蘅自撰"二十二种"），但这只是稿中顾蘅开列的摘录书目而已，实际他并未按目摘录，甚至有的书他可能看都没看。因为我们作编时与原文核对的结果，其所引各书内容，与各书原文大多有出入，有的甚至差异较大；但与屠本畯《茗笈》辑引各书的内容，则几乎完全相同，其转抄自《茗笈》的痕记，非常清晰。所以，严格来说，称顾蘅《湘皋茶说》是一篇基本抄袭《茗笈》之作，也不为错。

本文既然是一卷乾隆以后才编、内容又多半转抄别书而且最后一部分也尚未定稿的辑集类茶书，那么为什么还要特意从未刊书稿中辑出，加以整理补入本书呢？这是因为本文虽然自撰的内容不多，但此部分尚有其自身特点和一定的史料价值。另外，它虽说是一篇编之稍晚的辑集类茶书，但由于其内容较多集中在产、采、制、藏、泉、火、汤、点等茶叶生产、饮用的技艺

方面,和前出辑集类茶书相比,即使有重复,也仍不感厌烦。再是其较多内容非辑自原书而是转抄《茗笈》,但它不是全部照录而是选抄,较《茗笈》更为简要。

原　文

序①

吴主礼贤,方闻置茗;晋人爱客,才有分茶。读韩翃启,则知茶之开创,绝不自季疵始,而说者竟以陆羽饮茶,比于后稷树谷,误矣。第开创之功,虽不始于桑苧,而制茶自出,实大备于季疵。嗣后,名山所产,灵草渐繁,人巧之功,佳茗日著。罗君有言,茶酒二事,可云前无古人,而我独怪夫世之厄谈名酒者甚多,清谈佳茗者实少也。不宁惟是,一切世味,荤腥甘脆,争染指垂涎,独此物面孔严冷,绝无和气,稍稍沾唇渍口,辄便唾去,畴则嗜之,非幽人开士,披云漱石之流,其孰可与语此者乎?予生也惫,口之于味,一无所嗜,独于茗不忘情。偶阅前贤论茶诸书,有会于心,摘其精当,辑为一编,名曰《茶说》。阅是编者,试于松间竹下,置乌皮几,焚博山炉,斟惠山泉,挹诸茗荈而啜之,便自羲皇②上人矣。若夫客乍倾盖,用偶消烦,宾待解醒,则饮茶防滥,厥戒惟严。重赏之外,别有攸司,此皆排当于阃政,请勿弁髦乎《茶说》。

时乾隆己未清龢月1
湘皋老人题于曼寄斋

《茶说》摘录诸书　凡二十二种③

陆羽《茶经》　罗廪《茶解》　叶清臣《煮茶泉品》　《岕茶记》　许次杼《茶疏》　闻龙《茶笺》　熊明遇《岕山茶记》④　《小品》⑤　张源《茶录》　宋子安《东溪试茶录》　屠隆《茗笈》　田艺衡⑥《煮泉小品》　罗大经《鹤林玉露》　《茗笈品藻》　陆树声《茶寮记》　苏廙《仙芽传》　《茶解序》　《茶录序》　蔡襄《茶录》⑦　陆树声《煎茶七类》　《类林》　《考槃余事》

茶名⑧

陆羽《茶经》:一曰茶,二曰槚,三曰蔎,四曰茗,五曰荈。茶之精腴者,名胡靴牛臆。茶之瘠老者,名竹箨霜荷⑨。

茶目

按:陆羽《茶经》,唐时所载产茶地,凡四十一州,各分上下,其十一州未详。而今之虎邱、罗岕、天池、顾渚、松罗、龙井、雁宕、武夷、灵山、大盘、日铸、朱溪、阳羡、六安、天目诸名茶,无一与焉。岂当时混称州名,而不及详其地所自出故耶?抑或培植未善,有疏采制故耳⑩?

《煮茶泉品》云:吴楚山谷间,气⑪清地灵,草木颖挺,多孕茶荈。大率右于武夷者,为白乳;甲于吴兴者,为紫笋⑫;产于禹穴者,以天章显;茂于钱塘者,以径山稀。至于续庐之岩,云衡之麓,雅山着于无歙2,蒙顶传于岷蜀,角立差胜,毛举实繁⑬。

《茶疏》云:唐人首称阳羡,宋人最重建州……故不及论3⑭。

《考槃余事》曰:今日茶品,与季疵《茶经》稍异,即烹制之法,亦与蔡、陆诸人4不同矣。虎邱最号精绝,为天下冠,惜不多产,皆为豪右所据,寂寞山家,无由获购矣。天池青翠芳馨,瞰之赏心,嗅亦消渴,可称仙品。阳羡即俗名曰岕,浙之长兴者佳,荆溪稍下。上品价两倍天池,难得。六安品亦精,惜不善炒,不能发香,而本质实佳。龙井不过十亩余,外此皆不及。大抵天开龙泓美泉,山灵特生佳茗以副之耳。天目次于天池,龙井亦佳品也[15]。

产茶

《茶经》:上者生烂石,中者生砾壤,下者生黄土。野者上,园者次,阴山坡谷者,不堪采掇[16]。

《茶记》[5]:产茶处,山之夕阳,胜于朝阳。庙后山西向,故称佳;总不如洞山南向,受阳气特专,称仙品。

《茶解》:茶地南向为佳,向阴者遂劣。故一山之中,美恶相悬[17]。

《岕茶记》[6]:茶产平地,受土气多,故其质浊。岕茗产于高山,浑是风露清虚之气,故为可尚。

《茗笺》云:瘠土民臞,沃土民厚;城市民嚣而漓,山村民朴而陋;齿居晋而黄,项处齐而瘿。人犹如此,况于茗哉[18]!

采茶

《茶疏》:清明太早,立夏太迟,谷雨前后,其时适中。若再迟一二日,待其气力完足,香烈尤倍,且易于收藏。

《茶记》:茶以初出雨前者佳,惟〔罗〕岕立夏开园[19]。吴中所贵,梗粗叶厚,有萧箬之气,不如雀舌佳,然最不易得。

《茶疏》云:岕茶非夏前不摘。初试摘者[20],谓之开园。采自正夏,谓之春茶。其地稍寒,故需得此,又不当以太迟病之也。近有七八月重摘一番,谓之早春,其品甚佳。

制茶

《茶录》:茶之妙,在乎始造之精,藏之得法,点之得宜。优劣定乎始锅,清浊系乎末火。

《茶笺》:火烈香清,锅寒神倦;火烈猛生焦,柴疏失翠。诸名茶,法多用炒,惟罗岕,宜于蒸焙,味真蕴藉,世竞珍之。即顾渚,阳羡,密迩洞山,不复仿此。想此法偏宜于岕,未可概施他茗,而《经》已云:蒸之、焙之,则所从来远矣[21]。

藏茶

《茶记》[22]:藏茶宜箬叶而畏香药,喜温燥而忌冷湿。

《茶录》:切勿临风近火。临风易冷,近火先黄[23]。

《茶解》:凡贮茶之器,始终贮茶,不得移为他用[24]。

《茶疏》[25]:置顿之所,须在时时坐卧之处;逼近人气,则常温不寒。必在板房,不宜土室。板房温燥,土室则蒸。又要透风,勿置幽隐之处,尤易蒸湿。

品泉

温氏所著《茶说》所识水泉之目凡二十。寒士远莫能致,惟有无锡惠泉,杭之虎跑[26]、白沙,近犹易得。有则宜贮大瓮。所忌器新,为其火气未退,易于败水,亦易生虫;久用则善[27]。

《茶解》:烹茶须甘泉,次梅水。梅雨如膏,万物赖以滋养,其味独甘。梅后便不堪饮。大瓮满贮,投伏龙肝一块。须乘热投之[28]。

《岕茶记》:烹茶,水之功居六。无泉则用天水,秋雨为上,梅雨次之。秋雨冽而白,梅雨醇而白。雪水,五谷之精也。扫雪烹茶,古今韵事。惜水不能白。养水须置石子于瓮,非惟益水,而白石清泉,会心亦不在远。

《茶录》㉙：贮水瓮须置阴庭，覆以沙帛。使承星露，则英华不散，灵气常存。假令压以木石，封以纸箬，暴于日中，则外耗其神，内闭其气，水神敝矣。

候火㉚

《茶经》云：其火用炭，曾经燔炙，为脂腻所及，及膏木、败器不用。古人识劳薪之味，信哉。

《茶疏》：火必以坚木炭为上。然本性未尽，尚有余烟，烟气入汤，汤必无用。故先烧令红，去其烟焰，兼取性力猛炽，水乃易沸。既红之后，方授水器，乃急扇之，愈速愈妙，毋令手停。停过之汤，宁弃再烹。

《茶录》：炉火通红，茶铫始上。扇起要轻疾，待汤有声，稍稍重疾，斯文武火之候也。若过于文，则水性柔，柔则水为茶降；过于武，则火性烈，烈则茶为水制，皆不足于中和，非茶家之要旨。

苏虞《仙芽传》载：《汤十六》云：调茶在汤之淑慝，而汤最忌烟。燃柴一枝，浓烟满室，安有汤耶，又安有茶耶？可谓确论。田子艺以松实、松枝为雅者，乃一时兴到之言，不知大缪茶理。

定汤

《茶经》㉛其沸：如鱼目微有声，为一沸；缘边如涌泉连珠，为二沸；腾波鼓浪，为三沸。以上水老，不可食也㉜。

《茶疏》：水入铫，便须急煮。候有松声，即去盖，以消息其老嫩。蟹眼之后，水有微涛，是为当时。大涛鼎沸，旋至无声，是为过时。老汤决不堪用㉝。

《茶疏》㉞：沸速则鲜嫩风逸，沸迟则老熟昏钝。

《茶录》：汤有三大辩："一曰形辩，二曰声辩，三曰捷辩。形为内辩，声为外辩，气为捷辩。如虾眼、蟹眼、鱼目连珠，皆为萌汤；直至涌沸如腾波鼓浪，水气全消，方是纯熟。如初声、转声、振声、骇声皆为萌汤；直至无声，方为纯熟。如气浮一缕、二缕、三缕及缕乱不分，氤氲乱绕，皆为萌汤；直至气直冲贯，方是纯熟。蔡君谟因古人制茶，碾磨作饼，则见沸而茶神便发，此用嫩而不用老也。今时制茶，不假罗碾，全具元体，汤须纯熟，元神始发也。"

点瀹㉟

《茶疏》：未曾汲水，先备茶具，必洁必燥。瀹时壶盖必仰置瓷盂，勿覆案上。漆气、食气，皆能败茶。

《茶疏》㊱：茶注宜小不宜大，小则香气氤氲，大则易于散漫。若自斟酌，愈小愈佳。容水半升者，量投茶五分；其余以是增减。

《茶录》：投茶有序，无失其宜。先茶后汤，曰下投；汤半下茶，复以汤满，曰中投；先汤后茶，曰上投。春秋中投，夏上投，冬下投。

《茶疏》：握茶手中，俟汤入壶，随手投茶，定其浮沉，然后泻啜；则乳嫩清滑，馥郁鼻端，病可令起，疲可令爽。

《茶录》：酾不宜早，饮不宜迟。酾早则茶神未发，饮迟则妙馥先消。

《茶疏》：一壶之茶，只堪再巡。初巡鲜美，再巡甘醇，三巡意欲尽矣。所以茶注宜小，则再巡已终。宁使余芬剩馥尚留叶中，犹堪饭后供啜嗽之用。

辩器

《仙芽传》云：贵欠金银，贱恶铜铁，则磁瓶有足取焉。幽人逸士，品色尤宜，勿与夸珍衒豪者道㊲。

《茶疏》㊳：金乃水母，锡备刚柔，味不

咸涩,作铫最良。制必穿心,令火气易透㊴。

《茶疏》云:茶壶往时尚龚春,近日时大彬所制,大为时人所重。盖是粗砂,正取砂无土气耳。继是而起者,亦代有名家如沈若惠俱佳。

又云:茶注、茶铫、茶瓯、茶盏,最宜荡涤燥洁。修事甫毕,余沥残叶,必尽去之;如或少存,夺香败味。每日晨兴,必以沸汤涤过,用净麻布揩干。

《茶笺》云:茶具涤毕,覆于竹架,俟其自干为妙。其拭巾,只宜拭外,切忌拭内。盖布帨虽洁,一经人手,极易作气。

茶瓯:以圆洁白磁为上,蓝花者次之。得前朝一二旧窑尤妙。如必以"白"定、成、宣,则贫士何所取办哉?许然明之论,于是乎迂矣㊵。

申忌

《茶解》云:茶性淫,易于染着,无论腥秽及有气息之物,不宜近;即名香,亦不宜近。

吴兴姚叔度言:茶叶多焙一次,则香味随减一次。另置茶盒以贮少许,用锡为之,从大坛中分出,用尽再取,则不致时开,易于泄气㊶。

《茶疏》㊷:煎茶烧香,总是清事,不妨躬自执劳。如或对客尘谈不能亲莅,宜令童司。器必晨涤,手令时盥,爪须净剔,火宜常宿㊸。

《小品》:煮茶而饮,非其人,犹汲乳泉以灌蒿;犹㊹饮者一吸而尽,不暇味,俗莫甚焉。

《茶疏》㊺:若巨器屡巡,满中泻饮;待停少温,或求浓苦,何异农匠作劳,但资口腹,何论品尝,何知风味。

《茶录》㊻:茶有真香,而入贡者微以龙脑和膏,欲助其香,谬矣。建安民间试茶,皆不入香,恐夺其真。若烹点之际,又杂珍果、香草,其夺益甚,正当不用。

《茶说》:夫茶中着料,碗中着果,譬㊼如玉貌加脂,蛾媚着黛,翻累本色㊽。

茶妙

《茶经》云:茶之为用,味至寒,为饮,最宜精行俭德之人。若热渴、凝闷、脑痛、目涩、四肢烦、百节不舒,聊四五啜,与醍醐、甘露抗衡也㊾。

华佗《食论》:苦茶久食,益意思。

《神农食经》:茶茗久服,人有力悦志。

《煎茶七类》㊿:煎茶非漫浪,要须人品与茶相得。故其法往往传于高流隐逸,有烟霞泉石,磊块胸次者。

罗君曰:茶通仙灵,然有妙理[7]。

宋子安云:其旨归于色香味,其道归于精白洁[8]。

《岕茶记》:茶之色重,味重,香重者,俱非上品。松罗香重,六安亦同;云雾色重而味浓,天池、龙井,总不若虎邱,茶色白,而香似婴儿,啜之绝精。

《茶解》云:茶色白,味甘鲜,香气扑鼻,乃为精品。茶之精者,淡亦白,浓亦白,初泼白,久贮亦白,味甘色白,其香自溢,三者得则俱得也。近来好事者,或虑其色重,一注之水,投茶数片,味固不足,香亦窘然,终不免水厄之诮;虽然,尤贵择水。香以兰花上,蚕豆花次。

唐宋茗考

唐,茶不重建,未有奇产也。至南唐,初造研膏,继造蜡面,既又佳者,号曰京铤。宋初置龙凤模,号石乳,又有的乳,而蜡面始下矣。丁晋公[9]造龙凤团,至蔡君谟又进小龙团,神宗时复制密云龙,哲宗改为瑞云翔龙,则益精,而小龙下矣。宣和庚子[10],漕臣郑可闻,始制为银丝冰芽,盖将已选熟芽再剔去,只取其心一缕,用清泉渍之,光莹如银丝,方寸新胯,小龙蜿蜒其上,号龙团胜雪[51]。去龙脑诸香,遂为诸茶之冠。其茶岁分十纲,惟白茶与胜雪,惊蛰后兴役,浃日乃成,飞骑至京师,号为纲头[11]。玉芽,北苑茶焙有细色五纲:第一纲曰贡新;第二纲曰试新;第三纲曰龙团胜雪,曰白茶,曰御苑玉芽,曰万寿龙芽[52],曰乙夜清供,曰承平雅玩,曰龙凤英华,曰玉除清赏,曰启沃承恩,曰雪茶[53],曰蜀葵,曰金钱,曰玉华[54],曰寸金;第四纲曰无比寿芽,曰万春银叶,曰宜年宝玉,曰玉清庆云,曰无疆寿龙,曰玉叶长春,曰瑞云翔龙,曰长寿玉圭,曰兴国岩銙,曰香口焙銙,曰上品拣芽,曰新收拣芽;第五纲曰太平嘉瑞,曰龙苑报春,曰南山应瑞,曰兴国拣芽,又兴国岩小龙,小凤[55],大龙,大凤[56]。

唐宋时,产茶地名如建安、宣城、临江、湖州等处,凡二十有八;其名色如北苑、雀舌、顾渚紫笋、蒙顶诸名,凡四十有二;不具录。其于今,亦不相同也。

《清异录》:徐恪饷子茶,其面文曰玉蝉膏,一种曰清风使。吴僧供传大士,自蒙顶种花乳三年,味方全美。得绝佳者,曰圣杨花,吉祥蕊[57]。

又〔《蛮瓯志》〕[58]:觉林院僧收茶三等,自奉以萱草带,待客以惊雷荚,紫茸香。黄鲁直《煎茶赋》有蒙顶、罗山、都濡、高株、纳溪、梅岭、压拃、火井诸名。〔苏鹗《杜阳杂编》〕[59]:同昌公主茶有"绿华、紫英之号"[60]。

《归田录》:茶之品莫贵于龙凤……其贵重如此[12]。

又《试茶录》称:芽择肥乳,则甘香而粥面着盏不散。土瘠[61]而芽短,则云脚涣乱,去盏而易散。叶梗丰[62],则受水鲜白;叶梗短,则色黄而泛。予以为即此一说,与今世之品茶,大不相侔矣。夫茶取萌芽,叶犹嫌老,何有于梗?况茶地专取其脊,则清芬芳洁,故每以峰顶野茶为上,安以肥为?但当时所贵之色,曰胜雪,曰玉芽,则有取乎白,乃与今同。顾茶之白也,不专在叶,当佐以水。天泉,山泉,其色分外白也[63]。

品茶佳句

刘禹锡《试茶歌》曰:"木兰坠露香微似,瑶草临波色不如。"又曰:"欲知花乳清冷味,须是眠云跂石人。"[64]

李南金[13]《辨声》[65]诗曰:"砌虫唧唧万蝉催,忽有千车捆载来。听得松风并涧水,急呼缥色绿瓷杯。"

罗大经补一诗云:"松风桂雨到来初,急引铜瓶离竹炉。待得声闻俱寂后,一瓶春雪胜醍醐。"[66]

品茶佳话[67]

《小品》:饮泉觉爽,啜茗忘喧[68],谓非膏粱纨绔可语。爱著《煮泉小品》,与枕石漱流者商焉。

茶侣:翰卿墨客,缁衣羽士,逸老散人,或轩冕中超轶味世者。

茶如佳人,此论甚妙。苏子瞻诗云[14]:"从来佳茗似佳人"是也。但恐不宜山林间耳。若欲称之山林,当如毛女[15]、麻姑[16],自然仙风道骨,不浼烟霞。

竟陵大师积公,嗜茶,非羽供事不乡口。羽出游江湖四五载,师绝于茶味。代宗闻之,召入内供奉,命宫人善茶者烹以饷师。师一啜而罢。帝疑其诈,私访羽召入。翌日,赐师斋,密令羽供茶。师捧瓯喜动颜色，且赏且啜，曰："此茶有若渐儿所为者"。帝由是叹师知茶，出羽相见。

建安能仁院，有茶生石缝间。僧采造得八饼，号石岩白。以四饼遗蔡君谟，以四饼遣人走京师遗王禹玉。岁余，蔡被召还阙，访禹玉。禹玉命子弟于茶笥中选精品饷蔡。蔡持杯未待尝，辄曰："此绝似能仁石岩白，公何以得之？"禹玉未信，索贴验之，始服。

东坡云：蔡君谟嗜茶，老病不能饮，日烹而玩之，可发来者之一笑也。孰知千载之下，有同心焉。尝有诗云："年老耽弥甚，脾寒量不胜"。去烹而玩之者几希矣。

周文甫自少至老，茗碗薰炉，无时暂废。饮茶日有期：旦明、晏食[17]、隅中[18]、铺时[19]、下舂[20]、黄昏凡六举，而客至烹点不与焉。寿八十五，无疾而卒。非宿植清福，乌能毕世安享。视好而不能饮者，所得不既多乎。尝畜一龚春壶，摩挲宝爱，不啻掌珠。用之既久，外类紫玉，内如碧云，真奇物也。后以殉葬。

屠幽叟曰：人论茶叶之香，未知茶花之香。予往岁过友大雷山中，正值花开，童子摘以为供。幽香清越，绝自可人；惜非瓯中物耳。乃予著《瓶史》，月表插茗花为斋中清玩，而高廉《盆史》亦载：茗花足以助吾玄赏⑧。

又曰：昨有友从山中来，因谈茗花可以点茶，极有风致，弟未试耳，姑存其说，以质诸好事者⑦。

〔编余觛钉〕[21]

煮茶先品泉，陆鸿渐尝命一卒入江取南泠水。及至，陆以杓扬水曰：江则江矣，非南泠临岸者乎。既而，倾水及半，陆又以杓扬之曰："此似南泠矣。"使者蹶然曰："某自南泠持至岸，偶覆其半，取水增之，真神鉴也。"⑦

金山寺天下第一泉，李德裕作相时，有奉使金陵者，命置中泠水一壶。其人忘却，至石头城乃汲归以献。李饮之曰："此颇似建业城下水。"其人谢过不敢隐（或以中泠水及惠山泉称之，一升重二十四铢）。

西安府有螯屋洞，飞泉甘且洌。苏长公[22]⑦过此，汲两瓶去，恐后复取为从者所绐，乃破竹作券，使寺僧取之以为往来之信。戏曰"调水符"。

陆羽，沔水人。一名疾，字季疵；一名羽，字鸿渐。相传老僧自水滨拾得，畜之既长，自筮得蹇之渐[23]：曰鸿渐于陆，其羽可用为仪，乃以定姓氏及字。郡守李齐物，识羽于僧舍中，劝之力学，遂能诗。雅性高洁，不乐仕进，诏拜太常不就。性嗜茶，寓居茶山中；环植数亩，杜门著书。或行吟旷野，或恸哭而归。刺史姚骥每微服造访。称桑苎翁，号东冈子，又号竟陵子，著《茶经》三篇传世。

古今茶说，陆羽《茶经》之外，罗廪有《茶经解》，叶清臣有《煮茶泉品》⑦、《岕茶记》，许次纾有《茶蔬》，闻龙有《茶笺》，熊明遇有《罗岕茶记》⑦，张源有《茶录》，宋子安有《东溪试茶录》，屠幽叟有《茗笈》，田崇艺衡有《煮泉小品》，罗大经有《鹤林玉露》，蔡襄〔有《茶录》〕⑦。

赏阅传奇《明珠记》，焦山公与赵文华品茶，文华称美，焦山公曰："色虽美，只是不香。"文华下一转语曰："香便不香，却也有味。"焦山曰："味虽有，恕不久。"此虽传奇者设为之辞，未必真有是事，但机锋相对处，直是以茶说法，可补陆羽《茶经》、蔡襄《茶谱》、叶清臣，许次纾《茶记》《茶疏》诸书所未备。

《湘皋逸史》曰：予自少即嗜啜茗，自藏茶而贮水，而用火，而定汤，而点瀹以至茶器、茶忌、茶妙,无一不留心讲究。凡松萝、龙井、武夷、径山,悉购求以待知己谈心出而见赏。生平所最惬心者,惟罗岕。在长安,则六安有绝佳者,武夷为最劣。年来奔走四方,仆仆官署,或有佳茶而缺佳水,或得佳泉而无佳茗,汤无定期,点难按法。遇渴则不得不饮,逢茶亦不得不吃。其始也,亦甚觉难堪,渐则相忘,今已安之若素矣。

始信清福诚不易享,非眠云漱石未易了此。偶捡箧中,将此重录,世有丹邱子、黄山君之俦,当出而与之相质正也。

评曰:知深斯鉴,别精好荐,斯考订备。湘皋所著《茶说》,自陆季疵《茶经》,诸家茶笺、疏、论、解,兼综条贯,另成一书,直是一种异书。置此书于排几上,伊唔之暇,神倦口枯,辄一披玩,不觉习习清风两腋间矣。

<h1 style="text-align:center">注　　释</h1>

1　清龢月:"龢"也作"和"。"清龢月",即农历孟夏四月。

2　无歙:有的论著注作"江苏无锡",误。江苏无锡清以前产茶甚少,也不甚有名,联系下句"蒙顶传于岷蜀",此"无歙",疑指"婺歙",即其时江南的婺源和歙县。

3　此处删节,见明代屠本畯《茗笈·第一溯源章》。

4　蔡、陆诸人:蔡即蔡襄,陆指陆羽。详本书唐代《茶经》和宋代《茶录》题记。

5　《茶记》:即熊明遇《罗岕茶记》。

6　《岕茶记》:也即《罗岕茶记》。

7　罗君:即罗廪;此内容摘自其《茶解·总论》。

8　宋子安云:据卷首摘录书目,这里所"云",当是指《东溪试茶录》的内容。但是,这里所谓宋子安说的"其旨归于色香味,其道归于精白洁"。尽管唐宋时甚至在《东溪试茶录》中,在某些具体看法上,就不系统地点点滴滴存有这些类似看法和要诀,但总结以至上升为旨、为道并且明确提出这种看法,是明中期以后的事。所以此语非宋子安所说,是顾蘅用明以后才有的茶叶精义,来概括和赞评《东溪试茶录》的要旨。

9　丁晋公:即丁谓。见宋辑佚茶书丁谓《茶录》。

10　宣和庚子:"宣和"(1119—1125)为宋徽宗的年号,宣和庚子,为宣和二年。

11　纲头:即头纲。

12　此处删节,见明代徐𤊹《蔡端明别纪·茶癖》。

13　李南金:宋江西乐平人,字晋卿,自号三溪冰雪翁。绍兴二十七年进士,曾任光化军(治所位于今湖北光化县西北)教授。

14　苏子瞻诗云:下列诗句出苏轼《次韵曹辅寄壑源试焙新芽》。

15　毛女:传说华山仙人之一。《列仙传》载,毛女,在华阴山中,山客猎师世世见之,体生毛,自言秦始皇宫人。

16　麻姑:传说东汉桓帝时和王方平同时的二位神仙。故事载晋葛洪《神仙传》,称麻姑能撒米成珠,指甲长如鸟爪。

17　晏食:上古称白饭为"晏",广府人故称吃中午饭为"晏食"。但这里如《淮南子》所说"日至于桑野是谓晏食",不是中饭,是早饭后。

18　隅中:将近午时。《淮南子·天文训》曰:"至于衡阳,时谓隅中。"指太阳照到衡阳,还未到正中。

19　铺时:相当一般所说的"申时",下午三至五点。《淮南子·天文训》:日至于悲谷,即西南方大壑为铺时。

20　下春:在"脯时"和"黄昏"之间,《淮南子》还分"大还"、"高春"、"下春"、"羲和"、"县车"五个时段。所谓下春,即"日至于连石"之时。

21　编余佰饤:顾蔼所编《湘皋茶说》:如以抄录《茗笈·第十六玄赏章》"评"和"注"为其《品茶佳话》结束,那么此前内容基本有题有条,眉目尚算清楚。但在此之下,不空不隔,不另立标题,接着抄录顾蔼自撰的《湘皋逸史》及其友人对《湘皋茶说》的评述,接着又杂抄《明珠记》焦山公与赵文华品茶,再下又是陆羽判南陵水,李德裕判建业城下水、调水符和陆羽传等内容。这些显然不能算《品茶佳话》,那么算什

么呢?《湘皋逸史》及后评实际可算是顾蔼及其友人对于本文写的后序或跋。在这之后又抄录了几条关于名家品水、陆羽传略和《茶经》及其他一些茶书的内容。这说明顾蔼对这后一部分资料,未作整理,也尚未最后确定排在哪里。因为这样,本书在收编时,于此特加一《编余佰饤》标题,以将此和前文分隔开来;另外将此前一两条《湘皋逸史》和《湘皋茶说·评》移至本文最后作后叙,将第三条移至《湘皋逸史》和"茶书述录"之间,以使内容不致太芜杂,像一本茶书样子。

22　苏长公:即苏轼。

23　蹇之渐:"蹇"、"渐",是以《易经》六十四卦中的两个卦名。"之"字指到的意思。

校　　勘

①　序:顾蔼手稿原作"湘皋茶说序"本书编时删书名。

②　羲皇:"羲"字,顾蔼原稿书作"义",据文义径改。

③　二十二种:此数有误。《岕茶记》和熊明遇《罗岕茶记》、《小品》与田艺蘅《煮泉小品》重出;《茗笈品藻》一般都附于《茗笈》之后,不独立成书。至于《茶解》和《茶录》序,很明显,也不能算书;实际摘录可以称之为书的,总加起来,不超过十七种。

④　《罗岕茶记》:底本作"岕山茶记",误。原书为《罗岕茶记》,古书中偶也有人简作《岕茶记》。

⑤　《小品》:疑即指田艺蘅《煮泉小品》。

⑥　田艺蘅:"艺"字,崇祯十三年益府《煮泉小品》误刻作"崇"字,底本以讹传讹,也书作"崇",径改,下不出校。

⑦　蔡襄《茶录》:"录"字底本传误从个别次劣版本,也均刻作"谱";径改,下不出校。

⑧　在"茶名"前一行,原稿还有书题《湘皋茶说》四字。编时删。

⑨　本段茶树和茶叶之名,前者引自《茶经·一之源》,后者摘自《茶经·三之造》,完全由顾蔼重新摘编,与原文大相径庭,无从校对。另外本

书凡摘引茶书内容,一般也不细校,欲详请参考查核本书所收原著。

⑩　本段"按",系顾蔼据罗廪《茶解·原》概括、摘录、增补、改写而成。如"而今之虎邱"以下至"大盘、日铸"为《茶解》原文;"朱溪……天目诸名茶"为增添;之下和最前的内容,便又是顾蔼据《茶经》和《茶解》的综合、缩写,故本段内容,也非摘自所提哪部茶书。

⑪　气:底本"气"字,皆简写书作"气"。编者改,下不出校。

⑫　紫筍:"筍"字,顾蔼手稿误作"荀"字。径改。

⑬　本段内容,引自宋叶清臣《述煮茶泉品》,但文字稍有增删。

⑭　本段引文,据许次纾《茶疏·产茶》选辑,后一部分,删动尤多。

⑮　这段《考槃余事》引文,实为该书《茶笺》内容,即由本书屠隆《茶笺》"茶品"各条连接而成。不过二者文义虽同,但文字略有出入。

⑯　此条非据《茶经》,疑转抄《茗笈·得地章》内容。

⑰　此条非据自《茶解》,疑转抄《茗笈·得地章》内容。

⑱　此条录自《茗笈》第二章屠本畯《评》,与原文

全同。

⑲ 惟罗岕立夏开园：底本无"罗"字。"岕茶"是总称，"罗岕"是岕之最佳者，各岕采制方法，不尽相同。据《罗岕茶记》原文补。

⑳ 初试摘者："试"字，底本作"始"字，据《茶疏》改。

㉑ 此所谓《茶笺》内容，前一句"火烈香清"至"柴疏失翠"，实际仍出自张源《茶录·辨茶》，"诸名茶"后之内容，始为闻龙《茶笺》文。

㉒ 《茶记》及本节以下三条文前书名，顾蕡原稿，均录于每条文后作小字注。本书编校时，为统一全文体例，才将文后注移置条前作书题。

㉓ 此系张源《茶录》所载《藏茶》内容。

㉔ 《茶解》此具体为录自《茶解·藏》部分内容。

㉕ 《茶疏》：底本"疏"字误作"录"，编校时改。

㉖ 虎跑：底本"跑"字误书作"泡"，径改。

㉗ 本段内容，查未获其所出，疑是顾蕡杂摘有关各品、水记内容而成。

㉘ 本段引文，由罗廪《茶解·水》2 条内容选摘而成。

㉙ 《茶录》：底本将此录内容，误作《茶解》，本书编时校改。

㉚ 本节内容摘自《茶经》"五之煮"；《茶疏》、《茶录》引文，辑自二书"火候"；苏廙《仙芽传》内容，前一部分辑自《十六汤品》第十六大魔汤。后面"可谓确论"以下，与《仙芽传》无关，系辑自《茗笈》"评"语。由本节四条内容，再次可以清楚看出，本文所标书目，大多是虚列，实际是转抄屠本畯《茗笈》。

㉛ 《茶经》：此书题及本节下列《茶经》、《茶疏》、《茶录》三书目，手稿原文抄如屠本畯《茗笈》，均列每段引文末尾，作小字注。现移置文前，是本书收编时为统一体例改。

㉜ 本条据《茶经·五之煮》，也是据《茗笈·定汤章》选摘。

㉝ 本条及以下 2 条内容，分别辑自《茶疏·候汤》、《茶疏·煮水器》和《茶录·汤辨》三处，但也全部俱见或转抄《茗笈》。

㉞ 《茶疏》："疏"字，底本误作"录"，校改。

㉟ 本节以下内容，大多辑自《茶疏》，二条摘自《茶录》，本条录自《茶疏·烹点》，其他各条引文出处顺序分别为《茶疏·称量》、《茶录·投茶》、《茶疏·烹点》、《茶录·泡法》和《茶疏·饮啜》。但如上所说，因本文内容大多抄自《茗

笈》，所以与所注《书目》原文的差异较多。

㊱ 《茶疏》："疏"字，底本误作"笺"字，校改。

㊲ 本条内容所说《仙芽传》，实际为本书收录的《十六汤品》的"第九压一汤"。《茗笈》也有收录。

㊳ 《茶疏》：底本误作《茶录》。经查，为《茶疏》内容，系《茗笈》首先出错，本文抄袭《茗笈》，以讹传讹。校改。

㊴ 本条和以下"茶壶往时尚龚春"和"茶注"，均辑自许次纾《茶疏》，以次辑自《茶疏》"煮水器"、"瓯注"和"涤汤"三题。但和上面一样，名为摘录《茶疏》，实际与《茶疏》特别是"瓯注"、"涤汤"的内容出入较大，而与《茗笈》相同。

㊵ 本条上面的《茶笺》，为闻龙《茶笺》。本条所说"茶瓯"内容，系顾蕡据《茗笈·辨器章·评》改写而成。

㊶ 此顾蕡据《茶笺》和《茗笈·申忌章》有关姚叔度所说"茶忌"压缩而成。

㊷ 《茶疏》，及此条下本节《小品》、《茶疏》、《茶录》和《茶说》各书目顾蕡原稿均列文后作小字注，本书编校时，为体例一致，移诸条前作题。

㊸ 本条及本节下面的《水品》和《茶疏》三条，非辑自《茗笈·申忌》，而是抄录《茗笈·防滥章》。

㊹ 犹：底本作"犹"，据文义和前后"犹"字改。

㊺ 《茶疏》：底本作《小品》，顾蕡误抄，校改。

㊻ 《茶录》：底本作《茶谱》，据所辑内容改。

㊼ 譬："譬"底本误作"辟"字，径改。

㊽ 本条及上面《茶录》条，顾蕡由《茗笈·戒淆章》选抄。《茶说》即本书所收的屠隆《茶笺》；但屠隆《茶笺》中查无本文和《茗笈》所录内容。经查，本段文字实出自明程用宾《茶录·正集·品真》，疑是屠本畯编《茗笈》时将书名混淆的结果。

㊾ 本条内容，摘自《茶经·一之源》。下面华佗《食论》、《神农食经》，摘自陆羽《茶经·七之事》。

㊿ 《煎茶七类》：底本为文后小字注，本书编校时，据前后体例，移至文前。

51 龙团胜雪："团"字，《宣和北苑贡茶录》有些版本，也刊作"园"字。下同。

52 万寿龙芽：按《宣和北苑贡茶录》，此下和"乙夜清供"之间，还脱一"上林第一"。

53 雪茶："茶"字，《宣和北苑贡茶录》等书，作"英"。在此下和"蜀葵"间，《宣和北苑贡茶录》

还多“云叶”一种。

(54) 玉华：“华”字，一作“叶”。

(55) 小凤：按《宣和北苑贡茶录》，此“小凤”，似应作“兴国岩小凤”。

(56) 本条及下条唐宋茶叶产地和名品，无出处，系顾蘅据唐宋有关茶史资料自己编摘而成。

(57) 参见本书《十六汤品》“玉蝉台”和“圣杨花”二文。此系顾蘅据上述内容改写。

(58) 原稿抄写潦草，眉目不清，本条在“又”字后，编者加出处“《蛮瓯志》”三字。

(59) 为与上条黄庭坚的内容相区分，本书作编时，在“同昌公主”前，加出处“苏鹗《杜阳杂编》”六字。

(60) 以上《蛮瓯志》、黄庭坚《煎茶赋》和《杜阳杂编》三条，均为摘编。

(61) 土瘠：底本“瘠”字抄写作“脊”，径改。

(62) 叶梗丰：“丰”字，《湘皋茶说》原稿书作“半”字，据《试茶录》原文改。

(63) 本条和上面《归田录》，均为欧阳修作。

(64) 《试茶歌》：《全唐诗》等全名作《西山兰若试茶歌》。“坠露”的“坠”字，一作“沾”字；“花浮”的“花”字，一作“药”字。

(65) 李南金《辨声》：明喻政《茶集·诗类》作“李南星《茶瓶汤候》”。《茶集》“星”字，疑是“金”字之音误。

(66) 此诗见《鹤林玉露》卷3。《鹤林玉露》原文“桂雨”作“桧雨”；“一瓶”作“一瓯”。

(67) 品茶佳话以下底本，顾蘅仅将这最后部分要编集的内容，随便摘录一起，未注出处，未排序次。本书作编时，按本文前面体例补加必要书目，有些排列序次，也稍作调整。

(68) 《小品》：“饮泉觉爽，啜茗忘喧”：《小品》应作《煮泉小品·赵观叙》。“啜茗”，田艺蘅《煮泉小品》赵叙原文作“啜茶”。

(69) 本文《品茶佳话》八条内容，除前面“赞”语、《茶经》、析刘禹锡《试茶歌》三条删未作录外，其余全部顺序抄自《茗笈·第十六玄赏章》内容。

(70) 本条《茗笈》下“又曰”的内容，原文为《茗笈·第十六玄赏章》“评”语末尾的双行小字注。

(71) 本条传说，源出张又新《煎茶水记》，但其文字，更接近夏树芳《茶董·水半是南零》。此条传水，与本书明程百二的《品茶要录补·辨煎茶水》内容较接近。

(72) 此条不见于《茗笈》，疑录自明龙膺《蒙史》，文字基本相同。以此顾蘅所称的“苏长公”，《蒙史》作苏轼。

(73) 叶清臣有《煮茶泉品》：在叶清臣《煮茶泉品》之下，底本还有《岭茶记》一书，编者删。因列在《煮茶泉品》之后，易被误作此书，亦是叶清臣撰；另外，与下面熊明遇《罗岭茶记》重出。

(74) 《罗岭茶记》：底本作《岭山茶记》，编者改。

(75) 蔡襄有《茶录》：底本“蔡襄”名后，脱书名，“有《茶录》”三字，为编者补。

阳羡名陶录 | 清　吴骞　编①

作者及传世版本

吴骞（1733—1813），字槎客，一字葵里，也写作揆礼，号愚谷，又号兔床。浙江海宁人，贡生。笃嗜典籍，建拜经楼，藏书有五万卷之多，另书室名富春轩。晨夕展读，精校勘之学，与同乡陈鳣、吴县黄丕烈好同趣投，常相交游切磋。陈鳣为其时“浙中经学最深之士"，精研文字训诂，长于校勘辑佚，藏书亦丰。黄丕烈亦精于校刊，喜藏书，尤嗜宋本，曾颜其室为"百宋一廛"，自谕收藏有百部宋板。吴骞闻后，也自题其室为"千元十驾"，指千部元板等于百部宋板。吴骞能书工诗，有《愚谷文存》、《拜经楼诗集》、《拜经楼丛书》传世。

吴骞不但喜欢收藏图书，也非常爱好广收古器遗物，《阳羡名陶录》，即是他在收藏、研究宜兴陶壶过程中，由所见所闻、心得体会并在明代周高起《阳羡名陶系》基础上充实编辑而成的。这里需指出，吴骞《阳羡名陶录》上卷虽然抄录了明代周高起《阳羡茗壶系》一部分内容，下卷更主要是辑引前人诗文而成，但书中仍有不少属于他自著的部分，不愧是《阳羡茗壶系》以后有关宜兴紫砂壶的另一本重要专著。在这本书撰刊以后，他又编辑了一本《阳羡名陶续录》。这两本书面世以后，在当时社会上，特别是江南的一批尚茶文人包括朝臣名士中间，得到了好评和重视。如清末力主光绪皇帝维新变法的军机大臣翁同龢，就不仅阅读过这两本书，而且为便于阅读，在其所辑的《瓶庐丛稿》中，就收有一本他书写的《阳羡名陶录》摘抄稿。

据吴骞自序，《阳羡名陶录》撰于乾隆丙午(五十一年，1786)二月左右，不久首刊于其自印的乾隆《拜经楼丛书》。之后，在清代，是书除道光十三年(1833)被杨列欧收入其《昭代丛书·广编》外，在光绪年间，还出过一种重刊本。至民元以后，先后相继出版的，还有1922年上海博古斋增辑本、《美术丛书》本和中国书店影印本等多种。本书以乾隆《拜经楼丛书》本作录，以博古斋本、《美术丛书》本等作校。另须指出，由于本文抄录《阳羡茗壶系》处甚多，本书对《阳羡茗壶系》拟作重点校注，相同处请详上书。

浙江摄影出版社2001年曾出版高英姿女士选注的《紫砂名陶典籍》。高英姿随著名的紫砂陶艺大师顾景舟攻读硕士，亦可称是目前唯一的既谙陶艺又长古籍整理的专家。本书在校注本文中，不仅参考甚多，并且蒙英姿惠赠紫砂制图工具多幅，特附文后以资参考，并专此致谢！

题辞

博物胸储《七录》[1]豪，闲窗余事付名陶。开函纸墨生香处，篆入熏炉波律膏[2]。

瓷壶小样最宜茶，甘歠[3]浓浮碧乳花。三大一时传旧系，长教管领小心芽。

闻说陶形祀季疵，玉川风腋手煎时。何当唤取松陵客[4]，补赋荆南茶具诗。

阳羡新镌地志讹，延陵诗老费搜罗。他年采入图经内，须识桃溪客语多。

松霭周春[5]

自序②

上古器用陶匏，尚其质也。史称虞舜陶于河滨，器皆不苦窳苦，读如盐。苦窳者何？盖髻垦薜暴[6]之等也③。然则苦窳之陶，宜为重瞳[7]所弗顾④。厥后，阏父作周陶正[8]，武王赖其利器用也。以大姬妻其子，而封之陈。春秋述之。三代以降，官失其职。象犀珠玉，金碧焜燿，而陶之道益微。今窴穴⑤所在皆有，不过以为瓴甋罂缶之须，其去苦窳者几何？惟义兴之陶，制度精而取法古，迄乎胜国？诸名流出，凡一壶一卣，几与商彝周鼎并为赏鉴家所珍，斯尤善于复古者与！予羁来荆南，雅慕诸人之名，欲访求数器；破数十年之功⑥,而所得盖寥寥焉。虑岁月滋久,并作者姓氏且弗章。拟缀辑所闻,以传好事,暨阳周伯高氏,尝著《茗壶系》,述之颇详,间多漏略,兹复稍加增润,厘为二卷,曰《阳羡名陶录》。超览君子,更有以匡予不逮,实厚愿焉。

乾隆丙午春仲月吉,兔床吴骞书于桃溪墨阳楼

原　　文

卷上
原始
相传壶土所出,有异僧经行村落日,呼曰:"卖富贵土!"人群嗤之。僧曰:"贵不欲买,买富何如?"因引村叟,指山中产土之穴。及去,发之,果备五色,烂若披锦。

陶穴环蜀山。山原名独,东坡先生乞居阳羡时,以似蜀中风景,改名此山也。祠祀先生于山椒,陶烟飞染、祠宇尽墨。按《尔雅·释山》云:"独者蜀。"则先生之锐改厥名,不徒桑梓殷怀,抑亦考古自喜云尔。

　　吴骞曰:明王升《宜兴县志》引陆希声《颐山录》云:"颐山东连洞灵诸峰,属于蜀山。蜀山之麓,有东坡书院。"然则蜀山,盖颐山之支脉也⑦。今东坡书院前有石坊,宋牧仲中丞题曰:"东坡先生买田处。"

选材
嫩黄泥,出赵庄山,以和一切色土,乃黏埴可筑,盖陶壶之丞弼也。

石黄泥,出赵庄山,即未触风日之石骨也,陶之乃变朱砂色。

天青泥,出蠡墅,陶之变黯肝色。又其夹支,有梨皮泥,陶现冻梨色;淡红泥,陶现松花色;浅黄泥,陶现豆碧色;密口泥,陶现轻赭色;梨皮和白砂,陶现淡墨色。山灵腠络,陶冶变化,尚露种种光怪云。

老泥,出团山,陶则白砂星星,宛若珠琲。以天青、石黄和之,成浅深古色。

白泥,出大潮山,陶瓶、盎、缸、缶用之。此山未经发用,载自江阴白石山。即江阴秦望山东北支峰。

　　吴骞曰,按:大潮山,一名南山,在宜兴县南⑧,距丁蜀二山甚近,故陶家取土便。山有洞,可容数十人。又张公、善权二洞,石乳下垂,五色陆离,陶家作釉,悉于是采之。

出土诸山,其穴往往善徙。有素产于此,忽又他穴得之者,实山灵有以司之;然皆深入数十丈乃得。

本艺
造壶之家,各穴门外一方地,取色土筛捣;部署讫,弆窖其中,名曰养土。取用配合,各有心法,秘不相授。壶成幽之,以候极燥,乃以陶瓮俗谓之缸掇皮五六器,封闭不隙,始鲜欠裂、射油之患。过火则老,老不美观;欠火则稦,稦沙土气。若窑有变相,匪夷所思,倾汤贮茶,云霞绮闪,直是神之所为,亿千或一见耳。

规仿名壶曰临,比于书画家入门时。

壶供真茶,正在新泉活火,旋瀹旋啜,

以尽色、声、香、味之蕴。故壶宜小不宜大，宜浅不宜深；壶盖宜盎不宜砥。汤力茗香，俾得团结氤氲，宜倾竭即涤去。淳淳乃俗夫强作解事，谓时壶质地坚结，注茶越宿，暑月不馊。不知越数刻而茶败矣，安俟越宿哉。况真茶如苓脂，采即宜羹；如笋味，触风随劣。悠悠之论，俗不可医。

壶宿杂气，满贮沸汤，倾即没冷水中，亦急出冷水写之，元气复矣。

品茶用瓯，白瓷为良。所谓"素瓷传静夜，芳气满闲轩"也。制宜弇口邃腹，色泽浮浮而香味不散。

茶洗，式如扁壶，中加一项鬲，而细窍其底，便过水滤沙。茶藏以闭洗过茶者。仲美君用各有奇制，皆壶使之从事也。水杓、汤铫，亦有制之尽美者。要以椰匏、锡器为用之恒。

壶之土色，自供春而下及时大初年，皆细土淡墨色。上有银沙闪点，迨砀砂和制谷绉，周身珠粒隐隐，更自夺目。

壶经⑨用久，涤拭日加，自发暗然之光，入手可鉴，此为文房雅供。若腻滓烂斑，油光烁烁，是曰和尚光，最为贱相。每见好事家藏，列颇多名制，而爱护垢染，舒袖摩挲，惟恐拭去，曰："吾以宝其旧色。"尔不知西子蒙不洁，堪充下陈否耶？以注真茶，是藐姑射山之神人，安置烟瘴地面矣。岂不舛哉。

周高起曰："或问以声论茶，是有说乎？"答曰："竹炉幽讨，松火怒飞，蟹眼徐窥，鲸波乍起，耳根圆通为不远矣。然炉头风雨声，铜铫易作，不免汤腥。砂铫⑩能益水德，沸亦声清。白金尤妙，第非山林所办尔。"

家溯

金沙寺僧，久而逸其名矣。闻之陶家云，僧闲静有致，习与陶缸瓮者处，抟⑪其细土，加以澄练；捏筑为胎，规而圆之，剜使中空，踵傅⑫口、柄、盖、的，附陶穴烧成，人遂传用。

吴骞曰：金沙寺，在宜兴县东南四十里；唐相陆希声之山房也。宋孙觌诗云："说是鸿磐读书处，试寻幽伴挂孤藤。"建炎间，岳武穆曾提兵过此留题。

供春，学宪吴颐山家僮也。颐山读书金沙寺中，春给使之暇⑬，窃仿老僧心匠，亦淘细土抟坯。茶匙穴中，指掠内外，指螺文隐起可按，胎必累按，故腹半尚现节腠，视以辨真。今传世者，栗色暗暗如古金铁，敦庞周正，允称神明垂则矣。世以其系龚姓，亦书为龚春。

周高起曰：供春，人皆证为龚春。予于吴冏卿家见大彬所仿，则刻供春二字，足折聚讼云。

吴骞曰：颐山名仕，字克学，宜兴人，正德甲戌进士，以提学副使擢四川参政。供春实颐山家僮，而周《系》曰青衣，或以为婢，并误。今不从之。

董翰，号后溪。始造菱花式，已殚工巧。

赵梁，多提梁式。梁亦作良。

元畅《茗壶手》作元锡，《秋圆杂佩》作袁锡，《名壶谱》作元畅。

时朋，一作鹏，亦作朋，时⑭大彬之父。与董、赵、元是为四名家，并万历间人，乃供春之后劲也。董文巧，而三家多古拙。

李茂林，行四，名养心。制小圆式，妍在朴致中，允属名玩。案：春至茂林，《茗壶系》

作正始。

周高起曰：自此以往，壶乃另作瓦缶，囊闭入陶穴。故前此名壶，不免沾缸罐油泪。

时大彬，号少山。或陶土，或杂砂硎土，诸款具足，诸土色亦具足，不务妍媚而朴雅坚栗，妙不可思。初自仿供春得手，喜作大壶，后游娄东，闻陈眉公与琅琊、太原诸公品茶、试茶之论，乃作小壶。几案有一具，生人闲远之思，前后诸名家并不能及，遂于陶人标大雅之遗，擅空群之目矣。案：大彬，《茗壶系》作大家。

周高起曰：陶肆谣云"壶家妙手称三大"，盖谓时大彬及李大仲芳、徐大友泉也。予为转一语曰："明代良陶让一时；独尊少山，故自匪佞。"

李仲芳，茂林子，及大彬之门，为高足第一。制渐趋文巧，其父督以敦古。芳尝手一壶⑮，视其父曰："老兄，者个何如?"俗因呼其所作为"老兄壶"。后⑯入金坛，卒以文巧相竞。今世所传大彬壶，亦有仲芳作之，大彬见赏而自署款识者。时人语曰："李大瓶，时大名。"

徐友泉，名士衡，故非陶人也。其父好时大彬壶，延致家塾。一日，强大彬作泥牛为戏。不即从，友泉夺其壶土出门而去，适见树下眠牛将起，尚屈一足，注视捏塑，曲尽厥形状，携以视，大彬一见惊叹曰："如子智能，异日必出吾上。"因学为壶，变化式土，仿古尊罍诸器，配合土色所宜，毕智穷工，移人心目。厥制有汉方、扁觯、小云雷、提梁卣、蕉叶、莲芳、菱花、鹅蛋、分裆索耳、美人垂莲、大顶莲、一回角、六子诸款。泥色有海棠红、朱砂紫、定窑白、冷金黄、淡墨、沉香、水碧、榴皮、葵黄、闪色梨皮诸名。

种种变异，妙出心裁。然晚年恒自叹曰："吾之精，终不及时之粗。"友泉有子，亦工是技，人至今有大徐、小徐之目，未详其名。

按：仲芳、友泉二人，《茗壶系》作名家。

欧正春，多规花卉、果物，式度精妍。

邵文金，仿时大汉方独绝。

邵文银

蒋伯荂，名时英。

此四人并大彬弟子。蒋后客于吴，陈眉公为改其字之"敷"为"荂"。因附高流，讳言本业，然其所作，坚致不俗也。

陈用卿，与时英同工⑨，而年技俱后，负力尚气，尝以事在缧绁中，俗名陈三呆子。式尚工致，如莲子、汤婆、钵盂、圆珠诸制，不规而圆巳极。妍饰款仿钟太傅笔意，落墨拙，用刀工。

陈信卿，仿时、李诸传器，具有优孟叔敖处，故非用卿族。品其所作⑰，虽丰美逊之，而坚瘦工整，雅自不群。貌寝意率，自夸洪饮，逐贵游间，不复壹志尽技。间多伺弟子造成，修削署款而已。所谓心计转粗，不复唱"渭城"时也。

闵鲁生，名贤。规仿诸家，渐入佳境。人颇醇谨，见传器则虚心企拟，不惮改为，技也进乎道矣。

陈光甫，仿供春、时大为入室。天夺其能，早眚一目，相视口、的，不极端致，然经其手摹，亦具体而微矣。案：正春至光甫，《茗壶系》作雅流。

陈仲美，婺源人。初造瓷于景德镇，以业之者多，不足成其名，弃之而来。好配壶土，意造诸玩，如香盒、花杯、狻猊炉、辟邪镇纸。重镂叠刻，细极鬼工。壶象花果，缀以草虫，或龙戏海涛，伸爪出目。至塑大士象，庄严慈悯，神采欲生，璎珞花鬘，不可思议。智兼龙眠、道子，心思殚竭，以夭天年。

沈君用，名士良，踵仲美之智而妍巧悉敌。壶式上接欧正春一派，至尚象诸物，制为器用，不尚正方圆，而笋[18]缝不苟丝发。配土之妙，色象天错，金石同坚，自幼知名，人呼之曰沈多梳。_{宜兴垂髫之称。}巧殚厥心，亦以甲申四月夭。_{按：仲美、君用，《茗壶系》作神品。}

邵盖

周后溪

邵二孙，并万历间人。

吴骞曰，按：周嘉胄《阳羡茗壶谱》，以董翰、赵梁、元畅、时朋、时大彬、李茂林、李仲芳、徐友泉、欧正春、邵文金[19]、蒋伯荂，皆万历时人。

陈俊卿，亦时大彬弟子。

周季山

陈和之

陈挺生

承云从

沈君盛，善仿友泉、君用。以上并天启、崇祯[20]间人。

陈辰，字共之。工镌壶款，近人多假手焉，亦陶之中书君也。

周高起曰：自邵盖[21]至陈辰，俱见汪大心《叶语附记》中。大心，字体兹，号古灵，休宁人。镌壶款识，即时大彬初倩能书者落墨，用竹刀画之，或以印记，后竟运刀成字。书法闲雅，在黄庭、乐毅帖间，人不能仿，赏鉴家用以为别。次则李仲芳，亦合书法。若李茂林，朱书号记而已。仲芳亦时代大彬刻款，手法自逊。_{按：邵盖至陈辰，《茗壶系》入别派。}

徐令音，未详其字。见《宜兴县志》，岂即世所称小徐者耶？

项不损，名真，檇李人，襄毅公之裔也。以诸生贡入国子监。

吴骞曰，不损，故非陶人也。尝见吾友陈君仲鱼藏茗壶一，底有"砚北斋"三字，旁署项不损款，此殆文人偶尔寄兴所在。然壶制朴而雅，字法晋唐，虽时、李诸家，何多让焉。不损诗文深为李檀园、闻子将所赏，颇以门才自豪，人目为狂。后入修门，坐事死于狱。《静志居诗话》载其题，闺人梳奁铭云："人之有发，且且思理；有身有心，奚不如是。"此铭虽出于前人，然不损亦非一于狂者。铭[22]云："人之有发"云云，乃唐卢仝镜奁铭[23]。

沈子澈，崇祯朝人。

吴骞曰：仁和魏叔子禹新为余购得菱花壶一，底有铭云云[24]。后署"子澈为密先兄制"。又桐乡金云庄比部旧藏一壶，摹其式寄余，底有铭云："崇祯癸未沈子澈制。"二壶款制，极古雅浑朴，盖子澈实明季一名手也。

陈子畦，仿徐最佳，为时所珍，或云即鸣远父。

陈鸣远，名远，号鹤峰，亦号壶隐。详见《宜兴县志》。

吴骞曰：鸣远一技之能，间世特出。自百余年来，诸家传器日少，故其名尤噪。足迹所至，文人学士，争相延揽。常至海盐，馆张氏之涉园[10]，桐乡则汪柯庭[11]家，海宁则陈氏、曹氏、马氏[12]多有其手作，而与杨中允晚研[13]交尤厚。予尝得鸣远天鸡壶一，细砂作紫棠色，上镂庚子山诗，为曹廉让先生手书。制作精雅，真可与三代古器并列。窃谓就使与大彬诸子周旋，恐未甘退就邾莒之列耳。

徐次京

孟臣㉕

葭轩

郑宁侯，皆不详何时人，并善摹仿古器，书法亦工。

张燕昌曰：王汋山长子翼之燕书斋一壶，底有八分书"雪庵珍赏"四字；又楷书"徐氏次京"四字。在盖之外口[14]，启盖方见。笔法古雅，惟盖之合口处，总不若大彬之元妙也。余不及见供春手制，见大彬壶叹观止矣；宜周伯高㉖有"明代良陶让一时"之论耳。又余少年得一壶，底有真书"文杏馆孟臣制"六字。笔法亦不俗，而制作远不逮大彬，等之自桧[15]以下可也。

吴骞曰：海宁安国寺，每岁六月廿九日，香市最盛，俗称"齐丰宿山"；于时百货骈集。余得一壶，底有唐诗："云入西津一片明"句，旁署"孟臣制"，十字皆行书。制浑朴，而笔法绝类褚河南。知孟臣亦大彬后一名手也。葭轩工作瓷章，详《谈丛》。又闻湖汶[16]质库中有一壶，款署"郑宁侯制"，式极精雅，惜未寓目。

卷下
丛谈

蜀山黄黑二土皆可陶。陶者穴火，负山而居，累累如兔窟。以黄土为胚，黑土傅之，作沽瓨、药炉、釜鬲、盘盂、敦缶之属，粥[17]于四方，利最博。近复出一种似均州者[18]，获值稍高，故土价踊贵，亩逾三十千；高原峻坂，半凿为坡，可种鱼，山木皆童然矣。陶者甬东人，非土著也[19]。王穉登《荆溪疏》。

往时龚春茶壶，近日时〔大〕彬所制，大为时人宝惜。盖皆以粗砂制之，正取砂无土气耳。许次纾《茶疏》

茶壶，陶器为上，锡次之。冯可宾《〔岕〕茶笺》

茶壶以小为贵，每一客壶一把，任其自斟自饮，方为得趣。何也？壶小则香不涣散，味不耽阁。同上

茶壶以砂者为上，盖既不夺香，又无熟汤气。供春最贵，第形不雅，亦无差小者。时大彬所制，又太小。若得受水半升而形制古洁者，取以注茶，更为适用。其提梁、觚瓜、双桃、扇面、八棱、细花夹锡茶替、青花白地诸俗式者，俱不可用。文震亨《长物志》

宜兴罐以龚春为上，时大彬次之，陈用卿又次之。锡注以黄元吉为上，归懋德次之。夫砂罐，砂也；锡注，锡也。器方脱手，而一罐、一注，价五六金，则是砂与锡之价，其轻重正相等焉，岂非怪事。然一砂罐、一锡注，直跻之商彝、周鼎之列，而毫无惭色，则是其品地也。张岱《梦忆》

茗注莫妙于砂，壶之精者，又莫过于阳羡，是人而知之矣。然宝之过情，使与金玉比值，毋乃仲尼不为已甚乎。置物但取其适，何必幽渺其说，必至殚精竭虑而后止哉！凡制砂壶，其嘴务直，购者亦然。一曲便可忧，再曲则称弃物矣。盖贮茶之物，与贮酒不同。酒无渣滓，一斟即出，其嘴之曲直，可以不论。茶则有体之物也，星星之叶，入水即成大片，斟泻时，纤毫入嘴，则塞而不流。啜茗快事，斟之不出，大觉闷人，直则保无是患矣。李渔《杂说》

时壶名远甚，即遐陬绝域犹知之。其制，始于供春，壶式古朴风雅，茗具中得幽野之趣者。后则如陈壶、徐壶，皆不能仿佛大彬万一矣。一云供春之后四家，董翰、赵良、袁锡疑即元畅，其一即大彬父时鹏也。彬弟子李仲芳、芳父小圆壶李四老官，号养

心,在大彬之上,为供春劲敌,今罕有见者。或沦鼠菌,或重鸡蘸,壶亦有幸、不幸哉。陈贞《慧秋园杂佩》

宜兴时大彬,制砂壶名手也。尝挟其术,以游公卿之门。其子后补诸生,或为四书文以献嘲,破题云:"时子之入学,以一贯得之[27]。"盖俗称壶为罐也。《先进录》

均州窑器,凡猪肝色、火里红、青绿错杂若垂涎皆上。三色之烧不足者,非别有此样。此窑,惟种菖蒲盆底佳[28]。其他坐墩、墩炉、合方钵、罐子,俱黄砂泥坯,故器质不足。近年新烧,皆宜兴砂土为骨,釉水微似,制有佳者,但不耐用。《博物要览》

宜兴砂壶,创于吴氏之仆曰供春。及久而有名,人称龚春。其弟子所制更工,声闻益广;京口谈长益为之作传。《五石瓠》

近日一技之长,如雕竹则濮仲谦,螺甸则姜千里,嘉兴铜器则张鸣岐,宜兴茶壶则时大彬,浮梁流霞盏则吴十九,皆知名海内。王士禛[29]《池北偶谈》

供春制茶壶,款式不一。虽属瓷器,海内珍之,用以盛茶,不失元味,故名公巨卿、高人墨士,恒不惜重价购之。继如时大彬,益加精巧,价愈腾。若徐友泉、陈用卿、沈君用、徐令音,皆制壶之名手也。徐喈凤[30]《宜兴县志》

陈远工制壶、杯、瓶、盒,手法在徐、沈之间,而所制款识,书法雅健,胜于徐、沈;故其年虽未老,而特为表之。同上

毗陵器用之属,如笔、笺、扇、箸、梳、枕及竹木器皿之类,皆与他郡无异,惟灯则武进有料丝灯[20],壶则宜兴有茶壶,澄泥为之。始于供春,而时大彬、陈仲美、陈用卿、徐友泉辈,踵事增华,并制为花罇、菊合、香盘、十锦杯子[31]等物,精美绝伦,四方皆争

购之。于琨《重修常州府志》

明时宜兴有欧姓者,造瓷器曰欧窑[21];有仿哥窑纹片者,有仿官均窑色者。采色甚多,皆花盆、夌架诸器者[32],颇佳。朱炎《陶说》

供春壶式,茗具中逸品。其后复有四家:董翰、赵良、袁锡,其一则时鹏,大彬父也。大彬益擅长,其后有彭君实、龚〔供〕春、陈用卿、徐氏壶,皆不及大彬。彬弟子李仲芳,小圆壶制精绝,又在大彬之右,今不可得。近时宜兴沙壶,复加饶州之鎏[22],光彩射人,却失本来面目。陈其年诗云:"宜兴作者称供春,同时高手时大彬。碧山银槎濮谦竹,世间一艺皆通神。"高江村诗云:"规制古朴复细腻,轻便可入筹笼携。山家雅供称第一,清泉好瀹三春荑。"昔杜茶村称澄江周伯高著茶、茗二系,表渊源支派甚悉。阮葵生《茶余客话》

台湾郡人,茗皆自煮,必先以手嗅其香,最重供春小壶。供春者,吴颐山婢名,制宜兴茶壶者;或作龚春者,误。一具用之数十年,则值金一笏[23]。周澍《台阳百咏·注》

昔在松陵王汋山楠话雨楼,出示宜兴蒋伯荂手制壶,相传项墨林所定式,呼为"天籁阁壶"。墨林以贵介公子,不乐仕进,肆其力于法书名画及一切文房雅玩,所见流传器具,无不精美。如张鸣岐之交梅手炉,阎望云[33]之香几及小盒等制,皆有墨林字。则一名物之赖天籁以传,莫非子京精意所萃也。张燕昌《阳羡陶说》

先府君性嗜茶,所购茶具皆极精,尝得时大彬小壶,如菱花八角,侧有款字。府君云:"壶制之妙,即一盖可验试。随手合上,举之能吸起全壶。所见黄元吉、沈鹭雝锡壶,亦如是;陈鸣远便不能到此。"既以赠一

方外,事在小子未生以前,迄今五十余年,犹珍藏无恙也。余以先人手泽所存,每欲绘图勒石纪其事,未果也。同上

往梧桐乡汪次迁安曾赠余陈鸣远所制研屏一,高六寸弱,阔四寸一分强。一面临米元章《垂虹亭》诗,一面柯庭双钩兰,惜乎久作碎玉声矣。柯庭,名文柏,次迁之曾大父,鸣远曾主其家。同上

汪小海淮③藏宜兴瓷花尊一,若莲子而平底,上作数孔,周束以铜,如提梁卣。质朴浑,气尤静雅。余每见必询及。无款,不知为谁氏作,然非供春、少山后作者所能措手也。同上

余于禾中骨董肆得一瓷印,盘螭钮,文曰:"太平之世多长寿人"。白文,切玉法。侧有款曰"葭轩制"。葭轩,不知何许人,此必百年来精于刻印。昔时少山陈共之工镌款,字特真书耳。若刻印,则有篆法刀法。摹印之学,非有十数年功者,不能到也。吴兔床著《阳羡名陶录》,鉴别精审,遂以为赠。时丙午夏日。同上

陈鸣远手制茶具雅玩,余所见不下数十种,如梅根笔架之类,亦不免纤巧。然余独赏其款字,有晋唐风格。盖鸣远游踪所至,多主名公巨族,在吾乡与杨晚研太史最契。尝于吾师樊桐山房见一壶,款题"丁卯上元为崱木先生制",书法似晚研,殆太史为之捉刀耳。又于王芍山⑤家见一壶,底有铭曰:"汲甘泉,瀹芳茗,孔颜之乐在瓢饮。"阅此,则鸣远吐属亦不俗,岂隐于壶者与。同上

吾友沙上九人龙,藏时大彬一壶,款题"甲辰秋八月时大彬手制"。近于王芍山季子斋头见一壶,冷金紫²⁴,制朴而小;所谓游娄东见弇州诸公后作也。底有楷书款

云:"时大彬制。"内有一纹线㊱,殆未曾陶铸以前所裂,然不足为此壶病。同上

余少年得一壶,失其盖。色紫而形扁,底有真书"友泉"二字,殆徐友泉也。笔法类大彬。虽小道,洵有师承矣。同上

客耕武原,见茗壶一于倪氏六十四研斋。底有铭曰:"一杯清茗,可沁诗绷脾;大彬。"凡十字。其制仆而雅,砂质温润,色如猪肝。其盖虽不能吸起全壶,然以手拨之,则不能动,始知名下无虚士也。既手摹其图,复系以诗云。陈鳣《松研斋随笔》

文翰

记

宜兴瓷壶记

今吴中较茶者,壶必言宜兴瓷,云始万历间,大朝山寺僧当作金沙寺僧传供春;供春者,吴氏小史也。至时大彬,以寺僧始,止削竹如刃²⁵,刳山土为之;供春更斫木为模,时悟其法,则又弃模而所谓削竹如刃者²⁶。器类增至今日,不啻数十事。用木重首作椎²⁷,椎唯炼土;作掌²⁸厚一薄一,分听土力。土稚不耐指,用木作月阜²⁹,其背虚缘易运代土,左右是意与终始。用镽³⁰,长视笔,阔视薤,次减者二,廉首斋尾。廉用割、用薤、用剔,齐用抑、用趁、用抚、用推。凡接文深浅,位置高下,齐廉并用。壶事此独勤,用角³¹,阔寸,长倍五,或圭或笏,俱前薄后劲,可以服我屈伸为轻重。用竹木如贝³²,窍其中,纳柄,凡转而藏暗者藉是。至于中丰两杀者,则有木如肾,补规万所困³³。外用竹若钗之股,用石如碓,为荔核形,用金作蝎尾³⁴,意至器生,因穷得变,不能为名。土色五,腻密不招客土,招则火知

之。时乃故入以砂,炼土克谐。审其燥湿展之,名曰土毡[35]。割而登诸月,有序,先腹,两端相见。廉用媒土,土湿曰媒[36]。次面与足;足面先后,以制之丰约定[37]。足约则先面,足丰则先足。初浑然虚含,为壶先天[38];次开颈,次冒、次耳、次嘴。嘴后著戒也。体成,于是侵者薙之,骄者抑之,顺者抚之,限者趁之,避者剔之,暗者推之,肥者割之,内外等。时后起数家,有徐友泉、李茂林、有沈君用。甲午春,余寓阳羡,主人致工于园,见且悉。工曰:僧草创,供春得华于土,发声光尚已。时为人敦雅古穆,壶如之,波澜安闲,令人喜敬,其下俱因瑕就瑜矣。今器用日烦,巧不自耻,嗟乎!似亦感运升降焉。二旬成壶凡十,聚就窑火,予构文祝窑。文略曰:"器为水而成火,先明德功,繇土以立,木亦见材。"又曰:"气必足夫阴阳,候乃持夫昼夜,欲全体以致用,庶含光以守时"云云。是日,主人出时壶二,一提梁卣,一汉觯,俱不失工所言。卫懒仙云:"良工虽巧,不能徒手而就,必先器具修而后制度精。瓷壶以大彬传,几使旅人搤指。"此则详言本末,曲尽物情,文更峭健,可补《考工》之逸篇。

铭

茗壶铭　沈子澈

石根泉,蒙顶叶,漱齿鲜,涤尘热。

陶砚铭　朱彝尊

陶之始,浑浑尔。

茶壶铭　汪森

茶山之英,含土之精。饮其德者,心恬神宁。

酌中泠,汲蒙顶。谁其贮之,古彝鼎;

资之汲古得修绠。

赞

陈远天鸡酒壶铭　吴骞

娲兮炼色,春也审敊[39]。宛尔和风,弄是天鸡[40]。月明花开,左挈右提。浮生杯酒,函谷丸泥。

赋

阳羡茗壶赋并序　吴梅鼎

六尊[41]有壶,或方或圆,或大或小。方者腹圆,圆者腹方。堑[42]金琢玉,弥甚其侈。独阳羡以陶为之,有虞之遗意也。然粗而不精、与窳等。余从祖拳石公[43],读书南山,携一童子,名供春。见土人以泥为缶,即澄其泥以为壶,极古秀可爱,世所称供春壶是也。嗣是时子大彬,师之,曲尽厥妙,数十年中,仲美、仲芳之伦,用卿、君用之属,接踵骋伎;而友泉徐子集大成焉。一瓷罂耳,价埒金玉,不几异乎?顾其壶,为四方好事者收藏殆尽。先子以蕃公嗜之,所藏颇伙,乃以甲乙兵燹,尽归瓦砾;精者不坚,良足叹也。有客过阳羡,询壶之所自来。因溯其源流,状其体制,胪其名目,并使后之为之者考而师之。是为赋。

惟宏陶之肇造,实运巧于姚虞。爰前民以利用,能制器而无窳。在汉秦而为瓴,宝厥美曰康瓠。类瓦缶之太朴,肖鼎鬲以成区。杂瓷瓴与瓻甀[44],同锻炼以无殊。然而艺匪匠心,制不师古,聊抱瓮以团砂,欲掣瓶而堑土。形每侪乎觳器,用岂侔夫周籩[45]。名山未凿,陶瓶无五采之文;巧匠不生,镂画昧百工之谱。爰有供春,侍我从祖,在髫龄而颖异,寓目成能;借小伎以娱闲,因心掣矩。过土人之陶穴,变瓦甀[46]以为壶;信异僧而琢山,斸阴凝以求土。时有异僧,绕白砀、青龙、黄龙诸山,指示土人曰:"卖富贵。"

土人异之,凿山得五色土,因以为壶。于是砠白砀,凿黄龙。宛掘井兮千寻,攻岩有骨;若入渊兮百仞,采玉成峰。春风花浪之滨[地有画溪、花浪之胜],分畦茹泸[47];秋月玉潭之上[地近玉女潭],并杵椎舂[48]。合以丹青之色,图尊规矩之宗。停椅梓之槌,酌剪裁于成片;握文犀之刮,施剧掠以为容[49]。稽三代以博古,考秦汉以程功。圆者如丸,体稍纵为龙蛋[壶名龙蛋]。方兮若印[壶名印方,皆供春式],角偶刻以秦琮[又有刻角印方]。脱手则光能照面,出冶则资比凝铜。彼新奇兮万变,师造化兮元功。信陶壶之鼻祖,亦天下之良工。过此,则有大彬之典重[时大彬],价拟璆琳;仲美之雕瑰[陈仲美],巧穷毫发。仲芳骨胜而秀出刀镯[李仲芳],正春肉好而工疑刻画[欧正春]。求其美丽,争称君用离奇[沈君用];尚彼浑成,金曰用卿醇饬[陈用卿]。若夫综古今而合度,极变化以从心,技而进乎道者,其友泉徐子乎。缅稽先子,与彼同时。爰开尊而设馆,令俊技以呈奇;每穷年而累月,期竭智以殚思。润果符乎球璧,巧实媲乎班倕[50]。盈什百以韫椟,时阅玩以遐思。若夫燃彼竹炉,汲夫春潮,挹㉚此茗,烂于琼瑶。对炜煌而意骇,瞻诡丽以魂销。方匪一名,圆㉜不一相,文岂传形,赋难为状尔。其为制也,象云罍兮作鼎[壶名云罍],陈螭觯兮扬杯[螭觯名]。仿汉室之瓶[汉瓶],则丹砂沁采;刻桑门之帽[僧帽],则莲叶擎台。卣号提梁,腻于雕漆[提梁卣];君名苦节[苦节君],盖已霞堆。裁扇面之形[扇面方],觚棱峭厉;卷席方之角[芦席方],宛转潆洄。诰宝临函[诰宝恍紫庭之宝现];圆珠在掌[圆珠],如合浦之珠回。至于摹形象体,殚精毕异。韵敌美人肩[美人肩],格高西子[西施乳]。腰洼约素,照青镜之菱花[束腰菱花];肩果削成,采金塘之莲蒂[平肩莲子]。菊入手而疑芳[合菊],荷无心而出水荷花。芝兰之秀[芝兰],秀色可餐;竹节之清[竹节],清贞莫比。锐榄核兮幽芳[橄榄六方],实瓜瓠兮浑丽[冬瓜丽]。或盈尺兮丰隆,或径寸而平砥,或分蕉而蝉翼,或柄云而索耳,或番象与鲨皮,或天鸡与篆珥。[分蕉、蝉翼、柄云、索耳、番象鼻、鲨鱼皮、天鸡、篆珥,皆壶款式]。匪先朝之法物,皆刀尺所不拟。若夫泥色之变,乍阴乍阳。忽葡萄而绀紫,倏橘柚而苍黄。摇嫩绿于新桐,晓滴琅玕之翠;积流黄于葵露,暗飘金粟之香。或黄白堆沙,结哀梨兮可啖;或青坚在骨,涂髹汁兮生光。彼瑰琦之窑变,匪一色之可名。如铁如石,胡玉胡金。备五文于一器,具百美于三停。远而望之,黝若钟鼎陈明廷;追而察之,灿若琬琰㊵浮精英。岂随珠之兴赵璧,可比异而称珍者哉!乃有广厥器类,出乎新裁。花蕊婀娜,雕作海棠之盒[沈君用海棠香盒];翎毛璀璨,镂为鹦鹉之杯[陈仲美制鹦鹉杯]。捧香奁而刻凤[沈君用香奁],翻茶洗以倾葵[徐友泉葵花茶洗]。瓶织回文之锦[陈六如仿古花尊],炉横古干之梅[沈君用梅花炉]。卮分十锦[陈六如十锦杯],菊合三台[沈君用菊合]。凡皆用写生之笔墨,工切琢于刀圭。倘季伦[51]见之,必且珊瑚粉碎;使棠溪[52]观此,定教白玉尘灰。用濡毫而染翰,志所见而徘徊。

诗

坐怀苏亭焚北铸炉以陈壶徐壶烹洞山岕片歌　熊飞

显皇垂拱升平季,文盛兵销遍恬喜。是时朝士多韵人,竞仿吴侬作清事。书斋蕴藉快沈燎,汤社精微重茶器。景陵铜鼎[53]半百沽,荆溪瓦注[54]十千余。宣工衣钵有施叟[55],时大后劲枇陈徐。凝神昵古得古意,宁与秦汉官哥殊。余生有癖尝涎觊,窃恐尤物难兼图。昔年挟策上公车,长安米价贵如珠。辍食典衣酬凤好,铸得大小两施炉。今年阳羡理蓿架,怀苏亭畔乐名壶。苏公避王予梓里,此地买田贻手书。焉知我癖非公癖,臭味岂必分贤愚。闲煮惠泉烧柏子,梧风习习引轻裾。吁嗟洞山岕片不多得,任教茗战难相克。亭中长日三摩挲,犹如瓣香茶话随公侧。顾智跋:偶检残编,得熊公"怀苏亭"歌词,想见往时风流暇逸,今亭既湮没,故附梓于志,以志学官。昔有此亭,亦见阳羡茗壶固甲天下也。橄按:"飞"又作"汄"。四川人,崇祯中官宜兴教谕。

陶宝肖像歌为冯本卿金吾作　林古度茂之　(昔贤制器巧含朴)

赠冯本卿都护陶宝肖像歌　俞彦仲茅　(何人霭向陶家侧)

过吴迪美朱萼堂看壶歌兼呈贰公　周高起伯高　(新夏新晴新绿焕)

供春大彬诸名壶价高不易辨予但别其真而旁搜残缺于好事家用自怡悦诗以解嘲　(阳羡名壶集)吴迪美曰:用涓人买骏骨、孙膑刖足事,以喻残壶之好。伯高乃真赏鉴家,风雅又不必言矣。

赠高侍读澹人以宜壶二器并系以诗　陈维崧其年

宜壶作者推龚春,同时高手时大彬。碧山银槎濮谦竹,世间一艺俱通神。彬也沉郁并老健,沙粗质古肌理匀。有如香盒乍脱薛,其上刻画蚷黾蹲。又如北宋没骨画,幅幅硬作麻皮皴。百余年来迭兵燹,万宝告竭珠犀贫。皇天劫运有波及,此物亦复遭荆榛。清狂录事偶奔得,一具尚值三千缗。后来佳⑩者或间出,巉削怪巧徒纷纶。腊茶褐色好规制,

软媚讵入山斋珍。我家旧住国山[56]下,谷雨已过芽茶新。一壶满贮碧山岕,摩挲便觉胜饮醇。迩来都下鲜好事,碗嵌玛瑙车渠银。时壶市纵有人卖,往往赝物非其真。高家供奉最淡宕,羊腔讵屑膏吾唇。每年官焙打急递,第一分赐书堂臣。头纲八饼那足道,葵花玉锛宁等伦。定烦雅器瀹精茗。忍使茅屋埋佳人。家山此种不难致,卓荦只怕车辚辚。未经处仲口已缺,岂亦龙性愁难驯。昨搜败簏賸[57]二器,函走长髯逾城闉。是其姿首仅中驵,敢冀拂拭充篝巾。家书已发定续致,会见荔子冲埃尘。

宜壶歌荅陈其年检讨　高士奇人龙

荆南山下罨画溪[58],溪光潋滟澄沙泥。土人取沙作茶器,大彬名与龚春齐。规制古朴复细腻,轻便堪入筜笼[59]携。山家雅供第一称⑪,清泉好瀹三春荑。未经谷雨焙嫩绿⑫,养花天气黄莺啼。旗枪初试泻蟹眼,年年韵事宜幽栖。柴瓷[60]汉玉价高贵,商彝周鼎难考稽。长安人家尚奢靡,镂镘工巧矜象犀。词曹官冷性淡泊,叨恩赐住蓬池西。朝朝曝直趋殿陛,夜冲街鼓晨听鸡。日间幼子面不见,糟妻守分甘咸虀。从有小轩列图史,那能退食闲品题。近向渔阳历边徼,春夏时扈八骏啼[61]。秋来独坐北窗下,玉川兴发思山溪。致札元龙乞佳器,遂烦持赠走小奚。两壶圆方各异状,隔城郑重裹⑬锦绨。长篇更题数百字,叙述历落同远斋。拂拭经时不释手,童心爱玩仍孩提。湘帘夜卷银汉直,竹床醉卧寒蟾低。纸窗木几本精粲,翻憎玛瑙兼玻璃。瓦瓶插花香蓺缶,小物自可同琰

圭。龙井新茶虎跑水,惠泉庙岭争鼓鼙。他年扬帆得恩请,我将携之归故畦。

以陈鸣远旧制莲蕊水盛梅根笔格为借山和尚七十寿口占二绝句　查慎行悔余

梅根已老发孤芳,莲蕊中含滴水香。合作案头清供具,不归田舍归禅房。偶然小技亦成名,何物非从假合成。道是抟沙沙不散,与翻新句祝长生。

希文以时少山砂壶易吾方氏核桃墨　马思赞仲韩

汉武袖中核,去今三千年。其半为酒池,半化为墨船。磨休斲骨髓,流出成元铅。曾落盆池中,数岁膏愈坚。质胜大还丹,舐者能升天。赠我良友生,如与我周旋。岂敢计施报,报亦非戈戈。譬彼十五城,难易赵璧然。有明时山人,掬砂成方圆。彼视祖李辈,意欲相后先。我谓韩齐王,羞与哙等肩。青娥易嬴马,文枕换玉鞭。投赠古有之,何必论媸妍。以多量取寡,差觉胜前贤。

陶器行赠陈鸣远　汪文柏季青

荆溪陶器古所无,问谁作者时与徐时大彬徐友泉。泥沙入手经抟埴,光色便与寻常殊。后来多众工,摹仿皆雷同。陈生一出发巧思,远与二子相争雄。茶具方圆新制作,石泉槐火鏖松风。我初不识生,阿髯尺素来相通谓陈君其年也。赠我双卮颇殊状,宛似红梅岭头放。平生嗜酒兼好奇,以此饮之神益王。倾银注玉徒纷纷,断木岂意青黄文。厂盒宣炉留款识,香奁药碗生氤氲数物悉见工巧。吁嗟乎,人间珠玉安足取,岂如阳羡溪头一丸土。君不见,轮扁当年老斲轮;又不见,

梓庆削镶[62]如有神。古来技巧能几人,陈生陈生今绝伦。

蜀冈瓦暖砚歌　胡天游雅威

苍青截铁坚不阿,琭珞敲玉铿而瑳[63]。太一之船却斥斧,帝鸿之纽掀穴窠。贝堂伏卵抱沂鄂,瓠肉削泽无瘢瘕[64]。露清绀浅叶幽灂,日冷赭淡冈兜㐌。琅琅一片抌[65]历落,仡仡四面平倾颇。莹陈天智比珍谷,巧斫山骨殊碞磋[66]。祝融相土刑德合,方钤员盖经营多,炎烹烬化出抟造,域分宇立开婆娑。东有日山西有月,包之郛郭环之涯。水轮无风自然举,气母袭地归于和。乾坤大腹吞乐浪,荆吴悬胃藏蠡鄱。陂谣鸿隙两黄鹄,敌树角国双元蜗。静如辰枢执魁柄,动如牡钥张机牙。线连罗浮走复折,气通艮兑无壅讹。严冬牛目畏积雪,终旬狸骨僵偃波。封翰菀麑失皴[44]鹿,冻珸[45]作噩衔刀戈。一丸未脱手旋磨,寸裂快逐纹生靴。似同天池败蚩雾,比困秦法遭斯苛。分明落纸困倚马,绊拘行步偕屏骒[46]。尔看利器喜入用,初如得宝良可歌。火山有军宠围燎,热坂近我胜嘘呵。滒汤初顾五熟釜,灌垒等拔千囊沙。剑门一道塞井络,春候三月暄江沱。共工虽怒霸无所,温洛自润扬其华。东宫香胶铭绛客,湘妾紫鲤浮晴涡。沉沉鸦色晕余渲,霭霭雨族披圆罗。咸池勃张浴黑帝,神鼍斫掣随皇娲。山驰岳走事俄顷,霆翻电薄酣滂沲。虹窗焰流玉抱肚,月蠁[47]水转金虾蟆。时时正见黝镜底,北斗熛耀垂天河。蜀冈工良近莫过,捣泥滤水相捥挼。为罂为皿为饮槛,壶如婴武杯如蠃。千窑万埴列门户,堆器不尽十马驮。智搜技彻更复尔,谁与作者黠则那。温姿劲骨夺端歙,轻肤细理欺硶椤。马肝或谤瓜削面,风味兼

状鹭食荷。燔烧颜色出美好，端正不待切与磋。华元璠然抱坦拓，周颙空洞非媖婴。早从仲将试点漆，峡榰悬溜骏注坡。我初见此贪不觉，众中奇畜拟橐驼[67]。诗篇送似因赚得，若彼取鸟致以囮[68]。温泉火井佐沐邑，华阳黑水环梁璠。豹囊干煤吐柏麝，古玉笏笏徐研摩。青霜倒开漾海色，乌婿尾掉重云拖。端州太守轻万石，宫凌秦羽矶羞罍。比于中国岂无土，今者只悦哀台佗。时烦拭濯安且固，捧盈恒恐遭跌蹉。装书未取押玗瑌，格笔迟矸珊瑚柯。画螭蟠凤围一尺，锦官为汝城初裛。启之刀剑快出匣，止为熊虎严蛰窝。萧行孔草虽懒擅，须记甲乙亲吟哦。国风好色陈姣嫭，离骚荒忽追沅湘。凝铺潭影滑幽璞，秋生龙尾凉侵霞。夜遥灯语风撼碧，萦者为蚓簇者蛾。行斜次杂共绻蜿，手无停度剧弄梭。宏农客卿座上客，雄鸣藉扫幺与么。欲铭功德向四壁，顾此坚凛谁能劙。砚乎与汝好相结，分等石友亦已加。阑干垂手鲜琢玉，捧侍未许宫钗娥。他年涂窜尧典字，伴我作籀书归禾。

台阳百咏　周澍静澜

寒榕垂荫日初晴，自泻供春蟹眼生。疑是闭门风雨候，竹梢露重瓦沟鸣。

论瓷绝句　吴省钦冲之

宜兴妙手数龚春，后辈还推时大彬。一种粗砂无土气，竹炉馋煞斗茶人。

周梅圃送宜壶

春彬好手嗟难见，质古砂粗法尚传。携个竹炉萧寺底，红囊须瀹惠山泉。

观六十四研斋所藏时壶率成一绝
陈鳣仲鱼

陶家虽欲数供春，能事终推时大彬。

安得携来偕砚北，注将勺水活波臣。予尝自号东海波臣。

无锡买宜兴茶具二首　冯念祖尔修

陶出瓃珑碗，供春旧擅长。团圆双日月，刻划五文章。直并抟砂妙，还夸肖物良。清闲供茗事，珍重比流黄[69]。

敢云一器小，利用仰前贤。陶正由三古，茶经第二泉。却听鱼眼沸，移就竹炉边。妙制思良手，官哥应并传。

陶山明府仿古制茗壶以诒好事五首
吴骞槎客

洞灵岩口庀精材，百遍临枮倚钓台[70]。传出河滨千古意，大家低首莫惊猜。

金沙泉畔金沙寺，白足禅僧[71]去不还。

此日蜀冈千万穴，别传薪火祀眉山[72]。

百和丹砂百炼陶，印床深锁篆烟消。奇觚不数宣和谱，石鼎联吟任尉缭。明府尝梦见"尉缭了事"四字，因以自号茗壶并署之。

翛翛琴鹤志清虚，金注何能瓦注如。玉鉴亭前人吏散，一瓯春露一床书。

陶泓[73]已拜竹鸿胪，玉女钗头日未晡。多谢东坡老居士，如今调水要新符。东坡调水符事，在凤翔玉女洞。旧《宜兴县志》移于玉女潭。辨详《桃溪客语》。

芑堂明经以尊甫瓜圃翁旧藏时少山茗壶见视制作醇雅形类僧帽为赋诗而返之

蜀冈陶寠苏祠邻，天生时大神通神。千奇万状信手出，巧夺坡诗百态新。清河视我千金宝，云有当年手泽好。想见㧑砂百炼精，传衣夜半金沙老。一行铭字昆吾刻，岁纪丙申明万历。弹指流光二百秋，真人久化莲台锡。吴梅鼎《茗壶赋》云：刻桑门之帽，则莲叶擎台。昨暂留之三归亭[74]，篾中常作笙磬声。跋然起视了无

睹,惟见竹炉汤沸海。月松风清乃知神
物多,灵闪不独君家双宝剑。愿今且作
合浦归,免使龙光斗牛占[75]。噫嘻公子慎
勿嗟,世间万事犹抟沙。他日来寻丙舍
帖[76],春风还啜赵州茶。

　　诗余

满庭芳吾邑茶具俱出蜀山,暮春泊舟山下,漫赋此
词　陈维崧

　　白甄生涯,红泥作活,乱烟细袅孤村。
春山脚下,流水浴柴门。紫笋碧鲈时候,溪
桥上,市贩争喧。推蓬望,高吟杜句,旭日
散鸡豚。　牛田园淳朴处,牵车粥畚,垒石
支垣。看鸥彝扑满,磊磊邱樊。而我偏怜
茗器,温而栗、湿翠难扪。掀髯笑,盈崖绿
雪,茶事正堪论。

附:紫砂壶加工用具图录

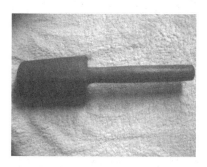

图1　木椎:即今紫砂工艺中最常用的
　　　工具,行内称"搭子",用来敲泥片、
　　　泥条。

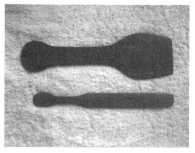

图2　掌:用来拍打成型的拍子,今已
　　　增至多种型款,并非仅有两把。

图3　月阜:即半月形木转盘。今大多以
　　　铁辘轳代替。

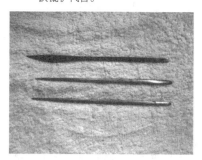

图4　镎:用以"廉首齐尾":这种金属刀
　　　具,行内称"鳑鲏刀"、"尖刀",型款
　　　也是因需设置,不局限于二三件。

图5　用角(或圭或笏):砑光坯体表面的牛
　　　角制工具,行内称为"明针"。

图6　贝状竹木:紫砂工艺中用于修整弧形的
　　　工具,用竹木制成,俗称"篦子"等。

图7 "中丰两杀"的如肾木规:中间丰满,
两头瘦削,形状如鸡蛋,用于规整壶
口、壶盖等圆形器形的工具,俗称"木
鸡子"。

图8 竹钗股,荔核形石碓,金蝎尾:图中自左
往右分别为:"蝎尾"式的剜嘴刀,用于修
理壶嘴内部;"钗之股"的"独果",用于使
圆孔规整;"荔核形"的小工具,称"完底
石"、"完盖石",用于修理底部、盖内部。

图9 土毡:用于围成壶体的泥条。

图10 "割而登诸月……两端相见":用工
具划画好的泥条竖立在木转盘上,围
成圆柱状。

图11 媒土:泥片之间的衔接要用"媒土",
即湿泥浆,行内称"脂泥"。

图12 制壶有序,"以制之丰约定":围成柱
状后,先拍打击底足的弧底还是肩腹
的弧底,以壶的造型差异而定。一般
先拍打底,即壶身的底腹弧形。

图13 面：即壶身筒的肩腹口部。拍打好底部后将身筒翻转，拍打肩腹，上一块泥片，称为"满片"，因此拍打肩腹又称"打满"。

图14 "初浑然虚含，为壶先天"：拍打好的身筒即壶体的雏形，然后再加颈，开出口部，制作壶嘴、壶把。

注　释

1 《七录》：书目。南朝梁阮孝绪编，原书佚，现存《七录序目》一卷。清王仁俊辑有《七录》一卷，收入《玉函山房辑佚书续编》。

2 波律膏：香料名，即旧所说的"龙脑香"。一种双环萜醇，其右旋体在中药中俗称"冰片"。存于龙脑树树干中。

3 㰤(shì)：香美貌。

4 松陵客：指晚唐诗人陆龟蒙。"松陵"，镇名，在今江苏吴江市，旧时亦作"吴江"代称。陆龟蒙曾寓吴江，并和皮日休两人唱和各作《茶鼎》、《茶瓯》等《茶中杂咏》十首。"荆南茶具诗"，荆，指清析宜兴所置的"荆溪县"。宜兴陶窑鼎山、蜀山，其时属荆溪。

5 松霭周春(1729—1815)："松霭"是周春的号。春字屯兮，晚号黍谷居士。浙江海宁人，乾隆十九年进士，官广西岑溪知县。家有"礼陶斋"、"宝陶斋"、"梦陶斋"三处藏书室，皆以"陶"为名，其为吴骞《名陶录》赋诗题辞，也在情理之中。

6 斝(yué)垦薛暴："斝"，鱼厥切。"斝垦"，指器物受损折足，形体歪斜。《周礼·考工记》："凡陶瓬之事，斝垦薛暴不入市。"

7 重瞳："瞳"即瞳人、瞳孔。"重瞳"，指一目中有两瞳人。《史记·项羽纪赞》："舜目盖重瞳子，又项羽亦重瞳子。"此指舜。

8 阏(yān)父作周陶正："阏父"人名。陶正，周代掌管制陶的官名。

9 与时英同工：周高起《阳羡茗壶系》原文无"英"字，近出高英姿《紫砂名陶典籍》，认为此处"时"字，是指时大彬，加"英"作"时英"，疑是吴骞的误认。

10 海盐张氏"涉园"，故址位浙江海盐城南乌夜村，清乾隆时海盐望族藏书家张柯家族别业。

11 汪柯庭：即汪文柏(1660—1730)，柯庭是其字，康熙时浙江著名诗人、画家和藏书家。建有屧砚斋、古香楼等多处藏书楼，嗜茶爱壶。

12 海宁陈氏、曹氏、马氏，当是康熙时海宁名士、收藏家、藏书家陈亦禧、曹廉让和马思赞三人。

13 杨中允晚研：即指清海宁杨中讷，字嵋本，叫晚研。康熙辛未进士，官至右中允。

14 盖之外口，即壶盖子口（一称盖唇）朝外的一面。

15 桧：古中土小国名，也作"郐"，约位今河南密县东北。《诗经》中"桧风"即指此。

16 湖㳇：江苏宜兴南部旧时山货聚散集镇。当地方言"湖"读作 luó；"㳇"读作 bù。

17 粥：同"鬻"。

18 近复出一种似均州者：即当时新出的一种仿宋代均州窑色泽、形制的上釉陶器。后来"宜均"亦成为紫砂之外的另一名陶。

19 陶者甬东人，非土著："甬"指浙江宁波。宜兴做缸瓮等普通日用陶器的工人，有一部分来自浙东，但《紫砂名陶典籍》指出，就是这部分生产，"大部分仍是当地人"。

20 料丝灯：用玛瑙、紫石英等原料抽丝制成的高档彩灯。

21 宜兴欧窑：《紫砂名陶典籍》注称系明代欧子明所创，"形式大多仿宋钧器，是一种上釉陶器。"

22 鋈（liú）：此指陶、瓷所上的釉。

23 笏：银两重量或价值单位，银五十两为一笏。

24 冷金紫：《紫砂名陶典籍》称："团泥制成，呈现淡黄色。"

25 止削竹如刃：意指紫砂初创时期，金沙寺僧仅用也只知用竹片、竹刀修削壶形的原始加工工具情况。

26 又弃模而所谓削竹如刃者：意指在"削竹如刃"的早期制壶阶段后，供春借鉴缸瓮制法，在制壶工艺中，也引进了在壶内使用木模的成型法。内模加工法较早期无疑是一个发展，但缺点是腹中往往会留下痕迹。时大彬悟出了成型新法，于是"弃模"又回复到"削竹如

刃"的全手工成型法。这里所说的回复，不是回复原始，而是制砂史上的一次飞跃。如《紫砂名陶典籍》所讲，即弃模后"全凭双手拍打时的协调以及对于转盘转动惯性的驾驭，来塑造预想中的圆球体"；工具也不只用竹刀、竹片，而如下面所说，器类增至"数十事"；也奠定了我国传统紫砂工艺的全部基础。

27 用木重首作椎：木椎，即俗所谓"木锤头"之类；专业俗语"搭子"。见附图 1。

28 作掌："掌"，指掌形工具，即拍子；有大小、厚薄和不同工艺用不同形制之别。见附图 2。

29 用木作月阜：指木制转盘，将泥坯放置其上，可以自由随意转动。见附图 3。

30 镭：以文中描述形状，当指紫砂工艺中所用的铁制刀具，如鳑鲏刀、尖刀等。见附图 4。

31 用角：即用牛角所制的"明针"，形似圭笏，用来研光壶体表面。见附图 5。

32 用竹木如贝：即用竹、木所制的用于规整器形的贝形有柄工具，如篦子、勒子。见附图 6。

33 有木如肾，补规万所困：一种规整圆形的工具，俗称"木鸡子"。见附图 7。

34 外用竹若钗之股，用石如碓，为荔核形，用金作蝎尾：紫砂制作中艺人根据需要自制的各种工具。此据所指，应是独果、完底石、剔嘴刀等工具。见附图 8。

35 土毡：泥料经练干湿适于打泥条、泥片制壶时，这些泥条称"土毡"。见附图 9。

36 廉用媒土，土湿曰媒：将泥条按序在转盘上制成壶腹（壶体）后，"泥条两端相向围成圆柱状，用刀蘸取湿泥粘接"。湿泥即"媒"，俗称"脂泥"。见附图 10、11。

37　足面先后，以制之丰约定：拍打好壶体，"继而制作口面与底足"，即"上满片(口)、底片"。《紫砂名陶典籍》指出，周容上说的制作顺序，其实无定制，"是因人而异"。见附图12、13。

38　为壶先天：即"身筒"(壶体)。见附图14。

39　春世审㸯："春"指供春。㸯(pī)，《广韵》：匹支切，指器物出现裂纹、破损。《方言》：器破而未离，"南楚之间谓之㸯"。

40　天鸡：古代神话中的鸟名。《玄中记》东南有桃都山，上有大树，"枝相去三千里，上有一天鸡，日出……天鸡则鸣，群鸡即随之鸣"。

41　六尊：古代酒器名：即献尊、象尊、壶尊、著尊、大尊、山尊。每种都有不同造型。

42　堃：《远东汉语大辞典》："音义未详"，清《南疆逸史》中有一贪官名"史堃"。编者按："堃"疑《说文》"范"的籀文"䒤"字，在清部分人中，一度传为"范"的俗写。也即《礼记》中铸器所说"范金合土"的"范"字。

43　"拳石公"：即吴颐山。

44　瓷甌(yí)与瓹甀："甌"，陶瓷容器。"瓹甀"，瓦罂。《尔雅·释器》："瓯瓹"谓之"甌"。郭璞注："瓹甀，长沙谓之甌。"长沙方言"瓹"，即"瓹甀"。

45　周簠(fǔ)："簠"，古代祭祀用以置放粱粟的盛器。

46　瓦瓹(wǔ)："瓹"同上面已见的"瓹"字，古代盛酒用器。《玉篇·瓦部》："瓹，盛五升(一释五斗)小罂也。"

47　分畦茹泸：《紫砂名陶典籍》释为"摊泥场"。因矿土加工为可用黏土时，泥池相邻如畦，故有此形容。

48　并杵椎舂：《紫砂名陶典籍》称，上述诸器并用，指将澄洗好的泥料进行捶练，也即所谓"做泥场"。

49　施剞掠以为容："剞"，削。即用牛角明针作表面修饰、研光。

50　班倕：古代著名工匠名，"班"即公输班。"倕"据《玉篇·人部》记载为黄帝时巧匠名。

51　季伦：西晋石崇(249—300)的字。崇初为修武令，累迁至侍中。永熙元年(290)出为荆州刺史，以劫掠客商致巨富，与贵戚王恺、羊琇奢靡相尚。恺兴崇斗富，武帝每每支持恺；以珊瑚赐之，高三尺许，世所罕见。恺以示崇，崇便以铁如意击之，应手而碎。恺以为嫉己之宝，大声吵骂。崇曰："不足多恨，今还卿！"乃命左右悉取珊瑚树，有高三四尺者六七株，条干绝俗，光彩夺目，如恺比者甚众。恺惘然自失意。此寓上述名陶，倘石崇见之，必将其所藏珊瑚全部粉碎。

52　棠溪：此疑指吴王阖闾弟夫概。阖闾王吴国时，其弟夫概自立为王，败奔于楚。楚王封夫概于"棠溪"，是谓"棠溪氏"。楚以"楚玉"即"和氏璧"为国宝。"棠溪观此，定教白玉尘灰"，喻夫概王倘若看了上述名陶，也一定会把"和氏璧"击毁。

53　景陵铜鼎："景陵"，五代时由"竟陵"改名，即今湖北天门。"鼎"，此指古代鼎镬一类的烹饪器。

54　荆溪瓦注："荆溪"即清代析宜兴所置新县，入民国废归宜兴。"瓦注"，即指陶壶。

55　宣工衣钵有施叟："宣工"指明宣宗宣德年间铸造铜炉的工艺。"宣"即所谓"宣德炉"或"宣炉"；形仿秦汉，制极精美。"施叟"指明末清初宜兴仿制宣炉的名师，据《紫砂名陶典籍》称，其时宜兴"施家北"所铸之炉，"一度非常有名"。

56　国山：位今江苏宜兴市西南，原名九里山，山有九峰，一名九斗山，又名升山，孙吴时封禅于此，因名。

57 簏(lù)賸："簏",指用竹编的圆形盛器。"賸",系"剩"的异体字。

58 罨画溪:源于宜兴南部与浙江长兴界山的溪水。宜兴境内鼎蜀镇汤渡的罨画溪,曾为阳羡十景之一。长兴境内的罨画溪,上游为合溪,下流即箬溪,溪畔有罨画亭。唐郑谷诗:"顾渚山边亭,溪将罨画通。"自唐代起,每年"花时,游人竞集"。

59 筠笼:用竹篾编制存放茶具的用器。

60 柴瓷:五代后周世宗柴荣诏建官窑烧制的瓷器。其瓷有"青如天、明如镜、薄如纸、声如磬"之誉。

61 春夏时扈八骏啼:"扈",旧所谓"报春鸟"。古有九扈,报春曰"春扈",夏曰"夏扈"。"八骏",即传说周穆王的八匹良马。

62 梓庆削鐻:事见《庄子》:"梓庆削木为鐻,鐻成,见者惊犹鬼神。""鐻",古乐器名。"鬼神"形容鬼斧神工。

63 璆珞(lù luò)敲玉铿而瑳(cuō):"璆珞",坚硬的玉石。"铿",铿锵,形容声音响亮和谐。"瑳",玉色鲜明洁白。

64 瘢瘥(bān cuó):指疤痕、病疵。

65 扰(yǎn):摇动。《玉篇·手部》:"扰:动也,摇也。"

66 砮碆(nǔ bō):石箭镞。

67 橐(tuó)驼:"橐"同橐;"橐驼",即骆驼。古籍中"橐驼",有的也写成"橐他"或"橐它"。

68 囮:《广韵》:"五禾切,音讹。"《说文》"译也,率鸟者系生鸟以来之,名曰囮"即今所说的鸟媒。

69 流黄:玉名。《淮南子·本经训》:"流黄出而朱草生。"高绣注:"流黄,玉也。"

70 钓台:位于宜兴西氿边,相传系南朝梁任昉(460—508)钓鱼处。

71 白足禅僧:南朝梁惠皎《高僧传十·释昙始》:"义熙初,复往关中,开导三辅。始足白于面,虽跣涉泥水,未尝沾湿,天下皆称白足和尚。"《紫砂名陶典籍》称指首学"制陶的金沙寺僧"。

72 眉山:此指苏轼,因其系眉州屠山(今四川眉山)人,以籍代名。

73 陶泓:此指砚台。

74 三归亭:"归"字当为"癸"之音误。唐代宗时,颜真卿刺湖州,常与陆羽、皎然等名士、高僧交游,一日相议在抒山妙喜寺建一亭,由陆羽领其事。亭建缮于癸年、癸月、癸日,因名"三癸亭"。

75 龙光斗牛占:《紫砂名陶典籍》注称:意指剑光直冲云汉。唐王勃《滕王阁诗序》:"物华天宝,龙光射牛斗之墟"即此意。

76 丙舍帖:三国魏钟繇有《墓田丙舍帖》。《紫砂名陶典籍》注认为此处"借代时大彬僧帽壶"。

校　勘

① 原书卷首署作"海宁吴骞槎客编"。

② 博古斋本,"自序"无"自"字,置于周春题辞之前。中国书店本、《美术丛书》本(简称美术本)无周春题辞。美术本"自序"前还加书名"阳羡名陶录"五字。

③ 苦窳者何？盖罄垦薛暴之等也:美术本作"苦者何？薄劣粗厉之谓也;窳者何？污窬痹攽之等也"。

④ 所弗顾:"顾"之下,博古斋本多一"已"字,美术本"已"作"者"字。

⑤ 窦穴:美术本"窦"字作"陶",即陶窑。

⑥ 功:美术本"功"字作"劳"。

⑦ 颐山之支脉也:"也"字下,至今东坡书院"今"字前,美术本多"又徐一夔《蜀山草堂记》:东坡等书堂其址,入于金陵保宁之官寺久矣,遂为寺之别墅"三十三字。

⑧ 县南:美术本、中国书店本在"南"字前,增一"东"字,作"县东南"。

⑨ 壶经:"经"字,《拜经楼丛书》本(简称拜经楼本)据檀几丛书本周高起《阳羡茗壶系》抄录时

作"人"字。美术本作"经";据义改。

⑩ "砂铫"之下,至"能益水德"的"能"字间,美术本还有:"亦嫌土气,惟纯锡为五金之母,以制茶铫"十六字。

⑪ 拵:拜经楼本、中国书店本作"搏";博古斋本、美术本校作"拵",据改。下同,不出校。

⑫ 傅:拜经楼、中国书店本作"传";博古斋本、美术本作"传"。"傅"通"附",据改。

⑬ 暇:拜经楼本、中国书店本作"暇",博古斋本、美术本改作"暇",据改。

⑭ 时:中国书店本等同拜经楼本作"朋",美术本作"时"。

⑮ 芳尝手一壶,美术本"芳"字前,多一"仲"字。

⑯ 后:拜经楼本、中国书店本等皆作"亦",美术本据周高起《阳羡茗壶系》原文,校作"后",据改。

⑰ 所作:在"所"字和"作"字间,拜经楼本、中国书店本衍一"难"字,美术本衍一"手"字,此据周高起《阳羡茗壶系》原文改。

⑱ 笋:拜经楼本、中国书店本由榫形误作"准",美术本同《阳羡茗壶系》原文作"笋",据改。

⑲ 欧正春、邵文金:拜经楼本、中国书店本刊作"欧正邵春文金",误。据博古斋本、美术本改。

⑳ 崇祯:拜经楼本、中国书店本等"祯"字,避清讳皆作"正",径改。下不出校。

㉑ 邵盖:"邵"字,此处和本段小字"按",拜经楼本、博古斋本等,均误作"赵"字,径改。

㉒ 铭:拜经楼本、中国书店本作"或",美术本校作"铭",据改。

㉓ 镜奁铭:美术本作"所作枳铭"。

㉔ 云云:美术本作"曰",此下至"后署子澈"间,美术本又增"石根泉,蒙顶叶,漱齿鲜,涤尘热"十二字。

㉕ 孟臣:博古斋本、中国书店本等"孟"字前,还有一"惠"字。

㉖ 周伯高,"高"字,拜经楼本、中国书店本皆误刊作"起",美术本校改。周高起,字"伯高"。

㉗ 之:博古斋本、中国书店本等同拜经楼本,作"之";美术本作"也"。

㉘ 盆底佳:《美术丛书》本"佳"字下多一"甚"字。

㉙ 祯:中国书店本同拜经楼本"祯"字作"正"。原名王士祯(1634—1711),身后避清世宗讳,

改"禛"为"正";乾隆时,弘历命改为"祯",据博古斋本、美术本改。

㉚ "徐喈凤"下,美术本多"重修"二字。

㉛ 子:拜经楼本、博古斋本等作"之",此据美术本、中国书店本改。

㉜ 者:美术本作"其"字。

㉝ 阎望云:《昭代丛书》本、美术本同拜楼本作"阎望英",博古斋本"阎"字,作"阁"。

㉞ 汪小海淮:博古斋本等同拜经楼本,书如前。《美术丛书本》误倒作"汪小淮海":汪淮,清乾嘉时诗人书法家,字"小海"。

㉟ 王芍山:"芍"字,此处拜经楼本、博古斋本作"芍",美术本作"汋"。查博古斋等版本,在同一书中,往往前后出现"芍"、"勺"和"汋"字并用的混乱情况。

㊱ 一纹线:美术本、中国书店本等倒作"纹一线"。

㊲ 挹:拜经楼本、中国书店本作"浥",美术校作"挹",据改。

㊳ 圆:拜经楼本、博古斋本等刻作古写"圜"。"圜"通"圆",美术本校改作圆。

㊴ 琰:拜经楼本、中国书店本俗写作"玫",博古斋本等校作"琰"。

㊵ 佳:拜经楼本、中国书店本作"往",美术本校作"佳",据改。

㊶ 第一称:中国书店同拜经楼本、美术本倒作"称第一"。

㊷ 嫩绿:嫩,拜经楼和各本,皆刻作"媆"字。"媆"(ruǎn),柔弱,俗作"辇"即今"软"字;另又读作 nēn,俗作"嫩",与绿联用,此当作今"嫩"字。径改。

㊸ 裹,拜经楼本作"裛",博古斋本、中国书店本等皆作"裹"。据改。

㊹ 皴(cǔn):拜经楼本、美术本作"皴",博古斋本作"皴"。

㊺ 琫(běng):拜经楼本、美术本等作"吡",同蚌。博古斋本作"琫",刀鞘近口处的装饰;按文义据博古斋本改。

㊻ 骤:拜经楼本、美术本作"赢",胡天游原"歌"作"骤",据改。

㊼ 蛷:美术本等刊作"䏌",讹。"䏌"(kū),《集韵》当没切,端。"骨䏌",指树疣。"蛷",音蛷窟,指"穴"或"洞"。颜师古引服虔曰:"月蛷,月初生也。"

阳羡名陶录摘抄 | 清 翁同龢[1]

作者及传世版本

翁同龢(1830—1904),江苏常熟人,咸丰、同治时大学士翁心存第三子。字声甫,号叔平,又号松禅,晚号瓶庵居士。咸丰六年(1856)状元,同治四年(1865)为同治帝师傅,光绪二年(1876)为光绪帝师傅。光绪五年任工部尚书,八年擢军机大臣。在中法战争、中日甲午战争中,是主张抗敌、反对李鸿章求和的核心人物。二十一年(1895),由户部尚书兼任总理衙门大臣,力主维新变法,将康有为密荐给光绪载湉,是当时所谓的"帝党领袖"。但是,二十四年(1898)四月,光绪宣布变法的第四天,慈禧太后即勒令载湉将他开缺回籍,"交地方官严加管束"。回籍后,翁同龢在抑郁悲怆中以览书撰文自遣。《阳羡名陶录摘抄》,当抄于这段时间。光绪三十年(1904)病逝故里,宣统元年(1909)诏复原官。有《翁文恭公日记》(今整理出版为《翁同龢日记》)、《瓶庐诗钞》、《瓶庐丛稿》(二十六种)等。

本文《阳羡名陶录摘抄》,由中国国家图书馆所藏翁同龢《瓶庐丛稿》中辑出。《瓶庐丛稿》系翁同龢手稿,本书收附于此,除上面《阳羡名陶录》题记所说的作为"简本"这层意义外,更主要的,还在于它是翁同龢亲自摘抄而还未有多少人看过的手稿。由于未经刊印,这里也只能据《阳羡名陶录》等资料略作注释。

原　　文

原始

陶穴环蜀山,山有东坡祠。东坡乞居阳羡,以此山似蜀中风景,故改名之。

选材

软黄泥,出赵庄山,以和一切色土,乃黏(填)。

石黄泥,亦出赵庄山,即未触风日之石骨。

天青泥,出蠡墅。

老泥,出团山。

白泥,出大潮山。又张公、善权二洞石乳,陶家用以作釉。

本艺

壶宜小不宜大,宜浅不宜深。壶盖宜盎不宜砥,宜倾竭即涤去停滓。

壶宿杂气,满贮沸汤,倾即没冷水中,

亦急出于水写之,元气及之。

品茶之瓯,白瓷为良。制宜弇口邃腹,色泽浮浮而香气不散。茶洗,式如扁壶,中加一项鬲,而细窍其底,便过水漉沙。

壶用久涤拭,自发暗然之光,入手可鉴。若腻滓烂斑,是曰和尚光,最为贱相。

家溯

金沙寺僧,佚其名。金沙寺,在宜兴县东南四十里。

供春,学宪吴颐山家僮也,仿金沙僧所制,有指螺文。隐起,可按胎,必累按,故腹半尚现节腠,视以辨真。今传世者,栗色暗暗如古铁敦。庞周正,亦作龚春。

　　周高起曰:予于吴囧卿家,见大彬所仿,则刻"供春"二字。

　　董翰,号后溪,始造菱花式。

　　赵梁,多提梁式。梁亦作良

　　元畅。亦作元锡

　　时鹏。亦作朋大彬之父,万历间人。

　　李茂林,行四,名养心制小圆式。

　　周高起曰,自此以后,壶乃另作瓦缶,囊闭入陶穴,前此名壶不免沾缸罈油泪。

时大彬,号少山。或土或砂,诸款具足,诸土色亦具足,朴雅坚栗。初仿作供春大壶,后闻陈眉公与琅琊、太原诸公品茶法(谓弇川诸公),乃出小壶。

李仲芳,茂林子,大彬之高足。制渐趋文巧。今世所传大彬壶,亦有仲芳作而大彬署款者。

徐友泉,名士衡,亦与大彬游。所制有汉方扁觯,小云雷提梁卣,蕉叶莲房(芳),菱花鹅蛋(蛋),分裆索耳,美人垂莲,大顶莲,一回角,六子诸款,泥色各种

素瓯。晚年自叹曰:"吾之精,终不及时之粗。"友泉有子,亦工是技,至今有大徐、小徐之目。

　　欧正春,多规花卉、果物。

　　邵文金,仿时汉方独绝。

　　邵文银。

　　蒋伯荂,名时英。此四人并大彬弟子。

　　陈用卿,与时英同工,而年技俱后,如莲子汤渡(婆)、钵盂、圆珠诸制,不规而圆,款仿钟太傅笔意。

　　陈信卿,仿时、李诸器,坚瘦工整,雅自不群。

　　闵鲁生,名贤规,仿诸家。

　　陈光甫,仿供春、时大为入室,然所制口的,不极端致。

　　陈仲美,好配壶土,意造诸玩。

　　沈君用,名士良,所制不尚方圆,而准缝丝毫不苟,配土之妙,色象天然。

　　邵盖

　　周后溪

　　邵二孙,并万历间人。

　　周嘉胄,《阳羡名壶谱》以董翰、赵梁、元畅、时朋、时大彬、李茂林、李仲芳、徐友泉、欧正春、邵文金、蒋伯荂,皆万历时人。

　　陈俊卿,时大彬弟子。

　　周季山

　　陈和之

　　陈挺生

　　承云从

　　沈君盛。君用以上,并天启、崇祯间人。

　　陈辰,字共之,工镌壶款。

　　周高起曰:自邵盖至陈辰,俱见汪太心《叶语附记》中。太心,休宁人。镌壶款识,时大彬初倩能书者,落墨用竹刀画之或以印记,后竟运刀成字,在

黄庭、乐毅间，人不能仿。次则李仲芳，亦合书法，若李茂林，朱书号记而已。

徐令音

项不损，名真，携李襄毅公之裔。

吴骞曰：尝见陈仲鱼一壶，有"研北斋"三字，旁署项不损款，字法晋唐。不损诗文，深为李檀园所赏。

沈子澈，崇祯时人。

吴骞曰：余得菱花壶一，底有铭及署"子澈为密先兄制"。又一壶，曰"崇祯癸未沈子澈制"；实明季一名手也。

陈子畦，仿徐最佳，或云即鸣远父。

陈鸣远，号鹤皋，亦号壶隐。

鸣远与文人学士游，名重一时，尝得所制天鸡壶一，细砂作紫棠色，镌庚子诗①为曹廉让先生手书，极精雅。

徐次京

孟臣

葭轩

郑宁侯，皆不详何时人，并善摹古器，书法亦工。

张燕昌曰：一壶，底八分书"雪庵珍赏"四字，又楷书"徐氏次京"四字。在盖之外口，启盖方见。又一底有"文杏馆孟臣制"六字。

吴骞曰：余得一壶，底有唐诗"云入西津一片明"，旁署"孟承制"；字用褚法。葭轩工作瓷章。又一壶，款署"郑宁侯制"，式极精雅。

卷下
谈丛

往时龚春，近日时大彬壶，皆以粗砂为

之，正取砂无土气尔。许次纾《茶疏》

茶壶，陶器为上，锡次之。冯可宾《茶笺》

茶壶以小为贵，小则香不逸散②，味不耽阁。同上

供春形不雅，大彬制太小，若受水半升而形又古洁乃适用。文震亨《长物志》

宜兴壶③，龚春为上，时大彬次之，陈用卿又次之。锡注，黄元吉为上，归懋德次之。张岱《梦忆》

凡砂壶，其嘴务直，一曲便可忧，再曲则称弃物矣。星星之叶，入水即成大片，斟泻时，纤毫入嘴则塞而不流。啜茗快事，斟之不出，大觉闷人。李渔《杂说》

李仲芳之父李四老官，号养心，所制小圆壶，在大彬之上，为供春劲敌。陈贞《慧秋园杂佩》

均州窑器，凡猪肝色，红、青、绿错杂，若垂涎皆上，三色之烧不足者，俱黄沙泥坯。近年新烧，皆宜兴砂土为骨，釉水微似，但不耐用。《博物要览》

陈远手法，在徐、沈之间，而款识书法雅健。《宜兴志》

明时宜兴有欧姓，造瓷器曰欧窑。朱炎《陶说》

供春壶式，逸品也。其后四家：董翰，赵良，袁锡，时鹏。鹏，大彬父也。大彬后有彭君实、龚春、陈用卿、徐氏，壶皆不及大彬。近时宜兴壶加以饶州之鎏，光彩射人，却失本来面目。阮葵生《茶余客话》

台湾人最重供春小壶。供春者，吴颐山婢名。或称龚春者误。周德《壶阳百咏》注

蒋伯荂手制壶，相传项墨林所定式，呼为天籁阁壶。墨林文房雅玩，如张鸣岐之交梅手炉，阎望云之香几及小盒，皆有墨林字。张燕昌《阳羡陶说》

时大彬小壶,如菱花八角,侧有款字。其妙即一盖可验试,随手合上,举之能吸起全壶。所见黄元吉、沈鹭雏锡壶,亦如是;陈鸣远便不能。同上

汪小海淮,藏宜兴瓷花尊,若莲子而平,底上作数孔,周束以铜如提梁卣,质朴静雅无款。同上

陈鸣远所制茶具,款字仿晋唐风格。尝见一壶,款题"一□上元为岢□先生",书法似杨□研,殆其捉刀者。又一壶,底铭曰"汲甘泉沦芳茗,孔颜之乐在瓢饮"。

沙上九人龙,藏时壶一,款题"甲辰秋八月时大彬手制"。又王汋山一壶,冷金紫制,朴而小,所谓游娄东见弇州诸公后作也。底楷书款云:"时大彬制。"同上

余得一壶,失其盖,色紫而形扁,底真书"友泉"二字;考徐友泉也。

倪氏六十四研斋一壶,底有铭云:"一杯清茗,可沁诗脾,大彬。"其制朴而雅,色如猪肝,其盖虽不能吸起全壶,然以手拨之,则不能动。陈鳣《松研斋随笔》

文翰④

〔记〕

周容《宜兴瓷壶记》,谓始自万历间,大朝山僧传供春。春,吴氏小妾也。

〔赋〕

吴梅鼎《阳羡茗壶赋》,谓从祖拳石公读书南山。按:乃一童子名供春,见土人以泥为缶,即沉其泥为壶,极古秀可爱。

龙蛋、印方、刻角印方,皆供春式;云垒、螭觯、汉瓶、僧帽、提梁卣、苦节君、扇面方、芦席方、诰宝、圆珠、美人肩、西施乳、束腰菱花、平肩莲子、合菊、荷花、芝兰、竹节、橄榄六方、冬瓜丽、分蕉、蝉翼、柄云、索耳、番象鼻、鲨鱼皮、天鸡、篆珥,皆徐友泉壶。

又一切器玩:沈君用海棠香盒,陈仲美鹦鹉杯,沈君用香奁,徐友泉葵花茶洗,陈六如仿古花转⑤,沈君用梅花鲈,陈六如十锦杯,沈君用菊盒。

〔诗〕⑥

吴骞《陶山明府制茗壶诒好事》,诗注:话明府茗壶有"尉缭了事"四字署款。

注　释

1　此翁同龢署名,是编者改。《瓶庐丛稿》,翁同龢原署作"吴骞"。《阳羡名

陶录》为吴骞撰,但《阳羡名陶录摘抄》不是吴骞是翁自己摘抄;故改。

校　勘

①　庚子诗:在"子"与"诗"字间,吴骞《阳羡名陶录》原文,还有一个"山"字。
②　香不逸散:"逸"字,吴骞《阳羡名陶录》原文作"涣"。
③　宜兴壶:"壶"字,吴骞《阳羡名陶录》原文作"罐"。
④　文翰:《阳羡名陶录》在文翰之下,共分"记"、"铭"、"赞"、"赋"、"诗余"和"诗"等目,分录各

有关吟赞阳羡名陶的内容。但这一部分,翁同龢可能略嫌内容一般,开始略不摘抄,仅对标题和有些内容稍作介绍,如"铭"、"赞"等目,根本就省未作提。
⑤　仿古花转:"转"字,《阳羡名陶录》原文作"尊"字。
⑥　此下《陶山明府制茗壶诒好事》,不属"记",也不属"赋"而是诗的内容,编补标题"诗"。

阳羡名陶续录 | 清 吴骞 撰

作者及传世版本

《阳羡名陶续录》,是吴骞继《阳羡名陶录》之后,编写的有关宜兴紫砂壶的另一篇续编或补遗。吴骞简介,见《阳羡名陶录》。

《阳羡名陶续录》,由于现在一般所见的版本,都是上世纪三十年代前后中国书店影印的《阳羡名陶录》的附录本;前无序,后无记,不但没留下撰写时间的痕迹,甚至有人对《续录》是否是吴骞所撰,亦有疑义。其实,对《阳羡名陶续录》是否吴骞所写的怀疑,大可不必。因为中国书店既然是影印本,说明在此之前,《阳羡名陶录》当即有正本和续本的合刊本。不但如此,在上海图书馆的善本书目中,现在还收藏有《阳羡名陶录》二卷续录一卷的清陈庆鏽抄本;撰者清楚署明即吴骞,所以《续录》也为吴骞所撰是可靠的。至于《续录》的撰写时间,从吴骞所编《拜经楼丛书》不收这点来看,大致乾隆年间编刻这部丛书时,吴骞还没有编好。再从本文收录有《扬州画舫录》内容这点来看,也显示当是其嘉庆年间的作品。《扬州画舫录》是李斗从乾隆二十九年(1764)至六十年(1795)的生活笔记,其卒于嘉庆中期,因此我们推定《续录》当编撰于1803年前后。

本文据陈庆鏽抄本作收,以中国书店本和所辑原文作校。

原　　文

家溯

明时,江南常州府宜兴县欧姓者,造瓷器曰欧窑。有仿哥窑纹片者,有仿官、均窑色者,采色甚多,皆花盆奁架诸器,旧者颇佳。朱炎《陶说》

吴骞曰:欧窑疑即欧正春[1],今丁、蜀二山,尚多规之者。器作淡绿色,如蘋婆果[2],然精巧远不逮矣。

檇李文后山鼎,工诗善画,收藏名迹古器甚多[①],有宜瓷茗壶三具,皆极精确。其署款曰:"壬戌秋日陈正明制";曰"龙文";曰"山中一杯水,可清天地心。亮彩。"三人名皆未见于前载,亦未详何地人。陈敬璋《餐霞轩杂录》

本艺

香雪居,在十三房[3]。所粥[②]皆宜兴土产砂壶。茶壶始于碧山冶金,吕爱冶银[③]。泉驶茗腻,非屑以金银,必破器染味。砂壶创于金砂寺僧,团紫砂泥作壶具,以指罗纹为标识。有吴学使者,读书寺中,侍童供春见之,遂习其技成名工,以无指罗纹为标识。宋尚书时彦裔孙名大彬,得供春之传,毁甓[4]以杵舂之,使还为土,范为壶。燀以熠火,审候以出,雅自矜重。遇不惬意,碎之,至碎十留一。皆不惬意,即一弗留。彬枝指①,以柄上拇痕为标识。大彬之后,则陈仲美、李仲芳、徐友泉、沈君用、陈用卿、蒋志雯诸人。友泉有云罍、蝉觯、汉瓶、僧帽、提梁卣、苦节君、扇面、美人肩、西施乳、束腰菱花⑤、平肩莲子、合菊、荷花、竹节、橄榄六方、冬瓜丽⑥、分蕉蝉翼、柄云索耳、番象鼻、沙鱼皮、天鸡、篆耳诸式。仲美另制鹦鹉杯。吴天篆《瓷壶赋》云翎毛璀璨,镂为婴武⑦之杯谓此。后吴人赵璧,变彬之所为而易以锡。近时则归复所制锡壶为贵。李斗[5]《扬州画舫录》

  吴骞曰:长洲陆贯夫绍曾,博古士也。尝为子言,大彬壶有分四旁、底、盖为一壶者,合之注茶,渗屑无漏,名"六合一家壶",离之,仍为六。其艺之神妙如是。然此壶子实未见,姑识于此,以广异闻。

谈丛

前卷言,一艺之工,足以成名,而叹士人有不能及。偶观《袁中郎集·时尚》一篇,与子说略同,并录之。云:古来薄技小器皆可成名,铸铜如王吉、姜娘子、琢琴如雷文、张越,磁器如哥窑、董窑,漆器如张成、杨茂、彭君宝。士大夫宝玩欣赏,与诗疑作书画并重。当时文人墨士,名公巨卿,不知湮没多少,而诸匠之名,顾得不朽,所谓五谷不熟,不如稊稗者也。近日小技著名者尤多,皆吴人。瓦壶如龚春、时大彬,价至二三千钱。铜炉称胡四,扇面称何得之,锡器称赵良璧,好事家

争购之。然其器实精良,非他工所及,其得名不虚也云云。予又曾见《顾东江集》,宏正间⑧旧京制扇骨最贵。李昭《七修类稿》[6]称:天顺间,有杨埙妙于倭漆,其漂霞山水人物,神气飞。图画不如。尝上疏明李贤、袁彬者也。王士正[7]《居易录》

  韩奕,字仙李,扬州人。买园湖上,名曰韩园。工诗,善鼓板,蓄砂壶,为徐氏客。《扬川画舫录》[8]

  间得板桥道人小帧梅花一枝,傍列时壶一器,题云:"峒山秋片茶,烹以惠泉,贮沙壶中,色香乃胜。光福梅花盛开,折得一枝,归啜数杯,便觉眼、耳、鼻、舌、身、意,直入清凉世界,非烟火人所能梦见也。"系一绝云:"因寻陆羽幽栖处,倾倒山中烟雨春。幸有梅花同点缀,一枝和露带清芬。"此帧诗画,皆有清致,要不在元章、文长之亚。魏铉蝀《寄生随笔》

艺文

铭　吴骞

张季勤藏石林中人茗壶,属铭以锓之匣。

浑浑者,陶之始;舍则藏,吾与尔。石林人传季勤得,子孙宝之永无忒。

乐府

少山壶　任安上[李唐]

洞山茶,少山壶,玉骨冰肤。虽欲不传,其可得乎?壶一把,千金价,我笔我墨空有神,谁来投我以一缟。袁枚曰:可慨亦复可恨,然自古如斯,何见之晚也。

诗

荆溪杂曲　王叔承[9][承父]

蜀山山下火开窑,青竹生烟翠石销。笑问山娃烧酒杓,沙坯可得似椰瓢。诗见《明诗综》

双溪竹枝词　陈维崧[10]

蜀山旧有东坡院，一带居民浅濑边。白甀家家哀玉响，青窑处处画溪烟。

苇村以时大彬所制梅花沙壶见赠，漫赋兹篇志谢雅贶　汪士慎[11]近人

阳羡茶壶紫云色，浑然制作梅花式。寒沙出冶百年余，妙手时郎谁得如。感君持赠白头客，知我平生清苦癖。清爱梅花苦爱茶，好逢花候贮灵芽。他年倘得南帆便，随我名山佐茶宴。

味谏壶　程梦星[12]⑨伍乔

天门唐南轩馆丈斋中，多砂壶，有形如橄榄者，或憎其拙，予独谓拙乃近古，遂枉赠焉。名曰味谏

义兴夸名手，巧制妙圆整。兹壶独臃肿，赘若木之瘿。吕甫公有《木瘿壶》诗一盏回余甘，清味托山茗。

得时少山方壶于隐泉王氏，乃国初进士幼扶先生旧物，率赋四律　张廷济[13]汝霖

添得萧斋一茗壶，少山佳制果精殊。从来器朴原团土，且喜形方未破觚。生面别开宜入画，兄子又超为绘图诗肠借润漫愁枯。金沙僧寂供春杳，此是荆南旧范模。

削竹镌留廿字铭，居然楷法本黄庭。周高起曰，大彬款用竹刀，书法逼真换鹅经。云痕断处笔三折，雪点披来砂几星。便道千金输瓦注，从教七碗补《茶经》。延陵著录徵君说，好寄邮筒问大宁。海宁吴丈免宝著《阳羡名陶录》，海盐家文渔兄撰《阳羡陶说》，二君皆博稽，此壶大宁堂款，必有考也。

琅琊世族[14]溯蝉联，老物传来二百年。过眼风灯增旧感，丁巳岁，孟中观塾是壶留余斋旬日，未久孟化去。知心胶漆话新缘。王心耕为予

作缘得此壶。未妨会饮过诗屋，西邻葛见晶辟溪阳诗屋，藏有陈用卿壶。大好重携品隐泉。隐泉在北市刘家媲、李元龙先生御旧居于此。闻说休文曾有句，可能载笔赋新篇。姊婿沈竹岑广文尝赋此壶贻王君安期。

活火新泉逸兴赊，年年爱斗雨前茶。从钦法物齐三代，张岱谓：龚、时瓦罐，直跻商彝、周鼎之列而无愧。予家藏三代彝鼎十数种，殿以此壶，弥增古泽。便载都篮总一家。吾弟季勤，藏石林中人壶；兄子又超，藏陈崔峰壶。竹里水清云起液，只园轩古雪飞花。居东太平禅院，旧有沸雪轩。详旧《嘉兴县志》。与君到处堪煎啜，珍重寒窗伴岁华。

时大彬方壶，澂一家王氏藏之百数十年矣。辛酉秋日，过隐泉访安期表弟，出此瀹茗并示沈竹岑诗即席次韵　葛澂见曼

隐泉故事话高人，况有名陶旧绝伦。酒渴肯辞甘草癖，诗清底买玉壶春。宾朋聚散空多感，书卷飘零此重珍。王氏旧富藏书记取年年来一呷，未妨桑苎目茶神。

叔未解元得时大彬方壶于隐泉王氏，赋四诗见示，即叠辛酉旧作韵

移向墙东旧主人，竹田位置更超伦。瓦全果胜千金注，时好平分满座春。石乳石林真继美，石乳、石林，叔未弟季勤所藏二壶铭。宝尊宝敦合同珍。叔未藏商尊、周敦，皆精品。从今声价应逾重，试诵新诗句有神。

观叔未时大彬壶　徐熊飞[15]渭扬

少山方茗壶，其口强半升。名陶出天秀，止水涵春冰。良工举手见圭角，那能便学苏摸棱。凛然若对端正士，性情温克神坚凝。风尘沦落复见此，真书廿字铭厥底。削竹契刻妙入神，不信芦刀能刻髓。王濛故物

藤箧封，岁久竟归张长公。八砖精舍水云静，我来正值梅花风。携壶对客不释手，形模大似提梁卣。春雷行空蜀冈破，乱点砜砂灿星斗。几经兵火完不缺，临危应有神灵守。薄技真堪一代师，姓名独冠陶人首。吾闻美壶如美人，气韵幽洁肌理匀。珍珠结网得西子，便应扫却蛾眉群。又闻相壶如相马，风骨权奇势矜雅。孙扬一顾获龙媒[16]，十万骊黄皆在下[17]。多君好古鉴别精，搜罗彝器陈纵横。纸窗啜茗志金石，烟篁绕舍泉清冷。东南风急片帆直，我今遥指防风国。他日重携顾渚茶，提壶相对同煎吃。

叔未叔出示时壶命作图并赋　张上林又超

曾阅沧桑二百年，一时千载姓名镌。从今位置清仪阁，活火新泉话夙缘。吴兔床作《隶题图册》，首曰"千载一时"。

时壶歌为叔未解元赋　沈铭彝竹岑

少山作器器不窳，罨画溪边斸轻土。后来作者十数辈，逊此形模更奇古。此壶本自琅琊藏，郁林之石青浦装。情亲童稚摩挲惯，赋诗共酌春茗香。艺林胜事洵非偶，一朝恰落茂先手。清仪阁下樗李亭，幂历[18]茶烟浮竹牖。庐陵妙句清通神，壶底镂"黄金碾畔绿尘飞，碧玉瓯中素涛起"二句，欧公诗也。细书深刻藏颜筋。我今对之感旧雨，君方得以张新军。商周吉金案头列，殿以瓦注光璘彬。壶兮壶兮为君贺，曲终正要雅乐佐。

和叔未时壶原韵　周汝珍东杠

入室芝兰臭味联，松风竹火自年年。寻盟研北虚前诺，得宝墙东忆昔贤。斗处元知茗是玉，倾来不数酒如泉。徐陵雪庐孝廉沈约竹岑学博俱名士，写遍张为主客篇。

叔未解元得时大彬汉方壶诗来属和　吴骞

春雷蜀山尖，飞栋煤烟绿。烛龙绕蜂穴，日夜鏖百谷。开荒藉瞿昙[19]，炼石补天角。中流抱千金，孰若一壶逐。继美邦美孙，李斗谓大彬乃宋尚书时彦之裔。智灯递相续，两仪始胚胎，万象供搏掬。视以火齐良，宁弃薜与暴。名贵走公卿，价重埒金玉。商周宝尊彝，秦汉古卮盝。丹碧固焜耀，好尚殊华朴。迄今二百禩[⑩]，瞥若鸟过目。遗器君有之，喜甚获郅璞。折柬招朋侪，剖符规玉局。松风一以泻，素涛翻雪瀑。恍疑大宁堂，移置八砖屋。摹形更流咏，笺册装金粟。顾谓牛马走，名陶盖补录。嗟君负奇嗜，探索穷崖隩。求壶不求官，干水甚干禄。三时我未餍，一夔君已足。予藏大彬壶三，皆不刻铭。君虽一壶，底有欧公诗二句，为光胜。譬如壶九华，气可吞五岳。何尝载乌篷，共泛罨溪渌。庙前之庙后，遍听茶娘曲。勇唤邵文金，渠师在吾握。大彬汉方，惟邵文金能仿之。见《茗壶系》。

注　释

1　欧窑疑即欧正春：据近人许之衡《饮流斋说瓷》所说，欧窑乃明时欧子明所创。此"欧窑"究属欧正春还是欧子明，待考。

2　器作淡绿色，如蘋婆果：据高英姿《紫砂名陶典籍》注称，旧时凡釉色淡绿如蘋果的陶器，均为宜兴土釉陶器（铅灰绿釉陶），产品多为瓮、盆等日用器皿。

3　十三房：旧时谓某一家族分支的聚居地。"房"，即按宗法制度规定在家族中按血统进行房分确立的关系和序号。如亲房、本房、远房、大房、二房等。

4　毁甓(pì)：甓，原义指砖。如《诗·陈风·防有鹊巢》："中唐有甓"的"甓"字，即释作砖。但此非指砖或砖坯，而是指用陶土所制的器皿。

5　李斗：字艾塘，又字北有，扬州仪征人。《扬州画舫录》，是其从乾隆二十九年(1764)至六十年在扬州生活的笔记。

6　《七修类稿》应为郎瑛撰，仅见王士祯《居易录》云为李昭撰。

7　王士正：清山东新城人。字子真，一字贻上，号阮亭，别号渔洋山人，象晋孙，顺治乙未(1655)进士，历官刑部尚书，以文学诗歌著称。卒谥文简。

8　此段内容载于《扬州画舫录》卷14。徐氏指徐赞侯，歙县人，扬州大盐商，与程泽弓、汪令闻齐名。有"晴庄"，墨耕学圃。

9　王叔承：明苏州吴江人。初名光胤，以字行。后更字承父，晚又更字子幻，复名灵岳，自号昆仑山人。少孤，家贫，入都作客于大学士李春芳家，后纵游吴、越、闽、楚及塞上各地，万历中卒。其诗为王世贞兄弟所称，有《吴越游编》、《楚游编》、《岳游编》等。

10　陈维崧(1631—1688)：字其年，号迦陵，清常州宜兴人。十七岁为诸生，至四十仍为诸生。康熙间举鸿博一等，授检讨，与修《明史》。工于诗，骈文及词尤负盛名。有《湖海楼诗集》、《迦陵文集》、《迦陵词》。

11　汪士慎(1680—1759)：字近人，号巢林，又号溪东外史，江南歙县人。流寓扬州，工隶善画梅。为"扬州八怪"之一。

12　程梦星：字伍乔，一字午桥，号香溪，一号汧江。清扬州江都人。康熙五十一年进士，官编修，丁艰后即不出，主扬川诗坛数十年。有《平山堂志》、《今有堂集》、《茗柯集》等。

13　张廷济(1768—1848)：字叔未，又字汝霖。嘉庆三年乡试第一。因会试屡蹶，遂绝仕途，以图书金石自娱。建"清仪阁"，自商周至近代金石书画无不收藏，各系以诗，草隶号为当世之冠。有《桂馨堂集》等。

14　琅琊世族：指西晋末年流移江南的琅琊大族，如王氏、诸葛氏、严氏等等。此指收藏时大彬方壶的王氏后裔。

15　徐熊飞(1762—1835)：字渭扬，号雪庐，清浙江武康人。嘉庆九年举人，少孤贫，励志于学，工诗及骈文，晚年为阮元所知，授翰林院典籍。有《白鹄山房诗文集》、《六花词》等。

16　龙媒：指天马或骏马。《汉书·礼乐志》："天马徕(来)，龙之媒"。应劭释龙媒即天马。后引申为泛指骏马，例李贺《瑶华乐》诗："穆天子走龙媒。"

17　十万骊黄皆在下：骊，指纯黑色的马，《诗·鲁颂·驹》："有骊有黄"。黄，指毛色黄色的马。"十万骊黄皆在下"，指众多纯种的黑马、黄马，亦降为普通的马了。

18　幂房(mì lì)：幂，指弥漫。豆卢回《登乐游原怀古》诗："幂房野烟起。"

19　瞿昙(qú tán)：一译"乔答摩"，古代天竺(今印度)人的姓氏。释迦牟尼也姓瞿昙，故旧时每每也见以"瞿昙"作释迦牟尼的代称。

校　勘

①　古器甚多："多"字，中国书店本糊作墨丁，底本可辨认作"多"字。

②　粥：《扬州画舫录》，作"鬻"，但"粥"字也可通"鬻"。

③ 吕爱冶银：吕爱，冶金银名匠。"冶"字，底本作"治"，误。《扬州画舫录》此字亦作"冶"。

④ 彬枝指："枝"字，底本原作"技"字，传说时大彬为"六指头"（今无见柄痕可证），"技"当为"枝"之形误。

⑤ 束腰菱花："菱"字，底本原作"蔆"字，本书编时改。

⑥ 冬瓜丽："丽"字，底本和《扬州画舫录》原文均作"段"。但《阳羡名陶录》引吴梅鼎《阳羡名壶赋》，此"段"字作"丽"。据改。

⑦ 婴武：此当为吴天篆"鹦鹉"二字的简书。"鹉"字，《扬州画舫录》原文书作"鹐"字。"鹐"同"雏"，为"鹉"的异体字。

⑧ 宏正间："宏"字，疑"弘"之误。宏正间，即指弘治（1488—1505）和正德（1506—1521）年间。

⑨ 程梦星："程"字，底本和中国书店本均音误作"陈"字，据《扬州画舫录》、《国朝诗人征略》改。

⑩ 迄今二百祀："祀"字，底本和中国书店本等，原书作"禩"字，"禩"同"祀"，径改。

茶谱 | 清 朱濂 撰

作者及传世版本

朱濂（1763—1838），清徽州府歙县人，字理堂，号满庄。廪生。原居歙之义成，后徙岩镇。幼失恃，事父及继母、庶母，并以孝闻。敦尚友爱，为文闳达渊雅，熟诗史，尤精诗礼之学，著有《毛诗补礼》六卷。对乡土史志，文献亦颇有研究。知徽州府事马步蟾纂修府志，濂独纂《沿革》一门，博采增益，俱有依据。道光十八年（1838）卒，终年七十六岁。对本文作者，阳海清先生在《中国丛书广录》还另有一说，其称朱濂"字敦夫，乾隆辛未（十六年，1751）进士，先后任太平、常州教谕，甲午（三十九年，1774）六月病故"。经查，《中国丛书广录》，疑将乾隆辛未科进士"朱家濂"误作"朱濂"。本文大海捞针，从《歙县志·士林》找出的材料，当是正确的。

本《茶谱》二卷，从浙江省图书馆所藏的《藤溪丛书》中辑出。《藤溪丛书》为稿本，说明确是一部有残缺的手稿。如其《百籍考略》共有几卷不清楚；现在只存《酒》一卷。全书现存《时令考略》、《四令花考》、《器用纪略》、《菓谱广编》、《年号官制纪略》、《禽经补录》、《茶谱》、《兽经补录》、《百籍考略》、《候虫志略》十种二十五卷。

本文无题署，综合《藤溪丛书》各本的不多线索，我们推定《藤溪丛书》和本文的成稿时间，大抵在嘉庆和道光之交那段时间。本文以稿本影印本为底本，参照本文引录原文或可靠引文作校。

原　文

卷一

《尔雅》：早采者为茶，晚取者为茗，一名荈，蜀人名之苦茶①。

《天中记》：凡种茶树，必下子，移植则不复生。故俗聘妇必以茶为礼。义固有所取也。

《文献通考》：凡茶有二类……总十一名¹。

《北苑贡茶录》：御用茗目凡十八品²上林第一 乙夜清供 承平雅玩 宜年宝玉 万春银叶 延平石乳 琼林毓瑞 浴雪呈祥 清白可鉴 风韵甚高 旸谷先春 价倍南金 云英、雪叶② 金钱、玉华 玉叶长春 蜀葵、寸金并宣和时③。

政和曰太平嘉瑞 绍圣曰南山应瑞³

《国史补》：剑南有蒙顶石花……而浮梁商货不在焉。

《茶论》《臆乘》⁴：建州之北苑先春龙焙……岳阳之含膏冷⁵。

《天中记》：湖州茶生长城县顾渚山中，与峡州、光州同，生白茅悬脚岭，与襄州荆南义阳郡同。生凤亭山伏翼涧飞云、曲水二寺，啄木岭，与寿州、常州同。安吉④、武康二县山谷，与金州、梁州同。

《天中记》：杭州宝云山产者，名宝云茶；下天竺，香林洞者，名香林茶；上天竺白云峰者，名白云茶。

《方舆胜览》：会稽有日铸岭，产茶。欧阳修云："两浙产茶，日铸第一。"

《云麓漫钞》⁶：浙西湖州为上，常州次之。湖州出长城顾渚山中，常州出义兴君

山悬脚岭北崖下。唐《重修茶舍记》：贡茶、御史大夫李栖筠典郡日，陆羽以为冠于他境，栖筠始进。故事，湖州紫笋，以清明日到，先荐宗庙，后分赐近臣。紫笋生顾渚，在湖、常间。当茶时，两郡太守毕至为盛集。又玉川子《谢孟谏寄新茶》诗有云："天子须尝阳羡茶"，则孟所寄乃阳羡者。

李时珍《本草》：茶有野生、种生，种者用子，其子大如指头，正圆黑色。二月下种，一坎须百颗乃生一株，盖空壳者多也。畏日与水，最宜坡地阴处。茶之税始于唐德宗，盛于宋元；及于我朝，乃与西番互市易马。夫茶一木尔，下为生民日用之资，上为朝廷赋税之助，其利博哉⑤。昔贤所称，大约为唐人尚茶，茶品益众，有雅州之蒙顶石花、露芽、谷芽为第一。建宁之北苑、龙凤团为上供。蜀之茶，则有东川之神泉兽目，硖州之碧涧明月，夔州之真香，邛州之大井思安，黔阳之都濡，嘉定之蛾眉，泸州之纳溪，玉垒之沙坪⑥。楚之茶，则有荆州之仙人掌，湖南之白露，长沙之铁色，蕲州蕲门之团黄⑦。寿州霍山之黄芽，庐州之六安英山，武昌之衡山，岳州之巴陵，辰州之溆浦，湖南之宝庆、茶陵。吴越之茶，则有湖州顾渚之紫笋，福州方山之生芽，洪州之白露，双井之白毛，庐山之云雾，常州之阳羡，池州之九华，丫山之阳坡，袁州之界桥，睦州之鸠坑，宣州之阳坑，金华之举岩，会稽之日铸，皆产茶之有名者。今又有苏州之虎丘茶，清香风韵，自得天然妙趣，啜之骨爽神怡，真堪卢仝七碗之鉴；其名已冠天下，其价几与银

等,向为山僧获利,果属吴中佳产也。其次曰天池茶,味虽稍差,雨前采摘,亦其珍贵。其他犹多,而猥杂更甚。

《武夷志略》:武夷山四曲有御茶园,制茶为贡,自宋蔡襄始。先是建州贡茶,首称北苑龙团,而武夷之茶名犹未著。元设场官二员。茶园南北五里,各建一门,总名曰御茶园。大德己亥,高平章之子久住创焙局于此,中有仁风门、碧云桥、清神堂、焙芳亭、燕嘉亭、宜寂亭、浮光亭、思敬亭,后俱废。惟喊山台,乃元暗都喇建,台高五尺,方一丈六尺。台上有亭,名喊泉亭。旁有通仙井,岁修贡事。国朝著今,贡有定额,九百九十斤。有先春、探春、次春三品;视北苑为粗,而气味过之。每岁惊蛰,有司率所属于台上致祭毕,令众役鸣金击鼓,扬声同喊曰:"茶发芽!"而井泉旋即渐满,甘洌,以此制茶,异于常品。造茶毕,泉亦渐缩。张邋遢饮其泉曰:"不独其茶之美,此亦水之力也。"故名通仙,又名呼来泉。自后茶贡蠲逸悉皆荒废。赵涧边《御茶园》诗曰:"和气满六合,灵芽生武夷。人间浑未觉,天上已先知。"刘说道诗曰:"灵芽得春先,龙焙放奇芬。进入蓬莱宫,翠瓯生白云。坡诗咏粟粒,犹记少年闻。"陈君徒《喊山台》诗:"武夷溪曲喊山茶,尽是黄金粟粒芽。堪笑开元天子俗,却将羯鼓去催花。"

《茶录》 湖州长州县啄木岭金沙泉……或见鸷兽、毒蛇、木魅之类。商旅即以顾渚造之,无治金沙者。[7]

《天中记》:龙焙泉,即御泉也。北苑造贡茶,社前茶细如针,用御水研造,每片计工直钱四万文,试其色如乳,乃最精也。

《负暄杂录》[8]:唐时制茶……号为纲头玉芽。

《华夷草木考》:灉湖诸滩旧出茶,谓之灉湖。李肇所谓"岳州灉湖之含膏也"。唐人极重之,见于篇什,今人不甚种植,惟白鹤僧园有千本。土地颇类北苑,所出茶,一岁不过一二十两,土人谓之"白鹤茶"。味极甘香,非他处草茶可比,并园地色亦相类,但土人不甚植尔。

《茶谱》:蒙山有五顶,顶有茶园,其中顶曰上清峰。昔有僧人病冷且久,遇一老父谓曰:蒙之中顶茶,当以春分之先后,多聚人力,俟雷之发声,并手采摘,三日而止。若获一两,以本处水煎服,即能祛宿疾;二两,当眼前无疾;三两,可以换骨;四两,即为地仙矣。其僧如说[8],获一两余,服未尽而疾瘥。今四顶茶园[9],采摘不废,惟中峰草木繁密,云雾蔽障,鸷兽时出,故人迹不到。近岁稍贵,此品制作亦异于他处。《图经》载:"蒙顶茶受阳气全,故芳香。"

黄儒《品茶要录》云[10]:陆羽《茶经》,不第建安之品,盖前此茶事未兴,山川尚闷,露芽真笋,委翳消腐而人不知耳。宣和中,复有白茶、胜雪。熊蕃曰:使黄君阅今日,则前乎此者,未足诧也。

丁晋公言[11]:尝谓石乳出壑岭断崖缺石之间,盖草木之仙骨。又谓,凤山高不百丈,无危峰绝崦,而冈阜环抱,气势柔秀,宜乎嘉植灵卉之所发也。

《茶董》:茶家碾茶,须碾着眉山白乃为佳。曾茶山诗云:"碾处曾看眉上白,分时为见眼中青。"

罗廪《茶解》 唐时所产,仅如季疵所称[12],而今之虎丘,罗岕、天池、顾渚、松罗、龙井、雁宕、武夷、灵山、大盘、日铸、朱溪诸名茶,无一与焉。乃知灵草在在有之,但培植不嘉,或疏采制耳[13]。

叶清臣《煮茶泉品》[9]　吴楚山谷间，气清地灵，草木颖挺，多孕茶荈，大率右于武夷者，为白乳；甲于吴兴者，为紫笋；产禹穴者，以天章显；茂钱塘者，以径山稀。至于续庐之岩，云衡之麓，雅山著于无锡，蒙顶传于岷蜀，〔角立〕差胜[14]，毛举实繁。

孔平仲《杂说》[10]：卢仝诗"天子初尝阳羡茶"，是时，尝未知七闽之奇[15]。

《茶解》　茶地南向为佳，向阴者遂劣，故一山之中美恶相悬。

张源《茶录》：火烈香清[11]，铛寒神倦，火烈生焦，柴疏失翠，久延则过熟，速起却还生。熟则犯黄，生则着黑。带白点者无妨，绝焦点者最胜。

《茶录》：茶之妙[12]，在乎始造之精，藏之得法，点之得宜。优劣定乎始铛，清浊系乎末火。

《茶录》：切勿临风近火，临风易冷，近火先黄。

《茶解》：凡贮茶[13]之器，始终贮茶，不得移为他用。

《茶疏》[16]：置顿之所，须在时时坐卧之处，逼近人气，则常温不寒。必在板房，不宜土室。又要透风，勿置幽隐之地，尤易蒸湿。

《茶疏》：茶注宜小[14]不宜甚大，小则香气氤氲，大则易于散漫。若自斟酌，愈小愈佳。容水半升者，量投茶五分，其余以是增减。

《茶疏》：一壶之茶[15]，只堪再巡。初巡鲜美，再巡甘醇，三巡意欲尽矣。余尝与客戏论，初巡为婷婷袅袅十三余，再巡为碧玉破瓜年，三巡以来，绿叶成阴矣。所以茶注宜小，小则再巡已终，宁使余芳剩馥尚留叶中，犹堪饭后供啜嗽之用。

《茶疏》：茶壶，往时[16]尚龚春，近日时大彬所制，大为时人所重。盖是粗砂，正取砂无土气耳。

茶注、茶铫[17]、茶瓯，最宜荡涤燥洁。修事甫毕，余沥残叶必尽去之，如或少存，夺香败味。

《茶说》[17]：茶中着料、碗中着果，譬如玉貌加脂，蛾眉？黛，翻累本色。

《茶解》：山堂夜坐[18]，汲泉煮茗[18]，至水火相战，如听松涛，倾泻入杯；云光潋滟，此时幽趣，故难与俗人言矣。

《茶解》：茶色白，味甘鲜，香气扑鼻，乃为精品。茶之精者，淡亦白，浓亦白，初泼白，久贮亦白，味甘色白，其香自溢，三者得则俱得也。虽然，尤贵择水。香以兰花上，蚕豆花次。

《小品》[19]：茶如佳人，此论甚妙，但恐不宜山林间耳。苏子瞻诗云："从来佳茗似佳人"是也。若欲称之山林，当如毛女麻姑，自然仙风道骨，不浼烟霞。若夫桃脸柳腰，亟宜屏诸销金帐中，毋令污我泉石。

《岭南杂记》[20]：化州有琉璃茶，出琉璃庵。其产不多，香味与峒岕相似。僧人奉客，不及一两。

陆次云《湖壖杂记》[21]　龙井：泉从龙口中泻出，水在池内，其气恬然。若游人注视久之，忽尔波澜涌起。其地产茶，作豆花香，与香林、宝云、石人坞、乘云亭者绝异。采于谷雨前者尤佳，啜之淡然，似乎无味，饮过后，觉有一种太和之气，弥沦乎齿颊之间。此无味之味，乃至味也，为益于人不浅，故能疗疾，其贵至珍，不可多得。

《西湖志》：龙井本名龙泓。吴赤乌中，葛稚川[22]炼丹于此。林樾幽古，石鉴平开，寒翠，甘澄，深不可测。疏涧流淙，冷冷然不舍昼夜。孙太初[23]饮龙井诗曰："眼底闲云乱不开，偶随麋鹿入云来。平生于物元无取，消受山中水一杯。"龙井之上为老龙井，有水一泓，寒碧异常，泯泯林薄间，幽僻清奥，杳出尘寰，岫壑萦回，西湖已不可复睹矣。其地产茶，为两山绝品。《郡志》称：宝云、香林、白云诸茶，乃在灵竺、葛岭之间，未若龙井之清馥隽永也。

周亮工《闽小记》：武夷、𠝆岈、紫帽、龙山皆产茶。僧拙于焙。既采则先蒸而后焙，故色多紫赤，只堪供宫中浣濯用耳。近有以松萝法制之者，即试之，色香亦具足。经旬月，则紫赤如故。盖制茶者，不过土著数僧耳。语三吴之法，转转相效，旧态毕露，此须如昔人论琵琶法，使数年不近，尽忘其故〔调〕[19]；而后以三吴之法行之，或有当也。

北苑亦在郡城东，先是建州贡茶，首称北苑龙团，而武彝石乳之名未著，至元设场于武彝，遂与北苑并称，今则但知有武彝，不知有北苑矣。吴越间人颇不足闽茶，而甚艳北苑之名，不知北苑实在闽也。

武彝产茶甚多，黄冠既获茶利，遂遍种之；一时松栝樵苏殆尽。及其后，崇安令例致诸贵人，所取不赀，黄冠苦于追呼，尽砍所种，武彝真味，九曲遂濯濯矣。

前朝不贵闽茶，即贡者亦只供备宫中浣濯瓯盏之需。贡使类以价货京师所有者纳之，间有采办，皆剑津廖地产，非武彝也。黄冠每市山下茶，登山贸之。

闽人以粗瓷胆瓶贮茶，近鼓山支提新茗出，一时学新安，制为方圆锡具，遂觉神采奕奕。

太姥山茶，名绿雪芽[20]。

崇安殷令，招黄山僧以松萝法制建茶，堪并驾。今年余分得数两，甚珍重之，时有武彝松萝之目。

鼓山半岩茶，色香风味当为闽中第一，不让虎丘、龙井也。雨前者，每两仅十钱，其价廉甚。一云前朝每岁进贡，至杨文敏当国，始奏罢之。然近来官取，其扰甚于进贡矣。

蔡忠惠《茶录》石刻，在瓯宁邑[24]庠壁间。予五年前塌数纸寄所知，今漫漶不如前矣。

延、邵呼制茶人为碧竖㉑。

《瓯江逸志》[25]：浙东多茶品，雁山者称第一。每岁谷雨前三日，采摘茶芽进贡。一枪二旗而白毛者，名曰明茶；谷雨日采者，名雨茶。一种紫茶，其色红紫，其味尤佳，香气尤清，难种薄收。土人厌人求索，园圃中少种，间有之，亦为识者取去。按：卢仝《茶经》云㉒："温州无好茶，天台瀑布水、瓯水味薄，唯雁山水为佳。此山茶亦为第一，曰去腥腻，除烦恼，却昏散，清积食。但以锡瓶贮者，得清香味。不以锡瓶贮者，其色虽不堪观，而滋味且佳，同阳羡山岕茶无二无别。采摘近夏，不宜早；炒做宜熟，不宜生。如法可贮二三年。愈佳愈能消宿食、醒酒，此为最者。

陈继儒笔记[26]：灵桑茶，琅琊山出。茶类桑叶而小，山僧焙而藏之，其味甚清。

毛文锡《茶谱》云：蜀州晋源……即此茶也㉗。

《游梁杂记》云：玉垒关宝唐山，有茶树悬崖而生。芽苗长三寸或五寸，始得一叶或两叶而肥厚。名曰沙坪，乃蜀茶之极品者。

《文选》注：峨山多药草，茶尤好，异于天下[28]。《华阳国志》：犍为郡"南安，武阳，皆出名茶。"《大邑志》：雾中山出茶，"县号雾邑，茶号雾中茶。"

《雅安志》云[29]："蒙顶茶在名山县"至"惟中顶草木繁重，人迹希到云"。

《茶谱》云[㉓]：泸州夷獠采茶，常携瓢宎其侧。每登树采摘茶芽，含于口中，待叶展放，然后置瓢中，旋塞其窍，还置暖处，其味极佳。又有粗者，味辛性热，饮之疗风，通呼为泸茶。

冯时行[30]云：铜梁山有茶，色白甘腴，俗谓之水茶。甲于巴蜀。山之北趾，即巴子故城也。在石照县南五里。《茶谱》云：南平县[31]狼猱山茶，黄黑色，渝人重之，十月采贡。

《开县志》[32]：茶岭在县北三十里，不生杂卉，纯是茶树。味甚佳。剑州志：剑门山颠有梁山寺，产茶，为蜀中奇品。《南江志》：县北百五十里味坡山，产茶。《方舆胜览》诗："枪旗争胜味坡春"即此。

《唐书》：吴蜀供新茶，皆于冬中作法为之。太和中，上务茶俭，不欲逆物性，诏所贡新茶，宜于立春后造。

《岳阳风土记》[33]：灉湖诸山旧出茶，谓之灉湖茶，李肇所谓"岳州灉湖之含膏也"。唐人极重之，见于篇什；今人不甚种植，憔白鹤僧园有千余本。土地颇类北苑，所出茶一岁不过一二十两，土人谓之白鹤茶。味极甘香，非他处草茶可比并。茶园地色亦相类，但土人不甚植尔。

《雨航杂录》[34]：雁山五珍，谓龙湫茶、观音竹、金星草、山乐官、香鱼也。茶一枪一旗而白毛者，名明茶；紫色而香者，名玄茶。其味皆似天池而稍白。

《太平清话》：宋南渡以前，苏州买茶定额六千五百斤，元则无额，国朝茶课验科征纳，计钱三百一十九万三千有奇，惟吴县、长洲有之。

《杜鸿渐与杨祭酒书》云：顾渚山中紫笋茶两片，但恨帝未及赏[㉔]，实所叹息。一片上太夫人，一片充昆弟同啜[㉕]。吾乡佘山茶，实与虎丘伯仲。深山名品，合献至尊，惜放置不能多少斤也[㉖]。

张文规诗，以吴兴〔白〕苎[㉗]、白蘋洲、明月峡中茶为三绝。《太平清话》

《太□□□》[35]：洞庭小青山坞出茶，唐宋入贡，下有水月寺，即贡茶院也。

《丹铅续录》[36]：陆龟蒙自云嗜茶，作《品茶》一书，继《茶经》、《茶诀》之后。自注云：《茶经》陆季疵撰，《茶诀》释皎然撰。疵即陆羽也。羽字鸿渐，季疵其别字也。《茶诀》今不传。予又见《事类赋注》，多引《茶谱》，今不见其书。

沈括《梦溪笔谈》：茶芽，谓雀舌、麦颗，言至嫩也。茶之美者，其质素良，而所植之土又美，新芽一发[㉘]便长寸余，其细如针。如雀舌麦颗者，极下材耳。乃北人不识，〔误〕为品题[㉙]。予山居有《茶论》，复口占一绝曰："谁把嫩香名雀舌，定来北客未曾尝。不知灵草天然异，一夜风吹一寸长。"

周淮南《清波杂志》云[37]：先人尝从张晋彦觅茶，张口占诗二首云："内家新赐密云龙，只到调元六七公。赖有家山供小草，犹堪诗老荐春风。""仇池诗里识焦坑，风味官焙可抗衡。钻余权幸亦及我，十辈遣前公试烹。"焦坑庾岭下，味苦硬，久方回甘。包里钻权幸，亦岂能望建溪之胜耶。

《涌幢小品》：太和山骞林茶，叶初泡极苦，既至三四泡，清香特异，人以为茶宝也。

《东溪试茶录》[㉚]：土肥而芽泽乳，则甘香而粥面……此皆茶病也[38]。

夏树芳《茶董》：瀹茶当以声为辨……此南金之所未讲者也[39]。

《鹤林玉露》[40]《茶经》以鱼目涌泉连珠为煮水之节，然近世瀹茶，鲜以鼎镬，用瓶煮水，难以候视，则当以声辨，一沸、二沸、三沸之说。又陆氏之法，以末就茶镬，故以第二沸为合量，而下末若以今汤就茶瓯瀹之，当用背二涉三之际为合量。

晋侍中元义，为萧正德设茗，先问：卿于水厄多少？正德不晓义意，答：下官虽生水乡，立身以来，未遭阳侯之难。举坐大笑。按：晋王濛好饮茶，人至辄命饮之，士大夫皆患之，每欲往候，必云今日有水厄。

琅琊王肃喜茗，一饮一斗，人号漏卮。

传大士自往蒙顶结庵种茶凡三年，得绝佳者号圣杨花、吉祥蕊各五斤，持归供献。

李白游金陵，见宗僧中孚，示以茶数十片，状如手掌，号仙人掌茶。

陆龟蒙性嗜茶，置园顾渚山下，岁收粗茶，自判品第。李约性嗜茶，客至不限瓯数，竟日热火执器不倦。

唐僧刘彦范，精戒律，所交皆知名士。所居有小圃。尝云：茶为鹿所损，众劝以短垣隔之，诸名士悉为运石。

常伯熊善茶，李季卿宣慰江南……旁若无人。按：鸿渐茶术最著，好事者陶为茶神，沽茗不利，辄灌注之[41]。

逸人王休，居太白山下，日与僧道异人往还。每至冬时，取溪冰敲其精莹者煮建茗，共宾客饮之。

白乐天方入关，刘禹锡正病酒，禹锡乃馈菊苗齑、芦菔鲊，换取乐天六斑茶二囊，炙以醒酒。

唐常鲁使西蕃，烹茶帐中，谓蕃人曰："涤烦疗渴，所谓茶也。"蕃人曰："我此亦有。"命取以出，指曰：此寿州者，此顾渚者，此蕲门者。

显德初，大理徐恪，尝以乡信铤子茶贻陶谷。茶面印文曰"玉蝉膏"；又一种曰"清风使"。

和凝在朝，率同列递日以茶相饮，味劣者有罚，号为汤社。

伪唐徐履，掌建阳茶局；弟复，治海盐陵盐政盐检，烹炼之亭，榜曰金卤。履闻之洁敞焙舍，命曰"玉茸"。

伪闽甘露堂前两株茶，郁茂婆娑，宫人呼为清人树。每春初嫔嫱戏摘新芽，堂中设倾筐会。

吴僧文了善烹茶，游荆南，高季兴延置紫云庵，日试其艺，奏授华亭水大师，目曰乳妖。

黄鲁直一日以小龙团半铤题诗赠晁无咎：曲兀蒲团听煮汤，煎成车声绕羊肠。鸡苏胡麻留渴羌，不应乱我官焙香。东坡见之曰：黄九恁地怎得不穷？

苏才翁与蔡君谟斗茶，蔡用惠山泉，苏茶小劣，用竹沥水煎，遂能取胜。按：竹沥水，天台泉名。

杭妓周韶有诗名，好畜奇茶，尝与蔡君谟斗胜，题品风味，君谟屈焉。

江南一驿吏[42]，以干事自任。典部者初至，吏曰：驿中已理，请一阅之。刺史往视，初见一室，署曰"酒库"。诸酝毕熟，其外画一神。刺史问是谁？言是杜康；刺史曰：公有余也。又一室，署曰茶库，诸茗毕贮，复有一神，问是谁？云是陆鸿渐。刺史益善之。又一室，署云菹库，诸菹毕备，亦有一神，问是谁？吏曰蔡伯喈，刺史大笑。

刘晔尝与刘筠饮茶，问左右云："汤滚

也未?众曰已滚。筠曰:"金日鲩哉。"晔应声曰:"吾与点也"。

倪元镇,性好洁,阁前置梧石,日令人洗拭。又好饮茶,在惠山中用核桃、松子肉和真粉成小块如石状置茶中,名曰清泉白石茶。

卢廷璧,嗜茶成癖,号茶庵。尝蓄元僧讵可庭茶具十事,时具衣冠拜之。

《珍珠船》:蔡君谟谓范文正曰,公《采茶歌》云:"金黄碾畔绿尘飞,碧玉瓯中翠涛起。"今茶绝品,其色甚白,翠绿乃下者耳,欲改为玉尘飞、素涛起如何?希文曰善。

《汇苑》宣城县有丫山,山方屏横铺茗芽装面。其东为朝日所烛,号曰阳坡,其茶最胜。太守尝荐于京洛,士人题曰"丫山阳坡横纹茶"。龙安有骑火茶,最上;言不在火前,不在火后作也。清明改火,故曰火。

《伽蓝记》[43]:齐王肃归魏,初不食羊酪肉及酪浆,常食鲫鱼羹,渴饮茗汁,高帝曰:羊肉何如鱼羹,茗汁何如酪浆?肃曰:羊陆产之最,鱼水族之长,羊比齐鲁大邦,鱼比邾莒小国,惟酪不中与茗为奴。王勰戏问曰①:卿不重齐鲁大邦而好邾莒小国,明日为君设邾莒之飧,亦有酪奴,因呼茗为酪奴。

宣城何子华邀客,酒半出嘉阳严峻画鸿渐像。子华因言,前世惑骏逸者,为马癖;泥贯索者,为钱癖;耽子息者,为誉儿癖;耽褒贬者,为左传癖。若此,客者溺于茗事,将何以名其癖?杨粹仲曰:茶至珍,盖未离乎草也,草中之甘无出其上者,宜追目鸿渐为甘草癖。《夷门广牍》

觉林院志崇,收茶三等,待客以惊雷荚,自奉以萱草带,供佛以紫茸香。客赴茶者,皆以油囊盛余沥以归。

江参,字贯道,江南人,形貌清癯,嗜香茶以为生。

胡嵩《飞龙涧饮茶》诗:"沾牙旧姓余甘氏,破睡当封不夜侯。"陶谷爱其新奇,令犹子彝和之。应声曰:"生凉好唤鸡苏佛,回味宜称橄榄仙。"彝时年十二。

桓宣武步将,喜饮茶,至一斛二斗。一日过量,吐如牛肺一物,以茗浇之,容一斛二斗。客云此名斛二瘕。

唐奉节王好诗,尝煎茶就李邺侯题诗。邺侯戏题,诗云:"旋沫翻成碧玉池,添酥散出琉璃眼。"

开宝初,窦仪以新茶饷客,奁面标曰龙陂山子茶。

皮光业字文通,最耽茗饮。中表请尝新柑,筵具甚丰,簪绂蘩集,才至,未顾樽罍而呼茶甚急。径进一巨觥,题诗曰:"未见甘心氏,先迎苦口师。"众哗曰:"此师固清高,难以疗饥也。"

蔡君谟善别茶……乃服。

新安王子鸾、豫章王子尚,诣昙济道人于八公山。道人设茶茗,子尚味之曰:"此甘露也,何言茶茗?"

馔茶而幻出物象于汤面者……煎茶赢得好名声。

唐大中三年……令居保寿寺。

有人授舒州牧……众服其广识。

御史大夫李栖筠按义兴,山僧有献佳茗者,会客尝之,芬香甘辣,冠于他境,以为可荐于上,始进茶万两。韩晋公滉,闻奉天之难,以夹炼囊缄茶末,遣使健步以进。

陶谷学士……陶愧其言。

王休居太白山下,每至冬时,取溪水敲其晶莹者,煮建茗待客。

司马温公偕范蜀公游嵩山,各携茶往。

漫公以纸帖,蜀公盛以小黑合。温公见之,惊曰:"景仁乃有茶器!"蜀公闻其言,遂留合与寺僧。

陆宣公赘,张镒饷钱百万,止受茶一串。曰:敢不承公之赐。

熙宁中……此语颇传播缙绅间[44]。

《纪异录》:"有积师者……于是出羽见之。"[45]

陆鸿渐采越江茶,使小奴子看焙。奴失睡,茶燋烁,鸿渐怒,以铁绳缚奴投火中。《蛮瓯志》

《金銮密记》:金銮故例,翰林当直学士春晚困,则日赐成象殿茶果。

《凤翔退耕传》:元和时,馆阁汤饮侍学士者,煎麒麟草。

《杜阳编》:同昌公主,上每赐馈,其茶有绿叶,紫茎之号。

《伽蓝记》:晋时给事中刘缟慕王肃之风,专习茗饮。彭城王谓缟曰:卿不慕王侯八珍,好苍头水厄。海上有逐臭之夫,里中有学颦之妇,卿即是也。

《义兴志》:义兴南岳寺有真珠泉,稠锡禅师尝饮之曰:"此泉烹桐庐茶,不亦可乎!"未几,有白蛇衔子坠寺前,由此滋蔓,茶味倍佳,土人重之,争先饷遗,官司需索不绝,寺僧苦之。

《国史补》:藩镇潘仁恭,禁南方茶,自撷山为茶,号山曰大恩以邀利。

《苕溪诗话》:宋大小龙团,始于丁晋公,成于蔡君谟。欧阳公闻而叹曰:君谟士人也,何至作此事?

《唐语林》[46]:李赞皇作相日,有亲知奉使京口,赞皇曰:金山泉、扬子江中泠水各置一壶。其人举棹醉而忘之,至石头城方忆,乃汲一瓶归献。李饮之曰:江南水味大异顷岁,此颇似建业石头城下水。其人谢过,不敢隐。

《芝田录》[47]:唐李德裕任中书,爱饮无锡惠山泉。自锡至京,置递铺,号水递。有一僧谒见曰:所谒相公者,为相公通无锡水脉耳。京师一眼泉,与惠山寺泉脉相通。德裕大笑其荒唐。僧曰:相公欲饮惠山泉,当在昊天观常住库后取。德裕乃以惠山一罂,昊天一罂,杂以他水入罂,暗记之,遣僧辨析。僧因啜尝,止取惠山,昊天二罂。德裕大奇之,即停水递,得免递者之劳,浮议遂息。

《山堂肆考》[48]:张又新:唐季卿刺湖州㉜,至维扬,遇陆鸿渐。谓曰:"陆君善茶,天下所闻,扬子南泠水㉝又奇绝,今者二绝千载一遇,何可轻失?"乃命军士谨信者,挈瓶操舟深诣南泠。陆洁器以待。俄水至,陆以杓扬水曰:"江则江矣,非南泠者,似临岸水。"使者称不敢。既而倾诸盆,至半遽止,又以杓扬之曰:"此南泠者矣。"使者蹶然骇曰:某自南泠赍水至岸,舟荡去其半,惧其少,取岸水增之,处士之鉴也。李大惊。

《笔谈》:王荆公当国,苏东坡出知杭州,饯别。荆公嘱其大计入京,过扬子江乞携江心水一瓶见惠。东坡诺之。至期,经金山,令人汲水一瓶携送荆公。荆公云:"此必空瓶也。"启视之,果然。盖扬子江心水,非银瓶不注,古有是言也。

《丹铅总录》:密云龙茶,极为甘馨。宋廖正,一字明略,晚登苏门,子瞻大奇之。时黄、秦、晁、张号苏门四学士,子瞻待之厚,每来必令侍妾朝云取密云龙,家人以此知之。一日,又命取密云龙,家人谓是四学士,窥之,乃明略也。

茶谱 805

《衍义补》[49]：唐德宗时，赵赞议税茶以为常平本钱，然军用广，所税亦随尽，亦莫能充本储。及出奉天，乃悼悔，下诏行罢之。贞元九年，从张滂请，初税茶。凡出茶州县及商人要路，每十税一，以所得税钱别贮，若诸州水旱以此钱代其赋税。然税无虚岁，遭水旱处亦未尝以税茶钱拯赡。按：茶之有税始此。宋开宝七年，有司以河南异于常岁，请高其价以鬻之。太祖曰：茶则善矣，无乃重困吾民乎。诏第循旧制，勿增价直。陈恕为三司使，将立茶法，召茶商数十人俾条利害，第为三等。副使宋太初曰：吾视上等之说，利取太深，此可行于商贾，不可行于朝廷。下等固灭裂无取，唯中等之说，公私皆济，吾裁损之，可以经久，行之数年，公用足而民富实。仁宗初建务，岁造大小龙凤茶，始于丁谓，而成于蔡襄。欧阳修曰：君谟士人也，何至作此事。潜按：宋人造茶有二类：曰片、曰散。片茶蒸造成片者，散茶则既蒸而研，合以诸香以为饼，所谓大小龙团是也。龙团之造，始于丁谓，而成于蔡襄，士人而亦为此，欧阳修所以为之叹耶。苏轼曰："武夷溪边粟粒芽，今年斗品充官茶。吾君所乏岂此物，致养口体何陋耶。"读之令人深省。元世祖至元十七年，置榷茶都转运司于江州，总江淮、荆南、福广之税。其茶有末茶、有叶茶。按茶之名，始见于王褒僮约，而盛著于陆羽《茶经》。唐宋以来，遂为人家日用，一日不可无之物。然唐宋用茶，皆为细末，制为饼片，临用而碾之，唐卢仝诗所谓"首阅月团"，宋范仲淹诗所谓"辗畔尘飞者"是也。《元志》犹有末茶之说，今世唯闽广间用末茶，而叶茶之用遍于中国，而外夷亦然。世不复知有末茶矣。

《事物纪原》：榷茶起于唐德宗时，赵赞、张滂税其什一。《唐会要》曰：贞元九年正月初税茶。先是张滂奏请于有茶州、县及茶山要路，定三等：税每十税一。茶之有税自此始。一云穆宗时王涯始榷茶。

《乾淳岁时记》[50]：仲春上旬，福建漕司进一纲腊茶，名北苑试新。皆寸小夸，进御止百夸，护以黄罗软盏，藉以青箬，裹以黄罗，夹复臣封朱印。外用朱漆小匣、镀金锁，又以细竹篾丝织笈贮之，凡数重。此乃雀舌水芽所造，一夸直四十万，仅可供数瓯之啜耳。或以一二赐外邸，则以生线分解，转遗好事，以为奇玩。茶之初进御也，翰林司例有品尝之费，皆漕司邸吏赂之。间不满欲，则入盐少许，茗花为之散漫，而味亦漓矣。禁中大庆贺，则用大镀金磬，以五色韵果簇钉龙凤，谓之绣茶。不过悦目，亦有专工者，外人罕知。《明纪》：洪武二十四年，诏令建宁贡茶额例，按天下产茶去处，岁贡皆有定例，惟建宁茶品为上。其所进者，必碾而揉之为大小龙团。上以重劳民力，罢造龙团，惟采茶芽以进。

《明史》：宣德四年三月，四川江安县茶户，诉本户旧有茶八万余株，年深枯朽，户丁亦多死亡，今存者皆给役于官，无力培植，乞赐减免积欠茶课，并除杂役，得专办茶课。上谕尚书郭敦曰：茶之利，蜀人资之，不但为公家之用，令有司加以他役者悉免之。

《茶赋》 顾况（稽天地之不平兮）

欧阳修 《通商茶法诏》[51]

古者山泽之利，与民共之，故民足于下，而君裕于上；国家无事，刑罚以清。自唐末流，始有茶禁，上下规利，垂二百年。如闻比来，为患益甚，民被诛求之困，日惟咨嗟。官受滥恶之人,岁以陈积:私藏盗贩,犯者实繁。严刑峻诛,情所不忍,使田间不安其业,商贾不通于行。呜呼!若兹,是于江湖间,幅员数千里,为陷阱以害我民也,朕心恻然,念此久矣。间遣使者往就问之,而皆?然,愿弛榷法;岁入之课,以时上官。一二近臣,件条其状,朕嘉览于再,犹若慊然。又于岁输,裁减其数,使得饶阜,以相为生,划去禁条,俾通商贾。历世之弊,一旦以除,著为经常,弗复更制,损上益下,以休吾民。尚虑喜于立异之人,缘而为奸之党,妄陈奏议,以惑官司,必置明刑,用戒狂谬。布告遐迩,体朕意焉㉞。

唐庚 《斗茶记》

魏鹤山[52] 《邛州先茶记》

昔先王敬共明神……国虽赖是济。民亦因是而穷,是安得不思所以变通之乎?李君字叔立,文简公之孙。文简尝为茗赋者。[53]

宋 陈师道 《茶经序》

陆羽 《茶经》

夏树芳 《茶董篇序》

唐裴汶 茶述㉟

茶起于东晋……最下有鄱阳、浮梁人嗜之如此者,西晋以前无闻焉。至精之味或遗也,作《茶述》[54]

宋 丁谓 《进新茶表》

右件物产,异金沙,名非紫笋。江边地煖,方呈彼拙之形,阙下春寒,已发其甘之味。有以少为贵者,焉敢韫而藏诸,见谓新茶,盖遵旧例。

陈少阳《跋蔡君谟茶录后》[55]㊱

皮日休《茶中十咏·序》[56]

皮日休《茶中十咏》[57]

陆龟蒙《奉和袭美茶中十咏》[58]

柳宗元《巽上人以竹间自采新茶见赠酬之以诗》曰:(芳丛翳湘竹)

秦韬玉《采茶歌》曰:(天柱香芽露香发)

僧皎然《饮茶歌送郑容》曰:丹丘羽人轻玉食,采茶饮之生羽翼。《天台记》云:丹丘山大茗,服之羽化。名藏丹府世空知,骨化云宫人不识。雪山童子调金铛,楚人《茶经》虚得名。霜天夜半芳草折,煊烂缃华啜又生。赏君茶能祛我疾,使人胸中荡忧栗。日上香炉情未毕,乱躅虎溪云,高歌送君出。

温庭筠《西岭道士茶歌》曰:乳燕溅溅通石脉,绿尘愁草春江色。涧花入井水味香,山月当人松影直。仙翁白扇霜鸟翎。拂坛夜读黄庭经。疏香皓齿有余味,更觉鹤心通杳冥。

白居易《睡后茶兴忆杨同州》曰:昨晓饮太多,嵬峨连宵醉。今朝餐又饱,煊烂移时睡。睡足摩挲眼,眼前无一事。信脚绕池行,偶然得幽致。婆娑绿阴树,斑驳青苔地。此处置绳床,旁边洗茶器。白瓷瓯甚洁,红炉炭方炽。末下曲尘香,花浮鱼眼沸。盛来有佳色,咽罢余芳气。不见杨慕巢,谁人知此味。

白居易《山泉煎茶有怀》(坐酌冷冷水)

孟郊《凭周况先辈于朝贤乞茶》:道意忽乏味,心绪病无悰。蒙茗玉花尽,越瓯荷叶空。锦水有鲜色,蜀山饶芳丛。云根才剪绿,印缝已罪红。曾向贵人得,最将诗叟同。幸为乞寄来,救此病劣躬。

郑谷《峡中尝茶》(簇簇新英摘露光)

刘兼《从弟舍人惠茶》:曾求芳茗贡芜词,果沐颁沾味甚奇。龟背起纹轻炙处,云头翻液乍烹时。老丞倦闷偏宜矣,旧客过从别有之。珍重宗亲相寄惠㊲，水亭山阁自携持。

李白《答族侄僧中孚赠玉泉仙人掌茶序》曰：(余闻荆州玉泉寺)

(尝闻玉泉山)

钱起《与赵莒茶宴》(竹下忘言对紫茶)

《过长孙宅与郎上人茶会》(偶与息心侣)

刘长卿《惠福寺与陈留诸官茶会得西字》：到此机事遣，自嫌尘网迷。因知万法幻，尽与浮云齐。疏竹映高枕，空花随杖藜。香飘诸天外，日隐双林西。傲吏方见狎，真僧幸相携。能令归客意，不复还东溪。

曹邺《故人寄茶》[59](剑外九华英)㊳

卢仝走笔谢孟谏议寄新茶(日高丈五睡正浓)

白居易《谢李六郎中寄新蜀茶》(故情周匝向交亲)

薛能《谢刘相寄天柱茶》(两串春团敌夜光)

李咸用《谢僧寄茶》(空门少年初志坚)

刘禹锡《西山兰石试茶歌》(山僧后檐茶数丛)

皇甫曾《送陆鸿渐采茶相遇》㊴(千峰待逋客)

皇甫冉《送陆鸿渐栖霞寺采茶》㊵(采茶非采菉)

白居易《萧员外寄新蜀茶》(蜀茶寄到但惊新)

杜牧《题茶山》在宜兴(山实东吴秀)

袁高《茶山》(禹贡通远俗)

王元之[60]《龙凤茶》(样标龙凤号题新)

《茶园十二韵》(勤王修岁贡)

梅圣俞《答宣城张主簿遗鸦山茶次其韵》 昔观唐人诗，茶咏鸦山嘉。衔鸦衔茶子生㊶，遂同山名鸦。重以初枪旗，采之穿烟霞。江南虽盛产，处处无此茶。纤嫩如雀舌，煎烹比露芽。竞收青篛焙，不重漉洒纱。顾渚亦颇近，蒙顶未以遐。双井鹰掇爪，建溪春剥葩。日铸弄香美，天目犹稻麻。吴人与越人，各各相斗夸。传买费金帛，爱贪无夷华。甘苦不一致，精粗还有差。至珍非贵多，为赠勿言些。如何烦县僚，忽遗及我家。雪贮双砂罌，诗琢无玉瑕。文字搜怪奇，难于抱长蛇。明珠满纸上，剩畜不为奢。玩久手生胝，窥久眼生花。尝闻茗消肉，应亦可破瘕。饮啜气觉清，赏重叹复嗟。叹嗟既不足，吟诵又岂加。我今实强为，君莫笑我耶。

《李仲求寄建溪洪井茶七品云愈少愈佳未知尝何如耳，因条而答之》(忽有西山使)

《得雷太简自制蒙顶茶》[61]：陆羽旧《茶经》，一意重蒙顶。比来惟建溪，团片敌汤饼。顾渚及阳羡，又复下越茗。近来江国人，鹰爪夸双井。凡今天下品，非此不览省。蜀舛久无味，声名谩驰骋。因雷与改造，带露摘牙颖。自煮至揉焙，入碾只俄顷。汤嫩乳花浮，香新舌甘永。初分翰林公，岂数博士冷。醉来不知惜，悔许已向醒。重思朋友义，果决在勇猛。倏然乃以赠，蜡囊收细梗。吁嗟茗与鞭，二物诚不幸。我贫事事无，得之似赘瘿。

《依韵和永叔尝新茶》：自从陆羽生人间，人间相学事春茶。当时采摘未甚盛，或有高士烧竹煮泉为世夸。入山乘露掇嫩觜，林下不畏虎与蛇。近年建安所出胜，天下贵贱求呀呀。东溪北苑供御余，王家叶家长白芽。造成小饼若带銙，斗浮斗色顶夷华。味久回甘竟日在,不比苦硬令舌窊。此等莫与北俗道,只解白土和脂麻。欧阳翰林最别识,品第高下无欹斜。晴明开轩碾雪末,众客共尝皆称嘉。建安太守置书角,青箬包封来海涯。清明才过已到此,正见洛阳人寄花。兔毛紫盏自相称,清泉不必求虾蟆。石铫煎汤银梗打,粟粒铺面人惊嗟。诗肠久饥不禁力,一啜入腹鸣咿哇。

赵忭[62]《次谢许少卿寄卧龙山茶》(越芽远寄入都时)

余靖[63]《和伯恭自造新茶》 郡庭无事即仙家,野圃栽成新笋茶。疏雨半晴回暖气,轻雷初过得新芽。烘裓精谨松斋静,采撷萦迂涧路斜。江水对煎萍仿佛,越瓯新试雪交加。一枪试焙春尤早,三盏搜肠句更嘉。多谢彩笺贻雅贶,想资诗笔思无涯。

欧阳修《尝新茶呈圣俞》(建安三千五百里)

《次韵再作》(吾年向老世味薄)

《双井茶》(西江水清江石老)

苏轼《月兔茶》(环非环)

《游诸佛舍一日饮酽茶七盏戏书勤师壁》(示病维摩元不病)

《和钱安道寄惠建茶》(我官于南今几时)

《惠山谒钱道人烹小龙团登绝顶望太湖》(踏遍江南南岸山)

《和蒋夔寄茶》㊷(我生百事常随缘)

《怡然以垂云新茶见饷报以大龙团仍戏作小诗》(妙供来香积)

《新茶送签判程朝奉以馈其母有诗相谢次韵答之》:缝衣送与溧阳尉,舍肉怀归颖谷封。闻道平反供一笑,会须难老待千钟。火前试焙分新胯,雪里头纲辍赐龙。从此升堂是兄弟,一瓯林下记相逢。

《次韵曹辅寄壑源试焙新茶》(仙山灵雨湿行云)

《种茶》(松间旅生茶)

《汲江煎茶》(活水仍须活火烹)

《送南屏谦师》:南屏谦师妙于茶事,自云得之于心,应之于手,非可以言传学到者。十二月二十七日,闻轼游落星,远来设茶,作此诗赠之。"道人晓出南屏山,来试点茶三昧手。忽惊午盏兔毛斑,打作春瓮鹅儿酒。天台乳花世不见,玉川风腋今安有。先生有意《续茶经》,会使老谦名不朽。"

又《赠老谦》:泻汤旧得茶三昧,觅句近窥诗一斑。清夜漫漫用搜搅,斋肠那得许坚顽。

《试院煎茶》(蟹眼已过鱼眼生)

晁冲之[64]《陆元钧寄日铸茶》:我昔不知风雅颂,草木独遗茶比讽。陋哉徐铉说茶苦,欲与淇园竹同种。又疑禹漏税九州,橘柚当年错包贡。腐儒妄测圣人意,远物劳民亦安用。含桃熟荐当在盘,荔子生来枉飞鞚。羊酪异好亦何有,蚶菜殊珍要非奉。君家季疵真祸首,毁论徒劳世仍重。争新斗试夸击拂,风俗移人可深痛。老夫病渴手自煎,嗜好悠悠亦从众。更烦小陆分日注,密封细字蛮奴送。枪旗却忆采撷初,雪花似是云溪动。更期遗我但敲门,玉川无复周公梦。

《简江子之求茶》:政和密云不作团,小夸寸许苍龙蟠。金花绛囊如截玉,绿面仿佛松溪寒。人间此品那可得,三年闻有终未识。老夫于此百不忙,饱食但苦夏日长。北窗无风睡不解,齿颊苦涩思清凉。故人新除协律即,交游多在白玉堂,拣牙斗夸皆饫尝。幸为传声李太府,烦渠折简买头纲。

秦少游[65]《茶》 茶实嘉木英,其香乃天育。芳不愧杜蘅，清堪擷椒菊。上客集堂葵，圆月采葵蘦。玉鼎注漫流，金碾响杖竹。侵寻发美瓯，猗狔生乳粟。经时不消歇，衣袂带纷郁。幸蒙巾笥藏，苦厌龙兰续。愿君斥异类，使我全芬馥。

周必大[66]《次韵王少府送蕉坑茶》：昏然午枕困漳滨，醒以清风赖子真。初似泰禅逢硬语，久知味谏得端人。王程不趁清明宴，野老先分浩荡春。敢向柘罗评绿玉，待君同碾试飞尘。

必大《胡邦衡生日以诗送北苑八铸日注二瓶》：贺客称觞满冠霞楼名，悬知酒渴正思茶。尚书八饼分闽焙，主簿双瓶拣越芽。见梅圣俞《谢宣城主簿》诗。妙手合调金鼎铉，清风稳到玉皇家。明年敕使宣台馈，莫忘幽人赋叶嘉。

杨万里《谢木韫之舍人分送讲筵》（吴绫缝囊染菊水）[67]

杨廷秀[68]《以六一泉煮双井茶》[43]：鹰爪新茶蟹眼汤，松风鸣雪兔毫霜。细参六一泉中味，故有涪翁句子香。日铸建溪当退舍，落霞秋水梦还乡。何时归上滕王阁，自看风炉自煮尝。

《陈蹇叔郎中出闽漕别送新茶李圣俞郎中出手分似》：头纲别样建溪春，小璧苍龙浪得名。细泻谷帘珠颗露，打成寒食杏花饧。鹧斑碗肟云萦宇，兔褐瓯心雪作泓。不待清风生两腋，清风先在舌端生。

王庭珪[69]《次韵刘升卿惠焦坑寺茶用东坡韵》：日出城门啼早鸦，杖藜投足野僧家。非关西寺钟前饭，要看南枝雪里花。玉局偶然留妙句，焦坑从此贵新茶。焦坑因东坡始见重于时。刘郎寄我兼长句，落笔更如锥画沙。

僧惠洪[70]《与客啜茶戏成》：道人要我

煮温山，似识相如病里颜。金鼎浪翻螃蟹眼，玉瓯绞刷鹧鸪斑。津津白乳冲眉上，拂拂清风产腋间。唤起晴窗春书梦，绝怜佳味少人攀。

耶律楚材[71]《西域从王君玉乞茶因其韵七首》：积年不啜建溪茶，心窍黄尘塞五车。碧玉瓯中思雪浪，黄金碾畔忆雷芽。卢仝七碗诗难得，谂老二瓯梦亦赊。敢乞君侯分数饼，暂教清兴绕烟霞。

厚忆江洪绝品茶，先生分出蒲轮车。雪花滟滟浮金蕊，玉屑纷纷碎白芽。破梦一杯非易得，搜肠三碗不能赊。琼瓯啜罢酬平昔，饱看西山插翠霞。

高人惠我岭南茶，烂赏飞花雪没车。自注：是日作茶会值雪。玉屑三瓯烹嫩蕊，青旗一叶碾新芽。顿令衰叟诗魂爽，便觉红尘客梦赊。两腋清风生坐榻，幽欢远胜泛流霞。

酒仙飘逸不知茶，可笑流涎见曲车。玉杵和云春素月，金刀带雨剪黄芽。试将绮语求茶饮，持胜春衫把酒赊。啜罢神清淡无寐，尘嚣身世便云霞。

长笑刘伶不识茶，胡为买锸谩随车。萧萧暮雨云千顷，隐隐春雷玉一芽。建郡深瓯吴地远，金山佳水楚江赊。红炉石鼎烹团月，一碗和香吸碧霞。

枯肠搜尽数杯茶，千卷胸中到几车。汤响松风三昧手，雪香雷震一枪芽。满囊垂赐情何厚，万里携来路更赊。清兴无涯腾八表，骑鲸踏破赤城霞。

啜罢江南一碗茶，枯肠历历走雷车。黄金小碾飞琼屑，碧玉深瓯点雪芽。笔阵陈兵诗思勇，睡魔卷甲梦魂赊。精神爽逸无余事，卧看残阳补断霞。

刘秉忠[72]《赏云芝茶》[44]：铁色皱皮带

老霜,含英咀美人诗肠。舌根未得天真味,鼻观先通圣妙香。海上精华难品第,江南草木属寻常。待收肤凑浸微汗,毛骨生风六月凉。

萨都刺[73]《元统乙亥余除闽宪知事未行立春十日参政许可用惠茶赋此以谢》:春到人间才十日,东风无过玉川家。紫微书寄斜封印,黄阁香分上赐茶。秋露有声浮薤叶,夜窗无梦到梅花。清风两腋归何处,直上三山看海霞。

周权[74]《懒庵讲主得九江饼茶邓同知分饷其半汲泉试之因次韵》:解组归来万事轻,日长门巷淡无营。团香小饼分僧供,折足寒铛对客烹。色卷空云春雪涌,影流江月夜潮生。一瓯洗却红尘梦,坐爱风前晚笛横。

洪希文[75]《煮土茶歌》:论茶自古称壑源㊹,品水无出中濡泉。莆中苦茶出土产,乡味自汲井水煎。器新火活清味永,且从平地休登仙。王侯第宅斗绝品,揣分不到山翁前。临风一啜心自省,此意莫与他人传。

高启[76]《煮雪斋为贡文学赋禁言茶》(自扫琼瑶试晓烹)

高启《采茶词》:雷过溪山碧云暖,幽丛半吐枪旗短。银钗女儿相应歌,筐中摘得谁最多。归来清香犹在手,高品先将呈太守。竹炉新焙未得尝,笼盛贩与湖南商。山家不解种禾黍,衣食年年在春雨。

《赋得惠山泉送客游越》(云液流甘漱石芽)

文徵明《雪夜郑太吉送慧山泉》:有客遥分第二泉,分明身在慧山前。两年不挹松风面,百里初回雪夜船。青篛小壶冰共裹,寒灯新茗月同煎。洛阳空说曾驰传,未

必缄来味尚全。

《是夜酌泉试宜兴吴大本所寄茶》(醉思雪乳不能眠)

王穉登[77]《题唐伯虎烹茶图为喻正之太守三首》

(太守风流嗜骆奴)

(灵源洞口采旗枪)

(伏龙十里尽春风)

徐渭《某伯子惠虎丘茗谢之》:虎丘春茗妙烘蒸,七碗何愁不上升。青篛旧封题谷雨,紫砂新罐买宜兴。却从梅月横三弄,细搅松风炮一灯。合向吴侬彤管说,好将书上玉壶冰。

唐张又新《煎茶水记》[78]

欧阳修《大明水记》[79]

欧阳修《浮槎山水记》[80]

叶清臣《煮茶泉品》:余少得温氏所著《茶说》……不可及矣。[81]

田崇衡《煮泉小品》:山厚者泉厚,山奇者泉奇,山清者泉清,山幽者泉幽,皆佳品也。不厚则薄,不奇则蠢,不清则浊,不幽则喧,必无用矣。

《茶解》:烹茶须甘泉,次梅水。梅雨如膏,万物赖以滋养。其味独甘,梅后便不堪饮。大瓮满贮,投伏龙肝一块,即灶中心干土也,乘热投之㊻。

熊明遇《岕茶记》㊼:烹茶水之功居六。无泉则用天水,秋雨为上,梅雨次之。秋雨冽而白,梅雨醇而白。雪水,五谷之精也,色不能白。养水须置石子于瓮,不惟益水,而白石清水,会心亦不在远。

《太平清话》:余尝酌中泠……又何也[82]?

《平江记事》:虎丘井泉,味极清冽。陆羽尝取此水烹啜,世呼为"陆羽泉"。张又

新作《水品》[83],以中泠为第一、无锡惠山泉第二、虎丘井第三。惠山泉煮羊,变为黑色,作酒味苦。虎丘泉则不然,以之酿酒,其味甚佳。又新第之次于惠山,其然否乎?

《涌幢小品》:黄谏,字廷臣,临洮兰州人。正统壬戌及第三人,使安南,却馈升翰林学士,作金城、黄河二赋。李贤、刘定之皆称美之。好品评泉水,自郊畿论之,玉泉为第一;自京城论之,文华殿东大庖厨井为第一。作《京师水记》,每进讲退食内府,必啜厨井水所烹茶,比众过多。或寒暑罢讲,则连饮数杯,曰:"暂与汝辞";众皆哗然一笑。石亨败,以乡人有连,谪广东通判。评广州诸水,以鸡爬井为第一,更名学士泉。谏博学多艺,工隶篆行草,而尤长八分。后诏还,卒于南雄。

禁城中外海子,即古燕市积水潭也,源出西山。一亩、马眼诸泉,统出瓮山后,汇为七里泺,纡回向西南行数十里,称高梁河。将近城,分为二,外绕都城,开水门;内注潭中,入为内海子。绕禁城出巽方,流玉河桥,合外隍入于大通河。其水甘冽。余在京三年,取汲德胜门外,烹茶最佳,人未之知,语之亦不信。大内御用井,亦此泉所灌,真天汉第一品,陆羽所不及载。至京师常用甜水,俱近西北;想亦此泉一脉所注,而其不及远矣。黄学士之言,真先得我心。

南中井泉,凡数十余处,余尝之皆不佳。因忆古有称石头城下水者,取之亦欠佳,乃令役自以钱雇小舟,对石头棹至江心,汲归澄之,微有沙,烹茶可与慧泉等。凡在南二十一月,再月一汲,用钱三百,以此自韵。人或笑之,不恤也。

俗语:芒种逢壬,便立霉。霉后积水,烹茶甚香冽,可久藏;一交夏至,便回别矣。试之良皙。细思其理,有不可晓者,或者夏至一阴初生,前数日阴正潜伏,水,阴物也。当其伏时极净,一切草木飞潜之气不能杂,故独存本色为佳。但取法极难,须以磁盆最洁者,布空野盛之。沾一物即变。贮之尤难,非地清洁且垫高不可。某年无雨,挑河水贮之,亦与常水异,而香冽不及远矣。

又雪水、腊水、清明水俱可用。但雪水天淡,取不能多,惟贮以蘸热毒有效。家居若泉水难得,自以意取寻常水煮滚,总入大瓷缸,置庭中,避日色;俟夜,天色皎洁,开缸受露凡三夕,其清彻底,积垢二三寸,亟取出,以坛盛之,烹茶与慧泉无异。盖经火煅炼一番,又泡露取真气,则返本还元,依然可用。此亦修炼遗意而余创为之,未必非《水经》一助也。他则令节或吉日,雨后承取用之亦可。

明西江熊明遇《罗岕茶记》[84]

明陆树声《茶寮记》:园居敞小……谩记[85]。

茶事

云脚乳面　凡茶少汤多,则云脚散;汤少茶多,则乳面浮。

茗战　建人谓斗茶为茗战。

茶名　一曰茶、二曰槚、三曰蔎⑧、四曰茗、五曰荈。杨雄注云:蜀西南谓茶曰蔎。郭璞云:早取为茶,晚为茗,又为荈。

候汤三沸　《茶经》:凡候汤有三沸[86],如鱼眼微有声为一沸;四向如涌泉连珠为二沸;腾波鼓浪为三沸,则汤老。

秘水　唐秘书省中水最佳,故名秘水。

火前茶　蜀雅州蒙顶山有火前茶最

好,谓禁火以前采者。后者谓之火后茶。

五花茶　蒙顶又有五花茶,其房作五出。

文火长泉　顾况《论茶》云:煎以文火细烟⁴⁹,小鼎长泉。

新春鸟:《顾渚山茶记》:山中有鸟,每至正月、二月鸣云:春起也;至三月、四月,鸣云:春去也。采茶者咸呼为"报春鸟"。

酪苍头:谢宗《论茶》岂可为酪苍头,便应代酒从事。

沤花:又曰候蟾背之芳香;观虾目之沸涌,故细沤花泛,浮饽云腾,昏俗尘劳,一啜而散。

换骨轻身:陶景弘曰,芳茶换骨轻身⁵⁰,昔丹丘子、黄山君服之。

花乳:《刘禹锡试茶歌》:"欲知花乳清冷味,须是眠云跂石人。"

瑞草魁:杜牧《茶山》诗云:山实东吴秀,茶称瑞草魁⁵¹。

白泥赤印:刘禹锡《试茶歌》:何况蒙山顾渚茶,白泥赤印走风尘。

茗粥:茗,古不闻食。晋宋已降,吴人采叶煮之,曰茗粥。

徐渭《煎茶七类》⁸⁷

卷二⁸⁸

唐竟陵陆羽鸿渐著《茶经》　宋蔡君谟《茶录》　宋子安《东溪试茶录》　宋徽宗《大观茶论》　黄儒《品茶要录》　宋熊蕃《宣和北苑贡茶录》⁵²　宋《北苑别录》　无名氏⁸⁹　袁中郎《茶谱》　屠隆《茶笺》　明许次纾⁵³《茶疏》　明四明闻龙《茶笺》　明西江熊明遇《罗岕茶记》　明陆树声《茶寮记》　陆平泉《茶寮记》⁵⁴　徐渭《煎茶七类》　袁中郎⁹⁰《茶谱》⁹¹

采茶欲精,藏茶欲燥,烹茶欲洁。

山顶泉轻而清,山下泉清而重,石中泉清而甘,沙中泉清而冽,土中泉清而厚。流动者良于安静,负阴者胜于向阳。山削者泉寡,山秀者有神。真原无味,鱼水无香。

品茶一人得神,二人得趣,三人得味,七、八人是名施茶。

初采为茶,老而为茗,再老为荈。

一采茶⁹²　二造茶　三辨茶　四藏茶五火候　六汤辨　七汤老嫩　八泡法　九投茶　十饮茶　十一香　十二色　十三味十四点染失真　十五变不可用　十六品泉十七井水不宜茶　十八贮水　十九茶具二十茶瓯　二十一茶盒　二十二茶道　二十三拭盏布

注　释

1　此处删节,见宋代陈继儒《茶董补·片散二类》。

2　御用茗目凡十八品:《北苑贡茶录》,全名《宣和北苑贡茶录》。"贡茶录"所录贡茶共有三四十种,"凡十八品",是本文作者朱濂仅摘取其十八种而已。其实朱濂这里所录也不止十八种,如"云

叶雪英"、"金钱玉华"、"蜀葵寸金",实际是将二茶误合作一名。

3　政和曰太平嘉瑞　绍圣曰南山应瑞:《宣和北苑贡茶录》这两句原文作"太平嘉瑞政和二年造";"南山应瑞宣和四年造"。但此有继豪按语本,在"宣和四年造"注文下,继壕加按称:"《天中记》

'宣和作绍圣'。"这里朱濂是据继壕按将"宣和"直接改成"绍圣"的。

4 《茶论》、《臆乘》：原为两文，近年国内有些论著，以讹传讹，常将此两文合作一书。此《茶论》经查考，疑即谢宗《论茶》。《论茶》一作《茶论》。《臆乘》，即宋杨伯喦(?—1254)所撰之书。

5 此处删节，见明代陈继儒《茶董补》。

6 《云麓漫钞》：南宋赵彦卫撰，十五卷。"麓"字，底本原作"录"字，径改。

7 此处删节，见五代蜀毛文锡《茶谱》。云引自《茶录》，应误。

8 此处删节，见明代陈继儒《茶董补·制茶沿革》。

9 《煮茶泉品》：即本书和一般所说的《述煮茶泉品》。

10 孔平仲《杂说》：平仲，宋临江军新淦人。字义甫，一作毅父。英宗治平二年进士。仕途因党争多次起落，入出都不占高位，但长于史学，能文工词，与其兄孔文仲、孔武仲以文声闻江西，时号三孔。除所撰《杂说》外，有《孔氏谈苑》、《续世说》、《诗戏》、《朝散集》等。

11 本条内容，非据自张源《茶录》，而是据《茗笈·第四揆制章》转抄。

12 此非摘自《茶录》，而是据《茗笈·揆制章》转抄。

13 此非摘自《茶解》，而是据《茗笈·茗章》转抄。

14 此非据《茶疏》原文，而是据《茗笈·点瀹章》转抄。

15 此非据《茶疏》原文，而是据《茗笈·点瀹章》转抄。

16 两条非录自《茶疏》，而是据《茗笈·辨器章》转抄。

17 本条《茶说》，经查对，非一般所知的屠隆或黄龙德《茶说》的内容。应是转抄自《茗笈·戒淆章》。

18 两条俱非录自《茶解》而是转抄自《茗笈》"戒淆章"和"相宜章"。

19 本条内容，非录自《煮泉小品》，而是据《茗笈·玄赏章》转抄。

20 《岭南杂记》：清吴震方撰，约撰写于康熙四十四年(1705)前后。震方，字青坛，浙江石门人，康熙十八年进士，官至监察御史。以"晚树"名其楼。撰有《读书正音》、《晚树楼诗稿》、《岭南杂记》等。

21 陆次云《湖壖杂记》：陆次云，字云士，清浙江钱塘人。曾知河南郏县和江南江阴县等。有《澄江集》和《北墅绪言》等。《湖壖杂记》，笔记，撰于康熙二十二年(1683)。

22 葛稚川：即葛洪，稚川是他的字。

23 孙太初：即孙一元(1484—1520)，字太初，自号太白山人，遍游名胜，踪迹半天下。长于诗，正德间僦居长兴吴琬家，与刘麟、陆昆、龙霓、吴琬结社倡和，称苕溪五隐。

24 瓯宁邑：即瓯宁县。北宋治平三年(1066)置，寻废。元祐四年(1089)复置，民国初改为建瓯县。

25 《瓯江逸志》：笔记，清劳大舆撰，约成书于顺治十六年(1660)前后。大舆，字宜斋，浙江石门人，清顺治八年举人，官永嘉县教谕。

26 陈继儒笔记：一称《眉公笔记》，本条内容收于卷1。

27 此处删节，见明代曹学佺《茶谱》。毛文锡《茶谱》已佚，云引自毛文锡《茶谱》，实转抄自曹学佺《茶谱》。

28 本段唯上引三句为所录《文选注》内容，其余《华阳国志》和《大邑志》内容，本文均选抄自曹学佺《茶谱》。

29 下录内容，朱濂录为《雅安志》，但实际还杂有他书材料；载为"《雅安志》云"，实际是完全据曹学佺《茶谱》转抄。

30 冯时行：时行，字当可，号缙云。宋恭州（今重庆）璧山人。宣和六年进士。宋高宗绍兴中，知丹棱县和万州，因反对秦桧被劾罢。桧死被起知蓬州、黎州，后被擢成都府路提刑。隆兴元年（1163）卒于官。

31 《茶谱》云：南平县：《茶谱》指毛文锡《茶谱》；此南平，指唐置治位今重庆巴县东北的南平县。

32 《开县志》和下面的《剑州志》、《南江志》、《唐书》，均据曹学佺《茶谱》转抄。

33 《岳阳风土记》：北宋范致明撰。致明字晦叔，哲宗元符三年（1100）进士，官终奉议郎知池州。有《池阳记》、《岳阳风土记》，个别也作《岳阳风土论》。本条和下录《雨航杂录》、《太平清话》直至《丹铅续录》7段，与朱濂在删改本文时另纸增添的1页，字体潦草，与抄本全书明显不同，插在本文沈括《梦溪笔谈》条文之前，故本书校时，也特按其所插地位编入文内。

34 《雨航杂录》：明冯时可撰，约成书于万历二十六年（1598）。时可，字敏卿，号无成，隆庆五年进士，官至按察使。

35 《太□□□》：底本原文模糊不可辨识，据下录原文，与《续茶经》"八之出"的《图经记》引文全同。

36 《丹铅续录》：明杨慎撰，约成书于嘉靖十六年（1537）。

37 周淮南《清波杂志》云："周淮南"即周辉，或作"辉"，字昭礼。宋泰州海陵（今江苏泰州市）人，侨寓钱塘。嗜学工文，隐居不仕，藏书万卷。除《清波杂志》外，还有《北辕录》。泰州地属淮南，人以其旧籍故称"淮南"。

38 此处删节，见宋代宋子安《东溪试茶录·茶病》。

39 此处删节，见明代夏树芳《茶董·味胜醍醐》。

40 《鹤林玉露》：南宋罗大经撰，本文下录内容，出是书第三卷。

41 此处删节，见明代夏树芳《茶董·博士钱》。

42 此条与陈继儒《茶董补》等所载大致相同，但也有不少相异之处，因之暂存不删。

43 《伽蓝记》：即北魏杨衒之《洛阳伽蓝记》。

44 此处删节，见明代夏树芳《茶董·能仁石缝生》、《汤戏》、《百碗不厌》、《天柱峰数角》、《党家应不识》、《丐赐受煎炒》各条。

45 此处删节，见明代陈继儒《茶董补·渐儿所为》。

46 《唐语林》：北宋王谠撰，八卷。谠字正甫，长安（今陕西西安）人。曾任国监、少府监丞。本文约撰于崇宁、大观间，采唐小说五十种，仿《世说新语》体例，分五十二门，记叙唐代社会遗闻。

47 《芝田录》五卷：丁用晦撰。用晦约五代时人。《芝田录》主要收录唐代志怪传奇一类故事。类似内容，明程百二《品茶要录补》引《鸿书》、清陆廷灿《续茶经》引《芝田录》俱有提及。但所记有缩减，较简略。

48 《山堂肆考》：明彭大翼撰，二二八卷，补遗十二卷。大翼，字云举，又字一鹤，号林居。扬州人，诸生。是书辑录群书故实，汇编成帙于万历二十三（1529）年。后有损佚，大翼孙婿张幼学于万历四十七年重加辑补整理终成。

49 《衍义补》：当是明邱濬（1420—1495）撰《大学衍义补》。儒学著作，共164卷。濬字仲深，琼山（今海南）人。景泰进士，受编修，孝宗时，进礼部尚书，后兼文渊阁大学士参与机务。南宋真德秀撰《大学衍

义》，内容不广，邱濬博采子史，辑成
此书，故名《大学衍义补》。孝宗即
位上其书，刊行于世。

50 《乾淳岁时记》：宋元间周密（1232—
1298）撰。济南人，后徙吴兴。字公
谨，号草窗、蘋州、弁阳老人、四水潜夫
等。理宗时曾为临安府幕属，及义乌
令，宋亡不仕，居杭州。工诗词和善
画。有《武林旧事》《齐东野语》《癸
辛杂识》等。《乾淳岁时记》当撰于其
元时晚年。

51 欧阳修《通商茶法诏》：是诏撰于宋仁
宗皇祐四年二月四日。载《欧阳文忠
公集》八六卷。

52 魏鹤山：即魏了翁，鹤山是其号。

53 此处删节，见宋代魏了翁《邛州
先茶记》。

54 此处删节，见唐代裴汶《茶述》。

55 此处删节，见宋代蔡襄《茶录》（陈东
《跋蔡君谟〈茶录〉》）

56 皮日休《茶中十咏·序》：此题本书校
时改。底本原作"皮日休茶中十咏序
曰"《茶中十咏》，特别是"序"，一般都
书作《茶中杂咏序》。此处删节，见明
代喻政《茶集·茶中杂咏序》。

57 皮日休《茶中十咏》：本题为本书校时
加。底本原文诗和序共题，喻政《茶
书》将本诗和序分别收录，故本书将此
"诗序"作删后，下十诗就成无总题的
散诗，故加。下删本题下《茶坞》、《茶
人》、《茶笋》、《茶籝》、《茶舍》、《茶灶》、
《茶焙》、《茶鼎》、《茶瓯》、《煮茶》十诗
全部题文，所删见本书明代喻政《茶
书》下册诗类。

58 下删本题下《茶坞》、《茶人》、《茶笋》、
《茶籝》、《茶舍》、《茶灶》、《茶焙》、《茶
鼎》、《茶瓯》、《煮茶》十诗全部题文，所
删见本书明代喻政《茶书》下册诗类。

59 曹邺《故人寄茶》：此诗，一作"李
德裕作"。

60 王元之：即王禹偁（954—1001），元之
是其字。

61 《得雷太简自制蒙顶茶》，梅尧臣作。

62 赵忭（1008—1084）：宋衢州西安
（即今浙江衢县）人。字阅道，号知
非子。仁宗景祐间进士。在地方以
治绩召为殿中侍御史。弹劾不避权
幸，人称"铁面御史"。神宗即位，
因反对新法，出知杭州，徙青州，再
知成都府，复知越州、杭州。卒谥
清献。有《清献集》。

63 余靖（1000—1064）：宋韶州曲江
人。初名希古，字安道。仁宗天圣
二年进士。庆历中为右正言，皇祐
四年知桂州，后加集贤院学士，徙
潭、青州，后以尚书左丞知广州。
有《武溪集》。

64 晁冲之：宋济州巨野人，字叔用，一字
用道。才聪颖，受知于陈师道、吕本
中。为《江西诗社宗派图》二十五人之
一，哲宗绍圣后隐居具茨山下，屡拒荐
举。有《具茨集》。

65 秦少游：即秦观。

66 周必大（1126—1204）：宋吉州庐陵
（今江西吉安县）人。字子充，又字
洪道，号省斋居士，晚号平园老叟。
高宗绍兴二十一年进士，授徽州户
曹，累迁监察御史。淳熙十四年拜
右丞相，进左丞相。工文词，有《玉
堂类稿》、《玉堂杂记》、《平园集》等
八十一种。

67 此处删节，见明代陈继儒《茶董补》卷
下《谢木舍人送讲筵茶》。

68 杨廷秀：即杨万里，廷秀是其字。

69 王庭珪（1080—1172）：宋吉州安福人。
字民瞻，自号卢溪真逸。徽宗政和八
年进士，授茶陵丞。博学兼通，工诗，
精于《易》。有《卢溪集》、《易解》、《沧
海遗珠》等。

70 僧惠洪：《石门文字禅》作"释惠洪《与

客啜茶戏成》"。惠洪（1071—1128），
筠州人。号觉范，后改名德洪。入清
凉寺为僧。工诗，善画梅竹，喜游公卿
间，戒律不严。有《石门文字禅》、《冷
斋夜话》、《林间录》等。

71 耶律楚材（1190—1244）：字晋卿，号湛
然居士。契丹族，博学多识，金末辟为
左右司员外郎。元太宗时，命为主管
汉人文书之必阇赤（汉称中书令）。有
《湛然居士集》。

72 刘秉忠（1216—1274）：元邢州人，初名
侃，字仲晦，号藏春散人，博学多艺，尤
邃于《易》。初为邢台节度使府令史，
寻隐武安山中为僧，法名子聪。中统
五年（1264）还俗改名，拜太保，参领中
书省事。建议以燕京为首都，改国号
为大元，一代成宪，皆出于他。有《藏
春集》。

73 萨都剌（1272—1340）：元回回人，自雁
门徙河间。答失蛮氏。字天锡，号直
斋。泰定四年进士，授应奉翰林文字，
擢南台御史。晚年居杭州。

74 周权：字衡之，号此山，元处州（治所在
今浙江丽水县西）人。工诗，游京师，
袁桷深重之，荐为馆职，勿就。益肆力
于词章。有《此山集》。

75 洪希文（1282—1366）：元兴化莆田人。
字汝质，号去华山人。郡学聘为训导，
诗文激宕淋漓，有《续轩渠集》。

76 高启（1336—1374）：明长洲（今江苏苏
州）人，字季迪，号槎轩，张士诚据时，
隐居吴淞江青丘，自号青丘子。博览
群书，工诗尤精于史，与杨基、张羽、徐
贲并称吴中四杰。洪武初，以荐授翰
林院国史编修官，后擢户部右侍郎。
以年少不敢重任辞归。有《高太史大
全集》。

77 王穉登（1535—1621）：明常州府武进
（一说江阴）人，移居苏州。字伯谷，号
玉遮山人。十岁能诗，既长，名满吴

会。穉登尝及文徵明之门，遥接其风，
擅词翰之席者三十余年，为同时代布
衣诗人之佼佼者。闽粤人过苏州者，
虽商贾亦必求见乞字。有《吴骚集》、
《吴郡丹青志》、《奕史》、《尊生斋
集》等。

78 此处删节，见唐代张又新《煎茶水记》。

79 此处删节，见宋代欧阳修《大明水记》

80 此处删节，见宋代欧阳修《大明水记》

81 此处删节，见宋代叶清臣《述煮茶
泉品》。

82 此处删节，见清代刘源长《茶史·古今
名家品水》。

83 《水品》：此疑即张又新《煎茶水记》。

84 此处删节，见明代熊明遇《罗岕茶记》。

85 此处删节，见明代陆树声《茶寮记》。

86 《茶经》：凡候汤有三沸：本文此条非
据《茶经》，而是照其他引文转抄。

87 此处删节，见明代徐渭《煎茶七类》。

88 以下为存目茶书之全文，径删。

89 无名氏：《北苑别录》作者应为赵汝砺。

90 袁中郎：即袁宏道（1568—1610），中郎
是他的字，号石公。明荆州府公安人，
万历二十年进士，知吴县，官至吏部
郎中。

91 袁中郎《茶谱》：实际是书贾将张源
《茶录》头尾稍作变换，内容全部照
抄，将书名由《茶录》改为《茶谱》，作
者由张源伪托袁宏道的一本典型伪
书。本书作伪刻印的时间，大致是在
明末清初，因为是一本伪书，本书不
予收录，但作为朱濂正式收录并一度
在明清流传的一种茶书刻本，作为一
种历史存在和伪茶书的例证，在此仍
予保留。此题下全引张源《茶录》，书
贾为掩人耳目，从正文中选摘连本条
在内的四则内容，以替代删去的张源
《茶录引》。

92 此处删节，见明代张源《茶录·采茶》
等各条。所有文题前编码，张源《茶

录》原无，俱为书买作伪时所加。其中"茶盏"，此为"茶瓯"。在"茶盏"下，本条上，张源《茶录》原文为"拭盏布"，托茗袁中郎《茶谱》的伪造者，在改头后为把尾文同时换掉，将"拭盏布"抽移至最后第二十三则。

校　勘

① 本条所录，非《尔雅》而是郭璞注《尔雅》内容。《尔雅》原文仅"槚：苦荼"三字。另外，此上"卷一"两字，原稿无，为本书校时加。

② 云英、雪叶：朱濂和明清许多茶书撰者一样，将宋《宣和北苑贡茶录》中有的两个字的茶名，如"云英""雪叶"，和下面的"金钱""玉华"，"蜀葵""寸金"，亦错误复合成四个字的茶名。本文校时，特加顿号予以分开。

③ 蜀葵、寸金并宣和时：底本底稿原眉目不清，"并宣和时"作单行未抄成双行小字，与下句"政和曰太平嘉瑞"，也没有区分开。为把上面宣和时的贡茶与下面"政和"、"绍圣"贡茶区分清楚，本书编校时，将"并宣和时"改成双行小字，且将下列"政和"、"绍圣"抬头作另行处理。

④ 安吉："安"字前，《天中记》原文还有一"生"字，底本脱。本条所录《天中记》内容，实为节录陆羽《茶经》八之出注。

⑤ 其利博哉："博"字，抄本原形讹作"搏"，据《本草纲目》改。

⑥ 玉垒：底本和有的《本草纲目》版本，书作"玉溪"。"玉溪"指唐置玉溪县，治所位于今四川汶川县西南。"玉垒"指"玉垒山"，位今都江堰市西北，本书校时，据明刻《本草纲目》改"溪"为"垒"。

⑦ 团黄："黄"字，朱濂此讹抄作"面"字，据《本草纲目》改。

⑧ 其僧如说：吴淑《茶赋·注》引文无此四字，原引为"是僧因之中顶筑室，以俟及其"。

⑨ 服未尽而疾瘥。今四顶茶园："瘥"字，底本误抄作"差"字，"其"字，本改作"今"，据毛文锡《茶谱》诸辑佚本径改。

⑩ 黄儒《品茶要录》云：朱濂下录本段内容，并非出自《品茶要录》，而是由夏树芳从《品茶要录》和《宣和北苑贡茶录》选摘有关内容拼凑而成。朱濂这里根本没有参考《品茶要录》，只是一字不差地照抄夏树芳《茶董·山川真笋》。

⑪ 此条与《品茶要录补·草木仙骨》的内容完全一致；显然是照程百二《品茶要录补》抄录的。

⑫ 唐时所产，仅如季疵所称：本条内容，为摘自《茶解·原》的编者按。本文所录，系《续说郛》本。但喻政《茶书》本按，则作"唐宋产茶地，仅仅如前所称"。比较而言，《续说郛》校改的此罗禀按，显然较《茶书》按贴切。

⑬ 但培植不嘉，或疏采制耳：此句《茶解》原文为"但人不知培植或疏于制度耳"。

⑭ 角立差胜："角立"二字，底本阙，拟朱濂抄时漏，本书校时据原文径补。

⑮ "七闽之奇"以上本文所录孔平仲《杂说》全部内容，系朱濂补抄当页罗禀《茶解》眉上之一段文字。未作插入符号，也无书收与不收，是本书校时确定录入的。所引内容，查《杂说》或有关《杂说》引文不见，但却见于其《珩璜新论》，且查无讹。

⑯ 《茶疏》：底本原作《茶录》。这也不是朱濂抄录之误，而是以讹传讹，因为朱濂非照原书，而是照抄《茗笈》致误。换言之，将《茶疏》误作《茶录》，是《茗笈》作者屠本畯的过错。本书校时查证后改。

⑰ 茶注、茶铫：底本原稿，将"茶注、茶铫"以下内容，与上条龚春和时大彬壶的内容接抄作一段。本书作校时，据《茶疏》原样，抬头特另分作一段。

⑱ 汲泉煮茗：《茶解·品》原文作"手烹香茗"。

⑲ 故调："调"字，钞本原脱，据《闽小纪》原文补。

⑳ 太姥山茶，名缘雪芽："太"字，底本原形讹作"大"字，据《闽小纪》改。又此两句，底本擅自接抄于上条"方圆锡具，遂觉神采奕奕"之下，似混淆为上段内容。今据《闽小纪》原体例，抬头另作一条。

㉑ 延、邵呼制茶人为碧竖：是句底本原空一格抄在上条最后一句"今漫漶不如前矣"之下。本书校时按《闽小纪》体例，抬头另作一条。另，在本句"碧竖"下，《闽小纪》原文还有"富沙陷

后,碧竖尽在绿林中矣"12字。

㉒ 卢仝《茶经》:"经"字疑为"歌"之误。清后除本文外,陆廷灿《续茶经》中,亦引有所谓卢仝《茶经》文,疑即源于劳大舆《瓯江逸志》之误。

㉓ 《茶谱》云:"谱"字,底本原讹作"经"字。此条实际是照曹学佺《茶谱》转录。将《茶谱》内容书作《茶经》,是曹学佺误抄造成的。

㉔ 未及尝:"尝"字,底本原刊作"赏",据《岳阳风土记》改。

㉕ 一片充昆弟同啜:"啜"字,底本朱濂原形误作"掇",径改。

㉖ 惜放置不能多少斤也:"多少"二字,底本潦草不清,本书校时据文义字形定。

㉗ 以吴兴白苧:"白"字,底本原稿脱,据《太平清话》原文补。

㉘ 新芽一发:"新"字前,《梦溪笔谈》原文还多一"则"字。

㉙ 误为品题:底本原稿无"误"字,据《梦溪笔谈》原文径加。

㉚ 《东溪试茶录》:底本原书作《茶录》,校时查所录内容,实为《东溪试茶录》"茶病"所书,径改。

㉛ 王肃:《洛阳伽蓝记》作"彭城王肃"。

㉜ 张又新:唐季卿刺湖州:本文此句非《山堂肆考》原文,而且朱濂这里也没有表述清楚,在"张又新唐季卿"这几字中,本文至少漏写《煎茶水记》和李季卿的"李"这样五字。应校改作"唐张又新《煎茶水记》:李季卿刺湖州"才确切。

㉝ 扬子南泠水:"泠"字,底本抄作"冷"字,径改。下同。

㉞ 朕意:"朕"字,底本误作"臣"字,据"欧集"原文改。

㉟ 唐裴汶:"唐"字,底本可能原据陈继儒《茶董补》等转录时讹作"宋"字,校时改。

㊱ 陈少阳《跋蔡君谟〈茶录〉后》:本书蔡襄《茶录》附录据《梁溪漫志·陈少阳遗文》,题为"陈东《跋蔡君谟〈茶录〉》"。

㊲ 珍重宗亲相寄惠:"亲"字,底本原抄作"惠"字,据《全唐诗》改。

㊳ 剑外九华英:"华"字,底本原作"花"字,据《全唐诗》改。

㊴ 皇甫曾:"皇甫曾",底本作"皇甫冉",据《全唐文》改。

㊵ 皇甫冉《送陆鸿渐栖霞寺采茶》:底本原抄作"又《送鸿渐栖霞寺采茶》","又"字,因上诗本文将皇甫曾误作"皇甫冉",名改,就不能再用"又",故校时改"又"作"皇甫冉"。另底本题名原作"送鸿渐",校时据《全唐文》又顺添一"陆"字。

㊶ 衔鸦衔茶子生:底本衍一"衔"字,应作"鸦衔茶子生"。

㊷ 《和蒋夔寄茶》:"蒋"字,底本原作"孙"字,据《苏轼诗集》改。

㊸ 杨廷秀《以六一泉煮双井茶》:本条原题无"杨廷秀"三字;但朱濂在抄录这条之后相隔一条,又抄录一首"杨廷秀《以六一泉煮双井茶》诗"。重出。本书校时,将后条删除,但将此条题署的"杨廷秀"三字,移置于此。

㊹ 刘秉忠《赏云芝茶》:底本原将本条录于耶律楚材《西域从王君玉乞茶因其韵七首》的"其七"之下,误作亦为耶律楚材所作"七首"的内容之一。本书校时剔出将其另作一条。

㊺ 墅源:"墅"字,底本作"溪"字,疑误,据《续轩渠集》径改。

㊻ 此条本文非据自《茶解》,而是照屠本畯《茗笈》转抄。

㊼ 熊明遇《岕茶记》:"岕茶记",应作《罗岕茶记》。本文朱濂名曰据自《罗岕茶记》,实际还是主要抄自《茗笈》。

㊽ 三曰蔎:"蔎"字,底本形误作"吧",径改。

㊾ 煎以文火细烟:"煎"字,底本形误抄作"前"字,径改。

㊿ 芳茶换骨轻身:"芳"字,底本误抄作"若"字,径改。

51 茶称瑞草魁:"茶"字,底本误作"草"字,据杜牧原诗改。

52 北苑:底本作"比苑",径改。

53 许次纾:底本作"许次忬",径改。

54 上已录《茶寮记》,此为重录。

枕山楼茶略 | 清 陈元辅 撰

作者及传世版本

陈元辅，事迹不详，由原书题名，仅知其为"闽"人。关于其所处时代称其是"清"人，是万国鼎《茶书总目提要》所写。不过，万国鼎自己并没有看到过这本书，他知道有这本书，出自清代人之手，完全是从《静嘉堂文库汉籍分类目录》中看来的。《静嘉堂文库》是日本三菱集团于明治二十五年（1892），由岩崎弥之助（1851—1908）所筹建的私家藏书库。其汉籍藏书除原有和日本收集到的以外，在清末民初还曾三次派人到上海、江浙一带大规模收购过。所以，《静嘉堂文库汉籍分类目录》虽然是昭和五年（1930）才出版，但其所定陈元辅《枕山楼茶略》是清人清书，大致不会有错。

《枕山楼茶略》，查清以后各有关艺文志、茶书和藏书目录，均未见提及；近半个世纪来，有关人员跑遍了中国内地许多图书馆，也未找见这本书的踪迹。本书是据去年日本茶业组合中央会议所赠给朱自振的复印本校刊的。《枕山楼茶略》，"枕山楼"是书室或藏书楼名，这在中国一般是不入书名的。根据上说中国不见此书和不将"枕山楼"刊入书名这两点，我们怀疑《枕山楼茶略》很可能和《茶务佥载》一样，是书完稿和梓版以后，在中国没有出印即流落日本，由日本书商在日本印刷发行的。否则，一本清末才撰刊的书，中国决不会一本不存，两本书（估计日本现存还不止两本）全部流传到日本的。值得一提的是，在日本茶业组合中央会议所藏本的前面扉页和末页，还清楚盖有昭和十年（1935）五月"购入"及"水石山房监造记"两个印记。如果是书是这时在中国印刷或重印，则不但中国不会一个图书馆也不买；而且出版、发行，也不会用这样的印章。

不过，《枕山楼茶略》虽说是从流散日本回归后在国内首次刊印的珍本，但除自序和一部分内容是属于陈元辅自己撰写者外，有部分内容和明清辑集类茶书一样，只是换换标题，基本上也抄自他书。如其前面数段，即大部分抄袭明人钱椿年和顾元庆《茶谱》。例如"考古"的内容，即摘自《茶谱》顾元庆所写的"序"；"地气"的开头几句，抄自《茶谱》的"茶品"；"表异"和《茶谱》的"茶略"，完全一样；"树艺"抄自《茶谱》的艺茶；"采摘"和《茶谱》的"采茶"大体相同；"制法"和《茶谱》的"制茶诸法"一字不差；"收贮"的前面几句，摘自《茶谱》"藏茶"；"烹点"的茶香、茶味，抄自《茶谱》的"择果"，等等。此据日本静嘉堂文库藏本排印。

原　文

自序

昔李白善酒,卢仝[1]善茶,故一斗七碗[2]之风,至今传为佳话。然或恶旨酒,或著酒诰,未闻有议及茶者。亦以其产于高岩深谷间,专感雨露之滋培,不受纤尘之滓秽,为草中极贵之品,与曲生糟粕清浊回殊耳。世人多言其苦寒,不利中土,及多食发黄消瘦之说,此皆语其粗恶、其苦涩者也。自予论之,竹窗凉雨,能助清谈;月夕风晨,堪资觅句,茶非骚人之流亚欤!细嚼轻斟,只许文人入口;浓煎剧饮,不容俗子沾唇;茶又高士也。晋接于揖让之堂,左右于诗书之室,茶非君子乎?移向妆台之上,能使脂粉无香;捧入绣帏之中,顿令金钗减色;所称绝代佳人,茶又庶几近之。且能逐倦鬼,祛睡魔,招心胸智慧之神,涤脏腑烦愁之祟,亦可谓才全德备者矣。但人莫不饮食,鲜能知味,遂致烹调失宜,反掩其美,予甚惜之。兹特谱为二十则,曰《茶略》。非敢谓足尽其妙也,亦就予所见所闻者,信笔书之;尚有未穷之蕴,请教大方,续当补入。今而后两腋风生,跂予望之,厌厌夜饮,吾知免矣。

茶略目录

禀性

茶之有性,犹人之有性也。人性皆善,茶性皆清。考之《本草》,茶味甘苦微寒,入心肺二经,消食下痰,止渴醒睡,解炙煿之毒,消痔漏之疮,善利小便,兼疗腹疼。又按:茶叶禀土之清气,兼得春初生发之机,故其所主,皆以清肃为功;譬之风雅之士,清言妙理,自可以化强暴;非如任侠使气,专务攻击者也。若谓有妨戊己[3],是反其性矣。

考古

尝阅唐宋茶谱、茶录诸书,法用熟碾,细罗为末作饼,谓之小龙团,尤为珍重。故当时有金易得而龙饼不易得之语。

天时

茶感上天阳和之气,故虽有微寒,而不损胃。以采于谷雨前者为佳,盖谷雨之前,春温和气未散,唯此时之生发为最醇。若交夏,则暑热为虚,生机已失,亦犹豪杰不遇,未免有生不逢时之叹也。故曰:"夏茶不如春茶。"

地气

地之气厚,则所生之物亦厚;地之气薄,则所生之物亦薄,理固然也。以语夫茶,何独不然。故剑南有蒙顶、石花,湖州有顾渚紫笋,峡州有碧涧明月,邛州有火饼、思安,渠州有薄片,巴东有真香,福州有柏岩,洪州有白露,常之阳羡,婺之举岩,丫山①之阳坡,龙安之骑火,黔阳之都濡、高株,泸州之纳溪、梅岭。以上诸种,俱得地之厚,名亦皆著。品第之,则石花最上,紫笋次之,碧涧明月又次之,惜皆不可致耳。

近吾闽品茶者，类皆以新安之松萝、崇安之武彝为上。盖两处地力深厚，山岩高耸，迥出红尘，茶生其间，饱受日月雨露之精华，兼制造得法，不独色白如玉，亦且气芬如兰，饮之自能生智虑，长精神。此外，则有岕片，消食甚速。余闻之家君曰，明季有一人食物过饱，倏忽晕仆，不省人事，状类中风，药饵罔效。唯浓煎岕茶一钟，灌入口中即苏；再进一钟，遂能言；亦异种也。但此种得地最厚，初次饮之，损人中气，兼苦涩不堪入口，唯二次、三次，味最称良。然剽悍气多，不宜常饮。予苦株守，不能遍游天下名山大川，博采方物，为茶月旦。兹只就闽而论，如芝提、芙蓉[4]、梅岩、雪峰[5]、李公石鼓[6]、英山[7]等处，种种有佳，指不胜屈。大抵皆得其偏，未得其全，犹之伯彝[2]、伊尹、柳下惠[8]，其清任和之节，非不足砥砺颓风，要不如夫子之时中也。吾故曰："武彝为闽茶中之圣。"

表异

茶者，南方嘉木，自一尺、二尺至数十尺，闻巴峡有两人抱者，伐而掇之。树如瓜芦，叶如栀子，花如白蔷薇，实如栟榈，蒂如丁香，根如胡桃。

树艺

艺茶欲茂，法如种瓜，三岁可采。阳崖阴林，紫者为上，绿者次之。

采摘

团黄有一旗二枪之号，言一叶二芽[9]也。凡早取为茶，晚取为荈。谷雨前后收者为佳，粗细皆可用。唯在采摘之时，天色晴明，炒焙得法，收贮适宜。

制法

橙茶，将橙皮切作细丝一斤，以好茶五斤焙干，入橙丝间和，用密麻布衬垫火箱，置茶于上烘热，净棉被罨之两三时，随用建连纸[10]袋封裹，仍以被罨焙干收用。

若莲花茶，则于日未出时，将半含莲花拨开，放细茶一撮，纳满蕊中，以麻皮固絷，令其经宿。次早摘花，倾出茶叶，用建纸包茶焙干，再如前法，又将茶叶入别蕊中。如是者数次，取来焙干收用，不胜香美。

至于木犀、茉莉、玫瑰、蔷薇、兰蕙、橘花、栀子、木香、梅花，皆可作茶。法宜于诸花开时，摘其半开半放蕊之香气全者，量其茶叶多少，摘花为茶。花多则太香而脱茶韵，花少则不香而不尽美；唯三停茶、一停花始为相称。假如木犀花，须去其枝蒂及尘垢虫蚁，用磁罐一层茶、一层花投间[3]至满，纸、箬絷固，入锅重汤煮之。取出，待冷，用纸收裹，置火上焙干收用。诸花仿此。

收贮

茶宜箬叶而畏香药，喜温燥而忌冷湿。故藏茶之家，以箬叶封裹入焙中，两三日一次。用火当如人之体温，温则能去湿润。若火多，则茶焦不可食。至于收贮之法，更不可不慎。盖茶唯酥脆，则真味不泄。若为湿气所侵，殊失本来面目，故贮茶之器，唯有瓦锡二者。予尝登石鼓，游白云洞，其住僧为予言曰：瓦罐所贮之茶，经年则微有湿；若有锡罐贮之，虽十年而气味不改。然则收贮佳茗，舍锡器之外，吾未见其可也。

久藏

茶虽得天之雨露，得地之土膏，而濡润培植，然终不外鼎炉之功。盖火制初熟，燥烈之气未散,非蓄之日久,火毒何由得泄?必须贮之二三年或三四年,愈久愈佳。不然,助火燥血,反灼真阴。故古人曰:"新茶烈于新酒。"信然。

烹点

茶有真香、有佳味、有正色。烹点之际,不宜以珍果香草杂之。夺其香者,如松子、柑橙、杏仁、莲子、梅花、茉莉、蔷薇、木犀之类;夺其味者,如番桃、荔枝、龙眼、水梨之类;夺其色者,如柿饼、胶枣、大桃、杨梅之类。

辨水

天一生水,水者所以润万物也,但不能无清浊之异焉。今夫性之最清者,莫如茶。使清与清合,自然相宜。若清与浊混,岂不相反?盖水不清,能损茶味,故古人择之最严。然则当以何者为上?曰:唯雨水最佳,山泉次之,江流又次之,井水其最下者也。盖雨水自天而降,其味冰冽,其性清凉,绝无一毫渣滓。泉流虽出于地,然泉为山之液,流为江之津,皆得地之动气而生,故水性醇厚不滞。天旱苦雨之时,舍泉流之水,又安所取哉?至井水出于污泥之中,味咸且苦,若用以烹茶,茶遭劫运矣。

取火

按五行生克之理,火非木不生,但木性暴燥,不利于茶。最上者,唯松花、松楸、竹枝、竹叶,然邮亭客邸,不可常得。其次则唯炭为良,盖木经煅炼之后,暴性全消,纵不及松竹之清,亦无浓烟浊焰足以夺茶之真气也。若木未成炭,断不可用。

选器

物之得器,犹人之得地也,何独于茶而疑之。盖烹茶之器,不过瓦、锡、铜而已。

瓦器属土,土能生万物,有长养之义焉。考之五行,土为火所生,母子相得,自然有合。故煮水之器,唯此称良,然薄脆不堪耐久。其次则锡器为宜,盖锡软而润,软则能化红炉之焰,润则能杀烈焰之威。况登山临水,野店江桥,取携甚便,与瓦器动辄破坏者不同。至于铜罐,煎熬之久,不无腥味,法宜于罐底洒锡;久则复洒,以杜铜腥。若用铁器以煮水,是犹用井水以烹茶也,其悖谬似不待赘。

用水

雨水泉流,予既辨明之矣,至于用之之时,又不无分别。盖天时亢旱,屋瓦如焚,骤雨初临,日气未散,若概目为雨水而用之,恐暑热之毒伤人尤速。山泉虽佳,须择乳泉漫流,远近所好,日取不绝者为宜。如穷谷中,人迹罕至,夏秋旱潦之时,能保无蛇蝎之毒?尤所当慎也。又考:山水瀑涌湍激者勿食,食久,令人有颈疾。至于江流,流行不息,水之最有生气者也。然取潮而不取汐,有消长之义焉;取上而不取下,有浓淡之异焉。若井水,则当置之不议不论之列。

火候

读书,当火候到日下笔,自有得心应手之乐。煮水,当火候到处烹调,自有由浅入深之妙。按《茶谱》云:"茶须缓火炙,活火煎。"活火谓炭火之有焰者,当使汤无妄沸,庶可养茶。始则鱼目散布,微微有声;中则四边泉涌,累累若贯珠;终则腾波鼓浪,水气全消,谓之老汤。三沸之法,非活火不能成也。

冲泡

水煮既熟,然后量茶罐之大小,下茶叶

之多寡。夫茶以沸水冲泡而开，与食物置鼎中久蒸缓煮者不同。若先放茶叶于湿罐内，则茶为湿气所侵，纵水熟下泡，茶心未开；茶心不开，则香气不出。必须将沸汤先倾入罐，有三分之一，然后放下茶叶，再用熟水满倾一罐，盖密勿令泄气。如此饮之，则滋味自长矣。外有用滚水先倾入罐中，洗温去水，再下茶叶；此亦一法也。又考《茶录》有云：先以热汤洗茶叶，去其尘垢冷气，烹之则美，此又一法也，是在得其法而善用之者。

躬亲

烹茶之法，与阴阳五行之理相符，非慧心文人，恐体认不真，未免隔靴搔痒。往见人多以烹茗一事付之童仆，未免粗疏草率，致茶之真气全消。在我莫尝其滋味，吾愿同志者，勿吝一举手之劳，以收其美。

洗涤

古今善字画者，必将砚上宿墨洗净，然后用笔，方有神采。茶气最清，若用宿罐冲泡，宿碗倾贮，悉足夺茶真味。须于停饮之时，将罐淘洗，不留一片茶叶。临用时，再用滚水洗去宿气，始可冲泡。予往见山僧揖客饷茶时，犹将湿绢向茶碗内再三揩拭，此诚得茶中三昧者。

得趣

饮茶贵得茶中之趣，若不得其趣而信口哺啜，与嚼蜡何异！虽然趣固不易知，知趣亦不难④。远行口干，大钟剧饮者不知也；酒酣肺焦，疾呼解渴者不知也；饭后漱口，横吞直饮者不知也；井水浓煎，铁器慢煮者不知也必也。山窗凉雨，对客清谈时知之；蹑屐登山，扣舷泛棹时知之；竹楼待月，草榻迎风时知之；梅花树下，读《离骚》时知之；杨柳池边，听黄鹂时知之。知其趣者，浅斟细嚼，觉清风透入五中，自下而上，能使两颊微红，冬月温气不散，周身和暖，如饮醇醪，亦令人醉。然第语其大略，至于个中微妙，是在得趣者自知之。若涉语言，便落第二义。

注　释

1　卢仝（约775—835）：自号玉川子，唐诗人，范阳人（今河北涿州），一作河南济源人。家贫好学，淡泊仕进，征谏议不起，尝隐少室山。作《月蚀诗》，讥元和逆党，韩愈赞其工。嗜茶，其《走笔谢孟谏议寄新茶》诗，作为《茶歌》，至今在茶人中还常为咏哦。甘露之变时，因留宿宰相王涯家，与涯同时被杀。遗有《玉川子诗集》。

2　一斗七碗：指李白、卢仝有关茶酒诗句中的名句。如李白《南阳送客》，诗："斗酒勿为薄，寸心贵不忘"；及《酬中都小吏携斗酒双鱼于逆旅见赠》："意气相倾两相顾，斗酒双鱼表情素"等。卢仝《走笔谢孟谏议寄新茶》诗："一碗喉吻润，两碗破孤闷，三碗搜枯肠，惟有文字五千卷；四碗发轻汗，平生不平事，尽向毛孔散；五碗肌骨清，六碗通仙灵，七碗吃不得，唯觉两腋习习清风生。"

3　戊己：古人以十干配五方，戊己属中央，于五行属"土"。《礼记·月令》"夏季之月"，指称为"中央土"；后因以"戊己"代称"土"。

4　芝提、芙蓉：福建地名。"芝提"查未见，芙蓉，疑芙蓉山，在闽侯县北，山形秀丽如芙蓉,故名。

5　梅岩、雪峰:福建山名。"梅岩"疑即今福建建瓯县西之梅岩。雪峰,疑即德化之雪山;明何乔远《闽书》云:德化雪山,"山中产茶最佳"。

6　石鼓:福建称"石鼓"的山岩颇多,如晋江紫帽山有"石鼓峰",邵武北仓山有"石鼓岩"等。李公石鼓,查未获典故所出。

7　英山:位福建南安。乾隆《泉州府志·物产》载:"南安县英山茶,精者可亚虎邱,惜所产不如清源之多。"

8　伯彝、伊尹、柳下惠:为商、周、春秋时名臣,以气节高尚著称。

9　一旗二枪之号、言一叶二芽:古代不谙茶事的文人的传讹。"枪",指茶芽;一旗二枪,是指二芽一叶。芽是茶树枝叶的生长点,只有一芽一叶、一芽二叶或数叶,实际无二芽一叶的情况。

10　建连纸:"建"指建州或明清时的建宁府;"连"可作地名连城或纸名"连四纸"二解。福建多山,盛产竹木,宋时古田所产的玉版纸"古田笺",全国四大刻书中心建阳麻沙本,即名闻遐迩。明代时,建宁将乐由麻沙刻书需要发展起来并广泛应用的毛边纸,更是名冠全国。此处"建连纸"或"建纸",系建宁府蒋乐出产的毛边纸。

校　　勘

① 丫山:"丫",底本作"公",据钱椿年、顾元庆《茶谱》改。

② 伯彝:即"伯夷";"彝"通"夷"。现在一般都书作伯夷。

③ 间:原文舛错作"闲",据钱椿年、顾元庆《茶谱》改。

④ 知趣亦不难:"难",底本作"易",据上句"虽然趣固不易知"观之,此处应作"难"方为合理,径改。

茶务佥载 ｜清　胡秉枢　撰

作者及传世版本

胡秉枢(1849? —?),事迹不详,由《茶务佥载·叙》署"光绪三年杏月,岭南沂生胡秉枢谨识"可知其为清代末年岭南人,"沂生"大概是其字。在《茶务佥载》日本内务省劝农局版所刊明治十年(1877)织田完之撰写的《绪言》里,有"顷,岭南人秉枢胡氏携自著之《茶务佥载》来禀官……官纳其言"的记载。这也正是日本《静冈县茶叶史》中提到的,光绪三年(1877)五六月间,胡秉枢先是被聘到日本内务省劝农局工作,当有渡郡小鹿村的红茶传习所创办起来之后,下半年,他又赴该所传授红茶制作的技术。据说在小鹿村期间，胡秉枢深得幕府老儒长谷部的青睐，长谷部回村时，常常与他饮酒、笔谈并以诗相酬答。长谷部曾问他："卿有学如此，何为茶工?"他回答道："仆非茶工也，乃贵邦之驻中国领事荐仆于劝农局教授茶事。今以来此，亦无奈何。"长谷部因而有诗相赠曰："万里来海东，无端停高踪。四方固士心，英妙比终童。偶值羽起年(项籍起兵年二十八)，切莫难飞蓬。功名唾手取，不负古贤风。"由此也可见胡秉枢当时年纪恰在二十八岁左右。

《茶务佥载》主要记述咸、同年间的洋庄茶务，光绪三年初撰成之后，尚未在中国国内刊印，即由作者携至日本，由日本内务省劝农局负责翻译成日文，七月正式刊布。从日本静冈县中央图书馆现存三本《茶务佥载》来看，它至少有过两种不同的印本。

这次收录的《茶务佥载》日文本，就是日本内务省劝农局版明治十年本，同时附以中文翻译。此次收录、翻译，曾得到日本茶乡博物馆馆长小泊重洋博士、斋藤美和子博士的大力协助，在此深致谢意! 美和子博士并且承担了日译中的工作，可惜翻译未完，她就不幸因病去世，所以翻译工作最终由林学忠博士承担完成。

原　文

邦ノ茶亦歐米諸國ノ需用ニ應スルヲ得ベシ而
シテ支那印度ヲシテ獨リ其美ヲ擅ニセシノサ
ルヘキナリ今方ニ之ヲ力ノ端ヲ開クモノハ秉樞胡
氏ナリ此書ハ其多年實驗ノ餘ニ出ルモノニシ
テ各地ノ製茶家ニ神益スル所豈ナカラザルベ
レ是レ官ノ特ニ此書ヲ刊布スル所以ナリト云
爾

明治十年六月

織田完之　撰

皆山野自生ノモノニテ其製法モ亦至テ簡易ナ
リト顧フニ我邦園圃ニ栽培スル所ノ茶其產額
固ヨリ限リアリ又其製モ固有ノ法ノミニシテ
其需用モ亦墨々内國ニ止ルノミ「近泉本色茶」ノ
一種ヲ製シ稍之ヲ米國ニ輸出スト雖ﾋ未ﾀ歐洲
諸國ノ嗜好ニ適スルニ能ハス抑四國九州ノ地
タル山野自生ノ茶多ク最モ野燒ノ跡茶ヲ生ス
ル猶巖巖ノ如シト是ハ本邦天然ノ富源ト云フモ
不可ナルナキナリ嘗テ支
那人呉新林凌長富等ヲ備ヘテ四國九州ニ遣リ自

茶務僉載叙。
夫茶字之義。從艸從木従
人。其初始生於漢代興於
唐乃熾乃昌。至今為盛其
為物也。如木葉焉其為滋用
也。能滌除煩惱解渇而生
也

生茶ヲ摘取シテ紅綠各色ヲ試製セシメ而ノ其
品位未ﾀ歐米ノ需用ニ適スルニ能ハス項嶺南
人秉樞胡氏自著ノ茶務僉載ヲ携帶シ来リ官ニ
禀シテ曰ク貴國茶算ノ佳美ナル實ニ敵邦ニ及
フ所ニアラス而ノ歐人ノ嗜好ニ適セサルモノ
ハ其製法ノ未ﾀ備ハラサルヲ以テナリ顧クハ
貴邦ノ為ニ其製法ヲ傳ヘント「官其言ヲ納レ胡
氏ヲシテ試製セシム果シテ精良品ヲ得タリ而
今後我力山野自生ノ茶悉ク此法ニ倣ヒと固有ノ
製法ト並立シテ益其品位ヲ精良ナラシメバ本

爲而將其種植採擇製做
收藏功用等類縷擧詳言
所書之。余本不文其書中
出詞句務實而易知使
文學之士一目了然而農
樵牧子村婦童孺等輩苟

津去食積而厚腸胃消暑
亦醒眠其姑自中土市流
播外洋製作則曰蓋其精
種檀日用刷曰蓋其廣而
製法功用等類雖磬之陸
羽曾註經爲其中所言製

略識字之人所覽之便曉
故句讀不爭繁文典奧務
樸質而剪術文其書中所
載凡於洋莊茶務有關者
無不備述亦描摹之自茶
之樹卒至於人事功用蠶

法則如傳茶之類而其爲
之用刷不過略言出矣著令
之洋莊則自明代亦至於
今其製作功用亦之人所
孝核爲卓於筆之書則吾
未出見也。故於是必有憾

苟有一至州之工，費盡心志作之，一歷世無雙之器，苟可效者，眾則聚而謀之，而奪其利，苟不可效者，眾乃聚而毀謗之，必使踬於奇技淫巧妄被無辜而後快，雖有聰穎者流，無不下奪心於八股文詞以為倖進計，誰暇計及民生工藝哉，夫以四洲之貨殖，而聚滙於一區以有易無，利恒倍徙惜，一國之錢財有限，則不可不將茶之資品、土物講求，而小益之也，土物大宗為，姑將茶之資品、土地之肥磽、培植之法、製做之所宜撰，而成書俾公於眾，儂不忖鄙撰成仰望先達哲人匡其不逮，不勝感禱焉，

胡秉樞又識

毫畢錄，使後學者皆得人門，仰企先達諸君恕無知，亦匡不逮不勝引領感禱焉，皆光緒三年杏月頷南沂生脏東樞謹識

龍峰脩書

茶務僉載小引

湖自四洲互易以來，惟五金煙土布疋絲茶為大宗，夫布疋煙土則來，自外洋獨絲茶為土產，然歐洲以煙土布疋煤鐵器械等類遠越重洋不避艱險而來貿遷者，其故何歟，亦不過為炙食計耳然而四洲之大民生之眾各遷，呀長盡夫人之心思力乎而講求之是，苟匹夫匹婦或書或藝苟有一技之所長則必專心致志無論乎仕農工商或書或藝苟有至善始人則呈於君上繼則普告國人既定之以年亦憑乎取值故人樂而為之者眾故物出而日見其精惟人就逸樂士而拘泥

綠茶綠起類署

烏龍製做類

紅茶製做類

紅茶揀擇類

紅茶要署類

紅茶火焙等類

紅茶總夾

紅茶贅言

防弊類

紅茶均堆裝箱類

時要須知

篩工資力宜惜類

裝運要署

水色功用署類

下略

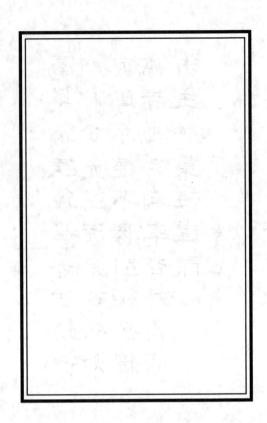

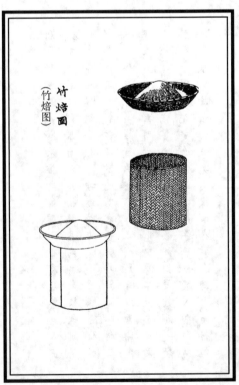

竹焙圓
（竹焙图）

同上蜂腰式圖
(蜂腰式竹焙图)

風車圖
(风车图)

此處ニ口アリテ細末
茶庁ヲ送リ幽入
(此处为细末茶叶出口)

緑茶チ製スル鉄鑊圖
(绿茶炒制铁镬图)

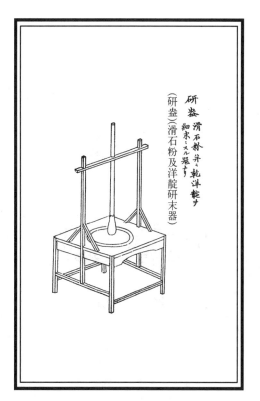

研盎滑石粉弁乾洋靛チ
細末ニスル噐チ
(研盎)(滑石粉及洋靛研末器)

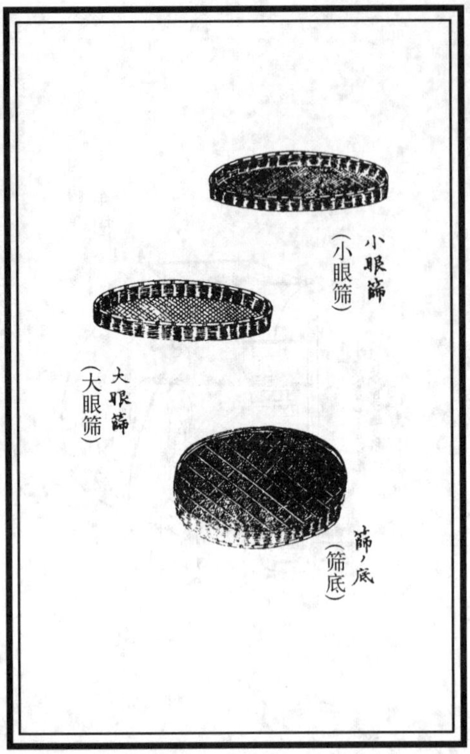
小眼篩
（小眼筛）
大眼篩
（大眼筛）
篩ノ底
（筛底）

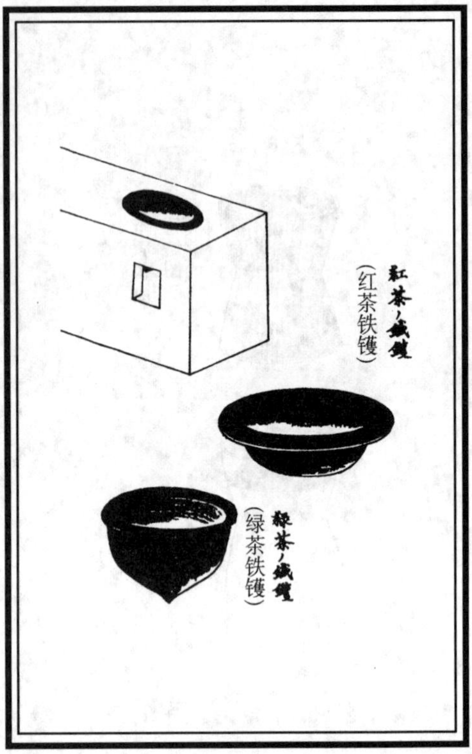
紅茶ノ鐵鑊
（红茶铁镬）
綠茶ノ鐵鑊
（绿茶铁镬）

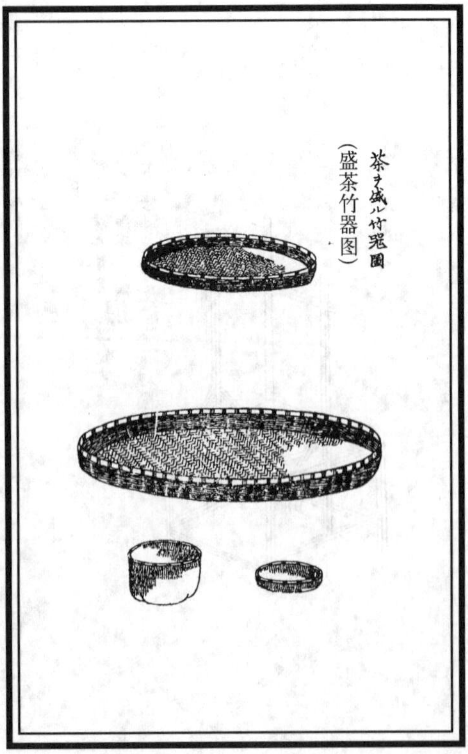
茶ヲ盛ル竹器圖
（盛茶竹器图）

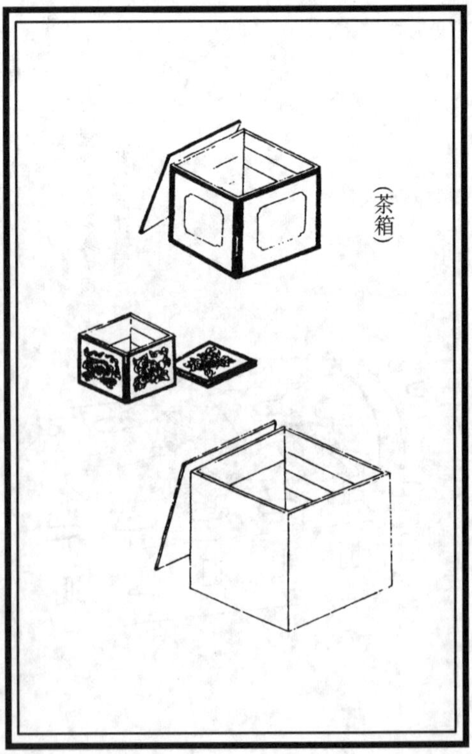
（茶箱）

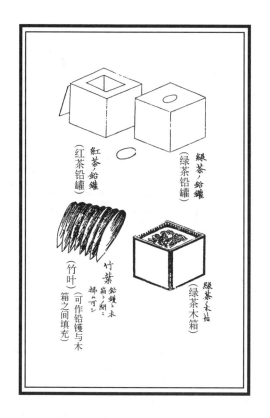

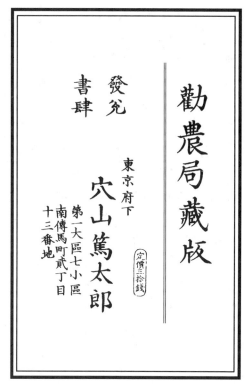

译文

叙[1]①

夫茶②字之义,从草,从木。从人。其初始于汉代,兴于有唐;乃炽乃昌,至今为盛。其为物也,如木叶焉;其为用也,能涤除烦恼,解渴而生津,去食积而厚肠胃,消暑而醒眠。其始自中土,而流播外洋,制做则日益其精,种植日用,则日益其广。而制法功用等类,虽唐之陆羽曾注《经》焉,其中所言,制法则如砖茶之类;而其为用,则不过略言之矣。若今之洋庄,则自明代而至于今[2],其制做功用,亦乏人而考核焉。至于笔之书,则吾未之见也。故于是心有憾焉!而将其种植、采择、制做、收藏、功用等类,缕析详言而书之。余本不文,其书中之词句,务质实而易知,使文学之士,一目了然;而农樵牧子、村妇童孺等辈,苟略识字之人而览之便

晓。故句读不事繁文典奥,务朴质而剪衍文。其书中所载,凡于洋庄茶务有关者,无不备述而描摹之。自茶之树本至于人事功用,纤毫毕录,使后学者皆得入门。仰企先达诸君,恕无知而匡不逮,不胜引领感祷焉。

时光绪三年杏月[3]
岭南沂生胡秉枢谨识
龙封修书

小引

溯自四洲互易以来,惟五金、烟土、布匹、丝茶为大宗。夫布匹、烟土则来自外洋,独丝茶为土产。然欧洲以烟土、布匹、煤铁、器械等类远越重洋,不避艰险而来贸迁者,其故何欤?亦不过为衣食计耳。然而四洲之大,民生之众,各逞所长,尽夫人之心思者,力而讲求。是苟匹夫匹妇有一技之所长,则必专心致志,无论乎仕(士)、农、工、商,或书或艺,苟

有至善,始则呈于君上,继则普告国人,既定之以年,亦恶乎取值。故人乐而为之者众,故物出而日见其精。惟人耽逸乐,士而拘泥,苟有一至州之工,费尽心志,作一历世无双之器;苟可效者,众则聚而谋之,而夺其利;苟不可效者,众乃聚而群谤之,必使蹈于奇技淫巧,妄被无辜而后快。虽有聪颖者流,无不专心于八股文词,以为幸进计,谁暇计及民生工艺哉!夫以四洲之货殖,而聚汇于一区,以有易无,利恒倍蓰。惜一国之钱财有限,则不可不将土物讲求,小益之也。土物大宗,丝、茶为最。姑将茶之货品,土地之肥硗,培植之法则,制做之所宜,撰而成书,俾公于家。仆不忖鄙撰成,仰望先达哲人,匡其不逮,不胜感祷焉!

胡秉枢又识

目录

种植类⑥

植茶,以高山、大岭及穷谷中至高之处为宜。茶之为物,其感雾露愈深,其味愈浓;而种植之地,其土性愈厚,则茶树愈壮,其叶更厚且大。

茶以天然生者为极品,必在高山之颠,危崖之表,采之不易。若将之移植他处,则以土性既殊,其根干必然腐坏。此种茶,名曰"岩茶"。乃自然之佳味,非人力所能强致。

植茶之法:宜于茶树结实之初,择植株长势强旺、结籽壮硕者采之。至初春惊蛰之时,要将茶籽浸水令湿透,耕作其种植之土,使之形如龟背,以利排水。要之,大抵每隔二尺许掘一小坎,每坎下所浸之茶籽二三粒。俟茶芽萌生后,留壮苗一株,余悉除去。然后用细土,或蚕沙、鸟粪或其他粪肥之类相和,覆盖其上。若遇晴天烈日,则加少量粪肥于水中,朝夕浇溉。

夏月之间,如有野草或野生小树萌生,宜铲除之,以防伤害茶苗萌蘖。种成之后,俟三四年,即可采摘。但初年不可采摘过多,若过多则恐伤害茶树之本矣。

培养类

孟子云:"苟得其养,无物不长;苟失其养,无物不消。"故培养之法,不可不讲求。茶芽初萌,畏烈日暴晒,畏大雨滂沱,又恐杂草侵凌,对此最应注意。

茶树既长,宜时加粪肥。自立春至谷雨间,每月需施粪肥三四次。如用大便,按粪二水八之比,小便则尿水各半。夏、秋、冬三季,不必施肥;在采茶终结后,以再施粪肥一次为佳。树旁之土,要设法松之,勿使凝结。其枝干之顶端当摘去之,务使其枝条横苗。其枝条横苗,则三四年之后,分枝丛生,茶叶嫩茂且多。若不摘顶,任其孤挺直长,则分枝不繁而叶片稀疏矣。

优质之茶,以烂石地为最上,瓦砾地次之。惜此等地难以种植,亦不易栽培。其次以高山峻岭、黄土斜坡、雾露云烟经常笼罩之处为佳。

土性各异,要之在乎变通。因地制宜,端赖人事。虽膏腴之土,若任其荒芜,荆棘丛生,草茅聚长,则与不毛之地何异?尽人事,勤考察,则虽瘠薄之地,亦可灌润之而使其膏腴。

地土类

茶始于汉,兴于唐宋,与外洋互市以来,至今日益求精制,其法日进;四大洲之茶种,亦均自中国播迁。

中土之红茶,以江西宁州、福建武彝一带为最上,两湖崇阳、羊楼洞等处次之,河口、湘潭等处为最下。

绿茶以安徽婺源、浙江湖州为第一,其次为屯溪、平水、安徽⑦、宁绍等处。

其余蜀、黔、两淮、两浙、大江南北、岭南、八闽、台郡⁴等,皆产茶,然多供本地人自用,而唯以闽之岩茶为最上。

东洋近年产茶颇多,惜其种植、培养、制造、香味等,皆未得其法,故远逊中土。

印度等处,虽土地肥美,但其培养、采摘、制法俱失其宜,故其味腥,叶亦粗大。

地土肥美,故上乘,硗薄次之者,此人所皆知也。亦须知人定胜天,况于地利乎?唯茶性畏寒,故独北地隆寒之处,茶树甚罕焉。

〔绿茶〕采择类⑧

茶之发芽,始于清明节,撷茶宜于谷雨时,即西历四月杪五月初也。

茶叶宜乘早晓带露之时采之,盖其时含雾露氤氲之气,地脉上腾,其叶充溢精华,故味浓香烈。

茶叶宜俟其半舒半卷即一旗一枪,叶背犹有白毫,叶面色如翠玉时为佳。采摘半舒半卷者,譬如少壮之人,血气正盛也。

茶芽初出时,遍被白毫,若于此时采摘,味薄无香,叶片不多,而茶树亦因之伤坏。

又倘若已愈半舒半卷之时采摘,则叶尽舒将老,精液已枯,香味亦失,制做之时,多成粗片,徒费资耳。

虽采摘及时,若路途遥远,中途因烈日曝晒,其叶如经汤蒸,其气炎炎,名为晒青,亦变其香味矣。

若种茶之地亩旷大,其间草茅未能尽锄而去,致使杂草高伸,与茶树相齐,须小心选采茶叶,不可贪多攫捋,万一毒草混杂其间,捡择未净,其遗害非啻浅小也。

茶树发芽三次,初次在谷雨,第二次在黄梅之时,第三次在禾苗扬花时。但初次采摘不可过度,恐碍第二次之发芽也,第二次之采摘亦仿此。

〔绿茶〕制做类⑨

红茶、绿茶,其制法各异。先论绿茶制法:茶叶一经采摘,不论带雨露与否,即炽炭火于铁镬之下,以其镬发红为度,再将茶叶倒入镬内,用手不停炒软片刻,随炒随搓,至粗成一团块,即移至别镬⑩。

其别镬之下亦炽炭火,但其火势不用甚烈,以铁镬微热为限。而将已成团块之茶叶倒入镬中,用手抖开团块,边抖边搓,及至叶叶卷结,再将其移回前之赤热铁镬内,随炒随搓,至茶叶尽干为度。如此者,名为"毛茶"。倘若其茶梗老大,叶片甚多,则分发工人拣取之。若老叶茶梗不多,则不用分拣。

准备竹筛十一二只,其筛眼自大至小,依次递减。最初用头号大眼筛,筛除茶梗及老大叶片。次用二号筛筛过,将筛面所遗之茶,放入头号筛之竹盆内,称之为"头筛毛茶"。三号筛以下皆仿此,依次递推。

经此过筛之茶叶,分成十二等,每等皆放入风车⁵ 风车之制法详下撷过。自子口第二出口、正身第一出口分出后,发女工拣择。拣择毕，则下镄磨光。其镄以砖砌炉，高约二尺许，一人兼顾两镄，其下炽炭火以热镄，制做者站立于炉背，以两手搓磨两镄之茶叶，观茶叶之色泽，以定时间之长短。

初炒名曰"磨光"，再炒名曰"作色"，三炒名曰"覆火"。倘磨光作色后，其色尚参差不齐，再发女工拣择，称之为"覆拣"。如此即告完成，可装箱出售。

麻珠花色者，将第八、九、十号筛内所取之叶放入风车搧过，去其轻飘者，以其结实者如前法炒磨三次，大约共需四小时。其叶以圆结、带光泽、青翠色者为上。如右完成后，装入铅罐，密封放置；待全帮做就，取出均堆。此时再覆火或不覆火，俱视茶之香味如何，天时之晴雨、消(销)场之迟早而定。

宝珠花，第六、七、八筛内所取者。亦置风车，去其轻者，取其重者，如前法炒磨，以圆结而无蒂梗者为佳。倘有蒂结，则色杂而不纯矣。其制法与麻珠相同，但炒火磨光之时间较麻珠减半。

芝珠花茶，即宝珠、麻珠经风车搧剩所取者，去其枝梗、三角及粗片，务使粗细相均，大小齐一。其炒磨时间，又较宝珠减，但颜料较宝珠略多，而作色之功夫更多于宝珠。以其叶体既已轻盈，大小亦略别也。

宝圆珠茶，其叶为第四、五、六筛内所取者也，其作色等之法一如宝珠，炒磨时间亦与宝珠同。此茶⑩软嫩粗大之叶俱有，故炒磨、拣择皆要精细，要火工十分，而后方无轻松之弊。若不如法制作，则全盆之茶色，不免精粗衬见。

副元珠花色者，于第三、四、五筛取之，此花色之茶，以大叶片居多，炒工时间与芝珠相等，惟作色略难，以其形体虽圆而带松之故也。形体既扁圆不齐，若下颜料稍轻，

则其色浅；若下颜料稍重，则其色深绿。茶之贵者，在其色不浅不深而带翠。故水要清碧，拣法要纯净，色要整齐，叶要青绿，方为上品。

熙珠花色者，其茶乃于头、二、三、四筛所取者[6]，似圆非圆，似扁非扁，似长非长，取熙春珠茶各样之粗者而成之，即所谓四不像者也。其炒磨之工，少于副元珠，* 其作色最难。

凤眉花色茶，乃于第五、六、七筛所取者。其叶形如蚕蛾之眉，两头尖而中央大，长约四五分，绿茶中之最美者也。此花色叶片尖嫩，感透雾露，乃一旗一枪之叶。制成之后，结如铁线，不短不长，正好为之。若夫粗大之叶，以梗直之性，纵有巧工，亦弗能变易。此茶炒磨之工，与宝圆珠相等，拣工则过之。

蛾眉花色茶，乃于第六、七、八筛所取者，比凤眉更嫩，亦为佳品。但水味则逊于凤眉。以其承露少之故也。其制法，炒磨之工，稍逊于凤眉，而筛做之工，则倍之。长约三四分，两头尖小，与蚕蛾之眉相似。

娥雨者，其茶第六、七、八、九筛所取，乃近于枝梗之茶叶，系凤眉、蛾眉两种由风车之子口搧下之正身也。炒磨之工，比副圆珠稍逊，其作色则不易也。带梗之熙春，亦有入此花色之内者。

三号芽雨者，其茶乃第七、八、九等筛所取者，俱近于枝干之叶蒂也。其味逊于娥雨，炒磨并作色之工，与娥雨相仿佛。此根蒂之茶，乃聚珠茶、熙春、凤眉、娥眉各叶之蒂而成者也。惟筛工要精细，以其内混有蛾眉、娥雨之故也。

熙雨者，其茶乃第七、八、九、十筛所取者，俱为叶片。炒磨之工，逊于三号芽雨，

水色略浓厚，而其味与三号芽雨相似，全为粗幼叶片相聚而成者也。

眉熙，其花(茶)乃第二、三、四筛所取者，其叶在不老不嫩之间，以饱餐雨露之气，故为茶味之最正者，而水亦最清碧者也。炒磨之工与凤眉相等，作色亦易，惟筛工与拣工宜精不可简。其茶两头相等，稍大于凤眉。

二三号熙春，乃于头、二、三、四筛所取者，其炒磨、作色之工，稍逊副元珠。但二号熙春稍细，而三号熙春稍粗，故其制法略同，而其名号有二号、三号之别。水色及味亦与副元珠难分高下。条索直而不纠结，长约五六分。

松箩花(茶)者，乃头、二号筛所取，为所有茶品中最粗最大者。其制法较熙珠为逊，仅于远离通商口岸之地有之。此茶不多制，以其卖价少而做工等费不稍减也。

绿茶之炒磨。司火色者，应常行走于炒镬两旁，使炒工不敢怠慢。如其茶色均匀而无烧焦之弊，则于工资大为有益，余皆仿之。

绿茶赘言

绿茶制法有二，一曰炒青，一曰烘青。炒青之水清碧，其香也烈，其色翠，其味长。

烘青者，其香缓而不远透，其味短而色黄，其水带红而浑；故绿茶宜炒不宜烘。烘青之法，将从茶树所采之叶，略炒即烘炒青火势炽于烘青，故曰炒青。日本之制，烘者多，故茶叶不纠结。其耗工虽少于炒青，而功用远逊于炒青。

出洋之绿茶，必用滑石粉并干洋靛。二年前，据洋人医士之考究，谓此二物食之伤人，故有将平水茶烧毁者。盖平水茶用洋靛、滑石甚多之故也。

余按：滑石者，利窍、渗湿、益气、泻热、降心火、下水、开腠理，发表之功用良多，何害之有！至于洋靛之物，其性轻扬，以滚水泡之，尽浮出水面，以气吹却，或泡满之时，令其水溢出，则靛随泡沫而去，何害之有！如不用此二物，茶色不能纯一也。滑石粉以粉红色为上，干洋靛块以掰开后，色如碧天者为妙。

每茶百斤，大约用洋靛九两十两，滑石粉亦大约以此为准。但此分量，系就平常之茶而言而已。应视茶之粗细、老嫩，以及市场情况、买主意向，颜色之深浅、轻重，酌量增减之。

绿茶罐箱装藏类

装茶之铅罐，大约可容纳四十斤左右。其罐每只大约重三斤，以绵纸、沙纸或皮纸等裱固四方，上开一口，如鹅卵状。别设铅盖，封其口。以口长约五六寸，横径大约三四寸为便。

铅罐要厚薄均匀，切忌偏薄偏厚，致易破损。

凡铅罐，按每百斤铅加锡五六斤熔铸之，则坚固而不软柔。

凡造绿茶之箱，其板材宜用逾年之陈松杉，始不坏茶，并得以久贮。盖茶经几度用火炒焙，其体极干燥，而土地不论何物，总有香臭、湿气者。与之并置，茶必全摄入其气味，其理与硝磺遇火即燃一样。

做箱之钉，以约七八分长为适用。若过长，则横穿板外，恐有伤及铅罐而受潮，损坏茶叶之虞。

茶叶装箱之际，尤须注意，如装之不紧实，则虽无霉湿透风等弊，然内松而虚，致茶气外泄而失其味。倘装箱紧实过甚，则茶叶多被挤碎，虽不走味，片末必多。故装箱之法,宜紧而不逼。

封藏宜慎。当四五月梅雨之时,其茶火工虽足,苟不慎藏,大约旬余其香即泄,月余其味即变,两月余其茶霉坏矣。盖四五月之际,地气上腾,天气下蒸,虽无雨泽,太阳稍烈,尚且难堪蒸郁,况乎苦雨连绵,暴日与淫霖交相肆虐;虽深藏高阁,秘贮重楼之物,尚且霉湿,何况茶藉火气历炼而成,至燥至涸,遇物即易感摄,故宜藏之慎密。

茶箱有“三十七”,“二十五”之分。“三十七”约可装四五拾斤,“二十五”自三十余斤至四十斤。每箱内放裱好铅罐一只,秤量茶之斤数而装之。装要紧实,不可稍松。装毕之后,再视其箱之额定重量,根据每箱之斤两一律秤准,不可有轻有重。

本箱亦然,如箱茶轻重不均,亏损非小。盖发售交易之时,任由买主选择各花色数箱,逐一秤过,全盘之斤两,即按择样之量推算。此事虽细微,然资本之所赖,岂可忽视而致为山九仞,功亏一篑乎!

〔绿茶〕制法宜精〔类〕⑫

夫茶取幼嫩之叶,而成各等花色,其制法不可不详。宝珠、凤眉、蛾眉、头号眉熙之类,与松萝、熙珠、熙雨⑬等,茶叶虽同,而其价值之相去,有天壤云泥之别,此皆因工作草率而不讲求精法之故。

凡生意者,谋其利也。彼此同一货色,在同一销场,一则价高而获大利,一则售少而损资本。当此之时,岂可不咎己谋不周,反怨命之不好哉。

筛茶之法,其初分筛毛茶为十余等,至于何等花色在何等筛内,已在花色则例篇内详述之矣。

凡筛法,以两手平持其筛,所筛茶叶遍布筛面运转,不见筛眼为妙。如见筛眼,则其茶必偏厚偏薄,粗细不均矣。

〔操筛前〕应先知所制为何种花色,如珠茶之类,持筛稍斜为佳。其茶或有结实之黄片,或有与好茶轻重相等之老叶,分筛之时,宜先以播(簸)箕等播(簸)去之,而后如法制做。若不播(簸)去,则制作之后,不堪杂色〔干扰〕。盖此等叶片老嫩相混,风车不能飏去,拣工亦甚费力,拣不胜拣,而致老嫩相半,花色粗老,片末皆三角峰也。

搧飏之法。茶之花色既成珠之时,飏法亦当因之而异。头号之子口与正身,其轻重略殊,苟飏之稍重,则子口之内,正身溷入;飏之略轻,则正身之内,子口潜藏。

务宜视茶之等次,以定搧飏之轻重,盖必分其子口与正身之茶。要之,取其拣择易也。苟不分轻重,则徒费工夫,耗拣资而已。又,不分轻重,则拣头之内,多溷择佳叶,以致成数亦减少。故花色之眉目等次,以风车分筛最为重要。

筛搧既得其法,炒法亦要熟谙。盖炒茶之法,以火色最为重要,次则勤为转磨,三则调合颜料。如此则无花色焦杂之忧,无颜色过浅过深之虑矣。

如宝珠、麻珠等要光滑之物,火势宜酌情匀慢,不可炎烈。盖炒磨得久,方能去其芒而生滑泽。如火势猛烈,虽勤炒拌,使无焦黑之忧,然水味终不免带焦气矣。

火势之紧慢,炒工之迟速,宜视茶质之干结潮松而衡定。至于颜色,则视市面之弃取、好尚,酌情变通之,不能预决也。

筛炒、搧扬既明,拣择之法,亦宜晓之。凡毛拣,则只去其枝梗及老叶、硬片。头二筛之茶,其松黄粗大,与本茶不相合者,皆剔去之;叶片中如有半粗半细者,则去粗留细。

珠茶等类，则取其圆者，去其扁者；要其结者，舍其松者。

凤蛾眉等，则以去其枝骨，并松扁或斜圆等类为最要。眉熙类，则取其圆结两头相等者。若芽茶娥雨花色，则去老梗、黄片，除粗梗枝骨。熙珠松箩，则视全盆之精粗，而定拣择与否。如此则绿茶品色虽多，筛择之法亦大同小异，可以举一反三矣。

器用类〔略〕⑭

制法既要讲求，器用亦不可不考。工欲善其事，必先利其器。夫各花色之等第，俱由筛眼分出，故花色之毛糙、精美，惟筛法之良否是赖。

筛眼要均匀，勿有疏有密。作筛之竹要坚，筛形以圆而稍带扁，平滑无凝滞者为佳。

筛之等次，从头号至末号，凡十八、九号。筛边高约二寸，其四围以藤捆扎结实，筛底纵横贯以稍粗之竹条。何欤？盖以绿茶有珠娥等花色，其体质较重，筛久则筛底恐或中陷成窝之故也。

筛法既略言之，可述风车之工：风车式样高约四尺，上有一木制承茶斗，其式样上阔下窄。上阔约二尺半，下长仅五六寸，阔约二寸。自上而下逐渐收窄之故也。承茶斗大约可承茶五六十斤。

风车式样，下有四脚，上为半圆半方之车身。半圆之木以木板六片围之，形如车轮，并以铁条贯穿圆筒两头，架于风车之中，使其旋转生风。所谓半圆半方者，以其半置车叶之轴心，其式作圆形；另一半四周皆宽约一尺余，作方形，但其式略小，所以束风也。风车之上开一小口，长约五六寸，阔约一尺，与承茶斗之小口相合，使茶注

下。又于承茶斗下端置一小板，较小口略大，作为开关。往上装茶时关之，搧扬时启之。车身之下置有斜板，中间隔以木片，分为两道。茶叶经搧扬后，其重者由槅内出，其轻者由槅外而下。子口正身，即由此而分；灰末之类，全由风车之口出。

绿茶缘起类略

绿茶兴于乾隆年间，初于粤东香山之澳门与洋人互市。其互市之法或用银买，或以布匹、羽毛、烟土、器用、货物等类相贸易。继之，于粤垣[7]太平门外，每国设一所洋行，其通商者共十三国，故名"十三行"。其互市之法，与澳门同，而以资本大者生意为盛，彼此获利也厚。其诚信相孚，在生意场中为自古以来所未之有也。其所以迁于省垣者，盖以澳门离省垣太远，挟货财来往者，常有盗贼劫掠之忧，故洋人恐生意难以畅旺。此时贸易，以丝茶为大宗，而广东丝出于顺德，茶产于清远后山者居多，从各处运往者，必从南雄州出发，经清远、三水、佛山镇等处，聚于省垣，故洋人迁此也。其时彼此语言不通，规例亦异，买卖皆由通事馆经手，故粤之潘、卢、伍、叶四大家，其资财与山陕元家及蔚氏相伯仲，几富甲天下；皆由经营洋务丝茶致富也。其后，通商港埠增开四所，生意亦随之四分，初犹彼此共获微利，后则洋人耗竭，华人倒空者不可胜计。世易时移，至今局变日异也。

其初，每箱盛八十余九十斤者，名"方箱"。每帮茶额，必过千箱，方能易售。后则日渐变小，其资本较前亦稍小，箱数则一仍如前之多。茶之花色，初则不过珠茶、娥雨、熙春、大元珠等四五种而已；然茶之水叶粗毛，其颜色与制作绝不可与今日相较。

其初，洋船每年往来不过一次，聪明智

谋之士得以展其才，垄断之人可施其技，故获益多而亏损少。近年来，东洋已开设通商口岸，盛产茶叶，几与中土同，因此中土茶价日低，销场亦日滞。惟幸东洋之制法远逊中土，其茶叶不能久贮，容易霉坏，故洋人舍东洋而不顾者多。若东洋励精求进，则必至于与中土相抗，何况美国金山、英属印度，多从中土买去种子，讲求种植之法；茶树日益繁盛，制作日益求精，假以三数年，亦可与中土相等。故种植、培养、制做之法，务当急急讲求。或以余言为不信，请看现今市面情况，并与洋人讨论，谅知余言之不谬。盖此事关每年数千万巨额之进出，故抱杞人忧天之心，不得不为之赘述也。

乌龙制〔做〕类⑮

乌龙以宁州为最佳。其法：首先将从茶树摘取之生叶，在竹席上铺开，太阳之下曝晒，至稍软，以手捡起三四片叶，将叶尖与叶蒂对折，其叶柔软如意而不折断，则收起。倘梗仍脆，则再曝之，必欲其叶柔软为合。

收起之后，以手搓揉，至每叶成索时，将其置于竹木等器内，以手略压实，盖以衣物絮被等，约片刻后，其叶由青色尽变微红，而后放进烧红之铁镬内炒之。

其茶炒至大热，则移至微热镬内，随揉随炒，至每叶结成紧索，则收起，贮于竹木器内，以手略压实，以物覆其上，大约一小时许，俟其叶变成红色，则移置于竹焙竹焙形制详下中焙干。如此做成者，名"乌龙毛茶"。其筛做之法，与红茶相仿。

红茶制做类

红茶，将从树上摘取之生叶，先置于太阳下摊晒，待柔嫩而后收起，以手搓揉成索。如其叶量多，可改用脚揉踏。揉成条索后，贮之于器内，其上覆盖如乌龙之法。俟其叶尽变成微红色后，再起出，放置太阳处摊晒。至半干，又收起，皆放回器内，用手压实，盖以衣物，使叶变成微红色。

叶已变为红色后，再起出，于太阳处摊晒，以极干为度，此即毛红茶也。

毛红茶既干，则收起，将其分筛为条索。

若有圆如珠者，取置别器，再次制做；如有钩钩者，去之存其直者。去钩之法，其茶从筛眼抖出只将筛抖动而不作摇舞时，直者撤于筛眼以外，钩者留于筛眼之内，故或用碗，或用手，拨断筛内钩者。如此一来，直者自然落下，钩者尚留筛中。拨去之法，以手工为佳；以碗硬，恐易损碎其茶。其钩者放置别器，另外制做。

其抖出之直者，视乎茶之等第，即用风车搧过，分为正身和子口，然后拣择。倘若毛茶太粗，宜先毛拣而后再分筛。

倘子口之茶从头二筛筛出，轻重、粗细不均，黄、黑花相杂者，或未分筛之毛茶，从子口搧出者，皆俱于子口之处再行制做。制做子口茶之法：分出茶之等第，太粗者研细之，太轻者去除之。若又黄黑花杂甚者，则不得已以苏木水苏木水要浓红，将茶叶放入水内仅浸二三分钟，取出后或日晒或火焙染之，使其色泽纯一。

其茶珠与茶钩于制做茶珠处再制做之。制做珠钩等法，以手轻轻揉捻茶珠与茶钩，使其成片或成短条，再过筛、分等定第。经风车搧过，如有茶身略圆者，发拣工除去其枝梗、黄片，而后再经火焙。至均堆时，又覆火一次。均堆法详后。

其粗片并末子置于制做片末处，如法

分筛抛抖。其凝重者用筛先筛出;轻粗者,聚于筛面,以手将之捌去。其凝重者,以风车搧过,摊放布于竹焙上火焙。用夏布者,取其疏达也。至均堆时再覆火。

[红茶拣择类][16]

司拣人及拣茶处之巡察人,最宜注意防止拣茶工做茶头故意将好茶变色做恶茶,并要防偷漏。至于绿茶之拣头与好茶颜色虽稍有参差,但易于分别,且其发出、收归皆经称量,故其弊尚少。红茶则茶头与茶身相似。拣茶之妇女,积习成性,不知廉耻。因其司拣者,皆用当地人,拣茶女先以甜言巴结之。茶之发拣,一日数次。拣茶之妇女于发拣之时,多霸取三四盆放于自己位置,嘱相善者看管。自己又往别家拣作。如此,有一人兼拣三四家之茶者。其茶头做法,先以茶水喷湿地面,而后覆以布巾,乱拾茶叶,抛在巾内,至于所拣茶之好丑,则非所计,只谋茶头多也。盖茶已经焙炒干燥,一经潮湿,则骤然松黄。且俗例于日暮时秤茶头,以计工之勤惰及酬资多寡,故有一人兼得数人之酬资者。故于检验时须洞察之。但司验与司拣者上下其手,难以查核。而若听任彼等之所为而宽恕之,则吃亏非小。故择司拣之人,不可不慎。

红茶要略类

红茶取紧而成索,黑而有光泽者。头筛茶即使是片末,皆须颜色纯一。其茶忌叶粗松而不成索,其花色忌带杂黄。倘遇有珠钩等,均堆之后,因珠钩碍眼而见制作粗糙,故此等茶叶,要再行制做。

红茶筛法,要视茶叶之粗嫩加以酌定。茶粗者宜用一二等小筛,茶嫩者宜用一二等大筛。何欤?凡叶粗则大,叶嫩则细;其叶既粗,复用大筛为之,其叶必更粗;其叶

既细,复用细筛为之,则其叶必格外细小,以至几成片末。

茶粗而大者,人皆恶其糙;小而细者,以其将成片末而不可取。故叶嫩者必制之使其略粗,则人见其糙,反好而悦之。是以叶粗者制之使其略幼,则人知其粗而不见其糙,故亦勉强取之。是以红茶制法必须讲究,非变通不可。

红茶火焙等类

焙工之法:先燃炽炭火,必使其通红,可添加柴头或未烧透之木。不可使烟熏气腾,或炭火为灰所掩,有所偏旺偏弱,致火势此炽彼衰;又或炭火通红暴露,毫无灰掩掩灰以薄,不见火面为度,竹焙燃烧殆尽;又或积灰厚至一寸而不除去,致使其火势有亦如无。凡此数端,皆焙人之咎也。如此制茶,则茶叶或烧焦,或带烟火味。故红茶制作之做青、拣择、分筛、搧飏、火焙等工序,都非常紧要。

火焙式样。取黄土铺地,高约五寸,阔约三尺,其长度不必相等,视地方大小而酌定。于中间掘圆坎,直径约一尺左右,深约七八寸,每坎相距数寸,挨次排列。其竹焙以竹片制作,如蜂腰式,中间狭窄,两头圆大,径约两尺左右,再以竹篾编织成盖,竹焙内放入茶叶烘焙。

红茶之筛与绿茶之筛相比,其边稍矮,底部穿以竹片。盖红茶以取条索者为要,故用底部穿以竹片之筛者,欲其无滞,易于抖出也。

红茶总诀

红茶以条、色、香、味四者为要。其条索要结实勿松,两头皆圆,粗细均匀者为上。其色在冲泡前如铁板色者为佳;开水泡开后其色如新鲜猪肝色并带朱红点者为

上等。茶色贵在纯一,最忌花杂、枯槁、焦黄;以润泽而耀眼鲜明者为美,其味奥妙殊深。要之,应以甜滑生津而不涩,饮后虽时过而犹芬芳甘润,有一种难以言状之奇味,齿颊留香者为最上。其次为馥郁浓美,生津涤烦,除渴却暑,消滞去胀者为上等。红茶之香出乎天然,亦赖制做之功及薰袭之法。所谓自然之香者,乃天然道地之美,其叶芬芳,香遍四座,清香馥郁,沁人心脾。饮之则齿颊留香,脏腑如沾甘露,令人难忘也。

制做之香:不论茶叶嫩否,端赖专心致志,如护奇珍。诸如剔除粗糙枝叶,火工、制做、收藏等各法皆需精益求精,毋有失当。故火工掌握得法,其香气即能长久保存。盖制作精美,则本香存而不失也。

薰袭之香:用茶叶稍粗,茶之本味不甚馥郁者。其法于茶炒焙后,以茉莉、玫瑰、珠兰等半开之蓓蕾与茶叶相拌,然后加以密封盖好。如此,三数日后,花之香味,便尽为茶所吸收矣。

红茶赘言

可详述红茶概况并略述其缘起。中国红茶运往外洋,始起于俄罗斯。其初,由陆路经山东、北直隶等处出长城口外,一直运到"买卖城"地名8,与俄商交易。俄商或以银两购买,或以皮货、绒毛、参茸等交易。其茶略过筛后,即装箱,用竹篾等捆包,以骆驼、驴马驮运。及海禁既开,外洋富商大贾,俱由海上航运而来。绿茶出口,皆由海路。红茶除美国外,诸国皆喜饮,而尤以英国为最。茶叶箱装,分大号箱及二十五号箱两种。大号箱初装八十余斤,现略有减少,改以七十二斤为度。二十五号箱,以四十二斤为准。大号箱之铅罐约重七斤,二十五号箱之铅罐,重四斤十二两为准。所用铅罐,每百斤铅,要掺五斤铜锡熔匀铸成。木箱以经年杂木板制做者为佳,取其无木质气味也。惟箱之两侧及底部和盖板,均以两块板并成者为妙,如由三四块板并成,则不够坚牢;衔接处宜以竹钉加以贯合。

防弊类

红绿茶制做处,用工既多,事尤繁杂,务须分工明确,各尽其职。其人事设总管、副总管,以下为秤手、司帐、司银、巡查、杂务、作头、监筛、包工头目、管焙、支庄卖茶秤手,此皆茶庄固定之职位。其余如风车、筛务、看焙、管火色、司拣等各种上等工人,并散雇之日工、拣茶妇女等,都要选好。而总管及帮总其人,最不可不择。

主事之人如得精明廉达之士,则能察诸人之贤否,授之以事。授事后,更须观其勤惰,考其事功,以定升黜。事无巨细,务必亲自考核。上自各执事,下至散工,皆事事留心,纤芥勿漏。如此,则必事半功倍,生意兴旺,市利倍蓰。

若主事之人结党营私,贪污自肥,凡事但求其一己之私利,所雇之人,又多系非亲即故,庸碌无能之辈。其中即令有精明廉洁者,彼等亦必排挤诽谤之,使其不碍己,或克扣银之成色,或克扣钱之数。举凡营私舞弊,无恶不作。故司总之人选,最为不可不慎。

所选司总虽属廉明,但因事务繁琐,所用诸人泰半系本地人,在分授其职后,单以一人之耳目,察众人之贤否,亦属甚难。故有帮总、巡察各职司负责稽察考核,方可无蒙蔽之患。是以巡察之任,其所赖实重,必须慎选其人。苟巡察等得其人,诸弊可去其半。惟对于司帐、秤手，及司银等职位，司总务必须时加稽察，要注意司帐有否贪吞货款？有否与人合谋营私？检查司银有无亏空及克扣等舞弊。

秤手必用本地人，以其语言相通，便于贸易。此亦要谨慎。盖每岁茶市，数旬之间就过去，前来与之买卖者，其中或有本地人之亲族朋友，故货色评级高低，烛作价上下，斤两参差，必须时刻留心，以防作弊。以上各端，利害关系最大。至于东家与司总务，必须专心体察，以防其弊。其利弊之小者，则责各司事人时加体察，事事检点，约束散工，使其不懈。并宜密为稽查，以防偷漏。茶庄之内，所雇用长工散役，日以数百计，其间良莠不一，常有偷窃之虞。如日怀一斤数两茶叶俟晚间歇工时，怀挟带出；或内外串通，先将茶叶卷于席、藏于袋，待五更人静时设计偷出。如未发觉其行为，即会有再次、三次而不已。至他日茶叶做成后，虽追究茶叶总量低少，亦不可及。故防止偷漏，不可不慎密。

红茶均堆装箱类

红茶已悉数制毕后，从头筛至片末各等，皆大略过秤，安排等次，以便均堆。均堆之法，底下、两侧及后壁三面用光滑之木板钉妥，而后先按头号筛茶、二号筛茶及三号筛茶依次排好，其次再排粗片末子；之后再顺次排四号、五号等。顺次倒入茶叶时，务要注意茶色能否配合。而每号茶叶均需薄摊排列，厚薄要匀。如右排妥完毕，则以铁制锄钩自边缘起，顺次钩拌均匀。装茶之竹器，须先秤过，以求轻重一律，而后放茶于竹器内过秤，务求轻重一律，最后送交装箱处装箱。

装箱之法，先装茶半箱，用脚踏箱之四角，务使四角茶叶紧实。然后再倒入另外一半，仍加踏实，务使箱内茶叶四周平满，无低陷尖高为佳。如右装妥完毕后，再过秤；秤准后，封口钉箱，至此即告完成。

时要须知

早春茶。早春茶之制做、装箱要速，订价时其价钱稍为有利即应发售，不可犹豫不决。如价钱下落太甚，必筹酌自己之资本及市面行情，苟资本少而不能持久，或虽能持久而预期日后也无利可图时，亦应迅速出售为佳。盖仅损失些微资本，却摆脱难以挥去之行情忧虑，心身得到安逸，尚能另求经营之道，可望"失诸东隅，收之桑榆"也。

二三春茶，亦应赶快制成，务须视早春市面，外洋信息及眼前行情之涨落，衡量出售之迟速。凡行情骤涨，则可观大局速售，切勿居奇；若行情骤落，应细察其缘由，切勿只图迅速脱手。孔子对子贡教曰："人弃则取，人取则弃。"[9] 得此八字要诀，筹酌变通，则生意之权衡，可思过半矣。

筛工资力宜惜类

筛工众多，日达百数十人，如朝起稍晚，开工期间又经常停息，则徒耗工资，迟延时日。又早晨迟起，及夜犹未停工，此多耗蜡烛、灯油费用。总之，工作要勤，又要爱惜工人劳力。夫制茶多在夏季，如早起精神集中，气温清凉，故人不觉其倦，制做必勤。至午时则限时休息，以维持体力。盖休息片刻，其力可舒。不知者以休息为误工，而知者以之为赶工。如朝不早起，终日不停工，继之以夜，则不知者以之为赶工，但知者以之为误工。何欤？盖体力有限,在炎夏烈日之时,虽无事之人尚且困倦,况做事之人乎? 如不能休息片刻,又继之以夜,岂能堪哉! 故宜爱惜工人之力。

装运要略须知类

此一段略[10]

水色功用略类

凡绿茶水色,以清碧为最上。所谓清碧,即如柳叶初舒之青翠颜色。历一小时,以其色尚清澄者为上,以浑浊红黄者为下。

品赏法。以汤匙舀取少许以气吮吸,使其气直透脐下,以芬芳清烈,留香齿颊,舌底生津,满口甘甜者为上,如有霉气、恶臭触鼻或其味涩口者为下。

绿茶功用。能消滞、去痰热、除烦渴、清头目、醒昏睡、解食积及烧炙之毒。但以其性寒,故勿多饮。多饮则消脂肪,寒胃,瘦人。绿茶以嫩者为良,粗者于人无益。

红茶水色。红茶水色要浓厚,不浑浊浅淡者为佳。茶一入口即觉甜滑甘美,香泽之气,缊缊滞留喉间者为上。如涩舌涩唇,其味腥恶者次之。

红茶功用与绿茶稍异,能中和消滞,解暑疗烦,悦志醒睡,下气利温,亦微有消脂之功。微醉时,宜稍饮以舒酒力。若酩酊大醉时,则不宜饮,盖茶汁会将酒气引入膀胱,恐为患及肾。

凡煎茶之水,宜选其美者,随各地脉之宜取之,如江南金山寺之〔南〕零水、无锡惠泉山之石泉水等。如其处无醴水甘泉,则择清碧洁净之长流水为好。

盛水煎汤之器皿亦宜选择。茶与水品虽俱妙,若用带恶臭气味之铜、铁、锡制之器皿煎之,饮后腥恶之气绕满齿颊,犹如"朝衣朝冠,坐于涂炭"。故煎汤之器皿,以银器最妙,瓷器、陶器及紫铜器等次之。

茶、水、器三者虽然俱佳,如用败木、污柴、腥草、恶叶、油炭等煎之,则其味恶,与用败器者同;而苟柴薪虽美,若烹水之法不善,亦失其味。盖水未沸时,揭盖观望,致烟火之气流入器内。又如水既沸,任其煎而不顾者是也;而又或注茶叶以沸汤时,缓急不均者,亦失其味。盖注汤急,则茶叶向外漂扬;注缓,则其叶难开,其味薄。凡此等类,皆能损失茶汤真性。故品茶之道,岂可言易哉?

注　释

1 本叙之前,日本内务省劝农局原版,还冠有日人织田完之撰写的《绪言》一篇,因其对胡秉枢及其《茶务佥载》所以到日本和在日本出版,有所关涉,故本书在将本文回译为中文收编时,不予删除,移此作注,以供参考:

《茶务佥载》绪言　闻欧美诸洲不产茶,如红茶、绿茶,俱仰中国、印度,以故有中印之富源,亦在于茶云。见本年一月自中国厦门港出口美国之茶表,淡水乌龙 4 473 260 斤,厦门乌龙 3 538 631 斤。一月一国尚且如此,应知全年向欧洲诸国出口之多也。由此观之,中印之富源,亦在于茶说,并非妄言。而"其茶皆山野自生,其制法亦至简易"这种我邦园圃所栽培之茶,其产额固有限,又其制只循固有之法，其用亦仅止于国内。近来生产的一种本色茶，虽然已稍向美国输出，但尚未能适应欧洲诸国之嗜好。抑四国、九州之地，山野自生之茶尤多，野火烧之，犹长新茶，如蕨薇然。是以称茶为本邦"天然之富源"亦无不可。官员凤已有见于此，曾从中国雇请吴新林、凌长富等，遣送四国、九州摘取自生之茶，试制红、绿各色，惜其品位未能适于欧美需用。顷，岭南人秉枢胡氏，携自著之《茶务佥载》来禀官，曰："贵国茶质之佳美，实非散邦所能及，而不适欧洲人之所好，制法未备也，愿为贵邦传其制法。"官纳其言，让胡氏试制，果得精良之品。自今以后，我山野自生之茶，悉效此法，与固有之传统制法并存，使其品位益加精良，本邦生产之茶叶亦能适应欧美诸国需用，而使中国、印度不得独擅其美也。今方开其端者，秉枢胡氏也。此书乃出于其多年实践经验之余者，于各地制茶家，所裨益者不少。此官之所以特刊布此书云。

明治十年六月织田完之撰

2　洋庄，则自明代而至于今：胡氏此语不十分确切。中国茶叶作为商品由海路输入西欧，的确是始于明代后期。但茶作为中国和西方贸易的主要物资之

一，中国设立固定商行专门负责与各国贸易，这还是至清朝取消海禁以后的事情。至于各国在中国内地和口岸开厂设栈，直接进行外销茶收购加工的所谓"洋庄茶"，则更迟主要是中英鸦片战争以后兴起的。

3　杏月：中国农历二月的称谓之一。三月叫"桃月"、四月叫"槐月"、五月叫"榴月"……二月的称谓除"杏月"外，还有"仲春"、"早春"、"兰花"、"建卯月"等等。

4　台郡：台湾。

5　风车：即风机。

6　此句原置于＊，今据文意校正。

7　粤垣：广州。

8　买卖城：原中俄边界的恰克图。位库伦(今蒙古人民共和国乌兰巴托)北约"八百里"。清雍正五年(1727)与俄订立"恰克图条约"，准予通商，嗣又禁止。至乾隆五十七年(1792)，复立互市条约，并以此作两国互市之地。后划分边界，因旧街市悉划入俄境，中国内地商人就在中国一侧别建新市于界，集中国土产货物与俄商互市，称为"买卖城"。

9　此句翻阅孔子论著未见。但在中国古籍中，类似的记载，如"人弃我取，人取我与"，在在可见。

10　此一段略：为日本劝农局版原注。

校　　勘

① "叙"字前，日本内务省劝农局刊本(简称劝农局本)，还冠有书名，作"茶务佥载叙"。此前日人织田完之所撰的"绪言"，和此后胡秉枢的"小引"及"目录"，前面也皆加有书名；本书收编时删，他处也不再出校。

② 茶：本叙劝农局原文为据龙封修手抄隶书刊印，故皆书作"荼"字。

③ 绿茶罐箱装藏类：劝农局本"目录"原文作"罐箱装藏类"，文中标题为"绿茶铅罐箱板藏类"，本书译编统一改作为"绿茶罐箱装藏类"。

④ 绿茶缘起类略："缘起"，劝农局本原文形误作"绿起"，径改。

⑤ 装运要略须知类：劝农局本原文作"装运要略"，文中标题为"装运要略须知类"，据文题增补。

⑥ 在"目录"后与"种植类"之间，劝农局本原文还多一行"茶务佥载"，"清国　岭南　胡　秉枢著"十字。本书编者省。

⑦ 安徽：此一省名疑误。因句首"绿茶以安徽婺

源……为第一,其次为屯溪、平水、安徽、宁绍等处",重出的"安徽"当是屯溪一类的省下茶区名。有可能是"六安"、"徽州"之误刊。

⑧ 绿茶采择类:劝农局本原题作"采择类",此据文前目录增补。

⑨ 绿茶制做类:劝农局本原题作"制做类",此据文前目录增补。

⑩ 别镀:"镀"字,劝农局本此处误刊作"罐"字,据前后文文义改。

⑪ "此茶"以下本段内容,劝农局本原文抬头作另段。本书译编时考虑其与上面内容的连贯性,

移此合为一段。

⑫ 绿茶制法宜精〔类〕:劝农局本原题作"制法宜精",此据文前目录增补。

⑬ 熙雨:劝农局本原文"雨"字,形误作"南"字,据前后内容径改。

⑭ 器用类略:劝农局本原题作"器用类",据文前目录增补。

⑮ 乌龙制做类:劝农局本原题作"乌龙制类",据文前目录增补。

⑯ 红茶拣择类:劝农局本原书脱此题,此据文前目录增补。

茶史 | 清 佚名 撰

作者及传世版本

佚名《茶史》,《北京图书馆馆藏古农书目录》著录作:"《茶史》一卷,佚撰者名,抄本二册,与《花史》三册合订,共五册。""一卷"云云,查非抄本所书,疑是北京图书馆编目时添加的。严格说,此书不能算史,只是将所抄茶诗、茶词和七种宋代茶书汇编成册罢了。不过,因其中有不少他书不见的资料,所以还有一定的价值。

本文辑成时间,原书目阙未定,为本书编时加。在征求意见时,有个别学者以本文所录内容均出明人以前著作,主张题作"明代抄本";也有人以北京图书馆将此本只作普本未列入善本,提出可能出之"清末

民初"。我们经初步查考后认为,此二说似乎都有失偏颇。所谓所录茶书和诗词,"均出明人以前著作",不完全正确,其中有些人,如沈龙,就属明末清初人,其赋其诗,很可能是其入清以后的作品。至于收藏单位未将此钞本作为善本而"只作普本",这也不能成为断定其为"清末民初"的铁据。因此我们取所询多数学者的意见,将本文辑成和手抄时间笼统定之为"清",余地似乎更大。本书以北京国家图书馆独本作录,对收录的内容,除为节省篇幅、减少重复,对所录的长诗和整本茶书予以删略以外,对有些诗词舛差,也择要据原文和有关版本稍加校注。

原　文

经采书目

三国志　墉城集仙录　洛阳伽蓝记　清异录　宋史　青箱杂记　懒真子　清波杂志　癸辛杂识　旧唐书　博物志　李太白集　述异记　续博物志　玉泉子　西溪丛话　避暑录话　归田录　渑水燕谈录　墨客挥犀　画墁录　侯鲭录　金史　闽部疏　泉南杂志　雁荡山志　解脱集　鹤林玉露　研北杂志　梦溪笔谈　东坡志林　物类相感志　杨升庵文集　雨航杂录　紫桃轩杂缀　紫桃轩又缀　六研斋笔记　岩栖幽事　金陵琐事　露书　中朝故事　甫里先生集　芝田录　采茶录　新唐书　南村辍耕录　游宦纪闻　墨庄漫录　偃曝谈余　清暑笔谈　适园杂著　岱宗小稿　黄文节公文集　白氏长庆集　樊川文集　林和靖集　朱文公全集　宋元诗集　淮海集　匏翁家藏集　太白山人集　甫田集　文起堂集　黄涧集　隐秀轩集　东坡词　吴歈小草　松圆浪淘集　汲古堂集　苏文忠公全集　檀园集　谭子诗归　黎阳王襄敏公集　欧余漫录　太函集　梅宛陵集　栾城集　元丰类稿　雪涛阁谈丛　范文正公集　容台集　因话录　钟白敬遗稿　北梦琐言　石林燕语　赵涛献公文集　白玉蟾集　唐文粹　晚香堂小品　幽草轩野语　赵半江集　程中权集　快雪堂集　吕泾野语录　瞿慕川集　珂雪斋游居□录　偶庵草　蔡君谟茶录　东溪试茶录　欧阳文忠公集　吕纯阳集　暖姝由笔　漱石闲谈　戒庵老人漫笔　歇庵集　冯元成选集　天爵堂文集　南游合草　甲序　弇州山人续稿　听雪斋诗草　李卫公别集　才调集　世经堂集　赵忠毅公诗集　正续全蜀艺文志　于肃愍公集　鸡肋集　见只编　雪初堂集　合璧事类外集　徐文长三集　归有园稿　明诗续选　焚书　鲁文恪公集　七修类稿　鸡树馆集　涌幢小品　岱志　多能鄙事　香草诗选　秣陵诗　剑南诗稿　程篁墩文集　郑侯升集　瀛奎律髓　梅花草堂集　蜕衣生蜀草　亦园诗文略　光禄寺志　北苑别录　宣和北苑贡茶录　品茶要录　蔡襄茶录　东溪试茶录　负暄杂录　臆乘　友会谈薮　睡庵诗稿三刻　笔尘　梅岩小稿　鹿裘石室集　袁中郎全集

陆羽《茶经》三卷、又《茶记》一卷　温庭筠《采茶录》一卷、《茶苑杂录》一卷不知作者　张又新《煎茶水记》一卷　毛文锡《茶谱》一卷　丁谓《北苑茶录》二卷　蔡襄《茶录》一卷　沈立《茶法易览》十卷　吕惠卿《建安茶用记》二卷　章炳文《壑源茶录》一卷　刘异《北苑拾遗》一卷　宋子安《东溪茶录》一卷　熊蕃《宣和北苑贡茶录》一卷　宋黄儒《品茶要录》一卷　《宋史·艺文志》。《唐书》止载陆羽《茶经》三卷，温庭筠《采茶录》一卷，张又新《煎茶水记》一卷。

韦曜，字弘嗣，吴郡云阳人也。少好学，善属文。孙皓即位，封高陵亭侯，迁中书仆射，职省，为侍中。皓每飨宴，无不竟日，坐席无能否，率以七升为限。虽不悉入口，皆浇灌取尽。曜素饮酒不过二升，初见礼异，时常为裁减或密赐茶荈以当酒。至

于宠衰,更见逼强,辄以为罪。《三国志·吴书》

广陵茶姥者,不知姓氏乡里,常如七十岁人,而轻健有力,耳聪目明,头发鬓黑。晋元南渡之后,耆旧相传见之百余年,颜状不改。每持一器茗往市鬻之,市人争买,自旦至暮所卖极多,而器中茶常如新熟而未尝减少,人多异之。卅吏以冒法系之于狱,姥乃持所卖茗器,自牖中飞去。杜光庭《墉城集仙录》

尚书令王肃,琅琊人,赡学多通。文辞美茂,为齐秘书丞。太和十八年,背逆归顺。肃初入国,不食羊肉及酪浆等物,常饭鲫鱼羹,渴饮茗汁。京师士子见肃一饮一斗,号为漏卮。经数年以后,肃与高祖殿会,食羊肉酪粥甚多。高祖怪之,谓肃曰:"卿中国之味也。羊肉何如鱼羹,茗饮何如酪浆?"肃对曰:"羊者是陆产之最,鱼者乃水族之长,所好不同,并各称珍。以味言之,甚是优劣。羊比齐鲁大邦,鱼比邾莒小国。惟茗不中与酪作奴。"高祖大笑。彭城王勰谓肃曰:"卿明日顾我,为卿设邾莒之食,亦有酪奴。"因此号茗饮为酪奴。时给事中刘缟,慕肃之风,专习茗饮。彭城王谓缟曰:"卿不慕王侯八珍,好苍头水厄。海上有逐臭之夫,里内有学颦之妇。以卿言之,即是也。"其彭城王家有吴奴。以此言戏之。自是朝贵宴会,虽设茗饮,皆耻不复食,惟江表残民远来降者好之。

后萧衍子西丰侯萧正德归降时,元义欲为之设茗,先问:"卿于水厄多少?"正德不晓义意,答曰:"下官生于水乡,而立身以来,未遭阳侯之难。"元义与举坐之客皆笑焉。北魏杨衒之《洛阳伽蓝记》

乐天方入关斋,禹锡正病酒,禹锡乃馈菊苗韲、芦菔鲊,换取乐天六班茶二囊以醒酒。《蛮瓯志》

陆鸿渐采越江茶,使小奴子看焙。奴失睡,茶焦烁,鸿渐怒,以铁绳缚奴投火中。《蛮瓯志》

元和时,馆阁汤饮待学士者,煎麒麟草。《凤翔退耕传》

觉林院志崇收茶三等,待客以惊雷荚,自奉以萱草带,供佛以紫茸香,盖最上以供佛,而最下以自奉也。客赴茶者,皆以油囊盛余沥以归。《蛮瓯志》上四条并出冯贽《云仙杂记》

兵部员外郎约,研公李勉之子也,以近属宰相小,而雅度玄机,萧萧冲远。约天性惟嗜茶,能自煎,谓人曰:"茶须缓火炙,活火煎。活火,谓炭之焰者也。"客至不限瓯数,竟日执持茶器不倦。赵璘《因话录》

太子陆文学鸿渐名羽。其先不知何许人,竟陵龙盖寺僧姓陆,于堤上得一初生儿,收育之,遂以陆为氏。聪俊多能,学赡辞逸,诙谐纵辩,盖东方曼倩之俦与。性嗜茶,始创煮茶法。至今鬻茶之家,陶为其像,置于炀器之间,云宜茶足利。其歌云:"不羡黄金罍,不羡白玉杯,不羡朝入省,不羡暮入台。千羡万羡西江水,曾向竟陵城下来。"

察院兵察常主院中茶,茶必市蜀之佳者,贮于陶器,以防暑湿,御史躬亲缄启,故谓之茶瓶厅。并《因话录》

唐薛尚书能,以文章自负,累出戎镇,常龂龂叹息惜,因有诗谢淮南寄天柱茶。其落句云:"麤官亦似真抛却,赖有诗句合得尝",意以节镇为麤官也。孙光宪《北梦琐言》

和凝在朝,率同列递日以茶相饮,味劣者有罚,号为汤社。

吴僧文了善烹茶,游荆南,高保勉白子

季兴,延置紫云庵,日试其艺,保勉父子呼为汤神。奏授华定水大师,上人目曰乳妖。

伪闽甘露堂前两株茶,郁茂婆娑。宫人呼为清人树,每春初,嫔嫱戏摘新芽,堂中设倾筐会。

馔茶而幻出物象于汤面者……煎茶赢得好名声[1]。

进士于则谒外亲于汧阳,未至十余里,饭于野店,旁有紫荆树,村民祠以为神,呼曰"紫相公",则烹茶因以一杯置相公前,策马径去。是夜梦峨冠紫衣人来见,自陈余则紫相公,主一方菜蔬之属,隶有天平吏掌丰,辣判官主俭。然皆嗜茶而奉祠者鲜以是品为供。蒙厚饮,可谓非常之惠,因口占赠诗,曰:"降酒先生风韵高,搅银公子更清豪。碎身粉骨功成后,小碾当御金脚槽"之句。盖则是日以小分,须银匙打茶,故目为"搅银公子"。则家业蔬圃中祠之,年年获收。

皮光业最耽茗事……而难以疗饥也[2]。并《清异录》

伪唐徐履掌建阳茶局,弟复治海陵盐政,盐检烹炼之亭榜曰金卤,履闻之,洁治敞焙舍,命曰玉茸。《清异录》

龙图刘烨亦滑稽辩捷,尝与内相刘筠聚会饮茗。问左右曰:汤滚也未?左右皆应曰:已滚。筠曰:"金日鲧哉!"烨应声曰:"吾与点也。"吴处厚《青箱杂记》

王元道尝言……因大奇之[3]。马永卿《懒真子》

长沙匠者造茶器,极精致工直之厚,等所用白金之数,士夫家多有之,置几案间,但知以侈靡相夸,初不常用也。司马温公偕范蜀公游嵩山,各携茶往,温公以纸为贴,蜀公盛以小黑合。温公见之,惊曰:"景仁乃有茶器?"蜀公闻其言,遂留合与寺僧。凡茶宜锡,窃意若以锡为合,适用而不侈,贴以纸,则茶味易损,岂亦出杂以消风散,意欲矫时弊耶?邵氏闻见录云:温公尝与范景仁共登嵩顶,由辕辕道,至龙门,涉伊水,至香山,憩石临八节滩,凡所经从多有诗什,自作序曰:游山录,携茶游山当是此时。

张芸叟曰:申公知人,故多得下僚。家有茶罗子,一银饰,一金饰,一棕栏。方接客,索银罗子,常客也;金罗子,禁近也;棕栏,则公辅必矣。家人常挨排于屏间以候之,申公温公同时人,而待客茗饮之器,顾饰以金银分等差,益知温公俭德世无其比。《清波杂志》

周公谨密云:长沙茶器精妙甲天下,每副用白金三百星或五百星,凡茶之具悉备,外则以大缨银贮之。赵南仲葵丞相帅潭日,尝以黄金千两为之,以进尚方。穆陵大喜,盖内院之工所不能为也。因记司马公光与范蜀公游嵩山,各携茶以往,温公以纸为贴,蜀公盛以小黑合,温公见之曰:景仁乃有茶器耶? 蜀公闻之,因留合与寺僧而归,向使二公见此,当惊倒矣。《癸辛杂识》

欧阳文忠公感事诗"烦心渴喜凤团茶",自注云,先朝旧例,两府辅臣岁赐龙茶,一斤而已。余在仁宗朝,作学士,兼史馆修撰,尝以史院无国史,乞降一本,以备检讨,遂命天章阁录本付院,仁宗因幸天章,见书吏方录国史,思余上言,亟命赐黄封酒一瓶,果子一合,凤团茶一斤,押赐中使语余云:上以学士校新写国史不易,遂有此赐,然自后月一赐,遂以为常,后余忝二府,犹赐不绝。《欧阳文忠公集》

《茶述》[4]《合璧事类外集》

汤悦有《森伯颂》……谁能目之。

豹革为囊……称茶为水豹囊。

胡峤飞龙涧饮茶诗曰……后间道复归。

陶秀实云：犹子彝……然彝亦文词之有基址者也。

符昭远不喜茶……亦可夹眼。

孙樵《送茶与焦刑部书》云……慎勿贱用之。

茶至唐始盛……时人谓之茶百戏。

宣城何子华……允矣哉[5]。并《清异录》

李白《答族侄僧中孚赠玉泉仙人掌茶诗序》曰：余闻荆州玉泉寺近清溪诸山，山洞往往有乳窟，窟中多泉石交流。其水边处处有茗草罗生，枝叶如碧玉，唯玉泉真公常采而饮之，年八十余岁，颜色为桃花。而此茗清香滑熟，异于他者，所以能还童振枯，扶人寿也。余游金陵，见宗僧中孚，示余茶数十片，拳然重叠，其状如手，号为仙人掌茶。盖新出乎玉泉之山，旷古未觌，因持之见遗。兼赠诗，要余答之。后之高僧大隐，知仙掌茶发乎中孚禅子及青莲居士李白也。……

德宗贞元九年春正月，初税茶，岁得钱四十万贯，从盐铁使张滂所奏。茶云有税，自此始也。刘昫《唐书》

饮真茶，令人少眠。张华《博物志》

巴东有真香茗，其花白色如蔷薇，煎服令人不眠，能诵无忘。任昉《述异记》

南人好饮茶，孙皓以茶与韦昭代酒，谢安诣陆纳，设茶果而已。北人初不识，开元中，泰山灵岩寺有降魔师教禅者以不寐人多作茶饮，因以成俗。唐人陆鸿渐为茶论，并煎炙之法，造茶具二十四事，以都统笼贮之。常伯熊者，因广鸿渐之法，伯熊饮茶过度，遂患风气，或云北人未有茶，多黄病，后

饮，病多腰疾偏死。李石《续博物志》

昔有人授舒州牧，李德裕谓之曰："到彼郡日，天柱峰茶，可惠三角。"其人献之数十斤，李不受退还。明年罢郡，用意精求，获数角投之，德裕阅而受，曰："此茶可以消酒食毒。"及命烹一瓯沃于肉食内，以银合闭之。诘旦因视，其肉已化为水，众服其广识。《玉泉子》

陶谷云……龙坡是顾渚之别境。

吴僧梵川……持归供献。

有得建州茶膏……转遗贵臣。

显德初……建人也[6]。并《清异录》

宋榷茶之制，择要会之地，为榷货务六。茶有二类，曰片茶，曰散茶，片茶蒸造，实卷模中串之。唯建、剑则既蒸而研，编竹为格，置焙室中，最为精洁，他处不能造。有龙凤、石乳、白乳之类十二等，以充岁贡及邦国之用，其出处，袁饶、池、光歙、潭、岳、辰、沣州、江陵府、兴国临江军，有仙芝、玉津、先春、绿芽之类二十六等，两浙及宣、江、鼎州、又以上中下或第一至第五为号。散茶出淮南归州、江南荆湖，有龙溪、雨前、雨后之类十一等，江浙又有以上中下或第一至第五为号者。《宋史·食货志》

"建州腊茶，北苑为第一"，其最佳者曰社前，次曰火前，又曰雨前，所以供玉食，备赐予。太平兴国始置，大观以后制愈精，数愈多，胯式屡变，而品不一，岁贡片茶二十一万六千斤。建炎以来，叶浓杨勃等相因为乱，园丁已散，遂罢之。绍兴二年，蠲末起大龙凤茶一千七百二十八斤，五年复减大龙凤及京铤之半。十二年，兴榷场，遂取腊茶为榷场本，凡胯截片铤，不以高下多少，官尽榷之，申严私贩入海之禁。明年，以失陷引钱，复令通商，自是上供龙凤京铤

茶料。凡制作之费，籯筥之式，令漕司掌之。蜀茶之细者，其品视南方已下，惟广汉之赵坡，合州之水南，峨嵋之白芽，雅安之蒙顶，土人亦珍之，但所产甚微，非江建比也。旧无榷禁，熙宁间，始置提举司，收岁课三十万，至元丰中，累增至百万。上《宋史·食货志》

朱崖地产苦荼，民或取叶以代茗。《宋史·崔与之传》

建州龙焙面北谓之北苑，有一泉极清澹，谓之御泉。用其池水造茶，即坏茶味。唯龙团胜雪，白茶二种，谓之水芽，先蒸后拣，每一芽，先去外两小叶，谓之乌带，又次取两嫩叶，谓之白合，留小心芽，置于水中，呼为水芽，聚之稍多，即研培为二品，即龙团胜雪，白茶也。茶之极精好者，无出于此，每胯计工价近三十千，其他茶虽好，皆先拣而后蒸研，其味次第减也。茶有十纲，第一第二纲太嫩，第三纲最妙，自六纲至十纲，小团至大团而止。第一名曰试新，第二名曰贡新，第三名有十六色：龙团胜雪、白茶、万寿龙芽、御苑玉芽、上林第一、乙夜清供、龙凤英华、玉除清赏、承平雅玩、启沃承恩、云叶、雪英、蜀葵、金钱、玉华、千金。第四有十二色：无比寿芽、宜年宝玉、玉清庆云、无疆万龙、万春银叶、玉叶长春、瑞雪翔龙、长寿玉圭、香口焙、兴国岩、上品拣芽、新收拣芽。第五有十色：太平嘉瑞、龙苑报春、南山应瑞、兴国岩小龙、又小凤、续入额、御苑玉芽、万寿龙芽、无比寿芽、瑞云翔龙。先春、太平嘉瑞、长寿玉圭，已下五纲，皆大小团也。姚宽《西溪丛语》

叶石林云：北苑茶，正所产为曾坑，谓之正焙；非曾坑为沙溪，谓之外焙。二地相去不远，而茶种悬绝。沙溪色白，过于曾坑，但味短而微涩，识茶者一啜如别泾渭也，余始疑地气土宜不应顿异如此，及来山中，每开辟径路，刓治岩窦，有寻丈之间，土色各殊，肥瘠紧缓燥润亦从而不同。并植两木于数步之间，封培灌溉略等，而生死丰瘁如二物者，然后知事不经见不可必信也。草茶极品，唯双井顾渚，亦不过多有数亩。双井在分宁县，其地属黄氏鲁直家也。元祐间，鲁直力推赏于京师，族人交致之，然岁仅得一二斤尔。顾渚在长兴县，所谓吉祥寺也，其半为今刘侍郎希范家所有，两地所产岁亦止五六斤。近岁寺僧求之者多，不暇精择，不及刘氏还甚，余岁求于刘氏，过半斤则不复佳，盖茶味虽均，其精者在嫩芽，取其初萌如雀舌者谓之枪，稍敷而为叶者谓之旗，非所贵，不得已取一枪一旗犹可，过是则老矣，此所以难得也。《避暑录话》

欧阳公修云：腊茶盛于剑建，草茶盛于两浙。两浙之品，日注为第一。自景祐已后，洪州双井白芽渐盛，近岁制作尤精，囊以红纱，不过一二两，以常茶十数斤养之，用辟暑湿之气，其品还出日注上，遂为草茶第一。《归田录》

王辟之云：建茶盛于江南……何至为此多贵[7]。《渑水燕谈录》

蔡君谟善别茶……乃服[8]。

王荆公为小学士时，尝访君谟，君谟闻公至，喜甚，自取绝品茶，亲涤器烹点以待公，冀公称赏。公于夹袋中取消风散一撮，投茶瓯中并食之，君谟失色。公徐曰："大好茶味。"君谟大笑，且叹公之真率也。彭乘《墨客挥犀》

蔡君谟，议茶者莫敢对公发言。建茶所以名重天下，由公也。后公制小团，其品尤精于大团。一日，福唐蔡叶丞秘教召公啜小团，坐久，复有一客至。公啜而味之曰："非独小团，必有大团杂之。"丞惊呼，童曰："本碾造二人茶，继有一客至，造不及，乃以大团兼之。"丞神服公之明审。《墨客挥犀》

张芸叟舜民云：有唐茶品以阳羡为上供，建溪北苑未著也。贞元中，常衮为建州刺史，始蒸焙而研之，谓研膏茶。其后稍为饼样其中，故谓之一串。陆羽所烹，惟是草茗尔。迨至本朝，建溪独盛，采焙制作，前世所未有也，士大夫珍尚鉴别，亦过古先。丁晋公为福建转运使，始制为凤团，后又为龙团，贡不过四十饼，专拟上供，虽近臣之家，徒闻之而未尝见也。天圣中，又为小团，其品迥加于大团，赐两府，然止于一勘，唯上大斋宿，八人两府共赐小团一饼，缕之以金，八人折归，以侈非常之赐，亲知瞻玩，瘠唱以待，故欧阳永叔有龙茶小录，或以大团问者，辄方割寸，以供佛供仙家庙已，而奉亲并待客享子弟之用。熙宁末，神宗有旨建州制密云龙，其品又加于小团矣。然密云之出，则二团少粗，以不能两好也。予元祐中，详定殿试是年秋，为制举考第官，各蒙赐三饼，然亲知诛责，殆将不胜。宣仁一日叹曰："指挥建州，今后更不许造密云龙，亦不要团茶，拣好茶吃了，生得甚好意智？"熙宁中，苏子容使虏，姚麟为副，曰："盍载些小团茶乎"，子容曰："此乃供上之物，俦敢与虏人？"未几，有贵公子使虏，广贮团茶，自尔虏人非团茶不纳也，非小团不贵也，彼以二团易蕃罗一匹，此以一罗酬四团，少不满，则形言语，近有贵貂〔使〕边①，以大团为常供，密云为好茶。《画墁录》

赵德麟令畴云：皋卢，茶名也，皮日休云"石盆前皋卢"。《侯鲭录》

金茶，自宋人岁供之外，皆贸易于宋界榷场。泰和五年十一月，尚书省奏，茶饮食之余，非必用之物，比岁上下竞啜，农民尤甚，市井茶肆相属，商旅多以丝绢易茶，岁费不下百万，是以有用之物，而易无用之物也。若不禁，恐耗财弥甚。遂命七品以上官，其家方许食茶，仍不得卖及馈献，不应留者，以斤两立罪赏。七年，更定食茶制。八年七月，言事者以茶乃宋土草芽，而易中国丝绵锦绢有用之物，不可也。国家之盐，货出于卤水，岁取不竭，可令易茶，省臣以为所易不广，遂奏令兼以杂物博易。宣宗元光二年三月，省臣以国蹙财竭，奏曰：金币钱谷，世不可一日阙者也，茶本出于宋地，非饮食之急，而自昔商贾以金帛易之，是徒耗也。泰和间，尝禁止之，后以宋人求和乃罢。兵兴以来，复举行之，然犯者不少衰，而边民又窥利越境私易，恐因泄漏军情或盗贼入境，今河南陕西凡五十余郡，郡日食茶率二十袋，袋直银二两，是一岁之中，妄费民银三十余万也。奈何以吾有用之货而资敌乎？乃制亲王公主及见任五品以上官素蓄者存之，禁不得卖馈，余人并禁之，犯者徒五年，告者赏宝泉一万贯。《金史·食货志》

茶之品莫贵于龙凤，谓之团茶，凡八饼重一斤。庆历中，蔡君谟为福建路转运使，始造小片龙茶以进，其品绝精，谓之小团。凡二十饼重一斤，其价直金二两。然金可有而茶不可得，每因南郊致斋，中书枢密院各赐一饼，四人分之，宫人往往缕金花于其上，盖其贵重如此。《归田录》

黄鲁直谓荀中令，喜焚香，故名缩砂汤曰荀令汤。朱云喜直言切谏，苦口逆耳，故名三棱汤曰朱云汤。《墨庄漫录》

叶石林梦得云：故事建州岁贡大龙凤团茶各二斤，以八饼为斤。仁宗时，蔡君谟知建州，始别择茶之精者为小龙团十斤以献。斤为十饼，仁宗以非故事，命劾之，大臣为请，因留而免劾。然自是遂为岁额。熙宁中，贾青为福建转运使，又取小团之精者为密云龙，以二十饼为斤，而双袋谓之双角团茶。大小团袋皆用绯，通以为赐也。密云独用黄，盖专以奉玉食，其后又有为瑞云祥龙者。宣和后，团茶不复贵，皆以为赐，亦不复如向日之精，后取其精者为铙茶，岁赐者不同，不可胜记矣。叶梦得《石林燕语》

李溥为江淮发运使，每岁奏计，则以大船载东南美货，结纳当途，莫知纪极。章献太后垂帘时，溥因奏事，盛称浙茶之美，云："自来进御，惟建州饼茶，而浙茶未尝修贡。本司以羡余钱买到数千斤，乞进入内。"自国门挽船而入，称进奉茶纲，有司不敢问，所贡余者悉入私室。溥晚年以贿败，窜谪海州，然自此遂为发运司，岁例每发运使入奏，舳舻蔽江，自泗州七日至京，余出使淮南时，见有重载入汴者，购得其籍，言两浙牋纸三船，他物称是。彭乘《墨客挥犀》

饮茶，或云始于梁天监中，事见于洛阳伽蓝记，非也。按吴志韦曜传，"孙皓时每宴飨，无不竟日，坐席无能否，饮酒率以七升为限，虽不悉入口，皆浇濯取尽，曜素饮酒不过三升，初见礼异时，或为裁减或密赐茶荈以当酒"。如此言，则三国时已知饮茶，但未能如后世之盛耳，逮唐中世榷利遂与醝酒相抗，迄今国计赖为多。上官融《友会谈丛》

顾文荐《负暄杂录》论建茶品第云：唐陆羽《茶经》……谓拣芽也。宣和庚子

岁……必爽然自失矣。其茶岁分十余纲……逮至夏过半矣。欧阳公诗云"建安三千五百里，京师三月尝新茶"，盖御茶园自九窠十二陇至小山，凡四十六所，唯龙游窠、小苦竹、张坑、西际又为禁园之先也。此熊蕃叙录及诸家杂记采其说云[9]。

方万里回云：茶之兴味，自唐陆羽始，今天下无贵贱，不可一饷不啜茶。且其权与盐酒并为国利，而士大夫尤嗜其品之高者。卢仝一歌至饮七盌以奇语豪思，发茶之神工妙用，然"手阅月团三百片"，则必不精。达官送一处士，茶虽佳，亦不至如是之多，啜茶者皆是也，知茶之味者亦鲜矣。《瀛奎律髓》

杨伯嵒云：茶之所产，陆经载之详矣，独异美者名未备。谢氏论曰：茶比丹丘之仙茶，胜乌城御舞之不止，味同露液，白况霜华，岂可为酪苍头使应代酒徒是阳衔之作。洛阳伽蓝记曰"亦有酪奴"，指茶为酪粥之奴也。杜牧之诗"山实东西秀，茶称瑞草魁"，皮日休诗"千盆前皋卢"，曹邺诗"剑外九华英"，施肩吾诗"茶为涤烦子"。酒为忘忧君子，见于时文者，若越茗若湿，谓之皋卢，北苑白叶，希绝品也，豫章曰白露，曰白芽、南剑，曰石花、曰线芽、东川曰兽目，湖常俱曰紫笋，寿州曰黄芽，福州曰生芽，曰露芽，丘阳曰含膏外，此尤伙颇疑似者不书，若蟾背、鰕目、龙舌、蟹眼瑟瑟、庆霖霭、鼓浪、涌泉、琉璃眼、碧玉池，又皆茶事中天然偶字也。杨伯嵒《臆乘》

国朝《光禄寺志》庐州府六安州茶三百斤，计三百六十袋，每年收六百八十斤。此项该州用黄绢袋装盛，每袋二斤，印封，本寺收贮后库，每月进三十袋，如颁赐不足，则报买金砖茶补之。

建宁府建安县一千三百六十斤，内探春二十七斤，先春六百四十三斤，次春二百六十二斤，紫笋二百二十七斤，荐新二百一斤，崇安县九百九十斤，内探春三十二斤，先春三百八十斤，次春一百五十斤，荐新四百二十八斤。并《寺志》

王敬美曰：余始入建安，见山麓间多种茶而稍高大，枝干槎枒，不类吴中产。问之，知为油茶，非蔡君谟贡品也。已历汀延邵，愈益弥被山谷，高者可一二丈，大者可拱把余。以冬华，以春实，榨其实为油，可灯，可膏，可釜。闽人大都用之，然独汀之连城为第一。闽之人能别其品。王世懋《闽部疏》

陈懋仁曰：清源山茶，青翠芳馨，超轶天池之上，南安县英山茶，精者可亚虎丘，惜所产不若清源之多也。闽地气暖，桃李冬花，故茶较吴中差早。《泉南杂志》朱谏《雁荡山志》浙东多茶品，而雁山者称最，每春清明日摘茶芽进贡，一枪一旗而白毛者，名曰白茶。谷雨日采摘者名曰雨茶，此上品也。其余以粗细鬻卖取价。宜以滚汤泡饮，久炙则无清色香味。一种紫茶，叶紫色，其味尤佳，而香气尤清，难种而薄收，土人厌人求索，园圃中故少植。间有，亦必为识者取去。

四川总志：兽目山彰明治北五里，有茶品格有高，土人谓之兽目茶。茶出峨嵋山，初苦而终甘。乌茶，天全，六番招讨使司出。泸州产茶《茶经》泸茶味佳，饮之疗风。

蒙顶茶，名山县蒙山上青峰甘露井侧产茶，叶厚而圆，色紫赤，味略苦，春末夏初始发，苔藓庇之，阴云覆焉。相传甘露太师自岭表携灵茗播五顶，旧志称蒙顶茶受阳气全，故芬香。唐李德裕入蜀得蒙饼以沃于汤饼上，移时尽化，以验其真。傅雅州蒙山上有露芽，故蔡襄有歌曰"蒙芽错落一番新"、白乐天诗"茶中故旧是蒙山"、吴中复谢人惠茶诗"吾闻蒙山之颠多秀山，恶草不生生淑茗"，谓此茶也。《雅州志》

雷鸣茶，蒙山有僧病冷且久，遇老父曰：仙家有雷鸣茶，俟雷发声乃茁，可并手于中顶采摘。服未竟病瘳，精健至八十余，入青城山，不知所之。今四顶茶园不废，惟中顶草木繁重，人迹希至。《雅志》

太湖茶，瓦屋山太湖寺出茶，味清冽甚佳，诗人咏之曰：品高李白仙人掌，香引卢仝玉腋风。《雅志》杜应芳补续《全蜀艺文志》《动植纪异谱》

袁中郎宏道：游杭叙述云，龙井泉既甘澄，石复秀润。余与石篑陶望龄汲泉烹茶于此。石篑因问：龙井茶与天池孰佳？余谓：龙井亦佳，但茶少则水气不尽，茶多则涩味尽出。天池殊不尔。大约龙井茶头茶虽香，尚作草气，天池作豆气，虎丘作花气，唯岕非花非木，稍类金石气，又若无气，所以可贵。岕茶叶粗大，真者每斤至二千余钱，余竟之数年仅得数两许。近日徽人有送松萝茶者，味在龙井之上，天池之下。《解脱集》

杨龙光梦衮论清福云：茶能涤烦去腻，止渴消食。宜精舍，宜云林，宜磁瓶，宜竹灶，宜幽人雅士，宜衲子仙朋，宜永昼清潭，宜寒霄几坐，宜松月下，宜花鸟间，宜清流白石，宜绿藓苍苔，宜素手汲泉，宜红妆扫雪，宜船头吹火，宜竹里飘烟。《岱宗小稿》

冯开之梦祯祭酒云：李于鳞攀龙为吾浙按察副使，徐子与中行以岕茶最精者饷

之，比看子与昭庆寺，问及则已赏皂隶役矣。盖岕茶叶大多梗，于鳞北士不遇宜矣。纪之以发一粲。陈季象说。《快雪堂集漫录》

嘉靖十六年正月间孙曲水南京得团茶一饼，形如象棋子，大径寸余，厚二三分，色黑如旧墨②，黯黯而轻，面有戏珠盘龙，中一方围图书云："万寿龙芽"四真字，真宋物也。徐充《暖姝由笔》

徐子扩充云：高祖为青州府同知时，曾伯祖断事逊，随任魏知府疑魏观尝因客次以茶为题令赋诗曰："春风拂拂长金芽，不比寻常万木一作百草花，赐与苍生能止渴赐与一作寄语，何须多占一作住玉川家。"时年十三。《暖姝由笔》

罗景纶云：陆羽茶经，裴汶茶述，皆不载建品。唐末，然后北苑亦焉，宋朝开宝间，始命造龙团以别庶品，厥后丁晋公漕闽，乃载之茶录，蔡忠惠又造小龙团以进，东坡诗云，武夷溪边粟粒芽，前丁后蔡相笼加，吾君所乏岂此物，致养口体何陋邪。茶之为物，涤昏雪滞，于务学勤政，未必无助，其与进荔枝桃花者不同。然充类至义，则亦宦官妾之爱君也，忠惠直道高名，与范欧相亚，而进茶一事，乃侪晋公，君子之举措，可不谨哉。《鹤林玉露》

绍兴进茶，自宋降将范文虎始。

李仲宾学士言：交趾茶如绿苔，味辛烈，名之曰登。二条陆友《研北杂志》

宋真宗章献明肃刘皇后，性警悟，晓书史。真宗崩，遗诏尊后为皇太后，仁宗尚少，太后称制，虽政出宫闱，而号令严明。内外赐与有节，旧赐大臣茶，有龙凤饰，太后曰"此岂人臣可得"，命有司别制入香京铤以赐之。《宋史》

茶之品莫贵于龙凤，谓之团茶，凡八饼重一斤。庆历中，蔡君谟为福建路转运使，始造小片龙茶以进，其品精绝，谓之小团，凡二十饼重一斤，其价直金二两，然金可有，而茶不可得，每因南郊致斋，中书枢密院各赐一饼，四人分之，宫人往往缕金花于其上，盖其贵重为此[10]。欧阳修《归田录》

沈存中括云：茶芽古人谓雀舌、麦颗，言其至嫩也。今茶之美者，其质素良，而所植之土又美，则新芽一发，便长寸余，其细如针。唯芽长为上品，以其质干土力皆有余故也，如雀舌、麦颗者，极下材耳，乃北人不识，误为品论。予山居有茶论，赏茶诗云："谁把嫩香名雀舌，定来北客未曾尝。不知灵草天然异，一夜风吹一寸长。"

古人论茶，唯言阳羡、顾渚、天柱、蒙顶之类，都未言建溪。然唐人重串茶黏黑者，则已近乎建饼矣。建茶皆乔木，吴蜀、淮丛发而已。品自居下，建茶胜处曰郝源、曾坑，其间又岔根、山顶二品尤胜。李氏时号为北苑，置使领之。《梦溪笔谈》

苏子瞻云：近时世人好蓄茶与墨，闲暇出二物校胜负，云茶以白为尚，墨以黑为胜，予既不能校，则以茶校墨，以墨校茶，未尝不胜也。

真松煤远烟，馥然自有龙麝气，初不假二物也。世之嗜者如滕达道、苏浩然、吕行甫，暇日晴暖，研墨水数合弄笔之余少啜饮之。蔡君谟嗜茶，老病不能复饮，则把玩而已。看茶而啜墨，亦事之可笑者也。

唐人煎茶用姜，故薛能诗云"盐损添常戒，姜宜煮更夸"。据此，则又有用盐者矣。近世有用此二物者，辄大笑之，然茶之中等者，若用姜煎信佳者。盐则不可。

王焘集外台秘要，有代茶饮子一首云，格韵高绝，惟山居逸人，乃当作之。予尝依法治服，其利鬲调中，信如所云，而其气味，乃一味煮散耳，与茶了无干涉，薛能诗云"蓊官乞与真抛却，赖有诗情合得尝"。又作乌嘴茶诗云："盐损添尝戒，姜宜煮更夸"，乃知唐人之于茶，盖有河朔脂麻气也。并《东坡志林》

周辉云：先人尝从张晋彦觅茶，张答以二小诗："内家新赐密云龙，只到调元六七公，赖有家山供小草，犹堪诗老荐春风"，"仇池诗里识焦坑，风味官焙可抗衡。钻余权贵亦及我，十辈遣前公试烹"。时总得偶病，此诗俾其子代书，后误刊在于湖集中。焦坑产庾岭下，味苦硬，久方回甘，浮石已甘霜后水，焦坑试新雨前茶，坡南还回至章贡显圣寺诗也。后屡得之，初非精品，特彼人自以为重，包裹钻权幸，亦岂能望建溪之胜。

自熙宁后，始贵密云龙，每岁头纲修贡，奉宗庙及供玉食外，赍及臣下无几，戚里贵近丐赐尤繁，宣仁一日慨叹曰："令建州今后不得造密云龙，受他人煎炒不得，也出来道我要密云龙不要团茶。拣好茶吃了，生得甚意智？"此语既传播于缙绅间，由是密云龙之名益著。淳熙间，亲党许仲启官苏沙，得此苑修贡录，序以刊行，其间载岁贡十有二纲，凡三等四十又一名，第一纲曰龙焙贡新，只五十余夸，贵重如此。独无所谓密云龙，岂以贡新易其名，或别为一种，又居密云龙之上耶，叶石林云，熙宁中，贾青为福建转运使，取小团之精者为密云龙，以二十饼为斤而双袋，谓之双角，大小团袋皆绯，通以为赐，密云龙独用黄云。《清波杂志》

双井用山谷乃重。苏魏公尝云，平生荐举不知几何人，唯孟安序朝奉，岁以双井

一盒为饷，盖公不纳苞苴，顾独受此。其亦珍之耶。《清波杂志》

苏子由云：北苑茶冠天下，岁贡龙凤团不得凤凰山味潭水则不成。《栾城集》

强渊明帅长安，求辞蔡京，京曰：公至"彼且吃冷茶"。盖谓长安藉妓，步武小行迟，所度茶必冷也。初不晓所以，后叩习彼风俗者方知之。《清波杂志》

东坡论茶云：除烦去腻……亦不为害也。此大是有理，而人罕知者，故详述云[11]。

《大唐新语》曰：右补阙毋景博学有著述才，性不饮茶，著《茶饮序》云：释滞消壅，一日之利暂佳，瘠气侵精，终身之累则大。获益则功归茶力，贻祸则不谓茶灾，岂非福近易知，祸远难见者乎？

唐茶东川有神泉，昌明白公诗使绿昌明是也。

东坡云：予去杭十七年，复与彭城张圣涂、丹阳陈辅之同来院僧梵英茸治堂宇，比旧加严洁茗饮芳烈。"此新茶耶？"英曰："茶新旧交，则香味复。"予尝见知琴者，言琴不百年，则桐之生意不尽，缓急清浊，常与雨旸寒暑相应，此理与茶相近，故并记之。

东坡与司马温公论茶墨，温公曰："茶与墨政相反，茶欲白，墨欲黑；茶欲重，墨欲轻；茶欲新，墨欲陈。"子曰："二物之质诚然，然亦有同者。"公曰："谓何？"子曰："奇茶妙墨皆香，是其德同也；皆坚，是其性同也。譬如贤人君子，妍丑黔晳之不同，其德操韫藏实无以异。"公笑以为是。《侯鲭录》

芽茶得盐，不苦而甜。《物类相感志》

冯元成时可云：温州乳柑冬酸而春甘，骞林茗叶，先浊而后清，假令初尝即置，终于不知味矣。君子之难识亦如此。骞林出

太和山,黄内使曾以饷予,诸婢食之,恶其苦涩,委诸菜畦。其后有朝士索之,曰此茶宝也,清喉润肺。侍御者以为奇品,初以汤泡,不胜苦涩,再泡至三泡,三泡则清香彻口舌间,隐隐有甘味。余试之果然。其后内使见惠,诸婢珍而重袭之。余叹曰夫物有藉重于先容矧士耶,衣锦怀玉,无介绍而投,遇彼按剑白眼之客,未有不以为骞林之初叶也。《稗谈》

杨用修慎蒙茶辩云:世以山东蒙阴县山所生石藓谓之蒙茶……乃论语所谓东蒙主耳[12]。《补续全蜀艺文志》,又见《七修类稿》

太和骞林叶茶,初泡极苦涩,至三四泡清香特异,人以为茶宝也。《涌幢小品》

凡收茶不可与川椒相近,椒极能夺茶味。《多能鄙事》

岱志云:茶薄产崖谷间,山僧间有之,而城市则无也。山人采青桐芽曰女儿茶,泉崖阴趾茁如波稜者曰仙人茶,皆清香异南茗,黄芽时为茶亦佳,松苔尤佳。

山东之蒙山,乃论语所谓"东蒙主"耳。《七修类稿》

世传烹茶有一横一竖,而细嫩于汤中者,谓之旗枪茶。尘史谓茶之始而嫩者为一枪,浸大而展为一旗,过此则不堪矣。叶清臣《煮茶述》曰"粉枪末旗",盖以初生如针而有白毫,故曰"粉枪",后大则如旗矣。此与世传之说不同,亦如尘史之意。然皆在取列也,不知欧阳公新茶论曰"鄙哉谷雨枪与旗",王荆公又曰"新茗斋中试一旗",则以不取也。或者二公以雀舌为旗枪耳,世不知雀舌乃茶之下品,今人认作旗枪,非是,故昔人有诗云"谁把嫩香名雀舌,定应北客未曾尝,不知灵草天然异,一夜春风一寸长",或二公又有别论,亦未可知,姑记

之。《七修类稿》

冯元成云:茶一名槚……况人乎[13]?《稗谈》

莨莉,一曰筹籝茶笼也,牺木杓也,瓢也,永嘉中,余姚人虞洪入瀑布山采茗,遇一道士云:吾丹丘子,祈子他日瓯牺之余,乞相遗也。故知神仙之贵茶久矣。

茶经用水以山为上,江为中,井为下。山勿太高,勿多石,忽太荒远,盖潜龙巨虺所蓄毒多于斯也。又其瀑涌湍漱者气最悍,食之令颈疾。惠泉最宜人,无前患耳。

江水取去人远者,井取汲多者,其沸如鱼目,微有声为一沸,缘边如涌泉连珠为二沸,腾波鼓浪为三沸。过此水老不可食也。沫饽,汤之华也,华之薄者曰沫,厚者曰饽,皆茶经中语,大抵蓄水恶其停,煮水恶其老,皆于阴阳不适,故不宜人耳。

茶为名见尔雅,又神农食经。《食经》"茶茗久服,令人有力悦志"。《华佗食论》"苦茶久食益力益思"。然谓茶悦志则可,谓益力则未。大抵此物于咽嗌宜,于脾胃不宜;于饮酒人宜,于服药人不宜;于少壮人宜,于衰老人不宜;于渴宜,于睡不宜。《稗谈》

羽著茶经后为李季卿所谩,更著毁茶论,因更名疾,字季疵,言为季所疵也。实有愠意,语称胸中磊块,酒能消之,茶独不然,谓贤于酒乎。《稗谈》

蔡君谟谓:范文正公采茶歌"黄金碾畔绿尘飞,碧玉瓯中翠涛起"。今茶绝品色甚白,翠绿乃下者,请改为"玉尘飞"、"素涛起"如何?然茶白色甚少,惟虎丘茶为然,天池松萝皆翠绿,清源雁荡次之,其他皆黄浊不足称。

六经无茶字,杨升庵云"即谁谓荼苦之

茶字也"，后转音为茶。然茶是一物，茶以苦故名同尔，茶称雀舌、麦颗，取嫩也。又有新芽一发，便长寸余，其粗如针，最为上品。

雅州蒙顶茶有火前茶，谓禁火以前采者，天池谓雨前，谓谷雨以前采者。蒙顶有五花茶，顾渚有三花茶。蒙山有五顶，出中顶者号上清茶，治冷疾。觉林僧收茶上者谓惊雷荚，以闻雷时折也。一闻雷声即采，稍迟气泄尽矣。我朝贡茶以建宁为上，名探春，又先春，又次春，又紫笋，始用芽茶龙凤团皆罢矣。

茶性最寒，惟顾渚茶独温和，饮之宜人，厥名紫笋，他茶久置则有痕迹，惟此茶置久清若始烹。闻此地有涌金泉以造茶时溢，茶毕即涸，蒙顶茶亦温，若得一两，以本处水煎，即得祛宿疾。出中峰者始妙，然人迹罕到，故不易得。

唐诗仕官十日一休沐，故称上浣、中浣、下浣，出沐赐茶，沐归赐酒，至节日及中和日赐大酺三日。中和日二月朔日也。

南州出皋芦，叶状如茗，大如手掌，名曰苦䔘，交广最重，以为佳设，风味甚不及茶，服之亦能消痰清膈，使人彻夜不睡。亦名瓜芦。

曹定庵尝谓茶汤不及菊汤，菊汤不及白荡渐近自然。余谓众味莫如白粥，诸饮莫如白汤，贵真贵淡，与人交亦然。

人嗜茶者腹多生瘕，谓斛茗瘕。状如牛脾，有口，非吐不出，古人称茶水厄，戒也；称酪奴，贱也。《稗谈》

余性嗜茶，得陆羽《茶经》甚畅，及观其自传，信奇士也。羽初生，父母弃于水滨，僧积公举而育之，既长，不知本姓，因筮卦得鸿渐于陆，遂以为姓字。传中自言与人

宴处，意有所失，不言而去，及与人为信，虽冰雪千里，虎狼当道不避也。上元初，结庐苕溪，闭关对书，不杂非类。名僧高士，谈宴永日，常扁舟往山寺，纱巾藤鞋，裋褐犊鼻，诵佛经，吟古诗，杖击林木，手弄流水，夷犹徘徊，自曙达暮。楚人方之接舆。禄山乱中原，为四悲诗。刘辰窥江淮，作天之未明赋。其文多奇语，烹茶必手自煎，饮者靡不畅。积公嗜茶，非渐供不向口，羽出游江淮，积公四五载绝茶味，代宗召积公入内供奉，命宫人善茶者以饷积公，一啜不复尝。上乃访召羽入，置别室，俾煎茶赐师，师一举而尽，上使问之，曰："此必出羽手。"余家有侍儿桂，善为茗。向著《煎茶记》引其名，邢子愿读而异之，桂为茗，真郢人斫鼻也。惜哉其往矣，余遂罢茶味如积公，然余非不爱茶者，其于酒一滴不沾唇，然非不知酒者。往余记中语"酒引人自远，茗引人自高"，近复与客语云"酒引人黑甜之境，可侣庄生化蝶；茗引人虚白之天，可觌普贤乘象"，客为之一莞。《稗谈》

于文定公慎行云：《尔雅》释木云"槚，苦茶"。郭璞注：早采为茶，晚采为茗，此茶之始也。自汉以前，不见于书，想所谓槚者即是矣。

温峤上表贡茶一千斤，茗三百斤。六朝北人犹不食茶，至以酪与之较，惟江南人食之耳。至唐贞元间，始从张滂之请岁收茶税四十万缗，利亦伙矣。宋元以来，茶目遂多，然皆蒸干为末，如今香饼之类乃以入贡，非如今之食茶，止采而烹之也。

西戎食茶，不知起于何时，本朝以茶易番马，制其死命，番人以茶为药，百病皆瘥。不得则死，此亦前代所未有也。上并《笔尘》

郭子章续刻茶经序云：予少病渴，酷嗜

茶笼,仕建州,州故有北苑茶,知鉴于宋仁宗蔡君谟所谓龙茶上品是已。因访之根株败绝,碑碣卧莽壤中,而土人到今贡茶不歇。予言之监司,罢其役,而核其山赋市他山茶以进,则无如武夷接笋在建州上矣。既瀹闽入吴烹虎丘天池,出武夷上司榷于湖,湖小溪直通天目诸山,山僧以茶贶予,似武夷,已将作三祖陵隣六州六之岩茶埒于天目,予谓淮南吴闽诸茶,尽此五者,鼎瓯中不能顷刻去也。已入蜀,或言蜀无良茗,或言雾中良,予至锦官,市雾中煮之,不甚强人意,寻出试嘉州,登凌云山,山九峰相向,予字之曰小九嶷,寺僧饮予茶色似虎丘,味逼武夷而泛绿含黄,清馥郣冽,伯仲天目六安,予摘其芽,僧旋焙之,归以饮藩臬诸公,亡不称良,亡何予同年张仁卿,以龙安司李摄嘉州。予语嘉之嘉,无嘉于凌云茶。张君至嘉,报予曰:诚如君喻,顾茶经未及载,予欲续雕陆经,子为阐凌云之幽,以补竟陵之缺,予惟经之缺,微独凌云也。经曰:杭州下,苏州又下,建州未详,今三州名甲宇内,岂山川清淑之气,当竟陵时,未茁为茶耶,亦微独茶也,后稷教民稼,始不过晋秦间,乃今三吴贡白粲供上膳。先蚕教民蚕,始亦未即及南隅,乃今雪川、闽中三茧,佐北郊供纯服。固知地利兴废有时,要亦人事齐乎。予因之有感矣。夫人绩学强德,迈迹自身,即僻壤下邑,暗然日章,如陆经未载诸茶,吾辈亟收之,思逸也。脱自暴弃,斧斤戕贼,即生齐鲁之乡出孔孟门墙,执亦必与草木同腐。是则北苑已矣。《蟫衣生蜀草》

冯开之快雪堂漫录:藏茶法二,徐茂吴桂云:藏茶法,实茶大瓮底。置箬封固。倒放,则过夏不黄,以其气不外泄也,乐子晋云,当倒放有盖缸内,缸宜砂底,则不生水而常燥,时时封固,不宜见日,见日则生翳,损茶味矣,藏又不宜热处,新茶不宜骤用,过黄梅,其味始足。

品茶　　昨同徐茂吴至老龙井买茶,山民十数家各出茶,茂吴以次点试,皆以为赝,曰,真者甘香而不冽,稍冽便为诸山赝品,得一二两以为真物,试之,果甘香若兰,而山人及寺僧反以茂吴为非,吾亦不能置辨,伪物乱真如此。茂吴品茶,以虎丘为第一,常用银一两余购其斤许,寺僧以茂吴精鉴,不敢相欺,他人所得,虽厚价亦赝物也。子晋云:本山茶叶微带黑,不甚清翠,点之色白如玉,而作寒豆香,宋人呼为白云茶,稍绿便为天池物,天池茶中杂数茎虎丘,则香味迥别。虎丘其茶王种耶,岕茶精者,庶几妃后,天池龙井,便为臣种,余则民种矣。

炒茶并藏法　　锅令极净,茶要少,火要猛,以手拌炒令软净,取出摊匾中,略用手揉之,揉去焦梗,冷定复炒,极燥而止,不得便入瓶,置净处,不可近湿,一二日再入锅炒,令极燥,摊冷,先以瓶用汤煮过,烘燥,烧栗炭透红,投瓶中,覆之令黑,去炭及灰,入茶少分,投入冷炭,又入茶将满,实宿箬叶封固,厚用纸包,以燥净无气味砖石压之,置透风处,不得傍墙壁及泥地,如欲频取,宜用小瓶。上并出《快雪堂集漫录》

李戒庵诩云:昔人论茶,以枪旗为美,而不取雀舌麦颗,盖芽细则易杂他树之叶而难辨耳。枪旗者,犹今称壶蜂翅是也。《戒庵老人漫笔》

张元长大复云:松萝茶有性而无韵,正不堪与天池作奴,况岕山之良者哉!但初泼时,嗅之勃勃有香气耳。然茶之佳处,故不在香，故曰虎丘作豆气，天池作花气，岕山似金石气，又似无气，嗟乎。此岕之所以为妙也。

茶性必发于水，八分之茶，遇水十分，茶亦十分矣。八分之水，试茶十分，茶只八分耳。贫人不易致茶，尤难得水。欧文忠公之故人有馈中泠泉者，公讶曰"某故贫士，何得致此奇贶"？其人谦谢，不解所谓。公熟视所馈器，徐曰："然则水味尽矣。"盖泉冽性驶，非扃以金银，味必破器而走。故曰"贫士不能致此奇贶"也。然予闻中泠泉故在郭璞墓，墓上有石穴镵，取竹作筒钓之，乃得。郭墓故当急流间，难为力矣，况必金银器而后味不走乎？贫人之不能得水亦审矣。予性蠢拙，茶与水皆无拣择而云然者，今日试茶聊为茶语耳。

洞十从天台来，以云雾茶见投，亟煮惠水泼之，勃勃有豆花气而力韵微怯，若不胜水者，故是天池之兄，虎丘之仲耳。然世莫能知，岂山深地回，绝无好事者尝识耶。洞十云：他山培茶多夹襍此，独无有。果然，即不见知何患乎？夫使有好事者一日露，其声价若他山，山僧竞起杂之矣。是故实衰于知名物敝于长价。

泼茶须用小壶，则香密而味全，壶小则瓯不得独大矣。

王祖玉贻一时大彬壶，平三耳而四维上下虚空，色色可人意。今日盛洞山茶酌已饮，倩郎问此茶何似？答曰：似时彬壶。余辗然洗盏，更酌饮之。

冯开之梦祯先生喜饮茶而好亲其事，人或问之，答曰：此事如美人，如鼎彝，如古法书名画，岂能宜落人手？闻者叹美之，然生对客谈辄不止，童子涤壶以待，会盛谈未及著茶时，倾白水而进之先生，未尝不欣然，

自谓得法，客亦不敢不称善也，世号白水先生。

记天池茶云：夏初天池茶，都不能三四石宛，寒夜泼之，觉有新兴。岂厌常之习某所不免耶，将岕之不足，觉池之有余乎？或笑曰，子有岕癖，当不然癖者岂有二嗜欤？某曰：如君言则鲁西以羊枣作脍，屈到取芰而饮之也。孤山处士妻梅子鹤，可谓嗜矣道经武陵溪，酌桃花水一笑何伤乎。

记紫笋茶云：长兴有紫笋茶，土人取金砂泉造之乃胜，而泉不常有，祷之然后出。事已辄涸。某性嗜茶，而不能通其说。询往来贸茶人，绝未有知泉所在者，亦不闻茶有紫笋之目，大都矜称庙后，洞山涨沙止矣。宋有紫茸玉，岂是耶？东坡呼小龙团，便知山谷诸人为客，其贵重如此，自思之政堪与调和，盐醯作伴耳，然莫须另有风味，在古人当不浪说也，炉无炭茶与水各不见长书，此为雪士一笑。

记武夷茶云：武夷诸峰皆拔立不相摄，多产茶，接笋峰上大王次之，幔亭又次之。而接笋茶绝少不易得，按：陆羽经云"凡茶，上者生烂石，中者生砾壤，下者生黄土"，夫烂石已上矣，况其峰之最高最特出者乎？大王峰下削上锐中，周广盘礴，诸峰无与并者。然犹有土滓接笋突兀直上绝不受滓水石相蒸而茶生焉，宜其清远高洁称茶中第一乎？吾闻其语鲜能知味也。经又云，岭南生福州，建州、韶州、象州，注云，福州生闽方山，其建韶象未详，往往得之，其味极佳，岂方山即今武夷山耶。世之推茗社者，必首桑苎翁，岂欺我哉。

记茶史云：赵长白作茶史，考订颇详要，以识其事而已矣。龙团、凤饼、紫茸、惊芽决不可施于今之世。矛尝论，今之世，笔

贵而越失其传，茶贵而越出其味，此何故。茶人皆具口鼻，颖人不知书字，天下事未有不身试之而出者也。

记茶云松萝之香馥，馥庙后之味闲闲，顾渚扑人鼻孔齿颊，都异久而不忘。然其妙在造凡宇内道地之产，性相习也，习相远也。吾深夜被酒，发张震封所贻，顾渚连啜而醒书此。

记秋叶云：饮茶故富贵事，茶出富贵人政不必佳，何则矜名者不旨其味，贵耳者不知其神，严重者不适其候。冯先生有言，此事如法书、名画、玩器、美人，不得着人手，辨则辨矣。先生尝自为之，不免白水之诮，何居。今日试堵先生所贻秋叶，色香与水相发而味不全，民穷财尽，巧伪萌生，虽有卢仝、陆羽之好此道，未易恢复也。甲子春三日闻雁斋笔谈。

张元长大复闻雁斋笔谈云，茶性必发于水，八分之茶，遇水十分，茶亦十分矣。八分之水，试茶十分，茶只八分耳。贫人不易致茶，尤难得也。欧文忠公之故人有馈中泠泉者，公讶曰"某故贫士，何得致此奇贶"？其人谦谢，不解所谓。公熟视所馈器，徐曰："然则水味尽矣"。盖泉列性驶，非扃以金银，味必破器而走。故曰"贫士不能致此奇贶"也。然予闻中泠泉故在郭璞墓，墓上有石穴鳞，取竹作筒钓之乃得。郭璞故当急流间难为力矣。况必金银器而后味不走乎？贫人之不能得水亦审矣。予性蠢拙，茶与水皆无拣择而云然者，今日试茶聊为茶语耳。

天下之性未有淫于茶者也。虽然未有负于茶者也。水泉之味，华香之质，酒瓿米椟，油盎醯罍，酱缶之属。茶入之，辄肖其物，而滑贾奸之马腹，破其革而取之，行万余里，以售之山栖卉服之穷酋，而去其羶薰臊结滞膈烦心之宿疾，如振黄叶，盖天下之大淫，而大贞出焉。世人品茶而不味其性，爱山水而不会其情，读书而不得其意，学佛而不破其宗，好色而不饮其韵，甚矣。夫世人之不善□也。顾邃之怪茶味之不香为作茶说，就月而书之，是夕船过鲁桥，月色水容，风情野态，茶烟树影，笛韵歌魂，种种逼人死矣。集称茶说。

茶既就筐，其性必发于日，而遇知己于水。然非煮之茶灶、茶炉，则亦不佳，故曰饮茶富贵之事也。赵长白自言"吾生平无他幸，但不曾饮井水尹"。此老于茶可谓能尽其性者，今亦老矣也。甚穷，大都不能如襄时事，犹摹挈万卷中，作茶史，故是天壤间多情人也。

松萝茶，有性而无韵，正不堪与天池作奴，况岕山之良者哉。但初泼时，嗅之勃勃有香气耳。然茶之佳处，故不在香，故曰虎丘作豆气，天池作花气，岕山似金石气，又似无气，嗟乎。此岕之所为妙也。

料理息庵，方有头绪，便拥炉静坐其中，不觉午睡昏昏也。偶闻儿子书声，心乐之而炉间寥寥如松风响，则茶且熟矣。三月不雨，井水若甘露，竞扃其户而以瓶罂相遗，何来惠泉，乃献张生之，馋口，讯之家人辈，云旧藏得惠水二器，宝云泉一器，亟取二味，品之而令儿子快读李秃翁焚书，惟其极醒，极健者，因忆壬寅五月中，著屐烧灯，品泉于吴城王弘之第，谓壬寅第一夜，今日岂减此耶。上并《闻雁斋笔谈》

杨用修曰：东坡有密云龙，山谷有乔云龙，皆茶名也。

傅巽七诲，峘阳黄梨，巫山朱橘，南中茶子，西极石蜜，茶子触处有之，而永昌产者味佳，乃知古人已入文字品题矣。并《杨升

庵文集》

冯元成时可云：雁山五珍，谓龙湫茶，观音竹，金星草，山乐官，香鱼也，茶一枪一旗而白毛者，名明茶，紫色而香者，名立茶，其味皆似天池而稍薄。《雨航杂录》

张元长云：洞十从天台目来，以云雾茶见投，丞煮惠水泼之，勃勃有豆花气，而力韵微怯，若不胜水者，故是天池之兄，虎丘之仲耳。然世莫能知，岂山深地回，绝无好事者尝识耶？洞十云：他山焙茶多夹杂，此独无有，果然，即不见知，何患乎？夫使有好事者一日露其声价，若他山，山僧竞起杂之矣。是故实衰于知名，物敝于长价。云雾乃天目之东岭，曰天台当误。

松萝之香馥馥，庙后之味闲闲，顾渚扑人鼻孔，齿颊都异，久而不忘。然其妙在造，凡宇内道地之产，性相近也，习相远也。

赵长白作茶史，考订颇详，要以识其事而已矣。龙团凤饼，紫茸惊芽，决不可用于今之世。予尝论今之世，笔贵而越失其传，茶贵而越出其味，此何故。茶人皆具口鼻，颖人不知书字，天下事未有不身试之而出者也。饮茶故富贵事，茶出富贵人政不必佳，何则矜名者不旨其味，贵耳者不知其神，严重者不适其候，冯先生有言，此事如法书名画玩器美人，不得着人手，辨则辨矣。先生尝自为之，不免白水之诮，何居。今日试堵先生所贻秋叶，色香与水相发而味不全，民穷财尽，巧伪萌生，虽有卢仝、陆羽之好此道，未易恢复也。《梅花草堂集》

袁小修中道云：游鹿苑，从樵人处乞得茶数片，以试，水亦佳，盖鹿苑以茶名，所谓清溪水，鹿苑茶也。寺院既凋敝，僧遂不复种茶，而绝壁上遗种犹存，惟樵人采薪，间得数两耳。《珂雪斋游居杮铭》

李日华《竹懒茶衡》曰[14]

蓄精茗，奇泉不轻瀹试有异香，亦不焚蒸，必俟天日晴和，帘疏几净，展法书名画则荐之，贵其得味，则鼻端拂拂，与口颊间甘津，并入灵府，以作送导也。若滥以供俗客，与自己无好思而辄用之，谓之殄天物，与弃于沟渠不殊也。

泰山无茶茗，山中人摘青桐芽点饮，号女儿茶。又有松苔极饶奇韵。《紫桃轩杂缀》

茶正以味洗人昏思，而好奇者贵其无色，贵其有香，然有香可也，有辛辣之气不可也。无色可也，无色而并致无味不可也。凡事着意处太多，于物必不得其正，独茶也乎哉。

《蛮瓯志》记陆羽令奴子采越江茶，看焙失候，茶焦，羽怒，绉奴投火中，余谓季疵定无此过。

茶生烂石者上，砂砾杂者次，程宣子《茶夹铭》云：石勃山脉，钟异于茶。今天池仅一石壁，其下种茶成畦，阳羡亦耕而植之，甚则以牛退作肥，岂复有妙种乎？

茶性不移植，移即不生，然唐诗人曹松移顾渚茶植于广州西樵山，至今蕃滋，何也。《紫桃轩又缀》

茶以芳列洗神，非读书谈道，不宜亵用。然非真正契道之士，茶之韵味，亦未易评量。余尝笑时流持论贵嘶声之曲，无色之茶，嘶近于哑，古之绕梁遏云，竟成钝置。茶若无色，芳列必减，且芳与鼻触，列以舌受，色之有无，目之所审，根境不相摄，而取衷于彼，何其谬耶。

虎丘以有芳无色，擅茗事之品，顾其馥郁不胜兰芷，与新剥豆花同调。鼻之消受，亦无几何。至于入口，淡于勺水，清泠之渊，何地不有，乃烦有司章程，作僧流棰楚哉。

古人好奇饮，中作百花熟水，又作五色饮，及冰蜜糖药种种之饮，予以为皆不足尚。如值精茗适乏细，瀹松枝瀹汤漱咽而已。

余方立论，排虎丘茗，为有小芳而乏深味，不足傲睨松萝、龙井之上。乃闻虎丘僧尽拔其树，以一佣待命，盖厌苦官司之横索，而绝其本耳。余曰：快哉，此有血性比丘，惟其眼底无尘，是以舌端具剑。《六研斋笔记》

陈眉公继儒曰：采茶欲精，藏茶欲燥，烹茶欲洁。

茶见日而味夺，墨见日而色灰。

品茶，一人得神，二人得趣，三人得味，七八人是名施茶。

吴人于十月采小春茶，此时不特逗漏花枝，而尚喜月光晴暖，从此蹉过，霜凄雁冻，不可复堪。《岩栖幽事》

杨龙光山居纂云：长白不产茶，而石上有花作碧绿色，一名石衣，盖雨余湿热之气所结，扫下用水净洗，淘去土气，烹泉点之，色如金，性冷去疾，今蒙茶亦此类也。《岱宗小稿》

薛冈云：岕与松萝兴，而诸茶皆废，宜其废也，昔人谓茶能换骨通灵，啜岕久之，而知非虚语。越茶种最多，有最佳者，然不得做法，往往使佳茗埋没于土人之手，可恨可惜。若吾乡宁波之米溪、五井、太白、桃花山诸茶使遇大方，当不在松萝下。武夷茶有佳者，人不尽知，茶品之恶，莫恶于六安，而举世贵贱皆啜之，夫亦以其声价不甚高贵，人易与乎？此正见俗情。

虎丘真茶最寡，止宜新岕亦宜新，唯松萝可久蓄。岕宜春后采，松萝秋采者更佳，

以是知茶品无过于松萝。新安闵希文，居秦淮，以茗擅誉，最得烹啜之方，世无与比，一种茶经其点瀹，色香味皆与人殊，茶若听其所使者。予每过之，顿将尘肠淘洒一洁，如蝉几欲仙蜕，希文清士，宜与茶宜，十步之间，乃有歇人踵希文而起，沾沾自喜，西子之颦可效乎？《天爵堂笔余》

吕泾野鹭峰东所语云：十月十七日夜，先生召胡大器进见，赐茶，大器出席，周旋取茶，因谓曰："汝回奉亲敬长，便只是这周旋取茶道理，无别处求也。"郑若曾问："人莫不饮食，鲜能知味者何？"先生曰："饮食知味处便是道。"人各且思之。胡大器对："不以饥渴害之。"曰："然"。适茶至，郑让汪威，先生曰："此便是知味处，汝要易见道，莫显于此。"郑曰："如此何谓知味？"曰："威长，汝逊之故也，不如此，只是饮茶而已。"

一日，先生同诸公送一人行，有一人方讲格物致知之说，其时甚渴，适有茶至，此人遂不逊诸公，先取茶饮，先生曰：格物正在此茶。《吕泾野先生语录》。吕柟，字仲木，高陵人。

云泉沈道人云：凡茶肥者甘，甘则不香；茶瘦者苦，苦则香，此又茶经、茶诀、茶品、茶谱之所未发。周晖《金陵琐事》

周吉父晖云：我朝之饮茶，最得茶之真味。汉唐宋元之人，谓之食而不知其味可也，陆季疵著为茶经，在今日不足以为经矣。《幽草轩野语》

姚叔祥士麟云：茶于吴会为六清上齐，乃自大梁迤北，便食盐茶，至关中，则熬油，极妙，用水烹沸，点之以酥，持敬上客，余曾蜇口，至于呕地，若永顺诸处，至以茱萸草果与茶捣末烹饮，不啻煎剂矣，茶禁至潼开

始厉，虽十袭筐箱，香不可掩，至于河湟松茂间，商茶虽有芽茶叶茶之别，要皆自茶仓堆积粗大如掌，不翅西风扬叶，顾一入番部，便觉笼上似有云气，至焚香膜拜，迎之道旁，盖以番人乳酪腥膻是食，病作匪茶不解，此中国以茶马制其死命也。定例番族纳马，以马眼光照人，见全身者，其齿最少，照半身者十岁，又取毛附掌中，相黏者为无病，上马给茶一百二十勋，中马七十斤，下马五十斤，而商引芽茶，每引三钱，叶茶每引二钱，茶皆产自川中，而私茶阑出者极刑处死。高皇帝爱婿欧阳伦至以私茶事发处死，不惜也。《见只编》

　　郎瑛云，洪武二十四年，诏天下产茶之地，岁有定额，以建宁为上，听茶户采进，勿预有司，茶名有四：探春、先春、次春、紫笋，不得碾揉为大小龙团，此抄本圣政记所载，恐今不然也。不预有司，亦无所稽矣。此真圣政，较宋取茶之扰民，天壤矣。

西茶易马考

　　洪武四年正月，诏陕西汉中府产茶地方，每十株，官取一株，无主者令守城军士薅种采取，每十分，官取八分，然后以百斤作为二包，为引以解有司收贮，候西番易马，后又令四川保守等府，亦照陕西取纳。二十三年，因私茶之弊，更定其法，而于甘肃洮河，西宁，各设茶马司，以川陕军人岁运一百万斤，至彼收贮，谓之官茶，私茶出境者斩，关隘不觉察者处以极刑，民间所蓄，不得过一月之用，多皆官买，私易者藉其园，仍制金牌之额，篆文曰：皇帝圣旨，其下左曰：今当差发，右曰：不信者死。番族各给一面，洮州火把藏思裹日等族，牌六面，纳马二千五十匹，河州必里卫二州七站西番二十九族，牌二十一面，纳马七千七百

五匹，西宁曲先阿端罕马安定四卫，巴哇申藏等族，牌一十六面，纳马三千五十匹，每匹上马给茶一百二十斤，中马七十斤，下马五十斤，一面收贮内府，三年一次，差大臣赍牌前去调聚各番，比对字号，收纳马匹，共一万四千五十一匹。自是洮河西宁一带，诸番既以茶马羁縻，而元降万户把丹，授以平凉千户，其部落悉编军民，号为土达，又立哈密为忠顺王，复统诸番，自为保障，则祖宗百年之间，甘肃西顾之忧无矣。自正统十四年，北虏寇陕，土达被掠，边方多事，军夫不充，止将汉中府岁办之数，并巡获私茶，不过四五万斤以易马，其于远地一切停止。至成化九年，哈密之地，又为吐鲁番所夺，屡处未定，都御史陈九畴建议欲制西番，使还城池，须闭关绝其贡易，盖以彼欲茶不得，则发肿病死矣；欲麝香不得，则蛇虫为毒，禾麦无矣。殊不知贸易不通，则命死一旦，安得不救也哉，遂常举兵扰我甘肃，破我塞堡，杀我人民，边臣苦于支敌之不给，而茶亦为其所掠也。弘治间，都御史杨一清抚调各番，志复茶法，华夷并称未奉金牌，不敢办纳，此盖彼既恐其相欺，而此则商贩无禁，坐得收利，特假是为以之词耳。故尚书霍韬有曰：必须遣间谍，告诸戎曰：中国所以闭关绝易，非尔诸戎罪也，吐鲁番不道，灭我哈密，蹂我疆场，故闭关制其死命，予则又曰：仍当请其金牌，招番办纳，严禁商贩，无使有侵，至于转输，如旧用军，计地转达，不使有长役之苦，收买之价，比民少增，致使有乐趋之勤，其斯为兴复久远之计也。或者曰：方今西番侵揽边民，自宜极救之不暇，又复兴此迂远之事乎？余则曰：制服西戎之术，孰有过于茶为之一法。何也？自唐回纥入贡，以马易茶，至宋

熙宁间，有茶易虏马之制，所谓摘山之利而易充厩之良，戎人得茶，不能为我之害；中国得马，实为我利之大，非惟马政军需之资，而驾驭西番，不敢扰我边境矣。计之得者，孰过于此哉。并《七修类稿》

郭子章《续刻茶经序》云……是则北苑已矣[15]。

姚园客旅云：龙井茶不多，虎丘则荐绅分地而种，人得数两耳。岕茶叶微大，有草气，见丁长孺，试其佳者，与松萝不相伯仲。松萝天池，皆掐梗掐尖，谓梗涩尖苦也。天池，武夷多赝者，天池则近山数十里概名焉，若山上之真者，与松萝、岕山、虎丘、龙井、武夷、清源可称七雄。然而岕山如齐桓，实伯诸侯，天池如晋文，清源味稍轻，如宋王襄，蒙山生于石上，重之者能化痰，然须藉别茶以取味，亦若东周天子耳。《露书》

长沙喜饮熏茶，茶叶先以草熏之而后烹，云病者饮此尤效。《露书》

李德裕居庙廊日，有亲知奉使于京口，李曰："还日，金山下扬子江冷水与取一壶来。"其人举棹日醉而忘之，泛舟上石城下方忆，及汲一瓶于江中，归京献之。李公饮后，叹讶非常，曰："江表水味有异于顷岁矣，此水颇似建业石头城下水。"其人谢过不敢隐也。有亲知授舒州牧，李谓之曰："到彼郡日，天柱峰茶，可惠三数角"，其人献之数十斤，李不受，退还。明年罢郡，用意精求，获数角投之，赞皇阅之而受，曰：此茶可消酒肉毒，乃命烹一瓯，沃于肉食，以银盒闭之，诘旦同开视其肉，已化为水矣，众伏其广识也。《中朝故事》

李德裕在中书常饮惠山井泉……浮议弭焉[16]。《芝田录》

代宗时李季卿刺湖州，至维扬，逢陆鸿渐。抵扬子峰，将食，李曰："陆君别茶闻，扬子南零水又殊绝，今者二妙千载一遇。"命军士往取之。水至，陆以勺扬之曰："江则江矣，非南零，似临岸者。"使者曰："某棹舟深入，见者累百，敢有绐乎？"陆倾之至半，又以勺扬之曰："自此南零者矣。"使者蹶然曰："某自南零赍至岸，舟荡，覆过半，因挹岸水增之。"处士之鉴，神鉴也。温庭筠《采茶录》

陆龟蒙鲁望自著甫里先生传：先生嗜荈，置园于顾渚山下，岁入茶租十许，薄为瓯牺之实。自为品第书一篇。继《茶经》陆羽撰、《茶诀》皎然撰之后，南阳张又新尝为《水说》，凡七等，其二曰惠山寺石泉，三曰虎丘寺石井；其六曰吴松江。是三水距先生远不百里，高僧逸人时致之，以助其好。性不喜与俗人交。或寒暑得中，体性无事时，乘小舟，设篷席，赍一束书、茶灶、笔床、钓具、棹头郎而已。《甫里先生集》

陆羽嗜茶，著《茶经》三篇，言茶之源、之法、之具尤备，天下益知饮茶矣。时鬻茶者至陶羽形置炀突间，祀为茶神，有常伯熊者，因羽论复广著茶之功，御史大夫李季卿宣慰江南，次临淮，知伯熊善煮茶，召之，伯熊执器前，季卿为再举杯，至江南，又有荐羽者，召之，羽衣野服，挈具而入，季卿不为礼，羽愧之，更著毁茶论。其后尚茶成风，时回纥入朝，始驱马市茶。宋祁《唐书·隐逸传》

李德裕在中书尝饮惠山泉，自毗陵至京置递铺，有僧人诣谒，德裕好奇，凡有游其门者，虽布素皆接引。僧白德裕曰："相公在中书，昆虫遂性，万汇得所，水递一事，亦日月之薄蚀也。微僧窃有惑也，敢以上谒，欲沮此可乎？"德裕颔之，曰："大凡为人未有无嗜者，至于烧汞亦是所短，况三惑博塞弋奕之事，弟子悉无所染，而和尚不许弟子饮水，无乃虐乎？为上人停之，即三惑驰骋，怠慢必生焉。"僧人曰："贫道所谒相公者，为足下通常州水脉，京都一眼井与惠山泉脉相通。"德裕大笑曰"真荒唐也"。曰："相公但取此泉脉。"德裕曰："井在何坊曲？"曰："昊天观常住库后是也。"因以惠山一罂，昊天一罂，杂以八罂，一类十罂，暗记出处，遣僧辨析。因啜尝，取惠山、昊天，余八瓶同味，德裕大加奇叹，当时饤水递，人不告劳，浮议乃弭。《玉泉子》

蔡君谟云：辛卯秋汴渠涸于宿州界上，岸旁得一泉，甘美清凉，绝异常水，其乡人言水涨则不见，冬涸则其泉涓涓，深可爱，余以水品中不在第三，然出没不常，不可以定论也。《陆友研北杂志》

湖州长兴州金沙泉，唐时用此水造紫笋茶，进贡，泉不常出，有司具牲牢祭之，始得水，事讫即涸，宋季屡加浚治，泉迄不出，至元十五年，岁戊寅，中书省遣官致祭，一夕水溢，可溉田千亩，遂赐名瑞应泉。陶宗仪《南村辍耕录》

张世南云，谷帘三叠，庐阜胜处，惟三叠，于绍熙辛亥岁，始为世人览。宣和初，有徐长老，弃官修净业，名动天听，被旨祝发，住圆通，号青谷止禅师。当时已观此泉，图于胜果寺之壁。盖未出之先，缁黄辈已见，特秘而不发耳。从来未有以瀹茗者。绍定癸巳，汤制干仲能，主白鹿教席，始品题，以为不让谷帘。尝有诗寄二泉于张宗瑞曰："九叠峰头一道泉，分明来处与云连。几人竟尝飞流胜，今日方知至味全。鸿渐但尝唐代水，涪翁不到绍熙年。从兹康谷宜居二，试问真岩老咏仙。"张赓之曰："寒

碧朋尊胜酒泉，松声远壑忆留连。诗于水品进三叠，名与谷帘真两全。画壁烟霞醒作梦，茶经日月著新年。山灵似语汤夫子，恨杀屏风李谪仙。"九叠屏风之下，旧有太白书堂，及有诗云"吾非济代人，且隐屏风叠"之句。

扬子江心水，号中泠泉，在金山寺傍，郭璞墓下。最当波流险处，汲取甚艰，士大夫慕名求以瀹茗，操舟者多沦溺。寺僧苦之，于水陆堂中，穴井以绐游者。往岁连州太守张思顺，盐江口镇日，尝取二水较之，味之甘洌，水之轻重，万万不侔。乾道初，中泠别涌一小峰，今高数丈，每岁加长。鹤栖其上，峰下水益湍，泉之不可汲，更倍昔时矣。玉女泉，在丹阳县练湖上观音寺中。本一小井，旧传水洁如玉。思顺以淳熙十三年，沿檄经由，专往访索。僧戚颜而言：此泉变为昏墨，已数十年矣！初疑其始，乃就往验视，果为墨汁。嗟怆不足，因赋诗题壁曰：观音寺里泉经品，今日唯存玉乳名。定是年来无陆子，甘香收入柳枝瓶。明年摄邑，六月出迎客，复至寺，再汲，泉又变白。置器中，若云行水影中。虽不极清，而味绝胜。诘其故，盖绍兴初，宗室攒祖母柩于井左，泉遂坏，改迁不旬日，泉如故，异哉！事物之废兴，虽莫不有时，亦由所遭于人如何耳。宗瑞，思顺之子也。《游宦纪闻》

无锡惠山泉水，久留不败，政和甲子岁，赵霆始贡水于上方，月进百樽，先是以十二樽为水式，泥卵置泉亭中，每贡发以之为则。靖康丙午罢贡，至是开之，水味不变，与他水异也，寺僧法皞言之。《墨庄漫录》

苏东坡云：时雨降，多置器广庭中，所得甘滑不可名，以泼茶、煮药皆美而有益，正尔食之不辍，可以长生。其次井泉，甘冷

者皆良药也,乾以九二化离坤以六二化坎,故天一为水。吾闻之道士人能服井花水者,其热与石硫黄钟乳等,非其人而服之,亦能发背脑为疽。盖尝观之,又分至日取井水,储之有方,后七日辄生物如云母,故道士谓水中金,可养炼为丹,此固尝见之者,此至浅近世独不能为,况所玄者乎?《志林》

周辉云:辉家惠山,泉石皆为几案物。亲旧东来,数闻松竹平安信,且时致陆子泉茗碗。殊不落莫。然顷岁亦可致于汴都,但未免瓶盎气。用细砂淋过,则如新汲时,号拆洗惠山泉。天台竹沥水,断竹稍屈而取之,盈瓮。若杂以他水,则亟败。苏才翁与蔡君谟比茶,蔡茶精,用惠山泉,苏劣,用竹沥水煎,遂能取胜。此说见江邻几所著《嘉祐杂志》。果尔,今喜击弗者,曾无一语及之,何也。《清波杂志》

元祐六年七夕日,东坡时知扬州,与发运使晁端彦、吴倅、晁无咎,大明寺汲塔院西廊井,与下院蜀井二水较③其高下,以塔院水为胜。《墨庄漫录》

朱平涵国祯云……更名学士泉。

禁城中外海子……黄学士之言真先得我心。

南中井泉凡数十余处……

俗语:"芒种逢壬便立霉"……而香洌不及远矣。

又雪水……用之亦可[17]。

天下第四泉,在上饶县北茶山寺。唐陆鸿渐寓其地,即山中茶,酌以烹之,品其等为第四。邑人尚书杨麟读书于此,因取以为号。一曰胭脂井,以土赤名。上七条并《涌幢小品》

周晖吉父云:万历甲戌季冬朔日盛时,泰仲交踏雪过余尚白斋中,偶有佳茗,遂取雪煎饮。又汲凤皇瓦官二泉饮之,仲交喜甚。因历举城内外泉之可烹者。余怂恿之曰:"何不纪而传之?"仲交遂取鸡鸣山泉、国学泉、城隍庙泉、府学玉兔泉、凤皇泉、骁马卫仓泉、冶城忠孝泉、祈泽寺龙泉、摄山白乳泉、品外泉。珍珠泉、牛首山龙王泉、虎跑泉、太初泉、雨花台甘露泉、高座寺茶泉、净明寺玉华泉、崇化寺梅花水、方山八卦泉、静海寺狮子泉、上庄宫氏泉、德恩寺义井、方山葛仙翁丹井、衡阳寺龙女泉,共二十四处,皆序而赞之,名曰《金陵泉品》。余近日又访出谢公墩铁库井、铁塔寺仓百丈泉、铁作坊金沙井、武学井、石头城下水、清凉寺对山莲花井、凤台门外焦婆井、留守左卫仓井、即鹿苑寺井也,皆携茗一一试过,惜不得仲交试之耳。《金陵琐事》

李君实曰华云,光福西三里邓尉山,有七宝泉,甘冽踰惠山远甚,倪云林汲后,无复有垂绠者。《紫桃轩杂缀》

周辉以惠泉饷人,患瓶盎气,用细沙淋之,谓之拆洗惠泉。

五台山冬夏积雪,山泉冻合,冰珠玉溜,晶莹逼人,然遇融释时,亦可勺以煮茗,其味清极,元遗山诗云:"石鳞飞泉冰齿牙,一杯龙焙雪生花。车尘马足长桥水,汲得中泠未要夸",信绝境境未易到也。

吴江第四桥水,陆羽制伯刍俱品为第六,以其汇天目诸泉,酿味不薄,桥左右有沟道深五丈,乃龙卧处,将取时须幕瓶口,垂绠至深,方得之,不然,水面常流耳。《紫桃轩又缀》

武林西湖水,取贮五石大缸,澄淀六七日。有风雨则覆,晴则露之,使受日月星之气。用以烹茶,甘醇有味,不逊慧麓。以其溪谷奔注,涵浸凝渟,非复一水,取精多而

味自足耳。以是知,凡有湖陂大浸处,皆可贮以取澄,绝胜浅流。阴井昏滞腥薄,不堪点试也。《六研斋笔记》

洞庭张山人云:山顶泉轻而清,山下泉清而重,石中泉清而甘,沙中泉清冽,土中泉清而厚,流动者良于安静,负阴者胜于向阳,山削者泉寡,山秀者有神,真源无味,真水无香。陈继儒《岩栖幽事》

陈眉公云:金山中冷泉,又曰龙井,水经品为第一。旧尝波险中汲,汲者患之。僧于山西北下穴一井以给游客,又不彻堂前一井,与今中冷相去又数十步,而水味迥劣。按冷一作零,又作□,《太平广记》李德裕使人取金山中冷水,苏轼、蔡肇并有中冷之句。杂记云:"石碑山北谓之北泠,钓者余三十丈,则中泠之外,似有南泠、北泠者"《润州类集》云:"江水至金山,分为三泠。"今寺中亦有三井,其水味各别,疑似三泠之说也。《偃曝余谈》

闽

姚园客旅云:井水多碱,去余家数步,曰孝武井,虽在人居之间,而水独甜冽,可与惠泉争价。取以烹茶,色味俱佳,汲者无虚日。

草堂前为百花潭,潭实在锦江中,潭水稍深于上下上下水,比潭中水皆轻四两,想潭底有涌泉,味独醇浓耳。成都烹茶者皆取水于兹。

庚子除夜,泊舟白帝城下,纵饮口渴,命童子汲江水,饮之,味甚醇甜,中冷惠水,顿减声价,岂以雪消日暖,酿兹神品邪?

余不溪,在德清城东门内,孔愉放龟余不溪,即其地,今有祠溪干。不音拊,花蒂也。六朝沈氏沿溪种桃,花落溪中,故云余不。一说不音浮,谓此水清,别处则否。至今土人缲丝者,皆操舟至此,载水濯丝,独白,蜀称锦水,此可称丝水。

半月泉,在德清城北,水甘而味佳,苏长公倅武林,请假来游,题诗其上云:"请得半日假,来游半月泉。何人施大手,劈破水中天。"余亦有诗云:"半规禅定水,七尺珊瑚竿,欲钓水中月,来从松杪看。"一僧求书,书此与之。书未竟,范东生曰:此半月泉诗乎?《露书》

乌程闵康侯元衢贮梅水法云:徐长谷先生水品搜罗甘冽,庶几尽矣,然必取之殊乡异地,不免烦劳,即不惮其劳,而假手远求,未必无欺伪也。矧陵谷变迁,中冷之泉,已非其旧荆溪之井,直在深渊,取必于地,不若求诸天时而已。如清明本日之水,黄梅时节之雨,又十月上旬,名弃落水,及腊中之水,并此时雪水,俱为可啜,贮之日用,真取之左右逢源者也。然梅水尤佳,收贮之法,以三瓮贮满,列于坐隅,如今日在首列者,取出几何,即注他水几何封固,次取他瓮,亦如前法,三瓮既毕,越信宿矣。则首取者随已酿丹如旧,周而复始,用之不穷,非若他时所贮者,挹之而易竭也。然瓮愈多愈妙,但以三为率耳。偶阅坡翁《志林》,亦论此水之美,余因道其详,以为煮茗者之一助,又收藏欲密,不可投入尘埃,尤不可飞入蚊蚋,一入即生倒头虫而水败矣。《欧余漫录》

四川总志,金鱼井,叙州府城南,黄庭坚酷喜茶,令人遍汲水泉试之,惟此水品为第一。月岩井,在凌云山下,清冷芳冽,煮茗尤佳,凌云山在富顺治西。

袁小修中道云须日华至园,取所携惠泉点茶,日华云,泉水贮之已久将坏,时以瓮数注之,则复鲜,虽弥年亦如新,此泉所

以贵也。《珂雪斋居柿录》

徐子扩充云：中泠泉，旧在扬子江心金山郭璞墓之中流，闻常有水泡泛起，光莹如珠者是也，以舟方可接得，今寺僧凿井于山，加石栏，建亭于上，诳人曰："此中泠泉也"，免官府取水，操舟远汲之危，此市僧之巧计。余尝其水，绝淡无味，其实非也，不称品题之目，潮溪陈子兼扪虱新话云：凡所在古迹近僧处，必经改易，意恐过客寻访，惮于陪接耳。欧阳公尝叹庶子泉昔为流溪，今山僧填为平地，起屋其上。问其泉，则指一井曰：此庶子泉也。以此知山僧不好古，其来尚矣。《媛姝由笔》

薛千仞冈云，尝取黄河水瀹茗，妙甚，因将河水及扬子江心水，与吾乡它山泉较轻重，不爽毫厘，惟惠泉独重二两，若张秋之阿井水更重于惠泉，虽味劣不可瀹茗，而以之煎胶能疗疾病，乃知水以体重者为佳。《天爵堂笔余》

何宇度云，百花潭水，较江水差重，取以烹茶，其味自别。《益部谈资》

张元长大复云……今日岂减此耶[18]？

记登惠山云：琼州三山庵有泉味类惠山，苏子瞻过之，名曰惠通，其说云：水行地中，出没数千里外，虽河海不能绝也。二年前有饷惠水者，淡恶如土，心疑之，闻之客云，有富者子乱决上流，几害泉脉，久乃复之，味如故矣。泉力能通数千里之外，乃不相浑于咫尺之间，此惠之所以常贵也欤。李文饶置水驿，以汲惠泉而不知脉在长安昊天观下鲜能知味，大抵然耳。今日与邹公履茹紫房陈元瑜登惠山酌泉，饮之，因话其事，顾谓桐曰，凡物行远者必不杂，岂惟水哉，时丙午(万历)冬仲十二日月印梁溪风谡谡著听松上，公履再命酒数酌，颓然别去。

记喜泉云：早起发惠泉，将爇火烹之，味且败，意殊闷闷，而王辰生来告朱方黯，所得近业小有花木可观，清泉瀺然出屋下，甘冷异常，石甃其古，闻之喜甚，当遣奴子乞之，名曰喜泉，它日过方黯斋中，当作一泉铭以贻好事者，我之心净，安往不得欢喜哉，病居士记。

又曰：朱方黯宅有喜泉，每斋中惠水竭辄取之，其味故在季孟间，而炊者不知惜，以供盥濯，贵耳贱目，古今智愚一也。《闻雁斋笔谈》

罗景纶大经，庐陵人论茶瓶汤候云：余同年李南金云……一瓯春雪胜醍醐[19]。《鹤林玉露》

苏廙仙芽传第九卷载作汤十六法……所以为大魔[20]。

茶寮记 陆树声

园居敞小寮于啸轩埤垣之西……不减凌烟[21]。

平泉先生自著九山散樵传云，性嗜茶，著茶类七条，所至携茶灶拾堕薪汲泉煮茗，与文友相过从上见《适园杂著》

晨起取井水新汲者，传净器中熟数沸，徐啜徐漱，以意下之，谓之真一饮子，盖天一生水，人夜气生于子，平旦谷气未受，胃藏冲虚，服之能蠲宿滞，淡渗以滋化源。陆树声《清暑笔谈》

煎茶法，先用有焰炭火滚起，便以冷水点住，伺再滚起，再点，如此三次，色味皆进。《多能鄙事》

大明水记 欧阳修

世传陆羽《茶经》……或作丹阳观音寺井，汉江金州中零水，归州玉虚洞香溪水，商州武关西洛水[22]。

浮槎山水记

浮槎山……[23]上并出《欧阳文忠全集》

中泠泉考　孙国敉

中泠泉,一曰零,一曰灵,故有南零北灵,州志云,江水至金山,分为三泠是也。昔张又新、刘伯刍皆品以第一泉,迄陆鸿渐后,乃谓庐山康王谷水第一,而屈南零居第七。今金山僧岂不知中泠泉所在,漫以金山井当之,且藉泉为市,而辇泉及鼓于舴艋中,群执手版,逆诸贵人楼船,逼取劳赍,其实味同斥卤,大为中泠短气,毋惑乎许次纾之著茶录曰金山顶上井,恐已非中泠古泉,或陵谷变迁,当必湮没,不然,何其醨薄不堪酌也,而不知真中泠泉故在石排山,米元章赋云"浮玉掩露,石簰落潮,盖排亦谓之簰云,山畔有郭璞墓,墓畔其石皆岭岈碎砬,色深黝,类太湖灵壁,然山体短而悍,夏日江涨,则石没于涛,涛色浑浊,中有一泓冷然者最当湍流险处,上涌而出,毫不为浑浊所掩,凡深三十余丈,故命之曰中泠,惟秋日水落石出,从金山以扁舟渡郭墓,以一足趾点石棱,撧于中泠泉之石骨而汲焉。视故石上水痕,殆减丈许,视鸬鹚祭鱼,蛟鼋吐沫,亦历历有遗迹,始知古人造语之确。曰:江心夹石淳渊,仅六言耳,而为中泠泉写照贻尽。僧苦汲者险,遂别凿井以纂之,此不可以欺李赞皇,而况陆鸿渐乎,善乎鸿渐之鉴水也。"唐代宗朝,李季卿刺湖州,至维扬,逢鸿渐,索其试茶,且言扬子南零水更殊绝,命一谨信者,絜瓶操舟,诣南零汲水,至,陆以杓扬其水曰:"江则江矣,非南零者,似临岸之水",既而倾诸盆,至半遽止之,而更以杓扬之,曰:"自此南零者矣。"使大骇服,曰:"某至南零赍至岸,舟荡覆半,惧其鲜,挹岸水益之,处士之鉴,神鉴也。"此一公案也。迄我明而有田艺蘅煮茶小品,亦曰,扬子固江也,其南泠则夹石淳渊,特入首品,余尝试之,果与山泉无异,此又一公案也。所谓与山泉无异者,正用鸿渐茶经"山水上,江水次"而核之者也。苏眉山尝有三江味别之论,而蔡氏非之,乃古有五行之官,水官得职,始能辨其性味,合中有分,重中有轻,浊中有清,皆剖若犀划,故有师旷、易牙、王邵、张华以及张刘陆李诸君子品天下水,性味不同,真妙得古水官之遗法,不直为舌本设也。夫天下清浊真赝之当辨者,独一水品也欤哉,余乃用前人六言足之以纪其事曰:江心淳石淳渊,中有冷然一泉,秋老始窥濯濯,涨余怅忆涓涓,苏家符竹晨汲,郭墓菱花夜悬,自我寻源勒史,山僧载月空旋。倘山僧以厉己而去其籍乎,则有余文及诗之三尺在。《鸡树馆集》

煎茶七类　徐渭

一人品……不减凌烟[24]。

斗茶文　薛冈

王伯良,方仲举,皆新安人,各自任所畜松萝茶最精,马金部眉伯请于七月七日斗之。仲举负,罚具酒,同座客有蒋子厚,汪遗民,人皆赋诗,余得文,其辞曰:贪夫斗积,武人斗刚,谋家斗略,敌国斗强。凡斗之道,杀机攸藏,余不乐近,矧与俱觞。岁末乙丑,再诣都门,金部眉伯为余开樽,余不宜酒,乞茗涤烦,于是遣清风之使,启都统之笼,斥凤髓与雀舌,拔松萝于伍中,余方欲啜,二客交陈,咸述斯茶之甲,拆我家山之春,六班昔著,九难今聆,王伯良已称换骨,方仲举自誉通灵,座如聚讼,辨质罕停,眉伯奋曰,君宜屏嚣,明届七夕斗巧之宵,易而斗茗,于我团焦,请别以口,味于何逃,吾将为子陈瓦铛,煨槲枿,汲冽井,除林樾,宫时之壶具施,咸宣之杯毕发,遲吾子旗摇太白,钥挥绿沉,火攻逼夫田氏,水陈背以准阴,胜者举酒,负者罚金,二客唯唯,谨识以心,是日落晡,秋灯未灼,二茗俱臻,众客弗约,伯良既悍,仲举不弱,发茗接兵,方氏顿却,输金取酒,以佐欢谑,茶品斗竟,未斗茶量,余与诸子,顾一命将,分道而进,无许退让,众乃坚壁,不敢仰望,纵余鲸吞,形神欣畅,尔辈酿王,秒旸以酿,盍吸玉津,一洗五脏,余少病悸,蚁斗惊牛,夫何老惫,与斗者游,畴知嘻笑之斗,斗虽力而无忧,杀机不起,凶锋亦收,方托之以展怀舒额,亦假是而追朋随傅,眉伯兹举,岂将陟森伯而黜欢伯,移虎丘而易糟丘,法当赐若以余甘之姓,封茗为不夜之侯,因思文人好胜,莫不斗靡夸多,未经比试,均一松萝,倘敕眉伯,持衡而过操觚之人,其如尔何。《天爵堂集》

烹茶记　冯时可

新构既成,于内寝旁设茶灶,令侍婢名桂者典茗事,所进茗香洁甚适口,余问何以能然,曰:"余进茗于主人日三五,而涤器日数十也,余手不停涤,不停视,蟹眼鱼目,以意送迎,其坊斯哉。余又品水而试之,则惠泉不若尧封也,惠泉易夺味,易育虫,尧封则否。"余以问客,客曰:"若所语诚不诬,夫惠泉汲者众,汲众则污,尧封汲者寡,寡则清,又惠泉在山麓,其受气暖,尧封在山巅,其受气寒,寒则肃而不败,气暖则融而易变,非精于茗事者何能察此。"余取试之,果然。他日客丛至,令进茶,不如前。余以诘婢,对曰:"主人不闻乎? 江蓠涧芷,以珮骚人;熊蹯象肤,以享豪举,用物各有所宜也。

今彼尘披垢和,纷纷臭鸳者宁与此味相宜。使主人游从果,一一眠云,跂石高流,如芝如兰,入清净味中三昧者,而某不以佳茗进,则安所逭其咎哉!"余无以责,居数日,有故太史至,称诗而语烟霞,婢巫进良茗,曰:"此虽轩冕,能自超超,诚主人茶侣。"竟日坐灶旁,茶烟隐隐出竹柳外,客览之,大畅而别,请余记其语。

茶寮记

酒与茗,皆浊世尤物也。酒能浇人磊块,而茗能释人昏滞;酒引人自远,而茗引人自高;酒能使形神亲,而茗能使形神肃;酒德为春,茗德为秋。然酒有酒祸,惟茗为不败,故高流重之,曰暖露,曰香液,曰乳花,皆其佳目。而水厄酪奴,特慢戏语耳。茗饮盛于我吴,然烹点清绝,千百家不一二,余往得其法于阳羡书生,而家少姬最精其事,日举茗汁供大士,次饮稿砧,所使一二婢,亦粗领略,大率候火,候汤,蟹眼鱼目,沫饽适均,即注以饷客,与常味迥别,因为敝小寮于院西,长日倦极,眠床待饮,耳聆其声,飕飕若春涛,若秋雨,隐隐梧竹间,余乃起坐荐沉水,张青桐,呼少君共酌,因语之曰:"此非眠,云企石人未易享受,今日偕汝足称小隐,何必远避鹿门?"少君颇能酒,笑谓麹生何必不佳,清薄紫蟹,谁其堪伴,要之云霞泉石间,二妙并不可缺,吾何能左右祖? 余无以难,漫为之记。《石湖稿》

叶嘉传

叶嘉……至唐赵赞始举而用之[25]。

烹雪头陀传　杨梦衮字龙光

烹雪头陀者,姓汤,名点,字瀹之,蒙山人也。其先有雀舌氏者,受知于神农,神农为食经,雀舌氏列名其中。雀舌氏之孙曰点,性情冷,不好为烦腻,箪食瓢饮,晏如也,所至士大夫渴慕之。晋王濛绝好点,客至必使点出见客,点不论客食未,辄与之纵谭,一往一复,一吞一吐,颇有流唐漂虞,涤股荡周之意。士大夫患之,曰:今日乃为瀹之所苦,此吾辈一厄也。点于是舍去,而与唐之诸公游。玉川先生卢仝者,最好点,点一日谒仝七进而七纳之,欢然恨相得晚也。旁观者皆私疑点数数,且怪仝僻,不近人情,仝方且习习两腋风生曰,诸君愦愦,乃作长歌赠点,而点之名日彰矣。点最相知者则有陆羽。羽字鸿渐,吴人,自少耽嗜点,凡点之性情风韵,及生平所寄迹之地,一一为之谱而传之。点好游佳山水,如扬子中泠、惠山、虎丘、丹阳、大明、淞江,以及庐山之康王谷、新安之九龙潭、西湖之龙井、武夷之珠帘、历下之趵突、蒋山之八功德、摄山之珍珠泉,点无一处不到,到之处羽无一处不与之盘桓。扬清挹润,竞爽争奇,言之津津有味,不啻金兰之契,针芥之投,胶漆之固。好事者于是家弓旌而人杖履,日奉点周旋矣。点清甚,非俗人所知,点亦不求其知,客爱点者,唯是磐石丛篁之下,棋枰酒斝之旁,拥竹炉对坐,烟袅袅起松梢间,令人意致自远。又或澄湖一镜,携点夷犹于中流,船头使童子对灶吹火,点滚滚口若悬河,良久松风涧雨,洒然逼人矣。蔡君谟尝以点进于朝,点之名遂无翼而飞,不胫而走,至今缙绅学士相遇坐,定必首及之。

野史氏曰:点以清名重,乃说者疑其臞而瘠,近之不甚宜人,今世之垂膝过腹之夫,腥膻逆鼻,彼皆宜人者哉?鹓雏鸳鹭,实非琅玕不食,渊非清泠不饮,童子牵牛而出,则蹄涔亦可以胀其腹,宜其不知点也。

《岱宗小稿,十九友传》

《茶赋》 顾况(稽天地之不平兮)《文苑英华》

搜神记

汉孝武时宣城人,入武夷山采茗,逢一毛人长丈余,引客入山采茗,赠怀中橘而去。

异苑曰:陆重母孀居,每以茶为荐宅中古塚。重兄弟以塚何灵,将发掘,母固止之,获免。夜梦人云:"居此三百年,今蒙恩泽。"及晨,获钱二十万。

南有嘉茗赋 梅尧臣 (南有山原兮)《梅宛陵集》

煎茶赋 黄庭坚 (汹汹乎如涧松之发清吹)《黄山谷文集》

煎茶赋并序 沈龙

酒乡香国,时时有人往还。香国如桃花源,时开时合;而酒乡自刘将军开后,便通中国,独茶天未有开辟手。茶天在青微西,或云青微天即茶天也。酒有剑侠气,香有美人气、文士气;独茶如禅,未许常人问津。顾况有《茶赋》,黄庭坚有《煎茶赋》,已是数百年一传,此后绝无闻焉,正如六祖去后,衣钵竟绝。至如卢仝牛饮耳。偶有客至横云山茶,而惠山汲水船适至,遂作小赋。

汲新泉于树杪,采新茗于雨前。合命花灶,松顶涛翻,扫石径之秋云,乞活火于坡仙。雪意消而山空,微香散而鹤还。乱花中之药气,卷深竹之晴烟。于是开别馆,揭风帘,事供奉,命短鬟红袖,窄窄素手春寒,矜弓弯之绝小,又欲进而诅前。其甘如荠,其气胜兰。其味也甘露雨,其白也秋空天。花点波动,月印杯穿。杏树桃花之深洞,奇种不到;竹林草堂之古寺,无此幽闲。

于焉昏睡竟失繁忧，毕殚神空而道可学，味淡而禅独参。忽疑义之尽晰，俄欲辨而忘言。如白玉蟾拈花而三嗅，如江贯道抚琴而不弹。此味无令人之可共，何不考古人而就班。乃问诗人谁识其玄，或云子厚，或云青莲，乃浩然摩诘之皆不可，而独分一饼于陶潜。若夫画中三昧，谁得其传，曰有同味，恕先在焉。偕倪迂而漱齿，分黄痴以余甘。犹一人之未降，则庶几乎巨然，其余者人莫不饮，而知味之竟鲜，至如美人，孰媸孰妍，分一杯于道蕴，乃群议之贴然，更赐绿珠以余沥，而以供奉命易安。虽文君之妖艳，不能一滴之破悭也。若夫藤花紫笋，味鲜蕨肥，苦豆新甘，就兹妍景，结社峰颠。高衲韵士，松风满瓯，就阴阴之疏影，听活活之流泉，暝烟合池上，孤月出东山。人静无籁，山空不喧。名理烂熟，古道群谙。任微言而比投水，纵高论之若河悬。于斯时也，松火怒发，石濑渟涵，云浆浸舌，瞠眼青天。心清凉而若雪，胸空阔而无粘。渺若轻云之归海，净若片月之还山。谁知此者，我当与之读茶赋，而续涪翁之嫡传。《雪初堂集》

代武中丞谢新茶表　刘禹锡

臣某言中使窦国晏奉宣圣旨，赐臣新茶一斤，猥降王人，光临私室，恭承庆赐，跪启缄封，臣某中谢伏以方隅入贡，采撷至珍，自远贡来，以新为贵，捧而观妙，饮以涤烦，顾兰露而惭芳，岂柘浆而齐味。既荣凡口，倍切丹心，臣无任云云。

为田神玉谢茶表　韩翃

臣某言，中使至，伏奉手诏，兼赐臣茶一千五百串，令臣分给将士以下。臣慈曲被，戴荷无阶。臣某中谢臣智谢理戎，功惭荡寇。前恩未报，厚赐仍加。念以炎蒸，恤

其暴露。旁分紫笋，宠降朱宫。味足蠲邪，助其正直，香堪愈病，沃以勤劳。饮德相劝，抚心是荷，前朝飨士，往典犒军，皆是循常，非闻特达。顾惟荷增幸，忽被殊私。吴主礼贤，方闻置茗。晋臣爱客，才有分茶。岂如泽被三军，仁加十乘。以欣以忭，怠戴无阶。臣无任云云。并《文苑英华》

茶磨铭见《侯鲭录及谈苑》　黄庭坚

楚云散尽，燕山雪飞，江湖归梦，从此祛机。

茶夹铭　李载贽

唐右补阙綦母旻代茶饮序云："释滞消壅，一日之功暂佳；瘠气耗精，终身之害斯大。获益则归功茶力，贻害则不谓茶灾。"予读而笑曰："释滞消壅，清苦之益实多；瘠气耗精，情欲之害最大。获益则不谓茶力，自害则反谓茶殃，是恕己责人之论也。"乃铭曰：

我老无朋，朝夕唯汝。世间清苦，谁能及子？逐日子饮，不辨几钟。每夕子酌，不问几许。夙兴夜寐，我顾与子终始。子不姓汤，我不姓李，总之一味清苦到底。《樊书》

茶壶铭　张大复

非其物勿吞，非其人勿吐。腹有涯而量无涯，吾非斯之与而谁伍。《梅花草堂集》

金堂南山泉铭并序　浦国宝

兰陵钱治尝作南山泉记实仁宗天圣四年，距今盖一百二十有一年也。钱又夸大其言，以谓陆羽作《茶经》第水之品三十，张又新《煎茶记》又增其七，毛文锡作《茶谱》，又增至二十有八。金堂南山泉当不在兰溪第二水下，然前之三人足迹曾不一履此地，宜皆不为所赏鉴，故此泉淹没而无闻焉，可叹也！先朝时家恬户嬉，一时人士往往多

以卜泉试茗相夸为乐事。至靖康后，天下骚然，苦兵生民困于征徭，邑中之黔，惴然方以货泉，供亿县官不给，为恐泉之甘否，何暇议耶？黄君才叔，此方之修整士也。绍兴辛巳，于南山之南，手披荆棘，锄其荒秽，卓江山景物之会，作室十数楹，极幽居之胜。而岩窦之间，泉之潓者，复达引之庭，除其声涓涓。遇暇日，余率二三宾朋，登君之堂，洗心涤虑，便觉烦暑坐变清凉，酌为茗饮，则又芬甘可爱，诚如治之言者，余是以知物之废兴通塞，亦自有时，何独一泉耶，是不可不铭，铭曰：

峡水东注，鹤峰北峙。幽幽南山，为国之纪。有洌彼泉，出于岩底。清新香洁，酌之如醴。吾侪小人。岂曰知味。宜茶而甘，即为佳水。近世钱治，盖尝品第方之兰溪，不在第二，陆羽既远，无复为纪，日新文锡兹亦已矣。今之易牙，未知孰是。一泉小物，隐而弗示。不有奖鉴，孰发其闷。勒铭山阿，以告吾类。《全蜀艺文志》

宣城苍坑茶赞　梅鼎祚

茶之用，至于今而始真。昔之末碾汤浮，龙图凤箔，非其质矣。吾邑华阳山，有苍坑密垄，故产茶。至于今孙伯揆父子采焙，而始显伯揆事事清绝。其制茶则仿大方之于松萝也，色香味三者具矣，而名价乃复倍之。醍醐生于酥酪，精于酥酪，物理固然，亦由人胜。茶二品，一曰春雷甲，一曰秋露英，然春为胜焉，秋则园主靳，固有抱蔓之虑，价益翔壬子万历春伯揆属。余为之赞，以贻同好。适增汤社一段故事耳，恨不使陆鸿渐、蔡君谟诸君见之。

瑞草先春，惊雷甲坼。惟华之阳，土长泉冽。物生有滋，甘芳昌越。骑火手焙，授法自歙。缥碧茸茸，色若初苗。精气所挺，

为石岩白。香出空中，还与鼻接；玄味自然，了非在舌。不可思议，默焉妙契。爰报报乳恩，供佛禅悦，活烹浅注，以次待客。《鹿裘石室集》

茶中杂咏并序　皮日休
和茶具十咏　陆龟蒙、皮日休
睡后茶兴忆杨同州　白居易

昨晚饮太多，嵬峨并上声连宵醉。今朝殢又饱，烂熳移时睡。睡足摩挲眼，眼前无一事。信脚绕池行，偶然得幽致。婆娑绿荫树，斑驳青苔地。此处置绳床，傍边置茶器。白瓷瓯甚洁，红炉炭方炽。沫下麹尘香，花浮鱼眼沸。盛来有佳色，咽罢余芳气。不见杨慕巢，谁人知此味。《长庆集》

题茶山在宜兴　杜牧

山实东吴秀，茶称瑞草魁。剖符虽俗吏，修贡亦仙才。泉嫩黄金涌，山有金沙泉。修贡出，罢贡即绝。牙香紫璧裁。垂游难自剋，俯首入尘埃。节　《樊川集》

答族侄僧中孚赠玉泉仙人掌茶　李白

（尝闻玉泉山）《李翰林集》

峡山尝茶　皮日休见《湖南广总志》（簇簇新英摘露光）

送陆羽　皇甫曾[26]

方虚谷《瀛奎律髓》云：茶之盛行，自陆羽始。止是碾硙茶尔，其妙处在于别水味。卢仝所谓"手阅月团三百片"，恐团茶不应如是之多，多则必不精也。今则江茶最富为末茶，湖南、西川、江东、浙西为芽茶、青茶、乌茶，惟建宁甲天下为饼茶。广西修江亦有片茶，双井、蒙顶、顾渚、垦源一时不可卒数。南人一日之间，不可无数杯；北人和采酥酪杂物，蜀人又特入白土，皆古之所无有也。羽死，号为茶神，故取此一首为茶诗之冠。

故人寄茶　曹邺　（剑外九华英）

忆茗芽_{忆平泉杂咏}　李德裕

　　谷中春日暖，渐忆掇茶英。欲及清明火，能消醉客醒。松花飘鼎泛，兰气入瓯轻。饮罢闲无事，扪萝溪上行。《李卫公别集》

故人寄茶

　　剑外九华英上寸调集作曹邺。邀作招，竹作月，流作沉，读作肘。

茶山诗　袁高

　　禹贡通远俗，所图在安人。后王失其本，职吏不敢陈。亦有奸佞者，因兹欲求伸。动生千金费，日使万姓贫。我来顾渚源，得与茶事亲。眇辍耕农末，采之实苦辛。一夫且当役，尽室皆同臻。扪葛上敧壁，蓬头入荒榛。终朝不盈掬，手足皆鳞皴。悲嗟遍空山，草木为不春。阴岭芽未吐，使者牒已频。心争造化力，先走挺埃均。选纳无昼夜，捣声昏继晨。众工何枯槁，俯视弥伤神。皇帝尚巡狩，东郊路多堙。周回绕天涯，所献逾艰勤。况减兵革困，量兹固疲民。未知供御余，谁合分此珍。顾省忝邦守，又惭复因循。茫茫沧海间，丹愤何由申。唐久粹

萧员外寄新蜀茶　白居易　（蜀茶寄到但惊新）

谢李六郎中寄新蜀茶　（故情周匝向交情）

山泉煎茶有怀　（坐酌冷冷水）

睡后茶兴忆杨同州　（昨晚饮太多）

走笔谢孟谏议寄新茶　卢仝　（日高丈五睡正浓）

五言月夜啜茶联句

　　泛花邀坐客，代饮引情言。陆士修醒酒宜华席，留僧想独园。张荐不须攀月桂，何

假树庭萱。李萼御史秋风劲，尚书北斗尊。崔万流华净肌骨，疏瀹涤心原。颜真卿不似春醪醉，何辞绿菽繁。僧清昼素瓷传静夜，芳气满闲轩。陆士修

和章岷从事斗茶歌　范仲淹《范文正集》

　　（年年春自东南来）

萧洒桐庐郡　十绝之六

　　萧洒桐庐郡，春山半是茶。新雷还好事，惊起雨前芽。

次谢许少卿寄卧龙山茶赵抃　《赵清献公文集》（越芽远寄入都时）

尝新茶呈圣俞　欧阳修　（建安三千里《合璧事类外集》起句作"为何建安三千里"）

次韵再作　（吾年向老世味薄）

双井茶　（西江水清江石老）

送龙茶与许道人　（颍阳道士青霞客）

和梅公仪尝茶

　　溪山击鼓助雷惊，逗晓灵芽发翠茎。摘处两旗香可爱，贡来双凤品尤精。寒侵病骨惟思睡，花落春愁未解醒。喜共紫瓯吟且酌，羡君萧洒有余清。上并出《欧阳文忠集》

虾蟆蹄_{当作培，今土人写作皆，字音佩}　（石溜吐阴崖）《欧阳文忠公集》

和原父扬州题时会堂二首造贡茶所也（积雪犹封蒙顶树）《欧阳文忠集》

汲水煎茶　苏轼　（活水仍需活火烹）

　　杨诚斋云：七言八句，一篇之中，句句皆奇；一句之中，字字皆奇。古今作者皆难之。如东坡《煎茶诗》云："活水仍需活火烹，自临钓石取深清"，第二句，七字而具五意：水清，一也；深处取清者，二也；石下之水，非有泥土，三也；石乃钓石，非常之石，四也；东坡自汲，非遣卒奴，五也。"大瓢贮

月归春瓮,小杓分江入夜瓶",其状水之清美极矣。"分江"二字,此尤难下。"雪乳已翻煎处脚,松风仍作泻时声",此例语也,尤为诗家妙法,即杜少陵"红稻啄余鹦鹉粒,碧梧栖老凤凰枝"也。"枯肠未易禁三碗,卧听山城长短更",又翻却卢全公案。仝吃到七碗,坡不禁三碗。山城更漏无定,"长短"二字有无穷之味。本集诗雪乳作茶雨,山城作荒村

试院煎茶 （蟹眼已过鱼眼生）

月兔茶 （环非环）

和钱安道寄惠建茶 （我官于南今几时）

惠山谒钱道人烹小龙团登绝顶望太湖 （踏遍江南南岸山）

和蒋夔寄茶 （我生百事常随缘）

问大冶长老乞桃花茶栽东坡 （周诗记苦茶）

怡然以垂云新茶见饷报以大龙团仍戏作小诗 （妙供来香积）

新茶送金判程朝奉以馈其母有诗相谢次韵答之

缝衣付与溧阳尉,舍肉怀归颍谷封。闻道平反供一笑,会须难老待千钟。火前试焙分新胯,雪里头纲辍赐龙。从此升堂是兄弟,一瓯林下记相逢。

次韵曹辅寄壑源试焙新芽

仙山灵雨湿行云,洗遍香肌粉末匀。明月来投玉川子,清风吹破武陵春。要知玉雪心肠好,不是膏油首面新。戏作小诗君一笑,从来佳茗似佳人。

到官病倦未尝会客毛正仲惠茶乃以端午小集石塔戏作一诗为谢

我生亦何须,一饱万想灭。胡为设方丈,养此肤寸舌。尔来又衰病,过午食辄噎。

缪为淮海帅,每愧厨传缺。爨无欲清人,奉使免内热。空烦赤泥印,远致紫玉块。为君伐羔豚,歌舞菰黍节。禅窗丽午景,蜀井出冰雪。坐客皆可人,鼎器手自絜。金钗候汤眼,鱼蟹亦应诀。遂令色香味,一日备三绝。报君不虚授,知我非辍啜。

种茶 （松间旅生茶）

南屏谦师妙于茶事,自云得之于心,应之于手,非可以言传学到者。十月二十七日闻轼游寿星寺,遂来设茶,作此诗赠之 （道人晓出南屏山）

次韵董夷仲茶磨

前人初用茗饮时,煮之无问叶与骨。浸穷厥味臼始用,复计其初碾方出。计穷功极至于磨,信哉智者能创物。破槽折杵向墙角,亦其遭遇有伸屈。岁久讲求知处所,佳者出自衡山窟。巴蜀石工强镌凿,理疏性软良可咄。予家江陵远莫致,尘土何人为披拂。

鲁直以诗馈双井茶次韵为谢

（江夏无双种奇茗）《归田录》草茶以双井为第一。画舫宿太湖,北渚贡茶故事。

寄周安孺茶 （大哉天宇内）

元翰少卿宠惠谷帘水一器龙团二枚仍以新诗为贶叹味不已次韵奉和

岩垂疋练千绿落,雷起双龙万物春。此水此茶俱第一,共成三绝景中人。《文忠全集》

煎茶 丁谓 （开缄试雨前）

建茶呈使君学士 李虚己 （石乳标奇品）

和伯恭自造新茶 余襄公

郡庭无讼即仙家,野圃栽成紫笋茶。疏雨半晴回暖气,轻雷初过得新芽。烘褫精谨松斋静,采撷萦迂涧路斜。江水对煎

萍仿佛,越瓯新试雪交加。一枪试焙春尤早,三碗搜肠句更嘉。多藉彩笺贻雅唱,想资诗笔思无涯。上并《瀛奎律髓》

和子瞻煎茶　苏辙　（年来病懒百不堪）

次韵李公择以惠泉答章子厚新茶二首

无锡铜瓶手自持,新芽顾渚近相思。故人赠答无千里,好事安排巧一时。蟹眼煎成声未老,兔毛倾看色尤宜。枪旗携到齐西境,更试城南金线奇。金线泉在齐州城南

新诗态度霭春云,肯把篇章妄与人。性似好茶常自养,交如泉水久弥亲。睡浓正想罗声发,食饱尤便粥面匀。底处翰林长外补,明年谁送雪溪春。

宋城宰韩秉文惠日铸茶

君家日铸山前住,冬后茶芽麦粒粗。磨转春雷飞白雪,瓯倾锡水散凝酥。溪山去眼尘生面,簿领埋头污匝肤。一啜更能分幕府,定应知我俗人无。

次前韵

龙鸾仅比闽团脔,盐酪应嫌比俗麤。采愧吴僧身似腊,点须越女手如酥。舌根遗味轻浮齿,腋下清风稍袭肤。七碗未容留客试,瓶中数问有余无。

茶灶　梅尧臣　（山寺碧溪头）

宋著作寄凤茶　（春雷未出地）

七宝茶　和范景仁王景彝殿中杂题三十八首并次韵之三十二

七物甘香杂蕊茶,浮花泛绿乱于霞。啜之始觉君恩重,休作寻常一等夸。

答建州沈屯田寄新茶　（春芽研白膏）

王仲仪寄斗茶　（白乳叶家春）

答宣城张主簿遗鸦山茶次其韵　（昔观唐人诗）

晏成续太祝遗双井茶五品茶具四枚

近诗六十篇因以为谢

始于欧阳永叔席,乃识双井绝品茶。次逢江东许子春,又出鹰爪与露牙。鹰爪断之中有光,碾成雪色浮乳花。晏公风流丞相族,以此五色论等差。远走犀兵至蓬巷,青蒻出箧封题加。纹柘冰瓷作精具,灵味一啜驱昏邪。神还气王读高咏,六十五篇金出沙。已从锻炼出至宝,终老不变传幽遐。自惟平昔所得者,何异瓦砾空盈车。涤心洗腑强为答,愈苦愈拙徒兴嗟。

颖公遗碧霄峰茗

到山春已晚,何更有新茶。峰顶应多雨,天寒始发芽。采时林狖静,蒸处石泉嘉。持作衣囊秘,分来五柳家。

李仲求寄建溪洪井茶七品云愈少愈佳,未知尝何如耳,因条而答之。

（忽有西山使）

吴正仲遗新茶《律髓》云：三四即卢仝至尊之余,合王公何事便到仙人家也。此诗圣俞五十二居母忧时作,所以用"悲哀草土臣","聊跪北堂亲",乃奠酹之意也（十片建溪春）

茶磨二首

（楚匠斫山骨）

盆是荷花磨是莲,谁砻麻石洞中天。欲将雀石成云末,三尺蛮童一臂旋。得自三天洞吴氏

尝茶　和公仪

都蓝携具向都堂,碾破云团北焙香。汤嫩水轻花不散,口干神爽味偏长。莫夸李白仙人掌,且作卢仝走笔章。亦欲清风生两腋,从教吹去月轮旁。

吕晋叔著作遗新茶

四叶及王游,共家原坂岭。岁摘建溪春,争先取晴景。大窠有壮液,所发必奇

颖。一朝团焙成，价与黄金逞。吕侯得乡人，分赠我已幸。其赠几何多，六色十五饼。每饼包青蒻，红签缠素菥。屑之云雪轻，啜已神魄惺。会待嘉客来，侑谈当昼永。

得雷太简自制蒙顶茶 （陆羽日茶经）

时会堂二首依韵和刘原甫舍人扬州五题之一自注岁贡蜀冈茶似蒙顶茶能除疾延年

今年太守采茶来，骤雨千门禁火开。一意爱君思去疾，不缘时会此中杯。雨发雷塘不起尘，蜀昆冈上暖先春。烟牙才吐朱轮出，向此亲封御饼新。

次韵和永叔尝新茶杂言 （自从陆羽生人间）

次韵和再拜

建溪茗株成大树，颇胜楚越所种茶。先春喊山掐白萼，亦异鸟觜蜀客夸。烹新斗硬要咬盏，不同饮酒争画蛇。从揉至碾用尽力，只取胜负相笑呀。谁传双井与日注，终是品格称草芽。欧阳翰林百事得精妙，官职况已登清华。昔得陇西大铜碾，碾多岁久深且窊。昨日寄来新硙片，包以籯箬缠以麻。唯能剩啜任腹冷，幸免酪酊冠弁斜。人言饮多头颤挑，目欲清醒气味嘉。此病虽得优醉者，醉来颠踣祸莫涯。不愿清风生两腋，但愿对竹兼对花。还思退之在南方，尝说稍稍能啖蟆。古之贤人尚若此，我今贫陋休相嗟。公不遗旧许频往，何必丝管喧咬哇。

得福州蔡君谟密学书并茶

尺题寄我怜衰翁，刮青茗笼藤缠封。茶开片铸碾叶白，亭午一啜驱昏慵。

颜生枕肱饮瓢水，韩子饭齑居辟雍。虽穷且老不愧昔，远荷好事纾情悰。节《梅苑陵集》

建溪新茗　梅尧臣

（南国溪阴暖）方回《瀛奎律髓》云：乔云龙小饼，先朝以为近臣之异赐。建茶为天下第一，广西修江胯茶次之。南渡后宫禁嫔御日所饮用即此品。胯茶修四寸，博三寸，许人亦罕有芽。茶则多品矣。

依韵和杜相公谢蔡君谟寄茶

天子岁尝龙焙茶，茶官催摘雨前芽。团香已入中都府，斗品争传太傅家。小石冷泉留早味，紫泥新品泛春华。吴中内史才多少，从此莼羹不足夸。

《律髓》云：因茶而薄莼羹，是亦至论。陆机以莼羹对晋武帝羊酪，是时未尚茶耳。然张华《博物志》已有"真茶令人不寐"之说

谢王彦光提刑见访并送茶　陆游

迩英帷幄旧儒臣，肯顾荒山野水滨。不怕客嘲轻薄尹，要令我识老成人。驱回鼓转春城暮，酒泝橙香一笑新。遥想解醒须底物，隆兴第一壑源春。

三游洞前岩下小潭水甚奇取以煎茶

苔径芒鞵滑不妨，潭边聊得据胡床。岩空倒看峰峦影，涧远中含药草香。汲取满瓶牛乳白，分流触石珮声长。囊中日铸传天下，不是名泉不合尝。

过武连县北柳池安国院煮泉试日铸、顾渚。茶院有二泉，皆甘寒。传云唐僖宗幸蜀，在道不豫，至此饮泉而愈，赐名报国灵泉云

滴沥珠玑翠壁间，遭时曾得奉龙颜。栏倾甃缺无人管，满院松风画掩关。（一）

行殿凄凉迹已陈，至今无老记南巡。一泓寒碧无今古，付与闲人作主人。（二）

我是江南桑苎家，汲泉闲品故园茶。只应碧缶苍鹰爪，可压红囊白雪芽。日铸以小瓶腊纸、丹印封之，顾渚贮以红篮缣囊，皆有岁贡。（三）

同何元立蔡肩吾至东丁院汲泉煮茶

一州佳处尽徘徊，惟有东丁院未来。身是江南老桑苎，诸君小住共茶杯。一

雪芽近自峨嵋得，不减红囊顾渚春。旋置风炉清樾下，它年奇事记三人。二

睡起试茶

笛材细织含风漪，蝉翼新裁云碧帷。端溪砚璞斫作枕，素屏画出月堕空江时。朱栏碧甃玉色井，自候银瓶试蒙顶。门前剥啄不嫌渠，但恨此味无人领。

九日试雾中僧所赠茶

少逢重九事豪华，南陌雕鞍拥钿车。今日蜀中生白发，瓦炉独试雾中茶。

试茶

苍爪初惊鹰脱韝，得汤已见玉花浮。睡魔何止避三舍，欢伯直知输一筹。日铸焙香怀旧隐，谷帘试水忆西游。银瓶铜碾俱官样，恨欠纤纤为捧瓯。

饭罢碾茶戏书

江风吹雨暗衡门，手碾新茶破睡昏。小饼戏龙供玉食，今年也到浣花村。

烹茶

麹生可论交，正自畏中圣。年来衰可笑，茶亦能作病。噎呕废晨飧，支离失宵瞑。是身如芭蕉，宁可与物竞。兔瓯试玉尘，香色两超胜。把玩一欣然，为汝烹茶竟。

试茶

北窗高卧鼾如雷，谁遣香茶挽梦回。绿地毫瓯雪花乳，不妨也道入闽来。

昼卧闻碾茶

小醉初消日未晡，幽窗催破紫云腴。玉川七碗何须尔，铜碾声中睡已无。

夜汲井水煮茶

病起罢观书，袖手清夜永。四邻悄无语，灯火正凄冷。山童亦睡熟，汲水自煎茗。锵然辘轳声，百尺鸣古井。肺腑凛清寒，毛骨亦苏省。归来月满廊，惜踏疏梅影。

效蜀人煎茶戏作长句

午枕初回梦蝶床，红丝小硙破旗枪。正须山石龙头鼎，一试风炉蟹眼汤。岩电已能开倦眼，春雷不许殷枯肠。饭囊酒瓮纷纷是，谁赏蒙山紫笋香。

北岩采新茶用忘怀录中法煎饮欣然忘病之未去也

槐火初钻燧，松风自候汤。携篮苔径远，落爪雪芽长。细啜灵襟爽，微吟齿颊香。归时更清绝，竹影踏斜阳。

试茶

强饭年来幸未衰，睡魔百万要支持。难从陆羽毁茶论，宁和陶潜止酒诗。乳井帘泉方遍试，柘罗铜碾雅相宜。山僧剥啄知谁报，正是松风欲动时。

喜得建茶

玉食何由到草莱，重奁初喜坼封开。雪霏庾岭红丝硙，乳泛闽溪绿地材。舌本常留甘尽日，鼻端无复鼾如雷。故应不负朋游意，手挈风炉竹下来。

雪后煎茶

雪液清甘涨井泉，自携茶灶就烹煎。一毫无复关心事，不枉人间住百年。《剑南诗集》

闰正月十一日吕殿丞寄新茶 新，最早者。

生处地向阳也　曾巩

偏得朝阳借力催，千金一铸过溪来。曾坑贡后春犹早，海上先尝第一杯。

寄献新茶 （种处地灵偏得日）

方推官寄新茶 （采摘东溪最上春）

尝新茶 丁晋公《北苑新茶诗序》云：茶芽采时如

蹇磻翁寄新茶二首

（龙焙尝茶第一人）

（贡时天上双龙去）《元丰类稿》

大云寺茶诗

《吕真人集》：洞宾诡为回处士游大云寺。僧请处士啜茶茗，举丁晋公诗曰"花随僧箸破，云逐客瓯圆"。处士日句虽佳，未尽茶之理，乃书诗曰云云

王蕊一铨称绝品，僧家造法极功夫。兔毛瓯浅香云白，虾眼汤翻细浪俱。

断送睡魔离几席，增添清气入肌肤。幽丛自落溪，岩外，不肯移根入上都。《吕真人集》

焦千之求惠山泉诗　苏轼

兹山定空中，乳水满其腹。遇隙则发见，臭味实一族。浅深各有值，方圆随所蓄。或为云汹涌，或作线断续。或鸣空洞中，杂佩间琴筑。或流苍石缝，宛转龙鸾蹙。瓶罂走四海，真伪半相渎。贵人高宴罢，醉眼乱红绿。赤泥开方印，紫饼截圆玉。倾瓯共叹赏，窃语笑僮仆。岂如泉上僧，盥洒自挹掬。故人怜我病，蒻笼寄新馥。欠伸北窗下，昼睡美方熟。精品厌凡泉，愿子致一斛。

杜近游武昌以菩萨泉见饷

君言西山顶，自古流白泉。上为千牛乳，下有万石铅。不愧惠山味，但无陆子贤。愿君扬其名，庶托文字传。寒泉比吉士，清浊在其源。不食我心恻，于泉非所患。嗟我本何有，虚名空自缠。不见子柳子，余愚污溪山。

虾蟆培

蟆背似覆盂，蟆颐如偃月。谓是月中蟆，开口吐月液。根源来甚远，百尺苍崖裂。当时龙破山，此水随龙出。入江江水浊，犹作深碧色。禀受苦洁清，独与凡水隔。岂惟煮茶好，酿酒应无敌。

阁门水

朝堂嘉祐元年九月九日宿斋欧阳永叔张叔

宫井固非一，独传甘与清。酿成光禄酒，调作太官羹。上舍银瓶贮，斋庐玉茗烹。相如方病渴，空听辘轳声。

鲁直复以诗送茶云愿君饮此勿饮酒
晁补之

相茶真似石韫璧，至精那可皮肤识。溪芽不给万口须，往往山毛俱入食。云龙正用饷近班，乞与麓官成靦颜。崇朝一碗坐官局，申旦形清不成宿。平生乐此臭味同，故人贻我情相烛。黄侯发轫日千里，天育收驹自汧渭。车声出鼎细九盘，如此佳句谁能似。遣试齐民蟹眼汤，扶起醉头湔腐肠。颇类它时玉川子，破鼻竹林风送香。吾侪幽事动不朽，但读离骚可无酒。

再用发字韵谢毅父送茶

开门睹雉不敢发，滞思霾胸须澡雪。烦君初试一枪旗，救我将瘫半轮月。不应种木便甘棠，清风自是万夫望。未须乘此蓬莱去，明日论诗齿颊香。

张杰以龙茶换苏帖

寄茶换字真佳尚，此事人间信亦稀。它日封厨失双牍，应随痴顾画俱飞。

和答鲁敬之秘书见招能赋堂烹茶二首

玉泉吟鼎月隳轮，如射风标两绝尘。只欠何郎窗畔雪，戎葵为我作余春。

一碗分来百越春，玉溪小暑却宜人。红尘它日同回首，能赋堂中偶坐身。

次韵提刑毅甫送茶

枭羹煮饼渐宜秦，愁绝江南一味真。健步远梅安用插，鹧鸪金盏有余春。《鸡肋集》

答许觉之惠椰子茶盂　黄庭坚

硕果不食寒林梢，割而弃之为悬匏。

故人相见各贫病,犹可烹茶当酒肴。

邹松滋寄苦竹泉莲子汤

松滋县西竹林寺,苦竹林中甘井泉。巴人谩说虾蟆焙,试里春芽来就煎。

新收千百秋莲菂,剥尽红衣捣玉霜。不假参同成气味,跳珠碗里绿荷香。

谢公择舅分赐茶三首

(外家新赐苍龙璧)

(文书满案惟生睡)

细题叶字包青箬,割取丘郎春信来丘子进外家婿。挼洗一春汤饼睡,亦知清夜有蚊雷。

戏答荆州王充道烹茶二首

茗碗难加酒碗醇,暂时扶起藉糟人。何须忍垢不濯足,苦学梁州阴子春。

龙焙东风鱼眼汤,个中即是白雪乡。更煎双井苍鹰爪,始耐落花春日长。

谢黄从善司业寄惠山泉 （锡谷寒泉椭石俱）

双井茶送子瞻 （人间风日不到处）

省中烹茶怀子瞻用前韵

阁门井不落第二,竟陵谷帘定误书。思公煮茗共汤鼎,蚯蚓窍生鱼眼珠。置身九州之上腹,争名焰中沃焚如。但恐次山胸磊隗,终便平声酒舫石鱼湖。元次山《石鱼湖歌》曰:石鱼湖,似洞庭,夏水欲满君山青。疾风三日作大浪,不能废人运酒舫。

以双井茶送孔常父

校经同省并门居,无日不闻公读书。故持茗碗浇舌本,要听六经如贯珠。心知韵胜舌知腴,何似宝云与真如。汤饼作魔应午睡,慰公渴梦吞江湖。

谢送碾赐壑源拣芽 （矞云从龙小苍璧）

以小团龙茶半挺赠无咎并诗用前韵

为戏 （我持玄圭与苍璧）

博士王扬休碾密云龙同事十三人饮之戏作

矞云苍璧小盘龙,贡包新样出元丰。王郎坦腹饭床东,太官分物来妇翁。棘围深锁武成宫,谈天进士雕虚空。鸣鸠欲雨唤雌雄,南岭北岭宫征同。午窗欲眠视濛濛,喜君开包碾春风,注汤官焙香出笼。非君灌顶甘露碗,几为谈天乾舌本。

答黄冕仲索煎双井并简扬休

江夏无双乃吾宗,同舍颇似王安丰。能浇茗碗湔祓我,风袂欲把浮丘翁。吾宗落笔赏幽事,秋月下照澄江空。家山鹰爪是小草,敢与好赐云龙同。不嫌水厄幸来辱,寒泉汤鼎听松风。夜堂朱墨小灯笼。惜无纤纤来捧碗,唯倚新诗可传本。并黄文节公集

即惠山煮茗 蔡襄

此泉何以珍,适与真茶遇。世物两称绝,于予独得趣。鲜香筯下云,甘滑杯中露。尚能变俗首,岂特湔尘虑。昼静清风生,飘萧入庭树。中含古人意,来者庶冥悟。

茶坂云谷二十六咏之二十二 朱熹

携籝北岭西,采撷供茗饮。一啜夜窗寒,跏趺谢衾枕。

尝茶次寄越僧灵皎 林逋 （白云峰下两枪新）

瓶悬金粉师应有,筯点琼花我自珍。清话几时搔首后,愿和松色劝三巡。

监郡吴殿丞惠以建茶吟一绝以谢之 林逋 （石碾轻飞瑟瑟尘）

谢人寄蒙顶新茶 文同 （蜀土茶称盛）

谢人送歙源绝品云九重所赐也　曾几

三伏汗如雨，终朝沾我裳。谁分金掌露，来作玉溪凉。别甑软炊饭，小炉深焫香。曲生何等物，不与汝同乡。元注：别甑炊香饭供养于此人，禅家语也。

迪侄屡饷新茶

吾家今小阮，有使附书频。唤起南柯梦，特来北焙春。顾予多下驷，况复似陈人。不是能分少，其谁遣食新。敕厨羞煮饼，扫地供炉芬。汤鼎聊从事，茶瓯遂策勋。兴来吾不浅，送似汝良勤。欲作柯山点，当今阿造分。元注：俗所谓罗，点也。造侄尤妙于击拂。

述侄饷日铸茶

宝胯自不乏，山芽安可无。子能来日铸，吾得具风炉。夏木啭黄鸟，僧窗行白驹。谈多唤坐睡，此味政时须。

逮子得龙团胜雪茶两胯以归予其直万钱云

移人尤物众谈夸，持以趋庭意可嘉。鲑菜自无三九种，龙团空取十千茶。烹尝便恐成灾怪，把玩那能定等差。赖有前贤小团例，一囊深贮只传家。

李相公饷建溪新茗奉寄

一书说尽故人情，闽岭春风入户庭。碾处曾看眉上白元注：茶家云碾茶须碾著眉上白乃为佳，分时为见眼中青。饭羹正昼成空洞，枕簟通霄失杳冥。无奈笔端尘俗在，更呼活水发铜瓶。《律髓》云：茶以碾而白为上品。摘处佳人指甲黄，碾时童子眉毛绿，未极茶之妙也。此第三句得之矣。

与周绍祖分茶　陈与义　（竹影满幽窗）

陪诸公登南楼啜茶家弟出建除体诗诸公既和予因次韵

建康九酝美，侑以八品珍。除瘴去热

恼，与茶不相亲。满月堕九天，紫面光璘璘。平生酪奴谤，脉脉气未申。定论得公诗，雅好知凝神。执持甘露碗，未觉有等伦。破睡及四座，愧我非嘉宾。危楼与世隔，万事不及唇。成公方坐啸，尝此玉花匀。收杯未要忙，再试晴天云。开口得一笑，兹游念当频。闭眼归默存，助发梨枣春。

赏茶　戴昺

自汲香泉带落花，漫烧石鼎试新茶。绿阴天气闲庭院，卧听黄蜂报晚衙。

谢徐玑惠茶　徐照

建山惟上贡，采撷极艰辛。不拟分奇品，遥将寄野民。角开秋月满，香入井泉新。静室无来客，碑黏陆羽真。

吴传朋送惠山泉两瓶并所书石刻　曾几

锡谷寒泉双玉瓶，故人捐惠意非轻。疾风骤雨汤声作，淡月疏星茗事成。新岁网头须击拂，旧时水递费经营。银钩蚕尾增奇丽，并作晴窗两眼明。

次黄叔粲茶隐倡酬之作　戴昺

美人隐于茶，性与茶不异。苦涩知余甘，淡薄见真嗜。肯随世俱昏，宁堕众所弃。灵雨滋山腴，迅雷起龙睡。野草未敢花，春芽早呈瑞。斗水须占一，焙火不落二。趣深同谁参，隽永时自试。葱姜勿容溷，瓜芦定非类。标名寓玄思，微吟写清致。成我君子交，从彼俗容恚。嚼芳憩泉石，包贡免邮置。辽辽玉川翁，千载共风味。

茶　秦观

茶实嘉木英，其香乃天育。芳不愧杜蘅，清堪掩椒菊。上客集堂葵，圆月探奁盝。玉鼎注漫流，金碾响丈竹。侵寻发美圈,猗旎生乳粟。经时不销歇,衣袂带纷郁。幸蒙巾笥藏,苦厌龙兰续。愿君斥异类,使我全芬馥。

茶臼

幽人耽茗饮,剡木事捣撞。巧制合臼形,雅音侔枕椌。虚室困亭午,松然明鼎窗。呼奴碎圆月,搔首闻铮钶。茶仙赖君得,睡魔资尔降。所宜玉兔捣,不必力士扛。愿偕黄金碾,自比白玉缸。彼美制作妙,俗物难与双。《淮海后集》

次韵谢李安上惠茶　　秦观

故人早岁佩飞霞,故遣长须致茗芽。寒橐遽收诸品玉,午瓯初试一团花。著书懒复追鸿渐,辨水时能效易牙。从此道山春困少,黄书剩校两三家。

茶歌　白玉蟾　（柳眼偷看梅花飞）

谢木舍人送讲筵茶　杨万里诚斋　（吴绫缝囊染菊水）

重尝新茶　曾巩

麦粒收来品绝伦,葵花制出样争新。一杯永日醒双眼,草木英华信有神。

无名　郑遇　（嫩芽香且灵）

丁谓　（建水正寒清上合璧事类外集）

病中夜试新茶简二弟戏用建除体　程敏政

建溪新茗如环钩,土人食之除百忧。呼童满注雪乳脚,使我坐失平生忧。朝来定与两难弟,执手共瀹青瓷瓯。腹稿已破五千卷,举身恨不登危楼。玉川成仙几百载,清气渺渺散不收。典衣开怀只沽酒,闭门却笑长安游。

斋所谢定西侯惠巴茶　程敏政

元戎斋袚近青坊,分得新茶带酪香。雪乳味调金鼎厚,松涛声泻玉壶长。甘于

马湩疑通谱,清让龙团别制方。吟吻渴消春昼永,愧无裁答付奚囊。

冬夜烧笋供茶教子弟联句

坐拥寒炉夜气清篁墩,烹茶烧笋散闲情敏亨。品从雀舌分佳味壜,许许龙孙得贵名垍。七碗喜催诗兴发垍,百壶真谢酒权轻壜,疏窗已上梅花月敏亨,更取瑶琴鼓再行篁墩。《程篁墩文集》

严稚荆送新茶作歌答之　郑明选《郑侯升集》

暮春三月风日嘉,顾渚初生紫笋茶。故人赠我三百片,片片半卷黄金芽。呼童汲水烧活火,碧窗飞扬青烟斜。须臾肃肃风雨响,石鼎细沸生银花。玉碗擎来好颜色,嫩绿轻浮如瑟瑟。乍拈入口华池香,毛窍萧森百烦涤。此茶一串钱百缗,土物年年贡至尊。大官日进八珍饱,一啜始觉神飞翻。我生茶癖过卢陆,独苦名茶常不足。一朝浇我藜苋肠,咲捧区区小人腹。

爱茶歌　吴宽　（汤翁爱茶如爱酒）

游惠山入听松庵观竹茶炉庵有皮日休醒酒石

与客来尝第二泉,山僧休怪急相煎。结庵正在松风里,裹茗还从谷雨前。玉碗酒香挥且去,石床苔厚醒犹眠。百年重试筠炉火,古杓争怜更瓦全。

谢吴承翰送悟道泉有序

成化己亥春,予偕李太仆贞伯游东洞庭山,宿吴鸣翰宅。明日偕过翠峰寺。寺有悟道泉,饮之甘美,相与题诗而去,今二十年矣。一日鸣翰弟承翰,使人异巨瓮以泉见饷,予嘉其意,以诗谢之。于是太仆公与鸣翰皆物故矣。

试茶忆在廿年前,碧瓮异来味宛然。

踏雪故穿东涧屐,迎风遥附太湖船。题诗寥落怜诸友,悟道分明见老禅。自愧无能为水记,遍将名品与人传。

侄奕勺泉烹茶风味甚胜

碧瓷泉清初入夜,铜炉火暖自生春。巨区舟楫来何远,阳羡枪旗瀹更新。妙理勿传醒酒客,佳名谁与坐禅人。洛阳城里多车马,却笑卢仝半饮尘。

题王浚之茗醉庐

昔闻尔祖王无功,曾向醉乡终日醉。醉乡茫茫不可寻,后世惟传醉乡记。君今复作醉乡游,醉处虽同游处异。此间亦自有无何,依旧幕天而席地。聊将七碗解宿醒,饮中别得真三昧。茅庐睡起红日高,书信先回孟谏议。陆羽卢仝接迹来,仍请又新论水味。不从卫武歌柳诗,初筵客散多威仪。无功先生安得知,醉乡从来分两岐。

饮阳羡茶

今年阳羡山中品,此日倾来始满瓯。谷雨向前知苦雨,麦秋以后欲迎秋。莫夸酒醴清还浊,试看旗枪沉载浮。自得山人传妙诀,一时风味压南州。《吴大本尝论煎茶法》

谢朱懋恭同年寄龙井茶

谏议书来印不斜,忽惊入手是春芽。惜无一斛虎丘水,煮尽二斤龙井茶。顾诸品高知已退,建溪名重恐难加。饮余为比公清苦,风味依然在齿牙。

谢冯副郎送惠山泉

何处泉满腹,惠山横翠屏。山远不能移,谁移此泓渟。客从山下来,遗我泉两瓶。磊磊石子在,中涵数峰青。宛如清晓汲,尚带鱼龙腥。煎茶水有记,陆羽著茶经。舌端辨清浊,岂但如渭泾。兹泉列第二,不甘让中泠。幸蒙苏子咏,将诗作泉

铭。至今山游者,争仰漪澜亭。远饷逾千里,瓵甄载吴舲。后人不好事,此事久已停。大瓮封泥头,所重惟醯醢。一朝俄得此,高屋惊建瓴。阳羡茶适至,新品攒寸莛。虽非龙凤团,胜出蔡与丁。二物偶相值,活火仍荧荧。蟹眼泡渐起,羊肠车可听。煎烹既如法,倾泻胜兰馨。连饮渴顿解,更使尘目醒。瓶底有余沥,照见发星星。嗟此一段奇,何意当衰龄。不须茶始饮,饮水心常惺。未足酬雅意,聊用报山灵。匏翁《家藏集》

和章水部沙坪茶歌有跋　杨慎

玉垒之关宝唐山,丹危翠险不可攀。上有沙坪寸金地。瑞草之魁生其间。方芽春茁金鸦觜,紫笋时抽锦豹斑。相如凡将名最的,谱之重见毛文锡。洛下卢仝未得尝,吴中陆羽何曾觅。逸味盛夸张景阳,白兔楼前锦里旁。贮之玉碗蔷薇水,拟以帝台甘露浆。聚龙云分麝月,苏兰薪桂清芬发。参隅迢递渺天涯,玉食何由献金阙。君作茶歌如作史,不独品茶兼品士。西南侧陋阻明扬,官府神仙多蔽美。君不闻,夜光明月投人按剑嗔,又不闻,拥肿蟠木先容为上珍。

往来在馆阁,陆子渊谓予曰:"沙坪茶信绝品矣,何以无称于古?"余曰:"毛文锡《茶谱》云:'王垒关宝唐山有茶树,悬崖而生,笋长三寸五寸,始得一叶两叶。'晋张景阳《成都白兔楼诗》云:'芳茶冠六清,逸味播九区。'此非沙坪茶之始乎?"

沙坪茶兴冬夕拥炉即事二首之二　补续全蜀艺文志载二诗

霜气侵中月瞰窗,荆薪代烛胜银缸。不聊诗鼎因侯喜,却掩禅扉效老庞。虾眼龙团醒思退,蝇声蚓窍睡魔降。坐沉不觉

寒更尽,百八晨钟起隔江。

茶园铺午饭　鲁铎竟陵人

茶园徙倚问山灵,乞取春英入夜瓶。我本陆家同里闬,袖中新注有茶经。

夜起煮茶　孙一元　(碎擘月团细)《太白山人集》

采茶词　高启

雪过溪山碧云暖,幽丛半吐旗枪短。银钗女儿相应歌,筐中摘得谁最多。归来清香犹在手,高品先将呈太守。竹炉新焙未得尝,笼盛贩与湖南商。山家不解种禾黍,衣食年年在春雨。

安氏表甥以岭茶见遗走笔答之　俞宪

朱方火初殒,金气应候发。野色清孤斋,秋声澹疏樾。寂寂夜景沉,相对惟皓月。此时非茗饮,何以消余渴。之子熟茶经,品茶自卓越。罗山产旗枪,名共山突兀。采摘谷雨前,火焙法不汩。屡曝量阴晴,珍藏等珠玥。铢两亦既难,顷筐向予谒。负鼎竹外烹,顷刻烟霏歇。不待七碗尝,清风起超忽。凉月况满除,明河耿未没。三人足欣赏,且气浩无阕。以兹感嘉惠,冷然透心骨。题诗一赠君,亲爱胡能竭。出《黄涧集》稍节

煎茶诗赠王履约　文征明

嫩汤自候鱼生眼,新茗还夸绿展旗。谷雨江南佳节近,惠泉山下小船归。山人纱帽笼头处,禅榻风花绕鬓飞。酒客不通尘梦醒,卧看春日下松扉。

邵二泉司徒以惠山泉饷白岩先生,适吴宗伯宁庵寄阳羡茶,亦至白岩烹以饮客,命余赋诗

谏议印封阳羡茗,卫公驿送惠山泉。百年佳话人兼胜,一笑风檐手自煎。闲兴

末夸禅榻畔,月明还到酒樽前。品尝只合王公贵,惭愧清风被玉川。

煮茶(绢封阳羡月)《甫田集》

虎丘采茶二绝　张献翼幼于长洲人

竹间茶灶绿烟迷,采偏空山日已西。野寺清风何处起,生公台畔白公堤。

谷雨春风满剑池,东吴瑞草正参差。一杯不让金茎露,消尽相如病渴时。《文起堂集》

谢僧饷茶　李流芳

深山携短笠,宿火焙灵芽。采自野人手,分来诗老家。一瓯吟正苦,再泼景初斜。坐对中庭绿,桐今半月华。《檀园集》

蒙顶石花茶　王越

闻道蒙山风味嘉,洞天深处饱烟霞。冰绡碎剪先春叶,石髓香粘绝品花。蟹眼不须煎活水,酪奴何敢斗新芽。若教陆羽持公论,当是人间第一茶。《王襄敏公集》

试新茶　汪道昆

消渴蠲吾疾,清芬待尔功。无才评陆羽,有癖过卢仝。但得萌芽异,何须制作工。当垆聊自试,习习欲凌风。

松萝试新茶

篮舆彭泽令,茗碗赵州禅。新摘香逾嫩,先尝味更鲜。已知出群品,聊以供诸天。司马俄蠲疾,绳床任醉眠。《太函集》

和东坡居士煎茶歌　王世贞

洪都鹤岭太粗生,北苑凤团先一鸣。虎丘晚出谷雨候,百斗百品皆为轻。慧水不肯甘第二,拟借春芽冠春意。陆郎为我手自煎,松飚写出真珠泉。君不见蒙顶空劳荐巴蜀,定红输却宣瓷玉。膻根麦粉填调饥,碧纱捧出双峨眉。拾筝炙管且要,隐囊筇榻须相随。最宜纤指就一吸,半醉倦

读离骚时。

醉茶轩歌为詹翰林东图作 （槽丘欲颓酒池涸）

茶灶　为胡元瑞题　绿梦馆二十咏之十

蟹眼犹未发，雀石已芬敷。自吹还自啜，不爱文君鲈。

茶泉　姚元白市　隐园十八咏之二

先从陆羽品，旋向君谟斗。蟹眼初泼时，灵犀已潜透。

送陆楚生入阳羡采茶

由来陆羽是茶神，著得茶经字字真。莫道青山无宿业，耳孙仍作采山人。一

采山人一

阳羡春芽玉万株，新焙得似虎丘无，纵令王肃无情思，不与诸伧唤酪奴。二

题慧山泉

一勺清泠下九咽，分明仙掌露珠圆。空劳陆羽轻题品，天下谁当第一泉。

谢宜兴令惠新茶

宜兴紫笋阳羡茶名未成枪，团作冰芽一寸方。白绢斜封亲拣送，可知犹带令君香。

中泠新水泼冰绿宋第一茶名，泻向宣州雪白瓷。念尔欲浇诗思苦，千山绿竹晓衙时。《弇州山人续稿》

某伯子惠虎丘茗谢之　徐渭　（虎丘春茗妙烘蒸）《徐文长三集》

谢人惠茶　徐学谟《归有园稿》

知君近自雪川还，分煮新茶梅雨间。为解色香消未尽，一铛相对掩禅关。

醉茶绝句　汤宾尹《睡庵诗稿三刻》

不识麹先生，胸头气作狞。冯谁浇磊块，桑苎尔多情。

活火试新泉，云芽白吐烟。引人著胜地，相顾已颓然。

无力学王通，酣情一觉中。睡余聊得味，取次觅卢仝。

宁与众同醉，何为我独醒。君过扬子驿，为我取南零。

和钟幼芝啜茗二首　赵南星《赵忠毅公诗集》

茗饮偶所嗜，过从得韵人。伧奴烹稍解，吴客寄方新。桧雨声闻耳，兰英味入唇。不须倾玉碗，只此未为贫。

挹水华清晓，搴芳谷雨前。长乡浑未见，岐伯竟无传。吸露夸难似，栖云享独偏。何当理舟楫，共觅慧山泉。

雪中烹茶邀行甫子端

拂竹留青霭，敲松下白云。会心延胜引，煮茗艳清芬。鸟绝飞无际，天寒坠不闻。鲈烟林外出，一缕碧氤氲。

谢王淮阳寄茶

平生嗜好还佳茗，岁岁劳君远寄新。素手自烹情始惬，精心缓啜味方真。园中即拟开清谦，松下应须得韵人。潦倒近来缄浊酒，兰芽露乳更相亲。

试茉莉茶时有郑三守之招不赴　徐阶

绝域花来本自珍，露芽江水亦新分。香浮石鼎沉沉缕，清映冰壶细细纹。静听几回翻白雪，徐看一碗簇春云。风生剩有卢仝赋，未许山翁席上闻。《世经堂集》

寒夜煮茶歌　于谦

老夫不得寐，无奈更漏长。霜痕月影与雪色，为我庭户增辉光。直庐数椽少邻并，苦空寂寞如僧房。萧条厨传无长物，地炉爇火烹茶汤。初如清波露蟹眼，次若轻车转羊肠。须臾腾波鼓浪不可遏，展开雀舌浮甘香。一瓯啜罢尘虑净，

顿觉唇吻皆清凉。胸中虽无文字五千卷,新诗亦足追晚唐。玉川子,贫更狂,书生本无富贵相,得意何必夸膏粱。《于肃愍公集》

烹茶　冯时可

虎阜茶称圣,惠泉水并廉。绿波香乍溢,玉露爽新沾。流舌资挥尘,披襟试咏蟾。何人解烹点,女手自纤纤。

赠茶禅居士居士姓张善,谈名理,往嗜酒,以佞佛戒,晚自号茶禅。

虎阜梁溪百里船,浮家泊宅自年年。茗争顾渚先春色,水夺金山首品泉。竹坞风清苍雪冷,翠瓯云泛乳花妍。逃禅遂欲辞中圣,更有名通三语传。

秋夜试茶漫述

静院凉生冷烛花,风吹翠竹月光华,闷来无伴倾云液,铜叶闲尝紫笋茶。

茶同鲍相郑作联句　张旭

解醉还将石鼎烹旭,何须临石汲深清作。诗坛淡爱家常味相,萍水浓添客子情旭。肌骨欲清应五碗作,笑谈才洽又三更相。年来会得卢仝趣旭,不觉凉风两腋生作。

阳羡茶同前

谁剪黄金作此芽旭,宜兴风味价偏赊作。清烹石鼎香腾雾相,细注银瓯浪滚花旭。寄惠曾劳苏子赋作,品题端许玉川夸旭。客边此乐依稀似作,不独当年谏议家相。《梅岩小稿》

石鼎烹茶　张旭

奇方能洗此心清,阳羡茶将石鼎烹。一啜不知连七碗,忽惊两腋有风生。

煮茶　陶望龄

何哉玉川子,谩夸七碗乐。空斋向松声,清风已堪作。

胜公煎茶歌兼寄嘲中郎中郎尝品茶,云龙井未免草气,虎丘豆花气,罗岕金石气。

铜炉宿火灰初暖,栴檀半铢芬气满。须臾断续一缕青,才有香烟意全短。胜公煎茶契斯法。兔褐瓯中雪花白。火文汤嫩茗乍投,已具味香无有色。兰花色浅趣已殊,况堪老作鹅儿雏。佳处无多在俄顷,趣饮敢复留赢余。公安袁生吴令尹,未解烹煎强题品。杭州不饮胜公茶,却訾龙井如草芽。夸言虎丘居第二,仿佛如闻豆花气。罗岕第一品绝精,茶复非茶金石味。我思生言问生口,煮花作饮能佳否。茶于花气已非伦,瀹石烹金味何有。歙庵道者山泽癯,弢光泉水烟云腴。饮罢身轻意冲举,梦为白鹤云中徂。燕中大饼如截树,生乎啖之齿牙敝。何时一碗沃尔肠,勿作从前易言语。

赠灵隐僧　三之三

司仓吟里佛,桑苎茗中神。诗律怜吾减,茶勋到尔新。著经今日异,斗品几山春。倘问西来意,拈瓯举似人。《歙庵集》

过日铸岭是欧冶铸剑地,归田录称日注草茶第一。注,即铸也。　十一之十一

醉翁遗录在,佳茗旧未谙。摘露先朝日茶须日未出时采以北露气,蒸烟入晚岚。竹炉煎活火,藜杖挂都篮。倘许吴僧住,宁将顾渚惭。《歙庵集》

艳诗煮茶　林云凤字若抚,吴县诸生　明史佚选

石火敲来绛口吹,轻烟一缕驻游丝。琼浆出自云英手,不待玄霜捣尽时。

茶事咏有引　蔡复一

古今浇垒块者……以俟他日。

(病去醉乡隔)

（涤器傍松林）

（雪为谷之精）

（泉山忆雪遥）

（煎水不煎茶）

（茶虽水策勋）

（酒德泛然亲）

（酒韵美如兰）

（好友兰言密）

（泉鸣细雨来）

（收芽必初火）

月下过小修净绿堂试吴客所饷松萝茶　袁宏道

碧芽拈试火前新，洗却诗肠数斗尘。江水又逢真陆羽，吴瓶重泻旧翁春。和云题去连筐叶，与月同来醉道人。竹影一堂修碧冷，乳花浮动雪鳞鳞。《中郎全集》

谢饷天池虎丘茶廿二韵　娄坚

昔余慕禅寂，栖止天池巅。松根白石罅，□□鸣曲渐。时从经行罢，缕缕见茶烟。一啜濡吾吻，再啜利吾咽。回思甫踚冠，虎丘住经年。手掇惊雷芽，焙瀹发甘鲜。口美中未惬，花瓷厕丹铅。尤惭漱灵液，而以涤腥膻。岂若狎溜侣，观心坐修然。渐衰尘虑淡，杜门谢构牵。弥觉茶味永，能令百脉宣。稠叠荷珍贶，匡床对烹煎。仿佛旧所历，一一在目前。近闻官督采，无异逐爵颤。山僧苦遭诘，厉禁何蹇。唯应好事者，铢两轻百钱。吾欲往具陈，味寒非贵怜。不堪侑竿牍，那用供贡缘。但宜野老腹，强致王公筵。浓淡自有当，贵贱异所便。且留慰藿食，闲窗足高眠。感子殷勤意，慨焉遂成篇。《吴歈小草》

谢僧饷茶

深山携短笠，宿火焙灵芽。采自野人手，分来诗老家。一瓯吟正苦，再泼景初斜。坐对中庭绿，桐今半月华。《吴歈小草》

过闵老吃茶作　程嘉燧

团面何顺作凤形，石头那许杂中泠。肯来惯同奴饭白，未见已令侬眼青。秋露过春翠欲滴，松风到门寒可听。君家仲叔老多事，我更无烦呼玉瓶。

虎丘僧房夏夜试茶歌

深林纤纤月欲没，坐久明星烂于月。正无微籁生虚空，忽有幽香来秘酵。未须涓滴润喉吻，已觉烦溽清肌骨。泉新火活妙指瀹，风味难言空约略。芳兰出林露初泫，寒梅吐韵日犹薄。洞山标格稍云峻，龙井旖旎徒嫌弱。净名妙香自无尽，天女散花仍不著。世人耳食喧茶经，此山尤物遭天刑。锁园铃柝乱鸟雀，把火敲朴惊山灵。空烦采括到泥土，岂有烹嚱分淄渑。邻房藏乞自封裹，色敌翠羽疑空青。庭闲夜寐客亦韵，潜解绿箬开芳馨。元与枯肠洗藜苋，宦为世味充膻腥。

早起柬谢一树庵僧送茶

日高浓睡玉川家，时有山僧歕乞茶。尝处松风生破屋，摘来仙露满袈裟。清于元高杯中物，香似维摩散后花。能与凡夫消热渴，总然卜□也输些。《松圆浪淘》

烹茶桐江舟中　赵宽

寒碧净澈底，洒然怡我心。乘船临中流，操瓢汲其深。野火爇筼桂，芳茗烹璘琳。俄顷发蟹眼，拍拍光耀金。一酌洗烦虑，再酌开灵襟。但觉俯仰间，罗列万象森。舒啸排寒飚，放歌激商音。四山正寂寂，明月生东岑。《半江集》

茗碗先春　乐山亭二首之二

小碗含生意，蒙茸苗细芽。一年初

破腊,百草未开花。旋采携筐笼,先尝润齿牙。龙团何足羡,真味在山家。《半江集》

刘伯延携松萝茗至　程可中有程中叔集

容携满袖松梦云卷叶数芽细不分理窟已摧谈尘倦只延清夜对炉薰

啜茗病中十咏之十　张士昌

病来澹于心,惟茗性所嗜。一啜清风生,翛然忘俗累。《听雪斋诗草》

煮茶卧疴四首之四　何白

茶灶匡床次第陈,竹林雅惬据梧身。军持晓汲云根碧,仙掌春开露裛新。烟暝忽如山雨至,火降初破浪花匀。啜余坐爱桐阴午,点笔诗成觉有神。

憩灵峰洞饮寺僧新烹龙湫顶新茶,因忆岁在壬寅予集茅孝若斋中,遍试松萝虎丘洞山诸茶品,遂作歌寄怀孝若

雁顶东南天一柱,上有天池宿雷雨。夜半光飞一缕霞,海色金银日初吐。仙茶盘攫于其巅,雪啮霜根枝干古。石根濊濊养灵芬,云表瀼瀼滋玉醹。挪烟掇露出万峰,禀性高寒味清苦。山僧军持汲白泉,活火新烹香泼乳。玉华甫歃灵气通,一洗人间几尘土,粉枪末旗殊失真。凤饼龙团何足数,白芽珍品说洪州。紫笋嘉名传顾渚,宁知此地种更奇。僻远未登鸿渐谱,啜罢临风忆旧游。天末相思独延伫,呼龙欲载小茅君。斫冰共向云中煮。《汲古堂集》

赠煎茶僧　董其昌

怪石与枯槎,相将度岁华。凤团虽贮好,只吃赵州茶。《容台集》

赠醉茶居士　陈继儒

山中日日试新泉,君合前身老玉川。石枕月侵蕉叶梦,竹炉风软落花烟。点来

直是窥三昧,醒后翻能赋百篇。却笑当年醉乡子,一生虚掷杖头钱。

试茶

绮阴攒盖,灵草试旗。竹炉幽讨,松火怒飞。水交以淡,茗战而肥。绿香满路,永日忘归

谷雨前三日催僧采茶六首皆九峰诗　谭元春

晴看云不采,吾闻诸季疵。贵精兼贵少,莫待叶舒时。

看造茶

言饼与言粥,真茶何自生。天然多妙事,箅火莫相争。

尝茶

瓷瓯相照烛,松竹乱春云。旬日龙檀歇,真香不在闻。

头茶

萌芽不可折,却却桑茶论。桑老伤蚕意,人情亦有新。

二茶

同是嫩而拳,何知非雨前。辨茶如辨水,江半南零泉。

三茶

生意穷三摘,纤毫贵一真。采山牙笋外,不慕远峰春。

汲君山柳毅井水试茶于岳阳楼下

湖中山一点,山上复清泉。泉熟湖光定,瓯香明月天。

临湖不饮湖,爱汲柳家井。茶照上楼人,君山破湖影。

不风亦不云,静瓷擎月色。巴丘夜望深,终古涵消息。《谭子诗归》

七月十五日试岕茶徐元叹寄阡二首

钟惺

江南秋岕日,此地试春茶。致远良非

易,怀新若有加。咄嗟人器换,惊怪色香差。所赖微禁老,经时保静嘉。

千里封题秘,单辞品目忘 元叹未答予《茶诗》。在君惟远寄,听我自亲尝。曾历中泠水,尝添顾渚香。病痹秋贵暖,啜苦独无伤。

遣使吴门候徐元叹云以买岕茶行

犹得年年一度行,嗣音幸借采茶名。雨前揣我诚何意,天末知君亦此情。惠水开时占损益,洞山来处辨阴晴。独怜僧院曾亲,焙竹月依稀去岁情。元叹有《虎丘竹亭僧院焙茶见寄诗》

早春寄书徐元叹买岕茶

含情茶尽问吴船,书及江南又隔年。遥想色香今一始,俄惊薪火已三迁岁一买今三度。收藏幸许留春后,遵养应顺过雨前。何处验君亲采焙,封题犹寄竹中烟。遗稿

煮佳茶感怀　瞿九思

紫笋蒙清候,露芽得火前。枯肠搜欲尽,渴肺饮先干。祛睡虚堂白,呼儿活水煎。何须金茎赐,御李已登山。《瞿慕川集》

谢范宗一惠新茶　汪逸

产获真源北,贻当恰雨前。贮香罂特小,题字箬方鲜。值客谭心坐,教童沐手煎。山园今未寄,乡味试君先。《南游合草》

过匡企仁僧舍煮茶留话赠此

一歃清于露,兼其美在烹。能将活火候,以佐惠泉名。客见亲烧叶,僮知预涤铛。宿醒如病渴,君勿厌频倾。甲序

醉茶居　王宇《亦园诗文略》

睡起空斋茗碗香,孤铛影里梦魂凉。不须别问中山酒,心入闲乡是醉乡。

煎茶　沈龙

云暗江南树,遗来一片春。气将松火活,汲得石泉新。清梦居然熟,新诗亦尔淳。山中招高士,相与共弥沦。《雪初堂集》

茶灶　文震亨

摘取中林露,瀹泉醉绿香。疏风发新火,声在竹间房。《香草诗选》

茶泉清溪新咏二十二之二

井花香气竹林南,古甃深围碧一潭。功德细评俱是八,品题闲校不居三。宵分炉鼎声成韵,午斗旗枪战颇酣。色味岂容他果并,惟应玉版得同呇。秣陵诗

初夏啜茗寄谢胡炼师太古　张大复

清朝吹杏火,盥手泼天泉。花豆香堪把,旗枪致已全。麦秋寒峭峭,卮漏滴涓涓。谁遣酪奴异,停铛想玉川。

洞山茶歌戏答王孟夙见寄

吴下烹茗说洞山,几人着眼斗清闲。山中傲吏曾相识,片片紫茸投如兰。自入黄梅雨正肥,忙呼博士解春衣。

瓷罂削玉彬壶紫,松火铛鸣蟹爪飞。桑苎有经穷则变,卢仝知味苦已稀。莫言世外交情淡,喉舌相安冥是非。

奉酬堵瞻老惠阳羡茶

铛冷烟萝梦不成,双笼惠寄锡嘉茗。械题阳羡开花蚤,乳泛瓷罂出味清。绛帐偏肥春苜蓿,左丘惭刺鲁诸生。不辞七碗堪乘兴,病渴文园量未盈。

胡炼师见贻虎丘茶赋答二绝句

汤社从人说豆花,齿牙衡鉴自当家。青城道士烟霞袖,笼得吴山博士茶。一

香光泉味两相当,蟹爪松风听主张。白玉瓷瓯倾一盏,何如阳羡试旗枪。二
茶亭

为爱中泠水,来观江上亭。松涛排户

白,蟹爪入铛青。桑苎经堪补,相如渴已
冥。三杯也醉客袁中郎诗茶到三杯也醉人,吾意
未扬觥。

啜秋叶

秋物谁堪并,春茗芽老复新。鲜馋须
七碗,焦渴已三旬。不愿春风沸,常愁灶大
陈。朝来洗喉吻,既醉藉花阴。

试新茶咏怀

呼儿蒸火试惊芽,恰有纤纤燕笋斜。
春昼正长汤社动,舌端有主渐经赊。亦知
成癖催吾老,乍可消银尽自夸。生计久挤
齐一醉,何如茗战更当家。

报为公茶到

平生不识小龙团,一吸倾壶渴思宽。
夜半屋梁月皎皎,为君更洗漱清寒。上并《梅
花草堂集》

煮茶惠泉适至

平头吹新火,文园泼旧茶。风入松成
韵,香凝乳作花。似啜朝云蜜,还浮惊蛰
芽。水师乘驿至,铛声应未赊。

饮秋茶戏呈雨若兼怀长蘅伯玉宗晓子颙诸丈

吃得秋泉品是真,乳花豆气满瓯新。
天公分付茶非草,人力支持秋作春。岸上
芙蓉同气味,社中博士集佳辰。当年茗战
今何似,且约惊雷三两人。

啜茗

茶铛生计惯相谙,童子持来香满龛。
惠水天泉谁较二,豆花金泉自成三。但凭
博士闲烹煮,还仗当人适苦甘。索解人如
不可得,水淫松老总名贪。

蒙茶

南国名泉称惠水,东郊茗战说蒙山。
泼来况是初醒候,饱啜闲看又一班。

舟中泼天池茶寄怀朱子鱼见致

泼得天池花气浓,绿旗斜漾白瓷钟。
闷来一盏真堪赏,忽忆云山路几重。

泼虎丘茶怀方振先生改

松风歇处逗新香可信青丘是大方温克
宜人人莫觉倾壶未厌似新尝。

泼龙井茶怀张子松见饷

龙井摘来君最先,炉中炼得虎跑泉。
辩才留下真种子,好与维摩过午禅。

署中同王坦老品茶

尽日吹炉涤茗瓯,群山惊绿递相投。
自怜舌底权衡在,汤社于今入胜游。

试庙后茶酬严中翰见致兼寄惠泉

风远香温牙齿闲,似随甘冷有无间。
与君如水深深味,今日尝看识洞山。

试龚云峰洞山茶

博士谁家不洞山,譬如全豹管窥斑。
洞山不在长兴外,恰好龚君采焙间。

试朱泗滨洞山茶

储得天泉泼洞茶,色香未许斗朱家。
宁迟毋亟人输我,刚是山中茸绿芽。上并《梅
花草堂集》

赋得烧竹煎茶夜卧迟 　释广育

莲花沉沉静,茶铛共煮时。竹枯生火
易,泉冷候鸣迟。水夜虫声咽,残灯鹤梦
痴。欲眠窗渐白,片月挂松枝。

雨窗谢友惠茶

石榴雨打枝不起,凤仙泥污半开蕊。
鲜鲜纽滴胭脂汁,桃花片落佳人指。檐溜
倾翻洗窗竹,更有松声聒闲耳。岭云一片
寄械封,未饮先教沁冰齿。愿倒仙人掌上
盆,从空泻下芙蓉水。瓜壶倾入雪磁瓯,荷
叶敧流露珠子。到唇早觉赛龙团,蜕骨果
宜真凤髓。何以报之惭锦字,珍重宁如一

端绮。

岕茶 雨窗三友之一次张清韵

灵草谁为伴,名泉第二清。火前青笋候,庙后碧茸生。松子味嫌厚,豆花香可并。妒他卢处士,爱尔不忘情。《偶庵草》

高三谷兄损贶大缸贮梅雨赋谢　娄坚

井泉甘绝少,山溜远为烦。欲贮三时雨俗以小暑前半月为三时,欣贻五石樽。松涛醒睡眼,笋乳溉灵根。活火炉边未,来过与细论。《吴歈小草》

黄以实自兰溪来,汲陆鸿渐第三泉见遗,且有赠诗清真洞,密喜而和之谭元春

陆子茶神圣,出于渊湫。水镜自遥照,碧寒幽明愁。我拜惠山足,挽汲窥所由。瓶瓯雨天下,舟车载其流。又尝过练湖,颇怀玉乳羞。苔滞之无光,嗟哉暴弃傕。感此兰溪石,泉性中飕飕。长河不敢入,维获亦孔周。耻与茶逢迎,高人或偶收。附君扁舟来,可谓得良仇。对之殊数日,烹煎未忍投。相见竟陵人,慎勿念故丘。

茶诗　钟惺

水为茶之神,饮水意良足。但问品泉人,茶是水何物。

饮罢意爽然,香色味焉往。不知初啜时,从何寄遐赏。

室香生炉中,炉寒香未已。当其离合间,可以得茶理。

采雨诗

雨连日夕,忽忽无春。采之瀹茗,色香可夺惠泉。其法:用白布方五六尺,系于四角,而石压其中央,以收四至之水而置瓮中庭受之。避雷者,恶其不洁也。终夕緦緦焉,虑水之不至,则亦不复知有雨之苦矣。

以欣代厌,亦居心转境之一道也。作采雨诗。

连雨无一可,不独梅柳厄。可助茶神理,此事差有益。置瓮必中庭,义不傍檐隙。岂不速且多,污滥亦堪掷。志士羞捷取,先难而后获。网罗仗匹素,承藉敢言窄,取盈亦人情。反喜溜声积,遣婢跛持灯。验其所受迹,用镯苦雨情。听之遂终夕。《隐秀轩集》

煮泉　杨一麟

茗碗能令诗胆开,且从汤社共徘徊。呼童扫石出门看,二仲桥边来未来。《雪轩近稿》

雨后过惠山试泉　释广育

山当新雨后,路入翠微边。行到最深处,题看第二泉。映苔清似雪,洗钵冷于烟。欲试松萝碧,携炉手自煎。《偶庵草》

同孙令弘夜登惠山汲泉　赵韩字退之平湖人

非关消内热,同此意清寒。投绠月亦响,出林云未干。最宜新火候,不作老波澜。为与风尘敌,犹怜七碗难。

同徐彦先汲中泠泉

淮海中天汇,无惭第一名。未经鸿渐品,谁识赞皇评。静得蛟龙性,湍当日月精。铮铮沙鼎沸,犹应早潮声。《槜言》

贮雨　张大复

梅雨通宵足野畴,分坛列盎喜绸缪。水银锢癖堪消遣,病渴长淹聊自谋。百道飞泉来树远,一庭花影入渠愁。莫言雨落辞天上,槐火方新许再收。《梅花草堂集》

梅雨敕奴人收贮戏题此诗

梅雨疏疏忽振瓦,悬河倒峡倾盆下。疾呼奴子应雷奔,多列盎罍受琼泻。宵向分初势复张,我方睡美滴无舍。晓来槐火

一时新,饱沃文园病渴者。

竹茶炉巷　　程敏政

惠山听松庵,有王舍人孟端竹茶炉。既亡而复,秦太守廷韶尝求予诗。后予过惠山庵,僧因出此炉吟赏,竟日盖十余年矣。观吴同寅原博及虞舜臣倡和卷,慨然兴怀,辄继声,其后得二章。

新茶曾试惠山泉,拂拭筠炉手自煎。拟置水符千里外,忽惊诗案十年前。野僧暂挽孤帆住,词客遥分半榻眠。回首旧游如昨日,山中清乐羡君全。

细结湘筠煮石泉,虚心宁复畏相煎。巧形自出今人上,清供曾当古佛前。可配瓦盆筠玉注,绝胜金鼎护砂眠。长安诗社如相续,得似轩辕句浑全。《篁墩集》

西江月　　送茶并谷帘与王胜之　　苏轼

龙焙今年绝品,谷帘自古珍泉。雪芽双井散神仙,苗裔来从北苑。　　汤发云腴酽白,盏浮花乳轻圆,人间谁敢更争妍,斗取红窗粉面。

行香子

绮席才终,欢意犹浓。酒阑时、高兴无穷。共夸君赐,初拆臣封。看分香饼,黄金缕,密云龙。　　斗赢一水,功敌千钟。觉凉生、两腋清风。暂留红袖,少却纱笼。放笙歌散,庭馆静,略从容。东坡词

好事近　　汤词

歌罢酒阑时,潇洒座中风色。主礼到君须尽,奈宾朋南北。　　暂时分散总寻常,难堪久离拆。不似建溪春草,解留连佳客。

更漏子　　咏余甘汤

庵摩勒,西土果,霜后明珠颗颗。凭玉兔,捣香尘,称为席上珍。　　号余甘,无奈苦,临上马时分付。管回味,却思量,忠言君但尝。

阮郎归　　效福唐独木桥体作茶词

烹茶留客驻雕鞍,有人愁远山。别郎容易见郎难,月斜窗外山。　　归去后,忆前欢,画屏金博山。一杯春露莫留残,与郎扶玉山。

又　　茶词

（歌停檀板舞停鸾）

（摘山初制小龙团）

（黔中桃李可寻芳都濡地名）

西江月　　茶词（龙焙头纲春早）

吉祥长老设长松汤为作。有僧病痂癫,尝死,金刚窟有人见者,教服长松汤,遂复为完人　　鹧鸪天

汤泛冰瓷一坐春,长松林下得灵根。吉祥老不亲拈出,个个教成百岁人。　　灯焰焰,酒醺醺,壑源曾未破醒魂。与君更把长生碗,略为清歌驻白云。

踏莎行　　茶词

画鼓催春,蛮歌走向一作饷,火前一焙争春长？低株摘尽到高株,高株别是闽溪样。　　碾破春风,香凝午帐,银瓶雪滚翻匙浪。今宵无睡酒醒时,摩围影在秋江上。

品令　　茶词（凤舞团团饼）

满庭芳　　咏茶

北苑龙团,江南鹰爪,万里名动京关。碾深罗细,琼蕊暖生烟。一种风流气味,如甘露、不染尘凡。纤纤捧,水瓷莹玉,金缕鹧鸪斑。　　相如方病酒,银瓶蟹眼,波怒涛翻。为扶起,樽前醉玉颓山。饮罢风生两腋,醒魂到,明月轮边。归来晚,文君未寝,相对小窗前。

又窜易前词 秦少游淮海集亦载此词,作北苑研膏、香泉溅乳宾有

北苑春风,方圭圆璧,万里名动京关。碎身粉骨,功合上凌烟。樽俎风流战胜,降春睡、开拓愁边。纤纤捧,熬波溅乳,金缕鹧鸪斑。　　相如方病酒,一觞一咏,宾友群贤。为扶起,樽前醉玉颓山。搜揽胸中万卷,还倾动、三峡词源。归来晚,文君未寝,相对小妆残。

看花回 茶词(夜永兰堂醅饮)并《黄文节公集》

满庭芳 茶词 秦观

雅燕飞觞,清谈挥尘,使君高会群贤。密云双凤,初破缕金团。窗外炉烟似动,开尊试、一品奔泉。轻淘起,香生玉乳,雪溅紫瓯圆。　　娇鬟宜美盼,双擎翠袖,稳步红莲。坐中客翻愁,酒醒歌阑。点上纱笼画烛,花骢弄、月影当轩。频相顾,余欢未尽,欲去且留连。淮海长短句

蝶恋花 送茶 毛滂

花里传觞飞羽过。渐觉金槽,月缺圆龙破。素手转罗酥作颗。鹅溪雪绢云腴堕。七盏能醒千日卧。扶起瑶山,嫌怕香尘涴。醉色轻松留不可。清风停待些时过。

西江月 侑茶词 (席上芙蓉待暖)《东堂词》

水调歌头 咏茶 白玉蟾

二月一番雨,昨夜一声雷。枪旗争展建溪,春色占先魁。采取枝头雀舌,带露和烟捣碎,炼作紫金堆,碾破香无限,飞起绿尘埃。　　汲新泉,烹活火,试将来。放下

兔毫瓯子,滋味舌头回。唤醒青州从事,战退睡魔百万,梦不到阳梦台。两腋清风起,我欲上蓬莱。《海琼集》

题美女捧茶图 调寄解语花 王世懋

春光欲醉,午睡难醒,金鸭沉烟细。画屏斜倚,销魂处、漫把凤团剖试。云翻露蕊,早碾破、愁肠万缕。倾玉瓯,徐上闲阶,有个人如意。　　堪爱素鬟小髻,向璃芽相映,寒透纤指、柔莺声脆,香飘动、唤觉玉山扶起。银瓶小婢,偏点缀、几般佳丽。凭陆生、空说茶经,何似侬家味?

夏景题茶 调寄苏幕遮

竹床凉,松影碎。沈水香消,犹自贪残睡。无那多情偏著意,碧碾旗枪,玉沸中泠水。　　捧轻瓯,沾弱指。色授双鬟,唤觉江郎起。一片金波谁得似,半入松风,半入丁香味。《王奉常集》

竹炉汤沸火初红 调鹧鸪天 徐渭

客来寒夜话头颁,路滑难沽麯米春。点检松风汤老嫩,退添柴叶火新陈。倾七碗,对三人,须臾梅影上冰轮。他年若更为图画,添我炉头倒角巾。《徐文长三集》

大观茶论[27]

茶录[28]

品茶要录[29]

宣和北苑贡茶录[30]

北苑别录[31]

东溪试茶录[32]

注　　释

1　此处删节,见宋代陶毂《茗荈录·生成盏》。

2　此处删节,见宋代陶穀《茗荈录·苦口师》。

3　此处删节,见清代陆廷灿《续茶经》。

4　此处删节,见唐代裴汶《茶述》。

5　以上删节,见宋代陶穀《茗荈录·森伯》、《水豹囊》、《不夜侯》、《鸡苏佛》、《冷面草》、《晚甘侯》、《茶百戏》、《甘草癖》各条。

6　以上删节,见宋代陶穀《茗荈录·龙坡山子茶》、《圣阳花》、《缕金耐重儿》、《玉蝉膏》。

7　此处删节,见明代徐𤏳《蔡端明别纪茶癖》。

8　此处删节,见明代徐𤏳《蔡端明别纪茶癖》。

9　此处删节,见宋代熊蕃《宣和北苑贡茶录》。

10　此处删节,见明代徐𤏳《蔡端明别纪·茶癖》。

11　此处删节,见明代喻政《茶集》。

12　此处删节,见清代黄履道《茶苑·山东茶品七》。

13　此处删节,见明代冯时可《茶录》。

14　此处删节,见明代李日华《竹懒茶衡》全文。

15　此处删节,见《蜍衣生蜀草》。

16　此处删节,与《玉泉子》内容相同。

17　以上删节,见清代朱濂《茶谱》。

18　此处删节,见《闻雁斋笔谈》。

19　此处删节,见明代屠本畯《茗笈·第八定汤章》。虽云引自《鹤林玉露》,字眼所见应据《茗笈》抄录。

20　此处删节,见唐代苏廙《十六汤品》。

21　此处删节,见明代陆树声《茶寮记》。

22　此处删节,见宋代欧阳修《大明水记》。

23　此处删节,见宋代欧阳修《大明水记》。

24　此处删节,见明代徐渭《煎茶七类》。

25　此处删节,见明代高元濬《茶乘》。

26　此处删节,见明代真清《茶经外集·送羽采茶》。

27　此处删节,见宋代赵佶《大观茶论》,所删文句与原文略有差异。

28　此处删节,见宋代蔡襄《茶录》,所删文句与原文略有差异。

29　此处删节,见宋代黄儒《品茶要录》,所删文句与原文略有差异。

30　此处删节,见宋代熊蕃、熊克增补《宣和北苑贡茶录》,所删文句与原文略有差异。

31　此处删节,见宋代赵汝砺《北苑别录》,所删文句与原文略有差异。

32　此处删节,见宋代宋子安《东溪试茶论》,所删文句与原文略有差异。

校　　勘

①　使边:底本无"使"字,文句不通,径补。

②　色黑如旧墨:底本为"色黑如旧黑",文句不通,径改。

③　较:底本为"校",径改。

整饬皖茶文牍 | 清　程雨亭　撰

作者及传世版本

程雨亭，生平不详。从本文可以获知他是浙江山阴（今绍兴）人。光绪二十二年（1896）奉调，开始涉足包括皖茶在内的权务事宜。第二年，也即撰写本文牍的当年二月，又奉南洋大臣两江线督刘坤一之命，接掌皖南茶厘总局道台之职。在这之前，他在文中还提及："久为江左寅僚所诟病。"江左即江东，大概在金陵或江苏和江南清吏司等衙门工作已有多年。

《整饬皖茶文牍》，是程雨亭履任后有关整顿该局茶务上呈南洋大臣，下告各属局卡和产地、茶商的一组牍文告。清末民国时，罗振玉（1866—1940）将之编之《农学丛书》。光绪二十二年，罗振玉怀着吸收西方学术"以助中学"和兴农强国的理想，与挚友蒋伯孚创办，组织翻译日本和西方农业论著，出版《农学报》，

开始积极传播国内外新的农业科技知识。他又精选一部分中国古代茶书和新编有价值的农业论著，一共二百三十多种，于1900年出版了一套《农学丛书》。这套丛书非常切合当时社会需要，不但使中国传统农学注进了世界各国近代农业科技内容，在经济上也获得了较大的效益，使《农学报》得以一直维持到罗振玉奉调入京至学部工作。《农学丛书》也获得各地特别是南方洋务派督抚的重视和支持，责令有关官员购阅执行，所以这部"丛书"，实际还起到了"官颁农书"的作用。如两湖地区茶务整顿的有些做法，即参照程雨亭的《整饬皖茶文牍》。本文有罗振玉的序，写在光绪二十四年（1898），说明程雨亭撰写此文次年就已编定。但石印本出在此后，此次整理，即据石印本。

原　　文

东南财赋，甲于他行省，而茶、丝实为出产大宗。顾近年以来，印锡产茶日旺，中茶滞销；日本蚕丝又骎骎驾中国而上之。利源日涸，忧世者慨焉！程雨亭观察[1]，久

官江南，励精政治，去岁总理皖省茶厘，慨茶务日衰，力图整顿，冀复利源，茶利转机，将在于是。爰最录其禀牍文告，汇为一卷，以讽有位，他产茶各省诸大吏，有能踵观察

而起者乎？企予望之矣。光绪戊戌，上虞罗振玉。

程雨亭观察请南洋大臣[2]示谕徽属茶商整饬牌号禀

敬禀者：窃职道上年春初，奉前督宪张[3]，奏派榷事，皖茶亦在其中。本年二月，又奉宪台疏请专办，是皖南茶事之兴衰，职道与有责焉。春杪抵皖，即将畴曩各分卡扰累茶商之蛊毒，锐意廓清；尚恐阳奉阴违，为之勒石永禁，以垂久远。又访得西皖各厘局，向有需索经过茶船之弊，分晰开折，禀请钧示严禁。而皖南所辖，向设验票之分卡，名为稽查偷漏，徒索验费，而于公无甚裨益者。如婺源运浙之茶，道出屯溪，向有休宁分局查验，及坌厦[4]巡检衙门挂号之举；屯溪各号之茶，向章经过歙县所辖之深渡[5]分卡秤验，行经迤东五十里之街口[6]，又复过秤，似稍重复。职道厘定章程，凡婺源、屯溪各号之茶，通归街口分卡查验，此外一概豁免，以归简易。业经分别示谕，并呈报宪鉴在案。皖南茶章，向由各分局派司事巡勇至各商号秤箱点验，不免零星小费。本年札饬各分局，勒石示禁。而屯溪、深渡附近各号，职道遴派司巡秤茶，每次司事给洋一角，巡勇给洋五分，道路稍远者，酌给舟车之资。申儆再三，不准向商号毫厘私索及纷扰酒食等事。既优给其薪饩，复示谕乎通衢，凡来局挂号请引之行夥钱侩，职道皆切实面谕，惟恐或有朦蔽。所以略尽此心者，窃冀弊去，则利或渐兴，故断断而为此也。徽属茶号，以屯溪为巨擘。本年开设五十九家，其世业殷实者，不过五分之一，余多无本之牙贩。或以重息称贷沪上茶栈作本，或十人八人，酿借数千金，

合做一帮。有每年偶做一帮，而二三帮均停做，或易夥接替者。奸侩往往以劣茶冒老商牌名，欺诳洋商。搅乱大局，莫此为甚。皖南歙、休、婺三县及江西之德兴，向做绿茶，花色繁多，不能用机器焙制。徽之祁门，饶之浮梁，向做红茶。比来各省红茶，间用机器，祁门万山错杂，购运颇不容易；浮梁山径虽稍平衍，亦尚无人购办。盖试用茶机，必须延聘外洋茶师，华人未谙制法，有机骤难适用。本年浮、祁红茶，均大亏折，幸俄商破格放价，多购高庄绿茶。茶质之最佳者，每担可获利十五六金，低茶亦每担五六金，为同光以来三十年所仅见。职道拟因势利导，饬令仿照准蔗章程[7]请领宪台印照，方准运茶，无照即以私论。印照分正副号，歙、休业茶之老商，正号印照一纸，报效五百金，副号报效三百金。高茶用正号，次茶用副号。其向未业茶而愿领照者为新商，正照则报效八百金，副照五百金。以倭防加捐等事，新商向未派及，照费酌加，以昭平允。歙、休二邑，茶号约百家；婺、德二邑，约二百家。号多而本极小。老商请领正照酌议四百金，副照二百五十金；新商则正照六百金，副照四百金，拟详请宪台奏明。此举系为茶务起见，每号领照以后，准其永远专利，公家一切捐项，十年以内均不科派。领照各号，无论盈亏，每年必须办运，不准停歇。或本号实无力运茶，准其呈明茶厘局[8]，转报宪台，租与他人承办。报效银两，准其援照新海防例，请奖本身子弟实官，不准移奖他姓。商号牌名，宪署立案，各归各号，加意拣选，不准假冒他号，以欺洋商。如此明定章程，各自修饬，或者退盘、割磅[9]、迟兑诸弊，亦可渐向洋商理论，此先治己而后治人之意也。窃思各省牙

行,尚须以数百金请领部帖,茶事虽受制于洋人,而资本较牙行为重;酌令报效济饷,似非意外掊克。若歙、休、婺、德绿茶各号,先办领照,约可得八万金,再推办浮、祁红茶,似与公家不无小补。乃事不从心,其愿领照者,只寥寥老商数家,而无本之牙贩闻职道创建此议,恐不便其搀杂作伪之私,蜚语烦言,互相腾谤。有议来年移徙浙境者,有议买通洋侩挂洋旗者,有欲与通晓茶务之老商为难者。人心险诡,一至于此,可为太息。本年自春徂夏,霪霖滂霈,山茶殚伤[10],产数较上年约减十分之二。夏初,又闻美国加征进口茶税,众商益观望趑趄[11],未敢办运。职道扶病远来,其时目击情形,方恐本年税饷,骤形减色,尸居素食,悚闷良深。夏杪遽闻高庄绿茶,畅销得价,实邀天幸。职道梼昧,窃见夫茶事之坏,此攘彼攘,欺人而适以自欺,非整饬牌号,执为世业,不足以维江河日下之势。因与屯溪茶业董事、四川补用知县朱令鼎起,再四筹商,朱令亦以为然。正思一面谕商,一面条陈禀办,而刁贩之浮议朋兴。职道砭执性成,久为江左寅僚所诟病,桑孔心计[12],本非所工,忧谗畏讥,茶然不振,是以前议迄未上陈。十月十六日未刻,接奉宪台札,准译署咨准和使[13]克大臣照会中外茶务一案,饬令飞饬产茶各属及通晓茶务之商,实力筹办等因,除照会皖南、江西产茶各县遵照,并示谕各茶商、山户,实力讲求培植、采制之法,以固利源外,曾将遵办情形,具文呈复;并将示稿缮呈钧鉴。伏思皖南茶税,歙县、休宁、婺、德绿茶,约三分之二;祁门、浮梁、建德红茶,约三分之一。职道前议徽属绿茶各号,饬领宪台印照,分别报效银两,各整牌号,执为世业,无照即以私论。

每届成箱请引之时,由局派员秉公抽查,如茶箱内外牌号不符,由茶业公所公议示罚。华茶行销泰西,销市之畅滞,非中国官商所能遥制。此次只拟饬领印照,不限引数,以恤商艰。报效银两,拟请援照新海防例,准奖本身子弟实官,不准移奖他姓。亦因华商力薄业疲,既令整饬牌号,各领印照,分别报效,似应破格施恩,以奖励为维持之计。徽属绿茶各号领照一事,倘或办妥,将来祁门、浮梁、建德红茶,亦可次第举办。推之皖北及江西之义宁州并浙江、湖广等省,似可就产地情形酌量办理。刍荛之见[14],伏希宪台鉴核,审慎纡筹,可否先将职道禀陈各情,分别核定,剀切示谕徽属向做绿茶之歙县、休宁、婺源及江西之德兴等县各茶商遵办。以二十四年为始,各领印照,各整牌号。建德、祁门、浮梁各县红茶,谕饬次第举行,并另委老成公正、熟悉茶务之道府等员来皖督办。职道肇端建议,商情既未悉洽,自应禀请销差,以示并无恋栈之意。狂瞽渎陈,不胜悚切待命之至。

再:整饬茶业,似首在各茶商各整牌号,讲求焙制,不再以伪乱真,外洋自必畅销。销路既畅,商号放价购茶,各山户亦必加意培护、炒焙,不再以柴炭猛薰,或惜工费,日下摊晒,致失真色香味。似整饬山号、牌名为第一义,山户其次也。至茶质高下,各有不同。徽产绿茶,以婺源为最;婺源又以北乡为最。休宁较婺源次之,歙县不及休宁,北乡黄山差胜,水南各乡又次之。大抵山峰高则土愈沃,茶质亦厚,此系乎地利;雨旸冻雪,又系乎天时。山户穷民,鲜能讲求培护炒制者。绿茶以锅炒为上,火候又须恰好,荒山男妇粗笨,似难家喻户晓。惟销畅则价增,日久必当考究。

本年皖南,春茶既伤淫雨,夏次商号又闻美国加税之说,不敢放胆购办,山户子茶,半多委弃,其明征也。

南洋大臣批:查该道自接办皖南茶厘局务以来,遇事尽心整顿,所有积弊,均次第革除,深为嘉赖。现在中国运销外洋之物,茶为一大宗。该道正办理得力之时,应仍由该道妥为经理,并查照雷税司所陈事宜,督董劝导各山户妥为筹办,以期茶业畅旺而裕利源。是为厚望,毋庸禀请卸差。至所议仿照淮鹾章程,令茶商领照运茶一节,自系维持茶务之计。惟事属创兴,须由该道督董先与各商妥为议定后,再行详请奏咨办理,方为妥洽。仰即遵照。缴清折及公启二纸均存。

请裁汰茶厘局卡[15]冗费禀

敬禀者:窃职道本年春间,奉榷皖茶,到差以来,随时访谘,铲除各分局卡需索留难之蛊毒,勒石永禁,冀垂久远。又裁节总局解饷冗费,每岁节省二千五百金。又稔知军饷万紧,批解不可稍延,酌定宝善源钱庄,每月之望,汇兑茶税日期不得挨宕。所有节省解费银两,分别解拨金陵支应局[16]及休宁中西学堂,先后呈报在案。茶税每月扫数清解,该钱庄承汇四、五、六、七、八、九共六个月税银,均系遵限汇解金陵支应局、江南盐巡道衙门上兑,从无逾限至三日以外者,均有档案及回照可稽。本年职道经征茶税共汇解金陵支应局银十四万二千两,又节省解费银一千五百两;又江南盐巡道银十一万两,又金陵督捕营经费银一千二百两,又皖南道春夏两季请奖经费及婺源紫阳书院膏火[17]、休宁中西学堂、大通义渡、屯溪公济保婴各经费、坎厦司招募巡勇口粮,通共银二千四百二十两,均于九月以前,悉数解讫。徽属绿茶,比已运竣,冬间零星茶朴副两出运,约计征税不过数百金,所有本年冬季、来年春季总局局用及各分局卡委员薪费,每月约支八百金,应截存银五千两,按月备用,九月分局用报销册内呈明,亦在案。本年自春阻夏,霆霖滂沛,山茶殚伤,产数较昔岁约少十分之二。祁门、浮梁红茶,商本折阅,夏初又闻美国加征进口茶税,众商益观望趑趄,蛰伏荒山,切深焦闷。会徽天幸,夏杪,俄商放价尽购徽属高庄绿茶,茶质之最佳者,每担可获利十五六金,低茶亦每担五六金,为同光以来三十年所仅见。商情欢跃,厘收亦遂可观。计本年皖南各局,约共征茶税十二万二千余引,较去年不相上下,实为始念所不及。否则,职道扶病远来,征税短绌,问心抑何以自安?即寅僚申申诟詈,亦无以自解也。本届徽属绿茶,得利至厚,明岁业茶者多,税课必当增旺。惟薪隆冬无甚冰雪,来年春夏,雨旸时若,洋销仍畅,斯万幸已。茶事每岁六个月,均已完竣,局用项下月支文案、差遣、书识、帐目、稽核、监秤等名目,计共银一百九十二两,似稍冗滥。职道春杪莅差[18]之际,正值茶市起季,遴用员友,人数稍宽,额支姑仍其旧。职道通盘筹策,茶事清简,局用月报册开文案、差遣、书识各名目,应酌量芟裁,略节经费。所有文案三名,月支湘平银陆拾陆两,拟改为贰名,每月裁节银肆拾贰两,月支湘平银贰拾肆两。差遣三名,月支湘平银肆拾捌两,拟改为一名,每月裁节银俞拾陆两,月支湘平银拾贰两。书识三名,月支湘平银拾捌两,拟改为贰名,每月裁节银陆两,月支湘平银拾贰两。其帐目、稽核、监枰等名目,均拟循旧,以资办公。文案、书识、差遣三项,均自本年十月为始,每月裁节银捌拾肆两,每年十二个月,其裁节银壹千零捌两。冗款少支千金,正税即可多解千金。方今国步如此艰难,夷款如此纷纠,似亦为人臣子所当各发天良,而忧怒不容自已者也。此次请裁之后,局用项下,除职道月支薪水湘平银壹百两外,委员司事,每月只共支湘平银壹百零八两,实属极意节省。员友、丁勇、火食及每年深渡秤验卡费,与夫一切酬应,均在歙、黟、休公费项下动用,并不列册支销。职道山陬蜷局,窃不自揆,慨念时艰,未能兴利以开源,愧只裁赢而削冗[19],区区樽节三四千金,勺水蹄涔,何补涓埃于国计。第所处之地在此,所略尽之心,亦止此焉而已。是否有当,伏候宪台批示祗遵①。

再:本年委员出差川资,均系实用实销,按月开报,计三月起至九月止,共支银壹百肆拾两;冬季即有支发,总不至逾贰百金之数。职道亦未公出巡阅各卡,所有年终总报向支巡阅各分局卡,及委员出差费用银,俞百数十两,不再开支。又年终总报向支岁修局屋银九十余两,本年尚未修葺,即检拾渗漏,修整门窗工料,不过数金,届时亦不滥支,以昭核实。皖南茶事,现均完竣,税银亦悉数解清。职道拟请假一个月,回浙江山阴县本籍省墓。假满由浙至宁,叩谒崇辕,面禀公事。拟于十月初八日由屯启行,谕饬提调冷令驻局照料,合并呈明。

请禁绿茶阴光详稿

为据情转详事:本年十一月二十七日,奉宪台札准总理各国事务衙门咨,准出使美、日、秘国伍大臣函,称美国议院以近来各国入口之茶,拣择不精,食者致疾,因设新例。茶船到口,茶师验明如式,方准进口,否则驳回。札局遵照咨内事理,飞饬产茶各属,出示晓谕,并剀劝商户,如何妥仿西法焙制,力图整顿,挽回茶务。仍令将筹办情形,禀复核夺,计钞单等因。奉此,遵即剀切示谕,并照会产茶各府县,谆劝园户茶商,各图整顿。一面谕饬屯溪茶业董事、四川补用知县朱令鼎起传知各商,实力筹办。去后,兹据徽属茶商李祥记、广生、永达、晋大昌、朱新记、永昌福、永华丰、馥馨祥等禀,为奉谕实复,求鉴转详事。窃奉宪谕,朱董遵照督宪札饬事理,传知各商,妥议章程,实力整顿,仍将筹办情形,详细具复,并钞粘美国禁止粗劣各茶进口新例十二条等因。奉此,经董事遵即传知。惟目下各商号,早已工竣人散,无从遍传,仅就商等数号,偕董事悉心筹议,敢献刍荛,以备采择。查屯溪为徽属绿茶荟萃之区,历来不制红茶,其红茶应如何整顿,毋庸议及。第以绿茶而论,婺源、休宁所产为上,歙次之。洋商谓中华茶味冠于诸国,洵非虚誉,乃近来作伪纷纷,致洋人购食受病,何也?绿茶青翠之色,出自天然,无俟矫揉造作,以掩其真。故同治以前,商号采制,惟取本色;洋人购食,亦惟取本色,其时并未闻有食之受病者。迨同治以后,茶利日薄,而作伪之风渐起;不知创自何人,始于何地。制茶时掺和滑石粉等,令其色黝然而幽,其光□然而凝,名之曰阴光。称谓新奇,竟获邀洋商鉴赏,出高价以相购,而本色之茶,售价反居其下。于是转相效尤,变本加厉,年甚一年,纵有持正商号,始终恪守前模,方且笑为愚而讥为拙。狂澜莫挽,言之寒心。夫阴光之茶,胥由粉饰,藏之隔年,色无不退,味无不变,香无不散,食之何怪乎受病。本色之茶,未经渲染,藏之数年,色仍不退,味仍不变,香仍不散,食之何致于受病;此泾渭之攸分也。洋商知华茶之作伪,而未知阴光即作伪之大端,不舍阴光而取本色,虽严进口之防,犹治其末而未探其本,能保作伪者不侥幸于万一哉。然则去伪返真,只在洋商一转移间耳。嗣后沪上各行,于购茶时,诚相戒不买阴光,专尚本色,则阴光之茶,别无销路,谁肯轻弃成本,不思变计,将见搀和混杂诸弊,不待禁而自无不禁矣。商等仰体整顿茶务之苾怀[20],用敢不避嫌怨,据实具复。是否有当,伏乞转详等情,前来。窃惟中国出口土货,茶为一大宗,商务饷源,关系(係)[2]至重,若任牙贩搀杂渲染,作伪售欺,洋商受愚致疾,至谓华茶皆不可食,势必茶务益疲,厘税将不可问,职道访询业茶之老商,同治以前,焙制绿茶,不过略用洋靛著色,洋人嗜购,无碍销路。光绪初年,始有阴光名目,靛色以外,又加滑石、白蜡等粉,矫揉窨成,茶色光泽,斤两益赢。当时外洋茶师,考验未精,误为上品。华贩得计,彼此效尤,日甚一日,变本加厉。本年休宁县茶五十九号,祗向来著名之老商李祥记、广生、永达等数号,诚实可信。歙县三十余号,不做阴光者益寥寥难可指数。闻滑石白蜡等粉饰之茶,不特色香味本真全失,未能耐久,即开水泡验,水面亦滉漾油光,饮之宜其受病。该董朱令,与该商李祥记等,公同议复,拟请嗣后沪上各洋行,购运绿茶,不买阴光,专尚本色,洵属去伪返真,抉透弊根之论,理合据情详请宪台鉴核;剋日飞咨总理各国事务衙门,转咨驻京各公使,并札总税务司,分别电达外洋。自光绪二十四年为始,凡各国洋商,来沪购运绿茶,秉公抽提,各该号茶商,均以化学试验,如再验有滑石、白蜡等粉,渲染欺伪各弊,即将该号箱茶,全数充公严罚。一面札饬江海关道,函致该关税务司,传知上海向买华茶之怡和、公信、祥泰、同孚、协和等洋行,遵照办理。方今军需奇绌,时事多艰,茶业为华税所关,不敢不切实维持。为釜底抽薪之计,否则文告严迫劝导谆拳,虽笔秃口喑[3],究未必涮除其痼疾[4]。美国新例,查验于已经购买之后,职道与该董等筹议,审慎于未经购买之先,二者似并行而不悖。如蒙钧批,一切准行,当于来岁春初,录批剀切示谕徽属各商贩,知照破其沈锢罔利之私,俾免受大亏而诒后悔。是否有当,伏候训示祇遵。

再:奉发和使克大臣照会中外茶务情形,及雷税司禀陈广购碾压机器[21]仿制红茶二案,职道先后镂印告示各五百张,分别发递产茶各府县,张贴晓谕,谨将示式坿呈莅览。该税司所陈六百两之茶机,奉札后,遵与茶董朱令、候选同知洪商廷俊再四筹商,已由该商派夥往沪,访查酌购,俟查复到日,另案禀办。职道前拟整饬徽属绿茶牌号,饬领印照,报效银两,执为世业,禀请宪辕出示剀谕各情,奉批督董与各商妥为议定等因,此案本年夏秋之交,该董朱令集议公所数次,商情悭鄙,迄未就绪,是以拟仗德威,示谕饬遵。现既未蒙颁发钧示,又复详请禁革绿茶阴光锢弊,无本牙侩觖望,恐报效领照,骤难允洽,祇可[5]缓议。又浙江平水绿茶,洋销颇广,近年阴光渲染,闻较徽茶尤甚,拟请随案汇咨,一律严禁,合并附陈。

两江督宪刘[22]批：据详已悉。查茶叶为土货出口大宗，关系商务税课，至为紧要。只因各商蹈常习故，既不肯讲求种植采制，又复任意作伪，致茶务疲散日甚，虽迭经谆切谕诫，而各商只顾一己之私，终未能力图整顿。今既经该道察知绿茶中名阴光者，即系矫柔造作，不独色香味本真全失，且食之亦易受病，积弊一日不去，茶务断难望有起色。惟痼疾已深，既非文告所能禁革，仰候札行上海道严谕沪上茶业董事，并函致税司，告知上海业茶各西商，自明年为始，凡在沪购办绿茶，由董事会同秉公抽提试验。如再验有滑石、白蜡等粉，渲染欺伪各弊，即由道将该号茶箱全数充公罚办，以示惩做。该局应先剀切示谕，俾各商贩事前知所儆畏，不敢作伪，以免后悔，仍候咨请总理衙门核明照会饬知，并候分咨两广、闽浙、湖广督部堂，广东、江西、浙江、湖南抚部院，一体饬令产茶各属，先期示谕。至沪税司先次条陈碾压各节，系指红茶而言，即该道此详，亦仅专去红茶造作之弊。其绿茶应如何焙制，较为精美之处，并候札饬上海道，转托税司，向业茶老西商，切实考究，禀候分饬参访，以期弊去制精，茶务得以渐图挽回。缴告示存。

复陈购机器制茶办法禀

本年十一月十六日，奉宪台札，据江海关雷税司禀陈，中国商户，以手足搓制红茶之失，拟请通饬试办碾压机器，仿行新法，以兴茶务各情，抄折札局，遵照批示，体察情形，分别妥筹呈报等因。奉此，查职局所辖皖南产茶处所，歙、黟、休宁、铜陵、石埭、泾县、太平、宣城、婺源及江西之德兴各县，均系绿茶，花色繁多，约十分之九制销洋庄，十分之一行销内地，不能用机器焙制。徽州府属之祁门，池州府属之建德，江西饶州府属之浮梁，向做红茶。本年祁门茶号，五十余家；建德十家；浮梁六十余家；共征茶税七万一千七百四十余两，较红绿税银，约只四分之一。祁门万山丛杂，民情强悍，山户与商号争论茶价，屡启衅端。浮梁各号畸散，北乡山径崎岖，资本微薄。建德数号略同。此皖南所辖红茶产地之大略也。本年祁、浮、建德红茶[⑥]，商本折阅，职道夙闻比年机器制茶，颇合洋销，正思示谕劝导，适友人候选徐道树兰[23]、汪进士、康年[24]等，夏初在沪上创立农学会，锓刷报章，分布海内，惓惓于蚕桑丝茶各事，以冀维持中国之利源。徐道与职道交谊最深，由浙中寓书屯溪，略言"振兴茶务，宜拨巨款，派商出洋，学习泰西制焙之法。一面速购机器，翻然更新"等语，与雷税司现陈各节相同。职道窃壮其言，即面商屯溪茶董朱令鼎起。据称徽属茶商，家世殷实者，不过十分之一，各自株守，罕与外事，无人肯肩此巨任。而无本牙贩，又难可深信。该令所称，均系（係）实情[⑦]。职道购买农学报十分，送给各商阅看，以冀渐扩见闻。皖南茶业，以绿茶为大宗，岁征税约二十万两左右，佥称碍难改用机器，亦属实情，只可将祁门、浮梁红茶，纤筹劝办。祁门距屯较近，夏秋之交，曾与徽商候选同知洪廷俊[⑧]筹议，拟由职局发款，先在祁门仿行官商合办之法，集股创设机器制茶公司。因山阿风气未开，祁民蛮悍，恐滋事端；而访雇茶师，急切又难就绪，是以迄无定议。秋杪、又杪，委建德分局洪令恩培,专往浮梁,诹访各商,茶机能否试办,切实查复。去后十一月初旬,据洪令禀复,诸多窒碍等情,前来谨抄原禀,恭呈钧鉴。兹奉前因,遵即镂刻告示,分别发递产茶各县局卡,张贴晓谕,并专勇分赍祁、浮、建德各茶号,每号给予示谕一张,冀其开悟。一面复与朱令、洪商,谆切筹商,仍拟仿行官商合办之法,职局发款酌购茶机,谕集股分,由洪商派夥专往上海、祁门,分别查购。去后,兹据该商董等复称,查得温州本年试办碾压茶机,仅制成茶数十斤。沪上洋商云,做工尚称得宜,惟香味甚不及旧法。又查,据公信洋行云,伊等洋商,原欲纠集公司,购全副机器在湖南安化兴办,嗣湖广督宪张[25]以此利益,不便为西人占揽,迄未照准。雷税司所陈,机器每架,需价九百金,沪上无现成者,须电锡兰购办,约在两月可运到沪,外加水脚保险各费,合计每架总须一千有奇。前项机器,每次仅能出茶七八十斤,核计红茶上市时,日仅能制造三百箱,徽茶改用机器,势必收办茶草,祁门南乡一带,每担计钱十数千。茶草三斤,制成干茶一斤,剪头除尾,不过六七折之谱,以及各项费用,成本过昂,且无洋商包装,万一不得其宜,耗折大非浅鲜。若延聘西人,据需薪资每月二百金,且要包定三年,薪水太巨,万难延请。若就沪延聘华人,亦不过口传指授,创办之难,殊无把握。又查得祁门茶商汪克安、康龄,复称创用机器,收草[26]碾压,机器出茶有定,草少则旷工,草多则壅滞,必久摊;久摊遂变坏。是茶草须在三五里内,按部就班,才可合用。祁门深山僻坞,纷歧坎折,并无一片平畴。茶草自开摘至收山,不过十余日。用机之人,务要真正熟手,早日雇来祁地,细谈底

里,免得临事张皇。祁、浮茶号,星罗棋布,每号做茶不过三五六百箱,亦由地利使然。设碾草之号,与收熟茶之号,实相背而不相得。然非就出草较广之区,不足以为力。各等语,抄呈原函前来。伏查祁、浮红茶试办茶机,未奉宪札以前,职道先以叠次与商董等纤策经营,因风气未开,创办为难,而其中窒碍多端,实不能不慎始图终,通盘筹画,敢为宪台缕晰陈之。公信洋行函复雷税司,碾压机器,只需银六百两,即可购办。今由徽商面询该洋行,则云每架需九百金,又加保险水脚等费,合计总需一千有奇。前言不符,启人疑沮,一也。红茶三月中旬,向皆征税,其采制均在暮春⑩之初,明春即多闰月,亦不过展迟旬日。今沪市既无前项机器,电购外洋,两月之期,能否践言,均未可定。即如期运沪,已在二月下旬,由沪运浔[27],再由鄱湖饶河展转运祁,即未能应来春碾压之用,万一发价而运货逾期,转多饶舌,甚或纠辀涉讼,二也。《农学报》本年第六、七册载:台惟生厂[28]制造萎揉焙装各项茶机,共约需银一千镑左右,似较公信洋行只能碾压者,更为得劲。第祁、浮山岭崎仄,恐台惟生厂各项茶机,实无安放之所;而只购碾机,果否适用,香味能否轶出旧制,亦无把握。延聘外洋茶师,商力实有未逮,不延则又恐未合洋销,三也。皖南业茶,家世殷实者,寥寥无几。无本牙贩,鸠集股分,新茶上市,结队而来,茶事将毕,一哄而散。职道接奉钧札,已在十一月中旬,祁、浮二邑,并无公所茶董,只得遴派妥勇分赴各邑,赍送前项告示,每号发给一张,以歆动之。比据该勇等回屯,禀称浮梁茶号,均在北乡五里十里之间,冈岭重复,村落畸零,每村各有茶号二三家不等。

祁门茶号，均在西南乡，叠巇层岩约同。浮北号门，多半关锁，告示张贴门外，乡人聚观，或号夥之看守房屋者，均言地势如此，改用机器及聘雇熟谙茶机之洋工，良非易事。而现届岁阑，即集股购机，亦须展至亥年[29]，或有端绪等语，与职道访查各情，大致相同。浮、祁茶机，骤难仿办，建德商号无多，更无庸议，四也。方今军需奇绌，时事多艰，职道若搏官为倡办之美名，不顾事之果否必成，请款购机，以铺张为浮冒，计亦良得。而硁执之性，实不忍浪縻公款，致有初而鲜终。屯溪茶董朱令及洪商廷俊，筹议仿行西法，总以沪上有现成茶机可购，俾该商等，自行察看，较为稳妥。电购外洋，究多瞻顾，试用茶机，延雇洋工，不特无此力量，且山民蛮横，与他族恐不相能。惟有宽以时日，访雇福、瓯[30]内地之茶师，言语性情，彼此易于浃洽。至创办机器，尤必通力合作。如祁门共若干号，每号各出股分一二百金，茶厘局酌拨三五千金，官商合办，盈亏一律公摊，各商号始无嫉忌畛域之见。该商董等所议，均系(係)[⑩]持重审固，平实可行。惜奉札稍迟，只可俟明春红茶上市之时，集商妥议章程，禀请钧批立案，已亥春间，再行开办。宪台总揽茶纲，振兴茶务，登高提倡，中外嘱风。雷税司所陈每架六百两之茶机，可否札饬江海关蔡道，转饬公信洋行，电购四架，运沪。机价及水脚保险等费，核实开支，如蒙恩准照行，茶机均已运来，商情不致疑虑。一面访询福、瓯内地之茶师，官商合股，从容酌筹，亥春当可集事。机价杂费，拟请江海关库暂垫，仍由茶厘项下，如数拨还。是否有当，伏乞宪台鉴核批示，祇遵[⑪]。

再：职道访闻江西义宁州山势，较浮、祁二邑平坦，焙制红茶，似可仿行机器。惟该处民风亦颇强横，商情愿否兴办？应由江西司局查议。合并呈明。

整饬茶务第一示　光绪二十三年十一月

为剀切晓谕事：本年十月十六日，奉南洋大臣两江督宪刘札开，本年九月十二日，准兵部火票递到总理各国事务衙门咨。本年八月二十四日，准和国使臣克罗伯照称，现接本国京城茶商来函，据云：刻下按新法所制之茶样，惜未甚佳，若以旧法所制之茶，其品高于各处，若按新法制之，即与各处之茶无异，且将是茶原本之益处尽失。在爪哇、印度、锡兰三处，虽皆精心植茶，然与中国之茶比之，则不及中国所产之物也。缘现在欧洲，欲购中国上品佳茶，无处可觅，疑系中国产茶处所，不知欧洲等处均欲购买。按新制茶，无非较印度稍佳，实与中国所产者逊多矣。在英、和销去上品茶之价值，比新制茶价昂三倍。且新制茶运往外国售卖，英国印度茶，亦运往他国售卖，彼此相争，然喜吃中国茶者，不喜吃英国印度茶。查此情形，未有胜于中国茶之佳美者也。并有俄、英、和等国茶商。亦云如是。特求于通晓茶务者，代白此意，等因。本大臣忆及制茶一节，久在洞鉴之中，想贵大臣视该商所言，定必嘉悦，等因。前来，查出口货物，以茶为大宗。中国茶质之美，原为外国所必需，只(祇)[⑫]以焙制渐不如法，致印度等茶得以竞利销行，于商业饷源，亏损实巨。现据和使克罗伯照称前因，是中国茶务虽敝，尚可设法挽回。相应咨行贵大臣查照，转饬各该地方官，晓谕产茶处所及通晓茶务之商户人等。嗣后于制茶一事,勿论旧法新法,总宜加意讲求,但能制造精良,行销自易。在茶务可资经久,而利权亦不至外溢,仍将如何办理情形,随时见复为要,等因。到本大臣承准此,查近来中国茶务之敝,固由外洋产茶日多,销路渐分,华商力薄,自紊行规,实则由于采制之不精,商情之作伪,致使洋商有所藉口,退盘割价,种种刁难,过磅破箱,层层剥削,商本多遭亏折,茶务因而日坏。是以迭次通行整顿,首讲采制,力戒搀杂。盖华茶色香味均远胜洋产,为西人所喜嗜。产地苟能采摘因时,炒制合法,贩商货色整齐,行规严肃,于茶务利源,未尝不可挽回。今阅和国克大臣照会,益足信而有征。自应由产茶各属,谆切董戒,力劝讲求,以畅销路,以固利源。兹准前因,除分行外,合行札局遵照,飞饬产茶各属,及通晓茶务之商,实力筹办。仍令将劝办情形,详细禀复,核咨毋违,等因到局。奉此除照会产茶各县一体示谕,实力筹办外,合亟出示晓谕,为此示仰各茶商、山户人等知悉。自示之后,该山户务将茶树加意灌溉培护,慎防冰雪之僵冻,尤当采摘之因时,不得听其自生自长,因偷惰而致窳萎。撷采以后,亦不得以柴炭薰焙,并惜工费,日下摊晒,务当用锅焙炒,以葆真色香味。至各茶商近来成规日坏,弊窦丛生,以伪乱真,贪小失大之锢习,几至牢不可破。本年春间,曾经上海茶业会馆刊布公启,历述弊端。虽经本道谆切示禁,而本届徽茶运沪,各弊尚未尽铲除。自坏藩篱,搅乱大局,莫此为甚。现奉南洋大臣刘札饬前因,知中国茶事,自可振兴,嗣后各商务须各整牌号,各爱声名。一切焙制之法,实力讲求,严肃市规,不准搀杂作伪,以归销路,以固利源。倘有奸商小

贩,不顾颜面,再以劣茶冒充老商著名之字号,欺骗洋商,挠乱茶政者,一经查出,定当照例严办,决不徇容。其各懔遵毋违,特示。

整饬茶务第二示　光绪二十三年十二月

为剀切示谕事:本年十一月十六日,奉南洋大臣两江督宪刘札开,据江海关税务司雷乐石禀称,窃查近年中国丝茶两项,几有江河日下之势。其致衰之故,宪台洞悉,本无待赘言,而茶业一种,论者颇有其人,甚至登诸报章,记之载籍⑬,无非欲望中国振兴,祛其弊而求其利,顿改昔时景象。在宪台荩谋远虑,果于国计民生有裨,度无不竭力兴办,且亦深知各口业茶之西商,于茶务一道,多所讲究。今欲改复旧观,得宪台在上提倡,不独西商鼓舞欢跃,即凡业茶之华商,亦无不翘盼其成,色然以喜,则一应制茶新法,西人亦必乐与指授也。本年夏间,接老于茶务之公信洋行主一函,内详言华茶致败之由,非改从新法不为功,特将现在温州试行新法,碾成之茶,已见明效者一种,并旧法一种,分别见示。税务司悉心考察,即知新法之善,当将情形申呈总税务司。而总税务司意在保商裕课,凡有咨陈之件,靡不悉心筹画,总期有利必兴,无弊不去。饬将公信行主来函,照译缮呈各宪,并将茶样一并递呈等因,是以不揣冒昧,将来函译成汉文,原样两种,敬呈察核,必能俯赐通行,剋期举办。伏思宪台通今达古,贯彻中西,一切自必烛照无遗。查西人现行之法,以碾压成。考之中华古时,似已行之。《明史·食货志》八十卷终所载:"旧皆采而碾之,压以银板,为大小龙团"一语,此

固班班可考。故西人现行之新法，即系中国旧时制茶之法，不过分上用与民用已耳。惜年远代湮，无人指授，以致失传。近年以来，种茶、业茶之人，焙制一道，并不悉心考究，茶务因之日衰。但目下业此生意者，受亏不浅，亦已渐知其故，颇有改弦易辙之意。若宪台登高倡导，当无有不乐从者，等情，并清折。到本大臣据此除批阅来牍并折，具见留心商务，食禄忠谋之谊，深堪佩慰。中国茶务，年不如年，至今日疲敝极矣。在局外之论，总谓由于外洋产茶日盛，产多销分，事势则尔。第细察商情，实由采制焙压，蹈常习故，未能翻然变计，讲求制胜之方。盖西商食用，事事力求精美，茶叶尤为人所必需之物，西人考究，更为认真。中国茶质，本属远过西产，苟能采制得宜，自无不争相购致。本大臣屡执此意，通饬整顿，以地异势殊，未克骤变旧法。今据呈送新法、旧法所制茶样，同一茶质，收压稍异，而新法所制者，色香味皆远胜之，即此益见制法之亟宜更新，以冀茶务之日渐挽回。且该公信行筹制之法，亦尚简而易行，需本不多，自应由产茶各处，体察情形，因势利导，于皖中设有茶厘局，或先由局购备碾压机器，如法试制，以为之创。一面广谕茶商集股，各自创办。在园户力薄，不能仿办，茶商与园户，同一利害相关，苟茶商能仿行之，园户当无不乐从。是在各处有茶务之责者，善事设筹提倡，力图整顿，以期推行尽利，历久不敝，本大臣有厚望焉。仰江海关蔡道转复税务司知照，缴印发外，抄折札局，遵照批示，体察情形，妥为分别筹劝办理。仍将筹办情形呈报查考，等因，到局。奉此，查前奉南洋大臣刘札准总理各国事务衙门咨准和使克大臣照会，以中国

旧法，精制上品佳茶，运往欧洲，比新制茶价昂三倍等因，系指中国绿茶而言。雷税司所陈各条，专言中国商户以手足搓制红茶之失，急宜另筹新法，各集股分，广购碾压机器，试行仿制，讲求制胜之方，合亟出示晓谕。为此，示仰商户人等，知悉查照，后开各条，互相劝办，悉心考究，翻然变计，各图振兴，痛改从前手足搓制^⑭红茶之旧习，以畅销路，而固利源，本道有厚望焉。其各懔遵毋违，特示。

摘开雷税司原折

中国红茶搓制之法，不如印度远甚，其致败之故，实由于此。盖所征之课税，虽觉繁重，在华商核算成本，以为获利似无把握，苟能得其新法，以冀西人渐皆喜用，则衰弱之象，度不至如斯矣。

温州茶，华历(曆)^⑮四月初八日，运样到沪，即今所呈暂之两种。一则仍用旧法，以手足揉搓；一则用新法碾压者，互为比较，即知新法之合销西人。本视温茶为中国出茶最次之区，英人之所以不喜用华茶，喜购锡兰茶者，以用碾压故也。英人爱用印茶，并非以印度、锡兰为英属土。因锡兰之茶，色香味较胜华茶，其质性亦较华茶可以用水多泡。印度系用机器碾成，质力较华制为佳。现在美国，已皆较前增购，俄国亦然。锡兰、印度之茶，甫采下时，收在屋内，铺于棉布之上，层层架起，如梯级然，直至茶叶棉软如硝净之细毛皮时，将茶落机碾压约三刻之久，盛在铁丝萝内，约堆二英寸厚，层叠于上，必变至匀净，如红铜色，然后焙炒，装箱下船。锡兰、印度之茶树，皆属公司。公司资本股厚，不肯零星沽售，采茶焙炒，以至装箱起运，皆公司之人自为

之，有大栈房存储。所安机器甚多，碾茶、炒茶、装茶，无一不用机器。蒙意欲使中国茶务振兴，当另筹新法，如碾压至茶变红铜色之后，应上箩焙炒之际，可无须仿用机器，仍按旧法，只用竹箩盛茶，加以炭火烘焙，似比机器尚佳。倘办茶之人，亦如印度、锡兰之法，获益必大。其佳处即遇阴雨之天，亦无要紧，摘茶之后，即送与栈房，将茶层铺于绵布之上，用架叠起，不虑霉变。应购机器，若仿锡兰所用之式，未免价巨，莫如用一次能出茶七八十斤之碾压机器，只（祇）需⑩银六百两，即可购办，且耐久不坏。费既不巨，茶商办此，当无难色。蒙意华商若用机器，不用手足，则前次所失之十分中，必能补偿几分，贸易自有转机。所望亟行整顿，愈速愈妙，再能遴派明白晓事之员，前往锡兰察访制茶之法，并雇业茶者数人来至中国，教以各种烘焙善法。一朝变计，必能令各国乐购。中国头春茶，天下诸国，无有媲美者。二茶、三茶之现无人过问，实因制法不佳。倘用新法，则二茶、三茶，当可与锡兰、印茶并驾齐驱也。

整饬茶务第三示　光绪二十三年十二月

为剀切示谕事：本年十一月二十七日，奉南洋大臣两江督宪刘札准，总理各国事务衙门咨准出使美日秘国伍大臣函称，美议院以近来各国入口之茶拣择不精，食者致疾，因设新例：茶船到口，须由茶师验明如式，方准进口，否则驳回。从前中国无识华商，往往希图小利，搀和杂质，或多加渲染，以售其欺。洋商偶受其愚，遂谓中国之茶，皆不可食，而销路因之阻滞。比来华商贩茶，折阅者多，获利者少。职此之由，现

新例既行，茶稍不佳，到关辄被扣阻，金山[31]等埠，华商屡来禀诉，因择其不甚违章者，为之驳诘，准其入口。惟新例所开茶式未齐，已将中国贩运之茶，详列名目种数，照会外部转知税关，俾茶师诣暂时，有所依据，不致以与原定之式不符，过于挑剔。仍将新例译录，饬领事等传谕众商，嗣后不可希图小利，致受大亏。并钞译一份，寄呈备览。此例初行，似多不便，然理相倚伏，实于茶务有益无亏。盖以前茶质不净，人多食加非以代茶。今入口既经复验，茶叶共信其佳，则嗜之者多，将来销路可期更广。中国各商，如能将茶叶焙制诸法，精益求精，知作伪无益，不复搀杂，则中华茶味，实冠出于诸国，必能流通，未始非振兴茶务之一大转机也，等因。前来本衙门查中国土货出口，以茶为一大宗，从前因茶商焙制不精，兼有搀和杂质等弊，以致洋商营运受亏，销路因而阻滞。今美国改行新例，如果焙制益求精美，实为中国茶务振兴之机，相应将该大臣钞寄新例十二款，刷印黏单，咨行贵大臣查照，转饬各产茶处所，凡园户茶庄制茶，务须焙制如法，精益求精。并饬各海关出示晓谕，华商运茶出口，勿得搀和杂质，致阻销路。倘或搀和杂质，或将茶渣重制运售，致损华茶实在利益，一经查出，定行严罚。此固为华民谋生计，亦中国整顿商务之一端也，等因。并抄单到本大臣承准此，除分行外，抄单札局，遵照咨内事理，飞饬产茶各属，出示晓谕，并剀劝园户、茶商，应如何妥仿西法焙制，力图整顿，以期挽回茶务，广开利源。仍令将筹办情形，禀复核夺，等因。到局奉此，除照会产茶各县，一体示谕外，合行出示晓谕。为此示仰商户人等知悉，现在美国新例[32]，茶师考验

极严，嗣后焙制各茶，务须尽心讲求，力图精美，不准搀和杂质，或多加渲染，欺诳洋商，以畅销路，以固利源。其各懔遵毋违。特示。

黏抄美国新例

一、美国上下议院会议妥定，光绪二十三年三月三十日起，凡各国商人运来美国之茶，其品比此例第三款所载官定茶瓣[33]较下者，概行禁止进口。

二、此例一定之后，户部派熟悉茶务人员七名，妥定茶瓣，呈送查验，嗣后每年西历(曆)[⑰]二月十五号以前，均照此例妥定茶瓣，呈验备用。

三、合准进口之各种茶类，户部妥定样式，并当照样多备茶瓣，分发纽约、金山、施家谷[34]，以及各口税关收存，以资对验。至若茶商欲取官定茶瓣，可照原价给领所有茶类，其品比官定茶较下者，均在第一款禁例之内。

四、凡商人装运茶类来美，入口报关时，须要呈具保据，交该口税务司收存，言明该货于未经验放之前，不得擅移出栈，当由茶商将货单所载各茶样呈验，另立誓辞，声明单货，确实相符，方为妥协。或任茶师自取样式，逐一与官定茶瓣比较，其入境各口，未派茶师者，商人当备各茶样式，并立誓辞，呈送该口抽税之员查收，复由该员另取各茶样式，一并送交附近海口茶师收验。

五、所有茶类，经茶师验过，其品确系与官定瓣相等，税务司亦无异言，立即放行。若其品比官定茶瓣较下者，立刻通知茶商，除复验[⑱]批驳茶师有错外，不准放行。若运到之茶，品类不齐，可将好茶放行，次等者扣留。

六、茶师验明之后，茶商或税务司有异言，可请户部派总估价委员三名复验。若查得茶品果系与官定茶瓣相等，自当给照放行。如茶品比官定茶瓣较下，令茶商具结，限六个月内，由验明之日起计，运出美国。设使过期不出口，税务司设法焚毁。

七、所有进口茶类，派定各茶师亲验。倘入境之口并无派定茶师，由该口税务司取齐各茶样式，递送最近海口茶师收验。验茶之法，照茶行定规办理。其内有用滚水泡之法，与化学试炼之法，均当照办。

八、所有茶类，凡请美国总估价委员复验，应由茶师将各茶样式，与茶商面同封固，与茶师批辞，以及茶商驳语一并送交总估价委员复验。一经验明妥定，即当缮写断词，由各该委员签名，将全案文牍茶式，三日内一齐发回。该税务司另钞两份，一份转达茶师，一份转交茶商，遵照办理。

九、所有茶类，已经不准入口，遵例出口之后，如复进口，将货充公。

十、此例各款，户部妥定章程，一律颁行。

洪商查复购办碾茶机器节略

一、查制茶碾压机器，福州旧前年有人倡办，想因不能卓有成效，迄未盛行。温州今年试办者，系乾丰栈朱六琴兄，向公信洋行购得碾压机器，如法试行，仅制成茶数十斤，寄样来申验看。据洋商云：做工尚称得宜，惟香味甚不及旧法所制。盖因甫经采下茶草，未及烘晒即以机器碾压，不免真精原汁走漏，本质耗损，故香味较逊。叶底不甚鲜明，未得合销，为此中止。以上乃温、福州之未见显著成效情形。

一、据公信洋行云：伊等洋商，原欲鸠

集公司,购办全副机器,在湖南安化地方兴办。该处产茶颇多,转运捷便。嗣张香帅[35]以此利益,不便为西人占揽,未曾照准。刻下中国官商,若欲在祁门、浮梁试办,只(祗)须[19]碾压机器,便可合用,其余烘、筛、拣、扇等法,原以旧章较善。该机器价银,每架据需九百金。刻下申地,无有现成者可售,须由伊代电托锡兰友人购办,约在两月内可运到申,外加水脚、保险、使用等费,合计每机器,总需一千有奇。以上乃据公信洋人所说。如事必行,该机即托公信洋行代办。

一、徽属山深水浅,局面狭小,若以全副机器,非但价资太巨,且转运一切,非比外洋水有轮舟,陆有铁路之灵便,势难载运,姑不置议,惟碾压机器,每次仅能出茶七八十斤,核计红茶上市时,日仅能制造三百箱而已。

一、徽茶改用碾压机器,势必收办茶草。然祁门南乡一带,茶草每担计钱十数千文,以茶草三斤,制成干茶一斤,兼之剪头除尾,不过六七折之谱;以及车用等项合而计之,已属匪轻;且无洋商包庄,万一不得其宜,则耗折大非浅鲜,核计成本过昂,不得不虑及此也。

一、据公信洋行云:机器用法,与复雷税司之函,大谱相同。揣其情形,似尚不难,但详细情形及所制之茶,果否合销,则非身经目历,不能尽悉。若延聘西人,据需薪资每月二百金,且要包定三年,不免薪水太巨,万难延请。西人姑不置议,如若就申延聘华人,亦不过口传指授而已。此创办之难,殊无把握。

一、初办碾压机器,若由绅商邀集股本,究非善策。因恐成本昂贵,一经大折,势难复振。惟有厚集资本,初年不利,则更加考究,精益求精,再接再厉,庶几能尽机器之利用。此创办必须厚集股本,以备不虞。

一、集股之法,似宜仿公司成例,每股百金。窃以祁门、浮梁两邑计之,茶号不下百家,若得每号集股百金,为数亦颇可观。此外,如有另愿附股者,亦可兼收。集资既厚,经理得人,庶可图效。茶商众心散漫,惟有商请宪裁,一面给资筹办机器,一面出示劝导。然此事原为振兴商务起见,成则众商渐可推广盛行,不成则官商两无所损,想众商一经提倡,自必乐从。

一、局宪如必购办此机,望请将价银即速汇下,以便缴交前途,代为电致锡兰购办。俟办到申后,即由绕河运祁。惟沿途厘卡,尚乞局宪咨会江海关,给照护行,以免沿途厘卡留难,实为捷便。

以上各节,谨就所见尽陈。因无把握,故机器尚未定购。望详加商酌。奉覆。局宪核夺,即希示覆。二十三年十二月

<h1 style="text-align:center">注　释</h1>

1　观察:唐、宋职官观察使的简称。元、明为补役别称,清演变为对道员的尊称。

2　南洋大臣:南洋通商大臣的简称。咸丰十年(1860),改五口通商大臣设,掌上海长江以上各口,兼理闽浙和广东各口中外通商交涉事务,由江苏巡抚兼。同治元年,设专任通商大臣,次年

复归江苏巡抚，四年最终确定改由两江总督兼。

3　督宪张：指一度代理刘坤一担任两江总督的张之洞。

4　坫厦："坫"，同汰，徒盖切。"坫厦"，皖南清时设有基层巡检茶盐机构的集镇名。

5　深渡：即今安徽歙县深渡镇，位歙县中部新安江岸。

6　街口：即今歙县街口镇，为新安江由歙县流入浙江淳安的界镇。

7　淮醝（cuó）章程：醝，指盐。淮醝章程，即两淮盐政制订的管理盐务的规章制度。盐政为清朝管理地方盐务的最高官员，康熙间一度改为"巡盐御史"，初仅在长芦、两淮和河东各设一人。其后"巡盐御史"废止后，"盐政"改由各地总督、巡抚兼任。两淮盐政和皖南茶厘局均由两江总督兼管。

8　茶厘局：清咸丰以后始设的征收茶叶税捐的机构。此指设置屯溪的"皖南茶厘局"，直属金陵（今南京）两江总督管辖。其下在重要产茶县，还设有茶厘分局，有的分局之下，在水陆津要之地，又设有厘卡，专门负责收缴茶厘茶捐。

9　退盘、割磅："盘"，旧时茶市对茶叶价格和茶行财物的行语；如开盘、收盘、交盘等等。退盘指降价或退货。"割磅"的"割"字，同"割金"之割，言克扣斤两。

10　山茶鞿伤："鞿"同"嚲"（duǒ朵），下垂。此指山上茶树经长期大雨浇淋，茶株满目是一片垂头萎叶的遭灾受伤景象。

11　趑趄："趑"同"越"字，"趑趄"，亦作"次且"；言犹豫不前。

12　桑孔心计："桑"即汉代著名理财家桑弘羊，"孔"即孔仅。梁启超《张博望班定远合传》："文景数十年来官民之蓄

积而尽空之，益以桑孔心计，犹且不足。"

13　和使：此疑应指"荷兰"。

14　刍荛之见：刍，割草；荛，打柴。"刍荛之见"，自谦为草民樵夫的粗浅之见。

15　厘卡：清咸丰以后出现的征收厘金的关卡。清廷为筹措镇压太平军的军饷，咸丰三年，首先在扬州仙女镇（今江苏江都镇）设厘金所，对该地米市课以百分之一的商税。百分之一为一厘，故称厘金；很快风行全国，在各商市和交通要道，设关立卡，征捐收税。茶叶厘卡，咸丰九年由两江总督曾国藩在江西首先列为定章，除按旧例在产地和设茶庄处所收取茶捐每百斤一两二钱至一两四钱外，又规定每百斤茶在境内抽厘银二钱，出境再抽厘一钱五分。除产地、销售地外，茶叶舟车过往之地的水陆交通要道，也纷纷设卡征收过境厘捐。茶厘卡据地理、分工和征收银两的差别，又分为正卡、分卡、巡卡、查验分卡和收厘分卡等不同层次、不同职能的形形色色的关卡。各地各行其是，各立其制，这种混乱苛重的税制，直至民国后才慢慢废止。

16　金陵支应局：即由两江总督掌管的"小金库"。太平天国起义后，清朝各地督抚获准有权可就地筹款，应付特殊需要的开支。支应局，就是收支上说用来应付特殊用途的常设但又不是正式的财务机构。

17　紫阳书院膏火："膏火"，此处作给书院或学校贫困学生的津贴。婺源紫阳书院，大概由乾隆十九年邑令万世宁所建明经书院改名。"紫阳"为宋朱熹的号，熹为婺源人，主持白鹿洞、岳麓书院五十年。改紫阳书院，实为纪念朱熹。

18　竦（lì）差："竦"同"莅"。"竦差"即"到职"或"临官"之意。

19 劙（tuán）冗："劙"同"刓"，指割。"颙冗"，即割冗。

20 荩（jìn）怀：荩通进。例："荩臣"，《诗·大雅·文王》："王之荩臣"。朱熹释："荩，进也，言其忠爱之笃，进进无已也。"此谓衷心、期望。

21 碾压机器：此系其时对茶机的一种模糊统称。中国最早出现的机器制茶，是19世纪60年代俄国人在汉口、英国人在福州等地开办的砖茶厂。除动力机械外，制茶首先使用的是压力机，后来又采用茶叶粉碎机等。碾压机器是由早期砖茶厂使用的主要机器延伸出来的。红茶包括绿茶要使用的机器，与砖茶不同，不需要碾压。红茶除烘干机外，最急需的是替代手揉脚搓的揉捻机，但此仍按习惯说法云"碾压机"。

22 两江督宪刘：即刘坤一（1830—1902），字岘庄，湖南新宁人。咸丰五年，他由领团练镇压湖南境内太平军起家，咸丰末追击石达开军转战湘桂，授广东按察使。同治间，擢两江总督，光绪初为两广总督，旋又复任两江总督。

23 徐树兰：字仲凡，号检庵。会稽（今浙江绍兴）人。光绪二年北闱举人，博学多才，善书工画，对清末鼓动农业改革，促进农业近代化方面，曾作有积极贡献。

24 汪康年（1860—1911）：字穰卿，晚号恢伯。钱塘（今浙江杭州）人，光绪二十年进士，官内阁中书。甲午战后，在上海入强学会，办《时务报》，延梁启超任主编，鼓吹维新。有《汪穰卿遗著》、《汪穰卿笔记》。

25 湖广督宪张：即张之洞（1837—1909），字香涛，又字香岩、孝达，号壶公，晚号抱冰等。同治二年进士。中法战争时任两广总督，起用冯子材击败法军，后督湖广近二十年，办汉阳铁厂、萍乡煤矿、湖北枪炮厂等，为后起洋务派首领。对整顿茶务、提创机器制茶也有很多作为。光绪末，擢体仁阁大学士、军机大臣。卒谥文襄，有《张文襄公全集》。

26 收草：此"草"，非指燃草，是"草茶"，也即收购的茶树鲜叶或机制茶原料。

27 由沪运浔：旧时皖南祁门等地茶叶，大都由水路船运经鄱阳湖至九江口入长江转运上海和中原各地。货物回运亦然。"浔"即唐宋时的"浔阳县"或"浔阳郡"，治所均在今江西九江市，故浔也成为九江之别名。

28 台惟生厂：19世纪后期英国机器厂名，印度、锡兰当时使用的茶叶生产机械，多半是该厂设计的产品。

29 亥年：此指1899己亥年。本文撰于光绪二十三（1897）年底，即使筹得资金，托洋行订购茶机，由上海运回祁门、浮梁安装调试好投产，一切非常迅速顺利也已赶不上次年戊戌年茶季，最快也要再过一年到"己亥"年，才能派上用处。

30 福、瓯：指福建的福州和瓯宁县（今建瓯）。福州是中国商人最先从国外引进机器进行制茶的地区。19世纪90年代中期，在国内其他各地刚刚议及振兴茶业，改用机器制茶时，福州茶商就集股在福州英商的帮助下，派员到印度学习。机器制茶，购买茶机，不但首先在中国试制生产出机制茶叶，也由英商首先运销英国。

31 金山：即美国旧金山，亦即三藩市。

32 美国新例：美国有关茶叶的新法案。1883年，鉴于输美茶叶掺杂情况严重，美国国会首次通过禁止进口掺杂作伪茶叶法案。1897年，也即在光绪二十三年夏，美国又一次通过了《美国茶叶进口法案》，这就是本文所说的"新例"。新例规定，以后每年都由茶叶专家委员会制定各种进口茶叶品质最低标准样,进口茶叶不得低于此标准。茶叶引用的标准方法共262页,包括取样方法,灰分及不同溶性灰分,醚浸出物、水浸出物、粗纤维蛋白质等。

33　茶瓣:疑即其时美国有关机构制定的进口茶叶检验标准样。

34　施家谷:早年汉语使用的"芝加哥"译名。

35　张香帅:即湖广总督张之洞,因字"香涛"、"香岩"故有此称。

校　勘

① 祇遵:"祇"字,原文形误作"祗"字,编改。

② 关系(係):原稿"係"字作"繋",编改。下同,不出校。

③ 口喑:原稿"喑"字,刊作异体"瘖"字,即中医"失语"症之意。

④ 湔除其痼疾:"湔",洗涤。《中国古代茶叶全书》漏抄或脱此一句。

⑤ 祇可:"祇"字,原稿误作"祗"字。

⑥ 红茶:"茶"字,原稿误刊作"本"字,据文义改。

⑦ 均系(係)实情:"係"字,原稿作"系",编改。

⑧ 洪廷俊:"洪"字,原稿形误作"供"字,径改。

⑨ 暮春:"暮"字,原稿舛作"莫"字。

⑩ 均系(係):"係"字,底本原刊作"系",编改。

⑪ 祇遵:"祇"字,原稿形讹作"祗"字,编改。

⑫ 只(祇):原稿形误印作"祗"字,编改。

⑬ 载籍:"籍"字,原稿原作"藉",按通用字改,但"籍"、"藉"可通假,有的校记斥之为"误",亦未必妥当。

⑭ 搓制:"搓"字,原稿形误印作"槎"字,编改

⑮ 华历(曆):"曆"字,原文误作"歷"字,径改。

⑯ 只(祇)需:"祇"字,原稿作"祗"字,编改。

⑰ 西历(曆):"曆"字,原稿印作"歷"字,编改。

⑱ 复验:本文中"复"字,唯此处用"覆"字,"复"、"覆"虽可互通,为一文中同字前后尽可能一致,径改。

⑲ 只(祇)须:"祇"字,原文误印作"祗"字,编改。

茶说 | 清末民初　震钧　撰①

作者及传世版本

　　震钧(1857—1920),满族人,姓瓜儿佳氏,字在廷(作亭),自号涉江道人,汉姓名唐晏,又以恫庵等为号。庚子以后,曾任江都知县,后任教京师大学堂,又为江宁八旗学堂总办。辛亥革命后,一直居住南方。

　　他撰刻的著作倒不少,至少现存的还有《天咫偶闻》、《渤海国志》、《洛阳伽蓝记钩沉》、《国朝书人辑略》、《八旗诗媛小传》、《八旗人著述存目》等。

　　本文《茶说》,即是从他的《天咫偶闻》(十卷)第八卷中辑录出来的。所谓

《天咫偶闻》，也即仿照"梦华"和"梦粱"录专撰北京风土人情的小说笔记。他批评"京师士夫不知茶"，那么他这位世世代代居在北京的读书人，何以能写出茶书呢？因为他戊辰（同治七年，1868）十一岁时，随大人官江南，主要住金陵和扬州两地，一直至庚辰（光绪六年，1880）遂回到北京。生活在这样的环境下，特别是扬州，是盐商讲吃讲喝的斗富之地，而震钧用他自己的话说，"余少好攻杂艺，而性尤嗜茶，每阅《茶经》未尝不三复求之，若有所悟时正侍先君于维扬，固精茶所集也"。应该承认，在明清辑集类茶书泛滥成灾的情况下，震钧《茶说》虽还不足二千字，却全部是他封茶事多年精心钻研的心得，无愧"精于茶者"之称。本文上世纪中期以前，只有清光绪丁未（三十三年，1907）仲春甘棠转舍一个刻本，近年台湾、大陆都有重印，不过都是据甘棠或甘棠影印本，所以现在收录虽多，但实际都是同出一个版本。

《天咫偶闻》刻印于光绪末年，但著录的时间可能起码要早十年以上。因为在光绪二十九年（1903），震钧在其定稿以后的后序中清楚指出，"乙未（光绪二十一年，1895）以来，信手条记凡得若干，置之箧中，未暇整比。今夏伏处江干，日长无事，依类条次，都为一编"；这就是这本书从1895年开始写起，写成以后一拖八年，至1903年遂改编成书；成书到后来印好装订成册，又间隔四年的实情。本文据《续修四库全书》本作录，并参考1982年北京古籍出版社出版的《天咫偶闻》排印本。

原　文

大通桥西埧下，旧有茶肆，乃一老卒所辟，并河有廊，颇具临流之胜。秋日苇花瑟瑟，令人生江湖之思。余数偕友过之，茗话送日。惜其水不及昆明，而茶尤不堪。大抵京师士夫，无知茶者，故茶肆亦鲜措意于此。而都中茶，皆以末丽杂之，茶复极恶。南中龙井，绝不至京，亦无嗜之者。余在南颇留心此事，能自煎茶，曾著《茶说》，今录于此，以贻好事云。

煎茶之法，失传久矣。士夫风雅自命者，固多嗜茶，然止于以水瀹生茗而饮之。未有解煎茶如《茶经》、《茶录》之所云者。屠纬真《茶笺》，论茶甚详，亦瀹茶而非煎茶。余少好攻杂艺，而性尤嗜茶，每阅《茶经》，未尝不三复求之，久之若有所悟。时正侍先君于维扬，固精茶所集也。乃购器具，依法煎之，然后知古人之煎茶，为得茶之至味。后人之瀹茗，何异带皮食哀家梨者乎！闲居多暇，撰为一编，用贻同嗜。

一、择器

器之要者，以铫居首，然最难得佳者。古人用石铫，今不可得，且亦不适用。盖铫以薄为贵，所以速其沸也，石铫必不能薄。今人用铜铫，腥涩难耐。盖铫以洁为主，所以全其味也。铜铫必不能洁，瓷铫又不禁火，而砂铫尚焉。今粤东白泥铫，小口瓮腹极佳。盖口不宜宽，恐泄茶味。北方砂铫，病正坐此，故以白泥铫为茶之上佐。凡用新铫，以饭汁煮一二次，以去土气，愈久愈佳。次则风炉，京师之不灰木小炉，三角如画上者，最佳。然不可过巨，以烧炭足供一铫之用者为合宜。次则茗盏，以质厚为良。厚则难冷，今江西有仿郎窑及青田窑者佳。次茶匙，用以量水。瓷者不经久，以椰瓢为之，竹与铜皆不宜。次水罂，约受水二三升者；贮水置炉旁，备酌取，宜有盖。次风扇，以蒲葵为佳，或羽扇，取其多风。

二、择茶

茶以苏州碧萝春为上，不易得，则天池，次则杭之龙井②；岕茶稍粗，或有佳者，未之见。次六安之青者，若武夷、君山、蒙顶，亦止闻名。古人茶皆碾为团，如今之普洱，然失茶之真，今人但焙而不碾，胜古人；然亦须采焙得宜，方见茶味。

若欲久藏，则可再焙，然不能隔年。佳茶自有真香，非煎之不能见。今人多以花果点之，茶味全失。且煎之得法，茶不苦而反甘，世人所未尝知。若不得佳茶，即中品而得好水，亦能发香。

凡收茶，必须极密之器，锡为上，焊口宜严，瓶口封以纸，盛以木箧，置之高处。

三、择水

昔陆羽品泉，以山泉为上，此言非真知味者不能道。余游踪南北，所赏南则惠泉、中泠、雨花台、灵谷寺、法静寺、六一、虎跑，北则玉泉、房山孔水洞、潭柘、龙池。大抵山泉实美于平地，而惠山及玉泉为最。惠泉甘而芳，玉泉甘而洌，正未易轩轾。

山泉未必恒有，则天泉次之。必贮之风露之下，数月之久，俟瓮中澄澈见底，始可饮。然清则有之，洌犹未也。雪水味清，然有土气，以洁瓮储之，经年始可饮。大抵泉水虽一源，而出地以后，流逾远，则味逾变。余尝从玉泉饮水，归来沿途试之，至西直门外，几有淄渑之别。古有劳薪水之变，

亦劳之故耳，况更杂以尘污耶。

凡水，以甘为芳、甘而洌为上；清而甘、清而洌次之。未有洌而不清者，亦未有甘而不清者，然必泉水始能如此。若井水，佳者止于能清，而后味终涩。凡贮水之罂，宜极洁，否则损水味。

四、煎法

东坡诗云："蟹眼已过鱼眼生，飕飕欲作风松鸣。"此言真得煎茶妙诀。大抵煎茶之要，全在候汤。酌水入铫，炙炭于炉，惟恃鼓鹅之力。此时挥扇，不可少停，俟细沫徐起，是为蟹眼；少顷，巨沫跳珠，是为鱼眼，时则微响初闻，则松风鸣也。自蟹眼时，即出水一二匙；至松风鸣时，复入之，以止其沸，即下茶叶。大约铫水半升，受叶二钱。少顷，水再沸，如奔涛溅沫，而茶成矣。然此际最难候，太过则老，老则茶香已去，而水亦重浊；不及则嫩，嫩则茶香未发，水尚薄弱，二者皆为失饪。一失饪，则此炉皆为废弃，不可复救。煎茶虽细事，而其微妙难以口舌传。若以轻心掉之，未有能济者也。惟日长人暇，心静手闲，幽兴忽来，开炉爇火，徐挥羽扇，缓听瓶笙，此茶必佳。

凡茶叶欲煎时，无用温水略洗，以去尘垢。取茶入铫宜有制，其制也：匙实司之，约准每匙受茶若干，用时一取即是。

煎茶最忌烟炭，故陆羽谓之茶魔。杪木炭之去皮者最佳。入炉之后，始终不可停扇；若时扇时止，味必不全。

五、饮法

古人注茶，爇盏令热，然后注之，此极有精意。盖盏热则茶难冷，难冷则味不变。茶之妙处，全在火候。爇盏者，所以保全此火候耳。茶盏宜小，宁饮毕再注，则不致冷。陆羽论汤，有老嫩之分，人多未信，不

知谷菜尚有火候，水亦有形之物，夫岂无之。水之嫩也，入口即觉其质轻而不实；水之老也，下喉始觉其质重而难咽。二者均不堪饮，惟三沸初过，水味正妙；入口而沉着，下咽而轻扬，挢舌试之，空如无物，火候至此至矣。

煎茶火候既得，其味至甘而香，令饮者不忍下咽。今人瀹茗，全是苦涩，尚夸茶味之佳，真堪绝倒。凡煎茶，止可自怡，如果良辰胜日，知己二三，心暇手闲，清谈未厌，则可出而效技，以助佳兴。若俗尤相缠，众言嚣杂，既无清致，宁俟他辰。

校　　勘

① 此处题署，为本书所定。《天咫偶闻》用震钧笔名，作(清)曼殊震钧。

② 则天池，次则杭之龙井：底本原作"则杭之天池，次则龙井"，但天池在苏州，故有此改。

红茶制法说略^① | 清　康特璋　王实父　撰^②

作者及传世版本

红茶是中国的主要茶类之一。十九世纪，是中国也是世界红茶生产、贸易风盛有突出发展的世纪。但是，在中国众多的古代茶书中，竟没有一本有关红茶的专著。有学者提出，在《中国茶文化经典》清代茶文化中收录的《红茶制法说略》，能否也算作茶书？《红茶制法说略》，是光绪二十九年(1903)，清政府为筹备参加次年美国圣路易博览会展品所成立的"茶瓷赛会公司"，为振兴华茶特别是外贸最需要的红茶，给负责这次筹展的亲王，要求在安徽祁门设立"制造红茶公司"的条陈。条陈当然不是写书，但由于邓实主编的《政艺丛书》，

已将其编录收入该丛书的"艺学文编"；联系过去将程雨亭在皖南茶厘局写的禀牍文告，因罗振玉收入《农学丛书》而被列作茶书的先例，为补红茶茶书之缺，本书也将《红茶制法说略》从《政艺丛书》辑出，专作一书。

撰者康特璋、王实父，生平不详。仅由题名知其为当时"茶瓷赛会公司"的成员；另外，不难肯定，他们当还是负责茶叶展品的茶叶专业人员。《红茶制法说略》作为专著，只有《政艺丛书》一个版本。沈云龙主编的《近代中国史料丛刊续编》收有影印本。

原　文

中国土产出口，茶为一大宗。茶之出口多寡，为商务盛衰所系，此固夫人而知者也。查光绪十年以前，出口计有一百八十八万九千余担；光绪二十年以后，出口则仅有一百二十八万四千余担。外洋用茶，固已日益加增；中国销路，则递年见减，几有江河日下之势。其中致衰之故，或由印度、锡兰产茶日多，产多销分，实势□③然。或谓华商制法，专藉人工，印锡制茶，全用机器；外洋嗜好机器所制之茶，故华茶不敌印锡茶之畅销。尝考印度、锡兰产茶之处，茶树皆属公司，自培养、采摘以及制造、装箱，无一而非公司之事，自可无一而不用机器。中国则园户、茶商，截然分为两途。产茶之园户，既星散而无统率；业茶之商人，亦凑合而无恒业。园户草率制成而售于茶商，茶商亦遂仓猝贩运，赶急求脱，微特不能仿用机器；即人工制法，亦并未讲求。而尤大之病，在多作伪。如绿叶④之染色，红茶之挼土，甚至取杂树之叶充茶出售，坏华商之名誉，蹙⑤华茶之销路，莫此为最。华茶至今仍未断绝于外洋者，幸赖物质之良，实有大过于印锡者。若能改良制造，尽绝其从前之弊，西人自无不争相购致。若徒恃质美，漫不加察，任窳工之作伪，年复一年，恐不知伊于胡底？今拟邀合同志，筹集资本，先于安徽产茶最优之处，设立制造红茶公司，并会通各茶商讲求制法，选料精工，舍短用长，制成之后，直贩出洋，与印锡之茶共相比赛，以期货良品贵，声价自增，亦收回固有权利之一道也。谨就愚昧所见制法，条呈于左，伏乞钧鉴。

一、采摘　中国产茶，自谷雨至立夏，旬日之间，为时磅促。园户急忙从事，贪多务得，鲜能求精。无论其叶之大小，芽之强弱，悉行采捋，混杂错间，鲜能纯萃；不知采摘为第一要着，万不能不谨择其叶。采茶当有次第，过早则叶未足，稍迟则叶已老；先从向阳之枝，择其叶之肥嫩者采取。但采其叶，勿损其芽，则芽又复次第发叶，叶齐而复采之。似此则茶质既纯，茶味亦厚，虽有先后，断无参差，且能保茶树不伤。

二、卷叶　华茶向用手足揉搓，印锡均用机器碾压，其所以能夺我华茶利权，即此之故。盖机器碾压之茶，纯萃整齐，汤汁之中，浓润可爱。数年前，温州曾购此等机器制茶，已有明效。鄂督有鉴于斯，谆谆劝谕，卒无有应者。其缘因，中国各省之茶，均由园户采茶，卷成售与商人；商人不管卷叶之事，园户又迫于力薄，焉能购此重器。今既欲抵制印锡之茶，不得不急为改良。园户但责以专司采摘，售拣净青叶于茶商。凡制造之法，皆由茶商自行料理，则碾压卷叶之机，不得不办⑥。每一次能出茶七八十斤者，需银六百两。用其法，亦先将青叶暴晒棉软，而后落机两刻之久，自然条索紧圆。

三、变色　茶叶有红、绿二种，其实皆出一种茶树，止因制造不同。西人所最爱者乌龙，次则红霞、红梅，悉皆鲜红光泽。制法当于碾压之后，视其色之深浅，令其多受空气，晴则置诸日中，阴则置诸炉侧，以其色之合宜为度。

四、烘焙　茶之香味，全恃烘焙之工，因其加熱时，自有一种易散油生出也。印锡之茶，均用机炙。其炙茶之机有二：一名狎皮杜拉符；一名党杜拉符[1]。皆有抽气管，故其味香不散失而无灰尘。中国制茶，园户只用炉焙，炉中或以干柴燃火，或用不洁之炭，又不能立烟通，则烟贯入茶中，是以杂入烟烬，其味易飞散。今欲仿用印锡之机，产茶之地崇山峻岭，转运不易为力，但须将烘炉变通，设有抽气管，则亦无殊。火力之热度，宜实测度数，以求确实把握。

五、成分　茶之美劣，以其中之硷类、香油二要质之分数为定。硷类名替以尼[2]，即茶叶之精，能感人之脑筋，使人神清意适。香油名替哇尼[3]，即茶中易散油；生叶中原无此物，全赖烘焙时由他质化成。热大则随气耗散，热小则化成无几。即一人一时所烘焙之茶，含香之数亦不同。必须将每次所烘焙，随时化分，得其各质之真数，则成色确有把握，然后标签列号，可与各国之茶品确实比较，方得我货之真价值，

不致为外人所愚。

六、做净　烘透之后，即当做净，而后装箱。粗茶细做，细茶粗做，务使长短接续，筛路整齐，无粗细不匀之弊，乃能入目可观。其始也，用提筛徐徐然颏⑦出，当顺其自然之性。用腕力宜圆缓，而不宜过疾；过疾则碎。提筛之下者，付之细筛；提筛之上者，付之打袋手打过，又从而筛之，长短粗细由是分焉。使其中有大秕片，则用簸盘以簸之；有小秕片，则用风箱以扇之。至于最粗如头号筛以上，极细如铁板筛以下者，均须剔下，不得入堆。

七、成箱　制成之茶，贩运外国，越数万里重洋，必须其味经久而不散，方足以争胜。箱皮不严，箱板不坚，均足以坏全分之茶。装箱之日，须将制成熟茶，盛以竹箩，裹以铅皮，然后钉入木箱，外加藤捆，逐层封紧，勿令泄气，虽经年累月，香气不失，可无变味之虞。

以上七条，粗陈崖略，系指红茶而言。至于绿茶焙⑧制，大旨亦同；特采择后，不令多受空气耳。

注　释

1　狎皮杜拉符、党杜拉符：当时两英国机器制造厂生产的茶叶烘干机的译名。
2　替以尼：疑是英语"Teaine"的音译；"Tea"为茶字，"ine"是套用"Caffeine"

一词组即指茶生物硷之意。
3　替哇尼："替"亦为英语茶字；"哇尼"说不清英语何义，据文意，当是指茶叶芳香类物质。

校　勘

① 原书"略"后，有"上报贝子000"几字和符号，与题名无关，编删。
② 原书在康特瑝"康"字前，有"茶瓷赛会公司"六字，在加朝代名时去掉。
③ 原书非缺字，但模糊近墨丁，故空。

④ 绿叶："叶"疑是"茶"字之误。
⑤ 蘧：原文模糊，《中国茶文化经典》录作"灭"，误，辨改作"蘧"。
⑥ 此处"办"、"每"之间，原文空一格，在"需银六百两"的"两"字之后及"五成分"部分，有几处

不明空格,现均删去。

⑦ 搧:原书左旁不清楚,也像"顿"字,《中国茶文

化经典》即录作"顿"字。

⑧ 焙:原书刊作"培"字,显然是"焙"之误,径改。

印锡种茶制茶考察报告 | 清 郑世璜 撰

作者及传世版本

郑世璜,字蕙晨,浙江慈溪人。光绪三十一年(1905)前后,大概任江宁(今江苏南京)盐司督理茶政盐务的道台,1905年,奉南洋大臣、两江总督周馥之命,率浙海关副使英人赖发洛,翻译沈监,书记陆溓和茶司、茶工等九人,赴印度、锡兰考察种茶、制茶和烟土税则事宜,了解印度晒盐和税收法则。这次考察,于农历四月九日由上海乘轮船出发,至八月二十七日乘船回到上海,行程四个月又十九天。回国后,郑世璜向周馥和清政府农工商部呈递《印锡种茶制茶考察暨烟土税则事宜》、《改良内地茶业简易办法》等多份条陈。其中关于印锡种茶制茶情况的报告,由农工商部乃至川东商务总局等多次翻印成册,与其所纂的

《乙巳考察印锡茶土日记》一书,广为颁送和发行各茶商及各级茶务组织参阅。

郑世璜考察印锡种茶制茶的报告,首先在是年十月,由《农学报》以《陈(郑)道世璜条陈印锡种茶制茶暨烟土税则事宜》为题连续发表。之后,不仅清代有关部门一再翻印下发,就是民国以后,还是有单位校勘发行,以应社会需求。本文即是以上海市图书馆所藏的民国印本作底本的。原本失名,而《农学报》所载题为《陈道世璜条陈印锡种茶制茶事宜》核对,此次整理,改作《印锡种茶制茶考察报告》。

本文两个版本,比较而言,上图民国印本似稍作校订,故以上图藏本作底本,以《农学报》连载作校。

原　　文

谨将派员赴锡兰印度考察种茶制茶事宜分列条款呈览①

沿革　查英人种茶,先种于印度,后移之锡兰。其初觅茶种于日本,日人拒之,继又至我国之湖南,始求得之。并重金雇我国之

人，前往教导种植、制造诸法，迄今六十余年。英人锐意扩充，于化学中研究色泽香味，于机器上改良碾切烘筛，加以火车、轮舶之交通，公司财力之雄厚，政府奖励之切实，故转运便而商场日盛，成本轻而售价愈廉，骎骎乎有压倒华茶之势。

气候　查锡兰高山，距赤道自六度至八度，地气炎热，雨量最多，草木不凋，四时如夏。土质：高山含赤色而中杂砂石，低山砂石略少，茶叶通年有采，生长甚速。高山每英亩年可出干茶五百五十磅，全岛每年出茶一百五十兆磅。印度产茶地方极广，其北境之大吉岭，原名大脊岭，距赤道二十七度三分，山高七千七百英尺，本从前中国藩属哲孟雄地。哲孟雄，西名息根姆，又名西金。天气同于中国，夏秋之间，雨雾最重，正腊之间，冰雪亦多。土质同于锡兰。茶自西四月上旬起，至西十二月上旬，均有叶可采。山高三千八百英尺地，每英亩年可出干茶二百四十一磅；山高六千英尺以上地，每英亩年可出干茶一百九十七磅。每年全岭产茶之数，一千一百七十九万四千磅，合印度、锡兰两地，每年出干茶有三百五十兆磅之谱。

局厂　查锡兰岛，除海滨尽种椰树，北面平田尽栽禾稻外，其余高山之地，几尽辟茶园。茶厂大小有三百余所。大吉岭自西里古里山麓起至山巅，五十一英里，尽种茶树，茶厂有二十余处。制茶公司资本，至少三十万金至百万金[②]。工人除山上采工外，厂内工人甚简。大约日制茶千磅之厂，厂内工人不过十二三名。日制茶三千磅之厂，厂内工人不过三十八九名。缘机制较人工省力悬殊也。

茶价　查印度、锡兰均制红茶。制绿茶厂，止一二处。色浓味强，西人嗜之。实则色淡而味纯者，亦颇宝贵。故上山高三千英尺至五六千英尺地方之茶，叶身柔嫩，味薄而香，〔故〕售价昂[③]。下山高三百英尺至八九百英尺地方之茶，叶身粗大，味苦而厚，售价廉。茶分五等：一曰卜碌根柯伦治白谷，二曰柯伦治白谷，三曰卜碌根白谷，四曰白谷，五曰白谷晓种。盖"卜碌根"即好之义，"柯伦治"即上香译音，"白谷"即君眉译音，"晓种"即小种，皆本华茶旧名而分等次者。兹将锡印茶价列表如下[④]：

锡兰茶价：

　　上等茶　约销三十兆磅　　每磅价十本士

　　中等茶　约销六十七兆磅　每磅价八本士

　　次等茶　约销三十八兆磅　每磅价六本士半

　　下等茶　约销十五兆磅　　每磅价五本士又四分之一

锡兰绿茶价：

　　统由茶商包买，不分等次，统扯每磅价卢比三角二分。

印度茶价：

　　一千九百零四年至零五年，印茶销于英京之数。每箱重一百磅。

　　阿萨墨茶　计销六十三万二千零七十三箱　每磅价七本士九十二分

　　加卡尔茶　计销三十三万一千九百三十一箱　每磅价五本士六十二分

溪塔江茶　计销五千八百十四箱　每磅价五本士七十五分

车塔纳坡茶　计销一千九百四十四箱　每磅价五本士零四分

大吉岭茶　计销六万六千五百五十八箱　每磅价九本士十八分

独瓦耳茶　计销二十二万三千五百十三箱　每磅价五本士九十二分

康格拉茶　计销二百零四箱　每磅价四本士五十分

格理明茶　计销二万二千六百六十四箱　每磅价六本士六十六分

透拉勿茶　计销九千零二箱　每磅价五本士八十四分

透物哥茶　计销七万二千九十六箱　每磅价六本士六十三分

一千九百零三年至零四年之数：

阿萨墨茶　计销六十四万六千一百二十五箱　每磅价八本士四十三分

加卡尔茶　计销三十三万二千一百二十七箱　每磅价六本士四十七分

溪塔江茶　计销四千零七十八箱　每磅价六本士七十五分

车塔纳坡茶　计销一千五百零二箱　每磅价五本士八十九分

大吉岭茶　计销七万零六百九十六箱　每磅价九本士五十分

独瓦耳茶　计销二十万零三千八百五十五箱　每磅价六本士六十七分

康格拉茶　计销一千五百二十五箱　每磅价五本士九十四分

格理明茶　计销二万一千五百零六箱　每磅价六本士六十六分

透拉勿茶　计销一万零二十二箱　每磅价六本士五十二分

透物哥茶　计销八万零一百四十八箱　每磅价六本士六十三分

一千九百零四年至零五年印茶销于印京之数：

阿萨墨茶　计销十五万九千六百四十五箱　每磅价五本士八十分

加卡尔茶　计销十五万一千六百三十九箱　每磅价四本士七十五分

西来脱茶　计销十万零二千有十五箱　每磅价四本士六十分

大吉岭茶　计销五万一千三百八十五箱　每磅价七本士九十分

透拉勿茶　计销三万四千八百箱　每磅价四本士八十分

独瓦耳茶　计销十五万八千四百二十五箱　每磅价五本士二十五分

溪塔江茶　计销八千九百四十五箱　每磅价四本士八十分

车塔纳坡茶　计销三百七十七箱　每磅价三本士八十分

估马江茶　计销一千零三十七箱　每磅价四本士九十分

一千九百零三年至零四年之数：

阿萨墨茶　计销十三万一千九百七十六箱　每磅价六本士四十分

加卡尔茶　计销十四万零八百七十七箱　每磅价五本士三十五分

西来脱茶　计销十万零二千四百三十八箱　每磅价五本士

大吉岭茶　计销四万九千九百七十六箱　每磅价八本士十七分

透拉勿茶　计销三万二千零七十九箱　每磅价五本士十七分

独瓦耳茶　计销十四万零三百有四箱

每磅价五本士八十分

    溪塔江茶　计销九千四百六十二箱
每磅价五本士十七分

    车塔纳坡茶　计销八百七十一箱　每
磅价四本士九十分

    估马江茶　计销一千二百四十九箱
每磅价五本士

种茶　锡兰现种之茶计有两种：一曰阿萨墨茶东印度省名，一曰变种茶。所谓变种茶者，即中国茶与阿萨墨茶种在一处时，被蜜蜂采蜜，将花质搀和而成，故名曰变种茶。阿萨墨茶，即从前印度之野茶，树杆有高至五英尺⑥及三十英尺者，茶叶有长至九寸有奇者。较之中国茶树容易生长。其茶叶作淡绿色，其茶味较中茶浓，但香味不及中国茶，树身亦不及中茶树之坚。锡兰平阳之地，均种阿萨墨茶，其山之高处，夜间天气寒冷，大半多种变种茶。其先有西人之业茶者，在山高地方，将中国茶与阿萨墨茶种在一处，以便一同焙制，另成一种茶名。殊不知中国茶与阿萨墨茶所需之制法不同，故亦未收其效，至其种茶子之法，一如种稻谷然，先将茶子播种一处，俟阅八九月后，再为分种。至一年后，所生树枝已觉太长，便须剪去尖头，使生横枝，且须随时修剪。至三年后，即为初次大割。犹冬令之割树法。惟印锡多割成平圆形。印度播种茶之法，在西历十一月，先将田一方垦至一尺之深，铺以肥土六寸，上面再加极细之土四寸，然后播种茶子，入土约深二寸。及至次年二三月，为之分种。每枝约距离四五寸，俾易滋生。至冬间再移种于茶林内，亦有待至后一年夏季移种者。一俟树身长有大指之粗，即须在冬间将树修短，自四寸至六寸许，俾得重苞横枝。计自播种至此，阅时三年，至第四年

冬止，须将杪上之错枝稍为修齐。第五年又修至十四寸高，第六年又止，修齐树顶，第七年修至二十寸高。至第八年在采茶之前，须任其生长新枝，约六寸长。至此，树身方算长足。在未长足以前，似乎不宜采摘，致伤元气。至逐年修割，则宜使树身修直为佳。迨后树身过老，将行大割，则须将树身上所有之节疤，尽行割去。

剪割　剪割之义，为多生树叶起见。缘树枝愈老，则树叶之生长迟而且小，出产愈少，故剪割最宜注意。锡兰剪割之法：在平地，地气较热，易于滋生之处，每年割一次；在三四千尺高山上者，每二年割一次；在五六千尺高山上者，每三四年或五年割一次。其地势愈低，则剪割愈勤。因其易于滋生，茶汁必形淡薄，故不得不勤于剪割也。其割法，一俟树身长足后，即割去上身，约留树身高十二寸之谱，将中央小枝修去，以通风气，专留向外之横枝，俾滋生树叶。至第二次剪割时，比上次多留一二寸。割至四五次后，树身已觉太高，所割之处，疤节太多，树汁难于流转，亟宜将所有疤节尽行割去，并将其横枝修剪齐平，使之容易滋生。印度种茶家，亦以剪割为常法。其割至十八寸或十二寸，或竟低至一二寸者，多有。无非察树身之肥瘠，以酌其宜。其在剪割之前，采叶不可过多，致受损伤。树身瘠瘦者，尤必肥以野茶或革蔴子饼之类，以扶养之。迨明年将树杪修至二十寸高，此一年内所生茶叶，约止采二成之谱。至秋后停长之时，仍将树枝修至二十六七寸高，再待来年树枝结实，即有佳茶采矣。惟是年冬又须修割，比上届大割应留高五六寸。据查以前茶林每年修割，比上届止留高一二

寸。现年则间年一修割,在停割之年,止修齐树杪而已。大约茶树栽培合法,树身不至过高,可满二十年一大割。如其稍不经心,致有荒芜,则八九年即须一大割。

下肥　壅肥以壮田,通例也。锡兰土性苦瘠,茶叶长年苞发,地土之滋泽,易于告罄,故不得不极意讲求培壅。前者种茶家以土内所下之肥,有碍茶叶品性,今始知其未尽然;惟仍有数家,以不下肥为然。凡肥田,最壮之料莫过于六畜之骨。然锡兰非产畜之区,势不能全用畜骨,且价亦过昂,故挽以荜蒳子饼。计每树只须下数两重之肥质,盖树本专仗淡气以生发,而荜蒳子饼所含淡气最多,以之肥田,莫善于此。又有种茶专家,于茶林内挽种豆荚,即以荚梗埋于土内,或将所割茶树枝叶同埋于土,两者均可肥田。又有一种茶家,论及渠所种之茶树,每三年下肥,所费每亩约卢比五十元。每卢比,约合中国银五钱。此说较之锡兰各种茶家,未免太过。下肥之法,须将肥料壅于离树一尺左右之树根上,为最得其所。又或锄耘野草,即将所耘之草,埋于土内,藉作肥料。此种工作,包于采茶工家,计每月每英亩工价卢比洋一元。至于印度茶林,则野草任其生长,不似锡兰之锄耘尽净,以为野草亦可肥田。故于冬令将地面翻起九寸之深,即将野草埋在土内,作为肥料。此种工作,经费每英亩约卢比五元半,须人工三十日。即在夏令,亦须两次,将地耙松至三四寸深,将地面之草覆埋土内。其工价较冬令减半。茶林内亦有挽种豆荚者,至开花时即行割下,埋于土内作为肥料。此系夏间格外加工之事,所费每英亩约卢比八九元。惟在夏雨极多时,不能将地翻动,防为雨水冲去,故只好将地面野草割下,留于田间任其腐烂。其余如荜蒳子饼之肥料,亦

不能废。如大吉岭则山势崎岖,种茶之区不得不垦为平台,如中国之山田然,深恐泥土被雨水冲刷,树根暴露而挑土垫补,所费殊不赀也。

采摘　茶叶裁割之后,须五六个月始能长叶。一俟新叶长有五六寸高,即将嫩头摘去。其法每人给与四寸长之小棍,令其摘至小棍一样长短。所摘嫩头,全系水质,不能制为茶叶。直至摘剩之新枝头上,生出秃叶一片,再由秃叶节间重发新叶,俟长有嫩叶三片,及头上之苞芽,方可将苞芽及新叶二片采下,是为新鲜茶叶。其第三片新叶留于枝上,以资再苞新芽。锡兰采茶次数,在平地每七天一次,在高至四千尺山上者,每十天采一次。惟头二茶及秋后之茶,不能如期。锡兰采茶,每人每日约能采至三十磅。如遇雨水多时,茶叶滋生较速,则每人每日约得采至五十磅之多。大吉岭采茶,如采中国茶,每日不过十二磅至十四磅;如采阿萨墨茶,每人每日能采至五六十磅。缘阿萨墨茶叶大,重量较大故也。至采茶工人,锡兰则以流寓之印度人为多。男人工资,每日卢比三角五分,女二角五分,大孩二角,小孩一角五分。大吉岭土人贫苦,采工尤廉,每月女人不过三卢比,小孩不过二卢比。采茶时候,每日早晨五下钟至下午四下钟止。有早晨六下钟至午后六下钟,中间停午餐一下钟者。此由各公司自定,并视茶山距厂之远近为准。凡茶山有二千英亩,约须采工七百人轮采。按定今日采东山一区,明日采北山一区,遇星期则周而复始。凡有数十人在一区采茶,必有工头一人,执鞭督饬。如采不合法暨玩笑滋闹者,则鞭责之。此外复有经理之英人,乘汽车或自行车,不时往来巡视。总之,茶树本性采摘愈苦,苞发愈速,因之二茶本力已衰,生发必然减少,周年统计

并无盈余，而树身业已受伤。故精于此业者，少采头茶，乃为上策。所谓蕴之愈久，其本力愈足，故茶叶乃愈佳也。

兹因大吉岭气候与中国相同，查得该处最佳之茶林，一英亩在去年所产之茶数列表于下：

西历三月	采新茶叶	六磅五
三十一号		
四月七号	二十磅	
四月十四号	三十一磅	
四月二十一号	三十六磅	
四月三十号	四十磅	
五月七号	十二磅四	
五月十四号	四磅五	
五月二十一号	八磅六	
五月三十一号	十八磅五	
六月七号	二十六磅	
六月十四号	二十九磅四	
六月二十一号	三十四磅二	
六月三十号	四十四磅七	
七月七号	三十五磅	
七月十四号	三十四磅二	
七月二十一号	三十七磅七	
七月三十一号	四十六磅四	
八月七号	三十磅	
八月十四号	三十三磅二	
八月二十一号	三十一磅	
八月三十号	五十磅八	
九月七号	三十三磅七	
九月十四号	二十九磅二	
九月二十一号	二十七磅	
九月三十号	二十六磅一	
十月七号	十三磅八	
十月十四号	十七磅八	
十月二十一号	十磅一	

十月三十一号	二十一磅
十一月七号	十三磅
十一月十四号	六磅八[7]
十一月二十一号	二磅四
十一月三十号	十磅
十二月七号	二磅七

以上共计茶叶八百二十四磅，计制干茶叶二百零六磅。因茶林内之茶树，大半都经大割未久，是以出产较少。据照寻常之数，应出干茶二百四十磅有奇。

机器　查印锡之茶，成本轻而制法简，全在机器。机器分碾压、烘焙、筛青叶、筛干叶、扬切、装箱六种而贯以一。全轴运动，并可任便装拆。其全轴运动之引擎，则或借水力，或燃火油，或燃木柴与煤。大吉岭厂则用电。据称购电气公司之电，每下钟时不过十二安那，约合龙元五角有零。大约厂房在山涧之旁，可借水力运转机轮，省烧料之费。其余用火力，则马力小者，类用火油引擎；马力大者，类用柴煤锅炉。如邻近有电汽公司，购用电力，则既省擦抹，又省监视也。兹将各种制法，分晰开列如下：

晾青　查印锡茶厂，每日每人采到青叶，先在厂门外过磅，随即拣净叶茎，搬上厂楼，匀摊晾架，晾干水分。晾架多木匡布地，或用木板。大吉岭则用铁丝网地。厂楼窗棂四面通风，间有作风轮电扇，以散热助凉，藉补天工者。每层楼房，置晾架十二三座。每座深处，接连三架。每架十五六格，每格距离八九寸，以能手臂伸进铺叶为度。茶叶采下拣净后，即匀铺于布格上，视叶之干湿，以分铺之厚薄，然后视天气之晴雨。如逢天晴，须将窗户关闭，勿为外面燥烈之气所侵。如遇天雨，须将烘茶炉内之热气打进晾房，再以风扇将热气重行送出，以资疏通。总之使房内燥湿得宜而已。新叶晾至二十四下钟最为合度，亦有晾至三十六下钟者。缘阅时太少，则须加热气以干之。茶叶势必燥而易碎，一放入碾茶机内，其大叶之茶汁，因之压去，即嫩叶之颜色，亦不鲜明矣。否则为时太久，则叶性改变而腐烂之气生，香厚之味顿形减损矣。新叶晾过之后，每百斤约得五十五斤。过新叶稀少，有每百斤晾至七十五斤者，惟茶味未免稍次。晾茶一道，系制茶首要之端，须房屋宽敞，凉爽通气；而晾时之久暂，尤关色味之低昂，此则不可以不辨也。

碾压　茶叶晾过之后，即运至碾压机器，以碾揉之。碾揉之义，要使叶内包含茶质之细管络，全行揉碎，以便泡茶时易于发味，并使搓成一律之茶叶式样。搓时多少，各厂不同。有搓一下钟者，有搓至三下钟者。总之，茶叶粗，则搓时较久。惟搓至二三十分钟之后，即运至打茶机内，将搓成团块之茶叶重为打散，再运至筛机内将细嫩之叶筛出，另行搓卷，不再与粗叶同搓。盖深恐粗叶之茶汁，有碍细叶之清香味也。其搓茶机器，随时搓碾，逐渐将机上之盖向下压紧，使叶内之管络，全行搓碎。惟搓之既久，茶叶不无发热，故须将上盖不时提起，稍停数分钟，藉以透凉。初搓之时，机内装叶，不宜太满；上盖压力，不宜太重。因恐稍粗之叶为压力所阻，不能搓卷如式，致成扁叶，殊无足观，且将来烘干之后，易于破碎。惟稍粗之叶，虽不能如细叶之便于搓卷，而于酿色之时，叶片松而且大，易于透气，故叶色反比细叶鲜明。又有一说，

如搓压之时过久，可以代酿色之工云。

按：碾压机器，形式如磨，有上方下圆者，有上下均圆者。下盘系木地铁匡，平如桌面，惟磨处中凹。磨齿系钉木条，新式者钉铜条，复有盘上凿成眉形者。齿有疏密，疏恒十六，密恒三十二，视碾器之大小而定。中心有小方板一，以便启闭。上盘与磨形稍异，四围铁匡，中空如罩，内容茶叶。大号可容二百五十磅，盘径较下盘小四分之一，适与下盘之中凹处合。上下相距，有螺旋可以松紧。上盘另有口门进茶叶。凡晾去水分之叶，用麻布漏斗，由楼上倾入碾机，将皮带移上滑车上盘运转，茶叶即在齿上回环上落碾揉。碾成后至三下钟时，可使液汁油然卷成均匀一律之条，旋从下盘抽去方板，茶自倾出。

筛青叶　该筛，木板为边匡，铜丝为筛，孔系长方式。因叶经碾压，必生黏力，而成团块。该筛能理散团块，分出细嫩之叶。如粗大之叶筛不下者，应再碾压。

变红　凡湿叶经筛匀后，即用粗布摊地，或地上用三合土筑成高四寸之土台，将湿叶匀铺其上，厚约三寸，上盖湿布，惟须与茶叶相离寸余，使得凉气而不遭风吹。故湿布类用木匡为边，以便架空。三下钟时，叶可变红。

烘焙　茶叶变红之后，即运至烘炉内烘焙。烘炉热度，约在二百二十度左右。茶叶约烘二十分钟之久，但热度亦有少至一百九十度，多至二百五十度者；烘时亦有过三十分钟之久者。惟炉内茶叶所受之热，终不及火表上之热度。盖新茶铺于铁网盘上，

初进烘炉时叶质尚湿，一经热气，其水质立时蒸腾，而炉内之热气因之减少，有时甚至减去一百度之多。迨至茶叶渐燥，热度亦因之渐升。惟烘茶之法，须初时有极大之热度，使茶叶之外皮即时坚燥，以免走去叶内之原质。随后茶叶渐干，热度亦宜渐减，以防烘焦之患。至茶叶必铺在铁网盘中者，盖取其气之疏通，不至挤压太甚，致外焦而内尚潮湿也。

按：烘机上有上抽气、下抽气之别。下抽气系将湿茶铺盘内，推进焙房。通过盘口上顶，彼处便有新热空气由炉入叶。上抽气系将热空气抽过茶盘，从叶透过，旋由烟窗挟热气而出。烘盘有八盘、十二盘、十六盘不等，视焙房大小而定。每盘置青叶以四磅为率。每下钟，八盘机，能出干茶六七十磅；十二盘机，能出干茶八九十磅；十六盘机与十六盘边机，则能出干茶百磅至百二十磅。近有一种新式烘机，名白拉更，焙房内有铁丝格八层，湿茶倾入第一层，即自放热气入内，机轮运转，茶自一层®以次落至八层，叶已烘干，并能于焙干时自放冷空气入叶，使茶出烘房绝无热气，而免暗收空中湿气之患。

筛干茶 该器与筛青叶器无异，惟筛孔分疏密或三层或四五层。上层网眼较粗，往下愈密。出茶口门分置各面，各口张以箱。茶置第一层，即逐层筛下，自分一、二、三、四、五号茶箱，不稍混淆。末层有箱板，存积茶灰，并置胶黏于旁，分出叶灰内之茶绒。西人作枕垫用。近有一种新式筛机，系螺旋形铁丝圆筒，网孔先粗后细，翻旋之际，能分茶为五等。

扬切 切机有多种，能使茶叶整齐，兼扬去尘灰。近有二种新式者，一为上装茶斗，旁有空槽之棍，周围有孔，下有刀口排列如齿者；一为槽与刀牝牡相御者。凡过长及不齐之干叶，用此器截切，最便利。

装箱 凡制就之茶，装入茶箱，有重加烘燥再装以防受潮者。太松则恐泄气，太坚则辗转用力，茶碎质耗。故装箱有机。其法将空箱摆平架上，用轮旋紧，上架漏斗。机动斗摇，茶由斗口而下，茶箱因振动力匀，铺茶极齐，底面一律，四边平实，虽行万里，无摇松之患。

机价 凡转运引擎，约二十匹马力者，每具连装箱运费，约银五千元以内。碾茶机，每次能容青叶三百磅者，每具连装箱运费，约银一千元。烘茶器，每下钟能出干茶八十磅者，每具连装箱运费，约银一千五百元。筛茶器，每日能筛五百磅者，每具连装箱运费，约银八百元。筛青叶器稍廉。切机，每具约银三百元。装箱机，每具约银一百五十元。

运道 查锡兰岛，铁道四通，马路尽辟，自高山至克朗坡埠，虽火车支路甚多，然运茶出口，不过十二下钟火车路。印度大吉岭铁道，直接加拉噶搭，虽内山马路不如锡山尽辟，而运茶出口，不过二十二下钟火车路。计每日采下之茶，至多阅三十六下钟晾干，三下钟碾就，三下钟变红，三下钟烘筛、扬切、装箱。不及三日，茶已制就，运输出口。

奖例 查印锡茶叶，出口无税，政府每年酌给补助费。近因红茶已办有成效，又复尽力在锡兰滨海地方试造绿茶。新例，出绿茶若干磅，酌给若干银两以奖例之。兼之设有会馆、公所，于出口茶项下抽收经费，充作各报馆刊登告白及一切招徕之举。锡兰抽费，每百磅约龙元二角。印度抽费，每百磅约龙元八分。据印、锡两处经费，年约百万元左右云。

以上系制茶情形

附锡兰绿茶

锡兰所制绿茶不多，市价亦不能起色。据业茶者云，绿茶一道，机制终不能胜于手工所制，故此间绿茶厂寥寥，其制法如下：

蒸叶　新叶采下之后，运至厂中，先行秤过，每二百磅作一堆。先以一堆置于四方形之箱内，中间留一空穴，以为蒸汽经过之处。即将蒸汽放入，约以九十五磅为度，后将机关拨动，使四方箱转动至极快之速率。约转一分钟之久，将蒸汽关闭，以前所放之蒸汽依旧留在箱内，再转一分半钟之久，然后开箱，将茶叶倒出。其色碧绿如故，惟叶片软而皱矣。

碾茶　碾茶之法，与碾红茶仿佛，惟将碾机之上盖揭去，接以无盖之木桶，以防茶叶倒出。桶底满镂小穴，使透热气。亦有上装风扇，以扇去热气者。俟第二堆新茶蒸过后，一并置于碾机内，同碾约二刻钟之久。碾机下置有一盘，以承溜下之水汁。再以藤匡将盘内之水汁漏过，专留水汁内之浮沫，重又倾于所碾之茶叶上。盖因此种浮沫含有绿茶之苦味，不可弃也。

烘焙　茶叶碾过后，即铺于水门汀制成之土台[1]上，以凉透为度。然后运至二百六十度热之烘炉内，历三刻钟之久，重置于无盖之碾机内，碾二十分钟，重复将碾盖盖上，使有压力，再碾二十分钟。然后运至切茶机内切成小片，用半寸径格眼之筛筛过，再运至二百四十度之热汽炉内，烘二十五分钟。其筛内剩下之粗茶，再须以二百四十度之热炉烘二十五分钟，重复如前。再碾再切，以漏过筛格为度。

筛叶　所筛之茶，约分四等。一曰小种熙春，约百成之三十八成；曰熙春，约得三十八成；曰次号熙春，约得十四成；曰茶末，约得十成。

上色　绿茶制成后，须再以滑石粉及石膏少许拌和，如法上色。惟如何上色之法，因不准外人入内观看，殊难查悉。按：以上锡兰、印度茶业情形，观之则印锡红茶虽不能敌上品华茶，而以之较下等之茶，则不无稍胜，故销路已畅，且可望逐年加增。彼茶商之在中国及在外洋者，皆谓中国红茶如不改良，将来决无出口之日。〔推〕原其故⑨，盖由西人日饮已用惯味厚价廉之印锡茶，遂不愿再买同价之中国茶。虽稍有香气，亦所不取焉。盖印锡茶之所以胜于中国者，虽由机制便捷，亦因得天时地利之所致。且所出之叶片较大于华茶，而茶商又大半与制茶各厂均有股份，自然乐买自己之茶，决不肯利源外溢。合种种之原因，结成日新月盛之效果。返观我国茶业，制造则墨守旧法，厂号则奇零不整，商情则涣散如沙，运路则崎岖艰滞。合种种之原因，结成日亏月耗之效果。近来英人报章，藉口华茶秽杂，有碍卫生，又复编入小学课本，使童稚即知华茶之劣，印锡茶之良，以冀彼说深入国人之脑筋，嗜好尽移于印锡之茶而后已焉。我国若再不亟筹整顿，以图抵制，恐十年之后，华茶声价扫地尽矣。为今之计，惟有改良上等之茶，假以官力，鼓励商情，择茶事荟萃之区，如皖之屯溪，赣之宁州等处，设立机器制茶厂,以树表式,为开风气之先声。厂内制作,任茶商山户入内观看。厂中部以商规,痛除总办、提调、委员诸官气,实事求是,期年之后,商民见效果甚大,自然通力合作,除旧更新,将来产茶之地,遍立公司。由小公司以合成大公司,由大公司以合成总公司,结全国茶商之团体,握五洲茶务之利权,海外争衡,可操胜算。再能仿照制机,变通其意,集新法之长,补旧法所短,如碾机改牛马运动以代汽力,缘碾机空者,一人之力可运动,置满茶叶,不过二匹马力可运转。烘机从木炭研求,以臻美备,印锡无银条木炭,止烧木柴,中国可以仍之,而变通其用法。并设法装配磨粉机器,以便秋冬无茶之日,机制米麦等粉,而免停工待费之暗耗。精益求精,日新月盛之机,可翘足待也。

谨拟机器制茶公司办法大略二种:

公司集资本银二百万元。

不拘官商山户,均准附股。

山户无现银缴出者,可将现有茶山公断,照时价作附股之多少。

集资二百万元,以五十万元买山,除种茶外,可兼栽别种植物;以五十万置机器房栈,并制造等用;以一百万充后备之需用。

公司之茶,不宜在本国出售,以杜洋商舞弊,致定价高低,大权旁落于外人。

销茶最广之路,莫如英之伦顿。所有买卖之权,操诸五六经纪之手。总公司宜设上海,以便运输。分局宜设英之伦顿,并美之纽约,澳洲之雪梨等处。如仅在本国出售,则可免后备之款。

以上系一二百万银元公司办法。

公司资本集银十万元:

公司既系小试,则不能买山,宜批租若干年,或收买邻山生叶以省费用。

厂内置碾机六架,连装箱运费,约六七千元。如每架每日五次,每次二百磅,则每日可造生叶六千磅。烘机二架,连装箱运费约三千元。如每架每下钟烘干茶八十磅,每日作十下钟,能烘干茶一千六百磅。筛机六架,连装箱运费,约五千元。如每架每日能筛五百磅,每三架筛干叶,三架筛青叶,已足敷用。切机一架,约三百元。装箱机二架,约三百元。转运机二十匹马力者一架,约五千元以内。

以上机器每日采下六千磅茶,即日可以造成。建筑栈房及安置机器等费,约二万元以内,略计共费四万余元。

厂外批山租价　未定。

总局设在何处或搭庄代卖　房栈等未定。

制茶局用人员:正司事一,副司事一,司账二,司机器二,巡视茶山二,管理制造二,杂职六,计用十六人,年薪约万元以内。

每日采茶约六千磅,约用工人四百名,年计一百天,一年四万工,每工扯二角,计银八千元。

每日制茶约六千磅,约用工人八十名,年计一百天,一年八千工,每工扯三角,计银二千四百元。

以上约共银二万七千元左右。

每日采生叶六千磅,实制成茶一千五百磅,计一百天,制成茶十五万磅。每磅至少售价银三角,亦可得银四万五千元,除购机造厂等费银四万余元外,计共开销薪工等银二万七千元左右。又纳山租税约数千元,统算尚溢利万元有奇。如用资本银十万元,可获长年息银一分左右,倘茶价略高,费用略省,则不止此数也。

以上系十万元左右公司办法[10]。

1　水门汀制成之土台："水门汀",即过去我　　　　　国一些地方对英语"水泥"Cement 的音译。

校　　勘

① 谨将派员赴锡兰印度考察种茶制茶事宜分列
条款呈览：此题《农学报》作"今将奉委赴锡兰
印度考察种茶制茶暨烟土税则各事宜分晰开
列恭呈宪鉴"。

② 至少三十万金至百万金：《农学报》无"至百万
金"四字。

③ 故售价昂：底本原稿脱"故"字,据《农学
报》补。

④ 兹将锡印茶价列表如下："印"字,《农学报》作
"兰"字；且"如下"的"下"字下,《农学报》还多
双行小字注"茶价每磅卢比八九角"九字。

⑤ 计销十三万："三"字,《农学报》作"二"。

⑥ 高至五英尺："五"字前,《农学报》还多一"十"
字,作"十五英尺"。

⑦ 六磅八：《农学报》无"八"字。

⑧ 茶自一层："自"字,底本原形误作"目"字,据
《农学报》改。

⑨ 推原其故：底本原无"推"字,据《农学报》
径补。

⑩ 十万元左右公司办法：底本至此全文终。《农
学报》和郑世璜原稿,还有附陈《印度烟土税
则》。本书删不作录。

种茶良法 | 英　高葆真　摘译①
清　曹曾涵[1]　校润

作者及传世版本

高葆真（William Arthur Cornaby,
1860—1921）,英国基督教士,18 世纪 90
年代前后到中国参与广学会[2]的书籍编译
工作。1904 年初,出任广学会在沪所办《大
同报》主笔。《大同报》以普及近代科学技
术为宗旨,在中国学人张纯一、徐翰臣等帮
助下,至 1915 年,版面愈来愈多,而发行量
亦不断增加,最后因欧战爆发才停刊。在
此期间,高葆真针对当时中国急需科学技

术的问题,著译不辍。如其时茶叶出口锐
减,1910 年,他便翻译有《种茶良法》,又鉴
于人口众多和缺医少药的现实,1911 年,他
又翻译《泰西医术奇谭》。此外,他还撰写
了 *Rambles in Central China*, *A Necklace
of Peachstones*, *China and its People*,
China under the Searchlight, *A string of
Chinese Peachstones* 等等。

《种茶良法》,在中国茶文化史上,可

以说和胡秉枢的《茶务佥载》是特殊的两部茶书，前者为外国人所写所译，在中国出版，后者为中国人所著，外国人翻译后在外国出版，这反映中国和世界茶业及茶学的近代化过程，有？与其他许多事业不同的特点。茶业是由中国最早发现并加以利用的，中国的茶学也因此发展起来，而西方则是直到 19 世纪下半叶才开始种植并从中国学习种茶、制茶技术的，所以，西方茶业及茶学的近代发展，是与他们开始学习生产茶叶同步进行的，换句话说，茶叶的近代生产，是在中国传统的基础上发展出来的，是利用西方近代科技成果对中国传统茶业的一种改造。高葆真和胡秉枢两部茶书的编写和翻译出版，就反映了这一事实。

《种茶良法》，译自英国 G. A. COWIE 的（M. A. 文学硕士、B. SC. 科学学士）"The CULTIVATION"一书。从中文译本看，当是选译了一部分。高葆真在《绪言》中说："中国栽茶制茶之法，自有成书，不必赘述，姑以印度、锡伦之法言之。"所谓印度、锡伦之法，是指由英国科技工作者和茶场主在对中国传统茶叶生产经验进行改造的基础上，于上述两地推行的技术方法，大概高葆真认为中国当时的茶叶生产，最欠缺的是土壤化学、耕作施肥等方面的知识，所以《种茶良法》选录这方面的知识最多。

本书原文撰写时间不清楚，但从翻译本出版于宣统二年（1910）来看，原著撰刊的时间距此也必不很久。本书现存仅有上海广学会印本，现据原文全文照录如下，并将原来中国数字改为阿拉伯数字。

原　　文

绪言②

山茶为商品营运之一大宗，产于中国、印度居多；而中国尤知之最早，印度次之。印度迤北有亚撒玛（Assam）邦3 者，植茶极繁盛。按《群芳谱》为中国王象晋所著，明季末年刊行。"山茶"，一名曼陀罗树4。高者丈余，低者二三尺。曼陀罗者，印度迤北一带之古音也。法学士某君，尝谓印度迤北各山甚古，虽有此物，恒视为野树。及中国茶叶采制发明未几，印度亦踵而效之为饮料品。顾中国与印度，昔第于物界上争考察之美名；今则印度与锡伦岛③，于商界上争贸易之实业。茶之一物，其利大矣，然而百年来，华茶情形不同，中国业茶者，可不加之

意哉。

华茶于十六世纪，甫运入欧，至千六百五十七年，英人于伦敦京城特设茶号一所，颜曰"万医之所仰"。盖是物于中国名为茶 tcha，而他国则或名为退 tay，或名为替 tea，无定名；今各处俱有发卖矣。方西历千六百年左右，驻俄华使手持绿茶，分赠俄人，俄人美之，亦遂知饮华茶。此时即华茶入欧之始。千六百六十四年，英商东印度公司，以本国素鲜是产，特献二磅于英后。英后大悦，越十有四年，公司又购运五千磅入英，而英国华茶价值，乃日有继长增高之势。及千七百五十年，英国华茶一磅，计值十八先令。合华银九元有奇。然而英人莫不

酷嗜华茶,欧洲各国亦多购用,试以英国近百年来进口华茶之数,列表如下,以见中国与欧洲除俄国外茶务先后盛衰之状焉。

西历年数	华茶于英国进口磅数[5]
1800	20 358 827
1810	24 486 408
1820	25 712 935
1830	30 046 935
1840	31 716 000
1850	51 000 000
1860	76 800 000
1886	104 226 000

至1862年,始有印茶进口。至1870年,印茶得百之十一;至1879年,印茶得百之二十二。盖自是年为始,嗜茶之人,岁益加增,而锡伦茶务,亦突有起色,华茶则日益见减矣。

1906	13 538 653

按:1886年,英人共用茶178 891 000磅,而1906年,共用321 190 064磅;英人于二十年间,增用茶几及两倍,而中国销售于英国之茶,于是二十年间,竟减至八倍,此宜为中国茶商之最要问题也。

中国栽茶、制茶之法,自有成书,不必赘述,姑以印度、锡伦之法言之。印度、锡伦栽茶各地,其旁必有小园播种茶秧,俟生长后分植各地。犹华农之艺禾稻,必先有秧田也。其茶秧法,以修剪茶树之枝,插入泥内,迨苗芽生根,时为灌溉,上覆茅茨,以避风日。又恐为兽类蹂躏,四周围以木栅。候茶秧高至一尺,始移栽大园。大园之土,如小园,亦必一再耘耨,以细为贵。旁有小渠,可通积水。凡栽一树,必相距四尺。栽时其根之旧土,不使稍离。栽后一二年,其叶不采,至第三年始采之。每茶树中,必有

无数小枝,枝有嫩芽与三四小叶。欲取头等最细茶者,则摘其嫩芽与第一二小叶;中等细茶,则摘其嫩芽与第一二三叶;粗茶,则摘其芽与第一二三四叶。每间十日或十二日,可采一次。锡伦终年如斯。然又必时以刀修削其枝,俾之愈发嫩叶。

所采之茶,无论粗细各等,悉置大竹筛中,就日烘爆,候十七八日必尽枯干。如天时潮湿,则用炉火略炙,并以机械压去其汁,而令各叶有拳曲形。机械压力之重轻,可随人意,而叶之卷者,兼可使之复舒,则又非用机械不可。此外,又有制造之法,即以清茶焙成红茶。则以木架为之,架各有屉,屉广而低,可以透气。制造无定时,第闻有茶香,则色已变易,即以热气机焙而干之。盖在去其湿而不灭其质味而已。一面复以炉中之干气煽之使干。分类盛储粗细各筛,再行入箱发卖。盖制茶一法。惟摘叶时,容人手摩,余外则皆用器械,此卫生之要道也。

自1880年后,英国进口各茶,有中国所产者与英属地印度、锡伦所产者,彼此购运,几成商界竞争之势。惟素嗜华茶,而不喜他茶者,不欲更易。然曾不几时,亦改购英属之茶,于是华茶渐减,英属茶大增。究其原因所在,盖有数端:

因中国各牌之茶叶,粗细不一,美恶相杂,往往底面不符,鱼目混珠,随在而有。英商之业是者,按照货样出卖,初并不疑其事,旋经购者察知,指为有意舞弊[④],因是人或以为华茶不可恃,而纷纷竞购他茶矣。顾是,亦未必华商之所为,特中国各处制茶小营业家,往往见小作伪,不顾大局,欲以面叶欺人取利。故粗细、美恶,不归一律,若有统一之大公司,以信实商标为重,则安

有此弊哉。是为华茶衰减原因之一。

因西人闻华茶制造,悉以人之手足为之,未免不洁。此与文明国卫生之法相反,故渐有不愿饮者。是为华茶衰减原因之二。

因英属各茶,其初虽与华茶价值相同,然茶味较浓,可以减用。华茶则不然,当1885年至1889年间,英财政大臣以英人饮茶,较前尤夥,而进口茶税,不稍加增,深以为疑,特派海关董事会调查其事。当得报告,华茶一磅,仅烹至五加仑(gallon),按:每加仑,合华茶六斤七两有半。而浓味无多。印茶一磅,则可烹至七加仑有半,而味尚浓。以是,英人之嗜茶者虽众,后知其故,多购印茶以代华茶,故进口税不增。是为华茶衰减原因之三。

有此三原因,而英属地所产之茶,胜于华茶,不待言矣。不宁惟是,英属栽茶,大抵悉用农学格致之法[6],并用机械制造,顺茶之性,因茶之质,调和精美而味浓;其输出之时,则又均法配合,底面一律,不稍搀用他叶,其货自益可信。虽然华茶固如斯,而近日华茶之芳名,不能特盛于亚细亚新舞台之上者,其原因又别有所在。

英学士高怡(G. A. Cowie, M. A. , B. Sc.),究心农学,尝作一书,表明种茶用农学格致诸法之益,其言多采用督查印度种茶司员之所语,行之印度、锡伦,获益良多。今译为华文,庶几中国留心茶业者,亦有所裨焉。

大同报[7]主笔英国高葆真著

第一节　茶种

茶树于植物中,为岁寒不雕类,产亚细亚中央与东方诸地,系野生。印度东北曼伊伯州(Manipur)[8],茶树成林,其高自二十五尺至五十尺,英度下仿此。中国茶树,则无此高者。南洋爪哇(Java)岛,茶树作尖圆塔形,皆野生也。

种茶者栽植其树,以刀修剪,不使甚高,自三尺至九尺而已。茶之木质坚致,而其皮光润,嫩时樱色,老则变为灰色。老叶深青,而嫩叶淡绿;最嫩芽叶,有细毛。其花则或白或淡红,或单朵或簇朵。种与山茶花(camellia)相类,而形不同。其结果如钮子,小而实,内有三核,似枇杷。茶树大要分二类:一为中国茶树;一为亚撒玛(Assam)茶树。中国茶树,性不畏寒,且耐霜。亚撒玛茶树,则必恒热之候,恒湿之地。中国茶叶如不剪,可长至英度[⑤]五寸;亚撒玛茶叶不剪,可长至九寸,且因气候较暖于中国其长亦倍速,保存嫩性亦较久。印度、锡伦农学格致家,能将中国之茶树与亚撒玛茶树接种,分配合和,多寡从心。或中国茶种十分之六七,亚撒玛茶种十分之四三;或亚撒玛茶种十分之六七,中国茶种十分之四三;或二种均平。则他日别成一种之茶。由此法式,因其地气往往生出各种。印度极北希马拉(Himalaya)山[9],其高乃天下最高之山也,去平地一万二千尺,上产茶树。锡伦则平原热地,亦产茶树,格致家因其地气树种,配合而变化之,此诚业茶者之幸福已。苟不明此,安有如此之良法乎?

凡植物皆须成熟乃可用。惟茶则不然,愈嫩愈妙,制细茶者,但用嫩苞二叶,第三叶已不用。粗茶则苞叶三四五皆用之。

印度平原之地,凡愈热则产茶愈多,然味较逊。若较凉之地,所产虽少且迟,而味却较美。至于高山,则愈高其叶愈美;惟生长亦较迟。又茶树宜及时雨水以养之,过多过旱,皆所不宜。以故,树下辄有排水之沟,恐过湿也。此理凡农学皆然。又所栽之处,若临山陡绝,亦不宜。盖恐雨水冲刷,将淡质肥料不留其树也。此亦不可不知。

第二节　修剪之法

茶树之须于修剪者,盖有三意:一、茶树不修剪,则其干渐高至十五尺;在印度之地,或至三十尺。如是,则采叶不便,故务为剪削,使其枝干低亚也。二、茶树既修剪,则木质之长少,而嫩苞、嫩叶之长多也。三、茶树既修剪,则根柢深厚,抑敛其气,发于四枝,其叶益茂也。

修剪之法:其初动刀时,必视其树之情形而施之。大约初栽树秧,十八个月后,乃剪其枝头,去地九寸至六寸,而必留一二枝略高,去地十五至十八寸,盖如此剪削,乃激其树液长养旁枝。次年再修十五至十八寸者,可容渐长至四十寸之高。后再修剪,则择其枯者、弱者去之;细小之枝亦勿留,则激生肥大新枝。逼近根株之条,亦宜削去,免生花果,徒耗树力,如是,则全树精液,注于嫩叶矣。又此等修剪之时,宜于冬令,大凡在西正月间。盖是时树液息敛也。

昔印度、锡伦茶业衰颓,茶树或成材木,结果累累,叶老无味。厥后施以人力,或将其树修削,至于平地,欲令其根激生新枝。近年人知此法不善,故亚撒玛有英士某君,实验其事,阅五年而后报告曰:以余所调查,此人力修削之工,实与茶树有损,纵能一时生出新枝,而此枝易于败坏,不可为例。然有行之者,亦必壅之以肥料也。

第三节　茶树元质

长养植物之理,与长养动物之理相同,必给以不可缺少之元质,而后乃能长养,树之所以生长之元质,则多由于空气,即炭质,由炭养气所化。亦有出于土壤者。出于土壤,则必先在水中,化为流质,始能吸入树根,然后向上发生(其实,土壤养树之质,八九分皆坚质;否则遇有大雨冲刷尽净矣。遵化学之法,此质渐化于水中以壅之,则可年年生养其树)。

凡植物,得炭质于空气,而后叶出。此炭质,即在干木百分之九十八九,干叶百分之九十五中。试将干木叶燃烧,其所得之灰,即其根由土壤所出之质也。实验此灰中,有四要素之元质:一、淡质,二、铔质,即硝中要质三、磷质,火柴头所用即此四、钙质,石灰要质。因此,四要素皆为茶树所需用,宜时以肥料补之。盖有土壤之不肥,或致甚瘠者,皆因此元质之缺乏也。

德国某君,尝实验干茶叶,焚尽之灰十二种,统计其质,列表如下:以百分之几计之[10]

钙养	镁养	磷酸	铔养
$14\frac{82}{100}$	$5\frac{1}{10}$	$14\frac{97}{100}$	$34\frac{30}{100}$

钠养	铁养	绿气	硫强酸
$10\frac{21}{100}$	$5\frac{48}{100}$	$1\frac{84}{100}$	$7\frac{5}{100}$

砂酸
$5\frac{4}{100}$

英国某君,以实验法,查得每英亩每百英亩,合华亩六百六十所栽茶树,其叶445磅,每次由土壤所出之质,其表如下:表以磅计

钙养	镁养	磷酸	硫强酸
$2\frac{47}{100}$	$2\frac{52}{100}$	$6\frac{41}{100}$	$2\frac{32}{100}$

铔养	淡质	绿气
$11\frac{96}{100}$	$27\frac{83}{100}$	$\frac{28}{100}$

由此可知,茶树多出于土壤者,淡质

也。而铱质较淡质约半,磷质较淡质约五分之一,欲其土壤恒肥,务必保存此三质,如其质将尽,则必以肥料壅而补之,此培养茶树之要诀也。

第四节 栽种土壤祛

栽茶之地,宜先掘深坎,翻松其土,然后栽之。则细小根株,埋入土中,亦俱可通空气。栽后既久,亦必时行此法于四围。盖茶树有长根直下,乃能使其上之枝叶扶疏,若土脉未开,则根难下长也。

培土之法,务令其土块大小相间,则多通空气。土块过大固不可,过小亦不美。盖过小则,易于黏塞,空气不通,雨水难透,其根难©长而发荣少矣。栽时之土,又必略坚,以扶其树;而过坚,则阻其根之生出细小根株。故初栽时,必以掘松土脉为要点。

以腐植土置沙土中,愈多则其土愈松。以腐植土置黄泥土中,愈多则其土愈窒,亦恒理也。

栽茶之地,须于树下时去其草。而掘此草,土有浅深。浅掘之候,大抵在霉雨时节前,可掘五六寸英度。如此,土之上层,可得雨气与日暖之相蒸。深掘之候,岁不过一次,乃在霉雨收歇、绿叶成阴之后,其深可至十二寸。凡一切野草,掘埋土中,愈深愈妙。此等工作,宜于大晴炎日之时。掘土除草之外,又须以小耨犁其土面,使空气能达树根。

土壤有不容生长根株者,则其地亦不宜栽茶。遇有此等,则必掘成深而且狭之沟,使肥其土,则所栽始能茂盛。凡用肥料,在茶树每株之间近根处,掘为沟,用腐植质及牛粪等于沟中壅之。

肥料中水汁,必有数类盐质在内。茶树之根,吸收此质数分;余数分,则由沟流出。而此盐质,有由雨水来者,有由腐植质及腐兽质来者,亦有由土中各质化成。

凡土壤之肥沃,只赖土中最少之要质而已,此不可不知。盖茶树所需之要质,约有十二类。以四类为最要。此十二类中,如有一类欠缺,或竟无之,则虽有其余十一类,亦难兴发,茶树所需之十二类,其序次多寡,可以实验法表明。故如有土壤不肥者,大约必因十二类中有一二缺乏。倘实验此一二缺乏而补之,即可变为肥土。

实验肥土之质,虽不必指其树所需要质若干,亦可列表知之如下:皆以百分之几计之实验之土有二等:一细沙土(谓之轻土),此土易泄,必恒加肥料;一腐植土(谓之重土),此土多含肥质,然必时常发掘,乃见其用。

	烧灭质	铁养	铝养	钙养
轻土	$2\frac{27}{100}$	$\frac{91}{100}$	$2\frac{13}{100}$	$\frac{4}{100}$

	镁养	铱养	钠养
	$\frac{11}{100}$	$\frac{10}{100}$	$\frac{20}{100}$
重土	$11\frac{61}{100}$	$6\frac{92}{100}$	$11\frac{92}{100}$	$\frac{2}{100}$
	$\frac{81}{100}$	$\frac{77}{100}$	$\frac{34}{100}$

	磷酸	莫能化之沙质	余外之淡质
轻土	$\frac{30}{100}$	$93\frac{72}{100}$	$\frac{9}{100}$
重土	$\frac{11}{100}$	$67\frac{50}{100}$	$\frac{26}{100}$

第五节 肥土之法

土壤内各质滋养树木,设有某质缺乏,则其树不荣,急宜设法补之。此肥土者总要之理也。土壤不加肥料,则其树长短不齐。然长者,必因其土旧有余肥,或常施鹳锄之工耳。若新土，无论何等肥沃，其质一二用尽，迟早亦必致此。且茶树由土壤特取之质（如淡质、铗质），较甚于他树，又栽茶之地，若在山腰，则土壤肥质，易被雨水冲刷，更宜勤壅。盖无论在何处栽茶，迟早必加以最要之肥料也。

马牛粪，历来用之为肥料，此有益于植物者也。盖其中所函之质，为一切植物所需之质。顾其为物浓厚，每吨中四分之三为水，与树无大益，若加粪于轻沙土，则甚有益，以其能使是土留存是水，而不易泄故也。又重泥土得粪，能使其土不过窒，而雨水、空气得以达入。设遇无腐质、无淡质之土壤，此二质已罄之土。则需此尤甚，苟用之，能使其土顿肥，成为栽茶最肥美之土矣。

马牛粪在土壤之大功用，则以能补其腐质。盖土壤所有之腐质，久旱则干而无用，加之以粪则复湿，仍使有用，于是新旧并呈其功，不独粪之肥其土也。

今考用马牛等兽粪，须加化学肥土料数种，增其功用。盖以粪为独用，则每英亩所需，自十吨至二十吨。若是之多，殊难得之，若以猪粪居其半，亦颇不易，故须加铗硫养盐（sulphate of potash），或加石膏粉（即钙硫养盐 sulphate of calcium）在此粪中，则易为力焉，且又能存其中之淡质。

凡壅肥料，须在春季，以小耤或作小锄调于土面；又不可待其土之肥质已尽而始壅之，免致地力之竭。此种树培养之德也。

第六节　植物质之肥料

土之所以肥者，其中最要之质为淡质。凡植物得此则茂盛，设或茶树不茂，则必缺少此质，宜以天然之法补之。其法用金花菜并豆类之草数种，掘埋土中以腐之。盖近十年来考察而得，凡腴壤中，含有微生物甚多，能将空气中之淡气化合以成其肥。一切土壤淡质，皆由此。此古今微生物之功也。此微生物，亦居豆类之根瘤形处。所谓豆类者，按植物学曰雷古冈（legume）[11]。此类中，有金花菜及三叶合一之草。土壤有微生物，则生雷古冈。故以此等为肥料，则茶树之畅茂可操左券也。今植物化学家特制所谓淡质微生物汁（Niitro-Bacterine）者，出售为农业要品，用以浸种浇土。雷古冈得此较常益茂，于是遂有特种雷古冈，而转以培壅茶树者。

英植物化学家某氏，取雷古冈草三等之茎叶及根，分验其中所有之淡质，其表如下：

未干之茎叶	一等	二等
淡质按百分计之	$\dfrac{730}{1000}$	$\dfrac{130}{1000}$
未干之茎叶	三等	晒干之茎叶
淡质按百分计之	$\dfrac{991}{1000}$	$3\dfrac{840}{1000}$
未乾之根	一等	二等
淡质按百分计之	$\dfrac{386}{1000}$	$\dfrac{560}{1000}$
未乾之根	三等	晒干之根
淡质按百分计之	$\dfrac{466}{1000}$	$\dfrac{760}{1000}$

观于此表，可知是草之茎与叶所含之淡质，较多于根不啻二倍，故在印度、锡伦等处，栽茶之人，辄取雷古冈埋于茶树近根之土中，则其茂盛，较寻常者十倍。

又修剪之茶叶嫩枝，亦可掘埋茶根。锡伦有业茶者某氏，谓用修剪弃余之枝叶，有三事宜慎。须掘埋六寸之深，免被修犁草土时为锄所拔去；剪下即宜速埋，若候至干时，则益于土者殊少；恐有白症在嫩枝上，宜用炉灰等质偕埋。印度北方有大茶业家某氏云：余每次壅埋修剪之枝叶，必先以石灰调和，则无白症之患。又，一切老枝弃而不埋，此法在种茶者不可不知之，实一举两得之道也。

第七节　化学质肥土料

上节所载植物肥料及兽粪等肥料，其功用在于土壤中渐化以助之生长。然茶树所需者，于此等肥料究属无多，盖必先腐烂其质，始能被茶根吸取其肥也。当茶树欲壅肥料孔急之时，而此肥料，一时尚不能腐，则宜用化学质料为善。且植物兽粪所腐，其渣滓太甚，故最美之法，则莫如径用化学质料于茶树。前言茶树所需之质，最要者有四：曰淡质，曰磷质，曰铱质，曰钙质；应以何料补助土壤，试详于下：

淡质料　淡质者，气也。其原质量，居空气中百分之七十八，与养气等气相杂，而未化合。而用以肥土之淡质，则皆与他质化合，而成盐类之料。考茶树叶中，淡质颇多，苟无淡质，则其叶不茂，且土壤所含之淡质，最易被大雨冲刷。故所用之淡质料，宜于其树发芽长叶之时，则庶免徒劳枉费之憾。

茶树所用肥料之淡质盐，必消化于水中，钠淡养强盐（nitrate of soda）亦易化水，而即被树吸受，较之用一切植物料、兽粪料尤速百倍。盖此二料，必藉土中之微生物渐蚀，而始成淡质盐，乃能为用。阿摩呢亚硫养强盐（sulphate of ammonia），阿摩呢亚，即淡一轻三化合。虽易化于水，而必自受分化，始能被茶树吸用，以为肥料也。

亚撒玛地试验种茶局员云：肥壅茶树，最便宜而最有效验者，用含淡质之料，即油渣片[⑦]也。而阿摩呢亚硫养强盐次之，此料，由煤气厂可买。用此料者，宜间用石灰调和，亦须间用植物肥料以配之。盖因其内无植物质也。土中植物质若已罄尽，则土无养树之德，一切皆废，惟此料于茶叶几长满时可专用之，以助其树更生嫩叶。然而当大雨时，此二料每被冲去。麻子片，棉子片，茶子片，并一切油渣片，皆大有益以肥土，其所出之淡质虽缓，而性则耐久，不致即废。兽血致干，亦可用。以其中有淡质至百分之十二，兽角兽骨及鱼刺，亦可磨粉制为肥料。

铱质料　硝即铱养淡三质化合，而无大益以肥土，惟灰硫养强盐，有益于无石灰之地。铱绿盐，有益于有石灰之土。

磷质料　磷质用在茶树较少，然而亦为要品。昔用碎骨供取磷质，觉其效甚缓，今有化学料可代用之，即于制造钢铁厂，及大商家有专造磷质料者，购之。

钙质料　石灰即钙养轻三质化合，亦为茶树所需用，可调于土，致百分之五，而先与修剪之料，相调为美。

无论用何化学料，不宜埋于树木挨近之处。其树栽在山腰，则第一次须在各树上首掘一坑，深一尺半至二尺，宽一尺至一尺半，遂置其肥料于中，而以叉器与下层土调之，后复以所掘之上层土掩上。第二次用肥料，则可在树之四围散播，以人脚踹平，再以叉器略调入上层土壅之。

注　　释

1　曹曾涵：元和（今江苏苏州吴中区）人，20世纪初大概曾在上海广学会或《大同报》从事翻译工作。1910、1911年初，先后协助高葆真校润本文和《泰西医术奇谭》二书。

2 广学会：英国基督教会的编辑出版组织。19世纪后期，由在中国创办"苏格兰圣书会"的韦廉臣负责成立，主要宣传基督教义。在上海、武汉等地有该会组织。

3 亚撒玛（Assam）邦：即今译"阿萨姆邦"。下同，不出校。

4 曼陀罗树：此非指植物学中所说的"曼陀罗"（Datura Stramonium）。"曼陀罗"亦称"风茄儿"，系茄科，一年生有毒草本。此指印度阿萨姆等北部一带称一种山茶。

5 原书的西历年数、茶叶磅数全用中国数字，为求清晰，本次编印全改为阿拉伯数字。

6 农学格致之法："格致"，为"格物"、"致知"的简称，意即通过研究获得知识。语出《礼记·大学》"致知在格物"。清

代末年，随我国大力引进和吸收西方自然科学，当时将"格致"，也引申为泛指所有声、光、化、电等自然科学。农学格致，也即指"农业科技"。

7 大同报：1904年2月29日教会广学会在上海创办的刊物。由英人高葆真为主笔，张纯一、徐翰臣等襄助，以传播知识为宗旨。1915年因欧战停刊。

8 曼伊伯州（Manipur）：今译为"马尼普"。

9 希马拉（Himalaya）山：今译作喜马拉雅山，其气候南北迥异，南坡1 000米以下为热带季雨林，1 000—2 000米为亚热带常绿林，2 000米以上为温带森林，适宜茶树生长。

10 原书分数用中国数字，为求清晰，本次编印全改为阿拉伯数字。

11 雷古闵（legume）：今一般译作勒古姆诺，指豆科植物。

校　　勘

① 英高葆真摘译：本文封面一无作者或译者名，书名外只署年份和"上海广学会印行"、"上海美华书馆摆（排）版"二出版、印刷单位。扉页英文封面上才署本文原著者高怡（G. A. COWIE）和译者高葆真（W. Arthur Cornaby）的名。高葆真的中文译名，是在本文首页《绪言》下出现的，原题作"大同报主笔英国高葆真著"。"英高葆真摘译"是本书偏录时改定的。

② 绪言：在"绪言"上一行，本文原稿有书名《种茶良法》四字；在"绪言"同一行下端，本文原稿还署有"大同报主笔英国高葆真著"十一字，本

书编时删。

③ 锡伦岛："伦"字，旧时一般译作"兰"，即今"斯里兰卡"。下同，不出校。

④ 有意舞弊："弊"字，底稿作"弄"字，疑是"弊"字之误。后文有"安有此弊哉"可佐证，此处径改。

⑤ 英度："度"字，当应作今"呎"字或"尺"字，英制长度单位，1英尺等于12英寸。

⑥ 艰：似应为"难"字，径改。

⑦ 油渣片："片"字，即一般所说的"饼"。油渣片，也即"豆粕"一类压榨油料的饼肥。下面所说的"麻子片、棉子片、茶子片"均是。

龙井访茶记 | 清　程淯　撰

作者及传世版本

　　本文应是宣统三年(1911)"清明后七日",之后所写从撰成到发表,经历了一个漫长而曲折的过程。作者程淯,字白葭,原籍江苏吴县。清朝末年,由北京南徙杭州,在西湖湖区建别墅"秋心楼"。宣统二年秋,邀在京好友御史赵熙至杭小住,两人在此期间写了不少纪游诗文,《龙井访茶记》,即由程淯撰文、赵熙手抄而成。稿成以后,珍藏自赏,拒供杭州有关"志乘"刊用,一直到六十三年以后,才由原国民党浙江省政府的阮毅成在台湾首次发表。因抗战前阮毅成在杭州工作,在友人处偶然见到这篇手稿,爱而录之。1949年,阮毅成先到香港,后来又辗转定居台湾。1974年,他在台湾正中书局出版散文集《三句不离本"杭"》,《龙井茶》一文就录有这篇《龙井访茶记》。本书以此为底本作校。

原　　文

　　龙井以茶名天下,在杭州曰本山。言本地之山,产此佳品,旌之也。然真者极难得,无论市中所称本山,非出自龙井;即至龙井寺,烹自龙井僧,亦未必果为龙井所产之茶也。盖龙井地既隘,山峦重叠,宜茶地更不多。溯最初得名之地,实维狮子峰,距龙井三里之遥,所谓老龙井是也。高皇帝南巡[1],啜其茗而甘之。上蒙天问,则王氏方园里十八株,荷褒封焉[2]。李敏达《西湖志》称:在胡公庙[3]前,地不满一亩,岁产茶不及一斤,以贡上方;斯乃龙井之冢嫡,厥为无上之品。山僧言:是叶之尖,两面微缺,宛然如意头。叶厚味永,而色不浓;佳水瀹之,淡若无色。而入口香冽,回味极甘。其近狮子峰所产者,逊胡公庙矣,然已非他处可及。今所标龙井茶,即环此三五里山中茶也。辛亥清明后七日,余游龙井之山,时新茶初苗,才展一旗,爰录采焙之方,并栽择[1]培溉之略。世有卢陆之嗜,宜观斯记。

土性

　　沙砾也、壤土也,于茶地非上之上也。龙井之山,为青石,水质略咸,含硷颇重,沙壤相杂,而沙三之一而强;其色鼠羯[4],产茶最良。迤东迤南,土赤如血,泉虽甘而茶味转劣。故龙井佳茗,意不能越此方里以外,地限之也。

栽植

隔冬采收茶子，贮地窖或壁衣中，无令枯燥虫蛀。入春，锄山地，取向阳坦不渍水陆坡，则累石障之。锄深及尺，去其粗砾。旬日后，土略平实，检肥硕之茶子，点播其中，科之相去约四五尺；略施灰肥，春夏锄草。于地之隙，可艺果蔬。苗以苗矣，无须移植。第四年春，方可摘叶。

培养

三四年成树，地佳者无待施肥；硗瘠者略施豆饼汽堆肥[5]，以壅其根。防草之荒，岁一二锄；旱则溉之。

采摘

大概清明至谷雨，为头茶。谷雨后，为二茶。立夏小满后，则为大叶颗，以制红茶矣。世所称明前者，实则清明后采；雨前，则谷雨后采。校其名实，宜云明后、雨后也。采茶概用女工，头茶选择极费工，每人一日仅得鲜叶四斤上下。采工一两六文。

焙制

叶既摘，当日即焙，俗曰炒，越宿色即变。炒用寻常铁锅，对径约一尺八寸，灶称之。火用松毛，山茅草次之，它柴皆非宜。火力毋过猛，猛则茶色变赭；毋过弱，弱又色黯。炒者坐灶旁以手入锅，徐徐拌之。每拌以手按叶，上至锅口，转掌承之，扬掌抖之，令松。叶从五指间纷然下锅，复按而承以上。如是展转，无瞬息停。每锅仅炒鲜叶四五两，费时三十分钟。每四两，炒干茶一两。竭终夜之力，一人看火，一人拌炒，仅能制茶七八两耳。

烹瀹

烹宜沙瓶，火宜木炭，宜火酒，瀹宜小瓷壶。所容如盖碗者，需茶二钱；少则淡，多则滞。水开成大花乳者，宜取四凉杯挹注之，杀其沸性，乃入壶。假令沸水入壶，急揭盖以宣之；如经四凉杯者，水度乃合。

香味

茶秉荷气，惟浙江、安徽为然，而龙井为最。饮可五瀹，瀹则尽斟之，勿留沥焉。一瀹则花叶茎气俱足；再瀹则叶气尽，花气微，茎与莲心之味重矣；三则莲心与莲肉之味矣，后则仅莲肉之味。啜宜静，斟宜小钟。

收藏

茶既焙，必贮瓮或匣中。取出窖之块灰，碎击平铺；上藉厚纸，叠茶包于上，要以不泄气为主。

产额

龙井岁产上品茶，如明前雨前者，千余斤耳；并粗叶红叶计之，岁额亦止五千斤[2]上下。而名遍全国，远逮欧美，则赖龙井邻近之茶附益之。盖自十八涧至理安，达江头；自翁家山，满觉陇，茶树弥望，皆名龙井。北贯十里松，至栖霞，亦名龙井，然味犹胜他处。杭城所售者，则笕桥各地之产矣。

特色

龙井茶之色香味，人力不能仿造，乃出天然，特色一。地处湖山之胜，又近省会，无非常之旱涝，特色二。名既远播，价遂有增而无减，视他地之产，其利五倍，特色三。惟其然也，山巅石隙，悉植茶矣。乃荒山弥望，仅三三五五，偃仰于路隅，无集千百株为一地者。物以罕而见珍，理岂宜然。

注　释

1　高皇帝南巡：高皇帝，即清高宗弘历，俗称"乾隆皇帝"；其"南巡"，也即所谓"乾隆下江南"。据记载，弘历曾于乾隆十六年、二十二年、二十七年、三十年、四十五年、四十九年六次南巡到达杭州，并多次亲临西湖，游览，观看采茶、品赏新茶，留下了多篇有关龙井茶的题诗。

2　园里十八株，荷褒封焉：指杭州狮峰山"十八棵御茶"的传说。相传一次乾隆幸杭州，至狮峰山胡公庙前，见有人采茶，兴起，也亲自摘将起来。忽太监传懿旨，云其母后病，希皇上速归。乾隆闻知，慌忙中把手中茶叶往口袋里一塞，就急程回京。太后本无大病，只是思儿眼糊腹胀浑身有点不舒服。见到皇儿，就病好一半；及近，太后突然闻到儿子身上有一股清香，问甚么东西香？乾隆说，没有啊！用手一摸，袋里的茶叶已经半干，散发出阵阵香气。宫女以此茶冲泡瀹太后，几口下肚，顿觉眼明心亮，非常舒畅，又喝几口，眼红退了，胃也不胀了，众感奇异。乾隆一高兴，传谕命此十八棵茶为"御茶"，年年采制，专供太后享用。今"十八棵御茶"常吸引很多游人驻足，但这也仅是传说而已。

3　胡公庙：位凤篁岭下落晖坞，原为老龙井寺，明时龙井寺迁至龙井处，才将旧寺改建为宋杭州知府胡则的祠庙。

4　其色鼠羯："鼠"色，指黄黑色，明陶宗仪《辍耕录·写像诀》："凡调合服饰器用颜色……鼠毛褐，用土黄粉入墨合。""羯"指去过势的公羊，与色的关系不大，这里的"羯"字，疑"褐"字之形误，"鼠褐"，也是指黄黑色。

5　豆饼汽堆肥：即指饼肥和堆肥两种农家肥；"汽"在此或衍字，因水气是饼肥、堆肥挥发物，是不入肥的。堆肥是用各种农家废弃物如杂草、秸稈、垃圾、厩肥堆积、发酵、腐熟而成的；豆饼施用时，或刨或敲，也都要经先碎再泼水堆坯的过程，因此开堆时，都会有一部分水汽逸出。

校　勘

①　裁择培溉之略："择"字，疑当作"植"字。
②　五千斤："斤"字，底本作"元"字，据上下文义，用"元"似误，径改。

松寮茗政 | 清 卜万祺 撰

作者及传世版本

卜万祺,明末秀水县(治所在今浙江嘉兴)人。天启元年(辛酉科)中举人经魁[1]。崇祯时官广东韶州(治所在今韶关)知府。入清后情况不详,但有一点大抵可以肯定,即《松寮茗政》大约撰写于顺治(1644—1661)年间。因为入清以后,未见卜再仕,其有关乡情民俗的文章,很可能是赋闲故里的一种排遣之作。另外,从下录内容中有关如"明万历中"等用词来看,也反映它非是明朝而是改朝以后的作品。

《松寮茗政》之作为茶书,也是陆廷灿《续茶经·茶事著述名目》首录所确定下来的。至于《续茶经》对本文的引录是根据钞本还是刊本?没有说清,但即使本文曾作刊印,印数亦不会很多;因为我们查阅清代江南多家重要藏书室书目,都未曾见录。

本书下辑"虎丘茶"引文,出自《续茶经》。

原　文

虎丘茶,色味香韵,无可比拟。必亲诣茶所,手摘监制,乃得真产。且难久贮,即百端珍护,稍过时,即全失其初矣。殆如彩云易散,故不入供御耶。但山岩隙地,所产无几,又为官司禁据,寺僧惯杂赝种,非精鉴家卒莫能辨。明万历中,寺僧苦大吏需索,薙除殆尽。文文肃公震孟作《薙茶说》以讥之。至今真产尤不易得。

注　释

1　经魁:明清举人前五名之称,故亦称"五魁"。明代科举,以五经(诗、书、礼、易、春秋)取士。每科五经,每经各取一头名为魁。此后习惯以每次乡试所产生的前五名举人为五魁。

作者及传世版本

王梓,字琴伯,清康熙时郃阳(治所在今陕西合阳)人。善诗好客,有吏才。康熙四十年后期任福建崇安令时,建贤祠,刊先贤集。康熙四十九年(1710),尝纂刻《武夷山志》八册,因政绩,擢州守。

本文《茶说》,疑撰于王梓知崇安但尚未撰刊《武夷山志》之前,即 1710 年稍前。本书下录的王梓《茶说》内容,辑自陆廷灿《续茶经·八茶之出》。但必须指出,陆廷灿《续茶经》虽引录过其崇安前任的《茶说》,可是在其《九茶之略·茶事著述名目》中,却未收录本文。因是,本书在收录本文之前,对本文能否算作是一篇茶著首先进行了查证。经查,我们在王梓所纂的《武夷山志》中,找到了本文从《续茶经》中辑录的这段内容的类似记述,如其《武夷山志·物产》中第一句,"武夷山周回百二十里,皆可种茶",与我们辑文首句一字不差。但后面辑文较《武夷山志》要简单[1]。那么,《续茶经》所称的《茶说》,会不会就是指《武夷山志》呢? 我们回头又重新检阅了《续茶经》的有关内容,发现陆廷灿所录,山志是山志,茶说是茶说,分得清清楚楚。如在本段内容前后,辑录的都是武夷山茶史资料,其上面相连的一段,即写明摘自"《武夷山志》"。如果此王梓《茶说》不是有另文,陆廷灿也不会不如实注明是出自《武夷山志》,而随便又新编造出一个名字来的。根据这两点事实,我们相信王梓在知崇安时,在纂刻《武夷山志》之前,即撰写过一篇《茶说》,不说有刊本,至少有少量抄本在崇安流传。陆廷灿知崇安时,不但见到也抄录了部分王梓的《茶说》资料是完全可能的。故我们上面肯定陆廷灿所引王梓《茶说》,以及《茶说》本段文字较王梓《武夷山志·物产》粗略,因而也早于《武夷山志》的看法,应该说是真实合理的。

原　　文

武夷山,周回百二十里,皆可种茶。茶性他产多寒,此独性温。其品有二:在山者为岩茶,上品;在地者为洲茶,次之。香清浊不同[①],且泡时岩茶汤白,洲茶汤红,以此为别。雨前者为头春,稍后为二春,再后为三春。又有秋中采者,为秋露白,最香。须种植、采摘、烘焙得宜,则香味两绝。然武夷本石山,峰峦载土者寥寥,故所产无

几。若洲茶，所在皆是，即邻邑近多栽植，运至山中及星村墟市贾售，皆冒充武夷。更有安溪所产，尤为不堪。或品尝其味，不

甚贵重者，皆以假乱真误之也。至于莲子心、白毫皆洲茶，或以木兰花熏成欺人，不及岩茶远矣。

注　释

1　本文从《续茶经》转录的王梓《茶说》，较其所纂的《武夷山志》相关部分，明显要简略得多。下面将《武夷山志》有关部分全部抄录供比较参考：

〔物产〕　茶　武夷山周回百二十里，皆可种茶。茶性他产多寒，此独性温。其品分岩茶、洲茶。在山者为岩，上品；在麓者为洲，次之，香味清浊不同，故以此为别。采摘时以清明后谷雨前一旗一枪为最，名曰头春，稍后为二春，再后为三春。二、三春茶反细，其味则薄。尚有秋采者，名秋露白，味则又薄矣。种处宜日宜风，而畏多风日；采时宜晴而忌多雨。多受风日，茶则不嫩；雨多，香味则减也。岩茶采制著名之处如竹窠、金井坑，上章堂，梧峰、白云洞、复古洞、东华岩、青狮岩、象鼻岩、虎啸岩、止止庵诸处，多系漳泉僧人结庐久往，种植采摘烘焙得宜，所以香味两绝。其岩茶反不甚细，有选芽、

漳芽、兰香、清香诸名，盛行于漳泉等处；烹之有天然清味，其色不红。又有名松萝者，仿佛新安制法，然武夷本为石山，峰峦载土者寥寥，故所产无几。近有标奇炫异题为大王、慢亭、玉女、接笋者，真堪一噱。诸峰人立上无隙地，鸟道难通，何自而树艺耶？洲茶所在皆是，不惟崇境，东南山谷、平川无不有之，即邻邑近亦栽植颇多。每于春末夏初，运至山中及星村墟市，冒名贾售，是以水浮陆运，广给四方，皆充武夷。又有安溪所产假冒者，尤为不堪，或品知其味不甚贵重，皆以假乱真误之也。至于莲子心、白毫、紫毫、雀舌，皆洲茶初出嫩芽为之、虽以细为佳，而味实浅薄，其香气乃用木兰花熏成。假借妆点，巧立名色，不过高声价以求厚利，若核其实，品其味，则反不如岩茶之不甚细者远矣。至若宋树茶，尤属乌有……

校　勘

① 香清浊不同：王梓《武夷山志·物产》作"香味清浊不同"，此处似脱一"味"字。

辑佚

茶说 | 清 王复礼 撰

作者及传世版本

王复礼,字需人,号草堂,浙江钱塘(今杭州)人。性孝友,赋诗作文无不称善,画兰竹得文同法。清军平闽后,辞职归里养亲。康熙十四年,和硕康亲王讨耿精忠至浙,重其文行,赐蟒袍褒美。同年三月,康熙南巡至浙,西河毛太史以其所撰《兰亭》、《孤山》两志进呈,获康熙召见,受奖谕并命刊行。康熙四十七年应聘主鳌峰书院,还寓武夷,寓天柱草堂。后与崇安令陆廷灿友,康熙五十二年,王复礼撰《武夷九曲志》,陆廷灿不仅为之序,并亲加参订。

王复礼《茶说》,不见于《武夷九曲志》,是书末卷物产考,有茶、泉、竹、花等等,均收有王复礼诗文。《九曲志》不提,表明此《茶说》还尚未撰写。根据这一线索,我们推定王复礼《茶说》,大抵撰写于康熙五十五年(1716)左右,因其写《九曲志》时,便已年达七十四岁。原书查无获,本书王复礼《茶说》,是据陆廷灿《续茶经》辑出。《续茶经》辑引此《茶说》内容,使我们方知王复礼也曾撰此一书。但由于陆廷灿在一书中有的引用其名作"王复礼《茶说》",有的引用其号称"王草堂《茶说》",以致后人将之误以为是两人撰写的两本不同茶书。这里通过对王复礼的上述简介,顺便附作澄清。本文既是从《续茶经》等书中转辑,自然也只能与引书作校。

原　　文

"武夷茶,自谷雨采至立夏,谓之头春;约隔二旬,复采,谓之二春;又隔又采,谓之三春。头春叶粗味浓,二春三春叶渐细,味渐薄,且带苦矣。夏末秋初又采一次,名为秋露。香更浓,味亦佳,但为来年计,惜之不能多采耳。茶采后,以竹筐匀铺,架于风日中,名曰晒青。俟其青色渐收,然后再加炒焙。阳羡岕片只蒸不炒,火焙以成。松萝、龙井皆炒而不焙,故其色纯。独武夷炒焙兼施,烹出之时,半青半红,青者乃炒色,红者乃焙色。茶采而摊,摊而摝,香气发越即炒,过时不及皆不可。既炒既焙,复拣去其中老叶枝蒂,使之一色。释超全诗云:'如梅斯馥兰斯馨,心闲手敏工夫细。'形容殆尽矣。《续茶经·三茶之造》

"花晨月夕,贤主嘉宾,纵谈古今,品茶次第,天壤间更有何乐? 奚俟脍鲤炰羔[①],金罍玉液,痛饮狂呼始为得意也! 范文正公[1]云:"露芽错落一番荣,缀玉含珠散嘉树";"斗茶味兮轻醍醐,斗茶香兮薄兰芷"[②]。沈心斋云:"香含玉女峰头露,润带珠帘洞口云";可称岩茗知己。《续茶经·六茶之饮》

"温州中墺[2]及潗上[3],茶皆有名,性不寒不热。"《续茶经·八茶之出》

注　释

1　范文正公:即范仲淹,字希文,擢进士,官至枢密副使,进参知政事。卒谥文正。

2　中墺(ào):温州地名。"墺",指山之深奥处。

3　潗(jì)上:温州地名。潗,指水边之地。

校　勘

① 脍鲤炰羔:"炰"字,《中国古代茶叶全书》和近出的有些茶书,误作"包"。

② "露芽错落一番荣,缀玉含珠散嘉树"、"斗茶味兮轻醍醐,斗茶香兮薄兰芷"句出范仲淹《和章岷从事斗茶歌》,这里所引,为该诗的首尾两句,中间还省略五句。近见很多论著引录时,中间不加引号隔开,而是首尾引成相联的两句。误。

附

录

中国古代茶书逸书遗目|

1. 唐·陆羽:《茶记》二卷亦有补三卷和一卷者

此书有无,古今都有争议,万国鼎在《茶书总目提要》中指出:"《崇文总目》小说类作'《茶记》二卷',钱侗注以为《茶记》即《茶经》,周中孚《郑堂读书记》也说是'《茶经》三卷'的字误。按《新唐书·艺文志》小说类有'陆羽《茶经》二卷'而无《茶记》,《崇文总目》则作'《茶记》二卷'而无《茶经》,钱侗所说可能是对的。但《通志·艺文略·食货类》载'《茶经》三卷唐陆羽撰,《茶记》三卷陆羽撰',接连着写。《宋史·艺文志·农家类》也载'陆羽《茶经》三卷,陆羽《茶记》一卷'。似乎二者不像是同一种书。除上述三书著录《茶记》而所说卷数各不同外,其后《郡斋读书志》、《直斋书录解题》等都没提到《茶记》。也许《通志》和《宋史》所说是错的,但不能肯定,姑记之以存疑。"万国鼎这里所说,主要是讲陆羽《茶记》和《茶经》可能有混淆。除此,本书在所辑《顾渚山记》中也提到《顾渚山记》在古籍特别是明清有些记载中,往往被书作《顾渚山茶记》,偶有简作《茶记》者。因此,陆羽《茶记》,亦有可能由《顾渚山记》所衍。如有此书,万国鼎推定约撰于唐肃宗乾元二年(760)前后。

2. 唐·皎然《茶诀》三卷

是书现存最早的记载,见唐陆龟蒙自撰《甫里先生传》:"先生嗜茶荈,置小园于顾渚山下,自为《品第书》一篇,继《茶经》、《茶诀》之后。"但不具体,清陆廷灿《续茶经·九茶之略·茶事著述名目》中载:"《茶诀》三卷,释皎然撰。"本文撰写年代,当在陆羽隐湖州撰《茶经》之后的肃、代年间。

3. 唐·温从云《补茶事》十数节

本文记述,出自晚唐皮日休《茶中杂咏序》,其在介绍过陆羽《茶经》和《顾渚山记》之后,接着补:"后又太原温从云,武威段碣之,各补茶事十数节,并存于方册。"皮日休这段记载,后在明清茶书中再被引用,但没有那本将"各补茶事十数节"的"补茶事"正式列作书名的。正式列作茶书书名是万国鼎《茶书总目提要》。他在该文最后"尚有为本总目未收的茶书"一条即载:"《补茶事》,太原温从云、武威段碣之。"万国鼎原意,是指出《补茶事》以下的文章,他不认为是茶书,所以未收。但他在"补茶事"三字上加上书名号,就反其意,把他不认为是茶书的最先定为是茶书了。不管温、段所写茶事是用的甚么名,但他们在《茶经》之后各补茶事"十数节"是事实。所以,尽管万国鼎所定《补茶事》不一定对,但我们也提不出对的书名,就以《补茶事》作录吧。温从云、段碣之历史资料不详,大概和陆羽是同时代或稍晚一些的人,他们所补的茶事,时间当然也在陆羽《茶经》之后他们生活的年代了。

4. 唐·段碣之《补茶事》十数节

本文记载,也是出自皮日休《茶中杂咏序》,但是不说古人,就是近出的《中国古代茶叶全书》，甚至包括著名农史专家万国鼎，都没有注意到皮日休"各补茶事十数节"的"各补"二字。而在《补茶事》题下，一般都将"温从云、段碛之"并列，"各补"就谈成了"合补"。参见温从云《补茶事》。

5. 唐·张文规《造茶杂录》

本文出处，也见于《续茶经·九茶之略·茶事著述名目》。不过，可疑的是陆廷灿将此条不是排在唐代，而是列在宋代"茶著名目"的中间，是否宋代亦有一个名张文规者？但是又未见。唐张文规，河东猗氏人，文宗大和四年先为温县令，武宗会昌元年，改湖州刺史，三年入为国子司业，宣宗时官至桂管观察使。《造茶杂录》如是他所写，当撰于会昌元年至三年他刺湖州的时期。

6. 唐·陆龟蒙《品茶》一篇

此书名出明程百二《品茶要录补·茶诀》。其载："陆龟蒙自云嗜茶，作《品茶》一书，继《茶经》、《茶诀》之后。"有些书如《历代史话》，倒作《茶品》；近出的《中国古代茶叶全书》，据陆龟蒙自撰《甫里先生传》，也题作《品第书》。陆龟蒙卒于唐僖宗广明三年（881）左右，所谓《品茶》一篇，最可能撰写于唐会昌至大中（841—859）的这一阶段。

7. 宋·沈立《茶法易览》十卷

沈立，字立之，历阳（今安徽和县）人。进士。《宋史·沈立传》说，他出任两浙转运使时，"茶禁害民，山场榷场多在部内，岁抵罪者辄数万，而官仅得钱四万。立著《茶法要览》，乞行通商法。三司使张方平上其议。后罢榷法如所请。"又《宋史·食货志》也说，嘉祐中，"沈立亦集茶法利害为十卷，陈通商之利。"嘉祐四年二月，下诏改行通商法。依此推证，沈立作此书大约在1057年左右。关于《茶法易览》的名字和卷数，史志中说法不一，对此，万国鼎考补："《通志·艺文略·食货类》作'《茶法易览》十卷'，《刑法类》作'《茶法易览》一卷'，都没有注明作者是谁，不知是不是一种书。至《宋史·艺文志·农家类》才把《茶法易览》十卷放在沈立名下。按宋史本传说'立著《茶法要览》'，不是《易览》。"但据考，《通志·艺文略》定作《易览》，《宋史·食货志》所说十卷，即写作《茶法易览》十卷，大概是对的。

8. 宋·沈括《茶论》

本文见于沈括《梦溪笔谈》。在他讲及以"芽长为上品"时谈道："予山居有《茶论》，且作《尝茶》诗云：'谁把嫩香名雀舌，定来北客未曾尝。不知灵草天然异，一夜风吹一寸长。'"有些古籍中，也把上诗直接补作《茶论》诗。《续茶经·九茶之略·茶事著述名目》在收录沈括《宋明茶法》以后，连着著录的，即是其《茶论》。《梦溪笔谈》是沈括晚年居住润州（今江苏镇江）梦溪时（1088—1095）所撰。撰写《茶论》的时间，也当于此时，但较《梦溪笔谈》稍早。

9. 宋·吕惠卿《建安茶记》一卷

本记见《郡斋读书志》、《文献通考》等。吕惠卿（1032—1112），字吉甫，泉州晋江人。仁宗嘉祐二年进士。初附王安石，熙宁七年任参知政事，坚行新法，后来又与王安石交恶，反过来陷害王，故其传被编入《宋史·奸臣传》。徽宗时因事安置宣州，移庐州。有《庄子解》和文集。《建安茶记》，有的文献同《宋史》一作《建安茶用记》两卷，与《郡斋读书志》所载不同，不知孰是。万国鼎推定本文约撰于元丰三年（1080）前后。

10. 宋·王端礼《茶谱》

见江西《吉水县志》。王端礼，字懋甫，江西吉水人。哲宗元祐三年(1088)进士。慕濂、洛之学，概然以道自任。为富川县(县治位今广西)令时，政皆行其所学，年四十致仕归。撰有《强壮集》、《易解》、《论语解》、《疑狱解》、《茶谱》、《字谱》等。本文万国鼎推定撰于哲宗元符三年(1100)前后。

11. 宋·蔡宗颜《茶山节对》一卷

本目见宋绍兴《秘书省续编到四库阙书目》和《通志》。《直斋书录解题》对本文作者的记述，还详细到蔡宗颜时值"摄衢州长史"。万国鼎推定撰写于南宋绍兴二十年(1150)以前。这是一种很保守的说法，据寇宗《本草衍义》"茗"的条目中所说："其文有陆羽《茶经》……蔡宗颜《茶山节对》，其说甚详。"这一内容来看，蔡宗颜其人其书，当是见之于北宋之时。

12. 宋·蔡宗颜《茶谱遗事》一卷

本文也见于宋绍兴《秘书省续编到四库阙书目》和《通志》等书。其成书时间，也当是北宋非南宋初年。由方志记载来看，其内容大抵主要讲茶叶制造事。《衢县志》中提到，"其书大约言制茶事，则衢山之茶有名于世久矣。"

13. 宋·范逵《龙焙美成茶录》

本文首见熊蕃《宣和北苑贡茶录》引录。其文中夹注补："此数皆见范逵所著《龙焙美成茶录》。逵，茶官也。"根据所引范逵贡茶数额，我们推定，《龙焙美成茶录》约撰于徽宗重和元年(1118)前后。

14. 宋·曾伉《茶苑总录》

是书见《通志·艺文略·食货类》，作"十四卷，曾伉撰"。宋绍兴《秘书省续编到四库阙书目·农家类》作"《茶苑总录》十二卷"。《文献通考》作"《北苑总录》十二卷"，并说："陈氏曰：兴化军判官曾伉录《茶经》诸书，而益以诗歌二卷(编按：此条不见于今本《直斋书录解题》)。"曾伉事迹不详。根据上述资料，似乎书名应当是《茶苑总录》，因为既然是辑录《茶经》诸书而成，当不止限于北苑。《总录》本身可能是十二卷，盖以诗歌二卷，则合共十四卷。宋尤袤《遂初堂书目·谱录类》有《茶总录》，可能也是此书。万国鼎以上所作的考辨是正确的。明焦竑《焦氏笔乘》茶书录中就载："曾伉《茶苑总录》十四卷。"但万国鼎所定是书成书时间也作1150年以前的推定，和上面蔡宗颜二书一样，这是他个人的看法，没有多少根据，也只能姑妄听之。

15. 宋·佚名《北苑煎茶法》一卷

本文见《通志·艺文略·食货类》。《通志》所录未著作者姓名，不知是原阙还是《通志》漏抄。内容不详。万国鼎推定成书于高宗绍兴二十年(1150)以前。其作者一般均缺不书，其实笔者至少从明人焦竑《焦氏笔乘》和顾元起的《说略》中，两见是录在"蔡宗颜"名下的，但未作进一步深考。

16. 宋·佚名《茶法总例》一卷

此目见《通志·艺文略·刑法类》。大概主要述录宋代宣和以前茶法的变革。本文万国鼎也推定成书于绍兴二十年(1150)。

17. 宋·佚名《北苑修贡录》

是书周辉《清波杂志》卷四"密云龙"谈贡茶时提及："淳熙间，亲党许仲启官麻沙，得《北苑修贡录》，序以刊行。其间载岁贡十有二纲，凡三等四十有一名"。"许仲启官麻沙","麻"字有的书也作"苏"字。"苏"疑是误刻。麻沙在福建建阳，徽宗宣和初年设麻沙镇巡检司(元代废)，从南宋起一直至明代是我国图书刻印的重要中心。所刻图书行销全国，世称"麻沙本"。可能正因为许仲启淳熙官麻沙镇巡检司，所以才碰巧得到无名氏的《北苑修贡录》，得到以后也有条件较易做到"序而刊行"。《清波杂志》所记，是可信的。

18. 宋·佚名《茶杂文》一卷

本文见《郡斋读书志》，所载除书名，卷数外，还多"集古今诗文及茶者"一句，表明其"茶杂文"，不是编者所写而是从文书辑录的。本文成书年代，万国鼎定于绍兴二十一年(1151)，比《北苑修贡录》等前几本佚名逸书迟后一年，不知何据。

19. 宋·罗大经《建茶论》

此书见于陆廷灿《续茶经·九茶之略·茶事著述名目》。《中国古代茶书全集》"存目茶书"再次误称"万国鼎亦将其列为古代茶书一种"，这是违反了万国鼎先生的意思。万国鼎在《茶书总目提要》最后"附识"中摘录了陆廷灿《续茶经》等书载及的二十多种书文目录，但这恰恰是他不肯定而在《茶书总目》中未作收录的内容，所以，不能把万国鼎"附识"中提到的他《总目》中未收的书，也作为是确定其为《茶书》的根据。不过，由于在辑集类茶书中旁引到罗大经《建茶论》、《论建茶》和一些有关建茶的诗文，罗大经写一篇《论建茶》或《建茶论》是完全可能的，所以我们的尺度比万国鼎先生要宽松些，宁肯信其有吧。

罗大经，吉州庐陵人，字景纶。理宗宝庆二年进士。历容州法曹掾，抚州军事推官，坐事被劾罢，著《鹤林玉露》等书。

20. 宋·章炳文《壑源茶录》一卷

此书见《宋史·艺文志·农家类》。"壑源"，即北苑之南山，丛然而秀，高崚数百丈，其山顶西南下视建瓯之城，故俗也称"望州山"。章炳文事迹无考，为此万国鼎只好据《宋史》这条线索，将本文撰写定于南宋覆亡的最后一年1279以前。

21. 宋·佚名《茶苑杂录》一卷

本文亦见于《宋史·艺文志·农家类》，并注明"不知作者"。因此万国鼎也将其成书时间定为1279年以前。

22. 明·谭宣《茶马志》

此书见《千顷堂书目》，不书卷数。谭宣，蓬溪(今四川蓬溪)人，据《蓬溪县志》记载，宣在明宣宗宣德七年(1432)中举，后官至河源县(隋置，治所在今广东河源市境)知县。本文撰写时间，万国鼎推定为正统七年(1442)前后。

23. 明·沈周《会茶篇》一卷

本文见朱存理《楼居杂著》。其载"有《会茶篇》一卷，白石翁为王浚之所作。白石翁为沈周之号。"沈周，苏州府长洲(今江苏苏州)人，字启南，号石田。诗文书画名著江南，传布天下。终身不仕，有《石田集》、《江南春词》、《石田诗钞》等传世。朱存理这篇杂记，书于弘治十年(1497)仲冬，《会茶篇》当撰于同年或稍早。

24. 明·周庆叔《岕茶别论》

见沈周书《岕茶别论后》。沈周此文，似为《岕茶别论》刻印前所写的后序或跋。至于作者，《续茶经·九茶之略·茶事著述名目》有载："《岕茶别论》，周庆叔撰"。庆叔事迹不详，故本文撰写的时间，只能据沈周撰写后记的最晚时间来推,定在正德四年(1509)以前。

25. 明·过龙《茶经》一卷

此书见《吴县志》艺文书目。过龙,吴县人,字云从,自号十足道人,以医术名于一方,有《十四经发挥》、《针灸要览》等医书。文征明为之传。《茶经》唯书一卷,后有更多的注释,其撰刊年代,由文征明的线索来推,过龙当和沈周是同时代或稍晚一些的人,其所写《茶经》可能在弘治后期和正德年间。

26. 明·赵之履《茶谱续编》一卷

此书见《远碧楼经籍目》,抄本一册,题钱椿年撰。按椿年撰《茶谱》,《续编》是赵之履编的。之履跋《茶谱续编后》说:"友兰钱翁……汇次成谱,属伯子奚川先生梓行之。之履阅而叹曰:夫人珍是物与味,必重其籍而饰之,若夫兰翁是编,亦一时好事之传,为当世之所共赏者。其籍而饰之之功,固可取也。古有斗美林豪,著经传世,翁其兴起而入室者哉。之履家藏有王舍人孟端竹炉新咏故事及昭代名公诸作,凡品类若干。会悉翁谱意,翁见而珍之,属附辑卷后为续编。之履性犹癖茶,是举也,不亦为翁一时好事之少助乎也。"以上是万国鼎的考述,另外他对本文撰写的时间,定为嘉靖十四年(1535)前后。对此,本书在钱椿年、顾元庆《茶谱》题记中,亦有所及。

27. 明·佚名《泉评茶辨》抄本一册

本文原见《天一阁藏书目录》。天一阁藏书,聚收于明嘉靖年间,本文抄本,大致也当是嘉靖中的作品。在上世纪50年代后期,中国农业遗产研究会曾致函天一阁藏书楼问及此书情况,答复是书已佚。之

后,笔者为查对珍本农书,在1962年曾专程到宁波天一阁藏书楼,亦未有获。

28. 明·胡彦《茶马类考》六卷

此书见《四库全书存目》。胡彦(1502—1551),沔阳人,嘉靖二十年(1541)进士。字穉美,号白湖子。由太常博士迁御史,巡按江西。在任巡察举马御史时,因历考典故及时事利弊,特作《茶马类考》以记之。全书六卷,第三卷为盐政。本文成书时间,约为嘉靖二十九年(1550)前后。

29. 明·顾元庆《茶话》一卷

见《吴县志》卷五十七,艺文三顾元庆撰写书目:"有《茶谱》二卷,《茶具图》一卷,《座鹤铭考》一卷……《茶话》一卷,《夷白斋诗录》一卷,《闲游草》一卷,"共十种十一卷。前二种即本书钱椿年《茶谱》顾元庆删校本,后面单列的《茶话》一卷,当是一种过去未有人提及的佚书。此《茶话》撰于何时,无法查考。顾元庆生于1487年,卒于1565年,此目就以其卒年暂排于此。

30. 明·徐渭《茶经》一卷

见《浙江采集遗书总录·说家类》。又《文选楼藏书记》说:"茶经一卷、酒史六卷,明徐渭著,刊本。是二书考经典故及各人韵事。"这两书都有较高的可信度,特别是《文选楼藏书记》,内容讲得如此具体,这在茶书遗目中,所见是不多的。本文撰写的年代,万国鼎推定为万历三年(1575)前后。

徐渭,字文长,一字天池。浙江山阴人。诸生,诗文书画皆工。《明史·文苑传》有传。撰有《路史分释》、《笔元要旨》、《徐文长集》等。1593年卒,年七十三。

31. 明·程荣《茶谱》

程荣,字伯仁,歙县人。编刊《山房清

赏》二十八卷，见于《四库全书存目》。《四库全书总目提要》说："是编列《南方草木状》至禽虫述凡十五种，多农圃家言。中惟茶谱一种，为荣所自著，采摭简漏，亦罕所考据。"近出《四库存目丛书》未收，大致本书已佚。本文成书年代，万国鼎考证。荣曾校刊汉魏丛书(三十八种)，前有万历壬辰(1592)屠隆序，是则《茶谱》编写大约也在1592年前后十年间。

32. 明·陈国宾《茶录》一卷

见明祁承爜《澹生堂藏书目》闲适类，《百名家家》本。陈国宾生平事迹查无见，此书万国鼎可能据《百名家书》本这一线索，推定为撰写于万历二十八年(1600)前后。

33. 明·佚名《茶品要论》一卷

见明祁承爜《澹生堂藏书目》闲适类，未书作者姓名，祁承爜为万历甲辰(1604)进士，万国鼎推定此书当是万历三十八年(1610)左右以前的书。

34. 明·佚名《茶品集录》一卷

见《澹生堂藏书目》闲适类，无载作者，按万国鼎上条推定，本文也当是撰于1610年以前。

35. 明·徐爜《茗笈》三十卷

见《千顷堂书目》。本书已收徐爜《蔡端明别记·茶癖》、《茗谭》二书，他所写《茗笈》，仅见《千顷堂书目》一家所载，奇怪的是该书目收录明代多种茶书，但独未收喻政《茶书》。明喻政《茶书》前序中记述很清楚，该书主要为徐兴公(爜)所编，《千顷堂书目》所指，是否即喻政《茶书》? 如是，但书名和卷数又异，故本书这里暂收待考。如果真有此书，参徐爜有关著作成书年代，是书要写

亦当在万历三十八年(1610)左右。

36. 明·何彬然《茶约》一卷

见《四库全书存目》。当有刊本，未见，亦不见各家藏书目录。《四库全书总目提要》说："是书成于万历己未(1619)。略仿陆羽《茶经》之例，分种法、审候、采撷、就制、收贮、择水、候汤、器具、酾饮九则。后又附茶九难一则。"但近出《四库存目丛书》未收，似乎本书今已不存。

彬然字文长，一字宁野，蕲水(《湖北通志》说，《四库总目》作蕲州是错的)人。

37. 明·赵长白《茶史》

见明张大复《闻雁斋笔谈》引。该书记曰："赵长白自言，吾平生无他幸，但不曾饮井水茶耳。此老于茶，可谓能书其性者。今亦老矣，甚穷，大都不能如曩时，犹摩挲万卷中作《茶史》。"赵长白生平事迹不详，由张大复(1554—1630)《闻雁斋笔谈》引录的时间来推，赵长白撰《茶史》时间，至迟不会晚于明万历四十八年(1620)。

38. 明·未定名《岕茶疏》

原书佚，卷数不详，见《茶史》等引文。作者一称许次纾，一称熊明遇，二说不一。查熊明遇，只撰过《罗岕茶记》一文，所说作《岕茶疏》，仅此一见，不闻他处。至于许次纾，存《茶疏》一书，无获撰《岕茶疏》的任何线索，《岕茶疏》有可能是《茶疏》的误附。因此，本文作者除上述二人而外，更有可能是另人所写。待考。

39. 明·汪士贤《茶谱》

载道光《徽州府志》卷十五。汪士贤，明万历时徽州著名藏书家和刻书家。其编辑刻印的书籍主要有《山居杂志》二十三种四十一卷。在这部丛编中，汪士贤就收录

有陆羽《茶经》三卷,附《茶具图赞》一卷、《水辨》一卷;孙大绶《茶经外集》一卷;顾元庆《茶谱》一卷;孙大绶《茶谱外集》一卷等茶书共四种八卷。在这部谱录类的专门丛编中,汪士贤独未收其自撰的《茶谱》。这是甚么原因? 一、汪士贤在编刊《山居杂志》时,他还没有撰写《茶谱》。二、他根本就没有写过《茶谱》,此处为后人将《山居杂志》中顾元庆《茶谱》谈作汪士贤《茶谱》的结果。未深究,此存疑待考。

40. 明·陈克勤《茗林》一卷

此书见于《徐氏家藏书目》和《千顷堂书目》。陈克勤事迹无考,据书目线索,万国鼎推定本文当撰于崇祯三年(1630)以前。

41. 明·郭三辰《茶荚》一卷

本文见于《徐氏家藏书目》。郭三辰事迹无考。据《红雨楼书目》也即徐燉藏书书目撰刊时间,万国鼎也推定为撰于1630年以前。

42. 明·黄钦《茶经》

此书见《江西通志》艺文略著录,不知有无刊本。黄钦,字子安,江西新城人。自少与黄端伯交。隐居福山箫曲峰。工书法,善鼓琴。自制箫曲茶,其佳。事迹见《建昌府志·隐逸传》。撰有《五经说》、《六史论》及此书。按黄端伯,崇祯元年(1628)进士,福王时做南京礼部主事,清兵至遇害,时年六十一。可见黄钦《茶经》大抵写于明末崇祯中后期,万国鼎推定为崇祯八年(1635)前后。

43. 明·王启茂《茶堂三昧》一卷

本文见于《湖北通志·艺文志·谱录类》。王启茂,字天根。湖北石首人。崇祯

末,以明经荐,不就。据此,万国鼎推断约成书于崇祯十三年(1640)前后。

44. 明·李龙采《茶史》一卷

载乾隆《泉州府志》卷七十四。作者泉州志原署"明李龙采",但李龙采生平和事迹未见,故此内容只能排在明代无份之列。

45. 明·郑之标《茶谱》

载民国《宝应县志》卷二十三。郑之标生平事迹查未见,由《宝应县志·艺文志》,仅知其为"明"人,明代何时? 待考。

46. 明·周嘉冑《阳羡茗壶谱》

见《阳羡名陶录》引文书目。周嘉冑,明阳州人。字江左。明清间人,癖书,博览群书,广为采摭,于万历、崇祯时以二十多年时间,编纂《香乘》一部。本谱亦当撰刊于万历后期至天、崇年间。

47. 明·徐彦登《历朝茶马奏议》四卷

本文见《千顷堂书目》及《明史·艺文志》。徐彦登,仁和(今浙江杭州市)人,字允贤,号景雍。生卒年月不详,万国鼎推定约成书于明崇祯十六年(1643)以前。

48. 沈杰《茶法》十卷

载刘源长《茶史·名著述家》。从所录作者和著作均为唐宋以前人氏或作品来看,本书也可能是宋人的茶法著作,但由于未找到充分的宋代根据,暂置明代前茶书待考。

49. 佚名《茶谱通考》

此书载刘源长《茶史·名著述家》,可以肯定为明代较早甚至可能为南宋时的著作,但无确足的文字证明,故也置明以前待考茶书。

50. 明·陈孔琐《广茶经》

见民国《沙县志》卷九。陈孔琐,生平

事迹不详。《沙县志·艺文志》载陈孔玠为明人；但乾隆《延平府志》卷三十六，又称其为清人。根据这不同记载，本书作者，最有可能为明末清初人，本书的成书时间，亦当在明末和清初。此据《沙县志》将陈孔玠《广茶经》，暂定作是明人明书。

51. 吕仲吉《茶记》

见《续茶经·九茶之略·茶事著述名目》。吕仲吉无考，本文多半为明人著作，但也不排除有可能撰于清初。

52. 袁仲儒《武夷茶说》

本文见《续茶经·九茶之略·茶事著述名目》。袁仲儒个人背景资料查未见，因此本文也疑多半为明人著作，但也不排除有可能是清初的作品。

53. 吴从先《茗说》

是文也见于《续茶经·九茶之略·茶事著述名目》。不过据《中国古代茶叶全书》查证，吴从先"好为俳谐游戏杂文，著有《小窗自纪》、《清纪》"，"约1644年前后在世"。由所作《清纪》来看，此《茗说》也很可能撰于清初，但也不排斥有作于明末的可能。

54. 鲍承荫《茶马政要》七卷

此书见安徽通志馆：《安徽通志艺文考》。其载："清鲍承荫撰。承荫，歙人，余无考。是书见前志，今已佚。"另此书也见《绛云楼书目》和《傅是楼书目》，绛云楼在顺治七年(1650)失火焚毁。安徽通志馆既然未看到是书，定作"清鲍承荫撰"不知是否另有根据？本书编时，认为撰于明末的可能性亦很大，故未盲从定为清代的作品。

55. 清·余怀《茶苑》

见冯煦《蒿叟随笔》。其载："澹心所著《江山集》凡四种……又有《秋雪词》、《玉琴斋词》、《味外轩稿》、《板桥杂记》、《茶史》诸书。今所传者只《板桥杂记》而已。"澹心即余怀的字，所言《茶史》，应是余怀《茶史补》序中所说的被窃的《茶苑》。如不误，本文当撰于《茶史补》之前的顺治年间。

56. 清·朱硕儒《茶谱》

朱硕儒生平无见。此书见《续茶经·九茶之略·茶事著述名目》，其称："《茶谱》，朱硕儒，见《黄与坚集》。"与坚，清江南太仓(今江苏苏州)人。字庭表，号忍庵，顺治十六年(1659)进士。授推官，康熙十八年应试博学鸿词科，授编修。诗画均工。朱硕儒当与黄与坚是同时代人，其《茶谱》也当属清初作品。

57. 清·蔡方炳《历代茶榷志》一卷

此书见《清朝通志》和《清朝文献通考》。蔡方炳，苏州府昆山人。字九霞，号息关。明季诸生，康熙七年举博学鸿词。撰有《增订广舆记》、《铨证论略》、《愤助编》(以上三书目见《四库全书存目》)。此外还有《历代马政志》、《修务录》、《正学矩》、《墨泪集》、《秋桑集》、《未尊集》、《编年诗》等。万国鼎推定本文约撰于康熙十九年(1680)前后。

58. 清·张燕昌《阳羡陶说》

见《阳羡名陶录》引文书目。张燕昌，浙江海盐人，字芑堂，号文渔，一号金粟山人。嘉庆间举孝廉方正。嗜金石，善画山水人物和兰竹，工篆隶。以笃学书画名著三吴地区。《阳羡名陶录》成书于乾隆五十一年(1786)，由张燕昌举孝廉方正时间来推，本文撰写时间大抵也只会在乾隆五十一年或稍前。

59. 清·王士谟"陆羽《顾渚山记》"、"毛文锡《茶谱》辑佚"

见万国鼎《茶书总目提要》及其他有关书目。王士谟所辑陆羽《顾渚山记》、毛文锡《茶谱》收在其《汉唐地理书钞》。但查中国大陆现存王士谟《汉唐地理书钞》七十九种八十一卷各本均不见过去有的旧目所载的如陆羽《茶经》、《顾渚山记》和毛文锡《茶谱》等茶书。《汉唐地理书钞》旧传收有上两茶书的刻本,在中国似已不存,不知现在流传日本等海外的是书中,还有否这种版本?王士谟《汉唐地理书钞》最早的版本为嘉庆刻本,上二种辑佚本当也是辑于其时。

60. 清·张鉴《释茶》一卷

见同治《湖州府志》卷六十八。张鉴(1768—1850),字春冶,号秋水。湖州府乌程人。嘉庆九年副贡,曾随阮元幕,力主海运漕粮。曾为武义县教谕。家贫,卖画自绘,工诗古文。有书癖,博览诸大藏书家所藏典籍,著作极富。据有关文献推测,张鉴撰写《释茶》的时间大约在嘉庆后期或道光初年。

61. 清·唐永泰《茶谱》一卷

见民国四川《灌县志》卷六。唐永泰,生平事迹不详,由《灌县志》,仅知其《茶谱》,最有可能是撰写于咸丰年间(1851—1861)。

62. 清·四川茶商所编《茶谱辑解》四卷

原四川灌县李二王庙藏版,清同治六年(1862)陶唐氏刻本。未见。据《中国农学遗产文献综录》介绍,是书"内容零乱,与书名不符"。

63. 清·佚名《茗笺》一卷

载光绪《嘉兴府志》卷八十。未见,疑佚。由于他书不载,独见光绪《嘉兴府志》来推,此书当是一种清咸同年间见于嘉兴地方藏书的稿本或刻本。

64. 清·潘思齐《续茶经》二十卷

思齐字希三,浙江仁和人。岁贡生。此见光绪《杭州府志》卷一百八。

65. 清·陈之笏编《茶轶辑略》一卷

见同治十年(1871)湖南《茶陵州志》卷二十三《艺文·书目》。

主要参考书目^[1]

一、辞书类

小林博:《古代汉字汇编》,东京: 木耳社,1977。

中国农业百科全书总编辑委员会茶叶卷编辑委员会,中国农业百科全书编辑部:《中国农业百科全书·茶叶卷》,北京: 农业出版社,1991。

王余光、徐雁:《中国读书大辞典》,南京: 南京大学出版社,1993。

王松茂等:《中华古汉语大辞典》,长春: 吉林文史出版社,2000。

王德毅:《明人别名字号索引》,台北:新文丰出版公司,2000。

王德毅:《清人别名字号索引》,台北:新文丰出版公司,1985。

王镇恒、朱世英等:《中国茶文化大辞典》,上海: 汉语大词典出版社,2002。

古汉语常用字字典编写组:《古汉语常用字字典》,北京: 商务印书馆,1998。

白晓朗、马建农:《古代名人字号辞典》,北京: 中国书店,1996。

任继愈:《佛教大辞典》,南京: 江苏古籍出版社,2002。

任继愈:《宗教大辞典》,上海: 上海辞书出版社,1998。

朱保炯、谢沛霖:《明清进士题名碑录索引》,上海: 上海古籍出版社,1998。

朱起凤:《辞通》,北京: 警官教育出版社,1993 年重印 1934 年初版本。

池秀云:《历代名人室名别号辞典》,太原: 山西古籍出版社,1998。

冷玉龙等:《中华字海》,北京: 中华书局,1994。

吴海林:《中国历史人物辞典》,哈尔滨: 黑龙江人民出版社,1983。

吴枫:《简明中国古籍辞典》,长春: 吉林文史出版社,1987。

吴养木、胡文虎:《中国古代画家辞典》,杭州: 浙江人民出版社,1999。

吕宗力:《中国历代官制大辞典》,北京: 北京出版社,1994。

李叔还:《道教大辞典》,台北: 巨流图书公司,1979。

辛夷、成志伟:《中国典故大辞典》,北京: 北京燕山出版社,1991。

林尹、高明等:《中文大辞典》,台北:中国文化大学出版社,1982。

邱树森:《中国历代人名辞典》,南昌:江西教育出版社,1989。

俞鹿年:《中国官制大辞典》,哈尔滨:黑龙江人民出版社,1992。

(清) 段玉裁:《说文解字注》,上海: 商务印书馆,1958。

胡孚琛:《中华道教大辞典》,北京: 中国社会科学出版社,1995。

孙书安:《中国博物别名大辞典》,北

---

〔1〕 本书引录各种茶书的版本,见于各篇"作者及传世版本",今不赘。

京：北京出版社，2000。

孙鼗：《中国画家大辞典》，北京：中国书店，1982。

徐中舒等：《远东汉语大字典》，台北：远东图书公司，1991。

徐元诰等：《中华大字典》（缩印本），北京：中华书局，1978。

马天祥等：《古汉语通假字字典》，西安：陕西人民出版社，1991。

高亨：《古字通假会典》，济南：齐鲁书社，1989。

（清）张玉书等：《佩文韵府》，上海：上海古籍书店，1983。

（清）张玉书等：《康熙字典》，香港：中华书局，1988。

张桁、许梦麟：《通假大字典》，哈尔滨：黑龙江人民出版社，1993。

张㧑之等：《中国历代人名大辞典》，上海：上海古籍出版社，1999。

陈宗懋：《中国茶叶大辞典》，北京：中国轻工业出版社，2000。

复旦大学历史地理研究所《中国历史地名辞典》编委会：《中国历史地名辞典》，南昌：江西教育出版社，1986。

贺旭志：《中国历代职官辞典》，长春：吉林文史出版社，1991。

黄惠贤：《二十五史人名大辞典》，郑州：中州古籍出版社，1997。

杨廷福：《明人室名别称字号索引》，上海：上海古籍出版社，2002。

杨廷福：《清人室名别称字号索引》，上海：上海古籍出版社，2001。

杨家骆：《历代丛书大辞典》，北京：警官教育出版社，1994。

邹德忠、徐福山：《中国历代书法家人

名大辞典》，北京：新世界出版社，1998。

廖盖隆等：《中国人名大辞典》，上海：上海辞书出版社，1990。

汉语大字典编辑委员会：《汉语大字典》，武汉：湖北辞书出版社，成都：四川辞书出版社，1986。

熊文钊：《中国行政区划通览》，北京：中国城市出版社，1998。

熊四智：《中国饮食诗文大典》，青岛：青岛出版社，1995。

臧励龢等：《中国人名大辞典》，香港：商务印书馆，1980 年重印 1921 年商务编印本。

臧励龢等：《中国古今地名大辞典》，香港：商务印书馆，1982 年重印 1944 年商务编印本。

台湾中华书局编辑部：《辞海》，台北：中华书局，1965。

台湾开明书店编辑部：《二十五史人名索引》，台北：开明书店，1961。

刘钧仁：《中国历史地名大辞典》，东京：凌云书房，1980。

震华法师：《中国佛教人名大辞典》，上海：上海辞书出版社，1999。

谢巍：《中国历代人物年谱考录》，北京：中华书局，1992。

瞿冕良：《中国古籍版刻辞典》，济南：齐鲁书社，1999。

魏嵩山：《中国历史地名大辞典》，广州：广东教育出版社，1995。

罗竹风：《汉语大辞典》，北京：汉语大辞典出版社，香港：三联书店海外版，1995。

谭正璧：《中国文学家大辞典》，北京：北京图书馆出版社，1998。

辞海编辑委员会：《辞海》，上海：上海

辞书出版社,1989。

辞源修订组:《辞源》,北京:商务印书馆,1980。

二、书目类

《秘书省续编到四库阙书目》,收入《观古堂书目丛刊》,湘潭:〔出版社缺〕,光绪二十八年(1902)。

(宋)尤袤:《遂初堂书目》,载(元)陶宗仪:《说郛》,顺治四年(1647)两浙督学周南李际期宛委山堂刻本。

(宋)王尧臣等:《崇文总目》,长沙:商务印书馆,1939。

(宋)晁公武:《郡斋读书志》,台北:台湾商务印书馆,1968。

(宋)陈振孙:《直斋书录解题》,台北:台湾商务印书馆,1968。

(明)毛晋:《汲古阁刊书细目》,收入(清)李冬涵编:《济宁李氏礦亭丛书》稿本。

(明)祁承爜:《澹生堂藏书目》,收入(元)陶宗仪:《说郛》,顺治四年两浙督学周南李际期宛委山堂刻本。

(明)范邦甸:《天一阁书目》,浙江图书馆藏清嘉庆十三年(1808)扬州阮氏文选楼刻本,收入《续修四库全书》,上海:上海古籍出版社,1995。

(明)孙能传等:《内阁书目》,(清)李冬涵编:《济宁李氏礦亭丛书》稿本。

(明)杨士奇等:《文渊阁书目》,(清)李冬涵编:《济宁李氏礦亭丛书》稿本。

(清)丁丙:《善本书室藏书志》,北京:中华书局,1990。

(清)永瑢、纪昀等:《四库全书总目提要》,北京:中华书局,1965。

(清)沈德符:《抱经楼藏书志》,北京:中华书局,1990。

(清)阮元:《四库未收书目提要》,上海:商务印书馆,1935。

(清)陆心源:《皕宋楼藏书志》,北京:中华书局,1990。

(清)黄虞稷:《千顷堂书目》,上海:上海古籍出版社,2001。

(清)卢址:《抱经楼书目》,《鸽峰草堂丛钞》本。

(清)钱谦益:《绛云楼书目》,北京图书馆藏清嘉庆二十五年(1820)刘氏味经书屋抄本,收入《续修四库全书》,上海:上海古籍出版社,1995。

《南京图书馆善本书目》,南京:南京图书馆,出版年缺。

上海图书馆:《上海图书馆善本书目》,上海:上海图书馆,1957。

上海图书馆:《中国丛书综录》,北京:中华书局,1959。

中国古籍善本书目编委会:《中国古籍善本书目·子部》,上海:上海古籍出版社,1996。

中国古籍善本书目编委会:《中国古籍善本书目·丛部》,上海:上海古籍出版社,1989。

王重民:《中国善本书提要》,上海:上海古籍出版社,1990。

北京大学图书馆:《北京大学图书馆藏古籍善本书目》,北京:北京大学出版社,1999。

北京图书馆:《北京图书馆善本书目》,北京:书目文献出版社,1987。

京都大学人文科学研究所:《京都大学人文科学研究所汉籍目录》,京都:人文科学研究协会,1979—1980。

东洋文库编:《东洋文库所藏汉籍分类目录·史部》,东京:东洋文库,1986。

香港中文大学图书馆:《香港中文大学图书馆古籍善本书录》,香港:香港中文大学,1999。

台北中央图书馆:《台北中央图书馆特藏选录》,台北:台北中央图书馆,1986。

阳海清等:《中国丛书广录》,武汉:湖北人民出版社,1999。

关西大学内藤文库调查特别委员会:《关西大学所藏内藤文库汉籍古刊古钞目录》,吹田:关西大学图书馆,1986。

三、方志类

（宋）王存:《元丰九域志》,台北:文海出版社,1963。

（宋）沈作宾修,施宿等纂:《会稽志》,嘉泰元年(1201)修,嘉庆十三年(1813)刊本景印。

（宋）陈耆卿:《嘉定赤城志》,弘治十年(1497)太平谢铎重刊万历天启递修补本。

（明）杨守仁等纂修:《严州府志》,万历六年(1578)刻本。

（明）董斯张:《吴兴备志》,天启四年修,1914年刘氏嘉业堂校刊本。

（明）聂心汤纂修:《钱塘县志》,万历三十七年(1609)刊本。

（清）丁廷楗等修,赵吉士等纂:《徽州府志》,康熙三十八年(1699)刊本。

（清）宋思楷等:《六安州志》,嘉庆九年刊本。

（清）尹继善等修,黄之隽等纂:《江南通志》,乾隆元年(1736)刊本。

（清）王维新等修,涂家杰等纂:《义宁州志》,同治十二年(1873)刊本。

（清）何才焕等纂:《安化县志》,同治十一年刊本。

（清）吴坤等修,何绍基等纂:《重修安徽通志》,光绪四年(1878)刻本。

（清）吴鹗修,汪正元等纂:《婺源县志》,光绪九年(1883)刊本。

（清）李亨特修,平恕、徐嵩纂:《绍兴府志》,乾隆五十七年(1792)刊本。

（清）李蔚等修,吴康霖等纂:《六安州志》,同治十一年刊本。

（清）李应泰等修,章绶等纂:《宣城县志》,光绪十四年(1888)刊本。

（清）李瀚章等修,曾国荃等纂:《湖南通志》,光绪十一年(1885)刊本。

（清）阮元等修,王崧等纂:《云南通志稿》,道光十五年(1835)刊本。

（清）阮元等修,陈昌齐等纂:《广东通志》,道光二年(1822)刊本。

（清）阮升基等修,宁楷等纂:《宜兴县志》,嘉庆二年(1797)刊本。

（清）宗源瀚等修,周学濬等纂:《湖州府志》,同治十三年(1874)刊本。

（清）金铉等修,郑开极等纂:《福建通志》,康熙二十二年刻本。

（清）施惠等修,吴景墙等纂:《宜兴荆溪县新志》,光绪八年(1882)刊本。

（清）洪炜等修,汪铉等纂:《六合县志》,康熙二十三年刊本。

（清）徐国相等修,宫梦仁等纂:《湖广通志》,康熙二十三年(1684)刊本。

（清）徐景熹等修,鲁曾煜等纂:《福州府志》,乾隆十九年(1754)刊本。

（清）秦达章修,何国祐等纂:《霍山县

志》,光绪三十一年(1905)活字印本。

(清) 除永言等修,严绳孙等纂:《无锡县志》,康熙二十九年(1690)刊本。

(清) 马步蟾等修,夏銮等纂:《徽州府志》,道光七年(1827)刊本。

(清) 马慧裕等修,王煦等纂:《湖南通志》,嘉庆二十五年(1820)刊本。

(清) 常明等修,杨芳灿等纂:《四川通志》,嘉庆二十一年(1816)刊本。

(清) 曹抡彬等修,曹抡翰等纂:《雅州府志》,乾隆四年(1739)刻,嘉庆十六年(1811)补刊本。

(清) 梁葆颐等修,谭钟麟等纂:《茶陵州志》,同治十年(1871)刻本。

(清) 莫祥芝等修,汪士铎等纂:《同治上(元)江(宁)两县志》,同治十三年(1874)刻本。

(清) 许瑶光修,吴仰贤等纂:《嘉兴府志》,光绪五年(1878)刊本。

(清) 陈树楠等修,钱光奎等纂:《咸宁县志》,光绪八年刊本。

(清) 嵇曾筠等修,沈翼机等纂:《浙江通志》,乾隆元年刊本。

(清) 彭际盛等修,胡宗元等纂:《吉水县志》,光绪元年(1875)刻本。

(清) 曾国藩等修,刘铎等纂:《江西通志》,光绪七年(1881)刻本。

(清) 鄂尔泰等修,靖道谟等纂:《贵州通志》,乾隆六年(1784)刊本。

(清) 黄廷桂等修,张晋生等纂:《四川通志》,雍正十一年(1732)刊本。

(清) 杨正笋等修,冯鸿模等纂:《慈溪县志》,雍正八年刊本。

(清) 杨毓翰等修,汪元祥等纂:《乐平县志》,同治九年(1870)刊本。

(清) 董天工纂:《武夷山志》,乾隆十

六年(1751)刻本。

(清) 贾汉复等修,李楷等纂:《陕西通志》,康熙七年(1668)刊本。

(清) 廖腾煃等修,汪晋徵等纂:《休宁县志》,康熙二十九年刊本。

(清) 赵民洽纂:《临安县志》,光绪十一年修,乾隆二十四年(1759)刊本。

(清) 赵懿等修,赵怡等纂:《名山县志》,光绪十八年(1892)刊本。

(清) 刘于义等修,沈青崖等纂:《陕西通志》,雍正十三年(1735)刊本。

(清) 刘德芳等修,叶泽森等纂:《蒙阴县志》,康熙二十四年(1685)刊本。

(清) 蒋师辙等纂:《台湾通志》,光绪二十一年(1895)修抄本。

(清) 卫既齐等修,薛载德等纂:《贵州通志》,康熙三十六年(1697)刊本。

(清) 郑沄等修,邵晋涵等纂:《杭州府志》,乾隆四十九年(1784)刻本。

(清) 卢思诚等修,季念诒等纂:《江阴县志》,光绪四年(1878)刊本。

(清) 钱永等纂:《天门县志》,康熙三十一年刊本。

(清) 谢旻等修,陶成等纂:《江西通志》,雍正十年(1732)刊本。

(清) 谢启昆等修,胡虔等纂:《广西通志》,嘉庆六年(1801)刻本。

(清) 钟文虎等修,徐昱照等纂:《灌县乡土志》,光绪三十三年(1907)刊本。

(清) 魏大名等修:《崇安县志》,嘉庆十三年刊本。

(清) 怀荫布等修,黄任等纂:《泉州府志》,乾隆二十八年(1763)刊本。

(清) 谭肇基修,吴荣纂:《长兴县志》,乾隆十四年(1749)刊本。

（清）严正身等修，金嘉琰等纂：《桐庐县志》，乾隆二十一年（1756）刊本。

（清）严鸣琦等修，吴敏树等纂：《巴陵县志》，同治十一年（1872）刊本。

（清）龚嘉儁修，吴庆坻等纂：《杭州府志》，光绪二十四年（1898）刊本。

石国柱修，许承尧纂：《歙县志》，1937。

朱士嘉：《中国地方志联合目录》，北京：中华书局，1985。

孟宪珊等修，冯煦等纂：《宝应县志》，1932。

曹允源等：《吴县志》，1933刊本。

梁伯荫修，罗克涵纂：《沙县志》，1928。

杨承禧等纂：《湖北通志》，1921。

杨维坤编：《香港大学冯平山图书馆藏中国地方志目录》，香港：香港大学冯平山图书馆，1990。

叶大锵等修，罗骏声纂：《灌县志》，1933。

詹宣猷等修，蔡振坚等纂：《建瓯县志》，1929。

福建通志局：《福建通志》，1922。

四、清以前撰刊的其他书稿

（汉）司马迁：《史记》，北京：中华书局，1959。

（汉）班固：《汉书》，北京：中华书局，1962。

（汉）刘歆：《西京杂记》，北京：中华书局，1991。

（晋）陈寿：《三国志》，北京：中华书局，1959。

（晋）陶潜：《搜神后记》，北京：中华书局，1981。

（南朝宋）范晔：《后汉书》，北京：中华书局，1965。

（南朝宋）刘敬叔：《异苑》，北京：中华书局，1996。

（梁）沈约：《宋书》，北京：中华书局，1974。

（梁）徐陵编，吴兆宜注，程琰删补：《玉台新咏》，北京：中华书局，1985。

（梁）萧子显：《南齐书》，北京：中华书局，1972。

（梁）萧统编，（唐）李善注：《文选》，北京：中华书局，1977。

（北齐）魏收：《魏书》，北京：中华书局，1974。

（唐）元稹：《元氏长庆集》，上海：商务印书馆，1919。

（唐）令孤德棻：《周书》，北京：中华书局，1971。

（唐）白居易：《白香山全集》，上海：中央书店，1935。

（唐）皮日休、陆龟蒙等：《松陵集》，《文渊阁四库全书》本，台北：台湾商务印书馆，1986。

（唐）皮日休：《皮子文薮》，上海：上海古籍出版社，1981。

（唐）李百药：《北齐书》，北京：中华书局，1973。

（唐）李延寿：《北史》，北京：中华书局，1974。

（唐）李延寿：《南史》，北京：中华书局，1975。

（唐）李肇：《国史补》，崇祯毛氏汲古阁刻《津逮秘书》本。

（唐）杜牧：《樊川文集》，上海：上海古籍出版社，1978。

（唐）房玄龄：《晋书》，北京：中华书局

局,1974。

（唐）姚思廉：《梁书》,北京：中华书局,1973。

（唐）姚思廉：《陈书》,北京：中华书局,1972。

（唐）封演：《封氏闻见记》,《文渊阁四库全书》本,台北：台湾商务印书馆,1986。

（唐）陆龟蒙：《唐甫里先生文集》,上海：商务印书馆,1936。

（唐）陶穀：《清异录》,北京：中华书局,1991。

（唐）冯贽：《云仙杂记》,上海：商务印书馆,1934。

（唐）虞世南：《北堂书钞》,明钞本。

（唐）刘肃：《大唐新语》,北京：中华书局,1984。

（唐）欧阳询：《艺文类聚》,上海：上海古籍出版社,1982。

（唐）魏征：《隋书》,北京：中华书局,1973。

（唐）苏鹗：《杜阳杂编》,北京：中华书局,1985。

（后晋）刘昫：《旧唐书》,北京：中华书局,1975。

（宋）不著撰人：《南窗记谈》,《文渊阁四库全书》本,台北：台湾商务印书馆,1986。

（宋）不著撰人：《锦绣万花谷》,《文渊阁四库全书》本,台北：台湾商务印书馆,1986。

（宋）王十朋：《梅溪集》,《文渊阁四库全书》本,台北：台湾商务印书馆,1986。

（宋）王十朋：《集注分类东坡先生诗》,上海：商务印书馆,1929。

（宋）王安石：《王文公文集》,北京：中华书局,1962。

（宋）王象之：《兴地纪胜》,北京：中华书局,1992。

（宋）王巩：《甲申杂记》,《文渊阁四库全书》本,台北：台湾商务印书馆,1986。

（宋）王应麟：《玉海》,南京：江苏古籍出版社,上海：上海书店,1987。

（宋）王辟之：《渑水燕谈录》,北京：中华书局,1981。

（宋）王观国：《学林》,《文渊阁四库全书》本,台北：台湾商务印书馆,1986。

（宋）左圭：《百川学海》,弘治十四年(1501)无锡华珵刻本。

（宋）朱胜非：《绀珠集》,《文渊阁四库全书》本,台北：台湾商务印书馆,1986。

（宋）朱熹：《晦庵集》,《文渊阁四库全书》本,台北：台湾商务印书馆,1986。

（宋）江少虞：《事实类苑》,《文渊阁四库全书》本,台北：台湾商务印书馆,1986。

（宋）吴淑：《事类赋注》,北京：中华书局,1989。

（宋）吴处厚：《青箱杂记》,北京：中华书局,1985。

（宋）宋子安：《东溪试茶录》,上海：商务印书馆,1936。

（宋）李昉：《文苑英华》,北京：中华书局,1966。

（宋）李昉等：《太平御览》,北京：中华书局,1985。

（宋）李昉等：《太平广记》,北京：中华书局,1961。

（宋）李焘：《续资治通鉴长编》,北京：中华书局。

（宋）阮阅：《诗话总龟》,《文渊阁四库全书》本,台北：台湾商务印书馆,1986。

（宋）周辉著：《清波杂志》,北京：中华

书局,1994。

（宋）姚宽：《西溪丛语》，北京：中华书局，1993。

（宋）施元之：《施注苏诗》，《文渊阁四库全书》本，台北：台湾商务印书馆，1986。

（宋）洪迈：《容斋随笔》，上海：上海书店，1984。

（宋）耐得翁：《都城纪胜》，《文渊阁四库全书》本，台北：台湾商务印书馆，1986。

（宋）胡仔：《苕溪渔隐丛话》，上海：商务印书馆，1937。

（宋）范致明：《岳阳风土记》，北京：中华书局，1991。

（宋）范镇：《东斋记事》，北京：中华书局，1980。

（宋）唐庚：《眉山文集》，上海：商务印书馆，1936。

（宋）唐庚：《唐先生文集》，宋刻本，收入《北京图书馆古籍珍本丛刊》，北京：书目文献出版社，1988。

（宋）唐慎微：《重修政和经史证类备用本草》，北京：人民卫生出版社，1957。

（宋）祝穆：《方舆胜览》，北京：中华书局，2003。

（宋）祝穆：《古今事文类聚》，《文渊阁四库全书》本，台北：台湾商务印书馆，1986。

（宋）秦观：《淮海集》，上海：商务印书馆，1937。

（宋）马令：《南唐书》，上海：商务印书馆，1935。

（宋）高承：《事物纪原》，《文渊阁四库全书》本，台北：台湾商务印书馆，1986。

（宋）张君房：《云笈七签》，上海：商务印书馆，1929。

（宋）张淏：《云谷杂记》，《文渊阁四库全书》本，台北：台湾商务印书馆，1986。

（宋）张舜民：《画墁录》，北京：中华书局，1991。

（宋）张扩：《东窗集》，《文渊阁四库全书》本，台北：台湾商务印书馆，1986。

（宋）梅尧臣：《宛陵先生集》，上海：商务印书馆，1936。

（宋）陈师道：《后山先生集》，雍正八年（1730）赵骏烈刻本。

（宋）陈景沂：《全芳备祖》，《文渊阁四库全书》本，台北：台湾商务印书馆，1986。

（宋）陈与义：《增广笺注简齐诗集》，上海：商务印书馆，1929。

（宋）陆游：《剑南诗稿》，《文渊阁四库全书》本，台北：台湾商务印书馆，1986。

（宋）惠洪：《石门文字禅》，《文渊阁四库全书》本，台北：台湾商务印书馆，1986。

（宋）曾几：《曾茶山诗集》，万历四十三年（1615）新安潘是仁刻天启二年（1622）重修本。

（宋）曾慥：《类说》，明天启六年（1626）岳钟秀刻本，收入《北京图书馆古籍珍本丛刊》，北京：书目文献出版社，1988。

（宋）曾巩：《元丰类稿》，上海：商务印书馆，1937。

（宋）程大昌：《演繁露·演繁露续集》，北京：中华书局，1991。

（宋）费衮：《梁溪漫志》，《文渊阁四库全书》本，台北：台湾商务印书馆，1986。

（宋）黄庭坚：《黄庭坚全集》，成都：四川大学出版社，2001。

（宋）黄裳：《演山集》，《文渊阁四库全书》本，台北：台湾商务印书馆，1986。

（宋）黄震：《黄氏日抄》，《文渊阁四库全书》本，台北：台湾商务印书馆，1986。

（宋）杨万里：《诚斋集》，上海：商务印书馆，1929。

（宋）杨亿：《杨文公谈苑》，上海：上海古籍出版社，1993。

（宋）叶梦得：《石林燕语》，北京：中华书局。

（宋）叶梦得：《避暑录话》，《文渊阁四库全书》本，台北：台湾商务印书馆，1986。

（宋）葛立方：《韵语阳秋》，《文渊阁四库全书》本，台北：台湾商务印书馆，1986。

（宋）赵彦卫：《云麓漫钞》，北京：中华书局，1996。

（宋）刘弇：《龙云集》，《文渊阁四库全书》本，台北：台湾商务印书馆，1986。

（宋）乐史：《太平寰宇记》，台北：文海出版社，1980。

（宋）乐史：《宋本太平寰宇记》，北京：中华书局，2000。

（宋）欧阳修、宋祁：《新唐书》，北京：中华书局，1975。

（宋）欧阳修：《新五代史》，北京：中华书局，1976。

（宋）欧阳修：《欧阳文忠全集》，上海：中华书局，1936。

（宋）欧阳修：《欧阳修全集》，北京：中国书店，1986。

（宋）欧阳修：《欧阳修全集》，北京：中华书局，2001。

（宋）欧阳修：《归田录》，北京：中华书局，1981。

（宋）蔡襄：《端明集》，上海：上海古籍出版社，1987。

（宋）蔡襄：《蔡莆阳诗集》，潘是仁编万历四十三年(1615)新安潘氏自刻天启二年(1622)重修本。

（宋）郑虎臣：《吴都文粹》，《文渊阁四库全书》本，台北：台湾商务印书馆，1986。

（宋）郑樵：《通志略》，上海：商务印书馆，1934。

（宋）邓肃：《栟榈集》，《文渊阁四库全书》本，台北：台湾商务印书馆，1986。

（宋）钱易：《南部新书》，北京：中华书局，2002。

（宋）薛居正：《旧五代史》，北京：中华书局，1976。

（宋）谢逸：《溪堂词集》，《文渊阁四库全书》本，台北：台湾商务印书馆，1986。

（宋）谢维新：《古今合璧事类备要》，《文渊阁四库全书》本，台北：台湾商务印书馆，1986。

（宋）魏了翁：《鹤山先生大全文集》，上海：商务印书馆，1936。

（宋）魏了翁：《鹤山集》，《文渊阁四库全书》本，台北：台湾商务印书馆，1986。

（宋）罗大经：《鹤林玉露》，北京：中华书局，1983。

（宋）苏易简：《文房四谱》，北京：中华书局，1985。

（宋）苏轼：《苏轼文集》，北京：中华书局，1986。

（宋）苏轼：《东坡全集》，《文渊阁四库全书》本，台北：台湾商务印书馆，1986。

（宋）苏轼：《苏轼文选》，上海：上海古籍出版社，1989。

（宋）苏轼：《苏轼诗集》，北京：中华书局，1982。

（宋）苏辙：《栾城三集》，上海：商务印书馆，1936。

（元）方回：《瀛奎律髓》，《文渊阁四库全书》本，台北：台湾商务印书馆，1986。

（元）洪希文：《续轩渠集》，《文渊阁四库全书》本，台北：台湾商务印书馆，1986。

（元）马端临：《文献通考》，北京：中华书局，1986。

（元）脱脱等：《宋史》，北京：中华书局，1977。

（元）脱脱等：《金史》，北京：中华书局，1975。

（元）脱脱等：《辽史》，北京：中华书局，1974。

（元）陶宗仪：《说郛》，顺治四年（1647）两浙督学周南李际期宛委山堂刻本。

（元）谢应芳：《龟巢稿》，《文渊阁四库全书》本，台北：台湾商务印书馆，1986。

（明）不著撰人：《五朝小说大观》，上海：扫叶山房，1926。

（明）孔迩：《云蕉馆纪谈》，长沙：商务印书馆，1937。

（明）文征明：《文征明集》，上海：上海古籍出版社，1987。

（明）王世贞：《弇州四部稿》，《文渊阁四库全书》本，台北：台湾商务印书馆，1986。

（明）王世懋：《二酉委谭摘录》，上海：商务印书馆，1935。

（明）王圻：《续文献通考》，台北：文海出版社，1984。

（明）王鏊：《震泽集》，《文渊阁四库全书》本，台北：台湾商务印书馆，1986。

（明）田汝成：《西湖游览志》，杭州：浙江人民出版社，1980。

（明）朱之蕃：《中唐十二家诗》，万历金陵书坊王世茂刻本。

（明）朱之蕃：《晚唐十二家诗集》，万历金陵书坊朱氏刻本。

（明）朱存理：《楼居杂著》，《文渊阁四库全书》本，台北：台湾商务印书馆，1986。

（明）朱国桢：《涌幢小品》，上海：新文化社，1924—1936。

（明）吴任臣：《十国春秋》，北京：中华书局，1983。

（明）吴宽：《家藏集》，《文渊阁四库全书》本，台北：台湾商务印书馆，1986。

（明）宋濂等：《元史》，北京：中华书局，1974。

（明）李日华：《六研斋笔记》，上海：中央书店，1936。

（明）李日华：《紫桃轩杂缀》，上海：中央书店，1935。

（明）李时珍：《本草纲目》，《文渊阁四库全书》本，台北：台湾商务印书馆，1986。

（明）沈周：《石田诗选》，《文渊阁四库全书》本，台北：台湾商务印书馆，1986。

（明）沈津：《欣赏编十种》，明刻本，收入《北京图书馆古籍珍本丛刊》，北京：书目文献出版社，1988。

（明）周复俊编：《全蜀艺文志》，《文渊阁四库全书》本，台北：台湾商务印书馆，1986。

（明）周晖：《金陵琐事》，北京：文学古籍刊行社，1955。

（明）周履靖编：《夷门广牍》，万历二十五年（1597）金陵荆山书林刻本。

（明）邵宝：《容春堂集》，《文渊阁四库全书》本，台北：台湾商务印书馆，1986。

（明）皇甫汸：《皇甫司勋集》，《文渊阁四库全书》本，台北：台湾商务印书馆，1986。

（明）胡文焕：《百家名书》，万历胡氏文会堂刻本。

（明）范景文：《文忠集》，《文渊阁四库全书》本，台北：台湾商务印书馆，1986。

（明）郎英：《七修类稿》，北京：中华书局，1959。

（明）凌迪知：《万姓统谱》，《文渊阁四库全书》本，台北：台湾商务印书馆，1986。

（明）孙瑴：《古微书》，《文渊阁四库全书》本，台北：台湾商务印书馆，1986。

（明）徐燉：《徐氏家藏书目》，北京图书馆藏清道光七年刘氏味经书屋抄本，收入《续修四库全书》，上海：上海古籍出版社，1995。

（明）徐渭：《徐文长全集》，上海：中央书店，1935。

（明）徐渭：《徐渭集》，北京：中华书局，1983。

（明）徐献忠：《吴兴掌故集》，北京图书馆藏明嘉靖39年(1560)范唯一等刻本，收入《四库全书存目丛书》，台南：庄严文化事业有限公司，1995。

（明）张大复：《闻雁斋笔谈》，上海图书馆藏明万历三十三年(1605)顾孟兆等刻本，收入《续修四库全书》，上海：上海古籍出版社，1995。

（明）曹学佺：《蜀中广记》，《文渊阁四库全书》本，台北：台湾商务印书馆，1986。

（明）曹学佺编：《石仓历代诗》，《文渊阁四库全书》本，台北：台湾商务印书馆，1986。

（明）陈继儒：《太平清话》，北京：中华书局，1985。

（明）陈继儒：《陈眉公全集》，上海：中央书店，1936。

（明）陈继儒：《岩栖幽事》，上海：商务印书馆，1936。

（明）陈耀文：《天中记》，《文渊阁四库全书》本，台北：台湾商务印书馆，1986。

（明）陆树声：《陆文定公全集》，万历间陆光禄校刻本。

（明）焦竑：《焦氏笔乘》，上海：商务印书馆，1937。

（明）程百二：《程氏丛刻》，万历四十三年程百二、胡之衍刻本。

（明）冯惟纳：《古诗纪》，《文渊阁四库全书》本，台北：台湾商务印书馆，1986。

（明）冯梦祯：《快雪堂漫录》，中国科学院图书馆藏清乾隆平湖陆氏刻奇晋斋丛书本，收入《四库全书存目丛书》，台南：庄严文化事业有限公司，1995。

（明）杨慎：《谭苑醍醐》，北京：中华书局，1985。

（明）管时敏：《蚓窍集》，《文渊阁四库全书》本，台北：台湾商务印书馆，1986。

（明）钱谷编：《吴都文粹续集》，《文渊阁四库全书》本，台北：台湾商务印书馆，1986。

（明）谢肇淛：《五杂俎》，上海：中央书店，1935。

（明）蓝仁：《蓝山集》，《文渊阁四库全书》本，台北：台湾商务印书馆，1986。

（清）不著撰人：《郭臎》，光绪十九年(1893)刊本。

（清）王士禛：《王渔洋遗书》，康熙间刻本。

（清）王先谦：《荀子集解》，北京：中华书局，1988。

（清）王先谦：《庄子集解》，上海：上海书店，1986。

（清）王应奎：《柳南随笔·续笔》，北京：中华书局，1983。

（清）王鸿绪：《明史稿》，台北：文海出版社，1985。

（清）朱彝尊：《曝书亭集》，上海：商务印书馆，1936。

（清）吴之振编：《宋诗钞》，《文渊阁四库全书》本，台北：台湾商务印书馆，1986。

（清）吴震方：《岭南杂记》，上海：商务印书馆，1936。

（清）吴骞：《阳羡名陶录》，乾隆海昌吴氏刻拜经楼丛书本，收入《续修四库全书》，上海：上海古籍出版社，1995。

（清）李斗：《扬州画舫录》，北京：中华书局，1960。

（清）沈辰垣等编：《御选历代诗余》，《文渊阁四库全书》本，台北：台湾商务印书馆，1986。

（清）沈初等编：《浙江采集遗书总录》，乾隆三十九年（1774）刊本。

（清）汪灏等：《御定佩文斋广群芳谱》，《文渊阁四库全书》本，台北：台湾商务印书馆，1986。

（清）阮元校：《十三经注疏》，北京：中华书局，1980。

（清）阮元撰，李慈铭校订：《文选楼藏书记》，越缦堂钞本，《四库未收书辑刊》，北京：北京出版社，2000。

（清）周之麟编：《宋四名家诗》，康熙三十二年（1693）弘训堂刻本。

（清）周亮工：《闽小记》，上海：上海古籍出版社，1985。

（清）金武祥：《江阴丛书》，光绪宣统间江阴金氏粟香室岭南刊本。

（清）姚铉编：《唐文粹》，《文渊阁四库全书》本，台北：台湾商务印书馆，1986。

（清）查慎行：《苏诗补注》，《文渊阁四库全书》本，台北：台湾商务印书馆，1986。

（清）郁逢庆编：《书画题跋记》，《文渊阁四库全书》本，台北：台湾商务印书馆，1986。

（清）徐元诰：《国语集解》，北京：中华书局，2002。

（清）徐松辑：《宋会要辑稿》，北京：中华书局，1957。

（清）翁同龢：《瓶庐丛稿二十六种》，北京国家图书馆藏稿本。

（清）袁枚：《小仓山房诗文集》，上海：上海古籍出版社，1988。

（清）马国翰：《玉函山房辑佚书》，光绪九年（1883）嫏嬛馆刻本，收入《续修四库全书》本，上海：上海古籍出版社，1995。

（清）乾隆敕撰：《续通志》，上海：商务印书馆，1935。

（清）乾隆敕撰：《续通典》，上海：商务印书馆，1935。

（清）康熙御定：《全唐诗》，北京：中华书局，1979。

（清）张玉法等编：《御定佩文斋咏物诗选》，《文渊阁四库全书》本，台北：台湾商务印书馆，1986。

（清）张廷玉等：《明史》，北京：中华书局，1974。

（清）张海鹏：《学津讨源》，嘉庆十年（1805）张氏照旷阁刻本。

（清）张豫章等编：《御选宋金元明四朝诗》，《文渊阁四库全书》本，台北：台湾商务印书馆，1986。

（清）许缵程：《滇行纪略》，上海：商务印书馆，1935。

（清）陈元龙：《格致镜原》，《文渊阁四库全书》本，台北：台湾商务印书馆,1986。

（清）陈田：《明诗纪事》，上海：商务印书馆，1937。

（清）陈维崧：《陈迦陵文集》，上海：商务印书馆，1936。

（清）陈莲塘编：《唐人说荟》，同治八年(1869)右文堂刊本。

（清）陈鸿墀：《全唐文纪事》，北京：中华书局，1959。

（清）陶珽等编：《说郛三种》，上海：上海古籍出版社，1988。

（清）冯兆年：《翠琅玕馆丛书》，光绪羊城冯氏刻本。

（清）董诰等：《全唐文》，北京：中华书局，1983。

（清）管庭芬：《花近楼丛书》，北京国家图书馆藏本。

（清）赵翼：《瓯北诗话》，乾隆间湛贻堂刻本。

（清）赵翼：《檐曝杂记》，北京：中华书局，1982。

（清）厉鹗：《宋诗纪事》，《文渊阁四库全书》本，台北：台湾商务印书馆，1986。

（清）顾炎武：《亭林遗书十种》，康熙吴江潘氏遂初堂刻本。

（清）顾祖禹：《读史方舆纪要》，上海：商务印书馆，1937。

王定保：《唐摭言校注》，上海：上海社会科学院出版社，2003。

王谟辑：《汉唐地理书钞》，北京：中华书局，1961。

安徽通志馆：《安徽通志艺文考》，1934。

何建章：《战国策注释》，北京：中华书局，1990。

何宁：《淮南子集释》，北京：中华书局，1998。

余嘉锡：《世说新语》，北京：中华书局，1983。

李华卿编：《宋人小说》，上海：上海书店，1990。

周祖谟：《洛阳伽蓝记校释》，北京：中华书局，1963。

金开诚、董洪利、高路明：《屈原集》，北京：中华书局，1996。

胡道静：《梦溪笔谈校正》，上海：上海古籍出版社，1987。

范宁：《博物志校证》，北京：中华书局，1980。

唐圭璋编：《全宋词》，北京：中华书局，1965。

傅璇琮主编：《唐才子传校笺》，北京：中华书局，1987—1995。

傅璇琮等主编：《全宋诗》，北京：北京大学出版社，1991。

曾枣庄、刘琳主编：《全宋文》，成都：巴蜀书社，1988。

冯煦：《蒿叟随笔》，台北：文海出版社，1967。

杨伯峻：《春秋左传注》，北京：中华书局，1990。

赵立勋等：《遵生八笺校注》，北京：人民卫生出版社，1994。

缪启情校释，缪桂龙参校：《齐民要术校释》，北京：农业出版社，1982。

五、民国后撰刊的其他书稿

（美）威廉·乌克思原著，吴觉农主编，中国茶叶研究社集体翻译：《茶叶全书》(中译本)，1949。

王重民等编：《敦煌变文集》，北京：人民文学出版社，1957。

布目潮渢：《中国茶书全集》，东京：汲古书院，1987。

布目潮渢：《茶经详解：原文·校异·訳文·注解》，京都：淡交社，2001。

朱自振、沈汉：《中国茶酒文化史》，台北：文津出版社，1995。

朱自振：《中国茶叶历史资料续辑》（方志茶叶资料汇编），南京：东南大学出版社，1991。

吴智和：《明清时代饮茶生活》，台北：博远出版有限公司，1990。

吴觉农：《中国地方志茶叶历史资料选辑》，北京：农业出版社，1990。

吴觉农：《茶经述评》，北京：农业出版社，1987。

吴觉农：《茶树栽培法》，上海：泰东书店，1923。

吴觉农主编：《茶经述评》，北京：农业出版社，1987。

阮浩耕：《中国古代茶叶全书》，杭州：浙江摄影出版社，1999。

姚国坤、王存礼、程启坤：《中国茶文化》，上海：上海文化出版社，1991。

姚国坤、胡小军：《中国古代茶具》，上海：上海文化出版社，1998。

胡山源：《古今茶事》，上海：上海书店，1985年重印1941年世界书局本。

袁和平：《中国饮茶文化》，厦门：厦门大学出版社，1992。

高英姿：《紫砂名陶典籍》，杭州：浙江摄影出版社，2000。

娄子匡：《国立北京大学中国民俗学会民俗丛书专号·茶》，中国民俗学会印刊，1940。

张宏庸：《陆羽全集》，桃园县：茶学文学出版社，1985。

张宏庸：《陆羽书录》，桃园县：茶学文学出版社，1985。

张迅齐：《中国的茶书》，台北：常青树书坊，1978。

张铁君：《茶学漫话》，台北：阿尔泰出版社，1980。

犁播编：《中国农学遗产文献综录》，北京：农业出版社，1985。

庄晚芳：《中国茶史散论》，北京：科学出版社，1988。

许贤瑶：《中国古代吃茶史》，台北：博远出版有限公司，1991。

陈宗懋：《中国茶经》，上海：上海文化出版社，1992。

陈尚君：《毛文锡〈茶谱〉辑考》，《农业考古》，1995年第4期，页271—277。

陈祖椝、朱自振：《中国茶叶历史资料选辑》，北京：农业出版社，1981。

陈彬藩：《中国茶文化经典》，北京：光明日报出版社，1999。

陈椽：《茶业通史》，北京：农业出版社，1984。

陈奭文：《中华茶叶五千年》，北京：人民出版社，2001。

黄征、张涌泉：《敦煌变文校注》，北京：中华书局，1997。

万国鼎：《茶书总目提要》，北京：中华书局，1958年，载《农业遗产研究集刊》，1990年收入许贤瑶：《中国茶书提要》。

廖宝秀：《宋代吃茶法与茶器之研究》，台北：国立故宫博物院，1996。

赵方任：《唐宋茶诗辑注》，北京：中国致公出版社，2002。

刘昭瑞：《中国古代饮茶艺术》，西安：陕西人民出版社，1987。

刘修明：《中国古代的饮茶与茶馆》，北京：商务印书馆，1995。

刘淼：《明代茶业经济研究》，汕头：汕头大学出版社，1997。

蒋礼鸿：《敦煌变文字义通释》，上海：上海古籍出版社，1988。

鲁迅：《中国小说史略》，北京：人民文学出版社，1973。